数学辞典

普及版

一松 信・伊藤雄二 監訳

MATHEMATICS DICTIONARY
James and James

朝倉書店

MATHEMATICS DICTIONARY

FIFTH EDITION

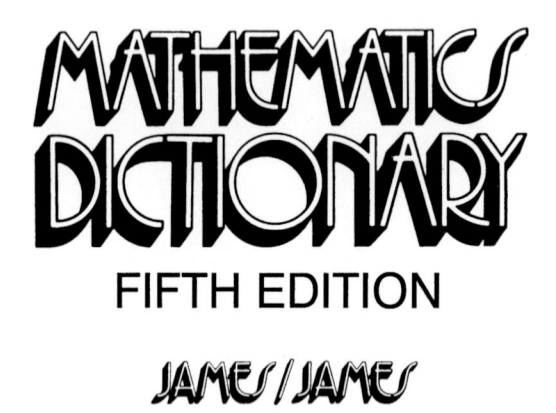

JAMES / JAMES

VNR VAN NOSTRAND REINHOLD
New York

COPYRIGHT © 1992 by Van Nostrand Reinhold, A Division of Wadsworth, Inc.
ALL RIGHTS RESERVED. No part of this book may be reproduced or transmitted in any form or by any means, electronic or mechanical, including photocopying, recording, or any information storage and retrieval system, without permission, in writing, from the Publisher.

序

　この辞典の各版の編集を通じて，その目標としたのは，学生，科学者，エンジニア，その他，数学用語や数学の諸概念の意味に興味をもつ人々に役立つものをつくるということであった．中学・高校および大学学部レベルの数学の授業で扱われる事柄をほとんど完全に網羅するとともに，大学院初年度の授業で扱われる話題の多くをも取り扱うことを意図した．さらに，それ以外の数学の概念でも興味深く重要なものを，数多く取り込んである．

　この版（原著第5版）を準備するにあたって，前の諸版で取り上げられた事柄を改訂し，新しくすること，また，最近の数学における興味深くエクサイティングな発展を反映させるべく，新しい話題を多々取り入れることに重点をおいた．この版で前の諸版から引き継がれ，さらに拡充された重要な特色は，フランス語，ドイツ語，ロシア語，スペイン語による，多国語索引である．これらの言葉の数学用語に対応する英語を参照して，読者はそれらの言語での数学用語の英語訳を学ぶことができるばかりでなく，この辞書の本文から，その用語の定義を見出すこともできる．

　本書は，単なる辞書ではないけれども，百科事典であるわけでもない．数学の諸概念を関連づけて要約したもので，読者の時間の節約に役立つような用語辞典として企画されたものである．一般の読者は，見慣れない用語をこの辞典で引き，その説明の中にさらにわからない用語があれば，それをまた引くという操作を繰り返して，既知の概念にたどりつくという過程を経て，新しい概念を理解することができるであろう．

　この辞書の初版（1942年）は，主として Glenn James の手によるもので，Robert C. James が手助けをした．D. Van Nostrand 版(1949年)では，Armen A. Alchian, Edwin F. Beckenbach, Clifford Bell, Homer V. Craig, Aristotle D. Michal, Ivan S. Sokolnikoff の貢献を得た．Beckenbach 教授は，さらに，Van Nostrand Reinhold 社から出版された2版（1959年），3版（1968年）および4版（1976年）にも，多大の貢献をされた．多国語索引は第2版（1959年）で導入された．これに携わった翻訳者は，J. George Adashko（ロシア語），

Aaron Bakst (フランス語), Samuel Gitler (スペイン語), Kumo Lorenz (ドイツ語) である. この版において, 索引は, Gilles Pisier (フランス語), Albert Fässler (ドイツ語), Zvi Ruder (ロシア語), Helga Fetter (スペイン語) の協力を得て, 拡充された.

本書に記載された諸定義に対するコメント, あるいは, 本書のあらゆる側面に関する意見を歓迎する. そのようなコメント, 特に, John K. Baumgart, Ralph P. Boas, Patrick W. Kearney, Edward Wakeling の諸氏から寄せられたものは, この版の準備をするうえで, 大変役に立った.

Robert C. James

監訳者はしがき

　この訳書のもとになった本は，通称 James-James の数学辞典とよばれる．原著の序文にあるとおり，最初 1940 年代に発行され，戦後まもなく日本でも入手できるようになった．内容は比較的平易な範囲に留まっていたが，筆者は数学の辞典としてよりも，英語の辞書として，特に初等数学の用語を英語で何というかを調べるために愛用してきた．

　数学辞典という題の書物はすでに何種類かあるが，それぞれに特徴があり，どれが一番すぐれているというよりも，むしろ互いに相補的な役割りを果たしていると思う．

　そのなかで本書を翻訳する話は，かなり以前に起こった．別記のような訳者が分担し，伊藤教授と筆者が校閲にあたるという形で始めた．

　できあがった本書は必ずしも"忠実な"訳ではない．まず英和辞典ではなく，和英辞典の形に編成替えをした．ただし，巻末に英語の索引をつけて英和辞典としても利用できるようにしている．また，原著はある意味での大項目主義をとっている．すなわち広域にわたる見出し語の下に多数の小項目を並べる，という形態でまとめた用語が多い．しかしこれはそのままの形では，日本語版に反映させにくいことがわかった．理由の一つは日本語に訳すと語順が変わる場合が多いためであり，もう一つは英語で同一の単語が，日本語では何通りにも使い分けられていて，そのままとめられない場合があることである．後者の一例は order——位数，順序，秩序である．

　けっきょく本訳書では，一つ一つの小項目をばらして，全部を独立した項目の見出し語とし，似た内容を一つにまとめることをしなかった．ただし関連ある項目については"➜"で参照するようにした．これは検索には若干不便かもしれないが，辞書のスタイルにはふさわしいと信じる．

　次に若干の項目を削除した．重複を整理したほか，次の点を配慮した．1940 年代の米国の数学は，ヨーロッパから亡命してきた数学者たちによる新しい発展や，OR などの新興分野の開発があったものの，初等数学においては，経済大恐慌時代のいわゆる生活単元学習の色彩が強く，経済数学・金融数学・保険数

学などが重視されていた．じっさい原著にはその方面の用語が多数みられた．そのうちどこまでを数学関連の用語と判断するのは難しいが，少なくとも経済社会のしくみに関する用語，たとえば税金，利息などを，数学辞典にとりいれるのは，余りに異質と判断して削除した．また初版（第2版）当時では有名だった初期の個々の電子計算機の名前も，現在では歴史的な意味しかないと信じるが，このほうはいくつかを残した．

さらに原著は米国の出版物なので，単位はヤード・ポンド法を使い，金額はドルで表されている．そのうち差し支えないものはメートル法（CGS 系でなく SI 単位系）や円単位に直したが，機械的に換算しては無意味なものもあり，そのままにした箇所も多い．本文でも付録の単位表でも，SI 単位系は現在最も新しいものに修正加筆した．

最後に，たとえば"そろばん"など，日本人の目から見ると不適切な記述のある項目を，日本向きに書き改めた部分が，ごくわずかだがある．

もちろん以上は，日本で本書を活用するのをいっそう有効にしようという配慮であって，原著の価値を著しくそこなう恣意的な改変ではないと信じる．

訳語はできるだけ従来の慣用と思われるものを使い，分野や意味によって使い分けをした場合が多い．ただ多少古めかしい用語に固執した傾向があるかもしれない．必ずしも1対1の訳語になっていないものが多いが，これは不統一とは限らず，積極的に使い分けようという意図である．ごくわずかだが新しく訳語を工夫したものもある．なお，監訳者の責任で，分担した訳者の訳文に統一などのためかなり手を入れたことと，原著での参照の不備をできる限り補充し，わずかだが追加項目をたてたこととをお断りしておく．

本書の訳が始まってから数年の歳月をすごしてしまった．それは筆者が怠慢だったせいである．しかし怪我の功名といってはおかしいが，かえって好都合な事態が生じた．最初訳の底本としたのは，1978年発行の第4版だったが，校了近くになって改訂第5版が出た．それには多量の増補がされている．そこで急拠増補箇所を追加することにし，その大半をとりいれた．

第5版の増補で特に著しいのは，カオスやフラクタルのような新しい話題の追加と，人名項目の増強である（ただし，没年が不明な人名項目が若干残っている）．それらをとりいれたことによって，本書がいっそう有用になったと信じる．

第5版の修正・増補のうち本訳書に反映できなかった対象が若干ある．その

多くは英語の綴りの変更や冠詞の有無など，日本語訳に反映しようがない修正とか，すでに訳者が気づいて修正してあった誤植の訂正などである．

　全般的に見て本書の内容には，現在の数学全般からみて，若干の偏りを感じる．それは本書の歴史に負うが，また日米の数学に関する関心・態度の差にもよる．しかし大学課程までの一通りの数学用語はとりいれられているので，初等数学関係の辞典として，またどのような意味かの概要を知るために，十分に活用できる本である．本訳書がこれまでの各種数学辞典類の欠を埋める役を果たすことを期待したい．

　朝倉書店の編集部の方々には終始お世話になった．深い感謝の辞を述べたい．

　1993年5月

一松　信

■ 編集者
　ARMEN A. ALCHIAN　　カリフォルニア大学ロスアンゼルス校
　EDWIN F. BECKENBACH　カリフォルニア大学ロスアンゼルス校
　CLIFFORD BELL　　カリフォルニア大学ロスアンゼルス校
　HOMER V. CRAIG　　テキサス大学
　GLENN JAMES　　カリフォルニア大学ロスアンゼルス校
　ROBERT C. JAMES　　クレアモント大学大学院
　ARISTOTLE D. MICHAL　カリフォルニア工科大学
　IVAN S. SOKOLNIKOFF　カリフォルニア大学ロスアンゼルス校

■ 監訳者
　一松　信　　京都大学名誉教授
　伊藤雄二　　慶応義塾大学理工学部教授

■ 訳　者
　秋山　仁　　東海大学教育研究所教授
　安藤　清　　電気通信大学電気通信学部助教授
　飯田博和　　日本医科大学医学部
　江川嘉美　　東京理科大学理学部助教授
　恵羅　博　　文教大学情報学部助教授
　塩川宇賢　　慶応義塾大学理工学部教授
　高橋　一　　一橋大学経済学部教授
　西村　強　　芝浦工業大学工学部
　根上生也　　横浜国立大学教育学部助教授
　渡辺　守　　倉敷芸術科学大学産業科学技術学部教授
　渡辺靖夫　　東海大学理学部助教授

凡　例

　本書は，James and James: Mathematics Dictionary, Fifth edition, Van Nostrand Reinhold, 1992 の翻訳である．翻訳の方針については監訳者はしがきを参照されたい．

■ 項目名と配列のしかた
- a) 項目名はゴチック体で記し，その後に該当する英語を記して見出しとした．
- b) 配列は五十音順により，濁音・半濁音は相当する清音として取り扱った．
- c) 拗音・促音も一つの固有音として取り扱い，延音"ー"は配列のうえで無視した．

■ 用　語

　原則として常用漢字を用いたが，術語については常用漢字以外でも慣用になっている漢字は許容した．

■ 記　号
- a) 見出し語の次の"→ 項目名"は，次に記してある項目と同じ意味であるか，その項目中に説明が与えられていることを示す．
- b) 説明文中の"[→ 項目名]"，あるいは文末の"→ 項目名"は関連した説明が与えられている項目を示しており，参照の便をはかった．
- c) "＝"は見出し語の同義語を示し，"[類]"は類義語を示している．

■ 付　録

　各種単位，数学記号の使い方，微積分公式集，ギリシャ文字一覧を設けた．

■ 索　引

　英語索引を巻末に掲載した．また，フランス語・ドイツ語・ロシア語・スペイン語と英語との対照表を付した．

ア

■**アイゼンシュタイン，フェルディナント，ゴットホルト・マックス** Eisenstein, Ferdinand Gotthold Max（1823—1852）
ドイツの代数，解析，数論学者．

■**アイゼンシュタインの既約性の判定法** Eisenstein's irreducibility criterion
f を整数係数の多項式 $a_n x^n + a_{n-1} x^{n-1} + \cdots + a_1 x + a_0$ とする．p は $a_0, a_1, \cdots, a_{n-1}$ をわり切るが，a_n をわり切らず，かつ p^2 が a_0 をわり切らない，そのような素数 p が存在するならば，f は有理数体上で既約である．

■**間** between
日常語の用法とだいたい矛盾しない程度に数学でも使われる表現．例：a と c が実数で $a<c$ ならば a と c の**間**に b が存在するとは，$a<b<c$ をみたすことをいう．ある直線上の点 B が同じ直線上の異なった2点 A と C の**間**にあるとは，B が C から見て A と同じ側にあり，また A から見て C と同じ側にあることをいう．集合 R と T の**間**にある集合 S があるとは $R \subset S \subset T$ ということである（多くの場合 S が R または T のどちらとも等しくないということは必要ではない）．

■**アイレンバーグ，サミュエル** Eilenberg, Samuel（1913— ）
ポーランド生まれの，アメリカに移住した位相，群論，代数学者．マクレーンとともに，カテゴリー理論をつくった．

■**アインシュタイン，アルベルト** Einstein, Albert（1879—1955）
ドイツ生まれ，アメリカに移住した理論物理学，哲学者．彼のつくった特殊相対性理論と一般相対性理論に使われているリーマン幾何とテンソル解析は，数学者の興味を呼び起こした．

■**アインシュタインのテンソル** Einstein tensor
→ リッチのテンソル

■**亜角柱** prismoid
2つの底面の辺数が等しい擬角柱で，その他の面は台形または平行4辺形になっているもの．2つの底面が合同な亜角柱が**角柱**である．

■**アキレスと亀のゼノンの逆理** Zeno's paradox of Achilles and the tortoise
亀が a 地点から b 地点へ到達した所で，アキレスが a 地点を出発する．アキレスは亀より速いけれども，けっして亀に追いつけない．なぜなら，アキレスが b 地点へ達する間に，亀は b 地点より c 地点へ進んでいる．そして，アキレスが b 地点より c 地点へ達する間に，亀は c 地点より d 地点へ進む……．これは，けっして終わらない．この誤った推論は，運動を単位時間ごとの変位で測らねばならないのに，点の数によって測っている点にある．アキレスが，a から b，b から c，c から d へ移動する時間が，それぞれ $t_1, t_2, t_3, \cdots$ ならば，時間 $\sum_{1}^{\infty} t_i$（これが有限ならば）で亀に追いつく．例えば亀が毎秒1メートル，アキレスが毎秒2メートル前進し，前もって両者に1メートルの差があるならば，アキレスは1秒で亀に追いつく．なぜならば，$t_1 = \frac{1}{2}, t_2 = \frac{1}{4}, \cdots, t_n = \frac{1}{2^n}, \cdots$ で，$\frac{1}{2} + \frac{1}{4} + \frac{1}{8} + \cdots = 1$ だから．しかし，アキレスは亀よりも速いが，亀がしだいに速さを増して $t_1 = \frac{1}{2}, t_2 = \frac{1}{3}, \cdots, t_n = \frac{1}{n+1}$ となるならば，$\sum_{1}^{\infty} t_i$ は $+\infty$ となり，アキレスは亀に追いつけない．

■**アクセント（記号）** accent
→ プライム記号

■**亜群** groupoid
ブラントが行列演算を抽象化して定義した概念．集合 M が2つの添字 $i, j = 1, 2, \cdots$ をもつ部分集合に分割され，$a \in M_{ij}, b \in M_{jk}$ のときにのみ2項演算 $a \cdot b \in M_{ik}$ が定義され，結合法則，左・右除法の条件をみたす代数系．なお，groupoid という語は，これとは全く別の擬群の意味に使われることもある．→ 群

■足　foot
　直線と，直線または平面との交点のこと．特に，点 A から直線 l へおろした**垂線の足**とは，その垂線と l との交点のことをいい，点 A から平面 S へおろした**垂線の足**とは，その垂線と S との交点のことをいう．

■アスコリ，ジュリオ　Ascoli, Giulio (1843-1896)
　イタリアの解析学者．

■アスコリの定理　Ascoli's theorem
　有限次元のユークリッド空間の有界閉集合 D を共通の定義域（例：閉有界区間），またその値域が実数の集合である関数の無限集合を A とする．これらの関数が**点別に同程度連続**で，A のすべての f, D のすべての x に対し $|f(x)|\leq M$ となるような M が存在するなら，連続関数に一様収束する A の異なる元の列 $\{f_n\}$ が存在する．以下のより強い定理も成立する：A を関数の集合で，その定義域は同じ可分距離空間 X, 値域は距離空間 Y とする．これらの関数が点別に同程度連続で，X の稠密な部分集合に属するすべての x に対し集合 $\{f(x)|f\in A\}$ がコンパクトであれば，連続関数に点別収束する A の異なる元の列 $\{f_n\}$ が存在し，X の各コンパクト部分集合において一様収束である．アルゼラ-アスコリの定理ともいう．

■アステロイド　astroid
　4つの尖点の内サイクロイド．星形．

■値を固定する　fixed value
　ある議論ないし一連の議論において，考えている変数のうちのいくつかについて，それらの値は動かないものとして推論を進めることがある．例えば，平面上の点 (x, y) に関する，$y=mx+b$ という式を考えよう．b と m の値をともに固定して，x と y を動かせば，この式は1つの直線を表す．また，b は完全に固定し，m は，一時的に固定して，x と y を動かしたうえで動かせば，同じ式は，点 $(0, b)$ を通る直線束を表すことになる．

■アダマール，ジャーク・サロモン　Hadamard, Jacques Salomon (1865—1963)
　解析学，関数解析学，代数学，数論，数理物理学を研究した偉大なフランスの学者．多変数の計算法の研究において汎関数を導入した．ドレフェース事件のときに（彼の親類でもあったので）ドレフェースを弁護し，第2次大戦後は平和運動に献身した．→ 素数定理

■アダマールの3円定理　Hadamard's three-circles theorem
　f を円環 $a<|z|<b$ で正則な関数とするとき，円 $|z|=r$ 上の f の最大値を $m(r)$ で表す $(a<r<b)$ と，$\log m(r)$ は $\log r$ の凸関数になるという定理．3円定理という名称は，ランダウによるものであるが，凸性が3つの半径を用いた式で表されることに由来する．ハーディとリースは，この定理が，任意の正数 t に対して，$m(r)$ のかわりに
$$m_t(r)=\frac{1}{2\pi}\int_0^{2\pi}|f(re^{i\theta})|^t d\theta$$
としても成立することを示した（$\lim_{t\to\infty} m_t(r)=m(r)$ であることに注意せよ）．

■アダマールの不等式　Hadamard's inequality
　行列の成分 a_{ij} が，実数または複素数であるとする．このとき，任意の n 次正則行列 A に対して，次の不等式が成り立つ．
$$|\det A|^2\leq \prod_{i=1}^{n}\left(\sum_{j=1}^{n}|a_{ij}|^2\right)$$
等式が成立するのは A がユニタリ行列のときに限る．この不等式をアダマールの不等式という．

■アダマールの予想　Hadamard's conjecture
　空間の次元が3, 5 などの奇数のときの波動方程式は，ホイヘンスの原理をみたす．1次元もしくは偶数次元のそれはみたさない．アダマールの予想とは，**波動方程式**と本質的に異なる方程式は，ホイヘンスの原理をみたさない，というもの．→ ホイヘンスの原理

■圧縮力　compression
　→ 張力

■圧力　pressure
　《物理》物体の表面に及ぼされる単位面積あたりの力．→ 流体圧力

■圧力中心（液体中の面の）　center of pressure of a surface submerged in a liquid
　力が分布しているとき，その点に力を与えても同じ効果を生じるような点．

■**アティヤ，マイクル・フランシス** Atiyah, Michael Francis (1929—　)

イギリスの数学者で，1966 年フィールズ賞を受賞．K 理論，指数理論，不動点理論，代数幾何学，コボルディズム理論を研究．

■**アナログ計算機** analog computer

数値を長さや電圧などの測定可能な量に変換し，その測定可能な量を必要な演算に応じて組み合わせる計算機．例えば計算尺．一般に相互に対応する 2 つの物理系において（取り扱いやすさ，経済性，実現可能性あるいは他の要因により）一方を他方のかわりに研究するために選択する場合，選ばれた系をアナログ素子，あるいはアナログ機械またはアナログ計算機とよぶ．

■**アニェシ，マリア・ガエタナ** Agnesi, Maria Gaetana (1718—1799)

著名なイタリアの女性数学者．→ ウィッチ

■**アフィン空間** affine space

ある体 F をスカラーとする線型空間 V に付随した集合 S で，演算（加法で表す）をもち，次の 3 条件をみたすものである．（ⅰ）$s \in S$, $v \in V$ なら $s+v \in S$, （ⅱ）$s \in S$, $u, v \in V$ のとき $(s+u)+v = s+(u+v)$, （ⅲ）s, $\sigma \in S$ に対して，ただ 1 つ $s = \sigma + v$ である $v \in V$ が存在する．これから，$s + o = s$ である．また $\sigma \in S$ に対して，$s = \sigma + v$ なる $s \in S$ と $v \in V$ との間の 1 対 1 対応を定義する．$\sigma \in S$ で U が V の線型部分空間ならば，ある $u \in U$ に対して $s = \sigma + u$ と表される $s \in S$ の全体を，S の**アフィン部分空間**という．U が 1 次元，2 次元，あるいは V の超平面のとき，それに対応するアフィン部分空間を，直線，平面あるいは超平面という．

例：線型空間 V と，V から V への非特異な 1 次変換 T があるとき，$S = V$, $s + v を T(v) + s$ とした集合．ここで最後の $+$ は，線型空間内のベクトルの加法である［→ ベクトル空間(2)］．線型空間のアフィン変換で不変な性質を研究するとき，しばしばその線型空間を**アフィン空間**ともよぶ．

なお英語の発音はアファインである．日本語訳としては擬似空間，亜真空間（音訳）などの案がある．

■**アフィン代数多様体** affine algebraic variety

→ 代数多様体

■**アフィン変換** affine transformation

平面においては，次の形をした変換のこと．
$$x' = a_1 x + b_1 y + c_1, \quad y' = a_2 x + b_2 y + c_2$$
それが**特異**または**非特異**とは，行列式
$$\begin{vmatrix} a_1 & b_1 \\ a_2 & b_2 \end{vmatrix} = a_1 b_2 - a_2 b_1 \neq 0$$
が 0 でないか，または 0 のときである．以下にあげるのはアフィン変換の重要な例である．(a) **平行移動** ($x' = x + a$, $y' = y + b$). (b) **回転** ($x' = x\cos\theta + y\sin\theta$, $y' = -x\sin\theta + y\cos\theta$). (c) **伸縮** ($x' = kx$, $y' = ky$). $k > 1$ のときは拡大，$k < 1$ のときは縮小であり，あわせて**相似変換**とか**同形変換**ともいう．(d) x 軸に関する**反転** ($x' = x$, $y' = -y$) あるいは，y 軸に対する**反転** ($x' = -x$, $y' = y$). (e) 原点に対する**反転** ($x' = -x$, $y' = -y$). (f) 直線 $x = y$ に対する**反転** ($x' = y$, $y' = x$). (g) **単純伸長圧縮** ($x' = x$, $y' = ky$ または $x' = kx$, $y' = y$). (h) **単純剪断変換** ($x' = x + ky$, $y' = y$ または $x' = x$, $y' = kx + y$).

アフィン変換は平行線の対を平行線の対へ，有限な点は有限な点へ移し，無限遠直線を不変にする．アフィン変換は常に上述の特別な場合の変換の積に分解できる．

同次アフィン変換とは，定数項を 0 としたアフィン変換であり，因子として平行移動を含まない．すなわち，この種のアフィン変換の形は
$$x' = a_1 x + b_1 y, \quad y' = a_2 x + b_2 y$$
$$\Delta = a_1 b_2 - a_2 b_1 \neq 0$$

等角アフィン変換とは角の大きさを変えないアフィン変換で，その形は
$$x' = a_1 x + b_1 y + c_1$$
$$y' = a_2 x + b_2 y + c_2$$
ここで，$a_1 = b_2$ かつ $a_2 = -b_1$, あるいは $-a_1 = b_2$ かつ $a_2 = b_1$.

n 次元線型空間 V においては，アフィン変換は，V を V の中へ移す変換 T で $T(x) = L(x) + a$ の形である．ここに L は V から V の中への線型変換で，a は V の定まった要素である．それが特異あるいは非特異（または正則）とは，L が特異か非特異かによる．→ 線型変換

■**アーベル，ニールス・ヘンリック**　Abel, Niels Henrik (1802—1829)
ノルウェーの代数学者，解析学者．19歳の頃，一般の1変数の5次方程式は，有限回の代数演算で解くことが不可能なことを証明した [→ ルッフィニ]．無限数列の理論，超越関数論，群論および楕円関数論に基礎的な貢献をした．

■**アーベル群**　Abelian group
→ 群

■**アーベルの恒等式**　Abel identity
次の恒等式のこと．
$$\sum_{i=1}^{n} a_i u_i \equiv s_1(a_1-a_2) + s_2(a_2-a_3) + \cdots + s_{n-1}(a_{n-1}-a_n) + s_n a_n$$
ここで，$s_n = \sum_{i=1}^{n} u_i$．
この式は自明な次の恒等式から容易に得られる．
$$\sum_{i=1}^{n} a_i u_i \equiv a_1 s_1 + a_2(s_2-s_1) + \cdots + a_n(s_n - s_{n-1})$$

■**アーベルの収束判定法**　Abel tests for convergences
(1) 級数 $\sum u_n$ が収束し，$\{a_n\}$ が有界単調な数列ならば，$\sum a_n u_n$ は収束する．
(2) $\left|\sum_{n=1}^{k} u_n\right|$ が，すべての k に対してある定まった定数以下であり，$\{a_n\}$ が正で単調に 0 に近づく列ならば，$\sum a_n u_n$ は収束する．
(3) 複素数の級数 $\sum a_n$ が収束して，級数 $\sum (v_n - v_{n+1})$ が絶対収束すれば，$\sum a_n v_n$ は収束する．
(4) 級数 $\sum a_n(x)$ が区間 (a, b) 内で一様収束し，$v_n(x)$ が区間内の各点 x において正で単調減少であり，区間内のすべての x について $v_0(x) < k$ である定数 k があれば，$\sum a_n(x) v_n(x)$ は一様収束する．(4)は**アーベルの一様収束判定法**とよばれる．

■**アーベルの総和法**　Abel method of summation
$\lim_{x \to 1} \sum_{n=0}^{\infty} a_n x^n = S$ が存在するとき，級数 $\sum_{n=0}^{\infty} a_n$ は**総和可能**であるといい，S を**総和**と呼ぶ．この方法をアーベルの**総和法**という．収束する級数はこの方法によって総和可能である [→ ベキ級数に関するアーベルの定理(2)]．**オイラーの総和法**ともよばれる．→ 発散級数の総和

■**アーベルの定理**　Abel theorem
→ ベキ級数に関するアーベルの定理

■**アーベルの不等式**　Abel inequality
すべての整数 n に対し，$u_n \geq u_{n+1} > 0$ ならば
$$\left|\sum_{n=1}^{p} a_n u_n\right| \leq L u_1$$
という不等式．ただし，$L = \max(|a_1|, |a_1+a_2|, |a_1+a_2+a_3|, \cdots, |a_1+a_2+\cdots+a_p|)$．この不等式はアーベルの恒等式から容易に導かれる．

■**アーベルの問題**　Abel problem
質点が重力場の下で，鉛直平面内のある曲線に沿って（摩擦なしに）動くとする．**アーベルの問題**とは，x 軸を水平にとり，質点が最初に静止した状態から出発したとき，降下時間が与えられた x の関数 f になるような曲線を求める問題である．これは曲線の弧長を $s(x)$ とするとき，第1種のヴォルテラの積分方程式
$$f(x) = \int_0^x \frac{s(t)}{\sqrt{2g(x-t)}} dt$$
の解 $s(x)$ を求める問題に帰着する．f' が連続ならば，その解は次のように表される．
$$s(x) = \frac{\sqrt{2g}}{\pi} \frac{d}{dx} \int_0^x \frac{f(t)}{(x-t)^{1/2}} dt$$

■**アポロニウスの問題**　problem of Apollonius
与えられた3つの円に接する円を作図する問題．

■**余り**　remainder
→ 剰余

■**アーメス・パピルス**　Ahmes Papyrus
おそらく知られる限り最古の数学書．B. C. 2000から1800年頃に著されたもので，B. C. 1650年頃エジプトの書記アーメスによって写記された．これを購入した収集家の名によって，**リンド・パピルス**ともよばれる．パピルスは紙のこと．→ 円周率，リンド

■**アラビア数字**　Arabic numerals
算用数字．1, 2, 3, 4, 5, 6, 7, 8, 9, 0．アラビアからヨーロッパに伝わったもので，起源はたぶんインドである．インド・アラビア数

字ともよばれる．

■**アーラン，アグネル・クラルプ**　Erlang, Agner Krarup (1878—1929)
　デンマークの統計学者，技師．

■**アーラン分布**　Erlang distribution
　＝ガンマ分布．→ ガンマ分布

■**アルガン，ジャン・ロベルト**　Argand, Jean Robert (1768—1822)
　スイス人数学者．複素数の幾何学的表現を早い時期 (1806年) に研究・出版した一人．→ 複素数平面，ウォリス，ウェッセル

■**アルガン図表**　Argand diagram
　複素数平面に同じ．2本の直交軸で，その1本は実数を，他の1本は純虚数を表す．このように複素数を図表上に表す1つの枠組を提供する．これらの軸は**実軸**，**虚軸**とよぶ．

■**アルキメデス**　Archimedes (B. C. 287—212)
　ギリシャの幾何学，解析学，物理学を研究した学者．彼は微分や積分の双方に現れる極限的プロセスを使っている．史上最大の数学者の一人．

■**アルキメデスの性質**　Archimedean property
　任意の正数 a, b に対して，$a<nb$ なる正整数 n が存在する，という実数の性質．アルキメデスの公理ともいう．

■**アルキメデスの螺線**　spiral of Archimedes
　一定の角速度で半径ベクトルが動くとき，半径ベクトルに沿って一定の速度で動く点の軌跡のなす平面曲線．アルキメデスの螺線の極方程式は $r=a\theta$ である．図は r が正のときの曲線の形を示す．→ 極座標（平面の）

■**アルキメデスの立体**　Archimedean solid
　面が正多角形（ただし辺数は同一でなくてよい）からなり，各頂点での多面角がすべて合同である多面体．正多面体以外に13種ある．正多面体でない最も簡単なものは，立方体の各辺の中点を結んで，頂点付近の3角錐を除いてできる立方8面体であり，14面と12頂点からなる（なお13種は頂点の多面角の形態で，立体全体として非対称な右手系と左手系とを区別すると，16種になる）．＝準正多面体．

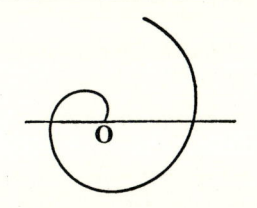

■**アルゴリズム**　algorithm
　ある種の型の問題を解く特別のプロセス．特にある基本プロセスを繰り返す方法．算法という訳語がある．

■**アルティン，エミール**　Artin, Emil (1898—1962)
　ドイツ（正しくはオーストリア）の代数学，群論学者．長年を米国で過ごした．

■**アルティン環**　Artinian ring
　→ 連鎖条件（環の）

■**アルバート，アブラハム・アドリアン**　Albert, Abraham Adrian (1905—1972)
　アメリカの代数学者．リーマン行列理論や結合的および非結合的代数，ヨルダン代数，擬群，除法環への基本的な貢献をした．

■**アールフォース，ラルス・バレリアン**　Ahlfors, Lars Valerian (1907—　)
　スウェーデン系フィンランド人で後にアメリカに帰化した数学者．フィールズ賞受賞者 (1936年)．リーマン面や有理型関数に関して重要な貢献のある複素関数論および擬等角写像論の研究者．

■**アルベルティ，レオーネ・バッティスタ**　Alberti, Leone Battista (1404—1472)
　イタリアの数学者，建築家．芸術書の中で遠近画法を論じ，射影幾何学の発展を促すいくつかの問題を提起した．

■**アルベロス**　arbelos
　直径 d の半円 C と，$d_1+d_2=d$ であるような 2 つの直径が d_1, d_2 である半円で，その直径が C の直径に沿うものとで囲まれた平面図形 A. その面積は $\frac{\pi}{4}d_1d_2$ である．アルキメデスをはじめ古代ギリシャの学者が，この図形を詳しく研究した．＝**靴屋のナイフ**．→ サリノン

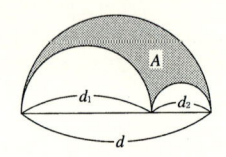

■**アレキサンダー，ジェームス・ワデル**
Alexander, James Waddell (1888―1971).
　アメリカの代数的位相幾何学者で，複素関数論，ホモロジーならびに環論，不動点，および結び目の理論の研究をした．

■**アレキサンダーの部分基底定理**　Alexander's subbase theorem
　位相空間 X がコンパクトであるための必要十分条件は，その位相が次の条件をもつ部分基底 S をもつことである．すなわち，S の元のある族の和集合が X を含むならば，X はその族の有限個の元の和集合に含まれる．

■**アレクサンドロフ，パヴァル・セルゲヴィッチ**　Alexandroff, Paval Sergevich (1896―1982)
　ロシアの位相幾何学者．

■**アレクサンドロフのコンパクト化**　Alexandroff compactification
　→ コンパクト化

■**アレフ**　aleph
　ヘブライ語アルファベットの第 1 番目の文字で，$\aleph$ と記される．アレフ・ナルあるいはアレフ・ゼロとは可算無限集合の濃度のことで，$\aleph_0$ と書く．→ カージナル数

■**安定系**　stable system
　連立微分方程式，
$$\frac{dx_i}{dt}=f_i(x_1,\cdots,x_n);\quad x_i(t_0)=c_i;$$
$$(i=1,\cdots,n)$$
で表される物理系が十分小さい規模の摂動のもとに定常状態にもどるならば**安定である**といわれる．任意の規模の摂動から定常状態にもどる物理系は**全安定である**といわれる．→ 定常状態

■**安定振動**　stable oscillations
　→ 振動

■**安定点**　stable point
　→ カオス

■**鞍点**　saddle-point
　関数 $f(x, y)$ の 2 つの 1 階偏導関数が 0 に等しく，かつ局所的に極大値も極小値もとらないような点のことをいう．もし 2 階偏導関数が P の近傍で連続で，$\frac{\partial f}{\partial x}=\frac{\partial f}{\partial y}=0$ かつ P において $\left(\frac{\partial^2 f}{\partial x\partial y}\right)^2-\frac{\partial^2 f}{\partial x^2}\frac{\partial^2 f}{\partial y^2}>0$ ならば P は鞍点である [→ 最大値]．鞍点における曲面 $z=f(x, y)$ に対する接平面は水平であるが，その点の近くでは曲面は部分的に接平面よりも上方にあり，また部分的に下方にある．鞍点という語は，馬の鞍に由来するが，普通 2 つの"山"と 2 つの"谷"が鞍点をとり囲むときに使われる．3 つの"谷"と 3 つの"山"のある鞍点は，尾（しっぽ）に対する谷があるというわけで**猿の鞍**とよばれる．＝**とうげ点**．

■**鞍点（ゲームの）**　saddle-point of a game
　→ ゲームの鞍点

■**鞍点法**　sadde-point method
　→ 最急降下法(2)

■**アンペア**　ampere
　《物理》電流を測るための単位．1950 年以来の国際的に定められた標準電流単位としては**絶対アンペア**がある．これは等電流が通る間隔が 1m である 2 本の長い平行した針金において，各針金に作用する力が 1m につき 2×10^{-7} N であるような電流の量である．1950 年以前に使われた標準電流単位としては**国際アンペア**がある．これは硝酸銀の標準溶液に電流を通したとき，1 秒間に 0.001118 グラムの割合で銀が沈殿

するような量の電流である．1国際アンペアは オーム
0.999835絶対アンペアに等しい．→ クーロン,

イ

■イー *e*

自然対数の底であり，$(1+1/n)^n$ の n を限りなく大きくしたときの極限である．その値は，2.718281828459045…… である．e は，無限級数 $1+1/1!+1/2!+1/3!+1/4!+\cdots$ の和でもある．重要な数値 $1, \pi, i$ と，$e^{\pi i}=-1$ なる関係によって結びついている．e が無理数であることはオイラーによって 1737 年に示され，超越数であることはエルミートによって 1873 年に示された．

■イエーツ，フランク Yates, Frank (1902—)

イギリスの統計学者で，実験計画法，実験解析法，標本調査法，計算機の応用への貢献が注目される．

■イェーツの連続補正 Yates' correction for continuity

2×2 表における χ^2 の推定値は小標本のとき補正を要する．次にあげる χ^2 の公式は 2×2 表の各ますめの期待値が小さいとき χ^2 分布へ良好な近似を与える．

$$\chi^2 = \sum_{i=1}^{4} \frac{(|x_i - m_i| - 1/2)^2}{m_i}$$

ただし x_i は観察された頻度，そして m_i は第 i セルの期待頻度である．→ カイ2乗検定

■イェンセン，ヨハン・ルートヴィヒ・ウィリアム・ワルデマール Jensen, Johan Ludvig William Valdemar (1859—1925)

デンマークの解析，代数学者および工学者．凸関数の厳密な研究を創始した．

■イェンセンの意味での凸 convex in the sense of Jensen

区間 I をその定義域に含む関数 f が，I の任意の点 x_1, x_2 について

$$f\left(\frac{x_1+x_2}{2}\right) \leq \frac{1}{2}[f(x_1)+f(x_2)]$$

をみたすとき，f は I 上で**イェンセンの意味で凸**であるという．イェンセンの意味で凸な関数は必ずしも連続ではないが，I の任意の部分区間上で有界な関数がイェンセンの意味で凸ならば I で連続な関数である．→ 凸関数

■イェンセンの公式 Jensen's formula

イェンセンの定理の結果に現れる公式．この公式は現代の整関数理論の基礎となるものである．→ イェンセンの定理

■イェンセンの定理 Jensen's theorem

f を円板 $|z| \leq R < \infty$ で解析的とし，この円板内の f の零点を $a_1, a_2, \cdots, a_n$ とする．ただし，この中には各零点は重複度だけ含まれている．また，$f(0) \neq 0$ とする．このとき，

$$\frac{1}{2\pi}\int_0^{2\pi} \ln|f(Re^{i\theta})|\,d\theta$$
$$= \ln|f(0)| + \sum_{j=1}^{n} \ln\frac{R}{|a_j|}$$

が成り立つ．

■イェンセンの不等式 Jensen's inequality

(1) 凸関数 f に対する不等式

$$f\left(\sum_{i}^{n}\lambda_i x_i\right) \leq \sum_{i}^{n}\lambda_i f(x_i)$$

ただし，x_i は f が凸であるような領域内の勝手な値であり，λ_i は $\sum_{1}^{n}\lambda_i = 1$ をみたす非負数である．

(2) (1)とは別に，$t>0$ に対して t 次式の和は t の非増加関数であることを示す．すなわち，正数 a_i と $s>t$ をみたす正数 s と t に対する次の不等式である．

$$\left(\sum_{1}^{n}a_i{}^s\right)^{1/s} \leq \sum_{1}^{n}\left(a_i{}^t\right)^{1/t}$$

■生き残りゲーム game of survival

一方の"持ち点"が 0 以下になるまで繰り返して行う零和 2 人ゲーム．

■移項 transpose

等式または不等式の一辺にある 1 つの項を符号を変えて，他の辺に移すこと．これは，両辺から，その項を差引くことと同等である．$x+2=0$ の 2 を**移項**すると $x=-2$ となる．

■**異種球面** exotic sphere
C^∞級の微分可能構造をもち，自然な超球面と位相同型だが，微分位相同型ではない多様体.
→ 多様体

■**異種4次元空間** exotic four space
→ ドナルドソン

■**位数（a点の）** order of an a-point
→ a点（解析関数の）

■**位数（大きさの）** order of magnitude
→ 大きさの位数

■**位数（極の）** order of a pole
→ 解析関数の特異点

■**位数（群の）** order of a group
→ 群，群の元の周期

■**位数（接触の）** order of contact
→ 接触の位数

■**位数（楕円関数の）** order of an elliptic function
→ 楕円関数の位数

■**位数（多元環の）** order of an algebra
→ 体上の多元環

■**位数（無限小の）** order of an infinitesimal
→ 無限小の位数

■**位数（零点の）** order of a zero point
→ 関数の零点

■**緯線** parallels of latitude
地球の表面上の円で，赤道面と平行な平面上にあるもの.

■**位相（空間の）** topology of a space
→ 空間の位相

■**位相（自明な）** trivial topology
→ 自明な位相

■**位相幾何学** topology
図形の**位相的性質**を研究する幾何学の一分野．**組合せ論的位相幾何学**とは，単体とよばれる最も単純な図形に分解することにより，幾何学的形相を研究する位相幾何学［→ 単体的複体，曲面］．**代数的位相幾何学**とは，代数的方法（特に群論）を大いに使用する位相幾何学［→ ホモロジー群］．**点集合論的位相幾何学**とは，対象物をより単純な対象物の結合として表す組合せ論的方法とは異なり，点の集まりとしての集合とみなし，それを，位相的性質（開集合，閉集合，コンパクト集合，正規性，正則性，連結性など）によって記述することによって，研究する位相幾何学である．これは現在では位相空間論として，前出の位相幾何学とは別の分野とされることが多い．

■**位相空間** topological space
集合 X の部分集合からなる族 $\mathcal{T}$ が，次の性質(1)〜(3)をみたすとき，X を位相空間という．
(1) $\phi \in \mathcal{T}$, $X \in \mathcal{T}$
(2) $U \in \mathcal{T}$, $V \in \mathcal{T}$ ならば $U \cap V \in \mathcal{T}$
(3) $\mathcal{T}$ に属する任意個の集合の和集合は $\mathcal{T}$ に属する．
$\mathcal{T}$ に属する集合を**開集合**という．
平面は，次のような集合 U を開集合とする位相空間である．任意の $x \in U$ に対し，ある $\varepsilon > 0$ を適当にとれば，x を中心とし，半径 ε の円板が U に含まれるようにできる．距離空間も，これと同じように開集合を定義すれば位相空間となる．
いろいろな形の位相空間がある．以下にあげるのは，さまざまな分離公理をみたす位相空間である．
T_0 空間（コルモゴロフ空間）：$x \neq y$ である 2 点に対し，x を含み y を含まない開集合か，y を含み x を含まない開集合か，いずれかが存在する．
T_1 空間（フレシェ空間）：$x \neq y$ である 2 点に対し，x を含み y を含まない開集合および，y を含み x を含まない開集合が存在する．
T_2 空間（ハウスドルフ空間）：$x \neq y$ である 2 点に対し，x を含む開集合 U, y を含む開集合 V で，$U \cap V = \phi$ であるものが存在する．
T_3 空間：正則な T_1-空間
T_4 空間：正規な T_1-空間
T_5 空間：全部分正規な T_1-空間
チコノフ空間（$T_{3.5}$ 空間）：完全正則な T_1-空間 → 正則空間

■位相群　topological group

抽象群であると同時に，位相空間でもあり，群演算が連続であるもの．群演算が連続であるとは，任意の要素 x, y に対して次の(1)，(2)が成立することである．

(1) xy の任意の近傍 W に対して，x と y のそれぞれの近傍 U, V を適当にとれば，$u \in U$，$v \in V$ ならば $uv \in W$ が成り立つ．

(2) x^{-1}（x の逆元）の任意の近傍 V に対して，x の近傍 U を適当にとれば，$u \in U$ ならば $u^{-1} \in V$ が成り立つ．

実数全体の集合は位相群である．n 次の正則行列全体は位相群である．この場合の群演算は行列の乗法であり，行列 A の近傍は，行列 $A-B$ の**ノルム**が $\varepsilon > 0$ より小さいような行列 B 全体の集合である．

■位相写像　topological transformation

2つの図形 A, B の間の対応で，1対1かつ両連続な対応．すなわち，A の開集合は B の開集合へ対応し，逆に，B の開集合は A の開集合へ対応するような(または，閉集合としてもよい)，A と B の間の1対1対応．

1つの図形が，位相写像によって，他の図形に対応するならば，この2つの図形は**同相**（**位相的同値**）であるという．

連続的な変形は位相写像の1つの例である[→ 連続変形]．糸を輪にし，交叉させ，両端を接合してできた結び糸は，それ自体としては互いに同相であるが，それらが（外の空間内で）連続的に変形して移りうるとは限らない[→ 結び目]．＝同相写像．

■位相多様体　topological manifold
→ 多様体

■位相的完備位相空間　topologically complete topological space
→ 完備空間

■位相的次元　topological dimension

位相空間 X の直感的な次元は次のように定義できる．空集合の次元 D は -1 とする．次元 D が n より小さいすべての正の整数について定義できたとする．そのとき "$D_p(X) \leq n$" という命題が正しいのは，p の各近傍が p の開近傍を含み，その境界が $D \leq n-1$ をみたすことである．"$D_p(X) = n$" とは，$D_p(X) \leq n$ であって，$D_p(X) \leq n-1$ が真でないときである．最後に $D(X) = n$ とは，$D(X) \leq n$ であって，$D(X) \leq n-1$ が真でないときである．ここに "$D(X) \leq n$" とは，X の各点 p において $D_p(X) \leq n$ であることである．位相空間の次元の概念には他の定義もある．例えば M が**距離空間**のときは，M の次元が n というのは，(i) 任意の正の数 ε に対して，**位数**が $n+1$ 以下の閉 ε 被覆があり，(ii) ある正の数 ε に対して，位数が n より大きい M の閉 ε 被覆が存在するときである[→ 被覆]．この距離空間に対する次元の定義は，位相変換で不変である．カントール集合は0次元である．通常の n 次元ユークリッド空間で内点をもつ集合の次元は n である．2つの位相空間が同じ**次元型**をもつとは，おのおのが他の部分集合に位相同型なことである．

■位相的性質　topological property

図形 A において，位相写像によって不変な性質．例えば，**連続性**，**コンパクト性**，**開集合**，**閉集合**，**集積点**など．

■位相的に同値な空間　topologically equivalent space
→ 位相写像

■位相の基底　base for a topology

開集合の族 B が位相空間 T の位相の基底であるとは，任意の開集合が B のいくつかの要素の和になっていることである．位相の部分基底とは，開集合の族 S で，S の任意の有限個の要素の交わりの全体が，位相の基底となっているものをいう．開集合の集まり N が点 x の**近傍系の基底**（あるいは x における**局所基底**）であるとは，x が N の各要素に属し，x を含む任意の開集合もまた N のある要素を含む場合をいう．点 x の近傍系の**部分基底**（あるいは x における**局所部分基底**）とは，任意の有限個の S の要素の交わりの全体からなる族が，x の近傍系の基底であるような集合族のことである．位相空間は，各点がその近傍系に対する可算基底をもつ場合，**第1可算公理**をみたすという．また，その位相が可算基底をもつ場合には**第2可算公理**をみたす，または完全可分であるという．距離空間が第2可算公理をみたす必要十分条件はそれが可分なとき，またそのときに限る．→ 可分空間

■依存領域　domain of dependence
　偏微分方程式の初期値問題で，点 P，時間 t における解の値は全体領域のほんの一部上の初期値によって決められることがあり，これを**依存領域**という．例えば，初期値 $u(x,0)=f(x)$，$u_t(x,0)=g(x)$ である波動方程式 $(1/c^2)u_{tt}=u_{xx}$ について，点 x，時間 t における解の値は区間 $[x-ct,\ x+ct]$ における初期値のみに依存する．→ ホイヘンスの原理

■1　one
　ただ1つの要素からなる集合の濃度．実数の乗法的単位元．すなわち，すべての数 x に対して $1\cdot x=x\cdot 1=x$ となる数1．

■一意　unique
　ただ1つの結果となること．1つしかもただ1つからなること．2つの整数の積は一意である．0でない整数の平方根は一意でない．

■一意性定理　uniqueness theorem
　ある条件をみたす対象が，存在しても，たかだか1つであることを主張する定理．例えば，
　(1) "平面外の1点を含み，この平面に平行な平面はたかだか1つ存在する"
　(2) "f, g, h を閉区間 $[a,b]$ で連続とし，y_0, y_1 を実数とするとき，微分方程式 $y''+f(x)y'+g(x)y=h(x)$ の解 y で，閉区間 $[a,b]$ で y'' が連続，かつ，$y(a)=y_0$, $y'(a)=y_1$ をみたすものは，たかだか1つ存在する"
　一意性定理を立証する推論を**一意性証明**という．→ 存在定理

■一意的定義　uniquely defined
　その定義に適合する対象がただ1つしかないように定められた概念．

■一意分解　unique factorization
　→ 整域，初等整数論の基本定理，既約多項式

■位置解析　analysis situs
　現在トポロジーとよばれる数学の分野．この用語はポアンカレが提唱し，1920年代頃まで使われた．

■1元階級　one-way classification
　《統計》確率変数の値を，ある1つの因子の中でいくつかの階級に分類すること．例えば性別を因子とするとき女性，男性は階級である．

■1次　linear
　→ 線型

■1次関数　linear function
　線型変換(2)と同じ．＝線型関数．→ 線型変換(2)

■1次結合　linear combination
　→ 線型結合

■1次元ひずみ　one-dimensional strains
　変換 $x'=x,\ y'=Ky$ または $x'=Kx,\ y'=y$. これらの変換は $K>1$ または $K<1$ であるに従い座標軸に平行な方向に伸張するかまたは圧縮する．定数 K は**ひずみ係数**とよばれる．＝単純伸張，単純圧縮，1次元伸張，1次元圧縮．

■1次合同式　linear congruence
　変数の1次の項からなる合同式．例えば
　　　$12x+10y-6\equiv 0 \pmod{42}$
は1次合同式である．

■1次従属　linearly dependent
　→ 線型従属

■1次変換　linear transformation
　→ 線型変換

■1次方程式　linear equation, linear expression
　代数的方程式または式で，その(いくつかの)変数に関して1次式であるもの．すなわち，変数に関する最大次数の項の次数が1次であるもの．方程式 $x+2=0$ や $x+y+3=0$ などは線型(1次)である．特定の1変数に関して1次式のときは，その**特定の変数に関して線型**の方程式あるいは式という．方程式 $x+y^2=0$ は x に関して線型であるが，y に関してはそうではない．＝線型方程式．

■1助変数曲面族の特性曲線　characteristic of a one-parameter family of surfaces
　ごく近い2つの助変数に対する2個の曲面の交線の，助変数を共通の極限値に近づけた極限である曲線．特性曲線の方程式は，曲面を表す方程式を助変数について偏微分し，もとの曲面

の方程式とともに，助変数に同一の特定値を代入してえられる．助変数を動かしてできる特性曲線の軌跡は，もとの曲面族の包絡面である．例えば曲面族が，その中心が与えられた直線上にある一定の半径の球面ならば，その特性曲線は，その直線上に中心をもつ円周であり，それらによってつくられる円柱が包絡面である．

■**1対1対応** one-to-one correspondence
　一方の集合の各要素が他方の集合のただ1つの要素と対になっている2つの集合間の対応．例えば，対$\{(a,1),(b,2),(c,3),(d,4)\}$は2つの集合$\{a,b,c,d\}$と$\{1,2,3,4\}$の間の1対1対応の1つである．専門的には，集合$A$の要素を第1の要素，集合$B$の要素を第2の要素とする順序対$(x,y)$の族$S$が，$x_1=x_2$または$y_1=y_2$ならば$(x_1,y_1)$と$(x_2,y_2)$が一致するという性質をもつとき，$A$と$B$の間の1対1対応とよぶ．[類] 全単射，1対1関数，1対1写像，1対1変換．

■**1と0の乗法的性質** multiplication property of one and zero
　数1については，任意の数aに対して$a\cdot 1=1\cdot a=a$．0については，任意の数aに対して，$a\cdot 0=0\cdot a=0$．この逆はやはり真である．すなわち，$ab=0$ならば$a=0$または$b=0$である．これは任意の体（例えば，複素数体や素数を法とする剰余類のなす体），および任意の整域（例えば，整数全体の集合）に対して真である．しかし，すべての環に対して真とは限らない．例えば，6を法とする剰余環において，$2\cdot 3\equiv 0(\mathrm{mod}\,6)$，しかし$2\not\equiv 0(\mathrm{mod}\,6)$かつ$3\not\equiv 0(\mathrm{mod}\,6)$．また2次の実行列全体のなす環において，
$$\begin{pmatrix}1&2\\0&0\end{pmatrix}\begin{pmatrix}0&2\\0&-1\end{pmatrix}=\begin{pmatrix}0&0\\0&0\end{pmatrix}$$
しかし，左辺のいずれの因子も零行列ではない．
→ 環，合同式，整域

■**1のn乗根** root of unity
　正整数nに対して，$z^n=1$をみたす複素数zのことを**1のn乗根**という．1のすべてのn乗根は$\cos\left(\dfrac{k}{n}\cdot 360°\right)+i\sin\left(\dfrac{k}{n}\cdot 360°\right)$ $(k=0,1,2,\cdots,n-1)$と表される [→ ド・モアブルの定理]．1のn乗根全体からなる集合は群演算として乗法をとることにより群をなす．1のn乗根は全部でn個あり，それらは複素数平面上の単位円周上に並ぶ．**1の原始n乗根**とは，1の乗根でn乗してはじめて1となるものをいう．$n=1$と$n=2$の場合を除いて，1の原始n乗根はつねに虚数である．1の原始2乗根は-1；1の原始3乗根は$\dfrac{1}{2}(-1\pm\sqrt{3}\,i)$；1の原始4乗根は$\pm i$．

■**位置のエネルギー**
　＝ポテンシャルエネルギー．

■**1複素変数関数の主要部** principle part of a function of a complex variable
　→ ローラン展開（解析関数の）

■**位置ベクトル** position vector
　任意の点Pに対し，原点から点Pへのベクトル．点Pの直交座標における成分がx,y,zのとき，点Pの**位置ベクトル**は$R=xi+yj+zk$である [→ ベクトル]．

■**1変数の減少関数** decreasing function of one variable
　独立変数が増加するにつれて値が減少する関数のことであり，グラフは右下がりになっている．もし関数が区間Iで微分可能であるとき，I上で微分係数が非正である（ただし，どの区間でも恒等的に0ではないとする）なら，減少関数である．減少関数は，非増加関数と区別するために，**狭義の減少関数**といわれることもある．専門的には，関数fが区間$(a,b)=I$において**狭義に減少**とは，この区間I内の$x<y$をみたす任意のx,yについて，
$$f(x)>f(y)$$
をみたすことである．fが区間Iで**非増加関数**であるとは，この区間I内の$x<y$をみたす任意のx,yについて，
$$f(x)\geqq f(y)$$
をみたすことである．→ 単調増加

■**1変数の有理整関数** rational integral function of one variable
　＝1変数の多項式．→ 多項式

■**一様位相** uniform topology
　位相空間Tの位相が**一様位相**であるとは，次の条件をみたすような直積$T\times T$の部分集合族Fが存在することである．Tの部分集合A

が開集合であるための必要十分条件は，任意の $x\in A$ に対し，適当な $V\in F$ をとれば，集合 $\{y|(x,y)\in V\}$ が A の部分集合となる．さらに，集合族 F は次の条件をみたさなければならない．(i) 各 $V\in F$ はすべての (x,x) $(x\in T)$ を含む．(ii) 各 $V\in F$ に対し，$V^{-1}\in F$ (V^{-1} は $(y,x)\in V$ をみたす (x,y) の全体を表す)．(iii) 各 $V\in F$ に対し，適当な $V^*\in F$ が存在し，(x,y), $(y,z)\in V^*$ であるような $y\in T$ があれば，必ず $(x,z)\in V$ である．(iv) $V_1, V_2\in F$ ならば $V_1\cap V_2\in F$, (v) $V_1\in F$, $V_1\subset V_2$ ならば $V_2\in F$．

上の条件(i)～(v)をみたす集合族 F は，T に対する**一様性**または**一様構造**を定義するとよばれる．

$T\times T$ の部分集合の族 F が，上の条件(i)～(iii)をみたすとき，それを一様性ということもある (このような集合族に属する任意有限個の要素の交わり全体は(i)～(v)をみたす一様性の基であることが示される．ここで B が一様性 U の基であるとは，$B\subset U$ であって，任意の $V_1\in V$ に対して，$V_2\subset V_1$ をみたす $V_2\in B$ が存在することである)．

一様位相である位相空間が**距離づけ可能**であるための必要十分条件は，ハウスドルフ位相空間で，かつ，その一様性が可算基をもつことである．T が距離空間であるならば，次の条件をみたす $T\times T$ の部分集合 V の全体は T に対する一様性となる．各 V に対し，正数 ε を適当にとれば，$d(x,y)<\varepsilon$ をみたす (x,y) がすべて V に含まれる．

■**一様運動** constant motion, uniform motion
 → 定速

■**一様加速度** uniform acceleration
 同じ時間の速度変化が常に等しい加速度．= 等加速度．

■**一様最強力検定** uniformly most powerful test
 → 仮説検定

■**一様収束** uniform convergence of a set of functions
 → 関数族の一様収束

■**1葉双曲面** hyperboloid of one sheet
 座標平面に平行な面で切断したときの切り口が，楕円か双曲線である2次曲面．1葉双曲面の方程式は (図参照)，
$$\frac{x^2}{a^2}+\frac{y^2}{b^2}-\frac{z^2}{c^2}=1$$
と表される．このとき，xy 平面に平行な面で切断すると楕円となり，xz 平面か，または yz 平面に平行な面で切断すると双曲線となる．この曲面は，**線織曲面**である．曲面の上には，2系の直線がのっており，面上の各点にはそれぞれの直線系のちょうど1本ずつの直線が通っている．2つの直線系の方程式は，p を任意の助変数として，
$$\frac{x}{a}-\frac{z}{c}=p\left(1-\frac{y}{b}\right)$$
$$p\left(\frac{x}{a}+\frac{z}{c}\right)=1+\frac{y}{b}$$
と，
$$\frac{x}{a}-\frac{z}{c}=p\left(1+\frac{y}{b}\right)$$
$$p\left(\frac{x}{a}+\frac{z}{c}\right)=1-\frac{y}{b}$$
である．各系において，2つの方程式の積は1葉双曲面の方程式となる．したがって，これらの方程式によって表される直線系は，双曲面上にのっていなければならない．曲面をつくる動く直線の集合を，**直線の母線集合** (直線的母線集合) という [→ 線織面]．図の xy 平面に平行な切り口の楕円部分が円であるような1葉双曲面を，**回転1葉双曲面**という．このとき，上の方程式において $a=b$ であり，曲面は，双曲線
$$\frac{x^2}{a^2}-\frac{z^2}{c^2}=1$$
を z 軸のまわりに回転して得ることができる．= 単葉双曲面．

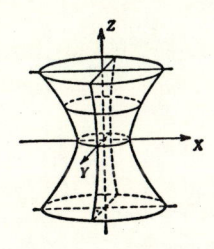

■**一様総和可能な級数** uniformly summable series
 変数を含む項からなる級数が，発散級数の和

に関する与えられた定義について，集合 S 上**一様総和可能**であるとは，和を定義するその級数が S 上一様収束するときにいわれる．級数 $\sum(-x)^n$ は $x=1$ のとき発散する．しかし標準的な定義，例えばヘルダー，チェザロ，ボレルらによるそれぞれの定義のどれによっても，この級数は $0 \leq x \leq 1$ に対して一様総和可能である．ヘルダーの定義によれば，

$$\lim_{n\to\infty}\frac{1}{n}[1+(1-x)+(1-x+x^2)+\cdots$$
$$+\sum_{k=0}^{n-1}(-x)^k]=\lim_{n\to\infty}\left[\frac{1}{n}-x\frac{(n-1)}{n}\right.$$
$$\left.+x^2\frac{(n-2)}{n}-\cdots+(-x)^{n-1}\frac{1}{n}\right]$$

は x に関して閉区間 $[0,1]$ 上一様収束する．

■**一様速度**　uniform speed and velocity
→ 定速

■**一様凸空間**　uniformly convex space
　任意の $\varepsilon > 0$ に対して，$\|x\| \leq 1$, $\|y\| \leq 1$ かつ $\|x+y\| > 2-\delta$ ならば $\|x-y\| < \varepsilon$ である正数 δ が存在する線型ノルム空間を，一様凸空間とよぶ．有限次元空間が一様凸空間であるのは，$\|x+y\|=\|x\|+\|y\|$ である任意のベクトル x と y が比例する場合，かつその場合に限る．ヒルベルト空間は一様凸空間である．一様凸な任意のバナッハ空間は再帰的であるが，どの一様凸空間とも同型でない再帰的バナッハ空間が存在する．バナッハ空間が一様凸空間と同型なのは，それが超再帰的なとき，かつそのときのみである．[類]一様円型空間．→ 超再帰的バナッハ空間

■**一様分布**　uniform distribution
　確率密度関数が $x \in (a,b)$ のとき $f(x)=0$, $a < x < b$ のとき $f(x)=1/(b-a)$ であるとき，確率変数 X は区間 (a,b) 上で**一様分布**をなす，あるいは，X は (a,b) 上の**一様確率変数**であるという．このとき

　　平均値 $\frac{1}{2}(a+b)$, 分散 $\frac{1}{12}(b-a)^2$,
　　積率母関数 $M(t)=\dfrac{e^{tb}-e^{ta}}{t(b-a)}$

である．分布関数は
$$F(t) = \begin{cases} 0 & (t \leq a) \\ (t-a)/(b-a) & (a < t < b) \\ 1 & (b \leq t) \end{cases}$$

である．

■**一様目盛り**　uniform scale
　等しい数値には等しい距離が対応するように目盛った物指しのこと．→ 両対数方眼紙

■**一様有界性原理**　uniform boundedness principle
→ バナッハ-シュタインハウスの定理

■**一様連続**　uniform continuity
　定義域と値域が実数の集合である関数 f が，定義域に含まれる集合 S 上で**一様連続**であるとは，任意の正数 ε に対して，適当な正数 δ をとれば，$|r-s| < \delta$ をみたす $r,s \in S$ に対して，常に $|f(r)-f(s)| < \varepsilon$ が成立することである．関数 f が，閉区間 I において連続ならば，f は I 上で一様連続である．関数 f が，区間 I において微分可能で，ある正数 M に対し，$|f'(x)| < M$ $(x \in I)$ が成り立つならば，f は I 上で一様連続である．関数 x^2 は，閉区間 $[0,1]$ 上で一様連続であるが，実数全体の集合上では，一様連続でない．関数 $1/x$ は，開区間 $(0,1)$ において連続であるが，一様連続でない．しかし，$0 < r < 1$ である r をとれば，閉区間 $[r,1]$ 上では一様連続となる．
　さらに，一般に F の定義域・値域が，実数のある集合，あるいは，平面や空間の点の集合，距離空間の点の集合とする．このとき，F が定義域 S 上で**一様連続**であるとは，任意の正数 ε に対して，適当な正数 δ をとれば，距離が δ より小さい 2 点 x_1, x_2 $(x_1, x_2 \in S)$ に対しては，つねに $F(x_1)$ と $F(x_2)$ の距離が ε より小さいことである．

■**一様連続関数**　uniformly continuous function
→ 一様連続

■**1 階混合微分変数**　mixed differential parameter of the first order
　関数 $f(u,v)$, $g(u,v)$ と曲面 $S: x=x(u,v)$, $y=y(u,v)$, $z=z(u,v)$ に関する不変量 $\Delta_1(f,g) \equiv$
$$\frac{E\dfrac{\partial f}{\partial v}\dfrac{\partial g}{\partial v}-F\left(\dfrac{\partial f}{\partial u}\dfrac{\partial g}{\partial v}+\dfrac{\partial f}{\partial v}\dfrac{\partial g}{\partial u}\right)+G\dfrac{\partial f}{\partial u}\dfrac{\partial g}{\partial u}}{EG-F^2}$$

のこと [→ 曲面の微分変数]．媒介変数 u, v の

変換に関する $\Delta_1(f, g)$ の不変性は，その幾何学的に重要な性質
$$\cos\theta = \frac{\Delta_1(f, g)}{[\Delta_1 f]^{1/2}[\Delta_1 g]^{1/2}}$$
(ここで θ は，S 上の点を通る2つの曲線 $f=$ 定数，$g=$ 定数の間の角) より得られる．他の1階混合微分変数に，
$$\Theta(f, g) = \frac{\partial(f, g)}{\partial(u, v)} \Big/ (EG-F^2)^{1/2}$$
があり，次の性質が成り立つ．
$$\Delta_1{}^2(f, g) + \Theta^2(f, g) = [\Delta_1 f][\Delta_1 g]$$

■**1階の階差** differences of the first order, first-order differences
数列の各項を次の項より引くことによりできる数列．数列 $(1, 3, 5, 7, \cdots)$ の1階の階差数列は $(2, 2, 2, \cdots)$ である．なお階差に対して，差分，定差など多くの訳語が，ほぼ同じ意味で使われている．

■**1価関数** single-valued function
→ 多価関数

■**1価性定理** monodromy theorem
複素変数 z の関数 f が z_0 において正則，かつ有界単連結領域 D 内において z_0 から出発するすべての曲線に沿って解析接続可能ならば，f は D 上のある1価正則関数の要素である．いいかえれば，D 内の任意の閉曲線に沿ってひとまわり解析接続すると，その結果ははじめの関数要素に一致する．→ ダルブーの1価性定理

■**一致推定量** consistent estimator
《統計》任意の正の数 ε に関して $|\Phi(X_1, \cdots, X_n) - \phi| > \varepsilon$ である事象の確率が $n \to \infty$ に従って0になるような母数 ϕ に関する推定量 Φ．もしある推定量が**漸近的不偏**なら，つまり $n \to \infty$ に従って $\Phi(X_1, \cdots, X_n)$ の期待値が ϕ に近づき，その分散が0に近づくなら，Φ は ϕ に関する1つの一致推定量である．例えば，もし $\{X_1, \cdots, X_n\}$ が正規母集団からの無作為抽出標本で
$$\Phi(X_1, X_2, \cdots, X_n) = \frac{1}{n}\sum_{i=1}^{n}(X_i - \bar{X})^2$$
ただし，$\bar{X} = \sum_{i=1}^{n} X_i/n$ とするときには，$E(\Phi) = (n-1)\sigma^2/n$ は $n \to \infty$ に従って σ^2 に収束し，Φ の分散 $2(n-1)\sigma^4/n^2$ は $n \to \infty$ に従って0に収束する．したがって Φ は σ^2 の一致推定量である．→ 不偏推定量，分散

■**1点・傾き形（直線の方程式の）** point-slope form of the equation of a straight line
→ 直線の方程式

■**1点から放射する** radiate from a point
その点を原点とした放射線であること．

■**1点の近傍において連続** continuous in the neighborhood of a point
その近傍の任意の点において連続となるような与えられた点の近傍が存在するとき，関数は与えられた点の近傍で連続であるという．したがって関数 $f(x_1, \cdots, x_n)$ が点 $(a_1, \cdots, a_n)$ の近傍で連続であるのは，すべての i について $|x_i - a_i| < \varepsilon$ なる，あるいは
$$\left[\sum_{i=1}^{n} |x_i - a_i|^2\right]^{\frac{1}{2}} < \varepsilon$$
をみたすすべての点 $(x_1, \cdots, x_n)$ において f が連続となるような ε が存在することである．

■**一般** general
特定されていないことや，すべての場合をつくしていることを示すときに用いる言葉．例えば，**一般代数方程式**[→ 代数方程式]，**一般項**[→ 一般項]，**微分方程式の一般解**[→ 微分方程式の解] などのように用いられる．

■**一般化された比判定法** generalized ratio test
→ 比判定法

■**一般化されたフックの法則** generalized Hooke's law
弾性理論の法則で，十分に小さいひずみに対して，応力テンソル p_{ij} とひずみテンソル ε_{ij} との
$$p_{ij} = \sum_{k,l=1}^{3} C_{ijkl} \varepsilon_{kl} \quad (i, j = 1, 2, 3)$$
の関係のことをいう．ただし C_{ijkl} は弾性係数の4階のテンソルである．一般的な弾性物質で21個の独立な成分が必要となる．一様な等方物質ではその対称性により2つの定数で指定できる（ヤング率，ポアソン比）．→ ポアソン比，ヤング率

■**一般化された平均値定理** generalized mean value theorem
 (1) =テイラーの定理.
 (2) =第2平均値定理.→ 微分法の平均値の定理

■**一般関数** generalized function
 L. シュワルツが1945年に導入した概念で，数理物理学での形式的な方法や，数学の諸方面の強力な道具に関する数学的な基礎を与えた.
 (1) 1次元の場合には，**試料関数**とは台が有界で，いたるところすべての階数の導関数が存在するような関数全体のなす線型空間 Φ である. **超関数**とか (シュワルツの) **一般関数**とよばれる概念は，Φ 上の線型汎関数 T であって，$\{\varphi_n\}$ の台が共通な有限区間に含まれ，各 k について k 階導関数 $\{\varphi_n^{(k)}\}$ の列が0に一様収束するならば，$\lim_{n\to\infty} T(\varphi_n) = 0$ をみたすものである. たとえば f が可測で，$|f|$ が各有限区間で積分可能ならば，
$$T_f(\varphi) = \int_{-\infty}^{\infty} \varphi(t) f(t)\, dt, \quad \varphi \in \Phi$$
は，超関数 T_f を定義する. 2つの関数が同一の超関数を定義するのは，両者がほとんどいたるところ等しいとき，かつそのときのみである. 任意の超関数 T は，$T'(\varphi) = -T(\varphi')$ によって定義される導関数 T' を有する.
 (2) さらに一般に**試料関数**を，n 次元ユークリッド空間内にコンパクトな台をもつ複素数値関数で，すべての階数の連続な混合偏導関数をもつものの全体からなる線型空間とする. Φ の列 $\{\varphi_n\}$ が0に収束するとは，φ_n の台が共通なコンパクト集合に含まれ，列 $\{\varphi_n\}$ および任意の偏微分演算 D に対して $\{D\varphi_n\}$ が一様に0に収束することである. **超関数**または（**シュワルツの**）**一般関数**とは，Φ 上の線型汎関数で，$\{\varphi_n\}$ が (上の意味で) 0に収束するとき $\lim_{n\to\infty} T(\varphi_n) = 0$ であるという意味で連続なものである. 例えば R^n 内で局所積分可能な関数 f があれば
$$T_f(\varphi) = \int \varphi(t) f(t)\, dt, \quad \varphi \in \Phi$$
によって超関数 T_f が定義される. 同様に μ が R^n 上の複素数値測度で，コンパクト集合上で有限なら，
$$T_\mu(\varphi) = \int \varphi(t)\, d\mu, \quad \varphi \in \Phi$$
によって超関数 T_μ が定義される. 集合 E が原点を含むか否かによって $\mu(E) = 1$ または0ならば，μ に対応する超関数を δ とすると
$$\delta(\varphi) = \int \varphi(t)\, d\mu = \varphi(0)$$
である. この δ を**ディラックの超関数**という. これは関数ではないが，しばしば**ディラックのデルタ関数**とよばれる. $p = (p_1, p_2, \cdots, p_n)$ とし，D^p を i 番目の変数 x_i について p_i 回偏微分する演算子とする. さらに $|p| = p_1 + \cdots + p_n$ とする. このとき任意の超関数 T は
$$D^p T(\varphi) = (-1)^{|p|} T(D^p \varphi), \quad \varphi \in \Phi$$
によって定義される偏導関数を有する. T が超関数で g を任意の階数の連続な偏導関数を有する関数とすれば，積 gT が $gT(\varphi) = T(g\varphi)$ によって定義される. 考えている問題に有用な，他の試料関数を使用することもある.

■**一般項** general term
 助変数を含んだ項で，ある集合の任意の項を，その助変数に特定した値を与えることにより表すことができるもの. そのような項 [→2項定理]. n 次代数方程式 $a_0 x^n + a_1 x^{n-1} + \cdots + a_n = 0$ における一般項は $a_i x^{n-i} (i = 0, 1, \cdots, n)$ とかける.

■**一般線型群** full linear group
 複素数を成分とする n 次の正則行列全体が，行列の通常の乗法に関してなす群のことを，n 次の**一般線型群**あるいは**全線型群**という.

■**一般相似変換** general similarity transformation
 図形を相似な他の図形に変換する変換. 回転，拡大など相似性を保存する変換.

■**一般凸関数** generalized convex function
 $\{F\}$ を区間 (a, b) で連続な関数の族とする. さらに (a, b) の異なる2点 x_1, x_2 に x 座標をもつ任意の2点 (x_1, y_1), (x_2, y_2) に対して，$\{F\}$ の中に
$$F(x_1) = y_1, \quad F(x_2) = y_2$$
をみたす関数がただ1つ存在するものとする. 区間 I の任意の点 $x_1 < x_2$ をとり，F を
$$F(x_1) = f(x_1), \quad F(x_2) = f(x_2)$$
をみたす $\{F\}$ の関数とするとき，$x_1 < \xi < x_2$ である任意の ξ について
$$f(\xi) \leq F(\xi)$$
が成り立つならば，f は関数族 $\{F\}$ に関しての I 上の一般凸関数である，あるいは I 上の劣 F

関数であるという.

■**一般リーマン積分** generalized Riemann integral

f が区間 $[a, b]$ で定義された実数値関数とする. f の $[a, b]$ での**一般リーマン積分** GI とは, 任意の $\varepsilon > 0$ に対して, $[a, b]$ 上で定義された正の実数値をとる関数 $\delta(t_i)$ があり, $\{x_1 = a, x_2, \cdots, x_{n+1} = b\}$ を区間 $[a, b]$ の任意の分割で $t_i \in [x_i, x_{i+1}]$ とし, 各 i について $|x_{i+1} - x_i| < \delta(t_i)$ ならば,

$$\left| GI - \sum_{i=1}^{n} f(t_i)(x_{i+1} - x_i) \right| < \varepsilon$$

が成立するような値である. もしも区間 $[a, b]$ 上で連続な関数 F があり, 区間 $[a, b]$ 上のたかだか可算個の点を除いて微分可能であって $F'(x) = f(x)$ ならば, f の区間 $[a, b]$ における一般リーマン積分が存在して $F(b) - F(a)$ に等しい. → 定積分

■**イデアル** ideal

R を集合とし, 加法および乗法とよばれる2つの演算に関して環 (あるいは整域, 多元環など) をなしているとする. R の部分集合 I が加群をなす (あるいは, 同値であるが, x と y が I に属していれば, 常に $x - y$ も I に属するという条件をみたす) とする. さらに, c が R に属し x が I に属するならば常に cx も I に属するとき, I を**左イデアル**とよぶ. c が R に属し, x が I に属するならば常に xc も I に属するとき**右イデアル**とよぶ. c が R に属し, x が I に属するならば常に cx と xc の両方が I に属するとき, I を**両側イデアル** (または, 簡単にイデアル) とよぶ. 環 R の任意のイデアル I に対して, R から商環 R/I の上への準同型写像が存在する. この準同型によって I の各要素は 0 にうつされる. また一方, R からある環への任意の準同型に対して, I を 0 に写される要素全体の集合とすれば, I は R のイデアルとなり, R/I はこの準同型による R の像と同型である. イデアルのすべての要素が, そのうちの1個の要素と R の要素の積となっているとき, **単項イデアル** (または**主イデアル**) とよぶ. 例えば, 偶整数全体の集合は整数全体からなる整域の単項イデアルである. 2 つのイデアル A と B の積 AB とは, A の各要素と B の各要素の積全体およびそれらの積の任意の和全体からつくられるイデアルのことである. D を代数的整数全体からなる整域とする. D のイデアルが, 1 の倍数全体からなるイデアル I と異なり, かつ, それ自身と I 以外に (イデアルの積としての) 因子をもたないとき**素イデアル**とよばれる.

D の任意のイデアルは素イデアルの積として (積の順序の違いを除いて) 一意的に表される. → 加群, 商空間, 代数的数

■**イデアルの根基** radical of an ideal

環 R のイデアル I に対し, I の**根基** (記号 $\sqrt{I}$ で表す) とは, R の要素 x で, 適当な正整数 n が存在して $x^n \in I$ であるもの全体の集合である. → イデアル

■**糸** string
→ 組み糸

■**緯度** latitude

赤道からその地点までの子午線上の弧をとり込む角度. 地軸を含む平面と地軸とのなす角度. 天極に対する仰角. その地点での測鉛線と同一子午線上の赤道地点での測鉛線とがなす角.

■**移動平均** moving average

確率過程 $\{X_n\}$ において k 次の**移動平均**とは Y_n が $(X_n + X_{n+1} + \cdots + X_{n+k-1})/k$ に等しいような確率過程 $\{Y_n\}$ をいう. 例えば日々の最高気温が $\{T_1, T_2, \cdots\}$ なら 3 日移動平均は

$$\left\{ \frac{1}{3}(T_1 + T_2 + T_3),\ \frac{1}{3}(T_2 + T_3 + T_4),\right.$$
$$\left.\frac{1}{3}(T_3 + T_4 + T_5),\ \cdots \right\}$$

加重平均という語も使われる.

■**イプシロン記号** epsilon symbols

記号 $\varepsilon^{i_1 i_2 \cdots i_k}$ と $\varepsilon_{i_1 i_2 \cdots i_k}$ のこと. $i_1, i_2, \cdots, i_k$ が $1, 2, \cdots, k$ の置換でないなら 0 であり, 偶置換なら $+1$, 奇置換なら -1 である. $\delta^{i_1 i_2 \cdots i_k}_{j_1 j_2 \cdots j_k}$ を一般化された**クロネッカーのデルタ**とするなら, $\varepsilon^{i_1 i_2 \cdots i_k} = \delta^{i_1 i_2 \cdots i_k}_{1, 2, \cdots, k} = \delta^{1, 2, \cdots, k}_{i_1 i_2 \cdots i_k} = \varepsilon_{i_1 i_2 \cdots i_k}$ である. この 2 つの ε 記号は, それぞれ重みが $+1$ および -1 である**相対テンソル場**である. エディントンのイプシロンともいう.

■**イプシロン鎖** epsilon-chain

順々に連なった, どの隣り合った 2 点間の距離も, ある正の実数イプシロン (ε) 以下である

有限個の点列 $P_1, P_2, \cdots, P_n$ のこと．ε鎖と記す．**連結集合**では，任意の ε に対する任意の2点間を結ぶ ε 鎖が存在し，逆に，任意の ε に対する任意の2点を結ぶ ε 鎖が存在するコンパクト集合は，連結集合である．

■入れ子集合族　nested sets

集合族で，その中から任意に2つの集合 A と B を選ぶと，A が B を含むか，または B が A を含むかのいずれかが成り立つもの．巣塔，または鎖ともいう．→ 単調増加

■陰関数　implicit function

式 $f(x, y) = 0$ ［一般に，$f(x_1, x_2, \cdots, x_n) = 0$］の形で定義される関数．$y$ を従属変数と考えるときには，$f(x, y) = 0$ は y を x の**陰関数**として定義するという．これから $y = F(x)$ の形の等式が導かれる場合もある．そのときは，y は x の**陽関数**とよばれる．$x + y^3 + 2x^2y + xy = 0$ において，y は x の陰関数であるが，$y = x^2 + 1$ においては，y は x の陽関数である．等式 $x^2 + y^2 = 4$ は x と y の間の関係を定義するが，これを y について解いた2つの式 $y = f(4 - x^2)^{1/2}$ と $y = -(4 - x^2)^{1/2}$ は，それぞれ x の陽関数 y を与える．

■陰関数定理　implicit-function theorem

方程式または方程式系が，ある変数を従属変数として解くことができるための条件を述べた定理．2変数関数に対する陰関数定理は，2変数に関する1つの方程式の解を与える座標をもつ点の近傍において，その方程式がどちらか一方の変数について一意的に解けるための条件を与えている．詳しくいうとつぎのとおりである．F と F の y に関する偏導関数 D_yF が点 (x_0, y_0) の近傍において連続で，$F(x_0, y_0) = 0$ かつ $D_yF(x_0, y_0) \neq 0$ ならば，ある数 $\varepsilon > 0$ が存在して，$|x - x_0| < \varepsilon$ に対して $F[x, f(x)] = 0$ かつ $y_0 = f(x_0)$ をみたす連続な関数 f が一意的に存在する．

例えば，$x^2 + xy^2 + y - 1$ とその y に関する導関数 $2xy + 1$ はともに $(1, 0)$ の近傍で連続である．さらに $x = 1, y = 0$ のとき $x^2 + xy^2 + y - 1 = 0, 2xy + 1 \neq 0$ となる．したがって，$(1, 0)$ の近傍において $x = 1$ に対して $y = 0$ となるような y についての一意的な解が存在する．その解は次式で与えられる．

$$y = \frac{-1 + \sqrt{1 - 4x(x^2 - 1)}}{2x}$$

■陰関数の微分　implicit differentiation

2変数の方程式の形で与えられた関係式を，すべての項を独立変数に関して微分し，得られた恒等式を解くことにより1つの変数の他の変数に関する導関数を求める方法．例えば，
$$x^3 + x + y + y^3 = 4$$
とすれば，
$$3x^2 + 1 + y' + 3y^2y' = 0$$
であるから，
$$y' = -(3x^2 + 1)/(3y^2 + 1)$$
となる．これは方程式が1つの変数に関して解けないとき，なくてはならない方法である．またこの方法は，方程式が1つの変数に関して解ける場合でも計算を容易にする．$D_yf(x, y) \neq 0$ である方程式 $f(x, y) = 0$ について，次の公式を使うことも可能である．
$$dy/dx = -D_xf(x, y)/D_yf(x, y)$$
これは上の方法と同じであることが簡単にわかる（z が定数なら $dz = df(x, y)$ は 0 であり，上の公式に帰着する）．→ 微分

■因子分析法　factor analysis

《統計》確率変数 $X_i (i = 1, \cdots n)$ を，別の確率変数 $U_j (j = 1, \cdots, m)$ のいくつかの項によって表すことのできるとき，例えば，
$$X_i = \sum_{j=1}^{m} a_{ij}U_j + b_ie_i \quad (n > m)$$
として表すことが可能であると仮定されるとき，これらの X_i を観測する多変量解析の一分野．確率変数 $\{U_j\}$ は，$\{X_i\}$ の**因子**とよばれ，$\{e_i\}$ は，誤差項である．この方法に関して当然おこってくる問題は，変数 X_i の観測値に基づいて a_{ij} を評価することや，U_j 因子に対して意義のある解釈が存在するということなどである．例えば，nr 個の評価点が n 回の異なる心理テストの結果として，r 人の集合から得られたとする．これらの評価点は，種々の因子に関連しているとしてよい．例えば，言語の才能，算数の能力，形状認識などが因子 U_i に与えられる解釈である．

■因数　factor, divisor

与えられた対象（数，式など）に対し，その対象を割り切る対象のことを，与えられた対象の**因数**という（約数という語もほぼ同じ意味）．

より正確な記述は，以下の各項目を参照せよ．
→ 項の因数，整数の因数，素因子，約数

■**因数定理** factor theorem
"$p(x)$ を，x を変数とする多項式とするとき，$p(x)$ において x に数 a を代入して得られる値が 0 であれば，$p(x)$ は $x-a$ でわり切れる" という定理．この定理の逆，つまり，"多項式 $p(x)$ が $x-a$ でわり切れれば，$p(a)=0$ である" という命題も真である．→ 剰余定理

■**因数分解** factorization
因数の積の形にかくこと．例えば，6 を因数分解するというのは，6 を 2×3 という形にかくことをいう．→ 因数定理，項の因数，整数の因数，素因子

■**因数分解可能** factorable
整数に対して用いることもある（0 でない整数 n が因数分解可能であるとは，n が ±1 と $\pm n$ 以外の因数をもつことをいう）が，通常は多項式に対して用いる．F を**体**または**整域**とするとき，F に係数をもつ 0 でない多項式 p に対し，p が F において因数分解可能であるとは，p が定数でない F 係数の 2 つの多項式の積の形にかけること，つまり既約でないことをいう[→ 既約多項式]．例えば，x^2-y^2 は，$x^2-y^2=(x-y)(x+y)$ と表されるから，有理数体において因数分解可能である．x^2-2y^2 は，有理数体においては因数分解可能でないが，$x^2-2y^2=(x-\sqrt{2}y)(x+\sqrt{2}y)$ と表されるから，実数体においては因数分解可能である．x^2+y^2 は，有理数体においても実数体においても因数分解可能でないが，$x^2+y^2=(x-iy)(x+iy)$ と表されるから，複素数体においては因数分解可能である．x^2-y^2-y は，複素数体においても因数分解可能でない．なお，初等代数学では，F として有理数体または有理整数環をとるのが普通である．→ 因数分解の基本公式

■**因数分解の基本公式** type forms for factoring
(1) $x^2+xy=x(x+y)$
(2) $x^2-y^2=(x+y)(x-y)$
(3) $x^2+2xy+y^2=(x+y)^2$
(4) $x^2-2xy+y^2=(x-y)^2$
(5) $x^2+(a+b)x+ab=(x+a)(x+b)$
(6) $acx^2+(bc+ad)x+bd$
　　$=(ax+b)(cx+d)$
(7) $x^3\pm3x^2y+3xy^2\pm y^3=(x\pm y)^3$
(8) $x^3\pm y^3=(x\pm y)(x^2\mp xy+y^2)$
[(7), (8)は，それぞれ，複号同順]

■**インチ** inch
長さ，または距離を表す単位の 1 つ．1 フット (foot) の 1/12 で，約 2.54 センチメートル．→ 付録：単位・名数

■**インド-アラビア数字** Hindu-Arabic numerals
＝アラビア数字．→ アラビア数字

■**引力** attraction
→ 万有引力の法則

■**引力の中心** center of attraction
→ 重心

ウ

■**ヴァンディヴァー, ハリー・シュルツ** Vandiver, Harry Schultz (1882—1973)
米国の代数学者, 整数論学者. 独学により勉強した. フェルマーの最終定理(大定理)の解決に対する貢献は, 最もよく知られている.

■**ヴァンデルモンド** Vandermonde
→ ファンデルモンド

■**ヴィエト, フランソワ** Viete, François (ラテン名は Franciscus Vieta) (1540—1603)
その時代において最も影響力のあったフランスの数学者. 代数学者, 算術家. 解析学にも貢献し, 幾何学の研究家でもあった. 定数と変数を表すのに文字を使用したが, 負数は取り除いて扱った. 1変数の一般の3次方程式を三角法によって解く解を与えた.

■**ヴィエトの公式** Viète formula
$$\frac{2}{\pi} = \cos\frac{\pi}{4} \cdot \cos\frac{\pi}{8} \cdot \cos\frac{\pi}{16} \cdots$$
という公式. これは(次のヴィエタのもとの式)
$$\frac{2}{\pi} = \frac{2^{1/2}}{2} \cdot \frac{(2+2^{1/2})^{1/2}}{2} \cdot \frac{(2+(2+2^{1/2})^{1/2})^{1/2}}{2} \cdots$$
と同値である.

■**ヴィタリ, ジュゼッペ** Vitali, Giuseppe (1875—1932)
イタリアの解析学者, 集合論の研究家.

■**ヴィタリ集合** Vitali set
実数を要素とする集合がそのどの2つの要素も差が有理数でなく, 任意の実数が, その集合の要素と有理数との和に等しいとき, ヴィタリ集合という. 実数全体を加群としたときの部分群として, 有理数全体をとり, その剰余類のそれぞれから1つずつ要素をとって得られる集合はヴィタリ集合である.
ヴィタリ集合は, 可測ではない. ヴィタリ集合と区間との交わりは測度0となるか, または可測でない. → シルピンスキー集合

■**ヴィタリの被覆** Vitali covering
n 次元ユークリッド空間 S において, 集合族 J が次の条件をみたすとき, J は**ヴィタリの意味で S を覆う**という. S の任意の点 x に対して, 正数 $a(x)$ と, x を含み**直径**が 0 に収束するような J に属する集合列 $U_1, U_2, \cdots$ と n 次元立方体 $C_k (k=1, 2, \cdots)$ が存在し, 各 $k (k=1, 2, \cdots)$ に対し, $m(U_k) \geqq a(x) m(C_k)$, $U_k \subset C_k$ をみたすようにできる. $m(U_k)$, $m(C_k)$ はそれぞれ U_k, C_k の測度を表す.

■**ヴィタリの被覆定理** Vitali covering theorem
S を n 次元ユークリッド空間とする. 閉集合族 J が, S の**ヴィタリの被覆**ならば, J に属する互いに素な, たかだか可付番個の閉集合で, その和集合が測度 0 の集合を除けば S を含むようにできる.

■**ウィッチ** witch
原点で x 軸に接する半径 a の円を描く. そして, 原点を通る直線を引く. この直線が, 円と, 直線 $y=2a$ とで切り取られる部分を斜辺とする直角3角形を作る. 他の2辺は, それぞれ, x 軸, y 軸に平行にとる. このような直角3角形の頂点の軌跡をウィッチという. これは, 平面上の3次曲線となり, 直交座標では $x^2y = 4a^2(2a-y)$ で表される. ウィッチは, 通常, **アニェシのウィッチ**という. イタリアの女性数学者マリア・ガエタナ・アニェシ修道女が, この曲線について論じた.
なおウィッチという用語は, イタリア語の原語 versiera から英語への誤訳とされている. 日本語では迂池線(うちせん)という音訳があった.

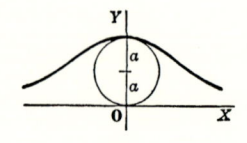

■**ウィッテン，エドワード**　Witten, Edward
(1951―　)
　米国の物理学者，数学者．理論物理学に最新の数学的手法を適用し，物理学の着想を新しく美しい数学に応用した寄与により，1990年フィールズ賞を受賞した．

■**ウィーナー，ノーバート**　Wiener, Norbert
(1894―1964)
　アメリカの解析学者，応用数学者．確率論，ポテンシャル論，フーリエ積分，フーリエ変換，自動計算機，フィードバック解析へ重要な貢献をした．サイバネティクスの創始者である．→サイバネティクス

■**ウィーナー過程**　Wiener process
　次の条件をみたす**確率過程**$\{X(t)|t\geq 0\}$を**ウィーナー過程**という（**ブラウン運動過程**ともいう）．(i) $X(0)=0$, (ii) 各 t に対し, $X(t)$ は平均値 0 の正規確率変数である，(iii) $a<b\leq c<d$ ならば，確率変数 $X(b)-X(a)$ と $X(d)-X(c)$ は独立であり，$b-a=d-c$ のときは同じ分布をもつ．どのウィーナー過程も**マルチンゲール**であり，$0\leq t_1\leq t_2$ なら $X(t_2)-X(t_1)$ は平均 0，**分散** $B(t_2-t_1)$ の**正規分布**に従う．ここで B はある定数である．ウィーナー過程は，ブラウン運動や株価の変動，さらに，量子力学などに応用される．

■**ウィルソン，ジョン**　Wilson, John (1741―1793)
　イギリスの数論学者．

■**ウィルソンの定理**　Wilson's theorem
　整数論において $(n-1)!+1$ が n でわり切れるための必要十分条件は，n が素数である，という定理．例えば $4!+1=25$ は 5 でわり切れるが，$5!+1=121$ は 6 でわり切れない．

■**ウェダーバーン**　Wedderburn, Joseph Henry Maclagan (1882―1948)
　スコットランド系アメリカ人．代数学者．行列，多元数，代数的構造に関する業績がある．

■**ウェダーバーンの構造定理**　Wedderburn's structure theorems
　次の定理のこと．
　(1) F を体，A を F 上の単純多元環とするならば，F 上の多元体 D をとって，D の要素からなる n 次行列の多元環と A とが同型となるような，ただ 1 つの正整数 n が存在する．
　(2) 環 R が，右イデアル上の降鎖条件をみたし，かつ，ベキ零要素だけからなる零イデアルを除いてイデアルを含まないための必要十分条件は，R が，ある除法環の要素からなる行列環と同型であるようなイデアルの有限個の直和となることである

■**ウェダーバーンの定理**　Wedderburn theorem
　任意の有限除法環は可換体であるという定理．

■**上つき添字**　superscript
　主要な文字や記号の右上（ときに左上）につける小さな数字，文字または記号．通例 x^3 とか $7^{1/2}$ といった累乗を表すのに使う．ときとして変数につけて，その変数の定数値を表したり，また変数を区別する記号として使われる．→指数，添字，テンソル関連の諸項目，プライム記号

■**ウェッセル，カスパーロ**　Wessel, Caspar (1745―1818)
　デンマークの数学者．複素数を平面に図示するのが有用であることを発表した(1798 年)．→アルガン図表，ウォリス，複素数平面

■**ウェデル**　Weddle, Thomas (1817―1853)
　イギリスの解析学者，幾何学者．

■**ウェデルの公式**　Weddle's rule
　積分 $\int_a^b f(x)dx$ の近似値を与える公式．シンプソンの公式に代わるもので，6 次のニュートン-コーツ公式の係数を簡易化したものに相当する．区間 (a,b) を $6n$ 等分する．公式は
$$\frac{b-a}{20n}[y_a+5y_1+y_2+6y_3+y_4+5y_5+y_6+\cdots+5y_{6n-1}+y_{6n}]$$
で与えられる．→シンプソンの公式，ニュートンの 3/8 法則

■**ヴェブレン，オスワルド**　Veblen, Oswald
(1880―1960)
　米国の解析学者，射影幾何学者，位相数学者．

ニュージャージー州にあるプリンストン高等研究所の設立に尽力した．→ ジョルダンの曲線定理

■**上への写像** onto mapping

集合 X の各点を集合 Y の点にうつす写像を，X から Y の**中への写像**という．もし Y の各点が X の少なくとも1つの点の像になっているならば，X から Y の**上への写像**という．例えば，$y=3x+2$ は，実数から実数の**上への写像**である．$y=x^2$ は，実数から実数の**中への**，あるいは実数から非負数の**上への写像**である．→ 全射

■**ウォリス，ジョン** Wallis, John (1616—1703)

イギリスの代数学者，解析学者，暗号通信研究家，論理学者，神学者．ニュートン以前の最も才能あるイギリスの数学者であった．彼とバローの無限小解析における仕事は，ニュートンに強い影響を与えた．彼は，虚軸をはっきり使用してはいなかったが，おそらく複素数の図示をした最初 (1685) の人であった．→ アルガン図表，ウェッセル，複素数平面

■**ウォリスの公式** Wallis' formulas

関数 $\sin^m x$, $\cos^m x$, $\sin^m x \cos^n x$ の 0 から $\frac{1}{2}\pi$ までの定積分の値を与える公式．ここで，m, n は任意の正整数である．→ 付録：積分公式 359

■**ウォリスの π の公式** Wallis' product for π

$$\frac{\pi}{2}=\frac{2}{1}\cdot\frac{2}{3}\cdot\frac{4}{3}\cdot\frac{4}{5}\cdot\frac{6}{5}\cdot\frac{6}{7}\cdot\cdots\cdot\frac{2k}{2k-1}\cdot\frac{2k}{2k+1}\cdots$$

という無限乗積．

■**ウォルシュ，ジョセフ・レオナード** Walsh, Joseph Leonard (1895—1973)

米国の解析学者．多項式，有理関数，直交関数に対する業績があり，近似定理に関連した仕事は顕著である．

■**ウォルシュの直交関数系** Walsh functions

区間 $[0,1]$ において，次のように定められた関数系 $\{w_n\}$ のこと．$w_1\equiv 1$, $w_{n+1}=r_{n_1+1}r_{n_2+1}$ $\cdots r_{n_k+1}$. ここで $n=2^{n_1}+2^{n_2}+\cdots+2^{n_k}$, $n_1>n_2>\cdots>n_k\geqq 0$.

ウォルシュの関数系は，区間 $[0,1]$ において直交系であり，ラーデマッヘル関数系を含む．$L^p(1\leqq p<\infty)$ において，それらの張る線型空間は L^p である．→ ラーデマッヘル関数系

■**ヴォルタ，アレッサンドロ・ジュゼッペ・アントニオ・アナスタシオ** Volta, Allesandro Giuseppe Antonio Anastasio (1745—1827)

イタリアの物理学者．電池を発明した．電圧の単位ボルト (volt) は彼の名前をとっている．

■**ヴォルテラ，ヴィト** Volterra, Vito (1860—1940)

イタリアの解析学者．積分微分方程式と関数解析の発展に先駆的な貢献をした．数理生物学の発端である生存競争の方程式を導入した．

■**ヴォルテラの解** Volterra's solution

f が $a\leqq x\leqq b$ で連続，K が $a\leqq t\leqq x\leqq b$ で連続ならば，このとき，第2種のヴォルテラの積分方程式

$$y(x)=f(x)+\lambda\int_a^x K(x,t)y(t)\,dt$$

は

$$y(x)=f(x)+\int_a^x k(x,t;\lambda)f(t)\,dt$$

で表されるただ1つの連続関数解をもつ．ここで，$k(x,t;\lambda)$ は，与えられた**核** $K(x,y)$ の**解核**であり，$a\leqq t\leqq x\leqq b$ において連続である．

第1種のヴォルテラの積分方程式

$$f(x)=\lambda\int_a^x K(x,t)y(t)\,dt$$

は，両辺を微分することによって，第2種の方程式

$$f'(x)=\lambda K(x,x)y(x)+\lambda\int_a^x \frac{\partial K(x,t)}{\partial x}y(t)\,dt$$

に帰着する．ただし，$\frac{\partial K(x,t)}{\partial x}$ が存在し，連続であることを仮定する．上の議論は $\lambda=1$ に制限して述べられることもある．

■**ヴォルテラの積分方程式** Volterra's integral equations

$$f(x)=\int_a^x K(x,t)y(t)\,dt$$

を，**第1種のヴォルテラの積分方程式**といい，

$$y(x) = f(x) + \lambda \int_a^x K(x,t) y(t) \, dt$$

を，**第2種のヴォルテラの積分方程式**という．ここで，f, K は与えられた関数で，y は未知関数である．関数 K を方程式の**核**という．第2種のヴォルテラの方程式は，$f(x) \equiv 0$ のとき，**同次**であるという．→ アーベルの問題

■**ヴォルテラの相反関数** Volterra's reciprocal functions

$$K(x,y) + k(x,y;\lambda) = \lambda \int_a^b k(x,t;\lambda) K(t,y) \, dt$$

をみたす関数 $K(x,y)$ と $k(x,y;\lambda)$ のこと．**フレドホルムの行列式** $D(\lambda) \neq 0$ で，$K(x,y)$ が連続ならば

$$k(x,y;\lambda) = -D(x,y;\lambda)/[\lambda D(\lambda)]$$

である．ここで，$D(x,y;\lambda)$ は**フレドホルムの第1小行列式**を表す．g が

$$g(x) = f(x) + \lambda \int_a^b K(x,t) g(t) \, dt$$

の解ならば，f は

$$f(x) = g(x) + \lambda \int_a^b k(x,t;\lambda) f(t) \, dt$$

の解である．逆も成立する．関数 $k(x,y;\lambda)$ を**解核**という．上の議論は $\lambda = 1$ に制限して述べられることがある．→ 反復核

■**薄板** lamina [*pl*. laminas または laminae]
均一の厚さと一定の密度をもつ薄い板．

■**打消し** cancel
(1) 分数の分子と分母の数（または因数）を共通の数で割ること．

$$\frac{6}{8} = \frac{2 \times 3}{2 \times 4} = \frac{3}{4}$$

このとき，2が消された．この場合は約分とよぶ．
(2) 異負号であるが数値が等しい数どうしは加法において打ち消されるという．$2x + 3y - 2x$ は $2x$ と $-2x$ が消されて $3y$ になる．

■**裏**（含意の） inverse of an implication
仮定と結論をそれらの否定に置き換えて得られる含意．例えば，"x が4でわり切れれば，x は2でわり切れる"の裏の陳述（偽）は "x が4でわり切れなければ，x は2でわり切れない"となる．含意の**逆**と**裏**は同値である．すなわち，それらはともに真かともに偽のいずれかである．

■**ウリゾーン，ポール・サミロヴィッチ**
Urysohn, Paul Samuilovich（1898—1924）
ロシアの解析学者，位相数学者．26歳のときにフランスの海水浴場で溺死した．

■**ウリゾーンの定理** Urysohn's theorem
正規空間 T における2つの閉集合 P, Q が交わらないならば，$p \in P$ のとき $f(p) = 0$, $p \in Q$ のとき $f(p) = 1$ で，しかも $0 \leq f(p) \leq 1$ であるような，T で定義された実数値連続関数 f が存在する．→ 距離空間

■**運算** cipher
数を計算すること．四則演算のいくつかを用いて答を出すこと．

■**運動エネルギー** kinetic energy
物体が運動していることによってもつエネルギー．質量 m の物体が速度 v で動いているときもっている運動エネルギーは $\frac{1}{2} mv^2$ である．保存力の場においては，物体をある位置から他の位置に移動するために力によってなされた仕事は，運動エネルギーの変化と等しい．軸のまわりを角速度 ω で回転している物体で，この軸のまわりの慣性モーメントが I であるような物体のもつ運動エネルギーは，$\frac{1}{2} I\omega^2$ である．

■**運動学** kinematics
剛体の運動を扱う力学の一分野で，質量や運動をおこす力を考慮しない．運動学で扱う概念は空間と時間だけである．→ 動力学，力学

■**運動方程式** equation of motion
質点の運動法則を表現する方程式．通常は微分方程式の形で記される．

■**運動ポテンシャル** kinetic potential
運動エネルギーとポテンシャル・エネルギーの差．=ラグランジュ関数．

■**運動量** momentum
運動量の大きさは，物体の質量と速度の積ではかられる．運動量は，角運動量や運動量のモ

ーメント (q, v) と区別するため，**線型運動量**ともよばれる．質量 m, 速度 v の質点の**線型運動量**は，ベクトル mv である．速度 $v_1, v_2, \cdots, v_n$ で運動する，それぞれ，質量 $m_1, m_2, \cdots, m_n$ の質点からなる質点系の線型運動量は，各質点の線型運動量のベクトル和

$$M = \sum_i m_i v_i$$

である．質量が連続的に分布している質点系の運動量は，積分

$$M = \int_S v\, dm$$

によって定義される．ここで，積分範囲はその物体全体にわたる．

■**運動量のモーメント** moment of momentum

点 O における質量 m, 速度 v をもつ質点についての運動量モーメントは，点 O の位置ベクトル r と運動量 mv とのベクトル積である．ベクトル解析の記法によれば，運動量のモーメント $H = r \times mv$ である．質点系の点 O における運動量のモーメントは，各質点の運動量のモーメントの和として定義される．質量が連続的に分布しているときは，

$$H = \int_S (r \times v)\, dm$$

である．ここで，積分範囲はその物体全体にわたる．＝角運動量．

エ

■**A. E.** A. E.
ほとんどいたるところ (almost everywhere) の省略形.→ 測度 0

■**鋭角** acute angle
直角より角度が小さい角.ふつうは直角よりも小さい正の角のことをいう.

■**鋭角3角形** acute triangle
→ 3角形

■**影響範囲** range of influence
→ 放射現象

■**英国熱量単位** British thermal unit, BTU
最大密度の状態 (これは 4°C または 39.2°F である) にある 1 ポンドの水の温度を 1°F 上昇させるのに必要な熱の総量.1054.7 ジュールに相当.

■**a 点 (解析関数の)** a-point of an analytic function
複素変数の解析関数 $f(z)$ の a 点とは,解析関数 $f(z)-a$ の零点のことである.a 点の**位数**とはその点における $f(z)-a$ の零点の位数のことである.→ 関数の零点

■**永年方程式** secular equation
＝固有方程式.→ 行列の固有方程式

■**エウドクソス** Eudoxus (B. C. 408—355)
ギリシャの天文学者,数学者.彼の導入した等比の定義は,現代実数論の先駆をなすものであり,面積・体積を求めるための**悉尽法**(しぼり出し法,取り尽くしの法) もたぶん彼によっている.→ デデキント切断,取り尽くし法

■**液量** liquid measure
液体を量るのに普通用いられる単位の系.→ 付録:単位・名数

■**エジプトの数字** Egyptian numerals
B.C. 3400 年頃からエジプトの神聖文字に使われた.1, 10, 10^2, 10^3, …を表す記号 (絵) を基本とし,同じ記号を 9 個まで並べて数を表す.

■**SI 単位系** The International System of Units
メートル,秒,キログラム,アンペア,ケルビン,カンデラ,モルを基本単位とする国際単位系.元来はフランス語の Système International d'Unités (国際単位系) の頭字だが,どの言語でも SI と略記する.

■**sn** sn
→ ヤコビの楕円関数

■**絵図表** pictogram
棒グラフや折線グラフのような数量関係 (特に統計関係) を表す図形の総称.

■**x** x
(1) 未知数や変数を表すのに最もよく使われる文字.
(2) 直角座標系の軸の 1 つ (特に横座標) を表すのに使用される.→ 直角座標

■**エニアック** ENIAC
ENIAC (electronic numerical integrator and computer).最初の全電子式汎用計算機.ペンシルベニア大学で作られ,1946 年に一般公開された.そして 1947 年にアバディーンにある弾道研究所の実験所に移された.

■**n 項順序** ordered n-tuple
→ 順序対

■**n 次の方程式の一般形** general equation of the n-th degree
→ 代数方程式

■**n 乗根** n-th root of a number
与えられた数の **n 乗根**とは,n 乗したときもとの数に一致するような数のことをいう.0 でない任意の数の n 乗根が存在する (実数または虚数).n が奇数のとき,与えられた実数の n 乗

根のうちの1つは実数である．例えば，27の3乗根は3と$\frac{3}{2}(-1\pm\sqrt{3}i)$．$n$ が偶数のとき，与えられた正の数の n 乗根のうち2つは実数で符号の違いしかない．例えば，4の4乗根は $\pm\sqrt{2}$ と $\pm\sqrt{2}i$，ある数の**平方根**とは2乗するともとの数に等しいような数のことである．正の数は2つの実数の平方根をもち，負の数は2つの虚数の平方根をもつ．正の数 a の正の平方根は $\sqrt{a}$ と表される．ある数の**立方根**とは3乗するともとの数に等しいような数のことをいう．0を除くどんな実数も3つの立方根のうちの1つは実数で，2つは虚数である．複素数(実数であることもある)を
$$r[\cos\theta+i\sin\theta]$$
または
$$r[\cos(2k\pi+\theta)+i\sin(2k\pi+\theta)]$$
の形に表すとき，その n 乗根は
$$\sqrt[n]{r}\left[\cos\frac{(2k\pi+\theta)}{n}+i\sin\frac{(2k\pi+\theta)}{n}\right]$$
である．ただし，$k=0,1,2,\cdots,n-1$，$\sqrt[n]{r}$ は r の負でない n 乗根．→1の n 乗根，ド・モアブルの定理

■n 乗剰余　residue
合同式 $x^n\equiv a\pmod{m}$ が解をもつとき，a は**剰余**(特に m を法とする n **乗剰余**)とよばれる．この合同式が解をもたないとき，**非剰余**とよばれる．$n=2$ のときには平方剰余とよぶ．$3^2\equiv 4\pmod{5}$ より，4は5を法とする平方剰余である．合同式 $x^n\equiv a\pmod{m}$ が可解であるためには $a^{\varphi(m)/d}\equiv 1\pmod{m}$ であることが必要十分である．ただし，φ は**オイラー関数**，d は n と $\varphi(m)$ の最大公約数．したがって，a が m を法とする n 乗剰余であるためには，$a^{\varphi(m)/d}\equiv 1\pmod{n}$ であることが必要十分である．これは**オイラーの基準**とよばれている．

■n を法とする算術　modular arithmetic
→合同式

■エネルギー　energy
《物理》仕事をする能力．

■エネルギー原理　principle of energy
運動エネルギーの増加量は，力がなした仕事の量に等しい，という力学における基本原理．

■エネルギー積分　energy integral
(1) 調和振動を表す特別な運動の微分方程式 $d^2s/dt^2=\pm k^2s$ の解に現れる積分．解は，$\frac{v^2}{2}=\pm k^2\int s\,ds$ であり，この両辺に質量 m を乗ずると左辺は**運動エネルギー** $\frac{1}{2}mv^2$ となるので，エネルギー積分とよばれる．
(2) ポテンシャルエネルギーと運動エネルギーの和が一定であることが真であるような力学系において，その事実を表した積分．

■エネルギー保存則　conservation of energy
エネルギーは生成もされず消滅もしないとする原理．力学においては，この原理は保存力の場合における，運動エネルギーとポテンシャルエネルギーの和は，一定であることを主張する．

■エピサイクロイド　epicycloid
固定された円の外側を，周に沿って転がる他の円の，外周上の点が描く軌跡．固定円の中心を O，半径を a (図における OB)，回転する円の中心を C，半径を b，OA と OB のなす角を θ とするとき，この軌跡の媒介変数による方程式は，
$$x=(a+b)\cos\theta-b\cos[(a+b)\theta/b]$$
$$y=(a+b)\sin\theta-b\sin[(a+b)\theta/b]$$
である．$a=b$ なら弧は1つであり，$a=2b$ なら弧は2つであり，$a=nb$ なら n 個の弧からなる．軌跡が固定円と接する点は，第一種の尖点である．外サイクロイドともいうが，この語はトロコイドの意味に使うのが正しい．→ハイポサイクロイド

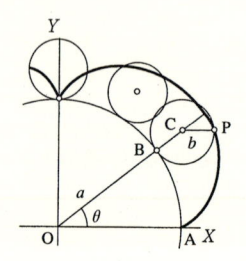

■エプシロン　epsilon
→イプシロン

■F_σ 集合　F_σ set
→ボレル集合

■**F 分布**　F distribution

確率変数 X が，自由度 (m, n) をもつ **F 分布**に従うとか，**F 確率変数**であるといわれるのは，**確率密度関数** f が，$x \leqq 0$ では $f(x) = 0$ であり，$x > 0$ で

$$f(x) = \frac{\Gamma\left(\frac{1}{2}(m+n)\right) m^{1/2m} n^{1/2n} x^{1/2m-1}}{\Gamma\left(\frac{1}{2}m\right) \Gamma\left(\frac{1}{2}n\right) (mx+n)^{1/2(m+n)}}$$

(ここで，Γ は**ガンマ関数**)で与えられるときのことをいう．この**平均**は，$n > 2$ で，$n/(n-2)$ であり，**分散**は，$n > 4$ で

$$\frac{2n(m+n-2)}{m(n-2)^2(n-4)}$$

である．もし，X と Y が独立で，それぞれ自由度 m と n の**カイ2乗分布**に従うならば，$F = nX/(mY)$ は，自由度 (m, n) の F 分布に従うことになる．同等に，F は，平均 0，分散 1 である正規分布の分散の2つの独立な評価の比率：$(\sum_{i=1}^{m} X_i^2/m) \div (\sum_{i=1}^{n} X_i^2/n)$ である．確率変数 X が，自由度 (m, n) をもつ F 分布に従うならば，$Z = \frac{1}{2} \ln X$ は，自由度 (m, n) をもつ**フィッシャーの z 分布**に従う．[類] スネデコーの F．→ カイ2乗分布，t 分布，ベータ分布

■**MKS 単位系**　MKS system

長さ，時間，質量の単位に，メートル，秒，キログラムを使う単位系．→ SI 単位系，CGS 単位系，メートル法

■**エラトステネス**　Eratosthenes (B. C. 276—194)

ギリシャの天文学，地理学，哲学，数学者．

■**エラトステネスの篩**　sieve of Eratosthenes

次に示す，N 以下のすべての素数を決定する方法．2 から N までのすべての数を書き出し，2 を残して，2 の倍数をすべて取り去る．3 を残して，3 の倍数をすべて取り去る．素数は残し，素数の倍数はすべて取り去る操作を，順番に，素数が $\sqrt{N}$ に達するまで行う．残るのは素数のみである．

■**エルグ**　erg

仕事の単位．1 ダインの力が 1 センチメートルの距離に働いたときの仕事．SI 単位系では 10^{-7} ジュールに相当．

■**エルゴード理論**　ergodic theory

保測変換の研究．特に加重平均と確率の極限に関する定理の研究．例えば，次の例はこの型の定理である．T を n 次元空間の有界開領域からその上への 1 対 1 保測変換とする．このとき測度 0 の集合 M が存在し，x は M に属さず U が x の近傍とするとき，点列 $T(x)$，$T^2(x)$，$T^3(x)$，…はある一定の正の極限頻度をもって U を訪れる．すなわち，

$$\phi_k(x) = \begin{cases} 1, & T^k(x) \in U \\ 0, & T^k(x) \notin U \end{cases}$$

と定義した $\phi_k(x)$ に対して，$\lim_{n \to \infty} [\sum_{}^{n} \phi_k(x)]/n$ は収束し，その極限値は正である [$T^k(x)$ は x に k 回変換 T を施したものである]．**バーコフのエルゴード定理**は次のことを述べている．T を $(0, 1)$ 上の保測点変換，f は $(0, 1)$ 上のルベーグ可積分な関数とする．このとき $(0, 1)$ 上の**ほとんどいたるところ**において，

$$f^*(x) = \lim \frac{f(x) + f(Tx) + \cdots + f(T^n x)}{n+1}$$

をみたすルベーグ可積分関数 f^* が存在する．**平均エルゴード定理**（バーコフのエルゴード定理より弱い結果）は，バーコフの定理と同一の仮定のもとにおいて，$f^*(x)$ にほとんどいたるところにおいて各点収束するかわりに，L^2 ノルムの意味で収束することを述べている．

■**エルデーシュ，ポウル**　Erdős, Paul (1913—)

放浪中のハンガリーの数学者．代数，解析，組合せ理論，幾何，トポロジー，数論，グラフ理論に多大の貢献をした．彼自身の数学に対するすばらしい貢献のみならず，世界主義的生活様式，活気ある会話，種々の予想，共同研究によっても著名である．→ 素数定理

■**L_p 級の関数**　function of class L_p

関数 f が，区間（あるいは，より一般に，可測集合）Ω 上の L_p 級の関数であるとは，f が Ω 上可測で，$|f(x)|^p$ が Ω 上積分可能（積分の値が有限）であることをいう．L_p 級の実数値あるいは複素数値関数全体の集合（を"ほとんどいたるところ等しい"という同値関係でわったもの）を L_p とおくと，$p \geqq 1$ のとき，L_p は，実数体上，あるいは，複素数体上の完備なノルム空間（つまり，**バナッハ空間**）になる．ただし，加法，スカラー倍は，通常のものとし

$$\|f\|_p = \left(\int_\Omega |f|^p d\mu\right)^{1/p}$$

により，f のノルム（直観的には，"長さ"の概念に相当する）を定義するものとする．このとき $f=g$ とは $\|f-g\|=0$，すなわち測度 0 の集合を除いて $f(x)=g(x)$ であることを意味する．また，この記号のもとで，ミンコフスキーの不等式は $\|f+g\| \leq \|f\| + \|g\|$ と表され，ヘルダーの不等式は，f を L_p 級，g を L_q 級（$p+q=pq, p>1, q>1$）として，

$$\int_\Omega |fg| d\mu \leq \|f\| \cdot \|g\|$$

と表される．→ 集合の測度，積分可能関数，ルベーグ積分

■**エルミート，シャルル** Hermite, Charles (1822—1901)
フランスの代数学，解析学，整数論研究者．楕円関数を用いて 1 変数の一般 5 次方程式を解いた．多くの著名な数学者を教育し，広く影響を与えた．

■**エルミート行列** Hermitian matrix
行列が，その行列の共役転置行列に等しいとき，その行列をエルミート行列という．a_{ij} を i 行 j 列の成分とする．このとき，すべての i および j に対して，a_{ij} が a_{ji} の共役複素数である正方行列のこと．

■**エルミート形式** Hermitian form
行列が，エルミート行列である共役複素変数における双 1 次形式のこと．

$$\sum_{i,j=1}^n a_{ij} x_i \bar{x}_j$$

の型で表現できる．ただし，$a_{ij} = \bar{a}_{ji}$．→ 連合変換

■**エルミート作用素** Hermitian transformation
複素ヒルベルト空間 H における線型作用素 T に関する用語で，**対称作用素**（T の随伴作用素 T^* が T の拡張になっている）の意味で用いるのが普通であるが，**自己随伴作用素**（$T^* = T$）の意味で用いることもある（H が有限次元のときは，この 2 つの概念は一致する）．→ 自己随伴変換，対称作用素

■**エルミート的共役転置行列** Hermitian conjugate of a matrix
行列の各成分を共役複素数におきかえた行列を転置したもの．共役転置行列，随伴行列ともよばれる．＝随伴行列．→ 共役変換

■**エルミートの多項式** Hermite polynomials
$$H_n(x) = (-1)^n e^{x^2} \frac{d^n e^{-x^2}}{dx^n}$$

で定義される多項式のこと．n が非負整数全体を動くとき，関数 $e^{-x^2/2} H_n(x)$ は，区間 $(-\infty, \infty)$ において**直交関数系**をなし，また，

$$\int_{-\infty}^{\infty} (e^{-x^2/2} H_n(x))^2 dx = 2^n n! \sqrt{\pi}$$

となる．エルミートの多項式 H_n は，**エルミートの微分方程式**において定数 a を n としたものの解になっている．すべての $n \geq 1$ に対して $H_n'(x) = 2n H_{n-1}(x)$ が成立し，また，$\exp[x^2 - (t-x)^2] = \sum_{n=1}^{\infty} H_n(x) t^n / n!$ となる．

■**エルミートの微分方程式** Hermite's differential equation
$$y'' - 2xy' + 2ay = 0 \quad a\text{ は定数}$$
という形の微分方程式のこと．この微分方程式の任意の解は，$e^{-x^2/2}$ 倍すると，微分方程式 $y'' + (1 - x^2 + 2a) y = 0$ の解になる．

■**エルミートの補間公式** Hermite's formula of interpolation
(1) 周期 2π の関数 f を近似する
$$f(x) \simeq \frac{f(x_1) \sin(x-x_2) \cdots \sin(x-x_n)}{\sin(x_1-x_2) \cdots \sin(x_1-x_n)} + \cdots$$
（n 項の和）

という公式で，見てわかるとおり，ラグランジュの公式と類似している．
(2) 関数の値だけでなく，微分係数をも指定した補間公式．
→ ラグランジュの補間公式

■**エルランゲン目録** Erlanger program
→ クライン

■**円** circle
(1) → 路(2)
(2) **中心**とよばれる定点からの距離（**半径**とよばれる）が一定の点からなる平面曲線．半径の 2 倍を**直径**という（直径はまた中心を通る弦を意味する [→ 円錐曲線の直径]）．円上の 2 点で

分割された一方を**弧**という．円の長さを**円周**とよぶ．半径 r の円では円周は $2\pi r$ である[→円周率]．ときとして円周は内部を含まない円そのものを意味する．円の**面積**（すなわち，円の内部の面積）は πr^2 となる．同じことだが直径 d を用いれば $\frac{1}{4}\pi d^2$ と表される．半径 1 の円を**単位円**とよぶ．単位円の円周は 2π，面積は π である．**零円**（または**点円**）とは半径 0 の円のことである．円と共有点をもつ直線が接線でないとき**割線**とよばれる．割線と円との 2 つの交点を結ぶ線分を円の**弦**とよぶ．

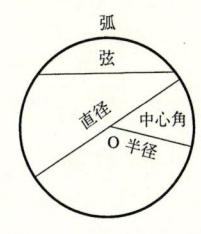

あるいは変換するなどのような，一定の手順にもとづく操作．
(2) 集合 S 上の演算とは，S の要素の順序づけられた列 $(x_1, x_2, \cdots, x_n)$ からなる集合を定義域とし，値域が S に含まれるような関数である．$n=1, 2, 3, \cdots$ に従って，その演算は**単項演算**，**2項演算**，**3項演算**，…とよぶ．このような演算は，しばしば，S 上の**内部演算**とよばれる．それに対して，関数の値が S の要素でないか，またはいくつかの独立変数が S 内に値をとらないとき，**外部演算**とよぶ．例えば，**ベクトル積**は，ベクトルの集合の上の内部演算である．しかし，**ベクトル**のスカラー倍および**スカラー積**は，外部演算である．→ 3項演算，2項演算，ベクトルの乗法

■**演算装置**　arithmetic component
計算機において，算術的，論理的，あるいは他の同様の演算の実行に使われる装置．

■**遠日点**　aphelion
→ 近日点

■**円周角**　inscribed angle
曲線上で接し，その端点が角の頂点となっている 2 本の弦がつくる角．単位円に内接する角は，その角が切りとる円弧の長さの半分の弧度（ラジアン）をもつ．特に半円で内接する角は直角である．→ 内接

■**円周多角形**　cyclic polygon
円周上に頂点をもつ多角形．凸 4 辺形が円周 4 角形であるための必要十分条件は相対する角が互いに補角をなすことである．→ トレミーの定理

■**円周等分多項式**　cyclotomic polynomial
n を素数とするとき，
$$x^{n-1}+x^{n-2}+x^{n-3}+\cdots+x+1$$
という形の多項式．円周等分多項式は（実数体上で）既約である．

■**円周率**　pi, ratio of the circumference of a circle to its diameter
円の周長と直径の比．オイラー以来ギリシャ文字 π（パイ；ローマ字の P に対応）で表される．$\pi=3.141592653589793238462643\cdots$．B. C.

■**演繹法**　deductive method, deductive theory
証明できない公理や**定義されない**対象を基礎においた形式的構成法のこと．与えられた定義されない対象によって新しい述語が定義され，新しい命題（すなわち**定理**）が証明によって公理から導き出せる．公理の中で述べられた性質をもっている 1 組の対象が演繹法の**モデル**である．そのモデルのすべてについて正しいという定理を証明するのに，演繹法が用いられる．＝公理的方法．→ 公理

■**円関数**　circular functions
三角関数の別名．

■**円グラフ**　circular graph
全体とその部分を幾何的に比較するための簡潔な図形．全体は円の内部の領域で表され，それぞれの部分は扇形の領域で表される．菓子のパイになぞらえてパイとよぶことがある．

■**円形領域**　circular region
→ 領域

■**演算**　operation
(1) 加法，減法，微分，対数をとる，代入する，

1650頃のリンド・パピルスには，$\pi=\left(\dfrac{16}{9}\right)^2=3.1605\cdots$ を使った計算が載っている．

B.C.3世紀に，アルキメデスはπが$3\dfrac{10}{71}$と$3\dfrac{1}{7}$の間にあることを示したが，聖書もユダヤの律法（タルマッド）も，πの値を3としている．3世紀頃中国において，円に近い正3072角形を使って6桁計算し，近似値$\dfrac{355}{113}$をえている．17世紀にフォン・セウレン（ルドルフ）が35桁を計算した．1949年に初めて計算機で2037桁が計算され，1961年に10万桁，1973年に100万桁，そして現在では10億桁以上が計算されている．近年の計算は，ラマヌジャンが基礎づけた"モジュラ関数"の方法（その一例が算術幾何平均による方法）を使っている．

1770年にランベルトはπが無理数であることを証明した．1882年にリンデマンがπは超越数であることを証明し，それにより，円の正方形化，すなわち定規とコンパスだけで，与えられた円と等面積の正方形を作図せよという，古代ギリシャ以来の問題は不可能であることが証明された．現在ではπはリュウビル数ではないこと，e^πが超越数であることがわかっているが，$\pi+e$，π/e，$\log\pi$が無理数であることは証明されていない．ただし$e^{\pi i}=-1$である．なおギリシャ文字のパイの大文字Πは積を表すのに使われる．→ ヴィエトの公式，ウォリスのπの公式，オイラーの公式，セウレン，ビュッフォンの針の問題，マチンの公式，無限乗積

■**遠心力** centrifugal force

(1) 曲線に沿って運動する質点に対して，曲率半径の方向に及ぼす力．

(2) 角速度ωで点Oのまわりを，それからrの距離において回転している質量mの質点に及ぶ大きさ$m\omega^2 r$，またはvをOに対する質点の速さとするときmv^2/rの力を**遠心力**という．その力の向きは質点が回転中心から遠ざかる方向である．これと等しく反対方向に作用する力を**求心力**という．

■**円錐** circular cone
→ 錐

■**円錐曲線** conic

ある固定点からの距離とある固定された直線からの距離の比が一定となる点の軌跡が描く曲線．その比を**離心率**，固定点を**焦点**，固定直線を**準線**とよぶ．離心率は常にeで表される．円錐曲線は$e=1$のとき**放物線**，$e<1$のとき**楕円**，$e>1$のとき**双曲線**とよばれる．これらの曲線は円錐の平面による切り口として得られることから**円錐曲線**とよばれる[→ ダンドラン]．円錐曲線の方程式はさまざまな形で与えられる．例えば

(1) 離心率をeとし，焦点を極にとり，準線を極からの距離qで，極軸に垂直にとったとき，極座標系での円錐曲線の方程式は
$$\rho=eq/(1+e\cos\theta)$$
で与えられる．これは直角座標における
$$(1-e^2)x^2+2e^2 qx+y^2=e^2 q$$
に等しい（焦点は原点，準線はx軸に垂直で原点からの距離はq）．

(2) 一般の2変数2次代数方程式は，その方程式をみたす実数点が存在するならば，円錐曲線を表す（ここでは退化した円錐曲線も含めて考えている）．すなわち一般の2変数2次代数方程式は，楕円，双曲線，放物線，直線，2本の直線の組あるいは1点のいずれかを表す．→ 2変数2次方程式の判別式．

(3) → 双曲線，楕円，放物線

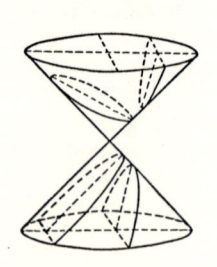

■**円錐曲線（退化した）** degenerated conic
→ 退化した円錐曲線

■**円錐曲線に関する共役点** conjugate points relative to a conic

1点から円錐曲線へ2本の接線をひくとき，円錐曲線上の2つの接点を結ぶ直線上の点を，もとの点とその円錐曲線に関して共役であるという．また2点をとったとき，その2点を通る直線と円錐曲線との2交点が調和共役であるならば，最初にとった2点はその円錐曲線に関して共役点である．1点とその曲線上の点とは共役点である．同次直角座標x_1, x_2, x_3を用いて円錐曲線の方程式が

$$\sum_{i,j=1}^{3} a_{ij}x_ix_j \quad (a_{ij}=a_{ji})$$

とかけるとき，2点 (x_1, x_2, x_3) と (y_1, y_2, y_3) が共役点であるための必要十分条件は

$$\sum_{i,j=1}^{3} a_{ij}x_iy_j = 0$$

が成り立つことである．→ 2点に関する調和共役

■**円錐曲線の極と極線** pole and polar of a conic

与えられた点と，その点を通る割線が円錐曲線と交わる2点に関して，初めの点と調和共役である点の軌跡として得られる直線．点とそれに共役な点の軌跡として得られる直線 [→ 円錐曲線に関する共役点]．このときその点がその直線の**極**で，その直線がその点の**極線**である．解析的には，点の極線は円錐曲線の接線の方程式の一般形において接点の座標をその与えられた点の座標で置き換えて得られる方程式の軌跡である [→ 円錐曲線の接線]．例えば，方程式 $x^2+y^2=a^2$ で表される円に対して，点 (x_1, y_1) の極線の方程式は $x_1x+y_1y=a^2$ である．ある点から円錐曲線に2本の接線が引かれているとき，その点の極線はその2本の接線の接点を通る割線である．図中の P_1 の楕円に関する極線は直線 P_2P_3 である．

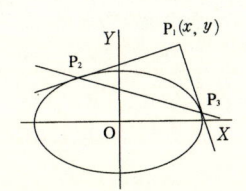

■**円錐曲線の焦弦** focal chord of a conic
→ 焦弦

■**円錐曲線の焦点の性質** focal property of conics
→ 双曲線の焦点の性質，楕円の焦点の性質，放物線の焦点の性質

■**円錐曲線の接線** tangent to a general conic

(1) 直角座標における円錐曲線の方程式を
$$ax^2+2bxy+cy^2+2dx+2ey+f=0$$
とするとき，点 (x_1, y_1) におけるこの円錐曲線の接線の方程式は
$$ax_1x+b(xy_1+x_1y)+cy_1y+d(x+x_1)$$
$$+e(y+y_1)+f=0$$
で与えられる．

(2) 同次直角座標における円錐曲線の方程式を
$$\sum_{i,j=1}^{3} a_{ij}x_ix_j=0 \quad (a_{ij}=a_{ji})$$
とするとき，点 (b_1, b_2, b_3) における接線の方程式は
$$\sum_{i,j=1}^{3} a_{ij}b_ix_j=0$$
で与えられる．→ 同次座標

■**円錐曲線の直径** diameter of a conic

平行弦の中点がつくる軌跡による直線．どの円錐曲線も無数の直径をもつ．有心2次曲線である**楕円と双曲線の直径**は，その2次曲線の中心を通る直線束となる．→ 共役直径

■**円錐面** circular conical surface

基準線が円周で，頂点からその円を含む平面への垂線が円の中心を通る錐面のこと．頂点を原点に，z 軸に垂直な平面上に基準線をとるとき，円錐面の方程式は
$$x^2+y^2=k^2z^2$$
で与えられる．

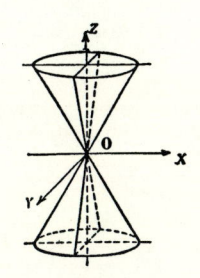

■**円束** pencil of circles

与えられた平面内の円で2個の固定点を通るもの全体．$x^2+y^2-4=0$ と $x^2+2x+y^2-4=0$ の交点を通る円の束のすべての要素は次の形の方程式で与えられる．
$$h(x^2+y^2-4)+k(x^2+2x+y^2-4)=0$$
ただし，h と k は同時には0にならない任意の定数である．図において，$S=0$ は一方の円の方程式で，$S'=0$ は他方の方程式である．もし両方の方程式において x^2 と y^2 の係数が1ならば，$S-S'=0$ は根軸，すなわちそれら2円の2交

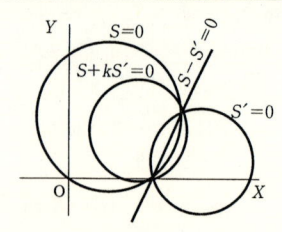

点を通る直線の方程式である．

■**円柱**　circular cylinder
→ 柱（ちゅう）

■**円柱関数**　cylindrical function
ベッセルの微分方程式の解のこと．ときには，ベッセル関数と同義語として使われる．

■**円柱座標**　cylindrical coordinates
空間座標の1つ．（通常は (x,y) 平面）上の極座標 (r,θ) と，この平面から測った距離で与えられる3番目の座標 z からなる．これが円柱座標といわれるのは，r を固定して z と θ を動かすと，そのときできる軌跡は円柱となるからである．すなわち，$r=c$ は円柱の方程式である．θ が固定されたときの軌跡は，z 軸を含む PNO 平面である．z を固定したときの軌跡は，(x,y) 平面に平行な面である．r, θ, z のおのおのを固定してつくられる平面の共通部分として，点 P (r,θ,z) が示される．**円柱座標から直交座標への変換**は，$x=r\cos\theta$, $y=r\sin\theta$, $z=z$ で与えられる．

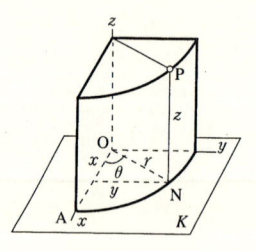

■**円柱図法**　cylindrical map
球面 S の経度，緯度をそれぞれ θ, φ で表す．**円柱図法**とは，球面 S の点 (θ,φ) を (u,v)-平面の点 (u,v) に対応させる，次の性質をもった1対1の連続写像である．(i) $u=\theta$, $v=v(\varphi)$ (ii) $v(0)=0$　(iii) $\varphi>0$ なら $v(\varphi)>0$．$u=\theta$, $v=$ $\tan\varphi$ で与えられる円柱図法は，**中心円柱投影**といわれる．これは球の中心より，球に接している円柱へ投影し，そして円柱面の1要素に沿って切り開いて平面上に広げたものである．$u=\theta$, $v=\varphi$ で与えられる円柱図法は，**正距円柱図法**といわれる．この図法では，球面において，それぞれ等角度差の2本の経線，緯線によって囲まれている部分は，碁盤のような正方形に射影される．→ メルカトール図法

■**延長**　produce (prolong, extend) a line
直線を延長するとは直線を伸ばしていくことである．

■**鉛直線**　plumb line
(1) 糸が重りをつり下げたときの，糸が示す直線．そのときの糸を垂球糸という．
(2) 垂直に下げた糸そのもの．
(3) 水平面に垂直な直線．
(4) 観察者と天頂を結ぶ直線．下げ振り糸．

■**円点（曲面の）**　circular point of a surface
→ 曲面の円点

■**エントロピー**　entropy
エネルギーや情報に関する非秩序あるいは乱雑さの量．可算加法的な測度（あるいは確率測度）が集合 X の部分集合の σ 加法族上で定義されているとする．X を有限個または可算個の可測集合 $S_1, S_2, \cdots$ に分割してそれを ρ で表すとき，ρ に関するエントロピーは
$$E(\rho) = -\sum_n m(S_n)\log_e[m(S_n)]$$
である．φ が X の保測変換であるとし，$\varphi^{-1}(\rho)$ を ρ の各要素の S に対する $\varphi^{-1}(S)$ から成り立つ分割とする．φ のエントロピーとは，$E(\rho)<\infty$ であるすべての分割 ρ に対する
$$\lim_{n\to\infty}\frac{1}{n}[E(n,\rho,\varphi)]$$
の上限である．ここで $E(n,\rho,\varphi)$ は，$\rho, \varphi^{-1}(\rho)$, $\cdots, \varphi^{-(n-1)}(\rho)$ のいずれよりも細かい分割のうちで最も粗い分割のエントロピーである．これは φ の同型不変量である．通信および情報理論では対数の底を2とすることが多い．→ 情報理論

■**円に関する反転**　inversion of a point with respect to a circle
与えられた点を通る半径の延長直線上にあ

り，円の中心から両方の点までの距離の積が半径の平方と等しくなるような点．それぞれの点を他の点の**反転の像**（鏡像の位置にある）とよび，円の中心を**反転の中心**とよぶ．与えられた曲線の点の反転からなる曲線をその曲線の反転の像とよぶ．例えば，円の反転で反転の中心を通るのは直線である．曲線の方程式を $f(x, y) = 0$ とすると，原点を中心とするある円に関するその反転の像の方程式は，

$$f\left(\frac{k^2x}{x^2+y^2}, \frac{k^2y}{x^2+y^2}\right) = 0$$

で与えられる．ただし，k は円の半径である．
これを機械的に実現する装置として，ポーセリエの機構がある．→ 反転器

■**エンネパ，アルフレッド** Enneper, Alfred (1830—1885)
ドイツの微分幾何学者．

■**エンネパの曲面** surface of Enneper
$\phi(u) =$ 定数 となる実極小曲面 [→ワイエルシュトラスの方程式]．$\phi(u) = 3, u = s + it$ とおくならば，媒介変数曲線が曲率線である．そして，座標関数は，
$$x = 3s + 3st^2 - s^3,$$
$$y = 3t + 3s^2t - t^3,$$
$$z = 3s^2 - 3t^2$$
である．これは**等角写像**であり，各座標関数は調和関数である．

■**エンネパの方程式** equation of Enneper
ϕ, Ψ を解析関数としたとき，極小曲面が
$$x = \frac{1}{2}\int(1-u^2)\phi(u)\,du$$
$$+ \frac{1}{2}\int(1-v^2)\Psi(v)\,dv$$
$$y = \frac{i}{2}\int(1+u^2)\phi(u)\,du$$
$$- \frac{i}{2}\int(1+v^2)\Psi(v)\,dv$$
$$z = \int u\phi(u)\,du + \int v\Psi(v)\,dv$$
と媒介変数表示された極小曲面の座標関数に関する積分方程式．→ ワイエルシュトラスの方程式

■**円の系** system of circles
＝円の族．→ 円の族

■**円の正方形化** quadrature of a circle, squaring the circle
定規とコンパスだけを用いて与えられた円と同面積をもつ正方形を作図する問題．日本語ではふつう**円積問題**という．この問題は不可能である．なぜならば，そのような正方形の1辺の長さは数，$\sqrt{\pi}$ が超越数であるので，超越数となるからである．1辺が $\sqrt{\pi}$ の正方形の面積は半径1の円の面積に等しい．

■**円の族** family of circles
円の方程式の中の基本的な定数を変化させたときに得られる円の全体．例えば，r を基本的な定数とするとき，$x^2 + y^2 = r^2$ は原点を中心とするすべての円の族を表す．→ 円束

■**円の中心角** central angle in a circle
半径と半径の間の角．頂点が円の中心である角．→ 円

■**円の方程式** equation of a circle
→ 空間の円の方程式，平面の円の方程式

■**円の補弦** supplemental chords of a circle
円の1つの直径の両端と，円周上の1点とを結ぶ2つの弦．補弦は直角をなす．

■**円板** disc, disk
円周とその内部．詳しくいうと，開円板とは円周の内部であり，閉円板とは円周とその内部である．円盤と書くこともある．

■**円分整数** cyclotomic integer
z を1の原始 n 乗根とし，a_i を通常の整数とするとき，
$$a_0 + a_1z + a_2z^2 + \cdots + a_{n-1}z^{n-1}$$
の形の整数を**円分整数**という．各 n に対し，対応する円分整数全体は整域をなす．→ 整域

■**円分多項式** cyclotomic polynomial
n 次の円分多項式 Φ_n とは，モニック（最高次の係数が1）の $\phi(n)$ 次の多項式で，1の原始 n 乗根を零点とするものである．それは（実数体上で）既約である．n が素数なら
$$\Phi_n(x) = x^{n-1} + x^{n-2} + x^{n-3} + \cdots + x + 1$$
だが，$\Phi_4(x) = x^2 + 1$，$\Phi_{12}(x) = x^4 - x^2 + 1$ である．→ オイラーの関数，1の n 乗根

オ

■**オイラー，レオナルド** Euler, Leonhard (1707—1783)

スイスのバーゼルに生まれた．1727年にセント・ペテルスブルグの新アカデミーに地位をえた．後に25歳でベルリンのプロシア・アカデミーの長となったが，ふたたびセント・ペテルスブルグに戻った．生涯最後の17年間は盲目になったが，この時期が最も生産的であった．オイラーは史上最大級の数学者であり，現在の数学の全分野を研究した最初の万能学者であった．彼は他の人が息をするのと同じ手間で論文を書いたと伝えられる．彼は驚異的に完全な記憶力をもっていた．

■**オイラーグラフ** Euler graph
＝一筆書きのできるグラフ． → グラフ理論

■**オイラーの角** Euler's angles

空間における直交座標系と，その座標系を原点を中心にして回転することによってできた新座標系との間の関係を表すのに用いられる3つの角．それらの角とは，新旧 z 軸間の角，新 x 軸と新旧 xy 平面のつくる交線との角，旧 x 軸と新旧 xy 平面のつくる交線との角である．新 xy 平面と旧 xy 平面との交線を**節線**という．オイラーの角は，しばしば他の方法で定義される．よく用いられるものの1つは，新旧 z 軸間の角，旧 y 軸と新旧 z 軸のつくる平面の垂線との間の角，新 y 軸と新旧 z 軸のつくる平面の垂線との間の角とするものである．

■**オイラーの関数** Euler's totient function
→ オイラーの φ 関数

■**オイラーの基準**(剰余に関する) Euler's criterion for residues
→ n 乗剰余

■**オイラーの公式** Euler's formula

公式 $e^{ix} = \cos x + i \sin x$ のこと．この公式は，x が実数の場合の e^{ix} の定義と考えてもよい．z が複素数のとき，$e^z = \sum_0^\infty \dfrac{z^n}{n!}$ と定義するならば，オイラーの公式は，$\cos x$ と $\sin x$ のマクローリン級数より導き出される．特別な場合として，興味深い公式 $e^{\pi i} = -1$, $e^{2\pi i} = 1$ が得られる．

■**オイラーの5角数定理** Euler pentagonal-number theorem

オイラーは等式
$$\prod_{n=1}^\infty (1-x^n) = 1 + \sum_{n=1}^\infty (-1)^n (x^{n(3n-1)/2} + x^{n(3n+1)/2})$$
を"きわめて確からしいが，私は証明できない"と述べた．しかし彼は10年後にそれを証明した．この等式は数論において，特に数論と楕円関数との関係において，きわめて重要である．$n(3n-1)/2$, $n=1,2,3,\cdots$ は，その個数の点を正5角形状に配置できるので**5角数**とよばれ，これが定理の名の由来である．単に5角数定理ともよばれる

■**オイラーの多面体定理** Euler's theorem for polyhedrons

多面体に対して，V を頂点の数，E を辺の数，F を面の数とするとき，球面と位相同型な多面体においては，$V-E+F=2$ となる．→ オイラーの標数．

■**オイラーの定数** Euler's constant
次の式で定義される定数．
$$\lim_{n\to\infty}\left(1+\frac{1}{2}+\frac{1}{3}+\cdots+\frac{1}{n}-\log n\right)$$
$$=0.5772156649015328606\cdots$$
オイラーの定数が無理数であるかどうかは，わかっていない．＝マスケロニの定数．

■**オイラーの定理**（同次関数に関する） Euler's theorem on homogeneous functions

変数が $x_1, x_2, \cdots, x_m$ である n 次の同次関数を n 倍したものは，関数を x_1 で偏微分してから x_1 倍し，それに，関数を x_2 で偏微分して x_2 倍したものをたし，…，それに，関数を x_m で偏微分してから x_m 倍したものをたしたのに等しい．例えば，$f(x,y,z) = x^2 + xy + z^2$ ならば，

$$2(x^2+xy+z^2)=x(2x+y)+y(x)+z(2z)$$
である.

■**オイラーの標数** Euler characteristic
　曲線に対するオイラーの標数は,曲線を点によって分割し,分割された各線分(両端の点も含む)が閉区間と位相同型になるようにしたときの,点の数と線分の数の差である.**面に対する**オイラーの標数は,面を頂点と辺によっていくつかの面に分割し,分割された各面が平面多角形と位相同型になるようにしたときの,頂点の数−辺の数+面の数である.曲線,面どちらの場合でも,オイラーの標数は分割のしかたによらない.面が球面と同型であることと,オイラーの標数が2であることとは同値である.面が射影平面,または円板(円とその内部)と同型であることと,オイラーの標数が1であることとは同値である.面が円柱,円環面,メビウスの帯,またはクラインの壺のいずれかと同型であることと,オイラーの標数が0であることとは同値である[→ 種数(曲面の),曲面]. n **次元の単体複体** K に対するオイラーの標数 χ は, $s(r)$ を k の r 単体の数とするとき,
$$\chi = \sum_{r=0}^{n}(-1)^r s(r)$$
であり,これはまた, B_m^r を**素数** m **を法とする** r **次元のベッチ数**とするとき, $\sum_{r=0}^{n}(-1)^r B_m^r$ でもあり,また B^r を r **次元のベッチ数**とするとき, $\sum_{r=0}^{n}(-1)^r B^r$ でもある.オイラーの標数をしばしば,**オイラー-ポアンカレの標数**ともいう.

■**オイラーの φ 関数** Euler's φ-function, Euler's totient function
　整数 n に対して, $1,2,3,\cdots,|n|$ のうち, n と互いに素な整数個数を表す関数. $\varphi(n)$ と記す.互いに異なる素数 p, q, r によって $n=p^a q^b r^c \cdots$ と素因数分解したとき,
$$\varphi(n)=n(1-1/p)(1-1/q)(1-1/r)\cdots$$
である. $1,2,3,4$ に対する $\varphi(n)$ の値はそれぞれ $1,1,2,2$ である.例えば
$$\varphi(12)=12(1-1/2)(1-1/3)=4$$
である.=オイラーの関数.

■**オイラーの方程式** Euler's equation, equation of Euler
　(1) $a_0, a_1, \cdots, a_n$ を定数としたとき,
$$a_0 x^n \frac{d^n y}{dx^n} + a_1 x^{n-1}\frac{d^{n-1}y}{dx^{n-1}} + \cdots$$
$$+ a_{n-1}x\frac{dy}{dx} + a_n y = f(x)$$
の型の微分方程式.この方程式はオイラーにより1740年ごろ研究されているが,一般解がヨハン・ベルヌイにより1700年ごろまでに知られていた(定数係数線型常微分方程式に変換できる).

(2) 《変分法》 $y' = \dfrac{dy}{dx}$ としたとき,次の微分方程式
$$\frac{\partial f(x,y,y')}{\partial y} - \frac{d}{dx}\left(\frac{\partial f(x,y,y')}{\partial y'}\right) = 0$$
を**オイラーの方程式**という.

y が積分 $\int_a^b f(x,y,y')dx$ の最小値を与えるための必要条件は, y がこのオイラーの方程式をみたすことである.この条件およびもっと一般的に, y が積分 $\int_a^b f(x,y,y',\cdots,y^{(n)})dx$ の最小値を与えるための必要条件は, $y^{(r)} = \dfrac{d^r y}{dx^r}$ としたとき, y が方程式
$$\frac{\partial f}{\partial y} + \sum_{r=1}^{n}(-1)^r \frac{d^r}{dx^r}\left\{\frac{\partial f}{\partial y^{(r)}}\right\} = 0$$
をみたすことであるという事実は,オイラーによって1744年に初めて見いだされた. 2重積分 $\iint_s f(x,y,z,z_x,z_y)dxdy$ に対するオイラーの方程式は, $z_x = \dfrac{\partial z(x,y)}{\partial x}$, $z_y = \dfrac{\partial z(x,y)}{\partial y}$ としたとき,
$$\frac{\partial f}{\partial z} - \frac{\partial}{\partial x}\left(\frac{\partial f}{\partial z_x}\right) - \frac{\partial}{\partial y}\left(\frac{\partial f}{\partial z_y}\right) = 0$$
である.これを**オイラー-ラグランジュの方程式**ともいう.→ 変分法

(3) 《微分幾何》曲面 S の曲率線が媒介変数で与えられているとき, S の点における与えられた方向における法曲率 $1/R$ は
$$\frac{1}{R} = \frac{\cos^2\theta}{\rho_1} + \frac{\sin^2\theta}{\rho_2}$$
である.ここで, θ は法曲率が $1/\rho_1$ と $1/\rho_2$ である方向の間の角である.上の方程式を**オイラーの方程式**という.→ 曲面の曲率

■**オイラー法** Euler method
　微分方程式 $dy/dx = f(x,y)$ を近似的に解く方法の一つ. (x_0, y_0) を通る近似解を求めるために,順次
$$x_1 = x_0 + h, \quad y_1 = y_0 + hf(x_0, y_0)$$

とする． → ルンゲ-クッタ法

■**オイラー-マクローリンの和の公式** Euler-Maclaurin sum formula

定積分 $\int_a^b f(x)\,dx$ の近似公式．$b-a=m$ が整数であり，f は区間 $[a, b]$ において必要なだけ連続微分可能であるとする．公式は，

$$\int_a^b f(x)\,dx = \frac{1}{2}[f(a)+f(b)] + \sum_{r=1}^m f(a+r)$$
$$- \sum_{r=1}^{n-1} \frac{B_r}{(2r)!}[f^{(2r-1)}(b) - f^{(2r-1)}(a)]$$
$$- f^{(2n)}(\theta m)\frac{mB_n}{(2n)!}$$

ここで，θ は $0 \le \theta \le 1$ の間のある数，B_n はベルヌイ数である．→ ベルヌイ数 (1)

■**凹** concave

1点あるいは直線が与えられたとき，曲線の任意の弦によって切り取られる曲線分が，その弦上にあるかあるいは弦をはさんで与えられた点（直線）と反対側に位置するとき，その曲線はその点（直線）に対して凹であるという．ある水平線に対し曲線が凹で，その曲線が水平線の上（下）に位置するとき，曲線は下に向かって（上に向かって）凹であるという．曲線が上に向かって凹であるための必要十分条件はその曲線がある凸関数のグラフとなっていることである［→ 凸関数］．x 軸上に中心をもつ円周は x 軸に対して凹である．すなわち，円周の上半分は下に向かって凹であり，下半分は上に向かって凹である．

■**凹角** reentrant angle

多角形の内角で，180°を超える角のこと（図における角 HFM）．図において，他の角（180°より小さい内角）は，凸角である．

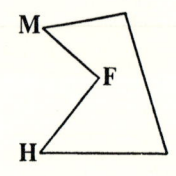

■**凹関数** concave function

-1 をかけると凸関数になる関数．→ 凸関数

■**扇形** sector of a circle

円の2つの半径とそれらをはさむ円弧の1つとで囲まれる円の一部のこと．このとき2つの扇形ができるが小さい扇形，大きい扇形の円弧をそれぞれ**劣弧**，**優弧**という．円の半径が r，扇形の弧と円の中心のなす角が ϕ の扇形の面積は $\frac{1}{2}r^2\phi$ である．

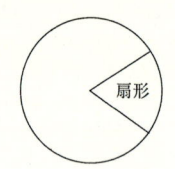

■**凹ゲームと凸ゲーム** concave and convex games

凹ゲームとは，利得関数 $M(x, y)$ が，最大化競技者の戦略 x に関する**凹関数**であるような，連続ゼロ和2人ゲーム（ただし，各競技者の純戦略集合は閉区間 $[0, 1]$ であるとする．以下同様）のことをいう．このゲームは，利得関数 $-M(y, x)$ をもつ凸ゲームの双対になっている．**凸ゲーム**とは，利得関数 $M(x, y)$ が，最小化競技者の戦略 y に関する**凸関数**であるような，連続ゼロ和2人ゲームのことをいう．これは，利得関数 $-M(y, x)$ をもつ凹ゲームの双対になっている．凹ゲームであってかつ凸ゲームであるようなゲームを，**凹凸ゲーム**とよぶ．

■**黄金長方形** golden rectangle

2辺の比が $\frac{1}{2}(1+\sqrt{5})$ であるような長方形のこと．このような長方形 R は，正方形と，R に相似な長方形との，2つの部分に，分割することができる．

■**黄金分割** golden section

線分 AB を，内点 P により，"比の端項と平均項になるように，"つまり，AB/AP=AP/PB となるように分割すること．このとき，AP/PA は $x^2-x-1=0$ の根であり，したがって，$\frac{1}{2}(1+\sqrt{5})$ に等しい．黄金分割は，彫刻・絵画・建築・解剖・自然界の型などに多く現れる．それは"美的に快い"ためと考えられる．=神の比，黄金比，中末比．→ フィボナッチ数列

■**凹性**　concavity
凹である状態あるいは性質.

■**凹多角形**　concave polygon
→ 多角形

■**凹多面体**　concave polyhedron
→ 多面体

■**横断条件**　transversality condition
横断性条件ともいう. 平面において, 点 (x_1, y_1) と曲線 C を結ぶ最短線分は, C と交わる点 (x_2, y_2) において, C と直交しなければならない, という事実を一般化した条件.
曲線 C が, 媒介変数 $x = X(t), y = Y(t)$ で表されているとする. (x_1, y_1) を固定点とし, (x_2, y_2) を曲線 C 上の点とする. 関数 y が積分 $I = \int_{x_1}^{x_2} f(x, y, y') dx$ を最小にするならば, 点 (x_2, y_2) において, 横断条件
$$(f - y' f_{y'}) X_t + f_{y'} Y_t = 0$$
をみたさなければならない.
曲線 C と積分 $I = \int_{x_1}^{x_2} f(x, y, y') dx$ に関して横断条件をみたし, C 上の点 (x_2, y_2) に対して, この積分を最小にするような曲線を**横断線**という. → 焦点(横断線上の)

■**横断線**　transversal
(1) 直線群の各直線と交わる直線. → 横断線によってつくられる角
(2) → 横断条件

■**横断線によってつくられる角**　angles made by a transversal
2本またはそれ以上の本数の直線を切断する直線(横断線)によってつくられる角. 図において, 横断線 t は直線 m と n を切断する. 角 a, b, c', d' は**内角**であり, a', b', c, d は**外角**である. a と c', b と d' は内部の錯角の組であり, b' と d, a' と c は外部の錯角の組である. a' と a, b' と b, c' と c, d' と d は同位角である.

■**黄道**　ecliptic
→ 黄道(こうどう)

■**応用数学**　applied mathematics
数学の一分野であり, 物理学, 生物学, および社会科学に関係をもつ. それは, 剛体および変形しうる物体の力学(弾性, 塑性, 流体力学), 電磁気学, 相対論, ポテンシャル論, 熱力学, 生物数学, そして統計学を含む. 広義には, 純粋数学的概念である空間および数に加え, 時間と物質の概念を取り入れた数学的構造は応用数学に属する. 狭義には, 物理学, 化学, 工学, 生物学, および社会科学における, 道具としての数学的原理の使用を意味する.

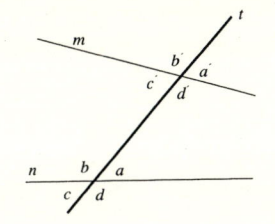

■**応力**　stress
物体の外から作用した力が物体の内部に伝達するとき, 物体は**応力**を受けるという. 平均圧力 $\bar{T}$ とは物体の与えられた点を通過する平面要素の単位面積 a あたりの平均的力 F のことをいう. その点での実際の応力はその点を含む領域 a を 0 に近づけたときの $\bar{T} = F/a$ の極限である. 応力ベクトル T の大きさ, 方向は物体の点の選び方に依存しないばかりでなく, 選ばれた点における平面要素の方向にも依存しない. 平面要素に対し法線方向の T の成分 T_n は**法線応力**とよばれる. 一方, 平面要素に平行な成分は**剪断応力**とよばれる. 外力に対する物体の抵抗力は内的応力とよばれる.

■**応力テンソルの成分**　component of the stress tensor
物質の任意の点における応力の状態を決定する6個の関数の組. 弾性の線型理論の用語.

■**大きい**　greater
A の**基数**(**カージナル数**)が, B よりも大きいとは, B で表される要素の集合が, A で表される要素の集合の部分集合であり, 逆が成り立たないときのことをいう. または, B の要素と A の真部分集合の要素が1対1に対応できるときのことをいう. 例えば5つの要素の集合は, この集合内のある3つの要素からなる集合を含むので, 5は3より大きい. **実数** a が b より大

きいとは，b にある正数を加えることによって a と等しくすることができるときのことをいう．または同等に，数直線上で a が b よりも右側にあるときのことをいう．したがって，3 は 2 より大きい（このことを，3>2 とかく）．-3 に 1 を加えると -2 となるので，$-2>-3$ である．整列集合に対応している順序型をもつ**順序数** α と β とに対して，α が β より大きいとは，$\alpha \neq \beta$ をみたし，順序型 β の任意の集合が，順序型 α の任意の集合の初期切片と順序同型であるときのことをいう．任意の 2 数 x と y に対し，"x が y より小さい" ということと "y が x より大きい" ということは同値である．

■**大きさの位数** order of magnitude

2 つの関数 u と v が t_0 において**同位の大きさ**をもつとは，正数 ε, A, および B が存在して，$0<|t-t_0|<\varepsilon$ なるすべての t に対して，
$$A<\left|\frac{u(t)}{v(t)}\right|<B$$
が成り立つことである．ここで，$v(t)$ を $(v(t))^r$ にとりかえても成り立つならば，u は v に関して **r 位の位数**をもつという．$\lim_{t\to t_0} u(t)/v(t)=0$ ならば u は v より**低い位数**をもつといい，$u=o(v)$ とかく．$\lim_{t\to t_0}|u(t)/v(t)|=\infty$ のときは，u は v より**高い位数**をもつという．さらに，集合 S（通例ある t_0 の近傍の一部が欠けたもの）に対して，正数 B が存在し，$t\in S$ ならば $|u(t)/v(t)|<B$ が成り立つとき，S において u は v の位数をもつといい，$u=O(v)$ とかく．$u=o(1)$ と $u\to 0$ は同値である．S において $u=O(1)$ と "S において u が有界" とは同値である．$\lim_{t\to t_0}u(t)/v(t)=1$ であるとき，u と v は t_0 において**漸近的に等しい**という．これらの概念は $t_0=\pm\infty$ のときも適当な修正のもとに用いられる．例えば，数列 $\{u_n\}$ と $\{v_n\}$ に対して，正数 N と B が存在し，$n>N$ ならば $|u_n/v_n|<B$ が成り立つとき，u_n は v_n **の位数**をもつといい，$u_n=O(v_n)$ とかく．通常 u, $v\to 0$ または ∞ の場合を考察し，0 に近づくとき**無限小の位数**，∞ に近づくとき**無限大の位数**または**無限の位数**とよぶ．

■**オスグッド，ウィリアム・フォッグ**
Osgood, William Fogg (1864―1943)

米国の解析学者．微積分学，力学，および複素関数論において影響力の大なる教科書を著す．→ リーマンの写像定理

■**オストログラドスキー，ミハエル・ヴァシーリェヴィッチ** Ostrogradski, Michel Vassilievitch (1801―1861)

ロシアの解析学者．

■**オストログラドスキーの定理**
Ostrogradski's theorem
＝発散定理，ガウスの定理．

■**帯** zone

平行な 2 平面と球面との交わりによってはさまれた球面上の部分．球帯ともいう．その平面の 1 つが球面の接平面のときは，球面との交わりは 1 点となり，このときの帯を**1 底辺の帯**という．帯をつくっている 2 平面と球面との交わりを，**帯の底辺**といい，この 2 平面の距離を**帯の高さ**という．帯の面積は，帯の高さと球の大円の周長との積に等しい，すなわち，$2\pi rh$（r は球の半径，h は帯の高さ）である．

■**帯球調和関数** zonal harmonic

$P_n(\cos\theta)$ という形の関数のこと（2 変数 θ, φ に関する関数とみなせば球面調和関数になることに注意せよ [→ 球面調和関数]）．ただし，P_n は n 次の**ルジャンドルの多項式**を表す．この関数は，原点を中心とする球面上の関数（を極座標に関して表したもの）と見た場合，n 個の緯度線上で 0 になる．それらによって球面が帯状に分けられるので，この名がついた．なお，体球と区別してわざと "おびきゅう" と読む習慣である．

■**オーム** ohm

電気抵抗の単位．

(1) **絶対オーム**．導体の 2 つの端子間に 1 絶対ボルトの定常電圧を加えたときに，1 絶対アンペアの定常電流が流れるような導体の抵抗として定義される．これは，その導体が 1 絶対アンペアの定常電流が流れたときに 1 ワットの割合で熱を消費するということと等価である．この絶対オームは，1950 年以後抵抗の法定規準となった．

(2) **国際オーム**．1950 年以前の法定規準．一定の断面積，長さ 106,300 センチメートル，0℃，14.4521 グラム質量の水銀柱に定常電流を流したときに定まる抵抗．

■オーム，ゲオルグ・シモン　Ohm, Georg Simon（1787—1854）
ドイツの物理学者．

■オームの法則　Ohm's law
《電気》電流は，抵抗でわった電気誘導起電力に比例する．この法則は，電気誘導起電力と電流が一定の場合は，普通の金属からなる回路に適用される．→ ヘルムホルツの微分方程式

■重さ　weight
(1) 物体にかかる引力（重力）．→ ポンド
(2) → 平均

■重み w の相対テンソル場　relative tensor field of weight w
これがテンソル場の定義と異なるのは，テンソル場の成分の変換法則の右辺に**ヤコビアン** $\left|\dfrac{\partial x^i}{\partial x'^j}\right|$ の w 乗がついていることである．重み1の相対テンソル場は**テンソル密度**といい，**イプシロン記号** $\varepsilon^{i_1 i_2 \cdots i_n}$ で表す．**重み1のスカラー場**（**スカラー密度**ともいう）の成分は

$$s'(x'^1, \cdots, x'^n) = \left|\dfrac{\partial x^i}{\partial x'^j}\right| s(x^1, \cdots, x^n)$$

をみたす．t_{ij} を共変テンソル場の成分とし，$t = |t_{ij}|$ を i 行 j 列の成分が t_{ij} である n 次行列式とするならば，$\sqrt{t}$ は**スカラー密度**である．

■折れ線　broken line
端を次々につないだ線分でできた曲線であって，全体で1本の直線分でないものをいう．曲線の長さを定義するときには，通例**曲線に内接する**（すなわち曲線上の頂点をもつ）折れ線で近似する．折線と書いて"せっせん"とも読むが，"接線"と区別するため，"おれせん"と読むほうがよい．

■折れ線グラフ　broken-line graph
あるデータを表す点を結ぶようなまっすぐな線分からなるグラフのこと．例えば，ある期間の日数が，連続して示されている．このとき横軸上に等間隔に点をとり，そのような各点から垂直な線を引いておき，この垂直な線のそれぞれに対して，調べた日の最高気温に比例するように高さを決めて点をおくことにし，これらの点を線分で連結する．このようにしてできたグラフが折れ線グラフである．

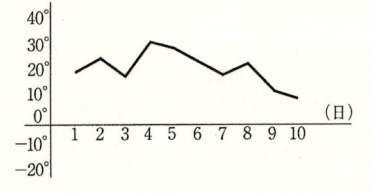

カ

■**解** solution
(1) 与えられたデータと既知の事実または方法と新たに得られた関係などを用いて求める結果を見いだすための過程.
(2) 方程式をみたす対象. ＝根. ただしそれを求める過程をも解とよぶことがある.

■**解（解析的）** analytic solution
→ 解析的証明あるいは解法

■**解（幾何学的）** geometric solution
→ 幾何学的解法

■**解（線型計画法の）** solution of linear programming
→ 線型計画法

■**解（代数的）** algebraic solution
→ 代数的証明と解法

■**解（微分方程式の）** solution of differential equation
→ 微分方程式の解

■**解（不等式の）** solution of inequalities
→ 不等式のグラフ

■**解（方程式の）** root of an equation
→ 方程式の解

■**解（有限零和2人ゲームの解）** solution of a two-person zero-sum game
→ 有限零和2人ゲームの解

■**外円** circumcircle
＝外接円.

■**外角** exterior angles
→ 横断線によってつくられる角, 3角形の外角, 多角形の角

■**解核** resolvent kernel
→ ヴォルテラの相反関数, 反復核

■**下位換算** reduction descending
時間や分を秒に直すように, 度量衡をより小さな単位で表すこと.

■**回帰** regression
統計学で, 回帰直線という用語は, 歴史的には背の高い両親から生れた子供の背丈が全体の平均へ"回帰"する程度を推定する研究において最小2乗法にもとづいて計算された直線に初めて使われたのでこの名がある. 現在では拡張されて使用されている. → 回帰関数, 回帰曲線, 回帰係数, 回帰直線

■**回帰** recurrence
→ 再帰

■**回帰関数** regression function
確率関数 $X_1, X_2, \cdots, X_n$ の与えられた値に対して, 確率変数 Y の条件つき期待値を与える関数のこと. $f(X_1, X_2, \cdots, X_n)$ が $X_1, X_2, \cdots, X_n$ に対する Y の期待値であるとき, f が**回帰関数**であり, $Y=f(X_1, X_2, \cdots, X_n)$ が回帰方程式である. $n>1$ のとき, f を**多重回帰関数**という. f が線型ならば, それを**線型回帰関数**とよぶ. 通常, 回帰関数を決定するためには, それが未知の**助変数をもつ特定の型**であると仮定して, 最小2乗法により, その助変数を決定する. 例えば, 日本人の身長が, 体重の関数で表されるというのは正しくない. しかし, 体重 w の人の平均身長を表す関係式 $h(w)=a+bw$ が存在すると仮定するのは理にかなっているかもしれない. その仮定の下で, 無作為標本と, 最小2乗法を用いれば, a と b とが決定できる. この種の計算を**回帰分析**という. → 回帰直線

■**回帰曲線** regression curve
$Y=f(X)$ の形で表される回帰方程式のグラフ. → 回帰関数, 回帰直線

■**回帰係数** regression coefficient
回帰方程式における, **確率変数の係数**のこと.
→ 回帰直線

■回帰直線　regression line
　与えられた確率変数 X の値に対する確率変数 Y の条件つき期待値が，方程式 $Y=mX+b$ で与えられるとき，その方程式のグラフを，X に対する Y の**回帰直線**といい，その計算を**線型回帰**という．回帰係数である m と b が最小2乗法によって決定されるならば，回帰直線の方程式は $(Y-\bar{Y})/\sigma_Y = r(X-\bar{X})/\sigma_X$ となる．ここで $\bar{X}$ と $\bar{Y}$ は標本平均値，σ_X と σ_Y は標本標準偏差，r は標本相関係数である．→ 回帰関数，最小2乗法

■階級　class
　《統計》確率変数の全観察値からなる集合はその変数の変域を分割した階級にグループ化されることがある．例えばある変数が変域 $[0, 100]$ をもつとき，これは10単位の長さをもつ階級に次のように分けることができる．$0 \leq x \leq 10$ が第1番目の区間，$10 < x \leq 20$ が第2番目の区間，など．**階級上界**または**階級上限**は階級区間における値の上限と下限である．**階級頻度**はある与えられた階級区間の中で確率変数がとりうる値の頻度である．

■開区間　open interval
　→ 区間

■外項　extremes
　→ 比例

■階差　difference
　→ 1階の階差，2階の階差

■外サイクロイド　prolate cycloid
　→ サイクロイド，トロコイド

■開写像　open mapping
　位相空間 D の各点に位相空間 R の点をただ1つ対応させる写像（対応，変換，または関数）が開写像であるとは，それが D の各開集合を R の開集合に写すことである．もし閉集合を閉集合にうつすならば，**閉写像**である．開写像は，閉であることも閉でないこともある．閉写像は，開であることも開でないこともある．連続写像は，必ずしも開もしくは閉ではない．しかし f が1対1で開写像または閉写像ならば，f^{-1} は連続である．[類] 内部写像．→ 連続関数

■開写像定理　open-mapping theorem
　X と Y をバナッハ空間（またはフレシェ空間）とし，T を定義域が X，値域が Y（または Y の第2類集合をなす部分空間）の線型写像とする．T が連続であるのは，T が**閉写像**のときであり，しかもそのときに限る（**閉写像定理**）[→ 閉写像，変換(2)]．T が連続ならば，T は開写像である（**開写像定理**）．T が連続かつ1対1（したがって逆写像 T^{-1} が存在する）ならば，T^{-1} は連続である（**逆写像定理**）．→ フレシェ空間(2)

■外周　circumference
　(1) 円周のこと．
　(2) 単純閉曲線（例えば多角形）で囲まれた領域の境界．=周囲，周辺．

■概周期関数　almost periodic function
　任意の $\varepsilon > 0$ が与えられたとき，ある数 M が存在し，長さが M の任意の区間がすべての x に対して
$$|f(x+t)-f(x)| < \varepsilon$$
をみたす t を少なくとも1つ含むならば，連続関数 f を（一様）概周期関数という．例えば，関数
$$f(x) = \sin 2\pi x + \sin 2\pi x \sqrt{2}$$
は一様概周期関数である．というのはもし t が整数で $\sqrt{2}\,t$ が整数に近いと $|f(x+t)-f(x)|$ は小さい値になるからである．関数 f が一様概周期関数であるための必要十分条件は f に一様収束する有限三角和の列が存在することである．その和の各項は $a_r \cos rx$ または $b_r \sin rx$ の形をしている．ただし，r は整数である必要はない．概周期性の定義を一般化した多くの研究がなされている．例えば，上の定義の $|f(x+t)-f(x)|$ の部分をある特定の k に対する
$$\left[\frac{1}{k}\int_x^{x+k} |f(x+t)-f(x)|^p dx\right]^{1/p}$$
$$(-\infty < x < \infty)$$
の上限や $k \to \infty$ としたときの極限で置き換えられることもある．→ ボーア

■開集合　open set of points
　集合 U の各点が，U の点のみからなる近傍をもつとき，U を開集合という．開集合は，閉集合の補集合である．円の内部や平面上の1つの直線の片側にある点全体は，いずれも開集合をなす．→ 位相空間

■解集合　solution set

与えられた方程式または連立方程式または不等式のすべての解の集合．例えば，方程式 $x^2-2x=0$ の解集合は $\{0, 2\}$ である．$x^2+y^2=4$ の解集合は原点を中心とする半径2の円である．連立方程式 $x+y=1$, $x-y=1$ の解はただ1つの順序対 $(2, -1)$ からなる集合である．不等式 $3x+4y+z<2$ の解集合は $3x+4y+z=2$ のグラフで表される平面の下方にある点を表す順序組 (x, y, z) すべてからなる集合である．→ 命題関数

■階乗　factorial

正の整数 n に対し，1から n までの n 個の整数の積のことを，n の**階乗**という．n の階乗は，通常，$n!$ という記号で表されるが，まれに，$\underline{n}$ という（昔の）記号が用いられることもある．例えば，$1!=1$, $2!=1\cdot 2$, $3!=1\cdot 2\cdot 3$ であり，一般に，$n!=1\cdot 2\cdot 3\cdots n$ である．この定義では，$n=0$ のときのことは触れられていないが，0 の階乗は1であると定義することにする．こう定義すると都合のよいことが多い．例えば，2項係数を表す式 $n!/[r!(n-r)!]$ は，この定義により，$r=0$ のときと $r=n$ のときにも正しいことになる．

■階乗級数　factorial series

級数
$$1+\frac{1}{1!}+\frac{1}{2!}+\frac{1}{3!}+\frac{1}{4!}+\cdots+\frac{1}{n!}+\cdots$$
のことを階乗級数という．この級数の和は自然対数の底 e に等しい．→ イー

■階乗モーメント　factorial moment
→ 分布のモーメント，モーメント母関数

■外心　circumcenter of a triangle

3角形の外接円（3角形の3つの頂点を通る円）の中心．各辺の垂直2等分線の交点．図における点 O．

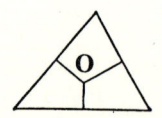

■階数　order
→ 1階の階差，高階の導関数，常微分方程式，2階の階差

■階数　rank
→ 行列の階数，2次形式の指標

■外積　cross product
→ ベクトルの乗法

■解析学　analysis　[pl. analyses]

主に代数的，微分積分学的方法を使う数学の1分野のこと．総合幾何学，数論，群論のような分野と区別される．

■解析関数　analytic function

(1) **1変数の解析関数**．$f(x)$ が h において**解析的**とは，それが $(x-h)$ の累乗に関するテイラー級数に展開され，その和が h の近傍の各点 x において $f(x)$ に等しいことである．関数が区間 (a, b) において解析的であるとは，その区間の各点 h において解析的なことである．

(2) **r 変数の解析関数**．$f(x_1, \cdots, x_r)$ が点 $p=(h_1, \cdots, h_r)$ において**解析的**とは，p の近傍において，その $(n+1)$ 番目の項が
$$c_{a_1 a_2 \cdots a_r}(x_1-h_1)^{a_1}(x_2-h_2)^{a_2}\cdots(x_r-h_r)^{a_r}$$
$$(a_1+a_2+\cdots+a_r=n)$$
の和の形の無限級数があり，その和が $f(x_1, x_2, \cdots, x_r)$ に等しいときである．

(3) **複素変数の解析関数**．複素変数 z の関数 $f(z)$ が z_0 において**解析的**とは，z_0 の近傍 U があって，U の各点において微分可能なことである．整型関数，正則関数ともいう．z_0 において単生的 [→ コーシー–リーマンの偏微分方程式]．

1価関数あるいはリーマン面上の1価関数とみなせる多価関数 f で，**領域** D（空でない連結開集合）の各点で微分可能な関数は，D において解析的であるという．複素変数の解析関数 f が D 内で連続で，D 内のたかだか有限個の点を除いて得られる領域で導関数をもつとき，D 内で解析的とよばれることがある．f が D 内のすべての点で微分可能ならば，f は D 内で**正則関数**，あるいは**正則解析関数，整型関数**とよばれる．複素変数の関数 f が点 z_0 において解析的であるならば，f は z_0 においてすべての階数の連続な偏導関数をもち，z_0 の近傍においてテイラー級数に展開される．

■**解析関数の a 点**　a-point of an analytic function
→ a 点（解析関数の）

■**解析関数の極**　pole of an analytic function
→ 解析関数の特異点，ローラン展開（解析関数の）

■**解析関数の正規族**　normal family of analytic functions
複素数平面の領域 D 上の正則関数の族で，この族に含まれる関数の任意の無限列が，D 内の任意の閉領域においてある正則関数（恒等的に無限大の関数も許す）に一様収束する 1 つの部分列を含むようなもの．すなわち一様収束の位相に関して前コンパクトな関数族をいう．

■**解析関数の特異点**　singular point of an analytic function
（複素変数の）解析関数の**特異点**とは，その点において解析的ではないが，その点のいかなる近傍においても解析的な点が存在するような点のことをいう．z_0 が**孤立特異点**であるとは，z_0 において解析的でない関数 f が存在して z_0 はそのリーマン面上の点であるが，z_0 のそのリーマン面上のある近傍 $|z-z_0|<\varepsilon$ が存在してこの近傍内の各点 z ($\neq z_0$) において $f(z)$ が解析的となることである．
(1) 点 z_0 が**除去可能特異点**であるとは，z_0 が特異点であるが，f を z_0 で解析的であるように定義しなおすことができることをいう．例えば，$0<|z|<1$ に対して $f(z)=z$ かつ $f(0)=1$ のとき，f は 0 を除去可能な特異点にもつ．
(2) z_0 が**極**であるとは，z_0 が孤立特異点であって，$f(z)$ が $f(z)=\dfrac{\phi(z)}{(z-z_0)^k}$ の形に展開できることをいう．ただし，k は正整数，ϕ は z_0 で解析的で $f(z_0)\neq 0$ である．整数 k は極の**位数**とよばれる．例えば，$f(z)=(z-1)/(z-2)^3$ は，2 を位数 3 の極にもち，$\phi(z)=z-1$ である．
(3) **真性孤立特異点**とは除去可能特異点でも極でもない孤立特異点のことをいう．真性孤立特異点の任意の近傍において，いかなる有限複素数 a に対しても最大 1 個の除外値を除いて $f(z)-a=0$ は無限個の解をもつ．これは**ピカールの第 2 定理**とよばれる．例えば，$f(z)=\sin\dfrac{1}{z}$ は 0 を真性孤立特異点にもつ（このときは除外値はない）．**真性特異点**とは，極でも除去可能特異点でもない点のことをいう．例えば，$f(z)=\tan\dfrac{1}{z}$ は原点を真性特異点にもつ，しかし原点は f の極の極限点であるから真性孤立特異点ではない．

■**解析幾何学**　analytic geometry
(1) （座標系によって）解析的に表現される幾何学の分野のこと．証明などでは，一般的に代数的な手法が用いられる．＝座標幾何学．
(2) 代数幾何学的手法により解析的多様体を研究する分野を，近年こうよぶことがある．

■**解析曲線**　analytic curve
n 次元ユークリッド空間内の曲線で，その各点の近傍で $x_j=x_j(t)$ ($j=1,2,\cdots,n$) の形で書き表すことができるもの．ここで $x_j(t)$ は実変数 t の実解析関数とする．さらに $\sum_{j=1}^{n}(x_j')^2\neq 0$ ならば，曲線は**正則な解析曲線**とよばれ，変数 t は曲線に対する**正則な媒介変数**とよばれる．3 次元空間について考えれば，解析曲線は媒介変数を用いて $x=x(t)$, $y=y(t)$, $z=z(t)$ と表せるもの．ここで，これらの各関数は実変数 t の解析関数とする．dx/dt, dy/dt, dz/dt が同時に 0 にならなければこれらは正則な解析曲線である．→ 通常点

■**解析集合**　analytic set
X を実直線，または可分な完備距離空間と位相同型な空間とする．X の部分集合 S が**解析集合**であるとは，S が X 内のボレル集合の連続写像による像，あるいは同値だが，S が無理数のなす空間の連続像であることである．もし S と $X-S$ とがともに解析集合ならば，S はボレル集合である（**ススリンの定理**）．

■**解析性**　analyticity
解析性をもつ点とは，複素変数 z の関数が解析的である点のことである．

■**解析接続**　analytic continuation
f は領域 D 内での複素変数の 1 価解析関数とする．このとき D が真部分領域となるようなある領域に解析関数 F が存在し，D においては $F(z)=f(z)$ であるものが考えられる．もしこのような関数 F が存在するならば F は一意

的である．f から F を得る手順を**解析接続**とよぶ．例えば，$f(z)=1+z+z^2+z^3+\cdots$ で定義される関数 f は，それによって $|z|<1$ に対してのみ定義される．つまり，級数の収束半径は 1 で，収束円の中心は O である．この級数は関数 $1/(1-z)$ を表すが，この関数そのものは別の表現をもつ．例えば

$$\sum_{n=0}^{\infty}\frac{f^{(n)}\left(\frac{1}{2}i\right)}{n!}\left(z-\frac{1}{2}i\right)^n$$

ならば（係数は元の級数によって決定される），新たな収束円は前の収束円の外部にまで広がる（図）．通常，べき級数で与えられている（必ずしもその必要はないが）この関数 f は，F の**関数要素**とよばれる．解析接続によって F の定義域となる多葉リーマン面に到達することもありうる．→ 解析関数

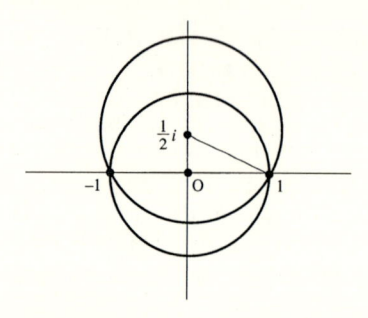

■**解析的構造（空間の）** analytic structure for a space

n 次元局所ユークリッド空間を次のような開集合からなる集合で被覆すること．その際，各開集合は n 次元ユークリッド空間 E_n の開集合に位相同型で，かつこれらの任意の 2 つが交わるとき，相互内の座標変換が解析関数（すなわち各点のある近傍でべき級数に展開できる関数）で与えられるものである．近傍 U と V が交わり，点 P がその共通部分にあるなら，n 次元ユークリッド空間の開集合と U および V との間の同相写像から P の座標を $(x_1, x_2, \cdots, x_n)$，$(y_1, y_2, \cdots, y_n)$ と定義できる．このとき，関数 $x_i = x_i(y_1, \cdots, y_n)$ と $y_i = y_i(x_1, \cdots, x_n)$ が解析的であることが要請される．解析的構造が実あるいは複素であるとは，E_n の点の座標が実数あるいは複素数にとれることに対応する．→ 局所ユークリッド空間，多様体

■**解析的証明・解析的解法** analytic proof, analytic solution

解析学とよばれる数学のある種の手続きによる証明法あるいは解法のこと．すなわち，幾何学的というよりはむしろ代数的な方法を用い，微分積分法の極限をとるという操作にもとづく証明のこと．

■**解析力学** analytical mechanics

力学の数学的構造．その現代的定式化は，ラグランジュ，およびハミルトンによるところ大である．道具として微分積分学を用いる．**理論力学**という語も使われる．

■**外接** circumscribed

(1) 直線，曲線，面で構成される図形が，その内部に別の多角形（あるいは多面体）を含み，かつその多角形（多面体）のすべての頂点がその図形に属しているとき，その図形はその内部の多角形（多面体）に**外接**しているという．またある図形が，多角形の各辺（あるいは多面体の各面）に接するように含まれているとき，多角形（多面体）はその図形に外接しているという．ある図形がほかの図形に外接しているとき，後者は前者に**内接**しているという．特に多角形の**外接円**とは多角形の各頂点を通る円のことである．この場合多角形はその円に**内接**している．各辺の長さが s の正 n 角形の場合，外接円の半径 r は

$$r=\frac{s}{2}\cos\frac{180°}{n}$$

で与えられる．また各辺の長さが a, b, c である 3 角形の場合は，$s=\frac{1}{2}(a+b+c)$ とおけば

$$r=\frac{abc}{4\sqrt{s(s-a)(s-b)(s-c)}}$$

である．正 n 角形において，その外接円の半径を r とすると，その面積は

$$\frac{1}{2}r^2 n\sin\frac{360°}{n}$$

その外周は

$$2rn\sin\frac{180°}{n}$$

で与えられる．円の**内接多角形**とは，各辺がその円に接する多角形のことである［→ 3 角形の内接円］．正 n 角形においてその内接円の半径を r とするとその面積は

$$nr^2\tan\frac{180°}{n}$$

その外周は
$$2nr\tan\frac{180°}{n}$$
で与えられる．また1辺の長さが s の正 n 角形の内接円の半径は
$$\frac{1}{2}s\cot\frac{180°}{n}$$
である．

(2) 多面体の各頂点を含む球面はその多面体の**外接球面**である（このとき多面体は球面に内接している）．多面体の各面に接する球面は，その多面体の**内接球面**である（このとき多面体は球に外接している）．同じ頂点をもつ角錐と円錐において，角錐の底面が円錐の底面に外接しているならば，その角錐はその円錐に外接しているという．このとき円錐は角錐に内接している．

円錐の底面が角錐の底面に外接し，この2つの錐が同一の頂点をもつとき，円錐は角錐に外接している．このとき角錐は円錐に内接している．

角柱の両底面と円柱の両底面とがそれぞれ同一平面上にあって，しかも角柱の底面が円柱の底面に外接しているとき，角柱は円柱に外接しているという．このとき角柱の側面は円柱の側面に接している．この場合，円柱は角柱に内接している．また円柱の両底面と角柱の両底面がそれぞれ同一平面上にあって，円柱の底面が角柱の底面に外接しているとき，円柱は角柱に外接しているという．このとき，角柱の側面の辺は円柱に含まれる．また角柱は円柱に内接している．

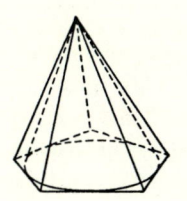

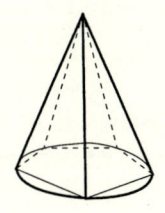

■**外接円** circumscribed circle
→ 外接

■**外接線**（2円の） external tangent of two circles
→ 2円の共通接線

■**外接多角形** circumscribed polygon
→ 外接

■**外挿** extrapolation
→ 補外

■**外測度・内測度** exterior and interior measure

E を点集合，S を有限または可算無限個の（開または閉）区間の族であって，それに属する区間の合併が E を含むものとする（区間は下記の一般化された区間を意味する）．E の**外測度**とは，S が上記の性質をもつすべての区間族を動くときの，各 S 内の区間の測度の和の下限である．集合 E が区間 I に含まれているとし，E^c を I 内の E の補集合とする．このとき，I の測度と E^c の外測度との差を E の**内測度**という．一般の集合 E の**内測度**とは，E のすべての有界部分集合の内測度の上限とする．もし E が開または閉集合ならば，その内測度と外測度は等しく，この共通の値が E の測度である[→ ルベーグ測度]．集合 E の外測度は，E を含む開集合の測度の下限に等しく，また内測度は，E に含まれる閉集合の測度の上限に等しい．直線上の区間の測度とは，区間の長さである．n 次元ユークリッド空間の区間とは，$a_i, b_i (i=1,2,\cdots,n)$ を与えられた数とするとき，n 次元の点 $x=(x_1, x_2, \cdots, x_n)$，$a_i \leq x_i \leq b_i (n=1,2,\cdots,n)$ の全体からなる"一般化された直方体"であり，その測度は積
$$(b_1-a_1)(b_2-a_2)\cdots(b_n-a_n)$$
で与えられる．開区間，半開区間，半閉区間なども同様に定義される．＝ルベーグ外(内)測度．
→ カラテオドリ外測度，区間，集合の測度，点集合の容積，ルベーグ測度

■**階段関数** step function

ある区間 I 全体で定義され，しかも互いに共通部分のない I の有限個の部分区間への分割の各区間において，それぞれ定数関数となっている関数．→ 区間，積分可能関数

■**階段行列** echelon matrix

次のような行列を**階段行列**または**階段形**という．すなわち，0でない要素を含む行は0ばかりからなる行のどれよりも上にあり，0でない要素を含む行の成分は，最初はすべて0で，初めて0でない成分が1であり，その1が現れる列

は，上の各行で最初に1の現れる列よりも右にある．もし各行で初めて0でない成分が，その列で唯一の0でない成分であるとき，**簡約階段行列**または**簡約階段形**という．すべての行列は，基本操作だけで簡約階段行列に変換することができる．→ 行列の基本操作

■回転　curl, rot
x, y, z のベクトル値関数 F に対し
$$i\times\frac{\partial F}{\partial x}+j\times\frac{\partial F}{\partial y}+k\times\frac{\partial F}{\partial z}$$
を F の回転とよび，$\nabla\times F$ とかく．ここに ∇ は演算子
$$i\frac{\partial}{\partial x}+j\frac{\partial}{\partial y}+k\frac{\partial}{\partial z}$$
である．例えば，F を点 $P(x,y,z)$ における流体の速度とするとき，$\frac{1}{2}\nabla\times F$ は点 P における流体の微小部分のベクトル角速度である．記号は rot を使うことが多い．→ ベクトル

■回転　revolution
軸または点のまわりで回転させること．この用語はふつう平面における図形を原点のまわりに与えられた大きさの角度だけ回転させること，または空間における曲線を x 軸のまわりにいかなる制限もつけずに 360° 回転させるという意味で用いられる．→ 回転体

■回転円錐　cone of revolution
→ 錐

■回転軸　axis of revolution
→ 回転体，回転面

■回転数　winding number
平面上の閉曲線が，ある1点のまわりを，正の方向（時計の針と反対方向）に何回まわっているかを示す回数．詳しくは，C を，連続変換による円の像となっている閉曲線とする．このことは，C が，$u(0)=u(1), v(0)=v(1)$ をみたす連続関数 u, v を用いて，$x=u(t), y=v(t)$ ($0\leq t\leq 1$) という媒介変数の方程式として表されることを意味する．あるいは，連続な複素関数 f を用いて，$w=f(z)$ ($|z|=1$) で表されるとしてもよい．点 P は曲線 C 上の点でないとする．$0=t_0<t_1<t_2<\cdots<t_k=1$ とし，各 t_i ($i=0,1,2,\cdots,k$) に対する曲線上の点を Q_i とおく．

このとき，次の条件をみたす正数 E が存在する．$t_i-t_{i-1}<E$ ($i=1,2,\cdots,k$) をみたすような数 $\{t_i\}$ の選び方に関係なく $\frac{1}{2\pi}\sum_{i=1}^{k}\theta_i$ (θ_i は直線 PQ_{i-1} から直線 PQ_i までの角をラジアンで測ったもの）が一定値となる．この一定値を $n(C,P)$ とかく．この $n(C,P)$ は整数で，点 P に関する曲線 C の**回転数**，**回転指数**あるいは，C に関する点 P の**指数**という．

曲線の回転数は，その曲線を P を通らないように連続的に変形しても変わらない．例えば，$p(z)$ を n 次多項式で $p(0)\neq 0$ とし，C_K を変換 $w=p(z)$ による円 $|z|=K$ の像とする．C_K の原点 O に関する回転数は，十分大きな K に対し n であり，十分小さな K に対し 0 となる．各曲線 C_K は（K を連続的に変えることによって）他の C_K へ連続的に変形できるので，C_K が原点 O を通るような値 K がなければならない．ゆえに，$p(z)=0$ をみたす z が存在する．これは，**代数学の基本定理**の1つの証明を与えている．点 P が，複素数 a を表す点とし，曲線 C が，区分的に微分可能な関数 f により $w=f(z)$ で定義されているならば，このとき，
$$n(C,a)=\frac{1}{2\pi i}\int_C\frac{dz}{z-a}$$
である．

■回転体　solid of revolution
直線（**回転軸**）のまわりに，ある平面の領域を回転させてできる立体のこと．回転体の体積は多重積分を使わずに3通りに計算できる．

回転軸に垂直な平面が2つの円（大きい円と小さい円の半径がそれぞれ r_2, r_1）で囲まれた領域で交わるとき，回転体の体積の要素として $\pi(r_2^2-r_1^2)dh$ を用いることができる．ただし，h は回転軸に沿って測った高さ，r_2, r_1 は h の関数であるとする．これが第1の方法である．これを**ワッシャー法**（円環法）という．このとき，回転体の体積は
$$\int_{h_1}^{h_2}\pi(r_2^2-r_1^2)dh$$
である（h_1, h_2 は h のそれぞれ最小値，最大値とする）．x 軸を回転軸として，曲線 $y=f(x)$ を回転させ，$x=a$ から $x=b$ までで囲まれる回転体の要素は円板（$r_1=0$）であり，この回転体の体積は，
$$\int_a^b\pi f^2(x)dx$$
である．これを**円板法**という．平面上のある領

域が回転軸である x 軸の一方側だけに位置しているとき，回転軸との距離が d の平行な直線とこの領域との交わりである線分の長さを $L(x)$ とすると，この回転体の要素 $2\pi xL(x)$ は，回転軸のまわりの幅 dx，長さ $L(x)$ の小片を回転させた回転体の体積の近似を与えている．回転体の体積を求める第 3 の方法（シェル法）によれば，回転体の体積は，
$$\int_{x_1}^{x_2} 2\pi xL(x)\,dx$$
である．ただし，x_1, x_2 は回転軸から平面領域までの最小および最大距離とする．上記のワッシャー法も円板法も，ともに以下の薄切り法の特別な場合である．立体が $x=a$ と $x=b$ の間にあるとき，平面 $x=t$ による切り口の面積を $A(t)$ とすれば，体積は
$$\int_a^b A(t)\,dt$$
で表される．

■回転楕円面　ellipsoid of revolution
→ 楕円面

■回転柱　cylinder of revolution
→ 柱

■回転半径　radius of gyration
ある固定直線（点または平面）から，その固定直線（点または平面）についての物体の慣性モーメントを変えることなしに質量を集中することのできる，物体中または物体の近くの点までの距離．慣性モーメントを質量でわった商の平方根．

■回転面　surface of revolution
平面上の軸のまわりに，その平面上の曲線を回転することによって得られる曲面．軸に垂直な平面で切った切り口は円であり，これらを**平行円**という．軸を含む平面で切った切り口を**子午線**という．地球は，北極と南極を通る直線のまわりに，子午線の 1 つを回転することにより得られる回転面とみなしてよい．与えられた直線上に中心をもつ円が，常にその直線に直交するように移動し，しかも，その直線を含む平面上の 1 つの曲線を絶えず通過するように，伸縮しながら移動するときにも，回転面が得られる．ds を与えられた曲線の弧長要素とし，r をこの弧長要素上の任意の点と回転軸との距離とす

る．そのとき，回転面の**面積要素**は $2\pi r\,ds$ で与えられる．曲線 $y=f(x)$ を x 軸のまわりに回転したときの回転面では，$2\pi r\,ds = 2\pi f(x)\,ds$ となる．この回転面の $a \leq x \leq b$ における面積は
$$\int_a^b 2\pi f(x)\sqrt{1+(dy/dx)^2}\,dx$$
である．

図から，弧 $BC = \Delta s$ を x 軸のまわりに回転したときの面積は近似的に $2\pi r\Delta s$ と見なせるから，$2\pi r\,ds$ はこれの近似である[→ 曲面積，積分要素]．

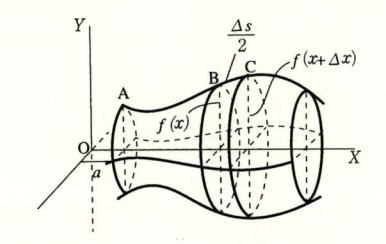

■回転面の帯　zone of a surface of revolution
回転軸に垂直な 2 平面の間にはさまれた回転面の部分．

■解と係数の関係　relation between the root and coefficients
→ 方程式の解

■外トロコイド　epitrochoid
エピサイクロイドにおける回転円の動点を，円周上ではなく，半径上，または，半径の延長上としたもの．h を回転円の中心より，動点までの長さ，a, b, θ はエピサイクロイドの表示に用いられた記号とする．このとき**外トロコイド**の媒介変数による方程式は，
$$x = (a+b)\cos\theta - h\cos[(a+b)\theta/b]$$
$$y = (a+b)\sin\theta - h\sin[(a+b)\theta/b]$$
である．$h<b$, $h>b$ の場合は，**トロコイド**における，$b<a$, $b>a$ の場合に類似している．→ エピサイクロイド，サイクロイド，トロコイド，内トロコイド

■外トロコイド曲線　epitrochoidal curve
1 つの円のまわりをすべらずに転がるもう 1 つの円を含む平面上の点の軌跡．この転がり方は，2 つの円の決める平面が一定の角度で交わ

っている場合だけを考える．すべての外トロコイド曲線は球面曲線である．→ 球面曲線

■カイ2乗検定　chi-square test
ある確率変数 X が有限の数の値 $\{x_1, \cdots, x_k\}$ しかとらないで，それが確率関数 p をもつことを検定するとしよう．標本の大きさ n の無作為抽出標本で
$$Y = \sum_{i=1}^{k} \frac{[n_i - n \cdot p(x_i)]^2}{n \cdot p(x_i)}$$
ただし n_i は標本の中の x_i の頻度であるとする．もし n が十分大きいなら（1つの経験的法則は $n \cdot p(x_i) \geq 5$ がすべての i に成立すること）Y は自由度 $k-1$ の**カイ2乗分布**で近似される．有意度 α のもとで"p が X の確率関数であること"という仮説を $Y \leq t_\alpha$ か $Y > t_\alpha$ であるのに従い，それぞれ受容したり棄却したりする．ただしこのカイ2乗分布の分布関数 F について $1 - F(t_\alpha) = \alpha$ である．この検定法は確率変数が無限に多くの値をとるときにもグループ化することで使える．例えば範囲を使うことで，カイ2乗検定は他の多くの状況でも使うことができる．例えば分布の一部しか特定化されていない場合や，未知の母数が存在する場合などである．

■カイ2乗分布　chi-square distribution
確率変数が自由度 n の**カイ2乗分布**をなすというのは，それが次のような**確率密度関数** f をもつときである．
$$f(x) = \frac{1}{2^{\frac{1}{2}n} \Gamma\left(\frac{1}{2}n\right)} x^{\frac{1}{2}n-1} e^{-\frac{1}{2}x}$$
ただし $x > 0$．ここで $x \leq 0$ のときは $f(x) = 0$ とする．Γ はガンマ関数である．**平均**は n，**分散**は $2n$，**積率母関数**（モーメント母関数）は $M(t) = (1-2t)^{-1/2n}$．もし $X_1, \cdots, X_n$ が平均 0，分散 1 の独立な正規変数なら $\chi^2 = \sum_{i=1}^{n} X_i^2$ は自由度 n のカイ2乗分布をもつ．カイ2乗分布は**ガンマ分布**の母数が $\lambda = \frac{1}{2}$ で $r = \frac{1}{2}n$ であるものと同じである．n が大なとき，$(2\chi^2)^{1/2}$ は平均 $\sqrt{2n-1}$，分散 1 の**正規分布**で近似される．カイ2乗確率変数は，$X_1, \cdots, X_k$ が自由度 $n_1, \cdots, n_k$ のそれぞれ独立なカイ2乗確率変数なら $\sum_{i=1}^{k} X_i$ は自由度 $\sum_{i=1}^{k} n_i$ のカイ2乗確率変数になるという**加法性**をもつ．以上は**中心カイ2乗分布**と

よばれるものである．もし $X_1, \cdots, X_n$ がそれぞれ平均 $m_1, \cdots, m_n$ で分散 1 の独立な正規確率変数なら，$\chi^2 = \sum_{i=1}^{n} X_i^2$ は平均 $n+\lambda$，積率母関数 $M(t) = (1-2t)^{-1/2n} e^{\lambda t/(1-2t)}$，**非心度** $\lambda = \sum_{i=1}^{n} m_i^2$ の**非心カイ2乗分布**をもつ．カイ2乗分布は広く仮説検定，例えば，分割表，適合度，分散の推定そして無作為抽出標本の母数，などについて使われる．→ F 分布，カイ2乗検定，ガンマ分布，コクランの定理

■解の分離　isolate a root
その間に解が存在する（かつ，通常はその間にしか解が存在しない）2つの数を見つけること．→ 方程式の解

■外擺線（がいはいせん）　epicycloid
＝エピサイクロイド．

■外部　exterior
例えば，円の外部とは，その円によって囲まれた部分にも，その周上にも属さない点全体のことをいう．3角形，多角形，球などに対しても同様の用い方をする．これを，次に述べる一般的な定義と，つじつまを合わせるためには，例えば円の場合には，円という言葉で，円周と，その円周によって囲まれた部分の合併，つまり，円板のことを表していると思えばよい．さて，一般に，位相空間における集合 E に対し，E と交わらないような近傍をもつ点のことを，E の**外点**といい，E の外点全体がなす集合のことを，E の**外部**とよぶ．したがって，E の外部は，E の補集合の**内部**と一致する．

■外部演算　external operation
→ 演算

■外部自己同型　outer automorphism
→ 同型

■外分点　point of exterior division, point of external division
→ 内分点

■開方　evolution
与えられた数の累乗根を求めること．例えば，25 の平方根を求めることなど．開方は，ベキを

求める操作，つまり，**累乗**の，逆操作である．＝開平，根を開く．

■**外容積** exterior content
→ 点集合の容積

■**外余擺線**（がいよはいせん） epitrochoid
＝外トロコイド曲線．

■**海里** nautical mile
地球と同じ表面積の球面上で大円の弧の角度1分の長さ．ほぼ6080.27フィート，あるいは1852メートル．地理学海里は地球の赤道上の弧1分の長さでほぼ6087.15フィート．英国海里は6080フィート．→ ノット

■**ガウス，カール・フリードリッヒ** Gauss, Carl Friedrich (1777—1855)
ドイツの数学者．アルキメデス，ニュートンと並ぶ，すべての時代を通じての3大数学者の1人と考えられている．天文学や物理学のみならず，代数，解析，幾何学，数論，数値解析，確率，統計に重要な貢献をした．→ 素数定理

■**ガウス曲率** Gaussian curvature
→ 曲面の曲率

■**ガウスの基本定理（静電気学の）** Gauss' fundamental theorem of electrostatics
→ 静電気学のガウスの基本定理

■**ガウスの公式** Gauss' formulas
→ ドランブルの類比

■**ガウスの整数** Gaussian integer
複素数 $a+bi$ で，a と b が普通の実整数であるもの．[類] 複素整数．

■**ガウスの定理** theorem of Gauss
曲面の全曲率が，曲面の第1基本係数とそれらの1階と2階の偏導関数との関数として表すことができるという有名な定理のこと．→ 発散定理，ガウスの方程式

■**ガウスの微分方程式** Gauss' differential equation
→ 起幾何微分方程式

■**ガウスの平均値定理** Gauss' mean-value theorem
u を，通常の3次元空間内の領域 R における調和関数とし，P を R 内の点とする．S は，P を中心とする球面で，R にすっぽり含まれている（つまり，S が囲む領域も，S 自身も，ともに R に含まれている）ものとする．このとき，S の面積を A で表すと，$u(\mathrm{P}) = \frac{1}{A}\int_S u dS$ が成立する．R が平面領域のときにも，C を同様の条件をみたす円周とし，その長さを c とおくと，$u(\mathrm{P}) = \frac{1}{c}\int_C u ds$ が成立する．

■**ガウスの方程式** Gauss' equation
《微分幾何学》第1基本係数 E, F, G，および，これらの1階と2階の偏微分によって全曲率 $K = \frac{DD'' - D'^2}{EG - F^2}$ を表す次の方程式のこと．

$$K = \frac{1}{2H}\left\{\frac{\partial}{\partial u}\left[\frac{F}{EH}\frac{\partial E}{\partial v} - \frac{1}{H}\frac{\partial G}{\partial u}\right]\right.$$
$$\left.+ \frac{\partial}{\partial v}\left[\frac{2}{H}\frac{\partial F}{\partial u} - \frac{1}{H}\frac{\partial E}{\partial v} - \frac{F}{EH}\frac{\partial E}{\partial u}\right]\right\}$$

ただし $H = \sqrt{EG - F^2}$ とする．第2種のクリストッフェルの記号でこの方程式を表すと，

$$K = \frac{1}{H}\left\{\frac{\partial}{\partial u}\left(\frac{H}{G}\begin{Bmatrix}22\\1\end{Bmatrix}\right) - \frac{\partial}{\partial v}\frac{H}{G}\begin{Bmatrix}12\\1\end{Bmatrix}\right\}$$
$$= \frac{1}{H}\left\{\frac{\partial}{\partial v}\left(\frac{H}{E}\begin{Bmatrix}11\\2\end{Bmatrix}\right) - \frac{\partial}{\partial u}\left(\frac{H}{E}\begin{Bmatrix}12\\2\end{Bmatrix}\right)\right\}$$

である．テンソル記法では，

$$x^i_{,\alpha\beta} = d_{\alpha\beta}X^i$$

と表される．
等温母数

$$E = G = \lambda(u,v), \quad F = 0$$

に対し，公式は，

$$K = -\frac{1}{2\lambda}\left[\frac{\partial^2 \log \lambda}{\partial u^2} + \frac{\partial^2 \log \lambda}{\partial v^2}\right]$$

のように変形される．測地母数 $E=1$，$F=0$，$G=[\mu(u,v)]^2$，$\mu \geq 0$ に対して，公式は，

$$K = -\frac{1}{\mu}\frac{\partial^2 \mu}{\partial u^2}$$

となる．→ ガウスの定理，コダッチの方程式

■**ガウス分布** Gaussian distribution
＝正規分布．→ 正規分布

■**ガウス平面** Gauss plane
→ 複素数平面

■**ガウス-ボンネの定理**　Gauss-Bonnet theorem

《微分幾何学》曲率Kが連続であり，積分路Cの測地(的)曲率kも連続であるような曲面の単純連結な部分Sに対して，

$$\int_C k\,ds + \iint_S K\,dA = 2\pi - \sum_{i=1}^{n} \theta_i$$

が成り立つ．ただし，$\theta_1, \cdots, \theta_n$は，(もしあるならば)$C$の点における外角であるものとする．平面上の3角形の内角の和が2直角とか，定曲率曲面上で3角形の面積が内角の和と2直角との差に比例するといった性質は，この定理の特別な場合である．

■**カオス**　chaos

きわめて一般的な意味でいうと，**力学系**とは集合を自分自身にうつす写像である．**カオス**の理論は基本的には力学系を反復したときの複雑な(神秘的と思われる)挙動，および写像の定義中の助変数の初期条件をわずかに変化させたときに起こる挙動の変化の研究である．もっと特定すれば，力学系が**カオス的**というのは，次のような場合といってよい．(i)初期条件に敏感に依存する．すなわちある$\delta>0$があり，"多くの"xと任意の$\varepsilon>0$に対して，yとnが存在してxとyとの差はε以下だが，xの軌道のn項めとyの軌道のn項めとの差はδ以上になる[→軌道(orbit)]．(ii)多くの点が周期軌道をもつ．(iii)多くの軌道が稠密である．

以下の3例でカオス的挙動を説明しよう．(1)原点中心の単位円周上の点pを，正のx軸と中心とpとを結ぶ線分とのなす偏角$\theta(p)$を2倍の偏角の点にうつす写像をTとする．pの軌道を，Tを次々に反復してえられる点列とする．$\theta(p)=2\pi\rho$ラジアンとすると，もしρが有理数ならば，pの軌道は究極的には周期的になる．ρが無理数のある稠密な集合に含まれるとき，pの軌道は円周上稠密になる．しかしρが無理数の他のある稠密な集合に含まれるときには，軌道は究極的には**安定点**$\pi, \pi/2, \pi/4, \pi/8, \cdots$に吸引される(すなわち近づく)．まず$\pi$に，ついで$\pi/2$と$\pi$に，ついで$\pi/4, \pi/2$と$\pi$に，など．したがって$p$を任意に小さく変化させても，$p$自身が有限個の集積点しかもたないときでも，軌道が稠密に集積点をもちうる．

(2) Tを平面上のその中への1対1写像$T(x, y) = (x^*, y^*), x^* = y+1-ax^2, y^* = bx$とする．$a=1.3, b=0.3$のとき，平面上に点$p_1$, $p_2, \cdots, p_7$(**周期的吸引点**という)があり，ある点(x, y)が次の性質をもつ．その点の軌道はp_1に近づき，次にp_2に近づき，ついでp_3に近づき，$\cdots$，p_7に近づき，ふたたびp_1に近づき，p_2に近づき，以下同様である．Tには2個の不動点があり，他の点に対しては，軌道が非有界である．しかし$a=1.4, b=0.3$のときには，依然として2個の不動点があるが，複雑な曲線の族(**奇妙な吸引子**(ストレンジ・アトラクター)とよばれる)があり，ある点の軌道はこれらの曲線の近くにかたまる．

(3) $T(x) = r(x-x^2)$型の写像は，例えば，乱流の研究や，生物の数の変化や，価格の変動などに応用されてきた．$0 \leq r \leq 4$ならば，Tは区間$[0, 1]$を自分自身にうつす．$0 \leq r \leq 1$ならば，すべての軌道は0に近づく．$1 \leq r \leq 4$ならば，$\xi = 1-1/r$は不動点である．$1 < r \leq 3$ならば，0, 1以外のすべてのxの軌道はξに近づき，ξは**安定**とよばれる．$3 < r \leq 4$ならば，不動点$\xi = 1-1/r$以外に2周期の点$[r+1\pm\sqrt{(r+1)(r-3)}]/2r$が生じ，$r > 3$で十分3に近いときには安定である．$r$が増加して，ほぼ3.57に近づくと，安定周期点の個数は，4, 8, 16, 32, $\cdots$となる．rがほぼ3.83になると，3個の安定周期点が生じ，その個数は6, 12, 24, $\cdots$となる．同様に任意の正の整数pに対して，あるrでp個の安定周期点が生じ，ついで$2p, 4p, \cdots$となる．もし$r<\rho$でρに近いときには$m\cdot 2^n$個の安定周期点があり，$r > \rho$でρに近いときに$m\cdot 2^{n+1}$個になるならば，ρを**周期倍増点**という．$r=4$のときは，xの軌道のn番めの値は$\sin^2(2^n \sin^{-1}\sqrt{x})$である．軌道が究極的に周期的に反復する点，軌道が不動点を含む点，軌道が$[0, 1]$内で稠密になる点，のいずれの点全体の集合Sも，区間$[0, 1]$内で稠密である．この例のTを，複素数平面からその中への写像と考え，変数を変換すると，この写像は**マンデルブロー集合**の定義に使われる$z^2 + c$になる．これらの例は，もしも無限回の演算が行われたとき，結果がきわめて複雑な，きわめて興味深い，そして驚くべきものになりうることを示している．"カオス的挙動"の他の例についてはジュリア集合，マンデルブロー集合を参照．

■**下界**　lower bound
→ 数列の上界・下界

■**可解群** solvable group

群 G が可解であるとは，部分群の列 N_0, N_1, $\cdots, N_k (N_0 = G$, N_k は単位元のみからなる部分群) で，各 i ($1 \leq i \leq k$) に対し，N_i は N_{i-1} の正規部分群で，剰余群 N_{i-1}/N_i はアーベル群となっているようなものが存在することをいう．G が有限群の場合には，この定義において，"アーベル群"という箇所を，"巡回群"ないし"素数位数の群"におきかえてもよい．奇数位数の有限群や位数 59 以下の有限群は，すべて可解である．

■**仮解法** method of false position

(1) ＝挟み打ち法．

(2) 方程式 $p(x)=0$ (p は多項式) に対して，その根のかなりよい近似値 r が何らかの方法で得られたときに，その精度を高めていく方法で，$p(x)=0$ に $x=r+h$ を代入して得られる h に関する方程式の，2次以上の項 (それらの項の影響は小さいと考えられる) を無視して得られる1次方程式を解いて h の値を求め，その h に対して，$r+h$ を新たな近似値として用いて，同様の手続きを繰り返していくことによる．本質的にはニュートンの反復法と同じである．例として，方程式 $x^3-2x^2-x+1=0$ を考え，最初の近似値として 2 をとる．x に $2+h$ を代入して，h^2 と h^3 の項を無視すると $3h-1=0$ となる．よって，$h=\frac{1}{3}$ を得，つぎの段階では $2+\frac{1}{3}=\frac{7}{3}$ を近似値として用いることになるわけである．

■**科学記数法** scientific notation

10 のベキと，1 から 10 の間の小数の有効数字の積で表された十進（浮動小数点）表記法．例えば，297.2 や 0.00029 はそれぞれ $2.972 \cdot 10^2$, $2.9 \cdot 10^{-4}$ とかかれる．697000 は有効数字が 4 桁のとき $6.970 \cdot 10^5$ とかかれる．

■**可換** commutative

その結果が対象の与えられ方の順序に依存しないとき，2つの対象を結合する方法は可換であるという．可換であることを示す法則を，**交換則**, **交換律** または **交換法則** という．例えば加法の交換法則は，加法の順序が和に影響しないということである．すなわち任意の a, b に対し，$a+b=b+a$（例：2+3=3+2）．乗法の交換法則は，乗法の順序を変えても積は変化しないということである（例えば $3 \cdot 5 = 5 \cdot 3$）．多くの数学系は交換法則をみたすが，それをみたさない数学系も数多く存在する．例えば，ベクトルの（ベクトル）積および行列の積は可換でない．→ 環，群

■**可換群** commutative group
→ 群

■**可逆** invertible

単位元 e をもつ亜群（または環）の **右可逆な要素** とは，要素 x で $x \cdot x^* = e$ となる要素 x^* が存在するもののことである．**左可逆な要素** とは，要素 x で $x' \cdot x = e$ となる要素 x' が存在するもののことである．さらに，**可逆な要素** とは，要素 x で $x \cdot x^* = x^* \cdot x = e$ となる要素 x^* が存在するもののことである．行列は正則なとき，かつそのときに限り可逆である．変換は1対1のとき，かつそのときに限り可逆である（有限次元空間の線型変換の場合には，その行列が正則のとき，かつそのときに限り可逆である）．→ 逆関数，逆元，逆変換

■**蝸牛線** limaçon
→ リマソン

■**下極限** limit inferior

(1) → 集積点（数列の）

(2) 点 x_0 における関数 f の **下極限** L とは，任意の $\varepsilon > 0$ と x_0 の近傍 U に対して，$f(x) < L + \varepsilon$ をみたす U の点 $x \neq x_0$ が存在する値 L のことである．この極限値を $\liminf_{x \to x_0} f(x)$ あるいは $\underline{\lim}_{x \to x_0} f(x)$ と表す．$x \to x_0$ のときの $f(x)$ の下極限は，$\varepsilon \to 0$ のときの $|x-x_0| < \varepsilon$, $x \neq x_0$ に対する $f(x)$ の下限の極限に等しい．また，それは正または負の無限大のこともありえる．

(3) 集合列 $\{U_1, U_2, \cdots\}$ の **下極限** とは，それらの集合のうちの有限個を除いたすべての集合に属する点全体からなる集合のことである．それは，$U_p, U_{p+1}, \cdots$ の共通部分の p 全体にわたる和，すなわち，$\bigcup_{p=1} \bigcap_{n=p} U_n$ と等しく，$\liminf_{n \to \infty} U_n$ あるいは，$\underline{\lim}_{n \to \infty} U_n$ と表す．

(3)の意味を表すとき **制限極限** ともよばれる．
[類] 下限．→ 上極限

■**角** angle

幾何学的角（あるいは，単に**角**）とは，点 P と

Pからでている2つの半直線からなる点の集合（2つの半直線が同一直線上にないことを必要とすることもある）．点Pを頂点といい，半直線を角の**辺**（または半直線）という．2つの幾何学的角は，それらが合同であるとき，かつそのときに限り等しい．角の2辺が同一直線上でその頂点から互いに逆方向にでている辺でないならば，2辺の間の点集合を角の内部という．角の外部とは，平面上の角とその内部以外のすべての点の集合である．**向きづけられた角**とは，始辺として指定された1辺と，終辺として指定された他の1辺に対する角の弧度である．向きづけられた角を符号つきの数で測るのによく使われる方法が2つある．向きづけられた角の頂点を中心とし，単位半径の円が描かれているとき，その角の弧度法による大きさは，角の**始辺**から**終辺**へ円に沿って左回りにとった弧の長さ，もしくは，始辺から終辺へ円に沿って右まわりにとった弧の長さの負数である．弧は円周上を何回まわってとってもよい．例えば，角が弧度法で $\frac{1}{2}\pi$ であるならば，この角は弧度法 $\frac{1}{2}\pi + 2\pi, \frac{1}{2}\pi + 4\pi, \cdots$ か $\frac{1}{2}\pi - 2\pi, \frac{1}{2}\pi - 4\pi, \cdots$ でもある．

角の度数法は，360° が弧度法の 2π に相当するものとして定義される [→角度の60進法]．回転角は方向角と角の符号つきの量からなる．角はその量が正か負かによって**正の角，負の角**という．等しい回転角とは，同じ量をもつ回転角のことである．通常，角は回転角を意味する（例えば，俯角，傾角，鈍角）．回転角は半直線を（始辺上の）始点から（終辺上の）終点へ回転して得られる図に示すような向きづけされた角と考えることができる．

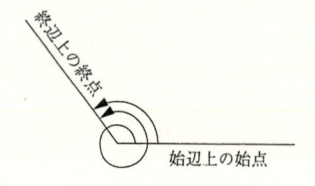

■**核** kernel
→ ヴォルテラの積分方程式，積分方程式

■**架空の相関** illusory correlation
形式的な関係の表現を有しないが，意味をもっていそうにみえる2変数の間の相関．例えば，南アフリカの人口とカリフォルニアで消費される電力のキロワット数は相関をもつ．なぜならば，ともに時間に対して正の関係をもつからである．任意抽出標本において任意抽出の変動に帰せられる範囲で相関が観察されたとすれば，それは架空の（実体がない）相関である．=無意味な相関．

■**角運動量** angular momentum
→ 運動量のモーメント

■**角加速度** angular acceleration
角速度の時間変化率．角速度が回転軸に沿った向きのベクトル ω で表されるとき，角加速度 α は，解析の記号を用いて $\alpha = \frac{d\omega}{dt}$ で与えられる．→ 角速度

■**角距離** angular distance
→ 2点間の角距離

■**角錐** pyramid
1つの面が多角形でその他の面が1頂点を共有するいくつかの3角形である多面体．その多角形を角錐の**底面**，3角形を角錐の**側面**という．側面が共有する1頂点を角錐の**頂点**といい，隣り合う2個の側面の交わりを**母線**という．**高さ**は頂点から底面に下した垂線の長さである．**側面積**は各側面の面積の合計で，底面の面積を b，高さを h とすれば**体積**は $\frac{1}{3}bh$ に等しい．**正角錐**は底面が正多角形で側面と底面とのなす角度がすべて等しい（正多角形を底面とし高さを決める垂線の足が底面の中心になる）角錐である．このとき S を斜高（すべての側面に共通した高さ），P を底面の周の長さとすれば，側面積は $\frac{1}{2}SP$ である．

■**角錐曲面** pyramidal surface
1定点を通る直線を，その定点を含まない平面上の導線に沿って動かすことによって得られる曲面．導線が多角形の場合，これを**閉角錐曲面**という．

■**角錐台** frustum of a pyramid
角錐の一部で，底面と底面に平行な平面には

さまれた部分．角錐台の**底面**とは，角錐の底面および底面に平行な平面と角錐との交わりの部分である．角錐台の**高さ** h は，角錐の底面と角錐台のもう1つの底面を含む平面との垂直距離である．A, B をそれぞれ2個の底面の面積とすれば，角錐台の体積は，

$$\frac{1}{3}h(A+B+\sqrt{AB})$$

に等しい．正角錐から得られる角錐台に関して，S を斜高（側面の高さ），P_1 と P_2 をそれぞれ底面の周の長さとすれば，側面積は

$$\frac{1}{2}S(P_1+P_2)$$

である．

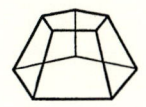

■**角速** angular speed
　点 O に関する時間 t の間のある点の**平均角速**とは A/t である．ただし，A はこの時間内に通るその点と O を結ぶ直線のなす角の大きさである．**瞬間角速**とはある長さの時間における角速の，時間の長さを0に近づけたときの極限をいう．O を通るある固定された直線と動く点と O を結ぶ直線とのなす角が時間のある関数であるとき，角速はこの関数を時間に関して微分したものの絶対値である．角速度ともいうが，正しくはこの語はベクトルを表す．

■**角速度** angular velocity
　(1) 平面上を動く質点の，ある1点のまわりの**角速度**とは，その固定点を通る1つの半直線と，その固定点と質点を結ぶ半直線とのなす角の時間に対する変化率である．通常，固定点を中心とする円周上を動く質点について考える．＝角速．
　(2) 軸のまわりを回っている剛体の**角速度**とは，軸に沿ったベクトルで，その向きを剛体とあわせて回転する右ネジの進む方向にとり，その大きさは，回転の速さ（すなわち，単位時間あたりの回転角）にとる．

■**拡大係数行列** augmented matrix
　方程式の係数行列に，定数項からなる列ベクトルをつけ加えたもの．連立1次方程式

$$\begin{cases} a_1x+b_1y+c_1z+d_1=0 \\ a_2x+b_2y+c_2z+d_2=0 \end{cases}$$

の拡大係数行列は

$$\begin{pmatrix} a_1 & b_1 & c_1 & d_1 \\ a_2 & b_2 & c_2 & d_2 \end{pmatrix}$$

である．

■**拡大集合** super set
　→ 部分集合

■**拡大変換** homothetic transformation
　→ 相似変換

■**角柱** prism
　底面とよばれる2つの合同で平行な面をもつ多面体で，側面とよばれる残りの面は2つの基底の対応する頂点を結んで得られる平行四辺形となっているもの．側面の交わる部分が**側辺**である．**対角線**は同じ面または底面にのっていない2つの頂点を結ぶ線分である．角柱の**高さ**は2つの底面の間の垂線の長さである．**側面積**は側面の面積の総和で1辺の長さと直断面の周の長さの積に等しく，体積は底面の面積と高さの積に等しい．3角形を底面にもつ角柱を**3角柱**，4角形を底面にもつ角柱を**4角柱**などという．**斜角柱**は底面と側辺とが垂直でない角柱である．**直角柱**は底面と側辺とが垂直な角柱で，すべての側面は長方形になっている．**正角柱**は底面が正多角形である直角柱である．**切頭斜角柱**は角柱の外に交線をもつ平行でない2つの平面によってその角柱から切り取られる部分である．**切頭直斜角柱**はその切り取る平面の1つが側辺と垂直な切頭斜角柱である．

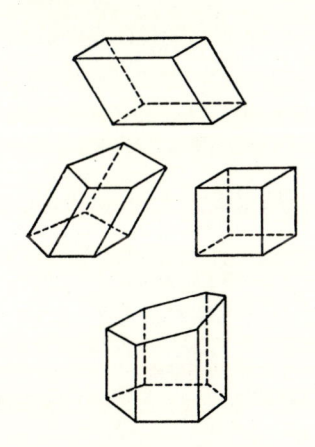

■**角柱曲面**　prismatic surface
　与えられた平面内のある折線と交わり，その平面に含まれない与えられた直線と平行な直線の軌跡として与えられる曲面．その折線が多角形であるとき，その曲面を**閉角柱曲面**という．

■**拡張された平均値定理**　extended mean-value theorem
　(1) ＝テイラーの定理．
　(2) ＝第2平均値定理．➡ 微分法の平均値の定理

■**角点**　salient point
　➡ 曲線の角点

■**角度の腕**　arm of an angle
　＝角をなす辺．

■**角度の測定単位**　angular measure
　角の測定単位．➡ 角度の100進法，角度の60進法，度，ミル，ラジアン

■**角度の100進法**　centesimal system of measuring angles
　直角を100等分し，それを**1度**（1グラード）とする角度の単位系．1度は100**分**．1分は100**秒**とする．一般には用いられない．

■**角度の60進法**　sexagesimal measure of an angle
　1回転を360等分し360°とかき，1°を**1度**とよぶ．1度を60等分し60′とかき，1′を**1分**とよぶ．1分を60等分し60″とかき，1″を**1秒**とよぶ．このような体系は角の60進法とよばれる．➡ ラジアン

■**角の**　angular
　角に付随する．円の．円のまわりの．

■**角の3等分問題**　trisection of an angle
　定規とコンパスだけを用いて，任意の角を3等分する問題．1837年に，ワンツェルによって，不可能であることが証明された．しかし，任意の角は，それ以外の曲線や器具を使う多くの方法によって3等分できる．例えば，**分度器**やパスカルの**リマソン**（**蝸牛線**），ニコメデスの**コンコイド**（**螺獅線**），マクローリンの**3等分線**などの使用．➡ 3等分線

■**角の対辺**　side opposite to an angle
　3角形または（奇数ого の）多角形において，1つの角に対し，それを夾む辺から始めてどちら向きに数えても同数だけ離れているような辺．

■**角の2等分**　bisect an angle
　角の頂点を通る直線を，その角がその直線によって2つの等しい角度に分かれるように引くこと．

■**角の和**　sum of angles
　(1)《幾何学的》1つの角をはさむ2辺のうちの1辺から出発して，一定方向の回転を考え，この角の他の1辺にいく，次にこの辺を始めの辺とする他の角の1辺にいく．このようにしていくつかの角を次々に経由することにより定まる角．
　(2)《代数的》いくつかの角を表す量(例えば，度，ラジアン）の通常の代数和．

■**確率**　probability
　(1) ある条件の下での試行で同等におこりうる排反事象の総数が n であるとする．そのうちの m 個の場合がおこることを事象 A とすると，事象 A の（**数学的**，あるいは**事前**）**確率**は m/n である．例えば，白球2個，赤球3個を入れた袋の中から球を1個取り出すものとし，どの球も同等に取り出されるならば，白球が取り出される確率は $\frac{2}{5}$ で，赤球が取り出される確率は $\frac{3}{5}$ である．"同等におこりうる"とは"確からしさが等しい"という意味だから，この確率の定義は循環的である．しかし，この定義の直感的な意味は有用である．
　(2) 無作為に n 回の試行を行ったとき所望の事象がおこった回数を m として，n を任意に大きくしたとき m/n が極限 p をもつとき，その事象の**確率**は p であるという．これは n が非常に大きいとき m/n が p にきわめて近いことがほぼ確実であるならば，その事象の確率は p であるというようにいいかえられることもある．
　(3) 第3の一般的な定義はある公理にもとづいたものであって，この定義を現実の現象に応用することは，実務にたずさわる統計学者の巧みな工夫にゆだねられている［➡ 確率関数］．上

のいずれの定義も論理的もしくは経験的な困難を抱えているが，どれも通常経験する問題に対してはすべて同じ値を与える．→ 経験確率，事後確率，反復試行における確率

■確率過程　stochastic process
確率変数の集合 $\{X(t)|t\in T\}$ のこと．T は添数集合で任意の $t\in T$ に対し確率変数 $X(t)$ が対応している．T が離散集合（整数の集合）のとき離散過程，T が実数軸の部分集合であるとき連続過程という．→ ウィーナー過程，酔歩，ポアソン過程，マルチンゲール

■確率関数　probability function
いろいろな事象を考えるものとし，その各事象はある集合 T の部分集合と同一視されているものとする．ただし，T 自身も"確かな"事象と同一視する．このとき，確率関数 P とはこの事象の族を定義域とし，値域を閉区間 $[0,1]$ 内にもつ関数で以下の条件をみたすものである．(i) $P(T)=1$. (ii) $A\cap B$ が空集合となる 2 つの事象 A, B に対して，$P(A\cup B)=P(A)+P(B)$. $A_i\cap A_j (i\neq j)$ が空集合である事象の列 $\{A_1, A_2, \cdots\}$ に対して，$P(A_1\cup A_2\cup \cdots)=\sum_{n=1}^{\infty}P(A_n)$, 例えば，2 個のサイコロを投げるものとして，$T$ を 1, 2, 3, 4, 5, 6 の順序対 (m, n) 全体の集合とする．通常の確率関数では個々の順序対に対する確率は $\frac{1}{36}$ と定める．このとき"合計が 8"という事象は集合 $\{(2,6), (3,5), (4,4), (5,3), (6,2)\}$ に対応しているので，その確率は $\frac{5}{36}$ となる．より一般に，任意の集合 T のある部分集合族を定義域とする関数 P が以下の条件をみたすとき，P を**確率関数**といい，P の定義域に属する集合を**事象**とよぶ．(i) P の値域は非負実数の集合である．(ii) $P(T)=1$. (iii) A と B が P の定義域に属すならば，$A-B$, $A\cup B$ も属す．(iv) $A\cap B$ が空集合ならば，$P(A\cup B)=P(A)+P(B)$. 通常，P が可算加法的であることも仮定される．すなわち，A_i が P の定義域に属し，$A_i\cap A_j (i\neq j)$ が空集合のときはいつでも $A_1\cup A_2\cup\cdots$ も P の定義域に属し，$P(A_1\cup A_2\cup\cdots)=\sum_{n=1}^{\infty}P(A_n)$ となる．=確率測度．→ 集合の測度，確率密度関数

■確率極限　probability limit
T が n 個の観測値からなる無作為標本から導かれた統計量 t_n の確率極限であるというのは，任意の $\varepsilon>0$ に対して，$n\to\infty$ となるとき $|t_n-T|<\varepsilon$ となる確率が 1 に収束するときである．→ 確率収束

■確率誤差　probable error
＝確率偏差．

■確率収束　convergence in probability
$x_1, x_2, x_3, \cdots$ を確率変数の列（例えば，大きさ 1, 2, 3, …の標本の平均）とする．このとき，x_n が定数 k に**確率収束**するとは任意の $\varepsilon>0$ に対して，$n\to\infty$ とするとき $|x_n-k|>\varepsilon$ となる確率が 0 に収束することである．

■確率測度　probability measure
＝確率関数．

■確率ベクトル　vector random variable
ある実験からつくられる同一の標本空間の上で定義された確率変数の組 $(X_1, X_2, \cdots, X_n)$. 例えば，H, W, A をそれぞれ身長，体重，年齢とし，シカゴに住む人々の集合から人を選ぶ実験を考えよう．すると，(H, W, A) は確率ベクトルとなる．袋に入った番号づけられたボールから 3 個のボールを選ぶ実験では，例えば，S をいちばん小さな数字，L はいちばん大きな数字とすれば (S, L) は確率ベクトルである．ベクトル確率変数に対しても，離散型・連続型の区別や分布関数も一変量の場合と同様に定義できる [→ 確率変数，多項分布，超幾何分布，分布関数].

■確率偏差　probable deviation
近似値 0.6745 と**標準偏差**との積．正規確率変数において，これより大きい絶対値をもつ偏差の確率は $\frac{1}{2}$ である．確率偏差は現在では一般に使われておらず，標準偏差が用いられている．＝確率誤差．

■確率変数　chance variable, random variable, stochastic variable
《統計》標本空間（ある実験の結果の全体を記述した空間）S で定義された実数値関数 X のことで，任意の実数 x に対し $X(s)\leq x$ をみた

すsの集合が事象となる関数である．Xがある値をとる（またはある集合に入る）確率を与える確率関数が同時に与えられているという前提をおくのが普通である．ゆえに確率変数を単に適当な部分集合 T の上の確率関数 P として定義することも可能である．ここで T の各要素は基本事象であり，P の定義域の集合は事象である［→確率関数］．**離散型の確率変数**は $\sum P(X=x_n)=1$ を満足する確率関数 P と数列 $\{x_n\}$ をもつものである．任意の有界区間はたかだか有限個の $\{x_n\}$ を含むことが時には仮定される．このとき分布関数は隣りあう $\{x_n\}$ の間では定数となり，その不連続点は点 x_n で，そこでは $P(X=x_n)>0$ の大きさの跳びをもつ第1種不連続点になる．有限個の値しか取らない確率変数は必ず離散型である．例えば，3枚の硬貨を投げ h を表の出た数とすれば，h は 0, 1, 2, 3 の値を取る確率変数である．**連続型確率変数**とは，確率密度関数 f が存在して任意の実数 $a \leq b$ に対し $a \leq X \leq b$ となる確率が

$$\int_a^b f(t)\,dt$$

で与えられるものをいう．$f(t)$ が連続であるとか，P の不連続点は離散的であるとか，また，

$$F(x)=\int_{-\infty}^x f(t)\,dt$$

は，ある離散集合の上の点をのぞき微分可能であるという仮定をおくこともある．こういった条件は $F'(x)=f(x)$ がほとんどいたるところで成立することを保証する．連続な確率変数 X に対し $P(X=x)=0$ がすべての x に対し成立する．確率変数が離散型でもなければ連続型でもないこともありうる．＝偶然変数，乱動変数．→確率ベクトル

■**確率方眼紙** probability paper
正規分布関数の累積度数のグラフが直線になるように，一方の軸の目盛をつけた方眼紙．

■**確率密度関数** probability density function
確率関数 P の**確率密度関数**とは，集合 E で代表される事象に対して $P(E)=\int_E p(x)\,dx$ となる関数 p のことである．p の定義域が実数直線で，p が x で連続のときは，$p(x)$ は $F(x)=P(E_x)=\int_{-\infty}^x p(x)\,dx$ で定義される分布関数 F の微分係数である．ただし，E_x は $\xi \leq x$ をみたす ξ 全体の集合である．確率密度関数は**相対頻度関数**または単に**頻度関数**とよばれることもある．→一様分布，F 分布，カイ2乗分布，ガンマ分布，コーシー分布，正規分布，対数正規分布，t 分布，

■**確率論的独立性** stochastic independence
事象または確率変数の独立性のこと．→独立事象，独立な確率変数

■**加群** module
(1) S を環，整域，または多元環のように，加法とよばれる演算に関して群をなす集合とする（S が加法以外に積やスカラー倍などの他の演算をもつこともある）．S の部分集合 M は，その加法に関して群をなす（すなわち，x と y が M に属するならば $x-y$ が M に属する）とき**加群**とよばれる．
(2) 環に係数をもつ一般化されたベクトル空間．加群 M が環 R 上の**左加群**（または**左 R 加群**）であるとは，R の元 r と M の元 x に対して，M の元である"積" rx が定義され，（R の加法を＋とかくとき）$r(x+y)=rx+ry$, $(r_1+r_2)x=r_1x+r_2x$, $r_1(r_2x)=(r_1r_2)x$ が成り立つことをいう．**右加群**は"積" xr によって同様に定義される．さらに，R が単位元1をもつ環で，M の任意の元 x に対して，$1 \cdot x = x$ が成り立つとき，M を**単位的左加群**という．例えば，任意の可換群は整数のなす環上の単位的左加群である．また任意のベクトル空間はその係数体上の単位的左加群である．加群が**既約**であるとは，0のみからなる部分加群以外の真部分加群をもたないことである．左加群が**巡回的**であるとは，そのすべての元が，1つの元 x により，rx (r は R の元) の形に表されることである．さらに，**有限生成**であるとは，そのすべての元が，ある有限個の元 $x_1, \cdots, x_n$ により，$r_1x_1+\cdots+r_nx_n$ ($r_1, \cdots, r_n$ は R の元) の形に表されることである．R が単項イデアル環で，M が有限生成 R 加群ならば，M は有限個の巡回部分加群の直和である．

■**影の添字** dummy index, umbral index
→総和規約

■**掛谷宗一** Kakeya, Sōichi (1886—1947)
日本の解析学，幾何学者．

■掛谷の問題　Kakeya problem

平面集合 S の中で単位線分を連続的に動かし，その線分の両端の位置が元と反対となるようにして再び元の位置に戻すことを考えたとき，このようなことが可能な S の最小面積を求める問題．当初は星形などが予想されたが，任意の正数 ε に対して ε より小さい面積をもつそのような集合 S が存在することがわかり，この問題の解は存在しない．さらに，S として半径1の円に含まれる単連結な集合をとることができる．

■かける　multiply
乗法を行うこと．→ 積，実数の積，複素数

■下限　greatest lower bound, infimum
→ 限界

■下限（積分の）　lower limit of an integral
→ 定積分

■下限公理　great lower bound axiom
→ 上限公理

■重ね合わせ　superposition
対応する部分が一致するように1つの図形を他の図形の上に置くこと．対応辺が等しい2つの3角形を重ね合わせるということは，対応辺が一致するように一方を他方の上に置くことである．

■重ね合わせ可能な図形　superposable configurations
重ね合わせることのできる2つの図形．[類] 合同．

■重ね合わせの公理　axiom of superposition
任意の形は空間中をその形，大きさを変えずに動かせる．

■加算器　adder
計算機で正整数の加法の計算を行う部分．加法や減法を行う部分を**代数的加算器**という．

■可算公理　axiom of countability
→ 位相の基底，可分空間

■可算集合　countable set, denumerable set, enumerable set

(1) その要素に正整数と1対1対応がつけられる集合．あるいはそのそれぞれの要素が1度そしてただ1度現れるような無限列 $P_1, P_2, P_3, \cdots$ としてその要素を並べることのできる集合．[類] 可算無限．＝可付番集合．

(2) 有限個の集合であるか，あるいは正整数の集合との間に1対1対応のつく集合．すべての整数の集合やすべての有理数の集合は可算であるが，すべての実数の集合は可算ではない．→ カージナル数

■カージオイド　cardioid

固定された円上をすべらずにころがる同じ大きさの円上にある定点の（平面上における）軌跡．a を固定円の半径，ϕ をベクトル角，そして r をベクトル半径（ここで，極座標系の原点を固定円上にとり，座標軸を固定円の直径上にとる）とすると，カージオイドの極座標による方程式は $r = 2a\sin^2\frac{1}{2}\phi = a(1-\cos\phi)$ となる．カージオイドは1つのループからなる外サイクロイドで蝸牛線（リマソン）の特別な場合である．＝心臓形．→ リマソン

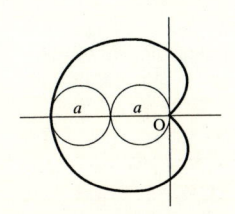

■カージナル数　cardinal number

ものの集合の多さを示す数．単位で測った個数だが，それらを並べる順序によらない．符号つきの数と区別して使われる．例えば3ドルといったときには，3はカージナル数である．詳しくいうと以下のようになる．2つの集合が同一のカージナル数をもつとは，両方の集合の各要素の間に，1対1の対応をつけることができることである．したがって各集合にそのカージナル数またはそれを表す記号をつけることができる．集合のカージナル数は，またその集合の**基数，濃度**などともよばれる．例えば実数全体の集合と1対1対応がつけられる集合は**連続体の濃度**をもつという．集合 $\{a_1, a_2, \cdots, a_n\}$ のカー

ジナル数は n である．可算集合のカージナル数は**アレフ・ナル**，または**アレフ・ゼロ**とよばれて $\aleph_0$ で表される．実数全体のカージナル数は c で表される．カージナル数 2^c は，実数のすべての部分集合の集合，あるいは全実数上で定義されたすべての実数値関数の集合のカージナル数である．これは，実数全体が実数の集合の部分集合と1対1に対応がつけられるが，その逆が成立しないという意味で，c よりも大きい．
→ 順序数，対等な集合

■**加重平均** weighted mean
→ 平均

■**過剰数** abundant number, redundant number
→ 完全数

■**加数** summand, addend
加法において加えられる2個またはそれ以上の項．足される個々の数，例えば，和 $2+3$ における2と3．

■**仮数（対数の）** mantissa of a logarithm
→ 対数の標数と仮数

■**可積分** integrable, summable
＝積分可能．→ 積分可能関数

■**仮説** hypothesis
(1) 何かの命題を証明するときに前提として用いるために仮定される命題．何かの事柄が導かれる前提となる条件．＝仮定．→ 含意
(2) 既知の一般的原理に照らして，それから導かれるさまざまな結果が真であることがわかる命題で，それ自身真である可能性の高いもの．
(3)《統計》確率変数の分布に対する陳述．例えば，母数に関する陳述，分布の型に対する陳述など（この場合は仮設とかくことが多い）．

■**仮説検定** test of hypothesis
《統計》陳述された仮説を採択するか棄却するか（あるいは，場合によっては結論を保留してさらに標本を採集するか）の決定を行うための法則．通常は，無作為標本のもとでの法則である．提示される仮説を**帰無仮説**といい，同時に暗黙の了解のもとで**対立仮説**が立てられる．帰無仮説が採択されると同時に対立仮説が棄却されるか，または，帰無仮説が棄却されると同時に対立仮説が採択されるかのいずれかが決定される．標本空間全体は，**採択域 A** と**棄却域 C** に分割される．仮説検定は2つの型の誤りの可能性をもつ．**第1種の誤り**とは帰無仮説が実際には真であるのに棄却してしまうことであり，**第2種の誤り**とは帰無仮説が偽であるのに採択してしまうことである．単純帰無仮説に対して，第1種の誤りが起こる確率を検定の大きさまたは**棄却域の大きさ**という．（単純または複合）仮説**検定の有意水準**とは，帰無仮説と矛盾しないすべての分布に対して第1種の誤りが起こる確率を考えたとき，それらの確率の上限のことである．この水準の値が大きいほど，本来採択すべき帰無仮説を実際に採択する可能性が高くなる．分布が θ であるとき，対立仮説を採択する確率 $p(\theta)$ を与える関数 p を**検出力**とよぶ．θ は帰無仮説，対立仮説のいずれかと矛盾しない分布とする．特に，仮説が単純仮説のときには，θ を対立仮説と矛盾しない分布に限定することもある．θ を対立仮説と矛盾しない分布とし，α は検定の有意水準とするとき，$p(\theta) \geqq \alpha$ が成り立つ検定を**不偏検定**とよぶ．不偏検定ではないとき**偏った検定**とよばれる．T_1 と T_2 を有意水準 α，検出力がそれぞれ p_1，p_2 の2つの検定とする．対立仮説に矛盾しない分布 θ に対して常に $p_1(\theta) \geqq p_2(\theta)$ が成り立つとき，T_1 は T_2 よりも α に関して**強力である（強い）**という．有意水準 α をもつ検定 T が，同じ有意水準をもつ他のどの検定よりも強力であるとき，T は**一様最強力検定**であるという．→ カイ2乗検定，検定統計量，信頼区間，逐次分析，ネイマン-ピアソン検定

■**数え数** counting number
ものを数えるときに使う数．数え数という語は正整数の集合 $1, 2, 3, \cdots$ を意味する場合も，また0が空集合の要素の数を表すことから正整数の集合に0を付け加えた集合を意味する場合もある．［類］自然数．

■**数える** count
連続した整数をその自然な順序で唱えること．通常は1から始める．

■**可測関数** measurable function
(1) 実数値関数 f が（**ルベーグ**）可測であるとは，任意の実数 a に対して，$f(x) > a$ をみたす

すべての x の集合が可測となることである．この定義において，可測であるような x の集合のみたす条件を，$f(x) \geqq a$，あるいは，与えられた a と b に対し $a \leqq f(x) \leqq b$（さらには，片方または両方の $\leqq$ を $<$ にとりかえたもの）におきかえても同値である．測度が有限な集合上で定義された有界な関数は，可測ならば可積分である．g が可積分で，任意の x に対して $|f(x)| \leqq g(x)$ とすると，f は可測である限り可積分（積分可能）である．より一般に，集合 X の部分集合からなる**加法族**の上に測度が定義されているとき，X を定義域とし，値域が1つの位相空間（例えば，実数または複素数の）に含まれるような関数 f が可測であるとは，任意の開集合 U に対し，$f(x) \in U$ をみたすすべての x の集合が可測となることである．

(2) X, Y が位相空間で，B が X の部分集合の σ 加法族のとき，X から Y への関数 f が可測とは，Y の開集合 U の原像 $f^{-1}(U)$ がつねに B の要素であることである．→ 積分可能関数，集合の測度，ベール関数

■**可測集合**　measurable set
(1) 測度をもつ集合．→ 集合の測度
(2) B が位相空間 X の σ 加法族であるとき，B の各要素を可測集合という．→ ボレル集合

■**加速度**　acceleration
速度が時間とともに変化する割合．速度は方向量なので，加速度 $\boldsymbol{a}$ は
$$\lim_{\varDelta t \to 0} \frac{\varDelta v}{\varDelta t} = \frac{dv}{dt}$$
で表されるベクトルである．ここで $\varDelta v$ は，運動物体の速度 v が $\varDelta t$ の時間の間に生じる増分である．例えば直線上を毎分3キロの速度で進んでいる飛行機が，1分後に毎分8キロの速度に増加したならば，この1分間の平均加速度は毎分5キロである．もしもこの1分間の間の速度の増加が一様ならば，平均加速度は，この間の実際の加速度と等しい．この例で速度の増加が一様でなければ，時刻 t_1 での加速度は，t_1 のときの速度から時刻 t のときまでの時間 $\varDelta t = t - t_1$ の間の速度の増分 $\varDelta v$ を $\varDelta t$ でわった $\dfrac{\varDelta v}{\varDelta t}$ の，t を t_1 に近づけた極限である．これを**瞬間加速度**ということもある．

曲線に沿って運動している質点については，速度 V は曲線の接線の方向を向いており，加速

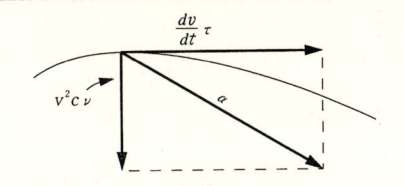

度 $\boldsymbol{a}$ は公式
$$\boldsymbol{a} = \frac{dv}{dt} \boldsymbol{\tau} + v^2 c \boldsymbol{\nu}$$
で表される．ここで $\dfrac{dv}{dt}$ は曲線に沿う速さ v（$\mathbf{v}$ の長さ）の微分であり，c は曲線のその点での曲率，$\boldsymbol{\tau}$ と $\boldsymbol{\nu}$ とは曲線の接線と法線上の単位長のベクトルである．このうち第1項 $\dfrac{dv}{dt}$ を**接線成分**，第2項 $v^2 c$ を**法線成分**という．

もしも経路が直線ならば，曲率 c は0であり，したがって加速度ベクトルは，運動する経路に沿ったものになる．もしも経路が直線でなければ，加速度ベクトルの方向は，図に示したように，接線成分と法線成分の合成として定まる．→ ベクトル

■**片側極小曲面**　one-sided minimal surface
＝2重極小曲面．

■**片側シフト**　unilateral shift
H を複素数列 $x = (x_1, x_2, \cdots)$ で，$\sum_{i=1}^{\infty} |x_i|^2$ が有限なもの全体のなすヒルベルト空間とする．H 上の**片側シフト**とは，x に $T(x) = (0, x_1, x_2, \cdots)$ を対応させる有界線型作用素 T である．T は H 上の等長変換であり，H をその真部分空間にうつす．→ 等長写像(3)

■**カタストロフィ理論**　catastrophe theory
数学モデルでのある型の特異点の研究と，自然界における不連続現象の研究への応用．その動作が通常は滑らかだが，ときとして（あるいはある地点で）不連続性を示すような特異点の分類の研究で，そのような不連続性が，他の状況下の不連続現象の数学的モデルを提供するもの．例えば球面を球の赤道を含む平面に正射影すれば，球面の赤道以外の点は，この写像による像点の近傍に1対1にうつされるような近傍をもつが，赤道上の点は**折りたたみ**(fold)とよばれる特異性をもつ．その近傍の点は，射影に

よって"折りたたまれる". 曲面から平面上への滑らかな写像の特異点は, 折りたたみと尖点 (カスプ) に限る. 図は曲面を平面上にうつしたとき, **尖点**が生じる場面を表す. それは折り目からなる2曲線の交点Pである. "基本的な"カタストロフィの特異点は, 合計7種ある. 折り目, 尖点, 蝶形, 燕尾, 楕円臍点, 双曲臍点, 放物臍点である. それは弾性体の安定性, 幾何光学, 波の伝播などに応用されるほか, 経済学, 心理学, 選挙, 心の葛藤, 戦争の勃発などへの応用もあるが, これらの主題に対しては論争が多い.

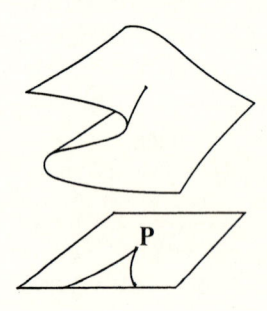

■**傾き** inclination
平面上の**直線の傾き**とは, x 軸の正方向とその直線とのなす角のことで, 通常 0°以上 180°より小の範囲で示される [→ 交角, 直線の勾配]. 空間内の1平面に対する**直線の傾き**とは, その直線と, その直線を1平面へ正射影した直線とのなす角のうちの小さい方をいう. 与えられた1平面に対する**平面の傾き**とは, その平面と1平面とのなす2面角のうちの小さいほうをいう.

■**傾き・切片形 (直線の方程式)** slope-intercept forms of the equation of a line
 → 直線の方程式

■**型問題** problem of type
与えられた単連結リーマン面の型を決定する問題. → リーマン面

■**偏りをもった推定量** biased estimator
 → 不偏推定量

■**カタラン, ユージェヌ・シャルル** Catalan, Eugène Charles (1814—1894)
ベルギーの数学者.

■**カタラン数** Catalan numbers
1, 1, 2, 5, 14, 42, 132, …という数列. これらは $n \geqq 0$ に対して $c_n = \dfrac{(2n)!}{n!(n+1)!}$ である. この数列は, いろいろなところに現れる. 例えば, c_n は偶数の2項係数の中央の値を $(n+1)$ でわったものである. c_n は数列 $\{x_1, \cdots, x_{n+1}\}$ の $(n+1)$ 個の項を結合則の成立しない2項演算でまとめる (添字の順序は変えないで) 方法の個数である. 例えば $c_2=2$ でこれは $(x_1x_2)x_3$ と $x_1(x_2x_3)$ である. また c_n は $(n+2)$ 個の頂点と $(n+1)$ 個の辺をもち, ループがなく, 指定された頂点から辺が1本だけ出ているような平面連結**グラフ**の個数でもある.

■**カタランの予想** Catalan conjecture
カタランによって (1844年), それより小さい整数の累乗で表される相続く整数の対は, (8, 9) だけだろうと予想された. 現在そのような対は有限個しかないこと, およびそのような対は 10^{10} の 500 乗以下であることがわかっている.

■**括弧** parentheses
記号 ( ) のこと. 和や積の演算の優先順位を明示するために用いる. 例えば, $2(3+5-4)=2\times4=8$. 正しくは丸括弧だが, 日本語では [ ], { } などをも総称して括弧とよぶことが多い. → 分配則 (算術と代数における)

■**括弧の総称** signs of aggregation
小括弧 ( ), 大括弧 [ ], 中括弧 { }, あるいは括線 (バー) ──. どの記号も "括弧内のいくつかの項を1個の項として扱え" という意味である. 例えば, $3(2-1+4)$ は 3×5, すなわち 15 の意味となる. → 分配則 (算術と代数における)

■**カッシニ, ジャン・ドミニク** Cassini, Jean Dominique (1625—1712)
もとイタリア人だがフランスで活躍した天文学, 地理学および幾何学者.

■**カッシニの卵形線** ovals of Cassini
対辺を固定し, 頂点と隣接している2辺の積

が一定である3角形の頂点の軌跡．辺の積の一定値が，対辺の長さの2乗の $\frac{1}{4}$ に等しいとき，その曲線を**連珠形**（レムニスケート）とよぶ．k^2 をその辺の積の一定値とし，a を対辺の長さの半分とすれば，直角座標系における方程式は次のようになる．
$$[(x+a)^2+y^2][(x-a)^2+y^2]=k^4$$
もし，k^2 が a^2 より小さければ曲線は2つの異なる卵形線からなり，k^2 が a^2 より大きければ1つの卵形線からなる．k^2 が a^2 に等しいときは，連珠形となる．図は $k^2 > a^2$ の場合である．**カッシニの橙形**ともいう．→ レムニスケート

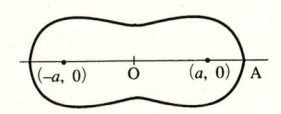

■**括線** bar, vinculum
→ 括弧の総称

■**割線** secant
(1) 与えられた曲線を切る直線．
(2) 球の割線．→ 球の割線
なお英語の secant は三角関数の1つの意味もある．→ 正割

■**カット** cut
集合 T の部分集合 C で，$T-C$ が連結でないとき C を T のカットという．C が1点のとき C をカット点とよび，C が線のとき**カット線**とよぶ．**カット点**でない点を**非カット点**とよぶ．＝切断点．

■**カッパ曲線** kappa curve
直角座標において方程式 $x^4+x^2y^2=a^2y^2$ のグラフ．この曲線は2直線 $x=\pm a$ を漸近線にもち，両座標軸と原点に関して対称で，原点において2重尖点をもつ．ギリシャ文字のカッパ（κ）と形が似ていることからこの名称がついた．

■**カップ** cup
2つの集合の合併を表す記号 ∪．→ 束，和集合

■**合併**（**集合の**） union of sets
→ 和集合

■**仮定** hypothesis
→ 含意

■**カテゴリー** category
→ 圏

■**カテナリー** catenary
均質で柔軟な糸を2点からつるしたときできる平面曲線．直角座標系における方程式は
$$y=(a/2)(e^{x/a}+e^{-x/a})$$
ここで a は y 軸との交点である．＝懸垂線．

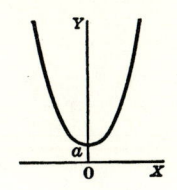

■**カテノイド** catenoid
カテナリーをその軸を中心とし回転したときできる回転体の曲面．回転体の極小曲面はカテノイドに限る．＝懸垂面．→ カテナリー

■**可展面** developable surface
平面の1径数族の包絡面．伸ばしたり縮めたりせずに平面上に展開できる曲面．全曲率が恒等的に0である曲面．＝展開可能曲面．→ 空間曲線の極展開曲面，空間曲線の接触曲面，空間曲線の展直展開曲面

■**カバリエリの定理** Cavalieri's theorem
高さの等しい2つの立体に対して，底面に平行で同じ高さの任意の切断面の面積がそれぞれ等しいならば，その2つの立体の体積は等しい．

■**可付番集合** countable set
→ 可算集合

■**可分空間** separable space
可算個または有限個の点からなる稠密な部分集合 W を含む位相空間（すなわち，この空間の任意の点のどの近傍も W のある点を含む）のこと．**第2可算公理**をみたす位相空間は可分空間である．そのような空間は**完全可分空間**ともよばれる．有限次元のヒルベルト空間，ユークリッド空間は可分空間である．歴史的な名であり，分離空間と混同しないこと．

■**仮分数** improper fraction
→ 分数

■**加法** addition
→ 和，実数の和，複素数，無限級数の和

■**加法定理（三角法の）** addition theorem of trigonometry
→ 平面三角法の恒等式

■**加法的関数** additive function
$f(x+y)$, $f(x)$, $f(y)$が定義されているとき，$f(x+y)=f(x)+f(y)$が成り立つような関数 f のことである．連続な加法的関数は必然的に1次になる．関数 f が**劣加法的**である，**優加法的**であるとは，それぞれ f の定義域内（この定義域は通常 $0 \leq x \leq a$ という区間で与えられる）のすべての x_1, x_2, および x_1+x_2 に対し
$$f(x_1+x_2) \leq f(x_1)+f(x_2)$$
または，
$$f(x_1+x_2) \geq f(x_1)+f(x_2)$$
をみたすことである．

■**加法的集合関数** additive set function
集合族 F の各集合 X に数 $\phi(X)$ を対応させる関数が**加法的**（あるいは**有限加法的**）であるとは，F のどの2要素の合併も F の要素で，F のすべての排反な要素 X と Y に対して
$$\phi(X \cup Y) = \phi(X) + \phi(Y)$$
が成り立つことである．関数 ϕ が**可算加法的**（あるいは**完全加法的**）であるとは，F の任意の有限個あるいは可算個の要素に対してその合併がまた F の要素であり，F に属する集合の有限個あるいは可算個の集まりで**対ごとに素**である $\{X_i\}$ のそれぞれに対し，
$$\phi(\cup X_i) = \sum \phi(X_i)$$
をみたすことである．もし $\phi(\cup X_i) \leq \sum \phi(X_i)$ であるならば ϕ は**劣加法的**とよばれる（このとき必ずしも集合が対ごとに素であるとは仮定しなくてよい）．→ 集合の測度

■**加法によって誘導される比例式** proportion by addition
→ 比例

■**可約集合（行列の）** reducible set of matrices
n 次元ベクトル空間 V の線型変換に対応する行列の集合において，V の真部分集合 V' が 0 でない要素をもち，かつ，V' のそれぞれの点がその集合の行列の1つに対応する任意の線型変換によって V' のある点に移されるとき，その行列の集合は可約であるという．可約でないとき**既約**または**非可約**という．→ 可約表現

■**可約多項式** reducible polynomial
ある整域や体において，次数が1以上で，係数がその整域や体のものである2つの多項式の積で表すことができる多項式のこと．→ 既約多項式

■**可約表現（群の）** reducible matrix representation of a group
$D_1, D_2, \cdots$ を群 G の表現行列で，n 次の正方行列とする．この表現が**可約**であるとは，行列 M が存在し，各 i に対して，$M^{-1}D_iM = E_i$ は E_i の主対角線に沿って，次数がすべて等しい2個以上の部分行列 $A_{i1}, A_{i2}, \cdots, A_{ip}$ が並び，その他の成分はすべて0となることである．このような行列 A_{im} の個数が最大であるとき，固定された値 m に対して，行列 A_{im} 全体の集合はその群の**既約表現**であるといわれる．行列のそのような集合は，G のある部分集合 H に同型であって，H の任意の2元の（群の演算による）積は H に属する．G はそのような部分集合 H すべての直積である．既約表現の個数は異なる**共役類**の個数に一致する．アーベル群においては，既約表現の個数は群の位数に等しく，各既約行列表現の次数は1である．すなわち任意の有限アーベル群は巡回部分群の直和として表現できる．既約表現のこの定義は，行列の集合が群をつくるとき，その集合に対して定義したものと同値である．→ 可約集合（行列の）

■**可約変換** reducible transformation
線型空間 L をそれ自身に移すような線型変換 T に対して，x が M の要素ならば $T(x)$ は M に属し，x が N の要素ならば $T(x)$ が N に属するような2つの線型部分集合 M と N が存在し，M と N が互いに他の補空間になっているとき（すなわち，L の任意のベクトルが，M のベクトルと N のベクトルの和で一意的に表されるとき）その線型変換 T は**可約**であるという．そのとき，変換 T は，M 上の作用と N 上の作用のみによって完全に決定される．**ヒルベルト空間**に対しては，通常，M と N が互いに直

交補空間であることが必要とされる.そのとき,T が M と N により可約であるための必要十分条件は,変換 T とその随伴変換 T^* がともに M を M の中にうつすことであり,また,変換 T が,値域が M である正射影と可換であることである.

■**カラテオドリ,コンスタンティン** Carathéodory, Constantin (1873—1950)
ギリシャ系のドイツの解析学者で複素関数論や変分学を幅広く研究した.

■**カラテオドリ外測度** Carathéodory outer measure
集合 M の各部分集合 E に,非負数 $\mu^*(E)$ を対応させる関数 μ^* で,次の性質(i),(ii),(iii)をみたすものを,M 上の**カラテオドリ外測度**という.(i) M が S の部分集合ならば $\mu^*(M) \leq \mu^*(S)$.(ii) 任意の集合列 $\{R_i\}$ に対して $\mu^*(\cup R_i) \leq \Sigma \mu^*(R_i)$.(iii) **$R$ と S の距離が正であるならば**,$\mu^*(R \cup S) = \mu^*(R) + \mu^*(S)$.集合 R が**可測**であるとは,任意の集合 E に対して $\mu^*(E) = \mu^*(R \cap E) + \mu^*(R^c \cap E)$ が成り立つことをいう.ここで R^c は R の補集合である.実数(または n 次元ユークリッド空間)の有界集合 R が**ルベーグ可測**であるとは,任意の有界集合 E に対して,
$$m^*(E) = m^*(R \cap E) + m^*(R^c \cap E)$$
が成り立つことをいう.ここで m^* はルベーグ外測度である.これを可測性に関する**カラテオドリの判定法**とよぶ.→ 外測度・内測度

■**カラテオドリの定理** Carathéodory's theorem
S を n 次元空間の部分集合とすれば,S の凸包の各点は,$n+1$ またはそれ以下の S の点による凸結合で表せる.→ スタイニッツの定理,ヘリーの定理,ラドンの定理

■**カリキュレータ** calculating machine
→ 計算機

■**ガリレオ ガリレイ** Galileo Galilei (1564—1642)
イタリアの天文学,数学,物理学の学者.現代物理学の時代の創始者.軽い物体よりも重い物体の落ちる速度のほうが速いという理論を排除し,自由落下運動をする物体に対し,公式 $s = \frac{1}{2}gt^2$ を与えた(s:距離,g:重力定数,t:時間).また,投射物が,放物運動することを示した.数学の分野においては,整数の 2 乗と(正)整数の間に,1 対 1 の対応があることを示した.しかし,ある無限数が他の無限数より大きいということは証明できない,ということに対しては,誤って結論した.太陽系のコペルニクスの理論(地動説)を支持したことにより迫害された.

■**カルダノ,ジェローム(ジロラモ・カルダーノ)** Cardan, Jerome (Girolamo Cardano) (1501—1576)
イタリアの医者,数学者.

■**カルダノの解法(3次方程式の)** Cardan's solution of the cubic
簡約 3 次方程式 [→ 簡約 3 次方程式]
$$x^3 + ax + b = 0$$
を代数的に解く方法.$x = u + v$ とおき,$uv = -\frac{1}{3}a$ であるように定める.すなわち,u^3 が u^3 についての 2 次方程式 $(u^3)^2 + b(u^3) - \frac{a^3}{27} = 0$ の解であり,$uv = -\frac{1}{3}a$ とすれば $x = u + v$ は 3 次方程式の解となる.もし,u_1 が $\frac{1}{2}\left(-b + \sqrt{b^2 - \frac{4a^2}{27}}\right)$ の 3 乗根で $v_1 = -\frac{a}{3u_1}$ なら,簡約 3 次方程式の 3 解は,$z_1 = u_1 + v_1$,$z_2 = \omega u_1 + \omega^2 v_1$,$z_3 = \omega^2 u_1 + \omega v_1$ となる.ここで $\omega = -\frac{1}{2} + \frac{1}{2}\sqrt{3}i$ は単位立方根とする.これは次の公式と同等である.
$$x = \left[-\frac{1}{2}b + \sqrt{R}\right]^{1/3} + \left[-\frac{1}{2}b - \sqrt{R}\right]^{1/3}$$
ここで $R = \left(\frac{1}{2}b\right)^2 + \frac{a^3}{27}$ であり,3 乗根はそれらの積が $-\frac{1}{3}a$ になるようにとる.R が負になるのは,3 次方程式の 3 解が異なる実数となるときで,かつそのときに限る.そのとき公式は虚数の立方根を含むので,この場合は**不還元の場合**とよばれる.この簡約 3 次方程式の一般解法は,カルダノにそれを知らせたタルタリアによって完成されたものであった.カルダノは秘密の誓いをしたが,解法を発表してしまった(タルタリアの功績であることを述べてはいる

が).

■**カルタン，アンリ・ポール** Cartan, Henri Paul（1904— ）

フランスの解析学，代数，位相幾何学の研究者であり，エリー・カルタンの長男である．特に，代数的位相幾何，および多変数の解析関数論，層の理論，ポテンシャル論を研究した．

■**カルタン，エリー・ジョセフ** Cartan, Élie Joseph（1869—1951）

フランスの代数，群論，微分幾何，相対論の研究者．リー代数やリー群の分類，大域的微分幾何，および安定性の理論の研究に従事した．外微分形式やスピノルの概念を導入した．

■**ガロア，エヴァリスト** Galois, Évariste（1811—1832）

ガロア理論［→ ガロア理論］の礎を築いた聡明な革新的代数学者．20歳のとき，政治的対立のために殺された．

■**ガロア拡大体** Galois field

分離多項式の最小分裂体のこと．＝根の体，分離体．→ 最小分裂体，分離多項式

■**ガロア群** Galois group

p を体 F における分離多項式とし，F^* を p の F 上のガロア拡大とする．このとき，F^* の自己同型 a で，F の任意の元 x に対して $a(x)=x$ となるもの全体がなす群のことを，p の F 上の**ガロア群**といい，$G(F^*/F)$ で表す．ガロア群は，p の零点の間の置換とみなすことができる．

■**ガロア理論** Galois theory

p を体 F における分離多項式とするとき，p の F 上ガロア拡大 F^* とガロア群 $G(F^*/F)$ の間の関係を示す理論．この理論の基本定理はつぎのように述べられる．$G(F^*/F)$ の部分群 H に対し，H の任意の元 a に対して $a(x)=x$ となる F^* の元 x 全体がなす部分体を対応させることにより，$G(F^*/F)$ の部分群全体と，F を含む F^* の部分体全体との間の，1対1対応が得られる．この逆対応は，F を含む F^* の部分体 K に対し，K の任意の元 x に対して $a(x)=x$ となる $G(F^*/F)$ の元 a 全体がなす部分群を対応させることにより得られる．この定理から，標数が0の場合には，方程式 $p(x)=0$ がベキ根によって解けるためには，$G(F^*/F)$ が**可解**であることが必要十分であることが導かれ，したがって，ベキ根によって解けない5次方程式が存在することがわかる．

■**カロリー** calorie, calory

純水1gの温度を1℃上げるのに必要な熱量．厳密にはカロリーは温度によってわずかながら違った値を取る．標準的なカロリーは，純水1gの温度を14.5℃から15.5℃に上げるのに必要な熱量をいう．この単位は，0℃と100℃間の各温度において純水1gの温度を1℃上げるのに必要な熱量の平均値である．より正確な定義（現在のSI単位系によるもので，一般に米国で採用されている）は，1カロリー＝4.1840ジュールである．SI単位系ではジュールを標準的に使用することと定められ，カロリーは歴史的な意味しかない．

■**ガロン** gallon

体積の単位で，4クォート，231立方インチ，3.7853リットルに等しい（**ワインガロン**）．英国の**標準ガロン**は，277.418立方インチ，4.5460リットルである．

■**変わり点** turning point

曲線の縦座標が増加から減少へ移る点．または，減少から増加へ移る点．最大点または最小点．なおこの語は変曲点を意味することもある．

■**環** ring

加法，乗法とよばれる2項演算をもち，次の性質が成り立つ集合のこと．(1) 加法に関して**アーベル群**である．(2) 各 a, b の対に対して積 $a \cdot b$ が一意的に定まり，乗法は**結合的**で，かつ加法に関して**分配的**である．すなわち，各 a, b, c に対して

$$a \cdot (b+c) = a \cdot b + a \cdot c$$
$$(b+c) \cdot a = b \cdot a + c \cdot a$$

乗法が**可換**である環は**可換環**とよばれる．乗法に関する単位元（すべての元 x に対して，$1 \cdot x = x \cdot 1 = x$ である元1）をもつ環は**単位的環**とよばれる．可換な単位的環において，0でない2元の積が0でないとき，**整域**とよばれる．0以外の任意の元が乗法に関する逆元をもつ整域を**体**という．可換な単位的環において，x が**単元**であるとは，$xy=1$ である元 y が存在することをいう．

0以外の元全体が乗法に関して群をなすとき**除法環**という．それが乗法について可換なときが体だが，特に**可換体**ともいい，可換でない除法環を**非可換体**（または**斜体**，**歪体**）という．**単純環**とは環自体のなすイデアルと0だけからなるイデアル以外にはイデアルをもたない環のことをいう．→ イデアル，整域，体，連鎖条件（環の）

■**含意** implication

(1) 与えられた他の陳述から導かれる陳述．例えば $x=-1$ は $x^2=1$ を**含意する**．

(2) 2つの命題からつくられる1つの命題で"もし…ならば…"の形でそれら2つの命題が結合されるもの．第1の陳述は**前件**（または**仮定**）とよばれ，第2の陳述は**後件**（または**結論**）とよばれる．前件が真で後件が偽の場合以外は含意は真となる．例えば，つぎのそれぞれの含意は真である．"$2\cdot3=7$ ならば $2\cdot3=8$ である"，"$2\cdot3=7$ ならば $2\cdot3=6$ である"，"$2\cdot3=6$ ならば $3\cdot4=12$ である"．また，"4辺形が正方形ならばそれは平行4辺形である"というような命題はつぎのように述べることができる．"任意の4辺形 x に対して，もし x が正方形ならば x は平行4辺形である"．x を勝手に1つ特定したとき，"x が正方形ならば x は平行4辺形である"という命題は真であるから，上の命題が真であることがわかる．2つの命題 p と q に対して含意"もし p ならば q である"を $p\to q$ あるいは $p\subset q$ などで表し，"p ならば q"と読む．含意 $p\to q$ は命題"p は q に対する十分条件である"または"q は p に対する必要条件である"と同じ意味をもつ．＝条件つき命題，仮言命題．→ 定理の逆，命題の同値

■**含意の対偶** contrapositive of an implication

1つの含意から，その結論の否定を仮定とし，その仮定の否定を結論とすることで得られる含意．例えば"x が4でわり切れるならば，x は2でわり切れる"の対偶は"x が2でわり切れなければ，x は4でわり切れない"である．1つの含意とその対偶は同値である．すなわちどちらも真であるか，あるいはどちらも偽である．対偶はその含意の裏の逆（あるいは逆の裏）である．

■**環および体の標数** characteristic of a ring or field

環 A のすべての元 x に対し，$nx=0$ となるような最小の自然数 n が存在する場合，n を A の**標数**という．それ以外の場合，標数は0である．A が整域（例えば体）ならば，標数は0でなければ素数である．"標数∞"が"標数0"のかわりに用いられることもある．→ 完全体

■**環形** annulus [*pl.* annuli, annuluses]

平面における2つの同心円によって囲まれた部分．環形の面積は2円の面積の差である．すなわち R を大きい円の半径とし，r を小さい円の半径とすれば $\pi(R^2-r^2)$ となる．

■**関係** relation

ある定まった順序での2つのものに対して成立するか成立しないかが定まった等式または不等式または性質．関係とは順序対 (x,y) のある集合 R のことをいい，$(x,y)\in R$ のとき，x は y **に関係する**という．このとき xRy と表すこともある．例えば，実数に対する"より大"という関係は $x<y$ であるすべての順序対 (x,y) の集合である．"…の娘"という関係は人 y の娘 x のすべての順序対 (x,y) の集合である．関数 R の**逆関係** R^{-1} とは，$(x,y)\in R \Leftrightarrow (y,x)\in R^{-1}$ で定まる関係をいう．→ 関係の合成

■**関係の合成** composition of relations

R, S を与えられた関係とする．対象 y で xRy, ySz をみたすものが存在するとき，またそのときに限り，$x(R\circ S)z$ とおくことにより，R と S の**合成** $R\circ S$ を定義する．例えば r, s, t を正の整数とし，rRs が $r<s$ を意味し，rSs は r は s をわり切ることを意味するとしよう．このとき $r(R\circ S)t$ は"t をわり切り，かつ r より大なる整数 s が存在する"ことを意味し，また $r(S\circ R)t$ は"r でわり切れしかも t より小さい整数 s が存在する"ことを意味する．→ 関係，関数の合成

■**換算方式（三角法の）** reduction formulas of trigonometry

→ 平面三角法の恒等式

■**関手** functor

K と L を2つの圏とし，O_K, M_K で，それぞれ，K の対象の集まり，射の集まりを表し，O_L,

M_L で，L の対象の集まり，射の集まりを表すことにする[→ 圏(2)]．K から L への**共変関手**とは，O_K と M_K の合併を定義域とする写像 F で，O_K を O_L の中にうつし，K の任意の対象 a，b に対して $M_K(a, b)$ を $M_L(F(a), F(b))$ の中にうつし，かつ，つぎの 2 つの条件をみたすもののことをいう．(i) e_a を $M_K(a, a)$ における恒等射とすると，$F(e_a)$ は $M_L(F(a), F(a))$ における恒等射になる．(ii) f と g を，それぞれ，$M_K(a, b)$ と $M_K(b, c)$ に属する射とすると，$F(g \circ f) = F(g) \circ F(f)$ が成立する．**反変関手**の定義も同様であるが，F が $M_K(a, b)$ を $M_L(F(b), F(a))$ の中にうつす点と，(ii)における等式が $F(g \circ f) = F(f) \circ F(g)$ となる点だけが違う．K から L への**同型写像**とは，M_K から M_L への全単射 F で，$f, g \in M_K$ に対し，$g \circ f$ が意味をもつときそのときに限り $F(g) \circ F(f)$ が意味をもち，かつ，そのとき $F(g \circ f) = F(g) \circ F(f)$ が成立するものをいう．F が同型写像であれば，F は恒等射を恒等射にうつし，したがって，O_K から O_L への全単射をひきおこすことがわかる．よって，同型写像は，共変関手の特別な場合とみなすことができる．**反同型写像**の定義も同様であり，上で $F(g) \circ F(f)$ とかいてあるところを，2 カ所とも，$F(f) \circ F(g)$ にかきかえればよい．反同型写像は，反変関手の特別な場合とみなすことができる．→ 圏

■**緩衝回路** buffer
主に入出力の部分で使われるインピーダンス変換器．入力あるいは出力の部分より機械の内部に侵入する雑音を遮断するために使う．論理的には 1 入力・1 出力の恒等変換器または反転変換器である．

■**管状曲面** canal surface
与えられた空間曲線上に中心をもち，半径の等しい(1 つの媒介変数で表された)球群の包絡面．曲線上の任意の点において，**特性曲線**は，その点に垂直な平面上での最大円である．

■**管状ベクトル** solenoidal vector in a region
ある領域における**管状ベクトル**とは，ベクトル値関数 F であって，F の定義域がその領域を含み，かつその領域のどの可約な曲面 S 上の積分値も 0，すなわち $\int_S F \cdot n \, da = 0$ であるものである．ただし，n は領域の面素 da に対して負の向きの単位ベクトルとする．ベクトルの発散量が領域のどの点においても 0 であるためには，そのベクトルがその領域における管状ベクトルであることが必要十分であり，またそのベクトルがあるベクトル関数(ベクトル・ポテンシャル)の回転であることが必要十分である．→ 連続の方程式

■**関数** function
(1) 集合 X の各要素に対し，集合 Y の要素をちょうど 1 つ対応させるような対応を，X から Y への**関数**あるいは**写像**とよぶ．X を，この関数の**定義域**といい，この対応に使われる Y の要素全体の集合を，この関数の**値域**という．例えば，ヒトにその年齢を対応させる対応は，関数である．この場合，定義域はヒト全体の集合であり，値域は，ヒトの年齢になっている整数全体の集合である．円にその半径を対応させる対応，角にその正弦を対応させる対応，正の実数にその対数を対応させる対応なども，関数の例である．また，$y = 3x^2 + 7$ というような式は，関数を表していると考えられる．もちろん，定義域を指定しておかねばならないが，例えば，実数全体の集合を定義域とするとき，この式は，各実数に対し，その 2 乗の 3 倍に 7 を加えて得られる数を対応させるような関数 f を表していると考えるのである (例えば，$f(2) = 3 \cdot 2^2 + 7 = 19$)．この場合，$f$ の値域は，7 以上の実数全体の集合である．関数をこのような式で表したとき，記号 x を**独立変数**，あるいは単に，**変数**といい，y を従属変数という．また，"関数 f" というかわりに，"関数 $y = f(x)$" といういい方をすることがある．一般に，関数を表すには，f，F，ϕ などの記号が用いられる．これらを**関数記号**という．x を関数 f の定義域の要素とし，f によって x に対応させられている，f の値域の要素を y とおく．このとき，"f は x に y を対応させる"というかわりに，"f は x を y に**うつす**"ともいう．また，y のことを，f による x の**像**といい，$f(x)$ で表す(この記法は，すでに，断りなしに用いた．なお，$f(x)$ の正式の読み方は $f \text{ of } x$ (x の関数 f) である．

(2) ある定まった範囲にある，数学的対象の対 (x, y) のおのおのに対し，1 つの数学的対象を対応させるような対応を，**2 変数関数**とよぶ．より一般に，数学的対象の n 組 $(x_1, x_2, \cdots, x_n)$ に対し，1 つの数学的対象を対応させるような対

応を，**n 変数関数**とよぶ（n を明示する必要のないときは**多変数関数**という）．例えば，$z=2x+xy$ という式は 2 変数関数を表していると考えられる．この場合，x, y はともに**独立変数**とよばれる．この例において，x, y はすべての実数を動くとすると，この関数は，平面上の点全体の集合を定義域とする 1 変数関数（つまり，この項の冒頭で説明した意味での関数）であるとも考えることができる．一般の n 変数関数 $z=f(x_1, \cdots, x_n)$ に対しても，$(x_1, \cdots, x_n)$ を 1 つの数学的対象とみなすことにより，f を 1 変数関数とみなすことができる．なお，この説明は，論理的には，順序が逆であり，関数 f の定義域が，n 個の集合 $X_1, \cdots, X_n$ の直積 $X_1 \times \cdots \times X_n$ の部分集合であるとき，f を n 変数関数とよぶのである（$X_1 = \cdots = X_n$ であることが多い）．念のため，関数の正確な定義を述べておく．集合の 3 つ組 $f = (G, X, Y)$ において，G が，X と Y の直積の部分集合であって，X の各要素 x に対し，(x, y) が G に属するような Y の要素 y がちょうど 1 つ存在する（この y を，f による x の像という）とき，f を，X から Y への関数とよぶ（3 つ組をつくらずに，G を関数とよぶこともある）．X を f の定義域といい，(x, y) が G に属するような X の要素 x が存在するような Y の要素 y 全体の集合を，f の値域という．

(3) 関数の類義語として，**作用素，変換**などがある．X のある部分集合を定義域とし，Y のある部分集合を値域とするような関数を，X から Y への作用素とよび，X から X への関数を，X の変換とよぶことが多いが，これらの用語の使い分けは書物により異なるので，注意を要する．関数の値域が複素数，実数，ベクトル空間であるのに従って，**複素数値関数，実数値関数，ベクトル値関数**という．→ グラフ，準同型写像，像，多価関数，同型，等長写像，連続関数

■**関数記号** notation
→ 関数

■**関数行列式** functional determinant
→ ヤコビアン

■**関数族の一様収束** uniform convergence of a set of functions

関数族の各関数とその極限との差が，変数の共通区間において，同一の任意正数よりも小さくなるような収束．詳しく述べれば，関数族の各関数 f_i が，$x \to x_0$ のとき極限値 L_i をもつとする．このとき，この関数族が $x \to x_0$ のとき**一様収束**するとは，任意の $\varepsilon > 0$ に対して，適当な $\delta > 0$ をとれば，$|x - x_0| < \delta$ のとき，各 i について常に
$$|f_i(x) - L_i| < \varepsilon$$
が成り立つ（δ が x や i によらない）ことである．→ アスコリの定理

■**関数の値** value of a function

関数の値域の各要素．独立変数の特定の値に対する関数値とは，値域における対応する要素のことである．→ 関数

■**関数の完備系** complete system of functions
→ 直交関数

■**関数の極限** limit of a function

厳密には，極限といえばすべて関数の極限のことである [→ 極限]．ここでは，定義域と値域に数の集合をもつような関数に限定して考える．そうすれば，極限とは独立変数を適当に制限したとき，関数のとる値の近似となる数のことである．例えば，x が上界をもたずに増加するとき，$1/x$ の極限は 0 である．また，x が負の数として絶対値が大きくなるとき，あるいは，正の数，負の数を交互にとり絶対値が大きくなるとき，例えば，$10, -10, 100, -100, 1000, -1000 \cdots$ のようなときも，$1/x$ の極限は 0 である．極限の値を極限値という．関数が極限をもつとき，**その極限に近づく**，あるいはある数に**極限として近づく**ともいう．x が与えられた数 a に近づくに従って，関数 f が極限 k に近づくことを，
$$\lim_{x \to a} f(x) = k$$
で表し，"x が a に近づくときの $f(x)$ の極限は k である"と述べる．詳しくいうと，任意の正数 ε に対してある数 δ が存在し，$0 < |x - a| < \delta$ ならば $|f(x) - k| < \varepsilon$ が成り立つとき，$f(x)$ は，x が a に近づくとき極限値 k をもつという．任意の正数 ε に対して，ある数 δ が存在し，$x > \delta$ ならば $|f(x) - k| < \varepsilon$ が成り立つとき，$f(x)$ は，x が**無限大になる**とき極限値 k をもつという．任意の正数 ε に対して，ある数 δ が存在し，$|x| > \delta$ ならば $|f(x) - k| < \varepsilon$ が成り立つとき，$f(x)$ は，$|x|$ が無限大になるとき極限値 k をもつという．$+\infty$ を極限の 1 つとして認めること

もある．そのとき，
$$\lim_{x \to +\infty} f(x) = +\infty$$
の意味するところは，任意の正数 ε に対して，ある数 δ が存在し，$x > \delta$ ならば $f(x) > \varepsilon$ が成り立つことである［→ 広義の実数系］．これらの型の極限は他にも多く存在する．→ 右極限

■**関数の極値** extreme (extremum) of a function
　関数の極大値または極小値のこと．→ 最大値

■**関数の限界** bound of a function
　集合 S 上の関数 f の限界とは S の要素 x に対する値 $f(x)$ の集合に対する限界をいう．

■**関数の合成** composition of functions
　与えられた2つの関数 f, g から，$f(x)$ が g の定義域に入るすべての x について $h(x) = g(f(x))$ とおくことにより，新しい関数 h（合成関数）を定義すること．例えば $g(x) = \sqrt{x}$ ($x \geq 0$), $f(x) = x+3$ (x は任意の実数) とするとき，g と f の合成関数は $h(x) = \sqrt{x+3}$ でその定義域は $x \geq -3$ である．特に $g(f(-2)) = g(1) = 1$ である．g と f の合成関数 h は $g \circ f$ または gf とかかれることが多い．しかしながら（関数の場合を特別な場合として含む一般の関係の合成の場合のように）ときには，h が $f \circ g$ または fg とかかれることもある．合成される関数の順序は重要である．例えば，$g(x) = x+1$, $f(x) = x^2$ としたとき，
$$g[f(x)] = g(x^2) = x^2 + 1,$$
$$f[g(x)] = f(x+1) = (x+1)^2$$
となる．2つの関数の合成関数の導関数は，連鎖律を使うことにより計算される［→ 連鎖律］．

■**関数の勾配** gradient of a function
　3変数 x, y, z に関する微分可能な関数 f に対し，各座標軸方向の成分がその座標に関する f の偏導関数で与えられるベクトル（値関数），つまり，$i\frac{\partial f}{\partial x} + j\frac{\partial f}{\partial y} + k\frac{\partial f}{\partial z}$ のことを，f の勾配といい，∇f あるいは $\mathrm{grad} f$ で表す．以下，点 $P : (x_1, y_1, z_1)$ を固定して考える．任意の方向に対し，その方向への f の方向微分係数は，∇f のその方向の成分で与えられる．$\nabla f \neq 0$ であれば，∇f の方向は，方向微分係数が最大になる方向と一致し，かつ，∇f の絶対値がその方向微分係数の値を与える．また，このとき，∇f は P において曲面 $f(x, y, z) = c$ と直交している（ただし，$c = f(x_1, y_1, z_1)$）．→ 変動（曲面上の関数の）

■**関数の振幅** oscillation of a function
　区間 I における関数の振幅とは，I 内の点における，関数値の上限と下限の差である．点 P における関数の振幅とは，P を内点として含む区間における関数の振幅の，その区間の幅を0に近づけるときの，極限である．［類］関数の変動．→ 全変動

■**関数の正の部分** positive part of a function
　f を実数のある集合を値域とする関数とする．このとき，f の**正の部分**とは $f(x) \geq 0$ のとき $f^+(x) = f(x)$, $f(x) < 0$ のとき $f^+(x) = 0$ として定義される関数 f^+ のことである．f の**負の部分**とは $f(x) > 0$ のとき $f^-(x) = 0$, $f(x) \leq 0$ のとき $f^-(x) = -f(x)$ として定義される関数 f^- のことである．すべての f に対して，$f = f^+ - f^-$ であり $|f| = f^+ + f^-$ である．

■**関数の全変動** variation of a function
　→ 全変動

■**関数の増分** increment of a function
　独立変数の値の変化量に伴って生じる関数値の変化量のこと．独立変数の変化量を**独立変数の増分**といい，正負いずれの値の場合もありうる．f を関数とし，独立変数 x の変化量を Δx とすれば，$f(x)$ における変化量は
$$\Delta f = f(x + \Delta x) - f(x)$$
である．f が x において微分可能であるとき，
$$f(x + \Delta x) - f(x) = f'(x)\Delta x + \varepsilon \cdot \Delta x$$
が成り立つ．ただし，ε は Δx が0に近づくにしたがって0に近づく量である．上式における $f'(x) \cdot \Delta x$ を Δf の**主要部**または f の**微分**とよぶ．u が x と y の関数であるとき，u の増分 Δu は，$u(x + \Delta x, y + \Delta y) - u(x, y)$ である．2変数関数に対する平均値の定理を用いれば，上式はつぎのような和と一致する．
$$(D_x u \Delta x + D_y u \Delta y) + (\varepsilon_1 \Delta x + \varepsilon_2 \Delta y)$$
ただし，点 (x, y) の適当な近傍をとれば，$D_x u$ と $D_y u$ がともに存在し，それらのうちの少なくとも一方が連続であると仮定する．また，$D_x u$ と $D_y u$ はそれぞれ u の x と y による偏微分を表し，ε_1 と ε_2 はそれぞれ Δx と Δy が0に近

づくにしたがって 0 に近づく量である．第 1 の括弧内の 2 項の和は Δu の**主要部**または u の**全微分**とよばれ，
$$du = D_x u\, dx + D_y u\, dy$$
と表される．$u=x$ および $u=y$ の場合の表記で混乱することを避けるために，x と y の増分 Δx と Δy を dx と dy で表す．増分 dx と dy は独立変数 x と y の微分である．→ 微分

■**関数の台**　support of function
　関数直が 0 でない点の集合の閉包．台がコンパクト集合のとき，**コンパクトな台**をもつという．

■**関数の対数微分**　logarithmic derivative of a function
　比 $f'(z)/f(z)$．すなわち，$d\log f(z)/dz$．

■**関数のたたみ込み**　convolution of two functions
$$h(x) = \int_0^x f(t)g(x-t)\,dt$$
$$= \int_0^x g(t)f(x-t)\,dt$$
で定義される関数を f と g のたたみ込みという．関数
$$H(x) = \int_{-\infty}^{\infty} f(t)g(x-t)\,dt$$
もときには f と g のたたみ込みとよばれるが，$H(x)$ はまた相反たたみ込みともよばれる．
[類] 合成積．

■**関数の引き数**　argument of a function
　＝変数，独立変数．→ 関数

■**関数の平均値**　mean value of a function
　1 変数 x の関数 f の区間 (a,b) 上の**平均値**は，x 軸と f のグラフに囲まれ，しかも点 a と b で x 軸に直交する直線にはさまれた領域の面積（x 軸の下側の部分の面積は負とする）を，区間の長さ $b-a$ でわったものである．これはまた，上記の面積をもち，長さ $b-a$ の底辺をもつ長方形の高さである．任意の可積分関数 f の区間 (a,b) 上の**平均値**は
$$\frac{1}{b-a}\int_a^b f(x)\,dx$$
である．より一般には，関数 f の，測度 m に関する，集合 S 上の**平均値**は $\left[\int_S f\,dm\right]\Big/m(S)$ で

ある．例えば，$(0,0)$, $(2,0)$, $(2,3)$, $(0,3)$ を頂点とする長方形上の関数 xy の平均は，
$$\frac{1}{m(s)}\int_S xy\,ds = \frac{1}{6}\int_0^3\int_0^2 xy\,dx\,dy = \frac{3}{2}$$
曲線 $y=f(x)$ の区間 (a,b) 上の 2 乗平均値とは，その区間上の y^2 の平均値，すなわち，
$$\left[\int_a^b y^2\,dx\right]\Big/(b-a)$$
を意味する．→ 期待値

■**関数の変化率（点における）**　rate of change of a function at a point
　独立変数の増分が 0 に近づくときの，関数の値の増分の，変数の増分に対する割合の極限．その点を含む区間の長さが 0 に近づくときの，その区間上の平均の変化の割合の極限．これは**瞬時の変化の割合**ともよばれる．なぜなら近傍における変化の割合は一般には異なるからである．ある点における関数の変化率は，その関数のグラフの接線の傾きに等しく，**その点における微分係数**である．→ 微分

■**関数の変動**　saltus of a function
　→ 関数の振幅

■**関数の零点**　zero of a function
　関数値が 0 となる変数の値．これが実数のとき**実零点**という．関数 f が実変数の実数値関数（例えば，実係数の**多項式**）ならば，f の実零点は，曲線 $y=f(x)$ と x 軸との交点の値である [→ 方程式の解]．
　z_0 が，複素変数の**解析関数** f の**零点**ならば，$f(z)\equiv(z-z_0)^k\phi(z)$（$\phi$ は z_0 で解析的で $\phi(z_0)\neq 0$）と表されるような正整数 k が存在する．k を零点の**位数**という．

■**関数表の引き数**　arguments in a table of values of a function
　定義域でのある値で，関数により値域の値に対応されている変数値．三角関数表での引き数といえば，その表で三角関数に対応する角をさし，また対数表では，表上ある対数に対応した数のことである．＝変数．

■**関数要素**　function-elemet
　→ 解析接続

■**関数論** function theory
　実変数の関数の理論，複素変数の関数の理論．ただし複素解析関数の理論をこうよぶのが慣例である．

■**慣性** inertia of a body
　その物体の運動または静止の状態の変化に対して生じる抵抗．物体に加速度を与えるためにそれに力を加えることを要するという物体の性質．[類] 質量．

■**慣性座標系** inertial coordinate system
　恒星に固定された座標軸系に対し等速度運動をしている任意の座標軸系を意味する力学用語．恒星に固定された系を主慣性系とよぶ．

■**慣性主軸** principal axes of inertia
　→ 慣性モーメント

■**慣性乗積** products of inertia
　→ 慣性モーメント

■**慣性の法則** law of inertia
　《力学》力の作用を受けていない物体は静止しているかまたは定速で直線運動をしているという力学の法則．この法則は 1638 年にガリレイによって発見され，ニュートンの著書 *Principia* (1687) の中で力学の公準の 1 つとされた．この法則は，ニュートンの力学の第 1 法則としても知られる．

■**慣性モーメント** moment of inertia
　点，直線，または面のまわりの質点の慣性モーメントとは，その質量と質点から点，直線，または面までの距離の 2 乗との積である．そのため **2 次モーメント**ともよばれる．離散的な質点系の軸のまわりの慣性モーメントは，各質点の質量と軸からの距離の 2 乗との積の和である．つまり，$I = \sum_i m_i r_i^2$. ここで，r_i は質量 m_i をもつ質点の軸からの距離である．連続物体に対しては，直交座標軸 x, y, z を用いれば，これらの座標軸のまわりの慣性モーメントは，それぞれ，

$$I_x = \int_s (y^2 + z^2) \, dm, \quad I_y = \int_s (z^2 + x^2) \, dm,$$
$$I_z = \int_s (x^2 + y^2) \, dm$$

ここで，積分範囲は物体全体にわたる．

$$I_{xy} = \int_s xy \, dm, \quad I_{yz} = \int_s yz \, dm, \quad I_{xz} = \int_s xz \, dm$$

を**慣性乗積**という．直交座標軸 x, y, z を，これらの慣性乗積が生じないように選ぶとき，これらの軸は**慣性主軸**とよばれる．→ 平行軸定理

■**間接証明** indirect proof
　(1) → 直接証明
　(2) 与えられた命題が他の定理から導かれるとき，その定理を証明することによって，その命題を証明すること．

■**間接微分** indirect differentiation
　つぎの公式を使って合成関数を微分すること．
$$df(u)/dx = (df(u)/du)(du/dx)$$
→ 連鎖律

■**完全帰納法** complete induction
　→ 数学的帰納法

■**完全グラフ** complete graph
　→ グラフ理論

■**完全群** perfect group
　→ 交換子（群の元の）

■**完全 3 項目平方** perfect trinomial square
　→ 完全累乗

■**完全 4 辺形** complete quadrilateral
　平面上の 4 直線とそれら 2 つずつの 6 交点からなる図形．

■**完全集合** perfect set
　その導集合と一致する点集合（あるいは，距離空間内の集合）のこと．それ自身の中で稠密な閉集合．

■**完全情報ゲーム** game with perfect information
　2 人以上の競技者が同時に手番となることがなく，各競技者が各手番において，過去の手番における戦略の選択の結果を，自分以外の競技者の分も含めて，すべて知っているような，展開形有限ゲーム．このようなゲームでは，純戦略の範囲内で均衡点が存在し，したがって，各競技者に対し最適純戦略が存在する．完全情報

ゲームでない展開形有限ゲームは，不完全情報ゲームとよばれる．

■**完全剰余系** complete residue system (of modulo n)

整数からなる集合が，その中のどの2つも n を法とする同じ同値類に入らないという性質をみたすとき，n を法とする**完全剰余系**であるといわれる．このような集合は n を法とする非合同数の完全系をなすともいわれる．例えば，1, 9, 3, -3, 5, -1, 7 は 7 を法とする完全剰余系である．このような集合は，0, 1, 2, 3, 4, 5, 6 というように，7 より小さい非負整数で表すこともできる．

■**完全数** perfect number

正の整数で，それ自身を除くそのすべての正の約数の和に等しいもの．28 は完全数である．なぜなら $28=1+2+4+7+14$．それ自身をのぞくすべての約数の和がその数より大きいとき，その数を**過剰数**（**豊数**，**余剰数**）という．その数より小さいときは**不足数**という．p と 2^p-1 が素数ならば，$2^{p-1}(2^p-1)$ の形の数はすべて完全数であり，偶数の完全数は必ず p と 2^p-1 が素数のこの形の数である．奇数の完全数は知られていないが，あったとしても 10^{250} より大きい．n の約数の和を $\sigma(n)$ とすると，n が完全数とは，$\sigma(n)=2n$ を意味する．$n=120, 672$ のように，$\sigma(n)=3n$ である数もある．**第2種の完全数**とは，n のすべての約数の積が n^2 になる数である．これは例えば p, q が相異なる素数のとき，p^3 あるいは pq の形の数がそうである．→ メルセンヌ数

■**完全体** perfect field

体 F が完全体であるとは，F におけるいかなる既約多項式も（その分裂体において）重解をもたないことをいう．すなわち，体 F の要素を係数とする**既約多項式**がすべて**分離的**である体 F．標数が 0 の体は完全体である．標数 $p\neq 0$ の体が完全であるための必要十分条件は，各 $a \in F$ に対して，多項式 x^p-a が F の中に根（それを 0 にする値）をもつことである．→ 最小分裂体，体，分離拡大，分離多項式

■**完全なわり算** exact division

答（商）がきちんと（余りなどなしで）求まるようなわり算のこと．このときの除数のことを**完除数**という．この概念は，どのような範囲の数を考えているかに依存する．例えば，$7\div 2$ は，整数の範囲では完全なわり算ではないが，有理数の範囲では完全なわり算である（商は $7/2$）．

■**完全被積分関数** exact integrand

完全微分である被積分関数．→ 完全微分方程式

■**完全微分方程式** exact differential equation

ある関数の全微分が 0 に等しいとして得られる微分方程式．2 変数の完全微分方程式は，
$$[\partial f(x,y)/\partial x]dx+[\partial f(x,y)/\partial y]dy=0$$
と書ける．M と N が 1 階の連続偏微分可能であるとき，方程式 $M\,dx+N\,dy=0$ が完全微分方程式であるための必要十分条件は，M の y に関する偏微分が N の x に関する偏微分と等しい，すなわち $D_y M=D_x N$ となることである．
$$(2x+3y)dx+(3x+5y)dy=0$$
は完全微分方程式である．
$$P\,dx+Q\,dy+R\,dz=0$$
が 3 変数の完全微分方程式であるための必要十分条件は $D_y P=D_x Q$, $D_z Q=D_y R$, $D_x R=D_z P$ が成り立つことである．これは任意個数の変数の場合に一般化することができる．→ 積分因子

■**完全表現系（群の）** complete system of representations for a group
→ 群の表現

■**完全複合ゲーム** completely mixed game

ただ 1 つの解をもち，その解が単純解であるような，有限零和 2 人ゲーム．いいかえると，すべての純戦略が，そのただ 1 つの解に，正の確率で現れているような，有限零和 2 人ゲーム．→ 有限零和 2 人ゲームの解

■**完全平方化** completing the square

2 次方程式の 1 つの解法．まず左辺にすべての項を移項し，2 次の項の係数で各項をわる．次いで，左辺が完全平方形になるように左辺に（右辺にも）定数を加える．この方法はときに，最初に 2 次の項の係数が平方数になるように各項に定数をかけるという手順に修正される．そして前と同様に左辺が完全平方形となるように両辺に定数を加える．例えば方程式

の左辺を完全平方化するためには，まず第1に両辺を 2 でわり
$$x^2+4x+1=0$$
とし，次いで両辺に 3 を加え
$$x^2+4x+4=(x+2)^2=3$$
とすればよい．しばしば，"完全平方化"は，$a_1x^2+b_1x+c_1$ という形の方程式を，$a_1(x+b_2)^2+c_2$ という形に書き表すことを意味する．例えば円錐曲線の方程式をその標準形に変形する場合に用いられる．直訳して平方完成ともいう．

■**完全累乗** perfect power
ある正整数 $n>1$ に対して，ある数または多項式のちょうど n 乗になっている数または多項式．**完全平方**は他の数または多項式の 2 乗になっているものである．例えば，4 は完全平方である．また，$a^2+2ab+b^2$ も $(a+b)^2$ に等しいので完全平方である．$a^2+2ab+b^2$ のように 2 項式の平方であるような 3 項式を**完全 3 項平方**という．**完全立方**はある数または多項式の 3 乗である．例えば 8，27 や $(a+b)^3$ と等しい $a^3+3a^2b+3ab^2+b^3$ などが完全立方である．

■**観測点地平** horizon of an observer on the earth
《天文》平面とみなせる大地が空と接する大円のこと．天球上の，観測者の天頂を極とする大円．→ 時角と時圏

■**ガンター，エドモンド** Gunter, Edmund (1581—1626)
イギリスの数学，天文学者．直線上に対数目盛をおくことを考案し，計算尺の発展を導いた．

■**貫通点（空間内の直線の）** piercing point of a line in space
その直線が座標平面を通過する点．

■**カンデラ** candela：略記号 cd
光度の単位．白金の凝固点（2047 ケルビン）の温度の黒体（理想的）光源の強度の 1/60 と定義されたが，現在では次のように改訂されている．振動数 $540×10^{10}$ ヘルツの単色光を所定の方向に 1 ステラジアンあたり 1/683 ワットを出す光源があるとき，その方向への光の強度をいう．

■**感度解析** sensitivity analysis
ある問題の解の変動をパラメータの値をいろいろ変えたときの変動によって行う解析．

■**カントール，ゲオルグ・フェルディナント・ルドウィヒ・フィリップ** Cantor, Georg Ferdinand Ludwig Philipp（1845—1918）
ドイツの集合論学者（彼の父がデンマークからドイツへ移る途中で移民したロシアで生まれた）．無限集合に関する彼の理論は革命的で，その当時，多くの論議をかもした．

■**カントール集合** Cantor set
閉区間 $[0,1]$ 内の閉集合で次のようにしてつくられる．区間を 3 等分して中央の開区間を除き，残った両側の小区間をそれぞれ 3 等分して中央の開区間を除き，以下同様の操作を反復する．カントール集合に x が含まれるのは，x を 3 進小数で $0.d_1d_2\cdots$ と表したとき，d_n が 0 か 2 であることと同値である．カントール集合は**非可算**，**完全**，**非稠密**で，すべての点が境界点である．カントール集合の各点の近傍は，全体と相似な集合を含む．**カントールの不連続体**とか，**カントールの 3 進集合**ともいう．他のカントール型の集合が多くの方法でつくられる．例えば任意の奇数 p に対して，$[0,1]$ を p 個の小区間に分けて，中央の小区間を除き，同様の操作を残った $p-1$ 個の小区間に施し，これを**無限**に反復する．あるいは正方形を 9 個の合同な正方形に分割し，中央の正方形を除き，同様の操作を残った小正方形に適用して，これを**無限**に繰り返す．→ フラクタル

■**カントールの関数** Cantor function
閉区間 $[0,1]$ において，次のように定義された関数．$x=0.d_1d_2\cdots$ がカントール集合に含まれるならば，$f(x)=0.c_1c_2\cdots$ とおく．ここで c_i は d_i が 0 か 2 かに応じて 0 か 1 とし，$f(x)$ の値は 2 進小数とする．x がカントール集合に含まれなければ，$f(x)$ の値は x を含む除かれた区間の両端の共通な値とする．この関数は**連続**だが絶対連続でなく，除かれた集合で定数で，**単調増加**であり，カントール集合を区間 $[0,1]$ の上にうつす．その導関数はほとんどいたるところ（すなわち測度 0 の集合を除いて）0 である．＝カントールの 3 進関数．→ カントール集合

■**環の根基** radical of a ring
　すべてのベキ零イデアルを含むベキ零イデアル．＝零根基．→ イデアル

■**完備空間** complete space
　任意のコーシー列がその空間内の1点に収束するとき，距離空間は完備であるという [→ コーシー列]．実数全体（あるいは複素数全体）は完備距離空間である．f, g を区間 $[0,1]$ で定義された連続関数とするとき，f, g の間の距離を
$$\int_0^1 |f-g|dx$$
で定義すれば，$[0,1]$ 上の連続関数全体は距離空間をなすが，この空間は完備でない．なぜなら
$$f_n(x) = \begin{cases} 0 & \left(0 \leq x \leq \dfrac{1}{2}\right) \\ \left(x-\dfrac{1}{2}\right)^{\frac{1}{n}} & \left(\dfrac{1}{2} \leq x \leq 1\right) \end{cases}$$
とおくとき，関数列 $f_1, f_2, \cdots$ は連続関数に収束しない．完備距離空間に同相な位相空間は位相的に完備な位相空間とよばれる．完備距離空間の部分集合が位相的に完備であるための必要十分条件は，それが G_δ 部分集合であることである [→ ボレル集合]．任意のコーシーネットがその空間のある点に収束する線型位相空間は，**完備線型位相空間**とよばれる．ここで**コーシーネット**とは，与えられた有向集合のそれぞれの元 α に対応する空間の点を x_α とするとき，$\{x_\alpha - x_\beta\}$ が 0 に収束するようなネット $\{x_\alpha\}$ のことである [→ ムーア-スミスの収束]．

■**完備系（関数の）** complete system of functions
　→ 直交関数

■**完備束** complete lattice
　→ 束

■**ガンマ関数** gamma function
$$\Gamma(x) = \int_0^\infty t^{x-1} e^{-t} dt$$
により定義される関数 Γ のこと．ここで，x は，正の実数，あるいはより一般に，実部が正であるような複素数である．公式 $\Gamma(x+1) = x\Gamma(x)$ が成立し，$\Gamma(1) = 1$ であり，したがって，正の整数 n に対しては $\Gamma(n) = (n-1)!$ となる．また，$\Gamma\left(\dfrac{1}{2}\right) = \pi^{1/2}$, $\Gamma\left(\dfrac{3}{2}\right) = \dfrac{1}{2}\pi^{1/2}$, …である．

Γ は，複素数平面上で 0 と負の整数を除いた領域 D に解析接続される．この接続は，関係式 $\Gamma(z+1) = z\Gamma(z)$ によりなされ，結果として，
$$\Gamma(z) = \left(ze^{cz}\prod_{n=1}^\infty \left(\left(1+\frac{z}{n}\right)e^{-z/n}\right)\right)^{-1}$$
が，D のすべての点 z に対して成立する．ここで，C は**オイラーの定数**である．**不完全ガンマ関数** γ, Γ は，実部が正の複素数 a に対し，
$$\gamma(a, x) = \int_0^x t^{a-1} e^{-t} dt$$
$$\Gamma(a, x) = \int_x^\infty t^{a-1} e^{-t} dt$$
により定義され，つぎの公式が成り立つ．
$$\Gamma(a) = \gamma(a, x) + \Gamma(a, x)$$
$$\gamma(a+1, x) = a\gamma(a, x) - x^a e^{-x}$$
$$\Gamma(a+1, x) = a\Gamma(a, x) + x^a e^{-x}$$
$$\gamma(a, x) = \sum_{n=0}^\infty \frac{(-1)^n x^{a+n}}{n!(a+n)}.$$
→ ディガンマ関数，2倍公式（ガンマ関数の）

■**ガンマ分布** gamma distribution
　確率変数 X の変域が，正の実数の集合で，正数 r と λ が存在して，**確率密度関数** f が，
$$f(x) = \frac{\lambda}{\Gamma(r)}(\lambda x)^{r-1} e^{-\lambda x} \quad (x>0)$$
をみたすとき（ただし，Γ は**ガンマ関数**），X は**ガンマ分布**に従うとか，**ガンマ確率変数**であるという．この分布の**平均**，**分散**，**積率母関数**は，それぞれ r/λ, r/λ^2, $M(t) = (1-t/\lambda)^{-r}$ である．もしも，r がある整数であるならば，X の変域は区間 $[t_0, t]$ である．ここで，t_0 は，任意の数であり，t は，パラメーター λ をもつポアソン過程に対して，r 個の事象が，区間 $[t_0, t]$ でおこりうるような最初の数とする．特に，$r=1$ のとき，ガンマ確率変数は，パラメーター λ をもつ**指数確率変数**とよばれる．このとき，確率密度関数 f は，$f(x) = \lambda e^{-\lambda x}$ である．また，その**分布関数** F は，$x \leq 0$ のとき $F(x) = 0$, $x > 0$ のとき，$F(x) = 1 - e^{-\lambda x}$ である．＝アーラン分布．→ カイ2乗分布，ポアソン過程

■**簡約化** reduction
　違った簡単と思われる形に変える操作のこと．例えば，同類項をまとめる，等式の両辺のべキ乗をとる（根号を消去すること），分数を約分する，代入する，など．

■**簡約3次方程式** reduced cubic equation
　$y^3 + py + q = 0$ という形をした3次方程式．こ

れは，3次方程式の一般形 $x^3+ax^2+bx+c=0$ において，x のかわりに $x-\frac{1}{3}a$ を代入して x^2 の項を消去したものである．→ カルダノの解法（3次方程式の）

■**管理図**　control chart
《統計》生産工程からとられた標本の結果を示すグラフ．通常，品質に関する何かの特性の平均的期待値を示す水平線1本と，標本，および確率的な生産工程の許容可能な範囲を示す線がその両側に1本ずつ2本ある．生産の品質管理に普通用いられる．

■**乾量**　dry measure
穀粒や果実など固形物の量を測る単位．米国では，ブッシェル（bushel）を単位とする．→ 付録：単位・名数

■**関連収束半径**　associated radius of convergence
多変数のベキ級数
$$\sum a_{k_1,k_2,\cdots,k_n} z_1^{k_1} z_2^{k_2} \cdots z_n^{k_n}$$
が，$r_j>0$, $j=1,2,\cdots,n$ について，$|z_j|<r_j$ のとき収束，$|z_j|>r_j$ のとき発散するとき，集合 $r_1, r_2, \cdots, r_n$ を関連収束半径の組という．例えば，次の級数
$$1+z_1z_2+z_1^2z_2^2+\cdots \equiv \frac{1}{1-z_1z_2}$$
について，関連収束半径は $r_1r_2=1$ をみたす任意の正の数 r_1, r_2 の組である．

■**緩和法**　relaxation method
数値解析における逐次近似法の1つ．この方法では初期近似値から得られる誤差または残差は緩和されるべき拘束条件とみなされる．近似値は残差の中の最悪のものが最終的にはすべて許容範囲内にあるように逐次選ばれる．

キ

■木　tree
閉路を含まない連結な空でないグラフ．→ グラフ理論，路(2)

■気圧　atmosphere, atomospheric pressure
大気の圧力の単位．1気圧は 0°C において水銀柱 76cm の圧力．ほぼ 1 バール (10^5 パスカル)，あるいは 14.7 ポンド/平方インチ．ほぼ海面における平均気圧．＝標準気圧．

■擬円錐体　conoid
1 つの平面，直線，曲線が与えられているものとする．平面に平行で，直線および曲線と交わりをもつ直線全体からなる曲面を擬円錐体とよぶ．

■記憶素子　storage component
計算機において後で使えるように情報を記憶するために用いられる素子，部品，媒体．記憶には永久的の場合も一時的の場合もあり，またアクセス（参照）速度の速い場合も遅い場合もある．半導体記憶素子(RAM)，磁芯記憶素子，磁気ドラム，磁気ディスク，磁気テープ，ブラウン管，水銀遅延線などがこの目的にこれまで使われてきた．＝記録媒体．

■記憶(術)の　mnemonic
記憶を助ける．記憶に関する（コンピュータの機械命令語やコマンドに対して覚えやすくするためにつける記号）．

■器械的積分　mechanical integration
曲線によって囲まれた面積を，その方程式を用いず，積分器，極面積計などのような器械を用いて（アナログ的に）求めること．

■幾何学　geometry
対象物の形状や大きさを扱う科学のこと．専門的には，与えられた要素の，ある特定の変換群のもとで不変な性質の研究のこと．

■幾何学的　geometric, geometrical
幾何学に関連すること．幾何学の法則や原理によること．幾何学を用いてなされること．

■幾何学的解法　geometric solution
代数的解法や解析的解法などと対照的に，問題に対して，幾何学的な手法の色彩のこい解法のこと．

■幾何学的曲面　geometric surface
＝曲面．→ 曲面

■幾何学的構造　geometric construction
初等幾何学において，定規とコンパスだけを用いてつくれる構造のこと．簡単な例では，角を 2 等分することや 3 角形の外接円を描くことなどがある．定規やコンパスだけでつくることのできない構造については，以下の項目を参照せよ．→ 円の正方形化，角の 3 等分問題，フェルマー数，立方体倍積問題

■幾何学的図形　geometric figure
点，直線，平面，円などの任意の結合のこと．＝図形．

■幾何学的立体　geometric solid
物理的な立体（固体）によって，概念的に占められる空間の任意の部分のこと．例えば立方体，球など．

■幾何級数　geometric series
→ 等比級数

■擬角柱　prismatoid
そのすべての頂点が 2 つの平行な平面のどちらか一方に含まれている多面体．その平行な平面に含まれている面を擬角柱の**底面**といい，2 つの底面の間の垂線の長さを**高さ**という．→ 擬角柱公式

■擬角柱公式　prismoidal formula
擬角柱の体積は 2 つの底面の面積とその底面間の距離を 2 分する切断面の面積の 4 倍との和の $\frac{1}{6}$ に等しい．$V = \frac{1}{6} h (B_1 + 4B_m + B_2)$．この

公式は2つの平行な底面をもち，底面に平行な平面による切断面の面積が一方の底面からその切断面までの距離のたかだか3次関数で与えられるような立体の体積に対しても成立する．例えば，楕円柱や2次錐はこの条件をみたす．擬角柱公式は $V=\frac{1}{4}h(B_1+3S)$ と書かれることがある．ただし，S は底面と平行で B_1 から B_2 までの距離の $\frac{2}{3}$ のところに位置する切断面の面積である．これは上述の公式と同値である．
→ シンプソンの公式

■幾何数列　geometric sequence
→ 等比数列

■幾何的軌跡　geometric locus
ある一般的な条件や方程式によって定義される点の体系的な集合，曲線，曲面などのこと．例えば，ある点から等距離にある**点の軌跡**とか，**等式** $y=x$ の**軌跡**などというようにして使う．
→ 軌跡

■幾何の要素　geometrical element
(1) 点，直線，平面．
(2) 3角形の辺，角などの図形の構成物．

■幾何分布　geometric distribution
→ 負の2項分布

■幾何平均　geometric average
→ 相乗平均

■奇関数　odd function
独立変数の符号を変えると，値の符号も変わる（絶対値は変わらない）ような関数のこと．つまり，定義域に属する任意の x に対して $f(-x)=-f(x)$ が成立する関数 f のこと．例えば，$(-x)^3=-x^3$, $\sin(-x)=-\sin x$ であるから，x^3 や $\sin x$ は奇関数である．

■棄却域　critical region
→ 仮説検定

■擬球面　pseudosphere
トラクトリックスをその漸近線のまわりに回転してできる曲面．回転体として得られる放物型擬球面的曲面． → トラクトリックス

■擬球面的曲面　pseudospherical surface
全曲率 K がすべての点において負の一定値をとる曲面[→ 球面的曲面]．**楕円型擬球面的曲面**とは，測地的極座標系において線素が $ds^2=du^2+a^2\sinh^2(u/a)dv^2$ の形になる擬球面的曲面のことである．回転体として得られる楕円型擬球面的曲面は，砂時計の形をした部分を連ねたもので，最大平行円周上の点が尖点になっている．**双曲型擬球面的曲面**とは，測地的座標系において，座標測地線 $u=0$ を1つの測地線に直交するようにとると，線素が $ds^2=du^2+\cosh^2(u/a)dv^2$ の形になる擬球面的曲面のことである．**回転体として得られる双曲型擬球面的曲面**は，糸巻き状の合同な部分を連ねたもので，最大平行円周上の点が尖点になっている．**放物型擬球面的曲面**とは，測地的座標系において，座標測地線を測地的曲率が一定な曲線に直交するものにとると，線素が $ds^2=du^2+e^{2u/a}dv^2$ の形になる擬球面的曲面のことである．回転体として得られる放物型擬球面的曲面は擬球面のみで，トラクトリックスをその漸近線のまわりに回転して得られる曲面である． → 擬球面

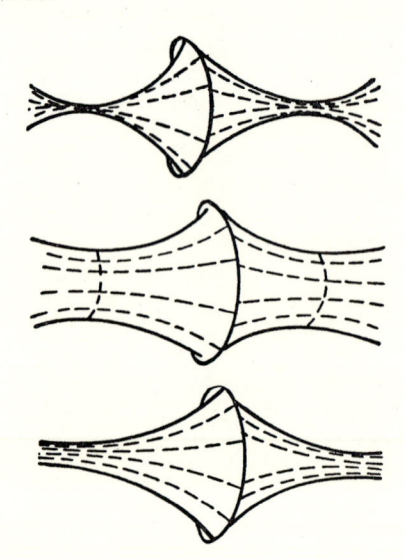

■擬群　quasigroup
集合 S 上で2項演算が定義されていて，この演算は，定義域は S の元の対 (x,y) の全体であり（ここでは，(x,y) にこの演算を施した結果を，便宜上，$x \circ y$ で表すことにする），値域は

S に含まれているとする[→2項演算]．このとき，S はこの演算に関して**擬群**をなす，あるいは，単に S は**擬群**であるなどという．例えば，通常の（つまり，3次元ユークリッド空間における）ベクトルの全体 V は，**ベクトル積**に関して擬群をなす（ベクトル積は結合律をみたさないから，V は**半群**とはならない）．擬群 S において，ある元 e が存在して，S のすべての元 x に対して $x \circ e = x = e \circ x$ となるときは，この e のことを，S の**単位元**という．英語で groupoid ということもあり，また**準群**とも訳されている． → 群，半群

■**記号** notation
量や演算などを表す文字や記号．

■**基準** criterion [*pl*. criteria]
命題がそれによって判断される規則あるいは原理．判定条件．

■**基準方向** prime direction
初期値を与える有向直線．それをもとにして方向や角度を定義するための固定直線．通常 x 軸の正の部分，すなわち，極軸．

■**奇数** odd number
2でわり切れない数．n を整数とするとき，$2n+1$ の形の整数．1, 3, 5, 7 は奇数である．

■**記数法** numeration
数をそれらの自然な順序に記述する手順．数え上げの方法．

■**軌跡** locus [*pl*. loci]
1つまたはいくつかの与えられた条件をみたす点，線，または曲線の系．点集合が与えられた方程式をみたす座標をもつ点からなるとき（かつそれらだけからなるとき），その点集合をその**方程式の軌跡**，また，その方程式をその**軌跡の方程式**とよぶ．例えば，方程式 $2x+3y=6$ の軌跡は2点 $(0, 2)$，$(3, 0)$ を含む直線である．与えられた条件をみたす点の軌跡は，その条件をみたすすべての点を含み，かつそれをみたさない点を1つも含まないような集合である．例えば，平行な2直線から等距離にある点の軌跡は，それらの直線に平行で両者の中央の位置をとおる直線である．与えられた点 p から一定の距離 r にある点の軌跡は，半径 r，中心 p の円である．**不等式の軌跡**とは，与えられた不等式をみたす座標をもつ点からなる集合である．したがって，1次元空間において不等式 $x>2$ の軌跡は，x 軸の2の点より右側の部分となる．2次元空間において不等式 $2x+3y-6<0$ の軌跡は，(x, y)-平面の直線 $2x+3y-6=0$ より下の部分になる．なお，日本では不等式については領域とか範囲とよび，軌跡という語を使わないのが習慣である． → 幾何学的軌跡

■**規則** rule
規定された演算または操作の方法．**規則**という用語はときどき**公式**と同義語に用いられる．→ 3項則，実験式，職人の公式，デカルトの符号法則，ロピタルの法則

■**期待値** expected value
値 $\{x_n\}$ をとる離散的確率変数 X とその確率関数 p に対して，$\sum x_i p(x_i)$ が有限または絶対収束するとき，これを X の期待値という．例えば，2枚の硬貨を投げるとき，2枚とも表が出れば5ドル，表と裏が1枚ずつ出れば1ドルをポールはもらうことができ，2枚とも裏が出たときは，6ドルをポールが支払うというようなゲームをする．このとき，ポールのもらえる金額の期待値は，$5 \cdot \frac{1}{4} + 1 \cdot \frac{1}{2} + (-6) \cdot \frac{1}{4} = \frac{1}{4}$ ドルである．さらに一般的に，もし p が，集合 S の上で定義されている確率的測度であるならば，関数 f の**期待値**は，$\int_S f \, dp$ である[→ 積分可能関数]．特に，f が確率変数 X の確率密度関数（相対度数関数）であるならば，

$$E(X) = \bar{X} = \int_{-\infty}^{\infty} t \cdot f(t) \, dt$$

が，X の**期待値**である．

$$\sigma^2 = \int_{-\infty}^{\infty} (t - \bar{X})^2 f(t) \, dt$$

で与えられる量を X の**分散**という．これは，X の期待値（平均）からの偏りの2乗の期待値である．2つの独立な確率変数 X, Y の積 XY の期待値は，X と Y のそれぞれの期待値の積に等しい．ϕ を確率密度関数が f である確率変数 X の関数とする．このとき，ϕ の**期待値**は，

$$E(\phi(X)) = \int_{-\infty}^{\infty} \phi(t) f(t) \, dt$$

である．＝（算術）平均，期待，数学的期待． → 標本積率，分布のモーメント，平均

■基底（位相の）　base for topology
→ 位相の基底

■基底（数の表示における）　base of a number system

ある桁あるいは小数の位において，そこでの1をその次の位で表したときの値に等しい単位数．例えば基底が10ならば，10個の単位はその1つ上の桁すなわち10の位において1で表される．基底が12ならば，12個の単位は1つ上の桁での1で表される．それは12の位に相当する．例えば基底が12とするとき，23は$2\times12+3$のことである．詳しく述べれば任意の基底に対して整数は，$\cdots d_3d_2d_1d_0=d_0+d_1$(基底)$+d_2$(基底)$^2+d_3$(基底)$^3+\cdots$の形で表される．ここに$d_0, d_1, d_2, d_3, \cdots$はそれぞれ基底より小さい非負整数である．0と1の間の小数は，

$$0.d_1d_2d_3\cdots = \frac{d_1}{基底}+\frac{d_2}{(基底)^2}+\frac{d_3}{(基底)^3}+\cdots$$

とかくことができる．→ 2進法，8進法，10進法，12進法，16進法，20進法，p進体

■基底（フィルターの）　filter base
→ フィルターの基底

■基底（ベクトル空間の）　basis of a vector space

(1) 次の性質をみたす線型独立なベクトルの集合のことである．空間の任意のベクトルはその集合に属する要素（ベクトル）の有限個の線形結合で表せる．=ハメル基底 [→ ハメル基底]．

(2) ベクトルの長さ（またはノルム）が定義された無限次元（かつ可分な）ベクトル空間においては，Sの各xが，$x=\sum_{i=1}^{\infty}a_ix_i$（$n$を無限にしたときの$x-\sum_{i=1}^{n}a_ix_i$の長さの極限が0になることを意味する）の形で一意に表現できるときのような元の列$\{x_1, x_2, \cdots\}$のことを基底というのが普通である．基底のベクトルが相互に直交する場合，基底は**直交基底**とよばれる．そして，そのときこれらのベクトルの長さがすべて単位長さならば基底は**正規直交基**とよばれる．基底を構成するベクトルの個数が有限のとき，空間は**有限次元**とよばれ，その次元は基底を構成するベクトルの個数で定義する．そうでないとき空間は**無限次元**であるといわれる．バナッハ空間 [→ バナッハ空間] のある種の例はこのような基底をもつ．しかしながらすべての可分なバナッハ空間が基底をもつわけではない．→ 内積空間，近似性

■起電力　electromotive force

E. M. F. (electro motive force) と記す．(1) 電流を流す力．(2) 電流をおこす力学的（あるいは化学的）作用によって単位電荷に付加されるエネルギー．(3) 電池または発電機の非負荷電圧．

■軌道　orbit

与えられた集合SをSの中にうつす関数の集合をGとする．各$x\in S$に対して，xの**軌道**とは，$g\in G$に対する$g(x)$全体である．例えばfがSをSの中にうつす関数で$x\in S$のとき，Gが列$\{f, f^2, \cdots\}$ならば，列$\{x, f(x), f^2(x), \cdots\}$は$x$の軌道である．ここに$f^2(x)=f(f(x))$などである．$G$が群ならば，$S$の2つの点が同一の同値類に属するという関係で同値類が定義できる．それによる**商空間**をGの**軌道空間**という．→ 群，商空間

■軌道　trajectory

(1) 動いている質点や天体の経路．
(2) 与えられた曲線（曲面）族の各曲線（曲面）と同じ角度で交わる曲線．この意味の場合には**定角軌道**とか**等交截線**というのが普通である．特に直角に交わる場合を直交截(切)線という．
(3) 与えられた条件をみたす曲線または曲面．例えば，与えられた点全部を通過する曲線など．

■帰納的方法　inductive methods

いくつかの既知の場合から結論を導き出すこと．特殊な場合から一般的な結論を推論すること．→ 数学的帰納法

■ギブス，ヨシュア・ウィラード　Gibbs, Josiah Willard (1839—1903)

アメリカの数理物理学者．ベクトル解析の発展に寄与し，統計力学に貢献した．

■ギブス積　Gibbs product
→ ディアッド

■ギブスの現象　Gibbs phenomenon

点x_0の近傍で関数fに収束する関数列$\{T_n\}$に対し，区間

$$[\liminf_{\substack{x \to x_0 \\ n \to \infty}} T_n(x), \limsup_{\substack{x \to x_0 \\ n \to \infty}} T_n(x)]$$

が，区間

$$[\liminf_{x \to x_0} f(x), \limsup_{x \to x_0} f(x)]$$

に属さない点を含むとき，$\{T_n\}$ は点 x_0 においてギブスの現象を呈するという．この概念は，特にフーリエ級数論において重要である．いま，f を，"フーリエ級数"の項目の冒頭にある条件をみたす関数とし [→ フーリエ級数]，a は f の不連続点で，f は a の近傍で有界変動であるとする．f のフーリエ級数の n 項までの和を S_n で表し，また，

$$\lambda = -\int_{\pi}^{\infty} \frac{\sin x}{x} dx = 0.28\cdots$$

とおく．このとき，

$$\lim_{n \to \infty} S_n\left(a \pm \frac{\pi}{n}\right) = \frac{f(a-0)+f(a+0)}{2}$$
$$\pm \frac{f(a+0)-f(a-0)}{2}\left(1+\frac{2\lambda}{\pi}\right) \text{(複号同順)}$$

となる．したがって，n が大きくなるとき，S_n のグラフは，もちろん，f のグラフを近似しているわけであるが，その一部分だけを取り出せば，点 $\left(a, \frac{1}{2}(f(a-0)+f(a+0))\right)$ を中心とする長さ $|f(a+0)-f(a-0)|(1+2\lambda/\pi)$ の垂直な線分にも，"近づいている"ように見えることになる．

■**基本距離テンソル** fundamental metric tensor
→ リーマン空間

■**基本群** fundamental group

S を位相空間とし，S の任意の 2 点に対し，その 2 点を結ぶ路が存在すると仮定する（ここで，2 点 P，Q を結ぶ路とは，閉区間 $[0,1]$ から S への連続写像 f で，$f(0)=$P，$f(1)=$Q であるようなもののことをいう）．さて，P を S の点とし，P をしばらく固定して考える．P と P 自身とを結ぶ路の全体を G とおき，G の 2 元 f, g に対し，f, g を"この順にたどる"路，つまり，

$$h(x) = \begin{cases} f(2x) & (0 \leq x \leq 1/2) \\ g(2x-1) & (1/2 \leq x \leq 1) \end{cases}$$

によって表される路 h を，f と g の**積**と定義することにより，G に半群の構造を与える．また，G の 2 元 f, g が 0，1 を固定して**ホモトープ**であるとは，2 個の $[0,1]$ の直積 $[0,1] \times [0,1]$

から S への写像 F で，すべての $0 \leq x \leq 1$ に対して $F(x,0)=f(x)$，$F(x,1)=g(x)$ となり，かつ，すべての $0 \leq t \leq 1$ に対して $F(0,t)=F(1,t)=$P となるものが存在することをいう．すると，この "0, 1 を固定してホモトープ"という同値関係は上述の算法と両立し，この同値関係による**剰余半群**は群になる．f を含む同値類の**逆元**は，f を"逆向きにたどる"道を含む同値類になっている．この群を，P を基点とする S の**基本群**という．この定義は，基点 P のとり方によっているようであるが，実は，S のどの点を基点とする基本群も，互いに同型であることが証明できる．S の基本群が単位元のみからなるとき，S は**単連結**であるといわれる．円周の基本群は無限巡回群である．トーラスの基本群は，2 個の無限巡回群の直積である．種数 p の向きづけ可能な閉曲面の基本群は，$2p$ 個の生成元 a_i, b_i と 1 個の関係式

$$a_1 b_1 a_1^{-1} b_1^{-1} a_2 b_2 a_2^{-1} b_2^{-1} \cdots a_p b_p a_p^{-1} b_p^{-1} = 1$$

によって定義される群であり，この群は，$p=1$（トーラス）のとき以外は非可換である．種数 q の向きづけ不可能な閉曲面の基本群は，q 個の生成元 a_i と 1 個の関係式

$$a_1 a_1 a_2 a_2 \cdots a_q a_q = 1$$

によって定義される群であり，特に，$q=1$（射影平面）のとき，基本群は位数 2 の巡回群になる．なお，一般に，基本群の，その交換子群による剰余群は，整係数 1 次元**ホモロジー群**に同型になる．

■**基本係数（曲面の）** fundamental coefficients of a surface
→ 曲面の基本係数

■**基本対称式** elementary symmetric function

$$\sigma_1 = x_1 + x_2 + \cdots + x_n,$$
$$\sigma_2 = x_1 x_2 + x_1 x_3 + \cdots + x_{n-1} x_n,$$
$$\cdots\cdots\cdots\cdots\cdots\cdots\cdots\cdots\cdots\cdots$$
$$\sigma_n = x_1 x_2 x_3 \cdots x_n$$

を n 変数 $x_1, x_2, \cdots, x_n$ の基本対称式という．σ_k は $x_1, x_2, \cdots, x_n$ の中の k 個の積をすべて加えた式である．n 変数の任意の対称多項式は，基本対称式の多項式として表され，この表し方はただ 1 通りである．$p(x)$ を n 次の多項式とし，$p(x)=0$ の解を $a_1, a_2, \cdots, a_n$ とするならば，
$$p(x) = (x-a_1)(x-a_2)\cdots(x-a_n)$$
$$= x^n - \sigma_1 x^{n-1} + \sigma_2 x^{n-2} - \sigma_3 x^{n-3} + \cdots$$

$+(-1)^n\sigma_n$

と表される．ここで，$\sigma_1, \sigma_2, \cdots, \sigma_n$ は $a_1, a_2, \cdots, a_n$ の基本対称式である．

■**基本値・基本関数** fundamental numbers, fundamental functions
＝固有値，固有関数．

■**基本定数** essential constant
　方程式の基本定数の集合とは，次のいずれかの性質を有する任意定数の集合のことである．
　(1) もとの方程式が表している曲線族と基本的に同一の曲線族を表すためには（必要ならば方程式の形を変化させたとしても），これ以上少ない数の定数におきかえることができない．
　(2) 方程式の表している曲線族の中の1つの曲線を一意に決定するために必要な点の数と，集合中の定数の数が一致している．
　(3) 方程式 $y=f(x)$ に含まれる任意定数の集合で，その数が，$y=f(x)$ を解にもつ最小階数の微分方程式のその階数と一致するもの．
$y=Ax+B$ は直線の族を決定する．このとき（垂直な直線上にない）2つの点はこの直線族の1つの直線を決定し，また $y=Ax+B$ は2階の微分方程式 $y''=0$ の解であるから $y=Ax+B$ の基本定数の数は2である．方程式 $ax+by+c=0$ で決定される直線族の1つの直線は平面上の2点を与えることにより一意に決まるから，この方程式の基本定数の数は3ではない．この方程式の直線族は $x=$ 定数という形の直線を除いて $y=Ax+B$ の直線族と一致する．方程式
$$y^2+bxy-abx-(a-c)y-ac=0$$
は4つの任意定数を含むが，これらは基本的ではない．実際，この方程式は
$$(y-a)(y+bx+c)=0$$
と因数分解され，その曲線族は実は $y=Ax+B$ の直線族と一致する．方程式における**基本定数**の数は，方程式の任意定数がそれに還元される基本定数の数のことである．方程式
$$y^2+bxy-abx-(a-c)y-ac=c$$
の基本定数の数は2である．方程式
$$y=A_1u_1(x)+A_2u_2(x)+\cdots+A_nu_n(x)$$
の中の定数 $A_1, A_2, \cdots, A_n$ が基本定数であるための必要十分条件は関数 $u_1(x), \cdots, u_n(x)$ が1次独立なことである．

■**基本2次形式（曲面の）** fundamental quadratic forms of a surface
→ 曲面の基本2次形式

■**基本ポテンシャルディジタル計算要素** elementary potential digital computing component
　安定状態からなるある固定された離散集合のどの状態をもとりうるような，計算機の構成要素．これは他の構成要素に影響を与えることができ，かつ（または）他から影響を受けることもできる．→ フリップ-フロップ回路

■**基本列** fundamental sequence
→ コーシー列

■**帰無仮設** null hypothesis
→ 仮説検定

■**逆** converse
→ 定理の逆

■**既約（交わり，結びに関して）** meet-irreducible, join-irreducible
→ 結びに関して既約

■**逆演算** inverse of an operation
　与えられた演算の後で行うとその与えられた演算を無効にする演算．ある数を減じることはその数を加えることの逆演算である．同様に加えることは減じることの逆演算である．演算を関数として考えればその逆関数のことである．
→ 逆関数，逆変換

■**逆確率** inverse probability
→ ベイズの定理

■**逆関係** inverse of a relation
→ 関係

■**逆関数** inverse of a function
　$y=f(x)$ と $x=g(y)$ が同値であるとき，f を g の**逆**（関数）とよぶ（同時に g は f の逆）．後者においては，変数をかきかえて逆関数 $y=g(x)$ のように表すのが習慣である．
　関数 f がその値域のすべての x に対して $f(g(x))=x$ が成立するような**右逆関数** g が存在するための必要十分条件は，f がその定義域

のすべての x に対して $h(f(x))=x$ が成立するような**左逆元** h が存在することである．g か h かの一方が存在すれば，$g=h$ であり，これが f の逆関数である．関数が逆関数をもつのは1対1であるとき，かつそのときのみである．例えば $y=\sin x$ の逆関数は $y=\sin^{-1}x$ だが，そのためにはこれらの関数の定義域をそれぞれ $\left[-\frac{1}{2}\pi, +\frac{1}{2}\pi\right]$ と $[-1,+1]$ に限定し，その値域はそれぞれ $[-1,+1]$ と $\left[-\frac{1}{2}\pi, +\frac{1}{2}\pi\right]$ である．連続関数 f の逆関数は，f の定義域がコンパクトならば連続である．もし f の定義域が区間であり，f がその全体でつねに増加かまたはつねに減少ならば，f' は逆関数をもち，逆関数は連続である．さらに $f'(x)$ が存在して0にならず，g が f の逆関数ならば，$g'(y)$ も存在し，$y=f(x)$ に対して $f'(x)\cdot g'(y)=1$ である．→ 像

■**逆行列** inverse of a matrix

正方行列が非特異ならば，その逆行列は，随伴行列を行列式でわったものである．すなわち，正則行列の逆行列は，その各**余因子**を**行列式**でわったもので，もとの行列の対応する成分を置き換えてえられる行列の**転置行列**である．A^{-1} を A の逆行列とすると，$AA^{-1}=A^{-1}A=I$．ここで，I は単位行列である．逆行列は正則な正方行列に対してのみ定義される．→ 可逆

■**逆元** inverse of an element

一般に，集合 S に対して2項演算 $x\circ y$ が定義されており，S の中のすべての x に対して $x\circ e=e\circ x$ をみたす単位元 e が存在するとする．このとき，x の**逆元**とは S の要素 x^* で $x\circ x^*=x^*\circ x=e$ をみたすものである．$x\circ x^*=e$ をみたす要素 x^* を**右逆元**，$x^*\circ x=e$ をみたす要素 x^* を**左逆元**という．＝逆要素．

例えば数 a の**反数**とは数 $-a$ のことであり，$a+(-a)=0$ をみたす．0でない数 a の**逆数**とは数 $1/a$ のことであり，$a\cdot(1/a)=1$ をみたす．
→ 逆関数，逆変換，群，単位元

■**逆光線** opposite rays
→ 平行光線

■**既約根** irreducible radical

ベキ根で同値な有理形にかきなおすことができないもの．$\sqrt{6}$，$\sqrt{x}$ などは既約である．一方，$\sqrt{4}$，$\sqrt[3]{x^3}$ などは2，x と等しく，可約である．

■**逆三角関数** inverse trigonometric function

三角関数 f は1つの関係であり，その逆 f^{-1} も1つの関係である．これは，**多価関数**となる．例えば，sin の逆は arcsin あるいは $\sin^{-1}$ とかかれ，$\arcsin x$ の値（すなわち，x と関係づけられる y のこと）は，正弦が x になるような数（角度）である．三角関数の逆の関係によって，数 A と関係づけられる値は，$\sin^{-1}A$，$\cos^{-1}A$，$\tan^{-1}A$，…あるいは，$\arcsin A$，$\arccos A$，$\arctan A$，…と表される．逆三角関数のグラフは，三角関数のグラフにおいて，x 軸と y 軸を入れ替えれば得られる．直線 $y=x$ に関して，グラフを折り返してもよい．三角関数 f の逆の関係 f^{-1} が関数となるためには，f の定義域（f^{-1} の値域）を制限する必要がある．sin の定義域は，閉区間 $\left[-\frac{\pi}{2}, \frac{\pi}{2}\right]$ に制限するのが慣例となっている．この区間の数を**逆正弦の主値**といい，この区間は関数 arcsin の値域となる．**逆余弦の主値**は閉区間 $[0,\pi]$ の数であり，**逆正接の主値**は開区間 $\left(-\frac{1}{2}\pi, \frac{1}{2}\pi\right)$ の数である．**逆余接の主値**は，通常，区間 $(0,\pi)$ にとるが，$\left(-\frac{1}{2}\pi, \frac{1}{2}\pi\right]$（ただし0を除く）にとることもある．**逆正割**と**逆余割の主値**の定義は確定していない．逆正割に対しては，$[0,\pi]$（ただし $\frac{1}{2}\pi$ を除く）あるいは $\left[-\pi, -\frac{1}{2}\pi\right)\cup\left[0, \frac{1}{2}\pi\right)$ が，逆余割に対しては，$\left[-\frac{1}{2}\pi, \frac{1}{2}\pi\right]$（ただし0を除く）あるいは $\left(-\pi, -\frac{1}{2}\pi\right]\cup\left(0, \frac{1}{2}\pi\right]$ がよく用いられる．三角関数 f の逆全体を通じて，$f^{-1}(x)$ の主値は $x\geq 0$ ならば区間 $\left[0, \frac{1}{2}\pi\right]$ に含まれ，$x=f(y)$ をみたす y が存在する．→ 逆関数，逆正弦，逆正接，逆余弦

■**逆写像定理** inverse mapping theorem
→ 開写像定理

■**逆順序** reverse

計算する場合にはじめとは逆に最後のステップを最初に，次に最後から2番目のステップと

次々に行っていくとき，**逆順序**で計算するという．有限数列において，最後の項を最初に，最後から2番目の項を2番目にと次々に並べたとき，その有限数列はもとの有限数列の**逆順序**であるという．

■**既約剰余系**　reduced residue system (of modulo n)

nを法とする完全剰余系はnと互いに素な数を含む．そのような数の集合はnを法とする**既約剰余系**とよばれる．6を法とする既約剰余系は1, 5である．これに対し6の完全剰余系は0, 1, 2, 3, 4, 5である．→完全剰余系

■**逆数**　inverse of a number, multiplicative inverse, reciprocal

ある数の**逆数**とは，その与えられた数との積が1となる数のこと．つまり，1をその数でわったもの．与えられた分数の逆数はその分子と分母を交換したものである．乗法が定義されている集合が，乗法単位元(その集合のどんな数xとの積がxに等しくなる元)をもつとき，元xの**逆元**(逆数ということもある)は，積xyとyxがそれぞれ単位元に等しくなるような元yである(ただしこのような性質をもつyはただ1つに限るという条件のもとで)．例えば，$(x^2+1)\frac{1}{x^2+1}=1$だから，多項式x^2+1の逆元は，$1/(x^2+1)$である．→群

■**逆数曲線（曲線の）**　reciprocal curve of a curve
→曲線の逆数曲線

■**逆数変換**　reciprocal substitution
新しい変数として，前の変数の逆数を代入すること．つまり，$y=1/x$のような置換．

■**逆正割**　arc secant
数xの逆正割（アークセカント）とは，ある角（数）の正割がxである数（角）のことである．$\sec^{-1}x$もしくは**arcsec**xとかく．例えば，arcsec 2は60°, 300°, 一般に$n\,360°\pm60°$である．図は$y=$arcsec$x$のグラフ（yはラジアン（弧度））．＝逆セカント，反正割．→逆三角関数

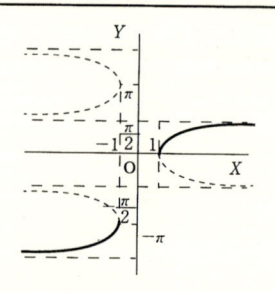

■**逆正弦**　arc sine
数xの逆正弦（アークサイン）とは，ある角（数）の正弦がxである数（角）のこと．$\sin^{-1}x$もしくは**arcsin**xとかく．例えば，arcsin$\frac{1}{2}$は30°, 150°, 一般に$n\,180°+(-1)^n\,30°$である．図は$y=$arcsin$x$のグラフ（yはラジアン（弧度））．＝逆サイン，反正弦．→逆三角関数

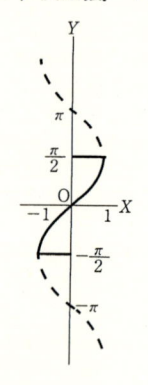

■**逆正接**　arc tangent
数xの逆正接（アークタンジェント）とは，ある角（数）の正接がxであるような数（角）のこと．$\tan^{-1}x$もしくは，**arctan**xとかく．例えば，arctan 1は45°, 225°, 一般に$n\,180°+45°$である．図は$y=$arctan$x$のグラフ（yはラジアン（弧度））．＝逆タンジェント，反正接．→逆三

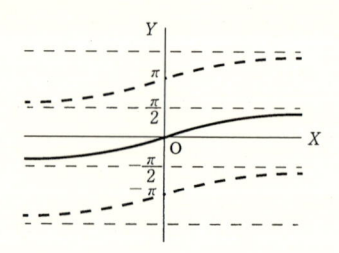

角関数

■**逆像**　inverse image
→ 像

■**逆説**　paradox
→ 逆理

■**逆双曲線関数**　inverse hyperbolic functions

双曲線関数の逆対応 $\sinh^{-1}$, $\cosh^{-1}$ などのこと ($\sinh^{-1}$ は，"inverse hyperbolic sine (インバース・ハイパボリック・サイン)" とよむ)．**双曲弧関数**ともいう（が，逆三角関数との類比にもとづくこの用語は厳密にいうと正しくない）．具体的な形は，双曲線関数の定義から容易にわかり，以下の通りである．

$\sinh^{-1} z = \log(z + \sqrt{z^2+1})\quad (-\infty < z < \infty)$

$\cosh^{-1} z = \log(z \pm \sqrt{z^2-1})\quad (z \geq 1)$

$\tanh^{-1} z = \dfrac{1}{2}\log\dfrac{1+z}{1-z}\quad (|z|<1)$

$\coth^{-1} z = \dfrac{1}{2}\log\dfrac{z+1}{z-1}\quad (|z|>1)$

$\operatorname{sech}^{-1} z = \log\dfrac{1\pm\sqrt{1-z^2}}{z}\quad (0 < z \leq 1)$

$\operatorname{csch}^{-1} z = \log\dfrac{1+\sqrt{1+z^2}}{|z|}\quad (z \neq 0)$

ここで log はすべて自然対数である．これらのうち，$\cosh^{-1}$ と sech^{-1} は，実数の範囲内だけで考えることにしても，(cosh や sech が単射にならないから) 関数にならない．そこで，cosh や sech の定義域を非負実数全体の集合に制限してその逆関数を考えるのが慣例になっており，そのようにして得られた関数がとる値のことを，$\cosh^{-1}$, sech^{-1} の**主値**とよぶ．これは，上の式の複号±において，+のほうを採用することを意味する．→ 逆関数

■**逆対数**　antilogarithm of a given number, inverse logarithm

その数の対数が与えられた数 x になるような数，例えば，2 の逆対数は 100 である．

$$\operatorname{antilog}_{10} 2 = 100$$

対数表にない逆対数を求めるには，補間法を利用すればよい．=真数．→ 補間法

■**既約多項式**　irreducible polynomial

与えられた整域または体の中で係数をもち，その範囲で次数 1 以上の 2 つの多項式の積として表されないような多項式．特にことわらないかぎり，**既約**といえば考えている体において係数をもつ多項式の範囲での既約を意味する．2 次式 x^2+1 は実数体において既約であるが，複素数体で考えれば $(x+i)(x-i)$ のように因数分解できる．ただし，$i^2 = -1$ である．初等代数においては，既約多項式とは有理係数をもつ 2 つ以上の因数に因数分解できない多項式と考えてよい．複素数を係数に用いてよいならば，代数学の基本定理によって既約多項式は 1 次式のみとなる．p を体 F において係数をもつ多項式とするとき，p は既約であるかまたは p は既約ないくつかの多項式の積として表せる．さらに，定数因数の積の順序の違いを除いてその表現は一意的である．→ アイゼンシュタインの既約性の判定法，整域

■**逆置換**　inverse substitution

与えられた置換に対してそれを元へ戻す置換，例えば逆変換を参照．

■**既約な加群**　irreducible module
→ 加群

■**逆比**　inverse ratio, reciprocal ratio

2 つの数の逆数の比．=反比．

■**逆微分**　antiderivative of a function

微分の逆演算，すなわち関数の不定積分．関数の原始関数あるいは，不定積分と同じ．→ 不定積分

■**逆比例**　inverse proportion, inverse variation, reciprocal proportion

逆数が比例すること．=反比例．→ 反比例

■**既約分数**　fraction in lowest terms

分子と分母の共通因子がすでに約分されている分数．1/2, 2/3 および $1/(x+1)$ は既約．しかし，2/4, 6/9, および $(x-1)/(x^2-1)$ は既約ではない．

■**逆平行線**　antiparallel lines

与えられた 2 本の直線に対し，それらとなす角の大きさを順番に並べたとき，同じ大きさのものが反対の順番で現れるような 2 直線のこと．

図において，直線 AC と AD は直線 EB と EC に関して逆平行である．すなわち，∠EFD=∠BCD, ∠ADE=∠EBC となるからである．2本の平行線も類似の性質をもつ．平行線 AD と GH も直線 EB と EC とともに等角をなす，しかし，この場合は等角になるものが同じ順番になっていることに注意せよ．

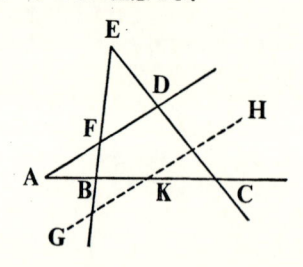

■**逆平行ベクトル**　antiparallel vectors
　→ 平行ベクトル

■**逆変換**　inverse transformation
　与えられた変換の効果を完全に打ち消す変換．すなわち T を変換とすると，その逆変換 T^{-1} は，$T^{-1}T=I$ である変換である．ここに I は恒等変換である．0 でない実数（または複素数）x に対して，変換 $T(x)=1/x$ は，逆数を 2 度とるともとの値に戻るので，それ自身が逆変換である．T が集合 X から Y の上への 1 対 1 変換ならば，T の**逆変換** T^{-1} は，$T(x)=y(x \in X, y \in Y)$ のとき，$T^{-1}(y)=x$ である変換である．変換が逆をもつための必要十分条件は，1 対 1 であることである．変換は関数と考えられるので，像，逆関数の項も参照．

■**既約方程式**　irreducible equation
　$f(x)$ をある体（通常は有理数全体からなる体）において既約な多項式とするとき，$f(x)=0$ の形をした有理整方程式のこと．→ 既約多項式

■**逆要素**　inverse of an element
　→ 逆元

■**逆余割**　arc cosecant
　数 x の逆余割（アークコセカント）は余割（コセカント）が x の角度（または数）のことであり，$\csc^{-1}x, \operatorname{cosec}^{-1}x$ もしくは $\operatorname{arccsc}x$ とかく．例えば，$\csc^{-1}2$ は $30°, 150°$，あるいはもっと一般に，$n180°+(-1)^n30°$ である．図は $y=\operatorname{arccsc}x$ のグラフ（y はラジアン（弧度））．=逆コセカント，反余割．→ 逆三角関数

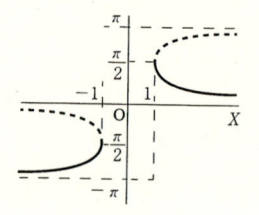

■**逆余弦**　arc cosine
　数 x の逆余弦（アークコサイン）は余弦が x の角度（または数）であり，$\cos^{-1}x$ もしくは $\arccos x$ とかく．例えば，arc $\cos\frac{1}{2}$ は $60°, 300°$，一般に $n360°\pm60°$ である．図は $y=\arccos x$ のグラフ（y はラジアン（弧度））．=逆コサイン，反余弦．→ 逆三角関数

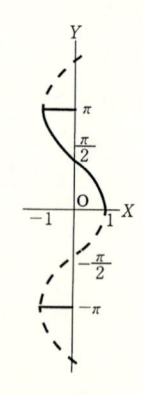

■**逆余接**　arc cotangent
　数 x の逆余接（アークコタンジェント）は，余接が x の角度（または数）であり，$\cot^{-1}x, \operatorname{ctn}^{-1}x$ もしくは $\operatorname{arccot}x$ とかく．例えば，arc

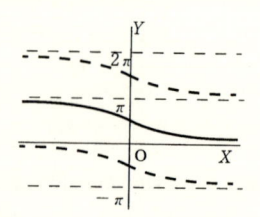

cot 1 は 45°, 225°, 一般に $n180°+45°$ である. 図は $y=\mathrm{arccot}\, x$ のグラフ (y はラジアン (弧度)). =逆コタンジェント, 反余接. ➔ 逆三角関数

■**逆螺線** reciprocal spiral
➔ 双曲螺線

■**逆理** paradox
明白な不真実があたかも証明されたかのようにみえる論理. =逆説. ➔ ガリレオ, ゼノンの逆理, ハウスドルフの逆理, バナッハ-タルスキの逆理, ブラリ-フォルティの逆理, ペテルスブルグの逆理, ラッセルの逆理

■**キャップ** cap
2つの集合の交わり (あるいは最大下界) を表す記号∩ ➔ 交わり, 束

■**級 (平面代数曲線の)** class of a plane algebraic cure
曲線上にない点からその曲線にひくことのできる接線の最大数.

■**球** ball, sphere
(1) 固定点から与えられた距離にある空間内の点全体の集合. このとき, 固定点をこの球の**中心**といい, 与えられた距離を**半径**という. 球の**直径**とは半径の2倍をいう. 直径は中心を通る直線が球と交わってできる線分のこと, またはその長さのことをさすことがある. 球の**体積**は半径が r のとき, $\frac{4}{3}\pi r^3$ である. 球の**表面積**は球の最大円の面積の4倍, すなわち $4\pi r^2$ である. 直交座標において, 半径 r の球の方程式は中心が原点のとき,
$$x^2+y^2+z^2=r^2$$
であり, 中心の座標が (a, b, c) のとき
$$(x-a)^2+(y-b)^2+(z-c)^2=r^2$$
である [➔ 2点間の距離]. 球座標 (3次元の極座標) において, 球の方程式は中心を極にとると $\rho=r$ である. 点 P から距離が r 以下の点全体の集合を球ということもあるが, これはふつう半径 r の**閉球**とよばれる. 半径 r の**開球**とは点 P からの距離が r より小さい点全体の集合をいう. 中心が $(a_1, a_2, \cdots, a_{n+1})$, 半径が r の **n 球**とは $\sum_{i=1}^{n+1}(x_i-a_i)^2=r^2$ をみたす $(n+1)$ 次元空間の点 $(x_1, x_2, \cdots, x_{n+1})$ 全体の集合をいう. 中心が $(a_1, a_2, \cdots, a_n)$, 半径が r の**閉 n 球**とは $\sum_{i=1}^{n}(x_i-a_i)^2\leq r^2$ をみたす n 次元の空間の点 $(x_1, x_2, \cdots, x_n)$ 全体の集合をいう. $\sum_{i=1}^{n}(x_i-a_i)^2<r^2$ をみたす n 次元の空間の点 $(x_1, x_2, \cdots, x_n)$ 全体の集合を**開 n 球**という.
(2) 距離 ρ をもつ**距離空間**内の点を p, r を正数とするとき, p を中心とする半径 r の**開球**とは, $\rho(x, p)<r$ をみたす点 x 全体の集合である. また**閉球**とは, $\rho(x, p)\leq r$ をみたす点 x 全体の集合である. 線型ノルム空間において, $\|x\|<1$ をみたす x 全体の集合を**単位開球**といい. $\|x\|\leq 1$ をみたす x 全体の集合を**単位閉球**といい, $\|x\|=1$ をみたす x 全体の集合を**単位球面 (単位球)** という. x_0 を中心とし, 半径 r の球体や球面も同様に定義される.

■**九去法** casting out nines
かけ算 (ときにわり算) の結果を確かめる方法. 乗数と被乗数における過剰 (数字の和を9で割った剰余) の積の過剰が積の過剰に等しいという事実にもとづく [➔ 9に関する過剰分]. 例えば, かけ算 $832\times 736=612352$ を確かめるため, 612352 の各位の数字を加え, その和から9の倍数をひけるだけひく. これによって1を得る. 832 と 736 についても同様にすると結果は4と7になる. 今, 4に7をかけ28を得る. 次に2と8を加え9をひくと1になり, これは積の過剰に等しい. この方法はたし算 (またはひき算) の検算にも使える. なぜなら和の過剰は加数の過剰の和における過剰に等しいからである. もちろんこれは不注意による誤りを防ぐための検算であり, 九去法による過剰が合っても答が本当に正しいという保証にはならない.

■**球座標** spherical coordinates
空間における座標系の1つ. 任意の点 P (図を参照) の位置には**動径ベクトル** OP$=r$ (すなわち固定された原点または**極** O から P までの距離) と下記の2つの角が対応する. それは OP と固定軸 ON (極軸) とのなす角 NOP$=\theta$ である**余緯度** θ の平面と**極軸**を通る固定された平面 NOA (**本初子午線面**) とのなす角 AOP$'=\varphi$ である**経度**である. 与えられた動径ベクトル r は点 P を極 O, 半径 r の球の点に制限する. 角 θ と ϕ はこの球上の P の位置を定める. 角 θ は

常に0ラジアンからπラジアン（0°から180°）の間にとり，φは任意の値をとりうる．θを**天頂角**，φを**方位向**，**偏角**などともいう．球座標と直角座標の関係は次式で与えられる．
$$x = r\sin\theta\cos\phi$$
$$y = r\sin\theta\sin\phi$$
$$z = r\cos\theta$$
rのかわりにρが用いられ，またθとϕが入れ換えて用いられることもある．**地理学的座標**，**空間の極座標**ともよばれる．→極座標（表面の）

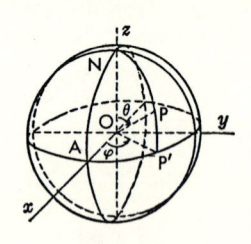

■**吸収する** absorb, swallow
　線型空間Xの部分集合Aが他の集合Bを**吸収する**とは，正の数εがあり，$0<|a|\leq\varepsilon$であるaに対してつねに$aB\subset A$となることである．$aB\subset A$である正の数aが少なくとも1つあることだけを要求することもある．部分集合Aが**吸収的**であるとは，Xの各点をAが吸収することである．

■**吸収則** absorption property
　ブール代数あるいは集合代数（もっと一般には束）における性質$A\cup(A\cap B)=A$あるいは$A\cap(A\cup B)=A$のこと．→ブール代数

■**球状円錐** spherical cone
　球面上の円周で境界される球面分とその円周と球の中心を結ぶ錐面からなる曲面［→円錐面］．球の中心を通らない球面上の円によって囲まれた球面上の領域（球帽）をその曲底面とする球錐．rをその球の半径，hを帯状底面の高さ

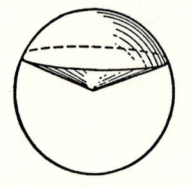

とすると，球状円錐の体積は$\frac{2}{3}\pi r^2 h$である．

■**球状楔** spherical wedge
　球状のスイカを直径を含む2面で切った形の立体．大円を通る2つの平面と月形の球面とで囲まれた立体．球状楔の体積は，
$$\frac{\pi r^3 A}{270}$$
である．ただし，rは球の半径，Aは楔の2つの面のなす（度で測った）角である．

■**球状面** spheroid
　回転楕円面のこと．ただし回転楕円体をさすこともある．スフェロイドともいう．→楕円面

■**球状面** spherical surface
　全曲率Kがすべての点で同じ正の値をとるような曲面［→擬球面，定曲率曲面］．すべての球状面が球面というわけではないが，その上の微分幾何学的性質はすべて球面にも適用できる．したがってすべての球状面は本質的に同じ性質をもつ．球状面が**楕円型**であるとは，面素が次の形に帰着できることをいう．
$$ds^2 = du^2 + c^2\sin^2(u/a)dv^2, \quad c<a$$
　　　　　　　（座標系は測地的座標系）
楕円型の回転体の球状面は連続した紡錐形の帯からなる．面素が次の形に帰着できるような球状面は**双曲型**であるという．
$$ds^2 = du^2 + c^2\sin^2(u/a)dv^2, \quad c>a$$
　　　　　　　（座標系は測地的座標系）
双曲型の回転体の球状面はそれぞれが最小半径

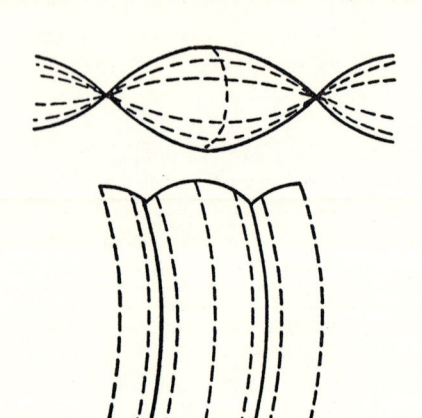

の平行線で囲まれた連続したチーズ形の帯からなる。面素が次の形に帰着できる球状面は**放物型**であるといわれる。
$$ds^2 = du^2 + a^2\sin^2(u/a)\,dv^2$$
(座標系は測地的座標系)
放物型の回転体の球状面は球面だけである。

■**求心力** centripetal
運動中の物体を直進させないようにする力。曲率の中心の方向に働く。**遠心力**とは正負が反対で大きさの等しい力である。

■**求心力の加速度** centripetal acceleration
→ 加速度

■**求心力の中心** center of attraction
→ 重心

■**級数** series
有限数列または無限数列の項をすべて加えたものを級数という。項の個数が有限であるか無限であるかに従って，それぞれ**有限級数**，**無限級数**という。無限級数は
$$a_1 + a_2 + a_3 + \cdots + a_n + \cdots \quad \text{または} \quad \sum a_n$$
とかく。このとき，a_nは**一般項**または**第n項**とよばれる。無限級数は収束級数，テイラー級数などのようにふつう単に級数とよばれる。無限級数は必ずしも和をもつとは限らない。和をもつとき**収束級数**といい，和をもたないとき**発散級数**という〔→ 級数の一様収束，発散級数，無限級数の和，無限乗積〕。級数のすべての項が正(負)である級数を**正項級数**（**負項級数**）という。
→ 等比級数，等比数列

■**級数展開（関数の）** expansion (of a function) in a series
与えられた関数に対し，変数のある範囲の値に対してその関数に収束するような級数を求めること。その級数自体も，与えられた関数の展開とよばれることがある。なお，高等数学においては，収束はしないが，与えられた関数を，別の意味で"表す"ような級数も考えられている。

■**級数の一様収束** uniform convergence of a series
Dを定義域にもつ関数を項とする級数を考える。任意の正数εに対して十分に大きく選ばれた数Nより大きな任意のnについて，与えられた級数の最初のn項を除いた剰余項の値がDの全域にわたって，要請された値εより小さくできるとき，その級数はDで一様収束するという。すなわち，最初のn項の和を$s_n(x)$とするとき，任意の正数εに対し，（εのみに依存する）ある数Nが存在して，$n > N$である任意のnと，Dの任意の点xについて
$$|f(x) - s_n(x)| < \varepsilon$$
が成り立つとき，級数はDにおいて$f(x)$に一様収束するという。同値なことだが，級数がDにおいて一様収束するための必要十分条件は，任意の正数εに対し，$n > N$なる任意のn，任意の正整数p，Dの任意の点xに対し，
$$|s_{n+p}(x) - s_n(x)| < \varepsilon$$
となるような（εに依存する）数Nが存在することである。例えば，級数
$$1 + \frac{x}{2} + \left(\frac{x}{2}\right)^2 + \cdots + \left(\frac{x}{2}\right)^{n-1} + \cdots$$
は区間$(-2, 2)$に含まれる任意の閉区間において一様収束する。しかし
$$f(x) = \frac{1}{1 - \dfrac{x}{2}} \quad \text{と} \quad s_n(x) = \frac{1 - \left(\dfrac{x}{2}\right)^n}{1 - \dfrac{x}{2}}$$
の差の絶対値
$$\left| \frac{\left(\dfrac{x}{2}\right)^n}{1 - \dfrac{x}{2}} \right|$$
は（任意の固定したnについて）xが2に近づくとき無限になるから，この級数は$-2 < x < 2$では一様収束しない。→ アーベルの収束判定法，フーリエの定理，ワイエルシュトラスの一様収束に関するM判定法

■**級数のオイラー変換** Euler's transformation of series
収束する交代級数の収束速度を速めたり，発散する交代級数の和を定義するための変換。級数$a_0 - a_1 + a_2 - a_3 + \cdots$のオイラー変換は次のものである。
$$\frac{a_0}{2} + \frac{a_0 - a_1}{2^2} + \frac{a_0 - 2a_1 + a_2}{2^3} + \cdots = \sum_{n=0}^{\infty} \frac{\varDelta^n a_0}{2^{n+1}}$$
ここで$\varDelta^n a_0$は$a_0, a_1, a_2, \cdots$のn階差分，すなわち，$\binom{n}{r}$を2項係数として，$\varDelta^n a_0 = a_0 - \binom{n}{1}a_1 + \binom{n}{2}a_2 - \cdots + (-1)^n a_n$である。例えば，この変換

によって級数 $1-\frac{1}{2}+\frac{1}{3}\cdots$ は，$\frac{1}{1\cdot2}+\frac{1}{2\cdot2^2}+\frac{1}{3\cdot2^3}+\cdots$ となり，級数 $1-1+1-1+\cdots$ は $\frac{1}{2}+0+0+0+\cdots$ となる．

■**級数の加法**　addition of infinite series

2つの級数の対応する項どうしの和をとる操作を級数の**加法**という．定数からなる2つの収束級数 $a_1+a_2+a_3+\cdots+a_n+\cdots$ と $b_1+b_2+b_3+\cdots+b_n+\cdots$ の和をそれぞれ S, S' とすると，級数 $(a_1+b_1)+(a_2+b_2)+(a_3+b_3)+\cdots+(a_n+b_n)+\cdots$ は収束し，その和は $S+S'$ である．級数 $u_1+u_2+u_3+\cdots+u_n+\cdots$ と級数 $v_1+v_2+v_3+\cdots+v_n+\cdots$ のどちらの項も x の関数であり，かつそれぞれある区間において収束するならば，加法によってえられた級数
$$(u_1+v_1)+(u_2+v_2)+(u_3+v_3)+\cdots+(u_n+v_n)+\cdots$$
は2つの区間の共通の区間において収束する．

■**級数の逆転**　reversion of a series

y が x に関する級数として表されているとき，x を y に関する級数として表すこと．

■**級数の項の並べかえ**　rearrangement of the terms of a series

ある級数の項をすべて含み，項の並ぶ順序が必ずしも同じでないような級数を定義すること．すなわち，任意の n に対して，新しい級数のはじめの n 個の項はすべてもとの級数の項にあり，もとの級数のはじめの n 個の項はすべて新しい級数の項である．もしある級数が絶対収束するならば，その級数の項を並べかえてできるすべての級数はもとの級数の和に等しい和をもつ．もし，条件収束するならば，任意の和をとるように項の順序を並べかえることも，また発散するように並べかえることもできる．

■**級数の収束に関するコーシーの条件**
Cauchy condition for convergence of a series

級数の十分先の部分から始めた任意個数の和がいくらでも小さくなるという条件．詳しくいうと，級数 $\sum_{n=1}^{\infty} a_n$ が収束するための必要十分条件は，任意の $\varepsilon>0$ に対して N が存在し，任意の $n>N, k>0$ について
$$|a_n+a_{n+1}+\cdots+a_{n+h}|<\varepsilon$$
が成立することである．→ 完備空間

■**級数の条件収束**　conditional convergence of series
→ 条件収束

■**級数の乗法**　multiplication of series
→ 無限級数の積

■**級数の積分**　integration of series
→ 単調収束定理，有界収束定理，ルベーグの収束定理，無限級数の積分

■**級数の発散**　divergence of series
→ 発散

■**級数を用いた積分法**　integration by use of series

被積分関数を級数展開し，項ごとに積分する方法．任意に与えられた有限個の展開項を除いた剰余項の値の上界の積分値によって，誤差の限界を知ることができる．→ 定積分(4)

■**求積**　mensuration

線分の長さ，曲面の面積，立体の体積のような幾何学的量の測定法．

■**求積器**　integrator

定積分の値を近似的に求めるための器械的道具．面積を測るための面積計などがある．計算機械（特にアナログ式）の場合には，積分を実行する演算装置のこと．

■**求積法**　quadrature

与えられた曲面と面積が等しい正方形を求める方法．

■**急尖分布**　leptokurtic distribution
→ 尖度

■**球帯**　spherical segment of two base
→ 球面弓形

■**九点円**　nine-point circle

3角形の3つの辺の中点，各頂点から対辺への垂線の足，および垂心と各頂点を結ぶ線分の中点の9点を通る円．その中心は外心と垂心との中点で，半径は外接円の半分である．

■9に関する過剰分　excess of nines
整数 n を9でわったときの余りのこと，つまり $n=9m+r$ (m, r は整数で，$0 \leq r \leq 8$) というときの r のことを，n の **9に関する過剰分** という．n は正の整数にかぎるのが普通であり，そのときは n の9に関する過剰分は，n を10進法で表したときの各桁の数字の和の9に関する過剰分と一致する．例えば，237の9に関する過剰分は3であるが，それは $237=26 \times 9+3$ としても，$2+3+7=9+3$ としても，求められる．→ 九去法

■球の外周　circumference of a sphere
球の任意の大円の円周．

■球の弦　chord of a sphere
球上の2点を結ぶ線分．球を切ってできる任意の直線を**割線**といい，球で切られた割線の部分である線分が弦である．

■級の限界　limits of a class interval
《統計》級の区間での値の上と下の限界．＝級界．

■球帽　spherical segment of one base
→ 球面弓形

■球面扇形　spherical sector
扇形を直径のまわりに回転させてできる立体のこと．このとき直径を扇形内を通らないという条件をつけたり，また扇形の半径の一方を通るように制限したりすることもある．しかし直径に関してこのような制限を一切つけないのが普通である．図は扇形およびそれを直径（底部の線）のまわりに回転させてできる球面扇形を示す．球面扇形の体積は球体の半径と球面扇形の**底面**をなす環状帯の面積の $\frac{1}{3}$ との積に等しい，すなわち $\frac{2}{3}\pi r^2 h$ である．ただし，r は球体の半径，h は環状帯の高さである．

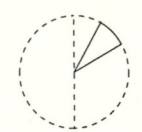

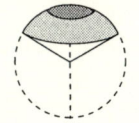

■球面角　spherical angle
球面上の2つの大円の交わりで形成される角，すなわち，2つの大円の弧の交点における方向の差．図において，球面角は APB である．これは，平面の間の角 A'PB'，AOB に等しい．

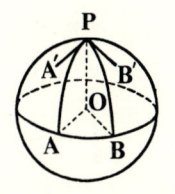

■球面角錐　spherical pyramid
球面多角形およびその辺と球面の中心を通る平面により囲まれた図形．球面の半径を r，角錐の底面の球面過剰（度で測る）を E とすれば，球面角錐の体積は，
$$\frac{\pi r^3 E}{540}$$
である．球面の中心において，角錐の側面を含む平面がなす立体角は，球面角錐の底面である球面多角形に**対応する**という．

■球面過剰　spherical excess
球面3角形における内角の和と180°との差．球面3角形の内角の和は180°より大きく540°より小さい．n 辺の**球面多角形**では，その内角の和と $(n-2)180°$（n 辺の平面多角形の内角の和）との差である．

■球面曲線　spherical curve
その全体が球面上にある曲線．

■球面3角形　spherical triangle
3つの辺からなる球面多角形．大円の3つの弧によって囲まれた球面の一部分．図の球面3角形 ABC において，**辺**は $a=\angle$ BOC，$b=\angle$ AOC，$c=\angle$ AOB であり，**角**は $A=\angle$ B'A'P と B と $C=\angle$ B'C'P である．少なくとも1つの鋭角をもつ球面3角形を**鋭角球面3角形**という．2つの鋭角をもつとき，**双鋭角球面3角形**といい，3つの鋭角をもつとき，**全鋭角球面3角形**という．1つの辺に対する角が90°のとき，**直角球面3角形**という．3つの角のうち鋭角でないものがあるとき，**鈍角球面3角形**といい，2つの辺が等しいとき**2等辺球面3角形**といい，3辺すべてが異なるとき**不等辺球面3角形**という．

また1つの辺長が大円の1/4のとき**象限弧球面3角形**という．球面3角形の面積は$\pi r^2 E/180$である．ただし，rは球の半径，Eは（度で測った）球面過剰である．→3角形の解

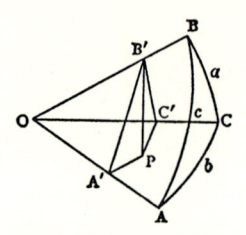

■**球面3角形の双対原理** principle of duality in a spherical triangle
辺と辺に対する角の補角を含むすべての公式について，それぞれの辺とその辺に対する角の補角とを交換することにより，新しい正しい公式が得られる．この新しい公式を前のものの**双対公式**という．

■**球面三角法** spherical trigonometry
球面3角形において，未知の辺や角を求めたり，3角形の角や辺の大きさを測る平面角の三角関数を用いて面積を求めたりする理論や公式．→三角法

■**球面三角法の正接公式** tangent formulas of spherical trigonometry
＝球面三角法の半角と半辺の公式．→球面三角法の半角と半辺の公式

■**球面三角法の半角と半辺の公式** half-angle and half-side formulas of spherical trigonometry
半角の公式とは，球面3角形の角の半分の正接を，辺によって表した公式．a, β, γを角とし，それぞれの対応辺をa, b, cとする．$s=\frac{1}{2}(a+b+c)$とおけば，
$$\tan\frac{1}{2}a = \frac{r}{\sin(s-a)}$$
ここで，
$$r = \sqrt{\frac{\sin(s-a)\sin(s-b)\sin(s-c)}{\sin s}}$$
である．$\tan\frac{1}{2}\beta$, $\tan\frac{1}{2}\gamma$の公式は上式において，a, b, cを順次おきかえれば得られる．

半辺の公式とは，各辺の長さの半分の正接を，角によって表した公式．$S=\frac{1}{2}(a+\beta+\gamma)$とおけば，
$$\tan\frac{1}{2}a = R\cos(S-a)$$
ここで，
$$R = \sqrt{\frac{-\cos S}{\cos(S-a)\cos(S-\beta)\cos(S-\gamma)}}$$
である．$\tan\frac{1}{2}b$, $\tan\frac{1}{2}c$の公式は上式において，a, β, γを順次おきかえれば得られる．

■**球面上の円の極** pole of a circle on a sphere
球面と円の中心を通り円が乗っている平面に垂直な直線との交点．北極と南極は赤道の極である．球面上の円弧の極はその円弧を含む円の極である．

■**球面像（曲線，曲面の）** spherical image (representation) of curves and surfaces
曲線の球面像（または球面表示）については球面標形（空間曲線の），従法線標形，主法線標形の項目を参照．曲面上のある点の球面像（または球面表示）とはその点における曲面に対する正方向の法線に平行な単位球の半径の先端のことをいう．曲面の球面像（または球面表示）とは曲面上の点の球面像の軌跡のことをいう．＝曲面のガウス表示．

■**球面束** pencil of spheres
与えられた円を通る球面全体．その円を含む平面を球面束の**根平面**という．

■**球面多角形** spherical polygon
3またはそれ以上の大円の円弧によって囲まれた球面の一部分．球面多角形の面積は，
$$\frac{\pi r^2 E}{180}$$
である．ただし，rは球の半径，Eは（度で測った）多角形の球面過剰である．

■**球面調和関数** surface harmonics
(1) $a_n P_n(\cos\theta) + \sum_{m=1}^{n}(a_n{}^m\cos m\phi + b_n{}^m\sin m\phi)P_n{}^m(\cos\theta)$
という形の，θ, ϕに関する2変数関数を，n次

の**球面調和関数**とよぶ．ここで，P_n は**ルジャンドルの多項式**であり，P_n^m は**ルジャンドルの同伴関数**である．この関数は微分方程式

$$\frac{1}{\sin\theta}\frac{\partial}{\partial\theta}\left(\sin\theta\frac{\partial y}{\partial\theta}\right)+\frac{1}{\sin^2\theta}\frac{\partial^2 y}{\partial\phi^2}+n(n+1)y=0$$

をみたす．$P_n(\cos\theta)$ という形の球面調和関数は**帯球調和関数**とよばれる[→ 帯球調和関数]．また $(\cos m\phi)P_n^m(\cos\theta)$ および $(\sin m\phi)P_n^m(\cos\theta)$ という形の球面調和関数は，原点を中心とする球面上の関数（を極座標に関して表したもの）と見た場合，$n-m$ 個の（平行な）緯度線上と $2m$ 個の経度線上とで 0 になり，$m<n$ のときは**縞球調和関数**とよばれ，$m=n$ のときは**扇球調和関数**とよばれる．

(2) ＝体球調和関数．→ 体球調和関数

日本語では調和関数と訳されているが，それ自体がラプラスの方程式をみたす調和関数ではない．

■**球面度数**　spherical degree

2つの角が直角で，他の角が 1° の球面3角形の面積．図における3角形 APB の面積は1球面度である．$\pi/180=0.017453$ ステラジアンに相当する．→ 立体角

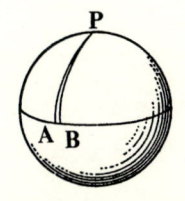

■**球面に関する反転**　inversion of a point with respect to a sphere

与えられた点を通る半径の延長直線上にあり，球面の中心から両方の点への距離の積がその球面の半径の平方と等しくなるような点．例えば1つの固定された球面に関する他の球面の反転像（鏡像）は，その固定された球面の中心を通るときは平面となり，それ以外はすべて球面となる．

■**球面標形**（線織面の）　spherical indicatrix of a ruled surface

線織面の準錐面の頂点が原点にあるとき，この錐面と単位球面との交線．→ 線織面の準錐面

■**球面標形**（空間曲線の）　spherical indicatrix of a space curve

与えられた空間曲線に沿って動く接線と常に平行な単位球面の半径の端点が球面上に描く曲線．与えられた曲線が平面曲線のとき，その球面標形は球面の大円上にある．したがって，球面からの球面標形のずれの総量は，その曲線のある平面曲線からのずれの総量，すなわち，曲線のねじれの総量の概念に相当するものを与える．[類] 空間曲線の球面像（球面表示）．→ 球面像，従法線標形，主法線標形

■**球面弓形**　spherical segment

球面およびそれと交わるかあるいは接する2つの平行な平面で囲まれた立体，すなわち環状帯とその底の平面とで囲まれた立体のことをいう．一方の平面が球面に接しているとき，**単底球面弓形**といい，そうでないとき，**双底球面弓形**という．前者を**球帽**，後者を**球帯**ともいう．**底**とは球面によって囲まれた立体と平行な平面との交わりをいう．**高さ**とはこれらの平面間の距離のことをいう．双底球面弓形の体積は

$$\frac{1}{6}\pi h(3r_1^2+3r_2^2+h^2)$$

である．ただし h は高さで，r_1, r_2 は底の半径である．単底球面弓形に対する体積の公式は r_1, r_2 のうちの一方，例えば r_2 を 0 とおいて得られる．

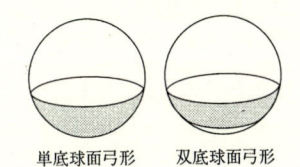

単底球面弓形　　双底球面弓形

■**キュムラント**　cumulants

《統計》確率変数またはそれに関連する分布関数に関して，第 n 次キュムラントとは，$\ln M(t)$ の第 n 次微係数を点 0 で計算したものである．ただし M は積率母関数（モーメント母関数）である．$\ln M(t)$ はキュムラント母関数である．最初の3つのキュムラントはそれぞれの中心積率（モーメント）に等しい．→ 半不変係数

■**行**　row

水平行線状の項の配列のこと．**行列式**や**行列**

においては**列**とよばれる垂直線状の項の配列と区別して用いられる．→ 行列式

■**強位相**　strong topology
→ 空間の位相，線型作用素

■**鏡映**　reflection
→ 原点に関する鏡映，直線に関する鏡映，平面に関する鏡映

■**共円点**　concyclic points
同一円周上にある点．

■**境界**　boundary of a simplex
→ 単体の鎖

■**境界作用素**　boundary operator
→ コホモロジー群，単体の鎖

■**境界値問題**　boundary-value problem
《微分方程式》与えられた微分方程式や微分方程式の系に対し，独立変数のある集合（境界点）上で課せられる条件をみたす解を求める問題．数理物理学の問題の多くはこの型の問題である．

■**境界値問題**（ポテンシャル論の）　boundary-value problems of potential theory
→ 第1種境界値問題，第2種境界値問題，第3種境界値問題

■**仰角**　angle of elevation
観測者の目の位置を含み地面に平行な面と，観測者の目と，その目の位置より上方に位置する物体とを結んでできる斜線とがなす角．

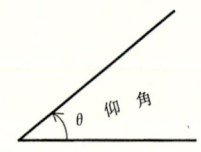

■**狭義に凸な空間**　strictly convex space
$\|x+y\|=\|x\|+\|y\|$ かつ $y \neq 0$ ならば，常にある数 t が存在して $x=ty$ となる性質をもつ線型ノルム空間．有限次元空間では狭義に凸と一様に凸は同値である．しかし無限次元では一様に凸ではない狭義に凸な空間が存在する．

［類］円型空間．

■**共形共役表現**（曲面の）　conformal-conjugate representation (of one surface on another)
共形表現であるとともに，曲面上の共役系が他方の曲面上の共役系に対応する表現となっている対応．＝等温共役表現．

■**共軸円**　coaxial circles
その中のどの2つの円もその中心が同一直線上にある空間内の円の集まり（共通の根軸を有する円の集まり）．

■**共軸平面**　coaxial planes
1本の同じ直線を通る平面の集まり．その直線を軸とよぶ．

■**共終的部分集合**　cofinal subset
→ ムーア-スミスの収束

■**凝集点**　condensation point
点 P の任意の近傍が常に集合 S の点を非可算無限個含むとき，点 P は S の凝集点という．
→ 集積点

■**共焦円錐曲線**　confocal conics
焦点を共有する円錐曲線．例えば，与えられた $a, b (b^2 < a^2)$ に対し，k が $k^2 < a^2$, $k^2 \neq b^2$ であるすべての実数を動くとき
$$\frac{x^2}{a^2-k^2}+\frac{y^2}{b^2-k^2}=1$$
という方程式で表される楕円および双曲線は**共焦**である．これらの共焦円錐曲線の族は互いに垂直に交わり，直交系をなす（図における点 P を見よ）．

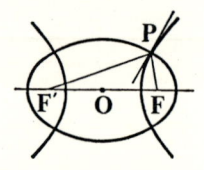

■**共焦双曲面**　confocal quadrics
→ 共焦2次曲面

■**共焦楕円面** confocal ellipsoids
→ 共焦 2 次曲面

■**共焦 2 次曲面** confocal quadrics
 主平面が同じで，主平面による断面が共焦円錐曲線となっている 2 次曲面の族．例えば a, b, c を定数，k を助変数とするとき
$$\frac{x^2}{a^2-k}+\frac{y^2}{b^2-k}+\frac{z^2}{c^2-k}=1 \quad (a^2>b^2>c^2)$$
は共焦 2 次曲面の 3 重直交系を表す．$c^2>k>-\infty$ のとき，上の式は**共焦楕円面**の族を，$b^2>k>c^2$ のときは**共焦 1 葉双曲面**の族を，また $a^2>k>b^2$ のときは共焦 2 葉双曲面の族を表す．これらの族のそれぞれの曲面は共焦で他の族の曲面と直交する [→ 曲面の 3 重直交系]．$k=c^2$ の場合は極限操作により，
$$(1) \quad \frac{x^2}{a^2-c^2}+\frac{y^2}{b^2-c^2}=1$$
を境界としてもつ (x, y) 平面の（2 重に重なった）楕円部分を得る．同様に $k=b^2$ の場合
$$(2) \quad \frac{x^2}{a^2-c^2}-\frac{z^2}{b^2-c^2}=1$$
を境界とする (x, z) 平面の（2 重に重なった）双曲部分を得る．式(1), (2)はこの系の**焦楕円**および**焦双曲線**をそれぞれ定義する．空間の 1 点 (x, y, z) をこの系の 3 つの曲面が通る．これら 3 つの曲面に対応するパラメータの値 k_1, k_2, k_3 を点 (x, y, z) の楕円体座標とよぶ．→ 楕円体座標

■**共心円** concentric circles
 共通の中心をもつ同一平面上の円．中心をもつ（すなわち，ある点について対称的な）任意の 2 つの図形について，それらの中心が一致する場合も "共心" であるという．共心は共心でないこと，すなわち "離心" の反対を意味する．

■**強制振動** forced oscillations, forced vibrations
→ 振動

■**共線図表** alignment chart
＝計算図表（ノモグラフ）．→ 計算図表

■**共線点** collinear points
 同一直線上にある点．平面上の 2 点が原点と共線点であるための必要十分条件はその直角座標がそれぞれ比例していることである．いいかえると一方の直角座標を第 1 行，他方のそれを第 2 行とする行列式が 0 であること，すなわち 2 点を $(x_1, y_1), (x_2, y_2)$ とするとき $x_1y_2-x_2y_1=0$ が成立することである．空間の 2 点が原点と共線点であるための必要十分条件はその対応する直角座標が比例すること，すなわち第 1 行が一方の点の座標，第 2 行が他方の点の座標からなる行列
$$\begin{bmatrix} x_1 & x_2 & x_3 \\ y_1 & y_2 & y_3 \end{bmatrix}$$
の階数が 1 であることである．平面の 3 点が共線的であるための必要十分条件はそれらの点の座標を (x_i, y_i) とするとき，$x_1, y_1, 1$；$x_2, y_2, 1$；$x_3, y_3, 1$ を各行にもつ 3 次の行列式が 0 となることである．空間の 3 点が共線点であるための必要十分条件は，3 点の中の異なる 2 点を通る 3 本の直線の方向比が比例することである．すなわち 3 点のうちどの 1 点も，その座標が他の 2 点の座標の 1 次結合として表され，そのときの定数係数の和が 1 となることである．

■**共線平面** collinear planes
 直線を共有する平面．[類] 共軸平面．どの 1 つの平面の式も他の 2 つの平面の式の 1 次結合となっている 3 つの平面は共線的であるかあるいは平行である．→ 連立 1 次方程式の無矛盾性

■**共線変換** collineation, collineatory transformation
 (1) 平面または空間の変換で，点を点へ，直線を直線へ，平面を平面へうつすもの．
 (2) 一般に同次座標において
$$y_i=\sum_{j=1}^{n} a_{ij}x_j \quad (i=1, 2, \cdots, n)$$
で表される $n-1$ 次元ユークリッド空間の正則線型変換．共線点が共線点に移される変換．
 (3) 正則行列 P による行列 A の変換 $B=P^{-1}AP$．このとき，A と B は**相似**であるといい，互いに他の**変換**であるという．
 (1), (2)と(3)とは密接に関係している．2 点 x, y の座標の間に
$$y_i=\sum_{j=1}^{n} a_{ij}x_j \quad (i=1, 2, \cdots, n)$$
なる関係があるとするとき，この関係式は a_{ij} を成分とする行列を A とおき，x, y をそれぞれその座標を成分とする列ベクトルとみれば，$y=Ax$ と表されるからである．P が $y=Py'$, $x=Px'$ をみたす正則線型変換の行列であるな

らば，$Py'=APx'$ となり，$y'=P^{-1}APx'=Bx'$ を得る．これは，P によって定められた線型変換により導入された新座標系における関係である．→ 同値な行列

■**鏡像**　reflection
→ 原点に関する鏡映，対称な図形(2)，直線に関する鏡映，平面に関する鏡映

■**共通因子**　common measure
＝公約数．→ 公約数

■**共通因数**　common factor
＝公約数．→ 公約数

■**共通部分**（集合の）　intersection
→ 交わり

■**共点**　concurrent
点を共有すること．その族のそれぞれの集合に共通に含まれる点が存在するとき，集合族は共点であるという．例えば3角形の3本の中線は共点である．すなわち3本の中線はそれぞれの頂点から対辺の中点に向かって2/3の所で一点に会する．空間で原点を共有する平面は共点である（これらの平面は平面束をなす）．→ 連立1次方程式の無矛盾性

■**共点平面**　copunctal planes
1点を共有する3あるいはそれ以上の個数の平面の集まり．

■**狭幅分布**　leptokurtic distribution
→ 尖度

■**共分散**　covariance
2つの確率変数 X と Y のそれぞれの平均を中心とした1次の同時モーメント．→ 相関係数，同時モーメント，分散

■**共分散分析**　analysis of covariance
他の変数の影響を受けるような変数の（分散分析に類する）分散に関する統計的分析．例えば，鋼鉄の張力に対する炭素含有量の変動の影響は，製造者の違いや溶鉱炉の違いなどの他の非線型的要素が制御されるとき除かれる可能性がある．この例の目的は，(1)張力と炭素含有量の間に関係があるかどうか調べること，(2)この関係が製造者間で違いがあるかどうか調べる，そして，(3)張力と製造者の関係を定めるにあたって炭素含有量の影響を除くこと，などがありうる．

■**行ベクトル**　row matrix
ただ1行からなる行列のこと．＝横ベクトル．

■**共変指標**　covariant indices
→ テンソル

■**共変テンソル**　covariant tensor
共変指標のみをもつテンソル．s 個の指標をもつときは，**s 階共変テンソル**という．関数の**勾配**は1階共変テンソルである（すなわち，**共変ベクトル**である）．関数が $f(x^1, x^2, x^3)$ のとき，このテンソルの成分は

$$\frac{\partial f}{\partial x^i} \quad (i=1,2,3)$$

であり，

$$\frac{\partial f}{\partial x'^i} = \frac{\partial f}{\partial x^j}\frac{\partial x^j}{\partial x'^i}$$
$$= \frac{\partial f}{\partial x^1}\frac{\partial x^1}{\partial x'^i} + \frac{\partial f}{\partial x^2}\frac{\partial x^2}{\partial x'^i} + \frac{\partial f}{\partial x^3}\frac{\partial x^3}{\partial x'^i}$$

と変換される．

■**共変微分テンソル**　covariant derivative of a tensor
$\begin{Bmatrix} i \\ jk \end{Bmatrix}$ を**第2種クリストッフェルの記号**とし，和の規約を用いるときテンソル $t_{b_1 \cdots b_q}^{a_1 \cdots a_p}$ の**共変微分テンソル**は

$$t_{b_1 \cdots b_q, j}^{a_1 \cdots a_p} = \frac{\partial t_{b_1 \cdots b_q}^{a_1 \cdots a_p}}{\partial x_j} - \sum_{r=1}^{q} t_{b_1 \cdots b_{r-1} b r+1 \cdots b_q}^{a_1 \cdots a_p} \begin{Bmatrix} i \\ b_r j \end{Bmatrix}$$
$$+ \sum_{r=1}^{p} t_{b_1 \cdots b_q}^{a_1 \cdots a_{r-1} a r+1 \cdots a_q} \begin{Bmatrix} a_r \\ ij \end{Bmatrix},$$

で表されるテンソルのことである．このテンソルは p 階反変 $(q+1)$ 階共変テンソルである．共変微分は可換ではない．例えば $R_{rjk}{}^i$ を**リーマン-クリストッフェル**のテンソルとするとき，

$$t_{,j,k}{}^i - t_{,k,j}{}^i = R_{rjk}{}^i t^r$$

であるから，一般には $t_{,j,k}{}^i \neq t_{,k,j}{}^i$ である．$t_i(x^1, x^2, \cdots, x^n)$ を1階共変テンソル（すなわち**共変場**）とすると，t_i の共変微分テンソルは

$$t_{i,j} = \frac{\partial t_i}{\partial x^j} - \begin{Bmatrix} \sigma \\ ij \end{Bmatrix} t\sigma$$

である2階共変テンソルである．$t^i(x^1, x^2, \cdots, x^n)$ を1階反変テンソル（すなわち反変ベクト

ル場）とするとき，t^i の共変微分テンソルは
$$t_{,j}{}^i = \frac{\partial t^i}{\partial x^j} + \begin{Bmatrix} i \\ \sigma j \end{Bmatrix} t\sigma$$
である１階反変１階共変テンソルである．直角座標系，あるいは**スカラー場**では，共変微分は通常の微分である．→ 反変微分テンソル

■**共変ベクトル場** covariant vector field
 １階共変テンソル場のこと．ベクトル $t_i(x^1, x^2, \cdots, x^n)$ が，ある領域において偏微分可能で，偏導関数が連続，しかも，各 i, j に対して，
$$\frac{\partial t_i}{\partial x^j} = \frac{\partial t_j}{\partial x^i}$$
が成り立つならば，$t_i(x^1, x^2, \cdots, x^n)$ は，局所的に，あるスカラー場の勾配である．一方，スカラー場の勾配は共変ベクトル場である．→ 共変テンソル

■**共変リーマン-クリストッフェル曲率テンソル** covariant Riemann-Christoffel curvature tensor
 ４階の共変テンソル場
$$R_{i\alpha\beta\gamma}(x^1, \cdots, x^n) = g_{i\sigma} R^\sigma_{\alpha\beta\gamma}(x^1, \cdots, x^n)$$
→ リーマン-クリストッフェル曲率テンソル

■**共鳴** resonance
 → 振動

■**共面** coplanar
 同じ平面上にのっていること．同じ平面上にのっている直線を**共面直線**，点を**共面点**という．３点は常に共面である．４点が共面であるための必要十分条件はその直角座標の行列式
$$\begin{vmatrix} x_1 & y_1 & z_1 & 1 \\ x_2 & y_2 & z_2 & 1 \\ x_3 & y_3 & z_3 & 1 \\ x_4 & y_4 & z_4 & 1 \end{vmatrix}$$
が０であることである（０でない場合，その行列式の絶対値は，与えられた点を４点のうち３点が残りの１点に隣接しているような４頂点とする平行６面体の体積に等しい）．

■**共役** conjugate
 一般に２つの対をなす組の他方を指す．以下の諸項目を参照．特に下記の２つがよく使われる．昔は共軛と書いた．
 (1) 複素数あるいは行列の複素共役．→ 共役複素数，行列の複素共役

 (2) 共役な代数的数．ある有理係数の既約代数方程式
$$a_0 x^n + a_1 x^{n-1} + \cdots + a_n = 0$$
の解の集合．例えば
$$x^2 + x + 1 = 0$$
の解 $\frac{1}{2}(-1 + i\sqrt{3})$ と $\frac{1}{2}(-1 - i\sqrt{3})$ は共役な代数的数である（この場合は共役複素数でもある．→ 群の変換

■**共役解** conjugate roots
 → 共役(2)

■**共役角** conjugate angles
 和が 360° である２つの角．ときには互いに**残角**とよばれる．

■**共役曲線** conjugate curves
 互いに他方に関してのベルトラン曲線となっている２本の曲線．２本以上の共役曲線をもっているのは，平面曲線と円螺線のみである．

■**共役虚数** conjugate imaginaries
 → 共役複素数

■**共役空間** conjugate space
 V を体 F 上のベクトル空間とする．このとき V の**共役空間** V^* とは，V から F への線型関数（汎関数）のつくるベクトル空間のことである．V が有限次元ならば V の次元と V^* の次元は同一で，V^* の共役空間 $(V^*)^*$ は V と一致する．$(V^*)^*$ の元 F_x は任意の V^* の元 f に対し，
$$F_x(f) = f(x)$$
とおくことにより V の元 x と対応する．N を（実または複素）ノルム空間，f を N からスカラー（実数体あるいは複素数体）への連続線型関数（汎関数）とする．このとき，任意の N の元 x に対して
$$|f(x)| \leq \|f\| \cdot \|x\|$$
をみたす最小の数 $\|f\|$ が存在し，この $\|f\|$ を f の**ノルム**とよぶ．このような汎関数の全体は，完備ノルム線型空間すなわちバナッハ空間である．これを N の**第１共役空間**とよぶ．第１共役空間の共役空間を N の**第２共役空間**とよび，以下同様である．N が有限次元ならば，N の第２共役空間は N 自身と一致する（等長である）．任意のノルム空間 N は N の第２共役空間の部分

空間と等長である[→ 再帰的バナッハ空間]．N がヒルベルト空間で $u_1, u_2, \cdots$ をその完備直交列とするとき，関数列 $f_n(x) = (x, u_n)$, $n = 1, 2, \cdots$ は第 1 共役空間の完備直交列である．そして対応

$$\sum_1^\infty a_i u_i \leftrightarrow \sum_1^\infty \bar{a}_i f_i$$

はこれら 2 つの空間の間の等長対応である．[類] 随伴空間, 双対空間．

■**共役系（曲面上の曲線の）** conjugate system of curves on a surface
→ 曲面上の曲線の共役系

■**共役径面** conjugate diametral planes
2 つの径面，それぞれは他方を定義している弦の集合に対して平行である．

■**共役弧** conjugate arcs
合併が円周となる 2 つの共有点をもたない弧．

■**共役勾配法** method of conjugate gradients
n 元 n 連立 1 次方程式
$$x = (x_1, x_2, \cdots, x_n)$$
の反復解法の 1 つ．丸め誤差のない場合，共役勾配法は n 回以下の反復で終了する．反復の各段はその係数行列に関して互いに共役な方向へ行われる．(この制約のもとで)もとの問題の解 x において最小値 0 をとる随伴 2 次式の勾配の方向へ，反復の各段を逐次選択する．残差の集合は互いに直交する．→ 円錐曲線に関する共役点

■**共役根** conjugate radicals
(1) 共役 2 項無理数[→ 無理数]．
(2) 共役な代数的数となっている解．

■**共役軸（双曲線の）** conjugate axes of the hyperbola
→ 双曲線

■**共役 4 元数** conjugate quaternions
4 元数 $x = x_0 + x_1 i + x_2 j + x_3 k$ の **共役** は $\bar{x} = x_0 - x_1 i - x_2 j - x_3 k$ である．一般に $\overline{x + y} = \bar{x} + \bar{y}$, $\overline{x \cdot y} = \bar{x} \cdot \bar{y}$, $x \cdot \bar{x} = \bar{x} \cdot x = x_0^2 + x_1^2 + x_2^2 + x_3^2 = N(x)$ が成り立つ．$N(x)$ は x の **ノルム** で

ある．任意の x と y に対し $N(xy) = N(x) N(y)$ である．→ 4 元数

■**共役集合** conjugate set
→ 群の変換

■**共役線織面** conjugate ruled surface of a given ruled surface
与えられた線織面 S に対し，それと，S の導線 L 上の 1 点において接し，かつ L の対応する点での S の母線と直交するような直線から生成される線織面．→ 線織面

■**共役双曲線** conjugate hyperbolas
双曲線の実(横)軸と共役軸がそれぞれ，もう一方の双曲線の共役軸と実(横)軸であるようなもの．この 2 つの双曲線の標準方程式は，
$$\frac{x^2}{a^2} - \frac{y^2}{b^2} = 1$$
$$\frac{x^2}{a^2} - \frac{y^2}{b^2} = -1$$
である．これらの漸近線は等しい．

■**共役双曲面** conjugate hyperboloids
適当な座標軸を選んだとき
$$\frac{x^2}{a^2} + \frac{y^2}{b^2} - \frac{z^2}{c^2} = 1,$$
$$-\frac{x^2}{a^2} - \frac{y^2}{b^2} + \frac{z^2}{c^2} = 1$$
という方程式で表される 2 つの双曲面．z 軸を含む任意の平面による 2 つの双曲面の切断は，互いに共役な双曲線である．→ 1 葉双曲面, 2 葉双曲面

■**共役ダイアディック** conjugate dyadics
→ ディアッド

■**共役調和関数** conjugate harmonic functions
→ 調和関数

■**共役直径** conjugate diameters
与えられた直径に対し，その直径に平行な弦上の点の軌跡として得られる直径．円の場合，共役な直径は互いに直交する．楕円の 2 つの軸は共役である．しかし一般には共役な直径は直交しない．→ 円錐曲線の直径

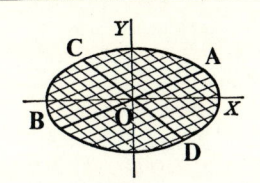

■**共役点（円錐曲線に関する）** conjugate points
→ 円錐曲線に関する共役点

■**共役凸関数** conjugate convex functions
 f を $f(0)=0$ かつ $x≧0$ で狭義増加関数とし，g をその逆関数とする．このとき凸関数

$$F(x)=\int_0^x f(t)\,dt, \quad G(y)=\int_0^y g(t)\,dt$$

は互いに共役である．もっと一般に，領域 D で定義された凸関数 $F(x_1, x_2, \cdots, x_n)=F(\boldsymbol{x})$ に対し，その共役凸関数は，D の $\boldsymbol{x}$ についての上界

$$G(y_1, y_2, \cdots, y_n)=\sup[\sum_{i=1}^n x_i y_i - F(\boldsymbol{x})]$$

で定義される．→ ヤングの不等式

■**共役複素数** conjugate complex numbers
 a, b を実数とするとき，$a+bi, a-bi$ という形の2つの数．しばしば**共役虚数**とよばれる．z の共役複素数を $\bar{z}$ とかくとき，
$$\overline{z_1 z_2}=\bar{z_1}\bar{z_2} \quad \overline{z_1+z_2}=\bar{z_1}+\bar{z_2}$$
である．また x, y を実数とし，$z=x+yi$ とすると $z\cdot\bar{z}=x^2+y^2$ となる．さらに z が実係数の整方程式の解であるとき，$\bar{z}$ もその方程式の解である．

■**共役部分群** conjugate subgroups
→ 同型

■**共役変換** adjoint of transformation, adjoint transformation
 ヒルベルト空間 H を H へ移す有界線型変換 T（T の定義域は H に等しい）に対して，H のすべての x と y に対して内積 (Tx, y) と (x, T^*y) が等しくなるような有界線型変換 T^*（T の**共役変換**または**随伴変換**とよばれる）が唯一存在する．これより $\|T\|=\|T^*\|$ が成り立つ．2つの線型変換 T_1 と T_2 が共役であるとは，T_1 の定義域の各 x と T_2 の定義域の各 y に対して $(T_1 x, y)=(x, T_2 y)$ となることである．もし T の定義域が H で稠密である線型変換とすれば，T と T^* が共役となるような（T の共役とよばれる）変換 T^* が唯一存在し，もし S が T と共役である他の変換ならば，S の定義域は T^* の定義域に含まれ，S と T^* は S の定義域上で一致する．**有限次元空間**において，ベクトル $x=(x_1, x_2, \cdots, x_n)$ を（各 i に対して）$y_i=\sum_j a_{ij} x_j$ であるような $Tx=(y_1, y_2, \cdots, y_n)$ へ移す変換 T に対して，T の共役は $y_i=\sum_j \bar{a}_{ij} x_j$ であるような変換 $T^*x=(y_1, y_2, \cdots, y_n)$ のことであり，T と T^* の係数行列は互いにエルミート共役である．T が**バナッハ空間** X をバナッハ空間 Y へ移す有界線型変換で，X^* と Y^* を X と Y の第1共役空間とするならば，T の共役は Y^* を X^* へ移す線型変換 T^* であり，f を $f(x)=g[T(x)]$ で定義される連続線型汎関数としたとき（X^* と Y^* それぞれの要素である f と g に対して），$T^*(g)=f$ となる．2つの有界線型変換 T_1 と T_2 に対して，T_1+T_2 と $T_1 \cdot T_2$ の共役はそれぞれ $T_1^*+T_2^*$ と $T_2^* \cdot T_1^*$ である．もし T が H（または Y）の全体を定義域とする逆変換をもてば，$(T^*)^{-1}=(T^{-1})^*$ となる．バナッハ空間の場合，T^* の共役 T^{**} は X^{**} から Y^{**} への写像で T のノルム保存拡大になっている（T は X と等距離同型な X^{**} の部分集合を Y^{**} へ移す）．ヒルベルト空間の場合には，T が定義域 H をもち，有界であるならば，T^{**} が T と同じになる．それ以外の場合 T^{**} は T の線型拡大となる．＝随伴変換．→ 自己随伴変換，線型変換

■**共役方向法** method of conjugate directions
 共役勾配法を一般化した n 元 n 連立方程式の解法．共役方向法では，用いられる共役方向の特別な制限は必ずしも特定しなくてよい．→ 共役勾配法

■**共役類** conjugates
→ 群の変換

■**協力ゲーム** cooperative game
 競技者間の提携がありえるゲーム．単にゲームといえば，提携が許されていないゲームを意味することが多いが，はっきりさせるため，そのようなゲームを**非協力ゲーム**とよぶこともある．→ 提携

■行列　matrix [*pl.* matrices, matrixes]

要素とよばれる項を長方形に整列させたもので，それらは

$$\begin{pmatrix} a_1 & b_1 & c_1 \\ a_2 & b_2 & c_2 \end{pmatrix} \text{または} \begin{bmatrix} a_1 & b_1 & c_1 \\ a_2 & b_2 & c_2 \end{bmatrix}$$

のように括弧をつけて表す（昔は2重線も使われた）．要素は，**成分**ともよばれる．連立1次方程式の解法の研究のように，これらの要素の間の関係が基本的である問題を取り扱いやすくするため用いられる．行列は，行列式とは異なり，量的な値をもたない．行列は，行列式のように，ある種の多項式の記号による表現ではない[→行列式]．行列において成分の横の並びを行，縦の並びを列とよぶ．m 行 n 列からなる行列を (m, n)**型の行列**，あるいは $m \times n$ **行列**とよぶ．上記の例は $(2, 3)$ 型の行列である．成分が実数（または複素数）の行列を**実行列**（または**複素行列**）という．**正方行列**とは，行の数と列の数が等しい行列である．正方行列の**次数**とは，その行（または列）の数である．正方行列の左上から右下に向かう対角線を**第1**（または**主**）**対角線**，左下から右上に向かう対角線を**第2対角線**という．正方行列は，その行列式が0か0でないかに従って，**特異または正則**（=**非特異**）とよばれる．正則であるとき，しかもそのときに限って**可逆**，すなわち，逆行列が存在する．**対角行列**とは，その0でない成分がすべて主対角線上にある行列のことである．さらに，それらの対角成分がすべて等しいとき，その行列は**スカラー行列**とよばれる．**単位行列**とは，対角成分がすべて1に等しい対角行列である．単位行列 I と次数の等しい任意の正方行列 A に対して，$IA = AI = A$ が成り立つ（単位行列の記号には，ドイツ流の E も使われる）．→同値な行列

■行列式　determinant

要素とよばれる数値を正方形状に配列した行列に対して，これらの**要素**のある種の積の和を対応させた値．行（または列）の数を行列式の**次数**という．左上角から右下角への対角線を**主対角線**といい，左下角から右上角への対角線を**副対角線**という．2次の行列式

$$\begin{vmatrix} a_1 & b_1 \\ a_2 & b_2 \end{vmatrix}$$

の値は $a_1b_2 - a_2b_1$ である．3次の行列式

$$\begin{vmatrix} a_1 & b_1 & c_1 \\ a_2 & b_2 & c_2 \\ a_3 & b_3 & c_3 \end{vmatrix}$$

の値は $(a_1b_2c_3 + a_2b_3c_1 + a_3b_1c_2 - a_3b_2c_1 - a_2b_1c_3 - a_1b_3c_2)$ である．この値は，列（行）の要素とその余因子との積の和である[→行列式の小行列による展開]．行列式の i 行 j 列の要素を a_{ij} のように記す．行列式の値は，各行と各列からただ1つずつだけ取り出した要素の積に，行（列）の要素の順列が自然の順序 $(1, 2, 3, \cdots)$ になっているとき，対応する列（行）の要素の順列が $(1, 2, 3, \cdots)$ に対して偶置換であるか奇置換であるかによって＋または－をつけたものの，すべての和である．例えば，4次の行列式を展開した項の1つが $a_{13}a_{21}a_{34}a_{42}$ であるとき，列の順序は $(3, 1, 4, 2)$ である．これは，$(1, 3, 4, 2)$，$(1, 3, 2, 4)$，$(1, 2, 3, 4)$ と互換を3回続けることにより，自然な順序になるので，この項には負の符号がつけられる．実際の行列式の値の計算は，行列式の性質を使用して行列式を簡単にしてから，**小行列式**を利用するのが普通である[→行列式の小行列による展開，行列式のラプラス展開，行列の要素の小行列式]．行列式の簡単な性質のいくつかを示す．(1)列（または行）のすべての要素が0であるなら，行列式の値は0である．(2)列（または行）のすべての要素にある定数を乗じた行列式の値は，もとの行列式の値にその定数を乗じたものに等しい．(3) 2つの列（または行）の対応する要素がすべて等しいなら，行列式の値は0である．(4) 1つの列（または行）のすべての要素にある定数を乗じたものを，他のある列（または行）に加えた行列式の値は不変である．(5) 2つの列（または行）を入れ換えた行列式の値は，符号が変わる．(6)対応するすべての行と列を入れ換えた転置行列の行列式の値は不変である．→交代式

■**行列式の基本操作**　elementary operations on determinants
→行列の基本操作

■**行列式の共役要素**　conjugate elements of a determinant

行列の行と列を入れかえるとき，入れかえられる要素．例えば2行3列の要素は3行2列の要素の共役である．一般に i 行 j 列の要素を a_{ij}，j 行 i 列の要素を a_{ji} とすれば，a_{ij} と a_{ji} は共役である．→行列式

■**行列式の小行列による展開** expansion of a determinant by minors

1次低い行列式を項として表す行列式の展開．ここである特定の行（または列）の要素が係数として用いられる．行列式は行（または列）の符号づけられた要素と**小行列式**（または**余因子**）との積の和に等しい［→ 行列の要素の小行列式］．例えば，

$$\begin{vmatrix} a_1 & b_1 & c_1 \\ a_2 & b_2 & c_2 \\ a_3 & b_3 & c_3 \end{vmatrix} = a_1 \begin{vmatrix} b_2 & c_2 \\ b_3 & c_3 \end{vmatrix} - a_2 \begin{vmatrix} b_1 & c_1 \\ b_3 & c_3 \end{vmatrix} + a_3 \begin{vmatrix} b_1 & c_1 \\ b_2 & c_2 \end{vmatrix}$$

■**行列式の乗法** multiplication of determinants

同じ次数の行列の積の行列式は，各行列の行列式の積に等しい．例えば，2次行列の場合

$$\begin{vmatrix} a & b \\ c & d \end{vmatrix} \begin{vmatrix} e & f \\ g & h \end{vmatrix} = \begin{vmatrix} ae+bg & af+bh \\ ce+dg & cf+dh \end{vmatrix} = \begin{vmatrix} \begin{pmatrix} a & b \\ c & d \end{pmatrix} \begin{pmatrix} e & f \\ g & h \end{pmatrix} \end{vmatrix}$$

また，スカラーとn次行列との積の行列式は，そのスカラーのn乗とその行列の行列式との積である．2次の行列の場合には次のとおりである．

$$\begin{vmatrix} s \begin{pmatrix} a & b \\ c & d \end{pmatrix} \end{vmatrix} = \begin{vmatrix} sa & sb \\ sc & sd \end{vmatrix} = s^2 \begin{vmatrix} a & b \\ c & d \end{vmatrix}$$

■**行列式の対角線** diagonal of a determinant
→ 行列式

■**行列式の縁取り** bordering a determinant

k次行列に行と列をそれぞれ1つずつ付加し，$k+1$次行列にすること．通常は，$1 \leq i \leq k$であるiに対して（$(i, k+1)$要素）$=0$，（$(k+1, i)$要素）$=0$，（$(k+1, k+1)$要素）$=1$という行と列を付加する．この場合，行列式の次数は増えるが，値は変化しない．

■**行列式のラプラス展開** Laplace's expansion of a determinant

Aをn次の正方行列，Aの行$r_1, r_2, \cdots, r_k$，と列$s_1, s_2, \cdots, s_k$の要素を用いてつくられる行列式を$A^{r_1 r_2 \cdots r_k}_{s_1 s_2 \cdots s_k}$，$(r_1, r_2, \cdots, r_n)$，$(i_1, i_2, \cdots, i_n)$は整数$(1, 2, \cdots, n)$の置換，$h$は順序$(i_1, i_2, \cdots,$ $i_n)$を順序$(r_1, r_2, \cdots, r_n)$にするのに必要な反転数とする．ラプラス展開とは，和を整数$(1, 2, \cdots, n)$から$(i_1, i_2, \cdots, i_k)$を選ぶ組合せの数$n!/(k!(n-k)!)$にわたってとった

$$A = \sum (-1)^h \left(A^{r_1 \cdots r_k}_{i_1 \cdots i_k} \right) \left(A^{r_{k+1} \cdots r_n}_{i_{k+1} \cdots i_n} \right)$$

のことである．行列の小行列式による展開は，ラプラス展開の$k=1$という特別な場合である．

■**行列の鞍点** saddle-point of a matrix

第i行，第j列の成分がa_{ij}である任意の有限実行列は有限の零和2人ゲームの**利得行列**であるとみなすことができる．ゲームが(i_0, j_0)で鞍点をもてば，利得行列は(i_0, j_0)で鞍点をもつといわれる．行列が鞍点をもつための必要十分条件は行列のある要素が存在して，その要素はその要素を含む行の要素の中で最小でかつその要素を含む列の要素の中で最大となっていることである．→ ゲームの鞍点

■**行列の階数** rank of a matrix

与えられた行列から行または列をとりのぞいて得られる，行列式が0でない，正方行列の次数の最大値．階数の概念により，例えば，連立1次方程式が解をもつための条件を簡単にのべることができる．n変数のm個の連立1次方程式が解をもつのは，その係数行列の階数と拡大係数行列の階数が等しいときであり，しかもそのときに限る．連立1次方程式

$$\begin{cases} x+y+z+3=0 \\ 2x+y+z+4=0 \end{cases}$$

の係数行列，拡大係数行列はそれぞれ

$$\begin{pmatrix} 1 & 1 & 1 \\ 2 & 1 & 1 \end{pmatrix}, \begin{pmatrix} 1 & 1 & 1 & 3 \\ 2 & 1 & 1 & 4 \end{pmatrix}$$

である．その階数は，行列式

$$\begin{vmatrix} 1 & 1 \\ 2 & 1 \end{vmatrix}$$

が0でないから，いずれも2である．したがって，この連立方程式は解をもつ．→ 連立1次方程式の無矛盾性

■**行列の基本操作** elementary operations on matrices

行列または行列式に対する次の操作．
(1) 2つの行（列）を入れ換える．
(2) 1つの行（列）に他の行（列）を定数倍したものを加える．
(3) 1つの行（列）を0以外の定数で定数倍す

る．
　(2)の操作は行列式の値を変えない．(1)の操作は行列式の値の符号を変える．(3)の操作はもとの行列式の値に，定数倍したものを新しい行列式の値とする．
→ 同値な行列

■**行列の逆**　reciprocal of a matrix
→ 逆行列

■**行列の固有関数**　characteristic function of a matrix
→ 行列の固有方程式

■**行列の固有値（固有解）**　characteristic root of a matrix, charateristic number of a matrix, eigenvalue of a matrix, latent number
　行列の固有方程式の解．→ 固有値

■**行列の固有方程式**　characteristic equation of a matrix
　正方行列 A と同じ大きさの単位行列を I とする．行列 $xI-A$ の行列式 $\det(xI-A)$ を，行列 A の**固有多項式**(**固有関数**)といい，$\det(xI-A)=0$ を A の**固有方程式**という．例えば行列
$$M=\begin{pmatrix} 2 & 1 \\ 2 & 3 \end{pmatrix}$$
に対して，固有方程式は
$$\begin{vmatrix} x-2 & -1 \\ -2 & x-3 \end{vmatrix}=0$$
すなわち $x^2-5x+4=0$ である．任意の正方行列 A は，その固有多項式の x に A を代入すると零行列になるという意味で，固有方程式を満足する（ハミルトン-ケイレイの定理）．例えば上の例の M では，$M \cdot M - 5M + 4I = 0$ である．A を代入したとき 0 となるという意味で満足される最低次数の代数方程式を**簡約固有方程式**という．A が n 次の行列で，I を n 次の単位行列とするとき，簡約固有方程式は，$f(x)=\det(xI-A)$ とし，$g(x)$ を $xI-A$ の $n-1$ 次小行列全体の最大公約因子とするとき，$f(x)/g(x)=0$ である．$f(x)/g(x)$ を**簡約固有多項式**という．簡約固有方程式を**最小方程式**という．行列の位数の**欠損**（階数の低下）は，簡約固有方程式の次数低下よりも大きい．
　なお固有値，固有方程式関連の用語"固有"に対して，"特性"，"永年"などの用語も使われる．

■**行列の指標**　index of a matrix
→ 2 次形式の指標

■**行列の積**　product of matrices
　行列 A, B の積 AB は A の r 行 i 列の要素 a_{ri} と B の i 行 s 列の要素 b_{is} の積を i について総和をとって得られる c_{rs} を r 行 s 列の要素とする行列である．
$$c_{rs}=\sum_{i=1}^{n} a_{ri}b_{is}$$
この積は A の列数 n と B の行数が等しいときだけ定義される．行列の乗法は結合律をみたすが可換ではない．スカラー c と行列 A の積は対応する A の要素と c の積を要素とする行列である．A が n 次正方行列のとき，cA の行列式の値は c^n と A の行列式の積に等しい．

■**行列のセグレ指数**　Segre characteristic of a matrix
→ 行列の標準形

■**行列の対角線**　diagonal of a matrix
→ 行列

■**行列の単因子**　elementary divisor of a matrix
→ 行列の不変因子

■**行列の直積**　direct product of matrices
　正方行列 A, B（同じ位数である必要はない）の直積とは，A と B の要素の積 $a_{ij}b_{mn}$ を要素とする行列のことである．ただし，i と m が行の添字で，j と n が列の添字である．$a_{ij}b_{mn}$ を含む行は $i<i'$ であるか，$i=i'$ で $m<m'$ であるならば，$a_{i'j'}b_{m'n'}$ を含む行よりも前にあり，列に関しても同様である．都合に応じて他の並び方が使われることもある．

■**行列のノルム**　norm of a matrix
　要素の絶対値の平方の和の平方根．それは，与えられた行列を A，その**共役転置行列**（A が実のときは**転置行列**）を A^* とするとき，A^*A の**跡和**（**トレース**）の平方根である．行列のノルムは，左右から**ユニタリ**行列をかけても変わらない．正規行列のノルムは，その**固有値**の平方の和の平方根に等しい．他のノルムと区別す

るときには，スペクトル・ノルムとよばれる．

■**行列の標準形** canonical form of a matrix, normal form of a matrix

ある種の正方行列が，ある種の変換によって変形されて得られる形の中で，最も簡単でかつ最も都合のよいと考えられるもの．例えば，(1)いかなる正方行列も基本変形や，同値変換によって主対角線要素以外がすべて0となるような標準形に直せる．また，要素が多項式（あるいは整数など）のとき，主対角線以外が0で各対角線上の要素が低次（もし，0でなければ）の因子となる**スミス標準形**に変換できる．(2)どの行列も共線変換によって主対角線下が0で，固有方程式の解が主対角線の要素となる，**ヤコビ標準形**へ変換されるか，あるいは主対角線に沿って現れるジョルダン行列の連鎖以外の要素が0である**古典的標準形**（ジョルダン標準形）へ変換できる．古典的標準形の正確な形は**セグレ標数**（ジョルダン小行列の次数である整数の集合で，その整数は同じ固有値を含む小行列に相当する）によって特徴づけられる．それらの固有値が相異なるとき，古典的標準型は対角行列となる．(3)対称行列は，合同変換によって対角行列に変換される．(4)正規行列（特にエルミート行列やユニタリ行列）は，ユニタリ変換によって主対角線にそって固有値が現れるような対角行列に変換することができる．

■**行列の複素共役** complex conjugate of a matrix

与えられた行列の各成分を，その共役複素数におきかえて得られる行列．［類］随伴行列，エルミート共役行列．

■**行列の不変因子** invariant factor of a matrix

行列の要素が多項式の場合，スミスの標準形に変換したときの対角要素のこと［→ 行列の標準形］．不変因子は，行列式の中に変数 (λ) を含まない行列を，その行列のどちら側から乗じても不変である．各不変因子は，$E_j(\lambda) = (\lambda-\lambda_1)^{p_{1j}}(\lambda-\lambda_2)^{p_{2j}}\cdots$，の形をしている．ただし，$\lambda_1, \lambda_2, \cdots$ は互いに異なる．各因子 $(\lambda-\lambda_i)^{p_{ij}}$ をその行列の**単因子**とよぶ．

■**行列の変換** transform of a matrix

P を正則行列としたとき，行列 $B = P^{-1}AP$ を行列 A の変換という．

■**行列の要素の小行列式** minor of an element in a determinant

正方行列から，その成分が属する行と列を取り除いてできる1次低い行列の行列式．これを補小行列式（complementary minor）ということもある．この小行列式に，その行および列の番号の和が偶数か奇数かに従って，1か -1 をかけたものを，その成分の**余因子**という．例えば，行列

$$\begin{pmatrix} a_1 & a_2 & a_3 \\ b_1 & b_2 & b_3 \\ c_1 & c_2 & c_3 \end{pmatrix}$$

の b_1 の小行列式は

$$\begin{vmatrix} a_2 & a_3 \\ c_2 & c_3 \end{vmatrix},$$

余因子は

$$-\begin{vmatrix} a_2 & a_3 \\ c_2 & c_3 \end{vmatrix}$$

である．

■**行列のレゾルベント** resolvent of a matrix

行列 $\lambda I - A$ の逆行列．ただし，A は正方行列，I は単位行列．レゾルベントは行列 A の**固有値以外のすべての λ に対して存在する**．

■**行列の和** sum of matrices

行列 A，行列 B のそれぞれの r 行 s 列の要素を a_{rs}, b_{rs} とするとき，r 行 s 列の要素が $a_{rs} + b_{rs}$ である行列を A と B の**和**といい，$A+B$ と表す．この和は A と B が同じ行数，同じ列数からなる行列であるときに限って定義される．

■**虚円** imaginary circle

$x^2+y^2 = -r^2$ または $(x-h)^2+(y-k)^2 = -r^2$ という方程式をみたす点の集合．これらの点の座標は実数ではありえない．実円上の実数座標と虚円上のこれら虚数の座標の代数的性質は共通している．これが，実平面上にこのような点が存在しないにもかかわらず，虚円の概念が必要とされる理由である．

■**虚曲線** imaginary curve

方程式の軌跡の考察において，その連続性を与えるために用いられる述語で，曲線（曲面）の虚部は方程式をみたす虚数解に対応する．方

程式 $x^2+y^2+z^2=1$ はその実軌跡として，原点を中心とする半径1の球面をもつが，$(1,1,i)$のように実数ではない座標からなる他の多くの点も方程式をみたしている．→ 虚円，楕円，楕円面，交わり

■**虚曲面** imaginary surface
方程式の虚数解に対応する曲面．→ 虚曲線

■**極** polar
→ 円錐曲線の極と極線，2次曲面の極と極平面

■**極（解析関数の）** pole of an analytic function
→ 解析関数の特異点

■**極（座標系の）** pole of a system of coordinates
→ 極座標（平面の）

■**極（測地極座標の）** pole of geodesic polar coordinates
→ 測地極座標

■**極（立体射影の）** pole of stereographic projection
→ 立体射影（球面の平面上への）

■**極角** polar angle
→ 極座標（平面の）

■**曲線座標（空間の点における）** curvilinear coordinates of a point in space
3重直交曲面系は3つの助変数で決定される．空間の与えられた点Pを通る3つの曲面を定めるこれら3つの助変数の値を，Pの曲線座標とよぶ．→ 3重直交系(曲面の)，共焦円錐曲線

■**極距離** polar distance
→ 余赤緯

■**極限** limit
極限の概念に関する一般的な記述は，**段階系**の概念を使って与えられる．段階系とは，集合族 S であり，S のどの要素も空集合でなく，A，B が S の要素ならば，$A\cap B$ も S に属するものである．位相空間の値をとる関数 f に対して，段階系 S に関する極限が存在するとは，S の各要素が f の定義域中の点を含み，かつ値域中のある要素（**極限値**）l が存在して，l の各近傍 W に対し，つねに S の要素 A で，x が A と f の定義域の共通部分中にあれば $f(x)$ が W に含まれるようなものが存在することである．

f の値域が位相空間の値をとるハウスドルフの条件をみたす，すなわち2個の相異なる要素 l_1，l_2 に対して，l_1 の近傍 U と l_2 の近傍 V で，$U\cap V$ が空なものが存在するならば，極限値 l は一意的であることが証明できる [→ 位相空間]．f の値域が実数または複素数内の集合ならば，通常の極限値に関する諸定理が成立する [→ 極限に関する基本定理]．

極限に関する他の型はすべて，上述の特別な場合である．例えば実数上の $\lim_{x\to a}f(x)$ は，各正数 δ に対して $\{0<|x-a|<\delta\}$ をみたす x 全体を要素とする段階系を使って定義できる [→ 関数の極限]．数列の極限 $\lim_{n\to\infty}x_n$ は，各正整数 N に対して，$n>N$ である整数全体を要素とする段階系を使って定義できる [→ 数列の極限]．ムーアースミスの極限は，有向集合 D の各要素 a に対して，D 内の $x\geq a$ であるすべての x からなる集合を対応させた段階系によって記述できる [→ E. R. ムーア]．区間 $[a,b]$ 上のリーマン積分は，リーマン和（ダルブー和；$\sum f(\xi_i)(x_{i+1}-x_i)$ の形の積和）に対して，下記の段階系に関する極限として定義される．すなわち正の整数 σ と，任意の正整数 n に対する対 $((x_1,\cdots,x_{n+1}),(\xi_1,\cdots,\xi_n))$ の族で，$a=x_1$，$b=x_{n+1}$，$x_1,\cdots,x_{n+1}$ は全体として増加か減少かいずれか，そして各 k に対して ξ_k は x_k と x_{k+1} のなす閉区間内にあるもの，を段階系の要素として，共通部分は共通細分としてつくる．各種の極限については，それぞれの項目を参照．→ 定積分，フィルタ

■**極限値** limiting value
＝極限の値．

■**極限点** limit point
＝集積点．→ 集積点

■**極限に関する基本定理** fundamental theorems on limits
(1) 関数 u が極限 l をもち，c をある数とす

ると，cu は極限 cl をもつ．

(2) u と v がそれぞれ極限 l と m をもつとき，$u+v$ は極限 $l+m$ をもつ．

(3) u と v がそれぞれ極限 l と m をもつとき，uv は極限 lm をもつ．

(4) u と v がそれぞれ極限 l と m をもち，かつ m が 0 でないとき，u/v は極限 l/m をもつ．

(5) u が非減少で，かつ u はある数 A の大きさをけっして越えないならば，u は A 以下のある極限値をもつ．

(6) u が非増加で，かつ u はある数 B より決して小さくならないならば，u は B 以上のある極限値をもつ．

■**極座標（平面の）** polar coordinates in the plane

点の位置を指示するのに，与えられた点と固定点との距離およびその2点を結ぶ直線と**極軸**または**始線**とよばれる固定直線とのなす角を用いて表す座標系．その固定点（図中のO）を**極**とよぶ．極から与えられた点への距離 $\text{OP}=r$ を**動径**（ベクトル）という．（反時計回りを正として）角度 θ を**極角**または**ベクトル角**という．このとき，点Pの極座標を (r, θ) とかく．極角は偏角，振幅角，変位角，方位角などとよばれることもある．図から，直角座標と極座標の間に $x = r\cos\theta$, $y = r\sin\theta$ という関係があることがわかる．r が正のときは，点Pの極角は辺 OX から辺 OP に向かって測った角度で正にも負にもなる．r が負のときには，θ は辺 OX から OP を O の側に延長して得られる辺に向かって測った角度である．極座標が $(1, 130°)$ や $(-1, -50°)$ の点は第2象限内に位置する．極座標が $(-1, 130°)$ や $(1, -50°)$ の点は第4象限内にある．→ 角，球座標

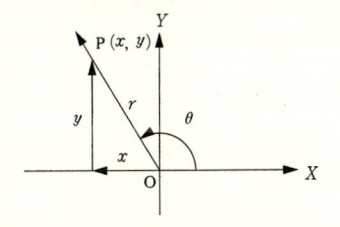

■**極座標紙** polar coordinate paper

極となる点を共通の中心とする共心円と，中心を通る径線が等角度間隔で一周するように描いてある紙．日本語では円型方眼紙ということが多い．極座標の関数のグラフを描くのに用いる．→ 極座標（平面の）

■**極3角形（球面3角形の）** polar triangle of a spherical triangle

与えられた球面3角形の3辺の極を頂点とする球面3角形．ただし，その極はそれに対する辺に向かい合う頂点に近いほうをとる．→ 球面上の円の極

■**極軸** polar axis
→ 極座標（平面の）

■**極小** local minimum
→ 最大値

■**極小曲線** minimal curve

線素 ds が恒等的に 0 である曲線．ユークリッド計量 $ds^2 = dx_1^2 + dx_2^2 + \cdots + dx_n^2$ のときは，曲線が1点に縮退するか，または少なくとも1つの座標関数が虚の場合に限る．＝等方線，長さ 0 の曲線．→ 極小直線

■**極小曲面** minimal surface

平均曲率が恒等的に 0 である曲面．面積積分の第1変分が 0 であるような曲面．極小曲面は，与えられた閉曲線の張る面積を，必ずしも最小にはしない．しかし，もし滑らかな曲面 S が面積を最小にするならば，S は極小曲面となる．

■**極小直線** minimal straight line

極小曲線で，虚の直線であるもの．空間の各点をそれらが無数に通っている．それらの方向成分は $(1-a^2)/2$, $i(1+a^2)/2$, a, ここで，a は任意である．→ 極小曲線

■**局所化の原理** localization principle

《フーリエ級数》f と $|f|$ とが区間 $[-\pi, \pi]$ で積分可能とする．

(1) f が区間 $(a, b) < (-\pi, \pi)$ において 0 になれば，f のフーリエ級数は，$a < c < d < b$ である任意の区間 $[c, d]$ において，一様に 0 に収束する．

(2) f のフーリエ級数の，点 x における収束性は，x のある（いくらでも小さくてよい）近傍内の f の挙動のみに依存する．

→ フーリエ級数，フーリエの定理

■**局所弧状連結** locally arcwise-connected
→ 弧状連結

■**局所コンパクト** locally compact
→ コンパクト

■**局所積分可能関数** locally integrable function
関数 f が集合 S 上で局所積分可能とは, f が S 上で可測であり, しかも f が S の任意のコンパクト集合上で有限な積分値をもつことである.

■**局所値** local value
(1) 数字のある位(桁)での値. → 位の値
(2) 関数のある特定の点での値.

■**局所的** in the small
ある点の近傍において. 例えば, 曲線のある点における曲率の性質を調べるときは, その点の近傍における曲率のふるまいに関係する. 古典的微分幾何は**局所的**(小域的)な研究である. 幾何学的対象それ自体に関する研究, あるいは幾何学的対象のある特定のことに関する研究は**大局的**研究とよばれる. 代数幾何は大局的研究である.

■**局所的性質** local property
空間や関数の性質で, 1点の適当な近傍内の状況だけで定まるもの. 例えば, ある直線が, ある曲線の点 P での接線であるとか, ある方程式が 1 点の近傍で解をもつ [→ 陰関数定理] など. 局所～という見出しのついた諸項目をも参照. これに対して図形や空間全体に関連して定まる性質を**大域的性質**という. 例えば位相空間内の集合が連結とかコンパクトという性質, 測地線や極小曲面を定義する性質, ガウス-ボンネの定理, グリーンの定理など. ＝小域的性質.

■**局所凸** locally convex
→ 凸集合

■**局所有限集合族** locally finite family of sets
位相空間 T の部分集合の族 F が**局所有限**であるとは, T の各点 x に対し, x のある近傍 U が存在して, F に属する集合の中で, U と交わるようなものの個数が, 有限個となることをい

う. 部分集合の族が**点有限**とは, T の各点がつねにたかだか有限個のそれらの部分集合に含まれることである.

■**局所ユークリッド空間** locally Euclidean space
位相空間 T であって, ある n に対して, T の各点が R^n の開集合と位相同型な近傍をもつもの. 空間 T はこのとき次元 n をもつという. 局所ユークリッド位相群は, リー群と同型であることが示されている(ヒルベルトの第5問題).
→ 多様体

■**局所連結集合** locally connected set
S の任意の点 x とその任意の近傍 U に対して, U に含まれる x のある近傍 V で, S と V の共通部分が連結であるものが存在するとき, S は**局所連結**であるという. → 連結集合

■**極接線** polar tangent
曲線の接線上, その接点と極座標の極を通り動径に垂直な直線との交点によって切り取られる線分. 極接線のこの垂直上への射影を**極接線影**という. 法線の曲線上の点とこの垂線の間の部分を**極法線**という. 極法線のこの垂線への射影を**極法線影**という.

■**曲線** curve, curved line
1次元の自由度をもった点の軌跡. 例えば平面上で, 直線は1次方程式をみたす座標の点の軌跡であり, 半径1の円は $x^2+y^2=1$ をみたす点の軌跡である. 専門的には, 連続変換 T と, T による閉区間 $[a, b]$ の像 C のことを曲線とよぶ. T による a の像をその曲線の**始点**, b の像を**終点**とよぶ. 両者が一致しないときには, それらを曲線の**端点**という. 例えば, f, g を閉区間 $[a, b]$ を定義域にもつ連続関数とするとき, 平面曲線とは媒介変数 t で表された関数の組 $x=f(t), y=g(t)$ のグラフのことである. この特別な場合として, f を $[a, b]$ 上の連続関数とするとき, $y=f(x)$ のグラフは平面曲線である. a の像と b の像が一致するとき, 曲線を閉曲線という. a, b 以外の $[a, b]$ のどの異なる 2 つの数も曲線の同一の点を定めないとき, その曲線は**単純曲線**といわれる. 単純閉曲線はジョルダン閉曲線ともよばれる. なお折れ線でも直線でもない線, あるいは連続的に方向を変える曲線を "曲った線" ということもある.

■極線　polar line
　→ 円錐曲線の極と極線，空間曲線の極線

■曲線運動　curvilinear motion
　直線上の運動ではなく，曲線に沿った運動．

■曲線座標（空間の点における）　curvilinear coordinates of a point in space
　3重直交曲面系は3つの助変数で決定される．空間の与えられた点Pを通る3つの曲面を定めるこれら3つの助変数の値を，Pの曲線座標とよぶ．→ 3重直交系（曲面の），共焦円錐曲線

■曲線上の点における勾配　slope of a curve at a point
　その点における接線の勾配．微係数 dy/dx がその点における勾配を与える．

■曲線族　family of curves
　n 個の任意定数を含む曲線の方程式において，その任意定数を動かして得られる曲線全体のことを，**自由度 n の曲線族**という言葉で表すことがある．例えば，大部分の n 階微分方程式に対しては，その一般解が表す曲線の全体は自由度 n の曲線族をなすと考えられる．平面上で，与えられた点を中心とする円の全体を考えると，半径を任意定数として，**自由度1の曲線族**とみなすことができる．与えられた半径をもつ円全体の場合は，中心の座標を任意定数として，**自由度2の曲線族**と考えられる．平面上の円の全体は自由度3の曲線族となり，円錐曲線の全体は自由度5となる．与えられた円に接する直線の全体は自由度1であり，平面上の直線の全体は自由度2である．

■曲線族の束（曲面上の）　pencil of families of curves on a surface
　1つの助変数によって与えられる曲面上の曲線族の集合で，どの2つの曲線族をとっても一定の角で交わるもの．

■曲線柱　cylindroid
　(1) 要素に垂直な平面による切り口が楕円である柱面．
　(2) 与えられた平面に平行で，与えられた2曲線の両方と交わる直線の集まり．

■曲線のあてはめ　curve fitting
　実験曲線すなわち観測値を近似する曲線を決定すること．→ 最小2乗法，実験曲線

■曲線の角点　salient point on a curve
　曲線の2つの分岐が合わさり止まった点であって，両側に異なる接点をもつ点．曲線 $y=x/(1+e^{1/x})$ と $y=|x|$ は原点で角点をもつ．

■曲線の逆数曲線　reciprocal curve of a curve
　与えられた曲線上の各点の縦座標を逆数におきかえることによって得られる曲線のこと．つまり，与えられた直交座標における方程式で，y を $1/y$ におきかえて得られる方程式のグラフ．例えば，$y=1/x$ と $y=x$ のグラフは，互いに他の逆数曲線である．また，$y=\sin x$ と $y=\operatorname{cosec} x$ のグラフも同様である．

■曲線の曲率　curvature of a curve
　円の曲率は半径の逆数である．円以外の曲線のある点における曲率は，その点の近くで最もよくその曲線を近似する円の曲率と考えられる．
　(1) **平面曲線**について，曲線に沿った距離に対する傾角の変化率の絶対値を，その曲線の曲率という．すなわち曲線に沿った距離に関する $\tan^{-1}\left(\dfrac{dy}{dx}\right)$ の導関数の絶対値を曲率という．直角座標では曲率 K は
$$K=\left|\frac{d^2y}{dx^2}\right|\bigg/\left[1+\left(\frac{dy}{dx}\right)^2\right]^{\frac{3}{2}}$$
で与えられ，媒介変数表示では x, y を t の関数とするとき
$$\left|\frac{(dx/dt)(d^2y/dt^2)-(dy/dt)(d^2x/dt^2)}{[(dx/dt)^2+(dy/dt)^2]^{\frac{3}{2}}}\right|$$
で与えられる．また極座標では
$$\left|\frac{r^2+2(dr/d\theta)^2-r(d^2r/d\theta^2)}{[r^2+(dr/d\theta)^2]^{\frac{3}{2}}}\right|$$
となる．弧に沿っての傾角の変化とその弧の長さの比の絶対値を，その弧に沿っての**平均曲率**とよぶ．弧の長さを0に近づけたときの平均曲率の極限が曲率である．曲線の凹の側で接している，接点における曲線の曲率と同じ曲率をもつ円を，その曲線の（その点における）**曲率円**という．曲率円の半径を**曲率半径**，その中心を**曲率中心**とよぶ．（Δs を弧 AB の長さ，θ をラジアンを単位としてはかるとき），Δs が0に近

づくときの $\left|\dfrac{\Delta\theta}{\Delta s}\right|$ の極限が A における曲率である．この定義において絶対値を除いたものを曲率と定義することもある．曲線が上に凹か，下に凹かに応じて $\left(\dfrac{d^2y}{dx^2}\text{が正か負かに応じて}\right)$，$\Delta\theta$ は正か負になるが，後の定義では曲率の符号は $\Delta\theta$ の符号に依存して決まる．

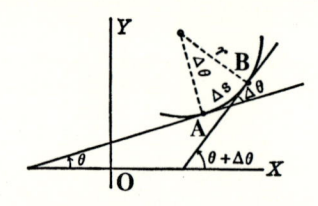

(2) 空間曲線 C について，P を固定点，P′ を動点，s を P から P′ への C の弧の長さ，$\Delta\theta$ を P, P′ における C の接線の間の正方向への角とする．このとき P における C の曲率 $K=\dfrac{1}{\rho}$ は

$$K=\dfrac{1}{\rho}=\lim_{\Delta s\to 0}\left|\dfrac{\Delta\theta}{\Delta s}\right|$$

で定義される．この場合も曲率は曲線に沿った長さに対する C の接線の回転の割合の量である．ρ は**曲率半径**である（**曲率円**は接触円である[→接触円]）．これはまた第 1 曲率ともよばれる[→捩率]．単位接ベクトルを T，曲線に沿う距離を s とするとき，平面曲線においても，空間曲線においても，曲率は $\left|\dfrac{dT}{ds}\right|$ に等しい．x, y, z を媒介変数 t の関数，(x, y, z) を曲線の点，P の位置ベクトルを $xi+yj+zk$ とし，さらに $V=\dfrac{dP}{dt}$, $A=\dfrac{dV}{dt}$, $v=|V|$ とおく．このとき，V と A のベクトル積を $V\times A$ で表せば，曲率は $\dfrac{|V\times A|}{v^3}$ に等しい．

■**曲線の軸**　axis of a curve
＝対称変換軸．→ 対称な図形

■**曲線の次数**　degree of a curve
→ 平面代数曲線

■**曲線の縮閉線**　evolutes of a curve
→ 伸開線

■**曲線の中心**　center of a curve
曲線が対称となる点があるとき，その点を曲線の中心という．双曲線のような閉じていない曲線も，ある 1 点について対称であれば，その点を中心という．ただし，中心という語は通常は円や楕円のような閉曲線について用いられる．[類]対称の中心．→ 対称な図形

■**曲線の追跡**　curve tracing
曲線上の点を見いだし，その曲線を図示，あるいは全体を描くこと．さらに進んだ方法としては対称性，存在域，漸近線などについて調べたり，臨界点，傾き，傾きの変化，凸性や凹性を決めるための導関数などを用いる．

■**曲線の通常点**　ordinary point of a curve
→ 通常点

■**曲線の点別プロット**　point-by-point plotting (graphing) of a curve
次々に順序を決めて曲線上のいくつかの点を求め，所望の曲線を近似するように，それらの点を通る曲線を描くこと．

■**曲線の等温共役系**　isothermal-conjugate system of curves
曲面 S 上の 2 つの 1 助変数曲線族からなる系で，曲線を助変数を含む曲線と考えたとき，S の第 2 基本 2 次形式が $\mu(u, v)(du^2\pm dv^2)$ となるもの．特に，このとき共役系となるものが等温共役系である[→曲面上の曲線の共役系]．等温共役系が S の第 2 基本 2 次形式と関連があるのは，等温的系が第 1 基本 2 次形式と関連することと似ている．→ 等温的曲線族（曲面上の）

■**曲線の等距離系**　isometric system of curves on a surface
（与えられた曲面上の）2 つの 1 助変数曲線族からなる系で，等長写像によって同一とみなされうるもの．

■**曲線の特異点**　singular point of a curve
→ 通常点

■**曲線の内在的性質**　intrinsic property of a curve
→ 内在的性質（曲線の）

■**曲線の長さ** length of a curve

AとBを曲線上の2点とし，Aからこの曲線に沿ってBまでn個の点$A=P_1, P_2, P_3, \cdots, P_n=B$をとる．相隣る2点を結ぶ弦の長さの和
$$\overline{P_1P_2}+\overline{P_2P_3}+\overline{P_3P_4}+\cdots+\overline{P_{n-1}P_n}$$
が上界をもつとき，このような和の上限をAとBの間の曲線の長さという．上界が存在しないとき，長さは定義されない．すなわち，長さは存在しない．単純曲線Cが媒介変数方程式$x=f(t), y=g(t), z=h(t), a\leqq t\leqq b$，で表されるとき，$f, g, h$が区間$[a, b]$上で微分可能でかつ，$f', g', h'$が$[a, b]$上で有界ならば，$C$は長さをもつ．さらに，$f', g', h'$が$[a, b]$上で連続ならば，$C$の長さは，
$$\int_a^b [f'(t)^2+g'(t)^2+h'(t)^2]^{1/2}dt$$
で与えられる．平面曲線が$x_1\leqq x\leqq x_2$において方程式$y=f(x)$で表され，dy/dxが連続ならば，その長さは
$$\int_{x_1}^{x_2}\left[1+\left(\frac{dy}{dx}\right)^2\right]^{1/2}dx$$
で与えられる．極座標を用いれば，その長さは
$$\int_{\theta_1}^{\theta_2}\left[r^2+\left(\frac{dr}{d\theta}\right)^2\right]^{1/2}d\theta$$
で与えられる．

■**曲線の弓形** segment of a curve
(1) 曲線上の2点間の部分．
(2) 弦で囲まれた部分および弦に対した曲線の弧の部分．**円の弓形**とは弦と弦に対する弧との間の部分のことをいう．任意の弦はそれが直径である場合を除いて円を異なる2つの領域に分ける．長い部分，短い部分をそれぞれ**優弓形**，**劣弓形**という．円の弓形の面積は$\frac{1}{2}r^2(\beta-\sin\beta)$である．ただし，$r$は円の半径，$\beta$は弓形の弧が円の中心において張る角である．

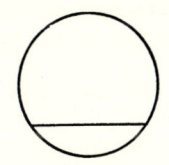

■**曲線のループ** loop of a curve
(1) 平面曲線の一部で，有界集合の境界をなすもの．
(2) → グラフ理論

■**極大** local maximum
→ 最大値

■**極大元** maximal member
→ 集合の極大元

■**極大フィルター** ultrafilter
→ フィルター

■**極法線** polar nomal
→ 極接線

■**極法線影** polar subnormal
→ 極接線

■**極平面** polar plane
→ 2次曲面の極と極平面

■**極平面積計** polar planimeter
→ 平面積計

■**極展開面（空間曲線の）** polar developable of space curve
→ 空間曲線の極展開面

■**極方程式** polar equation
極座標に関する方程式．→ 円錐曲線，直線の方程式

■**曲面** surface
空間において，方程式$z=f(x, y)$あるいは，$F(x, y, z)=0$，または媒介変数で表された式$x=x(u, v), y=y(u, v), z=z(u, v)$をみたす点$(x, y, z)$からなる図形．ここで，連続性やヤコビアンの1つは0でないという（退化しないための）条件を付加する[→ 滑らかな曲面]．例えば，中心$(0, 0, 0)$，半径2の球面の方程式は$x^2+y^2+z^2=4$である．これを媒介変数で表せば$x=2\sin\phi\cos\theta, y=2\sin\phi\sin\theta, z=2\cos\phi$となる．詳しくいうと数学的に一般化された定義は次のようになる．狭い意味での**閉曲面**とは，その曲面上の各点が，平面上の円の内部と位相同型な近傍をもつような連結コンパクト距離空間である．**境界曲線をもつ曲面**は，境界曲線上の各点における上記の近傍の条件を，直径で二分した平面上の半円と位相同型で，直径が境界線と位相同型であると修正して定義される．これと同値な定義として，曲面とは，次の条件を

みたす有限個の（頂点と辺をもち，平面3角形と位相同型な）"3角形"に分割できる図形である．(i) 2つの3角形が交わるならば，その交わりはそれぞれの3角形の辺である，(ii) 辺は3つ以上の3角形に属さない，(iii) 任意の2つの3角形 R, S に対し，3角形の列 $T_1, T_2, \cdots, T_n$ で，$T_1=R$, $T_n=S$ をみたし，T_i と T_{i+1} が辺を共有するような列がとれる．3角形の各辺がまた，他の3角形の辺となっているような曲面は，**閉じている**という．そうでないとき，曲面は有限個の閉じた境界曲線をもつ．上記3角形の周囲を回る方向を指定し，それが，共通辺では互いに逆向きとなるようにできるとき，曲面は，**向きづけ可能**であるという．このことは，曲面が，メビウスの帯（と同型な部分）を含まないことと同値である．あるいは，向きづけられた小円が曲面上を移動することによって，逆向きになるようなことがおこらないことと同値である．→ 種数（曲面の）

■**曲面から接平面への距離** distance from a surface to a tangent plane

S を媒介変数表示が $x=x(u,v)$, $y=y(u,v)$, $z=z(u,v)$ である曲面とする．X, Y, Z を S の法線の方向余弦，e は du, dv の3次またはそれより高次の項，

$$D = X\frac{\partial^2 x}{\partial u^2} + Y\frac{\partial^2 y}{\partial u^2} + Z\frac{\partial^2 z}{\partial u^2}$$
$$= \sum X\frac{\partial^2 x}{\partial u^2} = -\sum \frac{\partial X}{\partial u}\frac{\partial x}{\partial u}$$
$$D' = \sum X\frac{\partial^2 x}{\partial u \partial v} = -\sum \frac{\partial X}{\partial u}\frac{\partial x}{\partial v} = -\sum \frac{\partial X}{\partial v}\frac{\partial x}{\partial u}$$
$$D'' = \sum X\frac{\partial^2 x}{\partial v^2} = -\sum \frac{\partial X}{\partial v}\frac{\partial x}{\partial v}$$

とする．このとき点 (u,v) における S の接平面と，S の点 $(u+du, v+dv)$ との距離は，

$$\frac{1}{2}(dxdX + dydY + dzdZ) + e$$
$$= \frac{1}{2}(Ddu^2 + 2D'dudv + D''dv^2) + e$$
$$= \frac{1}{2}\Phi + e$$

で与えられる．→ 曲面の基本2次形式

■**曲面上の1点における共役な方向** conjugate directions on a surface at a point

曲面 S の楕円点あるいは双曲点 P におけるデュパンの標形の共役直径の対の方向．P を通る S の任意の方向に対し，それと共役な方向が一意に存在し，それゆえ，P における共役な方向の対は無数に存在する．互いに直交する共役な方向は主方向であることが必要である．共役な方向は放物点や平面上では定義されない．S 上の曲線 C に沿って接点が動くとき，その接点における接平面の特性曲線は，C の方向の共役方向へのその曲面の接線である．→ 曲面上の曲線の共役系

■**曲面上の曲線の共役系** conjugate system of curves on a surface

曲面 S 上の曲線の2個の1助変数族が以下の性質をもつとき共役系とよぶ．すなわち S の1点 P をそれぞれの族の唯一の曲線が通り，これらの2本の曲線の点 P における接線の方向は S の P における共役方向になっている［→ 曲面上の1点における共役な方向］．曲線の助変数系は S 上で $D' \equiv 0$ のとき，またそのときに限り共役系をなす［→ 曲面の基本係数］．曲率線の集合は共役系をなす．とくにそれは唯一の直交共役系である．

■**曲面上の曲線の測地的曲率** geodesic curvature of a curve on a surface

S を媒介変数によって $x=x(u,v)$, $y=y(u,v)$, $z=z(u,v)$ と表される曲面とし，C を媒介変数によって $u=u(s)$, $v=v(s)$ と表される S 上の曲線とする．π を，C 上の点 P における S の接平面とし，C の π 上への正射影を C' とおく．P において，C の従法線の正の向きと S の法線の正の向きがなす角を ϕ とおく．このとき，C の P における（S に関する）測地的曲率 k_g は，$k_g = k\cos\phi$ により定義される（k は C の P における曲率）．よって，k_g は，絶対値が C' の曲率に等しく，C の従法線の正の向きが S の接平面に関して S の法線の正の向きと同じ側にあるかどうかにしたがって，正または負になる．ゆえに，C を逆向きにたどる曲線を考えれば，測地的曲率の符号が入れかわる．測地的曲率の逆数のことを**測地的曲率半径**という．また，上の記号で，C' の P における曲率中心を，C の P における**測地的曲率中心**とよぶ．

■**曲面上の曲線の直交系** orthogonal system of curves on a surface

曲面 S 上の，それぞれ1つの助変数をもつ，2つの曲線族の系であって，次の性質をもつもの．S の任意の点 P を通る曲線が各族の中にた

だ1つずつ存在し，しかもPにおけるそれら2つの曲線の接線は直交する．

■**曲面上の子午線**　meridian curve on a surface

曲面上の曲線で，その球面表示が単位球上の大円の上にくるもの．→ 子午線

■**曲面上の臍点**　umbilical point of a surface

曲面 S 上の点で，**球面状態あるいは平面状態**となっている点．

S 上の点が臍点であるための必要十分条件は，第1基本2次形式と第2基本2次形式が比例することである．S 上の臍点においては，この曲面の法曲率がすべての方向について等しい．球面上や平面上では，すべての点が臍点である．回転楕円面が回転軸と交わる点は臍点である．

■**曲面上の双極子の2重層分布のポテンシャル関数**　potential function for a double layer of distribution of dipoles on a surface

このポテンシャル関数 U は

$$U = \int m \cos\theta r^{-2} dS$$

で与えられる．ここで，m は双極子分布の単位面積あたりのモーメントで，θ は偏極ベクトルと場内の点を指すベクトルのなす角である[→複合体のポテンシャルの集中法]．m が連続であるばかりでなく C^1 級であり，偏極ベクトルが曲面と垂直ならば，MとNがPに近づくとき，

$$\lim \frac{\partial U}{\partial n}\Big|_N = \lim \frac{\partial U}{\partial n}\Big|_M$$

である．しかし，この場合，U はその曲面を通過するとき不連続となる．なぜなら，m が連続で，MとNがそれぞれPを通る曲面の法線上の正と負の側にある点ならば，$\lim U(M) = U(P) + 2\pi m(P)$ となる一方，$\lim U(N) = U(P) - 2\pi m(P)$ となるからである．

■**曲面上の測地的円**　geodesic circle on a surface

曲面 S 上の定点Aを通る測地線 C 上の，C のA，Q間の弧の長さが一定値 r であるような点Qの（C が動くときの）全体がなす軌跡を，Aを中心とする，**測地的半径**が r の**測地的円**という．Aを中心とする測地的円は，Aを通る測地線族に対する直交軌道になっている．→ 測地的極座標

■**曲面上の超過接触曲線**　superosculating curves on a surface

曲面上の法切断線がそれらの曲率円と超過接触しているときの，その曲線．

■**曲面上の点での漸近方向**　asymptotic directions on a surface at a point

曲面 S 上の点Pで，$Ddu^2 + 2D'du\,dv + D''dv^2 = 0$ となる方向[→曲面の基本係数]．S 上の点Pでの漸近方向は，Pでの接平面が少なくとも3次の接触をする方向である[→曲面から接平面への距離]．漸近方向はまた，**法曲率**が0になる方向でもある．平面上の点では，すべての方向が漸近方向である．一般に点Pにおいて，ちょうど2つの漸近方向が存在し，実曲面 S 上の点Pが双曲的点か，放物的点か，楕円的点かにより，それぞれその方向は2つの異なった実直線，2本が一致した実直線，あるいは実直線としては存在しないことになる．

■**曲面上の点の曲線座標**　curvilinear coordinates on a surface

曲面 $S : x = x(u, v)$，$y = y(u, v)$，$z = z(u, v)$ の上の点の媒介変数座標 u，v．→ 媒介変数方程式

■**曲面上の特異曲線**　singular curve on a surface

曲面 S 上の曲線 C の各点が S の特異点であるような曲線 C．→ 通常点

■**曲面上の連続変形曲線**　path curve of continuous surface deformation

曲面上の連続変形による，与えられた点の軌跡．

■**曲面積**　surface area

曲面の面積を平面集合の面積の和で近似することには注意が必要である．例えば，与えられた曲面上に，平等に分配された点をとり，その3点ずつでつくられる3角形よりなる，しわのよった曲面で，与えられた曲面を近似することができる．しかも，このしわのよった曲面の面積は，小3角形の面積の和である．もっと点を増やして密集するように選べば，しわのよった

曲面の面積は，与えられた曲面の面積に近づくと考えるのは当然のように思える．しかしながら，曲面が直円柱の場合は，しわのよった曲面の面積が，直円柱の面積に近づかないように，点を選ぶことができる．さらに，面積が，有界でないようにも選べる．面積を決定する次の方法は，曲面を近似する接平面の集合を使用することによって，この難点を避けている．柱面や錐面のように，平面上をころがすことができる曲面に対しては，ころがして得られる平面の領域の面積を，その面積として直ちに決められる．

(1) 曲面の面積は，その曲面上に分配された点のうち，隣接した点における接平面の交わりがつくる多角形の面積の和の極限である．この極限とは，これらの多角形の面積の最大値が0に近づくように点をとったときの極限を意味する．これらの接平面の面積は，座標平面の1つの上の面分を接平面に射影することによって求められる．

(2) 平面 P は，その垂線が与えられた曲面 S と2点以上で交わらないとする．曲面 S の平面 P への射影を A とする．A を分割し，その構成要素を A_k とする．A_k 上の1点を通り P に直交する直線と S との交点において，S に接する接平面をつくる．この接平面上へ，P に直交する直線に沿って A_k を射影する．このとき，S の面積とは，この射影された図形の面積の和の（分割を細かくしたときの）極限である．P が (x, y) 平面で，β が接平面と (x, y) 平面とのなす角とするならば，曲面 S の面積は，この曲面を (x, y) 平面へ射影した図形上での $(\sec \beta)\, dx\, dy$ （これを**面積要素**あるいは**面積微分**という）の積分に等しい．曲面の方程式が $z=f(x, y)$ の形ならば，
$$\sec \beta = [1+(D_x z)^2+(D_y z)^2]^{1/2}$$
である．$D_x z, D_y z$ はそれぞれ，z の x と y に関する偏導関数を表す．曲面の方程式が $f(x, y, z)=0$ の形ならば，
$$\sec \beta = \frac{f_x{}^2+f_y{}^2+f_z{}^2}{f_z}$$
である．下つき添字は偏導関数を表す．$\sec \beta$ は有限値，すなわち，どの接平面も (x, y) 平面と直交しないと仮定する．

(3) 曲面 S が，(u, v) 平面上の集合 D を変域とする位置ベクトル $\boldsymbol{P}$ で表された滑らかな曲面ならば，S の面積は
$$\int_D \left| \frac{\partial \boldsymbol{P}}{\partial u} \times \frac{\partial \boldsymbol{P}}{\partial v} \right| dA$$
で与えられる．ここに dA は媒介変数 u, v に関する面素である．$y=f(x)$ $(y \geq 0)$ のグラフを x 軸のまわりに回転して得られる曲面に対して，この公式は $\int 2\pi f(x)\{1+[f'(x)]^2\}^{1/2} dx$ あるいは $\int 2\pi f(x)\, ds$ となる．

(4) 曲面積についての高度な理論があり，多くの定義が与えられている．ルベーグにより与えられた次の定義がよく用いられる．曲面の面積とは，（フレシェの意味で）この曲面に近づくような多面体の表面積の和の極限値（として与えられる集合の）下限である．→ 面積分

■**曲面族** family of surfaces

n 個の任意定数を含む曲面の方程式において，その任意定数を動かして得られる曲面全体のことを，**自由度 n の曲面族**という言葉で表すことがある．例えば，球面族において，球面の全体は，自由度4の曲面族とみなすことができ，与えられた点を中心とする球面の全体は，自由度1の曲面族とみなすことができる．

■**曲面の円点** circular point of a surface

$D=kE, D'=kF, D''=kG, k \neq 0$ をみたす曲面の楕円点［→ 曲面の基本係数，曲面の楕円点］．円点においては法曲率の主半径は等しく，デュパンの標形は円となる．曲面が球面であるための必要十分条件は，その曲面上のすべての点が円点であることである．回転楕円面がその回転軸と交わる点は円点である．→ 平坦点（曲面の），曲面上の臍点

■**曲面のガウス曲率** Gaussian curvature of a surface

＝全曲率．→ 曲面の曲率

■**曲面のガウス表示** Gaussian representation of a surface

＝曲面の球面表示．→ 球面像（曲線，曲面の）

■**曲面の基本係数** fundamental coefficients of a surface

曲面の第1基本2次形式の係数 E, F, G を曲面の**第1基本係数**という（＝曲面の第1基本量）．曲面の第2基本2次形式の係数 D, D', D'' を曲面の**第2基本係数**という．→ 曲面の基本2次形式

■**曲面の基本2次形式** fundamental quadratic forms of a surface

式 $Edu^2+2Fdudv+Gdv^2$ を**曲面の第1基本2次形式**という．テンソルでは $g_{\alpha\beta}du^\alpha dv^\beta$ とかく [→ 線型要素]．

式 $\Phi=Ddu^2+2D'du\,dv+D''dv^2$ を**曲面の第2基本2次形式**という．これは
$$\Phi=Ldu^2+2Mdudv+Ndv^2$$
または $\Phi=edu^2+2fdu\,dv+gdv^2$ ともかく．テンソルでは $d_{\alpha\beta}du^\alpha dv^\beta$ とかく [→ 曲面から接平面への距離]．

球面表示された曲面の第1基本2次形式を**曲面の第3基本2次形式**ともいう．なお基本2次形式を基本形式と略称することが多い．

■**曲面の曲率** curvature of a surface

曲面 S のその点での与えられた方向の，法線を含む切り口 C の曲率にある適当な符号をつけた値を，その点における与えられた方向に対する S の**法曲率**という．S の法線の正の方向と C の主法線の正の方向が一致するとき，符号は正，そうでないときには負とする．法曲率 $1/R$ は
$$\frac{1}{R}=\frac{Ddu^2+2D'dudv+D''dv^2}{Edu^2+2Fdudv+Gdv^2}$$
で与えられる．法曲率の逆数 R をその点における与えられた方向に対する**法曲率半径**といい，対応する法切り口 C の**曲率中心**を法曲率中心という [→ 曲面の基本係数，ムーニェの定理]．曲面の通常点では，その点における法曲率半径の最大値と最小値を与える方向があり，それらの方向は互いに直交する（その点における法曲率半径はどの方向に対しても同一である場合を除いて）．この2つの方向をその点における曲面の**主方向**とよぶ [→ 曲面上の臍点]．その点における主方向に対応する2つの法曲率 $\frac{1}{\rho_1}$, $\frac{1}{\rho_2}$ をその点の曲面の**主曲率**とよぶ．ρ_1, ρ_2 をその点における**主法曲率半径**といい，主方向に対応する法曲率の中心を**主曲率中心**という．主曲率の和
$$K_m=\frac{1}{\rho_1}+\frac{1}{\rho_2}=\frac{ED''+GD-2FD'}{EG-F^2}$$
を曲面の**平均曲率**（あるいは平均法曲率）とよぶ．その点における主曲率の積
$$K=\frac{1}{\rho_1\rho_2}=\frac{DD''-D'^2}{EG-F^2}$$
をその点における曲面の**全曲率**（あるいは，全法曲率または**ガウス曲率**）とよぶ．曲面を2次元リーマン空間とみなしたときの線素を $ds^2=g_{\mu\gamma}dx^\mu dy^\gamma$, 共変リーマン–クリストッフェルテンソルの唯一の0でない成分を R_{1221} とするとき，テンソルを用いてガウス曲率 K は
$$K=\frac{R_{1221}}{g_{11}g_{22}-g_{12}^2}$$
というスカラー場として表される．R_{1221} はその曲面の第2種基本微分形式の係数行列式であることから，曲面の全曲率は，その曲面の第2種基本微分形式の係数行列式とその曲面の第1種基本微分形式 $ds^2=g_{\alpha\beta}dx^\alpha dy^\beta$ の係数行列式の比であることがわかる．→ 全曲率半径（曲面上の点における）

■**曲面の曲率線** lines of curvature of a surface

曲面 $S: x=x(u,v), y=y(u,v), z=z(u,v)$ 上の $(ED'-FD)du^2+(ED''-GD)dudv+(FD''-GD')dv^2=0$ によって定義される曲線族 [→ 曲面の基本係数]．これらの曲線は曲面上の直交系をなし，S 上の1点Pを通る2つの曲率線はその点における S の主方向を決定する．→ 曲面の曲率

■**曲面の軸** axis of a surface

＝対称変換軸．→ 対称な図形

■**曲面の周囲の長さ** girth

S を曲面とする．0 でないベクトル v に対し，v と直交し，かつ，S と交わるような平面による S の断面の周囲の長さ l_v が，そのような平面のとり方によらずに一定であるとき，この l_v のことを，v に対する S の周囲の長さという．また，v を（それに対して周囲が定義できるようなベクトル全体を）動かしたときの l_v の最小値のことを，単に，S の周囲の長さという．

■**曲面の縮閉面** evolute of a surface

与えられた曲面 S に関する中心の2つの曲面 [→ 中心曲面（与えられた曲面に関する）]．S の曲率線への法線として S への法線族を選ぶとき，S の曲率線族のそれぞれの縮閉線の軌跡として中心の曲面を得ることができる [→ 縮開線]．S の縮閉面は，S に平行な任意の曲面の縮閉面にもなっている．→ 曲面の平均縮閉面，平行曲面，伸開面

■**曲面の種数**　genus of a surface
→ 種数（曲面の）

■**曲面の跡**　traces of a surface
曲面と座標平面との交わり．

■**曲面の接座標**　tangential coordinates of a surface
$x=x(u,v)$, $y=y(u,v)$, $z=z(u,v)$ と表される曲面 S の法線の方向余弦を X, Y, Z とする．S の点 $P:(x,y,z)$ での S の接平面への原点からの代数距離を W で表す，すなわち $W=xX+yY+zZ$．X, Y, Z, W は S の接座標とよばれ，これらによって S は一意に決定される．

■**曲面の絶対的性質**　absolute property of a surface
＝曲面の内在的性質．→ 内在的性質（曲面の）

■**曲面の漸近曲線**　asymptotic line on a surface
曲面上の曲線 C が，その各点での C の方向が S の漸近方向であるとき，この曲線を漸近曲線といい，微分方程式 $Ddu^2+2D'dudv+D''dv^2=0$ で定義される．一般に S の各点ではこのような曲線が 2 本ある．→ 曲面上の点での漸近方向

■**曲面の双曲的点**　hyperbolic point of a surface
ガウス曲率が負であるような点．つまり，デュパンの標形が双曲線であるような点．

■**曲面の第 1 基本量**　fundamental quantities of the first order of a surface
→ 曲面の基本係数

■**曲面の楕円点**　elliptic point on a surface
デュパンの標形が楕円である点．→ デュパン標形

■**曲面の特異点**　singular point of a surface
曲面の特異点とは次式で定義される曲面の点のことをいう［→ 曲面の基本係数］．$x=x(u,v)$, $y=(u,v)$, $z=z(u,v)$,
$$H^2=EG-F^2=0$$
$$H^2=\left[\frac{\partial(y,z)}{\partial(u,v)}\right]^2+\left[\frac{\partial(z,x)}{\partial(u,v)}\right]^2+\left[\frac{\partial(x,y)}{\partial(u,v)}\right]^2$$
であるから，実曲面を表す媒介変数に対して，H^2 は非負数である．H^2 は 3 つのヤコビアンが実曲面において同時に 0 ではないならば，ある点において正数である．H は微分幾何におけるいくつもの重要な公式の分母に現れる．

■**曲面の特性曲線**　characteristic curves of surface
曲面 S 上の，曲線の共役系が以下の性質をもつとき特性曲線とよぶ．すなわち S の点 P における系の 2 本の曲線の接線の方向が S の P における特性方向になっている［→ 曲面上の曲線の共役系，曲面の特性方向］．特性曲線は $D:D''=E:G$ かつ $D'=0$ のとき．またそのときに限り媒介変数曲線となる．→ 曲面の基本係数

■**曲面の特性方向**　characteristic directions on a surface
曲面 S 上の S の点 P における共役方向の組で，S の P を通る曲率線の方向に関して対称なもの．S 上の P における特性方向は，臍点を除いて一意であり，S 上の P における共役方向の組のなす角を最小にする．

■**曲面の内在的性質**　intrinsic property of a surface
→ 内在的性質（曲面の）

■**曲面の微分変数**　differential parameter of a surface
関数 $f(u,v)$ と曲面 $S:x=x(u,v)$, $y=y(u,v)$, $z=z(u,v)$ に対して定義される関数
$$\Delta_1 f=\left(\frac{df}{ds}\right)^2$$
$$=\frac{E\left(\frac{\partial f}{\partial v}\right)^2-2F\frac{\partial f}{\partial u}\frac{\partial f}{\partial v}+G\left(\frac{\partial f}{\partial v}\right)^2}{EG-F^2}$$
のこと．ここで微分 $\frac{df}{ds}$ は S 上の $f=$定数で表される曲線に垂直方向の微分である．$\Delta_1 f$ の値は媒介変数の変換 $u=u(u_1,v_1)$, $v=v(u_1,v_1)$ に関して不変，すなわちスカラー量である［→ 変動（曲面上の関数の）］．スカラー $\Delta_1 f$ は関数 f の曲面 S に関する **1 階の微分変数**である［→ 1 階混合微分パラメータ］．2 階の微分変数は不変量

$$\Delta_2 f = \frac{\frac{\partial}{\partial u}\left(\frac{G\frac{\partial f}{\partial u}-F\frac{\partial f}{\partial v}}{(EG-F^2)^{1/2}}\right)+\frac{\partial}{\partial v}\left(\frac{E\frac{\partial f}{\partial v}-F\frac{\partial f}{\partial u}}{(EG-F^2)^{1/2}}\right)}{(EG-F^2)^{1/2}}$$

である. 曲面 S の定義域である (u, v)-領域の等角写像 ($E=G=\sigma(u, v)\neq 0, F=0$ をみたす写像) については, $\Delta_2 f$ の分子は f のラプラシアンになる.

$$\Delta_2 f = \left(\frac{\partial^2 f}{\partial u^2}+\frac{\partial^2 f}{\partial v^2}\right)/\sigma$$

$\Delta_1 \Delta_1 (f, g)$, $\Delta_1 \Delta_2 f$ などの他の 2 階および 2 階より高階の微分不変量もある. → 1 階混合微分変数

■**曲面の平均共役曲線** mean-conjugate curve on a surface

各点において曲面 S の平均共役方向に接する S 上の曲線 C のこと. → 曲面の平均共役方向

■**曲面の平均共役方向** mean-conjugate directions on a surface

曲面 S の点 P における共役な方向が, その点における曲面の曲率線により 2 等分されるとき, その方向を平均共役方向とよぶ. S のガウス曲率が正であれば, 平均共役方向は実在し, それぞれの共役方向における S の法曲率半径 R がそこでの主半径の平均に等しい, すなわち $R=(\rho_1+\rho_2)/2$ となる. → 曲面の平均共役曲線

■**曲面の平均縮閉面** mean evolute of a surface

曲面 S の法線に直交し, S の主曲率の中心間にある法線を切断する平面の包絡面のこと. → 曲面の縮閉面

■**曲面の法曲率** normal curvature of a surface
 → 曲面の曲率

■**曲面の法線の方向成分** direction components of the normal to a surface

媒介変数表示 $x=x(u,v)$, $y=y(u,v)$, $z=z(u,v)$ で与えられている曲面 S の正則点における法線の方向成分は,

$$A = \begin{vmatrix} \frac{\partial y}{\partial u} & \frac{\partial z}{\partial u} \\ \frac{\partial y}{\partial v} & \frac{\partial z}{\partial v} \end{vmatrix} \quad B = \begin{vmatrix} \frac{\partial z}{\partial u} & \frac{\partial x}{\partial u} \\ \frac{\partial z}{\partial v} & \frac{\partial x}{\partial v} \end{vmatrix}$$

$$C = \begin{vmatrix} \frac{\partial x}{\partial u} & \frac{\partial y}{\partial u} \\ \frac{\partial x}{\partial v} & \frac{\partial y}{\partial v} \end{vmatrix}$$

としたとき, $A:B:C$ である 3 数である. 法線の正方向は, $H=\sqrt{A^2+B^2+C^2}$ としたとき方向余弦が $X=A/H$, $Y=B/H$, $Z=C/H$ となる方向である. したがって, 法線の方向は媒介変数のとりかたによる.

■**曲面の方程式** equation of a surface
 → 曲面, 媒介変数方程式

■**曲面の面積** area of surface, surface area
 → 曲面積

■**曲面の葉** sheet of a surface

曲面上の任意の点から他の点へ曲面を離れることなくたどってゆくことができるような曲面の部分. → 1 葉双曲面, 2 葉双曲面

■**曲面片** surface patch

無限に延びた曲面や, 球面のような閉曲面でなく, 閉曲線で限られた曲面または曲面の部分.

■**曲率** curvature
 → 曲線の曲率, 曲面の曲率

■**曲率線（曲面の）** line of curvature of a surface
 → 曲面の曲率線

■**曲率円** circle of curvature
 → 曲線の曲率, 曲面の曲率

■**曲率中心** center of curvature
 → 曲線の曲率, 曲面の曲率

■**曲率半径** radius of curvature
 → 曲線の曲率, 曲面上の曲線の測地的曲率, 曲面の曲率, 全曲率半径（曲面上の点における）

■**虚根** imaginary roots

方程式の根で虚部が 0 ではない複素数となっ

ているもの.例えば $x^2+x+1=0$ の2根 $-\frac{1}{2}\pm\frac{1}{2}\sqrt{3}\,i$ は虚根である.→ 代数学の基本定理,複素数

■**虚軸** imaginary axis
　→ アルガン図表,複素数

■**虚数** imaginary number
　→ 複素数

■**虚数直線** scale of imaginaries
　実数直線上の各数を $i(=\sqrt{-1})$ 倍することにより,実数直線を修正したもの.複素数を表すには実数直線に垂直に虚数直線をとる.→ アルガン図表

■**虚部(複素数の)** imaginary part of a complex
　→ 複素数の虚部

■**許容置** permissible
　→ 変数の許容置

■**許容的仮説** admissible hypothesis
　《統計》真である可能性の高い仮説.

■**距離(点から直線,平面への)** distance from a point to a line or surface
　→ 点から直線,平面への距離

■**距離・速度・時間の公式** distance-rate-time formula
　物体が一定の速さ r で,ある時間 t の間に通過した距離 d は,速さと時間の積に等しいという公式.これは $d=rt$ と表せる.

■**距離空間** metric space
　集合 T で,その元の任意の対 (x,y) に対して,次の条件をみたす非負実数 $\rho(x,y)$ が対応づけられているもの.(1) $x=y$ のときに限って $\rho(x,y)=0$.(2) $\rho(x,y)=\rho(y,x)$.(3) $\rho(x,y)+\rho(y,z)\geq\rho(x,z)$.関数 $\rho(x,y)$ を T 上の**距離**という.平面および3次元空間は,通常の距離によって,距離空間となる.ヒルベルト空間も距離空間である.ある位相空間に距離が定義されて距離空間となり,その際もとの位相に関する開集合がやはり距離空間の開集合であり,またその逆もいえるとき,すなわち,その位相空間とある距離空間との間に位相写像が存在するとき,その位相空間は**距離づけ可能**であるという.コンパクト・ハウスドルフ空間が距離づけ可能であるのは,それが**第2可算公理**をみたすときであり,しかもそのときに限る.それはまた可算個の連続実数値関数族 S で,任意の相異なる2点 x,y に対し,S の少なくとも1つの f が $f(x)\neq f(y)$ をみたすものがあるという条件とも同値である.正規 T_1 空間は,第2可算公理をみたすならば,距離づけ可能である(**ウリゾーンの定理**).位相空間が距離づけ可能なのは,それが以下の性質をもつ可算個の開集合族 $\{B_n\}$ からなる基によって位相づけられた正規 T_1 空間であるときであり,しかもそのときに限る.各点 x と各族 B_n に対して,x の近傍で,B_n に属する開集合とは有限個のものとしか交わらないものが存在する.

■**距離づけ可能な空間** metrizable space
　→ 距離空間

■**ギリシャの数字** Greek numerals
　(1) **初期の方式**は1, 10, 10^2, 10^3, 10^4 を表す記号と,5を表す特別な付加記号を使った.例えば754は5の記号と100の記号を合わせた記号に100の記号を2個,5の記号と10の記号を合わせた記号,1の記号4個で表現された.
　(2) **イオニア方式**,あるいは**アルファベット方式**は10を基底とする.それは27個のアルファベット(そのうち3個は昔の文字で今は廃止された)を順次1,2,…,9,10,20,…,90,100,200,…,900の27個の記号にあてた.例えば732=$\psi\lambda\beta$, 884=$\omega\pi\delta$ である.それより大きい数は′をつけて表した.例:2000=β'.また10000は M で表された(M は myriad の頭字).1万倍には積の形で,例えば20000=βM, 4000000=νM (ν=400)を使った.アルキメデスは極度に大きい数を表現することができる特別な体系を開発した.

■**ギリシャ文字** Greek alphabet
　→ 付録:ギリシャ文字一覧

■**切り捨て乗法** abridged multiplication
　乗数の各数字による乗法を行った後,精度に関係ない数字を切り捨てる操作.例えば積235

×7.1624 において，結果の小数点以下 2 桁の精度が必要なら（したがって，乗法において小数点以下 3 桁まで留意すればよい），切り捨て乗法は次のようになる．
$$235 \times 7.1624$$
$$= 5 \times 7.1624 + 30 \times 7.1624 + 200 \times 7.1624$$
$$= 35.812 + 214.872 + 1432.480$$
$$= 1683.164 \fallingdotseq 1683.16$$
これはその昔簡便な計算器械がなかった時代の早算法の 1 つである．

■キログラム　kilogram
1000 グラムに等しい．メートル法の質量の標準単位としてパリに保管されている白金の塊りの質量．約 2.2 ポンド．→付録：単位・名数

■キロメートル　kilometer
1000 メートルに等しい．約 3280 フィート．→付録：単位・名数

■キロワット　kilowatt
電力を測る単位．1000 ワットに等しい．→ワット

■キロワット時　kilowatt-hour
エネルギーの単位．1000 ワット時に等しい．1 時間に 1 キロワット消費する力．約 $\frac{4}{3}$ 馬力を 1 時間働かせるのに等しい．

■金衡　troy weight
12 オンスを 1 ポンドとする衡量．トロイポンドとよばれ，主に純度の高い金属の重さを測るのに用いられる．→付録：単位・名数

■近似　approximation
(1) 真値ではないがある特定の要請に応えるためには十分である値．
(2) そのような結果を得る過程のこと．

■近似（解，値，根など）　approximate result value, answer, root etc.
近くであるけれど真値ではないもの．ときには，近い値もしくは精密な近似値に対しても使われる．→方程式の解

■近似（微分による）　approximation by differentials
→微分［differential］

■近似する　approximate
正確な値になるべく近づけて計算すること．数値計算に最も多く使われる．例えば，1.4, 1.41, …, 1.414, …のように，その 2 乗が 2 に近づく数列を見つけることを 2 の平方根を近似するという．上述の数のうちの 1 つの小数もまた 2 の平方根の近似という．すなわち，近似するということは求める値（結果）に近い結果を 1 つ確保すること，または，求める値に近づく数列を見つけることのどちらも意味することがある．

■近似性　approximation property
バナッハ空間 X が近似性をもつとは，任意の $\varepsilon > 0$ と，X 内の任意のコンパクト集合 K に対して，X から X の有限次元部分空間への線型変換 L があり，$x \in K$ のとき $\|L(x) - x\| \leq \varepsilon$ となるようにできることである．空間 X が近似性をもつとは，任意の $\varepsilon > 0$ と，バナッハ空間 Y から X への連続線型写像 T でその値域がコンパクトなものに対して，Y から X の有限次元部分空間の上への連続線型写像 L で，$\|T - L\| < \varepsilon$ であるものが存在することである．もしもバナッハ空間 X が基底をもてば，X は近似性をもつ．1973 年にペル・エンフロ (Per Enflo) が，可分なバナッハ空間で，近似性をもたない，したがって基底をもたないものが存在することを示した．

■近日点　perihelion
《天文》惑星や彗星の軌道上で，太陽に最も近い点．これに対して太陽から最も遠い点を遠日点という．

■均質物体　homogeneous solid
(1) すべての点での密度が同じである物体．
(2) 異なる箇所から合同な断片を切り取ったとき，それらの断片が，考察中のあらゆる点について，同様のふるまいをするような物体．

■近傍　neighborhood
点 P の ε 近傍とは，P からの距離が ε より小さい点全体の集合のことである．例えば，直線上の開区間や平面上の円の内部は，それらの中

心の近傍である．点Pの**近傍**とは，Pの1つのε近傍を含む任意の集合をいう．位相空間においては，Pを含む開集合を含む任意の集合のことである．**近傍**と**開集合**とは，しばしば，同義語として用いられる．ある性質がある点の**近傍において**成り立つとは，その性質が成り立つようなその点の近傍が存在することである．ある量が**点Pの近傍における**曲線（または曲面）の性質に依存するとは，例えば曲率のように，Pの近傍が任意に与えられたとき，その近傍内にあるその曲線（または曲面）の部分からえられる知識により，aにおけるその量の値が定まることをいう．➡ 位相空間，局所的

ク

■**クィレン,ダニエル・グレイ** Quillen, Daniel Grey (1940―)
　米国の数学者.群のコホモロジーおよび代数的K理論,位相的K理論に関する寄与により,1978年フィールズ賞を受賞した.

■**空間** space
　(1) 3次元の領域.
　(2) 任意の**抽象空間**. → 抽象空間

■**空間曲線** space curve
　空間中の曲線.平面曲線であってもよい.2つの異なる曲面の交わりはふつう空間曲線である.空間曲線は捩率0のときを除いて平面上にない. → 曲線,ねじれ曲線

■**空間曲線と曲面の動3面角** moving trihedral of space curves and surfaces
　空間の有向曲線 C の動3面角(または3面角)とは,曲線 C 上の動点における接線,主法線,従法線によってつくられる図形である.曲面上の有向曲線に関する動3面角は,次のように定義される.曲面 S 上の有向曲線 C 上の点をPとする.曲線 C の点Pにおける接線の正の向きにPを始点として単位ベクトル α をとる.点Pにおける曲線の法線の正の向きにPを始点として単位ベクトル γ をとる.さらに,点Pにおける曲面 S の接平面上にPを始点として単位ベクトル β を, α, β, γ 相互の向きが x, y, z 軸相互の向きと同じになるようにとる.このとき,ベクトル α, β, γ に沿った向きをもつ軸のつくる図形が,有向曲線 C に関する曲面 S の動3面角である.**曲面の動3面角の回転**とは,動3面角の向きを決定する(ただし位置は定めない)6つの特定の関数のある集合である.

■**空間曲線の極線** polar line of a space curve
　その曲線の接触平面に垂直で,その曲率中心を通る直線.

■**空間曲線の極展開曲面** polar developable of space curve
　空間曲線の法平面の包絡面.すなわち,曲線の極線上の点全体. → 可展面,法線

■**空間曲線の接触曲面** tangent surface of a space curve
　空間曲線の接触平面族の包絡面.すなわち,空間曲線に接する直線上の点全体. → 可展面,接触平面

■**空間曲線の接線標形** tangent indicatrix of a space curve
　＝球面標形. → 従法線標形(空間曲線の),主法線標形(空間曲線の)

■**空間曲線の第2種曲率** second curvature of a space curve
　＝捩率. → 捩率

■**空間曲線の展直展開曲面** rectifying developable of space curve
　空間曲線 C の展直平面の包絡面.この展開曲面 S が C の**展直展開曲面**とよばれるのは, S を平面の上に広げるという操作が, C を直線にそって伸ばす結果になるからである. → 可展面,展直平面(空間曲線の1点における)

■**空間曲線の捩率** torsion of a space curve
　＝第2曲率半径. → 捩率

■**空間座標** coordinate in space
　→ 円柱座標,球座標,直角座標

■**偶関数** even function
　独立変数の符号を変えても値が変わらないような関数,つまり定義域に属する任意の x に対して $f(-x)=f(x)$ が成立するような関数 f のこと.例えば, $(-x)^2=x^2$, $\cos(-x)=\cos x$ であるから, x^2 や $\cos x$ は偶関数である.

■**空間直線の投影側面** projecting plane of a line in space

その直線を含み，かつ座標平面の1つに垂直な平面．どの座標軸にも垂直でない直線に対して，3個の投影側面が存在する．1つの投影側面の方程式には2変数が含まれ，他の1変数の座標軸はこの平面に平行である．これらの3個の方程式は，空間直線の方程式の対称形の項を2つずつ等号でつないで得られる．→ 直線の方程式

■**空間の位相** topology of a space

(1) 位相空間における収束・連続性などの概念を規定する基準，通例位相空間における**開集合**の全体 (開集合族) をとる．1つの集合 X に位相を導入するとは，次の条件をみたす X の部分集合族 $\mathcal{T}$ を指定することである．$\phi \in \mathcal{T}$，$X \in \mathcal{T}$ であり，さらに，$\mathcal{T}$ に属する任意個の集合の和集合は $\mathcal{T}$ に属し，かつ，$\mathcal{T}$ に属する有限個の集合の共通部分が $\mathcal{T}$ に属する [→ 位相の基底]．位相が導入された集合が位相空間である [→ 位相空間]．→ 自明な位相

(2) 線型ノルム空間において，ノルムによって定義された位相を，弱位相と区別して**強位相**ということがある [→ 弱位相]．

■**空間の円の方程式** equation of a circle in space

その共通部分が円である任意の2つの曲面の方程式の組が空間の円の方程式である．例えば，その円を含む1つの球と平面の組は条件をみたす．

■**空間の極座標** polar coordinates in space
＝球座標．→ 球座標

■**偶奇性** parity

2つの整数がともに奇数または偶数ならば，それらの偶奇性は一致するという．一方が奇数でもう一方が偶数ならば，それらの偶奇性は異なるという．

■**空隙空間**（解析関数に関する） lacunary space relative to a monogenic analytic function

z 平面において，どの1点も与えられた関数の存在領域に被覆されていないような領域．→ 解析関数

■**空集合** empty set

要素をもっていない集合．

■**偶数** even number

2でわり切れる整数のこと．任意の偶数 m は，$m=2n$ (n は整数) の形に書くことができる．

■**偶置換** even permutation
→ 置換

■**区間** interval

(1) **実数の区間**とは，与えられた2つの数(区間の**端点**)の間のすべての数と端点の1つ，あるいは両方を含むか，またはそれらを含まない集合のことである．両方の端点を含まない区間を**開区間**といい，その端点を a，b としたとき (a, b) で表す．$]a, b[$ と表されることもある．両方の端点を含む区間を**閉区間**といい，その端点を a，b としたとき $[a, b]$ で表す．実数の集合で，それに属する任意の2つの数の間のすべての数を含むという性質によって実数の区間を定義することもある．このとき，2つの端点をもつ区間のほかに，実数全体の集合も端点をもたない区間となり，それは開区間であり同時に閉区間ともなる．また，不等式 $x<a$ または $x>a$ で定義される開区間，不等式 $x \leq a$ または $x \geq a$ で定義される閉区間なども存在することになる．

(2) n 次元空間内の**閉区間**とは，固定された n 個ずつの数の組 $a_1, a_2, \cdots, a_n, b_1, b_2, \cdots, b_n, a_i < b_i (i=1, 2, \cdots, n)$ に対して不等式 $a_i \leq x_i \leq b_i$ ($i=1, 2, \cdots, n$) をみたす座標をもつ点 x 全体の集合のことである．不等式 $a_i < x_i < b_i (i=1, 2, \cdots, n)$ をみたす点全体が**開区間**となる．勝手な区間は開区間であるか，閉区間であるか，または部分的に開，部分的に閉である．(すなわち，記号 $\leq$ のうちのいくつかが $<$ と置き換えられた形となる．)

(3) 順序集合において $a<b$ である2つの要素に対し，$a<x<b$ ($a \leq x \leq b$) をみたす x の集合を，a，b の区間という．

■**区間縮小法** method of nested intervals

区間の列で，各区間がそれ以前の区間に含まれているものを，区間の縮小列という [→ 単調増加]．次の定理を用いて，1つの数の存在を示す論法を，**区間縮小法**という．任意の**有界閉区**

間の縮小列に対して，各区間に共通に含まれる点が少なくとも1つある．もし，区間の幅が限りなく0に近づくならば，そのような点はただ1つしかない．この定理は，直線上の区間列に対してのみならず，n次元ユークリッド空間の区間列［→ 区間(2)］に対しても成り立つ．

■**区間の分割** partition of an interval
閉区間 $[x_1, x_2]$，$[x_2, x_3]$，…，$[x_n, x_{n+1}]$ の集合で，x_1 と x_{n+1} がその区間の端点になっており，すべての i に対して $x_i \leq x_{i+1}$ となっているか $x_i \geq x_{i+1}$ となっているもの．$|x_{i+1}-x_i|(i=1,2,…,n)$ の最大値をその分割の**最大幅**（または**細かさ**，**メッシュ**，**ノルム**，**幅**，**目**など）とよぶ．

■**グーゴル** googol
(1) 1の後に0を100個つけた数，すなわち 10^{100}．
(2) 極端に大きな数．

■**楔形文字** cuneiform symbols
楔（くさび）の形をした文字．→ バビロニアの数字

■**具象数** concrete number
3人あるいは3軒の家などのように具体的な対象を数える場合の数．数とその数えられるものをあわせて具象数という．［類］名数．

■**屈折** refraction
《物理》空気中から水の中へ向かう光のように，光線の速度が異なる2つの媒質の境界面に，斜めに入射し通り抜けるときの，（光・熱・音などの）光線の方向の変化のこと．均等性をもつ媒質に対して次のことが知られている．(1) 密度のより大きな媒質に入るとき，光線は境界面に対する垂線の方向へ屈折し，密度のより小さい媒質に入るとき，その垂線から離れる方向へ屈折する．(2) 入射光線と屈折光線は，境界面に対して垂直な同一平面上にある．(3) どんな2つの媒質に対しても，**入射角**と**屈折角**の正弦は互いに一定の比をなす．入射角，屈折角とは，それぞれ入射光線，屈折光線が，境界面に対する垂線となす角のことである．第1の媒質が空気（正しくは真空）のとき，この比を，第2の媒質の**屈折率**という．(3) の法則は，**スネル**（**スネリウス**）**の法則**として知られている．

■**クッタ，ウィルヘルム・マティン** Kutta, Wilhelm Martin (1867—1944)
ドイツの応用数学者．→ ルンゲ-クッタ法

■**靴屋のナイフ** shoemaker's knife
→ アルベロス

■**グーデルマン，クリストフ** Gudermann, Christof (1798—1852)
ドイツの解析学，幾何学者．

■**グーデルマン関数** Gudermannian function
変数を x とするとき，$\tan u = \sinh x$ の関係式で定義される関数 u のこと．u と x は，また $\cos u = \operatorname{sech} x$，$\sin u = \tanh x$ の関係式をみたす．x のグーデルマン関数は，$\operatorname{gd} x$ で記述される．

■**区分的に滑らかな曲線** piecewise smooth curve
→ 滑らかな曲線

■**区分的連続関数** piecewise continuous function
R 上で定義された関数に対して，R を有限個の部分集合に分割し，各部分集合の内部で関数が連続で，任意の方向から境界点に近づく内点の列に対して関数が有限の極限値をもつようにできるとき，その関数は R 上で**区分的に連続**であるという．ただし，その部分集合の性質はなんらかの制約を受ける．例えばそれが平面内の領域ならばその境界は単純閉曲線であり，直線上の区間ならばその境界は2点である．R が有界のときには，各部分集合の内部で関数が一様連続になるように R を有限個の部分集合に分割できるものと定義しても同値である．

■**組合せ** combination
順序を考慮しない任意の部分集合を，その集合の組合せという．**n個のものからr個とる組合せ**とは，n 個の対象からつくられる集合中，それぞれの部分集合はちょうど r 個の異なった要素を含み，かつどの2つの部分集合も同じでないような部分集合の取り方の数のことである．この数は n 個から r 個とって並べる順列を r 個から r 個とって並べる順列でわった数に等しい．すなわち

$$\frac{{}_nP_r}{r!} = \frac{n!}{(n-r)!r!}$$

これは ${}_nC_r$, $C(n,r)$, $\binom{n}{r}$ などとかかれる。例えば a, b, c から1度に2つとる組合せは ab, bc, ca である。${}_nC_r$ はまた2項展開 $(x-a)^n = (x-a_1)(x-a_2)\cdots(x-a_n)$ において、各 a_i をすべて等しくした場合の $(r+1)$ 番目の項の係数である。すなわち、x^{n-r} の係数は n 個の異なる a から r 個を選ぶ組合せの数の a^r 倍となっている [→2項係数]。**n 個から重複を許して r 個選ぶ組合せ** とは、n 個のものから同じものを何度選んでもよいという条件で、1度に r 個選んでできる集合の数のことである。この組合せの数は、$n+r-1$ 個のものから重複を許さず r 個選ぶ組合せの数に等しく

$$\frac{(n+r-1)!}{(n-1)!r!}$$

となる。a, b, c から重複を許して1度に2個選ぶ組合せは、aa, ab, ac, bb, bc, cc である。**n 個の異なったものの**(重複を許さない)**組合せ** の総数とは、n 個から $0, 1, 2, \cdots$ 個のものを選ぶ組合せの数の和、すなわち $\sum_{r=0}^{n} {}_nC_r$ のことである。これは $(x+y)^n$ の2項係数の和、すなわち 2^n に等しい。

■**組合せ変量** combined variation

他のいくつかの変量の組合せとして表された変量。z を y と表したり、z を $1/x$ と表したりすること。

■**組合せ論** combinatrics, combinational analysis

→ 有限数学、離散数学

■**組合せによる図式化** graphing by composition

与えられた関数が、グラフが簡単にかくことのできるいくつかの関数の和として表すことができるならば、これらの関数のそれぞれをグラフにし、対応する関数値を加えることにより与えられた関数のグラフをつくることができる。このような図式化の方法のことをいう。例えば $y = e^x - \sin x$ のグラフは、方程式 $y = e^x$ と $y = -\sin x$ のそれぞれのグラフをかき、同じ x に値に対応するこれら2つの曲線の関数値を加えることによって得られる。=関数値の組合せによる図式化。

■**組合せ論的位相幾何学** combinatorial topology

→ 位相幾何学

■**組み糸** braid

S_1, S_2 を平面 P 上の2本の平行線とし、$(A_1, \cdots, A_n)$ と $(B_1, \cdots, B_n)$ とを、それぞれ S_1, S_2 の上にこの順に並んだ点とする。$(\lambda_1, \lambda_2, \cdots, \lambda_n)$ を $(1, 2, \cdots, n)$ の置換とし、各 i について L_i を A_i と $B_{\lambda i}$ とを結ぶ P の上の折れ線で、$i \neq j$ なら L_i と L_j とは交わらないものとし、L_i を P 上に射影した L_i^P が S_1 と S_2 の間にあって、S_1 と平行な直線とはたかだか1点で交わるものとする。さらに $L_i^P \cap L_j^P$ は有限個の点で、すべて S_1 と平行な相異なる直線上にあるとする。これを **n 位の組み糸** といい、L_i を **第 i 糸** という。閉じた組み糸は S_1, S_2 をとり除き、A_i と B_j とを平面 P 上の線で結んでできる。閉じた組み糸は何本かの結び糸をなし結び糸は閉じた組み糸と同値である。→ 結び目

■**組立除法** synthetic division

1変数の多項式を $x - a$(a は正または負の数)でわる計算を、係数だけを使用して計算する簡単な方法。$2x^2 - 5x + 2$ を $x - 2$ でわる場合には、通常は次のように計算する。

$$\begin{array}{r|l} 2x^2 - 5x + 2 & x - 2 \\ 2x^2 - 4x & 2x - 1 \\ \hline -x + 2 & \\ -x + 2 & \end{array}$$

この計算で、商の係数が常に被除数の第1項の係数となっていることに注意しよう。実際の演算では $-x$ をかく必要はない。-2 の符号を変えて、ひくかわりに加えることにより、商の係数を求めればよい。この組立除法は、次のように略記してよい。

$$\begin{array}{rrr|r} 2 & -5 & 2 & 2 \\ & 4 & -2 & \\ \hline 2 & -1 & 0 & \end{array}$$

商の係数 $2, -1$ を **部分剰余** という。最後の項は(ここでは0となっているが)**剰余(余り)** である。

この方法により $x - a$ でわった剰余は、被除式の $x = a$ での値なので組立代入ともいう。

■**位** order of units

数における数字の位置。1の位置は1の位、10

の位置は10の位，…という．**桁**（けた）ともいう．

■**位取り記数法** positional notation
→ 展開記数法

■**位の値** place value
1の位を単位として，その数字が置かれている位に応じて与えられる値．423.7において，3は3単位，2は20単位，4は400単位を表し，7は単位の$\frac{7}{10}$を表している．3は1の位，2は10の位，4は100の位にあるという．＝桁の値．

■**クライン，クリスチャン・フェリクス**
Klein, Christian Felix (1849—1925)
ドイツの代数学，解析学，幾何学，トポロジー，数学史および物理学の研究者．エルランゲンにおいて，変換群のもとで不変な性質に従って幾何学を分類するための目録（**エルランゲン目録**）を作成した．

■**クラインの壺** Klein bottle
辺および内部と外部の区別をもたない単側曲面．先細りになっている管の小さい方の端を引き伸ばし，管の側面をつき通してその端を広げてもう一方の端とつなげることによってつくられる．クラインの瓶，クラインの管などともよばれる．

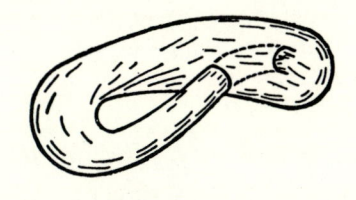

■**クラトフスキー，カシミール** Kuratowski, Kazimierz (1896—1980)
ポーランドの解析学，位相幾何学者．→ 平面グラフ

■**クラトフスキーの閉包・補集合問題** Kuratowski closure-complementation problem
クラトフスキーが解決した次の問題．S を位相空間の部分集合とするとき，S から閉包と補集合をとる操作を重ねてつくられる相異なる集合は，最大14個である．実直線上の部分集合で，じっさいに14種の相異なる集合を生成するものが存在する．

■**クラトフスキーの補題** Kuratowski lemma
→ ツォルンの補題

■**グラフ** graph
(1) グラフを描くこと．→ 折れ線グラフ，棒グラフ
(2) → グラフ理論
(3) いくつかの数の集合の間にある関係を示す図のこと［→ 棒グラフ，折れ線グラフ，円グラフ］．数の大きさそのものよりも，資料の意味をより感覚的に伝えるために用いられる．
(4) 幾何学的なものによる量の表現のこと．例えば，平面上の点による複素数の表現［→ 複素数］．
(5) 関数的な関係を表す図のこと．例えば**2変数の方程式のグラフ**は，与えられた方程式をみたす座標の点の集合であり，これらの点からできる（平面上の）曲線である．空間内では，この曲線を垂直方向へ平行移動することによってできる柱となる．**3変数の方程式のグラフ**は，与えられた方程式をみたす座標の点の集合であり，かつ，これらの点だけからできる曲面である．直角座標内での1次の線型方程式のグラフは，平面上の直線，または，空間内の平面である．連立方程式のグラフとは，すべての方程式のグラフの交わりを表しているグラフのことである．**関数 f のグラフ**とは，すべての順序対 $[x, f(x)]$ の集合であり，しばしば，その関数自体のことと同一視される［→ 関数］．したがって，f のグラフとは，方程式 $y=f(x)$ のグラフと同一のものである．→ 不等式のグラフ

■**グラフの成分** component of a graph
→ グラフ理論

■**グラフの塗り分け** graph coloring
グラフが n **色塗り分け可能**とは，各頂点に n 種の色のどれか1つずつを割り当て，同じ辺の両端の点対は色が違うようにすることである．平面グラフが4色塗り分け可能かという問題は**4色問題**と同値である．2色塗り分け可能なグラフを**2部グラフ**という．

■**グラフ理論** graph theory
グラフとは点（頂点，節点などともよばれる）

と辺（線，弧，枝，線分などともよばれる）という集合および隣接関数 f からなる抽象的数学体系である．f は各辺の集合に対し，向きがついていればちょうど1対の点の順序対を，向きがついていなければちょうど1つの順序のない点の対を割り当てる．グラフ理論はグラフの研究である．すべての辺が有向または無向であるとき，そのグラフを**有向グラフ**または**無向グラフ**とよぶ．同じ点の対を割り当てられた複数の辺を，**平行辺**または**多重辺**とよぶ．同じ点を結ぶ（すなわち (x, x) の型の点の対に割り当てられた）辺を**ループ**という．他の辺は**リンク**（結合）とよばれる．点の**枝数**（価数）とは，その点に隣接する辺の個数である．このときループは2個と数える．**完全グラフ**とは，任意の相異なる点の対がちょうど1つの辺で結ばれているグラフである．グラフが**連結**とは，任意の2点が辺に沿って一方から他方へ進むことができるときである．グラフの**成分**とは，その中の最大の連結な部分グラフである．

グラフ理論的な方法は1736年に初めてオイラーによって扱われた［→ ケーニヒスベルクの橋の問題］．彼は連結グラフが閉じた一筆書きができる，すなわち適当な点から始めて各辺をちょうど1度ずつ通り，全体を回って出発点に戻ることができるための必要十分条件は，すべての点の枝数が偶数であることを示した．そのような道は**オイラー路**とよばれ，それがあるグラフは**オイラーグラフ**とよばれる．→ 木，グラフの塗り分け，ハミルトン・グラフ，平面グラフ，閉路，路(2)

■**グラミアン** Gramian
→ グラム行列式

■**グラム** gram
メートル法での質量の単位．パリに保管されている白金のキログラム原器の質量の1000分の1．1グラムは，当初4℃の1立方センチメートルの水の質量になるように意図された（4℃で水の密度は最高になる）．→ 付録：単位・名数

■**グラム，ヨルゲン・ペデルセン** Gram, Jörgen Pedersen (1850—1916)
デンマークの数論家，解析学者．

■**グラム行列式** Gram determinant, Gramian
(1) n 次元ユークリッド空間の n 個のベクトル $u_1, u_2, \cdots, u_n$ に対し，u_i と u_j の**内積**を (i, j) 成分とする行列の行列式のこと．$u_1, \cdots, u_n$ が線形従属であるためには，この行列式が 0 であることが必要十分である．

(2) m 次元ユークリッド空間の部分集合 Ω において定義された n 個の実数値関数 $\phi_1, \phi_2, \cdots, \phi_n$ に対し，$\int_\Omega \phi_i \phi_j dV$ を (i, j) 成分とする行列の行列式のこと．ϕ_i が線型従属であるためには，この行列式が 0 であることが必要十分である．ただし，つぎの(a)，(b)のうちのいずれか一方がみたされているものとする．(a) Ω は体積をもつ領域または閉領域で，各 ϕ_i は有界な連続関数．(b) Ω はルベーグ可測集合であり，各 i に対し，ϕ_i はルベーグ可測関数で，ϕ_i^2 が Ω 上ルベーグ積分可能（この場合，線型従属とは，Ω 上ほとんどいたるところで $\sum_{i=1}^{n} a_i \phi_i = 0$ となるような n 個の実数 $a_1, \cdots, a_n$ で，そのうちの少なくとも 1 つは 0 でないようなものが，存在することをいう）．

なお，(1), (2)より一般に，任意の**内積空間**（つまり，実数体上の前ヒルベルト空間）の n 個の元に対しても，同じことが成立し，複素数体上の前ヒルベルト空間においても，同様のことが成立する．=グラミアン．

■**グラム－シャリエの級数** Gram-Charlier series
(1) A型：ある体系（系統）において用いられる，フーリエの積分定理にもとづく度数関数を導き出す級数のこと．特に度数関数は，次の式で与えられる．
$$f(x) = \frac{1}{\sqrt{2\pi}} e^{-\frac{x^2}{2}} \left[1 + \frac{1}{3!} u_3 H_3 + \frac{u_4 - 3}{4!} H_4 + \cdots \right]$$
ただし，ここで x は標準偏差が 1 である分布に属し，u_i は i 次の積率，H_i は，エルミート多項式である．級数の連続する項は，必ずしも単調減少する必要はない．したがって，初めのいくつかの項では十分な近似が得られることができない場合もある．必然的に，これは正規分布曲線の導関数からなる級数の平均によって与えられた関数を表すシステムである．

(2) B型：正規分布のかわりに，級数に対して，基底として用いられる**ポアソン分布**のこと．

■**グラム-シュミットの直交化** Gram-Schmidt orthogonalization process

実数体上の内積空間において線型独立な元の列 $\{x_n\}$ が与えられたとき，$y_1=x_1$ とおき，$n\geq 2$ に対しては，
$$y_n = x_n - \sum_{k=1}^{n-1} \frac{(x_n, y_k)}{\|y_k\|^2} y_k$$
により帰納的に y_n を定めることにより，直交系 $\{y_n\}$ を得る方法のこと．正規直交系を得るには，上記の方法で $\{y_n\}$ を求めたうえで各 y_n を $y_n/\|y_n\|$ でおきかえればよい．あるいは，同じことであるが，補助的な列 $\{u_n\}$ をも考えることにして，$u_1=x_1$, $y_1=u_1/\|u_1\|$ とおき，
$$u_n = x_n - \sum_{k=1}^{n-1}(x_n, y_k) y_k, \quad y_n = \frac{u_n}{\|u_n\|} \quad (n\geq 2)$$
とすれば，$\{y_n\}$ は正規直交系になる．複素内積空間の場合には，上の公式において，(x_n, y_k) を $\overline{(x_n, y_k)}$ でおきかえればよい．ただし内積が $(ax, y)=\bar{a}(x, y)$ をみたすとする．この定義は主に物理学において使われ，関数解析学では $(ax, by)=a\bar{b}(x, y)$ とするほうが普通である．
→ 内積空間

■**クラメル，ガブリエル** Cramer, Gabriel (1704—1752)

スイスの数学者，物理学者．連立1次方程式のクラメルの公式の発見者．

■**クラメール，ハラルド** Cramér, Harald (1893—1985)

スウェーデンの統計学者．

■**クラメルの公式** Cramer's rule

未知数の数と式の数が一致する連立1次代数方程式の解を行列式を用いて表す簡明な公式．n 連立方程式に対する公式は以下のとおりである．各変数に対する解の値は係数行列式を分母とする分数で与えられる．分子は係数行列式の求めたい変数の係数を定数項で置き換えた行列式である．このとき定数項が方程式の右辺にあればそのまま置き換え，左辺にあれば -1 をかけて置き換える．例えば
$$x + 2y = 5$$
$$2x + 3y = 0$$
をみたす x, y の値は
$$x = \begin{vmatrix} 5 & 2 \\ 0 & 3 \end{vmatrix} \div \begin{vmatrix} 1 & 2 \\ 2 & 3 \end{vmatrix} = -15$$
$$y = \begin{vmatrix} 1 & 5 \\ 2 & 0 \end{vmatrix} \div \begin{vmatrix} 1 & 2 \\ 2 & 3 \end{vmatrix} = 10$$
である．
この公式は連立方程式が唯一の解をもつとき，すなわち係数行列式が0でないときに解を与える．→ 方程式系の無矛盾性

■**クラメール-ラオの不等式** Cramér-Rao inequality

いま確率変数 X は，母数 θ に依存する確率密度関数 $f(X;\theta)$ をもつとしよう．そして $T(X_1, \cdots, X_n)$ は，θ に関する推定量であり，その偏りは $b_T(\theta)=E(T)-\theta$ である．ただし $E(T)$ は T の期待値．適当な正則性の条件下で $(T-\theta)^2$ の期待値つまり T の**平均2乗誤差**は
$$E[(T-\theta)^2] \geq \frac{[1+b'_T(\theta)]^2}{n\cdot E[(\partial \ln f/\partial \theta)^2]}$$
をみたす．ここで分子は，推定量が不偏なら1になる．離散的な場合も同様の結論を得る．ただし f はそのときの確率関数である．

■**クーラント，リチャード** Courant, Richard (1888—1972)

ドイツ生まれ，後アメリカに亡命した解析学者，応用数学者．特にポテンシャル論，複素関数論，変分学に寄与した．

■**クーラントの最大-最小，最小-最大定理** Courant's maximum-minimum and minimum-maximum principles

ある種の固有値問題において，それ以前の固有値またはそれらに属する固有ベクトルを用いずに，第 n 固有値を求める定理．固有値 λ_n に属する T の固有ベクトルを ϕ_n とするとき [すなわち $T(\phi_n)=\lambda_n\phi_n$]，列 $\{\phi_n\}$ が H の完備正規直交系となる内積空間 H の対称作用素 T に対してこれらの定理は適用される．列 $\{\lambda_1, \lambda_2, \cdots\}$ が単調増加ならば**最大-最小定理**は以下のように述べられる．すなわち $k<n$ である f_k と直交し，かつ $\|y\|=1$ である T の定義域内の y に関する内積 (Ty, y) の最小値を $m(f_1, f_2, \cdots, f_{n-1})$ とするとき，λ_n は $m(f_1, f_2, \cdots, f_{n-1})$ の最大値である．列 $\{\lambda_1, \lambda_2, \cdots\}$ が単調減少のとき，**最小-最大定理**（あるいは**ミニマックス定理**）は次のように述べられる．すなわち $k<n$ である f_k と直交しかつ $\|y\|=1$ である T の定義域内の y に関する内積 (Ty, y) の最大値を $M(f_1, f_2, \cdots,$

f_{n-1} とするとき，λ_n は $M(f_1, f_2, \cdots, f_{n-1})$ の最小値である．

■**繰上り** bridging in addition, carry

ある数に他のある数をたすとき，たされる数の i 桁目の数 x とたす数の i 桁目の数 y に対して $x+y \geq 10$ となる i が存在し，たされる数の $i+1$ 桁目の数に $x+y$ 中の10の個数をたす必要があるとき，繰上りが生じるという．したがって，繰上りは $14+9=23$ において生じるが，$14+3=17$ においては生じない．桁上げともいう．

■**繰下り** bridging in subtraction

ある数から他のある数をひくとき，ひかれる数の i 桁目の数 x とひく数の i 桁目の数 y に対して $x-y<0$ となる i が存在し，ひかれる数の $i+1$ 桁目以上の数が1減るとき，繰下りが生ずるという．したがって，繰下りは $64-9=55$, $34-27=7$ において生じているが，$64-3=61$ において生じていない．伝統的に"借り"という用語が使われるが，これは誤解を招く．むしろ"もらい"というべきである．

■**クリストッフェル，エドウィン・ブルノ**
Christoffel, Edwin Bruno（1829—1900）
共変微分の手順を創案したドイツの微分幾何学者．

■**クリストッフェルの記号** Christoffel symbols

2次微分形式の係数と，係数の1階微分のある関数を表す記号．ここでの2次微分形式は多くの場合，曲面の第1種基本2次微分形式である．2次微分形式 $g_{11}dx_1^2 + 2g_{12}dx_1dx_2 + g_{22}dx_2^2$ に対する**第1種のクリストッフェルの記号**は
$$\begin{bmatrix} ij \\ k \end{bmatrix} = \frac{1}{2}\left(\frac{\partial g_{ik}}{\partial x_j} + \frac{\partial g_{jk}}{\partial x_i} - \frac{\partial g_{ij}}{\partial x_k}\right)$$
$i, j, k=1, 2$ である．n 変数の2次微分形式の場合は，i, j, k は独立に1から n まで動く．記号 $\begin{bmatrix} ij \\ k \end{bmatrix}$ に対して $[ij, k]$, $C_{ij}{}^k$, Γ_{ijk} などが用いられる場合もある．この記号も i と j に関して対称的である．2次微分形式 $g_{11}dx_1^2 + 2g_{12}dx_1dx_2 + g_{22}dx_2^2$ に対する**第2種のクリストッフェルの記号**は，第1種を用いて
$$\begin{Bmatrix} ij \\ k \end{Bmatrix} = g^{k1}\begin{bmatrix} ij \\ 1 \end{bmatrix} + g^{k2}\begin{bmatrix} ij \\ 2 \end{bmatrix}$$

と表される．ここに g^{ki} は行列式
$$\Delta = \begin{vmatrix} g_{11} & g_{12} \\ g_{21} & g_{22} \end{vmatrix}$$
の余因数を Δ でわったものである．記号 $\begin{Bmatrix} ij \\ k \end{Bmatrix}$ は，総和の習慣的記法と両立するように $\begin{Bmatrix} k \\ ij \end{Bmatrix}$ と書かれたり，また $\Gamma_{ij}{}^k$ と書かれたりすることもある．この記号も i と j に関して対称的である．n 変数 $x^1, x^2, \cdots, x^n$ の2次微分形式（ここでは総和の習慣的記法が用いられている）の**第1種のクリストッフェルの記号**は
$$\begin{bmatrix} ij \\ k \end{bmatrix} = \frac{1}{2}\left(\frac{\partial g_{ik}}{\partial x^j} + \frac{\partial g_{jk}}{\partial x^i} - \frac{\partial g_{ij}}{\partial x^k}\right)$$
である．ここではすべての i, j について，$g_{ij} = g_{ji}$ であると仮定されている．第 i 行第 j 列の要素が g_{ij} である行列式を g，さらに $g^{ij} = [g_{ij}$ の余因子 $]/g$ とおけば，先の2次微分形式に対する**第2種のクリストッフェルの記号**は
$$\begin{Bmatrix} k \\ ij \end{Bmatrix} = g^{k\sigma}\begin{bmatrix} ij \\ \sigma \end{bmatrix}$$

と表される．クリストッフェルの記号は第1種，第2種いずれもテンソルではない．2つの座標系 x^i, $\bar{x}^i$ に対する第2種のクリストッフェルの記号をそれぞれ $\begin{Bmatrix} i \\ jk \end{Bmatrix}$, $\overline{\begin{Bmatrix} i \\ jk \end{Bmatrix}}$ とするとき，それらの間を結ぶ変換法則は
$$\overline{\begin{Bmatrix} i \\ jk \end{Bmatrix}} = \begin{Bmatrix} \lambda \\ \mu\nu \end{Bmatrix}\frac{\partial x^u}{\partial \bar{x}^j}\frac{\partial x^v}{\partial \bar{x}^k}\frac{\partial \bar{x}^t}{\partial x^\lambda} + \frac{\partial^2 x^\lambda}{\partial \bar{x}^j \partial \bar{x}^k}\frac{\partial \bar{x}^t}{\partial x^\lambda}$$
で与えられる．→ ユークリッド空間のクリストッフェル記号

■**クリスプ集合** crisp set
通常の集合．厳密な意味での集合．→ ファジー

■**クリフォード，ウィリアム・キングダム**
Clifford, William Kingdom（1845—1879）
英国の代数学者．

■**クリフォード代数** Clifford algebra
$\{e_1, \cdots, e_n\}$ から生成される単位要素をもち，$i \neq j$ ならば $e_i \cdot e_j = -e_j \cdot e_i$, $e_i^2 = 1$ という積の関係をみたす代数．→ 体上の多元環，ディラック行列

■**グリーン,ジョージ** Green, George (1793—1841)
　イギリスの解析学者,応用数学者.

■**グリーン関数** Green's function
　境界面 S をもつ領域 R と R の内部の点 P, Q とに対して,グリーン関数 $G(P,Q)$ とは,次の型の関数のことをいう.
$$G(P,Q) = 1/4\pi r + V(P)$$
ただし,r は距離 PQ,$V(P)$ は調和関数,G は S 上で 0 になるものとする.ディリクレ問題の解 $U(Q)$ は
$$U(Q) = -\int_S f(P) \frac{\partial G(P,Q)}{\partial n} d\sigma_P$$
の型で表すことができる.グリーン関数,ノイマン関数,ロバン関数は,それぞれ第1種,第2種,第3種のグリーン関数とよばれることもある.→ 第1境界値問題

■**グリーンの公式** Green's formulas
　V, S は発散定理におけるとおり[→ 発散定理]とし,u, v を;$V \cup S$ を含むある領域において連続な第2階偏導関数をもつような関数とするときの,つぎの3つの公式のこと.

(1) $\int_V u \nabla^2 u \, dV + \int_V \nabla u \cdot \nabla u \, dV$
$\quad = \int_S u \frac{\partial u}{\partial n} d\sigma$

(2) $\int_V u \nabla^2 v \, dV + \int_V \nabla u \cdot \nabla v \, dV$
$\quad = \int_S u \frac{\partial v}{\partial n} d\sigma$

(3) $\int_V u \nabla^2 v \, dV - \int_V v \nabla^2 u \, dV$
$\quad = \int_S \left(u \frac{\partial v}{\partial n} - v \frac{\partial u}{\partial n} \right) d\sigma$

このうち,(2)は,発散定理
$$\int_V \nabla \cdot \phi \, dV = \int_S \phi \cdot n \, d\sigma$$
において $\phi = u \nabla v$ とする(したがって,$\nabla \cdot \phi = u \nabla^2 v + \nabla u \cdot \nabla v$ となる)ことによって得られ,(1)は(2)の特別な場合($v = u$ の場合)である.また,(3)は,(2)において u と v の役割を入れかえたものを,(2)の式から引くことにより得られる.なお,$\partial u/\partial n$ は,外向きの法線方向への方向微分係数を表す.つまり,n を外向きの単位法線ベクトルとして,$\partial u/\partial n = \nabla u \cdot n$ である.

■**グリーンの定理** Green's theorem
(1) **平面の場合** R を,その境界 C が長さをもつ単純閉曲線であるような,平面上の有界な開集合とし,L, M を,R と C の合併上で定義された実数値関数とする.このとき,ある条件のもとで,$Li + Mj$ の C に沿った線積分と,$\frac{\partial M}{\partial x} - \frac{\partial L}{\partial y}$ の R 上の積分とが等しいこと,つまり,
$$\int_C L dx + M dy = \int_R \left(\frac{\partial M}{\partial x} - \frac{\partial L}{\partial y} \right) dA$$
であることを主張する定理を総称して**グリーンの定理**とよぶ.ここで,C の向きは,R の各点に対して回転数が $+1$ になるようにとる.つまり,直感的には,C に沿って回るとき,R は左側にあることになる.上の等式が成立するための十分条件としては,例えば,L と M が R と C の合併上で連続で,$\frac{\partial L}{\partial y}$ と $\frac{\partial M}{\partial x}$ が R 上で連続かつ有界であればよい.→ 線積分
(2) **空間の場合** → 発散定理

■**クレイン,マーク・グリゴリエヴィッチ**
Krein, Mark Grigorievich (1907—1989)
　ロシアの関数解析学および応用数学者.

■**クレイン-ミルマンの性質** Krein-Milman property
　ある種の線型位相空間において,有界閉凸集合は,その端点の凸包の閉包に等しいという性質.すべての有限次元空間および多くのバナッハ空間(特に再帰的空間はすべて)はこの性質をもつ.バナッハ空間がこの性質をもつための必要十分条件は,各有界閉凸集合が端点をもつことである.バナッハ空間がこの性質をもつことが,ラドン-ニコディムの性質をもつことと同値であると,昔から予想されている.→ クレイン-ミルマンの定理

■**クレイン-ミルマンの定理** Krein-Milman theorem
　局所凸線型位相空間の任意のコンパクト凸部分集合は,その端点の集合で張られる凸体の閉包である.→ 端点

■**グレコ・ラテン方陣** greco-latin square
　直交する2個のラテン方陣を組み合わせた配列.すなわち n^2 個の $i, j = 1, \cdots, n$ にわたる (i, j) を n 行 n 列に並べ,どの行・列にも前の数も

後の数も $1, \cdots, n$ がそろうようにした方陣．現在では n が $2, 6$ 以外の場合には，つねに可能なことが知られている．名はオイラーが２つの記号にギリシャ文字とラテン文字を使ったことによるので，**オイラー方陣**ともいう．$n=6$ のとき不可能なことを示せというのが，オイラーの**士官36人の問題**である．

■グレゴリー，ジェイムス Gregory, James (1638—1675)

スコットランドの天文学，代数学，解析学者．はじめて収束級数と発散級数を区別した関数値を決定するためベキ級数を用いた．微分や積分計算の過程を限定することを使って，両者の計算の関係を研究した．彼の手法や結果は，あまり知られていないが，同時代の人には認められていた．

■グレゴリー-ニュートンの公式 Gregory-Newton (interpolation) formula

補間公式の一種．区間 $[a, b]$ で考えているものとする．p を自然数とし，各 $i (0 \leq i \leq p)$ に対し，$x_i = a + (b-a)i/p$ とおく（特に，$x_0 = a$, $x_p = b$）．点 $x_0, x_1, x_2, \cdots, x_p$ における関数の値 $y_0, y_1, y_2, \cdots, y_p$ がわかっているものとする．標題の公式は，このとき，$[a, b]$ の点 x における関数の値 y が

$$y \fallingdotseq y_0 + k\Delta_0 + \frac{k(k-1)}{2!}\Delta_0^2 + \cdots + \frac{k(k-1)\cdots(k-(p-1))}{p!}\Delta_0^p$$

と近似できるというものである．ここで，$k = (x - x_0)/(x_1 - x_0)$ であり，また，

$$\Delta_0 = y_1 - y_0$$
$$\Delta_0^2 = y_2 - 2y_1 + y_0$$
$$\cdots\cdots$$
$$\Delta_0^p = \sum_{i=0}^{p}(-1)^i \binom{p}{i} y_{p-i}$$

である（$\binom{p}{i}$ は２項係数を表す）．この公式は，$p = 1$ のとき，

$$y \fallingdotseq y_0 + [(x-x_0)/(x_1-x_0)](y_1 - y_0)$$

となり，これは，対数表，三角関数表などを用いて関数の近似値を計算するときや，方程式の根の近似値を求めるときなどによく使われる，通常の補間公式である（ついでながら，これは，与えられた２点を通る直線を表す式にもなっている）．

■グレーフェ，カール・ハインリッヒ Gräffe (Graeffe), Karl Heinrich (1799—1873)

ドイツ系スイスの解析学者．

■グレーフェによる代数方程式の近似解法 Gräffe's method for approximating the roots of an algebraic equation with numerical coefficients

この方法の着眼点は，与えられた n 次代数方程式 $p(x) = 0$ に対し，その根の 2^k 乗を根とする方程式 $p_k(x) = 0 (k = 1, 2, \cdots)$ を，次々とつくっていくことにある．ただし，$p_1, p_2, \cdots$ は，最高次 (n 次) の係数が１であるようにつくっておく．いま，簡単のため，もとの方程式 $p(x) = 0$ の根 $r_1, r_2, \cdots, r_n$ の絶対値がすべて相異なることがわかっているものとする．このとき，$|r_1| > |r_2| > \cdots > |r_n|$ と仮定してよい．すると，k を十分大きくとることにより，p_k の $n-1$ 次の係数と，$-r_1^{2k}$ の比がいくらでも１に近くなり，$n-2$ 次の係数と $(r_1 r_2)^{2k}$ の比がいくらでも１に近くなり，一般に，すべての $l (1 \leq l \leq n)$ に対して，$n-l$ 次の係数と $(-1)^l(r_1 r_2 \cdots r_l)^{2k}$ の比がいくらでも１に近くなるようにできる．このことから，$r_1, r_2, \cdots, r_n$ が近似的に求められる．この方法は，すこし変形すれば，絶対値が等しい何個かの根をもつ場合（特に重根をもつ場合）にも適用することができる．

■クレーマー，ゲルハルド Kremer, Gerhard
→ G. メルカトール

■クレロー，アレクシス・クロード Clairaut (Clairault), Alexis Claude (1713—1765)

フランスの解析学者，微分幾何学者，天文学者．

■クレローの微分方程式 Clairaut's differential equation

関数 f に対して，$y = xy' + f(y')$ という形の微分方程式を**クレローの微分方程式**とよぶ．その一般解は $y = cx + f(c)$ であり，特異解は媒介変数を含んだ式，$y = -pf'(p) + f(p)$, $x = -f'(p)$ で与えられる．

■グロス gross

12 ダース，すなわち 12×12 のこと．

■**クロスキャップ** cross-cap
→ 叉帽

■**グロタンディク，アレキサンダー** Grothendieck, Alexandre (1928—)
フランス（アルザス生まれ，ドイツ系）の数学者で，フィールズ賞受賞者(1966年). 代数幾何学，関数解析，および，K理論における研究で有名である．

■**クロネッカー，レオポルド** Kronecker, Leopold (1823—1891)
ドイツの代数学，代数的整数論の研究者で直観主義者．無理数を否定し，数学の論証は整数と有限の手続きのみによるべきであると主張した．

■**クロネッカーのデルタ** Kronecker delta
2変数 i と j の関数 δ_j^i で，$i=j$ のとき $\delta_j^i=1$，$i \neq j$ のとき $\delta_j^i=0$ と定義されたもの．**一般化されたクロネッカーのデルタ**は k 個の上つき添字と k 個の下つき添字をもち，$\delta_{j_1 \cdots j_k}^{i_1 \cdots i_k}$ とかく．上つき添字の値がすべて異なり下つき添字が集合として上つき添字と等しいとき，下つき添字を上つき添字と同じ順列にするための置換が偶であるか奇であるかに従って+1 あるいは-1 の値をとる．それ以外のすべての場合は0となる．一般化されたデルタは ε で表し，エディントンのイプシロンとよぶことが多い [→ イプシロン記号].すべてのクロネッカーのデルタは**数値テンソル**である．

■**クーロン** coulomb
電荷の単位．以前は coul または Cb と略したが，現在の SI 単位系では C で表す．絶対クーロンはある面を1絶対アンペアの定常電流が1秒間流れたとき，その面を通過する電荷の量として定義される．絶対クーロンは1950年から電気量の公式標準である．1950年以前の公式標準であった国際クーロンは，ある特定の条件のもとで硝酸銀溶液中を流したときに 0.00111807 グラムの銀を毎秒あたり沈殿させる電気量のことである．1国際クーロン=0.999835 絶対クーロン．

■**クーロン，シャルル・オーガスタン・ド** Coulomb, Charles Augustin de (1736—1806)
フランスの物理学者．

■**クーロンの法則** Coulomb's law for pointcharges
点 P_1 に電気量 e_1 の点電荷，点 P_2 に電気量 e_2 の点電荷が存在するとし，P_1, P_2 間の距離を r，P_1 から P_2 への方向の単位ベクトルを ρ_1 とする．このとき P_1 の点電荷が P_2 の点電荷に及ぼす力は，単位系に依存する定数を k とすれば
$$ke_1e_2r^{-2}\rho_1$$
と表される．これをクーロンの法則とよぶ．力が斥力であるか引力であるかはそれぞれ電荷が同じ符号か異なる符号かによって決まる．この公式において正の定数 k を負の定数 $-G$ に，e_1, e_2 を質点の質量 m_1, m_2 におきかえることにより得られる公式は，ニュートンの質点間の引力の法則である．

■**群** group
集合 G 上で2項演算が定義されていて，この演算の定義域は G の元の対 (a, b) の全体であり（特に断らなければ，(a, b) にこの演算を施した結果は，ab で表し，積とよぶ），値域は G に含まれていて[→ 2項演算，擬群]，かつ，以下の3条件が成り立つとき，G はこの演算に関して**群**をなす，あるいは，単に，G は**群**であるなどという．(1) ある元 e（**単位元**とよばれる）が存在して，G のすべての元 a に対して $ae=a=ea$ となる．(2) G の各元 a に対し，ある元 x（a の**逆元**とよばれる）が存在して，$ax=e=xa$ となる．(3) **結合律**が成り立つ，つまり，G の任意の3元 a, b, c に対し $(ab)c=a(bc)$ が成立する．例として，1の3乗根全体は通常の乗法に関して群をなす．また，整数全体（正および負および0）は通常の加法に関して群をなす．この場合，単位元は0であり，n の逆元は $-n$ である．群 G が**アーベル群**（**可換群**）であるとは，（上記の3条件のほかに）**交換律**が成り立つ，つまり，G の任意の2元 a, b に対し $ab=ba$ が成立することをいう．また，G において，ある元 a が存在して，G の単位元以外の任意の元が，a または a の逆元の何個かの積として表されるとき，G は**巡回群**であるといわれる．巡回群は必然的にアーベル群になる．1の3乗根全体がなす群や，整数全体がなす群は，巡回群であり，したがって，アーベル群である．要素の個数が有限である群を**有限群**とよび，そうでない群を**無限群**とよぶ．有限群の要素の個数のことを，その群の**位数**という[→ 群の元の周期].1の3乗根全体がなす群は位数3の有限群であ

り，整数全体がなす群は無限群である．群 G の部分集合 H が，G と同じ演算に関して群をなしているとき，H は G の**部分群**であるという [→ シローの定理，ラグランジュの定理] 1 の 3 乗根全体が通常の演算に関してなす群は，1 の 6 乗根全体が通常の演算に関してなす群の部分群である．H が G の部分群のとき，H の任意の 2 元 a, b に対し ab は H に属し，H の任意の元 a と $G-H$ の任意の元 b に対し ab は $G-H$ に属する（ただし，$G-H$ は集合としての差を表す）．

■**群の元の周期** period of a member of a group

その元を累乗したとき単位元になる最小の指数．しばしば**位数**とよばれる．$x^6=1$ の根全体からなる乗法群において，$-\frac{1}{2}+\frac{1}{2}i\sqrt{3}$ の周期は 3 である．なぜなら，
$$\left(-\frac{1}{2}+\frac{1}{2}i\sqrt{3}\right)^3=1$$
となるが，$\left(-\frac{1}{2}+\frac{1}{2}i\sqrt{3}\right)^2 \neq 1$ だからである．→ 群

■**群の生成集合** generators of a group

群 G の部分集合 S が G の**生成集合**であるとは，G の任意の元が，$S \cup S^{-1}$ に属するいくつかの元の積として表されることをいう．$S \cup S^{-1}$ の同じ元を何度も繰り返して使うことも許される．また，0 個の元の積は単位元を表すものとする．ここで，S^{-1} は，S のすべての元の逆元からなる G の部分集合を表す．このとき，S の元をとりまとめて G の**生成元**とよぶ（これは，S のおのおのの元が生成元であるという意味ではないのでまぎらわしい用語であるが，よく用いられる）．生成集合 S が**極小**であるとは，S からどの元を取り除いても生成集合でなくなることをいう．

■**群の中心** center of a group

群のすべての元が可換であるような，その群の元の集合．中心は**正規部分群**であるが，必ずしも最大の正規部分群とは限らない．．→ 群

■**群の表現** representation of a group

(1) 与えられた群と**同型**な特殊な型の群（例えば，置換群，行列群）．どんな有限群もある置換群で表現され，またある行列群でも表現される．

(2) 群 H が群 G の**表現**であるとは，G から H の上への準同型写像があることをいう．行列（または変換）からなる表現の集合が G の**完全表現系**であるとは，単位元以外の G の任意の元 g に対して，g が単位行列（または恒等変換）に対応しないことをいう．任意の有限群は行列表現の完全系をもち，**局所コンパクトな位相群**はヒルベルト空間の**ユニタリ変換**からなる完全表現系をもつ．行列表現における行列の次数はその表現の**次数**または**次元**とよばれる．→ 可約表現，置換行列

■**群の部分群の剰余類** coset of a subgroup of a group

群とその部分群が与えられているものとする．x を群の固定した元とし，h を部分群全体にわたって動かしたときの hx，また xh の形の元全体を剰余類とよぶ．右から x をかける場合を**右剰余類**，左からの場合を**左剰余類**という．2 つの剰余類は一致するかあるいは共通の元をもたない．群の任意の元は右剰余類の 1 つに，また左剰余類の 1 つに含まれる．→ 群

■**群の変換** transform of an element of a group

群において $B=X^{-1}AX$ を元 X による元 A の変換という．群のすべての元 X による元 A の変換全体の集合を A の**共役な集合**，または**共役類**という．部分群が与えられたとき，群の各元によってこの部分群を変換して，相異なる部分群を集めた集合を，与えられた**部分群の共役類**とよぶ．その中の部分群のどの 2 つも互いに他の共役類である．→ 群，正規部分群

■**群の撚係数** torsion coefficients of a group

G が有限生成系をもつ可換群ならば，G は無限巡回群 $F_1, F_2, \cdots, F_m$ の**直積**と有限位相の巡回群 $H_1, H_2, \cdots, H_n$ の直積となる．ここで，m と，$H_1, H_2, \cdots, H_n$ の位数 $r_1, r_2, \cdots, r_n$ は不変式の完全系をなす．$r_1, r_2, \cdots, r_n$ は G の**撚係数**とよばれる．$n=0$ ならば G は撚れのない群である．

■**クンメル，エルンスト・エデュアルド**
Kummer, Ernst Eduard (1810―1893)

ドイツの解析学，幾何学，数論および物理学の研究者．虚数の概念を考案し，しばしば現代

の数論の父とみなされる.

■**クンメルの収束判定法** Kummer's test for convergence
$\sum a_n$ を正項級数とし $\{p_n\}$ を正数の列とする. 数 $(a_n/a_{n+1})p_n - p_{n+1}$ を c_n で表すとき, $n>N$ に対して $c_n>\delta$ をみたす正数 δ と数 N が存在するならば, 与えられた級数は収束する. また, $\sum(1/p_n)$ が発散し, $n>N$ に対して $c_n \leqq 0$ をみたす数 N が存在するならば, 与えられた級数は発散する.

■**群論** group theory, theory of group
群の構造や応用の研究.

ケ

■系 corollary
　他の定理の証明からまったく自明，あるいはほとんど証明なしで容易に得られる定理．他の定理の副産物．［類］余理．

■系 system
　(1) ある共通の性質をもった数量の集合．例えば偶数系，原点を通る直線系(直線群ともいう)．この場合は族や群などが同義語として使われる．
　(2) 1つの重要な目的に関連した原理の集合，例えば，**座標系**，**記号系**など．
　(3) 複雑な構造物を部分に分けず，1つの有機体として研究する場合の全体．システム．

■経験確率 empirical probability, a posteriori probability
　繰り返し行われた試行において，ある事象が n 回おこり，m 回はおこらなかったならば，次の試行でその事象がおこる確率は $n/(n+m)$ である．"経験確率"を決定する際には，過去の試行以外にはその事象がおこる確率を知るための情報は何もないと仮定されている．死亡率表に記録されている過去の観測結果にもとづいて計算されたある人間がある年を1年間生き続けている確率は"経験確率"である．＝事後確率．

■計算 computation
　多くの場合，代数よりも算術を用いた数学的過程の実行．例えば，"半径 r の球の体積を見いだし，$r=5$ の場合の体積を**計算せよ**" "3の2乗根を**計算せよ**"などのように用いる．またしばしば，長い算術あるいは解析の結果，数値を求める場合に用いられる．例えば"惑星の軌道を**計算**する"．

■計算機 computer
　数値的，数学的作用を実行する道具．本来，加算，減算，乗算，除算の組合せのみの機能しかもっていない計算機械は計算器（カリキュレータ）とよばれ，電子計算機のような多機能な計算機と区別される．

■計算機の構成要素 component of a computing machine
　自動計算において特別な役割をもつ，物理的機構あるいは抽象概念．→ 演算装置，記憶素子，出力装置，制御装置，入力装置

■計算機プログラミング programming for a computing machine
　計算機を利用して問題の解を求める際に，計算機が実行すべき手順を論理的な流れにまとめる過程をプログラミングという．必ずしも必要ではないが，流れ図を準備することが多い．この過程は問題設定に続き，コーディングに先立つものである．→ コーディング，流れ図，問題設定

■計算尺 slide rule
　対数を用いて計算をするためにくふうされた滑尺式の機構．これは実質的に2つの対数尺を目盛った物指しからできており，一方を他方の凹線に合わせるようにすべらせることにより，乗法と除法の計算を加法と減法より求めることができる．その他各種の特殊計算尺があった．かつては簡易な計算道具として広く使われたが，電卓の普及とともに急激に過去の器具となった．

■計算図表 nomogram
　3本の（普通は平行な）直線または曲線からなるグラフ．3直線には異なる変量が目盛られており，それらの直線による切り口が関連する3種の量を表す．例として，自動車タイヤの価格を考える．1本の直線にはタイヤの価格，他の1本にはキロあたりの費用，のこりには耐用キロ数を目盛る．そのさい，ある価格の点と耐用キロ数の点を結んだ直線上にキロあたりの費用を示す点がくるように目盛るのである．

■計算する calculate, compute
　(1) ある数学的過程を実行すること．理論や公式を補ったり，要求されている結果(数値など)を確認すること．"半径4cm，高さ5cmの円柱の体積を計算しなさい"とか，"$\sin(2x+6)$ の

微分値を計算しなさい"のように使う．
(2) 計算を実行すること．＝運算．
ただし英語では calculate は compute よりも精度が低く近似的な計算をする感じで使われることが多い．

■**形式** form
(1) ある種の表示方法を総称するときに使われる言葉．このときは単に形ということが多い．→ 方程式の標準形
(2) 同次多項式を意味する．特に**双線型形式**とは，2組の変数 $x_1, x_2, \cdots, x_n; y_1, y_2, \cdots, y_n$ に関する2次同次多項式で，$x_1, x_2, \cdots, x_n$ に関しても，$y_1, y_2, \cdots, y_n$ に関しても，1次同次であるような多項式，つまり，
$$\sum_{i,j=1}^{n} a_{ij} x_i y_j$$
という形をいう．一般に，$x_{11}, x_{12}, \cdots, x_{1n}$; $x_{21}, x_{22}, \cdots, x_{2n}$; ……; $x_{m1}, x_{m2}, \cdots, x_{mn}$ を m 組の変数とするとき，$\sum a_{i_1 i_2 \cdots i_m} x_{1 i_1} x_{2 i_2} \cdots x_{m i_m}$ という形の多項式のことを，m **重線型形式**という．$m=1$ のときは，単に**線型形式**といい，$m=2$ のときは，すでに述べたように**双線型形式**という．また，m を明示する必要のないときは，**多重線型形式**という．
(3) **2次形式**とは，2次同次多項式，つまり，$Q(x_1, x_2, \cdots, x_n) = \sum_{i,j=1}^{n} a_{ij} x_i x_j$ という形の多項式のことである．2次形式 Q が**正の半定符号**であるとは，変数 x_i にどのような実数を代入しても値が非負（正または0）となることをいう．Q が正の半定符号であって，かつ，$Q(x_1, x_2, \cdots, x_n) = 0$ となるのは $x_1 = x_2 = \cdots = x_n = 0$ の場合にかぎるとき，Q は**正の定符号**であるという．
→ 2次形式の判別式，合同変換

■**形式的微分** formal derivative
係数がある環（あるいは整数倍の乗法が定義されている体系）中にある多項式 $a_0 x^n + a_1 x^{n-1} + \cdots + a_{n-1} x + a_n$ に対して，その形式的微分は $n a_0 x^{n-1} + (n-1) a_1 x^{n-2} + \cdots + a_{n-1}$ である．→ 分離多項式

■**形式的ベキ級数** formal power series
→ ベキ級数

■**係数** coefficient
初等代数学において，各項の数値部分を係数

とよぶ．通常 $2x$ や $2(x+y)$ のように文字部分の前にかかれる［→ 括弧］．一般には，ある特定の文字（あるいは文字の集合）以外の因子の積を，その特定の文字の係数という．例えば $2axyz$ という項において $2axy$ は z の係数，$2ayz$ は x の係数，$2ax$ は yz の係数である．代数学においては，定数因子を変数から区別するために係数とよぶのが最も普通である．

■**計数器** counter
計算機の中で，単位加数すなわち大きさ1の加数のみを受け付ける加算器．計数器は通常1段の2進計数器を用いて構成されている．2進計数器はそれが受けた信号の数が偶数か奇数かにより2つの安定状態の一方をとるもので，計算機の中で基本的な演算の構成要素をなす．

■**係数行列** matrix of the coefficients
連立1次方程式を，変数の順序をそろえ，同じ変数の係数が同じ列にあるようにかいて並べる．ただし，欠けている変数の係数は0とする．このとき，変数を消し去ることによって得られる係数（定数項は含まれない）のなす行列を，その連立1次方程式の**係数行列**という．変数の数と方程式の数が等しいとき，それは正方行列となる．連立1次方程式
$$\begin{cases} a_1 x + b_1 y + c_1 z + d_1 = 0 \\ a_2 x + b_2 y + c_2 z + d_2 = 0 \end{cases}$$
の係数行列は
$$\begin{pmatrix} a_1 & b_1 & c_1 \\ a_2 & b_2 & c_2 \end{pmatrix}$$
である．→ 行列の階数，連立1次方程式の係数行列式

■**係数行列式** determinant of the coefficient
→ 連立1次方程式の係数行列式

■**係数のみによる乗除法** multiplication and division by means of detached coefficients
通常の乗法，除法の計算過程の代数学で用いられる略記法．（その符号とともに）係数のみを使用し，さまざまな項の変数のベキはその係数のかかれる位置により表現される．存在しないベキの項はその係数が0とみなされる．例えば，$(x^3 + 2x + 1)$ に $(3x - 1)$ をかける場合には $(1 + 0 + 2 + 1)$ および $(3 - 1)$ という表現を用いる．
→ 組立除法

■**経線変形**　longitudinal strain
→ 変形テンソル

■**継続記号**　continuation notation
いくつかの項に続く 3 点リーダー，またはダッシュ．無限に項が続く場合，
$$1+x+x^2+\cdots+x^n+\cdots$$
のように，最初の数項をかき，次に 3 点リーダーをかき，そして一般項をかき，さらに 3 点リーダーをかくのが，この記号の普通の用い方である．

■**経度**　longitude
その地点を通る子午線と基準となる地点（特に断りのない限りイギリスのグリニジ）を通る子午線によって切りとられた赤道上の弧の示す度数．→ 子午線

■**系統的標本**　systematic sample
1 つの統計的な母集団より，無作為に 1 つ選ぶ．それから，ある一定の間隔で次々に抽出された標本．例えば，アルファベットの順に並べられた名簿から 10 番目ごとに選んだり，あるいは組立ラインから 5 分ごとに製品を抜き取った標本．標本を抽出する部分母集団は，全母集団を代表することが重要である．母集団のもつある周期性に関係しないような抽出間隔でなければならない．→ 無作為標本

■**径面**　diametral plane
→ 2 次曲面の径面

■**計量的密度**　metric density
E を数直線（または n 次元ユークリッド空間）の可測な部分集合とする．点 x における E の計量的密度とは，x を含む区間 I の幅（または測度）を 0 に近づけるときの，比 $m(E\cap I)/m(I)$ の極限（存在するとして）である．E の計量的密度は，測度 0 の集合を除く E のすべての点において 1，測度 0 の集合を除く E^c のすべての点において 0 である．ただし，E^c は E の補集合を表す．

■**計量微分幾何学**　metric differential geometry
曲線や曲面の一般的要素の剛体的運動のもとで不変な性質を微分学の方法を用い研究する分野のこと．

■**ケイレイ，アーサー**　Cayley, Arthur (1821—1895)
英国の代数，幾何，解析学者．代数的不変量の理論，高次元の幾何に特に貢献した．→ シルベスター

■**ケイレイ代数**　Cayley algebra
A, B を四元数とし，$A+Be$ の形で表記される数の集合で，その和と積を次のように定義する．
$$(A+Be)+(C+De)=(A+C)+(B+D)e$$
$$(A+Be)(C+De)=(AC-B\bar{D})+(AD+B\bar{C})e$$
ここで，$\bar{C}$ と $\bar{D}$ は四元数 C, D の共役とする．乗法が交換法則だけでなく必ずしも結合則を満たさない点を除けば，ケイレイ代数は単位元をもつ多元体のすべての公理をみたす．実数体上のベクトル空間として，8 次元の空間であり，$\{1, i, j, k, e, ie, je, ke\}$ を基底にもつ．乗法の定義より，$e^2=-1$, $ie=-ei$, $je=-ej$, $ke=-ek$ であるが，$(ij)e=ke$, $i(je)=-ke$ となる．ケイレイ代数の元は**ケイレイ数**(Cayley number) または**八元数** (octanion) とよばれる．→ フロベニウスの定理

■**ケイレイの定理**　Cayley's theorem
任意の群はある変換群に同型である．特に群 G は集合 G 上の置換群に同型である．

■**ケイレイ-ハミルトンの定理**　Cayley-Hamilton theorem
→ ハミルトン-ケイレイの定理

■**下界**　lower bound
→ 数列の上界・下界

■**桁**　order of units
→ 位

■**桁の値**　hundred's place, local value
→ 位の値

■**結合則**　associative law
対象を 2 つ同時に結びつける方法が**結合的**であるとは，3 つの対象を結びつける場合（順序は不変），どの 2 つを組み合わせて行っても結果が同じであることをいう．そういう性質を**結合律**，**結合則**または**結合法則**という．例えば演算を。で

表し，x と y との演算結果を $x \circ y$ とかくと，任意の x, y, z に対し，その"積"は
$$(x \circ y) \circ z = x \circ (y \circ z)$$
一般の数の**加法**について，任意の数 a, b, c に対し結合律は $(a+b)+c=a+(b+c)$ と記される．この法則は任意の項数の和，任意のくくり方に対し拡張して使うことができる．すなわち，加算のどの段階においてもその項と隣接した2項とたし算できる．**乗法**についての結合則は，任意の数 a, b, c に対し，
$$(ab)c = a(bc)$$
と表される．乗法に関しても同様に，この法則は任意の項数の積，任意のくくり方に対しあてはめられる．→ 群（非結合乗法の一例はケイレイ代数を参照）

■**結合比例** joint variation
1つの変数が，2つの変数の積に**正比例する**とき，この1変数は他の2変数に**結合比例する**という．すなわち，$x=kyz$（k は定数）のとき，x は，y と z に結合比例する．$x=kyz/w$ のとき，x は，y と z に結合比例し w に反比例する．

■**結節点** node (of a curve)
曲線の2つの分枝が交わり，異なる接線をもつ点（しばしば**弧立点**である2重点も結節点とよばれる）．与えられた曲線族に属する曲線の結節点の集合を**結節点の軌跡**という．→ 十字結節点，微分方程式の判別式

■**欠損行列** derogatory matrix
→ 行列の固有方程式

■**決闘** duel
2人で行う決定のタイミングをも含む零和（ゼロサム）ゲーム．競技者の行動の遅れは最初の行動の正確さを増すが，一方対抗者が先に行動する可能性を増すことにもなる．競技者が互いに対抗者が行動をおこしたかどうかを常に知っているとき，**雑音のある決闘**といい，対抗者が行動をおこしたかどうかをまったく知ることがなく行うとき**静かな決闘**という．

■**結論** consequent
→ 含意

■**ゲーデル，クルト** Gödel, Kurt (1906—1978)
現在のチェコスロバキア領で生まれたオーストリア人．後にアメリカに帰化した論理学者，哲学者．集合論において，選択公理と連続体仮説が，他の公理と矛盾することがないということを証明した．また，論理系の一致が，その体系内で証明することができないということを証明した．

■**ゲート** gate
計算機の内部において，ある信号の通過が，他の1つ以上の信号が存在するとき，またそのときに限り許されるようなスイッチのこと．したがって，ゲートは，論理の連言（すなわち"かつ"）の意味に相等する機能のこと．→ 緩衝回路，論理和

■**ケトレ，ランベルト・アドルフ・ジャーク** Quetelet, Lambert Adolphe Jacque (1796—1874)
ベルギーの統計学者，天文学者．→ ダンドラン

■**ケーニヒスベルクの橋の問題** Königsberg bridge problem
プロシアの都市ケーニヒスベルク（現在ロシア共和国の飛び地カリーニングラード）には図で示されるような7つの橋があった．これら7つのすべての橋を，どの橋も2度以上渡ることなく，1回ずつ渡ることは不可能であることを示せという問題がこの名でよばれている．この問題はオイラーによって解かれた．問題を解明するために，図に示されているような点と線（図では破線）からなる回路におきかえて考える．このような回路を各線を1回ずつ渡るようにして通る道が存在するのは，奇数本の線に属する点の個数が2個以下のとき，かつそのときにかぎることが証明できる．ケーニヒスベルクの橋の問題ではそのような点が4個存在しているので，不可能である．最後に出発点に戻る一筆書きの閉路が存在するための必要十分条件は，（グラフが連結で）すべての頂点から出る枝の個数

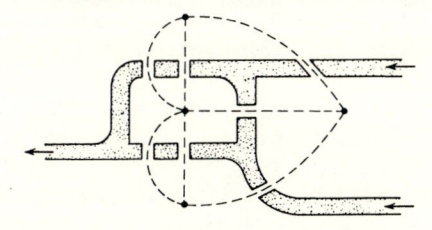

が偶数であることである．→ グラフ理論

■**ケプラー，ヨハネス** Kepler, Johannes (1571—1630)

天文学，数学および哲学者．ヴュルテンベルグで生まれ，東ヨーロッパのさまざまな場所を住み移った後，シレジアで生涯を終えた．彼の惑星の運動法則は，20 年以上に及ぶ多大な労力と天才的な計算にもとづいて経験的に決定されたものである．

■**ケプラーの法則** Kepler's laws (of planetary motion)

つぎの 3 法則からなる．(1) 惑星の軌道は太陽をその 1 焦点にもつ楕円である．(2) 惑星の軌道の動径ベクトルが描く部分の面積は，一定時間内では常に同じ面積をもつ．(3) 惑星の回転周期の 2 乗は，太陽からの平均距離の 3 乗に比例する．これらの法則は，引力の法則とニュートンの運動法則を太陽と 1 惑星に適用すれば直接導かれる．しかし，この 2 法則に先立ってケプラーは上述の彼の法則を発見し，ニュートンの仕事に指針を与えた．

■**ケーベ，ポール** Koebe(Köbe), Paul (1882—1945)

ドイツの複素解析学者．リーマンの写像定理に初めて厳密な証明を与えた．

■**ケーベの関数** Koebe function

(1) $f(z)=z/(1-z)^2=z+2z^2+3z^3+\cdots$ という関数．z は複素変数で $|z|<1$ とする．
(2) $|c|=1$ である複素定数 c に対して
$f(z)=z/(1-cz)^2=z+2cz^2+3c^2z^3+\cdots$
という関数．z は複素変数で $|z|<1$ とする．この関数は $|z|<1$ で正則単葉（1 対 1）である．

■**ゲーム** game

いくつかの人あるいは団体（競技者とよばれる．また，競技者の数は有限であるとする）が互いに競合している状態を記述したもので，各競技者のとりうる行動や情報量，どの競技者の意思にもよらない選択（偶然による手）がある場合は，その確率分布，終了時において可能ないろいろな状況における，各競技者の利得や損失などからなっている．記述のしかたには**標準形**，**展開形**など，いろいろあるが [→ 標準形ゲーム，展開形ゲーム]，単にゲームといえば，標準形ゲームを意味することが多い．競技者の数が n 人であるゲームを **n 人ゲーム**とよぶ．ゲームにおける最適戦略の研究は，ゲーム理論とよばれ，その学問としての基礎づけは，フォン・ノイマンによるところが大きい．→ 生き残りゲーム，凹ゲームと凸ゲーム，完全情報ゲーム，完全複合ゲーム，協力ゲーム，決闘，硬貨合わせゲーム，3 個の箱ゲーム，巡回的ゲーム，戦術，対局者，対称ゲーム，多項式ゲーム，ニムゲーム，ハー，半完全情報ゲーム，プロット大佐のゲーム，分離的ゲーム，マズール-バナッハのゲーム，ミニマックス定理，モラ，有限ゲームと無限ゲーム，有限零和 2 人ゲームの解，利得，零和ゲーム，連続ゲーム

■**ゲームの値** value of a game

ミニマックス定理が成り立つような零和 2 人ゲームに対し，そのミニマックス定理によって定まる利得のこと．戦略が動く範囲は，有限ゲームのときは混合戦略を考える．この場合，つねにミニマックス定理が成り立つ．また，最適混合戦略の組を解とよぶ．[→ 有限零和 2 人ゲームの解]．無限ゲームのときは純戦略にかぎるのが普通である．→ ゲームの鞍点，ミニマックス定理

■**ゲームの鞍点** saddle-point of a game

任意の有限零和 2 人ゲームに対して，**利得行列**の要素 a_{ij} が次の関係式をみたすことは容易にわかる．

$$\max_i(\min_j a_{ij}) \leq \min_j(\max_i a_{ij})$$

もし等号が成立すれば，$\max_i(\min_j a_{ij}) = \min_j(\max_i a_{ij}) = v$ である．このときには値を大きくしたい競技者と小さくしたい競技者のおのおのについて，純粋戦略 i_0, j_0 がそれぞれ存在して，前者の場合には i_0 を選べば相手の競技者がどのような戦略を選ぶかに無関係に利得は少なくとも v であり，後者の場合には j_0 を選べば相手競技者がどのような戦略を選ぶかに無関係に利得は多くとも v であるようにできる．この場合に，ゲームは (i_0, j_0) において**鞍点**をもつとよばれる．いくつかの鞍点があって，それらの点における値が等しく v であることが起こりうる．無限零和 2 人ゲームにおいても鞍点について同様のことが成立する．→ 3 個の箱ゲーム，ミニマックス定理，利得

■ケルビン kelvin

SI（国際単位系）の温度に関する単位．ケルビン温度目盛に使われる．0Kが絶対零度（セ氏−273.16度）であり，1度はセ氏温度目盛と同一である．名はケルビン卿（＝ウィリアム・トムソン）にちなむ．

■ゲルフォント，アレクサンドル・オシポビッチ Gel'fond, Alexander Osipovič (1906—1968)

ロシアの解析学者．

■ゲルフォント-シュナイダーの定理
Gel'fond-Schneider theorem

α, β が代数的数で，$\alpha \neq 0$ かつ $\alpha \neq 1$ であり，β が有理数でなければ，α^β の値はすべて超越数（整数係数のいかなる多項式の零点にもなりえない数）である．この定理は，ゲルフォント(1934)とシュナイダー(1935)により独立に証明された．この定理は，ヒルベルトの第7問題の肯定的解決を与えるものである．→ ベーカー

■圏 category

(1) → 集合の類
(2) 圏 K は2つの類 O_k と M_k からなり，O_k の要素を**対象**，M_k の要素を**射**とよび，以下の条件をみたす．(i) 対象の各順序対 (a, b) に対して射の集合 $M_k(a, b)$ が対応し，M_k の各要素はこれらの集合 $M_k(a, b)$ のただ1つに属する．(ii) f が $M_k(a, b)$ の要素で g が $M_k(b, c)$ の要素ならば，f と g の合成 $g \circ f$ は一意的に定義され，$M_k(a, c)$ の要素である．(iii) f, g, h がそれぞれ $M_k(a, b)$，$M_k(b, c)$，$M_k(c, d)$ の要素ならば，$(h \circ g) \circ f$ と $h \circ (g \circ f)$ が定義可能であり，$(h \circ g) \circ f = h \circ (g \circ f)$ となる．(iv) 各対象 a に対して，**恒等射**とよばれる $M_k(a, a)$ の要素 e_a が存在し，対象 b, c が存在して，f は $M_k(b, a)$ の元，g は $M_k(a, c)$ の元であるならば，$e_a \circ f = f$，$g \circ e_a = g$ が成り立つ．圏の概念はある種の構造をもった集合と，その構造を保つような写像の族が同時に考察されるような多くの場合の抽象的な一般的モデルを与える．そのような圏の例をあげると，(i) O_k は集合 T のすべての部分集合の族で，$M_k(a, b)$ は a を定義域とし値域が b に含まれるような関数の全体．(ii) O_k は群の族で，$M_k(a, b)$ は群 a から群 b へのすべての準同型写像の集合．(iii) O_k は位相空間の族で，$M_k(a, b)$ は定義域 a をもち値域が b に含まれるすべての連続関数の集合．圏の**零元**とは，いかなる対象 a に対しても $M_k(0, a)$ と $M_k(a, 0)$ の両方がただ1つの要素をもつ対象 0 のことである．もし圏が零元をもつならば，$M_k(a, b)$ における**零射**は $g_{0b} \circ f_{a0}$ となる．ここで f_{a0} そして g_{0b} はそれぞれ $M_k(a, 0)$ と $M_k(0, b)$ の唯一の要素である．$M_k(a, b)$ における**同型射**あるいは**同等写像**とは，$f \circ g$ と $g \circ f$ がそれぞれ $M_k(b, b)$，$M_k(a, a)$ における恒等射となるような $M_k(b, a)$ に属する射 g が存在するような $M_k(a, b)$ の要素 f のことである．$M_k(a, a)$ に属する同型射は**自己同型射**（**自己同型写像**），$M_k(a, a)$ に属する射は**自己準同型射**（**自己準同型写像**）といわれる．→ 関手

■弦 chord

曲線（曲面）と直線の指定された2交点の間の線分をその曲線（曲面）の弦とよぶ．→ 円，球の弦

■限界 bound

数の集合の**下界**とはその集合のどの数よりも小さいかまたは等しい数のことであり，**上界**とは，その集合の中のどの数より大きいかまたは等しい数のこと．数の集合の**下限**（略して **g.l.b.** または **inf**）とはその下界の最大数のこと．下限は，その集合の中の最小数であるか，または，その集合のどの数よりも小さい数の中の最大数である．数の集合の**上限**（略して **l.u.b.** または **sup**）とはその上界の最小数．上限は，その集合の中の最大数であるか，または，その集合のどの数よりも大きい数の中の最小数であるかのいずれかである．g.l.b. または l.u.b. がその集合に属さない（属すこともありうるが）ときには，それはその集合の集積点である．例えば，集合 $\{0.3, 0.33, 0.333, \cdots\}$ の l.u.b. は $\frac{1}{3}$ であるが，これは集積点でもある．これらの概念は任意の半順序集合に拡張することができる．例えば，集合の族の上界は与えられた族に属する集合をすべて含む集合 U のことである．→ 数列の上界・下界，束

■原角 related angle

ある与えられた角 α に対して，第1象限の角 α' で α と α' の三角関数の値の絶対値が等しいとき，鋭角 α' は α の**原角**とよばれる．30°は150°および210°の原角である．

■検算　check
　繰り返すこと，または他の何らかの方法により照合すること．ある解決方法の正しさの確率を高めるのに使われる手段．

■原子　atom
　束（または環）R に対し，**原子（アトム）**とは最小元あるいは加法単位元の 0 でない（または空でない）要素 U であって，R 中にそれより小さい（U に真に含まれる）0 でない（空でない）要素 X がないような要素である．任意の有限ブール代数はそのすべての原子の集合のブール代数と同型である．→ 結びに関して既約

■原始 n 乗根　primitive n-th root
　→ 1 の n 乗根

■原始解（微分方程式の）　primitive of a differential equation, primitive solution
　微分方程式をみたす関数．→ 微分方程式の解

■原始関数　primitive function
　(1) その導関数が与えられた関数に等しい関数．→ 微分
　(2) 一般にそれから他の関数を導くことができる幾何学的あるいは解析的な形式．

■原始曲線　primitive curve
　(1) 他のものがその極線や反転などになっている曲線．
　(2) 他の曲線から導かれる曲線．他のものが，その極線や反転などになっている曲線．微分方程式の原始解のグラフ（その微分方程式の解のグラフとして与えられる曲線族内の1つの要素）．→ 積分曲線

■原始周期　primitive period
　＝基本周期．→ 複素変数の周期関数

■原始周期帯　primitive period strip
　f を領域 D 上で定義された複素変数 z の単一周期関数，ω をその原始周期とするとき，D 内の領域である直線 C（または D を横切る適当な単純曲線）と ω の分だけずらした C の像ではさまれているものを f の**原始周期帯**という．＝基本周期帯．

■原始周期対　primitive period pair
　2重周期関数の2つの周期 ω と ω' でその関数のすべての周期が $n\omega + n'\omega'$ の形で表されるもの．ただし，n と n' は整数である．＝基本周期対．→ 複素変数の周期関数

■原始周期平行4辺形　primitive period parallelogram
　ω と ω' が複素変数 z の2重周期関数の原始周期対をなし，z_0 を無限遠点を除いた複素数平面上の任意の点とすると，z_0, $z_0+\omega$, $z_0+\omega+\omega'$, $z_0+\omega'$ を頂点とする平行4辺形を，その関数の**原始周期平行4辺形**という．その境界上の頂点 z_0 とそれに隣接している2辺から，もう一方の端点を除去した部分は，その平行4辺形に属していると考えるが，境界上の残りの部分は属していないものとする．したがって，複素数平面上の各点は，複素数平面全体を敷き詰めている互いに合同な原始周期平行4辺形のうちのちょうど1つに属している．＝基本周期平行4辺形．

■原始多項式　primitive polynomial
　整数係数の多項式でその係数の最大公約数が 1 であるもの．原始多項式 p が2つの有理係数多項式 r, s の積になっているならば，r, s とは定数倍だけ異なる整数係数多項式 f, g で $p=fg$ となるものが存在する．

■検出力　power of a test
　→ 仮説検定

■減少関数　decreasing function
　→ 1変数の減少関数

■減少数列　decreasing sequence
　$i<j$ なら $x_i > x_j$ である数列 $x_1, x_2, \cdots$ のこと．$i<j$ なら $x_i \geq x_j$ であるときは，**単調減少数列**であるという．ただし単調減少数列という語を減少数列と同義に使い，真に $x_i > x_j$ のとき狭義の減少数列，等号も含めて $x_i \geq x_j$ のとき広義の減少数列ということが多い．→ 単調増加

■原始要素　primitive element
　→ 単生的解析関数

■減衰振動　damped oscillation
　連続的に振幅が小さくなっていく振動のこと．→ 振動

■**懸垂線**　catenary
→ カテナリー

■**減衰調和振動**　damped harmonic motion
　単振動の場合と同じ復元力が働くが，さらに，速度に比例する抵抗も働くときの，物体の運動．微分方程式は
$$\frac{d^2x}{dt^2} = -bx - 2c\frac{dx}{dt}, \quad b, c > 0$$
で与えられる．$b > c^2$ のとき，$k = \sqrt{b - c^2}$ とおくと，一般解は
$$x = ae^{-ct}\cos(kt + \phi)$$
となり，e^{-ct} という項により，振幅が徐々に減少していく様子がわかる．

■**懸垂面**　catenoid
→ カテノイド

■**減数**　subtrahend
　他の量から減じられる量．

■**原像**　pre-image
→ 像

■**減速**　deceleration
　負の加速度のこと．→ 加速度

■**限定記号**　quantifier
　すべての $x, y, z, \cdots$ に対して，とか，$x, y, z, \cdots$ が存在する，などのいい方における"すべての"や"存在する"のような接頭辞．前者を**全称記号**，後者を**存在記号**という．限定記号は命題関数の前に置かれ，記号で表される．例えば"すべての x に対し $p(x)$ である"は $\wedge x[p(x)]$ または $\forall x[p(x)]$ または $(x)[p(x)]$ とかかれ，"$p(x)$ である x が存在する"は $\exists x[p(x)]$, $Ex[p(x)]$, $(\exists x)p(x)$ などとかかれる．また"すべての人に嫌われている人が存在する"という主張は，$\exists x[\forall y(x$ は y に嫌われている$)]$ のようにかかれる．$\forall x[p(x)]$ の否定は $\exists x[p(x)]$ は偽]であり，$\exists x[p(x)]$ の否定は $\forall x[p(x)]$ は偽]である．＝限定子．

■**検定統計量**　test statistic
　《統計》**仮説検定**の基礎となっている統計量．＝確率変数．→ 仮説検定

■**検定の大きさ**　size of a test
→ 仮説検定

■**検定の有意水準**　significance level of a test
→ 仮説検定

■**原点**　origin
　座標軸の交点．→ 直角座標

■**原点**　origin of ray
→ 半直線

■**原点に関する鏡映**　reflection in the origin
　各点を原点に関して対称な位置に移すこと．平面内では，原点に関する鏡映は，原点のまわりの180°の回転である．これは，直角座標系の各軸に関する鏡映を続けて行った結果と同じである．→ 直線に関する鏡映

■**現場試験計画**　field plan
　《統計学》異なる因子の反復が，空間内の異なる点に位置づけされなければならないような，実験的試行の空間における配列のこと．例えば，**ラテン方陣**や農業試験での**乱塊実験**など．

■**減法**　subtraction
　2つの与えられた量のうちの一方に加えたとき他方に等しくなるような量を見いだす算法．これらの量はそれぞれ**減数**，**被減数**とよばれ，減法により定まる量は**差**または**剰余**とよばれる．例えば，5から2を減ずることを $5 - 2 = 3$ とかく．5が被減数，2が減数，3が差または剰余．符号のついた数の減法は**代数的減法**とよばれる．これは減法の符号を変えて被減数に加えることと同値である．例えば，$5 - 7 = 5 + (-7) = -2$．→ 実数の和

■**減法によって誘導される比例式**　proportion by subtraction
→ 比例

■**原理**　principle
　一般的な真理または仮定もしくは証明されている法則．その分野に関する，基本的な仮定や命題．エネルギー原理，球面3角形における双対原理，サン−ブナンの原理．射影幾何の双対原理などのように使われる．

コ

■**弧** arc

線分または曲線の一部分．(1) 1 対 1 の連続的変換による閉区間 $[a, b]$ の像．すなわち，閉じていない単純曲線．(2) 閉じていない曲線．曲線が閉区間 $[a, b]$ の連続的な像であるとき，その曲線の弧は，$[a, b]$ に含まれる区間 $[c, d]$ の像である．

■**語** word

(1) ディジタル計算機における 1 記憶単位の容量，1 単位とみなされた数の組．その内容は数を表すとは限らず，計算機への命令や番地などの他の情報を示すことが多い．

(2) 準群において，生成元を並べた列，あるいはその表す要素．

■**項** term

(1) **分数**の項とは，分子または分母のことである[→ **既約分数**]．**比**の項とは，**外項**または**内項**のことである．→ **比例**

(2) **等式**または**不等式**の項とは，等号または不等号の一方の側（または他方の側）にある数量全部をいう．この場合はよく，**辺**という用語を用いる．

(3) いくつかの数量の和として表されている式に対しては，これら数量のそれぞれを，その式の項という．例えば，
$$xy^2 + y\sin x - \frac{x+1}{y-1} - (x+y)$$
においては，
$$xy^2, \quad y\sin x, \quad -\frac{x+1}{y-1}, \quad -(x+y)$$
が項である．**多項式** $x^2 - 5x - 2$ においては，$x^2, -5x, -2$ が項である．$x^2 + (x+2) - 5$ においては，$x^2, (x+2), -5$ が項である．**定数項**（**絶対項**）とは，変数を含んでいない項をいう．**代数的項**とは，代数記号と数だけを含んでいる項をいう．例えば，$7x, x^2+3ay, \sqrt{3x^2+y}$．代数的項のうち，変数が，根号記号の中や分母に含まれたり，分数指数や負の指数をもったりしない場合には，**有理整数的項**という．代数的項でない項を，**超越的項**という．超越的項の例としては，**三角関数的項**がある．これは，三角関数と定数だけを含む項である．代数的因数を含んでいても三角関数的項ということもある．また，**指数関数的項**がある．これは，指数の中にだけ変数を含んでいる項である．代数的因数を含んでいても指数関数的項ということもある．さらに**対数関数的項**がある．これは，$\log x$, $\log(x+1)$ のように，対数の中に変数が入っている項である．$x^2\log x$ のように代数的因数を含んでいる場合にも，対数関数的項ということがある．**同類項**とは，同じ変数を含み，かつ，同種の変数のベキが等しいような項である．例えば $2x^2yz$ と $5x^2yz$ とは同類項である．

■**硬貨合わせゲーム** coin-matching game

2 人の競技者が，それぞれ，硬貨を投げ，同じ面（ともに表か，ともに裏）が出れば第 1 競技者が勝ち，相異なる面が出れば第 2 競技者が勝つ，零和 2 人ゲーム．→ **ゲーム**

■**高階導関数** derivative of higher order

微分の微分．最初の微分が行われた関数を，独立変数の関数と見なして，さらに微分する．例えば，$y = x^3$ の 1 階の導関数は $y' = 3x^2$ であり，2 階の導関数は $y'' = 6x$ である．これは，$3x^2$ を微分することにより得られる．同様に，$y''' = 6, y^{(4)} = 0$ である．高次の導関数ということもある．

■**交角** angle of intersection

平面における 2 直線の交角は，次のように定義される．直線 L_1 から直線 L_2 への角とは L_1 を始辺とし L_2 を終辺とする最小の正の角．すなわち図における ϕ である．L_1 から L_2 への角の正接は
$$\tan\phi = \tan(\theta_2 - \theta_1) = \frac{m_2 - m_1}{1 + m_1 m_2}$$
によって与えられる．ただし，$m_1 = \tan\theta_1, m_2 = \tan\theta_2$．**直線 L_1 と L_2 の間の角**は 2 直線間の最小な正の角である（平行な 2 直線についてはこれを 0 とする）．**空間における 2 直線の角**とは，与えられた直線にそれぞれ平行なものの中で，交点をもつ 2 直線間の角のこと．この角の余弦は，対応する直線の方向余弦の対応する対の積

の和に等しい[→ 方向余弦]．**2つの交わる曲線間の角**とは，その交点におけるそれぞれの曲線の接線のなす角のことである．**直線と平面間の角**とは，その直線とそれを平面に射影して得られる直線とのなす角のうち小さい方（鋭角）．**2平面間の角**とは，それらが形成する2面角のこと[→ 2面角]．これは，これらの平面への法線のなす角に等しい．平面の方程式が標準形であるとき，2平面間の角の余弦は方程式における対応する係数（同じ変数の係数）の積の和に等しい．

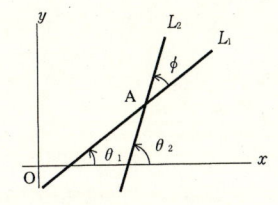

$$a+(+\infty)=(+\infty)+a=+\infty \\ a-(-\infty)=+\infty, (-\infty)-a=-\infty$$
（ただし $a \neq -\infty$）

$$a+(-\infty)=(-\infty)+a=-\infty \\ a-(+\infty)=-\infty, (+\infty)-a=+\infty$$
（$a \neq +\infty$）

$$a(+\infty)=(+\infty) a=(+\infty)/a=+\infty \\ a(-\infty)=(-\infty) a=(-\infty)/a=-\infty$$
（$0 < a < +\infty$）

$$a(+\infty)=(+\infty) a=(+\infty)/a=-\infty \\ a(-\infty)=(-\infty) a=(-\infty)/a=+\infty$$
（$-\infty < a < 0$）

$$(+\infty)(+\infty)=(-\infty)(-\infty)=+\infty \\ (+\infty)(-\infty)=(-\infty)(+\infty)=-\infty \\ a/(+\infty)=a/(-\infty)=0 \quad (aは実数)$$

上で定めなかったもの（$(-\infty)+(+\infty)$ など）は意味をもたないとする．ただし，$0(+\infty)$，$(+\infty) 0, 0(-\infty), (-\infty) 0$ については，目的によっては0に等しいと約束したほうが好都合な場合もある．

■**降下による証明** proof by descent
→ 数学的帰納法

■**交換** alternation
比例の一法則．→ 比例

■**交換子（群の元の）** commutator of elements of a group
群の元 a, b の交換子とは $a^{-1}b^{-1}ab$，すなわち，$bac=ab$ をみたす群の元 c のことである．各 c_i を c の2つの元の交換子とするとき，$c_1 c_2 \cdots c_n$ という形の元全体のつくる群を，その群の**交換子部分群**とよぶ．アーベル群の交換子部分群は単位元のみからなる．ある群がその交換子部分群と一致するとき，その群は**完全群**であるという．交換子部分群は不変部分群であり，その因子群はアーベル群である．

■**交換則** commutative law
→ 可換

■**広義の実数系** extended real-number system
実数全体に，$+\infty$ と $-\infty$ を付け加えたもの（$+\infty$ のことは，単に，∞ で表すこともある）．順序に関しては，任意の実数 a に対し $-\infty < a < +\infty$ であると定め，加減乗除についてはつぎのように定める．

■**恒久収束級数** permanently convergent series
その級数の項に含まれる変数の任意の値で収束する級数．例えば指数級数
$$1+x+\frac{x^2}{2!}+\frac{x^3}{3!}+\cdots$$
は任意の x の値で e^x に等しい．よってこの級数は恒久収束級数である．

■**公差** common difference
等差数列の公差．等差数列におけるある項と前の項との差．通常 d で表される．

■**降鎖条件（環の）** descending chain condition on ring
→ 連鎖条件（環の）

■**公式** formula
式の形で述べられた定理，法則，原理など．
→ 実験式，積分公式

■**高次の平面曲線** higher plane curve
2より大きい次数の代数的平面曲線．ただし超越曲線を含めていうこともある．

■**後者** successor of an integer
ある整数の**後者**とはその次の整数のことをい

う．n の後者は $n+1$．→ 整数

■**公準** postulate
→ 公理

■**合成関数** composite function
(1) → 関数の合成．
(2) x^2-y^2 や x^2-1 のように因子分解可能な（すなわち 2 つあるいはそれ以上の関数の積をかける）関数（通常，ある与えられた体の上で因子分解可能な多項式関数のみを意味する）．

■**合成関数の微分** derivative of a composite function, differential of a function
→ 微分，連鎖律

■**合成群** composite group
→ 単純群

■**恒星時** sidereal time
恒星の毎日の運行を測定することにより定められた時間．春分点が 1 時間の間に動く時角に等しい．恒星時の基本的な単位である恒星日は春分の子午線上を恒星がひき続いて 2 度通過する間の時間であると定められている．1 恒星年における恒星日の数は，地球の公転運動のため平均太陽日の数より 1 日だけ多い．

■**合成数** composite number
4, 6, 10 のように 2 つあるいはそれ以上の素因数をもつ数を，±1 や 3, 5, 7 のような素数と区別するために合成数とよぶ．整数をさす言葉で，有理数や無理数には用いられない．

■**構成的数学** constructive mathematics
構成的方法は，ブロウエルの直観主義に発するが，本質的な差がある．各種の構成主義の概念間には差があるが，下記のいくつかまたはすべてが，何らかの意味で構成主義者に使われている．
（ⅰ）有限的に表現できる対象のみを使い，その種の対象に対する操作は有限段階で実行できなければならない．
（ⅱ）x を定義するのに，x がその要素である集合 X を使うことは許されない．例えば，実数の集合の最小上界を定義するのに，上界の全体の集合を使うことは許されない．
（ⅲ）x の存在証明は x を構成する手順を述べなければいけない．例えば "x が存在しない" と仮定して矛盾を導いても，x の存在証明にはならない．
（ⅳ）無限列は n 項を定義する過程を与えて構成的に与える．実数は有理数の列と，コーシーのモデル（基本列）に関する特定の記述を与えることで指定できる．

■**恒星時計** sidereal clock
恒星時を示す時計．

■**恒星年** sidereal year
地球が太陽のまわりを惑星として，(遠方の恒星を基準として) 1 回転する間の時間．1 恒星年は平均太陽日を単位として 365 日 6 時間 9 分 9.5 秒である．→ 年

■**恒星の等級** magnitude of a star
《天文》2 つの星は，一方が他方の $(100)^{1/5}(=2.512+)$ 倍明るいとき 1 等級の差があると定める．晴れた月のない夜，肉眼で認めることのできる最も微かな星を 6 等級とする．北極星はほぼ 2 等級である．

■**剛性率** modulus of rigidity
剪断（せん）したときに生ずる剪断変形の角度の割合のこと．→ ラメの定数

■**合成量** composite quantity
分解できる量．

■**高速フーリエ変換** fast Fourier transform
離散フーリエ変換の計算を巧妙に行う計算法．その変換を表す 1 の乗根からなるファンデルモンドの行列式のある代数的性質を活用する[→ 離散フーリエ変換]．行列が $n \times n$ ならば，直接に変換を計算すると，n^2 回の乗算が必要だが，n が $n_1 n_2 \cdots n_p$ と分解されるならば，行列はほぼ $n(n_1 + \cdots + n_p)$ の "程度の" 乗算に還元される．特に n が 2 の累乗のときは，$2n \log_2 n$ 回程度になる．
他の多くの変換と同様に，変換によって容易に解けるようにうつされる問題がある．その後逆変換によって必要な解をえる．例えば大きな整数の乗算，素数の判定，暗号学などである．

■**剛体** rigid body
任意の 2 点間の距離が，どのように力が加え

られても，一定不変であるような理想的な物体のこと．実験にあたって瞬時に変形しない物体は近似的に剛体であるとみなすことができる．

■**剛体運動**　rigid motion
ある図形を他の位置に形状も大きさも変えることなく動かすこと，機械の並進運動にしたがって回転運動または逆の向きの運動または同じ向きの運動へと変換されること．座標軸の向きを変えないとき，等長写像は剛体運動である[→等長写像(2)]．平面幾何における図形の移動は剛体運動である．

■**交代級数**　alternating series
それぞれの項が交互に符号を変えるような級数のこと．例えば，
$$1-\frac{1}{2}+\frac{1}{3}-\frac{1}{4}+\cdots+\frac{(-1)^{n-1}}{n}+\cdots$$
各項の絶対値が単調減少であり，その極限値が0であるならば，その交代級数は収束する．上述の条件は交代級数が収束するための十分条件であるが必要条件ではない．2つの収束級数があり，一方の級数のどの項も正であり，他方の級数のどの項も負であるとき，両者の対応する項どうしを加え合わせて得られる級数は収束し，交代級数であるが，各項の絶対値をとるとき，それらの項は単調減少列にならないものがつくられる．次の級数がその例である．
$$1-\frac{1}{2}+\frac{1}{3}-\frac{1}{4}+\frac{1}{9}-\frac{1}{8}+\frac{1}{27}-\frac{1}{16}+\cdots$$
→ 無限級数の収束の必要条件

■**交代行列**　skew-symmetric matrix
転置行列をつくり符号を変えるともとの行列に等しくなるような行列．i行j列の成分をa_{ij}と表すとき，各i, jに対して$a_{ji}=-a_{ij}$である行列．**歪対称行列**，または反対称行列ともよばれる．

■**交代行列式**　skew-symmetric determinant
転置した位置の要素が，もとの要素と絶対値が同じで符号が逆の数値であるような行列式．例えば第1行第2列の要素が5なら，第2行第1列の要素が-5である．奇数次の交代行列の行列式はつねに0である．

■**交代群**　alternating group
n点上の偶置換全体がなす群のことをn次

の交代群という．→ 置換群

■**交代式**　alternant
n次の行列式でそのi行j列成分がn個の関数$f_1, \cdots, f_n$およびn個の数$r_1, \cdots, r_n$によって$f_i(r_j)$と与えられるもの（列と行を入れ替えた行列式もまた交代式という）．ファンデルモンドの行列式は交代式である．→ 行列式

■**交代的関数**　alternating function
2つ以上の変数をもつ関数fで，任意の2変数の文字を入れ替えたときに，もとの式の値$f(x_1, x_2, \cdots, x_n)$とは符号だけが入れ替わった式が得られる関数fのことをいう．関数fがn次元ベクトル空間のn個のベクトルの多重線型交代関数であり，ベクトル空間Vにおいて，$\{e_1, e_2, \cdots, e_n\}$が基底であるとするとき，次の式が成り立つ．
$$f(v_1, \cdots, v_n)=\det(v_{ij})f(e_1, \cdots, e_n)$$
ただし，$v_k=\sum_{i=1}^{n}v_{ik}e_i$とし，$\det(v_{ij})$は$i$行$j$列の成分として$v_{ij}$をもつ行列式とする．

■**交代テンソル**　skew-symmetric tensor
反変（または共変）指標の2つを交換したものが，もとの成分の符号をかえたものになるとき，このテンソルは**その指標について交代**であるという．もし，任意の2つの反変指標と，任意の2つの共変指標について交代であるとき，**交代テンソル**という．＝歪対称テンソル．

■**航程線**　rhumb line
子午線と定角度をなすような船舶の航路，すなわち，地球の極のまわりを子午線と定角度をなしながら螺旋形に進む航路のこと．

■**後天的知識**　a posteriori knowledge
経験からの知識．[類]経験知識．

■**高度（天球上の）**　altitude of a celestial point
《天文》観察者の立つ水平線を基準とし，それよりも上部あるいは下部に位置する点を，その点および，天頂，天底の3点を通過する天大円（水平面に垂直な円）に沿って測ったときの角距離のことをいう．測ろうとしている点が水平線よりも上方に位置するとき，高度の値は正となり，水平線より下方に位置するときは，高度の

値は負となる．
→ 時角と時圏，子午線

■**黄道**　ecliptic

《天文》地球の軌道が天球を切る大円．天球上を見かけ上太陽が動く道．赤道面と黄道面の交線を**節線**という．それが天球と交わる点が**春分点**と**秋分点**である．一般に太陽のまわりを回る惑星の軌道面が黄道面と交わる2点が**昇交点**と**降交点**である．

■**恒等関数**　identity function

1つの集合から自分自身の中へうつす関数で，すべての要素を自分自身にうつすもの．集合 S に対する**恒等関数**は，各 $x \in S$ に対して $f(x)=x$ で定義される関数 f である．例えば実数上の恒等関数は，グラフが直線 $y=x$ になる関数，すなわち各数 x に自分自身を対応させる関数である．=恒等演算子，恒等変換．→ 逆関数，逆変換

■**合同行列**　congruent matrices
→ 合同変換

■**合同式**　congruence

$x \equiv y \pmod{w}$ という形の式．この式は"x は w を法として y と合同である"と読み，w をこの**合同式の法**という．x, y, w が整数の場合には先の合同式は"$x-y$ が w でわり切れる"あるいは"$x-y=kw$ である整数 k が存在する"という命題と同値である．例えば $23-9=14$ が7でわり切れるから

$$23 \equiv 9 \pmod{7}$$

である．正の整数 n が与えられたとき，$\{0, 1, \cdots, n-1\}$ の要素 a, b に対し，その和，積 $a+b, ab$ を通常の和，積を n でわった剰余と定義することにより，$\{0, 1, \cdots, n-1\}$ 上に**モジュラ算術**（合同式算術）あるいは **n を法とする算術**が定義される．例えば $n=7$ の場合，$2+5 \equiv 0$, $3 \cdot 6 \equiv 4$ であり，また $2 \cdot 4 \equiv 1$ であるから2の乗法に関する逆元は4である．また $n=15$ の場合には3の乗法に関する逆元は存在しない．実際 a を3の逆元とすると，ある整数 k について $3a-1=k \cdot 15$ のはずだが，これは不可能である．n を法とする算術は単位元をもつ可換環である．n が素数の場合には，それは体となる［→ 体，環］．合同式はさまざまな場面で使用される．多項式の合同式の場合，例えば多項式 x^2-1 を法とした合同式 $f \equiv g \pmod{x^2-1}$ は $f-g$ が x^2-1 でわり切れることを意味する．
$(x^3-5x^2-1)-(3x^2+x+1)=(x^2-1)(x+2)$
であるから
$x^3+5x^2-1 \equiv 3x^2+x+1 \pmod{x^2-1}$
である．また x と y がある群の元で，W がその群の部分群であるとき，$x \equiv y \pmod{W}$ は xy^{-1} が W に含まれることを意味する．例えば x, y が複素数，W を実数とするとき，$x \equiv y \pmod{W}$ は x/y が実数であること，あるいは $x-y$ が実数であることとして定義される．→ フェルマーの定理

■**恒等式**　identity

2つの変数が，共通の値域のもとで常に等しい値をもつことを表す式で，記号 $\equiv$ を用いる．例えば，$2/(x^2-1) \equiv 1/(x-1)-1/(x+1)$, $(x+y)^2 \equiv x^2+2xy+y^2$ などは恒等式である．記号 $\equiv$ のかわりに記号 $=$ が用いられることもある．2つの関数 f, g は，定義域が等しく，かつ定義域内のすべての x に対して $f(x)=g(x)$ が成り立つとき等しいという．このとき，$f(x) \equiv g(x)$ または $f=g$ と表す．→ 等式，平面三角法の恒等式

■**合同式の解**　root of a congruence

合同式にある数を代入したとき，$f(x) \equiv 0 \pmod{n}$ という形で表され，左辺は n を法としたときの余りを表す．8は合同式 $x+2 \equiv 0 \pmod{5}$ の解である．$8+2=10$ は5でわり切れるからである．3もまた1つの解である．

■**合同図形**　congruent figures

平面幾何において，平面の剛体的運動（すなわち，平行移動および回転）で1つの図形を他方の図形に重ね合わせることができるとき，2つの図形は合同であると習慣的にいう．したがって2つの図形が合同であるとは，それらが位置のみが異なるということができる．長さの等しい2本の線分，半径の等しい2つの円はともに合同である．以下の(i)，(ii)，(iii)はいずれも2つの3角形が合同であるための必要十分条件である．

(i) 一方の3角形の3辺と他方の3角形の3辺の間に1対1対応が存在し，対応する辺はその長さが等しい（3辺相等），

(ii) 一方の3角形の1つの角をはさむ2辺と他方の3角形の1つの角をはさむ2辺の間に

1対1対応が存在し，対応する辺はその長さが等しく，また対応する角の大きさも互いに等しい（2辺夾角相等）．

(iii) 一方の3角形の2つの角と他方の3角形の2つの角の間に1対1対応が存在し，対応する角の大きさは等しく，またそれらの角にはさまれた辺の長さは互いに等しい（2角夾辺相等）．

剛体的変形のみを許すという合同の定義を変更することにより，異なった合同の概念を得る．**立体幾何学**では空間での剛体的運動で互いに移りうるとき2つの図形は合同であるという．ときにこれらの図形は**直接合同**とよばれ，他方のある平面に関する鏡像と合同の場合に**逆合同**とよばれる（すなわち2つの図形が直接合同であるかあるいは逆合同であるための必要十分条件は，それらの図形が4次元空間内の剛体的運動で互いにうつりうることである）．ある幾何学系の公理系が与えられているとき，合同という概念はしばしば，適当な公理に依存する未定義の概念と見なされる．

■**恒等変換** identity transformation
図形（または関数）をまったく変えない変換．式では $x'=x, y'=y$ のように表される．明らかで，つまらない変換のようであるが，変換の積や逆変換を扱う際に重要である．＝単位変換．→ 恒等関数

■**合同変換** congruent transformation
正則行列 P による行列 A の変換 $B=P^T A P$ のことである．ここで，P^T は P の転置行列を表す．このとき，B は A と**合同**であるという．

2次形式 $Q=\sum_{i,j=1}^{n} a_{ij} x_i x_j$ において，a_{ij} を成分とする行列を A とおく．行列演算を用いればこの式は $Q=(x)A\{x\}$ とかける．ここで，(x)，$\{x\}$ はそれぞれ $x_1, x_2, \cdots, x_n$ を成分とする行ベクトル，列ベクトルである．いま

$$x_i = \sum_{j=1}^{n} P_{ij} y_j \quad (i=1, 2, \cdots, n)$$

とする．この式は P_{ij} を成分にもつ行列を P とおけば，$\{x\}=P\{y\}$ とかける．転置行列をとれば，

$$(x)=(y)P^T$$

となり，よって

$$Q=(y)\cdot P^T A P \cdot \{y\}$$

を得る．このように，変数の線型変換により，行列 A は，それと合同な行列に変換される．すべての対称行列は，ある対角行列と合同である．よって，すべての2次形式は，線型変換によって，$\sum k_i x_i^2$ の形に変形される．→ 直交変換，2次形式の判別式

■**光年** light year
光が（太陽暦の）1年間に進む距離．約 9.461×10^{12} キロメートル，すなわち約 5.88×10^{12} マイル．

■**項の因数** factor of a term
ある項が，いくつかの式の積の形にかかれているとき，それらの式のことを，その項の**因数**とよぶことがある．例えば，$x+1$ は $3x^{1/2}(x+1)$ の因数である．

■**項の整理** collecting terms
項を括弧でくくること，あるいは同類項を加え合わすこと．例えば $2+ax+bx$ で項をまとめると $2+x(a+b)$ となり，また $2x+3y-x+y$ で項をまとめれば $x+4y$ となる．

■**項の分類** grouping terms
必要ならば，括弧を用いたり，因数をくくり出したりして再配列した項から因数分解をする方法．例えば
$$\begin{aligned} x^3+4x^2-8-2x &= x^3+4x^2-2x-8 \\ &= x^2(x+4)-2(x+4) \\ &= (x^2-2)(x+4) \end{aligned}$$

■**勾配** grade
(1) 道や曲線の傾き．
(2) 道や曲線の水平に対してつくられる傾斜角度．
(3) 道の傾斜の正弦のこと．すなわち道の垂直な方向への高さをその道の長さでわったもの．
(4) 傾いている道のこと．

■**勾配** gradient
《物理学》温度，圧力などの量が変化する割合のこと．温度の場合は**温度勾配**，圧力の場合は**圧力勾配**という．

■**勾配角** angle of slope
＝傾角．→ 直線の傾角

■**公倍数** common multiple

与えられた2つ以上の量の，共通の倍数．例えば，6は2と3の公倍数，またx^2-1は$x-1$と$x+1$の公倍数である．**最小公倍数**（l. c. m. またはL. C. M.と略記する）とは，与えられた量の公倍数のうちで最小のものである．例えば，12は2，3，4，6の最小公倍数である．いくつかの代数的量の最小公倍数は，それらの量のすべての素因子をとり，それぞれについて，もとの量のいずれかに現れているうちの最高のベキ乗をして，すべてをかけあわせた積に等しい．例えば，
$$x^2-1 \quad と \quad x^2-2x+1$$
の最小公倍数は，
$$(x-1)^2(x+1)$$
である．与えられた量の最小公倍数は，それらの量のどの公倍数をもわり切る公倍数である．

■**公分母** common denominator

2つあるいはそれ以上の分数の分母の公倍数．例えば$\frac{2}{3}$, $\frac{3}{4}$, $\frac{1}{6}$の公分母は12または12の倍数である．最も小さい公分母すなわち分母の最小公倍数を**最小公分母**（略記号 L. C. D.）という．先の例では12が最小公分母である．＝共通分母．なお分数を公分母をもつ（既約でない）分数に直す操作を**倍分**，公分母をもつ分数を**公分母分数**（similar fraction）ということがある．

■**公約数** common divisor

2つあるいは，それ以上のものに共通の因子のこと．10，15，75の公約数は5である．多項式や他の環の要素に対しては，**公約元**という．$x^2-y^2=(x-y)(x+y)$, $x^2-2xy+y^2=(x-y)^2$なので，x^2-y^2と$x^2-2xy+y^2$の公約元は$x-y$である．なお昔の英語では，共通の分母（基本単位）の意味で，これをcommon measureといったが，現在ではほとんど使われない．＝共通因子，共通因数，共約元，公約因子．→ 約数

■**公理** axiom

証明なしに容認される主張．ある数学体系の公理とは，他のすべての命題がそれから導き出せる命題である．ある公理の集合が**矛盾**を含んでいるとは，それらの公理のいくつかの命題が，同時に真であり偽であると演繹されうる場合である．公理の集合においてある公理が他の公理から**独立**であるとは，その公理が他の公理からの帰結でないということをいう．例えば当該の公理以外のすべての公理をみたし，当該の公理をみたすモデルとみたさないモデルが存在すれば，この公理は他の公理から独立であるという．［類］公準，共通概念（ただし歴史的には公理と微妙に使いわけられた）．→ 演繹法

■**抗力** drag

《力学》全体の力Fが働いて物体Bに速度ベクトルvの運動をひきおこしたとき，vと反対向きのFの成分を**抗力**という．弾道学において抗力F_vは，空気の密度をρ，砲弾の直径をd，その速さをv，砲弾の**抗力係数**とよばれる定数をKとすると，近似的に
$$F_v=\rho d^2 v^2 K$$
となる．→ 揚力

■**合力** resultant force
→ ベクトルの和

■**5角数定理** pentagonal number theorem
→ オイラーの5角数定理

■**互換** transposition

2つの対象物の入れ替え．2つの対象物の循環した入れ替え．→ 置換

■**国際単位系** international system of units
→ SI単位系

■**コクラン，ウィリアム・ゲンメル** Cochran, William Gemmell (1909—1980)

アメリカに長く住んだスコットランドの統計学者．

■**コクランの定理** Cochran's theorem

$X_i(i=1,\cdots,n)$が平均0，分散1の独立な正規分布をしていて，$q_1, q_2, \cdots, q_k$がX_iに関する階数$r_1, r_2, \cdots, r_k$の2次形式をなし，
$$\sum_{j=1}^{k} q_j = \sum_{i=1}^{n} X_i^2$$
のとき，各q_jが自由度r_jの独立なカイ2乗分布をもつ必要十分条件は，
$$\sum_{j=1}^{k} r_j = n$$
であることである．この定理によりもし$\{X_1, \cdots, X_n\}$が平均u，分散σ^2の正規分布からの無

作為抽出標本とするなら
$$\sum_{i=1}^{n}\frac{(X_i-\bar{X})^2}{\sigma^2}$$
は自由度が $n-1$ のカイ2乗分布をもつことがわかる．ただし $\bar{X}$ は標本平均である．この定理は，例えば正規母集団からの無作為抽出標本の平均と，平均からの偏差の2乗和の独立性を示すのに有用である．

■**誤差**　error

　数とその近似値との差．A を X の近似値とすると，差は $E=X-A$ である．**絶対誤差**は $|A-X|$, すなわち差の絶対値である．**相対誤差**は，E/X または $|E/X|$ である．**百分率誤差**は，相対誤差を百分率で表したもの，すなわち100倍したものである．例えば，10mの距離を測ったとき10.3mの値を得たならば，誤差は0.3mであり，相対誤差は0.03であり，百分率誤差は3%である．**統計**において，**観測誤差**は，観測方法における人的または機械的に制御不能な要因によっておこった観測値と真の値または期待値との差である．制御不能な諸要因が，真の値あるいは期待値の周辺での変動をおこす影響が独立であり，また加法性をもつならば，偏差はこの値のまわりで正規分布をもつ．測定はそのような性質をもつ要因によって影響を受けると考えられる．この理由で正規分布は，**誤差曲線**ともいわれる．抽出誤差は，真の値または期待値と，無作為標本よりの推測値との差のうち，標本値のみ用いられたことによって生ずる部分をさす．仮説検定における**第1種の誤り**は，真な仮説が偽として棄却されることによっておこる誤りであり，**第2種の誤り**は，偽な仮説が採択されることによるものである．→ 仮説検定

■**コサイクル**　cocycle
　→ コホモロジー群

■**コサイン**　cosine
　＝余弦．→ 三角関数

■**誤差関数**　error function
　次の関数
$$\text{Erf}(x)=\int_0^x e^{-t^2}dt=\frac{1}{2}\gamma\left(\frac{1}{2},x^2\right)$$
$$\text{Erfc}(x)=\int_x^\infty e^{-t^2}dt=\frac{1}{2}\Gamma\left(\frac{1}{2},x^2\right)$$
$$\text{Erfi}(x)=\int_0^x e^{t^2}dt=-i\cdot\text{Erf}(ix)$$
これらの定数倍をとることもある．

■**コーシー，オーガスタン・ルイ**　Cauchy, Augustin Louis (1789—1857)

　フランスの偉大な解析学，応用数学および群論の研究者．オイラー以降の歴史の中で，最も多作な数学者である．波，弾性，群論の研究に従事し，近代的な精密さを微分積分学に導入し，複素関数論の基礎を築き，存在定理の確立によって微分方程式の新時代を開いた．彼は1830年に（七月革命後の）忠誠の誓いを拒否して，家族を残して外国に亡命した．流刑に処せられた元国王シャルル十世は彼に男爵の位を与えた．1848年にナポレオン三世は彼に誓いを免除して（帰国を許し），ソルボンヌの数理天文学の教授に任命した．

■**コーシー–アダマールの定理**　Cauchy-Hadamard theorem

　複素変数を z とするテイラー級数 $a_0+a_1z+a_2z^2+\cdots$ の収束半径は
$$r=\frac{1}{\lim_{n\to\infty}\sqrt[n]{|a_n|}}$$
で与えられるという定理．

■**コーシー–コワレフスキーの定理**　Cauchy-Kovalevski theorem

　最も単純な形は，f が $[x_0, y_0, z_0, (\partial z/\partial y)_0]$ において解析的なとき，偏微分方程式
$$\partial z/\partial x=f(x,y,z,\partial z/\partial y)$$
が，(x_0, y_0) において解析的な解 $z(x,y)$ で，$z(x_0, y)=g(y)$ が $g(y_0)=z_0$, $g'(y_0)=(\partial z/\partial y)_0$ をみたすようなものをただ1つもつという定理．これは2個より多い独立変数の場合，高階導関数を含む場合，あるいは連立方程式系などに拡張できる．→ 解析関数

■**コーシー–リーマンの偏微分方程式**　Cauchy-Riemann partial differential equations

　x と y に関する関数を u, v とするとき，**コーシー–リーマンの微分方程式**は，$\partial u/\partial x=\partial v/\partial y$ および $\partial u/\partial y=-\partial v/\partial x$ である．この方程式は，複素変数 $z=x+iy$ に対する解析関数 $u+iv$ を特徴づける．また，この方程式は，

$T(z)=u+iv$ で定義される複素数平面の写像 T が，4つの偏微分がすべて0となる点以外で**等角**なとき，またそのときにかぎり成立する．

■**5次の** quintic
  (1) 次数が5の．
  (2) 5次の代数関数．**5次曲線**は次数が5の代数曲線（5次方程式のグラフ）．**5次方程式**は次数が5の多項式による方程式．

■**コーシーの形（テイラーの定理における）** Cauchy's form for Taylor's theorem
  → テイラーの定理

■**コーシーの収束に関する凝集判定法** Cauchy condensation test for convergence
  $\sum a_n$ が正項の単調減少する級数で，p が正の整数とするとき，級数 $a_1+a_2+a_3+\cdots$ と $pa_p+p^2a_{p^2}+p^3a_{p^3}+\cdots$ はともに収束するか，ともに発散するかのどちらかである．

■**コーシーの収束に関する条件** Cauchy condition for convergence
  → 級数の収束に関するコーシーの条件，数列の収束に関するコーシーの条件

■**コーシーの乗根判定法** Cauchy's root tests
  → 乗根判定法

■**コーシーの積分公式** Cauchy integral formula
  f が複素変数 z の有限単連結領域 D 内の解析的関数であって，C が D 内の単一閉曲線で長さがあり，z が C で囲まれる有界領域内の点であるとき，
$$f(z)=\frac{1}{2\pi i}\int_C \frac{f(\zeta)}{\zeta-z}d\zeta$$
という公式．この公式は，任意の正の整数 n に対して
$$f^{(n)}(z)=\frac{n!}{2\pi i}\int_C \frac{f(\zeta)}{(\zeta-z)^{n+1}}d\zeta$$
という形に拡張される．

■**コーシーの積分定理** Cauchy integral theorem
  複素数平面上の有限の単連結領域 D で f が解析的で，C を D 内の閉曲線とするとき
$$\int_C f(z)\,dz=0$$
であるという定理．

■**コーシーの比判定法** Cauchy's ratio tests
  → 比判定法

■**コーシーの不等式** Cauchy inequality
  次の不等式のこと．
$$\left|\sum_1^n a_ib_i\right|^2 \leq \sum_1^n |a_i|^2 \cdot \sum_1^n |b_i|^2.$$
  → シュヴァルツの不等式

■**コーシーの平均値の公式** Cauchy's mean-value formula
  → 微分法の平均値の定理

■**コーシーの無限級数の収束に関する積分判定法** Cauchy integral test for convergence of an infinite series
  関数 f が次のような性質をもつとする．(i) N よりも大きな数で構成される区間で f が単調に減少する正の関数となるような数 N が存在する．(ii) n が十分に大きいときすべての n に対して $f(n)=a_n$．このとき級数 $\sum a_n$ が収束するための必要十分条件は
$$\int_a^\infty f(x)\,dx$$
が収束するような数 a が存在することである．
  p 乗の級数の場合，$\sum 1/n^p$ は $f(x)=1/x^p$，
$$\int_1^\infty x^{-p}dx = x^{1-p}/(1-p)\big]_1^\infty \quad (p\neq 1 \text{ のとき})$$
$$= \log x\big]_1^\infty \quad (p=1 \text{ のとき})$$
$$\lim_{x\to\infty}\frac{x^{1-p}}{1-p}=0 \quad (p>1 \text{ のとき})$$
$$=\infty \quad (p<1 \text{ のとき})$$
$$\lim_{x\to\infty}\log x=\infty.$$
となるので，$p>1$ では収束し，$p\leq 1$ のときは発散する．

■**コーシー分布** Cauchy distribution
  確率変数が**コーシー分布**をもつ，または**コーシー確率変数**であるというのは，その**確率密度関数**が u，L を定数として
$$f(x)=\frac{L}{\pi[L^2+(x-u)^2]}$$
で表されるときである．この分布は u について対称であるが，任意の有限位数のモーメントが

存在しない（積分が収束しない）ために，平均も分散も存在しない．**分布関数**は
$$F(x) = \frac{1}{2} + \pi^{-1}\arctan[(x-u)/L]$$
である．任意の n について，コーシー確率分布 X の n 個の無作為標本の平均は，X と同じ分布である．1自由度の **t 分布**は，$L=1$, $u=0$ のコーシー分布である．

■**弧状連結集合** arcwise connected set
　その集合に含まれる任意の2点をその集合内の弧で結ぶことができる集合．[類] 道連結集合，道状連結集合．集合が**局所弧状連結**とは，各点 x の各近傍内に弧状連結な x の近傍が含まれることである．

■**互除法** algorithm
　→ ユークリッドの互除法

■**コーシー列** Cauchy sequence
　点列 $\{x_1, x_2, \cdots\}$ が**コーシー列**であるとは，任意の $\varepsilon > 0$ に対して，ある数 N が存在し，$i > N$, $j > N$ である任意の i, j に対して，$\rho(x_i, x_j) < \varepsilon$ が成り立つことをいう．ただし，$\rho(x_i, x_j)$ は x_i と x_j との距離である．点がユークリッド空間の点であるとき，コーシー列は収束列であることと同値である．点が実数（または複素数）であるとき，$\rho(x_i, x_j) \mid x_i - x_j \mid$ であり，この数列が収束するためには，コーシー列であることが必要十分である．コーシー列の同義語として**基本列**，**正則列**などがある．完備な空間では収束列と同値である．→ 数列の収束に関するコーシーの条件，完備空間

■**コセカント** cosecant
　＝余割．→ 三角関数

■**ゴセット，ウィリアム・シーリィ** Gosset, William Sealy（1876—1937）
　イギリスの産業統計学者．スチューデントというペンネームを用いていた．→ t 分布

■**小平邦彦** Kodaira, Kunihiko（1915—　）
　日本の数学者．フィールズ賞を受賞（1954年）．調和積分と調和形式と，そのケーラー多様体および代数多様体への応用を研究した．

■**コダッチ，デルフィノ** Codazzi, Delfino（1824—1873）
　イタリアの微分幾何学者．

■**コダッチの方程式** Codazzi equations
　曲面の第1，第2基本係数を含む以下の方程式．
$$\frac{\partial D}{\partial v} - \frac{\partial D'}{\partial u} - \begin{Bmatrix}12\\1\end{Bmatrix}D$$
$$+ \left(\begin{Bmatrix}11\\1\end{Bmatrix} - \begin{Bmatrix}12\\2\end{Bmatrix}\right)D' + \begin{Bmatrix}11\\2\end{Bmatrix}D'' = 0$$
$$\frac{\partial D''}{\partial u} - \frac{\partial D'}{\partial v} + \begin{Bmatrix}22\\1\end{Bmatrix}D$$
$$+ \left(\begin{Bmatrix}22\\2\end{Bmatrix} - \begin{Bmatrix}12\\1\end{Bmatrix}\right)D' - \begin{Bmatrix}12\\2\end{Bmatrix}D'' = 0$$
テンソルでかけば $d_{\alpha\alpha,\beta} - d_{\alpha\beta,\alpha} = 0$, $\alpha \neq \beta$. ガウスの方程式と2つのコダッチの方程式から導くことができないような，基本係数とその微分の間の関係式は存在しない．なぜならば，この3つの方程式は，曲面をその空間内の位置を除いて，完全に決定してしまうからである．→ クリストフェルの記号

■**コタンジェント** cotangent
　＝余接．→ 三角関数

■**骨格** skeleton
　→ 単体，単体的複体

■**弧長** arc length
　弧の長さ．→ 曲線の長さ

■**弧長の積分要素** differential of arc, element of arc length
　→ 積分要素

■**コーツ，ロジャー** Cotes, Roger（1682—1716）
　英国の応用数学者．「プリンキピア」第2版の準備においてニュートンを補佐した．計算表に関する仕事がある．→ ニュートン-コーツの積分公式

■**固定点** fixed point
　与えられた変換ないし写像によって動かない点のこと．例えば，3は，変換 $T(x) = 4x - 9$ の固定点である．日本語では**不動点**ということが多い．

■**コーディング** coding
　機械計算において，プログラマーの仕様書あるいはフローチャートによる詳細な説明にもとづいて，与えられた問題の解答に到達するように機械語を用いて機械に詳細な命令を与えること．→計算機プログラミング，問題設定

■**弧度** circular measure
　(1) 角の測定単位．
　(2) ラジアン．

■**弧の弦に対する比の極限** limit of the ratio of an arc to its chord
　弦または弧の長さが 0 に近づくときのこのような比の極限．曲線が円のとき，この極限値は 1 である．さらに，滑らかな曲線の場合も極限値は 1 である．

■**弧の度数** degree of arc
　円弧が 1° の弧であるとは，中心角が 1° である弧のことをいう．弧の角度の計量は，円の中心においてその弧によって張られる角度の測定に対応する．

■**コバウンダリー** coboundary
　→コホモロジー群

■**コーヘン，ポール・ジョセフ** Cohen, Paul Joseph (1934—)
　アメリカの解析学者，位相群の研究者，論理学者．フィールズ賞受賞者(1966 年)．集合論における選択公理の独立性および連続体仮説の選択公理からの独立性を示し，それにより，連続体問題（ヒルベルトの第 1 問題）の否定的解決を完成した．この問題の解決の最初の部分はゲーデルによって 1938—40 年に与えられた．

■**コホモロジー群** cohomology group
　k を n 次元単体的複体，Δ を**境界作用素**とする．このとき p-鎖 $x=\sum g_i S_i^p$ の境界は $\Delta x=\sum g_i \Delta S_i^p$ である．Δx は $(p-1)$-鎖であるから，Δ は p-鎖群から $(p-1)$-鎖群への写像である．とくに $\{\sigma_i^{p-1}\}$ を $(p-1)$-単体とするとき，鎖の係数群 G の要素 g_i^j を用いて，p-単体 σ_i^p に対する Δ の作用は

$$\Delta \sigma_i^p = \sum_j g_i^j \sigma_j^{p-1}$$

と表される．行列 (g_i^j) が $r \times s$ のときその転置行列は $s \times r$ となるが，これを用いて σ_i^{p-1} の**コバウンダリー** $\nabla \sigma_i^{p-1}$ が

$$\nabla \sigma_i^{p-1} = \sum_i g_i^j \sigma_i^p$$

によって定義される．任意の $(p-1)$-鎖 $x=\sum g_i S_i^{p-1}$ に対し，$\nabla x = \sum g_i \nabla S_i^{p-1}$ と定義することにより，この作用素を任意の $(p-1)$-鎖に対して拡張する．鎖はそのコバウンダリーが 0 のとき**コサイクル**とよばれる．T^r を K のすべての r 次元コサイクルのつくる群，H^r を K の $(r-1)$-鎖のコバウンダリーと 0 からなる群とするとき，K の r 次元コホモロジー群は，T^r/H^r で定義される．ホモロジーおよびコホモロジーの概念は（複体とよばれる），単体的複体のある拡張に対して定義される．このときそれぞれの複体に対し双対複体が存在して，一方のホモロジー群が他方のコホモロジー群となっている．

■**細かさ（分割の）** fineness of a partition
　→区間の分割，集合の分割

■**コマンド** command
　(1) 計算機に何らかの作用をさせる機械語による命令．
　(2) 現在では計算機に記憶させるのでなく，直接に実行させる編集・実行などの指示をコマンドとよぶのが普通である．

■**5 面体** pentahedron
　5 つの面をもつ多面体．凸 5 面体には以下の 2 つの型がある．
　(1) 4 角錐．4 角形を底辺とする錐．
　(2) "3 角柱状"の立体．2 面が互いに交わらない 3 角形で，それをつなぐ他の 3 面が 4 角形であるもの．

■**固有値** eigenvalue
　ベクトル空間 V 上の線型変換 T に対して [→線型変換(2)]，0 でない V の元 v が存在して $Tv=\lambda v$ をみたすスカラー λ を**固有値**とよぶ．このベクトル v を**固有ベクトル**（または**特性ベクトル**）という．行列 A に対しては，行列 A の固有方程式の解を**固有値**（または**特性根**）とよぶ．λ が行列 A の固有値であるなら，0 でないベクトル $x=(x_1, x_2, \cdots, x_n)$ が存在し，$Ax=\lambda x$ をみたす（x は列ベクトルと見なす）．同次積分方程式

において、数 λ が固有値であるとは、λ に対する
$$\lambda y(x) = \int_a^b K(x,t) y(t) dt$$
固有関数とよばれる 0 でない解が存在することである。例えば、$K(x,t)=xt, y(x)=x$ とすると、
$$\int_a^b K(x,t)y(t)dt = \int_a^b xt^2 dt = \frac{1}{3}x(b^3-a^3)$$
となるので、$\frac{1}{3}(b^3-a^3)$ は固有値であり、x は固有関数である。＝特性数．→ スツルム-リュウビルの微分方程式，ヒルベルト-シュミットの対称核積分方程式論

■**固有値（行列の）** characteristic root of a matrix, latent number
→ 行列の固有値

■**固有ベクトル** eigenvector
→ 固有値

■**固有方程式（行列の）** characteristic equation of a matrix
→ 行列の固有方程式

■**コリオリ，ガスパール・ギュスターブ・ド** Coriolis, Gaspard Gustave de (1792—1843)
フランスの数学者，物理学者．

■**コリオリの加速度** acceleration of Coriolis
S' を，他の標準座標 S において固定された 1 点のまわりを角速度 ω で回転する座標系とするとき，標準座標 S に固定された観測者が測定した質点の加速度 a は，$a = a' + a_t + a_c$ という和の形で表される．ここで a' 座標系 S' における加速度であり，a_t は空間自体の加速度である．そして $a_c = 2\omega \times v'$ が**コリオリの加速度**である．ここで $\omega \times v'$ は，角速度 ω と S' に対する質点の速度 v' との外積を表す．したがってコリオリの加速度は，ベクトル ω と v とによって定まる平面の法線方向を向き，大きさは $2v' \sin(\omega, v')$ である．コリオリの加速度はまた，**補加速度**ともよばれる．→ コリオリの力

■**コリオリの力** Coriolis force
《力学》地球の軸のまわりの回転に由来する，地球上の動質点に働く力．質量 m の質点が地球に対して速さ v で運動しているとき，地球の回転の角速度を w とすると，コリオリの力の大きさは $2mwv$ である．地球の回転の角速度は小さいので（1 日に 2π ラジアン，すなわち毎秒 7.27×10^{-5} ラジアン），コリオリの力の影響は大半の工学的応用では無視できる．しかしコリオリの力は貿易風に影響するので，気象学や地理学での考察においては，重要である．

■**孤立集合** isolated set
属する点に対する集積点を 1 つも含まない集合．孤立点のみからなる集合．ただし，集合 E の点が**孤立点**であるとは，自分自身以外の E の点を含まない近傍をもつときをいう．**離散(的)集合**とは，集積点をもたない集合のことである．離散集合は孤立集合である．しかし，集合 $\left(1, \frac{1}{2}, \frac{1}{3}, \frac{1}{4}, \cdots\right)$ は孤立集合であるが，離散集合ではない．

■**孤立点** acnode, isolated point
考えている集合がその点の適当な近傍内にそれ自身以外の点は含まないような点．与えられた点を原点とする直交座標を用いて表されている曲線の方程式を考える．その方程式の中の最小次数の同次式の値が，x と y が 0 の近傍でどんな値をとっても x と y が同時に 0 にならない限り 0 にならないならば，原点がその方程式のグラフの孤立点である．曲線 $x^2+y^2=x^3$ は原点を孤立点としてもつ．なぜなら方程式 $x^2+y^2=0$ をみたすのは点 $(0,0)$ だけだからである．上の条件をみたす最小次数の同次式は 2 次式である．したがって，代数曲線上の孤立点は少なくとも 2 重点である．→ 集積点

■**孤立特異点（解析関数の）** isolated singular point of an analytic function
→ 解析関数の特異点

■**ゴルドバッハ，クリスチャン** Goldbach, Christian (1690—1764)
数論家，解析学者．プロシアで生まれ，西ヨーロッパ諸国で暮らし，ロシアに定住した．

■**ゴルドバッハの予想** Goldbach conjecture
4 以上のすべての偶数は，2 個の素数の和として表すことができるであろうという予想．未解決だが，2×10^{10} まで正しいことが確かめられている．他にも多数の関連した結果が知られてい

る．

■コルニュの螺線　Cornu spiral
　媒介変数方程式で次のように表される平面曲線．
$$x=\int_0^s \cos\frac{1}{2}\pi\theta^2 d\theta, \quad y=\int_0^s \sin\frac{1}{2}\pi\theta^2 d\theta$$
この曲線のある点Pでの曲率はsを原点からPまでの曲線の長さとするとき，πs である．→ フレネル積分

■コルモゴロフ，アンドレイ・ニコラエヴィッチ　Kolmogorov, Andrei Nikolaevich (1903—1987)
　ロシアの解析学，確率論，位相幾何学の研究者．1933年に確率論の集合論的基礎を築いた．

■コルモゴロフ空間　Kolmogorov space
　＝T_0-空間．→ 位相空間

■コワレフスキー，ソーニャ・ワシレフナ　Kovalevski, Sonya Vasilyevna (1850—1891)
　正式の名はソフィヤ・ワシレフナ・コワレフスカヤ（Sofya Vasilyevna Kovaleskaya）．ロシアの女性数学者．モスクワに生まれ，ベルリンでワイエルシュトラスの下に学ぶ(1871—74)が，性差別のため正規の課程からしめ出された．1874年にゲッチンゲン大学で学位を受けた．1889年にミッタ＝レフラーの招きでストックホルム大学の"終身"教授職を与えられた．アーベル積分，偏微分方程式，1点のまわりの剛体の回転などに重要な業績を発表した．

■根　radical
　(1) $\sqrt{2}, \sqrt{x}$ のように，ある量の累乗根を表したもの．
　(2) 累乗根を表す記号，根号．累乗根を求める量の前に置く記号 √ （ラテン語で根を表す *radix* の頭文字 *r* を変形したもの）．個々の累乗根を区別するために記号の上に数（**指数**）をかく．したがって，$\sqrt[2]{\ }, \sqrt[3]{\ }, \sqrt[n]{\ }$ などはそれぞれ平方根，立方根，n乗根を表す．平方根の場合は指数を省略して $\sqrt[2]{\ }$ のかわりに √ とかかれる．根号は被開法数の上の線（元来は一種の括弧）を含むことが多い．この組合せを $\sqrt{\ }$ とかく．→ 単純化された

■根　root
　＝解．→ 方程式の重解

■混群　mixed group
　集合Mが$M_i(i=0,1,2,\cdots)$に分割され，$a\in M_0$, $b\in M_i$に対しては2項演算$a\cdot b$と左除法$a\backslash b$が定義され，（演算が可能なとき）結合法則が成立し$b,c\in M_i$に対して$a\cdot c=b$となる$a=b/c\in M_0$が定義されるような代数系．→ 群，半群

■コンコイド　conchoid
　平面に1点（図におけるO）とその点を含まない直線をとり固定する．固定点から直線を引き，固定直線との交点（図におけるQ）を端点とする直線上の一定長の線分のもう一方の端点を考える．固定点からの直線を動かしたときのその点の軌跡をコンコイドとよぶ．極座標の原点をその固定点にとり，極軸を固定直線に垂直になるように選び，線分の長さをb, 固定点と固定直線の距離をaとすると，コンコイドの極座標における方程式は
$$r=b+a\sec\theta$$
で与えられる．直角座標系では
$$(x-a)^2(x^2+y^2)=b^2x^2$$
である．コンコイドは漸近的には両方向ともに固定直線に近づき，固定直線の両側にある．線分の長さが極から固定直線までの距離より大きい場合($b>a$)，コンコイドは極を結節点とするループを含む．またこの2つの距離が等しいとき($b=a$)には，コンコイドは極に尖点をもつ．＝ニコメデスのコンコイド．

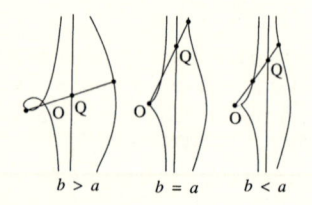

■混合小数　mixed decimal
　＝帯小数．→ 小数

■混合テンソル　mixed tensor
　反変指標と共変指標の両方をもったテンソル．

■混合偏微分　mixed partial derivative

いくつかの異なる変数に関する微分を含んだ2階以上の偏微分のこと．通常，その微分を実行していく順序は問題にならない．例えば，x^2y+xy^4の混合2階偏微分は，使われる微分の順序によらずに$2x+4y^3$になる．fを第1変数で微分したものをf_1，それを第2変数で微分したものをf_{12}とし，f_{21}を微分の順序を逆にしたものとする．$f_{12}(x_0,y_0)=f_{21}(x_0,y_0)$となるためには次の条件(1), (2)の一方がみたされればよい．(1) (x_0,y_0)がf_1の定義域に含まれ，f_{21}が連続になる(x_0,y_0)の近傍が存在する．(2) f_{21}が(x_0,y_0)で連続で，f_{21}とf_1の定義域の共通部分に含まれる(x_0,y_0)の近傍が存在する．適当な条件のもとで$f_{12}(x_0,y_0)=f_{21}(x_0,y_0)$となることは，ニコラス・ベルヌイ2世によって初めて証明された．

■根軸　radical axis

2つの円の根軸は，両円の方程式から2次の項を消去して得られる軌跡である．2つの円が交わるとき，根軸は2つの交点を通る直線である．2円の根軸は，2円に対するベキの等しい点を通る直線でもある［→円または球面に関する点のベキ］．3つの球面の根軸は，2つずつ組にした3組に対する3つの根平面の交わりの直線．この直線が有限の範囲にあるための必要十分条件は，3つの円の中心が同一直線上にないことである．→根心

■根心　radical center

3つの円の根心は，2つずつ組にした3組の円の3つの根軸の交わる点である．この点が有限の範囲にあるための必要十分条件は，3つの円の中心が同一直線上にないことである．**4つの球面の根心**は，2つずつ組にした6組の球面に対する6つの根平面の交わる点である．この点が有限の範囲にあるための必要十分条件は，4つの球の中心が同一平面上にないことである．

■コンヌ，アラン　Connes, Alain (1947—)

フランスの数学者．フォン・ノイマン代数の分類と，作用素環，葉層構造，指数定理の間の関係の研究により，1983年フィールズ賞を受賞した．

■根の体　root field

→ガロア拡大体

■コンパクト　compact

その合併がEを含むような任意の開集合族から，その合併がEを含むような有限個の開集合族を選ぶことができるとき，位相空間Eはコンパクトであるという（昔は**バイコンパクト**といった）．Eの有限交叉性を有する任意の閉集合族の共通部分が空でないことは，Eがコンパクトであるための必要十分条件である．コンパクト空間の任意の閉集合はコンパクトである．ハウスドルフ空間のコンパクト部分集合は閉集合である．Eの任意の点に対しその近傍でEのコンパクト部分集合に含まれるものが存在するとき，Eは**局所コンパクト**であるという．集合$\{0,1,\frac{1}{2},\frac{1}{3},\frac{1}{4},\cdots\}$はコンパクトである．実数の集合$R$は長さ1の開区間全体の合併に含まれるが，その中の有限個の合併には含まれない．すなわちRはコンパクトではない［→ハイネ-ボレルの定理］．その合併がEを含む可算無限個の任意の開集合族から，その合併がEを含む有限個の開集合族を選ぶことができるとき，Eは**可算コンパクト**であるという．Eが可算コンパクトであるための必要十分条件は，Eの任意の点列がE内に集積点をもつことである．Eの任意の点列がEの点に収束する部分列を含むとき，Eは**点列コンパクト**（昔はこの性質をコンパクトといった）であるという．Eの任意の無限集合が少なくとも1点は集積点を含むとき，Eは**ボルツァーノ-ワイエルシュトラス性**をもつという［→ボルツァーノ-ワイエルシュトラスの定理］．リンデレフ空間においては(したがって距離空間の場合にも)，コンパクト性，可算コンパクト性，点列コンパクト性，ボルツァーノ-ワイエルシュトラスの性質はすべて同値である．すべてのコンパクト空間は可算コンパクトであり，すべての可算コンパクト空間はボルツァーノ-ワイエルシュトラスの性質をもつ．ボルツァーノ-ワイエルシュトラスの性質を有するすべてのT_1-空間は可算コンパクトである．すべての点列コンパクト空間は可算コンパクトであり，第1可算公理をみたすべての可算コンパクト空間は点列コンパクトである．→弱コンパクト性，パラコンパクト空間，メタコンパクト空間

■コンパクト化　compactification

位相空間Tのコンパクト化とは，Tを含むコンパクト空間Wのことである（あるいはW

の部分集合に T が同相となっていることである). ユークリッド平面に 1 点 (通常記号 ∞ で表される)を加え, ∞ の近傍を, ユークリッド平面の有界閉集合 (すなわちコンパクト集合) の補集合と ∞ からなる集合と定義することにより, ユークリッド平面のコンパクト化として閉じた複素数平面 (あるいは複素数球面) が得られる. この操作を **1 点コンパクト化** または **アレクサンドルフのコンパクト化** という. 同様の操作が局所コンパクトなハウスドルフ空間 H にも適用でき, 結果の空間も同様にコンパクトなハウスドルフ空間となる. すなわち, H に記号 ∞ で表される 1 点を加え, ∞ の近傍を H のコンパクト集合の補集合と ∞ からなる集合と定義すると, H のコンパクト化が得られる. T をチコノフ空間, I を単位閉区間, F を T から I への連続写像全体の集合, ϕ を F の濃度とし, ϕ 個の I の直積を I^ϕ と表す. T の点 x に対し I^ϕ の各 f 成分での値を $f(x)$ とおくことによって, T から I^ϕ への写像を定義する. この写像による T の像の I^ϕ での閉包を T の **ストーン–チェックコンパクト化** とよぶ. このコンパクト化は (ある実際的な意味で) 最大のコンパクト化である. 集合 I^ϕ 全体はチコノフの定理によりコンパクトである [→ 直積].

■**コンパクト距離空間** compactum
コンパクトで距離づけ可能な位相空間. コンパクト距離空間の例としては, 閉区間, 閉球 (内部を含んでも, 含まなくともよい), 閉多面体などがある.

■**コンパス** compass
円を描いたり 2 点間の距離をはかったりする道具.

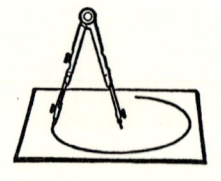

■**ゴンパーツ, ベンジャミン** Gompertz, Benjamin (1779—1865)
イギリスの保険数学, 解析学, 天文学の研究者. 彼は大半独学だった. 彼が若い頃には, ユダヤ人は大学からしめだされていたためである.

■**ゴンパーツ曲線** Gompertz curve
$y=ka^{b^x}$ つまり $\log y=\log k+(\log a)\,b^x$ という形の方程式で表される曲線のこと. ここで, k, a, b は定数で, $k>0, 0<a<1, 0<b<1$ である. $x=0$ における y の値は ka であり, $x\to\infty$ のとき $y\to k$ となる. $\log y$ の変化の比率は $\log(y/k)$ に比例する. この曲線は, **生長曲線** とよばれるものの一種である.

■**ゴンパーツの法則** Gompertz's law
幾何的に増加する死亡率 (死の危険度) の作用のこと. これは, 指数部分が, 死亡率の作用の決定される年齢であるような定数のベキ乗に別の定数を乗じたものに等しい. → メイカムの法則

■**根平面 (2 球面の)** radical plane of two spheres
2 つの球の方程式から 2 次の項を消去して得られる方程式の軌跡. 2 つの球面が交わるとき, 根平面はその交わりの円を含む平面である.

■**コンベスキュール, ジャン・ジョセフ・アントアヌ・エドワルド** Combescure, Jean Joseph Antonine Éduard (1824—1889)
フランスの幾何学者.

■**コンベスキュール変換** Combescure transformation
対応する点における接線が平行となるような空間曲線から空間曲線への 1 対 1 連続写像. この場合, 対応する点における主法線および従法線もそれぞれ平行となる.

■**コンベスキュール変換 (曲面の 3 重直交系の)** Combescure transformation of a triply orthogonal system of surfaces
3 次元ユークリッド空間からそれ自身の上への 1 対 1 連続写像であって, 任意の点とその像によって対応する点において, 3 重に直交している 3 つの曲面の法線のそれぞれが, 写像によって対応する法線と平行になっているような性質をもつもの.

■**根を開く** extract a root of a number
正の実数 x と, 正の整数 n が与えられたと

き，x の正の n 乗根を求めること．n が奇数のときは，負の実数 x に対し，x の負の n 乗根を求めるときにも用いる．例えば，2 の平方根を開くとは，それが $1.4142\cdots$ という値であることを見いだすことであり，-8 の立方根を開くとは，それが -2 であることを見いだすことである．当然のことながら，"開く" のかわりに，"見つける"，"計算する"，"算出する" などの言葉も用いられる．

サ

■**差** difference
1つのものより，他のものを引いた結果．＝残り．なお各種の差（例えば積分要素など）はそれぞれの項目を参照．

■**鎖（単体の）** chain of simplexes
→ 単体の鎖

■**再帰定理** recurrence theorem
→ ポアンカレの再帰定理

■**再帰的関係** reflexive relation
x がそれ自身とその関係をもつということが任意の x に対して真である関係．算術における等号は，すべての x に対して $x=x$ となるので**再帰的**である．任意の x がそれ自身とは関係をもたないとき，その関係は**反再帰的**または**不再帰的**であるという．"～は～より大きい"という関係は，任意の x に対して $x>x$ が真でないので反再帰的である．それ自身と関係をもたない x が少なくとも1つ存在するとき，その関係は**非再帰的**であるという．"～は～の逆数である"という関係は非再帰的である．なぜなら，x が x の逆数になるのは x が+1または-1のときだけで，他の場合は x は x の逆数にならないからである．＝反射的関係．

■**再帰的バナッハ空間** reflexive Banach space
B をバナッハ空間，B^* と B^{**} を B の第1，第2共役空間 [→ 共役空間] とする．B の元 x_0 に対して，F を $F(f)=f(x_0)$ で定義すると F は B^* 上の連続線型汎関数である．B^* 上のすべての連続線型汎関数がこの形であるとき，B は**再帰的**であるという．このとき，x_0 と線型汎関数 $F(f)=f(x_0)$ を同一視すれば，B と B^{**} は一致すると考えられる．しかしながら，再帰的でないバナッハ空間 J で，J と J^{**} との間に等距離対応が存在するものが，存在する．バナッハ空間が再帰的であるための必要十分条件は，単位球が**弱コンパクト**であること，あるいは任意の連続線型汎関数 f に対して，$f(x_0)=\|f\|\cdot\|x_0\|$ である要素 $x_0\neq 0$ が存在すること，あるいは単位球の各支持超平面が，閉単位球の点を含むことである．ヒルベルト空間は再帰的バナッハ空間であり，すべての一様凸あるいは一様に非平方なバナッハ空間もそうである．＝正則（反射的，回帰的）バナッハ空間．→ バナッハ空間

■**最急降下法** method of steepest descent
(1) 極値を1階導関数を使って求める1つの方法．例えば2変数関数 $f(x,y)$ に対して (x_1, y_1) が与えられ，f の極小点のもっともよい近似を求めるとする．それには
$$x_2=x_1-tf_x(x_1,y_1),\quad y_2=y_1-tf_y(x_1,y_1)$$
として，t を，関数
$$F(t)=f(x_1-tf_x(x_1,y_1),\ y_1-tf_y(x_1,y_1))$$
を最小にするようにきめる．

(2) 関数 $f(t)=\int_C g(z)e^{th(z)}dz$ で $t\to\infty$ としたときの漸近展開を求めるための1つの方法．ここに g と h とは解析関数で，C は複素数平面上の積分路とする．$h'(z_0)=0$ をみたす点を，関数 $e^{th(z)}$ の**鞍点**という．z を z_0 から半直線
$$\arg(z-z_0)=\frac{\pi}{2}-\frac{1}{2}\arg[th''(z_0)]$$
に沿って動かせば，$|e^{th(z)}|$ は，他のどの方向よりも速く減少する．積分路 C を変形して，z_0 をこの方向に通るようにする．例えばこの方法によって，ベッセル関数
$$J_n(t)=\frac{1}{\pi i^n}\int_0^\pi \cos nz\cdot e^{it\cos z}dz$$
の漸近展開を求めることができる．＝鞍点法．

■**サイクライド** cyclide
→ デュパンのサイクライド

■**サイクル** cycle
(1) ＝巡回置換．→ 置換
(2) ＝輪体．→ 単体の鎖
(3) ＝閉路．→ 閉路

■**サイクロイド** cycloid
円周が直線上を回転するとき，その円周上に固定した1点の軌跡．例えば車輪のわく上の固

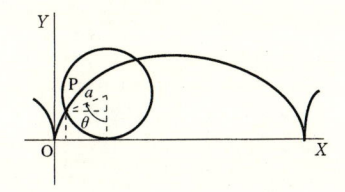

定点の描く軌道．サイクロイドは**トロコイド**の特殊な場合であるが，両者はときには同義語として用いられる．a を回転円の半径，円がその上を回転する直線と接した弧 OP に対する中心角を θ とするとき，サイクロイドの媒介変数表示は
$$x=a(\theta-\sin\theta), \quad y=a(1-\cos\theta)$$
となる．

サイクロイドは基線に接する点で尖点をもつ．2つの隣り合った尖点の間の基線上の距離は $2\pi a$ である．2つの尖点（必ずしも隣り合っていなくともよい）の間のサイクロイドの長さは，その2点間の基線上での距離を L とするとき，$\dfrac{4L}{\pi}$ となる．サイクロイドを逆向きにして，1つの尖点に長さ $4a$ の単振子を固定する．この単振子を尖点の両側の枝の間でサイクロイドにまきつくように振るとき，単振子の端はもう1つのサイクロイドを描く．このときその周期は振幅に無関係である．この性質をサイクロイドの**等時性**（**等時振子性**）とよぶ．また（逆向きの）サイクロイドの任意の点から質点が出発して最下点に到達するまでに要する時間は，出発点の位置によらず一定である．ただし摩擦はないものとする．これはサイクロイドが最短降下線であることを示す．この事実はホイヘンスによって示された．昔は擺線（はいせん）という訳語が使われた．→ トロコイド

■**最高点** apex [*pl.* apexes, apices]
ある直線あるいは平面からみた最高の点のこと．底辺に対する3角形における最高点とは頂点のことである．錐体の底から見た最高点とはその錐体の頂点のことである．

■**最小公倍数** least common multiple, lowest common multiple
→ 公倍数

■**最小公分母** least common denominator
→ 公分母

■**最小作用の原理** principle of least action
自然軌跡の近くに2定点をとり，この2点を通る曲線群を考える．この曲線群を粒子がそれぞれ（どの瞬間でも）力学エネルギーとポテンシャルエネルギーの和が一定となるような速さで横切るとき，作用積分が極値をとるものは，粒子の自然軌跡である，という原理．→ 作用

■**最小値** minimum [*pl.* minima or minimums]
→ 最大値

■**最小値原理** principle of the minimum
複素数平面内の領域 D で定義された0になることのない正則な解析関数 f が，定数関数でないならば，$|f(z)|$ は D の内点で最小値をとらないという原理．$f(z)=z$ ならば $|f(z)|$ は原点で0という最小値をとることに注意する．

■**最小値の定理** minimum value theorem
→ 最大値の定理

■**最小2乗法** method of least squares
観測値と推定値の間の差の2乗の和を最小にすることによって推定値の決定や曲線のあてはめを行う方法．いくつかの観測値の集合から1つの推定値を求める場合，最小2乗法によって決定するとそれらの**平均値**となる．確率変数 X と Y が関係式 $Y=mX+b$ をみたすとき，$X=1,2,3$ のときそれらに対応して $Y=2,4,7$ となるならば，最小2乗法によって $m=\dfrac{5}{2}$，$b=-\dfrac{2}{3}$ と決定される．これらは，
$$(m+b-2)^2+(2m+b-4)^2+(3m+b-7)^2$$
を最小にする数である．X の値 $X_1,\cdots,X_n$ に対して Y が $Y_1,\cdots,Y_n$ の値をとるとき，関係式 $Y=mX+b$ を最小2乗法で決定すれば，
$$Y=\bar{Y}+r(\sigma_Y/\sigma_X)(X-\bar{X})$$
となる．ただし，$\bar{X}$ と $\bar{Y}$ は標本平均，σ_X と σ_Y は標準偏差，r は標本相関係数である．さらに一般に，Y が p 個の確率変数 $X_1,\cdots,X_p$ の関数である場合を考える．n 個の観測値があり，その第 j 番目の X_i の値を $X_{i,j}(i=1,\cdots,p)$，それらに対する Y の値を Y_j とするとき，最小2乗法は

式
$$\sum_{j=1}^{n}\left(Y_j - \sum_{i=1}^{p} a_i X_{i,j}\right)^2$$
の値を最小にするようにパラメータ$\{a_i\}$を決定するものである．各X_iが他の確率変数の関数である場合を考えることもできるから，上の方法でYを推定するのに唯一の関数だけを想定しているという意味にはならない．確率変数$\{Y_j\}$が独立で，それらの平均が既知の数学的変数$\{X_i\}$の1次関数で表され，かつそれらの分散が等しいとき，パラメータ$\{a_i\}$の最小2乗法による推定量を不偏1次（線形）推定量の類の中の**最小分散不偏推定量**という．さらに，$\{Y_i\}$が正規分布であれば，この最小2乗法による推定量は**最尤推定量**になる．

■**最小分散不偏推定量** minimum variance unbiased estimator
→ 最小2乗法，不偏推定量

■**最小分裂体** minimal splitting field
pを体Fに係数をもつ多項式とする．Fを含む体F^*が，pのF上の**分裂体**であるとは，pがF^*において1次式の積に因数分解できることをいう．特に，F^*は分裂体であるが，F^*の，Fを含むどの真部分体も，分裂体でないとき，F^*はpのF上の**最小分裂体**であるという．このとき，pの次数をnとすると，pは，F^*において，重複度を込めてかぞえれば，n個の零点をもち，F^*のFに関する次数はたかだか$n!$である．分裂体を分解体とも訳す．＝ガロア体，根の体．→ 体の拡大

■**最小方程式** minimal equation, minimum equation
→ 代数的数，行列の固有方程式

■**最大公約元** greatest common divisor
他の公約元によりわり切られる公約元のこと，略してG.C.Dと記す．正の整数の場合には，公約数のうち最大のものである．例えば，30と42の公約数は2, 3, 6であるので，最大のものが，最大公約数6である．

■**最大値** maximum [*pl.* maxima, maximums]
実1変数関数が，最大の（最小の）値をもつとき，その値を**最大値（最小値）**という．関数fが点cにおいて**極大**（**相対的最大**または**局所最大**ともいう）とは，cのある近傍Uが存在し，xがUに含まれるときにはつねに$f(x) \leq f(c)$であることをいう．同様にfがcにおいて**極小**（**相対的最小**または**局所最小**ともいう）とは，cのある近傍が存在して，xがUに含まれるときにはつねに$f(x) \geq f(c)$であることをいう．例えば関数のグラフが図のようだとする．1つの関数は，何回も最大値をとりうるし，1回しかとらないこともある．関数がいくつかの部分区間において最大値をとり，それらの最大値が必ずしも等しくないことがおこる．このとき，関数のグラフは，高さの異なる山をこえる（深さの異なる谷をわたる）道にたとえられる．このときただ1つの山（谷）を越えるときもあり，いくつかの同じ高さの山（同じ深さの谷）を越えるときもあり，いくつかの高さの異なる山（深さの異なる谷）を越えることもある．第1の場合には関数はそこで**絶対的最大（最小）**をとるという．第2，第3の場合には，各山の頂上(谷底)は極大（極小）であり，第3の場合には，最高の山頂（最低の谷底）が絶対的最大（最小）である．極大値と極小値を総称して**極値**という．極値を判定するには，問題となる点（または値）の近くの関数値を調べればよい．山道の例でわかるように，極大値（極小値）をとる点を左から右へ通過するとき，関数のグラフの傾きは，正から負へ（負から正へ）変わる．したがって，もし関数が微分可能ならば，その点での傾きは0となる．極大値(極小値)の1つの判定条件は，その点において1階の導関数が0で，2階の導関数が負（正）となることである．この判定法は，その点で2階の導関数が0または尖点をもつとき，役に立たない．例えば，関数$y=x^3$および$y=x^4$の1階と2階の導関数の値は，原点においていずれも0である．しかし，前者は原点において変曲点をもち，後者は極小値をとる．上の判定法が役に立たない例外に対しては，その点の両側における導関数の値の符号，あるいは関数値を調べることにより判定する．テイラー級数で表現できる関数の最大値（最小値）の一般的な判定法は，その点において，1階の導関数が0，しかも0でない最も低い階数が偶数であって，その導関数が負（正）であることである．

2変数関数（すなわち曲面）がある点で極大値（極小値）をとるとは，関数がその点のまわりで，その（極）値より大きい（小さい）値をとらな

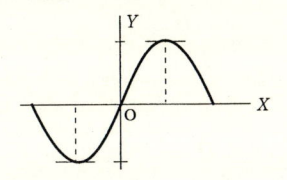

いことである．厳密にいえば，f が点 (a, b) で極大値（極小値）をとるとは，$f(a+h, b+k) - f(a, b)$ が，h と k の（0 でない）十分小さいすべての値に対して，0 より大きく（小さく）ないことである．f が点 (a, b) で極値をとるならば，1 階の偏導関数がその点で 0 となる．もし 1 階の偏導関数が点 (a, b) で 0，2 階の偏導関数が (a, b) のまわりで連続，そして

$$\left(\frac{\partial^2 f}{\partial x \partial y}\right)^2 - \frac{\partial^2 f}{\partial x^2}\frac{\partial^2 f}{\partial y^2}$$

の点 (a, b) における値が正ならば，極値をとらない．もしこの値が負で，しかも $\partial^2 f/\partial x^2$ と $\partial^2 f/dy^2$ が (a, b) でいずれも負（いずれも正）ならば，極大値（極小値）をとる．この値が 0 のときは，判定の役に立たない．最大値（最小値）は，2 変数の場合も 1 変数と同様に定義される．n 個の**独立変数** $x_1, x_2, \cdots, x_n$ をもつ関数 $F(x_1, x_2, \cdots, x_n)$ が点 $(a_1, a_2, \cdots, a_n)$ で極大値（極小値）をもつとは，差 $F(x_1, x_2, \cdots, x_n) - F(a_1, a_2, \cdots, a_n)$ が，この点の十分小さい近傍内のすべての点 $(x_1, x_2, \cdots, x_n)$ で，正（負）にならないことである．F がある点で極大値（極小値）をとるならば，そのすべての 1 階偏導関数は，その点で（存在するならば）0 である．F の変数が独立でない場合はラグランジュの乗数法で示される [→ ラグランジュの乗数法]．→ 最急降下法

■**最大値原理** principle of the maximum
　複素数平面内の領域 D で定義されている正則な解析関数 f が定数関数でないならば，D の内点で f の絶対値 $|f(z)|$ が最大値をとることはないという原理．

■**最大値の定理** maximum value theorem
　実数値連続関数 f の定義域 D がコンパクトならば，f は D 内のある点 x において最大値をとる．D としては，例えば，平面上の閉区間や閉円板（円周とその内部）がある．$-f$ に最大値の定理を用いることにより，**最小値の定理**をうる．

■**採択域** acceptance region
　→ 仮説検定

■**最短区間推定** shortest confidence interval
　→ 最も吟味された信頼区間

■**最短降下線** brachistochrone problem
　質点が 1 点から他点へ最短時間で落下するときの降下軌道の方程式を見つける変分問題．1696 年にヨハン・ベルヌイによって，ヨーロッパの数学者たちへの挑戦問題として提案された．初速 v_0 で軌道 $y = f(x)$ に沿って点 $(x_1, 0)$ から点 (x_2, y_2) へ質点が落下するのに要する時間は

$$t = \frac{1}{\sqrt{2g}} \int_{x_1}^{x_2} \sqrt{\frac{1+(y')^2}{y+a}} dx$$

である．ただし，$a = v_0^2/2g$．
　問題の解は，上述の積分を最小にする y を求めることである．ニュートン，ライプニッツ，ロピタル，ヤコブ・ベルヌイ，ヨハン・ベルヌイらは正しい解を発見した．解は，2 点を通るサイクロイドである．最速降下線，最急降下線などの訳語もある．→ サイクロイド

■**最適曲線** line of best fit
　《統計》通常は最小 2 乗法によって決定される曲線．→ 最小 2 乗法

■**最適性原理** principle of optimality
　動的計画法における次の原理．問題となる過程の初期の状態および初期の決定が何であっても，残された決定は，最初の決定の結果として生ずる状態に関して，最適な政策を構成しなければならない．→ 動的計画法

■**最適戦略** optimal strategy
　→ 戦略

■**臍点** umbilic
　→ 曲面上の臍点

■**サイバネティクス** cybernetics
　オートメーション工場，計算機，生体組織などのようなさまざまな系に共通の性質を一般化した科学の一分野．サイバネティクスはウィーナーが提唱し，生物学および工学のある部門へ

の共通の理論を構築した．それは情報，雑音，通信，制御，電子計算機の問題を取り扱う．

■**最頻値**　mode
→ モード

■**最尤推定量**　maximum likelihood estimator
→ 尤度関数

■**サイン**　sine
＝正弦．→ 三角関数

■**作図**　construction
(1) ある与えられた条件をみたすように図を描くこと．→ 作図する
(2) 定理を証明するために作図すること．その定理で指示された図を描き，さらに証明に必要な部分を図に加えること．この付け加えられる線や点は，通常，補助線，補助点などとよばれる．

■**作図する**　construct
ある要請をみたすように図を描くこと．通常図を描き，その図が要請をみたしていることを証明することからなる．例えば与えられた直線に垂直な直線を作図する，与えられた長さの3つの辺をもつ3角形を作図するなどと用いる．

■**錯列**　alternation
論理学における "離接" と同じ．

■**指手**　move
ゲームの構成要素，一方の対局者により選ばれる人間的な指手とランダムな方法をもちい機械的に選ぶ（偶然による）指手とがある．→ ゲーム，ハー，モラ

■**差集合**　difference of sets
集合 A に含まれ，集合 B に含まれていない元の全体よりなる集合を，集合 A と B の**差集合**といい，$A-B$ と記す．$A\backslash B$ という記号も使われる．集合 A または B に含まれ，A と B の両方には含まれない元の全体すなわち，集合 $A-B$ と $B-A$ との和集合のことを，集合 A と集合 B の**対称差集合**といい，$A\ominus B$, $A\triangle B$ などで記す．→ 集合環

■**サーストン，ウィリアム・P**　Thurston, Willian P. (1946—　)
米国の数学者．3次元多様体の幾何学的構造に関する業績によって，1983年フィールズ賞を受賞した．

■**錯角**　alternate angles
2つの角が錯角であるとは，2本の直線にある他の直線が交差して，片方の直線から生じる半直線と交差直線のなす角に対して，もう片方の直線から生じる半直線のうち先に述べた半直線とは交差線に関して反対側の領域にある半直線と交差線とのなす角のことをいう．それらの角がともに2直線に囲まれる領域内にあるときに内錯角，それらの角度がともに2直線に囲まれる領域の外部にあるときに外錯角とよばれる．
→ 横断線によってつくられる角

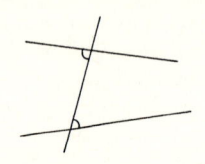

■**差の恒等式**　subtraction formulas
→ 平面三角法の恒等式

■**座標**　coordinate
空間中の点の位置を示す数の組の中の1つの数．その点が与えられた直線上にあることが既知であれば座標は1つしか必要でない．その点が平面上にあれば2つ，空間中にあるならば3つの座標が必要である．→ 極座標(平面の)，直角座標

■**座標幾何学**　coordinate geometry
→ 解析幾何学

■**座標系**　coordinate system
数値の集合が点，直線あるいはその他の任意の幾何学的対象を表すようにするための方法．

■**座標3面角**　coordinate trihedral
→ 3面角

■**座標紙**　coordinate paper
点をプロットしたり，方程式の軌跡を描くために目盛りの入った罫線の引いてある紙．→ 方

眼紙，両対数方眼紙

■**座標軸** coordinate axis
それに沿って（またはそれに平行して）座標を測る直線．→ 直角座標

■**座標軸の回転** rotation of axes
原点を固定する剛体運動のこと．このような座標軸の回転は，大きさと形を変えないから曲線や曲面の研究に都合がよい．例えば，平面上の座標軸を適当に回転すれば，座標軸を任意に与えられた楕円，双曲線の対称軸に平行にすることができ，また座標軸の1つを任意に与えられた放物線の対称軸に平行にすることができる．したがって，いずれの場合にもその図形を表す方程式が xy の項を含まないようにできる．座標軸の回転公式は**平面の場合**は次のようである．ある点の旧直交座標系に関する座標 (x, y) と，旧座標軸を角 θ だけ回軸させた新直交座標系に関する座標 (x', y') との関係は
$$x = x'\cos\theta - y'\sin\theta$$
$$y = x'\sin\theta + y'\cos\theta$$
で与えられる．ただし，$\theta = \angle \mathrm{ROQ}$．

空間の場合は座標は原点を固定しかつ座標軸の位置の相互関係を保ちながら動かされる．点の座標は1つの直交座標系に関するものから，もう1つの直交座標系で旧座標系とは原点が同じだが，座標軸のそれぞれの方向が異なり，旧座標軸のおのおのと与えられた角をなすものを座標軸とするものに関する座標へと変換される．新座標軸における x' 軸の旧座標系に関する方向角を A_1, B_1, C_1，y' 軸のそれを A_2, B_2, C_2，z' 軸のそれを A_3, B_3, C_3 とするならば，座標軸の回転公式は次のようである．
$$x = x'\cos A_1 + y'\cos A_2 + z'\cos A_3$$
$$y = x'\cos B_1 + y'\cos B_2 + z'\cos B_3$$
$$z = x'\cos C_1 + y'\cos C_2 + z'\cos C_3$$
→ 直交変換

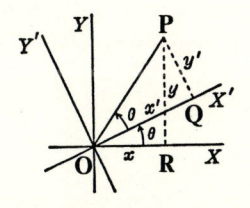

■**座標軸の平行移動** translation of axes
ある座標系における点の座標を，その座標軸と平行な座標軸をもつ新しい座標系を考え，そこでの座標に変換すること．

方程式で表される図形の研究において，方程式の形を変えるのに利用される．例えば，座標軸の原点を方程式の表す図形上に移動すれば，定数項が0の方程式が得られる．また，座標軸に平行な対称軸をもっている場合には，その対称軸へ座標軸を移動すればよい．円錐曲線の場合は，1次の項を含まない方程式に変形できる．
座標軸の平行移動の公式がある．**平面の場合**は
$$x = x' + h, \quad y = y' + k$$
ここで，(h, k) は xy 座標系における $x'y'$ 座標系の原点の座標である．$x' = y' = 0$ のとき $x = h, y = k$ となっている．**空間の場合**は
$$x = x' + h, \quad y = y' + k, \quad z = z' + l$$
ここで，(h, k, l) は原点の座標である．

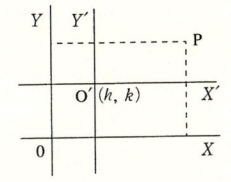

■**座標平面** coordinate planes
→ 直角座標

■**座標変換** change of coordinates, transformation of coordinates
2つの座標系（同じ形の座標系でも異なった形の座標系でもよい）が与えられ，同一の点の一方の座標系での座標を，もう一方の座標系での座標へ対応させる変換．例えば，アフィン変換，座標軸の平行移動，座標軸の回転，直交座標と極座標の間の変換．

■**座標枠** frame of reference
平面内の曲線（直線でもよい）の集合の対 (A, B) で，A に属する曲線 l と B に属する曲線 m の対 (l, m) の全体 $A \times B$ と平面との間の1対1対応が，(l, m) に，l と m のただ1つの交点を対応させることにより得られるようなもののこと．また，**空間**内の曲面（平面でもよい）の集合の3つ組 (A, B, C) で，A に属する曲面 R と B に属する曲面 S と C に属する曲面 T の3つ組 (R, S, T) の全体 $A \times B \times C$ と空間との間の1対1対応が，(R, S, T) に，R と S と T

のただ1つの交点を対応させることにより得られるようなもののこと．

■**差分** finite differences
　与えられた関数の独立変数に等差数列の値を代入することによって得られる関数値の列から得られる階差数列のこと．f を関数とし，等差数列
$$(a, a+h, a+2h, \cdots)$$
が与える関数値の列は，$f(a), f(a+h), f(a+2h), \cdots$ である．これより任意の階数の階差数列が得られる．1階の階差数列は $f(a+h)-f(a)$, $f(a+2h)-f(a+h)$, $\cdots$ である．1階，2階，3階$\cdots$の階差数列を $\Delta f(x)$, $\Delta^2 f(x)$, $\Delta^3 f(x)$, $\cdots$ と書く．差分方程式を扱う場合には，$\Delta f(x) = f(x+1) - f(x)$, $\Delta^2 f(x) = \Delta(\Delta f(x)) = f(x+2) - 2f(x+1) + f(x)$, $\cdots$ とすることがある．なお，階差，定差などの訳語も同じ意味に使われる．

■**差分商** difference quotient
　関数 f に対する，増分比 $[f(x+\Delta x) - f(x)]/\Delta x$ のこと．関数 f が $f(x) = x^2$ であるなら，その**差分商**は，
$$\frac{f(x+\Delta x) - f(x)}{\Delta x} = \frac{(x+\Delta x)^2 - x^2}{\Delta x} = 2x + \Delta x$$
である．日本では**平均変化率**という語が使われてきた．→ 微分

■**差分方程式** difference equation
　→ 常差分方程式，偏差分方程式

■**叉帽** cross-cap
　メビウスの帯の境界は単純閉曲線である．それは円周に変形できる．しかし境界を円周に変形するためには，その過程でメビウスの帯が自分自身に交わることを許さなくてはならない．その交線は2つの異なる曲線とみなされ，そのそれぞれは曲面のこの曲線で交叉する2つの部分の一つにそれぞれ含まれる．この結果の曲面が**叉帽**（**クロスキャップ**）とよばれる向きづけのできない曲面である．叉帽はまた極からの短い垂直線に沿ってはさみつぶされた半球面とみなすこともできる．このとき曲面は，はさみつぶされてできた線において交叉し，この線はそのそれぞれがそこで交叉する，それぞれの曲面に含まれる2本の線とみなされる．→ 種数（曲面の）

■**サーボ機構** servomechanism
　入力信号と出力信号との一定の関係を実現させるための増幅機構．例えば，自動車のパワーステアリング，自動安定機構など．

■**サーボ機構のハンチング** hunting of a servomechanism
　サーボ機構の出力は入力の指示に従うように設計されている．出力における誤差または偏差は理想的に修正されるべきであるが，これを**修正されるべき動き**（**ハンチングモーション**）という．

■**作用** action
　線積分
$$A = \int_{P_1}^{P_2} m\boldsymbol{v} \cdot d\boldsymbol{r}$$
によって定義される現代力学における概念．ここで，m は粒子の質量，$\boldsymbol{v}$ は速度，$d\boldsymbol{r}$ は点 P_1 と P_2 を結ぶ軌道の弧のベクトル要素であり，A は**作用積分**と呼ばれる．式中の・は運動量ベクトル $m\boldsymbol{v}$ と $d\boldsymbol{r}$ のスカラー積を表す．作用 A は，種々の原理からの力学の展開に重要な役割をはたす．→ 最小作用の原理

■**作用-反作用の法則** law of action and reaction
　力学の基本法則．2つの粒子 A, B が相互作用するとき，A から B に働く力と B から A に働く力は，大きさが等しく，直線 AB に沿って逆向きである，という法則．→ ニュートンの運動の法則

■**作用素** operator
　＝関数．

■**サリノン** salinon
　直径 d の半円 C と，C の直径上にある等しい直径 Δ の半円2個，および C の直径上にあって直径 $d-2\Delta$ の，上の小半円の間にある半円とで囲まれた平面図形 S のこと．その面積は $\frac{1}{4}\pi(d-\Delta)^2$ である．もし $\Delta = \frac{1}{2}d$ ならば，サリノンはアルベロスの一種である．→ アルベロス

■**サン-ヴナン，アデマール・ジャン・クロード・バレ・ド**　Saint-Venant, Adhémar Jean Claude Barré de (1797—1886)
フランスの応用数学者で工学者．機械学，弾性の理論，流体静力学，流体力学などに貢献した．

■**サン-ヴナンの原理**　Saint-Venant's principle
もし物体の表面の一部に作用する力の分布が，同じ個所に作用する異なる力の分布によって置き換えられるならば，これらの力の作用する領域から十分離れた個所に対して2つの力の分布が同じ合力，同じモーメントを有するとき，両分布は実質的に同じ効果をおよぼす．

■**3円定理**　three-circles theorem
→ アダマールの3円定理

■**残角**　explementary angle
→ 共役角

■**三角関数**　trigonometric functions
角が鋭角のとき，その角の三角関数(三角比)とは，その角を含む直角3角形の辺の比である．

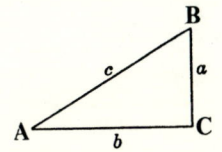

角 A を含む直角3角形を考え，斜辺の長さを c，角 A の対辺の長さを a，角 A に隣り合った辺の長さを b とする．このとき，角 A の三角関数の値は

$$\frac{a}{c}, \frac{b}{c}, \frac{a}{b}, \frac{b}{a}, \frac{c}{b}, \frac{c}{a}$$

である．これらは，それぞれ，**正弦**：サイン A (sine A), **余弦**：コサイン A (cosine A), **正接**：タンジェント A (tangent A), **余接**：コタンジェント A (cotangent A), **正割**：セカント A (secant A), **余割**：コセカント A (cosecant A) という．そしてそれぞれ $\sin A$, $\cos A$, $\tan A$, $\cot A$, $\sec A$, $\csc A$ とかく．上記がわが国で慣用の記号だが，tan を tg, cot を ctg または ctn, cosec を csc とかくこともある．現在ではあまり使われないが，これ以外にも次のような三角関数がある．

$1-\cos A$, $1-\sin A$, $\sec A-1$
は，それぞれ，A の**正矢**(せいし)，A の**余矢**(よし)，A の**余正割**といい，それぞれ
$$\operatorname{vers} A, \operatorname{covers} A, \operatorname{exsec} A$$
とかく．さらに，
$$\frac{1}{2}\operatorname{vers} A$$
を A の**半正矢**(はんせいし)といい，$\operatorname{hav} A$ とかく．

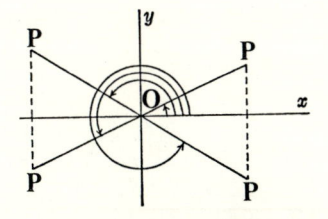

いま，A を正または負の任意の角とする．直交座標系の原点を O とし，x 軸の正方向から線分 OP へ測った角が A であるとし，P の座標を (x, y) とする [→角]．$\overline{OP}=r$ のとき
$$\sin A=\frac{y}{r}, \cos A=\frac{x}{r}, \tan A=\frac{y}{x}$$
$$\cot A=\frac{x}{y}, \sec A=\frac{r}{x}, \operatorname{cosec} A=\frac{r}{y}$$
と定める．これは次のようにもかける．
$$\sin A=\frac{(縦座標)}{r}, \cos A=\frac{(横座標)}{r},$$
$$\tan A=\frac{(縦座標)}{(横座標)}, \cot A=\frac{(横座標)}{(縦座標)},$$
$$\sec A=\frac{r}{(横座標)}, \operatorname{cosec} A=\frac{r}{(縦座標)}$$

これ以外の三角関数も，A が鋭角の場合と同様に定義される．これら6つの各関数は，2つの象限で同符号となる．もし，互いに逆数となっていない2つの関数の符号が与えられれば，象限はただ1つ定まる．例えば，$\sin A > 0$, $\cos A < 0$ ならば，線分 OP は第2象限にある．角 A が 0° から 360° まで変化するときの三角関数の変動は，0°, 90°, 180°, 270° における関数値を知れば調べられる．各関数は，それらの角のいずれかで，最大値か最小値をとる．値が定義されない場合もある．この4つの角における関数値を求めると，正弦は 0, 1, 0, -1；余弦は 1, 0, -1, 0；正接は 0, ∞, 0, ∞；余接は $-\infty$, 0, $-\infty$, 0；正割は 1, ∞, -1, $-\infty$；余割は $-\infty$, 1, ∞, -1 である．ここで，∞, $-\infty$ の記号は，角が与えられた角に(左回りに)近づいたとき，関数値が，極限値をもたず，いくらでも大きくなるかまた

は小さくなることを示している．角の近づけ方を右回りにすると，∞の符号は逆になる．三角関数に関して，次の**基本的恒等式**が成り立つ．

$$\sin x = \frac{1}{\operatorname{cosec} x}, \quad \cos x = \frac{1}{\sec x}$$

$$\tan x = \frac{1}{\cot x}, \quad \tan x = \frac{\sin x}{\cos x}$$

$$\sin^2 x + \cos^2 x = 1, \quad \tan^2 x + 1 = \sec^2 x,$$

$$\cot^2 x + 1 = \operatorname{cosec}^2 x$$

初めの3つは，関数の定義より直ちに得られる．後の3つは，ピタゴラスの定理より得られ，**ピタゴラスの恒等式**とよばれる．

通常，数学では，三角関数を角の関数としてよりも**数の関数**として扱う．数 x の三角関数とは，角の単位を弧度法にとり，x ラジアンの角の三角関数の値を，x の関数値としたものである．

この意味での正弦と余弦とは，次のベキ級数によって，定義することもできる．

$$\sin x = x - \frac{x^3}{3!} + \frac{x^5}{5!} - \cdots$$

$$\cos x = 1 - \frac{x^2}{2!} + \frac{x^4}{4!} - \cdots$$

他の三角関数は，上記の基本的恒等式を用いて定義できる．**複素数** z に対して，z の sin, cos は，指数関数を用いて

$$\sin z = \frac{e^{iz} - e^{-iz}}{2i}, \quad \cos z = \frac{e^{iz} + e^{-iz}}{2}$$

と定義できる．あるいは，ベキ級数

$$\sin z = z - \frac{z^3}{3!} + \frac{z^5}{5!} - \cdots$$

$$\cos z = 1 - \frac{z^2}{2!} + \frac{z^4}{4!} - \cdots$$

によって定義してもよい．他の三角関数の定義は，上記と同様に，基本的恒等式を用いればよい．→平面三角法の恒等式

■**三角関数の指数関数表示** exponential values of trigonometric functions (sin x and cos x)

$$\sin x = \frac{e^{ix} - e^{-ix}}{2i}$$

および

$$\cos x = \frac{e^{ix} + e^{-ix}}{2}$$

という公式のこと（ここで，$i^2 = -1$）．これらは，オイラーの公式から容易に導かれる．

■**三角関数の線分値** line value of a trigonometric function

三角関数の定義における分母を，単位の長さにとったときの分子の絶対値を長さにもつ線分．角の頂点を単位円の中心にとってつくることができる．

■**三角級数** trigonometric series
級数
$a_0 + (a_1 \cos x + b_1 \sin x) + (a_2 \cos 2x + b_2 \sin 2x) + \cdots = a_0 + \sum(a_n \cos nx + b_n \sin nx)$
のこと．$a_i, b_i \ (i=1, 2, \cdots)$ は定数．→フーリエ級数

■**三角曲線** trigonometric curves
直交座標における三角関数のグラフ [→ 正割曲線，正弦曲線，正接曲線，余割曲線，余弦曲線，余接曲線]．
三角曲線という用語は，三角関数だけを含んだ関数，例えば $\sin 2x + \sin x$, $\sin x + \tan x$ のような関数のグラフに対しても用いられる．

■**3角形** triangle
(1) 同一直線上にない3点（**頂点**という）を結ぶ3つの線分（**辺**という）によってつくられる図形．
(2) 平面上の3点を用いて(1)のようにつくられた図形とその内部．

鋭角3角形　鈍角3角形　不等辺3角形

2等辺3角形　直角3角形　正3角形

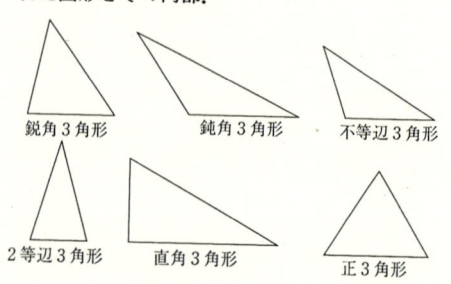

図は6種類の3角形を示している．すべての内角が鋭角である3角形を**鋭角3角形**という．1つの内角が鈍角である3角形を**鈍角3角形**という．どの2辺も等しくない3角形を**不等辺3角形**という．2辺が等しい3角形を**2等辺3角形**という．もう1つの辺を**底辺**といい，底辺に対する角を**頂角**という．角の1つが直角である3角形を**直角3角形**という．このとき直角の対応辺を**斜辺**といい，他の2辺を直角を**夾む2辺**

という．3辺が等しい3角形を**正3角形**という．このときは等角となる．すなわち，3つの等しい内角をもつ．直角である内角をもたない3角形を**非直角3角形**という．頂点から対辺（これを**底辺**という）へ下した垂線の長さを，3角形の**高さ**という．3角形の面積は，底辺の長さと高さの積の半分である．3角形の頂点A，B，Cの座標をそれぞれ (x_1, y_1), (x_2, y_2), (x_3, y_3) とすれば，**面積は行列式**を用いて

$$\frac{1}{2} \begin{vmatrix} x_1 & y_1 & 1 \\ x_2 & y_2 & 1 \\ x_3 & y_3 & 1 \end{vmatrix}$$

で与えられる．頂点A，B，Cの並ぶ順序が，時計の針と逆回りならば，この値は正である．

■**3角形が一意的に定まらない条件** ambiguous case in the solution of triangles

平面上の3角形に関して，次の条件が与えられても3角形を決定することはできない．3辺のうちの2辺，および，それら2辺による夾角以外の角が与えられている．

一意的に定まらない理由を以下に示す．与えられた2辺の対角のうち，不明な角を正弦定理により求めることができる．しかし，その答となる角は直角となる場合以外はつねに，1つの正弦の値に対し，180°未満の2つの角が解として存在する．図において，∠Aと辺 $a, b (a<b)$ が与えられているとする．しかし，△AB_1C と△AB_2C が答となる．しかし，$a = b \sin A$ のときに限り，直角3角形ABCが唯一の解となり確定する．

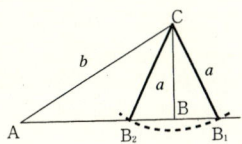

球面上の3角形に関して，3角形が一意に定まらない条件は，1辺とその対角が与えられたときである（それは，2辺と夾角以外の角が与えられているか，2角と夾角以外の辺が与えられているときである）．

■**3角形の解** solution of a triangle

3角形のいくつかの角と辺が与えられたとき，残りの角や辺を求めること．**直角3角形**の場合は2辺または1辺と1つの鋭角が与えられるならば他の辺および角が求まる．残りの角は容易に定まり，また残りの辺は三角関数 [→三角関数] を用いて求まる．a, b を直角をはさむ辺とし，c を斜辺とする．A, B をそれぞれ辺 a, 辺 b に対する辺とすると，$a = b \tan A = c \sin A$, $b = c \cos A$, $A = \tan^{-1} a/b$, $B = 90° - A$. **一般の3角形**の場合は3辺，または2辺の夾角，または1辺とその両端の角が与えられると，他の辺と角が定まる．単に1辺と2角が与えられたときには，一般に2つの解がある [→正弦公式，正接法則，平面3角法の恒等式，ヘロンの公式，余弦定理]．球面直角3角形に対しては必要な公式はすべて**ネピアの公式**から導かれる．一般の球面3角形を解くための公式については次の項目を参照せよ．球面三角法の半角と半辺の公式，正弦公式，ドランブルの類比，ネピアの類似公式，余弦定理，さらに種の法則，直角球面3角形の象限の法則．

■**3角形の外角** exterior angle of a triangle

3角形の2辺が頂点Aにおいて隣接しているとき，その2辺のうちの一方をAの側に延長した半直線と，他方の辺とがなす角のことを，その3角形の**外角**とよぶ．したがって，1個の3角形に対し，6個の外角が考えられることになる．

■**3角形の主要素** principal parts of a triangle

辺および内角のこと．その他の要素，例えば角の2等分線，高さ，外接円，内接円などは**2次的要素**という．

■**3角形の対数解法** logarithmic solution of triangles

3角形の解法で，対数や対数を適用しやすい形の公式，あるいは，本質的に乗法と除法のみを含む公式を用いるもの．

■**3角形の中線** median of a triangle

3角形の1頂点とその対辺の中点とを結んだ直線．3角形の3中線は1点で交わる．これを3角形の**重心**という．この点は，中線上で，頂点から中線の長さの3分の2の距離にある．

■**3角形の内接円** inscribed circle of a triangle

3角形の3辺に内接する円．その中心は3角

形の内角の 2 等分線の交点であり, 3 角形の**内心**とよばれる. その半径は,

$$\sqrt{\frac{(s-a)(s-b)(s-c)}{s}}$$

で与えられる. ただし, a, b, c は 3 角形の 3 辺の長さであり, $s=\frac{1}{2}(a+b+c)$ である.

■**3 角形の副次量**　secondary parts of a triangle
3 角形の辺と内角以外の諸量. 例えば高さ, 外角, 中線の長さ, など. → 3 角形の主要素

■**3 角形の傍心**　excenter of a triangle
3 角形に**傍接**する, (一辺と他の 2 辺の延長に接する) 円の中心のことを, その 3 角形の**傍心**とよぶ. 1 つの 3 角形には 3 つの傍心があり, そのおのおのは, 2 つの外角の 2 等分線の交点で与えられる.

■**3 角形分割**　triangulation
位相空間 T の 3 角形分割とは, T から, 単体的複体の単体に属する点からなる多面体への**同相写像 (位相写像)** のことである [→ 単体的複体].
単体的複体と同相な空間を, **3 角形分割可能な空間**という. 例えば, 通常の球面は 3 角形分割可能である. なぜなら, 球面に内接する正 4 面体の曲面と同相になる. 半径に沿って球面上の点を正 4 面体の曲面に射影する (または, 正 4 面体の曲面上の点を球面上に射影する) 写像は同相写像である. 正 4 面体の曲面は, 3 角形を単体とする単体的複体である. この写像は, 球面を, 正 4 面体の 4 つの 3 角形に対応する球面 3 角形に分割する.

■**三角恒等式**　trigonometric identities
→ 平面三角法の恒等式

■**3 角錐**　triangular pyramid
底面が 3 角形の角錐. =4 面体.

■**3 角数**　triangular numbers
数 1, 3, 6, 10, …. 3 角数とよばれる理由は, これらの数が, 点の配列による 3 角形を順次つくっていくとき, そこに用いられる点の個数に等しいからである. まず 1 点をとる. その下に 2 点からなる行をかく. 各行はすぐ上の行より 1 点多い点からなる. n 回目までに用いられた点の個数は, $1+2+\cdots+n=\frac{1}{2}n(n+1)$. → 等差級数

■**三角積分**　trigonometric integral
被積分関数が三角関数である積分. 特に初等関数では表されない

$$\int \frac{\sin x}{x}dx, \int \frac{\cos x}{x}dx$$

などをそうよぶことが多い.

■**三角置換**　trigonometric substitutions
無理式

$$\sqrt{a^2-x^2}, \sqrt{x^2+a^2}, \sqrt{x^2-a^2}$$

を有理化するために使われる置換. 置換

$$x=a\sin u, \ x=a\tan u, \ x=a\sec u$$

により, 上記の式は, それぞれ

$$|a\cos u|, \ |a\sec u|, \ |a\tan u|$$

に変わる. 無理式 $\sqrt{x^2+px+q}$ は, 完全平方の形に直せば, 上の形のいずれかになる. → 置換積分

■**3 角柱**　triangular prism
底面が 3 角形の角柱.

■**3 角的**　triangular
3 角形のような, 3 つの角または, 3 つの辺をもっていること.

■**三角不等式**　triangle inequality
$|x+y| \leq |x|+|y|$ の形の不等式. x, y が実数か複素数, あるいはベクトルの場合は, 3 角形の 1 辺の長さは他の 2 辺の長さの和を越えないという事実より証明される. ノルム空間においては, $\|x+y\| \leq \|x\|+\|y\|$ を三角不等式という. ここで, $\|x\|$ は空間の点 x の**ノルム**を表す. → 内積空間, ベクトル空間

■**三角法**　trigonometry
三角法の原語 trigonometry は, 3 角形の測定法を意味するギリシャ語に由来する. 3 角形の解法は, 近代三角法の 1 つの重要な研究分野ではあるが, それだけが唯一重要な研究目的ではない. 3 角形の解法を計算によって行う際に, **三角関数**が現れる [→ 三角関数]. 三角関数の性質の研究や, 3 角形の解法を含む数学上の種々の問題への三角関数の応用が, 三角法の主題とな

っている．三角法は，測量，航海術，建設工事，および科学の多くの分野へ応用された．数学と物理学の多くの部門では，特に基本的な役割を果たしている．平面三角法においては，平面3角形の解法が考察される．球面三角法においては，球面3角形の解法を取り扱う．→ 球面三角法，平面三角法の恒等式

■**三角法の恒等式**　trigonometric identities
→ 平面三角法の恒等式

■**三角方程式**　trigonometric equation
三角関数の独立変数の中に未知数を含む方程式のこと．例えば，$\cos x - \sin x = 0$, $\sin^2 x + 3x = \tan(x+2)$．

■**三角余関数**　trigonometric cofunctions
x と y が互いに余角であるとき，常に $f(x) = g(y)$ が成り立つような2つの三角関数 f と g. **正弦と余弦，正接と余接，正割と余割**はいずれも互いに余関数である．例えば，$\sin 30° = \cos 60°$, $\tan 15° = \tan 75°$, $\sec(-10°) = \text{cosec } 100°$.

■**3角領域**　trigonometric region
→ 領域

■**3項演算**　ternary operation
3つの対象に作用する演算．例えば，3つの数に対し，それらの**中央値**を対応させる演算や，数 x, y, z に対し $x(y+z)$ を対応させる演算．専門的に述べれば，**3項演算**とは，集合 S に対し，直積 $S \times S \times S$ を定義域とする S への写像である．

■**3項式**　trinomial
$x^2 - 3x + 2$ のような3項の多項式．

■**3項則**　rule of three
比例中項の積が外項の積に等しいという法則 [→ 比例]．この法則は次のような問題に応用できる．"もしも6個のリンゴが90セントなら，10個のリンゴはいくらか？" ここには3つの条件が与えられている．10個のリンゴの価格を c とすると，1個あたりのリンゴの価格を2通りに表すことができる．$90/6 = c/10$．これから $6 \times c = 900$ すなわち $c = 150$ セントである．次の詩は，ルイス・キャロルの本『シルビーとブルーノ』(1889年) の "狂った庭師の歌" からとったものである．

　"庭にでる扉を見たと思った
　　鍵で開けられる；
　それをよく見て気がついた
　　二重3項則だと：
　'そしてその謎はすべて' といった
　　'わしにとって日と同様に明らか！'

キャロルが学校で使った教科書は，**二重3項則**とは，上記のような問題を示すが，もっと他の情報を含むものである．例えば，"100ドルが14カ月に単利で7ドルの利子を生ずるなら，どれだけの元金が9カ月に18ドルの利子を生ずるか？" 元金を P とすれば，利率(=利子/(時間×元金)) を2通りに計算して
$$\frac{7}{14 \times 100} = \frac{18}{9 \times P}$$
したがって $P = 400$ ドルをえる．

■**3個の箱ゲーム**　three boxes game
1, 2, 3 と印のつけられた3個の箱を使う次のようなゲーム．2人で行うゲームで，競技者を A, B とする．はじめに，3個の直方体を机の上に置き，A はこれらの箱のうち1つの底を取り除き，元の場所に置く．B はどれが底のない箱かわからない．次に B は3個の箱のうち2個のそれぞれに，箱にかかれた数字と同額のお金を入れる．底のない箱にお金を入れたらそのお金を失い，底のある箱に入れたら同額のお金を勝ち取る．これは，**不完全情報**の零和ゲームである．**支払行列**は鞍点をもたず，解は混合戦略となる．A に対する解は $\left(0, \frac{1}{2}, \frac{1}{2}\right)$ であり，B に対する解は $\left(\frac{3}{5}, \frac{2}{5}, 0\right)$ であり，これは以下を意味する．A が箱2, 3の底を残し，その確率はそれぞれ $\frac{1}{2}$, B が箱1, 2 または 1, 3 にお金を入れ，その確率は $\frac{3}{5}$, $\frac{2}{5}$ である (箱2, 3 には入れない)．このゲームの値は1である．B が最大限を得る可能性をもつ競技者になる．

■**3個の平方定理**　three-squares theorem
正の整数 n が3個の平方数の和で表されるための必要十分条件は，負でない整数 r, s をどうとっても $n = 4^r(8s+7)$ の形に表されないことであるという定理．→ ワーリングの問題

■**三叉曲線**　trident (of Newton)

方程式 $xy=ax^3+bx^2+cx+d$ $(a\neq 0)$ で定義される3次曲線．ニュートンの三叉曲線ともいう．x 軸とは1点または3点で交わる．$d\neq 0$ ならば，y 軸は漸近線となる．$d=0$ ならば，方程式は $x=0$（y 軸）と $y=ax^2+bx+c$（放物線）とに分解される．

■**3次曲線**　cubic curve
→ 平面代数曲線

■**3次元幾何学**　three-dimensional geometry
（2次元と同様に）3次元における図形の研究．＝立体幾何学．→ 次元

■**3次の**　cubic
次数3をもつ．例えば3次方程式は
$$2x^3+3x^2+x+5=0$$
のような次数3の方程式のことである．3次多項式は次数3の多項式である．

■**3次方程式のカルダノの解法**　Cardan's solution of the cubic
→ カルダノの解法

■**3次放物線**　cubical parabola
3次方程式 $y=kx^3$ の平面上のグラフ．k が正のとき，この曲線は原点を通り，x 軸を変曲的接線としてもつ．さらに，第1および第3象限に無限にのびる分枝をもち，第1象限においては凹で上昇し，第3象限においては凸で y 軸から離れるにつれて下降する．k が負のとき，この曲線のグラフは，$y=|k|x^3$ のグラフと y 軸に関して対称である．**半3次放物線**とは，方程式 $y^2=kx^3$ の平面上のグラフである．それは原点において第1種尖点をもち，x 軸がその点での2重接線となる．それは，通常の放物線の軸に垂直な弦（またはその延長）と，頂点を通りその弦の一方の端点における接線に直交する直線との交点の軌跡である．3次放物線および半3次放物線は，便宜上そうよばれるだけで，真の放物線ではない．

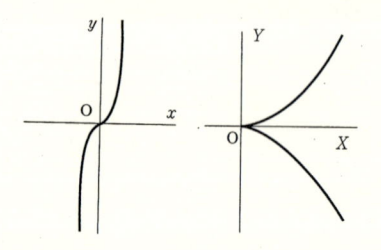

■**3重共役調和関数**　triple of conjugate harmonic functions
共通な定義域 D において調和で，第1基本2次形式の係数が，$E=G$, $F=0$ をみたす3つの関数 $x(u,v)$, $y(u,v)$, $z(u,v)$ のこと．このような関数は，極小曲面上の D の等角写像を与える．

■**3重積分**　triple integral
→ 重積分，累次積分

■**3重直交系（曲面の）**　triply orthogonal system of surfaces
3つの曲面の族で，3次元空間の任意の点を各族の1つの曲面が通り，しかも各曲面はそれが属さない他の2つの族のどの曲面とも直交するようなもの．図において，曲面の3重直交系 $x^2+y^2=r_0^2$, $y=x\tan\theta_0$, $z=z_0$ は，例えば，点 P において直角に交わっている．→ 共焦2次曲面，空間の点における曲線座標

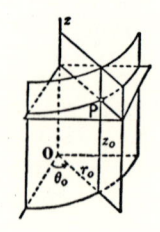

■**3項順序対**　triplet
→ 3つ組（みつぐみ）

■**算出**　evaluation
値を見いだすこと，例えば，$8+3-4$ を算出するとは，7という値を得ることであり，x^2+2x+2 を $x=3$ に対して算出するとは，x に3を代入して17という値を得ることである．連続関数 f に対し，不定積分 $\int f(x)\,dx$ を算出するとは，f の原始関数 F の具体的な形を求めることであり，定積分 $\int_a^b f(x)\,dx$ を算出するとは，その F に対して $F(b)-F(a)$ を求めることである．

■**算術** arithmetic
　正の整数 1, 2, 3, 4, 5, … に関する加法，減法，乗法，除法演算の下での学問．また，それらの結果を日常生活で応用すること．

■**算術幾何平均** arithmetic-geometric mean
　与えられた 2 つの正数 p, q の算術平均と幾何平均をくり返しとって得られる数列 $\{p_n\}$, $\{q_n\}$．すなわち，$p_1 = p$, $q_1 = q$,
$$p_n = \frac{1}{2}(p_{n-1} + q_{n-1}), \quad q_n = (p_{n-1}q_{n-1})^{1/2}$$
$$(n = 2, 3, \cdots)$$
は共通の極限をもつ．これを，p と q の算術幾何平均という．この平均は，特に，一様な針金の円周によって生ずるポテンシャルの，ガウスによる決定（一般に完全楕円積分の計算）に用いられる．

■**算術級数** arithmetic series
　→ 等差級数

■**算術数列** arithmetic progression, arithmetic sequence
　→ 等差数列

■**算術的** arithmetic, arithmetical
　算術の原理や記号を用いること．

■**算術における周期** period in arithmetic
　(1) 数字をかくときにコンマで区切られる数字の個数．習慣的に 1,253,689 のように 3 個ずつ区切る．これらの周期は単位周期，千周期，百万周期などとよばれる．
　(2) ある方法でベキ根を求めるとき，周期は求められるベキ根の指数と等しく設定される．例えば，平方根なら 2 桁ごとに区切り，周期 2 という．
　(3) 循環小数の周期．くり返される数字の個数のこと．→ 10 進法

■**算術の基本演算** fundamental operations of arithmetic
　加法，減法，乗法，除法の総称．日本語ではまとめて四則演算という．

■**算術平均** arithmetic average, arithmetical mean
　→ 相加平均

■**算術和** arithmetic sum
　正の数を加えて得られる数．5 は 2 と 3 の和で，2+3=5 とかかれる．代数和に対して，各数の絶対値の和をいうこともある．

■**参照角** reference angle
　＝原角．→ 原角

■**参照軸** axis of reference
　直交座標系の軸のうちの 1 つ．もしくは，極座標系の極軸のこと．一般には，平面や空間において，点の位置を決定するために用いられる線のことをいう．

■**3 進法** ternary number system
　実数を表すのに，10 のかわりに 3 を基礎にした表記法 [→ 基底（数の表示における）]．例えば，10 進法における $38\frac{5}{27}$ は，3 進法では，1102.012 と表記される．この数は
$$1 \cdot 27 + 1 \cdot 9 + 0 \cdot 3 + 2 + 0 \cdot \frac{1}{3} + 1 \cdot \frac{1}{9} + 2 \cdot \frac{1}{27}$$
に等しい．

■**三段論法** syllogism
　大前提，小前提，結論と呼ばれる 3 つの命題に関する論理命題で，2 つの前提が真ならば，結論も真であるという論法．例えば，"ジョンは釣りが好きかまたは歌うことが好きである"，"ジョンは釣りを好まない" より，結論として "ジョンは歌うことが好きである" を得る．**仮言(的)三段論法**とは，p, q, r に関する 3 つの含意命題を含んだ形の三段論法で，"p ならば q, かつ q ならば r, このとき，p ならば r" と述べられる．これは，しばしば $[(p \to q) \to (q \to r)] \to (p \to r)$ とかかれる．**定言(的)三段論法**とは，含意命題に全称記号を含んだ形の三段論法である．例えば，"任意の 4 辺形 T に対して，T が正方形であるならば，T は長方形である" と "任意の 4 辺形 T に対して，T が長方形であるならば，T は平行 4 辺形である" の 2 つの命題が真であることより，"任意の 4 辺形 T に対して，T が正方形であるならば，T は平行 4 辺形である" なる命題は真である．→ 含意

■**3 直角的** trirectangular
　3 つの直角をもつこと．例えば，球面 3 角形は，3 つの直角を含むことがある．3 直角球面 3

角形がそれである．3直角3面角とは，3つの面角が直角である3面角のことである．

■**3点形（平面の方程式の）** three-point form of the equation of a plane
→ 平面の方程式

■**3点問題** three-point problem
同一直線上に3点A, B, Cがあり，直線外に点Sがあるとする．長さAB, BCと∠ASB, ∠BSCより長さSBを求める問題．これは，船Sから，陸上の点Bの距離を測定する問題である．

■**3等分** trisection
3つの等しい部分に分けること．

■**3等分線** trisectrix
方程式 $x^3+xy^2+ay^2-3ax^2=0$ で表される曲線．x 軸に関し対称で，原点を通り，直線 $x=-a$ が漸近線となる．この曲線は角の3等分問題に関連して重要である．点 $(2a, 0)$ を通り，傾角 $3A$ の直線を引く．この直線と上記曲線との交点と原点とを通る直線の傾角は A である．これは，**マクローリンの3等分線**とよばれる．

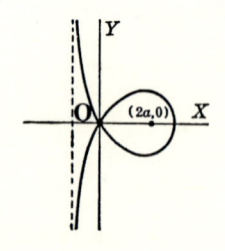

■**散布図** scatter diagram
定義域が同じ2つの確率変数の関係を調べるのによく用いられる図表．2つの確率変数の値 x, y を普通の直交座標の点 (x, y) として表す．n 個の観測の集合は n 個の点として表され，この点からなる集合は確率変数間の関係を表す．

■**散布度** measure of dispersion
《統計》資料の散布の度合または散らばり具合のこと．散布度はいろいろな方法ではかられる．例えば，平均偏差，標準偏差，四分位偏差．＝偏差．

■**サンプル** sample
→ 標本

■**三分性** trichotomy property
任意の x, y に対して $x<y, x=y, x>y$ の1つ，しかも1つだけが成立する順序関係を，このようにいうことがある．→ 実数の順序，順序集合

■**算法** algorithm
→ アルゴリズム

■**3面角** trihedral, trihedral angle
(1) 1点で交わり，同一平面上にない3直線によってつくられる図形．3つの有向直線によってつくられる3面角を**有向3面角**という．空間の直交座標系の3つの座標軸によってつくられる3面角を**座標3面角**という．
(2) 同一始点をもった3つの半直線のつくる図形．**向きづけられた3面角**とは，各半直線に順番を指定した3面角．左手を半直線の始点に置き，親指を1番目の半直線上に，人差し指を2番目の半直線上にとるとき，人差し指を中指の方向に左手を回転し，180°より小さい回転角で，2番目の半直線が3番目の半直線に重なるとき，**左手系**の3面角という．**右手系**の3面角とは，右手について同じことが成り立つ3面角である．3次元空間内では，両者は鏡像であるが，重ね合せることができない．左［右］手系の3面角に従う座標系を**左［右］手座標系**という．

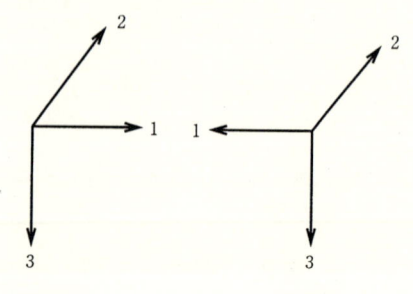

左手系　　　　　右手系

u, v, w を向きづけられた3面角をつくる3つの半直線上にある矢線ベクトルとする．始点は半直線の始点にとり，u, v, w はそれぞれ，1番目，2番目，3番目の半直線上にあるものとする．このとき，**スカラー3重積** $u\cdot(v\times w)$ が，正

であるか，負であるかに従って，3面角は**正の向きにある**，**負の向きにある**という．向きづけられた3面角が，正の向きにあるための必要十分条件は，その3面角と座標3面角の両方が，左手系となるか右手系となることである．**3直角3面角**とは，互いに直交する3つの半直線によってつくられる3面角である．向きづけられた3面角をつくる半直線を L_1, L_2, L_3 とするとき，その3面角が，3直角3面角となるための必要十分条件は，L_1, L_2, L_3 の方向余弦(単位ベクトルの成分)をそれぞれ $l_1, m_1, n_1 ; l_2, m_2, n_2 ; l_3, m_3, n_3$ とするとき，これらを順に第1行，第2行，第3行の成分とする行列式の絶対値が1となることである．この行列式が正であるための必要十分条件は，この3面角が正の向きにあることである．

(3) 3つの面で形成される多面角．2つの3面角が**対称的**であるとは，3つの面角がそれぞれ等しいが，配列が逆になっているときをいう．この場合，2つの3面角を重ね合わせることはできない． ➡ 多面角

シ

■ **C^n 級の関数**　function of class C^n
　S 上の関数 f が C^n 級（C_n, $C^{(n)}$ とも記す）とは S の各点で f が連続で，n 階まで導関数をもち，それらの導関数がすべて（n 階のものも含めて）連続であるような関数のことをいう．なお，C^0 級の関数とは，連続関数のことである．

■ **シェパード，ウィリアム・フリートウッド**
Sheppard, William Fleetwood（1863—1936）
　イギリスの確率論および統計学者．

■ **シェパードの補正**　Sheppard's correction
　確率変数のとる値が長さ h の区間に類別されしかも各区間に対する頻度が与えられているとし，1 つの与えられた区間においてとるすべての値は区間の中央点であると仮定する．これよりモーメントを計算すると誤差が生ずるが，その誤差はシェパードにより次のように補正できる．補正モーメント μ_i' は類別されたデータから計算されたモーメント μ_i によって表される．$\mu_1' = \mu_1$, $\mu_2' = \mu_2 - \dfrac{h^2}{12}$, $\mu_3' = \mu_3 - \dfrac{1}{4}\mu_1 h$ など．

■ **シェルク，ハインリッヒ・フェルディナンド**
Scherk, Heinrich Ferdinand（1798—1885）
　ドイツの代数，微分幾何学者．

■ **シェルクの曲面**　surface of Scherk
　$\phi(u) = \dfrac{2}{1-u^4}$ である実極小曲面［→ ワイエルシュトラスの方程式］．シェルクの曲面は 2 重周期をもつ．

■ **ジェルゴンヌ，ジョセフ・ディアス**　Gergonne, Joseph Diaz（1771—1859）
　フランスの解析的幾何および射影幾何学者．ポンスレと共同で，射影幾何学の双対原理の公式を発見した．

■ **ジオイド**　geoid
　地球の海水面以上の部分をすべて除き，海面下の部分をすべて埋めたとしたときにえられる立体．それはほぼ正確に楕円体であり，扁平回転楕円体に近い．→ 楕円面

■ **時角（天球上の）**　hour angle of a celestial point
　《天文》観測者の子午線の平面と，天体の時圏（両極と天体を通る大円）の平面との間の，子午線の平面から西の方向へ測定した角．→ 時角と時圏

■ **4 角形**　quadrangle
　単純 4 角形は平面上の図形で，どの 3 個も同一直線上にない 4 個の頂点と，それらをある順序で結ぶ 4 本の線分からなる．完全 4 角形は，どの 3 個も同一直線上にない同一平面上の 4 個の頂点と，それらのうちの 2 頂点の各組から決まる 6 本の線分からなる．→ 完全 4 辺形

■ **時角と時圏**　hour angle and hour circle
　図中で O を観測点とする．円 NESW を観測者の水平面と天球との交線，円 EKW を地球の赤道面と天球との交線とする．北点 N と南点 S を結ぶ直線は南北線（子午線），東点 E と西点 W を結ぶ線が東西線（卯酉線）である．円 NESW と EKW はそれぞれ**地平**，**天の赤道**とよばれる．点 Z は**天頂**，点 P は**天の北極**，SZPN は**天の子午線**である．M を任意の天体とすると，地平と赤道にそれぞれ垂直な大円 ZR, PL を描くと，角 ROM は**高度**，角 NOR は**方位角**である．角 LOM を**赤緯**，角 KOL を**時角**という．LP は**時圏**である．M が赤緯の北に位置するとき，赤緯を正にとり，南のときは負にとる．子午線より西に位置するときは時角を正にとり，東のときは負にとる．時圏は，地球自転と反対の方向，つまり西に回転するので，天体の時角は毎時 15°，毎日 360° の割合で変化する．

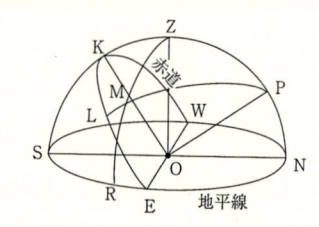

4角な　quadrangular
4辺形に関係があるもの．例えば，4角柱は底面が4辺形である角柱で4角錐は4辺形を底面とする角錐．

時間　hour
近似的に1平均太陽日の24分の1．3600秒．→時（とき），秒

時間率　time rate
時間に対する変化率，特に速度．

式　expression
例えば多項式などのような，数学的対象の記号による表記法を示すために用いられる，きわめて一般的な言葉．

式の値　value of an expression
計算することにより得られる値．$\sqrt{9}$ の値は 3，$\int_a^b 2x\,dx$ の値は b^2-a^2．多項式 x^2-5x-7 の $x=6$ における値は -1 である．→算出

軸　axis [pl. axes]
→根軸，参照軸，錐，柱，対称な図形，楕円，楕円面，双曲線，平面束，放物線

軸抗力　axial drag
《力学》弾道学において軸抗力は，その砲弾に働く力の弾道の軸と逆向きの方向の成分である．軸抗力 F_a は，空気の密度を ρ，砲弾の直径を d，砲弾の速度の軸方向成分を v_a，砲弾の軸抗力係数を K_a とすると，近似的に
$$F_a = \rho d^2 v_a^2 K_a$$
で与えられることがわかっている．k_a は砲弾の形によってほぼ決まるが，その他に大きさなどにも関係する．

軸対称　axial symmetry
直線に関して対称なこと．＝線対称．→対称な図形

軸についての対称変換　axial symmetry
線分に関しての対称変換のこと．このときこの線分を対称変換軸という．

シグマ　sigma
→総和記号

σ加法族　σ-field, σ-ring
σ代数，σ体ともいう．→部分集合の加法族

σ環　σ-ring
→集合環

σ体　σ-field
σ加法族のことであるが，このよび方は古い．

σ代数　σ-algebra
＝σ加法族．→部分集合の加法族

σ有限　σ-finite
→集合の速度

4群　four-group
巡回群でない位数4の群．それは可換群であり，1つの長方形を不変にする3次元空間の変換群（対称性）である．その2個の要素 x, y は $x^2=y^2=e$, $xy=yx$ をみたす．→群，対称変換群

時系列　time series
時間の間隔をおいてとられた観測値．例えば，毎日の，ある時刻における体温，あるいは雨量．

ジーゲル，カルル・ルーヴィッヒ　Siegel, Carl Ludwig (1896—1981)
ドイツ-アメリカの数学者で，数論，代数学，1および多複素変数関数論，微分方程式などにおける業績でよく知られている．→トゥエ-ジーゲル-ロスの定理

時圏　hour circle
《天文》天球の北極，南極と与えられた点を通る天球の大円のこと．→時角と時圏

次元　dimension
長さ，面積，体積とよばれるものの性質についての一般論．長さのみをもった図形は1次元である．体積ではなく面積のみをもった図形は2次元であり，体積をもつものは3次元である．幾何学的図形に属する点を（連続的に）決定するのに必要なパラメーターの最小数が n であるとき，この図形の次元を n とする．すなわち，自由度が n である，または図形が n 次元ユークリッド空間の部分空間と（局所的に）位相同型である [→基底（ベクトル空間），単体]．次元

の定義はもっと一般の集合についても定義できる．→ 位相的次元，ハウスドルフ次元，フラクタル次元

■**4元数** quaternion
$x=x_0+x_1i+x_2j+x_3k$ (x_0 および i, j, k の係数は実数) の型の記号．スカラー倍は
$$cx=cx_0+cx_1i+cx_2j+cx_3k$$
で定義される．x と $y=y_0+y_1i+y_2j+y_3k$ との和は $x+y=(x_0+y_0)+(x_1+y_1)i+(x_2+y_2)j+(x_3+y_3)k$ であり，積 xy は分配法則と次の条件を使って形式的に x と y をかけ合わせて計算される．
$$i^2=j^2=k^2=-1,$$
$ij=-ji=k, \ jk=-kj=i, \ ki=-ik=j.$
4元数の集合は斜体すなわち非可換体であり，乗法の交換法則を除く体の公理をすべてみたす．4元数は1843年10月16日にハミルトンにより発見された．→ 共役4元数，超複素数，フロベニウスの定理

■**次元数** dimensionality
次元の数のこと．→ 次元

■**試行** experiment, trial
《統計学》ある最終的な"結果"を得るような，確定的条件の下でおこる実験や観測の操作や過程のこと．おこりうるすべての結果の集合を，その試行の**標本空間**という．例えば，1つの硬貨を投げるとき，その硬貨は，表，または，裏が出るという2つの"結果"をもつ．この試行の標本空間は，集合{表，裏}である．＝機会実験，無作為実験．

■**自己回帰級数** autoregressive series
いま変数 $y=f(t)$ を y_t とかいて，それが
$$y_t=a_1y_{t-1}+a_2y_{t-2}+\cdots+a_my_{t-m}+k$$
の形で表現できるなら，変数 y は**自己回帰級数**を形成するという．特に変数 y の差分方程式は**自己回帰級数**をなすという．

■**事後確率** a posteriori probability
経験的なあるいは何かの情報を得た事後の確率．→ 確率，経験確率

■**自己準同型写像** endomorphism
→ 圏，準同型写像

■**自己随伴変換** self-adjoint transformation
随伴変換がもとの変換に一致するような線型変換のこと．有限次元のベクトル空間において，ベクトル $x=(x_1, x_2, \cdots, x_n)$ を $Tx=(y_1, y_2, \cdots, y_n)$ (各 i に対して，$y_i=\sum_j a_{ij}x_j$) に変換する線型変換 T が自己随伴であるためには，係数行列が**エルミート行列**であることが必要十分である．ヒルベルト空間 H の2元 x, y の内積を (x, y) とするとき，H から H の中への有界線型変換 T が自己随伴であるためには，H の任意の2元 x, y に対して $(Tx, y)=(x, Ty)$ であることが必要十分である．定義域が全空間であるような複素ヒルベルト空間上の任意の有界線型変換 T は $T=A+iB$ と一意的に表される．ただし，A, B は自己随伴変換である．＝エルミート変換．→ スペクトル定理，対称作用素

■**子午線** meridian
(1) **天球**上では，天頂と地平面の南北線を通過する大円 [→ 時角と時圏]．子 (真北) と午 (真南) を結ぶ線の意味．**地球**上では，地理的両極を通る地球表面の大円をいう．地球上のある地点を通る子午線を，その点の**局地的子午線**という．**主子午線**とは，そこから経度を測る基準の子午線である (通例，イギリスのグリニジ天文台を通る子午線をさすが，観測者の国の首都を通る子午線が用いられることもある)．主子午線は，**第1，本初，零子午線**などともよばれる．
(2) → 回転面，曲面上の子午線

■**仕事** work
《物理》物体に一定の力が働いて，その力の方向に移動するとき，その力によって物体になされた**仕事**とは，力の大きさと，物体の移動距離との積のことである．例えば，25ポンドの粉袋を床から3フィート上げるのに必要な仕事は，75フィート-ポンドである．力は一定だが，その方向が，物体の移動方向と角 θ をなすとき，仕事 W は $(F\cos\theta)s$ である．ここで，F は力の大きさ，$F\cos\theta$ は物体の移動方向への力の成分で，s は物体の移動距離を表す．

一般に，物体が曲線 C に沿って動くならば，仕事は，線積分
$$W=\int_C F_t \, ds=\int_C \boldsymbol{F}\cdot d\boldsymbol{P}$$
で与えられる．ここで，$\boldsymbol{F}$ は力 (ベクトル) を表し，F_t は C の接線方向への力の成分を表す．

P は C 上の点の位置ベクトルである [→ 線積分].

C が, 時間 t の媒介変数方程式で表されているならば

$$W=\int_C \boldsymbol{F} \cdot \boldsymbol{V} dt$$

である. ここで, $\boldsymbol{F} \cdot \boldsymbol{V}$ は $\boldsymbol{F}$ と速度ベクトル $\boldsymbol{V}=d\boldsymbol{P}/dt$ の内積を表す. 質点に働くすべての力による仕事の総量は, 運動エネルギーの変化量と等しい.

■**自己同型写像** automorphism
 → 圏, 同型

■**仕事率** power
《物理》単位時間になされる仕事. SI 単位系の単位はワット.

■**視時** apparent time
＝視太陽時. → 時 (とき)

■**CGS 単位系** CGS units
長さの単位センチメートル, 質量の単位グラム, 時間の単位秒にもとづく単位系. 主に物理学で用いられたが, 現在では SI 単位系 (MKS) に切り換えられつつある. → エルグ, 力の単位, メートル法, SI 単位系

■**支持関数** support function
任意の実内積空間 (例えば, 任意次元の**ユークリッド空間**や**実ヒルベルト空間**) の有界な閉凸集合 B に関して, 支持関数 S は, $P \neq 0$ である各点 P に対し

$$S(P)=\max(P, Q)$$

で定義される. ここで, Q は B の点, (P, Q) は P と Q の内積である. よって, 各 $Q \in B$ に対し, $(P, Q) \leq S(P)$ であり, ある $Q_0 \in B$ において $(P, Q_0)=S(P)$ となる. B は, $(P, R)=S(P)$ のみたす点 R 全体からなる超平面を境界にもつ 2 つの閉半空間の一方に含まれる. 関数 $S(P)$ は P の凸関数である. 支持関数は, 任意の $k \geq 0$ に対し, $S(kP)=kS(P)$ をみたす. したがって, $S(P)$ は $(Q, Q)=1$ をみたす点 Q からなる単位球面上の関数値 $S(Q)$ によって, 完全に決定される. 独立変数をこのように制限した関数 $S(Q)$ を, B の**正規化された支持関数**という. → 支持平面, ミンコフスキーの距離関数

■**支持線** line of support
平面上の凸領域 B に対し, その支持線とは, B の点を少なくとも 1 つ含む直線で, その直線によって分けられた 2 つの半平面の一方が, B の点をまったく含まないような直線である. 支持線の方程式は

$$x \cos\theta + y \sin\theta = S(Q)$$

で表される. Q は座標 $(\cos\theta, \sin\theta)$ の点, $S(Q)$ は**正規化された支持関数**である. $S(Q)$ は角 θ の**接線の接触点を表す関数**である. 凸または凹関数の支持線とは, それらの関数のグラフによって, 上と同様に定義する.

■**支持平面 (支持超平面)** plane of support (hyperplane of support)

(1) 3 次元空間の**凸集合** B に対し, その**支持平面**とは, B の点を少なくとも 1 つ含む平面で, その平面によって分けられた 2 つの半空間の一方が, B の点をまったく含まないような平面である.

(2) **ノルム空間** T と, T に含まれる凸集合 B に対して, B の**支持超平面**とは, B との距離が 0 の超平面 H で, H によってつくられる 2 つの開半空間の一方が, B の点をまったく含まないような超平面 H である. よって, H が B の支持超平面であるための必要十分条件は, **連続線型汎関数** f と定数 c が存在し, 任意の $P \in B$ に対して, $f(P) \leq c$ が成り立ち, かつ H が $f(P)=c$ をみたす P の集合となっていることである. **任意のバナッハ空間**が**再帰的**であるための必要十分条件は, 任意の有界な閉凸集合 B と, その支持超平面 H に対して, H と B との距離が 0 となることと, H が B の点を含むこととが同値になることである. 内積が定義された空間では, 有界閉凸集合 B に対し, その支持超平面は B の点を含まなければならない. また, 支持超平面が $(P, Q)=S(P)$ をみたす点 Q 全体と一致するような点 P が存在する (ただし, S は支持関数である). → 支持関数

■**事象** event
有限または可算無限個の結果をもつ試行に対して, **事象**とは, 試行においておこりうるすべての結果の任意の部分集合のことをいう. すなわち, **試行** [→ 試行] の標本空間の任意の部分集合のことである. 観測された結果が部分集合の元であるとき, 事象がおこるといわれる. 例えば, 2 つのサイコロを投げたとき, 集合 { (3,

6), (4,5), (5,4), (6,3)} は，1つの事象である．この事象は，"2つのサイコロの目の和が9"として表すこともできる．この例では，事象は，m, n をそれぞれ整数 1, 2, 3, 4, 5, 6 のうちの1つの数とするとき，すべての順序対 (m, n) の集合の部分集合として表すことができる．**根元事象**（または**単純事象**）とは，試行のただ1つからなる結果，すなわち，標本空間で1つの元からなる集合のことをいう．例えば，黒と赤の2つのサイコロをこの順序で投げるとき，{(3, 6)} は，黒のサイコロの目が3，赤のサイコロの目が6であるというただ1つの結果からなる根元事象である．いま，試行が非可算個の結果をもつ（標本空間 S が非可算）と仮定し，$\mathcal{E}$ を S の部分集合の σ 加法族とする．すなわち，次の性質をもつような S の部分集合の集まりとする．(i) S は，$\mathcal{E}$ の元である．(ii) A が $\mathcal{E}$ の元であるならば，A の補集合も $\mathcal{E}$ の元である．(iii) $\{A_1, A_2, \cdots\}$ が $\mathcal{E}$ の元の列であるならば，これらの元の和集合も $\mathcal{E}$ の元である [→ 部分集合の加法族]．このとき，事象は，集合系 $\mathcal{E}$ の元である S の任意の部分集合である．例：ある点を中心にして回転する点からなる試行を考える．標本空間は，$0 \leq x < 360°$ であるようなすべての角度 x の集合 S である．ここで，x は固定した半直線から点の最終的に止まる位置までの角度である．このとき，S のすべての可測部分集合やボレル部分集合を事象として示してよい．どちらの場合においても任意の区間が事象となる．したがって，"x が 90° から 180° の間にある" などということは事象である．→ 確率関数

■**辞書式順序**　lexicographically ordered

集合 S が何らかの方法で全順序づけされているとする．例えば数に対する大きさとか，文字のアルファベット順など．このとき S の要素列に**辞書式順序**をつけるとは，2つの列を比較して，初めて違う項を求め，その項が小さいほうの列を小さいとすることである．すなわち，最初の項が違えばその順に，それが同じなら2番目の項の順に，以下同様である．

■**指数**　exponent

x^n という形の式における n のこと．x^n は，x の n 乗と読み，n を明示する必要がない場合（多くは，n が正の整数のとき）は，x の**ベキ**（**冪**，**巾**）または**累乗**という．さて，x^n の定義であるが，n が正の整数のときは，x^n は x の n 個の積を表す（ただし，$n=1$ のとき，x の1個の積とは，x 自身を意味するものとする）．例えば，$3^1 = 3$；$3^2 = 3 \times 3 = 9$（3の2乗は9）；$x^3 = x \times x \times x$．$x$ を0でない数とするとき，x^0 は1であると定義される（$x \neq 0$ のとき x^0 は量をそれ自身でわったときの指数の差としても考えられる．$x^2/x^2 = x^0 = 1$)．また，n を負の整数とし，$n = -p$ とおくとき，x^n は，x^p の逆数，つまり，x の逆数の p 乗（この2つが等しいことは明らかである）を表すものとする．例えば，3^{-2} は，

$$3^{-2} = \frac{1}{3^2} = \frac{1}{9}, \quad \text{あるいは}, \quad 3^{-2} = \left(\frac{1}{3}\right)^2 = \frac{1}{9}$$

のようにして計算される．以上の定義のもとで，次の**指数法則**が，任意の整数 m, n（正でも負でも0でもよい）と，任意の実数ないし複素数 a, b に対して成立する（ただし，a, b は，分母に現れているとき，および，指数が0あるいは負の整数のときは，0でないものとする）．

(1) $a^n a^m = a^{n+m}$　　(2) $a^m/a^n = a^{m-n}$
(3) $(a^m)^n = a^{mn}$　　(4) $(ab)^n = a^n b^n$
(5) $(a/b)^n = a^n/b^n$

n が**有理数**（分数あるいは整数）のときは，$n = p/q$（q は正の整数，p は整数）とするとき，正の実数 x に対し，x^n を，$x^n = (\sqrt[q]{x})^p$ により定義する．ここで，$\sqrt[q]{x}$ は x の正の q 乗根を表す．この定義では，x は正の数に限るのが普通であるが，q が奇数のときは，x として負の数も許すことがある．そのときは，$\sqrt[q]{x}$ は x の q 乗根（必然的に負になる）を表すものとする．この定義のもとで，$x^{p/q} = \sqrt[q]{x^p}$ が成り立ち，また，この定義が，n を p/q という形にかくかき方によらないこと，n が整数のときは前に述べた定義と一致することがわかる．さらに，上述の5つの指数法則は，任意の有理数 m, n と，任意の正数 a, b に対して成立する．n が**無理数**のときの x^n は，直観的にいえば，n を近似する有理数 r に対する x^r によって近似される数を表すということになる．例えば，$3^{\sqrt{2}}$ は $3^{1.4}$, $3^{1.41}$, $3^{1.414}\ldots$ という数列の極限値として定義されるのである．正確な定義を述べると次のようになる．n を無理数とし，x を正の実数とする．このとき，n に収束する有理数の列 $r_1, r_2, r_3, \cdots, r_k, \cdots$ をもってくると，$x^{r_1}, x^{r_2}, x^{r_3}, \cdots, x^{r_k}, \cdots$ はある極限値に収束し，しかも，その極限値が $r_1, r_2, \cdots$ の選び方によらないことが証明できるので，その極限値をもって x^n の定義とするのである．このとき，上述の指数法則は，任意の実数 m, n と，

任意の正数 a, b に対して成立する．x として，一般の複素数（ただし，0は除く）を考えるときは，x^m は，$e^{n(\log x)}$，つまり，テイラー級数
$$e^t = 1 + t + t^2/2! + t^3/3! + t^4/4! + \cdots$$
において t に $n(\log x)$ を代入して得られる値として定義される [→ 指数級数，複素数の対数]．この定義で，x^n は，一般には多価になる．ただし，n が整数のときは，値がただ1つに定まり，最初に述べた定義と一致する．また，指数法則も，x^n という形をしている部分の値の組合せをうまく選べば等号が成立するという意味において成り立つことになる．例えば，(5)において，$a=2$, $b=-3$, $n=1/2$ の場合を考えると，$(2/-3)^{1/2}$ の値として $i\sqrt{2/3}$ を選び，$(-3)^{1/2}$ の値として $i\sqrt{3}$ を選んだとき，$2^{1/2}$ の値として $\sqrt{2}$ を選んでしまうと左辺と右辺は等しくなくなってしまうが，$2^{1/2}$ の値として $-\sqrt{2}$ を選べば正しく等号が成立する．→ ド・モアブルの定理

■**指数** index [*pl*. indexes, indices]
特定の特徴または演算などを示すのに用いられる数．＝指標．

■**指数**（曲線に関する点の） index of a point relative to a curve
→ 回転数

■**次数**（交代群の） degree of an alternating group
→ 置換群

■**次数**（代数曲線または曲面の） order of an algebraic curve or surface
代数曲面や代数曲線を定義する代数方程式の次数．その曲線を切る任意の直線との（実または虚の）交点の最大個数．

■**次数**（体の拡大の） degree of an extension of a field
→ 体の拡大

■**指数確率変数** exponential random variable
→ ガンマ分布

■**指数関数** exponential function
(1) 関数 e^x のこと [→ e]．
(2) 一般に，a^x という形の関数のこと．ここで，a は正の定数であり，もし $a \neq 1$ であれば，関数 a^x は，対数関数 $\log_a x$ の逆関数になっている．
(3) さらに一般に，例えば，2^{x+1}, x^x などのように，指数部分に x を含むような式（他の部分に x が現れていてもよい）で表される関数のことを指数関数とよぶこともある．複素変数 $z = x + iy$ の関数としての e^z は，$e^z = e^x(\cos y + i \sin y)$，または，$e^z = 1 + z + z^2/2! + z^3/3! \cdots$ で定義される（この2つの定義は一致する）．関数 e^z の重要な性質は，$de^z/dz = e^z$ と $e^u e^v = e^{u+v}$ である．すべての実数 u, v に対して $f(u+v) = f(u)f(v)$ が成立するような，実変数の実数値関数 f は，関数が可測か，あるいは任意の区間上で有界ならば a^x という形のものにかぎることがわかっている．

■**指数級数** exponential series
$$1 + x + x^2/2! + x^3/3! + \cdots + x^n/n! + \cdots$$
という級数のこと．これは，e^x のマクローリン展開であり，すべての実数 x に対し e^x に収束する．一般の複素数 z に対しては，この級数（の x に z を代入したもの）をもって e^z の定義とする．e^z の定義としては，$z = x + iy$ (x, y は実数）とおいて，$e^z = e^x(\cos y + i \sin y)$ により定義することもあるが，そのときには，この級数が e^z に収束することが証明できる．→ オイラーの公式

■**指数曲線** exponential curve
座標平面上における $y = a^x$（または，まったく同様に $x = \log_a y$）のグラフの軌跡のこと．この曲線は，対数曲線 $y = \log_a x$ を直線 $y = x$ に関して，線対称変換することによって，幾何学的に得ることもできる．この曲線は，x 軸を $x \geq 0$ と $x < 0$ の2つに分けるとき，一方側を漸近線としてもつ．図は $a > 1$ のときの $y = a^x$ のグラフである．この曲線は，必ず点 $(0, 1)$ を通る．

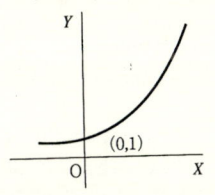

■**次数低下方程式** depressed equation
未知数と解との差でわることにより，方程式

の解の個数を減少させた方程式．例えば，$x^2-2x+2=0$ は $x^3-3x^2+4x-2=0$ の両辺を $x-1$ でわったものであるから，**次数低下方程式**である．

■**指数の導関数** derivative of an exponential
→ 付録：微積分表

■**事前確率** a priori probability
→ 確率(1)

■**自接点** point of osculation
曲線上の点であって，その点において曲線の2つの分枝が共通の接線をもち，しかも各分枝が，それぞれ接線の一方の側にのみのびている場所．曲線 $y^2=x^4(1-x^2)$ は，原点を自接点にもち，x 軸が2次の接線となっている．**2重節点**とか**2重尖点**ともよばれる．

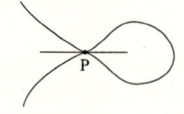

■**事前事実** a priori fact
公理あるいは自明的理と同様な意味．あるいは個々の細かい知識を仮定しないで，先験的ともいう．

■**自然数** natural number
数 $1, 2, 3, \cdots$ のこと．＝正の整数．→ 整数

■**自然数数直線** natural scale
正整数だけからなる数直線の一部のこと．

■**自然対数** natural logarithms
底として $e(=2.718281828+)$ を用いた対数．→ e，対数

■**自然方程式**（**空間曲線の**） intrinsic equations of a space curve, natural equations of a space curve
空間曲線は，その空間内における位置に無関係に弧長に関する関数としての曲率半径，捩率 $\rho=f(s)$, $\tau=g(s)$ によって決定される．これらの方程式をその曲線の内在方程式あるいは自然方程式とよぶ．

■**四則** four fundamental rules of arithmetics
→ 算術の基本法則

■**四則演算の順序** order of the fundamental operations
いくつかの四則演算がひき続いて現れるとき，かけ算とわり算は，たし算とひき算より先に，そしてそれらが現れる順に行う．例えば，
$$3+6\div2\times4-7=3+3\times4-7$$
$$=3+12-7=8$$

■**7面体** heptahedron [*pl.* heptahedrons または heptahedra]
7面を有する多面体．全部で34種の型がある．

■**実一般線型群** real linear group
実数を成分とする n 次の正則行列全体が，行列の通常の乗法に関してなす群のことを，n 次の**実一般線型群**（まれに，**実線型群**）という．
→ 一般線型群

■**実解析関数** analytic function of a real variable
関数 f が h で**解析的**であるとは，h のある近傍内の各点 x において，f が $(x-h)$ のベキによるテイラー級数に展開でき，かつその和が f のその点における値と一致することである．上述の事実が区間 (a, b) 内の各点 h に対し成り立つとき，関数は区間 (a, b) で解析的であるという．実変数の解析関数を複素変数の場合と区別するときには，実解析関数とよぶ．→ テイラーの定理

■**実験曲線** empirical curve
統計データが近似的に乗るようにつくられた曲線．通常，近似的に同種のデータを表現しているものと仮定される．→ 折れ線グラフ，最小2乗法

■**実験式** empirical formula, empirical assumption, empirical rule
その信頼性が，観測と実験データ（実験室における実験など）にもとづいたもので，必ずしも理論または，法則によって裏づけされていないような命題．論理（または数学）的結論であるよりは，経験にもとづいた公式．

■**実軸（実数軸）** real-number axis, real axis
　実数が刻まれている直線．複素数平面における水平軸．→ アルガン図表，複素数

■**実質的に有界な関数** essentially bounded function
　$|f(x)|>K$ である x 全体の集合の測度が 0 となる数 K が存在する関数 f. このような数 K の下限を $|f(x)|$ の**実質的上限**という．

■**実数** real number
　あらゆる有理数と無理数のこと [→ 無理数，有理数]．複素数は実数と虚数で構成されている（a, b を実数とし，$a+bi$ において，実数は $b=0$, 虚数は $b \neq 0$ として表される）．すべての実数の集合を，実数系もしくは，実連続体という．→ 連続体

■**実数系（広義の）** extended real-number system
　→ 広義の実数系

■**実数値関数** real-valued function
　そのとる値がすべて実数である関数のこと．

■**実数の順序** order properties of real numbers
　"$x<y$" を $y=x+a$ となる正数 a が存在することと定義する．この順序関係は，**線型順序**である．すなわち，下記の性質 (i), (ii) をみたす．(i) (**三分律**) 任意の2数 x と y について $x<y, x=y, x>y$ のうちただ1つが成り立つ．(ii) (**推移律**) $x<y$ かつ $y<z$ ならば $x<z$. 実数の順序に関する他の多くの性質が証明される．例：(iii) (**加法性**) $x<y$ ならば任意の数 a に対して $x+a<y+a$. (iv) (**乗法性**) $x<y$ であるとき，$a>0$ ならば $ax<ay$, $a<0$ ならば $ay<ax$. (v) x と y を正とすると，$x<y$ となるのは $x^2<y^2$ のときであり，しかもそのときに限る．(vi) (**アルキメデス性**) 任意の正数 x と y に対して，$x<ny$ となる正整数 n が存在する．正整数の集合（あるいは最小数をもつ整数の任意の集合）は，**整列可能**である．すなわち，S をその空でない部分集合とすると，S は最小数（S 内の他のすべての数より小さいかまたは等しい数）をもつ．→ 不等式，順序集合

■**実数の積** product of real numbers
　正の整数（および0）はものの個数を表す記号であると考えることができる [→ 整数]．このとき，2つの整数 A, B の積（$A \times B$, $A \cdot B$ または AB で表す）は A 個のものの集まりを B 組み合わせたときのものの個数を表す整数である．B 個のものの集まりを A 組み合わせても同じことであるから，$AB=BA$ である．例えば，
$$3 \cdot 4 = 3+3+3+3 = 4+4+4 = 12$$
である [→ 実数の和]．また，
$$0 \cdot 3 = 3 \cdot 0 = 0+0+0 = 0$$
である．2つの分数 $\frac{a}{b}, \frac{c}{d}$ （整数 n は分数 $\frac{n}{1}$ とみなす）の積は
$$\frac{a}{b} \cdot \frac{c}{d} = \frac{ac}{bd}$$
で定義される．a, b, c, d のいくつかが分数のときにも同じ規則を適用される．例えば，
$$\frac{3}{5} \cdot \frac{1}{2} = \frac{3}{10} = \frac{\frac{2}{3}}{\frac{1}{5}} \cdot \frac{3}{\frac{1}{2}} = \frac{\frac{6}{3}}{\frac{1}{1}} = 20$$
となる．最後の等式は分子と分母の両方に 10 をかけ 3 でわった結果である．これは任意の数 a, b, k（ただし，$b, k \neq 0$）に対して
$$\frac{a}{b} = \frac{ak}{bk}$$
となるからである．分数 $\frac{a}{b}$ をかけることは残りの因子を b 個の等しい部分に分割し，それらを a 個あわせたものと解釈できる．例えば $\frac{1}{2}$ は $\frac{1}{10}$ を5個加えたものと等しいから，$\frac{3}{5} \cdot \frac{1}{2}$ は
$$\frac{1}{10} + \frac{1}{10} + \frac{1}{10} = \frac{3}{10}$$
である．帯分数の積は一方の各項に他方の各項をかければ得られるが，帯分数を分数に変形してから計算してもよい．例えば，
$$\left(2\frac{1}{2}\right)\left(3\frac{2}{3}\right) = \left(2+\frac{1}{2}\right)\left(3+\frac{2}{3}\right)$$
$$= 6 + \frac{4}{3} + \frac{3}{2} + \frac{2}{6} = 9\frac{1}{6}$$
$$= \left(\frac{5}{2}\right)\left(\frac{11}{3}\right) = \frac{55}{6}$$
となる．2つの小数の乗法は，それらを分数に変形してから行うか，小数点を無視して整数と同様の乗法を行い，両小数の小数点以下の個数を数えて小数点を置く．この規則の意味と適用の

仕方は次の例をみればわかるだろう．
$$2.3 \times 0.02 = \frac{23}{10} \times \frac{2}{100} = \frac{46}{1000} = 0.046$$
符号をもつ数の乗法は符号を除いた数の積をつくり，2数がともに正または負のときは正，2数が異符号のときは負になるよう符号を定めればよい．これは**代数的乗法**とよばれることがある．符号の規則は"同符号はプラス，異符号はマイナス"といわれる．例えば，
$$2 \times (-3) = -6,\ -2 \times 3 = -6,\ -2 \times (-3) = 6$$
この規則は $a \cdot (-b)$ は ab に加えると0になる数（すなわち，ab の負元または加法の逆元）だからだと説明できる．
$$ab + a \cdot (-b) = a[b + (-b)] = a \cdot 0 = 0$$
同様に $(-a)(-b)$ は $a \cdot (-b)$ に加えると0になる数である．
$$(-a)(-b) = ab$$
無理数の積は同類項を整理した後，必要とされる精度が特定されていないときには，そのままの形にしておくのがよい．例えば $(\sqrt{2} + \sqrt{3}) \times (2\sqrt{2} - \sqrt{3})$ は $1 + \sqrt{6}$ のままにしておく．$\pi\sqrt{2}$ のような積は近似的に
$$(3.1416)(1.4142) = 4.443$$
と計算することもできる．無理数を含む数の積を定義するためには無理数の定義を明確にしておく必要がある．→ デデキント切断

■実数の比較可能性　comparison property of real numbers

任意の実数 $x,\ y$ について
$$x < y,\quad x = y,\quad x > y$$
の中のいずれか1つが真となる性質．→ 三分性

■実数の有界集合　bounded set of real numbers

要素のそれぞれの絶対値がある一定数より小さいような集合．真分数は絶対値が1より小さいから，真分数全体の集合は有界集合である．

■実数の和　sum of real numbers

正整数と0はものの集合の"多さ"を記述するための記号と考えることができる[→ 整数]．したがって2つの整数 $A,\ B$ の和は A 個のものからなる集合と B 個のものからなる集合を合わせて得られるものの多さを記述する整数である．このことは，整数の加法は加法によって表される数の集合の類数を求めるための操作であることを意味する[→ カージナル数]．2つの分数の和は分母を共通にした後に上と同様の操作により得られる．例えば，$\frac{1}{2},\ \frac{2}{3}$ はそれぞれ $\frac{3}{6},\ \frac{4}{6}$ に等しく，$\frac{3}{6} + \frac{4}{6}$ は $\frac{7}{6}$ であるから，
$$\frac{1}{2} + \frac{2}{3} = \frac{7}{6}$$
一般に，
$$\frac{a}{b} + \frac{c}{d} = \frac{ad + bc}{bd}$$
帯分数の和は整数部分と分数部分とを分けて求めるか，または仮分数に直してから分数の和として求まる．加える数が符号をもつ場合には加法は次のようにする．これを**代数的加法**とよぶことがある．2つの正数は上述のように加える．2つの負数は，符号を無視して加えた後に負の符号をつける．正数と負数は，符号を無視したときの大きい方と小さい方の差に大きい方の符号をつける．例えば，
$$(-2) + (-3) = -5,\quad (-2) + 3 = 1$$
この定義は次のように考えると理解しやすい．正数は東の方向の距離，負数は西の方向の距離を表すものと考えるとき，2数の和は出発点から，加数で測られた道のりをひき続いてたどった場所までの距離を表すと考えることができる．例えば，$(-3) + 2 = -1$ は3キロ西へ進んだ後に2キロ東へ進むとき，1キロ西のところに着くと解釈できる．無理数の和は望む精度に応じて同類項どうしで整理して求める．例えば，$(\sqrt{2} + \sqrt{3}) - (2\sqrt{2} - 5\sqrt{3})$ は $6\sqrt{3} - \sqrt{2}$ の形に整理する．$\pi + \sqrt{2}$ の和は $3.1416 + 1.4142 = 4.5558$ で近似することができる．2つ以上の無理数の和を明確に定義するには，無理数の明確な定義が必要とされる．

■実数連続体　continuum of real numbers

有理数と無理数を合わせた全体．→ 連続体

■質線　material line

→ 質点・質線・質面

■実線型群　real linear group

→ 実一般線型群

■シッソイド　cissoid（cissoid of Diocles）

平面上に円とその円周上の1点を固定する．その固定点を端点とする直径の他方の端点でその円に接する接線をひき，さらに固定点から接

線まで直線をひく．そして，固定点からの距離が，円とその直線の交点から接線とその直線の交点までの長さに等しい点を直線上にとる．固定点から接線へひく直線を動かすとき，いま定めた直線上の点の軌跡として得られる曲線を**シッソイド**という．またシッソイドは，放物線の頂点から接線への垂線の足の軌跡としても得られる．前者の定義において，シッソイドの極座標における方程式は $r=2a\tan\phi\sin\phi$ となり，直角座標での方程式は $y^2(2a-x)=x^3$ となる．シッソイドは原点に第1種の尖点をもち，x軸はその点における重接線となっている．前200年ごろディオクレスが初めてシッソイドを研究し，この曲線にシッソイド（"つた"のようなもの）という名を与えたので，ディオクレスのシッソイドともいう．日本語では疾走線という音訳があった．

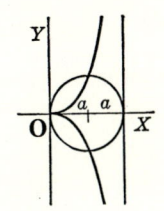

■**質点** point-mass
＝粒子．

■**質点・質線・質面** material point, material line, material surface
質量をもつと考えられた点，線，または面（固定された質量をもつ薄板で，その厚さを0に近づけるにつれて密度が増すものを考えると，その極限状態が質量をもった領域と考えられる）．

■**質点（物体）の平衡** equilibrium of a particle or a body
質点に働いているすべての力の合力が0であるとき，その質点は平衡状態にある．物体が，並進および回転加速度運動をしていないとき，その物体は平衡状態にある．剛体の重心が加速度運動をせず，物体として角加速度運動をしていないとき，その剛体は平衡状態にある．物体が平衡状態にある条件は，(1) その物体に働いている力の合力が0である．(2) すべての軸に対する，これらの力によるモーメントの和は0であ

る（互いに垂直な3本の軸に対して成立すれば十分である）．

■**実部（複素数の）** real part of a complex number
→ 複素数の実部

■**実平面** real plane
複素数平面とは対照的に，すべての点に実数の順序対を座標として対応つけた平面のこと．

■**実変数** real variable
その値として，実数しかとらない変数のこと．

■**実変数の周期関数** periodic function of a real variable
独立変数の定義域を同じ長さの区間に分割して各区間上のグラフが同じになるようにできる関数．そのような区間の長さの最小値をその関数の**周期**という．もしすべての x に対して $f(x+p)=f(x)$ （または $f(x)$ と $f(x+p)$ がともに未定義）ならば，p は f の**周期**である．三角関数 $\sin$ はすべての x に対して
$$\sin(x+2\pi)=\sin x$$
となるから 2π（ラジアン）の周期をもつ．与えられた区間における周期関数の**振動数**はその区間の長さと関数の周期の商である（つまり，その関数のその区間内でのくり返しの回数である）．長さが 2π の区間を考えているならば，$\sin x$ の振動数は 1 で，$\sin 2x$ の振動数は 2，$\sin 3x$ の振動数は 3 である．

■**質面** material surface
→ 質点・質線・質面

■**質量** mass
物体がもつ，速度の変化に対抗しようとする傾向を表す尺度．質量はニュートンの運動の第2法則を用いて，力の大きさとその力を生ずる加速度の比として定義することができる．これは，力による質量の定義である．光の速さに比して遅い範囲においては，2つの物体の質量は，それらを相互作用させることにより比較できる．すなわち，
$$m_1/m_2=|a_2|/|a_1|$$
ただし，$|a_1|$, $|a_2|$ は 2 つの物体の相互作用によって生ずるそれぞれの加速度である．これによって，任意の物体の標準物体（例えばキログラ

ム原器) に対する質量が測定される．高速においては，物体の質量は，観測者に対する相対速度に依存する．その関係は次式で表される．

$$m = m_0/\sqrt{1-v^2/c^2}$$

ここで，m_0 はその物体に関して静止している観測者がはかった物体の質量，v はその物体の質量を m と測定した観測者に対する相対速度，そして c は真空中の光速である（**相対性理論**）．1つの重力場の同じ位置にある等しい質量は，同じ重さをもつ．これより，質量は重さをはかることにより比較できる．質量は創造することも破壊することもできない保存量なので，特に重要である．それゆえ，孤立系の質量は一定である．相対論的力学が適用される場合，例えば，光速に匹敵する速度が含まれるときには，質量はエネルギーに転化し，またその逆もおこる．ゆえに，その系のエネルギーは，アインシュタインの式に従って質量に転化されなければならない．

■**質量微分** differential of mass
＝質量要素．→ 積分要素

■**質量モーメント** moment of mass about a point, line, or plane
各質点の質量とその質点から中心になるべき点（線，面）までの距離との積の和をその点（線，面）のまわりの**質量モーメント**という．詳しくいえば，質量要素に点（線，面）までの垂直距離をかけたもの（この積が質量のモーメント要素である［→ 積分要素］）を質量全体にわたって積分したもの．モーメントの計算においては，符号のついた距離を用いる．モーメントは本質的には，個々の質点のモーメント（積分要素）の和である．直線（x 軸）上の集合に対しては，直線上の点のまわりのモーメントは，

$$\int (x-a)\rho(x)\,dx$$

である．ただし，$\rho(x)$ は点 x における密度（単位長さあたりの質量）である．これは $\rho(x)$ を度数関数とする**度数分布の1次モーメント**に等しい．平面上の集合に対しては，y 軸のまわりのモーメントは，

$$\int x\rho(x,y)\,dA$$

である．ここで，$\rho(x,y)$ は点 (x,y) における密度（単位面積あたりの質量）である（ρ が x のみの関数のときは，dA は y 軸に平行な帯とな

る）．平面上の他の直線のまわりのモーメントについても，符号のついた距離を用いることにより，類似の公式をえる．空間内の集合に対しては，(x,y) 平面に関するモーメントは，

$$\int z\rho(x,y,z)\,dV$$

によって与えられる．ここで，$\rho(x,y,z)$ は点 (x,y,z) における体積要素 dV 中の密度（単位体積あたりの質量）である．**曲線のモーメント**とは，曲線が単位長さあたり単位質量をもつとみなすことによってえられるモーメントである．**面のモーメント**とは，面が単位面積あたり単位質量をもつとみなすことによってえられるモーメントである．

■**質量要素** element of mass
→ 積分要素

■**G_δ 集合** G_δ set
→ ボレル集合

■**始点** initial point
→ 曲線，有向直線

■**シヌソイド** sinusoid
正弦曲線のこと．→ 正弦曲線

■**4半分** quarter
4分の1．1に対してそれを4等分した1つ．

■**指標** character
→ 指標群

■**指標** index
→ 指数

■**指数（2次形式の）** index of a quadratic form
→ 2次形式の指標

■**指標群** group character
群 G の**指標**とは G から絶対値1の複素数全体のなす群の中への準同型写像である．すなわち，G 上で定義された連続関数 f で，$f(x)$ は複素数で $|f(x)|=1$，ならびに G の任意の x, y に対して，$f(x)f(y)=f(xy)$ をみたすものである（ここで群 G の算法は乗法的に表している）．G のすべての指標の集合は**指標群**とよば

れ，指標 f と g の"積"は G の各元 x に対して $h(x)=f(x)g(x)$ で定義される指標 h によって与えられる．G が可換で，局所コンパクトであるならば，G はその指標群の指標群と代数的に同型である．指標群は，その点 f の近傍 U を，G 上の指標 g で，G のある元の列 $x_1, \cdots, x_k$ および正数 ε に対して
$$|f(x_k)-g(x_k)|<\varepsilon \quad (k=1,2,\cdots,n)$$
をみたすものの全体として定義することによって，位相が与えられる．そうすると，指標群も位相群となり，G が局所コンパクトならば，その指標群も局所コンパクトになる．さらに，G がコンパクトならば，指標群は離散的である．G が実数の加法群ならば，G の指標群は G と同型である．

■**指標図** indicator diagram
曲線の縦軸方向は力の変化を表し，横軸方向は通過距離を表し，曲線の下の部分の面積は仕事量を表す図．

■**四分位間の範囲** interquartile range
分布の第 1 および第 3 四分位数の間の差．度数分布の値のうち中央に位置する半分を含む．

■**四分位数** quartile
《統計》分布またはデータを 4 等分する 3 つの数のこと．真中の四分位数を**メディアン**（中央値），他の 2 つをそれぞれ**下四分位数**，**上四分位数**とよぶ．密度関数 f をもつ連続分布のとき四分位数 Q_1, Q_2, Q_3 は以下の式で定義される．
$$\int_{-\infty}^{Q_1}f(x)\,dx = \int_{Q_1}^{Q_2}f(x)\,dx = \int_{Q_2}^{Q_3}f(x)\,dx$$
$$= \int_{Q_3}^{\infty}f(x)\,dx = \frac{1}{4}$$

■**四分円** quadrant of a circle
(1) 半円周の半分．円周の 4 分の 1．直交する 2 本の半径によって区切られる短い方の弧．
(2) 平面上で直交する 2 本の半径と，それらによって区切られた短い方の弧とによって囲まれた領域．

■**四分角** quadrantal angles
$0°, 90°, 180°, 270°$ の角度．ラジアンに直すと，$0, \pi/2, \pi, 3\pi/2$ および動径がこれらの角度と一致する角度．$2\pi, 5\pi/2, 3\pi, 7\pi/2, -\pi/2, -\pi, \cdots$．

■**四分大円**（球面上の） quadrant of a great circle on a sphere
大円の 1/4．球面の中心における直角によって大円を区切ってできる短い方の弧．

■**四分偏差** quartile deviation
標本の上から 1/4 の値と，下から 1/4 の値の差の半分．

■**4 辺形** quadrilateral
4 本の辺をもつ多角形．→ 台形，長方形，菱形，平行 4 辺形

■**4 弁形** quatrefoil
→ 多弁形

■**縞球調和関数** tesseral harmonics
→ 球面調和関数

■**自明な位相** trivial topology
集合 S に対する**自明な**（非離散的な）**位相**とは，S の開集合を S 全体と空集合 ϕ のみにした位相である．したがって閉集合も S と ϕ のみである．X の各点の近傍はただ 1 つ（S 自体）である．A が S の空でない部分集合ならば，A の閉包は S である．＝密着位相．→ 空間の位相

■**4 面角** tetrahedral angle
4 つの面で形成される多面角のこと．→ 多面角

■**4 面曲面** tetrahedral surface
媒介変数表示
$$x = A(u-a)^{\alpha}(v-a)^{\beta},$$
$$y = B(u-b)^{\alpha}(v-b)^{\beta},$$
$$z = C(u-c)^{\alpha}(v-c)^{\beta},$$
によって表される曲面．$a, b, c, A, B, C, \alpha, \beta$ は定数．

■**4 面体** tetrahedron [*pl.* tetrahedrons, tetrahedra]
4 つの面をもつ多面体．＝3 角錐．すべての面が正 3 角形である 4 面体を**正 4 面体**という．→ 多面体

■**4 面体群** tetrahedral group
3 次元空間の運動群（対称変換）で，正 4 面体を保存するもの．それは 4 個の対象の偶置換全

体のなす，位数12の交代群と同型である．→ 群，対称変換群

■射　morphism
→ 圏(2)

■斜　oblique
垂直でも水平でもない，斜めの，90°の整数倍でない角を**斜角**という．直角を含まない（平面または球面上の）3角形を，**非直角3角形**という．**斜角柱**は側稜と垂直でない底面をもつ．2つの直線が平行でも垂直でもないとき，その1つは他方に対して**斜線**であるという．斜交軸によって定まる座標を**斜交座標**という［→ 直角座標］．ある直線が平面と**斜交**するとは，それが平面に平行でも垂直でもないことである．**斜円錐**とは，その軸が底面と斜交する円錐のことである．

■シャウダー，ユリウス・ポウェル
Schauder, Juliusz Pawel (1899—1943)
ポーランドの数学者．

■シャウダーの不動点定理　Schauder's fixed-point theorem
→ ブロウエルの不動点定理

■射影　projection
→ ベクトル空間での射影

■射影位相　projective topology
→ ベクトル空間のテンソル積

■射影幾何学　projective geometry
射影に関して不変な幾何学的配置に関する理論．→ デザルグ，ポンスレ

■射影幾何の双対原理　principle of duality of projective geometry
双対である定理の一方が真であれば，他方も真であるという原理．**平面**においては，点と直線とが**双対要素**であり，点を通る直線を引くことと直線上に点をとることとは**双対作用素**である．同様に，1点を通る2本の直線を引くことと直線上に2点をとること，2本の直線を1点で交わらせることと2点を1本の直線で結びつけることも，それぞれ双対作用素である．それぞれの要素をその双対要素により，またそれぞれの作用素をその双対作用素によって，置き換えることで，互いから得られる2つの図形は**双対図形**とよばれる．例えば，1点を通る3本の直線と直線上の3点は双対図形である．1つの定理から，各要素を双対要素に，各作用素を双対作用素に置き換えることにより得られる定理を，**双対定理**という．**空間**においては，点と平面とが双対要素（**空間双対**という）であり，双対作用素，双対図形，双対定理の定義は平面の場合と同様である．人によっては双対定理とは，述語"点"と"直線"（または"点"と"平面"）を単に交換する（例えば，直線を決定する2点↔点を決定する2直線，直線上の2点↔点を通る2直線）ことにより表される定理であると述べている．例えば，次の2つの命題は平面双対である．(a) 1点と2直線に共通な点によって，ただ1本の直線が決まる．(b) 1本の直線と2点に共通な直線によって，ただ1つの点が決まる．

■射影空間　projective space
体 F 上の n 次元射影空間は，F の要素の $(n+1)$ 組 $\{x_1, x_2, \cdots, x_{n+1}\}$ のうち，すべての x_i が 0 である組を除き，2個の $(n+1)$ 組が同値なのは，その順序組が互いに比例するときとした同値類である．位相幾何学的には，n 次元射影空間は，n 次元の球体をとり，直径の両端点を同一視した多様体と同型である．→ 射影平面(1)，順序対

■射影的関係　projective relation
2個の基本形式の間に1対1対応があり，4個の調和的な要素には4個の調和的な要素が対応しているとき，この2個の基本形式は**射影的関係**にあるという．

■射影的代数多様体　projective algebraic variety
→ 代数多様体

■射影の中心　center of projection
→ 中心射影

■射影微分幾何学　projective differential geometry
射影変換のもとで，不変な図形の微分的性質の理論．

■**射影平面** projective plane

(1) $(0,0,0)$ を除く3数の組全体の集合を，その2個の要素 (x_1, x_2, x_3), (y_1, y_2, y_3) に対し，$a, b \neq 0$ が存在して $ax_i = by_i (i=1,2,3)$ ならば $(x_1, x_2, x_3) = (y_1, y_2, y_3)$ という規則で分類して得られる空間．$x_3 = 0$ でない点は，ユークリッド平面における横と縦の座標を，それぞれ x_1/x_3, x_2/x_3 とする点とみなすことができる．$x_3 = 0$ である点は**無限遠点** [→ 理想点] といい，ユークリッド平面内の各"方向"は無限遠点の1つを定める．円板（円周およびその内部）の各直径の両端を同一視したものは，射影平面と位相同型である．それはまた3次元空間内の原点を通る全直線の集合によっても表される [→ 空間における直線の方向比]．射影平面は位相的には1個の**叉帽**（クロスキャップ）をつけた球面と同値である．→ 射影空間，同次座標

(2) **点**とよばれる対象の集合と，**線**とよばれる対象の集合があり，点が線の**上にある**（または線が点を**通る**）という概念が与えられているとする．これらの点と線の族が**射影平面**であるとは，次の公理が成立するときである．(i) 2つの相異なる点は，ちょうど1つの線の上にある．(ii) 2つの相異なる線に対して，両方の線上にある点がちょうど1つある．さらに通常，例えば各線上に少なくとも3点がある，などの公理を付加する．位数 n の**有限射影平面**とは，上記の他に，(iii) 各線は $n+1$ 個の点を通る，(iv) 各点は $n+1$ 個の線上にある，という公理をみたすときである．このとき全体で n^2+n+1 個の点と，n^2+n+1 個の線がある．位数 n の有限射影平面が存在するための必要十分条件は，互いに直交する n 位のラテン方陣の完全系が存在することである．n が 6, 10 のときには有限射影平面が存在しないが，位数 9 に対しては，4種の同値でない射影平面が存在する．n が素数の累乗のときには位数 n の射影平面が存在するが，それ以外の場合に存在するかどうかは（たぶん存在しないらしいが）未解決である．→ ラテン方陣

■**射影平面曲線** projective plane curve

f を同次多項式として，$f(x_1, x_2, x_3) = 0$ をみたす射影平面（同次座標）上の点の全体の集合．勾配 $(\partial f/\partial x_1, \partial f/\partial x_2, \partial f/\partial x_3)$ が 0 になるのが $x_1 = x_2 = x_3 = 0$ だけならば，その曲線は**滑らかな射影平面曲線**である．→ 射影平面(1)，平面代数曲線

■**斜角錐台** truncated pyramid

角錐の底面を含む平面に底面の外部で交わる平面と底面にはさまれた角錐の一部．その平面と角錐の交わりと角錐の底面を斜角錐台の**底面**という．

■**弱位相** weak topology

線型位相空間 N の**弱位相**とは，次のような近傍系によって導入された位相である．各 $x_0 \in N$ において，任意の $\varepsilon > 0$ と，N 上の連続線型汎関数の任意有限集合 $\{f_1, f_2, \cdots, f_n\}$ に対し，$|f_k(x) - f_k(x_0)| < \varepsilon$ $(k=1, 2, \cdots, n)$ をみたす点 x の集合 U を，x_0 の近傍と定める．

この位相における開集合とは，近傍の和集合として表される集合である．

弱位相が導入された線型空間が，**ハウスドルフ空間**であるための必要十分条件は，任意の2点 $x, y (x \neq y)$ に対し，$f(x) \neq f(y)$ をみたす N 上の連続線型汎関数が存在することである．ノルム線型空間は，この条件をみたす．

線型位相空間 N の**第1共役空間** N^* の ***弱位相**（または w^*位相）は，次のような近傍系により導入される．各 $f_0 \in N^*$ において，任意の $\varepsilon > 0$ と，N の要素の任意有限集合 $\{x_1, x_2, \cdots, x_n\}$ に対し，$|f(x_k) - f_0(x_k)| < \varepsilon$ $(k=1, 2, \cdots, n)$ をみたす f の集合 V を，f_0 の近傍と定める．

N が，ノルム線型空間であるならば，N^* の単位球（$\|f\| \leq f$ をみたす f の集合）は *弱位相においてコンパクトである．

再帰的バナッハ空間 B においては，B^* の *弱位相と B^* の弱位相とは一致する．

■**弱完備空間** weakly complete space
→ 弱完備性

■**弱完備性** weak completeness

弱位相について完備であること [→ 完備空間]．弱完備なノルム線型空間は完備である．よってバナッハ空間である．再帰的バナッハ空間は弱完備である．しかし，空間 $l^1 (\|x\| = \sum |x_i|$ が有限な列 $x = (x_1, x_2, \cdots)$ の全体）は弱完備であるが，再帰的でない．

■**弱極限** weak limit
→ 弱収束

■**弱コンパクト性** weak compactness

弱位相に関するコンパクト性 [→ コンパク

ト]．ノルム線型空間 N の部分集合 S が，**弱コンパクト**であるとは，S の要素からなるどんな点列も，S の点へ**弱収束**するような部分列をもつことである．バナッハ空間において，有界閉集合が弱コンパクトであるための必要十分条件は，この空間が再帰的であることである．

■**弱作用素位相** weak operator topology
→ 線型作用素

■**弱収束** weak convergence
線型位相空間 N の要素列 $\{x_1, x_2, \cdots\}$ が**弱収束**する（または**弱基本列**である）とは，N 上のすべての連続線型汎関数 f に対して，$\lim f(x_n)$ が存在することである．各 f に対して，つねに $\lim f(x_n) = f(x)$ が成り立つとき，列 $\{x_1, x_2, \cdots\}$ は x に**弱収束**するという．x をこの列の**弱極限**という．連続線型汎関数 f が，連続線型汎関数の列 $f_1, f_2, \cdots$ の＊**弱極限**（または w^* **極限**）であるとは，N の任意の点 x に対して $\lim f_i(x) = f(x)$ が成り立つことである．現在では**汎弱位相**ということが多い．→ 弱位相．

■**斜交** oblique
→ 斜

■**斜交座標** oblique coordinates
→ 直角座標

■**斜交軸** oblique axes
→ 直角座標

■**斜航螺線** loxodromic spiral
子午線を直角でない一定の角度で横切っていく航路．一般に，回転運動の表面上の任意の曲線で子午線と一定の角をなすもの．＝航海線，ロクソドローム．→ 回転面

■**斜線** solidus, slant
割り算や分布を表す斜の線．例えば 3/4, a/b. または日付にも使用する．例えば 7/4/1776（この場合は月/日/年を表すが，日/月/年の順に記述する流儀もある）．

■**射線** projectors
→ 中心射影

■**斜線高** slant height
直円錐（回転円錐）の斜線高とは頂点から底面の周までの最短距離のことをいう．**直円錐台**の斜線高とは両底面の周間の最短距離すなわちその円錐の母線が両底面で切りとられた線分の長さである．**正多角錐**の斜線高とは頂点から底面の任意の 1 辺までの最短距離のことをいう．**正角錐台**の斜線高は，その側面の高さ，すなわち底面の互いに平行な辺の間の最短距離に等しい．

■**写像** map, mapping
＝関数．

■**写像定理** mapping theorem
→ リーマンの写像定理

■**斜体** skew field
＝除法環．→ 環

■**シャノン，クロード・エルウッド** Shannon, Claude Elwood (1916—)
米国の応用数学者で，ブール代数，暗号法，通信，計算機などに貢献した．→ 情報理論

■**斜辺** hypotenuse
直角 3 角形の直角に相対する辺．→ 3 角形

■**斜方形** rhomboid
隣り合う辺の長さが異なる平行 4 辺形．

■**斜方 6 面体** rhombohedron
各面が平行 4 辺形である 6 面体．

■**シャリエ，カルル・ヴィルヘルム・ルドヴィック** Charlier, Carl Vilhelm Ludvig (1862—1934)
スウェーデンの天文学者．

■**シュアー，イッサイ** Schur, Issai (1875—1941)
ドイツの代数および整数論の研究者．

■**シュアー，フリードリッヒ・ハインリッヒ** Schur, Friedrich Heinrich (1856—1932)
ドイツの微分幾何学者．

■シュアーの定理　Schur theorem

n次元（$n≧2$）のリーマン空間の**リーマン曲率**kが向き$\xi_1{}^i, \xi_2{}^i$と独立であるとき，kは点から点で変わらない．シュアーの定理より次のことが導かれる．n次元（$n≧2$）のリーマン空間が一定のリーマン曲率kをもつためには，距離テンソルg_{ij}が連立2階偏微分方程式をみたすことが必要十分である．この定理はF. H. シュアーによる．

■シュアーの補題　Schur lemma

(1) S_1, S_2を行列からなる2つの**既約**な集合族とし，それぞれn次元，m次元のベクトル空間の線型変換が対応しているとする．もしS_1の任意の行列Aに対してS_2の行列Bが存在し，かつS_2の任意の行列Bに対して行列Aが存在して，$AP=PB$が成立するならば，Pはどの要素も0であるかまたはPが正則な正方行列である．後者の場合には，集合族S_1とS_2は**同値**である．すなわち，S_2の任意の行列Bに対して，$B=P^{-1}AP$であるS_1の行列Aが存在する．

(2) Mを環R上の既約な加群とし，$rm≠0$であるRの元rおよびMの元mがあるとき，MからMの中への準同型写像全体のなす環は**除法環（体）**である．

以上2つの定理はI. シュアーによる．

■主イデアル環　principal ideal ring

すべてのイデアルが主イデアルである環．**単項イデアル環**ともよばれる．

■シュヴァルツ，ヘルマン・アマンドス　Schwarz, Hermann Amandus（1843—1921）

ドイツの数学者で複素関数論，極小曲面，付値の計算などに業績がある．

■シュヴァルツの不等式　Schwarz inequality

(1) 与えられた区間または領域で定義された2つの実関数の積の積分値の平方は，同じ区間または領域で定義されたそれぞれの実関数の平方の積分値の積を超えることはない．複素関数$f(z), g(z)$に対しては，

$$\left|\int_{z_1}^{z_2} \bar{f}g\,dz\right|^2 ≤ \left[\int_{z_1}^{z_2} \bar{f}f\,dz\right]\left[\int_{z_1}^{z_2} \bar{g}g\,dz\right]$$

である．ただし，$\bar{f}, \bar{g}$はf, gの複素共役である．この不等式は**コーシーの不等式**［→ コーシーの不等式］から容易に導かれる．この不等式はコーシー–シュヴァルツの不等式とも**ブニャコフスキーの不等式**ともよばれる．ブニャコフスキーはシュヴァルツよりも早くこの不等式に注目していた．

(2) 内積(x, y)をもつベクトル空間に対して，不等式$|(x,y)|≤\|x\|\cdot\|y\|$はシュヴァルツの不等式とよばれる．ヒルベルト空間の適当な表現に対して，この不等式は上の不等式およびコーシーの不等式と同値である．

■シュヴァルツの補題　Schwarz's lemma

複素変数zの関数fが$|z|<1$に対して解析的で，しかも$|z|<1$に対して$|f(z)|<1$，かつ$f(0)=0$ならば，$0<|z|<1$に対して$|f(z)|<|z|$かつ$|f'(0)|<1$であるかまたは$f(z)=e^{i\theta}z$である．ただし，θは実数の定数である．

■周囲　periphery

図形の境界線または外周．物体の表面．

■重解（方程式の）　multiple root of an equation

→ 方程式の重解

■周角　perigan, round angle

360°またはラジアンで2πの角度．＝全周角，一周角．

■周期（関数の）　period of a function

→ 実変数の周期関数，複素変数の周期関数

■周期（単振動の）　period of simple harmonic motion

→ 単振動

■周期運動　periodic motion

循環するくり返し運動．→ 単振動

■周期関数　periodic function

→ 実変数の周期関数，複素変数の周期関数

■周期曲線　periodic curves

横軸の等間隔の点で同じ縦軸の座標がくり返されている曲線．周期関数のグラフのこと．$y=\sin x$や$y=\cos x$の軌跡は周期曲線で，長さ2πの区間ごとにくり返しがある．

■**周期小数** periodic decimal
＝循環小数. → 10進法

■**周期性** periodicity
関数や曲線が周期をもつ, または周期的であるという性質.

■**周期的連分数** periodic continued fraction
→ 連分数

■**周期平行4辺形** parallelogram of periods
複素変数 z の2重周期関数の2つの周期が η, η' であるとき, $z_0, z_0+\eta, z_0+\eta+\eta', z_0+\eta'$ を頂点にもつ平行4辺形を周期平行4辺形という. ここで, 任意の実数 k に対して $\eta \neq k\eta'$ であるが, η と η' は原始周期対である必要はない. → 原始周期平行4辺形

■**周極星** circum-polar star
いつも地平線上に見えている星.(北半球では)その星と天の北極との距離が, 観測者の緯度よりも小さい星. → 時角と時圏

■**自由極大フィルター** free ultrafilter
→ フィルター

■**周期領域** period region
複素変数の周期関数の周期が単一か2重かに応じて, その原始周期帯または原始周期平行4辺形が周期領域である.

■**自由群** free group
群 G が**自由群**であるとは, G が, つぎの性質をみたす生成集合 S をもつことをいう.
$$a_1 a_2 \cdots a_n \quad (a_i \text{ は } S \cup S^{-1} \text{ の元})$$
という形の元が単位元 e に等しくなるのは, $a \cdot a^{-1} = a^{-1} \cdot a = e$ ということを使って変形することによりそれが e に等しいことが示せるとき, つまり,
$$\left.\begin{array}{l} a_i = a \\ a_{i+1} = a^{-1} \end{array}\right\} \text{ または } \left.\begin{array}{l} a_i = a^{-1} \\ a_{i+1} = a \end{array}\right\}$$
$(a$ は S の元$)$
となっているような i に対して a_i と a_{i+1} の2つの項を除去する(したがって, n 個の項の積の形にかかれていたものが, $n-2$ 個の項の積になる)という操作を繰り返すことにより, すべての項が除去できるときに限る(ここで, S^{-1} は, S のすべての元の逆元からなる, G の部分集合を表す). このとき, 例えば, S が a, b の2元からなる集合である場合を考えると, $ab, aba, a^{-1}babbab^{-1}$ は, 相異なる元を表すことになる. アーベル群 G が**自由アーベル群**であるとは, G が, つぎの性質をみたす生成集合 S をもつことをいう.
$$a_1^{m_1} a_2^{m_2} \cdots a_n^{m_n} \begin{pmatrix} a_i \text{ は } S \text{ の元で,} & m_i \text{ は整} \\ \text{数 (正または負または } 0) \end{pmatrix}$$
という形の元が単位元に等しくなるのは, $m_1 = m_2 = \cdots = m_n = 0$ のときに限る.
有限個の元からなるような生成集合をもつアーベル群 G が自由アーベル群であるためには, 単位元以外には有限位数の元をもたないことが必要十分であり, このとき, G はいくつかの無限巡回群の直積になる. 群の元が**自由元**であるとは, その元の位数が有限でないことをいう.

■**終結式** resultant
方程式系が解をもつとき, 変数を消去することによって得られる係数に関するある関係式. 方程式系が共通解をもつならば, 終結式は0となる. このときの終結式は**消去式**ともよばれる. 方程式系が連立1次方程式の場合には, 終結式はそれぞれの変数の係数および定数項を行とする $n+1$ 次の行列の行列式が0に等しいとおいて直ちに得られる. 例えば, 連立方程式
$$\begin{cases} ax+by+c=0 \\ dx+ey+f=0 \\ gx+hy+k=0 \end{cases}$$
から x, y を消去し, 終結式は
$$\begin{vmatrix} a & b & c \\ d & e & f \\ g & h & k \end{vmatrix} = 0$$
とおいたものである. n 変数の n 個の同次連立1次方程式の係数からつくられる行列式は, これらの1次方程式の終結式(または消去式)ともよばれる. この終結式が0となる必要十分条件はこの方程式系が**自明でない解**をもつことである.
1変数の2つの多項式
$$f(x) = a_0 x^m + a_1 x^{m-1} + \cdots + a_m = 0, \quad a_0 \neq 0$$
$$g(x) = b_0 x^n + b_1 x^{n-1} + \cdots + b_n = 0, \quad b_0 = 0$$
に対する終結式は
$$R(f, g) = a_0^n g(r_1) g(r_2) \cdots g(r_m)$$
となる. ただし, $r_1, r_2, \cdots, r_m$ は $f(x) = 0$ の根のすべてである. これは $f(x)$ の係数を含む n 個の行と $g(x)$ の係数を含む m 個の行からなる次の行列式に等しい.

$$\begin{vmatrix} a_0 & a_1 & a_2 & \cdots & a_m & 0 & \cdots & \cdots & 0 \\ 0 & a_0 & a_1 & a_2 & \cdots & a_m & 0 & \cdots & 0 \\ 0 & 0 & a_0 & a_1 & a_2 & \cdots & a_m & \cdots & 0 \\ \cdots & \cdots & \cdots & \cdots & \cdots & \cdots & \cdots & \cdots & \cdots \\ 0 & \cdots & \cdots & a_0 & a_1 & a_2 & \cdots & a_m \\ b_0 & b_1 & b_2 & \cdots & b_n & 0 & \cdots & \cdots & 0 \\ 0 & b_0 & b_1 & b_2 & \cdots & b_n & 0 & 0 & 0 \\ \cdots & \cdots & \cdots & \cdots & \cdots & \cdots & \cdots & \cdots & \cdots \\ 0 & \cdots & \cdots & 0 & b_0 & b_1 & \cdots & \cdots & b_n \end{vmatrix}$$

この行列式は，シルベスターの行列式とよばれている．→ シルベスターの消去法，代数方程式の判別式

■**自由元** free element
→ 自由群

■**集合** set
3と5の間の数の集合，直線の線分上の点の集合，円周内の点の集合などのようにある特殊なものの集まりのこと．→ 部分集合，補集合，交わり，和集合

■**集合環** ring of sets
集合の2項演算，和と差に関して閉じている空でない集合族のこと．可算個の元の和に関して閉じている集合環を**σ環**という．集合環は対称差と交わりを演算として環をなす．任意の集合 S に対して，S のすべての有限集合からなる族は集合環である．集合環の他の例として，有限個の右半開区間からなる集合族がある．→ 測度環，部分集合の加法族

■**集合族の脈体** nerve of a family of sets
有限個の集合 $S_0, S_1, \cdots, S_n$ からなる集合族があり，各集合 S_k に記号 p_k を対応させる．$p_1, p_2, \cdots, p_n$ をその**頂点**とし，$S_{i_0}, S_{i_1}, \cdots, S_{i_r}$ の交わりが空でないような頂点の集合 $p_{i_0}, p_{i_1}, \cdots, p_{i_r}$ の全体をその**抽象単体**とする**抽象単体的複体**を考える．これを，その集合族の**脈体**とよぶ．例えば，4面体の4つの面 S_0, S_1, S_2, S_3 からなる集合族の脈体は，頂点 p_0, p_1, p_2, p_3 をもち，3個以下の頂点の集合全体を抽象単体とする抽象単体的複体である．そして，この脈体は，4面体として幾何学的に実現される．

■**集合の外部** exterior of a set
→ 外部

■**集合の境界** boundary of a set, frontier of a set
→ 内部

■**集合の極大元** maximal member of a set
半順序集合の元 x で，その順序に関して x より大きい元が，その集合の中に存在しないもの．集合族には，集合の包含関係により半順序が定義される．この集合族の極大元とは，どの集合にも含まれない集合のことである．例えば，集合 S の極大**連結**集合とは，S の連結部分集合で，S の他の連結部分集合に含まれないものである．

■**集合の重心** centroid of a set
集合の点の座標の**平均値**を座標とする点．例えば円の重心はその中心であり，3角形の重心は3本の中線の交点である．3次元空間の積分可能な集合については，その重心の座標 $\bar{x}, \bar{y}, \bar{z}$ は

$$\bar{x} = \left[\int_S x\,ds\right]/s, \quad \bar{y} = \left[\int_S y\,ds\right]/s$$
$$\bar{z} = \left[\int_S z\,ds\right]/s$$

で表される．ここに $\int_S$ は集合 S 上の積分であり，ds は弧長，面積，あるいは体積要素であり，s は集合全体の弧長，面積，あるいは体積である．この意味の重心は，もしも密度が一定とみなすならば，その物体の質量中心と一致する．
→ 関数の平均値，重心，定積分

■**集合の積** product of sets
→ 交わり

■**集合の測度** measure of a set
R を集合族で，**集合環**をなすものとする．R 上の**有限加法的測度** m とは，R の各集合に数を対応させる関数（集合関数）であって，$m(\phi)=0$，かつ $A\cap B=\phi$（空集合）である R の元 A, B に対して $m(A\cup B)=m(A)+m(B)$ をみたすものである．測度のとる値としては，非負実数（または $+\infty$），実数（または $+\infty$ または $-\infty$），あるいは複素数などがある［→ 広義の実数系］．R 上の有限加法的測度 m で，次の性質をみたすものを，**可算加法的測度**という．R 内の集合列 $S_1, S_2, \cdots$ で，$m\neq n$ ならば $S_m\cap S_n=\phi$，かつ $\bigcup_{n=1}^{\infty} S_n$ が R に属するものに対して，

$m\left(\bigcup_{n=1}^{\infty} S_n\right) = \sum_{n=1}^{\infty} m(S_n)$ が成り立つ．R 内の集合 S に対して，R 内の有限測度をもつ集合の列 $S_1, S_2, \cdots$ で，$S \subset \bigcup_{n=1}^{\infty} S_n$ となるものが存在するとき，集合 S は**σ 有限測度**をもつという．R 内の任意の集合が σ 有限測度をもつとき，測度 m は **σ 有限**であるという．R を集合 X の部分集合からなる 1 つの σ 加法族とする．R 上の可算加法的測度は，その値が非負実数（または $+\infty$），実数（または $+\infty$ または $-\infty$），あるいは複素数をとるのに応じて，**測度**，**符号つき測度**，あるいは**複素測度**とよばれる．**σ 有限測度**とは，X が σ 有限測度をもつ測度である．→ カラテオドリ外測度，直積測度，ルベーグ測度

■**集合の特性関数** characteristic function of a set

集合 X に対し，$f(x) = 1 (x \in X)$，$f(x) = 0 (x \notin X)$ で定義される関数 f．**特徴関数**，**定義関数**などともよばれる．

■**集合の内部** interior of a set
→ 内部

■**集合の濃度** potency of a set
→ カージナル数

■**集合の分割** partition of a set

共通部分のない集合の族で，その合併が与えられた集合 S になるもの．その集合 S が測度（面積や体積など）をもつときは，分割の各要素も同様の測度をもつことが仮定されることもある．集合が交わらないという条件は，分割の任意の異なる要素 A, B に対して $A \cap B$ の測度が 0 になるという条件に置き換えられることもある．S が距離空間のとき，同一の分割の要素に含まれる 2 点の距離の上限をその分割の**細かさ**という．集合 S の 1 つの分割の要素を並べて与えられる集合の列 $(A_1, A_2, \cdots)$ を，S の**順序づけされた分割**という．$\mathcal{P}$，$\mathcal{Q}$ の 2 つの分割があり，$\mathcal{P}$ の各要素が $\mathcal{Q}$ のある要素の部分集合であるとき，$\mathcal{P}$ のほうが $\mathcal{Q}$ より**細かい**，または $\mathcal{Q}$ のほうが $\mathcal{P}$ より**粗い**という．

■**集合の分離** separation of a set

集合を 2 つの集合族に分離すること．順序集合（例えば，実数全体の集合，有理数全体の集合）の**第 1 種の分離**とは，一方の集合族のどの要素も他方の集合族のどの要素よりも小さく，かつ分離された数はそれら 2 つの集合族のどちらか一方に属することをいう．3 という数はすべての有理数を 3 以下の数と 3 より大きい数に分離すると考えることができる．順序集合の**第 2 種の分離**とは，一方の集合族の各要素は他方の集合族のどの要素より小さく，かつ前者には最大要素が存在せず後者には最小要素が存在しないことをいう．有理数全体を次のように A, B 2 つの集合に分離する．$x \leq 0$ ならば $x \in A$ とし，$x > 0$ に対して $x^2 < 2$ ならば $x \in A$，$x^2 > 2$ ならば $x \in B$ とする．このとき，このような分離は第 2 種の分離である．→ デデキント切断

■**集合の要素** element of a set, member of a set

集合に属する個々の対象の 1 つ．"x が S の要素である" ことを "$x \in S$"，また "x が S の要素でない" ことを "$x \notin S$" とかく．＝集合の元．

■**集合の類** category of sets

集合 S が集合 T の中で**第 1 類集合**であるとは，S が T における全疎な部分集合の可算和として表されることをいう．第 1 類でない集合を**第 2 類集合**という．U と S の交わりが第 1 類となるような x の近傍 U が存在すれば，集合 S を**点 x で第 1 類**であるという．T の中で第 1 類集合の補集合となる集合を**残留集合**という（T の任意の空ではない開集合が第 2 類集合であるような集合 T の第 1 類集合の補集合のことのみを残留集合とよぶこともある）．実直線の部分集合 S が第 1 類であるのは，実直線全体からそれ自身の上への 1 対 1 写像が存在して，その写像の下で S が測度 0 の F_σ 集合と対応するとき，またそのときに限る．→ ボレル集合

■**集合の和** sum of sets
＝和集合．→ 交わり，和集合

■**集合論における分配則** distributive properties of set theory

合併（和集合；$\cup$）に対する共通部分（交わり；$\cap$）の分配則

$$A \cap (B \cup C) = (A \cap B) \cup (A \cap C)$$

と，その双対に当たる共通部分に対する合併の分配則

$$A \cup (B \cap C) = (A \cup B) \cap (A \cup C)$$

の総称. ➡ 交わり, 和集合

■**十字架曲線**　cruciform curve
$$x^2y^2 - a^2x^2 - a^2y^2 = 0$$
という方程式の軌跡. この曲線は原点について点対称で, 座標軸に関して線対称である. この曲線は $x = \pm a$, $y = \pm a$ の4本の直線に漸近する4つの枝を4つの象限にそれぞれ1本ずつもつ. その形が十字架と似ていることから十字架曲線とよばれる.

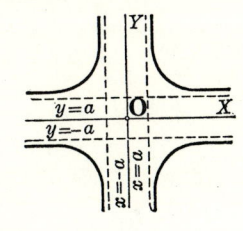

■**十字結節点**　crunode
異なる接線をもつ2つの枝が通る曲線上の点.

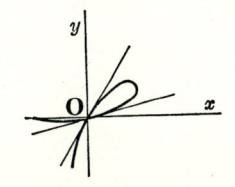

■**収縮変換**　shrinking transformations
➡ 相似変換

■**重心**　barycenter, center of gravity, center of mass
地球の引力効果を変えることなく質量 (もしくは物体) が1点に集中したと考えられる点. 物体の向きに関係なく, 物体のすべての質点に作用する, 重力の合力が作用する物体上の1点. 物体がつりあう点. どの線に対するモーメントもその物体がその点に圧縮された場合と同じになるような点[➡ 質量モーメント]. 重心とは物体内の1点で, その物体全体に作用するすべての力の合力が, その点におかれた物体全体と同じ質量をもつ粒子に作用したときに示す運動と同じ動きをする点である. もしその物体が**質点の集まり**からなっていれば重心はベクトル

$$\bar{r} = \frac{\sum_i r_i m_i}{\sum_i m_i}$$

で与えられる点である. ここで r_i は質量系 m_1, m_2, $\cdots$, m_n 内の質量 m_i の位置ベクトルである. 質量の連続分布の場合, 重心を与えるベクトル $\bar{r}$ は

$$\bar{r} = \int_s r\, dm \Big/ \int_s dm$$

で与えられ, 積分は物体の占めている空間 s 全体でとるものとする. 重心の各座標 $\bar{x}$, $\bar{y}$, $\bar{z}$ は

$$\bar{x} = \frac{1}{m}\int_s x\, dm, \quad \bar{y} = \frac{1}{m}\int_s y\, dm, \quad \bar{z} = \frac{1}{m}\int_s z\, dm$$

で与えられる. ここで m は物体の全質量とし, x, y, z は質量要素 dm をある点から測った座標で, $\int_s$ は物体全体上の積分を意味し, dm の形によって積分が単, 2重あるいは3重積分になる. 例えば dm は次の形の一つになることもある. ρds, $\rho x dy$, $\rho dy dx$, $\rho dz dy dx$. ここで ρ は密度を表す. $y dx$ や $x dy$ といった質量要素を用いたとすれば, それらの要素の点として, 要素の重心に近い点をとらなくてはならない. = 求心力の中心, セントロイド, 重力の中心.

■**重心 (3角形の)**　centroid of a triangle
➡ 3角形の中線

■**重心 (集合の)**　centroid of a set
➡ 集合の重心

■**重心座標**　barycentric coordinates
p_0, p_1, $\cdots$, p_n を n 次元ユークリッド (またはベクトル) 空間 E_n 内の $n+1$ 点とし, これらは E_n の同一超平面上にはないものとする. このとき E_n 内の各点 x に対して $x = \lambda_0 p_0 + \lambda_1 p_1 + \cdots + \lambda_n p_n$ かつ $\lambda_0 + \lambda_1 + \cdots + \lambda_n = 1$ となる実数の集合 $\{\lambda_0, \cdots, \lambda_n\}$ がただ1組存在する. (定義によれば) 点 x は点 p_0, $\cdots$, p_n におけるそれぞれの点質量 λ_0, λ_1, $\cdots$, λ_n の質量中心であり, 数 λ_0, λ_1, $\cdots$, λ_n は点 x の**重心座標**とよばれる. 上述の定義の根拠は, 3つの物体が $\lambda_0 + \lambda_1 + \lambda_2 = 1$ なる重さ λ_0, λ_1, λ_2 をもち, それらの質量中心が点 $p_0 = (x_0, y_0, z_0)$, $p_1 = (x_1, y_1, z_1)$, $p_2 = (x_2, y_2, z_2)$ にあるとき, これら3個の物体を一緒にしたときの質量中心は

点 $p = \lambda_0 p_0 + \lambda_1 p_1 + \lambda_2 p_2$
$= (\lambda_0 x_0 + \lambda_1 x_1 + \lambda_2 x_2,\ \lambda_0 y_0 + \lambda_1 y_1 + \lambda_2 y_2,\ \lambda_0 z_0 + \lambda_1 z_1 + \lambda_2 z_2)$

にあるからである.

■**集積** cluster, accumulation point
＝集積点.

■**集積点（数列の）** accumulation point of a sequence

点 P がある数列の**集積点**であるとは，P の任意の近傍内にその数列の点が無数に存在することをいう．例えば，数列

$$\left\{1, \frac{1}{2}, 1, \frac{1}{3}, 1, \frac{1}{4}, 1, \frac{1}{5}, \cdots\right\}$$

は 2 つの集積点 0, 1 をもつ．実数からなる数列において，任意の実数 M に対して M より大きい（小さい）その数列の項が無数に存在するとき，その数列の集積点は $+\infty$ ($-\infty$) であるという．数列の集積点を**極限点**とよぶこともある．実数列において，最大の集積点を**上極限**（または**最大極限**）という．L （または $\pm\infty$）が上極限ならば，L は任意の正数 ε に対して，$L-\varepsilon$ より大きい数列の項が無限個存在するような数の中で最大のものである．$L=+\infty$ のときは，任意の数 c に対して c より大きい数列の項が無数に存在し，$L=-\infty$ のときは，任意の数 c に対して c より大きい数列の項は有限個しか存在しない．最小の集積点を**下極限**（または**最小極限**）という．l （または $\pm\infty$）が下極限ならば，l は任意の正数 ε に対して，$l+\varepsilon$ より小さい数列の項が無数に存在するような数のうちで最小のものである．$l=+\infty$ のときは，任意の数 c に対して c より小さい数列の項は有限個であり，$l=-\infty$ のときは，任意の数 c に対し c より小さい数列の項は無限個存在する．**上極限（下極限）**はあらゆる部分列に対してそれぞれ**上界（下界）**を考えたときのその極限である．

$$a_1, a_2, a_3, \cdots, a_n, \cdots$$
$$a_2, a_3, a_4, \cdots, a_{n+1}, \cdots$$
$$a_3, a_4, a_5, \cdots, a_{n+2}, \cdots$$
$$\cdots\cdots\cdots\cdots\cdots\cdots$$

上極限と**下極限**はそれぞれ**最大上界**，**最小下界**とつねに一致するとは限らない．数列

$$\left\{2, -\frac{3}{2}, \frac{4}{3}, \cdots, (-1)^{n-1}\left(1+\frac{1}{n}\right), \cdots\right\}$$

の上極限と下極限はそれぞれ 1, -1 であり，最大上界，最小下界はそれぞれ 2, $-3/2$ である．任意の数列 $\{a_n\}$ の上極限，下極限をそれぞれ $\overline{\lim_{n\to\infty}} a_n$, $\underline{\lim_{n\to\infty}} a_n$ または $\limsup_{n\to\infty} a_n$, $\liminf_{n\to\infty} a_n$ と表す．上極限，下極限のどちらか一方を表すのに $\lim_{n\to\infty} a_n$ とかく．上極限と下極限が一致するとき，数列は**極限**をもつ [→ 数列の極限].

■**集積点（点集合の）** accumulation point, cluster point, limit point

(1) 点集合の集積点とは，その点 P の任意の近傍に必ず P 以外のもとの集合の点が存在するような点 P である．（第1可算公理をみたす空間においては）その集合の点列の極限点である．集合の点が非可算個あるとき**凝集点**という．集合 A に属するが A の集積点でない点を A の**孤立点**という．A の**触点**とは，A に属するかまたは A の集積点である点である．→ 凝集点，孤立点，ボルツァノ－ワイエルシュトラスの定理

(2) 点列の集積点．＝密集点，極限点．→ 集積点（数列の）

■**重積分** multiple integral

和の極限値としての 1 変数関数の積分の一般化．集合 R が面積をもち関数 f の定義域に含まれるとき，f の R 上での **2 重積分**はつぎのように定義される．集合 R を互いに重なり合わない n 個の部分集合に分割し，それら各々の面積を $\Delta_i A$ ($i=1, 2, 3, \cdots, n$) とする．Δ をこれらの部分集合のそれぞれが埋め込まれるような最小の正方形の面積とする．(x_i, y_i) を第 i 番目の部分集合の点とする．つぎの和を考える．

$$\sum_{i=1}^{n} f(x_i, y_i) \Delta_i A$$

f の R 上の 2 重積分は，Δ が 0 に近づくときこの和が極限値をもつならばその極限値として定義され，

$$\int_R f(x, y) dA$$

とかかれる．2 重積分が存在するのは，R と f のグラフの間の (x, y) 平面と垂直な円柱領域 W が体積をもつとき，かつそのときにかぎる．2 重積分が存在するとき，その値は (x, y) 平面の上側にある W の部分の体積から (x, y) 平面の下側にある W の部分の体積を減じたものと等しい．f が連続で R 上で有界なとき，その 2 重積分は存在して f の R 上での累次積分と等しい．関数 f の空間領域 R 上での **3 重積分**も本質的には同様に定義される．この場合 Δ は各部分集合が埋め込まれるような最小の立方体の体積となり，f が連続であれば 3 重累次積分と等しい．さらに高次元の累次積分も同様に定義でき

収束性　191

る．＝多重積分．→ フビニの定理，累次積分

■**重相関**　multiple correlation
　n 個の確率変数が与えられたとき，$X'=a+b_{12}X_2+b_{13}X_3+b_{14}X_4+\cdots+b_{1n}X_n$ を $(X_1-X')^2$ の期待値を最小にする $X_2,\cdots,X_n$ の線型関数とする．X_1 の $X_2,\cdots,X_n$ に関する**重相関係数**は X_1 と X' の間の通常の**相関係数**である．それは X_1 と $X_2,\cdots,X_n$ の線型関数の最大の相関である．この量を習慣的に β で表すので，**ベータ係数**ともいう．→ 相関係数

■**自由添字**　free index
　→ 総和規約

■**収束**　convergence
　一般に近づくことを表す．
　(1) 級数の最初の n 項の和が n を無限に増大させるときある極限値に近づくならば，その級数は収束するという [→ 極限]．
　(2) 漸近線あるいはある点とその曲線の距離が 0 に近づくとき，その曲線は漸近線あるいはその点に収束するという．例えば極螺線 $r=1/\theta$ は原点に収束し，曲線 $xy=1$ は x が増大するとき，その漸近線 x 軸に収束し，y が増大するとき y 軸に収束する．
　(3) 変数はときにその極限に収束するという．

■**収束（無限級数の）**　convergence of an infinite series
　　→ 無限級数の和

■**収束（無限乗積の）**　convergence of an infinite product
　　→ 無限乗積

■**収束（無限数列の）**　convergence of an infinite sequence
　　→ 数列の極限

■**従属**　dependent
　　→ 独立事象

■**収束円**　circle of convergence
　$c_0+c_1(z-a)+c_2(z-a)^2+\cdots+c_n(z-a)^n+\cdots$ というベキ級数に対し，ある実数 R が存在し，$|z-a|<R$ で級数は収束し，$|z-a|>R$ で級数は発散する．a を中心とする半径 R の複素平面上の円をこのベキ級数の**収束円**とよび（方程式は $|z-a|=R$），R を**収束半径**という（R は 0 の場合も無限大の場合もある）．ベキ級数は中心を a にもつ，収束半径 R より小さい半径の任意の円の内部では一様収束する．収束円周上では収束する場合も発散する場合もある．例えば

$$\sum_{n=1}^{\infty}\frac{(3z)^n}{n}$$

は原点を中心とする半径 $\frac{1}{3}$ の円内では絶対収束し，その外部では発散する．また $z=-\frac{1}{3}$ では収束し，$z=\frac{1}{3}$ では発散する．→ 収束区間

■**従属関数**　dependent functions, interdependent functions
　関数（全部が異なっているとは限らないが，添字や他の方法で区別されている）の組のうち 1 つが他の関数を用いて表せるとき．例えば，

$$u(x,y)=\frac{x+1}{y+1}, \quad v(x,y)=\sin\frac{x+1}{y+1}$$

とすると，$v=\sin u$ であるので，$\{u,v\}$ は従属関数の組である．また，すべての x について，$f_1(x)=x^2$，$f_2(x)=x^2$ であるならば，$f_1=f_2$ であるので，f_1 と f_2 は従属である．＝相互従属関数．**独立**でない関数は**従属**である [→ 独立な関数系]．

■**収束区間**　interval of convergence
　ベキ級数 $c_0+c_1(x-a)+c_2(x-a)^2+\cdots+c_n(x-a)^n+\cdots$ はすべての x について収束するか，あるいは実数 R が存在して，$|x-a|<R$ をみたす x について収束し，$|x-a|>R$ をみたす x については発散する．このとき区間 $(a-R, a+R)$ を収束区間とよぶ（R は 0 でありうる）．$|x-a|<R$ ならば級数は絶対収束し，$a-R<A\leq B<a+R$ である任意の A, B について区間 (A, B) で級数は一様収束する．→ 収束円，ベキ級数に関するアーベルの定理

■**従属事象**　dependent events
　　→ 独立事象

■**収束性**　convergent
　収束するという性質を有すること．→ 数列の極限，無限級数の和

■**従属な方程式** dependent equations

1つの方程式がある方程式の組に**従属**しているとは，その組に属するすべての方程式をみたす解が，常にその方程式をみたしているときである．2変数の3つの1次方程式の1つが他の2つに従属であるとは，これらの2つのグラフが一致せず，3つのグラフが一点で交わるときである．1組の方程式（全部が違っているわけではないが，添字や他の方法で区別されているときも含めて）が**従属**であるとは，その組のある方程式が他の方程式に従属するときである．連立方程式を解くときは，従属な方程式は無視してよい．

■**収束の積分判定法** integral test for convergence
→ コーシーの無限級数の収束に関する積分判定法

■**収束半径（ベキ級数の）** radius of convergence of a power series
収束円の半径．→ 収束円

■**従属変数** dependent variable
→ 関数

■**集中法（複合体のポテンシャルの）** concentration method for the potential of a complex
→ 複合体のポテンシャルの集中法

■**周長** perimeter
閉曲線の長さ．例えば，円周の長さ，楕円の周長，多角形の辺の長さの和など．→ 等周問題

■**重調和関数** biharmonic function
4階偏微分方程式 $\Delta\Delta u=0$ の解．ここで Δ はラプラス演算子 $\partial^2/\partial x^2+\partial^2/\partial y^2+\partial^2/\partial z^2$ を表す．したがって，方程式の解 $u(x,y,z)$ は
$$\frac{\partial^4 u}{\partial x^4}+\frac{\partial^4 u}{\partial y^4}+\frac{\partial^4 u}{\partial z^4}+2\frac{\partial^4 u}{\partial x^2\partial y^2}+2\frac{\partial^4 u}{\partial y^2\partial z^2}+2\frac{\partial^4 u}{\partial z^2\partial x^2}=0$$
をみたす．この定義は任意の個数の独立変数をもつ関数にも適用できる．重調和関数は静電気の境界値問題の研究や数理物理学の分野の研究によく現れる．

■**重調和境界値問題** biharmonic boundary value problem
境界曲面 S をもつ領域 R に対して，重調和境界値問題とは，R において重調和であり，かつその1階偏導関数が S 上の定められた境界値関数に一致する関数 $U(x,y,z)$ を決定する問題のことである．この問題は，ディリクレ問題とともに，弾性体に関するある種の問題によく現れる．

■**終点** terminal point
→ 曲線，有向直線

■**充塡形** tesselation
多角形または多面体で，それと合同な形で平面または空間を，重なりあわずに被覆する形．
→ ポリオミノー

■**自由度** degrees of freedom
ある対象物や体系を決定するために必要となる座標や助変数（パラメーター）の値の数のこと．例えば，直線上の1点は，自由度が1，平面や球面上の1点は，自由度が2，空間内の1つの動点は，自由度6をもつ．これは，その動点の位置を定めるために，3座標が必要となり，動点の速度を定めるため，速度の3成分が必要となるからである．統計学では，n 個の独立な確率変数を基にする統計量は，自由度 n をもつといわれる．例えば，カイ2乗分布に従う確率変数は，平均が0，分散が1であるような正規分布に従う n 個の独立な確率変数の2乗の和である．標本数が n である無作為標本の自由度は n であり，これから算出できる統計量の自由度は n である．しかしながら，$\bar{x}$ を標本平均とするとき，n 個の確率変数 $x_i-\bar{x}$ は，
$$\sum_{i=1}^{n}(x_i-\bar{x})=0$$
という関係をもつので，統計量 $\sum_{i=1}^{n}(x_i-\bar{x})^2$ は，自由度 $n-1$ をもつ．したがって，$\sum_{i=1}^{n}(x_i-\bar{x})^2$ は，$n-1$ 個の確率変数の関数として表すことができる（これは，ただ1つの確率変数 $\sum_{i=1}^{n}(x_i-\bar{x})^2$ の関数でもある）．このことは，標本平均が，定数に近いという根拠により擁護される．→ F 分布，カイ2乗分布，t 分布

■**12色定理** twelve-color theorem
→ 4色問題

■**12進法** duodecimal number system
　数を表現するのに，10を基本とするかわりに，12を基本とする方法．例えば，**12進法における** 24は，10進法における $2\cdot 12+4=28$ を意味している．12は多くの約数をもっているので，12進法の方が10進法より計算をするのに便利である．例えば，$\frac{1}{2},\frac{1}{3},\frac{1}{4},\frac{1}{6},\frac{1}{8},\frac{1}{9}$ は12進法においては，それぞれ，0.6, 0.4, 0.3, 0.2, 0.16, 0.14 である．しかし $\frac{1}{5}$ は，循環小数 0.2497 となる．→ 基底（数の表示における）

■**12面体** dodecahedron [*pl.* dodecahedrons, dodecahedra]
　12の面をもつ多面体．**正12面体**の各面は，正5角形である．→ 多面体

■**10の位** ten's place
→ 位の値

■**重複解** repeated root
→ 方程式の重解

■**重複点テンソル場** multiple-point tensor field
　2つ以上の点の座標に関係する成分をもつ一般化されたテンソル場．例えば，平面上の2つの動点の間の（ユークリッド平面における）距離は，2点スカラー場である．

■**重複度（方程式の解の）** multiplicity of a root of an equation
→ 方程式の重解

■**十分条件** sufficient condition
→ 条件

■**十分統計量** sufficient statistic
　大ざっぱにいえば，十分統計量とは標本に含まれている母集団の母数に関する，すべての情報をもつ統計量のことである．すなわち，十分統計量にもとづく推定量は，他のいかなる統計量にもとづくものよりも優れている．$\{X_1,\cdots,X_n\}$ を未知の母数 θ をもつ分布関数からの標本列とする．ここで，$t(X_1,\cdots,X_n)$ が未知の母数 θ の十分統計量であるとは，t を与えたときの $(X_1,\cdots,X_n)$ の同次分布が θ とは無関係となることである．すなわち $S_1,\cdots,S_n$ が $(X_1,\cdots,X_n)$ についての事象列であるとき，t を与えたときの $(S_1,\cdots,S_n)$ の分布が θ に依存しないことである．一定の正則性の条件下で，θ の最尤推定量は t の関数となる．$f(x_1,\cdots,x_n;\theta)$ を $(X_1,\cdots,X_n)$ の同次確率密度関数（離散型の場合は同次確率関数）とするとき，t が十分統計量であれば $f(x_1,\cdots,x_n;\theta)$ は
$$g[t(x_1,\cdots,x_n),\theta]h(x_1,\cdots,x_n)$$
のように因数分解される．ここで g は t を通じてのみ $(x_1,\cdots,x_n)$ に依存する．また h は θ とは無関係である．

■**終辺（角の）** terminal side of an angle
→ 角

■**従法線** binormal
→ 法線

■**従法線標形（空間曲線の）** binormal indicatrix of a space curve
　与えられた空間曲線の従法線の正方向と平行な方向をもつ単位球面の半径の端点が描く軌跡．＝空間曲線に対する従法線の球面標形．→ 空間曲線の接線標形

■**重力加速度** acceleration of gravity
　物体が地球表面上のある点もしくは地表近くの真空中で落下するときの加速度．この加速度は通常 g と表記され，地球の全表面で 1% 以下しか変化しない．その"平均値"は国際度量衡総会で 9.80665 メートル/秒² (32.174 フィート/秒²) と定められている．この値は詳しくは，南北極では 9.8321，赤道では 9.7799 である．

■**重力定数** gravitational constant
→ 万有引力の法則

■**重力ポテンシャル（質点の複合体の）** gravitational potential of a complex of particles
　$\Sigma e_i/r_i$ において e_i を $-Gm_i$ で置き換えて得られる関数．ただし，G は重力定数で m_i は i 番目の質点の質量である．多くの本ではマイナスの符号が省略されており，それに伴って議論が補正されている．その補正のもとでは，場の

強さ，すなわち，問題の点に置かれた単位質量に及ぼされる力を与えるのは，ポテンシャルの正の勾配である．マイナスの符号を省略し，G の値を1にするとき，点質量の集合に対するニュートン関数は $\sum m_i/r_i$ である．＝ニュートンポテンシャル

■**16進法**　hexadecimal number system, sexadecimal number system
16を基底として数を表現する体系．→ 基底（数の表示における）

■**主曲率**　principal curvature
→ 曲面の曲率

■**縮小写像**　contraction
T を距離空間 M から，自分自身の中への写像とする．ある定数 θ があって，M 内の任意の2点 x, y に対して
$$\mathrm{dist}[T(x), T(y)] \leq \theta\,\mathrm{dist}(x, y)$$
とする．θ が $0 \leq \theta < 1$, $\theta = 1$, $\theta > 0$ であるのに従って，T をそれぞれ**縮小写像**，**非拡大写像**，**リプシッツ写像**（あるいは**リプシッツ条件**をみたす）という．→ バナッハの不動点定理

■**縮図器**　pantograph
図形を縮尺を変えて写すことができる，すなわち，与えられた図形と相似な図形を描く機械的な器具．それは，側面がのびた，調節可能な平行4辺形をなす4本の目盛りのついた棒からなる（図）．点Pは固定されており，点Qで図形をなぞると点Sがその図を写す（あるいは，その逆）．A, B, および C は自由に動ける．

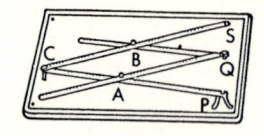

■**縮閉線**　evolute of a curve
→ 伸開線

■**縮閉面**　evolute of a surface
→ 曲面の縮閉面

■**縮約可能**　reducible
ある領域において，曲線や曲面をその領域から出ないように連続的に変形して1点につぶす ことができるとき，その曲線や曲面は縮約可能であるという．→ 単連結集合，連続変形

■**主係数**　leading coefficient
1変数多項式において，最高次の項の係数．

■**ジュコフスキー，ニコライ・ジェゴロヴィッチ**　Joukowski, Nikolai Jegórowitch (1847—1921)
ロシアの数学者および航空力学の研究者．

■**ジュコフスキー変換**　Joukowski transformation
複素変数理論における変換
$$w = z + 1/z$$
のこと．この変換は点 z と $1/z$ をともに同じ点にうつす．したがって，単位円 $|z|=1$ の外部の像は同じ円の内部の像と一致する．dw/dz は $z = \pm 1$ において1位の零点をとり，そこ以外では $dw/dz \neq 0$ である．したがって，これらの2点を除けばこの変換は等角的である．z 平面の上半分から単位円の半分を除去した部分は，w 平面の上半分に写される．ジュコフスキー変換のもとでは，点 $z=-1$ を通り点 $z=+1$ をその内部に含む円は，1つの等高線の外部にうつされ，円の位置を適当にとれば，それらは航空機の翼の輪郭にきわめて類似した形をとる．このような等高線を**ジュコフスキーの翼形縦断面**とよぶ．

■**主子午線**　principal meridian
→ 子午線

■**種数（曲面の）**　genus of a surface
閉じた曲面については，示性数（種数）はその面を切り離さないように切る相異なる円の最大個数である．向きづけ可能な任意の閉曲面は，球面に何個か（ただし偶数個：$2p$ 個とする，$p \geq 0$）の穴をあけ（円板をくりぬき），それらを，p 個の**ハンドル**（円柱面と同相，トーラスの半分のような形をしていると思えばよい）で2個ずつつないだものと，同相である．また，向きづけ不可能な任意の閉曲面は，球面に何個か（q 個とする，$q \geq 1$）の穴をあけ，そのおのおのに叉帽をとりつけたものと，同相である．いずれの場合においても，境界のある閉曲面を考えているのであれば，さらに何個かの"穴"をあけたものと，同相になる．これらの数 p, q を，その

曲面の種数という．ここで，閉曲面とは，第2可算公理をみたすコンパクトな，2次元位相多様体のことをいい，境界のある閉曲面とは，第2可算公理をみたしコンパクトな，境界のある2次元位相多様体のことをいう．例えば，トーラスは1個のハンドルをもち，メビウスの帯は1個の叉帽と1個の"穴"をもち，クラインの管は2個の叉帽をもち，円柱面は2個の"穴"をもつ．一般に，境界のある向きづけ可能な閉曲面のオイラー標数は $2-2p-r$ で与えられ，境界のある向きづけ不可能な閉曲面のオイラー標数は $2-q-r$ で与えられる．ここで，p はハンドルの個数，q は叉帽の個数であり，r は"穴"の個数，つまり，境界（の連結成分）の個数である．＝示性数．

■**主対角線** principal diagonal
→ 行列，行列式，平行6面体

■**主値（逆三角関数の）** principal value of an inverse trigonometric function
→ 逆三角関数

■**10進系** decimal system
(1) 10進法のこと．
(2) メートル法のように，10進法で測られる体系のこと．特に10進法でない体系に対して使われることが多い．

■**10進数** decimal number
10進法を使った数の表現．

■**10進単位系** decimal measure
測定に用いられるすべての単位が，基本単位の10のベキ乗倍または10のベキ乗分の1によってつくられている単位系．→ メートル法

■**10進展開** decimal expansion
実数の表現として，10進数を使う方法．

■**10進法** decimal number system
10を基底［→ 基底（数の表示における）］にする実数の表現方法．数字 0, 1, 2, 3, 4, 5, 6, 7, 8, 9 および1つの点（**小数点**）をある順番に並べることによって実数を表す通常の方法である．**有限小数**とは，有限個の数字を含んでいる小数であり，すべての実数を表すためには，**無限小数**（小数点の右側に数字がどこまでも続いている

小数）を用いることも必要である．**循環小数**とは有限小数か，あるいは有限個の数のブロックがどこまでも繰り返して続いているような無限小数である．例えば，
$$\frac{15}{28}=0.53571428571428\cdots$$
は 571428 が循環節である循環小数である．数が循環小数で表せるのは有理数のときだけである．循環しない小数は**非循環小数**といわれ，それは無理数を表す．→ 正規数，リュウビル数

■**出力装置** output component
計算機において，印刷機，カードパンチ機，テープ，ディスプレイなどの計算の結果を目に見える形で利用に供するため用いられる装置．

■**シュナイダー，テオドール** Schneider, Theodor (1911—1988)
ドイツの数学者．アーベル関数，アーベル積分の理論，不定方程式，数の幾何などに重要な貢献をした．

■**種の法則** species
球面3角形の任意の2つの辺の和の $\frac{1}{2}$ とそれぞれの対角の和の $\frac{1}{2}$ とは同じ種であるという法則．ここで2つの角，2つの辺，または1つの角と1つの辺が同じ種であるとは，それらがどちらも鋭角かまたはどちらも鈍角であることをいう．一方が鋭角で他方が鈍角であるとき，異なる種であるという．球面3角形の辺は，それが中心においてなす角ではかる．辺が鋭角とはその角が直角未満のことをいう．

■**主変形** principal strains
変形の主方向の方向における伸張．

■**主方向（曲面の）** principal direction on a surface
→ 曲面の曲率

■**主方向の変形** principal directions of strain
変形されていない素材の各点において，3つの互いに直交する方向の組があって変形後においても互いに直交したままである．これらの方向のことを**主方向の変形**という．

■**主法線**　principal normal
→法線

■**主法線標形（空間曲線の）**　principal normal indicatrix of a space curve
　与えられた空間曲線の主法線の正方向と平行な向きをもつ単位球面の半径の端点が描く軌跡．＝空間曲線に対する主法線の球面標形．

■**シュミット，エルハルト**　Schmidt, Erhard (1876―1959)
　ドイツの解析学者．→グラム-シュミットの直交化，ヒルベルト-シュミットの対称核積分方程式論

■**主要根**　principal root of a number
　ベキ根に対し，正数の根の場合は正の実数である根．負数の奇乗根の場合は負の実数である根．すべての0でない複素数は，2つの平方根と3つの立方根をもち，一般に複素数のものも含めるとn個のn乗根をもつ．

■**主要部（関数の増分の）**　principal part of the increment of a function
→関数の増分

■**ジュリア，ガストン・モーリス**　Julia, Gaston Maurice (1892―1978)
　フランスの数学者．複素関数論および関数の反復を研究した．第1次大戦で顔面に重傷を負い，以後終生マスクを離さなかった．

■**ジュリア集合**　Julia set
　次数が1より大きい多項式fが与えられたとき，fのジュリア集合とは，fの反復$\{f, f^2, \cdots, f^n, \cdots\}$による列に関する軌道が有界な複素数の集合の境界である［→軌道］．ここに$f^2(z)=f(f(z))$である．適当な多項式を使うと，多くの興味深い**フラクタル**が計算機によって生成される．そのうち最も有名なものは，cを複素定数としてz^2+cの型の多項式によって生成されるものである．z^2+cで$|c|<1$のとき，それに対するジュリア集合は，位相的次元は0であり，ハウスドルフ次元は$1+|c|^2\times(4\log 2)^{-1}+$高次の項である．変数変換により，任意の2次多項式はz^2+cの型の関数に変換できるから，2次多項式によって生成されるすべてのジュリア集合は，z^2+cの型の多項式を使って記述できる．→カオス，フラクタル，マンデルブロー集合

■**ジュール**　joule
　エネルギーまたは仕事量の単位．記号J．1ニュートンの力が力の方向へ1mの移動をひきおこすときの仕事量．
　　$1J=10^7$エルグ$=0.2390$カロリー
現在の国際単位系では，熱量もカロリーでなく，ジュールに換算して表現することになっている．

■**ジュール，ジェイムズ・プレスコット**　Joule, James Prescott (1835―1889)
　イギリスの物理学者．

■**シュレーダー，エルンスト**　Schröder, Ernst (1841―1902)
　ドイツの代数および論理学者．

■**シュレーダー-ベルンスタインの定理**　Schröder-Bernstein theorem
　集合Aと集合Bのある部分集合との間に1対1対応があり，かつBとAのある部分集合の間に1対1対応があれば，AとBの間に1対1対応が存在するという定理のこと．単にベルンスタインの定理ともいう．

■**シュレフリ，ルードヴィッヒ**　Schläfli, Ludwig (1814―1895)
　スイスの解析，幾何学者，結晶学者．

■**シュレフリ積分**　Schläfli integral
$$\frac{1}{2\pi i}\int_C \frac{(t^2-1)^n}{2^n(t-z)^{n+1}}dt=P_n(z)$$
を$P_n(z)$に対する**シュレフリ積分**という．ただし，P_nは次数nの**ルジャンドル多項式**である．線積分は複素数平面の点zを囲む閉路Cに沿って反時計まわりに進む．

■**シュレーミルヒ，オスカー・ザベル**　Schlömilch, Oskar Xaver (1823―1901)
　ドイツの解析学者．

■**シュレーミルヒの形（剰余項の）**　Schlömilch form of the remainder
→テイラーの定理

■**シュワルツ，ローラン** Schwartz, Laurent
(1915—)
フランスの関数解析，位相数学者でフィールズ賞受賞者(1950年)．数理物理や超関数の理論においてもすぐれた業績がある．→ 一般関数

■**順位相関** rank correlation
1つの対象に対する2通りの順位づけの間の関連の度合いのこと．例えば体重と身長での学生の順位づけ．ともに $1, 2, \cdots, n$ の整数を何らかの順序で並べて得られる2つの数列 $(x_1, x_2, \cdots, x_n)$ と $(y_1, y_2, \cdots, y_n)$ が与えられたとき，この2つの数列の順位相関係数の1つの計算方法は

$$r = \frac{\sum(x_i-\bar{x})(y_i-\bar{y})}{[\sum(x_i-\bar{x})^2\sum(y_i-\bar{y})^2]^{1/2}}$$
$$= 1 - \frac{6\sum(x_i-y_i)^2}{n^3-n}$$

である．これは**スピアマンの順位相関**とよばれることが多い．他にも多くの順位相関の計算方法がある．

■**準円** director circle of an ellipse
楕円（双曲線）の2本の接線が直角に交わる点の軌跡を，**楕円（双曲線）の準円**という．図において，(1), (2)は点Pにおいて，直交している楕円の接線であり，円はそのような点の軌跡として表される，楕円の準円である．

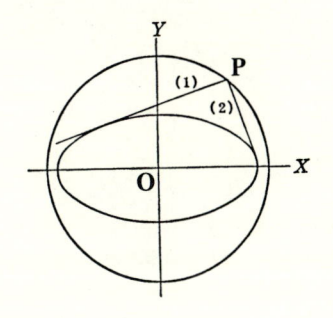

■**巡回加群** cyclic module
→ 加群

■**巡回行列式** circulant
各行が上の行の各要素を右へ1要素ずつずらした形をしている行列式（最後の要素は次の行の先頭に移す）．このとき主対角線上には同じ要素が並ぶ．

■**巡回群** cyclic group
→ 群

■**準解析関数** quasi-analytic function
正数 $\{M_1, M_2, \cdots\}$ の列と閉区間 $[a, b] = I$ に対して，次の条件をみたす関数の集合を準解析関数の族とよぶ．すなわち，I において何回でも微分可能で，各関数 f に対し，定数 k が存在し，$|f^{(n)}(x)| < k^n M_n (n \geq 1, x \in I)$ をみたし，さらに，$f^{(n)}(x_0) = 0 (n \geq 0, x_0 \in I)$ ならば，f は I 上で $f(x) \equiv 0$ である．$M_n = n!$ あるいは $M_n = n^n$ の場合，対応する関数族はちょうど I 上で解析的なすべての関数の族に一致する．I 上で何回でも微分可能な各関数（例えば，$[0, 1]$ 上で e^{-1/x^2}）は，準解析関数の族にそれぞれ属する2つの関数の和となっている．例えば $M_1, \cdots$ と，I で定義される族が準解析的でないとしても，ある部分類が $f^{(n)}(x_0) = 0 (n \geq 0, x_0 \in I)$ なる0でない関数 f を含まないならば，その部分族は準解析的であるとよばれることがある．このような準解析性は，解析関数族の最も重要な性質の1つであるが，非解析的関数を含む準解析的関数の族も存在する．

■**巡回対称式** cyclosymmetric function
変数を巡回して入れ換えても変わらない式．
→ 対称式

■**巡回置換** cycle, cyclic change of variables, circular permutation, cyclic permutation
→ 置換

■**巡回的ゲーム** circular symmetric game
利得行列 (a_{ij}) が，**巡回行列**であるような，つまり，任意の i, j に対して

$$a_{ij} = a_{i-1, j-1} \quad \begin{pmatrix}\text{添字は，行列の次数 } n \text{ を} \\ \text{法として読む}\end{pmatrix}$$

をみたしているような，有限零和2人ゲーム．

■**瞬間加速度** instantaneous acceleration
→ 加速度

■**循環小数** recurring decimal, repeating decimal
→ 10進法

■**瞬間速度**　instantaneous velocity
→ 速度

■**瞬間速さ**　instantaneous speed
→ 速さ

■**循環連分数**　recurring continued fraction
→ 連分数

■**循環論法**　circular argument, circular reasoning
　証明しようとしている定理，あるいはその定理から導かれるまだ証明されていない定理を用いる誤った論法．1つの典型的な循環論法は，証明すべき定理を，その定理の証明自身の中に用いることである．

■**純虚数**　pure imaginary number
→ 複素数

■**純小数**　decimal fraction
→ 小数

■**順序集合**　ordered set
　半順序集合とは，その集合の適当な2元 x と y の間に次の条件をみたす関係 $x<y$，もしくは"x は y の前にある"が定義された集合である．(1) $x<y$ ならば $y<x$ ではなく，しかも x と y は同一の元ではない．(2) $x<y$ かつ $y<z$ ならば，$x<z$．集合 S の部分集合の族は，部分集合 U が V に含まれかつ $U \neq V$ のとき，$U<V$ と定義すれば，半順序集合となる．正整数の集合は，b が a でわり切れかつ $a \neq b$ のとき $a<b$ と定義すれば，半順序集合となる．**全順序集合**とは，次に述べる条件(1)の強められた形をみたす半順序集合である．(**3分性**)"任意の元 x と y に対して，$x<y$，$x=y$，または $y<x$ のいずれか1つのみが真である."全順序集合は，**線型順序集合**，**単純順序集合**，**列的順序集合**，**鎖**，ともよばれ，単に**順序集合**ということもある．正の整数の集合（あるいは実数の集合）は，その自然な順序で全順序集合となる．全順序集合であって，その任意の部分集合が最初の元（他のすべての元の前にある元）をもつものを**整列集合**という．正整数の集合は，その自然な順序で整列集合となる．すべての整数の集合は，その自然な順序で整列集合とはならない．なぜなら，この集合自身が，最初の元をもたないからである．負でない実数の集合は，その自然な順序で整列集合ではない．なぜなら，3 より大きい実数の集合は，最初の元をもたないからである．ツェルメロは，任意の集合が次の仮定のもとに**整列可能**（整列集合）であることを示した．その集合の任意の空でない部分集合 T から T の1つの元を"特定された"元として選ぶことができる．この仮定を**選択公理**，あるいは**ツェルメロの公理**という．→ 実数の順序，選択公理，ツォルンの補題

■**順序数**　ordinal numbers
　集合の元の順序および個数を表す数．2つの全順序集合が**同型**であるとは，それらの間に順序を保つ1対1対応が存在することである．互いに同型なすべての全順序集合は，同じ**順序型**をもつ，そして同じ**順序数**をもつという．整数の集合 $1, 2, \cdots, n$ の順序数を n，正整数，負整数，および全整数の集合の順序数をそれぞれ ω，ω^*，および π，さらに有理数および実数の集合の普通の順序での順序数をそれぞれ η および λ で表す．α，β を，それぞれ全順序集合 P，Q の順序数とするとき，$\alpha+\beta$ が全順序集合 (P, Q) の順序数として定義される．ただし，集合 (P, Q) は P と Q のすべての元からなり，P の元の間では P の順序を，Q の元の間では Q の順序を入れ，P の任意の元は Q の任意の元の前にあると定義したものである．このとき，$\omega \neq \omega^*$，$\omega^*+\omega=\pi \neq \omega+\omega^*$ となる．同じ順序数をもつ2つの集合は，同じ**濃度**をもつ．しかし，同じ濃度をもつ順序集合が同じ順序数をもつとは限らない（例えば $\omega \neq \omega^*$）．**整列集合**に対応する順序型のみを考える場合が多い．この条件のもとで，順序数の任意の集合は，整列可能である．実際，順序数 α と β に対して，$\alpha \leq \beta$ を順序型 α の任意の集合が，順序型 β の任意の集合の初めの部分に同型であることと定義すればよい．

■**順序整域**　ordered integral domain
→ 整域

■**順序体**　ordered field
→ 体

■**順序対**　ordered pair
　2つの元の集合（ただし同一の元でもよい）で，一方が1番目，他方が2番目と指定されているもの．同様にして**3項順序組**が，さらには

n 項順序組が定義される．それは1番目の元 x_1，2番目の元 x_2，…からなる n 項の組 $(x_1, x_2, \cdots, x_n)$ である．n 項順序組は最初の n 個の正整数の集合を定義域とする関数ということもできる．数の順序対は多くのものに解釈される．例えば，2つの数をその点の直交座標とみなせば，平面上の点を表す．また2つの数をその成分とみなせば，ベクトルを表す．

■**順序づけされた分割** ordered partition
→ 集合の分割

■**純粋幾何学** pure geometry
→ 総合幾何学

■**純粋射影幾何学** pure projective geometry
幾何学的手法のみを用いた射影幾何学で，射影的ではない性質は付属的にのみ扱うもの．→ 解析幾何学

■**純粋数学** pure mathematics
他の科学や学問分野において直接役立つためというよりも，むしろ数学自身のために，あるいは将来ありうる有用性のために行われる数学的諸原理の研究．他の学問分野における経験から独立に行われる数学の研究．応用数学における諸問題の研究が，しばしば，純粋数学における新しい発展を導く．また純粋数学において発展した理論が，しばしば，応用数学にその応用を見いだす．それゆえ，純粋数学と応用数学との間に境界はない．＝抽象数学．

■**準正多面体** semiregular solid
→ アルキメデスの立体

■**準同型写像** homomorphism
D から R への写像 f で，D や R の構造と，ある意味で"両立する"ようなもののことをいう．もし R が D に等しいか，D の部分集合ならば，**自己準同型**である．例えば，D と R が**位相空間**の場合には，f が準同型写像であるとは，f が**連続**であることをいう [→ 連続写像]．また，D と R に，乗法，加法，スカラー倍などの演算が定義されているときには，f がそれらの演算を"保つ"ことが要求される．以下，個々の場合について，定義を述べる．D と R が**半群**（特に**群**）のとき（演算は・で表す）には，f が準同型写像であるとは，$f(xy)=f(x)f(y)$ が D の任意の2元 x, y に対して成立することをいう．D と R が**環**（特に**整域**）のときは，$f(x+y)=f(x)+f(y)$，$f(xy)=f(x)f(y)$ が D の任意の2元 x, y に対して成立することをいう．D と R が**線型空間**のときは，$f(x+y)=f(x)+f(y)$ が D の任意の2元 x, y に対して成立し，かつ，$f(ax)=af(x)$ が D の任意の元 x と任意のスカラー a に対して成立すること，つまり，f が**線型写像**であることをいう．線型空間が**ノルム空間**（特に，バナッハ空間，ヒルベルト空間）の場合には，さらに，f が連続であることが要求される．これは，ある定数 M が存在して，D の任意の元 x に対して $\|f(x)\| \leq M\|x\|$ となるということと，同値である．つまり，ノルム空間の間の準同型写像とは，**有界な線型写像**のことになる．→ イデアル，同型，等長写像

■**準同型写像の核** kernel of a homomorphism
準同型写像によって群 G が群 G^* の上にうつされるとき，G^* の単位元に移される G の要素全体の集合 N をその準同型写像の核とよぶ．N は G の**正規部分群**で，G^* は**商群** G/N と同型である．準同型写像によって環 R が環 R^* の上にうつされるとき，R^* の零元にうつされる R の要素全体の集合 I をその準同型写像の**核**とよぶ．I は R の**イデアル**で，R^* は**商環** R/I と同型である．→ イデアル

■**純不尽根数** pure surd
→ 不尽根数

■**順列** permutation
いくつかのもののすべてまたは一部を順に並べた配列．文字 a, b, c の可能な順列のすべては次の通りである．$a, b, c, ab, ac, ba, bc, ca, cb, abc, acb, bac, bca, cab, cba$．
　n 個のものをすべて選んで得られる順列とはその集合のすべての要素を順に並べた配列である．その集合の要素の個数が n ならば，そういう順列の総数は $n!$ である．というのは，1番目の場所には任意の1つを置くことができ，2番目の場所には残りの $n-1$ 個の中の任意の1つが置けて，n 個の場所が埋まるまでこれがくり返されるからである．いくつかの同等な要素が含まれているときは，同等な要素を入れ換えて得られる2つの順列は同じ順列と考えると，その順列の総数は n 個の異なるものをすべて選

んで得られる順列の総数を同等なものの出現回数の階乗の積でわったものになっている．文字 a, a, a, b, b, c を並べると $6!/(3!2!)$, すなわち60通りの異なる順列がつくれる．

n 個のものから r 個選んで得られる順列とは，その集合の要素を r 個だけ含んでいる順列である．そういう順列の総数は ${}_nP_r$ で表され，$n(n-1)(n-2)\cdots(n-r+1)$, すなわち $n!/(n-r)!$ に等しい．というのは最初は任意の1つを置き，次にその残りの $n-1$ 個の中の任意の1つを置き，r 個の場所が埋まるまでくり返すことになるからである．

n 個のものから r 個選んで得られる重複順列（重複を許す順列）とは，1番目の場所に集合の任意の要素を置き，2番目の場所には，今使ったものも含めて任意の要素を置き，r 個の場所が埋まるまでこれをくり返して得られる並びである．その重複順列の総数は $n\cdot n\cdot n\cdots$ と r 個の n をかけたもの，すなわち n^r である．a, b, c を2つ並べた重複順列は $aa, ab, ac, ba, bb, bc, ca, cb, cc$ である．

円順列とは円周に沿ってものを並べたものである．n 個の異なるものを n 個並べた円順列の総数は，n 個のものから n 個選んで得られる順列の総数を n でわったものである．なぜなら，各円順列は円周に沿って位置をずらしていくと，ちょうど $n-1$ 個の他のものと同じになるからである．

■**商** quotient

ある数をある数でわった結果の数．わり算は実際に実行されるか，または単に示される．例えば，2は6を3でわった商であり，$\frac{6}{3}$ もまた6を3でわった商である．わり切れない場合，商と余りを出すか，単に商（整数の部分と，余りをわり算で示したもの）で表す．例えば $7 \div 2$ は商3余り1，または商 $3\frac{1}{2}$ である．→ 除法定理

■**上位換算** reduction ascending

秒や分を時間に直すように，度量衡をより大きな単位で表すこと．

■**小円** small circle

中心を含まない平面による球面の切断となっている球面上の円．

■**上界** upper bound
→ 限界，数列の上界・下界

■**小角** small angles
→ 小弧・小角・小線分

■**商環** factor ring, quotient ring
→ 商空間

■**定規の二重目盛り** diagonal scale for a rule

目盛が平行線の系と斜線とによって二重につけられている定規．例えば1cmにつき11本の縦線（定規の縦方向に）があり（1cmの始めと終わりの線も数える），1cmにつき1本の斜線が入っているとする．このとき，斜線と縦線との交点は縦方向に1mm離れている．なぜならば水平線によって任意の1つの斜線上に切り取られる10個の線分は等しく，よって縦線にそって測られる10個の対応する距離は等しくなければならないからである．このようにしてこの1cmは10個の等しい部分に分割される．同様に1mmにつき1本の斜線はその定規を0.1mmに目盛る．バーニアによって目盛りをさらに詳しく読む手法の一種．

■**消去** elimination

連立方程式の**未知数の消去**．もとの連立方程式の未知数の一部をもたず，残っている未知数でもとの方程式をみたす値は，新しい方程式をもみたすような新しい方程式をつくること．これにはいろいろな方法がある．

(1) **加法または，減法による消去**．方程式どうしを加えたり，引くことによって，1つもしくは，それ以上の変数が消えるようにすること．そのときに，少なくとも1つの未知数は残っているようにする．例えば，(a) 連立方程式，$2x+3y+4=0$, と $x+y-1=0$ より x を消去するには，最初の方程式より，後の方程式を2倍したものを引けばよい．これより，$y+6=0$ が得られる．(b) 連立方程式

(1) $4x+6y-z-9=0$
(2) $x-3y+z+1=0$
(3) $x+2y+z-4=0$

より y を消去するには，(2)を2倍して(1)に加え，次に，(3)を -3 倍して(2)に加える．これより，$6x+z-7=0$ と $x-4z+3=0$ が得られる．

(2) **比較による消去**．2つの方程式の左辺（右

辺) が等しく, 他方の辺は, 変数の1つを含んでいないような形に変形し, その上で, 2つの方程式の右辺 (左辺) を等しいとおく方法. 例えば, $x+y=1$ と $2x+y=5$ は, $x+y=1$ と $x+y=5-x$ と変形され, それより, $5-x=1$ を得る.

代入による消去. 方程式の1つを1つの変数について解き, それを他の方程式のその変数に代入することによって解く方法. 例えば, $x-y=2$ と $x+3y=4$ を解くのに, 最初の方程式をまず x について解くと, $x=y+2$ となり, それを2番目の方程式の x に代入すると, $y+2+3y=4$, すなわち $y=\frac{1}{2}$ を得る. → 終結式

■**小行列式 (行列の成分の)** minor of an element in a determinant
→ 行列の成分の小行列式

■**上極限** limit superior
(1) → 集積点 (数列の)
(2) 関数 f の点 x_0 における上極限とは, つぎの条件をみたす L の最大値である.

任意の $\varepsilon>0$ に対して, x_0 のどのような近傍 U をとっても, $x \neq x_0$, $f(x)>L-\varepsilon$ をみたすような x で U に含まれるものがある.

この条件において $f(x)>L-\varepsilon$ を $f(x)>\varepsilon$ におきかえた条件が成立するとき, 上極限は $+\infty$ とする. また, 任意の $\varepsilon>0$ に対して, x_0 のある近傍 U をとれば, $x \neq x_0$ をみたす U の任意の x に対して $f(x)<-\varepsilon$ が成立するとき, 上極限は $-\infty$ とする. $f(x)$ の上極限は $\limsup_{x \to x_0} f(x)$ または $\overline{\lim}_{x \to x_0} f(x)$ と表される. 関数 $f(x)$ の点 x_0 における上極限は $|x-x_0|<\varepsilon$, $x \neq x_0$ における関数値 $f(x)$ の上限の $\varepsilon \to 0$ としたときの極限と一致する. 正あるいは負の無限大となってもよい.

(3) 集合の列 $\{U_1, U_2, \cdots\}$ の上極限とは, 無限に多くの U_n に含まれる要素からなる集合である. これは $U_p \cup U_{p+1} \cup \cdots$ の共通部分, すなわち $\bigcap_{p=1}^{+\infty} \bigcup_{n=p}^{+\infty} U_n$ と等しい. 集合列に対しては, その上極限は**完全極限**とよばれることがある.
[類] 上限. → 下極限

■**消去式** eliminant
→ 終結式

■**商空間** quotient space, factor space
T を同値関係が定義されている集合とし, 同類類に分けられているとする [→ 同値類]. T の要素に対し, 特定の演算 (距離など) が定められていれば, 同値類の集合は T と同じ型の空間になるように, 同値類に対する演算 (距離など) を定義できることがある. この場合, 同値類の集合は T の**商空間**または**剰余空間**とよばれる. 例えば, 複素数の集合 C を実数の集合 R を法とした商空間は, 同値類の集合 C/R であり, 同値関係 $x \equiv y$ は, $x-y$ が実数であるときと定義される. C/R の要素は複素数平面の水平線で表される数の集合であり, 2本の"直線"の和は, その異なる2直線上の要素の和を含む"直線"である. C/R の要素は (R を法とする) 剰余類ともよばれる. 群 G の正規部分群 H による**商群** (G/H で表される) は, 各要素が H の剰余類であるような群である. xy^{-1} が H に属するときに x と y が同値であると定義すれば, これらの剰余類は同値類でもある. G/H の単位元は H であり, 2つの剰余類の積はそれぞれの剰余類の要素1つずつを, 順序も対応させてかけ合わせた積を含む剰余類である. 積の一意性と, G/H の群としての性質は, H が G の正規部分群であることからわかる. G が位相群であり, H が正規部分群であって閉集合であるなら, U が G で開集合のとき, かつそのときに限り U^* を開集合であると定義すれば, G/H も位相群になる. ただし U は U^* の元である H の剰余類に属する G の要素全体の集合である. G が距離空間ならば, G の距離と同値で右不変な, すなわち, 任意の要素 a, x, y に対し $d(xa, ya)=d(x, y)$ をみたす距離が存在する. このとき, 剰余類 H_1 と H_2 の間の距離を $x_1 \in H_1$, $x_2 \in H_2$ に対し

$$\bar{d}(H_1, H_2) = \sup d(x_1, x_2)$$

と定めれば, G/H は距離空間である. 実数の集合を法とする複素数の集合の商空間 C/R の例で, C/R の開集合は平面で開集合をなすような点からなる複素数平面上の水平"直線"の集合であり, C/R の2つの要素の間の距離は, 対応する"直線"の平面での距離である. 環 R のイデアル I による**商環** (R/I と表す) は, 要素が I の剰余類である環である. $x-y$ が I に属するとき, x と y が同値であると定めれば, これらの剰余類がその同値類になる. R/I は**剰余類環**ともよばれる. R/I の零元は I であり, 2つの剰余類の和 (積) は, おのおのの剰余類か

ら1つずつ要素を選んだとき，それらの和(積)を含む剰余類である．かけ算は，対応する順序で行う．和と積の一意性と，R/I の環としての性質は，I がイデアルであることからわかる．また，R が単位元をもつ環，または可換環，または整域であるなら，R/I も同様の環になる．V を**ベクトル空間**，L を V の部分集合でベクトル空間であるものとする．同値関係 $f\equiv g$ を $f-g$ が L に属することと定めて，V/L をその同値類（または剰余類）とする．このとき，2つの同値類 F と G の和を F の要素と G の要素の和を含む同値類と定めれば，V/L はベクトル空間になり，スカラー α と同値類 F との積は α と F の要素の積を含む同値類である．B が**バナッハ空間**，L が B の部分集合でバナッハ空間であるならば，B/L はベクトル空間と同様に定義される．同値類 F に対して $\|F\|$ を F の要素 f に対する $\|f\|$ の下限とすれば，B/L はバナッハ空間になる．H が**ヒルベルト空間**ならば，H/L がバナッハ空間の場合と同様に定義される．これは H 中の L の直交補空間と等距離同型になる．

■**商群** factor group, quotient group
→ 商空間

■**衝撃波** shock wave
流体力学において，双曲型方程式または連続的初期値と境界条件から生ずる非線型の連立方程式の非連続解のことをいう．

■**条件** condition
ある命題が与えられたとき，それが真であることを保障するか，またはそれが真ならば必ず真となる数学的仮定（あるいは事実）．前者，すなわち与えられた命題が論理的に導かれる場合，その条件を**十分条件**とよび，後者，すなわち与えられた命題からの論理的帰結を**必要条件**とよぶ．必要条件でも十分条件でもあるときは**必要十分条件**とよぶ．必要条件で十分条件でない場合や，逆に十分条件で必要条件でない場合もある．ある物質が砂糖とよばれるためにはそれが甘いことが必要であるが，甘いその物質はヒ素であるかもしれない．その物質が粒状化され，砂糖としての化学的性質をそなえていれば，それが砂糖であるためには十分であるが，必ずしも粒状化されていなくとも砂糖でありうる．向かい合う2組の辺の長さが互いに等しいことは，4辺形が平行4辺形であるための必要条件ではあるが十分条件ではない．またすべての辺が等しいことは十分条件ではあるが必要条件ではない．この場合向い合う2組の辺の長さが互いに等しく，平行であることが必要十分条件である．→ 含意

■**象限** quadrant
→ 平面直交座標系の象限

■**焦弦** focal chord of a conic
円錐曲線の弦のうち，その焦点の少なくとも一方を通るもののこと．また，焦点とその円錐曲線上の点とを結ぶ線分を**焦半径**とよぶ．

■**上限** least upper bound, supremum
→ 限界

■**上限（積分の）** upper limit of integration
→ 定積分

■**象限角** quadrant angles
直交座標系において始線を横座標軸の正の部分に固定して，動径が第1，第2，第3，第4象限にあるときその角度をそれぞれ，第1，第2，第3，第4象限角という．図の左には第1，第2象限角，図の右には第3，第4象限角が示されている．

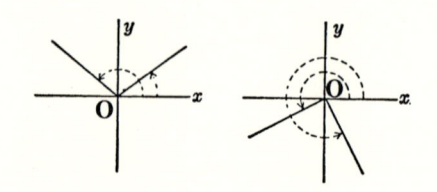

■**上限公理** least upper bound axiom
命題："上界をもつ実数の集合は上限をもつ"．これは，実数系に対する公理の1つとしてしばしば用いられるが，ときには，これと同値の公理から定理として証明されることもある．これは，**下限公理**："下界をもつ実数の集合は下限をもつ" と同値である．

■**象限弧球面3角形** quadrantal spherical triangle
→ 球面3角形

■**条件収束** conditional convergence

2つの級数があって一方の各項が他方のある項でもあり，またその逆も成り立つとき，一方は他方の項を**並べかえて**得られる級数とよぶ．その項の並べかえで収束しない級数が得られる収束級数は**条件収束**するという．すなわち条件収束する級数はその収束性が項の順序に依存する級数のことである．実数項の収束級数が条件収束するのは，それが絶対収束しないときで，またそのときに限る．例えば級数
$$1-\frac{1}{2}+\frac{1}{3}-\frac{1}{4}+\cdots$$
は収束する級数で，しかも級数
$$1+\frac{1}{2}+\frac{1}{3}+\cdots$$
が発散するので，この級数は条件収束する．

■**条件つき確率** conditional probability

A, B を事象とするとき，B が与えられたときの A の**条件つき確率**とは B が成立すると仮定したときの A の確率である．$P(B) \neq 0$ のとき，B が与えられたときの A の条件つき確率 $P(A|B)$ は，$P(A かつ B)/P(B)$ である．例えば，目の合計が7のときに2個のサイコロのうちの少なくとも一方に3が出る確率は，P("少なくとも一方は3" かつ "合計は7") ÷ P("合計は7") $= \frac{1}{18} \big/ \frac{1}{6} = \frac{1}{3}$ である．

■**条件不等式** conditional inequality
→ 不等式

■**条件方程式** conditional equality
→ 等式

■**条件命題** conditional statement
＝含意．

■**小弧・小角・小線分** small arcs, small angles, small line segments

小弧，小角，小線分とは，ある条件を満たすような十分小さい弧，角，線分のこと．例えば両端の座標の差が与えられた量よりも小さい弧，あるいはその角の正弦と（ラジアンで表した）角の値の比と1との差が与えられた値より小さいような角．

■**常衡量** avoirdupois weight

ポンドを基本単位として用い，16オンスを1ポンドと定めた量衡体系．→ 付録：単位・名数

■**乗根の指数** index of a radical

何乗の根を求めるかを示すために根号の左上に付される整数．例えば，$\sqrt[3]{64}=4$．指数が2のときは略される．x の非負平方根は $\sqrt[2]{x}$ のかわりに $\sqrt{x}$ と表される．

■**乗根判定法** root test

非負の項からなる級数 $\sum a_n$ は，もし整数 $r<1$ と数 N が存在し，$n>N$ である n に対して $\sqrt[n]{a_n}<r$ が成り立つとき収束する．無限個の n の値に対して，$\sqrt[n]{a_n} \geq 1$ ならばこの級数は発散する．級数
$$1+x+2x^2+3x^3+\cdots+nx^n+\cdots$$
を考える．第 n 項の n 乗根は $n^{1/n}x$ である．$\lim_{n\to\infty} n^{1/n}=1$ であるから，絶対値が1より小さい任意の x_0 に対して，$n>N$ なるすべての n に対して $|n^{1/n}x_0|<1$ となる N を選ぶことができる．したがって，この級数は，$|x|<1$ のとき収束する．この収束判定法は比較判定法が使えるときはいつでも使えるが，逆は成り立たない．上の判定法により，級数 $\sum a_n$ に対して $\lim_{n\to\infty}(a_n)^{1/n}=r$ であるならば，$r<1$ のとき収束し，$r>1$ のとき発散する．$r=1$ のときは，$a_n^{1/n} \geq 1$ が無限回おこっていれば級数は発散するが，それ以外のときにはわからない．乗根判定法は**コーシーの乗根判定法**または**コーシー−アダマールの判定法**ともよばれる．

■**昇鎖条件** ascending chain condition on rings
→ 連鎖条件（環の）

■**常差分方程式** ordinary difference equation

独立変数 x と，1つまたはそれ以上の従属変数あるいは関数 $f, g, \cdots$ と，$f, g, \cdots$ の逐次差分 $\Delta f(x)=f(x+h)-f(x)$, $\Delta^2 f(x)=f(x+2h)-2f(x+h)+f(x)$, $\cdots$ との間の関係．逐次差分は $Ef(x)=f(x+h)$ である演算子 E を何回にもわたって適用することにより表すこともある．**差分方程式の位数（階数）**は差分の最大位数（または E の最大ベキの指数）であり，**次数**は差分の最大位数を含んでいる項の最大ベキである．差分方程式の各項 $f(x), \Delta f(x)$,

$\Delta^2 f(x), \cdots$ または $f(x), Ef(x), \cdots$ が1次式であるとき，その差分方程式は**線型**であるという．方程式 $f(x+1) = xf(x)$ は線型差分方程式である． → 偏差分方程式

■**乗算器** multiplier
計算機において，乗法の演算を実行する装置．

■**小数** decimal
10進法 [→ 10進法] で表された数のことであり，**純小数**，すなわち10進記数法による数字のうち，小数点より左には0以外の数字がないものに限定して使うことが多い．**混合小数**とは，23.25のように純小数に整数を加えたもので，広い意味での小数のことである．小数は，2.361と0.253のように同じ小数桁をもつとき**同一有効桁**であるという．任意の2つの小数は，適当に0を付け加えることにより同一有効桁にすることができる．例えば，0.36は0.360とすることにより，0.321と同一有効数字にすることができる [→ 有効数字].

■**乗数** multiplier
被乗数とよばれる，他の数に乗ずべき数．

■**小数位** decimal place
小数における数字の位置のことである．例えば，123.456において，1は**100の位**，2は**10の位**，3は**1の位**，4は**小数第1位**，5は**小数第2位**，6は**小数第3位**の数である．

■**小数点** decimal point
→ 10進法

■**小数によるわり算** division by a decimal
除数を整数にするために，被除数と除数に10の累乗を乗ずる．すなわち，除数の小数点の位置を右端に移動したと同じだけ，被除数の小数点の位置を右に移動する．このとき商における小数点の位置は，除数，被除数の小数点の位置を移動しないで計算したときと同じである．例えば，
$$28.7405 \div 23.5 = 287.405 \div 235 = 1.223$$
→ 除法．

■**小数の加算** addition of decimals
小数の加算の通常の方法は，それぞれの数の桁数を合わせ，つまり小数点の下に小数点がくるように合わせ，整数と同様に加え合わせる．

■**小線分** small line segments
→ 小弧・小角・小線分

■**冗長な方程式** redundant equation
与えられた方程式にある操作を行ったために導入された余計な根を含む方程式．例えば，方程式の両辺に未知数を含む同じ関数を乗じたり，または両辺を同べキ乗することによってそのような根が導入されることがある．新しく得られた根を**無縁根**という．方程式 $x-1 = \sqrt{x+1}$ の両辺を平方し，簡素化することによって得られる方程式は，$x^2 - 3x = 0$ であり，これは0と3を解としてもつ．しかし0は最初の方程式をみたさないので，得られた方程式は**冗長**である．

■**焦点** focus [pl. foci]
→ 双曲線，楕円，放物線

■**焦点（横断線上の）** focal point
積分
$$I = \int_{x_1}^{x_2} f(x, y, y') dx \text{ と曲線 } C$$
に対して，横断線 T 上の C の焦点とは，C の横断線族の包絡線と T との接点である．C 上に点 (x_2, y_2) をもつ T の弧 $[(x_1, y_1), (x_2, y_2)]$ に対して，I を最小にするためには，T 上の C の焦点は T 上の (x_1, y_1) と (x_2, y_2) の間には存在してはならない．→ 横断条件

■**焦点の性質（円錐曲線の）** focal property of conics
→ 双曲線の焦点の性質，楕円の焦点の性質，放物線の焦点の性質

■**商の微分法** derivative of a quotient
→ 付録：微積分表

■**常微分方程式** differential equation, ordinary differential equation
少なくとも2つの変数を含んでおり，1つを独立変数，残りを従属変数とする1階以上の微分を含む，例えば $y(dy/dx) + 2x = 0$ のような方程式．微分方程式の**階数**は，その中に現れる最高の導関数の微分回数である．1階微分は微分商としても扱われるので，方程式が1階微分

の項のみを含むときは，その方程式をしばしば微分の形で書く．これより，上の方程式は全微分方程式の形 $ydy+2xdx=0$ にも書ける．→ 変数分離型の微分方程式，偏微分方程式

■**常分数**　vulgar fraction
　→ 分数

■**乗法**　multiplication
　→ 積，実数の積，複素数，無限級数の積

■**情報理論**　information theory
　1948年に C. E. シャノンによって創始された確率論の一分野である．情報を送信するにあたって，その情報を構成する情報単位（ビット）に，ある程度の確率にしたがって欠落，歪み，**ノイズ**とよばれる雑音の付加が生じるとき，伝送情報の正確さの限界に関する研究を行うもの．k 個の情報単位があり，そのうちの1つが選ばれて送信されるとするとき，これらの情報単位を**メッセージ**とよぶ．メッセージを受信する個体を**受信者**，メッセージを伝送する個体を**送信者**という．**通信路**（**チャンネル**）とは通信の手段のことである．数学的に表現すれば，**入力集合**とは与えられた要素の総体で，送信者はあらかじめ定められたコードに従ってそれらの中の1つを選んで受信者にメッセージを送る．**出力集合**とは受信者が認識しうる要素の総体である．**モデル**はこの両集合，および入力集合の各要素 a と出力集合の各要素 b に対して，a を送信したとき b を受信する確率を与える確率法則からなる．送信すべきメッセージが全部で k 個あるとき，k 個の入力集合の要素の列 $a_1, \cdots, a_k$ および出力集合の k 個の互いに素な集合 $E_1, \cdots, E_k$ への分割を**符号**（コード）とよぶ．受信者はメッセージ b を受信したとき，b を要素にもつ集合 E_j を決定し，j 番目のメッセージが送信されたと結論する．**確率法則**は，与えられた通信路および入力集合の各要素 a と出力集合の各要素 b に対して，a が送信されたとき b が受信される確率を定める法則である．与えられた符号に対し，送信者が第 i 番目のメッセージを表す要素 a_i を送信し，かつ，a_i が送信されたとき受信者がメッセージ b の受信を認める確率を $p(b|a_i)$ とするとき，第 i 番目のメッセージが送信されて誤り（エラー）が生じる確率は

$$P_e(i) = \sum_{b \notin E_i} p(b|a_i)$$

で与えられる．与えられた符号に対する**最大誤り確率**を

$$\max_i P_e(i)$$

で定義する．メッセージの集合の各要素が送信される確率が知られているとき，そのメッセージの集合に対する**エントロピー**とは，略説すれば，送信される確率が十分小さい要素からなるメッセージを除いた，多くのメッセージの長い列のすべてを符号化するために必要な2進数の個数である．詳しくいうと，確率変数 X が k 個の異なる値をとり，それらの確率が $p_1, \cdots, p_k$ であるとき，X のエントロピーは次式で与えられる．

$$H(X) = -\sum_{i=1}^{k} p_i \log_2 p_i$$

X, Y を2つの確率変数としそれらのエントロピーが $H(X), H(Y)$ であるとき，X と Y の**条件つきエントロピー**は

$$H(X|Y) = H(X, Y) - H(Y)$$

で与えられる値である．これは，Y が与えられたとき X の要素を識別するためにさらに必要となる情報の単位（2進数）の個数を表す．エントロピー $H(X)$ と $H(Y)$ をもつ2つの確率変数 X, Y に対して，**相互情報量**を値

$$R(X, Y) = H(X) + H(Y) - H(X, Y)$$

で定義する．これは，Y を観測したうえで X に関して得られる情報単位の個数，すなわち2進数の桁数を表す．通信路および入力集合 A と出力集合 B に対して，X を入力変数，Y を出力変数とし，それらのエントロピーを $H(X), H(Y), H(X, Y)$，さらに相互情報量を $R(X, Y) = H(X) + H(Y) - H(X, Y)$ とするとき，**通信路の容量 C** を，A 上のすべての入力分布に関する $R(X, Y)$ の最大値と定義する．**情報理論の基本定理**とは，概略つぎのような定理である．通信路が容量 C をもつとき，その通信路を十分多くの回数 N 回使用しても，おおよそ 2^{CN} 個のメッセージのうちの任意の1個は，小さい誤りの確率で通信できる．

■**上密度**　upper density
　→ 整数列の密度

■**証明**　proof
　(1) ある命題が真であることを示すための論理的な議論．

(2) 論理的であると認められる手段によって，すでに証明された命題や公理から，証明するべき事柄が導かれることを示すための手続き．→ 分析的証明，演繹方法，帰納的方法，数学的帰納法，総合的証明，分析による証明

■**証明する** prove
ある事柄を根拠にもとづいて立証すること．真であることを示すこと．証明をみいだすこと．→ 証明

■**消約** cancelation
分数の分子と分母を共通の因数によってわる行為．加法で互いが消去されるような異符号の2数の場合にも用いられる．また，$x+z=y+z$を$x=y$にしたり，あるいは$xz=yz$ $(z\neq 0)$を$x=y$とするように，zを消去する行為のこと．→ 整域，半群

■**剰余** remainder
整数mを整数nでわり，商をqとして$m=nq+r$ $(0\leq r<n)$と表したとき，rを**余り**（**剰余**）という．多項式fを定数でない多項式gでわって，商をqとして$f(x)\equiv g(x)q(x)+r(x)$ ($r\equiv 0$またはrがgより次数の低い多項式）と表したとき，rを**余り**（**剰余**）という．$g(x)$が1次の多項式のときは余りrは定数である[→ 剰余定理，除法定理]．減法（ひき算）において，（被減数）−（減数）を剰余ということもあるが，このときは普通，差とよばれる．

■**常用対数** common logarithms
10を底とする対数．＝ブリッグスの対数．→ 対数

■**商用年** commercial year
→ 年

■**剰余空間** factor space
→ 商空間

■**剰余項** remainder
→ テイラーの定理，無限級数の剰余項

■**剰余定理** remainder theorem
xに関する多項式$f(x)$を$x-h$でわったときの余りは，$f(x)$において$x=h$とおいたものに等しい．すなわち，

$$f(x)=(x-h)q(x)+f(h)$$

例えば，$(x^2+2x+3)\div(x-1)$の余りは$1^2+2\times 1+3=6$である．もし，$f(h)=0$ならば，剰余定理から$f(x)=(x-h)q(x)$となる．このことは**因数定理**の一つの証明を与えている．

■**剰余類（法 n の）** number class modulo n
→ 法nの剰余類

■**初期位相** initial phase
$x=a\cos(\phi+kt)$の$t=0$のときの位相，つまりϕのこと．

■**除去可能な不連続点** removable discontinuity
→ 不連続性

■**除去不可能な不連続点** nonremovable discontinuity
→ 不連続性

■**燭光** candela-power
カンデラで与えられる光度の強さ．

■**触点** adherent point
→ 集積点

■**職人の公式** mechanic's rule
平方根の近似値を得るための次のような方法．まず，その数の平方根に近い値を1つ求める．この値でその数をわる．得られた商とその数の算術平均が，求める1つの近似値である．代数的には，まずaを平方根に近い値，eを誤差とする．すなわち，$a+e$が求める平方根である．$(a+e)^2$，つまり$a^2+2ae+e^2$をaでわる．この商とaとの平均が，求める近似値である．それは，$a+e+e^2/(2a)$となるから，平方根$a+e$との誤差は$e^2/(2a)$である．eが小さければ，これは非常に小さい．例えば，$\sqrt{2}$に近い値として1.5をとれば，職人の公式は，近似値1.4167を与える．誤差は0.003である．この近似値から出発して，再度職人の公式を用いれば，誤差は$(0.003)^2/2$，または0.0000045，となる．方程式$x^2-B=0$にニュートン法を適用し，近似値をaとすれば，次の近似値は

$$\frac{1}{2}\left(a+\frac{B}{a}\right)$$

であって，上記の近似値と同じである．→ ニュ

ートン法

■除数　divisor
　被除数をわる量. → 除法, 除法定理

■初等整数論の基本定理　fundamental theorem of arithmetic
　2以上のいかなる整数も, 何個か (1個のこともある) の素数の積として表すことができ, しかも, その表し方は, 順序を除いて, ただ1通りに定まる. 例えば $60=2\cdot2\cdot3\cdot5=5\cdot2\cdot3\cdot2$ など. [類] 素元分解一意性定理.

■助変数　parameter
　数学的表現において, 各種の個別な場合を識別するために用いられる定数や変数. 例えば, $y=a+bx$ において a と b は助変数であり, この方程式によって表される特別な直線を明示している. この用語は, 座標変数以外のどんな文字, 変数, または定数を指すのにも用いられる. 例えば, 直線の助変数方程式 $x=at+x_0$, $y=bt+y_0$, $z=ct+z_0$ において, 変数 t は助変数であり, その値が直線上の点を定める. この種の複数の関数に共通な独立変数の形の助変数を, 日本語では**媒介変数**とよんで, 区別することが多い. ここで a, b, c も助変数であり, その値が特定の直線を定める. 2項分布における助変数は, 試行の回数 n および成功の確率 p である. なお幾何学の分野では**径数** (けいすう) という訳語が慣用されている.

■除法　division
　(1) 除法定理による商と余りを求めること [→ 除法定理].
　(2) 乗法の逆演算. 被除数の除数による除法の結果をそれらの**商**という. $b\cdot c=a$ となる c がただ1つだけ存在するなら, c を2数 a, b による商 a/b とする ($b=0, a\neq0$ なら c は存在せず, $b=0, a=0$ なら c は一意とならない. すなわち, すべての a に対して $a/0$ は意味をもたないので, **0による除法は定義しない**). 商 a/b は a と b の逆元との積とも定義できる [→ 群]. 例えば, $3\cdot2=6$ だから $6/3=2$ であり,
$$3+i=(2-i)(1+i)$$
だから $(3+i)/(2-i)=1+i$ である. **整数による分数の除法**は, 分子を整数によって除する (または分母に整数を乗ずる) ことによってできる ($4/5\div2=2/5$ または $4/10$). **分数による分数の除法**は, 除数の分数の分母分子を逆にして, 被除数に乗ずる, または繁分数の形で書き表された商を簡単にすることによりできる
$$\frac{\frac{7}{5}}{\frac{2}{3}}=\frac{7}{5}\cdot\frac{3}{2}=\frac{21}{10}$$
または
$$\frac{\frac{7}{5}}{\frac{2}{3}}=\frac{\frac{7}{5}\times15}{\frac{2}{3}\times15}=\frac{7\cdot3}{2\cdot5}=\frac{21}{10}$$
[→ 分数]. **混合数 (帯分数) の除法**は, 帯分数を仮分数に直し, これらの除法を行うことによりできる.
$$1\frac{2}{3}\div3\frac{1}{2}=\frac{5}{3}\div\frac{7}{2}=\frac{10}{21}$$

■除法環　division ring
　→ 環

■除法定理　division algorithm
　任意の整数 m と, 任意の正の整数 n に対して,
$$m=nq+r, \quad 0\leq r<n$$
となる整数 q, r が一意に存在する. このとき q を**商**, r を**剰余**という. 多項式における除法定理は, 任意の多項式 f と, 定数でない任意の多項式 g に対して,
$$f(x)\equiv g(x)q(x)+r(x)$$
となる多項式 q と, $r\equiv0$ または, 次数が g の次数未満である多項式 r が一意に存在する. 多項式 q, r をそれぞれ**整商**, **剰余**という. なお, 被除数＝商×除数＋剰余という関係を除法の関係とよぶことがある. → 剰余定理

■ジョルダン, カミーユ　Jordan, Camille (1838—1922)
　フランスの代数学, 群論, 解析学, 幾何学および位相幾何学の研究者.

■ジョルダン行列　Jordan matrix
　主対角要素がすべて0以外の共通な値をもち, それらのすぐ上の要素はすべて1であり, これら以外のすべての要素は0であるような行列. ＝単純古典行列. このような行列は**ジョルダン形式**ともよばれる. → 行列の標準形

■**ジョルダン曲線** Jordan curve
→ 単純閉曲線

■**ジョルダン測度** Jordan content
→ 点集合の容積

■**ジョルダンの曲線定理** Jordan curve theorem

平面内の単純閉曲線 C は共通の境界をもつ2つの領域を決定する．そのうちの1つは有界で C の**内部**とよばれ，他の領域は C の**外部**とよばれる．平面の任意の点は，C 上にあるか，C の内部に属するか，または C の外部に属するかのいずれかである．内部（または外部）の任意の2点は，C の点を1つも含まない1つの曲線で結ぶことができる．内部の点と外部の点を結ぶ任意の曲線は C の点を必ず含む．ジョルダンの曲線定理に対するジョルダン自身の証明には不備があった．正確な証明は1905年にヴェブレンによって初めて与えられた．

■**ジョルダン標準形** Jordan canonical form
→ 行列の標準形

■**ジョルダンの条件** Jordan condition
→ フーリエの定理

■**ジョーンズ，ヴォーン・フレデリック・ランダル** Jones, Vaughan Frederick Randal (1952—)

ニュージーランド生まれ，現在米国の数学者．フォン・ノイマン環に関する業績で1990年にフィールズ賞を受賞した．

■**試料関数** test function
→ 一般関数

■**シルピンスキー，ヴァクロワ** Sierpiński, Waclaw (1882—1969)

ポーランドの数論，集合論，位相空間論の研究者．ワルシャワの数学者達の現代ポーランド学派の指導者であった．

■**シルピンスキー集合** Sierpiński set

(1) G をある直線上のすべての非可算 G_δ 集合からなる集合族とする[→ ボレル集合]．直線上の集合 S がシルピンスキー集合であるとは，S および S の補集合が G に属する各集合の少なくとも1点ずつを含むという性質をもつことをいう．シルピンスキー集合の存在性は，次のようにして示される．まず整列可能定理あるいは選択公理を用いて，G を次のような性質をもつ整列集合にする．G の各要素について，それよりも前にある要素の集合の濃度が，つねに実数体の濃度 c より小さい（G 自体の濃度は c である）．ついでツォルンの補題を用いて G の各集合から2点を選び，G の任意の集合に対してその集合から選ばれた2点のいずれもが任意の（G の順序に関して）前の集合から選ばれていないようにする．そのときシルピンスキー集合は，これらの2点集合のそれぞれからつくった2つの集合のうちの1つを選ぶことにより構成される．シルピンスキー集合 S は次の性質をもつ．任意の集合 E に対して E が**測度** 0 であるか，または E と S あるいは S の補集合との共通部分は可測集合ではない．また E は**第1類集合**であるか，または E と S あるいは S の補集合との共通部分は**ボレル集合**でない．

S がシルピンスキー集合で，集合 A の外測度が $m_e(A)$ であるならば，集合関数 $M(A) = m_e(A \cap S)$ は，S とすべての可測集合を含むようなある σ 加法族上の測度を定義する．A が可測ならば，$M(A) = m(A)$ である．

(2) S を平面上のある点集合とするとき，もし S が測度 0 の各閉集合の少なくとも1点を含み，かつ S のどの3点も一直線にないならば，S は，シルピンスキー集合である．そのような S はたとえ S の点を2点以上含む直線が存在しなくても可測集合ではない［→ フビニの定理］．測度が 0 でない閉集合の族 C の濃度は c であり，C の各要素に対して，それより前にある要素の個数が c より少ないように整列できる．したがって，シルピンスキー集合 S は，ツォルンの補題を用いて，C の各要素 C_α から1点 x_α を選んで x_α が C の（順序に関して）前の要素から選ばれたどの2点とも一直線上にないようにすることにより構成することができる．

■**シルベスター，ジェームス・ジョセフ** Sylvester, James Joseph (1814—1897)

イギリスの代数学，組合せ論，幾何学，数論の専門家．詩人．（ブールとラグランジュによって，ある程度予想された）代数の不変式の理論を，ケイレイとともに創始した．アメリカ合衆国に2度長期滞在し（若い頃渡米したが，ユダ

■**シルベスターの慣性法則** Sylvester law of inertia
→ 2 次形式の指標

■**シルベスターの消去法** Sylvester dialytic method
 2 つの代数方程式から，変数を消去する方法．方程式のそれぞれに変数をかけて，2 つの方程式をつくる．これらは，初めの方程式より変数のベキ指数が 1 だけ高い．得られた方程式に同じ操作を行う．これを，方程式の個数が変数のベキ指数より 1 つ大きくなるまで続ける．そして，これらの方程式より変数の累乗を消去する [→ 消去]．**シルベスターの消去法**は，次に例示する（行列式を用いない）方法と同等である．

(1) $x^2+ax+b=0$
(2) $x^3+cx^2+dx+e=0$

から x を消去する．方程式(1)に x をかけ，これを方程式(2)よりひく．すると，2 次方程式が得られる．この 2 次方程式と(1)より x^2 を消去する．これを続けると，2 つの 1 次方程式が得られ，ひき算すれば，変数が消去される．→ 終結式

■**シロー，ペテル・ルドヴィック** Sylow, Peter Ludvig (1832—1918)
 ノルウェーの群論の専門家．

■**シローの定理** Sylow theorem
 シローによって証明された次の定理．p を素数とする．群 G の位数が p^n によってわり切れるが p^{n+1} ではわり切れないとする．このとき，G が位数 p^n の部分群を $1+kp$ 個含むような整数 k が存在する．後に，フロベニウスは，G の位数が，p^n よりも高い p のベキでわり切れるときも，G は位数 p^n の部分群を $1+kp$ 個含むことを証明した．

■**真因数** proper factor
→ 整数の因数

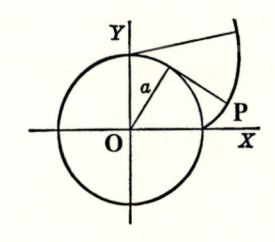

■**伸開線** involute of a curve
 平面曲線に対して，曲線から巻きほどくようにしてたるむことなく張られた糸の上の固定された 1 点の軌跡．接線が滑らずに曲線のまわりに巻き取られるように動くと考えたときの接線上の固定された 1 点の軌跡．与えられた曲線の接線の族に直交する一曲線．同じ曲線の任意の 2 つの伸開線は平行である．すなわち，2 つの伸開線が共通法線から切り取る線分は常に同じ長さになる．また，与えられた曲線の伸開線とは，その曲線の**縮閉線**が元の与えられた曲線となるような曲線である．与えられた曲線の**縮閉線**とは，その曲線の曲率円の中心の軌跡である．与えられた曲線に垂直な直線（法線）の族はその曲線の縮閉線に接する．その曲線上を連続的に一方向へ動く点に対するその点での曲率半径の長さの変動量は，その動きに対応する縮閉線の弧の長さの変動量に等しい．**縮閉線**の方程式は，元の曲線の方程式とその曲線上の点の座標によって表された曲率円の中心を表す方程式から，その点の座標を消去することによって得られる．円の伸開線は，固定された糸巻きから巻きほどかれる糸の端点によって描かれる曲線である．図のような原点中心の円において，a で表された半径と x 軸とのなす角を θ とするとき，この円の伸開線の媒介変数方程式はつぎのようになる．

$$x=a(\cos\theta+\theta\sin\theta)$$
$$y=a(\sin\theta-\theta\cos\theta)$$

 空間曲線の伸開線とは，その与えられた曲線の接線全体と直交する曲線である．空間曲線の伸開線はその曲線の接曲面上にある．空間曲線は無限に多くの伸開線をもつ．それらは接曲面上の平行な測地線の族からなる [→ 測地的平行線]．**空間曲線の縮閉線**とは，与えられた曲線が伸開線となるような曲線のことである．与えられた空間曲線 C は無数に多くの縮閉線をもつ．C の法線で 1 つの縮閉線に接するもの全体を，それぞれが属する C と直交する平面で同じ角度だけ回転させると，それらは別の 1 つの C の縮閉線に接する．

■**伸開面** involute of a surface
与えられた曲面が縮閉面の 2 つの枝の一方となるような曲面. → 曲面の縮閉面

■**伸縮** elongations and compressions
= 1 次元変形. → 1 次元変形

■**心臓形** cardioid
→ カージオイド

■**伸長変換** stretching transformation
→ 相似変換

■**振動** oscillation, vibration
(1) 周期的あるいはほぼ周期的な運動.
(2) 対象物が一方の端から他方の端へと単純に振れ動く現象. 振幅が, 時間の増加に従って 0 にむかって減少していく振動を, **減衰振動**という. **強制振動**とは, 周期的もしくは振動する外力により物体にひきおこされる振動であり, その物体の運動にそのような力がなかった場合とは異なる振幅を与える. 強制されない振動は, **自由振動**である. 自由振動としての振子は, その振動が小さいならば, 単振動を近似的に表す. 一定の極限状態に向かう振動を, **安定振動**という. 微分方程式
$$\frac{d^2 y}{dx^2} + A\frac{dy}{dx} + By = f(t)$$
によって記述される運動は, $A=0$, $B>0$, かつ $f(t) \equiv 0$ ならば**自由振動**であり, したがって, 調和振動となる. $A>0$ のときは, **減衰振動**である. $f(t)=0$ のときは,
$$A < \frac{1}{2}\sqrt{B}$$
であるかぎり, 振動する. $f(t)$ が振動する外力
$$f(t) = k\sin(\lambda t + \theta)$$
を表すならば, **強制振動**である. もし $\lambda^2 = B$ かつ減衰がない ($A=0$) ならば, 一般解は,
$$y = -\frac{kt}{2\sqrt{B}}\cos(\sqrt{B}\,t + \theta) + C_1\sin(\sqrt{B}\,t + C_2)$$
であり, 運動は t が増大するにつれ, 激しさを増す. この現象は**共鳴**とよばれ, 強制力がその系の自由振動と同じ周波数をもつときおこる.

■**振動級数** oscillating series
→ 発散級数

■**振動絃の方程式** equation of vibrating string
方程式
$$\frac{\partial^2 y}{\partial t^2} = \frac{T}{\rho}\frac{\partial^2 y}{\partial x^2}$$
のこと. x は, 絃がひっぱられる方向を示し, y は変位, t は時間変数である. T は絃の張力, ρ は絃の密度 (単位長さあたりの質量) である. 境界条件は, 通常, $t=0$ で $y=f(x)$, $t=0$ で $\partial y/\partial t = g(x)$ にとる. もし, 絃が, 時刻 0 で静止しているならば, $g=0$ である. 絃は完全に柔軟で, T は, 重力を無視してよいほど十分大きい定数と仮定する.

■**振動数 (周期関数の)** frequency of a periodic function
→ 実変数の周期関数

■**真に含まれる** contained properly
→ 部分集合

■**振幅 (曲線の)** amplitude of a curve
周期関数において縦座標方向の最大値と最小値の差の半分. $y=\sin x$ の振幅は 1, $y=2\sin x$ の振幅は 2.

■**振幅 (単振動の)** amplitude of simple harmonic motion
→ 単振動

■**振幅角** amplitude of a point
→ 極座標 (平面の)

■**シンプソン, トーマス** Simpson, Thomas (1710—1761)
イギリスの代数学, 解析学, 幾何学, 確率論の研究者.

■**シンプソンの公式** Simpson's rule
$\int_a^b f(x)\,dx$ の形の定積分の近似値を求めるための公式の 1 つ. その公式は a から b までの積分値を点 $a=x_0, x_1, x_2, \cdots, x_{2n}=b$ によって等間隔の偶数個の小区間に分割し, x に関する $y=f(x)$ のグラフを x の値 $x_{2k}, x_{2k+1}, x_{2k+2}$ に対するグラフ上の点を通る放物線で近似して求める近似計算法である. シンプソンの公式は次式である.

$$\frac{b-a}{6n}[y_a+4y_1+2y_2+4y_3+2y_4+\cdots$$
$$+4y_{2n-1}+y_b]$$

ただし，$y_a, y_1, y_2, \cdots, y_{2n-1}, y_b$ はそれぞれ点 a, $x_1, x_2, \cdots, x_{2n-1}, b$ の順序で，そこでの $f(x)$ の値を表す．この公式で求めた数値と真の積分値との数値誤差は

$$\frac{M(b-a)^5}{180(2n)^4}$$

をこえることはない．ただし，M は区間 $[a, b]$ での f の4階導関数のとりうる値の絶対値の上限である．f の次数が3以下のとき，シンプソンの公式は真の積分値に一致する．このとき各 x に対して $f(x) \geq 0$ でかつ $n=1$ ならば，シンプソンの公式は

$$\frac{b-a}{6}[y_a+4y_1+y_b]$$

となり，これは f のグラフより下の面積を与え，面積に対する**柱状公式**とよばれる．→ 台形公式，ニュートンの3/8則

■**真部分集合** proper subset
→ 部分集合

■**真分数** proper fraction
→ 分数

■**信頼域** confidence region
　確率変数 X の分布が未知の母数 $\theta_1, \cdots, \theta_n$ に依存するとき $(100\alpha)\%$ 信頼域は n 次元空間の中の $(\theta_1, \cdots, \theta_n)$ の可能な値の集合 S であって，それは標本 $(X_1, \cdots, X_n)$ から
$$\text{Prob}[(\theta_1, \cdots, \theta_n) \in S] \geq \alpha$$
をみたすように決定されるものである．

■**信頼区間** confidence interval
　推定されるべきある母数の特定の値が，所与の信頼度をもって含まれると信じられる区間をいう．未知の母数 θ にその分布が依存する確率変数 X の $(100\alpha)\%$ 信頼区間 (T_1, T_2) は
$$\text{Prob}[T_1 \leq \theta \leq T_2] \geq \alpha$$
で与えられる．ただし T_1 と T_2 は**統計量**，すなわち無作為抽出標本 $(X_1, \cdots, X_n)$ の関数である．もし標本が繰り返しとられ，T_1 と T_2 がそれぞれの標本について計算されたなら，平均的に少なくともそのうち $(100\alpha)\%$ が θ を含み，θ を含まないものは $100(1-\alpha)\%$ を越えないことを見いだす．例えば正規分布で未知の平均 μ，既知の分散 σ^2 そして無作為抽出標本 $(X_1, \cdots, X_n)$ から $\bar{X} = \sum_{i=1}^{n} X_i/n$ が計算されたならば

$$\text{Prob}\left[\bar{X} - z_{0.95}\frac{\sigma}{\sqrt{n}} < \mu < \bar{X} + z_{0.95}\frac{\sigma}{\sqrt{n}}\right] = 0.95$$

そして $(\bar{X} - z_{0.95}\sigma/\sqrt{n}, \bar{X} + z_{0.95}\sigma/\sqrt{n})$ は 95% 信頼区間である．ただし $z_{0.95}$ は平均 0，分散 1 の正規分布で，$\text{Prob}[-z_{0.95} < X < z_{0.95}] = 0.95$ になるように $1.96+$ にとられる．これはまた

$$\text{Prob}\left[\mu - z_{0.95}\frac{\sigma}{\sqrt{n}} < \bar{X} < \mu + z_{0.95}\frac{\sigma}{\sqrt{n}}\right] = 0.95$$

とも書ける．もし分散も未知なら 95% 信頼区間は

$$\left(\bar{X} - t_{n-1}(0.975)\frac{s}{\sqrt{n}}, \bar{X} + t_{n-1}(0.975)\frac{s}{\sqrt{n}}\right)$$

ただし，s は**標本標準偏差**であり
$$\left[\sum_{i=1}^{n}(X_i - \bar{X})^2/(n-1)\right]^{1/2}$$
で計算され，$t_{n-1}(0.975)$ は自由度 $n-1$ の t 分布の 97.5 パーセント点である．

■**信頼性** reliability
　《統計》目的に応じいくつか異なった意味に用いられている．
　(1) 標本抽出や測定において標本分散は用いられる方法の信頼性の尺度である．
　(2) 動いたり (故障して) 動かなかったりする装置が，t 時間故障せずに動く確率を時間 t にわたる信頼性という．
　(3) ある装置が，必要なときにきちんと作動する確率．例えばコンテナがいっぱいとなったとき，バルブが閉じる確率．
　(4) 寿命のあるものについて，その寿命が t (年) 以上となる確率．
　(5) 計算機のソフトウェアについては，定められた仕様どおりに動くか，予期しない結果がおこるか，などを定性的あるいは定量的に評価する用語．

■**真理集合** truth set
　命題関数 p に対し，その**真理集合**とは，p が真な命題となるような p の定義域の要素全体．命題関数が，方程式や不等式によって表されているときは，特に**解集合**ということもある．→ 命題関数，解集合

■**針路 (船の)**　course of a ship
→ 平面航法

■親和数　amicable numbers
→ 友数

ス

■**図** figure
説明の補助として用いられる線画,図式,挿絵などのこと.

■**錐** cone
(1) 円錐曲面のこと [→ 錐面].
(2) 平面上の**底面**とよばれる領域と,その平面上にない**頂点**とよばれる点をとる.底面および底面の境界と頂点を結ぶ線分(**母線**)全体で囲まれる立体を錐という(この立体の境界面も錐とよばれる).頂点から底面に下した垂線の長さを,この錐の**高さ**とよぶ.底面が中心をもつとき,頂点とその中心を結ぶ線を,この錐の**軸**とよぶ.底面が円または楕円のときの錐を,それぞれ**円錐**,**楕円錐**という(ときに円錐の定義は,底面と交わらない,軸と垂直平面による切り口が円となる錐と述べられる).軸が底面に垂直でない円錐は**斜円錐**とよばれる.軸が底面に垂直な円錐は**直円錐**(あるいは**回転円錐**,または単に**円錐**)とよばれる.直円錐は直角3角形の直角をはさむ1辺を軸に回転させるか,その頂角の2等分線を軸にして2等辺3角形を回転させることにより得られる.母線の長さをその直円錐の**斜高**とよぶ.母線でつくられる面の面積を,その錐の**側面積**とよぶ(直円錐の場合,底面の半径を r,斜高を h とすると πrh となる).錐の**体積**は底面積×高さ×1/3 である.直円錐の場合,底面の半径を r,高さを s とすると,その体積は $\frac{1}{3}\pi r^2 s$ となる.

■**推移的関係** transitive relation
A が B とある関係にあり,B が C と同じ関係にあるならば,A が C とその関係にある,という性質をみたす関係のこと.算術における"等しい(=)"という関係は推移的関係である.なぜなら,$A=B$,$B=C$ が成り立つなら $A=C$ が成り立つからである [→ 実数の順序].これを**推移律**という.推移的でない関係で,上の性質をみたす A, B, C が存在しないときは,**非推移的**といい,存在するとき**不推移的**という.例えば,"父である"という関係は,非推移的である.A が B の父であり,B が C の父であるならば,A は C の父である.ということはありえない."友人である"という関係は不推移的である.A と B, B と C が友人であるとき,A と C は友人であることも,そうでないこともある.
→ 同値関係

■**推移律** transitive law
→ 推移的関係

■**水銀インチ** inch of mercury
《気象》重力加速度が標準値であるとき1インチの高さの水銀柱による圧力.3386.3866 パスカルに等しい.

■**吸い込み** sink
負の湧出口. → 湧出口

■**錐状面** conicoid
楕円面,双曲面,放物面の総称.通常,極限的な(退化した)場合は含めない.

■**垂心** orthocenter
3角形の各頂点から対辺に下ろした3つの垂線の交点. → 垂足3角形

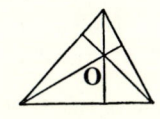

■**垂足曲線** pedal curve
固定点から与えられた曲線の変化する接線に下した垂線の足の軌跡.例えば,その与えられた曲線が放物線でその頂点を固定点に取れば,その垂足曲線はシッソイド(疾走線)である.

■**垂足3角形** pedal triangle
与えられた3角形の内部の1点から3辺に下した垂線の足を結んで得られる3角形.特に図からわかるように,3角形 ABC の各頂点から対辺に下した垂線の足を結んで得られる3角形 DEF は垂足3角形である.その3本の垂線は垂足3角形 DEF の角を2等分している.

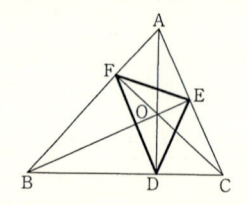

■錐台　frustum of a cone, frustum

底面と平行な平面と底面により切り取られる錐の部分（図を見よ）．あるいは2つの平行な面で切りとられる立体の部分．錐台の体積は両底面積の和にさらに両底面積の2乗根を加え，それに高さ（両底面の間の距離）をかけたものの1/3である．すなわち

$$\frac{1}{3}h(B_1+B_2+\sqrt{B_1B_2})$$

斜高を l，両底面の半径をそれぞれ r, r' とするとき，直円錐台の側面積（曲面部分の面積）は $\pi l(r+r')$ となる．→ 角錐，錐

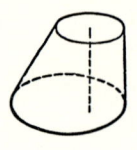

■垂直線　vertical line

水平線に垂直な直線．水平線と垂直線を座標軸として考えるときは，通常，水平線は左から右へ向きをつけ，垂直線は下から上へ向きをつける．→ 鉛直線

■垂直な　perpendicular

＝法線方向の，直交する．

■垂直な直線・平面　perpendicular lines and planes, normal lines and planes

隣接する角が等しくなるように交わる2直線は**直交**しているという（各直線はもう一方に**垂直**であるという）．（解析幾何学において）2直線が直交するための条件は，(1) 平面内では，一方の直線の傾きが他方の傾きの逆数に -1 をかけたものになっているか，一方が水平で他方が垂直になっていることである．(2) 空間内では，2直線の方向ベクトルの対応する成分（または方向余弦）の積の和が0になることである．与えられた2直線に平行な直線で垂直に交わるものが存在すれば，それらは垂直である．2本以上の直線の**共通垂線**は，そのどの直線とも垂直な直線である．平面内では共通垂線をもつ直線は平行線だけで，その個数は任意である．空間内では任意の2直線が任意本数の共通垂線をもつ．その2直線が平行でなければ，そのうちのただ1つが両方と交わる．それのみを共通垂線とよぶこともある．**平面に垂直な直線**とはその平面内のすべての直線と垂直な直線のことであるが，その平面内の平行でない2直線と垂直であることがわかれば十分である．（解析幾何学において）直線が平面に垂直であるという条件は，その方向ベクトルの成分が平面の法線ベクトルの成分に比例していることである．また，同じことであるが，その方向ベクトルの成分が平面の方程式の対応した変数の係数に比例することであるともいえる．直線（平面）の**垂線の足**とは，その垂線とその直線（平面）との交点である．垂直な2平面とは，それらの交線に垂直な直線で一方に含まれるものがもう一方に垂直になっている2平面のことである．すなわち，2面角が直角である平面である．（解析幾何学において）2平面が垂直であるための条件は，それらの法線が垂直であることである．したがって，それらの方程式の同じ変数の係数の積の和が0になることである．→ 法線

■垂直2等分線　perpendicular bisector

平面内の線分に対して，その線分に垂直でその中点を通る直線．空間内の線分に対して，その線分に垂直でその中点を通る平面を垂直2等分面という．いずれの場合にも，垂直2等分線，または垂直2等分面は，線分の両端から等距離の点全体の集合である．

■垂直2等分面　perpendicular bisector
→ 垂直2等分線

■推定値　estimate

(1)《統計》無作為標本より得られるある根拠にもとづいて，確率変数の分布関数の母数に与えられる数値．特定の標本値にもとづいて計算された特定の**推定量**の値 [→ 推定量].

(2) ある根拠にもとづいて与えられた変数の値，またはある関数の性質といったような数学的概念の表現．

■**推定量** estimator

分布関数のある母数を推定するのに使われる，**無作為標本** $\{X_1, X_2, \cdots, X_n\}$ の各値を変数とする関数．推定量は確率変数であり，与えられた標本より計算された推定量の値は，母数の推定値である．例えば，$\left(\sum_{i=1}^{n} X_i\right)\big/ n$ は**平均**の推定量である．$n=2$ で，X_1 と X_2 の値が3と5であるならば，平均の推定値は4である．→ 一致推定量，十分統計量，推定値，不偏推定量，分散，有効推定量，尤度関数

■**随伴行列** adjoint of a matrix

各成分をその余因子で置き換えた行列の転置行列である．すなわち，もとの行列の各成分 a_{rs}（r 行 s 列成分）を成分 a_{sr}（s 行 r 列成分）の余因子で置き換えた行列．随伴行列は正方行列に対してだけ定義される．随伴行列はときに（まれに）**随役**ともよばれる．ある特定の方法に従って，n 次の正方行列に関して，すべての r 次小行列を並べかえることにより得られる $\binom{n}{r}$ 次の正方行列に対しても随役という用語が使われることもある．なお，量子力学の研究者は**エルミート共役行列**を随伴行列とよぶことが多い．=転置共役行列．

■**随伴極小曲面** adjoint minimal surfaces

$\pi/2$ だけ異なるパラメータ a_1 と a_2 をもつ2つの同伴極小曲面．→ 同伴極小曲面

■**随伴空間** adjoint space

→ 共役空間

■**随伴テンソル** associated tensors

テンソル $T_{j_1\cdots j_q}^{i_1\cdots i_p}$ の**随伴テンソル**とは，$g^{i\sigma} T_{j_1\cdots j_q}^{i_1\cdots i_p}$ または $g_{i\sigma}T_{j_1\cdots j_q}^{i_1\cdots i_p}$ の形のテンソルの**内積**によって，$T_{j_1\cdots j_q}^{i_1\cdots i_p}$ の指標を上げたり下げたりして得られるテンソルである．ここで，g_{ij} は**基本計量テンソル**である．また，g^{ij} は i 行 j 列の成分を g_{ij} とする行列式 g の成分 g_{ji} の余因子に $1/g$ をかけたものである．

■**随伴微分方程式** adjoint of differential equation

同次微分方程式
$$L(y) \equiv p_0 \frac{d^n y}{dx^n} + p_1 \frac{d^{n-1}y}{dx^{n-1}} + \cdots + p_{n-1}\frac{dy}{dx} + p_n y = 0$$
に対して，その随伴式は次の微分方程式である．
$$\bar{L}(y) \equiv (-1)^n \frac{d^n(p_0 y)}{dx^n} + (-1)^{n-1}\frac{d^{n-1}(p_1 y)}{dx^{n-1}} + \cdots - \frac{d(p_{n-1}y)}{dx} + p_n y = 0$$
この関係は対称的で，$L=0$ は $\bar{L}=0$ の随伴式となる．関数がこれらいずれかの方程式の解であるのは，その関数が他方の積分因子となるときで，またそのときに限る．
$$vL(u) - u\bar{L}(v) \equiv \frac{dP(u,v)}{dx}$$
をみたす式 $P(u,v)$ が存在し，$P(u,v)$ は $u, u', \cdots, u^{(n-1)}$ と $v, v', \cdots, v^{(n-1)}$ に関して，線型かつ同次的である．この事実は，**双1次随伴式**として知られている．方程式が**自己随伴式**であるのは $L(y) \equiv \bar{L}(y)$ となるときである．例えば，**スツルム-リュウビル微分方程式やルジャンドル微分方程式は自己随伴式である．

■**水平面** horizontal plane

平面とみなせる地球の表面に平行な面．地平に平行な平面．正確には測鉛線に垂直な平面のこと．

■**酔歩** random walk

直線上を左右に歩く運動で1歩ごとにどの方向へ進むか（量も含め）ランダムに決定するもの．酔歩は数学的，物理的問題の解法に使われる．詳しくいうと，酔歩とは $S_n = \sum_{i=1}^{n} X_i$ で定義される列 $\{S_n\}$ のことである．ここで $\{X_n\}$ は独立な確率変数列．例えば，X_i は $+h$ または $-h$ の2値を等確率でとるものとするならば，この確率過程は，τ 秒ごとに左右に h の長さだけ歩を等確率で進める人の動きとみなすことができる．ここで時点 t までに x だけ動く確率 $U(t,x)$ は次の差分方程式
$$U(x, t+\tau) = \frac{1}{2}U(x+h, t) + \frac{1}{2}U(x-h, t)$$
を満足する．U は数値実験を行うことより，近似的に求めることができる．一方，$h^2 = \tau$ のときの $U(x,t)$ の $h \to 0$ に対する極限 $u(x,t)$ は
$$\frac{\partial^2 u}{\partial x^2} = 2\frac{\partial u}{\partial t}$$
を境界条件 $u(x,0) = 0$, $(x \neq 0)$, $\int_{-\infty}^{\infty} u(x,t)\,dx$

=1とともに満足する．逆にこの方程式を酔歩の数値実験で解くことができるが，これは一種のモンテカルロ法である．＝乱歩，ランダムウォーク．

■**錐面** conical surface
固定された1点を通り，固定された曲線と交わる直線全体で構成される曲面．固定点をその錐面の**頂点**とよぶ．また固定された曲線を**基準線**または**導線**，各直線を**母線**とよぶ．直角座標において同次方程式はすべて，原点を頂点にもつ錐面の方程式である．

■**随役** adjugate
→ 随伴行列

■**数** number
(1) **(正の)整数**[→ 整数]．**数**は，**数論**のような語に示されるように，かなり一般的に，整数を指すために用いられる．
(2) **複素数**全体の集合[→ 複素数]．**実数**は複素数の集合の一部分をなす．実数でない複素数は数 $a+bi$ である．ただし，a と b は実数で $b \neq 0$．実数には，2つの種類，**有理数**と**無理数**がある[→ デデキント切断，有理数]．無理数には，2つの種類，**代数的数**と**超越数**がある[→ 無理数]．有理数には2つの種類，**整数**と**分数**(m/n の形で表される実数，ただし m, n は整数で，m は n でわり切れない)がある[→ 整数，分数]．
(3) → カージナル数，順序数

■**数学** mathematics
形，配列，量，および関連する多くの概念の論理的研究．数学は，しばしば，3つの分野に分けられる(**代数学，解析学**，および**幾何学**)．しかし，これらの分野は完全に融合しつつあり，明確な区分はできない．おおざっぱにいって，代数学は数とその抽象を，解析学は連続と極限を，幾何学は空間とそれに関連する概念を扱う．専門的には，数学とは仮定された公理にもとづく科学であり，そこにおいては，特定の前提条件から必然的結論が導き出される．

■**数学的確率** mathematical probability
→ 確率(1)

■**数学的期待** mathematical expectation
→ 期待値

■**数学的帰納法** mathematical induction
法則や定理を証明するための1つの方法で，つぎのような論法である．第1の場合にはそれが成立することを示し，次に1つの与えられた場合について，それに先行するすべての場合に成立すればその場合も成立することを示す．この方法が用いられるためには，法則の異なる各場合が値 1, 2, 3, … をとる変数に依存することが必要である．この証明法の本質的な手順はつぎのようになる．(1) 第1の場合に定理の成立を証明する．(2) 第 n の場合に(あるいは第1から第 n までのすべての場合に)定理が真であれば，第 $n+1$ の場合にも定理は真であることを証明する．(3) このとき，すべての場合に定理が真であると結論できる．その理由は，もし，定理が真でない場合があるとすれば，そのような最初の場合というものが存在するはずである．(1)より，それは第1の場合ではない．しかるに，(2)よりそれは他のどの場合ともなりえない．[なぜならば，ある場合が真でない(実際，真でないと判明している)ならば，その1つ前の場合も真とはなりえない．しかし，初めて真ではない場合以前に真ではないことはありえない．]
例えば，(1) 今日，太陽は昇った．したがって，勝手な日に太陽が昇れば，そのつぎの日にも必ず昇るということが示されれば，数学的帰納法によって，太陽は毎日必ず昇ることが示されたことになる．(2) 等式
$$1+2+3+\cdots+n=\frac{1}{2}n(n+1)$$
が成り立つことを証明する．$n=1$ ならば，右辺は 1 となるから，(1)の段階は示された．$(n+1)$ を上式の両辺に加えると，
$$1+2+3+\cdots+n+(n+1)$$
$$=\frac{1}{2}n(n+1)+n+1=\frac{1}{2}(n+1)(n+2)$$
これは，第2段階(2)が示されたことになる．したがって，すべての n に対して等式は成り立つ．数学的帰納法は**完全帰納法**とよばれ，これに対して有限回の検査から結論を導き出す論法を**不完全帰納法**とよぶ．＝無限降下法，降下による証明．

■**数学的系** mathematical system
未定義な対象の集合，いくつかの未定義な概念および定義された概念，そしてこれらの対象と概念についての1組の公理．最も単純で最も重要な数学的系の1つは**群**である．より複雑な

系としては実数とその公理（性質）や，平面上のユークリッド幾何学の公理系がある．後者は点，線，適当な（例えば，"線上の"，"の間の"，"3角形"，"平行な"などの）未定義または定義された概念，および，これらの対象や概念を関連づける公理よりなる．数学的系は抽象的，演繹的理論であり，公理がみたされる限り，異なる数学的粋組に対しても適用しうる．他の分野への応用が成功するかどうかは，数学的系がその取り扱うべき状態をいかによく記述できるかにかかわっている．

■**数行列式**　numerical determinant
　その成分が文字でなくすべて数であるような行列の行列式．→ 行列式

■**数系**　number system
　(1) 数の表示法．例えば，2進法，10進法，12進法．
　(2) 数とよばれる対象の集合，公理系，および数の間の演算からなる数学的体系．例えば，実数系，複素数系，ケイレイ数［→ ケイレイ代数］．

■**数字**　digit, numerals, figure
　(1) 10進法における，0, 1, 2, 3, 4, 5, 6, 7, 8, 9のこと．数23は数字2と3で構成されている．
　(2) アラビア数字やローマ数字のように数を表す記号．→ アラビア数字，エジプトの数字，ギリシャの数字，中国・日本の数字，20進法，バビロニアの数字，ローマ数字
　(3) 1, 5, 12など，具体的な数を表す記号．

■**数尺**　number scale, complete number scale
　直線上に点0をしるし，等間隔に直線を区切って点とし，0の右側の点に正の整数1, 2, 3, …とラベルをつけ，0の左側の点に負の整数-1, -2, -3, …とラベルをつけてできる数直線上の物指し．

■**数体**　number field
　2個以上の数からなる，実数ないし複素数の集合Fで，Fのどの2元に対しても，それらの和，差，積，商（0による除法はのぞく）がすべてFに属するようなものを，**数体**という．例えば，有理数全体からなる集合や
$$a+b\sqrt{2} \quad (a, b\text{は有理数})$$
という形の数全体からなる集合は数体である．

数体は，必ず，すべての有理数を含み，したがって，無限体になる．数体Fが与えられたとき，Fに属さない数zをFに**添加する**ことにより，より大きな体を構成することができる．正確に述べるとつぎのようになる．
$$\frac{p(z)}{q(z)} \quad \left(\begin{array}{l} p,\ q\text{は}F\text{に係数をもつ} \\ \text{多項式で，} q(z)\neq 0 \end{array}\right)$$
という形の数全体は数体になり，これを，**Fにzを添加した体**という．この定義は，zがFに属しているときも有効であるが，そのときは，得られた体はFと一致する．

■**数値**　numerical value
　(1) ＝絶対値．
　(2) 文字でなく数として与えられた値．

■**数値解析**　numerical analysis
　数学的問題の解を近似的に求める方法の研究．

■**数値句**　numerical phrase
　いくつかの数と，それらをいかに結合して1つ数をうるかを指示する記号の集まり．例えば，$3+2(7-4)$は数値句で，その値は9に等しい．**開いた数値句**とは，1つの表示式であって，その変数に数値を代入すると数値句となるものである．例えば，$2x(3+y)$は開いた数値句であり，$x=7, y=2$とすれば，数値句$2\cdot 7(3+2)$となり，70に等しい．→ 数値文

■**数値計算**　numerical computation
　数値のみを含み文字を含まない計算．

■**数値的**　numerical
　文字ではなくて数字からなる．数値に関する．

■**数値テンソル**　numerical tensor
　すべての座標系において，同じ成分をもつテンソル．**クロネッカーのデルタ** δ_j^i **や，一般化されたクロネッカーのデルタは数値テンソル**である．

■**数値文**　numerical sentence
　(1) 数式で表された命題．例えば，$3<7$, $5-2=3$, $2x+1=17$, $x^2+8x=5$．この場合，英語では number sentence ということが多い．
　(2) 数値に関する命題．例えば，$2+3=5$は真，$2+5=3$は偽なる数値命題である．**開いた数値**

命題とは，1つの表示式であって，その変数に数値を代入すると，数値命題となるものである．例えば，$2x+3y=7$ は，開いた数値命題である．開いた数値命題は，特殊な形の命題関数である．
→ 命題関数

■**数値方程式** numerical equation
　方程式で，その係数および定数項が，文字定数でなく，数字であるもの．方程式 $2x+3=5$, $2x^2+5x+3=0$ は，数値方程式であるが，$ax+b=c$ は，**文字方程式**である．

■**数直線** number line
　直線で，その上の各点が実数と同一視されているもの．2つのとなりあう整数と同一視される2つの点は，この直線上で，通例，単位距離だけ離れている．

■**数の行列式** numerical determinant
　行列の要素が数であるときの，行列式．

■**数の添加** adjoining a number
　→ 数体

■**数の篩** number sieve
　大きな数を因数分解する工夫．→ エラトステネスの篩

■**数の有界集合** bounded set of numbers
　下界と上界の両方をもつ数の集合．集合の各元 x に対して，$A \leq x \leq B$ をみたす数 A, B が存在する集合．

■**数列** sequence
　正整数全体のように順序づけられた数またはものの集合のこと．集合 $\{1, \frac{1}{2}, \frac{1}{3}, \cdots, \frac{1}{n}\}$, $\{x, 2x^2, 3x^3, \cdots, nx^n\}$ は数列である．これらは n 項からなっている**有限数列**である．これに対し，どの項についてもその後に続く他の項がある数列を**無限数列**という．無限数列は単に**数列**とよばれることがあり，$\{a_1, a_2, a_3, \cdots, a_n, \cdots\}$ または $\{a_n\}$ または (a_n) とかかれる．n 項からなる有限数列は定義域が整数の集合 $\{1, 2, \cdots, n\}$ である1つの関数である．a をその関数とするとき，$a(k)$ または a_k が k 番目の項を表す．無限数列は定義域が正整数全体の集合である1つの関数である．

■**数列の極限** limit of a sequence
　数列 $\{s_1, s_2, s_3, \cdots, s_n, \cdots\}$ において，この項の並び方の順序におけるある番号から先のすべての項がある数 s に近づくとき，この数列の**極限**は s であるという．すなわち，任意の $\varepsilon>0$ に対して，ある N が存在して，N より大きなすべての n に対して $|s-s_n|<\varepsilon$ が成り立つ．点列 $\{p_1, p_2, p_3, \cdots\}$ の極限が p であるとは，p の任意の近傍 U に対して数 N が存在して，$n>N$ ならば p_n は U に属することをいう．極限をもつ数列は**収束する**といい，そうでない数列は**発散する**という．数列 $\{s_1, s_2, \cdots\}$ が収束するためには，級数 $s_1+(s_2-s_1)+(s_3-s_2)+\cdots+(s_n-s_{n-1})+\cdots$ が和をもつことが必要十分である [→ **無限級数の和**]．**収束集合列**とは，上極限と下極限とが一致するような集合を項とする列のことである．すなわち，収束集合列においては，ある要素がこの集合列のなかの無限個の集合に属するためには，この集合列のなかの有限個の集合を除くすべての集合に属することが必要十分である．**収束集合列の極限**とは，その集合列のなかの無限個の集合に属する要素全体からなる集合のことをいう．

■**数列の集積点** accumulation point of a sequence
　→ 集積点

■**数列の収束に関するコーシーの条件** Cauchy condition for convergence of a sequence
　無限数列が収束するための必要十分条件は，両方の項が十分先のものならば，両者の差がいくらでも小さくなることという条件．詳しくいうと，無限数列 $s_1, s_2, s_3, \cdots, s_n, \cdots$ が収束するのは，任意の $\varepsilon>0$ に対して N が存在し，すべての $n>N$ と $h>0$ とについて
$$|s_{n+h}-s_n|<\varepsilon$$
が成立するとき，かつそのときのみである [→ コーシー列]．これは数列の項 s_n を級数
$$s_1+(s_2-s_1)+(s_3-s_2)+\cdots+(s_n-s_{n-1})+\cdots$$
の第 n 部分和と考えれば，級数の収束に関するコーシーの条件と同じである．

■**数列の上界・下界** bound to a sequence
　実数 c がある実数列の**上界**（**下界**）であるとは，その数列のどの項も c 以下（c 以上）であ

ることをいう．上界も下界ももつ数列を**有界な数列**という．最小の上界を**最小上界**または**上限**という．最小上界が L であるとき，任意の $\varepsilon>0$ に対して $L-\varepsilon$ と L の間に数列の項が存在して，L より大きい数列の項は存在しない．最大の下界を**最大下界**または**下限**という．最大下界が l であるとき，任意の $\varepsilon>0$ に対して l と $l+\varepsilon$ の間に数列の項が存在して，l より小さい数列の項は存在しない．→限界

■**数列の積分**　integration of sequences
→単調収束定理，有界収束定理，ルベーグの収束定理

■**数列の発散**　divergence of a sequence
発散する性質，すなわち収束しない性質．→発散列

■**数論**　number theory, theory of numbers
整数とそれらの間の関係の研究．整数論ともいう．ただし超越数の理論などを含めて，数論ということもある．

■**スカラー行列**　scalar matrix
→行列

■**スカラー積**　scalar products
→ベクトルの乗法

■**スカラー場**　scalar field
→テンソル

■**スカラー量**　scalar quantity
(1) 同じ種類の2つの数量の比．
(2) ベクトル，行列，四元数などと区別するための数のよび方．
(3) 0階のテンソル．＝スカラー．→テンソル

■**スキュース数**　Skewes number
→素数定理

■**図形**　configuration
幾何的な図，あるいは点，直線，曲線，面などの幾何的要素の組合せに対する総称．

■**図形の同値**　equivalent geometric figures
→同値関係

■**図式**　diagram
ある資料やその資料から結論されることを表している図．あるいは図（グラフ）によって命題や証明を表している図式．読者が代数的説明を理解するのに役立てるために用いる．

■**図式化**　graphing
方程式のグラフや資料を表すグラフを描くこと．→曲線の追跡

■**図式解法**　graphical solution
図式的または，幾何学的方法によって（おおよそ）得られる解のこと．例えば，方程式 $f(x)=0$ の実数解は，グラフを描いて，グラフが x 軸と交わる点の値を評価することによってみつけることができる．また，$e^x=5+\ln x$ で与えられるような等式の解は，$y=e^x$ と $y=5+\ln x$ のグラフを描き，2つのグラフの交点の座標を評価することによって得ることができる．

■**図式的**　graphical, graphic
グラフや整図に関連することに用いられる用語．代数的な手段よりもグラフを描くことで視覚的に理解，研究すること．

■**ススリン，ミカエル・ヤコフレヴィチ**
Souslin (Suslin), Michail Jakovlevich
(1894－1919)
ロシアの解析，位相数学者．

■**ススリン予想**　Souslin's conjecture
位相空間 L が全順序集合で，最小の要素も最大の要素もなく，開区間が L の位相の基底をなし，連結で，L 上に互いに素な非可算個の開区間の族がなければ，L は実直線と位相同型であろうという予想．L が可分で，上記の4条件のうち初めの3条件を満足すれば，L は実直線と位相同型であることが知られている．上記4条件を満足して可分でない集合を**ススリン直線**という．もしもススリン直線が存在すれば，ススリン予想は否定される．しかし現在ではススリン予想は，たとえ連続体仮説を仮定しても，通常の集合論の公理に基づいて，決定不能であることがわかっている．

■**ススリンの定理**　Souslin's theorem
→解析集合

■**スタイニッツ，エルンスト** Steinitz, Ernest
(1871—1928)
　ドイツの代数学および位相数学者．

■**スタイニッツの定理** Steinitz's theorem
　x を n 次元ユークリッド空間の部分集合 S で張られた凸集合の内点とするとき，S はたかだか $2n$ 個の点からなる部分集合 X を含み，かつ x は X の凸包の内点である．→ カラテオドリの定理，ヘリーの定理，ラドン-ニコディムの定理

■**スターリング，ジェームス** Stirling, James
(1692—1770)
　スコットランド人．オックスフォード，ヴェニス，ロンドンにおいて政治と宗教の論争中にもかかわらず数学上輝かしい業績を残した．ニュートン，マクローリンとも交友があった．しかし 1735 年以降はもっぱら事業に従事した．

■**スターリング級数** Stirling's series
　次の 2 つの漸近展開のいずれかをいう．
$$\log \Gamma(x) = \left(x - \frac{1}{2}\right)\log x - x + \frac{1}{2}\log(2\pi)$$
$$+ \sum_{k=1}^{\infty} \frac{(-1)^{k-1} B_k}{2k(2k-1) x^{2k-1}}$$
$$\Gamma(x) = e^{-x} x^{x-1/2} (2\pi)^{1/2} \left\{ 1 + \frac{1}{12x} + \frac{1}{288 x^2} \right.$$
$$\left. - \frac{139}{51840 x^3} + O\left(\frac{1}{x^4}\right) \right\}$$
ただし，$\Gamma(x)$ は**ガンマ関数**，$B_1, B_2, \cdots$ は**ベルヌイ数** $\frac{1}{6}, \frac{1}{30}, \frac{1}{42}, \cdots$ を表し，$O\left(\frac{1}{x^4}\right)$ は，$x^4 \cdot O(1/x^4)$ が $x \to \infty$ としたとき有界であるような関数である．上の 2 番目の級数は x^{-1} のベキに関してさらに展開できる．

■**スターリングの公式** Stirling's formula
　(1) $(n/e)^n \sqrt{2\pi n}$ は漸近的に $n!$ に等しい，すなわち，
$$\lim_{n \to \infty} n! / [(n/e)^n \sqrt{2\pi n}] = 1$$
くわしくは
$$n! = (n/e)^n \sqrt{2\pi n} \, e^{\theta_n/(12n)}$$
である．ただし，θ_n は各 n に対して定まる $0 < \theta_n < 1$ のある値である．スターリングの公式は，次の漸近展開公式で表される．
$$(n/e)^n \sqrt{2\pi n} \, e^w$$

ここに　$w = \dfrac{a}{12n} - \dfrac{1}{360 n^3} + \dfrac{1}{1260 n^5} \cdots$

　(2) マクローリン級数．マクローリン級数はスターリングにより発見されていたが，マクローリンによりはじめて公表された．

■**スチューデント** Student
　ウィリアム・シーリィ・ゴゼット (1876—1937) の匿名．

■**スチューデントの t 分布** Student's t
　→ t 分布

■**スツルム，ジャーク・シャルル・フランソワ** Sturm, Jacques Charles François (1803—1855)
　スイス-フランスの解析学者，数理物理学者．

■**スツルム関数** Sturm functions
　与えられた多項式 f からつくられるある関数列．正確にいえば，関数 $f_0, f_1, \cdots, f_n$ の列で，しかも $f_0(x) \equiv f(x)$, $f_1(x) \equiv f'(x)$, $f_2(x) \equiv f''(x)$, $f_3(x), f_4(x), \cdots$ はユークリッドの互除法を用いて $f(x)$ と $f'(x)$ の最大公約因数を見つける操作において得られる，余りの符号を変えたものである．この関数の列のことを**スツルムの関数列**という．

■**スツルムの定理** Sturm's theorem
　代数方程式における変数の任意の 2 点の間にある実根の個数を決定する定理．この定理によれば，$f(a) \neq 0$, $f(b) \neq 0$ である 2 数 a, b の間の $f(x) = 0$ の実根の個数は，f からつくられたスツルム関数の列中の，符号の変化の個数に等しい．ただし，重根は 1 個として数える．→ 符号変化（順序づけられた数の集合の）

■**スツルムの比較定理** Sturm comparison theorem
　p, p_1 は区間 I 上で連続である導関数をもち，q, q_1 は I 上連続で，しかも I のすべての点 x に対して $p(x) \geq p_1(x) > 0$, $q_1(x) \geq q(x)$ であるとする．このとき I 上で，$(p_1 u_1')' + q_1 u_1 = 0$ をみたす恒等的に 0 ではない関数 u の I 上の任意の 2 つの零点の間に，I 上 $(pu')' + qu = 0$ をみたすどんな関数 u_1 も零点を少なくとも 1 つもつ．ただし，ある c によって $u = cu_1$ とかけることはなく，また $p = p_1$, $q = q_1$ ではないとす

る.

■**スツルムの分離定理** Sturm separation theorem

u, v を区間 I 上の微分方程式 $y''+p(x)y'+q(x)y=0$（p, q は I 上連続）の実数体上 1 次独立な解とするとき，u の 2 つの任意のひき続く零点の間に，v のちょうど 1 つの零点が存在するという定理.

■**スツルム-リュウビルの微分方程式** Sturm-Liouville differential equation

微分方程式

$$\frac{d}{dx}\left[p(x)\frac{dy}{dx}\right]+[\lambda\rho(x)-q(x)]y=0$$

をいう．ここに $p(x), \rho(x)$ は x が与えられた閉区間 $[a, b]$ の点であるとき正の値をとり，関数 p', q, ρ は $[a, b]$ 上連続であるとし，λ は助変数である．**正則スツルム-リュウビル系**とは，次の形の境界条件を伴ったスツルム-リュウビルの微分方程式のことをいう．$\alpha y(a)+\beta y'(a)=0, \gamma y(b)+\delta y'(b)=0$．ただし，$\alpha, \beta$ は少なくとも一方が 0 ではなく，かつ γ, δ は少なくとも一方が 0 ではないとする．$T(y)=-d[py']/dx+qy$ により定義される作用素 T は，境界条件をみたす連続 2 回微分可能な関数の集合上の**対称作用素**である．実数固有値の増加数列 $\{\lambda_n\}$ が存在して，$\lim\lambda_n=\infty$．各固有値 λ_n はスカラー倍の違いを除いてただ 1 つの**固有関数** ϕ_n をもつ．$i\ne j$ のとき，ϕ_i と ϕ_j は直交する．ϕ_n は (a, b) 上ちょうど $n-1$ 個の零点をもち，列 $\{\phi_n\}$ は $|f|^2$ が $[a, b]$ 上有限積分可能（ルベーグ）可測関数 f のつくるヒルベルト空間の完備直交列である．同様な定理が $[-1, +1]$ 上のルジャンドル方程式のような特異系に対して成り立つ．ルジャンドル方程式においては，$p(x)$ は区間の両端点 $1, -1$ を零点とし，境界条件は用いられない $[p(x)=1-x^2]$．また，区間が有界でない場合についても同様な結果がある．→プリュファー変換

■**スティルチェス，トーマス・ヤン** Stieltjes, Thomas Jan (1856—1894)

オランダ系のフランスの解析学，数論学者. →モーメント問題

■**ステビン（ステヴィヌス），シモン** Stevin (Stevinus), Simon (1548—1620)

フランドル（現在のオランダ）の代数学，解析学者および技師．小数を普及させ，極限，予測計算について論じた．

■**ステラジアン** steradian
→立体角

■**ステール** stere

1 立方メートルのこと．木材を計測するのにもっぱら用いられる．元来フランスで用いられた単位で，現在の SI 単位系では暫定的に許容されている．→メートル法

■**ストークス卿，ジョージ・ガブリエル** Stokes, Sir George Gabriel (1819—1903)

イギリスの解析学者，物理学者．彼は数学を，流体力学，弾性体，波の理論などに使用した．

■**ストークス共変微分関数** Stokian covariant derivative

$t_{a_1a_2\cdots a_p}(x^1,\cdots,x^n)$ を交代共変テンソル場とするとき，

$$t_{a_1a_2\cdots a_p|\beta}=\frac{\partial t_{a_1\cdots a_p}}{\partial x^\beta}-\sum_{r=1}^n\frac{\partial t_{a_1\cdots a_{r-1}\beta a_{r+1}\cdots a_p}}{\partial x^{a_r}}$$

によって定義される $(p+1)$ 階のテンソル場 $t_{a_1a_2\cdots a_p|\beta}$ は交代テンソルである．これを $t_{a_1\cdots a_p}$ の**ストークス共変微分関数**とよぶ．多重積分における一般化されたストークスの定理は

$$\int_{B_p}\cdots\int t_{a_1\cdots a_p}dx^{a_1}\cdots dx^{a_p}$$
$$=\int_{V_{p+1}}\cdots\int t_{a_1\cdots a_p|\beta}dx^{a_1}\cdots dx^{a_p}dx^\beta$$

とかけるから，この術語は適切である．ストークス共変微分は，距離テンソル場 g_{ij} によって導入される諸量には依存しないことがわかる．

■**ストークスの定理** Stokes' theorem

S を向きづけ可能な曲面，C を S の境界とする．このときあるベクトル値関数 F を C のまわりを正の向きに線積分したものは $(\nabla\times F)\cdot n$ の S 上の面積分に等しい．ただし，n は S に対する単位法ベクトルである［→面積分］．S と F を制限する必要がある．S が有限個の滑らかな面素の和集合であって F の成分の 1 階偏導関数が S 上連続であることが十分条件である．もし C が区分的に滑らかでしかも S の各面素が

媒介変数として x と y, y と z, z と x を用いて表すことができるならば，C のまわりの $Ldx+Mdy+Ndz$ の積分は

$$\left(\frac{\partial N}{\partial y}-\frac{\partial M}{\partial z}\right)(\pm dydz)+\left(\frac{\partial L}{\partial z}-\frac{\partial N}{\partial x}\right)(\pm dzdx)$$
$$+\left(\frac{\partial N}{\partial x}-\frac{\partial L}{\partial y}\right)(\pm dxdy)$$

の S 上の積分に等しい．ただし，$\boldsymbol{F}=L\boldsymbol{i}+M\boldsymbol{j}+N\boldsymbol{k}$ であり，符号は $\boldsymbol{n}$ が，対応する座標系の入った平面の正の側にあるか負の側にあるかに従って定められる．

■**ストロフォイド** strophoid
定点を通る動く直線を考えたとき，その直線と y 軸との交点からの距離がちょうど y 切片に等しい直線上の点の平面上での軌跡．定点の座標を $(-a, 0)$ にとったときのこの曲線の方程式は

$$y^2=x^2(x+a)/(a-x)$$

である．図において，P'E=EP=OE, A が定点で，破線はこの曲線の漸近線である．

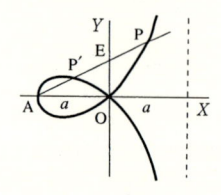

■**ストーン，マーシャル・ハーヴェイ** Stone, Marshall Harvey (1903—1989)
米国の関数解析，代数学，論理学，位相数学の研究者．元最高裁判所長官ハーラン・ストーン (Harlan Stone) の息子である．

■**ストーン-チェックのコンパクト化** Stone-Čech compactification
→ コンパクト化

■**ストーン-ワイエルシュトラスの定理** Stone-Weierstrass theorem
ワイエルシュトラスの**多項式近似定理**をストーンが拡張したもの．T をコンパクトな位相空間とし，S を T 上で定義された連続な実数値関数の族とする．S が次の両条件をみたせば，T 上で定義された任意の連続な実数値関数が，S の関数によって一様に近似できる．(1) $f, g \in S$, a を実数とするとき，$af, f+g, f\times g$ も S に属する．(2) x, y を T の相異なる点とし，a, b を実数とするとき，$f(x)=a, f(y)=b$ である $f \in S$ が存在する．

■**スネデッカー，ジョージ・ワッデル** Snedecor, George Waddel (1881—)
アメリカの統計学者でパンチ・カードに関する専門家．→ F 分布

■**スネル，ヴァンロイエン・ウィブロド** Snel (Snell), van Roijen [Snellius] Willebrod (1580—1626)
オランダの天文学者で数学者．ラテン名はスネリウス．1613 年に父の後を継いでライデン大学の数学教授になった．

■**スネルの法則** Snell's law
→ 屈折

■**スパン** span
→ 張る

■**スピアマンの順位相関** Spearman's rank correlation
→ 順位相関

■**スプライン** spline
区間の上で定義され，各部分区間でそれぞれ区分的に定義され，部分区間の端である階数までの導関数が一致するように滑らかにつないでつくられる関数．通例，部分区間上では多項式または他の簡単な形（三角多項式など）の関数である．実数の区間 $[a, b]$ と分点 $a=x_0<x_1<\cdots<x_n=b$ が与えられたとき，**節点** $\{x_i\, ; 0\leq i \leq n\}$ をもつ m **次のスプライン**とは，各区間 $(-\infty, x_0), (x_0, x_1), \cdots, (x_{n-1}, x_n), (x_n, \infty)$ で m 次以下の多項式であり，$(m-1)$ 階導関数がいたるところ連続な関数 S である．スプラインは微分方程式，積分方程式の近似解や，その他諸方面に使われる．

■**スペクトル** spectrum [pl. spectra]
H をヒルベルト空間，S は部分集合からなる σ 加法族を $\mathcal{A}$ とする集合とする．S 上の**スペクトル測度**とは，$\mathcal{A}$ の各要素 X に対して射影 $F(X)$ を対応させる関数 P で，$P(S)$ が H 上の恒等変換であり，$\mathcal{A}$ に属する互いに素な集合列 $X_1, X_2, \cdots$ に対して

$$P(\overset{\infty}{\underset{1}{\cup}} X_k) = \sum_{1}^{\infty} P(X_k)$$

をみたすものをいう. $X_1 \subset X_2$ ならば $P(X_2-X_1) = P(X_2) - P(X_1)$ であり, また $P(X_1)$ の値域は $P(X_2)$ の値域に含まれる, すなわち, $P(X_1) \cdot P(X_2) = P(X_1)$ という意味で $P(X_1) \leq P(X_2)$. $\mathcal{A}$ の任意の2つの要素 X_1, X_2 に対して, $P(X_1 \cup X_2) + P(X_1 \cap X_2) = P(X_1) + P(X_2)$, $P(X_1 \cap X_2) = P(X_1) \cdot P(X_2)$. X_1 と X_2 の共通部分がないとき, $P(X_1)$ の値域と $P(X_2)$ の値域は直交する. S が複素数平面(または複素数平面の部分集合)で $\mathcal{A}$ がボレル集合の σ 加法族であるとき, S 上のスペクトル測度は加法性をもつ. すなわち $\mathcal{A}$ の要素 X に対して, $P(X)$ の値域は X のコンパクト部分集合 X_a の射影 $P(X_a)$ の値域についての和集合である. スペクトル測度の**スペクトル**とは, $P(U) = 0$ であるすべての開集合 U の和集合の補集合のことをいう. スペクトルが有界であるとき, $f(\lambda)$ を有界な(実または複素数値)(ボレル)可測関数とすると, $T = \int f(\lambda) dP$ はこの積分の近似が T にノルム収束するという意味で, 有界な変換 T を定義する. ヒルベルト空間の任意の2元 x, y に対して, $m(X) = (P(X) x, y)$ は $\mathcal{A}$ 上の複素数値の**測度**を定義し, $(Tx, y) = \int f(\lambda) dm$, $\int f \cdot g \, dP = \int f \, dP \cdot \int g \, dP$ であり, f が連続のとき,

$$\left\| \int f(\lambda) dP \right\|$$

はスペクトルに属する λ による $|f(\lambda)|$ の上界である. 変換 $T = \int \lambda dP$ のスペクトルはスペクトル測度のスペクトルと一致する. スペクトルが有界でないが f が有界集合上で有界であるとき, $\int f(\lambda) dP$ は $\mathcal{A}$ の各有界集合 X に対する射影 $P(X)$ の値域上で $\int f_X(\lambda) dP$ と一致するただ1つの変換である. ここで, f_X は X 上で f, X の補集合上で 0 である関数である.

■**スペクトル(変換の)** spectrum of a transformation
→ 変換のスペクトル

■**スペクトル定理** spectral theorem
ヒルベルト空間で定義された任意の**正規変換**または**エルミート変換**または**ユニタリ変換** T に対して, 複素平面のボレル集合族上定義される一意的なスペクトル測度が存在して,

$$T = \int \lambda dP$$

となる. T がエルミート変換のとき, X が実数直線と交わらないならば $P(X) = 0$ であり, $\int \lambda dP$ は実数直線に沿った積分とみなすことができる. また, T がユニタリ変換のときは, X が円 $|z| = 1$ と交わらないならば $P(X) = 0$ であり, $\int \lambda dP$ はこの円にまわりの積分とみなすことができる.

■**スミス標準形** Smith's canonical form
→ 行列の標準形

■**スミス, ヘンリー・リー** Smith, Henry Lee (1893—1957)
米国の解析学者. → ムーア-スミスの収束

■**スメール, スティーブン** Smale, Stephen (1930—)
米国の微分位相幾何学者, 解析学者でフィールズ賞受賞者(1966年). 球面を裏返すことができることを証明し, 一般化されたポアンカレ予想が5次元以上ならば成り立つことを示した.

■**ずらし設置** offset
《測量》与えられた方向のある地点までの距離を測るとき, その間にある障害物をさけるために行う, 与えられた方向と垂直な方向へのずらし. 与えられた方向での池の幅は, 池をめぐって上記のようにずらしながら階段状に測量を行うときの, 与えられた方向を向く線分の長さの和としてえられる.

セ

■**正** positive
→ 正の数

■**整域** integral domain
単位元をもち，零因子をもたない**可換環**のこと．ここで0を加法に関する単位元とするとき，0でない元 x, y に対して，$xy=0$ となるとき，x, y を**零因子**という．零因子をもたないことは，$xz=yz, z \neq 0$ なら $x=y$ となる簡約律と同値である．整数の全体，代数的整数の全体は，整域である．整域 D が "正の集合" とよばれる集合を含んでおり，条件 (1) 正の元どうしの和と積は正の元である．(2) D の元 x に対して，$x \in D, x=0, -x \in D$ のどれか1つのみが必ず成り立つ，をみたすとき D を**順序整域**という．整域の元が，単位元であるか，素元であるか，素元の有限積として表され，この有限積が単位元の因子と積の順序以外に関しては一意的であるならば，この整域を**一意分解整域**という．D が一意分解整域であるならば，D を係数にもつ多項式の全体は一意分解整域である．特に，体を係数にもつ多項式の全体は一意分解整域である．→ 環，代数的数

■**正確** accurate
まちがいがなく，正しく，精密なこと．正確な言明とは内容が正しく，真であるものをいい，正確な計算とは計算上の誤りのないものをいう．

■**正割** secant
三角関数の1つで余弦の逆数．→ 三角関数

■**正割曲線** secant curve
$y = \sec x$ のグラフのこと．$-\frac{1}{2}\pi$ と $\frac{1}{2}\pi$ の間で凹形である．このグラフは直線 $x = -\frac{1}{2}\pi$ と直線 $x = \frac{1}{2}\pi$ を漸近線にもち，y 切片が1である．同じ弧が長さ π ラジアンのすべての区間に，上に凹，下に凹と交互に現れる．

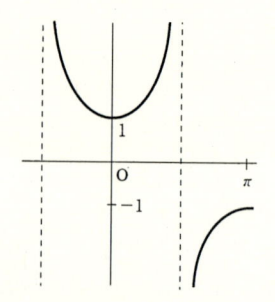

■**整関数** entire function, integral function
複素数平面全体で解析的な関数．すなわち，すべての有限な変数値に対して，マクローリン級数に展開できる関数．すべての有限な変数値に対して解析的な複素関数．整関数 f が $\theta_1 < \theta < \theta_2$ において，**位数** ρ をもつとは，すべての $\varepsilon > 0$ と $\theta_1 < \theta < \theta_2$ であるすべての θ に対して，一様に，

$$\limsup_{r \to \infty} \frac{\log |f(re^{i\theta})|}{r^{\rho+\varepsilon}} = 0$$

をみたすが，いかなる $\varepsilon < 0$ に対しても，これをみたさないことをいう
→ ピカールの定理，フラグメン-リンデレーフの関数，リュウビルの定理

■**正規** normal
正規という語により指定された性質をもつ [→ 正規数，正規変換，正規分布].

■**正規因子** normal divisor of a group
→ 正規部分群

■**正規拡大（体の）** normal extension of a field
→ 体の拡大

■**正規化された確率変数** normalized random variable
《統計》(1) 与えられた確率変数 X を平均0, 分散1の正規分布に従う確率変数またはその近似に変換したとき，変換された確率変数をこうよぶ．

(2) → 標準化された確率変数

■**正規（正規化された）関数**　normal functions, normalized functions
→ 直交関数

■**正規行列**　normal matrix
$A^*A=AA^*$ をみたす正方行列 A. ただし, A^* は A の**転置共役行役**（A が実のときは，**転置行列**）である．行列 A が正規であるのは，それが**ユニタリ行列**によって対角行列に変換されるときであり，しかもそのときに限る．任意の正則行列は 2 つの正規行列の積として表される．

■**正規空間**　normal space
→ 正則空間

■**正規作用素**　normal transformation
有界線型作用素 T は，その**随伴作用素** T^* と可換（すなわち $TT^*=T^*T$）ならば正規である．正規作用素は，その随伴作用素と可換でなければならない．しかし，有界でないときは，通常他の条件（例えば，**閉**）が課せられる．有界線型作用素 T が正規となるのは，T が $AB=BA$ をみたす対称作用素 A と B により $T=A+iB$ とかけるときであり，しかもそのときに限る．→ 正規行列，スペクトル定理

■**正規数**　normal number
その小数展開において，すべての数字が等しい頻度で現れ，さらに，すべての同じ長さの数字のブロックが等しい頻度で現れるような数．詳しくいうと実数 X が無限 r 進小数に展開されているとし（r は 10 とは限らない），$N(d,n)$ を X のはじめの n 個の数字に現れる数字 d の度数とする．このとき，数 X が r 進**単純正規**であるとは，
$$\lim_{n\to\infty}\frac{N(d,n)}{n}=\frac{1}{r}$$
が d のすべての値 $0,1,\cdots,r-1$ に対して成り立つことである．さらに，$N(D_k,n)$ を X のはじめの n 個の数字の列に現れる長さ k の数字のブロックの度数とする．数 X が r 進**正規**であるとは，
$$\lim_{n\to\infty}\frac{N(D_k,n)}{n}=\frac{1}{r^k}$$
がすべての正整数 k とすべての D_k に対して成り立つことである．正規数は無理数であるが[→ 無理数]，単純正規数は有理数でありうる（例えば**循環小数** $0.1234567890123456789\cdots$）．$\sqrt{2}$, π, または e が r 進正規であるかどうかは，（いかなる r についても）知られていない．ところが，**測度 0** の集合を除くすべての実数は，すべての r に対して，r 進正規である．10 進正規数の例は，$0.1234567891011121314 15\cdots$.

■**正規族（解析関数の）**　normal family of analytic function
→ 解析関数の正規族

■**正規直交**　orthonormal
"正規でありしかも直交する"の略．→ 基底（ベクトル空間），直交関数

■**正規度数関数**　normal frequency function
→ 確率密度関数

■**正規の順序**　normal order
数，文字，あるいは対象について，習慣的その他の理由ですでに確立されている順序を，他のすべての順序づけに対して**正規**とよぶ．もし a,b,c がこれらの文字の正規の順序と定義されているならば，b,a,c はその 1 つの転置である．→ 転位

■**正規部分群**　normal subgroup
群 G の部分群 H に対し，各 $g\in G$ について $gH=Hg$ であるもの．部分群が正規であるための必要十分条件は，右剰余系が左剰余系でもあることである．部分群 H が**準正規部分群**であるとは，G のすべての部分群 J に対して $JH=HJ$ であることである．＝不変部分群，正規因子．→ 商空間

■**正規分布**　normal distribution
確率変数 X が
$$f(t)=\frac{1}{\sigma\sqrt{2\pi}}e^{-\frac{1}{2}(t-m)^2/\sigma^2},\quad -\infty<t<\infty$$
の形の確率密度関数をもつとき，X は**正規分布**に従う，あるいは，**正規確率変数**であるという．X の平均は m, **分散**は σ^2, そして，**モーメント母関数**は $M(t)=e^{tm+\frac{1}{2}t^2\sigma^2}$ である．このような関数 f を**正規確率密度関数**，あるいは，**正規度数関数**といい，そのグラフを**正規度数曲線**（または，**誤差曲線**，**正規度数分布曲線**，**正規確率**

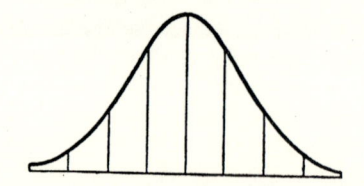

曲線など）とよぶ．図に見られるように，それは，釣鐘の形をしており，平均のまわりで対称，かつ平均から±σのところで変曲点をもつ．分布の68%が区間 $m\pm\sigma$ に含まれ，99.7%が区間 $m\pm3\sigma$ に含まれる．正規分布は，多くの実際の問題にでてくる．それは，**中心極限定理**のために，そして，**2項分布**の極限分布であることからも重要である．後者の意味は，X を $n, p, q = 1-p$ により定まる2項確率変数とすると，$(t-np)/\sqrt{npq}$ は，n が十分大きいとき近似的に，平均0で分散1の正規分布をもつということである．＝ガウス分布．→ F 分布，精度のモジュラス，対数正規分布，2項分布，2変量正規分布

■**正規方程式** normal equations
モデル，$y = a + bx + \varepsilon$（y, ε は確率変数，x は定数）に含まれる助変数 a, b を最小2乗法により求めるとき導かれる方程式のこと．n 組のデータが与えられたとき $\sum_{i=1}^{n}[y_i-(a+bx_i)]^2$ を最小にする a, b は，次の正規方程式を満足することが示される．
$$\sum y_i - an - b\sum x_i = 0$$
$$\sum y_i x_i - a\sum x_i - b\sum x_i^2 = 0$$
同様にして，k 個の助変数を含むモデルに対しては k 個の方程式からなる正規方程式が導かれ，それを解くことより k 個の最小2乗推定量が得られる．→ 最小2乗法

■**整級数** entire series
変数のすべての値において収束するようなベキ級数．指数関数を表す $1 + x + x^2/2! + x^3/3! + \cdots + x^n/n! + \cdots$，はその一例である．なお，整級数という語は，ときにベキ級数と同義にも使われる．

■**正距円柱図法** even-spaced map
→ 円柱図法

■**制御装置** control component
計算機において，与えられた命令を次々に正しく実行するように諸構成要素を動かす部分．ただし，初期の計算機では始動やテストなど手動で使用される部分に対して，このような区分に意味があったが，現在の計算機では演算装置などと一体化していたり，その機能を実質的にOSなどのソフトウェアで実行したりしているので，明確にどこが制御装置であるか特定しがたい．

■**整型関数** holomorphic function
→ 解析関数（複素変数の）

■**整係数方程式** equation with integer (integral) coefficients
→ p型方程式

■**正弦** sine
→ 三角関数

■**制限完備な体** complete field
→ 体

■**正弦級数** sine series
→ フーリエの片側級数

■**正弦曲線** sine curve
$y = \sin x$ のグラフ．この曲線は原点を通り，この曲線の x 軸上の点は π（ラジアン）の倍数のところにあり，x 軸に向かって凹形をなし，x 軸から各凹形までの最大距離は1である．

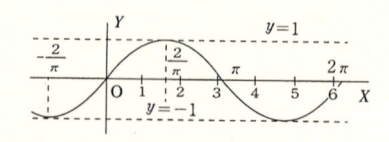

■**正弦法則** laws of sines
平面3角形の辺は相対する角の正弦（sin）に比例する．3角形の角を A, B, C とし，それぞれに相対する辺を a, b, c とするとき，公式
$$\frac{a}{\sin A} = \frac{b}{\sin B} = \frac{c}{\sin C}$$
をいう．**球面3角形**に対しても，辺の長さを，辺をなす弧の正弦におきかえて，上と同じ公式が成り立つ．正弦定理，正弦公式ともいう．

■正矢　versed sine, versine
→ 三角関数

■斉次　homogeneous
＝同次．

■静磁界のポテンシャル　potential in magnetostatics
磁界が単位正磁極を，与えられた点から無限遠点またはポテンシャルが0である地点として選ばれた点まではねかえすのに必要な仕事量．磁性体の分布によるポテンシャルは，同等な双極子分布のポテンシャルと本質的には同じである．

■整式　integral expression
いくつかの変数を含む代数的式で，各変数のベキ乗を正の指数のみで表したとき，どの変数も分数式の分母として現れないもの．

■正4辺形　regular quadrilateral
4辺の長さと4内角の大きさがともにみな等しい4辺形．正方形．

■静止モーメント　static moment
＝質量モーメント．

■正射影　orthographic projection
＝直交射影．→ 方位地図，直交射影

■整除　divisible
一般的に，元 x が元 y によって整除されるとは，$x=yq$ となる元 q が存在するときである．例えば，整数 m が整数 n によってわり切れるとは，$m=nq$ となる整数 q が存在する場合である．多項式 F が多項式 G によって整除されるとは，$F=GQ$ となる多項式 Q が存在する場合である．10進法で書かれた整数がある数でわり切れるかどうかのさまざまな判定法がある．**2での整除**：1の位の数が2でわり切れる場合．**3(9)での整除**：各桁の数の和が3(9)でわり切れる場合［例えば，35712の各桁の数の和は18なので3と9でわり切れる］．**4での整除**：下2桁が4でわり切れる場合．**5での整除**：1の位が0または5の場合．**11での整除**：偶数番目の各桁の数の和から奇数番目の各桁の数の和をひいたものが，11でわり切れる場合．

■正数　positive number
→ 正の数

■整数　integer, integral number
…, $-4, -3, -2, -1, 0, 1, 2,$ … のうちの任意の数．$1, 2, 3,$ …を**正の整数**（または，自然数），$-1, -2, -3,$ …を**負の整数**とよぶ．整数全体の族は $0, \pm 1, \pm 2,$ …からなる．ペアノは，正の整数全体を以下の公理（ペアノの公理）をみたす要素の集合と定義した．(1) 1つの正整数1が存在する．(2) 各正整数 a はその**後者** a^+ をもつ（a は a^+ の**前者**とよばれる）．(3) 整数1は前者をもたない．(4) $a^+=b^+$ ならば $a=b$ である．(5) 1を含み，かつ各数の後者を含むような正の整数の集合は，すべての正整数を含む．正整数（または0）は物の集合の"多さ"を表す記号として考えることもできる．このとき，個体の集合の多さという性質を表し，それはそれらの個体1つ1つの性質とは無関係なものである．すなわち，それは1つの集合に付随する記号であり，さらにその集合と1対1対応が付けられる他のすべての集合に付随する記号である．このとき，これらの集合の集まりを**数類**とよぶ．＝全体数．
→ カージナル数，実数の積，実数の和

■整数の因数　factor of an integer
整数 d が整数 n の**因数**（約数）であるとは，$dq=n$ となるような整数 q が存在すること，つまり，n が d でわり切れることをいう．例えば，$3\cdot 4=12$ であるから，3と4は，ともに12の因数である．また，12の因数のうち正のものは，$1, 2, 3, 4, 6, 12$ であり，負のものは，$-1, -2, -3, -4, -6, -12$ である．いくつかの整数については，因数かどうかを判定する簡単な方法が知られている［→ 整除］．

■整数の分割　partition of an integer
正整数 n の**分割数** $p(n)$ とは，n を正整数の和として $n=a_1+a_2+\cdots+a_k$ と表す仕方の総数である．ただし，k は任意の正整数で $a_1 \geq a_2 \geq \cdots \geq a_k$ をみたすものとする．k が $k \leq s$ となるように制限されているとき，この数を**たかだか s 個の部分への分割数**とよぶ．他にもいろいろな型の分割が研究されている．例えば，すべての要素が異なるような分割の総数はすべての要素が奇数である分割の総数と一致することが示される．5 は 5, 4+1, 3+2 と等しいが，5, 3+1+1, 1+1+1+1+1 とも等しい．

■**整数列の密度**　density of a sequence of integers

$0, a_1, a_2, \cdots$ を整数の増加列 A とする. $F(n)$ をこの数列における, 1以上 n 以下の整数の個数とする. このとき, $0 \leq F(n)/n \leq 1$ である. A の密度 $d(A)$ とは, $F(n)/n$ の**最大下界**である. **漸近的密度**とは, $F(n)/n$ の $n \to \infty$ としたときの下極限である. **上密度**とは $F(n)/n$ の上極限である. **自然密度**とは $\lim_{n \to \infty} F(n)/n$ が存在するとき, その極限値である [→ 集積点 (数列の)]. 密度 $d(A)$ が 0 になるのは $a_1 \neq 1$ であるか, あるいは A が整数のうちごくわずかしか含まないときである. 例えば, A が等比数列, 素数列, 平方数の列のとき等である. 2つの数列の和を, 片方の数列の項ともう一方の数列の項の和で表せるすべての数を大きさの順に並べ直した列によって定義し, もし $d(A) + d(B) \leq 1$ であれば, $d(A+B) \geq d(A) + d(B)$ が成り立つことが証明される. 数列が密度1であるための必要十分条件は, その数列がすべての整数を含むことである.

■**生成関数**　generating function
→ 母関数

■**生成元**　generators of a group
→ 群の生成集合

■**生成直線**　rectilinear generators
＝母線. → 線織面, 1葉双曲面, 放物面

■**正接**　tangent
→ 三角関数

■**正接曲線**　tangent curve

$y = \tan x$ のグラフ. 原点は変曲点であり, 原点を通る分枝は, それぞれ, 直線 $x = -\frac{1}{2}\pi$ と直線 $x = \frac{1}{2}\pi$ が漸近線となっている. そして, 原点で, この分枝を分ければ, 各曲線は x 軸に向かって凸である. これは周期 π の周期性をもつ. すなわち, グラフは, 間隔 π で次々に現れる. → 三角関数

■**正接法則**　tangent law, law of tangents

平面3角形の2辺とそれらの対角との間の関係式. 対数による計算に適している. A, B を3角形の2角とし, それぞれの対応辺を a, b とすると, 次の公式が成立する.

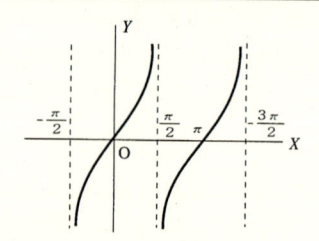

$$\frac{a-b}{a+b} = \frac{\tan\frac{1}{2}(A-B)}{\tan\frac{1}{2}(A+B)}$$

■**正全曲率曲面**　surface of positive total curvature

球面や楕円面のようにその上のすべての点で全曲率が正である曲面.

■**正則1次変換**　nonsingular linear transformation

1次変換で, その行列式が0でないもの. → 線型変換

■**正則解析関数**　regular analytic function
→ 解析関数 (複素変数の)

■**正則関数**　regular function
→ 解析関数 (複素変数の)

■**正則曲線**　regular curve
通常点だけからなる曲線. → 通常点

■**正則空間**　regular space

位相空間 T が正則とは, T の各点 x と x の任意の近傍 U に対して, x のある近傍 V が存在して (V の閉包) $\overline{V} \subset U$ が成り立つものである. 位相空間 T が**正規**であるとは, 共通部分のない任意の2つの閉集合 P, Q に対して, $P \subset P'$, $Q \subset Q'$, $P' \cap Q' = \phi$ となる開集合 P', Q' が存在することをいう. 位相空間 T が**全部分正則**であるとは, 任意の集合 P, Q に対して, $P \cap \overline{Q} = \overline{P} \cap Q = \phi$ ならば, $P \subset P'$, $Q \subset Q'$, $P' \cap Q' = \phi$ なる開集合 P', Q' が存在することをいう. 正規空間は正則空間であり, 第2可算公理をみたす全部分正則空間は正則空間である [→

距離空間]．位相空間 T が**完全正則**であるとは，T の任意の点 x と x の任意の近傍 U に対して，$f(x)=1$，かつ $y\notin U$ ならば $f(y)=0$ である T から区間 $[0,1]$ への実数値連続関数 f が存在することをいう．完全正則空間は**チコノフ空間**ともよばれる．完全正則空間は正則空間である．

■**正則置換群**　regular permutation group
→ 置換群

■**正則点（曲線の）**　regular point of a curve
→ 通常点

■**正則点（曲面上の）**　regular point of a surface
曲面上の特異点でない点をいう．例えば $F(x,y,z)=0$ で表される曲面において，$\partial F/\partial x=\partial F/\partial y=\partial F/\partial z=0$ ではない点．→ 通常点

■**正則な解析曲線**　regular analytic curve
→ 解析曲線

■**正則バナッハ空間**　regular Banach space
→ 再帰的バナッハ空間

■**正則列**　regular sequence
(1) 収束数列．→ 数列の極限
(2) → コーシー列

■**正多角形**　regular polygon
→ 多角形

■**正多角形の短半径**　short radius of a regular polygon
中心から辺までの垂直距離．内接円の半径．＝辺心距離．

■**正多角形の長半径**　long radius of a regular polygon
中心から頂点までの距離．外接円の半径．

■**正多面体**　regular polyhedron
→ 多面体

■**生長曲線**　growth curve
《統計学》ある変数の生長の一般的なパターンを示すために計画された曲線のこと．生長曲線は，いくつかの型をもつ．→ ゴンパーツ曲線，ロジスティック曲線

■**臍点**　umbilic
→ 曲面上の臍点

■**静電気学のガウスの基本定理**　Gauss' fundamental theorem of electrostatics
電荷のない閉曲面上での電場の外向き法線成分の表面積分は，その閉曲面で囲まれた全電荷の 4π 倍に等しいという定理．式で表すと
$$\int E\cdot n\,ds=4\pi\int_v \rho\,dv$$
ただし ρ は電荷密度である．重力に関する対応する定理ではその比例定数が -4π となる．

■**臍点測地線**　umbilical equator
→ 2次曲面の臍点測地線

■**静電単位（電荷の）**　electrostatic unit of a charge
→ 電荷の静電単位

■**静電ポテンシャル**　electrostatic potential
→ 複数電荷による静電ポテンシャル

■**精度**　accuracy
通常，数値計算における正確さのこと．**表の精度**とは，下記の2つの意味で用いられる．
(1) (例えば，対数表の仮数部のように)表の数値の有効数字．
(2) 表でなされた計算の正しい桁の数(誤差は計算を繰り返すといくらでも大きくなるため，計算方式によってこの桁数は変わってくる)．

■**精度のモジュラス**　modulus of precision
推定値の誤差を解析するとき，σ^2 を分散とすると，精度のモジュラスは $1/(\sigma\sqrt{2})$ となる．精度のモジュラスが h である正規分布の確率密度関数は
$$f(t)=\frac{h}{\sqrt{\pi}}e^{-h^2t^2}$$
である．

■**整な数**　whole number
整数と同義だが，次の3通りの用例がある．
(1) 整数 $0,1,2,3,\cdots$ のこと．
(2) 正の整数，すなわち自然数のこと．

(3) 通常の整数（正，0，負の整数）のこと．

■**正の角（度）** positive angle
→ 角

■**正の数** positive number
　正の数と負の数は反対の方向や反対の意味をもつ数量を表すのに使われる．もし正の数で東に測った距離を表せば，負の数は西に測った距離を表す．a を数とすると，それが正負または 0 であるにかかわらず，$a+b=0$ となる b を a の**負数**という（反数，加法の逆元ともいう）．a 自身は $+a$ または単に a と書かれるが，a の負数である b は $-a$ と書かれる．実数全体の集合は順序体である．＝正数（整数と区別して"正の数"ということが多い）．→ 体

■**正の相関** positive correlation
→ 相関

■**正比例** direct variation, direct proportion
　2 変数の比が一定値であるとき，一方は他方に**正比例する**という，あるいは，**比例する**という．すなわち，$y/x=c$ または $y=cx$（c は定数）のとき，y は x に**正比例する**という．c を**比例定数**，**比例因子**，または**変動定数**という．例えば，速さが一定のとき，動いた距離 s は時間 t に比例する．すなわち，$s=kt$．ここで，k は比例定数である．→ 比例

■**正比例量** directly proportional quantites
＝比例量．

■**正符号** positive sign
→ プラス

■**生物成長の法則** law of organic growth
→ バクテリアの成長法則

■**整不等式** polynominal inequality
→ 不等式

■**成分（平面代数曲線の）** component of an algebraic plain curve
→ 平面代数曲線

■**成分（ベクトルの）** component of a vector
→ ベクトル

■**正方行列** square matrix
→ 行列

■**正方形** square
　すべての辺が等しい長方形．正方形の面積は 1 辺の平方に等しい．

■**正螺旋面** right helicoid
　媒介変数で $x=u\cos v, y=u\sin v, z=mv$ なる方程式によって表すことのできる曲面のこと．正螺旋面は，スクリューのような形をしている．u が固定されているとき（ただし，$u\neq 0$），上の等式は，**螺旋**（螺旋面と円柱 $x^2+y^2=u^2$ との交わり）の定義となる．正螺旋面は，極小曲面であり，しかも線織面でもある唯一の曲面である．

■**静力学** statics
　物体に作用する力が与えられた力学系に対し，相対的に静止するように配列された状況を扱う固体，流体に関する力学の一分野．

■**整列可能な** well-order property
→ 実数の順序，順序集合

■**セウレン，ルドルフ・ファン** Ceulen, Ludolph van (1540—1610)
　オランダの数学者．彼は人生のほとんどを π の計算にささげ，35 桁まで計算した．彼の墓石の碑銘は π という文字だけである．通例ルドルフという名で引用されている．

■**セカント** secant
＝正割．→ 三角関数

■**積** product
　2 個または複数個の元の積とはそれらから**乗法**とよばれる操作により決定できる元のことである．→ 複素数，無限級数の積

■**積（空間の）** product of space
→ 直積

■**積（実数の）** product of real numbers
→ 実数の積

■**積（集合の）** product of sets
→ 直積，交わり

■積（複素数の）　product of complex numbers
→ 複素数

■積（無限級数の）　multiplication of infinite series
→ 無限級数の積

■積空間　product of sets and spaces
→ 直積

■積-モーメント相関係数　product-moment correlation coefficient
＝相関係数．

■赤緯　declination of a celestial point
天体の位置を天の赤道から北または南に時圏にそって測った角距離．→ 時角と時圏

■赤道（地球の）　geographic equator, earth's equator
地球の中心を通り，地軸に垂直な面による，地球表面の切り口による大円のこと．→ 楕円面

■積の公式　product formulas
→ 平面三角法の恒等式

■積分因子　integrating factor
右辺が0の形に書かれた全微分方程式に対し，ある式をかけると，左辺が，完全微分もしくは完全微分式の形になることがある．このとき，かけられた式のことを，**積分因子**という．例えば，微分方程式
$$\frac{dy}{x}+\frac{y}{x^2}dx=0$$
に対し，両辺に x^2 をかけると，
$$xdy+ydx=0$$
という形になり，一般解が $xy=c$ という形をしていることがわかる．また，微分方程式
$$xy''+(3-x^3)y'-5x^2y+4x=0$$
に対しても，x^2 は積分因子である．なぜなら，両辺に x^2 をかけると，
$$\frac{d}{dx}(x^3y'-x^5y+x^4)=0$$
となるからである．→ 随伴微分方程式

■積分学　integral calculus
積分自体や，その応用としての面積，体積，重心，曲線の方程式，そして微分方程式の解などの研究．→ 微分積分学

■積分可能関数　integrable function, summable function
何らかの特定な意味で積分が存在し，それが有限値をもつ関数．ただし積分が存在して，その結果として $+\infty$ または $-\infty$ を許すような場合にも積分可能な関数とよばれることがある［→ ダルブーの定理，定積分］．集合 T の部分集合の σ 加法族上で測度 m が定義されているとき，**単関数（階段関数）** s とは，実数の有限集合を値域にもつ可測関数である．$\{q_1,\cdots,q_n\}$ を実数値をとる単関数の値域の 0 でない要素の集合とし，Q_i を q_i の逆像とすれば，T 上の s の積分は
$$\int_T sdm=\sum_{i=1}^n q_i\cdot m(Q_i)$$
で与えられる．ただし，右辺の1つの項が $+\infty$ で他の1つの項が $-\infty$ であるようなことはないものとする（すべての項が有限であるという条件を要求することもある）．非負可測関数 f の積分は $\int_T sdm$ の上限として定義される．ただし，s は T 上で $s(x)\leq f(x)$ をみたす単関数である．あるいは（同値であるが）$\sum_{i=1}^{n-1}y_i\cdot m(A_i)+y_n\cdot m(A_n)$ の型の和の上限として定義される．ただし，$0<y_1<y_2<\cdots<y_n$ とし，A_i は $i<n$ のとき区間 (y_i,y_{i+1}) の原像であり，A_n は $y\geq y_n$ をみたすすべての y の集合の原像である．任意の可測関数 f に対して f^- と f^+ を，$f^+(x)$ は $f(x)$ と 0 の大きいほう，$f^-(x)=-f(x)$ と 0 の大きいほうとしたとき，$f=f^+-f^-$ が成り立つ．このとき $\int_T fdm=\int_T f^+dm-\int_T f^-dm$ で与えられる．ただし，これら2つの積分が存在し，ともには $+\infty$ でないとする（両方とも $+\infty$ でないことを条件とすることもある）．

以上の定義は，定義域が T で，値域がバナッハ空間 X 内の関数に拡張できる．そういう関数 f が**可測**とは，X の開集合の逆像が可測なことである．もしさらに，任意の数 ε に対して，$\int_T \|f-s\|dm<\varepsilon$ である階段関数 s が存在すれば，f は T で**積分可能**といい，積分 $\int_T fdm$ の値を $\lim_{\varepsilon\to 0}F_\varepsilon$ で定義する．F_ε は $\int_T \|f-s\|dm<\varepsilon$ である s に対する $\int_T sdm$ の値全体の集合であ

る．これを f の**ボホナー積分**という．可測関数 f がボホナー積分可能な条件は $\int_T \|f\| dm < \infty$ である．→ ルベーグ積分，集合の測度

■**積分可能な微分方程式**　integrable differential equation
　完全微分方程式であるか，または積分因子を乗ずることによって完全微分方程式にすることのできる微分方程式．

■**積分器**　integraph
　曲線で囲まれた部分の面積を測る器具．定積分をアナログ的に計算する器具．

■**積分機械**　integrating machines
　定積分をアナログ的に計算するために用いられる機械的な道具．積分器や極面積計などがある．

■**積分曲線**　integral curves
　特定の微分方程式の解を方程式としてもつような曲線の族．微分方程式 $y' = -x/y$ の積分曲線は円 $x^2 + y^2 = c$ の族である．ここに，c は任意の定数（助変数）である．→ 微分方程式の解

■**積分公式**　formulas of integration
　現れる頻度の高いいくつかの関数に対する不定積分および定積分を与える公式．

■**積分する**　integration
　不定積分または定積分を求める手続き．→ 定積分，付録：積分公式

■**積分定数**　constant of integration
　不定積分において，すべての原始関数を得るために積分で得られた関数に加える任意定数．定数の微分は 0 であるから，c を任意定数として，不定積分 $\int 3x^2 dx$ は $x^3 + c$ の任意の値をとる．さらに平均値の定理より，この不定積分の解はそれ以外には存在しない．→ 微分法の平均値の定理

■**積分の極限**　limit of integration
　→ 定積分

■**積分の収束**　convergence of an integral
　広義積分が存在すること．例えば

$$\int_2^y \frac{1}{x^2} dx = -\frac{1}{y} + \frac{1}{2}$$

は，y が無限に増大するとき $\frac{1}{2}$ に近づくから，積分

$$\int_2^\infty \frac{1}{x^2} dx$$

は収束し，その値は $\frac{1}{2}$ に等しい．

■**積分の漸化公式**　reduction formulas in integration
　1 つの積分をいくつかの関数とより単純な積分の和の形に表した公式．このような公式は部分積分法によって導かれることが多い．→ 付録：積分公式 54，66，74 など

■**積分の微分**　differentiation of an integral, derivative of an integral
　(1) 関数 f が区間 (a, b) で積分可能であり，開区間 (a, b) 内の点 x_0 において連続であるなら，x_0 における $\int_a^x f(t) dt$ の微分は $f(x_0)$ に等しい．→ 微分積分法の基本定理
　(2) $f(t, x)$ が偏微分 $\partial f/\partial t = f_t(t, x)$ をもち，$f_t(t, x)$ が閉区間 $[a, b]$ 内の t と，x_0 を内点として含む区間 (a, b) 内の x の両方について連続であり，$\int_a^b f(t, x) dx = F(t)$ が存在するなら，dF/dt が存在し，それは $\int_a^b f_t(t, x) dx$ に等しい．これは**ライプニッツの法則**とよばれることもあるが，彼が $f(t, x)$ の条件を明示したのではない．
　(3) 偏微分の合成律を用いて(1)と(2)を結びつけることにより次の公式を得る．

$$D_t \int_u^v f(t, x) dx$$
$$= D_t v \cdot f(t, v) - D_t u \cdot f(t, u) + \int_u^v f_t(t, x) dx$$

例えば，$\int_1^2 (x^2 + y) dx$ の y についての微分は $\int_1^2 dx$ であり，$\int_y^{y^2} (x^2 + y) dx$ の y についての微分は $\int_y^{y^2} dx + (y^4 + y) 2y - (y^2 + y)$ である．

■**積分の有理化**　rationalization of integrals
　→ 有理化

■**積分表**　integral tables

多くの普通の関数の原始関数（不定積分）を集めた公式集であり，ときには重要な定積分をも含む．将来は公式データベースの形で活用できるようになることが期待される．→ 付録：積分公式

■**積分方程式**　integral equation

積分記号の内に未知関数が現れるような方程式．つぎの（フーリエ）方程式は積分方程式として解かれた最初のものである．

$$f(x) = \int_{-\infty}^{\infty} \cos(xt)\phi(t)\,dt$$

ただし，f は偶関数とする．いくつかの特定の条件のもとで解は

$$\phi(x) = \frac{2}{\pi}\int_0^{\infty} \cos(ux)f(u)\,du$$

となる．第3種の積分方程式とはつぎの型の積分方程式である．

$$g(x)y(x) = f(x) + \lambda\int_a^b K(x,t)y(t)\,dt$$

ここに，f, g および K は与えられた関数で，y は未知関数である．K をこの方程式の**核**とよぶ．第1種と第2種のフレドホルム型積分方程式はこの方程式の特別な場合である．→ フレドホルム型積分方程式

■**積分法の平均値定理**　mean-value theorems for integrals

積分に関する第1平均値定理：与えられた区間上の連続関数の定積分は，区間の幅とその区間内のある1点における関数値の積に等しい．

積分に関する第2平均値定理とは以下の(1)または(2)をいう．

(1) 区間 (a,b) 上で，f と g はいずれも可積分，また f はつねに同符号とすると，

$$\int_a^b f(x)g(x)\,dx = K\int_a^b f(x)\,dx$$

ここで，K は $g(x)$ の最大値と最小値の中間の値（最大値と最小値も含める）である．もし g が区間 (a,b) で連続ならば，K を $g(k)$ にとれる．ここで，k は区間 (a,b) 内の点である．

(2) 上記の諸条件に加えて，g が**正の単調減少関数**のときは，定理は**ボンネの公式**

$$\int_a^b f(x)g(x)\,dx = g(a)\int_a^p f(x)\,dx$$

の形にかける．ただし，$a \leq p \leq b$ である．または，g の**単調性**のみを仮定すれば，

$$\int_a^b f(x)g(x)\,dx = g(a)\int_a^p f(x)\,dx + g(b)\int_p^b f(x)\,dx$$

■**積分要素**　element of integration

定積分（重積分）における積分記号の後に続く数式．積分が面積（体積，質量など）を決定するためのものであるなら，積分要素は**面積要素**（**体積要素**，**質量要素**など）である．この要素は小片の面積（体積，質量など）の近似値と考えられ，適当な方法で小片の大きさを小さくしたときのそれらの和の極限が面積（体積，質量など）の値であるといえる [→ 重積分，定積分]．以下は積分要素の典型的な例である．曲線の弧長の積分要素（**線型要素**[→ 線型要素]）は，曲線の長さの近似であり，

$$ds = \sqrt{(dx)^2 + (dy)^2} = \sqrt{1 + (dy/dx)^2}\,dx$$
$$= \sqrt{(dx/dy)^2 + 1}\,dy$$

で与えられる．ここで $\dfrac{dy}{dx}$ あるいは $\dfrac{dx}{dy}$ はそれぞれ x あるいは y の関数として曲線の方程式から定められるべきものである．図より $ds = MP$ は x の増分 $\varDelta x$ に対応する弧長の増分 $MN = \varDelta s$ の近似であることがわかる．**極形式の場合は**，

$$ds = \sqrt{\rho^2 + (d\rho/d\theta)^2}\,d\theta$$

である．空間曲線の方程式が媒介変数表示 $x = f(t)$, $y = g(t)$, $z = h(t)$ であるとき，長さの要素は，

$$\sqrt{(dx/dt)^2 + (dy/dt)^2 + (dz/dt)^2}\,dt$$

である．曲線 $y = f(x)$, x 軸, $x = a$, $x = b$ によって囲まれている**平面の面積要素**（または**面積微分**；dA と記す）は，通常 $f(x)\,dx$ で与えられ，この面積は，

$$\int_a^b f(x)\,dx$$

に等しい．極座標において dA は，$\dfrac{1}{2}r^2 d\theta$ また

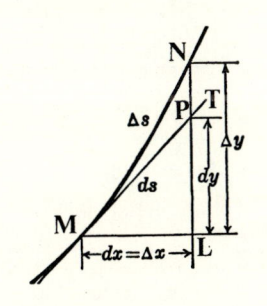

は $\frac{1}{2}\rho^2 d\theta$ で与えられ，そのとき

$$A = \frac{1}{2}\int_{\theta_1}^{\theta_2}\rho^2 d\theta$$

は2つの放射線 $\theta=\theta_1$, $\theta=\theta_2$ と，θ の関数として表される ρ によって与えられる曲線で囲まれた面積である．2重積分における面積要素は，直交部分の座標においては $dxdy$ であり，極座標においては $\rho d\rho d\theta$ である [→ 回転面，曲面積]．**体積要素**は，$A(h)$ を h 軸に垂直な断面の面積としたとき $A(h)dh$ である（これの特別な例は回転体を参照）．直交座標における3重積分の体積要素は，$dxdydz$ であり，体積は

$$\int_{z_1}^{z_2}\int_{y_1}^{y_2}\int_{x_1}^{x_2}dxdydz$$

と等しい．ここで z_1, z_2 は定数，y_1, y_2 は z の関数，x_1, x_2 は y と z の関数であり，これらの関数は立体を囲んでいる曲面の形状に依存している．もちろん積分の順序は，考えられている体積の計算に最も都合がよいように変更して差し支えない（そのとき，各積分の上限，下限も適当に変更する必要がある）．図は直交座標における体積要素を示しており，そして

$$\int_{x_1}^{x_2}\int_{y_1}^{y_2}\int_{z_1}^{z_2}dzdydx$$

の形の積分によって体積を求める手順を示している．円柱座標における体積要素は $dv=rdrd\theta dz$ であり，極座標（球座標）における体積要素は $dv=r^2\sin\theta drd\theta d\phi$ である．**質量要素**は，dV を弧長の積分要素，面積要素，または体積要素とし，ρ を密度（単位長さ，面積，または体積あたりの質量）として $dm=\rho dV$ である．
→ 慣性モーメント，仕事，質量モーメント，体積，面積，流体圧力

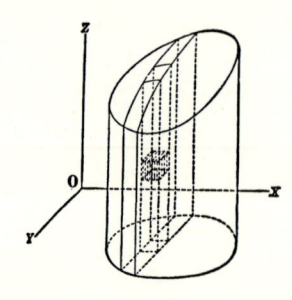

■**積率相関係数**　product moment correlation coefficient
＝相関係数．→ 相関係数

■**積率法**　method of moments
《統計》モーメントを利用し分布のパラメータを推定する方法．k 個のパラメータを推定するには，まず最初の k 個のモーメントと k 個のパラメータを関連させる方程式群をつくる．そして各モーメントの観測値が与えられたならば，上記方程式を解くことより推定値を得る．この方法によれば，通常推定値を簡単に計算できるが，それは一般には最小分散不偏推定量とはならない．例えば，平均 μ，分散 σ^2 をもつ分布より観測値 $\{x_1,\cdots,x_n\}$ にもとづき σ^2 と μ を推定する．$E(X)=\mu$, $E(X^2)=\mu^2+\sigma^2$, すなわち $\sigma^2=E(X^2)-[E(X)]^2$, $\mu=E(X)$ であるから，$E(X)$ を $(\sum x_i)/n$ で $E(X^2)$ を $(\sum x_i^2)/n$ で置き換えればよい．→ 分布のモーメント

■**積率母関数**　moment generating function
→ モーメント母関数

■**跡和**　trace, Spur
行列の跡和とは主対角要素の和をいう．＝トレース（英），シュプール（独）．

■**セグレ，コラッド**　Segre, Corrado (1863–1924)
イタリアの代数幾何学者．

■**セグレ標数（行列の）**　Segre characteristic of a matrix
→ 行列の標準形

■**ゼータ関数**　zeta function
→ リーマンのゼータ関数

■**接円**　tangent circles
2つの円が，ただ1つの共有点 Q をもつとき，2円は点 Q において接するという．さらに，1方の円が，他方の円の内部にあるときは，**内接**するという．そうでないときは，**外接する**という．2つの円の中心を通る直線は点 Q を通り，Q におけるこの直線の垂線は，2円の接線である．→ 接線

■**接座標**　tangential coordinates
→ 曲面の接座標

■**接触円**　osculating circle
（空間）曲線 C の点 P における接触円とは，

Pにおける接触平面内の円で，PにおいてCに接し，CのPにおける曲率の逆数（すなわち曲率半径）を半径にもち，Cの接触平面への射影の凹側にあるものである．接触円は，CのPにおける接触平面への射影の曲率円である．＝曲率円．→ 曲線の曲率

■**接触球** osculating sphere of a space curve at a point

空間曲線C上の1点における接触円を通る球面で，Cと最も高い接触の位数（一般的には，3位）をもつ球面．その中心は極線上にあり，その半径rは

$$r^2 = \rho^2 + \left(\tau \frac{d\rho}{ds}\right)^2$$

によって与えられる．ここで，ρとτは，それぞれ曲率と挠率の中心であり，Sは弧長である．**停留接触平面**とは，曲線への従法線の各方向余弦の変化率が0となる点における接触平面である．

■**接触曲面（空間曲線の）** tangent surface of a space curve
→ 空間曲線の接触曲面

■**接触弦（円外の1点に伴う）** chord of contact with refence to a point outside a circle
円外に与えられた点を通るその円の2本の接線の接点を結ぶ弦．

■**接触点** point of contact
＝接点．→ 接線

■**接触点（曲線族の）** tac-point, tac-node
曲線族の**接触点**とは，その曲線族に属する異なった2曲線の交点で，共通接線をもつような点．接触点の集合を**接触線**という．例えば，x軸に接し，半径1の円の族に対しては，直線$y=1$, $y=-1$が，接触線である．→ 微分方程式の判別式

■**接触の位数** order of contact
2つの曲線が，共通の接線をもつ点の近傍において，いかに接近しているかを示す尺度．詳しくいうと2つの曲線の接触の位数は，2曲線からその共通の接線までの，同一の垂線に沿って測った距離の差の，その垂線の足から接触点までの距離に関する無限小の位数から1を引いた値である．それら2曲線の方程式の接触点における微分係数が，n階までは等しく，$n+1$階では異なるとき，接触の位数はnである．→ 無限小の位数

■**接触平面** osculating plane
曲線Cの点Pにおける**接触平面**とは，Pにおける単位接ベクトルTと主法線ベクトルdT/dsを含む平面である．ここで，sは曲線に沿う距離とする（$dT/ds=0$，すなわち，曲線が直線のとき，接触平面は存在しない）．接触平面は，点PにおけるCの接線とC上の動点P'を通る平面の，P'をPに近づけたときの，極限としてえられる平面（これが存在するとして）である．→ 法線

■**接錐** tangent cone
→ 2次曲面の接錐

■**接線** tangent lines and curves
円や球に接する直線とは，それらの円や球のただ1つの点だけを含む直線．もっと複雑な曲線や曲面に対しては，綿密な定義をしなければならない．一般に，曲線C上の点P（**接点**という．**接触点**などともいう）における接線とは，Pの十分近くにおいて曲線Cに密接する直線のことである（PにおいてCと交わってよい）．正確に述べれば，C上の固定点Pと，C上の任意の点P'をとり，P'を曲線Cに沿ってP'→Pとしたときの割線PP'の極限の位置にある直線である．いいかえれば，直線Lが曲線C上の点Pにおける接線であるとは，LがPを通り，しかも，任意の$\varepsilon>0$に対して，適当な$\delta>0$をとれば，Pからの距離がδより小さいC上の任意の点Qに対し，割線PQと直線Lとのなす角がεより小さくなることである．図においては，点P_2を曲線に沿って点P_1に近づけたとき，割線P_1P_2の極限の位置にある直線P_1Tが，P_1における接線である．平面曲線上の1点における接線の方程式は，その点の座標と，接線の傾きを，直線の方程式の公式に代入して求められ

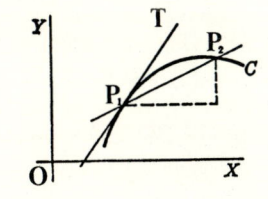

る．曲線が $y=f(x)$ で与えられているときは，微分係数 $f'(x_0)$ が，点 x_0 における曲線上の接線の傾きである．$x=f(t)$, $y=g(t)$, $z=h(t)$ で媒介変数表示された空間曲線の場合は，f, g, h が $t=t_0$ で微分可能で，微分係数の少なくとも1つが0でないならば，$t=t_0$ に対応する曲線上の点において接線をもち，ベクトル $f'(t_0)\boldsymbol{i}+g'(t_0)\boldsymbol{j}+h'(t_0)\boldsymbol{k}$ は，その接線に平行である．**2つの曲線**が点Pにおいて接するとは，両曲線が点Pを共有し，Pにおいて共通の接線をもつことである．曲線または直線が，**曲面上の点P**において，この曲面に接するとは，それらが，Pを通る曲面上の1つの曲線に，Pにおいて接することである．→ 円錐曲線の接線

■**接線影** subtangent
  曲線上の点と，その点での接線が横軸（x 軸）と交わる点とを結ぶ線分の x 軸への射影．曲線上の点から下した垂線の x 軸との交点と，接線の x 軸との交点とを結ぶ線分．接線影の長さは $y(dx/dy)$ である．ただし，y と dx/dy は曲線上の点 (x, y) から求まる．→ 接線の長さ，微分

■**接線成分（加速度の）** tangential components of acceleration
  → 加速度

■**接線の長さ** length of a tangent
  接線と x 軸の交点への接点からの距離．図において，P_1 での接線の長さは P_1T, P_1 での**法線**の長さは NP_1, P_1 での**接線影**は TM_1, P_1 での**法線影**は NM_1 である．

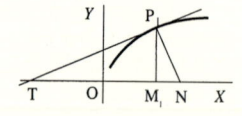

■**絶対項（式の）** absolute term in an expression
  変数を含まない項．[類] 定数項．式 ax^2+bx+c において，c のみが絶対項である．

■**絶対収束（無限乗積の）** absolute convergence of an infinite product
  → 無限乗積

■**絶対数** absolute number
  a, b, x, y というように文字で表されるのではなく，2, 3, $\sqrt{2}$ のように数字で表される数．[類] 無名数．

■**絶対総和可能な級数** absolutely summable series
  ボレルの積分による総和法に関係する．級数 $\sum a_n$ が絶対総和可能であるとは，積分
$$\int_0^\infty e^{-x}|a(x)|dx \text{ と } \int_0^\infty e^{-x}|a^{[m]}(x)|dx$$
がすべての $m=1, 2, 3, \cdots$ に対して存在するときにいう．ただし，$[m]$ は m 階の微分を表し，$a(x)=a_0+a_1x+a_2x^2/2!+\cdots$ である．

■**絶対対称式** absolute symmetry
  → 対称

■**絶対値（実数の）** absolute value of a real number
  実数 a の絶対値は $|a|$ と表記され，$|a|$ は a が負でなければ a に等しく，a が負ならば $-a$ に等しい．例えば，$3=|3|$, $0=|0|$, $3=|-3|$．絶対値に関する次の性質はよく用いられる．すべての実数 x, y に対して $|xy|=|x||y|$, $|x+y|\leq|x|+|y|$．[類] 数値．→ 3角不等式

■**絶対値（複素数の）** absolute value of a complex number, modulus of a complex number
  → 複素数の絶対値

■**絶対定数** absolute constant
  計算の中の数のように，その値をけっして変えない定数．

■**絶対的最小** absolute minimum
  → 最大値

■**絶対的最大** absolute maximum
  → 最大値

■**絶対不等式** absolute inequality, unconditional inequality
  → 不等式

■**絶対モーメント** absolute moment
  《統計》確率変数 X またはその分布関数の点

a のまわりでの k 次の**絶対モーメント**とは $|X-a|^k$ の期待値（もしも存在すれば）のことである． → 分布のモーメント

■**絶対連続関数** absolutely continuous function

区間 I と，I をその定義域に含む関数 f を考える．任意に与えられた正数 ε に対し，ある η が存在して，その長さの和が η より小さい共通部分をもたない任意の有限個の区間 (a_1, b_1), $(a_2, b_2), \cdots, (a_n, b_n)$ に対し
$$\sum_{i=1}^{n} |f(a_i) - f(b_i)| < \varepsilon$$
が成立するとき，f は区間 I において**絶対連続**であるという．有限個の区間を可算個の区間におきかえても同値の定義を得る．絶対連続な関数は連続かつ有界変動である．有界閉区間 $[a, b]$ において関数 f が絶対連続であるための必要十分条件は，$[a, b]$ の任意の x について，
$$f(x) = \int_a^x g(t)\,dt$$
をみたす関数 g が存在することである．ここでの積分はルベーグ積分でよい．→ ラドン-ニコディムの定理

■**絶対連続な測度** absolutely continuous measure
→ ラドン-ニコディムの定理

■**切断（デデキントの）** Dedekind cut
→ デデキント切断

■**切断点** cut
→ カット

■**切断平面** plane section

平面によって図形を切断することにより得られる平面の幾何学的図形のこと．**標準切断面**とは曲面に対する法線を含む平面により切断される平面による断面のことをいう．回転面の**子午線切断面**とは回転軸を含む平面で切断してできる平面による断面のことをいう．円柱の側面または角柱の側面に垂直な平面で切断してできる平面による断面を**直交断面**という．**多面体角の切断面**．→ 多面角

■**切断面（領域あるいは立体の）** cross section of an area or solid

対称軸あるいはそれが複数あるときはその中の最も長い軸に垂直平面による切断面．円柱や直方体のようにすべての切断面が一致している場合を除いて，用いられることはまれである．

■**接点** point of tangency

曲線と接する直線が，その曲線と接する点．曲面と接する直線あるいは平面が，その曲面と接する点．＝接触点．→ 接線

■**節点** node
→ 節点（ふしてん）

■**切頭角柱** truncated prism
→ 角柱

■**切頭錐** truncated cone

その錐の外で交わる2つの平行でない平面によって切り取られる錐の部分のこと．2つの平面による切断面は，その切頭錐の**底面**とよばれる．なお"切頭"は不吉というので"端欠"という音訳の提唱もある．

■ z **軸** z-axis
→ 直角座標

■**接平面** tangent plane

曲面上の1点 P における**接平面**とは，P を通るこの平面上の各直線が，P において曲面に接していることである．$f(x, y, z)$ の各偏導関数が，点 (x_0, y_0, z_0) の近傍で連続で，少なくとも1つは0でないとする．このとき，方程式 $f(x, y, z) = 0$ で表される曲面上の点 (x_0, y_0, z_0) における接平面の法線の方向比は，x, y, z に関する偏導関数の (x_0, y_0, z_0) における値であるから，接平面の方程式は
$$f_1(x_0, y_0, z_0)(x - x_0) + f_2(x_0, y_0, z_0)(y - y_0)$$
$$+ f_3(x_0, y_0, z_0)(z - z_0) = 0$$
となる．ここで，f_1, f_2, f_3 はそれぞれ x, y, z に関する偏導関数を表す．曲面が，方程式 $z = f(x, y)$ で与えられ，(x_0, y_0) が f の定義域の内点ならば，f が (x_0, y_0) において，**全微分可能**であるための必要十分条件は，その曲面が点 $(x_0, y_0, f(x_0, y_0))$ において z 軸に平行でない接平面をもつことである．この接平面の方程式は
$$z - z_0 = f_1(x_0, y_0)(x - x_0) + f_2(x_0, y_0)(y - y_0)$$

である[→ 平面の方程式，偏微分]．錐面や柱面上の1点での接平面は，その点を通る母線と，それに交わる導線の接線とで決まる平面である．**球面上の点Pにおける接平面**とは，Pのみをこの球面と共有する平面であり，Pを通る半径に垂直な平面となる．**一般の2次曲面**の方程式が，$ax^2+by^2+cz^2+2dxy+2exz+2fyz+2gx+2hy+2kz+l=0$ ならば，点 (x_1, y_1, z_1) における接平面の方程式は x^2, y^2, z^2 をそれぞれ xx_1, yy_1, zz_1 におきかえ，$2xy, 2xz, 2yz$ をそれぞれ $(xy_1+x_1y), (xz_1+x_1z), (yz_1+y_1z)$ におきかえ，$2x, 2y, 2z$ をそれぞれ $(x+x_1), (y+y_1), (z+z_1)$ におきかえた方程式として得られる．

■**切片** intercept

直線，平面，曲面または立体の一部分を境界で区切ること，あるいは，切りとること．2つの半径は円の円周から円弧を**切りとる**．弧が1つの角の内部をとおり両端点がそれぞれ角の両外側にあれば，角は弧を**切りとる**．

直線 L が2点 A と B で他の直線，平面などによって切られているとき，これらの直線，平面などは L 上で線分 AB を**切りとる**．**直線，曲線または面の座標軸上の切片**とは，それらの直線，曲線または曲面が座標軸を切る点の原点からの距離である．横座標軸あるいは x 軸上の切片を x **切片**，縦座標軸あるいは y 軸上の切片を y **切片**とよぶ．空間内において z 軸上の切片を z **切片**とよぶ．直線 $2x+3y=6$ の x 軸および y 軸上の切片はそれぞれ 3 と 2 である．

■**切片形（直線の方程式の）** intercept form of the equation of a plane
→ 直線の方程式，切片の方程式

■**ゼノン（エレアの）** Zeno of Elea (B. C. 490 頃—429 頃)

ギリシャのエレア学派の哲学者，数学者．不連続と連続に関する問題点を指摘する逆理を示した．ゼノンがこの逆理を解決しようとしたか否かは明らかでないが，まさにそのことにより彼は古代において，ブロウエルやクロネッカーのような役割を果たしたと考えられている．→ クロネッカー，ブロウエル

■**ゼノンの逆理** Zeno's paradox

エレアのゼノンが提唱した，運動に関する4つの逆理．特に第2の逆理[→ アキレスと亀のゼノンの逆理] が有名である．だだし原文は伝わらず，アリストテレスの著書中の引用によって伝えられているので，彼の真意の解釈には異説が多い．

■**セール，ジャン-ピエール** Serre, Jean-Pierre (1926—)

フランスの解析，位相数学者でフィールズ賞受賞者(1954年)．複素多様体の理論を複素解析的層におけるコホモロジーによって研究した．

■**セルシウス，アンデルス** Celsius, Anders (1701—1744)

スウェーデンの天文学者．

■**セルシウスの温度目盛** Celsius temperature scale

1742年にセルシウスが定めた温度目盛で，水の凝固点と沸騰点との間を 100 度に分けた．すなわち水の凝固点がセ氏 0°で，沸騰点がセ氏 100°とした．通例この差を 100 度に分けるので百分温度(centigrade temperature)ともいう．日本では摂氏あるいはセ氏とよんでいる．セ氏 T_c 度をカ氏（ファーレンハイトの温度目盛）T_f 度に換算する公式は

$$T_f=\frac{9}{5}T_c+32, \quad T_c=\frac{5}{9}(T_f-32)$$

である．現在では絶対温度（ケルビン）+273.16 と約束されている．

■**セルバーグ，アトル** Selberg, Atle (1917—)

ノルウェー生まれの米国に移住した数論および解析学者でフィールズ賞受賞者(1950年)．リーマンのゼータ関数に関する基礎的研究に貢献した．しかしその結果を使わずに素数定理を証明した．→ 素数定理

■**セレー，ジョセフ・アルフレッド** Serret, Joseph Alfred (1819—1885)

フランスの数学者で天文学者．→ フルネ-セレーの公式

■**ゼロ** zero
→ 零（れい）

■ゼロ記号　cipher, zero, naught
　ゼロを表す記号 0. ＝ゼロ．

■線　line
　(1) 曲線．
　(2) 直線．線に関する諸項目，例えば以下の項目を参照．→ 折れ線，曲線，線分，直線

■旋回半径　radius of gyration
　→ 半径

■全曲率　total curvature
　→ 曲面の曲率

■全曲率半径（曲面上の点における）　radius of total curvature of a surface at a point
　$K = -\dfrac{1}{\rho^2}$ によって定義される量 ρ．ただし K はその点におけるその曲面の**全曲率**である．K が負ならば ρ は実数である．$D = D'' = 0$ となるように漸近線を媒介変数曲線とすれば，$\dfrac{1}{\rho} = \dfrac{D'}{H}$．ここで $H = \sqrt{EG - F^2}$ である．

■漸近級数　asymptotic series
　→ 漸近展開

■漸近線　asymptote
　平面曲線に対し，**漸近線**とは，曲線上のある適当な部分の上の点 P と原点との距離を無限に増加するにつれ，点 P とこの線との距離が 0 に近づくという性質を有している線分である．曲線が線の両側を振動しつつ近づく場合を除くこともある．→ 双曲線の漸近線

■漸近的に等しい　asymptotically equal
　→ 大きさの位数

■漸近展開　asymptotic expansion
　固定された n に対し，$\lim\limits_{z \to \infty} z^n [f(z) - S_n(z)] = 0$ であるとき，$a_0 + (a_1/z) + (a_2/z^2) + (a_3/z^3) + \cdots + (a_n/z^n) + \cdots$ の形の発散級数を関数 f の**漸近展開**という．またこの形式的な級数を**漸近級数**という．ここに，$S_n(z)$ は和 $a_0 + (a_1/z) + (a_2/z^2) + \cdots + (a_n/z^n)$ を表し，a_i は定数である．例えば，

$$\int_x^\infty t^{-1} e^{x-t} \, dt = \frac{1}{x} - \frac{1}{x^2} + \frac{2!}{x^3} - \cdots + \frac{(-1)^{n-1}(n-1)!}{x^n} + (-1)^n n! \int_x^\infty \frac{e^{x-t}}{t^{n+1}} dt$$

は，固定した n に対し，
$$\lim_{x \to \infty} x^n \int_x^\infty \frac{e^{x-t}}{t^{n+1}} dt = 0$$
をみたす．したがって，一般項（n 次項）が $(-1)^{n-1}(n-1)!/x^n$ である級数は，このような積分で定義された x の関数（積分指数関数の一変形）の漸近展開である．この漸近展開をふつう次のように表す．

$$\int_x^\infty t^{-1} e^{x-t} dt \sim \frac{1}{x} - \frac{1}{x^2} + \frac{2!}{x^3} - \frac{3!}{x^4} + \cdots$$

■漸近分布　asymptotic distribution
　確率変数 X の分布 $F(x)$ が母数 n（例えば n が標本の大きさで x が平均）に依存するとき $n \to \infty$ のときの $F(x)$ の極限を X の**漸近分布**という．特に u と σ が得られ
$$\frac{X - u}{\sigma} = Y$$
の分布関数が $n \to \infty$ で
$$\lim_{n \to \infty} p(Y_n < t) = \frac{1}{\sqrt{2\pi}} \int_{-\infty}^t e^{-x^2/2} dx$$
に等しいなら，$F(x)$ は**漸近的正規分布**をもつという．これで X が漸近的正規分布をもつとは
$$\frac{X - u}{\sigma} = Y_n < t$$
の確率の極限が正規分布をし，それは X がいかなる平均 u と分散 σ^2 をもつかどうかに依存しないことなのである．X の分布が何であれ，それが上記のように漸近的正規分布になるように変換されるなら，変数 Y は極限において正規分布にしたがう．

■線型　linear
　(1) 直線に属する．
　(2) 曲線に沿うまたは付随する．
　(3) 次数が 1 の．＝1次．

■線型位相空間　linear topological space
　→ ベクトル空間

■線型運動量の原理　principle of linear momentum
　ある系の線型運動量の時間による変化率は，外力のベクトル和に等しいという力学系の定理．

■線型回帰　linear regression
　→ 回帰直線，回帰関数

■線型仮説　linear hypothesis
　《統計》論理形式上は，分布の母数に関してそれらの線型結合で表される仮説を線型仮説とよぶ．例えば，母数 μ と σ が与えられた分布に対して，仮説 $\mu=2\sigma-1$ は線型仮説である．しかし，通常は以下のような一般的な型をもつ仮説に対して**線型仮説**という言葉が用いられる．正規分布に従う n 個の確率変数があり，それらは共通の分散をもち，さらに各平均値 $\mu_1, \mu_2, \cdots, \mu_n$ は母数 $\theta_1, \theta_2, \cdots, \theta_k$ に関する1次結合
$$\mu_i = \sum_{j=1}^{k} c_{ij}\theta_j, \quad k \leq n$$
で与えられるとする．**線型仮説**とは，これらの母数 $\theta_1, \cdots, \theta_k$ が何らかの線型条件をみたすとする仮説のことである．例えば，同じ分散をもつ2つの正規確率変数に関して，仮説 "$\mu_1-\mu_2=3$" は線型仮説である．子供の体重 w は身長と年齢に線型従属であると仮定してよいであろう．すなわち，身長，年齢の変域をそれぞれ $h_1, \cdots, h_r$ および $y_1, \cdots, y_s$ とすると，
$$E[w|(h_i, y_j)] = \theta_1 + \theta_2 h_i + \theta_3 y_j, \quad i \leq r, \; j \leq s$$
である．ここに，$E[w|(h_i, y_j)]$ は身長 h_i，年齢 y_j をもつ子供の体重の平均値である．このとき，θ_1, θ_2 および θ_3 の値に関する陳述は**線型仮説**といってよい．

■線型関数　linear function
　→ 1次関数

■線型空間　linear space
　→ ベクトル空間

■線型群　linear group
　→ 一般線型群，実一般線型群

■線型計画法　linear programming
　1次式の制約のもとで1次関数を最小または最大にする数学的理論．
$$\sum_{i=1}^{n} b_{ij}x_i = c_j \quad (j=1, 2, \cdots, m)$$
という1次式の制約のもとで1次式 $\sum_{i=1}^{n} a_i x_i$ ($x_i \geq 0$) を最小にする問題として定式化されることが多い [→ ヒッチコックの輸送問題]．最大・最小化する関数や制約式に線型でないものを含む類似の数学的理論を**非線型計画法**という．線型計画問題の**解**は m 個の線型制約をみたす任意の値 x_i の集合である．非負の数からなる条件式の解を**実行可能解**という．制約式の係数の行列が正則になる m 個の x 以外が0である解を**基底解**という．線型形式を最小化する実行可能解を**最適解**という．→ 2次計画法，単体法

■線型結合　linear combination
　2つあるいはそれ以上の**数量**の線型結合とは，それらの各数量の定数倍の和のことである（すべての定数が0ではないとする）[→ 線型従属]．2つの**方程式** $f(x, y)=0$ と $F(x, y)=0$ に対して，これらの線型結合は $kf(x, y) + hF(x, y) = 0$，ただし，k と h がともに0ではないとする．任意の2つの方程式の線型結合のグラフは，それら2つの方程式のグラフの共有点をとおり，かつ共有点以外の点でそれらと交わることはない．数量 x_i ($i=1, 2, \cdots, n$) の**凸線型結合**とは，$\sum_{1}^{n}\lambda_i x_i$ の形の式で，$\sum_{1}^{n}\lambda_i = 1$ かつ各 λ_i は非負実数となるものである．= 1次結合．→ 重心座標

■線型作用素　linear operator
　ヒルベルト空間上の線型変換の総称．任意の線型ノルム空間の場合と同様に，ヒルベルト空間 H 上の有界線型作用素 T の集合は**ノルム**あるいは**一様位相** [→ 線型変換] および**強作用素位相**をもつ．後者に対する部分基底は
$$\{T; \|(T-T_0)x\| < \varepsilon\}, \quad x \in H$$
という型の集合の全体である．また**弱作用素位相**をもつ．その部分基底は
$$\{T; |((T-T_0)x, y)| < \varepsilon\}, \quad x, y \in H$$
という型の集合の全体である．

■線型従属　linearly dependent
　対象の集合（ベクトル，行列，多項式など）$z_1, z_2, \cdots, z_n$ がその集合の中で**線型従属**であるとは，少なくともその係数の1つが0でないそれらの線型結合
$$a_1 z_1 + a_2 z_2 + \cdots + a_n z_n$$
の値が0となるときにいう．従属性は，係数の

性質に関係する(次にあげる例を見よ). 対象の集合が**線型独立**とは, 線型従属でないときである. 2項式 $x+2y$ と $3x+6y$ は
$$-3(x+2y)+(3x+6y)\equiv 0$$
であるので, 線型従属である. 3とπは, a_1, a_2 がともに0ではない限り $a_1\cdot 3+a_2\cdot\pi$ が0にならないから, 有理数上では線型独立である. しかし, $-1\cdot 3+(3/\pi)\cdot\pi=0$ であるから, 3とπは実数上では線型従属である. 同様に, $1+i$ と $3-5i$ は実数上では**線型独立**であるが, 複素数上では**線型従属**である. $v^k=(x_1^k, x_2^k, \cdots, x_n^k)$ ($k=1,2,\cdots,r$) が n 次元空間上のベクトル(または点)であるとき, $\lambda_1 v^1+\lambda_2 v^2+\cdots+\lambda_r v^r=0$ をみたす, すべてが0ではない数 $\lambda_1, \lambda_2, \cdots, \lambda_r$ が存在するなら, $v^1, v^2, \cdots, v^r$ は線型従属である. これは, 各成分に関する方程式, $\lambda_1 x_p^1+\lambda_2 x_p^2+\cdots+\lambda_r x_p^r=0$ が成り立つことを意味する. =1次従属. → グラム行列式, ロンスキアン

■**線型順序集合** linearly ordered set
→ 順序集合

■**線型速度** linear velocity
→ 速度

■**線型代数** linear algebra
(1) 線型空間, 線型写像, 行列, 行列式, 固有値などの研究分野の総称.
(2) =体上の多元環. → 体上の多元環

■**線型独立な数量** linearly independent quantities
線型従属ではない数量. → 線型従属

■**線型微分方程式** linear differential equation
1階の線型微分方程式は次の形である.
$$\frac{dy}{dx}+P(x)y=Q(x)$$
この方程式は, 積分因子 $e^{\int p dx}$ をもつ [→ 微分作用素]. 一般の線型微分方程式は, y と y の微分に対して1次であり, y と y の微分の係数は x のみの関数である. すなわち, 次の形をした方程式である.
$$L(y)\equiv P_0\frac{d^n y}{dx^n}+P_1\frac{d^{n-1}y}{dx^{n-1}}+\cdots+P_n y=Q(x)$$
一般解は, 同次方程式 $L(y)=0$ の線型独立な n 個の特殊解を見つけ, これらの関数に任意の助変数を乗じたものの和(これを**余関数**という)を, 元の微分方程式の特殊解に加えることによって見つけることができる. 方程式 $L(y)=0$ を**補助方程式**とよぶ. 余関数を得てから一般解を見つける方法に関しては, 未定係数, 定数変化法を参照.

■**線型変換** linear transformation
(1) 元の変数と新しい変数に関する1次代数方程式で与えられる関係にしたがう変換. 1次元の一般線型変換は式
$$x'=(ax+b)/(cx+d)$$
または, $\rho x_1'=ax_1+bx_2, \rho x_2'=cx_1+dx_2$ で与えられる. ただし, ρ は勝手な0でない定数, x_1, x_2 は $x_1/x_2=x$ で定義される同次(斉次)座標である. 2次元における一般線型変換は,
$$x'=(a_1 x+b_1 y+c_1)/(d_1 x+e_1 y+f_1)$$
$$y'=(a_2 x+b_2 y+c_2)/(d_1 x+e_1 y+f_1)$$
あるいは同次座標を用いて
$$\rho x_1'=a_1 x_1+b_1 x_2+c_1 x_3$$
$$\rho x_2'=a_2 x_1+b_2 x_2+c_2 x_3$$
$$\rho x_3'=a_3 x_1+b_3 x_2+c_3 x_3$$
で与えられる. 2より大きい次元における一般線型変換も同様にして定義され, 右辺の係数行列が0であるか否かにしたがって**特異**あるいは**正則**(非特異)であるという.

(2) ベクトル x, y を線型変換 x', y' に移すとき, 任意の a, b に対して $ax+by$ が $ax'+by'$ に移るような変換. 変換が連続であるという条件を付け加えることもある. ここに, x と y は n 次元ベクトル空間もしくは勝手なベクトル空間のベクトル, あるいは特に通常の実数または複素数を考えることもある. 数 a と b は実数または複素数, さらに一般に, そのベクトル空間の要素との積が定義されている体の要素(スカラー)である. n 次元ベクトル空間(または次元 n のユークリッド空間)において, このような変換は式
$$y_i=\sum_{j=1}^n a_{ij}x_j \quad (i=1,2,\cdots,n)$$
あるいは, $y=Ax$ で与えられる. ただし, x と y は要素 $(x_1, x_2, \cdots, x_n), (y_1, y_2, \cdots, y_n)$ をもつ列ベクトル, A は行列 (a_{ij}), 積は行列の積を意味する[→ 線型写像の行列]. このとき, 線型変換は A が正則のとき, かつそのときにかぎり, あるいは, 値域が V のとき, かつそのときにかぎり逆変換をもつ(**可逆**である. または**正則**である). 一般に, 線型変換 T は $T(x)=0$ となる

x が存在しないとき，かつそのときにかぎり可逆である．2つのノルム空間の間の線型変換 T は，
$$\|T(x)\| < M\|x\|$$
が任意の x に対して成り立つような定数 M が存在するとき**有界**であるという．そのような M の最小数をこの線型変換の**ノルム**とよび，$\|T\|$ で表す．そのような数 M が存在しないとき，この線型変換は**有界でない**（**非有界**）という．線型変換は有界なとき，かつそのときにかぎり連続である．＝1次変換．→ 線型作用素

■**線型変換の行列**　matrix of a linear transformation

$y_i = \sum_{j=1}^{n} a_{ij} x_j (i=1,2,\cdots,n)$ によって定義される線型変換の行列とは，行列 $A=(a_{ij})$ のことである．ここで，a_{ij} は i 行 j 列目の成分である．2つの線型変換 T_1 と T_2 をこの順にひき続いてほどこしたものは，その行列が BA である線型変換となる．ここで，A は T_1 の，B は T_2 の行列である．

■**線型方程式**　linear equation, linear expression
→ 1次方程式

■**線型補間法**　linear interpolation
→ 補間法

■**線型要素**　linear element

曲面 $S: x=x(u,v), y=y(u,v), z=z(u,v)$ と S 上の曲線 $f(u,v)=0$ に対して，線型要素 ds は $ds^2 = dx^2 + dy^2 + dz^2 = E du^2 + 2F dudv + G dv^2$ で与えられる．ここに
$$E = \left(\frac{\partial x}{\partial u}\right)^2 + \left(\frac{\partial y}{\partial u}\right)^2 + \left(\frac{\partial z}{\partial u}\right)^2$$
$$F = \frac{\partial x}{\partial u}\frac{\partial x}{\partial v} + \frac{\partial y}{\partial u}\frac{\partial y}{\partial v} + \frac{\partial z}{\partial u}\frac{\partial z}{\partial v}$$
$$G = \left(\frac{\partial x}{\partial v}\right)^2 + \left(\frac{\partial y}{\partial v}\right)^2 + \left(\frac{\partial z}{\partial v}\right)^2$$
かつ，du と dv は $\frac{\partial f}{\partial u}du + \frac{\partial f}{\partial v}dv = 0$ をみたす．テンソルの概念を用いて，$ds^2 = g_{\alpha\beta} du^\alpha du^\beta$ ともかき表される．曲面の**線型要素**とは，$ds^2 = E du^2 + 2F dudv + G dv^2$ で与えられる長さ ds の要素で，曲面上の特定の曲線によらないものである．n 次元ユークリッド空間においては直角座標 y_i が存在して（他のリーマン空間ではいえない），線型要素は式
$$ds^2 = (dy^1)^2 + (dy^2)^2 + \cdots + (dy^n)^2$$
で与えられる．いいかえれば，基本ユークリッド計量テンソル $g_{ij}(x^1, \cdots, x^n)$ が直交座標系 y^i において成分 $g_{ij}(y^1, \cdots, y^n) = \delta_{ij}$ をもつ．ただし，δ_{ij} はクロネッカーのデルタである．$y^i = f^i(x^1, \cdots x^n)$ を任意の一般座標系 x^i から直交座標系 y^i への座標変換とするとき，一般座標系における成分 $g_{ij}(x^1, \cdots, x^n)$ は
$$g_{ij}(x^1, \cdots, x^n) = \frac{\partial y^\alpha}{\partial x^i}\frac{\partial y^\alpha}{\partial x^j}$$
で計算される．**線素，長さの要素**ともよばれる．
→ 積分要素

■**線型理論（弾性の）**　linear theory of elasticity
→ 弾性

■**先験的知識**　a priori knowledge
《哲学》経験から得られる知識に対して，原因から結果を演繹する純粋な論理によって得られる知識．人間の精神にその源泉をもつ，経験とは全く独立した（あるいは独立していると思われる）知識．

■**先験的理由づけ**　a priori reasoning
《哲学》定義や仮定した公理，もしくは原理から結論に至る推論．

■**前項**　antecedent
(1) 比における最初の項，すなわち分子のこと．比 $\frac{2}{3}$ において，2は前項，3は後項である．
(2) ＝前件，仮定．→ 含意

■**全射**　surjection
集合 A から集合 B への**全射**とは，A を定義域とし，B を値域とする写像である．すなわち，A から B の**上への**写像である．→ 全単射，単射

■**全順序集合**　totally ordered set
→ 順序集合

■**全称記号**　universal quantifier
→ 限定記号

■**線織曲面の導線** line of striction of a ruled surface
　曲面の線織の中心点の軌跡．→ 線織の中心面と中心点

■**染色数** chromatic number
　→ 4色問題

■**線織の中心面と中心点** central plane and point of a ruling
　線織面 S 上の定まった線織 L に対して，**中心点**とは，S 上の可変の線織 L' で $L' \to L$ としたとき，L と L' との共通垂線の L 上の足の極限における位置を表す点のことをいう．S 上の線織 L 上の任意の点において，線織面 S の接平面は必ず L を含む．L の中心点において S に接する平面のことを線織面 S 上の線織 L の**中心平面**という．→ 線織面

■**線織面** ruled surface
　直線を動かすことによって生成される曲面のこと．この曲面を生成する直線は**母線**または**生成直線**とよばれる．**2重線織面**とは2種類の母線をもつ線織面のことをいう．線織面である2次曲面だけが2重線織面である．**斜交線織面**または**斜曲面**とは，**可展**でない線織面のことをいう [→ 可展面]．線織面を生成する直線のさまざまの位置を，その曲面の**線織**という．**準線**とは，各母線の少なくとも1点を含み，かつ線織されている以外の点を含まないような曲線のことをいう．錐面，円柱，双曲放物面，単葉双曲面などは線織面である．→ 共役線織面，線織の中心面と中心点

■**線織面の準錐面** director cone of a ruled surface
　空間の固定点を通り，与えられた線織面の母線に平行な直線によってつくられた錐面．→ 球面標形（線織面の）

■**線織面の分配径数** parameter of distribution of a ruled surface
　線織面上の固定された1母線 L に対して，分配径数 b の値とは，L と他の母線 L' との間の距離を，L と L' のなす角でわった比の，L' を L に近づけるときの極限に符号をつけたものである．その符号は，接点が動くにつれての接平面の運動が左ねじの方向に動くか右ねじの方向に動くかに従って，正または負とする．

■**線織面の母線** generatrix of a ruled surface
　ある規則に従って動くことによって表面（曲面）を形作るような直線のこと．錐の要素は，その母線の違った配置にあるものからなる．→ 線織面

■**線積分** line integral, contour integral
　(1) C を閉区間 $[a, b]$ 上で媒介変数方程式によって定義された曲線で，かつ長さをもつものとする．したがって C 上の点 $(x(t), y(t), z(t))$ は位置ベクトル $\boldsymbol{P}(t) = x(t)\boldsymbol{i} + y(t)\boldsymbol{j} + z(t)\boldsymbol{k}$ をもつ．また，$\boldsymbol{F}$ をベクトル値関数で定義域は $[a, b]$ を含むものとし，$\{a = t_1, t_2, \cdots, t_{n+1} = b\}$ を $[a, b]$ の分割とする．τ_i を区間 $[t_i, t_{i+1}]$ の点とし，和
$$\sum_1^n \boldsymbol{F}(\tau_i) \cdot \Delta_i \boldsymbol{P}$$
を考える．ここに，$\Delta_i \boldsymbol{P} = \boldsymbol{P}(t_{i+1}) - \boldsymbol{P}(t_i)$，また，・は内積を表す．分割の幅が0に近づくときにこの和が極限値をもつとき，この極限値を $\boldsymbol{F}$ の C 上の**線積分**とよび，
$$\int_C \boldsymbol{F}(t) \cdot d\boldsymbol{P}$$
で表す．この積分が存在する1つの十分条件は，$\boldsymbol{F}$ が C 上で連続なことである．$\boldsymbol{P}$ が微分可能で $\boldsymbol{F} = L\boldsymbol{i} + M\boldsymbol{j} + N\boldsymbol{k}$ であるとき，その線積分は
$$\int_a^b (Lx' + My' + Nz') dt$$
あるいは，
$$\int_C L dx + \int_C M dy + \int_C N dz$$
のように表される．媒介変数が固定した1点からの曲線の弧の長さであるとき，線積分は
$$\int_C F_t dt$$
と表される．ただし，F_t は $\boldsymbol{F}$ の接線成分である．同様に，$A = P_1, P_2, \cdots, P_n = B$ を曲線上で順番にとられた点とするとき，
$$\int_C f(x, y, z) ds$$
を $\delta \to 0$ としたときの
$$\sum_1^n f(x_i, y_i, z_i) \Delta s_i$$
の型の和の極限値として定義する．ただし，(x_i, y_i, z_i) を P_i から P_{i+1} までの弧上の点，Δs_i をこの弧の長さ，δ を Δs_i のうちで最大の数とする．

F が開集合 S 上で連続なとき，F が関数 Φ の勾配となるのは F が保存的であるときかつそのときにかぎる．すなわち，c_1 と c_2 が同じ始点と終点をもてば，曲線によらずつねに

$$\int_{c_1} F \cdot dP = \int_{c_2} F \cdot dP$$

が成り立つときである（この場合，P から Q までの積分は $\Phi(P) - \Phi(Q)$ と等しくなる）．平面上の開集合 S 上で，$F = Li + Mj$ かつ $\partial L/\partial y$ と $\partial M/\partial x$ が連続なとき，F が保存的であるのは $\partial L/\partial y = \partial M/\partial x$ が成り立つときにかぎる．S が単連結のとき，$\partial L/\partial y = \partial M/\partial x$ ならば，F は保存的である [→ 保存力の場]．$\partial M/\partial x - \partial L/\partial y = 1$ のとき，$Li + Mj$ の単純閉曲線 C のまわりの線積分は C を境界とする領域の面積となり，その面積は

$$\frac{1}{2}\int_c (xdy - ydx)$$

で与えられる．

(2) f を複素数 z の複素数値関数，C を複素数平面上の（あるいはリーマン面上の）2 点 p, q を結ぶ曲線とする．さらに $z_0 = p, z_1, \cdots, z_n = q$ を C を次々に隣りあう n 個の部分に分ける任意の $n+1$ 個の点，ζ_i を z_{i-1} と z_i を結ぶ C の閉線分の点，δ を $|z_i - z_{i-1}|$ の最大値とおく．δ を 0 に近づけるとき

$$\sum_{i=1}^n f(\zeta_i)(z_i - z_{i-1})$$

の極限が存在するならば，その値を

$$\int_p^q f(z) dz$$

で表し，$f(z)$ の C に沿う**線積分**とよぶ．f が連続で，C が長さ有限ならば線積分は存在する．さらに C の各点において $dF(z)/dz = f(z)$ ならば，

$$\int_p^q f(z) dz = F(q) - F(p)$$

となる．曲線 C の方程式を $z = z(t)$，また $z = x + iy$ とするとき，$f(z)$ が実数値関数 $u(x, y)$, $v(x, y)$ を用いて

$$f(z) = u(x, y) + iv(x, y)$$

と表されるものとする．このとき C に適当な制限を設けることにより，線積分

$$\int_p^q f(z) dz$$

は 1 変数の積分

$$\int f(z) z'(t) dt$$

あるいは線積分（(1) 参照）

$$\int (udx - vdy) + i\int (vdx + udy)$$

によって計算される．→ コーシーの積分公式，コーシーの積分定理

■**尖節点** spinode
→ 自接点

■**全線型群** full linear group
→ 一般線型群

■**線素** line element
→ 線型要素

■**線測度** linear measure
線に沿った測度．ここで線とは直線でも曲線でもよい．

■**選択** choice
ゲーム中の手番として一方のプレイヤーによってか，あるいは確率的な方法によって決定された選択枝のこと．

■**選択公理** axiom of choice
与えられた任意の集合族に対し，それに含まれる各集合のある要素をその集合の"特別な"要素として特定するある"方法"が存在するという公理．すなわち A を任意の集合族，S を A に含まれる集合とするとき，S に対して S の要素 $f(S)$ を対応させる f が存在する．ツェルメロの公理ともいうが，通常この語は，選択公理と数学的に同値な整列可能定理を指す．→ 順序集合，ツォルンの補題

■**剪断運動** shearing motion
物体に剪断応力による影響を与えるときにおこる運動．

■**剪断応力** shearing force
同一直線上でない反対方向に作用する 2 つの等しい大きさの力のうちの一方のことをいう．このような力が固体に作用したときは**剪断変形**として知られているひずみが生ずる．

■**全単射** bijection
集合 A から集合 B への**全単射**とは A と B の間の 1 対 1 対応のことである．すなわち，単射かつ全射である A から B への写像．＝全単

射的関数，同型写像．→ 単射，全射

■**剪断変形** shearing strain
変形された素材におけるもともと直交していた2方向の間の角の変形にともなう歪み．

■**剪断率** modulus of shear
→ 剛性率

■**センチ** centi
100分の1を表す接頭辞．例えばセンチメートル．

■**センチグラム** centi gram
100分の1グラム．→ 付録：単位・名数

■**センチメートル** centi meter
100分の1メートル．→ 付録：単位・名数

■**尖点** cusp
その点における接線が一致する2重点．[類] 尖節点，スピノイド．接点の近傍で重なった接線の両側に枝があるとき，その尖点は**第1種の尖点（単純尖点）**という．例えば半立方放物線 $y^2=x^3$ は原点をその第1種の尖点としてもつ．
接点の近傍で曲線の枝が両方とも接線の一方の側にあるとき，その尖点は**第2種の尖点（飛状尖点）**という．$y=x^2\pm\sqrt{x^5}$ は原点を第2種の尖点としてもつ．
2重尖点は自接点と同じである [→ 自接点]．与えられた曲線族に対し，それに属する各曲線の尖点の軌跡を尖点軌跡とよぶ．→ カタストロフィー，微分方程式の判別式

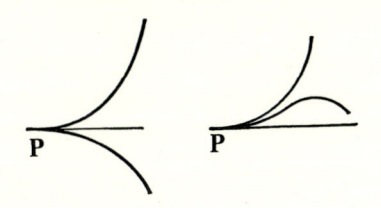

■**尖度** kurtosis
《統計》平均のまわりの密度の一般的形を表すために考えられた分布の叙述的性質．u_2 と u_4 をそれぞれ平均のまわりの第2および第4モーメント（積率）とするとき，この概念を $B_2=u_4/u_2^2$ で定義することがある．正規分布においては，$B_2=3$ となる．$B_2=3$，$B_2<3$ あるいは $B_2>3$ であるに従って，それぞれ**中間分布，緩尖[広幅]分布，急尖[狭幅]分布**とよぶ．緩尖分布は平均のまわりの密集度が正規分布に比べて低いときによく現れ，急尖分布はそれが正規分布より高いときによく現れる．

■**全微分** total derivative, total differential
→ 微分

■**全不連結** totally disconnected
→ 非連結集合

■**線分** segment of a line, line segment
直線上の2点の間にある部分のこと．直線の線分というとき，両端の点を含める場合とそうでないときがある．直線の線分の両端の点が一致したとき，**零線分**という．→ 有向直線

■**線分の加法** addition of line segments
→ 有向線分の和

■**線分の中点** midpoint of a line segment
線分を2つの等しい部分に分ける点．→ 2等分点

■**線分の調和分割** harmonic division of a line
線分が，同じ比で外分および内分されているとき，その線分は**調和分割**されているという．→ 調和比

■**線分の長さ** length of a line
ジョルダン測度と同じである [→ 点集合の容積]．したがって，線分の長さはその両端点の座標の差の絶対値に等しい（両端点がその線分に属しているか否かにはよらない）．同値な定義として，単位区間を何倍かしてその線分とまったく重なり合うようにしたときの単位区間に乗じた数をその線分の長さとしてもよい．具体的には，その線分に埋め込むことができる単位区間の個数，長さ $\frac{1}{2}$ の区間の個数の $\frac{1}{2}$，長さ $\frac{1}{4}$ の区間の個数の $\frac{1}{4}$ などの個数の和として定義できる（長さ $\frac{1}{2}$ の区間とは，単位区間を等分したときの2つの区間の一方をいう．長さ $\frac{1}{4}$ など

も同様).

■**線分の2等分** bisect a line segment
　線分の両端点から等距離にある点（2等分点，中点）をみつけること．解析的には，中点の直角座標は，2つの端点に対応する座標の相加平均である[→ 内分点].　$P_1(x_1, y_1)$ と $P_2(x_2, y_2)$ を線分の端点とすると，その中点の座標 (x, y) は，
$$x = (x_1+x_2)/2, \quad y = (y_1+y_2)/2$$

■**全変動**（関数の） variation of a function
　閉区間 $[a, b]$ を小閉区間 $[a, x_1], [x_1, x_2], \cdots,$ $[x_n, b]$ $(a < x_1 < x_2 < \cdots < b)$ に分割したときの関数の振幅の和の上限（可能なすべての分割に対する上限）を，区間 $[a, b]$ における関数の**全変動**という．全変動が有限な関数は，区間 $[a, b]$ において**有界変動**であるという．このとき，関数は2つの単調関数の差として表される．

■**線膨脹** linear expansion
　直線の上の膨脹．一方向への膨脹．熱せられた棒の縦方向への膨脹は線膨脹である．

■**線膨張係数** coefficient of linear expansion
　(1) 棒状の物質の温度を1度変化させたときの長さの変化量と最初の長さとの比（すべての温度にわたって同一の値というわけではない）．
　(2) 単位長さの棒状の物質の温度を0°Cから1度変化させたときの長さの変化量．

■**全有界** totally bounded
　→ 点の有界集合

■**戦略** strategy (for a game)
　純粋戦略とはゲームの対局者が競技を完全に行うために，おこりうる計画である．対局者が m 個の可能な純粋戦略を選択したとき，任意の確率ベクトル $X = (x_1, x_2, \cdots, x_m)$ $(x_i \geq 0,$ $\sum x_i = 1)$ をその対局者に対する**混合戦略**という．対局者がこの混合戦略を選択したとき，確率 x_i （確率的な手段により決定される）で，第 i 番目の純粋戦略を用いる．同様に連続ゲームにおける混合戦略とは，連続体 $[0, 1]$ 上の純粋戦略の確率分布のことをいう．
　したがって，例えば混合戦略 $(1, 0, \cdots, 0)$ は対局者の最初の純粋戦略に同値であり，任意の純粋戦略は1つの混合戦略とみなすことができる．用語"**戦略**"は（前後関係から意味が明白であるとき）**純粋戦略**を表すのに用いられることがある．またときには**混合戦略**を表すのに用いられることもある．もし最初の純粋戦略が，本人の別の純粋戦略と比較して，相手の各純粋戦略に対して少なくとも同程度の利得を与えるならば，これを別の純粋戦略に比べて**優利な戦略**であるという．もし利得が他の純粋戦略よりつねに大きいときは**真に優利な戦略**であるという．値が v の零和2人ゲームにおいて，ある戦略——純粋戦略であろうと，確率ベクトルまたは確率分布関数によって与えられた混合戦略であろうと——が，最大値をめざす対局者にとって相手がどういう戦略をとろうとも，つねに値 v を与えるとき，あるいは最小値をめざす対局者に対する損失がたかだか v であるとき，**最適戦略**とよばれる．

ソ

■**素（互いに）** relatively prime
→ 互いに素

■**素因子** prime factor
　数や多項式で，与えられた量をわり切る素なもの．例えば，(1) 数 $2, 3, 5$ は 30 の素因子である．(2) 多項式 $x, (x+1), (x-1)$ は $x^5 - 2x^3 + x$ の素因子である．→ 素数, 素多項式

■**素因数分解一意性定理** unique factorization theorem
→ 素元分解一意性定理

■**像** image
　関数 f に対して，**点 x の像**とは x に対応する関数値 $f(x)$ のことである．A が f の定義域の部分集合とするとき，**A の像**とは A の要素の像全体の集合のことであり，$f(A)$ で表される．f の値域に含まれる集合 B の**逆像**または**原像**とは，像が B に含まれる要素全体からなる定義域の部分集合のことであり，$f^{-1}(B)$ で表される．特に，値域に含まれる点 y の逆像は $f(x) = y$ をみたす x 全体の集合である．

■**双1次** bilinear
　数式が双1次であるとは，2つの変数あるいは2つの位置にある量のそれぞれに対して線型であることをいう．例えば関数 $f(x, y) = 3xy$ は x と y に関して線型である．なぜなら，$f(x_1 + x_2, y) = 3(x_1 + x_2)y = 3x_1y + 3x_2y = f(x_1, y) + f(x_2, y)$, $f(x, y_1 + y_2) = f(x, y_1) + f(x, y_2)$ であり，さらに $f(ax, y) = f(x, ay) = af(x, y)$ だからである．ベクトル $\boldsymbol{x} = x_1\boldsymbol{i} + x_2\boldsymbol{j} + x_3\boldsymbol{k}, \boldsymbol{y} = y_1\boldsymbol{i} + y_2\boldsymbol{j} + y_3\boldsymbol{k}$ の**スカラー積**とは $\boldsymbol{x} \cdot \boldsymbol{y} = x_1y_1 + x_2y_2 + x_3y_3$ のことであるが，これは $(\boldsymbol{u} + \boldsymbol{v}) \cdot \boldsymbol{y} = \boldsymbol{u} \cdot \boldsymbol{y} + \boldsymbol{v} \cdot \boldsymbol{y}, \boldsymbol{x} \cdot (\boldsymbol{u} + \boldsymbol{v}) = \boldsymbol{x} \cdot \boldsymbol{u} + \boldsymbol{x} \cdot \boldsymbol{v}, (a\boldsymbol{x}) \cdot \boldsymbol{y} = \boldsymbol{x}(a\boldsymbol{y}) = a(\boldsymbol{x} \cdot \boldsymbol{y})$ が成り立つので双1次である．以上においてスカラー積や関数 $3xy$ は双1次形式であるという [→ 形式]．$F(u, v)$ の x での値が

$$\int_0^1 t^2 u(t, x) v(t, x) dt$$

であるような関数 F は u と v の双1次関数である．ここで，u, v は2変数関数とする．

■**双1次随伴式** bilinear concomitant
→ 随伴微分方程式

■**層化確率抽出法** stratified random sample
　母集団が層とよばれる，いくつかの部分母集団に分かれているとする．それぞれの層から確率標本（ランダムサンプル）をとるとき，それぞれに分けられた標本を**層化確率標本**とよぶ．層化標本は基本的には標本のグループである．もしも母集団が数個の層に分かれているならば，母集団平均の最小分散不偏推定量は $\sum p_i \bar{x}_i$ で与えられる．ここで i 番目の層からの標本数は $p_i \sigma_i$ に比例する．p_i は i 層に含まれる要素の割合，σ_i は i 層の標準偏差，$\bar{x}_i$ は i 層からの標本平均である．もしも σ_i が推定不能であれば i 層からの標本を p_i に比例して取る．これを**代表的**または**比例抽出法**という．

■**増加関数** increasing function
　実数値関数で，独立変数が増加するに従ってその関数値も増加するもの．直角座標をもつ平面でそのグラフは横軸座標の増加とともに上昇する．区間 I 上で微分可能な関数の場合，その導関数が I において非負でありかつ I 内の任意の区間で恒等的に 0 の値をとることがなければ，その関数は増加関数である．単調増加（非減少）関数と区別するために，増加関数のことを**狭義の増加関数**とよぶこともある．詳しくいうと関数 f が区間 I 上で**狭義の増加**であるとは，I の任意の数 $x, y, x < y$ に対して

$$f(x) < f(y)$$

が成り立つことである．一方，f が I 上で**単調増加（非減少）**であるとは，I の任意の数 $x, y, x < y$ に対して $f(x) \leqq f(y)$ が成り立つことである．→ 単調増加

■**増加数列** increasing sequence
　数列 $\{x_1, x_2, \cdots\}$ で，$i < j$ ならば $x_i < x_j$ となるもの．$i < j$ ならば $x_i \leqq x_j$ をみたすときは**単調増加数列**とよばれる．ただし前者を狭義の増加数列，後者を広義の増加数列ということが多

い． → 単調増加

■相加平均　arithmetic means

等差数列については，相加平均は初項と最終項より得られる．2変数 x, y の場合でいえば，それは平均，$\frac{1}{2}(x+y)$ である．＝算術平均．→ 平均，等差数列

■相関　correlation

《統計》最も一般には，確率変数間や数の集合間の相互依存性を意味する．例えば互いに独立でない [→ 独立な確率変数] 確率変数は相関をもつといってよい．普通には相関という語は，相関係数によって測った量という限定された意味に使われる．反対向きの依存性があるとき，負の相関という．→ 相関係数

■相関係数　coefficient of correlation, correlation coefficient

2つの有限な0でない分散，σ_X と σ_Y をもつ確率変数 X と Y について，相関係数は
$$r = \frac{\sigma_{X,Y}}{\sigma_X \sigma_Y}$$
である．ただし $\sigma_{X,Y}$ は X と Y の共分散である．r は X と Y の線型関係の強さを表す．そして $-1 \leq r \leq 1$ をみたす．2つの数の集合，$(x_1, x_2, \cdots, x_n)$ と $(y_1, y_2, \cdots, y_n)$ について相関係数は，
$$r = \frac{\sum_{i=1}^{n}(x_i-\bar{x})(y_i-\bar{y})}{\sqrt{\sum_{i=1}^{n}(x_i-\bar{x})^2 \sum_{i=1}^{n}(y_i-\bar{y})^2}}$$
ただし $\bar{x}$ と $\bar{y}$ はそれぞれの平均である．これは $(x_1, y_1), (x_2, y_2), \cdots, (x_n, y_n)$ がどのくらい直線の近くにあるかを測るものである．もし $r=1$ なら2つのデータの集合は完全相関の状態にあるといい，各点は直線上に位置する．そして $r=1$ であることの必要十分条件は，すべての i について $(y_i-\bar{y}) = A(x_i-\bar{x})$ をみたす正の A が存在することである．$r=-1$ の必要十分条件は，すべての i について $(y_i-\bar{y}) = B(x_i-\bar{x})$ をみたす負の B が存在することである．＝線型相関係数，ピアソンの係数，積率相関係数．

■相関比　correlation ratio

2変量分布における確率変数 X と Y の相関比 $\eta_{X,Y}$ は $\sigma_{X,Y}/\sigma_X$ である．ただし σ_X^2 は X の分散，$\sigma^2_{X,Y}$ は $[\mu(Y)-\bar{X}]^2$ の期待値，$\mu(Y)$ は Y を与えたときの X の条件つき期待値（平均），そして $\bar{X}$ は X の平均である．もし X が $(x_1, x_2, \cdots, x_n)$ 上の確率関数 p にしたがい，また Y は $(y_1, y_2, \cdots, y_n)$ 上の確率関数 q にしたがうとき，Y を与えたときの X の相関比は
$$\frac{\sum[\mu(y_i)-\bar{x}]^2 q(y_i)}{\sum(x_i-\bar{x})^2 p(x_i)}$$
の平方根で与えられる．ただし $\mu(y_i)$ は Y が y_i の値をとるときの X の条件つき期待値（平均）である．相関比が相関係数に等しいための必要十分条件は，$\mu(y_i) = \beta y_i$ が各 i について成立するような β が存在することである．

■双曲型偏微分方程式　hyperbolic partial differential equation

実2階偏微分方程式
$$\sum_{i,j=1}^{n} a_{ij}\frac{\partial^2 u}{\partial x_i \partial x_j} + F\left(x_1, \cdots, x_n, u, \frac{\partial u}{\partial x_1}, \cdots, \frac{\partial u}{\partial x_n}\right) = 0$$
のうち，対応する2次形式 $\sum_{i,j=1}^{n} a_{ij} y_i y_j$ が正則かつ非定符号である（つまり，実線形変換により，
$$\sum_{i=1}^{p} z_i^2 - \sum_{i=p+1}^{n} z_i^2, \quad 1 \leq p \leq n-1$$
という形に変形できる）ようなもののこと．なお，上の記号で，p が 1 あるいは $n-1$ であるようなものにかぎってこの用語を用いることもあるが，そのようなものを正規双曲型とよぶこともある．典型例としては，波動方程式があげられる．→ 2次形式の指標

■双曲型リーマン面　hyperbolic Riemann surface

→ リーマン面

■双極子　dipole, doublet

→ 複合体のポテンシャルの集中法

■双曲線　hyperbola

円錐面と平面との交わりにできる曲線．2つの部分に分かれる．ある固定された2点（焦点）からの距離の差が一定であるような点の集合．直交座標系における双曲線の標準方程式は，
$$\frac{x^2}{a^2} - \frac{y^2}{b^2} = 1$$
双曲線は x 軸，y 軸について対称であり，点 $(a, 0), (-a, 0)$ で x 軸と交わる（図参照）．y 軸と

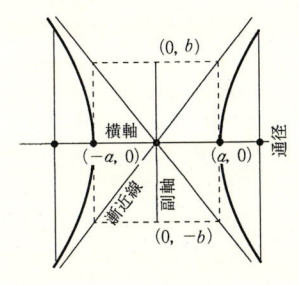

は交わらない．双曲線の対称軸は**双曲線の軸**（直交軸と一致するしないにかかわらず）という．双曲線を切断する軸の，長さ $2a$ の線分は，**横(実)軸**といい，長さ $2b$ の線分を**副(共役)軸**という（図参照）．他方の軸の線分 a, b はそれぞれ，半横軸，半共役軸である（横軸と共役軸は対称軸全体を指して用いられることもある）．c を中心から焦点までの距離とするとき，$c^2 = a^2 + b^2$ が成り立ち，c/a を**離心率**という．同じ離心率をもつ2つの双曲線は**相似**である．横軸の両端点を**頂点**という．焦点における縦軸の2倍，つまり焦点を通る横軸の垂線でできる弦を**通径**という． → 円錐曲線，楕円，放物線

■**双曲線関数** hyperbolic functions

双曲線正弦 (sinh)，**双曲線余弦** (cosh) などのことで，定義はつぎの通りである．

$$\sinh z = (e^z - e^{-z})/2 \quad \cosh z = (e^z + e^{-z})/2$$

$$\tanh z = \frac{\sinh z}{\cosh z} \quad \coth z = \frac{\cosh z}{\sinh z}$$

$$\text{sech}\, z = \frac{1}{\cosh z} \quad \text{csch}\, z = \frac{1}{\sinh z}$$

$\sinh z$ と $\cosh z$ のテイラー展開は

$$\sinh z = z + z^3/3! + z^5/5! + \cdots,$$
$$\cosh z = 1 + z^2/2! + z^4/4! + \cdots$$

で与えられる．双曲線関数と三角関数の間には，$\sinh iz = i \sin z, \cosh iz = \cos z, \tanh iz = i \tan z$ などの関係があり（ここで，$i^2 = -1$），また，つぎの公式が成り立つ．

$$\sinh(-z) = -\sinh z$$
$$\cosh(-z) = \cosh z$$
$$\cosh^2 z - \sinh^2 z = 1$$
$$\text{sech}^2 z + \tanh^2 z = 1$$
$$\coth^2 z - \text{csch}^2 z = 1$$

なお，三角関数が円と関係しているように，双曲線関数は双曲線と関係している． → 三角関数の指数関数表示

■**双曲線の準円** director circle of a hyperbola

→ 準円

■**双曲線の焦点の性質** focal (reflection) property of a hyperbola

双曲線上の任意の点Pと焦点を結んでつくられる角は，Pにおける接線により2等分される．双曲線がよく磨かれた金属でつくられていれば，焦点Fから発した光線がPで反射すると，他の焦点 F′ から発したように見える．

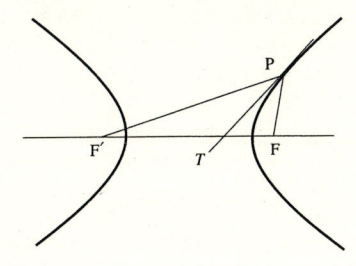

■**双曲線の漸近線** asymptote to the hyperbola

双曲線の方程式が標準形，$x^2/a^2 - y^2/b^2 = 1$ のとき，その漸近線は，$y = bx/a$ および $y = -bx/a$ である．もとの方程式を変形して

$$y = \pm \left(\frac{bx}{a}\right)\sqrt{1 - \frac{a^2}{x^2}}$$

と書くと，x が無限大に近づくとき，a^2/x^2 は0に近づくことに注意すれば，漸近線の式が予想される．

漸近線と双曲線との鉛直の差分は，

$$\left|\frac{bx}{a}\right|\left(1 - \sqrt{1 - \frac{a^2}{x^2}}\right) = \left|\frac{ab}{x}\right| \bigg/ \left(1 + \sqrt{1 - \frac{a^2}{x^2}}\right)$$

であり，x が増加すると0に近づく．また双曲線と漸近線との距離は，この無限小と，漸近線が x 軸となす角の余弦との積となる．このようにこの線と双曲線との距離は，それぞれ x が増加するにつれて0に近づく． → 漸近線，双曲線

■**双曲線の直径** diameter of a hyperbola

→ 円錐曲線の直径

■**双曲線の媒介変数方程式** parametric equations of a hyperbola

与えられた双曲線の原点を中心とし，半径が半共役軸，半横軸の長さの円をそれぞれ描く（図参照）．これを**双曲線の離心円**という．半径OA

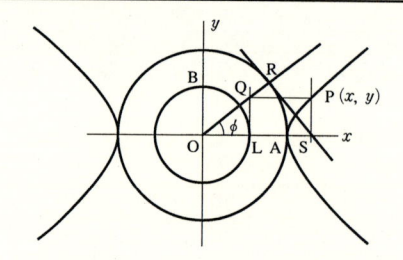

の円（**補助円**という）と円周上の点 R で交わるような半直線 OR を引く．R における補助円の接線を引き，接線と x 軸との交点を S とする．補助円の L におけるもう一方の接線を引き，OR との交点を Q とする．Q を通る x 軸に平行な直線，および S を通る y 軸に平行な直線を引くと，それらの交点 P は双曲線上の点である．角 LOQ の大きさを ϕ とするとき，ϕ を双曲線の**離心角**という．a, b がそれぞれ線分 OA, OB を表すとすると，P と直交座標系における座標 (x, y) は，$x = a\sec\phi$, $y = b\tan\phi$ となる．これらの等式を**双曲線の媒介変数方程式**という．

■**双曲柱** hyperbolic cylinder
→ 柱

■**双曲放物面** hyperbolic paraboloid
→ 放物面

■**双曲放物面の準面** directrix planes of a hyperbolic paraboloid
双曲放物面
$$\frac{x^2}{a^2} - \frac{y^2}{b^2} = 2z$$
と $z=0$ との共通部分がつくる，2 つの直線のおのおのが，z 軸とともに決定する 2 つの平面のこと．

■**双曲面** hyperboloid
いわゆる 1 葉（単葉）双曲面，2 葉（複葉）双曲面とよばれるもの．

■**双曲面の漸近錐** asymptotic cone of a hyperboloid
双曲面の漸近錐．双曲面が
$$\frac{x^2}{a_2} + \frac{y^2}{b^2} - \frac{z^2}{c^2} = 1,$$
あるいは
$$-\frac{x^2}{a^2} - \frac{y^2}{b^2} + \frac{z^2}{c^2} = 1,$$
であるとき，これを平面 $y = mx$ で切断すれば，切り口の双曲線の漸近線は中心を通るものになる．m を変化させたとき，この母線で表される錐を，初めの**双曲面の漸近錐**という．その方程式は
$$\frac{x^2}{a^2} + \frac{y^2}{b^2} - \frac{z^2}{c^2} = 0$$
である．

■**双曲面の中心** center of a hyperboloid
双曲面の対称の中心点．双曲面の 3 つの主面の交点．

■**双曲螺線** hyperbolic (reciprocal) spiral
平面極座標において，$\rho\theta = a$（a は正の定数）という方程式によって表される曲線，つまり，θ が ρ に反比例して変わるときの点の軌跡．**逆螺線**ともいう．この曲線は，極座標の軸の上方距離 a の位置にある（極座標の軸に平行な）直線を，漸近線としてもつ．

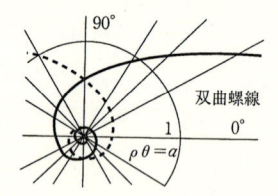

■**総曲率** integral curvature
その領域にわたってのガウス曲率の積分，
$$\iint K dA$$
を曲面のその領域に対する**総曲率**という．曲面の測地的 3 角形に対し，その総曲率は 3 角形の角の和から π を減じた値である．適当に符号をつければ，総曲率はその領域の球面像によって被覆される単位球面上の面積に等しい．

■**総合幾何学** synthetic geometry
図形を，直接，図形的操作を用いて扱い，総合的に研究する幾何学［→ 総合的証明］．総合幾何学という語は，通常，射影幾何学を指す．＝純粋幾何学．

■**総合的証明** synthetic method of proof
　いくつかの命題を組み合わせ，数学的な体系に含めていく論証の1つの方式．すでに立証されたか，あるいは仮定された原理や，すでに証明された命題から，1つの結果を導くことによって推論を進める．**解析**の逆の方式．＝演繹的証明法．

■**相互作用** interaction
　《統計》実験の結果の集合をいくつかの因子によって分類したとき，これらの因子どうしが独立でなければ**相互作用**が存在する．例えば，3つの畑をそれぞれ2つずつの区画に分割し，1つの区画に型 C_1 のトウモロコシを，他の区画に型 C_2 のトウモロコシを植える．全体の6区画で収穫の様子が観察される．各畑に対して2つの型のトウモロコシの間に収穫量の差がなければ，3つの畑の生産力の間およびトウモロコシの2つの型の間には相互作用は存在しない．

■**相互従属関数** interdependent functions
　→従属関数

■**相似** similar
　2つの幾何学的な図形が**相似**であるとは，一方が他方に相似変換によって一致させることができること，すなわち一方が他方の拡大あるいは縮小した図形になっていることである．2つの相似な図形における対応する長さの比が k であるならば，対応する図形の面積は k^2 に比例し，また対応する図形の体積は k^3 に比例する．

■**相似行列** similar matrices
　2つの行列 A, B に対して，正則行列 Q が存在して，$B = Q^{-1}AQ$ と表せるとき，A と B は相似であるという．→共線変換

■**相似曲面** similar surfaces
　2つの曲面が相似であるとは，これらの曲面の点の間に，一方の曲面上の任意の2点の距離がもう一方の曲面上の対応する2点の距離の定数倍であるような対応が存在することをいう．相似な曲面の面積の比は対応する距離の平方の比に等しい．

■**相似曲面の面積間の関係** relations between areas of similar surfaces
　相似曲面の面積の比率は，それぞれ対応する線分の2乗の比率と同じである．例えば，(1) 2つの円の面積の比は半径の2乗の比率である，(2) 2つの相似3角形の面積の比は，対応する辺または高さの2乗の比である．

■**相似3角形** similar triangles
　2つの3角形が相似であるための1つの必要十分条件は，対応する角がすべて等しいことである．2つの3角形が相似ならば対応する辺は比例する．

■**相似性** similarity
　相似であるという性質．

■**相似双曲面・放物面** similar hyperboloids and paraboloids
　対応する基本切断面が相似である双曲面あるいは放物面は相似である．例えば，$\mu > 0$ のとき方程式
$$\frac{x^2}{a^2} + \frac{y^2}{b^2} - \frac{z^2}{c^2} = \mu$$
で表される双曲面は相似である．$\mu \neq 0$ のとき方程式
$$\frac{x^2}{a^2} + \frac{y^2}{b^2} = \mu z$$
で表される楕円放物面は相似である．また $\mu < 0$ のとき方程式
$$\frac{x^2}{a^2} - \frac{y^2}{b^2} = \mu z$$
で表される双曲放物面は相似である．

■**相似楕円・双曲線** similar ellipses and similar hyperbolas
　離心率が等しい楕円（または双曲線）．

■**相似楕円面** similar ellipsoids
　対応する3つの基本切断面がそれぞれ相似であるような2つの楕円体は相似である．したがって，助変数 $\mu > 0$ のとき，方程式
$$\frac{x^2}{a^2} + \frac{y^2}{b^2} + \frac{z^2}{c^2} = \mu$$
で表される楕円体はすべて相似である．

■**相似多角形** similar polygons
　対応する角が等しく，対応する辺の長さが比例している多角形．

■**相似多面体** similar polyhedrons
2つの多面体は次の条件のいずれか1つをみたせば相似である．対応する角がすべて等しい，対応する辺の長さの比がすべて等しい，頂点集合はそれぞれ2つの**相似点集合**である．→ 相似点集合

■**相似直円柱** similar right circular cylinders
底面の半径と母線の長さの比が同じ直円柱を相似直円柱という．

■**相似点集合** similar sets of points
1点Oで交わるいくつかの直線上に点が次のようにちらばっているとする．各線上に点が2個ずつあり，しかも各直線上のOからこの2点までの距離の比は一定であるとする．このとき，Oからの距離が一定比の前項にあたる点の全体からなる集合と，それが一定比の後項にあたる点の全体からなる集合は，**相似点集合**あるいは**相似点系**をなしているという．2つの相似点集合の一方が他方の**相似拡大**であるともいう．また，その一方の集合から任意にいくつかの2点の組を考えて結んでできる図形も，他方の集合の対応する2点の組どうしを結んでできる図形の相似拡大であるといわれる．→ 相似変換

■**相似の位置にある円錐曲線** similarly placed conics
2つの円錐曲線が同じ型で(すなわち，ともに楕円か，ともに双曲線かあるいはともに放物線)，しかも対応する軸が平行となっているとき，これらを相似の位置にあるという．

■**相似の位置にある図形** homothetic figures
2つの図形 A, B が点Pに関して相似の位置にあるとは，A, B 間に1対1対応がつき，A の点 X と B の点 Y がこの対応で対応しているとすると，3点P，X，Yは1直線上にあり，かつ，Pが線分 XY を分割する比は，符号も含めて(つまり，内分か外分かということも含めて)，X と Y の取り方によらず一定である（P＝X＝Y となることも許す）ようになっていることをいう．

■**相似の中心** center of similarity, center of similitude
→ 放射的関係の図形

■**相似比** ratio of similitude
相似な図形の対応する辺の長さの比．放射比
[→ 放射的関係の図形].

■**相似変換** transformation of similitude
直角座標において，$x'=kx$，$y'=ky$ である変換．このとき k は相似比とよばれる．$k<1$ である相似変換は平面を**収縮**させる．図において，大きい円の円周は小さい円の k 倍であり，点 P′と原点の距離は点 P と原点の距離の k 倍である．相似変換は**拡大変換**ともよばれるが，正確には $k<1$ のとき**縮小変換**，$k>1$ のとき**伸長変換**である．→ アフィン変換，放射的関係の図形

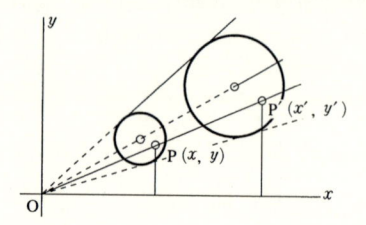

■**双条件的** biconditional
→ 命題の同値

■**相乗平均** geometric average (means)
n 個の正数の**相乗平均**とは，これら n 個の数の積の n 乗根のこと．2数間の相乗平均とは，与えられた2数を第1項目と第3項目として含む3つの項からなる等比数列における第2項目の数のことである．正と負の平均が存在するが，特に指示がないならば，通常，積の正の根を用いる．例えば，2と8の相乗平均は，±$\sqrt{16}$ すなわち，±4 である．**幾何平均**ともいうが，近年の日本語では相乗平均というほうが普通である．
→ 等比数列，平均

■**相似立体** similar solids
表面が相似であるような曲面で囲まれた2つの立体．一方の立体におけるすべての点の組の間の距離は，他方の立体における対応する点の組の距離の定数倍であるような2つの立体．相似立体の体積は対応する点の間の距離の3乗に比例する．すべての球面，すべての立方体は相似立体である．

■**相対誤差** relative error
→ 誤差

■**相対性理論** mathematical theory of relativity

(1) 特殊相対性理論は次の2つの原理にもとづいている．（ⅰ）物理法則および原理は，一定の相対速度で運動するすべての座標系では同一の数学的表現ができる．（ⅱ）光の速さは光源の速度に無関係に一定値 c（近似的に 3×10^8 m/秒）をとる．これらの原理から，質量が0でない物体の速度は光速を超えないことや，物体の質量 m はその速度に依存し，したがって物体の運動エネルギーに依存することが導かれる．質量は速度とともに増加し，このことから質量とエネルギーに関する有名な関係式 $E=mc^2$ が得られる．

(2) 一般相対性理論は物理法則および原理がすべての可能な座標系に関して不変であるように拡張されている．これより本質的に幾何学的である質点の力学に関するエレガントな数学的公式が導かれる．これは重力の理論であり，ニュートン力学では説明できないいくつかの天体現象を説明することができる．しかし電気力学的現象の満足のゆく統一的な説明はできていない．→ アインシュタイン

■**相対速度** relative velocity
　→ 速度

■**相対的最小** relative minimum
　→ 最大値

■**相対的最大** relative maximum
　→ 最大値

■**相対テンソル場** relative tensor field
　→ 重み w の相対テンソル場

■**相対度数** relative frequency
　→ 度数

■**相対頻度関数** relative distribution function
　→ 確率密度関数

■**双対基底** dual basis

(1) 基底 $\{x_1,\cdots,x_n\}$ をもつ有限次元線型空間 V において，**双対基底**とは，$f_k(\sum a_i x_i)=a_k$ で定義された線型汎関数の集合 $\{f_1,\cdots,f_n\}$ のことである．双対基底は第1共役空間 V^* の基底でもある．V の任意の x と V^* の任意の f に関して $x(f)=f(x)$ によって定められる V^* 上の線型汎関数 x により，V を V^* の双対と見なすならば $\{f_1,\cdots,f_n\}$ の双対は $\{x_1,\cdots,x_n\}$ である．

(2) バナッハ空間 B が基底 $\{x_1, x_2,\cdots\}$ をもつならば $f_k(\sum_{i=1}^{\infty}a_i x_i)=a_k$ で定義された系列 $\{f_1, f_2,\cdots\}$ は連続線型汎関数からなる列で，それが第1共役空間における基底（双対基底）となる必要十分条件は，それが各連続線型汎関数 f について $\lim_{n\to\infty}\|f\|_n=0$ の意味で**収束**するとき，またそのときに限る．ここで $\|f\|_n$ は連続線型汎関数 f を $\{x_{n+1}, x_{n+2},\cdots\}$ によって張られた線型部分空間に制限したときのノルムを表す．再帰空間のすべての基底は上述の条件をみたす．$\{x_\alpha\}$ が内積空間 T における完全正規直交集合ならば，$\{f_\alpha\}$ は T の第1共役空間における完全正規直交集合である．ここで $f_\beta(\sum a_\alpha x_\alpha)=a_\beta$ である．(1)のときと同様に，正規直交基底 $\{x_\alpha\}$ と $\{f_\alpha\}$ のそれぞれは他方の双対である．→ 内積空間

■**双対空間** dual space
　→ 共役空間

■**双対原理** principle of duality
　→ 球面3角形の双対原理，射影幾何の双対原理

■**双対公式** dual formulas
　双対定理の場合と同様に，双対の関係にある2つの公式．

■**双対作用素** dual operations
　→ 射影幾何の双対原理

■**双対図形** dual figures
　→ 射影幾何の双対原理

■**双対定理** dual theorems
　ときには相反定理ともよばれる．→ 射影幾何の双対原理，球面3角形の双対原理

■**双対要素** dual elements
　→ 射影幾何の双対原理

■**相等** equality
　等しいという関係．普通は2つの物が等しい

という，方程式の形で表される．

■**層の中心** center of a sheaf
→ 平面層

■**相反変換（射影幾何学の）** correlation
平面から平面への変換で点を直線に，直線を点にうつすもの．空間の変換の場合は，点を平面に，平面を点にうつすもの．

■**相反極図形** reciprocal polar figures
→ 平面内の相反極図形

■**相反方程式** reciprocal equation
ある変数の方程式で，その根を逆数に変えても，根全体の集合は変わらないという性質をもつもの．つまり，変数を逆数におきかえても，根が変わらないような代数方程式．例えば，$x+1=0$ において，x を $1/x$ におきかえ簡単にすると，$1+x=0$ が得られる．同様に，$x^4-ax^3+bx^2-ax+1=0$ からは，$1-ax+bx^2-ax^3+x^4=0$ が得られる．

■**増分** increment
変数の変化量を表す言葉．与えられた変数値に加算される数値の評価量で，通常は僅少な量（正負いずれの場合もありうる）が想定される．

■**双峰分布** bimodal distribution
2つのモードをもつ分布．すなわち隣接する他の値と比べて，頻出度が極端に高い値が2つあるような分布．

■**総和可能な関数** summable function
＝積分可能な関数．→ 積分可能関数

■**総和可能な発散級数** summable divergent series
ある妥当な定義（総和法）によって和が定義できるような級数．例えばチェザロ総和可能な級数．通例，その級数が総和可能であるような方法をもあわせて述べる．→ 発散級数の総和

■**総和記号** summation sign
英語の S に相当するギリシャ文字のシグマ Σ を用いる．数列 $a_1, a_2, \cdots, a_n, \cdots$ の第1項から第 n 項までの和は
$$\sum_{i=1}^{n} a_i \quad \text{または} \quad \sum_{i=1}^{n} a_i$$
とかく．無限にある項の総和は
$$\sum_{i=1}^{\infty} a_i, \ \sum_{1}^{\infty} a_i \quad \text{あるいは単に} \quad \sum a_i$$
とかかれる．

■**総和規約** summation convention
下つき，あるいは上つきの添字が，ある範囲の値をつぎつぎにとるとき，総和記号を書かなくてもその添字についての総和をとるという規約である．例えば，添字 i が1から6までの値をとるならば，$a_i x^i$ は総和
$$\sum_{i=1}^{6} a_i x^i = a_1 x^1 + a_2 x^2 + a_3 x^3 + a_4 x^4 + a_5 x^5 + a_6 x^6$$
を意味する．x^i の上つきの添字 i は，x の i 乗の意味でなく，6つのもの $x^1, x^2, \cdots, x^6$ の第 i 番目を意味する．$a_i x^i$ の i のように，ある範囲の値をつぎつぎにとる添字を**影の添字**という．これは，添字 i 自身が式の値には関係していないのでそうよばれる．$a_{ij} x^j$ の i のように変化しない添字を**自由添字**という．

■**総和としての積分** integration as a summuation process
→ 定積分

■**添字** subscript
区別するために文字または演算記号の一部として，文字の右下または左下にかかれる小さな数または文字．変数のある定まった値を他のものと区別するために用いる．記号 $a_1, a_2, \cdots$ などは定数を表す．$D_x f$ は x に関する f の微分を表す．$(x_0, y_0), (x_1, y_1), \cdots$ などは固定点の座標を表す．$f(x_1, x_2, \cdots, x_n)$ は n 個の変数 $x_1, x_2, \cdots, x_n$ に関する関数を表す．$_nC_r$ は n 個のものから一度に r 個選ぶ組合せの数を表す．2重添字は行列の一般項を表すときなどに用いられる．一般項を a_{ij} と表すとき，通例では i は行の番号，j は列の番号を表す添字である．なお日本語では上つきの添字もあわせて添字ということが多い．→ 上つき添字，テンソル関連の諸項目

■**束** lattice
半順序集合で任意の2要素が常にそれらの**下限** (g.l.b.) と**上限** (l.u.b.) をもつもの．ここに，a と b の下限とは $c \leq a, \ c \leq b$ をみたし，かつ $c < d \leq a, \ d \leq b$ なる d が存在しないよう

な要素 c のことである．上限も同様に定義される．a と b の下限と上限はそれぞれ $a \cap b$, $a \cup b$ で表され，a と b の**交わり**および**結び**とよばれる．与えられた集合のすべての部分集合 U, V, … からなる集合は，U の任意の要素が V に含まれるとき $U \leq V$ と定めれば束になる．このとき，$U \cap V$ は U と V の共通部分，$U \cup V$ は U と V の合併である．すべての部分集合が下限と上限をもつとき，その束は**完備**であるという．任意の y に対して $x \geq z$ ならば $x \cap (y \cup z) = (x \cap y) \cup z$ が成り立つとき，**モジュラ束**とよばれる．分配則 $x \cup (y \cap z) = (x \cup y) \cap (x \cup z)$, $x \cap (y \cup z) = (x \cap y) \cup (x \cap z)$ が成り立つとき，その束は**分配的**である，またそれが**分配束**であるという．分配則の 2 つの等式は互いに一方から他方が導かれる．分配的かつ相補的である（すなわち，任意の x に対して $O \leq x \leq I$ をみたす要素 O と I が存在し，かつ $x \cap x' = O$, $x \cup x' = I$ をみたす x の "補元" が存在する）束を**ブール代数**とよぶ．

なお束はドイツ語の Verband の訳語である．他の用語と区別するときには "バーコフの束" ということもある． → 結びに関して既約

■**束** pencil

幾何学的対象の集まり（例えば，直線の集まりや球面の集まり）で，その対象のどの 2 つも共通の性質をもっているもの．例えば，どの 2 つの対象の共通部分も他の 2 つの共通部分と等しいという性質でもよい．この場合，その集まりの異なる要素が $f(x, y) = 0$, $g(x, y) = 0$ という方程式で表されるならば，その要素の方程式は
$$hf(x, y) + kg(x, y) = 0$$
で与えられる．ただし，h と k は同時には 0 にならない任意定数である．一方の定数を 1 にすることもあるが，そうするとその束の要素が 1 つ除かれてしまう（仮に $k = 1$ とすると，h をどんな値にしてもこの束の方程式から $f(x, y) = 0$ が得られなくなってしまう）．→ 円束，曲線族の束，球面束，直線束（1 点を通る），平行線束，平面束，平面代数曲線束

■**測鉛** plumb

弦に取り付けられたおもり．→ 鉛直線

■**属性** attribute

《統計》あるものに固有の性質で，有限個または可算個の値で測られる．しばしば，互いに排反する事象（例えば，性別，10 キロごとの体重測定）の結果がその値となっている．このようなときは**属性空間**が**標本空間**と同じになる．属性サンプリングとは，2 つの結果（良品，不良品）のみを問題とするサンプリングをさすことが多い．

■**測地 3 角形** geodesic triangle

曲面上でどの対も交差するような 3 つの測地線からなる 3 角形のこと．→ 総曲率

■**測地線** geodesic

通常の 3 次元空間における曲面 S 上の曲線 C が，C 上の任意の 2 点 P, Q に対し，C の P, Q 間の弧は，S 上で P, Q を結ぶ長さ最小の曲線を与えるという性質をもっているとき，C を**測地線**とよぶ．このとき，C 上の曲率が 0 でないような点においては，主法線は S の法線と一致し，C の測地的曲率はすべての点で 0 になる [→ 曲面上の曲線の測地的曲率]．もし，直線 C が曲面 S 上にあれば，C は測地線になる．リーマン空間における測地線の定義も同様であり，変分法の言葉を用いれば，測地線は
$$\int_{t_0}^{t_1} \sqrt{\sum_{i,j} g_{ij} \frac{dx^i}{dt} \frac{dx^j}{dt}} \, dt$$
の停留値を与えることになる．この場合のオイラー–ラグランジュの微分方程式は，長さ s を媒介変数としてとるとき，
$$\frac{d^2 x^i(s)}{ds^2} + \sum_{\alpha, \beta} \Big(\Gamma_{\alpha\beta}{}^i (x^1(s), \cdots, x^n(s)) \frac{dx^\alpha(s)}{ds}$$
$$\times \frac{dx^\beta(s)}{ds} \Big) = 0 \quad (i = 1, \cdots, n)$$
という 2 階の連立微分方程式で与えられる．ここで，$\Gamma_{\alpha\beta}{}^i$ は，基本テンソル g_{ij} に対する第 2 種のクリストッフェルの記号である．→ クリストッフェルの記号，リーマン空間

■**測地的円（曲面上の）** geodesic circle on a surface

→ 曲面上の測地的円

■**測地的極座標** geodesic polar coordinates

曲面 S の測地的媒介変数 u, v でつぎの 2 つの性質をもつもののこと．各定数 u_0 に対し，曲線 $u = u_0$ は，u_0 によらない定点 P を中心とする，**測地的半径**が u_0 の**測地的円**である（特に $u = 0$ は点 P を表す）．各 v_0 に対し，曲線 $v = v_0$ は P を通る測地線であり，2 曲線 $v = 0$ と $v = v_0$

のPにおける接線がなす角はv_0で与えられる（このとき，Pをこの極座標の**極**とよぶ）．測地的極座標においては，$u=0$であるような点は，vの値によらず，すべて極Pに一致し，特異点である．媒介変数u, vが測地的極座標であるための必要十分条件は，第1基本形式が$ds^2=du^2+\mu^2 dv^2$で与えられることである．ここで$\mu\geqq 0$であり，$u=0$では$\mu=0, \partial\mu/\partial u=1$である．→ 測地的媒介変数

■**測地的曲率（曲面上の曲線の）** geodesic curvature of a curve on a surface
→ 曲面上の曲線の測地的曲率

■**測地的座標系（リーマン空間における）** geodesic coordinates in Riemannian space
→ リーマン空間における測地的座標系

■**測地的双曲線** geodesic hyperbolas
→ 測地的楕円

■**測地的楕円** geodesic ellipses
P_1とP_2を曲面S上の異なる2点とする（C_1とC_2を互いにS上で測地的平行でないようなS上の曲線とする）．uとvは，それぞれP_1とP_2から（C_1とC_2から）S上の測地的距離を計るものとする．このとき，曲線$u'=\frac{1}{2}(u+v)=$定数，$v'=\frac{1}{2}(u-v)=$定数が，それぞれ，P_1とP_2（C_1とC_2）に関するS上の**測地的楕円**と**測地的双曲線**である．このようなよび方が使われるのは，例えば，P_1とP_2から（C_1とC_2から）固定した測地的楕円の動点への測地的距離の和が一定値をもつことによる．

■**測地的媒介変数** geodesic parameters
曲面Sを表す媒介変数u, vを次のように定める．$u=$定数をみたす曲線は測地的平行線の族の元とし，一方，$v=$定数$=v_0$なる曲線はそれぞれの測地線に直交する線の族の元で，2点(u_1, v_0)と(u_2, v_0)の間の長さu_2-u_1をもつものとする［→ 測地的平行線］．→ 測地的極座標

■**測地的表現** geodesic representation
1つの曲面上の各測地線が，他の曲面上のある測地線に対応しているような表現のこと．

■**測地的平行線** geodesic parallels (on a surface)
曲面S上になめらかな曲線C_0が与えられているとする．このとき，C_0に直交するS上の唯一の測地線の族が存在する．等しい長さsをもつ線分がC_0から各測地線に沿って測られるとき，それらの終点の軌跡は，測直線族の直交截線C_sとなる．曲線C_sが，S上の**測地的平行線**である．→ 測地的助変数

■**測地的隣接角** angle of geodesic contingence
曲面上の曲線Cとその上の点P_1, P_2に対して，P_1およびP_2においてCに接する測地線の交点の角を測地的隣接角とよぶ．→ 隣接角

■**測地的撓率** geodesic torsion
与えられた方向における点Pでの曲面の測地的撓率とは，与えられた方向でPを通る測地線の撓率のことをいう．曲面上の曲線の測地的撓率とは，曲線の方向における与えられた点での曲面の測地的撓率のことである．→ 撓率

■**測地的撓率半径** radius of geodesic torsion
測地的撓率の逆数．→ 測地的撓率

■**測定** measure, mesurement
基準とみなされた単位との比較による計量．

■**速度** velocity
向きをもった速さ．運動している物体の時刻tにおける速度とは，時刻tから時刻$t+\varDelta t$までの**平均速度**の$\varDelta t\to 0$としたときの極限値のことである［→ 平均速度］．速度を平均速度に対して，**瞬間速度**ということもある．直線上を動く物体の速度は，**線型**（または**直線**）**速度**といい，大きさは速さに等しい．曲線上を動く物体の速度は，**曲線速度**ということもある．その向きは，曲線の接線方向であり，大きさは速さに等しい．

速度は，静止した座標系上で測るか，動いている座標系上で測るかに従って，**絶対速度**，**相対速度**という．動点の座標をx, y, zとすれば，その点の**位置ベクトル**は$\boldsymbol{R}=x\boldsymbol{i}+y\boldsymbol{j}+z\boldsymbol{k}$となり，**速度ベクトル**は
$$\frac{d\boldsymbol{R}}{dt}=\left(\frac{dx}{dt}\right)\boldsymbol{i}+\left(\frac{dy}{dt}\right)\boldsymbol{j}+\left(\frac{dz}{dt}\right)\boldsymbol{k}$$
である．→ 速さ，ベクトル

■**測度（角の）** measure of an angle
→ 角，ミル，ラジアン，角の60進法

■**測度（集合の）** measure of aset
→ 集合の測度

■**測度環** measure ring
　空間 X の部分集合からなる σ 環の上に，1つの測度が定義されているとする．この σ 環内に，A と B の対称差集合の測度が0のとき $A=B$ として等号を定義したものが**測度環**である．すなわち，測度環とは，測度0の集合のなすイデアルを法とする，σ 環の**商環**である．すべての可測集合を含む可測集合が存在するとき，測度環を**測度代数**とよぶ（したがって，それはブール代数をなす）．測度環内の有限測度をもつ集合の全体は，集合 A と B の共通差集合の測度を A と B の**距離**と定義することにより，距離空間をなす．

■**測度収束** convergence in measure
　$\{f_n\}$ を可測関数列，ε を正数，E_n を
$$|F(x)-f_n(x)|>\varepsilon$$
をみたす点全体の集合とする．このとき任意の正数の組 (ε, η) に対し，$n>N$ ならば E_n の測度が η 以下となるような数 N が存在するとき，$\{f_n\}$ は S で F に測度収束するという．S の測度が有限の場合，測度0の集合を除いたすべての x について
$$\lim_{n\to\infty} f_n(x)=F(x)$$
が成り立てば，可測関数列 $\{f_n\}$ は F に測度収束する．

■**測度代数** measure algebra
→ 測度環

■**測度0** measure zero
　測度をもち，その測度が0である集合を測度0の集合とよぶ．n 次元ユークリッド空間の集合が，ルベーグ測度に関して，測度0であるのは，任意の正数 ε に対して，有限もしくは可算無限個の（開または閉）区間の集まりで，それらの区間の合併がその集合を含み，かつそれらの区間の幅の総和が ε より小さいものが存在するときであり，しかもそのときに限る [→ 区間(2)]．ある性質が**ほとんどいたるところ**で，あるいは，**ほとんどすべての点** x に対して（これを記号で，**a.e**，あるいは，**a.a.** x とかく）成り立つとは，ある測度0の集合を除くすべての点 x で，その性質が成り立つことである．例えば，ある関数がほとんどいたるところで連続であるとは，その関数の不連続点全体の集合が測度0であることを意味する．→ 可測集合

■**束縛力** constraining forces, constraints
　(1) 質点が静止しているかあるいは（ニュートンの運動第1法則に従って）直線上の等速運動をしている状態を妨げようとする力．
　(2) 質点の運動の方向に垂直に働く力．

■**側辺・側面** lateral edge and face
　角柱あるいは角錐において，底面以外の部分の辺を**側辺**といい，面を**側面**という．

■**側面図** profile map
　曲面の垂直な断面の図で，その断面上の点の相対的な高さを示している．

■**側面・側面積** lateral surface and area
　円錐，円柱などのように底面をもつ曲面の**側面**とはその曲面から底面を除いた部分の曲面のことである．**側面積**とは側面の面積をいう．→ 角錐，角柱，錐，柱

■**素元分解一意性定理** unique factorization theorem
　初等整数論の基本定理や，他の整域（例えば，ある体に係数をもつ多項式全体のなす整域など）における類似の定理．素因数分解一意性定理ともいう．→ 整域，既約多項式

■**疎集合** rare set
　＝いたるところ稠密でない集合．→ 稠密

■**素数** prime, prime number
　整数 p で0でも ± 1 でもなく，± 1 と $\pm p$ 以外の整数ではわり切れない数．例えば，$\pm 2, \pm 3, \pm 5, \pm 7, \pm 11$．正の数だけを素数とよぶこともある．素数は無限に存在するが，それをすべて表現する一般的な公式はない．より一般に，素数は単元でもなく，単元でない2つの元の積で表せない整域の元を意味する．→ エラトステネスの篩，ゴールドバッハの予想，初等整数論の基本定理，素数定理，ディリクレの定理

■**素数定理** prime-number theorem

$\pi(n)$ を n 以下の正の素数の個数とすると, $\pi(n)$ は $n/\log_e n$ で近似される. すなわち, n が限りなく大きくなると, $\pi(n)$ は漸近的に $n/\log_e n$ に近づく. すなわち

$$\lim_{n\to\infty}\frac{\pi(n)\log_e n}{n}=1$$

である. この定理は 1792 年にガウスが予想したもので, 1896 年にアダマールとド・ラ・バレ・プッサンとが (独立に) 初めて証明した. (積分計算を使わない) 最初の初等的な証明は 1948 年にセルバーグが, 1949 年にエルデーシュが与えた. 素数定理はまた

$$\mathrm{Li}(n)=\lim_{\varepsilon\to 0}\left[\int_0^{1-\varepsilon}\frac{dx}{\log_e x}+\int_{1+\varepsilon}^n\frac{dx}{\log_e x}\right]$$

とするとき, $\lim_{n\to\infty}\pi(n)/\mathrm{Li}(n)=1$ と同値である. $\pi(n)-\mathrm{Li}(n)$ は, $n\to\infty$ とするとき, 無限回符号を変える. スキュースは, 1955 年に, 初めて $\pi(n)>\mathrm{Li}(n)$ となる値 n (これを**スキュース数**という) が $(10^{10^{10}})^{1000}$ 以下であることを示した. 後にこれは 10^{370} 以下に改良された. 例えば $n=10^4$ のとき $\pi(n)=1229$, $\mathrm{Li}(n)=1246$ であり, $n=10^{10}$ のとき $\pi(n)=455052512$, $\mathrm{Li}(n)=455055614$ である.

■**塑性論** theory of plasticity

《物理》物質の弾力性と限界を超えた状態の理論.

■**素多項式** prime polynomial

定数と自分自身以外を因子にもたない多項式. 多項式 $x-1$ と x^2+x+1 は (実数上では) 素である. 既約な多項式とほぼ同じだが, 厳密にいうと, 素多項式 p とは, 多項式の積 ab が p でわり切れるなら, a か b か少なくとも一方が p でわり切れるという性質をもつ多項式である. 係数域が体ならこれは既約多項式と一致するが, まったく一般には両者は相異なる. → 既約多項式

■**そろばん** abacus [*pl.* abaci, abacuses]

四則計算用の計算用具. いろいろな型があるが, 1 本の棒に何個かの玉を通し, その玉の位置で各桁の数を表す. 図は 1 本の棒に 9 個の玉を通した形式で, 数 4532 を表す. 玉を 10 個にした形式 (ロシアのそろばん) もある. 欧米では子供のための教育用おもちゃと考えられることが多いが, 中国では五二進法式 (下の玉が 5 個, 上の玉が 2 個) のそろばんがかなり古くからつくられ, 現在でも商業用に使われている. 日本では江戸時代に改良され, 下の玉が 4 個, 上の玉が 1 個のそろばんが現在広く普及している.

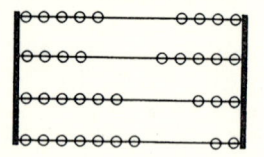

■**存在記号** existential quantifier
→ 限定記号

■**存在定理** existence theorem

ある種の対象が少なくとも 1 つ存在することを保証する定理. 例えば次のような定理: (1) "p を, 次数 1 以上の, 複素数係数の多項式とすると, $p(z)=0$ となるような複素数 z が少なくとも 1 つ**存在する**" (この定理は, 代数学の基本定理とよばれている) (2) "n 個の方程式からなる, n 個の未知数に関する連立 1 次方程式に対し, その係数行列の行列式が 0 でなければ, 解が**存在する**" (3) "f, g, h を閉区間 $[a, b]$ 上の連続関数とし, y_0, y_1 を実数とすると, 微分方程式 $y''+f(x)y'+g(x)y=h(x)$ の解 y で, y'' が $[a, b]$ 上連続であって, かつ $y(a)=y_0$, $y'(a)=y_1$ となるものが**存在する**". 存在定理を証明する論法を存在証明という. なお, 上記の例のうち, (2)と(3)については, 解がただ 1 つに定まることも証明できる. → 一意性定理

■**孫子剰余定理** Chinese remainder theorem
→ 中国人剰余定理

タ

■体　field
　集合 F 上に，**加法**および**乗法**とよばれる 2 つの演算が定義されていて，つぎの 3 条件をみたすとき，F は**体**であるという．(i) F は加法に関して**可換群**をなす（その単位元を 0 で表す）．(ii) F の 0 以外の元全体は乗法に関して可換群をなす．(iii) F の任意の元 a, b, c に対して $a(b+c) = ab + ac$ が成立する．体 F において，つぎの 2 条件をみたす部分集合 P が与えられているとき，F は**順序体**であるといい，P の元のことを正の元とよぶ．(1) P に属する 2 つの元の和および積は，また，P に属する．(2) x を F の元とすると，つぎの(a)，(b)，(c)のうちちょうど 1 つが成立する．(a) x が P に属する，(b) $x = 0$，(c) $-x$ が P に属する．このとき，F における関係<を，"$y-x$ が P に属するとき，そのときにかぎり，$x<y$" とすることにより定めると，F は全順序集合になる．順序体 F において，上に有界な任意の空でない部分集合が上限をもっているとき，F は**順序体として完備**であるといわれる．制限完備な順序体は実数体と同型であることが知られている．なお，体の例については，以下の項目を参照せよ．→ 環，数体，整域

■**ダイアディック**　dyadic
　→ ディアッド

■**大域的性質**　global property
　→ 局所的性質

■**第 1 類**　first category
　→ 集合の類

■**第 1 種境界値問題**　first boundary-value problem (of potential theory)
　領域 R，その境界曲面 S，S 上で定義された連続な関数 f が与えられているとき，R において正則であり，$R+S$ において連続であり，かつ境界上で方程式 $U=f$ をみたすラプラス方程式 $\nabla^2 U = 0$ の解を決定する問題のこと．この問題は，静電気学や熱流の問題に現れる．この問題の解はたかだか 1 つしか存在しない．ディリクレ問題ともよばれる．→ グリーン関数

■**第 1 種の誤り**　type I error
　→ 仮設検定，誤差

■**大円**　great circle
　球面とその中心を通る平面との共通部分として表される球面上の円．あるいは球と同じ半径をもつ球面上の円．

■**対応**　correspondence
　＝関係．→ 関係

■**対応元**　homologous elements
　例えば，項，点，線，角のような個別の図形や関数において似た役割をもつ元（要素）のこと．2 つの等しい分数の分子や分母は，**対応項**である．多角形の頂点と平面上に投影した多角形の頂点は，**対応点**であり，辺や投影の線は，**対応線**である．→ ホモロジー群

■**対応する角，線，点など**　corresponding angles, lines, points, etc.
　異なる図において図の他の部分に対し同様の関係にある角，線，点など．例えば，2 つの直角 3 角形においてそれらの斜辺は対応する辺である．

■**対角化**　diagonalization
　行列あるいは変換を対角型に変換すること．エルミート行列 M については，ユニタリ行列 P を選んで，PMP^{-1} を対角行列にすることができる．実直交行列については，P を実直交行列にとることができる [→ 直交行列]．有限次元空間およびヒルベルト空間の線型変換についても，同様の定理が成立する．→ スペクトル定理，線型写像の行列

■**対角行列**　diagonal matrix
　→ 行列

■**対角線**　diagonal
　(1) 平面多角形について．多角形において隣接

していない2頂点を結ぶ直線．**初等幾何**においては，隣接していない2頂点を結ぶ**線分**であり，**射影幾何**においては，隣接していない2頂点を通る（無限にのびた）**直線**．
(2) 多面体について．多面体で同一面上にない2頂点を結ぶ線分． → 平行6面体

■**対角と対辺**　opposite angle and side
　3角形の1つの角の**対辺**，あるいは1つの辺の**対角**とは，その角をなす2辺でないのこりの1辺，およびそのような関係にある辺に対する角のことである．偶数の辺をもつ任意の多角形（例えば，4角形）において，**対角点**（または**対辺**）とは，2つの頂点（または辺）で，その多角形の周囲をどちら向きに数えても同じ数の辺だけ離れている対をいう．

■**退化した円錐曲線**　degenerate conic
　円錐曲線の極限として得られる，1点，直線または2本の直線の組．例えば放物線は円錐面の平面による切断により定義されるが，その平面が円錐面の1本の母線のみを含む位置に向かって近づくとき，放物線は2重に重なった1本の直線に近づく．また円錐面の頂点が無限遠へ遠ざかるとき，放物線は平行な2本の直線の組に近づく．切断面が母線を含まずに頂点を通る平面に近づくとき楕円は1点になる．そして切断面が円錐面の頂点を含むとき双曲線は交わる2本の直線となる．これらの極限形は円錐曲線の定義方程式の助変数を動かすことにより代数的に得ることもできる． → 2変数の2次方程式の判別式

■**大括弧**　bracket
　→ 括弧の総称

■**体球調和関数**　spherical harmonics
　球座標に関して
$$r^n(a_n P_n(\cos\theta) + \sum_{m=1}^{n}(a_n^m \cos m\phi + b_n^m \sin m\phi) P_n^m(\cos\theta))$$
という形に表される3変数関数を，n次の**体球調和関数**とよぶ（**球面調和関数**とよぶこともある）．ここで，P_nは**ルジャンドルの多項式**であり，P_n^mは**ルジャンドルの同伴関数**である．この関数は，x, y, zに関しては，n次の同次多項式で，ラプラスの方程式の特殊解になっている．また，原点のまわりで正則な，ラプラスの方程式の任意の解は，
$$\sum_{n=0}^{\infty} H_n \quad (H_n \text{ は } n \text{ 次の体球調和関数})$$
という形にかくことができる．

■**対局者**　player
　ゲームに参加する個人．または1個人としてふるまう集団のこと．2人零和ゲームにおいて，**最大化対局者**とは，支払いを受ける対局者である．その側が受けとる利得は正の支払い，相手側に支払う場合は負の値をとる．**最小化対局者**は支払う側である．正の値を取るときは実際に支払うとき，一方負の値は支払いを受けるときである． → ゲーム，利得

■**大局的**　in the large
　→ 局所的

■**対偶（含意の）**　contrapositive of an implication
　→ 含意の対偶

■**台形**　trapezoid
　平行な2辺をもつ4辺形．他の2辺が平行でないことを条件に加える場合もある．平行な2辺を台形の**底**といい，底の間の距離を**高さ**という．平行でない辺の長さが等しい台形を**等脚台形**という．台形の**面積**は，2つの底の長さの和の半分と高さとの積に等しい．式でかくと，
$$A = h \cdot \frac{(b_1 + b_2)}{2}$$
となる．昔は梯形（ていけい）といった．

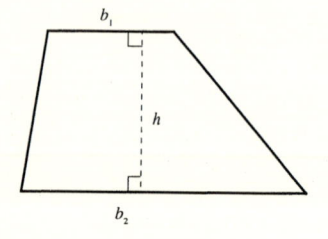

■**台形公式**　trapezoid rule
　積分 $\int_a^b f(x)dx$ の近似値を与える公式．この公式は，aからbの間を分点 $a = x_0, x_1, x_2, \cdots, x_n = b$ によって等分割し，x_kとx_{k+1}の間の関数のグラフを，点x_kと点x_{k+1}のグラフ上の

点を結ぶ線分で近似することによって得られる．公式は，
$$\frac{b-a}{n}\left[\frac{1}{2}(y_0+y_n)+\sum_{i=1}^{n-1}y_i\right]$$
である．ただし，$y_k=f(x_k)$ $(k=0,1,2,\cdots,n)$ である．

この公式による値と，実際の積分値との誤差は
$$\frac{M(b-a)^3}{12n^2}$$
を越えない．ただし，M は区間 $[a,b]$ における $|f''(x)|$ の上限とする．→ シンプソンの公式

■**台形の中線** median of a trapezoid
台形の平行でない2辺の中点を結んだ直線．

■**第3種境界値問題** third boundary-value problem (of potential theory)
第1種，第2種境界値問題に対して，関数 U が境界上で，$k\partial U/\partial n+hU=f$ (k,h,f は S 上で連続な与えられた関数）をみたすという条件に置きかえられた問題のこと．この問題は，他の2種類の問題を含み，かつ熱流や流体力学において重要である．$h/k>0$ ならば，たかだか1つの解しかもたない．ロバン問題とよばれることもある．→ ロバン関数

■**対称** symmetric, symmetrical
対称性を有すること．→ 対称関係，対称行列，対称作用素，対称式，対称点，対称な図形

■**対称関係** symmetric relation
a が b とある関係にあるとき，b が a と同じ関係にあるという性質をもつ関係のこと．代数における相等関係は対称関係である．なぜならば，$a=b$ ならば $b=a$ が成り立つからである．a が b とある関係にあり，かつ b が a と同じ関係にあるような対 (a,b) が存在しないならば，その関係は，**非対称**であるという．年上であるという関係は非対称である．すなわち，a は b より年上であるが，b は a より年上でない．a が b とある関係にあるが，b は a と同じ関係にないような対 (a,b) が少なくとも1つ存在するような関係は**不対称**であるという．愛するという関係は**不対称**である．a が b を愛しても，b が a を愛することも愛さないこともあるからである．a が b に関係し，同時に b が a に関係すれば，$a=b$ である関数を，**反対称的**という．実数

の $a\leq b$ という関係は反対称的である．

■**対称球面3角形** symmetric spherical triangles
球の中心に関して，向かい合った（対称な）位置にある球面3角形．対応辺と対応角は一致するが，球面上で重ね合わせることはできない．

■**対称行列** symmetric matrix
行列が，その**転置行列**と一致するとき，対称行列という．すなわち，主対角線に関して対称な正方行列である．→ 直交変換

■**対称行列式** symmetric determinant
転置した位置にある要素がすべて等しい行列式．主対角線に関して対称な行列式．

■**対照グループ** control group
《統計》所与の要素の影響を推定するにあたって結果を考察下の要素が存在しない（または一定に保たれた）状態と比較する必要が生じることがある．**対照グループ**とはその要素が存在しない（または一定に保たれた）状態の標本をいう．

■**対称群** symmetric group
n 点上の置換全体がなす群のことを n 次の対称群という．→ 置換群

■**対称ゲーム** symmetric game
利得行列 (a_{ij}) が，交代行列であるような，つまり任意の i と j に対し $a_{ij}=-a_{ji}$ をみたすような，有限零和2人ゲーム．あるいは，より一般に，利得関数 $M(x,y)$ が，任意の x と y に対し $M(x,y)=-M(y,x)$ をみたすような零和2人ゲームのこと．このようなゲームの値は，もし定義できるならば，0 であり，2人の競技者は同じ**最適戦略**をもつ．

■**対称差集合** symmetric difference of sets
→ 差集合

■**対称座標** symmetric coordinates
$x=x(u,v)$，$y=y(u,v)$，$z=z(u,v)$ である曲面 S 上で，長さの要素が $ds^2=Fdudv$ で与えられる，すなわち $E=G=0$ となる座標系 u, v [→ 線型要素]．すべての径数曲線が極小となるのは対称座標を用いたとき，またそのときに

限る．➡ 極小曲線，媒介変数曲線

■**対称作用素** symmetric transformation
　ヒルベルト空間 H 上の作用素 T が，その定義域の任意の要素 x, y に対して，内積 $(Tx, y)=(x, Ty)$ をみたすとき，T を対称作用素という．さらに，T の定義域が H において稠密ならば，第 2 **随伴作用素** T^{**} は**閉じた**対称作用素である．任意の有界な対称作用素は，自己随伴な拡張をもつ．定義域（または値域）が H である対称作用素は有界かつ自己随伴である．有限次元空間においてベクトル $x=(x_1, x_2, \cdots, x_n)$ をベクトル $Tx=(y_1, y_2, \cdots, y_n)$ $(y_i=\sum_j a_{ij}x_j)$ に対応させる作用素 T が対称作用素であるための必要十分条件は，その係数の行列 (a_{ij}) がエルミート行列となることである．➡ 固有値，自己随伴変換

■**対称式** symmetric function
　変数が 2 つ以上の関数で，変数のどの 2 つを入れ替えても変化しない関数．例えば，$xy+xz+yz$ は，x, y, z の対称式である．このような関数は，**絶対対称式**ともいう．変数を巡回して変えたときに変化しない関数を**巡回対称式**という．通常，絶対という語は略して，対称式・巡回対称式という．関数
$$abc+a^2+b^2+c^2$$
は絶対対称である．しかし，
$$(a-b)(b-c)(c-a)$$
は巡回対称性だけをもつ．

■**対称軸** axis of symmetry
　➡ 対称な図形

■**対称多面体** symmetric polyhedrons
　互いに他の鏡映と合同な 2 つの多面体．

■**対称ディアッド** symmetric dyadic
　➡ ディアッド

■**対称点** symmetric points
　(1) 2 つの点は，その 2 点を結ぶ線分を 2 等分する点に関して**対称**である（**対称性**をもつ）といい，その 2 等分する点を**対称の中心**という．
　(2) 2 つの点に対し，その 2 点を結ぶ線分を，1 つの直線あるいは平面が垂直に 2 等分するとき，その直線（**対称軸**という）あるいは平面（**対称面**という）に関して，2 点は対称性をもつという．座標が (x, y)，$(-x, -y)$ である 2 点は，原点に関して対称である．2 点 (x, y)，$(x, -y)$ は x 軸に関して対称である．2 点 (x, y)，$(-x, y)$ は y 軸に関して対称である．

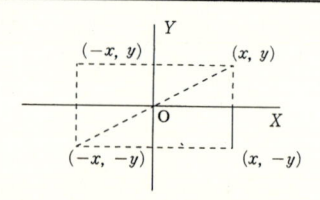

■**対称テンソル** symmetric tensor
　2 つまたはそれ以上の反変（または共変）指標を交換したものが，もとの成分をまったく変えないとき，このテンソルはそれらの**指標について対称**であるという．任意の 2 つの反変指標と，任意の 2 つの共変指標について対称であるとき，**対称テンソル**であるという．

■**対称な図形** symmetric geometric configurations
　(1) 図形（曲線，曲面など）が，点，直線，あるいは平面に関して**対称**（的）である（**対称性をもつ**）とは，その図形上のすべての点について，それらが，点，直線，あるいは平面について対称な点を，その図形上にもつことである．このとき，その点，直線，平面をそれぞれ，**対称の中心**，**対称軸**，**対称面**という［➡ 対称点］．**平面曲線**の対称性については，次のような判定法がある．(i) 直交座標における曲線の方程式の変数に負号（$-$）をつけても，方程式が変わらないならば，この曲線は，原点に関して対称である．y を $-y$ におきかえたとき，方程式が変わらないならば，x 軸に関して対称である．この場合は，方程式が y について有理式ならば，y の偶数乗の項だけを含む．x を $-x$ におきかえたとき変わらないならば，y 軸に関して対称である．この場合は，方程式が x について有理式ならば，x の偶数乗の項だけを含む．x 軸と y 軸に関して対称ならば，原点に関して対称である．しかし，逆は真でない．(ii) 極座標 (r, θ) における曲線の方程式の r を $-r$ におきかえても方程式が変わらないならば，この曲線は，原点に関して対称である．例えば $r^2=\theta$ は原点に関して対称である．θ を $-\theta$ におきかえたとき，方程式が変わらないならば，原線に関して

対称である．例えば $r=\cos\theta$ は原線に関して対称である．θ を $180°-\theta$ におきかえても方程式が変わらないならば，直線 $\theta=\frac{1}{2}\pi$ に関して対称である．例えば，$r=\sin\theta$ は $\theta=\frac{1}{2}\pi$ に関して対称である．極座標におけるこれらの条件は，十分条件であるが必要条件ではない．他の図形の対称性に対しても，同じように判定できる．平面図形が，ある点に関して **2 回対称性**をもつとは，その平面上で，その点のまわりに図形を 180° 回転したとき，同じ図形となっていることである．回転角が 120° のときは **3 回対称性**をもつという．回転角が $360°/n$ のときは，その点に関して n **回対称性**をもつという．正 n 角形は，その中心に関して n 回対称性をもっている．

(2) 2 つの図形が，点，直線，あるいは平面に関して対称であるとは，それぞれの図形上の各点の，その点，直線，平面に関して対称な点が他方の図形上にあることである．このとき，図形の一方は，点，直線，平面について，他方の図形の**鏡映**であるという．

■**体上の多元環** algebra over a field

体 F 上の多元環 R（あるいは代数）とは，スカラーとして F の要素をもち，任意のスカラー a, b および R の任意の要素 x, y に対して，$(ax)(by)=(ab)(xy)$ をみたすような環 R でベクトル空間をなすもののことである．このベクトル空間の次元を R の**位数**という．多元環はその環が可換環であれば，可換多元環といい，単位元をもつ環であれば，単位元をもつ多元環という．**多元体**は斜体である多元環のことである．**単純多元環**とは単純環である多元環のことである．実数の集合は有理数体上の可換多元体である．任意の正整数 n に対して，複素数（あるいは実数）を成分としてもつすべての $n\times n$ の正方行列からなる集合は，実数体上の（非可換）多元環である．ある与えられた体の要素を成分とする $n\times n$ 行列のすべてで構成される多元環は，単純多元環である．単位元をもつ位数 n の多元環は，$n\times n$ の正方行列で構成される多元環に同型である．

■**対称の中心** center of symmetry
→ 対称な図形

■**対称分布** symmetric distribution

ある数 m が存在して，そのまわりに関して確率密度関数（確率関数）が対称であるような分布．この数 m は**平均値**でもあり，**中央値**でもある．ただし平均値と中央値は非対称分布でも一致することがある．

■**対称変換群** group of symmetries

与えられた図形をそれ自身へ移す，すべての剛体運動の集合．例えば，円の対称変換は，中心のまわりのすべての回転と，直径のまわりの 180° の回転よりなる．正方形については，8 つの対称変換がある．正方形の中心のまわりに，その正方形を含む平面上で，0°, 90°, 180°, 270° 回転した変換と，2 つの対角線のまわりに 180° 回転した変換と，向かい合った 2 辺の垂直 2 等分線のまわりに 180° 回転した変換である．1 つの図形の対称変換全体は，変換 S_1 を施した後に変換 S_2 を施して得られる対称変換を S_1 と S_2 の積と定義すれば，群をなす．多角形や多面体の対称変換は，頂点の入れかえと解釈できるから，その対称変換の群は置換群の部分群となる[→ 置換群]．→ 4 群, 4 面体群, 20 面体群, 2 面体群, 8 面体群

■**対称変換軸** axis of symmetry

幾何配図は，次のような場合，**対称変換軸**に関して対称である．すなわち，任意の点 P について対称変換軸により対応する点 Q が存在し，その軸は線分 PQ を 2 等分する垂線である．→ 対称な図形

■**対称面** plane of symmetry
→ 対称な図形

■**対心点** antipodal points
→ 対点

■**代数** algebra

(1) 算術を一般化した概念のこと．例えば，算術式 $2+2+2=3\times 2, 4+4+4=3\times 4$ などはより一般的に，$x+x+x=3x$（ただし，x は任意の数）と書ける．前の 2 つの式は後者の特別な場合である．任意の数を表す文字や，実数全体などのような，ある数の集合の任意の要素を表す文字は，その集合の要素間に関して成り立つ法則によって関係づけられている．例えば，すべての（数）x に対して，$x+x=2x$ である．

一方，対象としている集合のある要素を表すために，文字に条件が課せられ，方程式の議論の場合のようにその条件をみたす要素が限定されることもある．例えば，方程式 $2x+1=9$ ならば，x は 4 であると限定できる．

(2) 代数的記号で表された理論体系，すなわちブール代数 [→ ブール代数]．

(3) → 体上の多元環

■**対数** logarithm

正数の対数 [→ 複素数の対数] とは，与えられた数のベキ乗がその正数と等しくなるようなベキ指数のことである．与えられた数を**底**とよぶ．a を底とするときの M の対数は $a^x=M$ となる x である．$10^2=100$ であるから，2 は底 10 に対する 100 の対数であり，$\log_{10}100=2$ とかかれる．同じように，$\log_{10}0.01=-2$，$\log_9 27=3/2$ である．10 を底に用いる対数を**常用対数**（または**ブリッグスの対数**）とよぶ．$e=2.71828\cdots$ を底に用いる対数を**自数対数**とよぶ．しばしば**双曲的対数**とか**ネピアの対数**とよばれるが，後者は正しい名ではない [→ ネピアの対数]．$\log_e x$ は $\ln x$ と書かれることが多い．

常用対数は，コンピュータが普及する以前には，乗法，除法，開平および累乗計算を行うとき，特に有用だった．その理由は，つぎの**対数の基本法則**（任意の底に対して成り立つ）と，小数点の位置を n 桁左に（または右に）移すと常用対数には整数 n が加えられる（引かれる）という性質による [→ 対数の標数と仮数]．(1) 2 つの数の積の対数は，それらの対数の和である $(\log(4\times 7)=\log 4+\log 7=0.60206+0.84510=1.44716)$．(2) 2 つの数の商の対数は，被除数の対数から除数の対数を引いた差に等しい $\left(\log\dfrac{4}{7}=\log 4-\log 7=10.60206-10-0.84510=9.75696-10\right)$．(3) 1 つの数のベキ乗の対数は，そのベキ指数とその数の対数の積に等しい $(\log 7^2=2\cdot\log 7=1.69020)$．(4) 1 つの数のベキ乗根の対数は，その数の対数をベキ乗根の指数で割った商に等しい $(\log\sqrt{49}=\log(49)^{1/2}=\dfrac{1}{2}\log 49=\dfrac{1}{2}\times 1.69020=0.84510)$．

自然対数は特に解析学での応用に適している．これは $\log_e x$ の導関数が $1/x$ となるという事実に由来している．また，$\log_a x$ の導関数は $(1/x)\log_a e$ となる．**対数の底の変換**はつぎの公式を用いて行える．

$$\log_b N=\log_a N\cdot\log_b a$$

特に，$\log_{10} N=\log_e N\cdot\log_{10} e$，$\log_e N=\log_{10} N\cdot\log_e 10$ である．1 つの系における対数から他の第 2 の系における対数を得るために第 1 の対数に乗ずる数を，第 1 の系に関する第 2 の系の（対数）**モジュラス**（母数）とよぶ．**常用対数の**（自然数に関する）**モジュラス**は $\log_{10}e=0.434294\cdots$，また，**自然対数の**（常用対数に関する）**モジュラス**は，$\log_e 10=2.302585\cdots$ である．対数表の計算は通常つぎのような無限級数にもとづいて行われる．

$$\log_e(N+1)=\log_e N+2\left[\frac{1}{2N+1}+\frac{1}{3}\frac{1}{(2N+1)^3}+\frac{1}{5}\frac{1}{(2N+1)^5}+\cdots\right]$$

この級数はすべての N の値に対して収束する．
→ メルカトール（ニコラス）

■**代数拡大**（体の） algebraic extension of a field
→ 体の拡大

■**代数学の基本定理** fundamental theorem of algebra

p を複素数係数の 1 次以上の任意の多項式とすると，方程式 $p(z)=0$ は，少なくとも 1 つ，複素数（実数または虚数）の解をもつ．この定理の簡単な証明法として，まず，$|p(z)|$ が，ある点 $z=z_0$ で最小値をとることを，最小値の定理 [→ 最大値の定理] を用いて示し，つぎに，この最小値 $|p(z_0)|$ が 0 でなければならないことを示す方法がある．→ 回転数，代数学の基本定理のガウスによる証明

■**代数学の基本定理のガウスによる証明** Gauss' proof of the fundamental theorem of algebra

この定理の，歴史上最初の証明で，複素数 $a+bi$ を方程式の未知数に代入し，実部と虚部に分けたうえで，それらが，a と b のある値に対して，同時に 0 となることを，幾何学的に証明している．

■**代数関数** algebraic function

代数的な演算のみの組合せによってかき表すことができる関数．詳しく述べると，(1) ある（恒等的に 0 ではない）多項式 $P(x,y)$ に対して $P(x,f(x))\equiv 0$ となるような関数 $f(x)$．多項

式はすべて代数関数だが，例えば $\log x$ は代数関数ではない．(2) 多価解析関数 w であって，ある既約多項式 $P(z, w)$ に対し，$w(z)$ のすべての価 w が $P(z, w)=0$ をみたすもの．

■**代数記号** algebraic symbols
　数字を表す文字や代数的演算，数の演算などを表すさまざまな演算記号．→ 付録：数学記号

■**対数級数** logarithmic series
　$\log(1+x)$ のテイラー級数展開のことをいう．すなわち，
$$x - \frac{x^2}{2} + \frac{x^3}{3} - \frac{x^4}{4} + \cdots + (-1)^{n+1}\frac{x^n}{n} + \cdots$$
この級数から関係式
$$\log(n+1) = \log n + 2\left[\frac{1}{2n+1}\right.$$
$$\left. + \frac{1}{3}\frac{1}{(2n+1)^3} + \frac{1}{5}\frac{1}{(2n+1)^5} + \cdots\right]$$
が導かれる．この関係式は収束が速いので，数の対数近似に都合がよい．

■**対数曲線** logarithmic curve
　直交座標に関する方程式 $y = \log_a x$，$a > 1$ の平面上の軌跡．この曲線は点 $(1, 0)$ を通り，y 軸の負の側を漸近線としてもつ．曲線上で横座標が等比級数的に増加するとき，縦座標は等差級数的に増加する．すなわち，縦座標が $1, 2, 3$ である 3 点の横座標はそれぞれ a, a^2, a^3 である．対数の底 a が異なる値をとっても，曲線の一般的特徴は変わらない．図に $y = \log_2 x$ のグラフを示す．

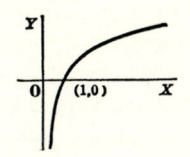

■**代数曲線** algebraic curve
　→ 平面代数曲線

■**代数曲面** algebraic surface
　座標関数が，媒介変数 u, v の代数関数として，表された曲面．

■**対数系** logarithmic system
　同じ底をもった対数のすべて．例えば，**常用**対数系（底 10 の対数），**自然対数系**（底 $e = 2.71828\cdots$ の対数）．

■**対数座標** logarithmic coordinates
　対数目盛を用いた座標．対数方眼紙に点をプロットするときに用いる．→ 両対数方眼紙

■**対数三角関数** logarithmic trigonometric function
　三角関数正弦，余弦，正接，余接，正割，余割などの対数．すなわち，$\log \sin$, $\log \cos$, … など．

■**代数式（代数方程式，代数関数，代数的演算）** algebraic expression (equation, function, operation)
　代数記号や演算のみを用いた式．例えば，$2x+3$，x^2+2x+4，$\sqrt{2-x}+y=3$．代数的演算とは加法，減法，乗法，除法，根の開方，整数べキまたは分数ベキに累乗する演算である．有理代数式とは多項式の商として書くことができる式．無理代数式とは，$\sqrt{x+4}$ のような有理式でない式．→ 代数関数，有理式

■**対数正規分布** lognormal distribution
　確率変数 X が**対数正規分布**に従う，あるいは**対数正規確率変数**であるとは，$\log X$ が**正規分布**に従うこと，すなわち，$X = e^Y$ となる正規確率変数が存在することである．Y の平均を μ，分散を σ^2 とすると，x の**分布密度関数** f は，$x \leq 0$ のとき $f(x) = 0$，$x > 0$ のとき，
$$f(x) = \frac{1}{\sigma x \sqrt{2\pi}} \exp\left(-\frac{(\log x - \mu)^2}{2\sigma^2}\right)$$
X の**平均**は $e^{\mu+\sigma^2/2}$，**分散**は $(e^{\sigma^2}-1)e^{2\mu+\sigma^2}$ である．

■**代数多様体** variety, algebraic variety
　V をある体 F の n 次元ベクトル空間とする．F を係数とする多項式の方程式 $P_k(x_1, \cdots, x_n) = 0$ の族をすべてみたす点 $(x_1, \cdots, x_n)$ 全体の集合 A を，V の（アフィン）**代数多様体**という．体 F に対して，**アフィン代数多様体**（あるいは**アフィン多様体**）とは，F 上の n 次元アフィン空間 F_n の部分集合で，それが F を係数とする多項式の集合 $\{P_k(x_1, \cdots, x_n)\}$ の共通零点で表されるものをいう．**射影的代数多様体**（あるいは射影多様体）も，F_n を F 上の n 次元射影空間とし，P_k を同次多項式と修正して，同様

に定義される．→ アフィン空間，射影空間

■**代数超曲面** algebraic hypersurface
→ 超曲面

■**代数的演算** algebraic operation
加法，減法，乗法，除法，開方（べキ根を開くこと）や累乗のこと．

■**代数的加算器** algebraic adder
→ 加算器

■**代数的加法** algebraic addition
→ 実数の和

■**対数的関数** logarithmic function
$\log f(x)$ という形の式で定義される関数．

■**代数的減法** algebraic subtraction
→ 減法

■**代数的証明と解法** algebraic proofs and solutions
代数的演算以外をしない，代数記号を用いた証明と解法．→ 代数式

■**代数的数** algebraic number
(1) 通常の正や負の数．正負の符号をもった実数．
(2) 有理係数の代数方程式の解のこと，その多項式の次数を代数的数 a の**次数**という．a を解とする最小次数の方程式を a の**最小方程式**という．**代数的整数**とは，最高次の係数が 1 で，整数係数の方程式 $x^n + a_1 x^{n-1} + \cdots + a^n = 0$ をみたす代数的数のことである．代数的整数の最小方程式も最高次の係数が 1 である．有理数が代数的整数であるための条件は，それが通常の整数であることである．すべての代数的数からなる集合は整域である [→ 整域]．
(3) F^* を体，F を F^* の部分体とする．F^* の要素 c が F に関して**代数的**であるとは，F の要素を係数とする多項式の零点であることである．そうでなければ，c は F に関して**超越的**であるという [→ ゲルフォント-シュナイダーの定理，ベーカー]．

■**代数的整数** algebraic integer
→ 代数的数

■**対数的凸関数** logarithmically convex function
その対数が凸である関数．$x > 0$ で定義される正値関数で，関数方程式 $\Gamma(x+1) = x \Gamma(x)$ をみたしかつ $\Gamma(1) = 1$ である対数的凸関数はただ 1 つ，ガンマ関数のみである．

■**代数的に完備な体** algebraically complete field
体 F の要素を係数とするすべての多項式が F 上に解をもつような体 F のこと．代数的数体や複素数体は代数的に完備である．あらゆる体は代数的に完備な拡大をもつ．[類] 代数的に閉じた体．

■**代数的符号** algebraic sign
正または負であることを表す記号．

■**対数の標数と仮数** characteristic and mantissa of logarithms
対数の基本法則 [→ 対数] と $\log_{10} 10 = 1$ が成り立つことから，常用対数はつぎの性質をもつ．
$$\log_{10}(10^n \cdot K) = \log_{10} 10^n + \log_{10} K$$
$$= n + \log_{10} K$$
すなわち，1 つの数の対数は，その数の小数点を右へ（左へ）n 桁ずらすことによって，n が加えられる（減じられる）．このことから，対数が 1 つの整数（**標数**という）と正の小数（**仮数**という）との和でかかれているとき，標数は小数点の位置を与え，仮数はその数の各桁の数を決定する．1 つの数の対数の標数は，つぎの 2 つの方法のいずれによっても決定することができる．
(1) 標数は，標準位置から右へ数えた小数点の位置が何番目かを表す数，または標準位置から左へ数えた小数点の位置が何番目かを表す数に負の符号をつけたものである（小数点の**標準位置**とは，その数で初めて 0 でない数が現れる桁の右側である）．(2) その数が 1 より大または等しいとき，標数は小数点の左側に存在する桁数より常に 1 小さい．その数が 1 より小のとき，標数は負でその絶対値は小数点の直後から連続して存在する 0 の個数より 1 大きい．例えば，0.1 の標数は -1，0.01 の標数は -2 である．常用対数の仮数は，小数点がその数のどこに位置するかということとは関係しない．上の方法によって標数が得られるから，対数表には仮数のみが示されている．→ 対数表の比例部分

■**大数の法則** law of large numbers
《統計》独立な確率変数の列$\{X_1, X_2, \cdots\}$が与えられており，それらの平均を$\{\mu_1, \mu_2, \cdots\}$とする．$n \to \infty$のとき$\sum_{i=1}^{n}(X_i-\mu_i)/n$が確率1で0に近づくための条件を与える定理を，**大数の強法則**という．例えば，すべての確率変数が同じ分布をもち，平均μでかつ有限の分散をもつとき，任意の正数εとある$k>n$が存在して，
$$\left|\mu - \sum_{i=1}^{k} X_i/k\right| > \varepsilon$$
となる確率は$n \to \infty$とともに0に近づく．これに対して，
$$\left|\sum_{i=1}^{n}(X_i-\mu_i)/n\right| > \varepsilon$$
となる確率が任意のεに対して$n \to \infty$に従って0に近づくための条件を与える定理を**大数の弱法則**という．σ_nをX_nの分散とするとき，すべてのnに対して$\sigma_n^2 < A$をみたす数Aが存在することが大数の弱法則が成立するための1つの十分条件である．大数の弱法則の特別な場合として**ベルヌイの定理**がある．これは次のことを述べている．各試行の成功確率がpであるn個の独立なベルヌイ試行に対し，$s(n)$で成功する試行の個数を表すとき，任意の正数εに対して$|p-s(n)/n|<\varepsilon$となる確率は，$n \to \infty$に従って1に近づく．

■**対数微分法** logarithmic differentiation
対数を使って導関数を求める方法．方程式の両辺の対数をとり，微分する．これは，x^xのように底も指数も変数である場合の微分をするときや，それによって微分が簡単にできるようになる場合に使われる．例えば$y=x^x$は，対数をとることによって$\log y = x \log x$となり，この式からxに対するyの微分は，通常の**陰関数微分法**により求められる．

■**対数表示** logarithmic plotting, logarithmic graphing
グラフ化の一種．$y=kx^n$の形の方程式で定まる曲線を直線として図示する．方程式の両辺の対数をとると，$\log y = \log k + n \log x$．そこで，$\log y$と$\log x$を変数とみれば，横座標が$\log x$で縦座標が$\log y$である直線が描かれる．普通の直線上の点の場合と同様に，座標$(\log x, \log y)$の点は，この直線上に求めることができる．xとyを見いだすには，逆対数をとればよい．**両対数方眼紙**を用いればその必要はない．

■**対数表の比例部分** proportional parts in a table of logarithms
求めたい仮数を計算するために，表中のそれより小さい最も近い仮数に加えるべき数．この比例部分は，表中の連続する2つの仮数の差に数$0.1, 0.2, \cdots, 0.9$（小数点なしで表に示されている）を乗じたものである．これらの**比例部分表**は，対数表にない数の対数（および，表に対数のない数）を補間するための乗数（および除数）の表である．

■**対数変換** logarithmic transformation
《統計》確率変数Xが正規分布に従わなくても，Xの**対数**はしばしば正規分布に従う．そこで，正規分布の理論を適用するため，XをXの対数におきかえる変換が有効となる．→ 対数正規分布

■**対数方程式** logarithmic equation
対数を含んだ方程式．通常は，変数が対数の引数としてのみ現れるとき，対数方程式とよぶ．$\log x + 2 \log 2x + 4 = 0$は対数方程式である．

■**代数方程式** algebraic equation
1変数，もしくは多変数の多項式を0に等しいとおいた方程式．**多項式方程式**ともいうが，日本語では代数方程式のほうが慣用である．方程式の次数は，多項式の次数である[→ 多項式の次数]．2変数の2次の方程式の一般形は，a, b, cのすべてが0ではないとして，
$$ax^2 + by^2 + cxy + dx + ey + f = 0$$
である[→ 2変数の2次方程式の判別式]．**1変数のn次の方程式の一般形**は，係数が文字変数である，n次の代数方程式
$$a_0 x^n + a_1 x^{n-1} + \cdots + a_n = 0$$
である．n次の代数方程式の係数のどれも0でないなら**完全**といい，x^nの係数以外で，0の係数があるなら**不完全**とよばれる．1変数の多項式方程式の解は，その方程式を真とする変数の値である．解は方程式を因数分解して求めることができる場合がある．例えば，方程式$x^2+x-6=0$は，$x^2+x-6=(x-2)(x+3)$であるので，解2と-3をもつ．方程式を因数分解できないときは，逐次近似の方法で解を求めることが普通である．ホーナーやニュートンがその組織的な方法を与えている[→ ホーナー法，ニュートン法]．虚数根を決定するのには，$u+iv$を変数に代入して，実数部および虚数部を0と等しい

として方程式をつくり，u と v に対する方程式を解く（逐次近似の方法が通常は使われる）．＝多項式方程式．→ カルダノの解法（3次方程式の），代数学の基本定理，2次公式，フェラリの解法（4次方程式の），有理解定理

■**代数方程式の2重解** double root of an algebraic equation

方程式において，ちょうど2回だけ繰り返された解．$(x-r)^2$ が左辺の因数で右辺が0である方程式の解．しかし $(x-r)^3$ が因数になっているときは除く．＝繰り返された解，重複度2の解，一致した解．→ 方程式の重解

■**代数方程式の判別式** discriminant of a polynomial equation

代数方程式 $x^n+a_1x^{n-1}+\cdots+a_n=0$ に対し，そのすべての解にわたる，2つの解の差の平方の積．判別式は，方程式とその導関数との**終結式**を $(-1)^{n(n-1)/2}$ 倍したものに等しい．最高次の係数が1でなくて a_0 であれば，因数 a_0^{2n-2} が判別式に付け加えられ，判別式は終結式の $(-1)^{n(n-1)/2}/a_0$ 倍である．判別式が0であるための必要十分条件は，代数方程式が重複解をもつことである．例えば，**2次方程式** $ax^2+bx+c=0$ の判別式は b^2-4ac である．a, b, c が実数のとき，判別式が0になるのは解が等しいときに限り，解が虚数か実数かであるのに従って，それぞれ負か正になる．例えば，$x^2+2x+1=0$ の判別式は0であり2解は等しい．$x^2+x+1=0$ の判別式は -3 であり解は虚数である．$x^2-3x+2=0$ の判別式は1であり，解は実数で等しくない．実際に解は1と2である［→ 2次公式］．実数係数の**3次方程式** $x^3+ax^2+bx+c=0$ の判別式は，
$$a^2b^2+18abc-4b^3-4a^3c-27c^2$$
である．判別式はこの方程式が異なる3実解をもつとき正，1つの実解と2つの共役な虚解をもつとき負，解がすべて実数でその中の少なくとも2つが等しいとき0である．→ 終結式

■**代数方程式の不変数** invariant of an algebraic equation

係数に関する代数式で，その値が座標軸の任意の変換，回転によって不変なもの．一般の2次式 $ax^2+bxy+cy^2+dx+ey+f=0$ に対して，$a+c, b^2-4ac$，**判別式**などは不変数である．→ 2変数の2次式の判別式

■**対数ポテンシャル** logarithmic potential

重力に関するニュートンの法則，点電荷に対するクーロンの法則，そして孤立した磁極に対する力の法則などの場合のように距離の2乗に反比例するのではなく，1乗に反比例して変化する力にもとづくポテンシャル．このような力の場合の例は，一様に帯電した無限の長さの真っぐな針金によって得られる．針金に沿って z 軸をとると，針金から距離 r の点にある単位電荷の受ける力は $(k/r)\rho_1$ である．ここで k は定数，ρ_1 は針金からその点への方向に垂直な向きをもつ単位ベクトルである．この例では，場は2つの変数（r と θ）にのみ依存する．われわれはこうして2次元的状態を扱うことになる．結局，一様に帯電した針金を，距離 r の1乗に反比例する引力または斥力を生ずる粒子におきかえることができる．このような粒子に対応するポテンシャル（**対数ポテンシャル**）は $a\log r+b$ によって与えられる．ここで，a, b は定数である．

■**対数目盛り** logarithmic scale
→ 両対数方眼紙

■**対数螺線** logarithmic spiral

ベクトルのなす角が，その長さの対数に比例するような平面曲線．その極座標による方程式は $\log r \stackrel{.}{=} a\phi$．曲線上の点に向かう半径ベクトルとその点における接線とのなす角は一定であり，その値は使用した対数の底から定まる．その角の正接が a と使用した対数の底の自然対数値の積に等しい．＝ロジスティック螺線，等角螺線．

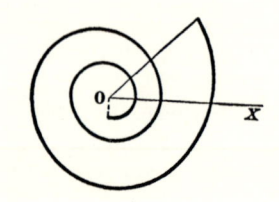

■**代数和** algebraic sum

負の数を加えることはその数の符号を正に変えてひくことと同値であることから，いくつかの項を加えたり，ひいたりしたものを**代数和**とよぶ．$x-y+z$ という表現は，$x+(-y)+z$ と同じであるとみて代数和である．

■**対する** subtend

3角形の辺が向かい合う角に対するとか,円の弧がその弧の中心角に対するというように対立する,または計ること.

■**体積** volume

3次元における集合の広がりを示す数量.1辺の長さ1の立方体は**単位体積**をもつ.隣接した3辺の長さが a, b, c の直方体の体積は abc である.任意の有界集合に対して,その集合に含まれ,互いに交わらない有限個の直方体の体積の和の上限を α とし,その集合を完全に覆う有限個の直方体の体積の和の下限を β とするき,もし $\alpha = \beta$ ならば,この値をその集合の体積という. $\alpha = \beta = 0$ ならば,その集合は体積をもち,体積は0である. $\alpha \neq \beta$ ならば,その集合は体積をもたない.集合 S が有界でないときは,どんな立方体 R をとっても, $R \cap S$ の体積が一定値 m を越えないとき, S は体積をもち, $R \cap S$ の体積の上限がその体積である.この定義は,よく知られている体積の公式の証明に用いられる [→ 球,錐,柱].例えば,4面体の体積は,底面積と高さの積の $\frac{1}{3}$ であることが示される.任意の多面体は,境界面以外に共有点をもたない4面体の合併として表され,体積は,それらの4面体の体積の和である.多くの立体(例えば球)に対して,その体積は,その立体に含まれる多面体の体積の上限である.微積分は,体積を計算するのに非常に有用である [→ 回転体,重積分]. = 3次元の容積. → カバリエリの定理,集合の測度,点集合の容積,取り尽くし法,パップスの定理

■**体積弾性率** volume elasticity, bulk modulus, modulus of compression

(1) 圧力の増加と単位体積の変化の割合.すなわち,体積と体積の変化に対する圧力の変化の割合との積に負の符号をつけたもの.
$$E = -V dp/dV$$
(2) 《弾性学》圧縮力と立方体の圧縮(ちぢみ)との比.ヤング率 E とポアソン比 σ により,
$$k = \frac{E}{3(1-2\sigma)}$$
と表される.体積弾性率 k は,すべての物質に対して正である. = 圧縮率.

■**体積要素** differential of volume, element of volume
→ 積分要素

■**対頂角** alternate exterior angles, vertical angles

2つの角が互いに対頂角であるとは,1つの角をつくっている各辺が,もう1方の角の辺の,頂点を通る延長線上にあるような2つの角.

2直線が交わるときにできる4つの角のうち,図に示すような α と β ,および γ と δ をそれぞれ互いに対頂角であるという.

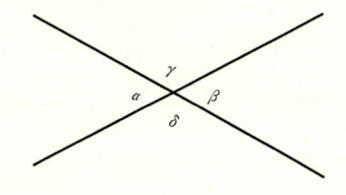

■**対点** antipodal points

直径の両端に位置する球面上の2点. = 対心点,対蹠点.

■**対等な集合** equivalent sets

1対1対応のつけられる集合. = 等濃度. → 1対1対応,カージナル数

■**第2種境界値問題** second boundary-value problem (of potential theory)

領域 R ,その境界曲面 S ,さらに S 上で定められた,連続であり $\iint_S f dS = 0$ である関数 f が与えられているとき,次の条件をみたすラプラス方程式 $\nabla^2 U = 0$ の解を求める問題のこと. R において正則であり,それ自身およびその法線方向導関数が $R+S$ において連続であり,かつ境界 S 上で f に一致する法線方向導関数をもつ.この問題は,流体力学によく現れる.この問題の解は付加定数を除いて一意的に定まる.ノイマン問題ともよばれる.

■**第2種の誤り** type II error
→ 仮説検定,誤差

■**第2種フレドホルム型積分方程式のフレドホルムの解法** Fredholm's solution of Fredholm's integral equation of the second kind
フレドホルム型積分方程式
$$y(x) = f(x) + \lambda \int_a^b k(x,t) y(t) dt$$
において，f が $a \leq x \leq b$ で連続で，K が $a \leq x \leq b$, $a \leq t \leq b$ で2変数関数として連続で，しかも，**核 $K(x,t)$ に対するフレドホルムの行列式**が 0 でなければ，この積分方程式は連続解をただ1つもち，それは
$$y(x) = f(x) + \frac{\lambda}{D(\lambda)} \int_a^b D(x,t;\lambda) f(t) dt$$
により与えられる．ここで，$D(\lambda)$ は核 $K(x,t)$ に対する**フレドホルムの行列式**であり，$D(x,t;\lambda)$ は核 $K(x,t)$ に対する**フレドホルムの1次の小行列式**である．→ヴォルテラの相反関数，ヒルベルト-シュミットの対称核積分方程式論，リュウビル-ノイマン級数

■**第2種ルジャンドル関数に対するノイマンの公式** Neumann formula for Legendre functions of the second kind
公式
$$Q_n(z) = \frac{1}{2} \int_{-1}^1 \frac{P_n(t)}{z-t} dt$$
ここで，P_n はルジャンドルの多項式である．関数 Q_n は，ルジャンドルの微分方程式の解であり，超幾何関数 F によって，
$$\frac{\pi^{1/2} F(n+1)}{(2z)^{n+1} \Gamma\left(n+\frac{3}{2}\right)} F\left(\frac{1}{2} n + \frac{1}{2}, \frac{1}{2} n + 1; n + \frac{3}{2}; z^{-2}\right)$$
と表される．

■**代入** substitution (of one quantity for another)
ある量を他のもので置き換えること．代入は方程式を簡易化したり，積分の計算を進めたり，図形を他の形や位置に移したりするのに使われる．

■**代入による消去** elimination by substitution
→消去

■**代入による積分** integration by substitution
→置換積分

■**第2類** second category
→集合の類

■**体の拡大** extension of a field
体 F^* が体 F を部分体として含むとき，F^* を F の**拡大体**とよぶ．F 上の線型空間としての F^* の次元のことを，拡大の**次数**という [→ベクトル空間(2)]．次数が有限の拡大体を**有限次拡大**とよぶ．F^* が F の**代数拡大**であるとは，F^* の任意の元が F 上代数的である (つまり，F に係数をもつ代数方程式をみたす [→代数的数(3)]) ことをいう．F^* が F の**単純拡大**であるとは，F^* のある元 c が存在して，F^* の任意の元が
$$\frac{p(c)}{q(c)} \quad \left(\begin{array}{l} p, q \text{ は } F \text{ に係数をもつ} \\ \text{多項式で，} q(c) \neq 0 \end{array} \right)$$
という形に表されることをいう．単純拡大が有限次拡大であるためには，上述の定義における c が F 上代数的であることが必要十分である．F の代数拡大 F^* が F の**正規拡大**であるとは，F^* 内に少なくとも1個の零点をもつような F における任意の既約多項式 p に対して，F^* が p の分裂体になっている (つまり，p が F^* において1次式の積に分解できる [→最小分裂体]) ことをいう．F^* が F の分離拡大 [→分離拡大] であることがわかっている場合には，F^* が F の正規拡大であるためには，F が，F のすべての元を固定する F^* の任意の自己同型 a によって固定されるような F^* の元全体と一致することが，必要十分である．また，F^* が F の有限次拡大のときは，F^* が F の正規拡大であることと，F^* が，F に係数をもつある多項式の最小分裂体になっていることとは同値になる．

■**体の標数** characteristic of a field
→環および体の標数

■**体の付値** valuation of a field
体 F から順序環への写像 V で，$x,y \in F$ に対して次の性質をもつもの．(i) $V(x) \geq 0$ であり $V(x) = 0$ は $x = 0$，かつそのときに限る．(ii) $V(xy) = V(x) V(y)$，(iii) $V(x+y) \leq V(x) + V(y)$．なお昔は賦値 (ふち) とかいた．
→p 進体

■**タイヒミューラー空間** Teichmüller space
→ リーマン面のモジュラス

■**代表値** measure of central tendency
《統計》統計データ全体の中央を代表する値．平均，最頻値，中央値，あるいは相乗平均などが主に使われる．

■**帯分数** mixed number, mixed expression
整数と分数の和．例えば $2\frac{3}{4}$．さらには，多項式と有理式の和．例えば $2x+3+\frac{1}{x+1}$

■**体膨張係数** coefficient of volume (cubical) expansion
(1) 単位立方体の温度を1度変化させたときの体積の変化量（したがって異なった温度では異なった体膨張係数となる）．
(2) 0°Cから温度を1°C変化させたときの単位立方体の体積の変化量．

■**太陽時** solar time
→ 時（とき）

■**平らな曲面** plane surface
平面のこと．

■**対立仮設** alternative hypothesis
→ 仮設検定

■**ダイン** dyne
CGS単位系における力の基本単位．1グラムの物体に，毎秒毎秒1センチメートルの加速度を与える力．SI単位系で 10^{-5} ニュートン．→ 力の単位，バール

■**タウバー** Tauber, Alfred (1866—1942)
オーストリアの解析学者，ウィーン大学教授 (1919—1933)．

■**タウバー型定理** Tauberian theorem
与えられた関数族に対して，ある種の仮定をつけたとき，ある型の極限がそれより強い型の極限としても得られることを保証する定理．特にある級数の収束に対して，（正則である）総和法によって総和可能であるときに，それが実際に収束することを示す十分条件を与える定理をそうよぶ．典型例として，次の**タウバーの定理**がある．$f(x)=\sum_0^\infty a_nx^n$ において，$\lim_{n\to\infty} na_n=0$, であり，$x<1$ から $x\to 1$ のとき $f(x)\to S$ ならば，$\sum_0^\infty a_n$ は収束し，その和は S である．→ アーベルの総和法

■**楕円** ellipse
平面による円錐面の切り口が1つの閉曲線となったもので，円を細長く引き伸ばしたような形をしている．**焦点**とよばれる2定点からの距離の和が一定であるすべての点よりつくられる平面曲線．離心率が1未満の円錐曲線．楕円は**軸**とよばれる2直線に対して対称である．通常，**軸**はこの直線が楕円によって切り取られる部分のことをさし，軸の長さの長い方を**長軸**，短い方を**短軸**とよぶ．軸の交点を**中心**という．

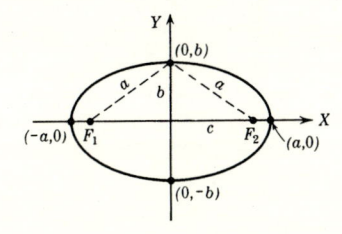

長軸と**短軸**それぞれが x 軸と y 軸の上にあり，その長さの半分が a, b であるなら，中心は原点となり，この楕円の方程式は

$$\frac{x^2}{a^2}+\frac{y^2}{b^2}=1$$

となる．これが楕円の方程式の**標準形**であり，図の楕円の方程式である．短軸の端点から焦点までの距離は a である．中心から焦点までの距離を c とすると，c/a は楕円の**離心率**である[→ 円錐曲線]．等しい離心率をもつ2つの楕円は**相似**である．長軸の端点を**頂点**といい，焦点を通り長軸に垂直な弦を**通径**という．楕円の中心が点 (h, k) にあり，軸が座標軸と平行な楕円の，座標平面における方程式は，

$$\frac{(x-h)^2}{a^2}+\frac{(y-k)^2}{b^2}=1$$

である．この方程式の右辺の1を0で置き換えると，これは楕円の方程式の形はしているが，この方程式をみたす座標上の実数の点はただ1点であるので，1点のみの楕円の方程式となる（点楕円）．右辺の1を−1で置き換えると，この方程式をみたす実数解は存在せず，この方程式

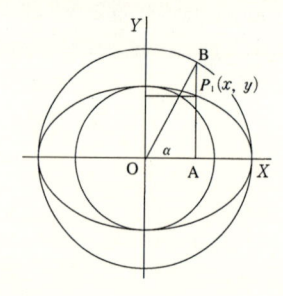

は**虚楕円**の方程式とよばれる．楕円の中心が原点にあり，長軸が x 軸，短軸が y 軸上にあり，それぞれの長さの半分を a, b とするなら，点 $(x,0)$ を通り y 軸に平行な直線が半径 a の円と交わる点をBとして，動径OBがつくる角を α とするとき，この楕円は，
$$x = a\cos\alpha,\ y = b\sin\alpha$$
と媒介変数表示できる．この角 α は**離心角**または偏角といわれる．図中の2つの円は，楕円の**離心円環**である．離心率が0の特別な楕円は，長軸と短軸の長さが等しくなり，焦点は一致して円となる．→ 円錐曲線，双曲線，2変数の2次方程式の判別式，放物線

■**楕円型偏微分方程式** elliptic partial differential equation
$$\sum_{i,j=1}^{n} a_{ij}\frac{\partial^2 u}{\partial x_i \partial x_j}$$
$$+ F\left(x_1, \cdots, x_n, u, \frac{\partial u}{\partial x_i}, \cdots, \frac{\partial u}{\partial x_n}\right) = 0$$
の型の実2階偏微分方程式で，2次形式 $\sum_{i,j=1}^{n} a_{ij}x_i x_j$ が非退化定符号であるもの．すなわちこの2次形式が適当な実線型変換によって，同符号の n 個の平方数の和に変形できるもの．典型的な例としてラプラス方程式，ポアソン方程式がある．→ 2次形式の指標

■**楕円型リーマン面** elliptic Riemann surface
→ リーマン面

■**楕円関数** elliptic function
楕円積分 y の逆関数 $x = \phi(y)$ のこと［→ ヤコビの楕円関数，ワイエルシュトラスの楕円関数］．**複素変数の楕円関数**は，2重周期をもつ1価複素数値関数であって，有限複素数平面においては極以外の特異点をもたないものと定義される．2重周期関数は，定数でない限り**整関数**ではない．

■**楕円関数の位数** order of an elliptic function
基本周期平行4辺形内にある極の位数の和．0位（定数を除く）および1位の楕円関数は存在しない．k 位の楕円関数は，基本平行4辺形内で，任意の複素数値をちょうど k 回ずつとる．

■**楕円座標** elliptic coordinates of a point
共焦点円錐曲線（楕円と双曲線）によって決定される平面における座標，または，共焦2次曲面によって決定される空間における座標（通常，**楕円体座標**という）．→ 共焦2次曲面，空間における点の曲線座標

■**楕円錐** elliptic conical surface
導面が楕円である錐面．直角座標系において，頂点が原点にあり，軸が z 軸と一致している楕円錐の方程式は，
$$\frac{x^2}{a^2} + \frac{y^2}{b^2} - \frac{z^2}{c^2} = 0$$
である．$a = b$ であるときは，**直円錐**である．

■**楕円積分** elliptic integral
$S = a_0 x^4 + a_1 x^3 + a_2 x^2 + a_3 x + a_4$ が重解をもたず，a_0, a_1 の一方は0でなく，さらに $R(x, \sqrt{S})$ が $x, \sqrt{S}$ の**有理関数**のときの $\int R(x, \sqrt{S})\,dx$ 型の積分．$\sin\phi = x$ のとき，（ルジャンドルにより）次の積分を順番にそれぞれ，**第1種，第2種，第3種の不完全楕円積分**とよぶ．
$$I_1 = \int_0^x \frac{dt}{(1-t^2)^{1/2}(1-k^2 t^2)^{1/2}}$$
$$= \int_0^\phi \frac{d\phi}{(1-k^2\sin^2\phi)^{1/2}},$$
$$I_2 = \int_0^x \frac{(1-k^2 t^2)^{1/2}}{(1-t^2)^{1/2}}\,dt$$
$$= \int_0^\phi (1-k^2\sin^2\phi)^{1/2}\,d\phi,$$
$$I_3 = \int_0^x \frac{dt}{(t^2-a)(1-t^2)^{1/2}(1-k^2 t^2)^{1/2}}$$
$$= \int_0^\phi \frac{d\phi}{(\sin^2\phi-a)(1-k^2\sin^2\phi)^{1/2}}$$
これらの楕円積分の**母数**は k, **補母数**は $k' = (1-k^2)^{1/2}$ であり，通常 $0 < k^2 < 1$ にとる．$x=1$ $\left(\phi = \frac{\pi}{2}\right)$ のときこれらの積分は**完全**であると

いわれる．$\operatorname{sn} t, \operatorname{dn} t$ を**ヤコビの楕円関数**[→ヤコビの楕円関数]とし，$x=\operatorname{sn}\beta, a=\operatorname{sn}^2\alpha$ とすると，

$$I_1 = \beta$$
$$I_2 = \int_0^\beta \operatorname{dn}^2 t\, dt$$
$$I_3 = \int_0^\beta (\operatorname{sn}^2 t - \operatorname{sn}^2 \alpha)^{-1} dt$$

と表される．第2種の不完全楕円積分は，

$$\int_0^x t^2(1-t^2)^{-1/2}(1-k^2t^2)^{-1/2} dt$$

の形をとることもある．楕円積分の名前の由来は，楕円の周の長さを求める問題にこの形の積分が初めて現れたことによる．

■**楕円体座標** ellipsoidal coordinates
 $a^2 > b^2 > c^2$ とするとき，空間の各点を通る次のそれぞれの方程式をみたす共焦2次曲面が各1つずつ定まる．

$$\frac{x^2}{a^2-k}+\frac{y^2}{b^2-k}+\frac{z^2}{c^2-k}=1 \quad (k<c^2)$$
$$\frac{x^2}{a^2-l}+\frac{y^2}{b^2-l}-\frac{z^2}{l-c^2}=1 \quad (c^2<l<b^2)$$
$$\frac{x^2}{a^2-m}-\frac{y^2}{m-b^2}-\frac{z^2}{m-c^2}=1 \quad (b^2<m<a^2)$$

このとき方程式系を決定する3つの値 k, l, m をこの点の楕円体座標とよぶ．しかしこれらの3つの曲面は8点で交わる．したがって与えられた3つの曲面の組から1点を決定するためには，さらに例えばその点を含むべき象限を指定するというような制限が必要である．

■**楕円柱** elliptic cylinder
 → 柱

■**楕円的楔形** elliptic wedge
 直線 L と平面 P は平行でないとする．1つの楕円が与えられ，それを含む平面は L に平行で，L を含まないとする．**楕円的楔形**とは，端点の1つが L 上にあり，もう1つが楕円上にあるような線分で，平面 P に平行な線分の集まりである．

■**楕円の準円** director circle of an ellipse
 → 準円（楕円の）

■**楕円の焦点の性質** focal property of an ellipse
 楕円の2焦点より楕円上の任意の点 x に引いた2直線が，点 x における接線（法線）となす角は相等しい（図参照）．このことより，みがかれた金属の帯によって楕円がつくられているなら，片方の焦点より発した光は，他方の焦点に集まる．これは，楕円の**光学的反射特性**である．光のかわりに，音の反射を考えるなら，それは楕円の**音響的特性**である．

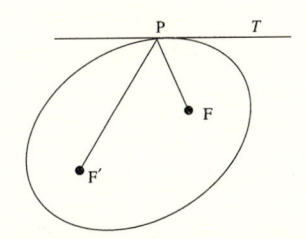

■**楕円の短軸** minor axis of an ellipse
 楕円の短い方の軸．

■**楕円の直径** diameter of an ellipse
 平行な弦の中心がつくる軌跡．どの直径も楕円の中心を通り，ある他の直径を定める平行な弦の1つとなる．この関係にある2つの直径を**共役直径**または**共役径**という．

■**楕円の補助円** auxiliary circle of an ellipse
 楕円の離心円のうち大きい方．→ 楕円

■**楕円の面積** area of an ellipse
 半長軸と半短軸の長さの積に π を乗じた値，すなわち πab である．円においては，長軸の長さと短軸の長さが等しいので，この公式より，円の面積の公式 πr^2 が導かれる．

■**楕円放物面** elliptic paraboloid
 → 放物面

■**楕円面** ellipsoid
 すべての平面による断面が，楕円または円となる面．それで囲まれる立体を**楕円体**という．楕円面は，互いに垂直な3本の直線（**軸**という）に関して線対称であり，また，この直線によって決定される3平面に関して面対称である．この3本の直線の交点を**中心**という．中心を通る弦のことを**直径**という．中心が原点で，楕円面と軸との交点が $(a,0,0), (-a,0,0), (0,b,0), (0,-b,0), (0,0,c), (0,0,-c)$ である楕円面

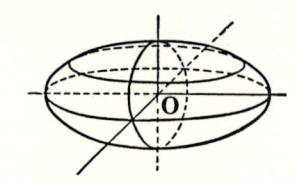

の方程式の標準形は，
$$\frac{x^2}{a^2}+\frac{y^2}{b^2}+\frac{z^2}{c^2}=1$$
である．$a>b>c$のとき，x軸が**長軸**，y軸が**中軸**，z軸が**短軸**である．$a=b=c=r$ならば，方程式は半径rの球面である．楕円面で囲まれた楕円体の体積は$\frac{4}{3}\pi abc$であり，$a=b=c=r$のとき通常の球体の体積$\frac{4}{3}\pi r^3$が得られる．方程式の右辺の1を0で置き換えると，楕円面は1点に退化し，実数で方程式をみたすのは$(x,y,z)=(0,0,0)$のみである．1を-1で置き換えると，実座標空間上に方程式をみたす点は存在せず，それは**虚楕円面**の方程式となる．**楕円面の中心**は，楕円面の対称点である．楕円をその1つの軸のまわりに回転させてできる面が，**回転楕円面**である［→回転面］．回転楕円面のある1つの軸に垂直な平面による切り口はすべて円である．これらの円の中心を通る軸を**回転軸**という．これらの円の中で最大の円を回転楕円面の**赤道**という．回転軸の両端を回転楕円面の**極**という．回転楕円面の赤道円の直径が回転軸の長さより短いとき，**扁長回転楕円面**，赤道円の直径が回転軸の長さより長いとき，**扁平回転楕円面**という．

■**楕円モジュラ関数** elliptic modular function
→モジュラ関数

■**互いに外接する円** externally tangent circles
→接円

■**互いに素** disjoint, relatively prime
(1) 2つの集合の両方ともに含まれる要素がないとき，それらを，素な集合という．3つ以上の集合において，どの2つの集合も素なとき，その集合族を**互いに素**な集合族という．
(2) 2つの整数が±1以外に共通因子をもたないとき，それらは互いに素であるという．2つの多項式は定数以外に共通因子をもたないとき互いに素という．一般に環（特にユークリッド環）内の2要素の共通因子が単数に限るときにも使う．

■**互いに素な整数** totitive of an integer
与えられた正の整数nより小さな正の整数で，nと互いに素（正整数の共通因数が$+1$だけ）なもの．$n=8$のときは$1, 3, 5, 7$．nが素数のときは$1, 2, 3, \cdots, n-1$．

■**互いに排反な事象** mutually exclusive events
任意の1つの事象が，他のすべての事象のおこることを妨げるような，2つまたは，それよりも多い事象のこと．すなわち，任意のiとjに対して，$E_i \cap E_j$が空になるような事象$\{E_1, \cdots, E_n\}$のこと［→事象］．例えば，1枚の硬貨を投げるとき，表が出るという事象と裏が出るという事象は，互いに排反な事象である．

■**多価解析関数の分枝** branch of a multiple-valued analytic function
リーマン面の単葉上のzの値に対応する1価解析関数$w=f(z)$．

■**多価関数** many-valued function, multiple-valued function
(1) 集合Xの各元に対し，集合Yのいくつか（0個でもよい）の元を対応させるような対応のこと．より正確には，集合の3つ組$f=(G, X, Y)$で，GがXとYの直積$X \times Y$の部分集合であるようなものを，XからYへの多価関数とよぶ．Gの元の第1成分として現れるようなXの元全体をfの**定義域**といい，Gの元の第2成分として現れるようなYの元全体をfの**値域**という．Xの各元xに対して，(x, y)がGに属するようなYの元yの個数k_xが有限であれば，fは**有限多価**であるといわれ，さらにxがXを動くときのk_xの最大値kが存在すれば，fはk価であるといわれる．有限多価でないような多価関数は，**無限多価**であるといわれる．なお，多価関数の概念は本質的には**関係**の概念と同じものであり，上の記号で，fが（"関数"の項目で定義した意味での）関数であるためには，Xの任意の元xに対して$k_x=1$となることが必要十分である．このとき多価関数と区

別して，特に**1価関数**ということがある．以下，X, Y が，ともに，実数の全体である場合の例を2つあげる．$x^2+y^2=1$ という式は，
$$y=\pm(1-x^2)^{1/2}, \quad |x|\leq 1$$
とかきかえることができるから，2価関数を表していると考えられる．また，$x=\sin y$ という式は，無限多価関数を表している．というのは，ある特定の x, y に対して $x=\sin y$ が成立していれば，任意の整数 n に対して
$$x=\sin((-1)^n y+n\pi)$$
となるからである．→ 関数

(2) 複素変数 z の，単生的解析関数 f のリーマン面が z 平面の各部分を2回以上覆うならば，f は**多価**である．すなわち，各 z に対して $f(z)$ の2個以上の値が対応するとき，$f(z)$ は多価である．多価関数は，その関数の存在領域であるリーマン面の1枚の上の適当な部分領域をとれば，その中の z に対して1価となる．

■**多角形** polygon

n 個の点 $P_1, P_2, P_3, \cdots, P_n$ (**頂点**)，$n\geq 3$ と線分 $P_1P_2, P_2P_3, \cdots, P_{n-1}P_n, P_nP_1$ (**辺**) から構成されている平面図形．初等幾何学においては，通常，その辺どうしはその端点以外では交わらないものとされている．3辺の多角形が3角形である．4辺のものが4角形，5辺のものが5角形．6辺のものが6角形，7辺のものが7角形，8辺のものが8角形，9辺のものが9角形，10辺のものが10角形，12辺のものが12角形，n 辺のものが n 角形である（日本語ではこの文は無意味に近いが，西欧語では各 n 角形に数 n に対するギリシャ語起源の用語がある）．多角形の辺によって囲まれた平面領域をその多角形の**内部**という．多角形の**内角**は隣接する辺がつくる角で多角形の内部に位置するものを指す．多角形がその辺を含む任意の直線の片側に位置するとき，その多角形は**凸**であるという．すなわち，各内角が180°以下である多角形が凸である．凸でない多角形は**凹**であるという．すなわち，少なくとも1つの内角が180°を越えるとき，多角形は凹である．多角形が凹であるための必要十分条件はその多角形と4点以上で交わりその内部を通過する直線が存在することである．凸多角形は常に内部をもつ．凹多角形が内部をもつのはどの辺も頂点以外では他の辺と接触せず，どの2頂点も一致しないときである（すなわち，その周が単純閉曲線またはジョルダン曲線である）．内角がすべて等しいとき，多角形は**等角**で

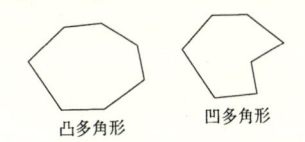

凸多角形　　　凹多角形

あるという．また，辺の長さがすべて等しいとき，多角形は**等辺**であるという．3角形が等角であることと等辺であることは同値であるが，4辺以上の多角形に対しては，これは正しくない．すべての辺およびすべての内角が等しい多角形が**正多角形**である．

■**多角形の角** angle of a polygon

多角形の**内角**とは，多角形の頂点における多角形の内側の角のことであり，その角度はその点を中心として1辺を多角形の内側で回転した際に（他方の辺に重なるような）最小の正の角度のことである．**外角**とは，多角形の1辺とその辺と隣り合う辺の延長線とがなす，多角形の外側にできる角のことである．多面体の各点において，1つの内角と2つの外角が存在する．この定義は，そのいずれの辺も2つ以上の他の辺の点を含まないような多角形に対して通用する．その他の場合には，何らかの方法で辺に順番をつけて，その辺の間の角が一意的に定義しうるようにする必要がある．

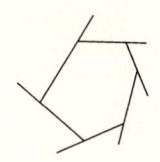

■**多角形領域** polygonal region

多角形の内部，またはそれと多角形のすべて，もしくは一部を併せた領域．その領域は多角形の部分をすべて含むか，すべて含まないかに応じて閉集合または開集合になる．→ 領域

■**高さ** altitude, elevation of a given point

(1) 図形において，基準となる線からの距離を表す部分，もしくはその線分の長さ．
→ 帯，角錐，角柱，球面弓形，3角形，錐，台形，長方形，平行4辺形，平行6面体，放物線弓形

(2) ある面からの距離（普通上向きの）．特に指示がなければ，海面よりの高さ．

■**ダグラス,ジェシー** Douglas, Jesse (1897—1965)
アメリカの解析学者.1931年に,T.ラドとほぼ同時にプラトー問題を解いたことによって,1936年にフィールズ賞を受賞した.

■**多元環(体上の)** algebra over a field
→ 体上の多元環

■**多元体** division algebra
→ 体上の多元環

■**蛇行曲線** serpentine curve
方程式 $x^2y+b^2y-a^2x=0$ で定義される曲線.この曲線は原点を通り,原点について対称で x 軸を漸近線にもつ.

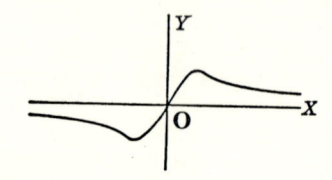

■**多項式** polynomial
1変数 n 次多項式(通常,単に**多項式**という)とは $a_0x^n+a_1x^{n-1}+\cdots+a_{n-1}x+a_n$ の形の代数的表現(詳しくは整有理的代数表現)である.ここで,$a_i(i=0,1,\cdots,n)$ は複素数(実数でも虚数でもよい)で,n は非負整数である.定数は次数0の多項式である.ただし,定数0の次数は定義しない(しいて定義すれば $-\infty$ である).次数が1,2,3,4であるのに応じて,多項式を1次式,2次式,3次式,4次式などという.**多変数多項式**は,定数といくつかの変数の累乗の積を項とする和の表現である.係数がすべて整数,有理数,実数である多項式を,それぞれ**整数上,有理数上,実数上の多項式**という.853 の**多項式形式**または**展開形式**は $8\cdot10^2+5\cdot10+3\cdot1$ である.→ 既約多項式

■**多項式関数** polynomial function
多項式の独立変数に値を代入することでその値が計算できる関数.整式関数とよぶほうがふさわしい.

■**多項式ゲーム** polynomial game
利得関数が $M(x,y)=\sum_{i,j=0}^{m,n}a_{ij}x^iy^j$ という形をした,連続零和2人ゲーム(純戦略集合は閉区間 $[0,1]$).→ 分離的ゲーム

■**多項式の因数** factor of a polynomial
多項式 p, p_1 に対し,$p=p_1p_2$ となる多項式 p_2 が存在するとき,p_1 は p の**因数**であるという.この定義においては,p_1, p_2 は定数であってもよいが,p を0でない多項式とするとき,p が**因数分解可能**であるとは,
$$p=p_1p_2 \quad (p_1, p_2 \text{は定数でない多項式})$$
とかくことができることをいう [→ 因数分解可能].

■**多項式の解と係数の関係** relation between the roots and coefficients of a polynomial equation
→ 方程式の解

■**多項式の次数** degree of a polynomial (equation)
多項式の最高次の項の次数のこと.代数方程式 $p(x)=0$ の次数は,それを表す多項式 $p(x)$ の次数である.1変数の場合の項の次数は,変数の指数である.多変数の場合の項の次数は,その項の各変数の指数の和である(ある変数についての指数とすることもある).例えば,$3x^4$ の次数は4であり,$7x^2yz^3$ の次数は6であるが,x に関しては2次である.方程式 $3x^4+7x^2yz^3=0$ の次数は6であり,x に関しては4次であり,y に関しては1次であり,z に関しては3次である.

■**多項式の昇ベキ順** ascending powers of a variable in a polynomial
例えば
$$a+bx+cx^2+dx^3+\cdots$$
という多項式のように,変数のベキを左から右に上昇する順に並べること.

■**多項式の乗法** multiplication of polynomials
→ 分配則(算術と代数における)

■**多項式の符号変化**　variation of sign in a polynomial

高次の項から順に並べられた多項式の隣り合う2項の係数の符号変化数．多項式 $x-2$ の符号変化の数は1であるが，多項式 x^3-x^2+2x-1 は3である．→ デカルトの符号法則

■**多項式の法 p による除法**　division modulo p

多項式 f の，d による除法を行った結果 $f(x)=q(x)d(x)+r(x)$ において，現れる各多項式の各係数を p の整数倍によって増減したとき，これを多項式の**法 p による除法**といい，$f(x) \equiv q(x)d(x)+r(x) \pmod{p}$ と記す．この定義は，各係数が整数の場合に適用され，各係数は通常 $0, 1, 2, \cdots, p-1$ がとられる．また2つの整数はその2数の差が p の整数倍になっているとき，等しいまたは同値であるとする．

■**多項式方程式**　polynomial equation
→ 代数方程式

■**多項定理**　multinomial theorem

2つ以上の項の和のベキを展開するための公式

$$(x_1+x_2+\cdots+x_m)^n = \sum \frac{n!}{a_1!a_2!\cdots a_m!} x_1^{a_1} x_2^{a_2} \cdots x_m^{a_m}$$

ただし，右辺は，$0, 1, 2, \cdots, n$ から重複を許して選んだ m 個の整数 $\{a_1, a_2, \cdots, a_m\}$ で $a_1+a_2+\cdots+a_m=n$ となるもの全体にわたる和，また，$0!=1$ である．**2項定理**は，この特別な場合である．

■**多項分布**　multinomial distribution

ある試行が k 個の可能な結果を，それぞれ，確率 $p_1, p_2, \cdots, p_k$ で実現するものとし，この試行を n 回独立に行う．X を確率ベクトル $(X_1, X_2, \cdots, X_k)$ とする．ただし，X_i は i 番目の結果が実現する回数である．このとき，X は**多項確率ベクトル**であり，**多項分布**に従う．X の値域は，$n_1+n_2+\cdots n_k=n$ をみたす k 個の非負整数の組 $(n_1, n_2, \cdots, n_k)$ 全体の集合である．X の平均は，ベクトル $(np_1, np_2, \cdots, np_k)$ であり，その確率分布は，

$$P(n_1, n_2, \cdots, n_k) = \frac{n!}{n_1!n_2!\cdots n_k!} p_1^{n_1} p_2^{n_2} \cdots p_k^{n_k}$$

を満足する．→ 多項定理，超幾何分布，2項分布

■**多重アドレス系**　multiaddress system

計算機の構成の1つの方式．1つの命令が複数個のアドレス，記憶領域あるいはコマンドに関連しうるもの．→ 単一アドレス系

■**多重回帰関数**　multiple regression function
→ 回帰関数

■**多重積分**　multiple integral
→ 重積分

■**多重接線**　multiple tangent
→ 多重点

■**多重線型関数**　multilinear function

ベクトル $v_1, v_2, \cdots, v_n$ の関数で，各ベクトル v_i に関して，その他のベクトル v_j $(j \neq i)$ を固定したとき，線型であるもの．→ 交代式，線型変換

■**多重線型形式**　multilinear form
→ 形式

■**多重点**　multiple (n-tuple) point

曲線上の点 P で，ちょうど n 本の弧の内点になっており，その弧の任意の2本が P のみで交わっているもの．代数曲線上の n 重点における接線の方程式は，その多重点を原点とする直交座標系を用いれば，その曲線の方程式の中の最小次数の項を0とおくことで決定できる（このとき，その項の次数が n である）．多重点 P を通る k 本の弧がすべて同じ接線をもつならば，その曲線は P で**多重（k 重）接線**をもつという．$n=2$ のとき，その多重点を**2重点**という．代数曲線上の2重点における接線の方程式は，その2重点を原点とする直交座標系を用いたとき，その2次の項を0とおくことで決定できる．この場合には1次の項と定数項とは0である．この2次式は完全平方式になることもあり，その場合はその点で**2重接線**をもつ．

■**多重辺**　multiple edge
→ グラフ理論

■**多重連結集合** multiply connected set
→ 単連結集合

■**たたみ込み級数** telescopic series
$$\frac{1}{k(k+1)} + \frac{1}{(k+1)(k+2)} + \cdots$$
$$+ \frac{1}{(k+n-1)(k+n)} + \cdots \quad (k \text{ は非負整数})$$
の形の級数は次の形に"たたみ込む"ことができる.
$$\left[\frac{1}{k} - \frac{1}{k+1}\right] + \left[\frac{1}{k+1} - \frac{1}{k+2}\right] + \cdots$$
$$+ \left[\frac{1}{k+n-1} - \frac{1}{k+n}\right] + \cdots$$
この級数の和は $\frac{1}{k}$ である.

■**縦座標** ordinate
直交座標系による平面上の点の座標（成分）の一方で，その点を通る縦軸（y 軸）に平行な直線に沿って測った，**横軸**（x 軸）からその点までの距離を示す. → 直角座標

■**縦幅** rise between two points
2点間における上下の差. → 横幅

■**W曲面** W-surface
＝ワインガルテン曲面. → ワインガルテン曲面

■**多弁形** multifoil
合同な円弧からなる平面図形の1種. 正多角形のまわりに，円弧を，できあがった図形が多角形の中心に関して対称となるように，そして円弧の各端点が正多角形の辺上にくるように配置したもの. このよび名は，しばしば，正多角形が6つ以上の辺をもつ場合に限って用いられる. 正多角形が，3角形，4角形，5角形の場合，それぞれ，3弁形，4弁形（図），5弁形とよばれる.

■**多変数同次式** quantic
2変数以上の有理同次関数または2変数以上の同次代数多項式. 次数により，2次，3次，4次などに分類される. また変数の個数により，2元，3元，4元などに分類される.

■**多変量** multivariate
1つより多い変量を含む.

■**多変量分布** multivariate distribution
→ 分布関数

■**多面角** polyhedral angle
1つの共有点をもつ多面体の側面（図における A-BCDEF）により形成される配列，すなわち，1点とその点を含まない平面上のある多角形によって決定される諸平面間の位置関係. 平面（ABC など）は角の**面**である．（上記の）平面間の交線は多面角の**辺**である．すべての辺をなす直線の交点（A）は**頂点**である．2つの隣り合った辺のなす角（BAC, CAD など）は**面角**とよばれる．多面角の断面は，その頂点（A）を含まない平面で，角をなすすべての辺を切断することにより形成される多角形である.

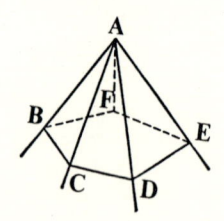

■**多面体** polyhedron [*pl.* polyhedrons, polyhedra]
平面多角形で囲まれた立体図形．その多面体を囲む多角形を**面**といい，面と面の共通部分が**辺**である．また，3個以上の辺が交わっている点が**頂点**である．4個の面をもつ多面体を4面体，面が5個のものを5面体，面が6個のものを6面体，面が7個のものを7面体，面が8個のものを8面体，面が12個のものを12面体，面が20個のものを20面体という．**凸多面体**は，その全体が各面を含む平面の片側に位置しているような多面体である．すなわち，任意の平面による断面が凸多角形である多面体が，凸多面体である．凸でない多面体が**凹多面体**である．凹多面体に対して，その少なくとも1つの面を含む

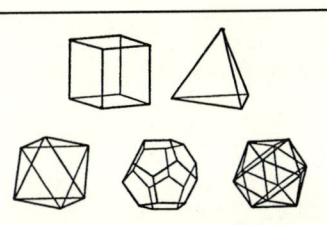

平面で，そのどちらの側にも多面体の一部があるようなものが存在する．**単純多面体**は球面と位相同型な多面体で，いわば"穴"があいていない多面体である[→アルキメデスの立体]．**正多面体**はその面がすべて合同な正多角形で，その多面体角がすべて等しい多面体である．正多面体は正4面体，正6面体（立方体），正8面体，正12面体，正20面体の5つしか存在しない．これらは図に示されている．正多面体が5つしか存在しないことはオイラーの定理を用いれば簡単に示される．その定理は，どんな単純多面体に対しても $V-E+F=2$ が成立するというものである．ただし V, E, F はそれぞれ頂点，辺，面の個数である．より一般的に，単体の複体の単体に属する点で構成されている集合と位相同型なものを，多面体とよぶこともある[→デルタ多面体]．

■**多面体領域** polyhedral region
多面体の内部，またはそれと多面体のすべてもしくは一部を併せた領域．その領域は多面体の部分をすべて含むか，すべて含まないかに応じて，閉集合または開集合となる．→領域

■**多様体** manifold
一般に，多様体という言葉はさまざまな対象の集合を意味しうる．例えば，リーマン空間はリーマン多様体ともよばれ，ベクトル空間の部分集合でそれに属する元の線型結合をすべて含むものは，**線型集合**または**線型多様体**とよばれる．しかしながら，多くの場合，多様体は，以下の定義に示されるような単なる集合にとどまらない特別の意味をもつ．n 次元位相多様体とは，位相空間でその各点が n 次元ユークリッド空間の球の内部と同相な近傍をもつものである．この性質を**局所ユークリッド空間**であるという．n 次元位相多様体 M が C^r 級可微分である（または C^r 級可微分構造をもつ）とは，M が n 次元ユークリッド空間内の球の内部と同相な近傍からなる近傍系によって被われ，M のどの

点もこれらの近傍の有限個にしか含まれず，さらに x が2つの近傍 U と V に含まれるとき，$2n$ 個の関数 $u_k=u_k(v_1, v_2, \cdots, v_n)$, $v_k=v_k(u_1, u_2, \cdots, u_n)$ $(k=1, 2, \cdots, n)$ が連続な r 階の偏導関数をもつことである．ただし，$(u_1, \cdots, u_n)$ と $(v_1, \cdots, v_n)$ は U と V の共通部分に含まれる同一の点に与えられる座標である．コンパクト C^1 級可微分多様体は，**多面体**（すなわち，1つの単体複体の単体の点集合としての和集合）である．**多様体**は，位相多様体かつ多面体として定義されることもある．この型の連結多様体は，次の意味でやはり1つの**多様体**（**擬多様体**ともよばれる）である．すなわち，それは n 次元単体複体（$n \geq 1$）であって，(1) 各 k 単体（$k<n$）は少なくとも1つの n 単体の面をなし，(2) 各 $(n-1)$ 単体はちょうど2個の n 単体の面をなす，さらに，(3) 任意の2個の n 単体は，n 単体と $(n-1)$ 単体の交互の列（各 $(n-1)$ 単体が両隣りの n 単体の面になっているような）によって連結されうる．この種の多様体が，**向きづけ可能**であるとは，その n 単体がすべて同じ向きに（同調した向きに）**向きづけできる**とき，すなわち，どの $(n-1)$ 単体もそれが面をなす両側の n 単体のどちらについても同じ向きに向きづけられることがないように，向きづけができることをいう[→単体]．そうでないとき，**向きづけ不可能**という．位相空間は，多様体と同相なときやはり多様体とよばれる．それは，同相な多様体が向きづけ可能か不可能かに従って，向きづけ可能または不可能である．1次元多様体は単一閉曲線である．2次元多様体は閉曲面とよばれる．閉曲面はある種の位相不変量によって分類される[→曲面]．3次元多様体については，このような分類は知られていない．

■**ダランベール，ジャン・ル・ロン** D'Alembert, Jean Le Rond（1717−1783）
フランスの数学者，哲学者，物理学者．百科全書派の有力者．

■**ダランベールによる無限級数の収束発散の判定法** D'Alembert's test for convergence (divergence) of an infinite series
＝一般化された比判定法．→比判定法

■**タルスキ，アルフレッド** Tarski, Alfred（1902−1983）
ポーランド生まれで，米国に亡命した代数学

■**タルタリア, ニッコロ** Tartaglia, Niccolò (本名 Niccolò Fontana) (1500 頃—1557)
　イタリアの言語学者, 数学者, 物理学者. 1541 年頃に, 彼は, 1 変数の標準 3 次方程式の解法を発見した. おそらく, 3 次方程式 $x^3+mx=n$ (m, n は正数) のフェロによる秘密の解法からヒントを得たものであろう. → カルダノ解法 (3 次方程式の), フェロ

■**ダルブー, ジャン・ガストン** Darboux, Jean Gaston (1842—1917)
　フランスの微分幾何, 解析学者.

■**ダルブーの1価性定理** Darboux's monodromy theorem
　次の定理のことである. 単純閉曲線 C を境界とする有界領域 D における, 複素変数 z の解析関数 f が, 閉領域 $D+C$ において連続であり, さらに f が C 上で1価関数であるならば, D においても1価関数である. → 1価性定理

■**ダルブーの定理** Darboux's theorem
　f が閉区間 $[a, b]$ において有界であり, $M_1, M_2, \cdots, M_n$ および $m_1, m_2, \cdots, m_n$ をそれぞれ区間 $[a, x_1]$, $[x_1, x_2]$, $\cdots$, $[x_{n-1}, b]$ 上の f の値の上限, 下限とし, δ をこの部分区間の最大幅とする. このとき,
$$\lim_{\delta \to 0}[M_1(x_1-a)+M_2(x_2-x_1)+\cdots+M_n(b-x_{n-1})]$$
および
$$\lim_{\delta \to 0}[m_1(x_1-a)+m_2(x_2-x_1)+\cdots+m_n(b-x_{n-1})]$$
は, 両方とも存在する. ここで, 前者を f の**ダルブーの上積分**といい,
$$\overline{\int_a^b} f(x) dx$$
と表し, 後者を f の**ダルブーの下積分**といい,
$$\underline{\int_a^b} f(x) dx$$
と表す. f がリーマン積分可能であるための必要十分条件は, この2つの積分が一致することである. → 定積分

■**単圧縮** simple compressions, one-dimensional compressions
　1次元ひずみと同じ. → ひずみ

■**単位** unit
　(1) メートル, キログラム, 秒, 円のような, 何かの量を測る基準.
　(2) 計測・計算の基礎として使われる1つの数. **単位（実）数**は1, **単位複素数**は, 絶対値1の複素数 (すなわち, $\cos\theta+i\sin\theta$ の形の複素数), **単位虚数 (虚数単位)** は数 i. **単位ベクトル**は長さ1のベクトルを意味する.

■**単位円・単位球** unit circle and unit sphere
　半径が1単位の長さの円 (球). 通常, 座標の原点を中心とし, 半径1の円 (球) を**単位円 (単位球)** という.

■**単位行列** identity matrix, unit matrix
　→ 行列

■**単位元** identity element, unit element
　集合 S 上で2項演算 $x \circ y$ が定義されているとき, S の任意の要素 x に対して $x \circ e = e \circ x = x$ をみたす S の要素 e を**単位元**とよぶ. S の任意の要素 x に対して $x \circ e = x$ をみたす S の要素 e を**右単位元**, $e \circ x = x$ をみたす S の要素 e を**左単位元**とよぶ. 例えば, 数の加法において, すべての x に対して $x+0=0+x=x$ が成り立つから, 0 は**加法における単位元**である. また, 数の乗法において, すべての x に対して $x \cdot 1 = 1 \cdot x = x$ が成り立つから, 1 は**乗法における単位元**である. S を集合 T の部分集合全体からなる集合とするとき, T のすべての部分集合 A に対して $A \cup \phi = \phi \cup A = A$, $A \cap T = T \cap A = A$ が成り立つから, **結びに対する単位元**は ϕ, **交わりに対する単位元**は T である. → 擬群, 群, 逆元

■**単位ごとの分析法** unitary analysis
　単位ごとに問題を分析する方法. 例えば, $2\frac{1}{2}$ トンが 2500 円である干し草 7 トンの値段を求める問題を考えよう. 分析: $2\frac{1}{2}$ トンが 2500 円なので, 1 トンは 1000 円である. よって, 7 トンの値段は 7000 円である.

■単位質量　unit mass
　質量の標準単位，またはこの単位に，便宜的に選ばれた定数をかけたもの．いくつかのこの種の標準単位がある．CGS単位系において，1グラム-質量は，フランスのセブルにある度量衡局に保管されている白金とイリジウムの合金の塊の質量の1000分の1である．MKS単位系およびSI単位系ではキログラムが単位質量である．イギリスで採用されている系に対応する単位は，質量の標準ポンドであり，それは白金の合金の塊としてロンドンの標準局に保管されている．

■単位正方形・単位立方体　unit square and unit cube
　各辺の長さが単位の長さに等しい正方形（立方体）．

■単位ダイアディック　idemfactor
　ダイアド（ギブス積）$ii+jj+kk$を単位ダイアディックとよぶ．任意のベクトルに対してどちらの順序で内積をとっても，そのベクトルは不変であることからこうよばれる．→ ディアッド

■単位多項式　monic polynomial
　整数を係数とする多項式で，最高次の項の係数が1であるもの．＝モニック多項式．

■単一アドレス系　single-address system
　計算機を使って答えを出すようにプログラムをつくるとき，それぞれの命令語が特定の番地もしくは記憶装置にある1つの変数だけに何をするのかを指示できるように制約されている方式．→ 多重アドレス系

■単一積分　simple integral
　重積分，累次積分と区別するために用いられる用語で，1回の積分のこと．

■単位半群　monoid
　単位元をもつ半群．＝モノイド．

■単位複素数　unit complex number
　絶対値が1の複素数，すなわち$\cos\theta+i\sin\theta$という形の複素数．単位複素数は単位円周上の点として表される．単位複素数の積，商はまた単位複素数である．

■単位分数　unit fraction
　→ 分数

■単位立方体　unit cube
　→ 単位正方形・単位立方体

■単因子（行列の）　elementary divisor of a matrix
　→ 行列の単因子

■単根　simple root
　2度以上現れない方程式の根．$f(x)$を多項式またはベキ級数とするとき，方程式$f(x)=0$の単解がrであるのは，$f(x)$が1次式$x-r$でわり切れ，$(x-r)^h$ $(h\geqq 2)$でわり切れないとき（あるいは$f'(r)\neq 0$のとき）である．＝単純解，単根．→ 方程式の重解

■単項イデアル　principle ideal
　→ イデアル，主イデアル環

■単項因子　monomial factor
　1つの式の各項をわり切る単項式．$3x$は$6x+9xy+3x^2$の単項因子である．

■単項演算　unary operation
　集合S上の1項演算とは，定義域がSで，値域がSに含まれる関数である．→ 演算，2項演算

■単項式　monomial
　数と変数の積であるただ1つの項からなる式．

■タンジェント　tangent
　＝正接．→ 三角関数

■短軸（楕円の）　minor axis of an ellipse
　→ 楕円

■単射　injection
　集合Aから集合Bへの**単射**とは定義域にAをもち，値域がBに含まれる1対1写像のことである．→ 全単射，全射

■単集合　singleton
　ただ1つの元からなる集合．

■**単純化**　simplification
式や命題を簡単な形ないしは取り扱いやすい形に還元する操作．**簡約**ともいう．
式，量，方程式の単純化された形とは，次のように解釈できる．
(1) 最も短い，最も複雑性が少ない形，あるいは，
(2) 何らかの結果を求める次の操作に最も適した形．

これは数学で正式に使われる術語中，最も不確かな用語の1つである．その意味はそれを表す表現や記法だけでなく操作にも依存する．例えば $x^4+2x^2+1-x^2$ を因数分解するのであれば，同類項 x^2 を一つにまとめるのはせっかくの因子を隠してしまう意味で愚かである．通常，**根**が単純化された形であるというのは，根号の中に分数がなく，また根号の中にその指数乗根に対してくくり出すことができる因数がないことである．例えば $\sqrt{2}$ や $2\sqrt{3}$ は単純化された形であるが，$\sqrt{\frac{2}{3}}$ や $\sqrt{12}$ はそうではない．分子と分母が有理数である分数が単純化された形というのは，通常分子と分母が ±1 以外に公約数をもたない整数で表現されたときである．

■**単純拡大(体の)**　simple extention of a field
→ 体の拡大

■**単純仮説**　simple hypothesis
《統計》分布を確定的に述べる仮説．例えば，"X は平均値 0，分散 1 の正規分布に従う"という仮説は単純仮説である．

■**単純環**　simple ring
→ 環

■**単純曲線**　simple curve
→ 曲線

■**単純群**　simple group
単位元だけからなる部分群と群全体以外に**正規部分群**を含まない群．単純でない群を**合成群**という．巡回群で単純群であるのは，素数位数の巡回群に限る．次数5以上の交代群は単純群である．すべての非可換な単純群は位数が偶数である[→ トンプソン]．現在ではすべての有限単純群の分類が完成して，具体的に記述できる

(ただしそれは容易ではない)．

■**単純弧**　simple arc
閉区間 $[0,1]$ から平面への1対1連続関数（逆関数も連続とする）の像となっている点の集合 [→ 位相写像]．少なくとも2点以上からなる連続曲線において，連結性をこわさずに除去できる点がたかだか1個であるものは，単純弧である．→ 単純閉曲線

■**単純事象**　simple event
→ 事象

■**単純4辺形**　simple quadrilateral
平面上の順番をつけた4直線と，それらのうち順番の隣り合う2直線の交点である4点からなる図形．**完全**4辺形と区別して使われる．

■**単純順序集合**　simply ordered set
→ 順序集合

■**単純伸長・単純圧縮**　simple elongations and compressions
=1次元のひずみ．→ ひずみ

■**単純剪断変換**　simple shear transformation
平面あるいは空間における，ずれ運動を表す変換で，1つの座標軸または1つの座標平面上の各点は，すべて自分自身に対応するような変換．平面においては $x'=x$, $y'=lx+y$ または $x'=ly+x$, $y'=y$ で表される．

■**単純尖点**　simple cusp
→ 尖点

■**単純多元環**　simple algebra
→ 体上の多元環

■**単純多面体**　simple polyhedron
→ 多面体

■**単純点**　simple point
=通常点．→ 通常点

■**単純閉曲線**　simple closed curve
円周，楕円，4角形の周などのように閉じた曲線でしかもそれ自身交わらない曲線．円周の1

■**単純変形** simple strains
　単純伸張，単純圧縮，単純剪断などの一般名．

■**単純6角形** simple hexagon
　どのような3点も同一直線上にないような6点を連続的に結ぶことによって決定される6つの辺からなる6角形のこと．

■**短除** short division
　(1) 暗算で行うことができる（できない）計算を短除（長除）という．短除と長除は，通常問題の複雑さによって区別される．わり算の過程を書く必要があるとき**長除**，そうでないとき**短除**という．
　(2) 除数が1桁である（1桁より大きい）除算を**短除（長除）**という．**代数**においては，除数が1つの項（2つ以上の項）よりなるとき短除（長除）という．

■**単振子** simple pendulum
　重さのない棒または弦でつり下げられた質点．重さの無視できる弦でつり下げられた物体で，その重心に集中して存在しているものとして扱われるもの．単振子の周期は次式で与えられる．
$$4\sqrt{\frac{L}{g}}\int_0^{\frac{\pi}{2}}[1-k^2\sin^2 t]^{-\frac{1}{2}}dt$$
$$=2\pi\sqrt{\frac{L}{g}}\Big[1+\Big(\frac{1}{2}\Big)^2 k^2$$
$$+\Big(\frac{1\cdot 3}{2\cdot 4}\Big)^2 k^4+\Big(\frac{1\cdot 3\cdot 5}{2\cdot 4\cdot 6}\Big)^2 k^6+\cdots\Big]$$
ここで，Lは振り子の長さであり，振り子と鉛直方向とのなす角の最大値をθとすると，$k=\sin\frac{1}{2}\theta$である．→ **重力加速度**

■**単振動** simple harmonic motion
　円周上を等速度でまわる点の，ある固定された直径上への射影がなす動きのような運動のこと．直線上を，質点が，ある固定された点Oからの距離に比例しOに向かう力を受けて，動くときの運動といってもよい．いま，Oを原点として，質点の座標がxのときの加速度が$-k^2 x$で与えられるとすれば（kは定数），運動方程式は
$$\frac{d^2x}{dt^2}=-k^2 x$$
となり，その一般解は$x=a\cos(kt+\phi)$で与えられる．このとき，質点は，原点から距離aにある2点の間を往復（振動）しており，完全に往復するのに$2\pi/k$だけの時間がかかる．aを**振幅**，$2\pi/k$を**周期**という．また，角$\phi+kt$を時刻tにおける**位相**（phase）といい，特にϕのことを**初期位相**という．単振動のかわりに**単調和振動**ということもある．

■**弾性** elasticity
　(1)《経済》1つの変数の変化率と他の変数の変化率との比．XがYの関数，すなわち$X=f(Y)$とする．XのYに関する**点弾性**とは
$$\frac{f'(Y)\cdot Y}{f(Y)}=\frac{\partial X}{\partial Y}\cdot\frac{Y}{X}$$
である．XのYに関する2つの値Y_1, Y_2間の**弦弾性**とは
$$\frac{f(Y_1)-f(Y_2)}{[f(Y_1)+f(Y_2)]/2}\Big/\frac{Y_1-Y_2}{(Y_1+Y_2)/2}$$
である．
　(2) 物体を変形するために与えられていた力が除かれたとき，その物体の体積と形状をもとに戻そうとする性質．
　(3) 弾性体のふるまいを研究する数学の理論．弾性物質にある力または変形を与えたとき，応力とひずみを解析することを扱う．微小変形の弾性理論は**線型理論**である．**弾性の第1基本問題**は，物体の表面を一定の方法で変形するとき，物体の内部に生ずる応力と変形の状態を決定することである．弾性の**第2基本問題**は，物体の表面がある定まった分布をもつ外力を受けたとき，物体の内部に生ずる応力と変形の状態を決定することである．

■**弾性体** elastic bodies
　物体を変形させるために与えられていた力が除去されたとき，体積と形状がもとに回復するような性質をもつ物体．

■**弾性定数** elastic constants
　→ **一般化されたフックの法則**，**ポアソン比**，**ヤング率**，**ラメの定数**

■**単生的解析関数** monogenic analytic function

与えられた関数要素 f_0 の解析接続を
$$f(z) = \sum a_n(z-z_0)^n$$
とするとき，対 $z_0, f(z)$ の全体を，**単生的関数**という．関数 f_0 を単生的解析関数の**原始要素**，z_0 のなすリーマン面を単生的解析関数の**存在領域**，そして存在領域の境界をその**自然境界**という．例えば，単位円 $|z|=1$ は，関数
$$f(z) = \sum_{n=1}^{\infty} z^{n!}$$
の自然境界である．**単生的関数**ともよぶ．単生的という語は，関数要素によって，一意的に大域的な解析関数が定まることを強調するための用語である．→ 解析接続

■**弾性のヤング率** Young's modulus of elasticity

弾性体の伸び，または縮みの尺度．ひずみと応力の割合．→ ヤング率

■**単側曲面** one-sided surface, unilateral surface

表裏両面をもたず，片面のみよりなる曲面．すなわち，その面のどこに2点をとっても，辺を越すことなしに，連結することができる [→ クラインの壺，2重極小曲面，メビウスの帯]．

数学的な定義は，曲面が**向きづけ不可能**なとき，単側曲面という．向きづけ不可能であるための必要十分条件は，メビウスの帯（と同型な部分）を含むことである [→ 曲面]．

■**単体** simplex

n **次元単体**（または簡単に n **単体**）とは，n より大きい次元のユークリッド空間の $n+1$ 個の1次独立な点 $p_0, p_1, \cdots, p_n$ と，$x = \lambda_0 p_0 + \lambda_1 p_1 + \cdots + \lambda_n p_n$ で表されるすべての点からなる集合のことをいう．ただし，$\lambda_0 + \lambda_1 + \cdots + \lambda_n = 1$ かつ各 i に対して $\lambda_i \geq 0$ [→ 重心座標]．n 単体は**閉単体**ともよばれる，これに対して各 $\lambda_i > 0$ である n 単体は，**開単体**とよばれる．閉単体または開単体の定義における $p_0, p_1, \cdots, p_n$ は1次独立であるという条件を，1次従属である（あるいは $p_0, p_1, \cdots, p_n$ のうちの2点以上が1直線上にある）に変えたとき，そのような点の集合は**退化単体**とよばれる．点 $p_0, p_1, \cdots, p_n$ はそれぞれ単体の頂点とよばれ，これらのうちの $r+1$ 個の点からなる任意の単体は，もとの単体の **r 次元の面**または **r 面**とよばれる．n 単体自身 n 面であるが，n より小さい次元の面は**真の面**とよばれる．0次元の単体はただ1点からなる．1次元の単体は，2つの頂点をもち，この2頂点を結ぶ（直）線分（この2頂点だけが真の面）である．2次元の単体は，3つの頂点をもち，内部も含めた3角形であるその1次元の面は3角形の辺で，0次元の面は3角形の頂点である．3次元の単体は，4つの頂点をもち，内部も含めた4面体（その2次元の面は3角形）である．単体の頂点全体の集合は**骨格**とよばれる．$n+1$ 個の頂点からなる単体は**抽象 n 単体**とよばれる [→ 単体的複体]．ある単体に同相である任意の位相空間を，**位相的単体**という．単体の頂点がある順序で順序づけできるとき，**向きのある単体**とよばれる．$(p_0 p_1 \cdots p_n)$ が $p_0, p_1, \cdots, p_n$ を頂点とするある単体の向きとするとき，頂点全体の上の偶置換を $(p_0 p_1 \cdots p_n)$ にほどこして得られる向きはすべて $(p_0 p_1 \cdots p_n)$ と同じとみなし，奇置換を $(p_0 p_1 \cdots p_n)$ にほどこして得られる向きは $(p_0 p_1 \cdots p_n)$ と逆向きであるとみなす．例えば，p_0, p_1 を頂点とする1単体は $(p_0 p_1), (p_1 p_0)$ の2つの向きをもつ．2単体すなわち3角形は，3角形の頂点の右まわりと左まわりに対応する2つの向きをもつ．$(p_0 p_1 \cdots p_n)$ を n 単体の向きとするとき，この n 単体と，頂点 p_i を除去してできる $(n-1)$ 単体とが**同調した向き**であるとは，この $(n-1)$ 単体の向きが $(-1)^i (p_0 \cdots p_{i-1} \cdots p_n)$ であることをいう．例えば，頂点が A, B, C の3角形の向きを (ABC) とするとき，各辺の向きが (AB), (BC), −(AC) = (CA) であれば，この3角形の辺は同調した向きをもつ．

■**単体写像** simplicial mapping

単体的複体 K_1 から単体的複体 K_2 への写像で，K_1 の単体を K_2 の単体へ写すもの．単体的複体 K_1 から単体的複体 K_2 への1対1, 上への単体写像が存在するとき，K_1 と K_2 は**同型**または**組合せ的同値**であるという．

■**単体的複体** simplicial complex

有限個の単体（必ずしもすべてが同一次元である必要はない）の集合が，その中の任意の2つの単体は共通部分をもたないか，あるいはそれぞれの面を共有しているとき，単体的複体とよばれる．ときにこの定義は，例えば各単体が向きをもつというように修正される．単体的複体は単に**複体**とよばれることもある．しかし複体

は少し制限をゆるめて定義されることもある．例えば，複体は単体の可算個の集合で，その中のどの2つの単体の共通部分もそれぞれの面であるかあるいは空で，さらに各単体の頂点は有限個の単体にしか含まれないものとして定義される．単体的複体を構成する単体の最大次元をその単体的複体の**次元**とよぶ．単体的複体 K を構成する単体で，K の次元より低い次元をもつもの全体は K の**骨格**（スケルトン）とよばれる．**抽象単体**を以下のように定義する．まず1点からなる集合は抽象単体である．抽象単体のそれぞれの部分集合（面とよばれる）はまた抽象単体である．K の空でない部分集合のある族があって，そのそれぞれの部分集合が抽象単体であるとき，有限個の要素 $c_0, c_1, \cdots, c_n$ からなる族は**抽象複体**とよばれる．またこのとき $c_0, c_1, \cdots, c_n$ はその頂点とよばれ，K を構成する抽象単体は骨格ともよばれる．$r+1$ 個の要素からなる**抽象単体の次元**は r であり，**抽象複体の次元**はそれを構成する単体の最大次元と定義する．n 次元抽象複体は常に $(2n+1)$ 次元ユークリッド空間内の単体的複体で表現可能である．単体的複体はときに**幾何複体**（あるいは単に**複体**）または3角形分割とよばれる．単体的複体に含まれる点の集合は**多面体**とよばれる．単体的複体に含まれる点の集合と同相な位相空間は**3角形分割可能**であるという．3角形分割可能な位相空間はときに多面体あるいは**位相単体的複体**とよばれる．K とその同相写像をあわせたものがその多面体の3角形分割である．それを構成するそれぞれの単体が向きづけられているとき，単体的複体は**向きづけられている**という．
→ 曲面，3角形分割，単体，単体の鎖，多様体

■**単体の鎖** chain of simplexes

G を可換群とし，群の算法を加法で表すとする．$S_1^r, S_2^r, \cdots, S_n^r$ を**単体的複体** K の向きづけされた r 次元単体とする．このとき表現
$$x = g_1 S_1^r + g_2 S_2^r + \cdots + g_n S_n^r$$
を r **次元の鎖**，r **鎖**という．ここで $*S^r$ を S^r の向きづけを変えたものとしたとき，$g(*S^r) = (-g)S^r$ が G の任意の g に対して成立すると仮定する．2つの鎖を自然な算法，すなわち各有向単体の係数を加えるという算法の下で加えることにすると，すべての r 鎖のなす集合は群になる．群 G は通常，整数の群 I もしくは n を法とする整数の有限群 I_n の1つをとる．後者で特に，2を法とする群 I_2 は有用である．G が上述の群の中の1つであるとき，r **単体** S^r の境界は次の $(r-1)$ 鎖で定義される．
$$\Delta(S^r) = \varepsilon_0 B_0^{r-1} + \varepsilon_1 B_1^{r-1} + \cdots + \varepsilon_n B_n^{r-1}$$
ここで，$B_0^{r-1}, \cdots, B_n^{r-1}$ は S^r のすべての $(r-1)$ 次元面の集合，ε_k は S^r と B_k^{r-1} が同調的に向きづけられたか否かにより $+1$ かまたは -1 の値をとる．$r=0$ ならば，境界 ΔS^0 は 0 と定義する．これを**境界作用素**という．鎖 x の境界を
$$\Delta(x) = g_1 \Delta S_1^r + g_2 \Delta S_2^r + \cdots + g_n \Delta S_n^r$$
と定義する．よって境界の境界は 0 である．すなわち，任意の鎖 x に対して $\Delta(\Delta x) = 0$．境界が 0 である鎖を**輪体**（サイクル）とよぶ．任意の境界は輪体である．例えば，"辺"の鎖 $S_1^1, S_2^1, \cdots, S_n^1$ はそれらが閉有向道となるようにつなげうるとき輪体になっている．→ ホモロジー群

■**単体法** simplex method

線型計画法の問題を解くために，**可能基底解**が存在すればそれを逐次的に求め，かつそれらの最適性を検定する標準的な有限逐次アルゴリズム．→ 線型計画法

■**単調** monotone
→ 単調増加

■**単調関数** monotonic functions
単調増加または単調減少である関数のこと．
→ 単調増加

■**単調減少** monotonic (monotone) decreasing
→ 単調増加

■**単調集合族** monotonic (monotone) system of sets
→ 単調増加

■**単調収束定理** monotone convergence theorem

m を集合 T の部分集合のなす σ 加法族上の可算加法的測度，$\{S_n\}$ を非負可測関数の単調増加列（すなわち，T のすべての点 x で $S_n(x) \leq S_{n+1}(x)$ $(n=1, 2, \cdots)$）とする．もし T のほとんどすべての点 x で，$\lim_{n \to \infty} S_n(x) = S(x)$ となる可測関数 $S(x)$ が存在するならば，
$$\int_T S\,dm = \lim_{n \to \infty} \int_T S_n\,dm$$

ただし，左辺が$+\infty$となるのは右辺が$+\infty$となるときであり，しかもそのときに限る．→ 無限級数の積分，有界収束定理，ルベーグの収束定理

■**単調数列**　monotonic (monotone) sequence
　→ 単調増加

■**単調増加**　monotonic (monotone) increasing
　単調増加な量とは，決して減少しない量のことである（量とは，関数値や数列などのことで，それらが増加するか同じ値にとどまり，決して減少しないものである）．集合の列$\{E_1, E_2, \cdots\}$が**単調増加**であるとは，各々について，E_nがE_{n+1}に含まれることである．**単調減少**な量とは，決して増加しない量のことである（量とは関数値や数列などのことで，それらが減少するかまたは同じ値にとどまり，決して増加しないものである）．集合の列$\{E_1, E_2, \cdots\}$が**単調減少**であるとは，各nについて，E_{n+1}がE_nに含まれることである．もし同一の項がなく，増加または減少する場合には**狭義の増加**または**減少**（strictly increasing on decreasing）というが，この場合を単調増加・単調減少とよぶこともある．**単調集合族**とは，集合族で，その中から任意に2つの集合をとると，そのうちの一方が他方に含まれるという性質をもつものである．位相空間Aから位相空間Bの上への写像が**単調**であるとは，Bの各点の逆像が連続体（連結閉集合）であることをいう．順序集合Aから順序集合Bの上への写像が**単調**であるとは，Aの元x, yのこの写像によるB内の像をx^*, y^*とするとき，xがyより大きいならばx^*がy^*より大きいかまたは等しいことをいう．

■**単調和振動**　simple harmonic motion
　→ 単振動

■**端点**　boundary of half-line
　→ 半直線

■**端点**　end point
　→ 曲線，区間

■**端点**　extreme point
　凸集合Kの点PがKの端点であるとは，KからPを取り除いても凸であること，つまり，Pが，P以外のKのどの2点を結ぶ線分上にもないことをいう．有限次元ユークリッド空間におけるコンパクト凸集合は，その端点全体の集合の凸包として表される．→ クレイン-ミルマンの定理

■**ダンドラン，ジェルミナル・ピエール**
Dandelin, Germinal Pierre (1794―1847)
　フランス系ベルギー人の幾何学者．円錐曲線と円錐に接する球の間の美しい関係を（ケトレとともに）発見した［→ ダンドラン球面］ことで有名．円錐曲線について非常に多くの事実を知っていた古代ギリシャ人がこの事実に気づかなかったことは注目すべきことである．

■**ダンドラン球面**　Dandelin sphere
　円錐曲線を平面と円錐の共通部分として表現する．平面に接し，かつ，円錐にもある円に沿って接するような球面を**ダンドラン球面**という．もし平面と円錐の共通部分が放物線であるなら，この球面は1つであるし，楕円や双曲線なら，2つある．ダンドラン球面は，円錐曲線の焦点で平面に接する．

■**断熱曲線**　adiabatic curves
　断熱膨張ならびに収縮を伴うと見なされる物質の圧力と体積との関係を示す曲線．

■**断熱膨張（収縮）**　adiabatic expansion (contraction)
　《熱力学》外部に対して熱の吸収や放出なしに体積が変化すること．

■**単分数**　simple fraction
　→ 分数

■**断片**　segment
　任意の図形を直線または平面（またはいくつかの平面）によって切ったときの一部分のこと．直線の一部分または曲線の一部分に限定してよばれることが多い．→ 曲線の弓形，線分

■**断面法**　method of sections
　曲面を図示する方法．曲面の断面は普通はいくつかの座標平面とそれらに平行な面を用いて描かれ，これらの断面から曲面の形を推定する．

■**単葉関数** simple function, schlicht function
　領域が D の複素変数の単葉関数とは，D においてとられるどの値も，相異なる点で同じ値をとることがない解析関数のことをいう．

■**単葉双曲面** hyperbolid of one sheet
　→ 1葉双曲面

■**単連結集合** simply connected set
　その集合に含まれる任意の閉曲線がその集合内で連続的に1点に変形できる弧状連結集合を単連結という．平面上の点集合が単連結であるのは，その集合に含まれる任意の閉曲線がその集合の境界上のどの点も囲まないとき，またそのときに限る．単連結でない弧状連結集合を**多重連結**という．→ 連結数

チ

■値域　range

関数の値域は，関数のとる値の集合である．関数 $f(x)=x^2$ の定義域が実数全体ならば，値域は非負実数全体である．**変数の値域**は，変数のとる値の集合である．

■小さい部分群をもたない位相群　group without small subgroups

位相群 G が小さい部分群をもたないとは，G の単位元の近傍 U を適当に選ぶと，U に含まれる G の部分群は，単位元のみからなる部分群だけとなることをいう．

■チェザロ，エルネスト　Cesàro, Ernesto (1859—1906)

イタリアの幾何，解析学者．

■チェザロの総和公式　Cesàro's summation formula

発散する級数に和を対応させる1つの方法．部分和を $S_n = \sum_{i=0}^{n} a_i$ とする．この S_n の列を，列 $\{S_n^{(k)}/A_n^{(k)}\}$ で置き換える．ここで，

$$S_n^{(k)} = \binom{n+k-1}{n}S_0 + \binom{n+k-2}{n-1}S_1 + \cdots + S_n$$

$$A_n^{(k)} = \binom{k+n}{n} = \sum_{i=0}^{n} \binom{n+k-1-i}{n-i}$$

とする．$\binom{n}{r}$ は位数 n の r 番目の2項係数である．数列 $\{S_n^{(k)}/A_n^{(k)}\}$ が極限をもつならば，数列 $\sum a_n$ はこの極限に C_k（あるいは (C, k)）**総和可能**といわれる．もとの数列の a_i によって，

$$\frac{S_n^{(k)}}{A_n^{(k)}} = a_0 + \frac{n}{k+n}a_1$$
$$+ \frac{n(n-1)}{(k+n-1)(k+n)}a_2 + \cdots$$
$$+ \frac{n!}{(k+1)(k+2)\cdots(k+n)}a_n$$

となる．チェザロの総和公式は正則的である．
→ 発散級数の総和

■チェック，エドワード　Čech, Eduard (1893—1960)

チェコスロバキアの位相幾何学，射影微分幾何学の研究者．

■チェバ，ジヴァンニ　Ceva, Givanni (1647—1734)

イタリアの幾何学者．

■チェバの定理　Ceva's theorem

3角形 ABC で，頂点 ABC を通る直線をそれぞれ L_1, L_2, L_3 とする．そして，これらの直線が対辺を点 Q_1, Q_2, Q_3 で分割するとすると，

$$\frac{AQ_3}{Q_3B} \cdot \frac{BQ_1}{Q_1C} \cdot \frac{CQ_2}{Q_2A} = 1$$

のとき，そしてそのときにかぎって，これらの直線は1点で交わる（または平行となる）．ここで辺を外分するときには，比を負と考える．ただし Q_1, Q_2, Q_3 のいずれも A, B, C に一致せず，L_1, L_2, L_3 は辺の方向に向かっているとする．→ メネラウスの定理，有向直線

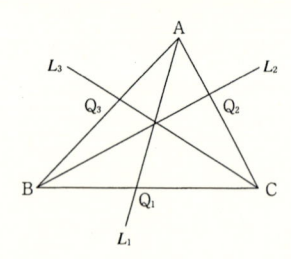

■チェビシェフ，パフヌティ・ルヴォヴィッチ　Chebyshev, Pafnuti Lvovich (1821—1894)

代数学，解析学，幾何学，数論，確率論に業績を残したロシアの数学者．Tchebycheff, Tchebychev などの英語流つづりも用いられる．→ ベルトランの公準，モーメント問題

■チェビシェフ多項式　Chebyshev polynomials

$T_0(x) = 1$, $T_n(x) = 2^{1-n}\cos(n \arccos x)$ $(n \geq 1)$ として，帰納的に定義される多項式 $T_n(x)$．あるいは

$$\frac{1-t^2}{1-2tx+t^2} = \sum_{n=0}^{\infty} T_n(x)(2t)^n$$

によって定義することもできる．
$T_1 - xT_0 = 0$, $T_2 - xT_1 + 1/4 T_0 = -1/4$ であり，$n \geq 2$ の場合には，$T_{n+1}(x) - xT_n(x) + (1/4)T_{n-1}(x) = 0$ が成り立つ．$T_n(x)$ はチェビシェフの微分方程式の1つの解である．また

$$T_n(x) = 2^{1-n} \frac{(x^2-1)^{\frac{1}{2}}}{1 \cdot 3 \cdots (2n-1)} \frac{d^n (x^2-1)^{n-\frac{1}{2}}}{dx^n}$$

が成り立つ．
ときとして，ここに定義した多項式の 2^{n-1} 倍をチェビシェフ多項式とすることもある．→ ヤコビの多項式

■**チェビシェフの微分方程式** Chebyshev differential equation
$$(1-x^2)\frac{d^2 y}{dx^2} - x\frac{dy}{dx} + n^2 y = 0$$
という微分方程式．

■**チェビシェフの不等式** Chebyshev inequality
X を確率変数，f を非負実数値関数，$k>0$ とするとき
$$P[f(X) > k] \leq E[f(X)]/k$$
ただし $P[f(X) > k]$ は $f(X) > k$ なる確率，そして $E[f(X)]$ は $f(X)$ の**期待値**である．$k = t^2 \sigma^2$ かつ $f(x) = (X-\mu)^2$ のときの特別な場合は**ビエナイメ-チェビシェフの不等式**（通常単に**チェビシェフの不等式**とよばれる）といい，1853年にビエナイメが発見し，1867年にチェビシェフによって再発見された．
$$P[|X-\mu| > \sigma t] \leq 1/t^2$$
ここで σ^2 と μ はそれぞれ X の**分散**と**平均**であり，$t > 0$．もし σ^2 が有限で $\varepsilon > 0$ なら，これは次のように表される．
$$P[|X-\mu| > \varepsilon] \leq \sigma^2/\varepsilon^2$$

■**チェビシェフ網**（曲面上の媒介変数曲線の） Chebyshev net of parametric curves on a surface
→ 等距離系

■**力** force
物体の静止している状態や，運動の状態を変化させるもの．正確には，物体の時間あたりの運動量変化をいう．物体の質量が時間とともに変化せず，速度 v で動いているとすると，運動量 p は $p = mv$ で与えられる．このとき力 F は，$F = \dfrac{d}{dt}p = m\dfrac{dv}{dt} = ma$ となる．ただし a は加速度とよばれ，この式はニュートンの第2法則である．→ ニュートンの運動の法則，ベクトル

■**力の射影** projection of a force
→ 直交射影

■**力の単位** unit of force
単位質量の物体に，単位加速度を与える力のこと．1グラムの質量の物体に働いて毎秒，毎秒1センチメートルの速度変化を生じさせる力を1ダイン(**dyn**)．1キログラムの質量の物体に働いて毎秒，毎秒1メートルの速度変化を生じさせる力を1ニュートン (N) という．$1 \text{N} = 10^5$ dyn

■**力の場** field of force
ある性質をもった物体をある空間領域中の任意の点に置いて，その物体に力が働くとき，その性質をもった領域を力の場という．例えば，静止荷電体をある領域に置いて，それが力を受けているとき，その領域を**静電場**という．同様に質点や弧立した磁極のときには，それぞれ**重力場**，もしくは**磁場**という．

■**力の平衡** equilibrium of forces
任意の軸に関して，合力と偶力の和がいずれも0となる性質．→ ベクトルの和

■**力のベクトル** force vector
力の作用線と平行で，力と同じ向きをもち，その力の大きさと等しい大きさをもったベクトル．→ 力学での平行4辺形

■**力のモーメント** moment of a force
直線のまわりの力のモーメントは，その直線に垂直な面上へ投影された力と，その直線から力の作用する直線までの垂線の長さとの積である．点Oのまわりの力のモーメント F は，位置ベクトル r（点Oから力の作用点まで）の力によるベクトル積である．ベクトル解析の記法によれば，力のモーメント $L = r \times F$ である．力のモーメントの大きさは，$L = rF \sin \theta$．ただし，r と F はベクトル r と F の大きさであり，θ はベクトル r と F のなす角である．これは r と F を2辺とする平行4辺形の面積に等しい．

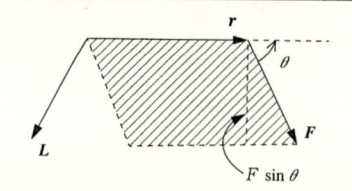

構造体に対しては曲げモーメントともいう.＝トルク,偶力.

■**置換**　permutation

ある集合内において,1対1対応を介して各要素をそれ自身あるいは他の要素で置き換える操作. x_1 を x_2 で, x_2 を x_1 で, x_3 を x_4 で, x_4 を x_3 で置き換える置換は

$$\begin{pmatrix} 1 & 2 & 3 & 4 \\ 2 & 1 & 4 & 3 \end{pmatrix}$$

または $(12)(34)$ で表される. **巡回置換**(または**サイクル**)は順に並んでいる要素の位置を1つ分前進させ,最後のものを最初にもっていく置換である.その要素が円周に沿って並んでいるものと考えると,巡回置換はその円周を回転させると得られる. cab は abc の巡回置換で, $\begin{pmatrix} abc \\ cab \end{pmatrix}$ または (acb) で表される.ただし, a は c に, c は b に, b は a に移される.巡回置換の**次数**はその集合の要素の個数である.次数2の巡回置換は**互換**とよばれる.任意の置換は互換の積に分解することができる.例えば, $(abc)=(ab)(ac)$ となり,これは置換 (abc) は置換 (ab) を施した後に置換 (ac) を行うのと同じ効果があることを意味している.置換は偶数個または奇数個の互換の積として表せるかどうかに応じて,**偶置換**または**奇置換**といわれる. $x_1, x_2, \cdots, x_n$ を n 個の独立変数とし, D をすべての組の差 $x_i - x_j$ $(i<j)$ の積 $(x_1-x_2)(x_1-x_3)\cdots\times(x_{n-1}-x_n)$ とする. D の符号が変わるか変わらないかに応じて,添字 $1, 2, \cdots, n$ の置換が偶置換または奇置換となる.

■**置換行列**　permutation matrix

$x_1, x_2, \cdots, x_n$ 上の置換が x_i を $x_{i'}$ に移すとき,この置換に対応する**置換行列**は n 次正方行列で,各 i に対して,第 i 列の i' 行目以外の要素がすべて0で i' 行目が1になっているものである.任意の置換群は対応する置換行列のなす群と同型である.一般に,置換行列は各行(または各列)に1が1つだけあり,残りの要素が0になっている正方行列である.

■**置換群**　permutation group

置換を要素とする群で,2つの置換の積がそれを順に施すことにより得られる置換と定義されているもの.したがって, a を b に, b を c に, c を a に移す置換 $p_1 = (abc)$ と, b を c に, c を b に移す置換 $p_2 = (bc)$ の積は, $p_1 p_2 = (abc)(bc) = (ac)$ で, a を c に, c を a に移す. n 個の文字上のすべての置換のなす群は位数 $n!$ の群で, n 次の**対称群**とよばれる.この群のすべての偶置換からなる(位数 $n!/2$ の)部分群は n 次の**交代群**とよばれる. n 文字上の位数 n の置換群は**正則**であるといわれる.＝代入群.→群,置換,対称変換群

■**置換積分**　integration by substitution, change of variables in integration

被積分関数をより計算が容易な形に変換して行う積分の計算法.よく行われる置換としては,変数を別の変数の平方に置き換えて変数の平方根を有理化する方法や,三角関数に置き換えて2次式の平方根を有理化する方法などがある.例えば $\sqrt{1-x^2}$ に対して x を $\sin u$ に置き換えれば $\cos u$ となる.同様に, $\sqrt{1+x^2}$ と $\sqrt{x^2-1}$ はそれぞれ $\tan u = x$, $\sec u = x$ と置き換えればよい.被積分関数の置き換えを行ったときには,必ず微分に対しても置き換えが行われなくてはならない.また,定積分の場合には積分区間に対してもそれに応じた変更がされなくてはならない.新しい被積分関数で不定積分を行い,その結果を逆の置き換えによって元の形に戻し,初めの積分区間を用いて計算しても同じことである.例えば

$$\int_0^1 \sqrt{1-x^2}\,dx$$

に対して, $x = \sin u$ と置くと,

$$\int_0^{\pi/2} \cos^2 u\,du = \left[\frac{1}{2}u + \frac{1}{4}\sin 2u\right]_0^{\pi/2} = \frac{\pi}{4}$$

となるが,これをつぎのようにしてもよい.

$$\int \cos^2 u\,du = \frac{1}{2}u + \frac{1}{4}\sin 2u$$
$$= \frac{1}{2}\sin^{-1} x + \frac{1}{2}x\sqrt{1-x^2}$$

だから,

$$\int_0^1 \sqrt{1-x^2}\,dx$$
$$= \left[\frac{1}{2}\sin^{-1} x + \frac{1}{2}x\sqrt{1-x^2}\right]_0^1 = \frac{\pi}{4}$$

重積分に対する**変数変換**の法則は，ヤコビアンを用いて表現すれば多重度によらず同じ形式で表すことができるので，ここでは3重積分の場合を示す．以下で与えた条件は，十分条件であるが必要条件ではない．T を xyz 空間内の開集合，W を uvw 空間内の開集合 W^* の上へ移す写像とし，W の部分集合 D を uvw 空間内の有界閉集合 D^* の像とする．$f(x, y, z)$ は D 上で連続であり，x, y および z は u, v, w に関して連続な1階偏導関数をもつとする．さらに，ヤコビアン

$$J = \frac{\partial(x, y, z)}{\partial(u, v, w)}$$

が D^* 上で0でないとする．このとき，

$$\iiint_D f(x, y, z) \, dxdydz$$
$$= \iiint_{D^*} f(x, y, z) |J| \, dudvdw$$

が成り立つ．ただし，右辺の x, y, z は変換 T によって決まる u, v, w の関数である．球座標を用いれば上式はつぎのようになる．

$$\iiint f(x, y, z) \, dxdydz$$
$$= \iiint f(x, y, z) \rho^2 \sin\phi \, d\rho d\phi d\theta$$

1変数の積分で $x = x(u)$ と置いた場合，ヤコビアンは dx/du であり，公式は

$$\int f(x) \, dx = \int f[x(u)] \frac{dx}{du} \, du$$

となる．これは，上の置換積分の例題ですでに用いられている．

■**逐次** successive
　つづけての意味．→ 隣接した

■**逐次解析** sequential analysis
　《統計》逐次的に得られる観測値に対する解析法．逐次解析は仮説検定において有用である，というのは，しばしば固定標本法よりもずっと少ない標本数で同じ結論が出せるからである．仮説 H_0 を H_1 に対し検定するとき，実験者は新しい観測値が得られるたびに，あらかじめ決められた規則にもとづき H_0 を採択するか，H_1 を採択するか，または次の観測値をとるかを決めなければならない．**逐次的尤度比検定** (SPRT) はよく使われる．これは，分布関数が離散型であるとき，$f_0(x_i), f_1(x_i)$ をそれぞれ H_0, H_1 の下での x_i がおきる確率とするとき

$$\lambda_n = \frac{f_1(x_1) f_1(x_2) \cdots f_1(x_n)}{f_0(x_1) f_0(x_2) \cdots f_0(x_n)}$$

を定義する．ここで分子・分母はそれぞれ仮設 H_1, H_0 のもとで観測値 $\{x_1, x_2, \cdots, x_n\}$ を得る確率である．連続型の場合は f_0, f_1 は確率密度関数とすればよい．H_1 を誤まって採択する確率を α，H_0 を誤って採択する確率を β とするならば，通常 $\beta/(1-\alpha)$ と $(1-\beta)/\alpha$ でそれぞれ近似される実数 c と d が存在して，$\lambda_n \leq c$ のとき H_0 をとり，$\lambda_n \geq d$ のとき H_1 をとる．そして，$c < \lambda_n < d$ ならば次の観測値 x_{n+1} をとるという方式である．→ 仮説検定

■**逐次共役法** method of successive conjugates
　複素関数論において，与えられた円の内部に近い領域を円の内部に等角写像する解析関数の反復近似評価法の1つ．ここで考えられている関数は，2つの段階を通じて与えられた単連結領域を円の内部へ等角写像する場合の第2段階の関数である．与えられた単連結領域を円の内部に近い領域に等角写像することは，既知の関数によって，あるいは等角写像の表を用いてすでに実行されているものとする．

■**逐次近似** successive approximations
　要求された結果や数値を求めるために使われる逐次法（くり返し法）．→ 近似

■**逐次微分法** successive differentiation
　第 n 階の導関数を微分することによって，第 $n+1$ 階の導関数を求める方法のこと．

■**チコノフ，アンドレイ・ニコラエヴィッチ** Tychonoff (Tihonov), Andrei Nikolaevich (1906—)
　ロシアの地球物理学者，数理物理学者，位相数学者．チホノフとも表記される．

■**チコノフ空間** Tychonoff space
　→ 正則空間

■**チコノフの定理** Tychonoff theorem
　→ ブロウエルの不動点定理，直積

■**地上3角形** terrestrial triangle
　地球の表面を球面と考えたとき，北極点と，相互の距離を求めるべき2地点を頂点とする球

面3角形.

■**地心視差** geodesic parallax of a star
《天文》天体からみたとき地球の半径のなす角.

■**地図の塗り分け問題** map-coloring problem
→ 4色問題

■**柱** cylinder
(1) 柱面のこと．→ 柱面
(2) 2つの平行な平面とその平面上の単純閉曲線 C_1, C_2 が与えられているものとする．さらに C_1 と C_2 の各点はある直線 L に平行な直線で結ばれているものとする．このとき C_1, C_2 で囲まれた2つの底面と，C_1, C_2 の各点を結ぶ線分全体からなる側面よりなる閉曲面を**柱**とよぶ．C_1, C_2 を**底準線（基準線，導線）**，C_1, C_2 の点を結ぶ線分を**母線**とよぶ．円，楕円を底準線にもつ柱をそれぞれ**円柱，楕円柱**という．円柱という語は母線に垂直な平面による切り口が円周になっている柱と定義することもある．直線 L が底準線を含む平面に垂直なとき**直柱**，垂直でないとき**斜柱**という．底準線を含む平面の間の垂直距離を柱の**高さ**という．底面と底面の間で，母線に垂直な平面と柱の交線を，柱の**直切断**とよぶ．柱の**体積**は底面の面積と高さの積である．**側面積**（側面の面積）は母線の長さに直切断の周の長さをかけたものに等しい．放物線や双曲線のような閉じていない底準線をもつ柱も許容することがある．図は $x^2=2py$ という方程式の**放物柱**である．このとき $p/2$ は z 軸から切り口の曲線の焦点までの距離である．

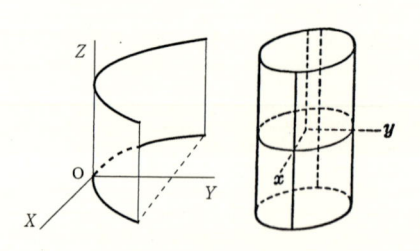

底面が中心をもつとき，中心と中心を結ぶ線分を柱の**軸**とよぶ．底面が軸と垂直な円柱を**直円柱**（あるいは**回転柱**）とよぶ．直円柱は長方形をその1辺のまわりに回転することによりできる曲面である．高さ h, 底面の半径 a の直円柱の体積は $\pi a^2 h$, 側面積は $2\pi ah$ である．
柱状体は2つの平行な平面上に，その各点が与えられた直線 L と平行な線分で結ばれている同形の底面 B_1, B_2 をもつ．B_1 と B_2 の対応点を結ぶすべての線分の合併からなる立体が柱状体である．なお昔は墫（とう）と訳され，その同音語のいいかえとして筒という語も使われる．

■**中央値** median
メジアンともいう．統計学において，大きさの順に並べられた測定値のちょうど中央にある値．もしも中央に測定値が存在しないときは，中央にある2つの測定値の平均値．仮に5人の学生の得点が 15, 75, 80, 95, 100 点であるときには，中央値は 80 点である．確率密度 f に従う連続な確率変数の中央値 M は，以下の式で定義される．

$$\int_{-\infty}^{M} f(x)\,dx = \int_{M}^{\infty} f(x)\,dx = \frac{1}{2}$$

■**中括弧** brace
→ 括弧の総称

■**中間緯度** middle latitude of two places
2地点の緯度の相加平均．それら2地点が赤道に関して同じ側にあれば，それらの緯度の和の2分の1，互いに反対側にあればそれらの緯度の差の2分の1（北緯，南緯のうち値の大きいほうを基準にとる）．

■**中間緯度航法** middle latitude sailing
2つの場所における緯度 L_1, L_2 から経度における差異（DL）を近似する航法で，東西距（経距）p は次の公式で与えられる．

$$p \sec \frac{1}{2}(L_1+L_2) = DL$$

ただし，単位は分で測るものとする．この公式において $L_1=L_2$ とおく航法，すなわち緯度に平行に航行する航法を距等圏航法という．

■**中間値の定理** intermediate value theorem
つぎのような定理．関数 f が $a \leq x \leq b$ で連続で $f(a) \neq f(b)$ とする．また，k を $f(a)$ と $f(b)$ の間の値とする．このとき，a と b の間にある ξ が存在して $f(\xi)=k$ をみたす．

■**中間微分** intermediate differential
→ 微分

■**中間分布** mesokurtic distribution
→ 尖度

■**中国・日本の数字** Chinese-Japanese numerals
　$1, 2, \cdots, 9$ と $10, 10^2, 10^3, 10^4, \cdots$ に対する記号を併せた数字の表現体系。これらをかけて、どれだけの数値が必要かを示す。$1, 2, \cdots, 9$ を漢数字の一二三四五六七八九で表し、$10, 10^2, 10^3, 10^4$ を十、百、千、万で表すと、17492 は一万七千四百九十二と表現される。以前はこれを縦に書いた。＝漢数字。

■**中国人剰余定理** Chinese remainder theorem
　$\{m_j\}\,(1 \leqq j \leqq n)$ を互いに素な整数の組、$\{b_i\}$ $(1 \leqq j \leqq n)$ を任意の整数の組とする。このとき $x \equiv b_i \pmod{m_i}$ $(i = 1, 2, 3, \cdots, n)$ をみたす整数 x が存在する。またこの性質をもつどの2つの整数も $\prod_{1}^{n} m_i$ を法として合同である。中国では孫子剰余定理とよんでいる。

■**中軸（楕円面の）** mean axis of an ellipsoid
→ 楕円面

■**抽出誤差** sampling error
→ 誤差

■**抽象空間** abstract space
　幾何学的性質をもった未定義の対象および公理からなる形式的な数学的体系。例えばユークリッド空間、可測空間、位相空間、ベクトル空間。

■**柱状図** histogram
　＝ヒストグラム。→ 度数曲線

■**抽象数** abstract number
　数自体のこと。対象が数的性質をもつということ以外には、いっさい個々の対象には関連しない、単なる数。数自体と具象数の区別を強調する際に用いられる。＝無名数。■ 具象数、名数

■**抽象数学** abstract mathematics
→ 純粋数学

■**中心** center
　通常は、円の中心や正多角形の内接円の中心などのような**対称の中心**のこと。→ 円、曲線の中心、双曲面、楕円、楕円面、対称な図形

■**中心角** central angle
→ 円の中心角

■**中心極限定理** central limit theorem
　独立な確率変数の列 $\{X_1, X_2, \cdots\}$ があるとき、**中心極限定理**とは、n が大きくなったとき、$\sum_{i=1}^{n} X_i$ の平均値を m_n、分散を s_n^2 として、適当な条件の下で
$$\left(\sum_{i=1}^{n} X_i - m_n\right) \Big/ s_n$$
が正規分布に近づくことを示す定理の総称である。例えば、すべての確率変数が平均値が μ、分散が σ^2 の同一の分布関数をもつとき、
$$\left(\sum_{i=1}^{n} X_i - n\mu\right) \Big/ (\sigma\sqrt{n})$$
は、$n \to \infty$ のとき一様に、平均値が 0、分散が 1 の正規分布に近づく。特に各 X_n が成功確率が p のベルヌイ試行ならば、n 回の試行中成功の回数を $s(n)$ とすると、$[s(n) - np]/[np(1-p)]^{1/2}$ は一様に、平均値が 0、分散が 1 の正規分布に近づく。→ 2項分布

■**中心曲線運動** curvilinear motion about a center of force
　太陽のまわりの天体のような運動。初速度が力の中心に向いておらず、しかも中心にある与えられた力に引きつけられている運動。もしその力が重力ならば、運動の道は円錐曲線となり、その焦点（あるいはその焦点の1つ）は力の中心にある。

■**中心曲面（与えられた曲面に関する）** surfaces of center relative to a given surface
　与えられた曲面の主曲率中心の軌跡 [→ 曲面の曲率]。曲面 S の中心曲面は、S に平行な任意の曲面の中心曲面でもある。→ 平行曲面、補曲面

■**中心射影** central projection
　1つの図形（図 A, B, C, D）と1つの平面（投

影平面）が与えられたとき，この平面上にない定点（O）とその図形内の動点とを結ぶ直線と，その平面との交点（A′, B′, C′, D′）の軌跡として得られる図形．写真機のレンズを定点とすれば，写真フィルムの映像は被写体の射影であると考えられる．定点を**射影の中心**といい，直線（光線）を**射線**という．射影の中心が無限遠点にあるとき，光線は平行に走るので，その射影は**平行射影**とよばれる．→ 直交射影

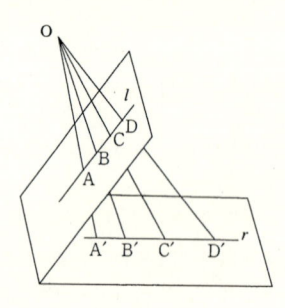

■**中心対称** central symmetry
　1点に関して対称なこと．→ 対称な図形

■**中心モーメント** central moment
　→ 分布のモーメント

■**中線（3角形の）** median triangle
　→ 3角形の中線

■**中点（線分の）** midpoint of a line segment
　→ 線分の中点

■**稠密集合** dense set
　E を集合 M の部分集合とするとき，次の条件は同値である．(1) M の点は，E の点であるか，または E の集積点である．(2) E の閉包は M である．(3) すべての M の点の近傍は，E の点を含む．このとき，E を集合 M における**稠密集合**という．E の点はすべて E の集積点であるとき，すなわち，E のどの点のどの近傍もそれ以外の E の点を含むとき，E を**自己稠密**な集合という．E の閉包に含まれる M の近傍が存在しないとき，すなわち，E の閉包の補集合が M において稠密なとき，E は M において**疎**な集合という．有理数の集合，および無理数の集合は両方とも自己稠密であり，実数の集合の中において稠密である．このことは，任意の2実数（有理数であっても，無理数であっても）の間に，有理数も無理数も含まれていることと同値である．他方，集合 $S=\left\{1, \dfrac{1}{2}, \dfrac{1}{3}, \dfrac{1}{4}, \cdots, 0\right\}$ は閉集合であり，S に含まれる実数の近傍が存在しないので，S は実数において疎な集合である．

■**柱面** cylindrical surface
　与えられた直線に平行で，与えられた曲線と交わる直線すべてによってつくられる面（曲線がある平面上の平面曲線であり，与えられた直線がこの平面と平行なら，この柱面は平面内に存在する）．柱面をつくっているこれらの直線を**要素**または**母線**といい，与えられた曲線を**準線**または**導線**という．準線は閉曲線とは限らないので，柱面が閉じているとは限らない．柱面は垂直断面の切り口の形状によって分類する．例えば，切り口が楕円ならば，**楕円柱面**または簡単に**楕円柱**という．座標平面の1つが要素と垂直なとき**柱面の方程式**は，この面における柱面の切り口の方程式である．例えば，方程式 $x^2+y^2=1$ をみたすすべての (x,y) に対して z はすべての値をとりうるので，この方程式は円柱面を表す．同様に，$y^2=2x$ は z 軸に平行な要素によってつくられた放物柱面の方程式である．そして，
$$\frac{x^2}{a^2}+\frac{y^2}{b^2}=1$$
は，z 軸に平行な要素によってつくられた楕円柱の方程式である．→ 柱

■**超越関数** transcendental functions
　変数と定数によって代数的に表すことができない関数．三角関数，対数関数，指数関数などを項の中に含む関数．厳密にいえば，**代数関数**でない関数をいう．多項式でない整関数は超越関数である．→ 代数関数

■**超越曲線** transcendental curves
　超越関数のグラフ．

■**超越数** transcendental number
　→ 代数的数，無理数

■**長円** ellipse
　→ 楕円

■**頂角** vertex angle
3角形の底辺に対する角.

■**超過接触** superosculation
接触している2つの曲線,あるいは2つの曲面が,通常の曲線あるいは曲面の接触に比べて,より高次の接触をしていること. → 曲面上の超過接触曲線

■**超関数** distribution
実数全体で何回でも微分可能であり,有界集合上を除いて0である関数 ϕ の全体を D とする. **超関数**とは D を定義域とする線型汎関数 F であって,D における列 $\{\phi_n\}$ が,すべての ϕ_n が共通の有限区間の外側で0であり,$\{\phi_n\}$ の k 階導関数からなる列 $\{\phi_n^{(k)}\}$ が各 k ごとに一様に0に収束するならば,$\lim F(\phi_n)=0$ となる,という意味での連続性をもつものをいう.f が可測で $|f|$ が各有界区間上で積分可能であるならば,
$$F(\phi)=\int_{-\infty}^{+\infty}f(x)\phi(x)dx,\ \phi\in D$$
とすることによって,超関数 F が決定される.さらに f および g が同じ超関数を決定するための必要十分条件は,ほとんどいたるところ $f(x)=g(x)$ が成り立つことである.関数によって決まる超関数を**正規**,それ以外の超関数を**特異**であるという.$\delta(\phi)=\phi(0)$, $\phi\in D$ によって定義される(**ディラックの**)**デルタ関数**は特異超関数の例である.演算を通常の関数と同様に超関数にも定義することができる.実際それぞれの超関数は**微分** F' をもち,それは任意の ϕ に対して,$F'(\phi)=-F(\phi')$ によって定義される超関数 F' である.F が関数 f によって決まる超関数であり,$|f'|$ が任意の有限区間で積分可能であるならば,F' は f' によって決まる超関数である.D はもっと一般に,n 次元ユークリッド空間で,あるコンパクト集合の外側では0で,すべての次数の偏微分が連続である関数の全体として定義され,それに応じて超関数の定義も一般化される. → 一般関数

■**超幾何関数** hypergeometric function
$|z|<1$ に対して,超幾何級数[→ 超幾何級数]の和で定義される関数 $F(a,b;c;z)$ を超幾何関数という.この関数は複素数平面内の+1から+∞までの半直線を除いた部分で解析的な解析接続をもつ.$|z|>1$ において,$a-b$ が0を含む整数でないとき,超幾何関数は次式のように表現される.
$$F(a,b;c;z)$$
$$=\frac{\Gamma(c)\Gamma(a-b)}{\Gamma(b)\Gamma(a-c)}(-z)^{-a}$$
$$\times F(a,1-c+a;1-b+a;z^{-1})$$
$$+\frac{\Gamma(c)\Gamma(b-a)}{\Gamma(a)\Gamma(b-c)}(-z)^{-b}$$
$$\times F(b,1-c+b;1-a+b;z^{-1})$$
ここに z は実数でなく,$\Gamma(a)$ などはガンマ関数である. → ヤコビの多項式,超幾何微分方程式

■**超幾何級数** hypergeometric series
c を非負整数とするとき,次式で与えられる級数を超幾何級数という.
$$1+\sum_{n=1}^{\infty}\frac{[a(a+1)\cdots(a+n-1)b(b+1)\cdots(b+n-1)z^n]}{n!c(c+1)(c+2)\cdots(c+n-1)}$$
$|z|<1$ に対してこの級数は収束する.$z=1$ のときこの級数が収束するための必要十分条件は $a+b-c$ が(もし虚数ならばその実部が)負であることである.この級数はまた,ガウスの級数ともよばれる. → 超幾何微分方程式

■**超幾何微分方程式** hypergeometric differential equation
つぎの微分方程式をいう.
$$x(1-x)\frac{d^2y}{dx^2}+[c-(a+b+1)x]\frac{dy}{dx}-aby=0$$
$c\neq 1,2,3,\cdots$ のとき,($|x|<1$ における)一般解は,超幾何関数 $F(a,b;c;x)$ を用いて
$$y=c_1F(a,b;c;x)$$
$$+c_2x^{1-c}F(a-c+1,b-c+1;2-c;x)$$
で与えられる.=ガウスの微分方程式.

■**超幾何分布** hypergeometric distribution
1つの箱に k とおりの色 $c_1,c_2,\cdots,c_k$ で色づけされた M 個の玉がはいっており,この箱から n 個の玉を任意に1個ずつ非復元抽出するとする.X を確率ベクトル変数 $(X_1,X_2,\cdots X_k)$ とする.ただし,各 X_i は抽出した色 c_i の玉の個数である.このとき,X を**超幾何(ベクトル)確率変数**とよび,X は**超幾何分布**をもつという.X の値域は非負整数からなる k 組 $(n_1,n_2,\cdots,n_k)$ で $\sum_{i=1}^{k}n_i=n$ をみたすもの全体の集合である.色 c_i の玉の個数を M_i とするとき,確率

関数 P は次式をみたす．
$$P(n_1, n_2, \cdots, n_k) = \left[\binom{M_1}{n_1}\binom{M_2}{n_2}\cdots\binom{M_k}{n_k}\right]\binom{M}{n}^{-1}$$
各 i に対して，確率変数 X_i の**平均**は np_i, **分散**は $np_iq_i(M-n)/(M-1)$ で与えられる．ただし，$p_i=M_i/M$, $q_i=1-p_i$ とする．M が n に対して大きい値をもつとき，多項分布の確率変数によって確率変数 P のよい近似が得られる．

■超曲面　hypersurface
3次元ユークリッド空間における曲面の概念を n 次元ユークリッド空間における曲面として一般化したもの．例えば，**代数超曲面**とは $f(x_1, x_2, \cdots, x_n) = 0$ の型の方程式の n 次元ユークリッド空間におけるグラフである．ただし，f は $x_1, x_2, \cdots, x_n$ に関する多項式とする．

■超限帰納法　transfinite induction
ある命題がまず整列集合 S の最初の要素について正しく，次に $a \in S$ に対して，その命題が a 以前の要素について正しければ a に対しても正しいならば，S のすべての要素について，その命題が正しいという原理．これは次のようにして示される．S の要素中その命題が偽である要素の集合を F とする．もしも F が空でなければ，S は整列集合だから，F に最初の要素 a がある．その命題は S の最初の要素については正しいから，a は S の最初の要素ではない．そうすればその命題は，S の a より前の要素については正しいから，a についても正しい．この矛盾は，F が空であることを意味し，命題は S のすべての要素について正しい．→ 数学的帰納法

■超限数　transfinite number
基数（濃度）あるいは順序数のうち整数でないもの．→ カージナル数

■超再帰的バナッハ空間　super-reflexive Banach space
X の中に有限表現可能な非再帰的なバナッハ空間が存在しないバナッハ空間．バナッハ空間が超再帰的であるための必要十分条件は，それが一様に非平方な空間と同型であること，または一様凸空間と同型なことである．→ 一様凸空間，再帰的バナッハ空間，非平方バナッハ空間，有限表現可能

■長軸　major axis
→ 楕円，楕円面

■超実数　hyperreal number
→ 非標準数

■超準解析　non-standard analysis
非標準的実数（超実数）上の微分積分学．無限小・無限大を（ある制限内で）実在の数として取り扱うことができる．非標準的解析学という直訳語も使われている．

■長除　long division
→ 短除

■超体積　hypervolume
n 次元ユークリッド空間内の集合の n 次元容量のこと．→ 点集合の容量

■頂点　vertex [pl. vertices]
→ 角錐，3角形，錐，錐面，双曲線，多角形，多面角，多面体，放物線，放物面

■超複素数　hypercomplex numbers
4元数をいうことが多いが，もっと一般に除法環の要素をさすこともある．→ 体上の多元環

■重複
→ 重複（じゅうふく）

■超平面　hyperplane
線型空間 L の部分集合 H でつぎの条件をみたすものをいう．

H の勝手な n 個の要素 $h_1, h_2, \cdots, h_n$ と n 個の数 $\lambda_1, \lambda_2, \cdots, \lambda_n$ に対して，
$$x = \sum \lambda_i h_i \quad \text{かつ} \quad \sum \lambda_i = 1$$
ならば x は H に含まれる．

通常は，このような性質をもつ極大な真部分集合という条件も付加される［→ 重心座標］．つぎのように定義しても同値である．L の極大部分空間 M が存在し，H の任意の要素 h に対して，和 $x + h (x \in M)$ 全体の集合が H と一致するとき H を超平面という．

L がノルム線型空間のときには，H は閉集合であるという条件が付加される．これは，連続線型汎関数 f と定数 c が存在して，H が $f(x) = c$ をみたす x 全体の集合となる条件と同値である．

■**長方形** rectangle
　1つの角が直角である平行4辺形のこと．したがって，すべての角が直角なので，すべての角が直角である4辺形ともいえる．長方形の対角線とは，向かいあった点どうしを結んだ線分のことであり，2辺の長さがそれぞれ a と b のとき，対角線の長さは $\sqrt{a^2+b^2}$ となる．高さとは，底辺と見なされているある辺から向かいあった辺までの垂線の長さである．長方形の面積は，隣り合う2辺の長さの積である．例えば，長方形の2辺がそれぞれ2と3ならば，その面積は6となる．＝矩形．

■**長方形の大きさ** dimension of a rectangular figure
　長方形の長さと幅のこと．直方体の場合は，長さ，幅，高さのこと．

■**長方形の長さ** length of a rectangle (or of a rectangular parallelepiped)
　長方形あるいは直方体についてその最長の辺の長さをいう．→ 幅

■**長方形領域** rectangular region
　→ 領域

■**稠密**
　→ 稠密（ちゅうみつ）

■**張力** tension
　物体を縦の方向に延ばす力．これに対し，物体を短かくしたり，縮めたりする力を**圧縮力**という．コードにおもりをつり下げれば，コードに張力が生じ，椅子の上におもりを置けば，椅子の足に**圧縮力**が生じる．

■**張力係数** modulus in tension
　→ フックの法則，ヤング率

■**調和解析** harmonic analysis
　関数を，**級数**または**積分**の形に表すことを研究する分野の総称．特に**フーリエ級数**の場合に限ることもある．

■**調和関数** harmonic function
　(1) D を平面内の領域とする．D で定義された2変数関数 u が**調和関数**であるとは，u が D で連続な第2階偏導関数をもち，ラプラスの方程式
$$\frac{\partial^2 u}{\partial x^2}+\frac{\partial^2 u}{\partial y^2}=0$$
をみたすことをいう．さて，D で定義された2個の2変数関数 u，v が D の各点で偏微分可能で，**コーシー–リーマンの微分方程式**をみたすとする．このとき，$u+iv$ は正則関数になることが知られている．したがって，特に，u，v は連続な第2階偏導関数をもち，このことから，u，v は調和関数であることがわかる．この状況のとき，u，v は互いに他の**共役**であるという．与えられた調和関数に対し，それと共役な調和関数は，コーシー–リーマンの微分方程式にもとづいて，積分により構成することができる．
　(2) 3次元空間内の領域 D で定義された3変数関数 u が調和関数であるとは，u が D で連続な第2階偏導関数をもち，ラプラスの方程式
$$\frac{\partial^2 u}{\partial x^2}+\frac{\partial^2 u}{\partial y^2}+\frac{\partial^2 u}{\partial z^2}=0$$
をみたすことをいう．
　(3) $A\cdot\cos(kt+\phi)$ または $A\cdot\sin(kt+\phi)$ という形の関数を，調和関数，あるいは，**単調和関数**とよぶことがある [→ 単振動]．これに対し，例えば，$3\cos x+\cos 2x+7\sin 2x$ のような関数を，**合成調和関数**とよぶことがある．

■**調和級数** harmonic series
　調和数列からできる級数のこと．

■**調和数列** harmonic progressions, harmonic sequence
　各項の逆数をとると等差数列になるような数列．音楽において，長さが"簡単な"調和数列の項に比例するような弦がなす響きは，協和音になることが知られている（ただし，弦の材質，直径，張りなど，他の条件は同じであるとする）．なお，特に $\{1, 1/2, 1/3, \cdots\cdots\}$ という数列だけを調和数列ということも多い．

■**調和比** harmonic ratio
　4点（または4直線）の複比が -1 のとき，それを**調和比**とよび，後の2点は前の2点を**調和的に分割する**という．

■**調和分割（線分の）** harmonic division of a line
　→ 線分の調和分割

■**調和平均**　harmonic average, harmonic means

正数 x, y に対し, $1/((1/x+1/y)/2)=2xy/(x+y)$ を, x, y の**調和平均**という. 一般に n 個の正数の**調和平均**とは, それらの逆数の相加平均の逆数をいう. 正数 x, y に対し, 数列 $\{x, z_1, z_2, \cdots, z_r, y\}$ が**調和数列**となるような $z_1, z_2, \cdots, z_r$ を, まれに, **r-項調和平均**ということがある. 上で定義した調和平均は, $r=1$ の場合にあたる. → 平均, 調和数列

■**直円錐**　right cirular cone
　→ 錐

■**直擬円錐体**　right conoid

擬円錐体において, 与えられた平面と与えられた直線が互いに直交するもの.

■**直積**　Cartesian product, direct product

2つの集合 A, B の直積は, A の元 x と B の元 y の組 (x, y) 全体の集合で, $A\times B$ で表される. 集合 A, B のそれぞれに乗法, 加法, スカラー倍が定義されていれば, $A\times B$ にも以下のようにして同様の演算が定義できる.

$$(x_1, y_1) \cdot (x_2, y_2) = (x_1 \cdot x_2, y_1 \cdot y_2),$$
$$(x_1, y_1) + (x_2, y_2) = (x_1+x_2, y_1+y_2),$$
$$a(x, y) = (ax, ay).$$

A と B が群ならば, それらの直積も群になる. 2つの群の直積の行列表現はそれらの群の表現において, 対応する行列の直積をつくることで得られる. 群 G の部分群 H_1, H_2 が存在して, H_1 と H_2 は単位元のみを共有し, G の各元が H_1 の元と H_2 の元の積で表せ, H_1 の元と H_2 の元の積は可換になるならば, G は直積 $H_1 \times H_2$ と同型である. A と B が**環**ならば $A\times B$ も環である. A と B が同じスカラーを係数とするベクトル空間ならば, $A\times B$ もベクトル空間である. A と B が位相空間のとき, A, B それぞれの開集合 U, V の直積 $U\times V$ の形の集合を開集合の基とするような位相を導入することができ, $A\times B$ も位相空間になる. A と B が**位相群**(または**位相ベクトル空間**)ならば, $A\times B$ も位相群(位相ベクトル空間)である. A と B が**距離空間**ならば, 通常

$$d[(x_1, y_1), (x_2, y_2)]$$
$$= [d(x_1, x_2)^2 + d(y_1, y_2)^2]^{\frac{1}{2}}$$

で距離を定めて, $A\times B$ を距離空間にする. この定義に従えば, 実数空間 $\boldsymbol{R}$ の直積 $\boldsymbol{R}\times\boldsymbol{R}$ は, 点 (x, y) 全体からなる2次元空間で, 通常の平面幾何と同じ距離をもつことになる. A と B が**ノルム空間**のときは, ノルムを

$$\|(x, y)\| = [\|x\|^2 + \|y\|^2]^{\frac{1}{2}}$$

と定めれば, $A\times B$ もノルム空間になる. A と B が**ヒルベルト空間**のときは, (x_1, y_1) と (x_2, y_2) の**内積**を x_1 と x_2 の内積と y_1 と y_2 の内積の和で定義すると, 上と同様のノルムが定義され, $A\times B$ がヒルベルト空間になる. これらの定義は自然に有限個の複数の空間の積に拡張できる. 添字集合 A をもつ集合族 $X_a (a\in A)$ の直積は A 上の関数 x で各 $a\in A$ に対して $x(a)$ が X_a の元になるもの全体の集合である. これは, 積空間の点 x は集合 X_a のそれぞれから選ばれた点 $x(a)$ の集まりで, $x(a)$ はその a 番目の座標であることを意味している. 各集合 X_a が位相空間のとき, その直積は, 有限個を除く添字 $a\in A$ に対して $Y_a = X_a$ となり, 残りに対して Y_a が X_a の開集合であるような Y_a の直積とし得られる集合の任意の和集合を開集合と定めることにより位相空間になる. 有限個の位相空間 $X_1, X_2, \cdots, X_n$ の直積において, 集合が開集合であるための必要十分条件は, それが各 k に対して U_k が X_k の開集合である集合 $U_1, U_2, \cdots, U_n$ の積で表される集合の和集合になっていることである. この直積の定義に従えば, 直積がコンパクトであるための必要十分条件は各 X_a がコンパクトであることが証明できる(これが**チコノフの定理**である). 無限個の空間の直積の元に対して, ある収束性を仮定することがある. 例えば, ヒルベルト空間 $H_1, H_2, \cdots$ の直積は数列 $h = (h_1, h_2, \cdots)$ で, 各 n に対して h_n が H_n に属し, $\|h\|$ が有限になるもの全体の集合である. ただし,

$$\|h\| = [\|h_1\|^2 + \|h_2\|^2 + \cdots]^{\frac{1}{2}}$$

である. 直積はデカルト積ともよばれ, ときには**直和**とよばれる場合もある.

■**直積測度**　product measure

m_1 と m_2 を, それぞれ, 空間 X と Y の部分集合からなる σ 環の上で定義された測度とし, $X\times Y$ を X と Y の直積, すなわち, x と y を, それぞれ, X と Y の点とするとき, 対 (x, y) の全体とする. A と B を, それぞれ, X と Y の可測集合とするとき, "長方形" $A\times B$ の全体によって生成される $X\times Y$ の σ 環を考える. この σ 環上で定義された測度で, $A\times B$ の測度が A の測度と B の測度の積 $m_1(A)\times m_2(B)$

に等しいものを，m_1 と m_2 の**直積測度**という．

■**直接証明** direct proof
　直接証明は仮定を直接用いて結論に到達する論法による証明である．一方，証明すべき命題が偽であると仮定すると事実として認められている事実と矛盾する，いいかえればその命題の否定命題が真であることを認めることによって矛盾が導かれることから，証明すべき命題が偽であることはありえないことを示すのが**間接証明**である．例えばある1点と直線に対し，この直線に平行でこの点を通る直線はただ1本だけ引けるという公理を認めて，同一平面上にある2本の直線がそれぞれ他の1直線に平行ならばもとの2直線は平行であることを証明したいとする．直接証明をするとすれば，2直線 L_1, L_2 がそれぞれ他の1直線 M に平行であるならば，L_1 と L_2 は共有点をもたないと推論する．なぜならそのような共有点 P を通り，M に平行な直線はただ1本だからである．ゆえに L_1 と L_2 は交わらない，すなわち平行である．**間接証明**を行うとすれば，まず，同一平面上にあって互いに平行ではないが他の1直線 M に共通して平行な2直線 L_1, L_2 の存在を仮定する．仮定より L_1 と L_2 は交点 P で交わる．しかし L_1 と L_2 が P を通り M に平行な2直線になるので公理に矛盾する．間接証明の他の例として，素数は無限に多く存在することを証明したいとする．まず素数の個数は有限で正の整数 n であると仮定し，$p_1, p_2, \cdots, p_n$ をすべての素数とする．整数 $(p_1 p_2 \cdots p_n)+1$ は $p_1, p_2, \cdots, p_n$ のうちのどの数でもわり切れないので素数である．しかし，いかなる素数よりも値が大きいからそれ自身よりも大きいことになり，矛盾である．間接証明はしばしば矛盾による証明，あるいは背理法とよばれる．

■**直線** straight line
　曲線で，その任意の一部分を2点を共有するように他の部分に移すと，すべての部分が重り合うもの．より専門的には，(1) 与えられた1次方程式 $ax+by+c=0$ をみたすすべての"点" (x, y) の集合．ただし，a と b がともに0ではないとする．(2)"幾何"とよばれる1つの公理系で定められる構造において"直線"とよばれる対象．無定義要素のこともあり，そのときは，他のいくつかの要素，例えば点とともにある特定の仮定条件をみたすものと考える．例えば，2直線は1点（理想点も含む）を決定し，2点は1直線を決定するというような条件である．

■**直線運動** rectilinear motion
　直線に沿った運動のこと．→ 速度

■**直線束（1点を通る）** pencil of lines through a point
　与えられた点を通る平面内の直線全体．その点を直線束の**頂点**とよぶ．例えば，直線 $2x+3y=0$ と $x+y-1=0$ の交点を通る直線の束の要素の方程式は $h(2x+3y)+k(x+y-1)=0$ で与えられる．ただし，h と k は同時には0にならない．

■**直線的** rectilinear
　(1) 直線で構成されている．
　(2) 直線で囲まれた．

■**直線と平面のなす角** angle between a line and a plane
　→ 交角

■**直線に関する鏡映** reflection in a line
　線対称な配置の中で，各点を軸となる直線に関して対称な位置にうつすこと．平面内の座標軸に関する鏡映は $x'=x$, $y'=-y$ または $x'=-x$, $y'=y$ で与えられる変換として定義される．この変換では各点はそれぞれ x 軸または y 軸に関して対称な点に移され，その軸に関して鏡映が行われたことになる．

■**直線の傾角** angle of inclination of a line
　与えられた直線を x 軸の正の方向から測定したときに得られる角のうち，180°より小さい方の角のこと．

■**直線の勾配** slope of a line
　直線が正方向の x 軸となす角の正接；横座標に対する縦座標の変化の比，すなわち，直交座標に関して，
$$\frac{y_2-y_1}{x_2-x_1}$$
ただし，(x_1, y_1), (x_2, y_2) は直線上の2点．(x_1, y_1) における勾配は横座標に対する縦座標の微分係数，
$$\lim_{x_2 \to x_1} \frac{y_2-y_1}{x_2-x_1} \quad \text{または} \quad \left(\frac{dy}{dx}\right)_{x=x_1}$$

である．この値は直線上のすべての点において同じである．$y=x$ の勾配は 1, $y=2x$ の勾配は 2, $y=3x+1$ の勾配は 3. 微分係数勾配は x 軸に垂直な直線に対しては定義しない．

■**直線の跡**　trace of a line in space
(1) 直線と座標平面との交点．
(2) 直線を座標平面上へ射影した像．あるいはその直線を射影すべき平面と対応する座標平面との交わり．跡が(2)の意味で用いられるときは，(1)の点は**貫通点**とよばれる．

■**直線の対合**　involution of lines of a pencil
線束の頂点を通らない定直線上の点の対合に従って，対応する点を通る線束の直線どうしを対応させるような，直線の間の対応．

■**直線の方向**　direction
その直線に平行なベクトル．空間または平面内の直線では方向角または方向余弦，平面内の直線ではその傾角で直線の方向を測る．**曲線の方向**はその接線の方向とする．

■**直線の方程式**　equation of a line
1点の座標の間の関係式で，その点がその直線上にあるとき，かつそのときにかぎり成り立つもの．**平面上の直線の方程式**の公式はつぎのようになる．(1) 傾き・切片形：$y=mx+n$（直角座標において），ただし，m は直線の傾き，b は y 軸上の切片を表す．(2) 切片形：$x/a+y/b=1$，ただし，a と b はそれぞれ x および y 切片を表す．(3) **1点・傾き形**：$y-y_1=m(x-x_1)$，ただし，m は直線の傾き，(x_1, y_1) は直線上の1点を表す．(4) **2点形**：
$$(y-y_1)/(y_2-y_1)=(x-x_1)/(x_2-x_1)$$
ただし，(x_1, y_1) と (x_2, y_2) は直線上の2点を表す．この公式は，$x, y, 1$; $x_1, y_1, 1$; $x_2, y_2, 1$ を第1, 第2, 第3行にもつ行列式を0とおいて簡潔に表現できる．(5) **法線形** $x\cos\omega + y\sin\omega - p = 0$，ただし，$\omega$ は x 軸と原点から直線へ引いた垂線（法線）とのなす角，p は原点から直線へ引いた垂線の長さ．$a^2+b^2=1$ のとき，任意の方程式 $ax+by+c=0$ はこの形をしている．ただし $a=\cos\omega$ となるように a の符号を定めることもある．$a^2+b^2=1$ のとき，$ax+by+c$ は点 (x, y) と直線との距離に等しい（直線の一方の側にあれば正，他方にあれば負）．方程式 $ax+by+c=0$ の係数を $\pm(a^2+b^2)^{1/2}$ でわれば法線形となる．ただし，符号は定数項 c と反対とする．法線形における角は 180° より小さいと仮定するときもある．そのときは，y の係数が正となるようにとる．また，y が式の中に現れないときは x の係数が正となるようにとる．$3x-4y+5=0$ を法線形になおすには，$-\dfrac{1}{5}$ を両辺にかけて，
$$-\frac{3}{5}x+\frac{4}{5}y-1=0$$
となる．$(-1, 5)$ からこの直線までの距離は，
$$\left(-\frac{3}{5}\right)(-1)+\left(\frac{4}{5}\right)(5)-1=3\frac{3}{5}$$
である．$(0, 0)$ からこの直線までの距離は -1 である．(6) **直角座標系における一般形**：この座標系における他のすべての形を特別な場合として含む形．$Ax+By+C=0$ とかかれる．ただし，A と B がともに 0 ではないとする．(7) **極形**：$r=p\sec(\theta-\omega)$，ただし，p は極から直線への垂直距離，ω はこの垂線の極軸に対する傾き，r と θ は直線上の点の極座標．

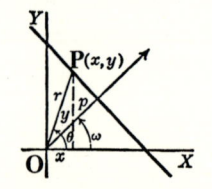

空間内の直線の方程式はつぎのような型がある．(1) 与えられた直線を交線にもつ任意の2つの平面の方程式．(2) 座標軸に平行な2平面の方程式を用いて表すとき，それを直線の方程式の**対称（標準）形**とよび，つぎのようにかき表す．
$$(x-x_1)/l=(y-y_1)/m=(z-z_1)/n$$
ただし，l, m, n は直線の方向係数，x_1, y_1, z_1 はその上の1点の座標である．(3) **2点形**：
$$\frac{x-x_1}{x_2-x_1}=\frac{y-y_1}{y_2-y_1}=\frac{z-z_1}{z_2-z_1}$$
ただし，(x_1, y_1, z_1) と (x_2, y_2, z_2) は直線上の2点．(4) **媒介変数形**は，対称形における各商を1つの媒介変数，例えば t と等しいとおき，それらを x, y, z に関して解いて得られる．その結果は，$x=x_1+lt, y=y_1+mt, z=z_1+nt$ となる．t に任意の値を与えたとき，直線上の1点がそれに応じて定まる．l, m, n が直線の方向余弦のとき，t は2点 (x, y, z) と (x_1, y_1, z_1) の間の距離となる．

■**直線のまわりの回転** rotation about a line
図形の各点が直線のまわりにその直線と垂直な平面に沿って円弧を描くような剛体運動.

■**直断面（角柱の）** right section of a prism
角柱をすべての側面と垂直な平面で切ったときの断面. → 断面平面

■**直的** rectangular
長方形のように，互いに垂直である，の意.

■**直2面角** right dihedral angle
→ 2面角の平面角

■**直辺** leg of a right triangle
直角3角形の直角をはさむ辺のいずれか.

■**直方体** cuboid, rectangular solid
すべての面が長方形である6面体．もしすべての面が正方形なら，**立方体**である．＝直角平行6面体．→ 平行6面体

■**直和** direct sum
→ 直積

■**直角** right angle
平角の半分，すなわち90°または$\frac{1}{2}\pi$ラジアンの角.

■**直角球面3角形の象限の法則** laws of quadrants for a right spherical triangle
(1) どの角もその対辺と同一の象限にある.
(2) 2辺が同一の象限にあれば，他の1辺は第1象限にあり，2辺が異なる象限にあれば，他の1辺は第2象限にある．第1，第2，第3，第4象限にあるとは，それぞれ0°から90°まで，90°から180°まで，180°から270°まで，270°から360°までの角度をもつことである.

■**直角座標** Cartesian coordinates
平面において，2つの直交直線からの距離によって，点は位置づけられる，その距離とは，一方の直線と平行な直線に沿って測る．その2直線は**軸**とよばれ（**x軸**と**y軸**），それらが直交していないとき**斜交軸**，直交しているとき**直交軸**という．座標はそれぞれ**斜交座標**，**直交座標**とよばれる．総称して**デカルト座標**とよぶことが多い．y軸から測りx軸に平行な座標を**横座標**といい，他方を**縦座標**という．**空間において**，3つの平面(XYO, XOZ, YOZ. 座標平面と総称する．図参照)を考え，各平面から，他の2平面の交わりとして表される直線に沿って測った距離を用いて，空間内の各点の位置を決定することができる．もし平面が互いに直交しているならば，それらの距離を空間における点の**直角デカルト座標**，**直角座標**，または**デカルト座標**という．それら3平面の3つの交わりは**座標軸**とよばれ，一般にx軸，y軸，z軸と名づけられる．それらの共通点を原点といい，その3軸を**座標3面角**とよぶ[→3面角]．座標平面は空間を**八分象限**とよばれる8つの区域に分ける．3つの座標軸の正の部分を辺としてもつ八分象限は，第1象限とか**第1象限3面角**とよばれる．他の区域は2，3，4，5，6，7，8と番号づけられ，2，3，4は正のz軸のまわりに反時計回りに数える（左手系ならば時計回り）．第1象限の真下を5とし，八分象限の残りを前のように反時

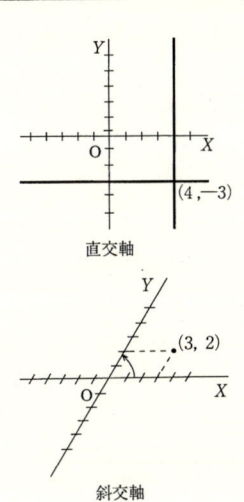

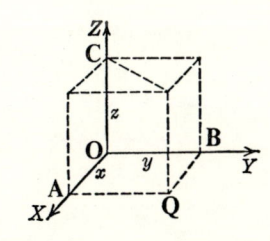

計回りに(または,時計回りに)6, 7, 8とする.

空間内の点の直角空間座標は,原点とその点を結ぶ直線から,座標を測ろうとしている軸に直交する平面への射影と考えるのが普通である.すなわち,図において $x=$ OA, $y=$ OB, $z=$ OC となる.

■**直角3角形** right triangle
→ 球面3角形, 3角形

■**直角双曲線** rectangular hyperbola
主軸と副軸の長さが等しい双曲線.方程式は,
$$x^2-y^2=a^2$$
漸近線の方程式は,
$$y=x, \quad y=-x$$
である.等角双曲線,等辺双曲線ともいう.

■**直角デカルト座標** rectangular Cartesian coordinates
→ 直角座標

■**直径** diameter
さしわたしに相当する直線または長さ. → 円の直径,楕円の直径,双曲線の直径,点の有界集合

■**直交** orthogonal
直角の,直角が用いられる事柄にかかわる,あるいは依存する.

■**直交関数** orthogonal functions
実関数の列 $f_1, f_2, \cdots$ が区間 (a, b) 上で**直交する**とは, $m \neq n$ ならば
$$\int_a^b f_n(x) f_m(x) dx = 0$$
が成り立つことをいう.それがさらに,**正規である**,または**正規化されている**,あるいは**正規直交系**であるとは,さらにすべての n に対して,
$$\int_a^b [f(x)]^2 dx = 1$$
が成り立つことをいう.積分 $\int_a^b f_n(x) f_m(x) dx$ は, f_n と f_m の**内積** (f_n, f_m) である.**完備正規直交系**とは,正規直交系で,任意の連続関数 F に対して,
$$(F, F) = \sum_{n=1}^\infty (F, f_n)^2$$
となるもの,いいかえれば, $\sum_1^\infty (F, f_n) f_n$ が F に(2乗)平均収束するようなものである.もしそこに含まれる関数がルベーグ積分の意味で可測かつ2乗可積分ならば,正規直交系が完備となる必要十分条件は,すべての n に対して,
$$\int_a^b F(x) f_n(x) dx = 0$$
ならば, $F=0$ となることである.以上のことは,より一般の集合上の積分に対しても,また複素数値関数に対しても成り立つ.ただし,内積 (F, G) は, $\int_a^b F(x) G(x) dx$ によって定義する.ただし $\int_a^b F(x) \overline{G(x)} dx$ とすることもある[→ 内積空間].以下に連続関数の正規直交系の例をあげる. (1) 区間 $(0, 2\pi)$ 上の関数列
$$\frac{1}{\sqrt{2\pi}}, \frac{\cos nx}{\sqrt{\pi}}, \frac{\sin nx}{\sqrt{\pi}} \quad (n=1, 2, 3, \cdots)$$
(2) 区間 $(0, 2\pi)$ 上の関数列
$$e^{nix}/\sqrt{2\pi} \quad (n=0, 1, 2, \cdots)$$
(3) 区間 $(-1, 1)$ 上の関数列
$$\sqrt{\frac{1}{2}(2n+1)} P_n(x) \quad (n=0, 1, 2, \cdots)$$
ここで, P_n はルジャンドルの多項式である. → グラム-シュミットの直交化法,パーセヴァルの定理,ベッセルの不等式,リース-フィッシャーの定理

■**直交基底** orthogonal matrix
→ 基底(ベクトル空間の)

■**直交軌道** orthogonal trajectory
その曲線族のすべての曲線と直角に交わる曲線.原点を通る任意の直線は,原点を共通の中心とする円の族の**直交軌道**である.また,これらの円のおのおのは,原点を通る直線の族の直交軌道となる.1つの曲線族の直交軌道の方程式は,その族の微分方程式において, dy/dx を $-dx/dy$ におきかえて得られる微分方程式を解くことにより求められる.

■**直交行列** orthogonal matrix
実正方行列で,その**転置行列**の**逆行列**に一致するもの.すなわち,すべての i と j に対して, $\sum_{s=1} a_{is} a_{js} = \sum_{s=1} a_{si} a_{sj} = \delta_{ij}$ となる行列.ただし, δ_{ij} は**クロネッカーのデルタ**で, a_{ij} はその行列の i 行 j 列目の成分である.定義より,異なる2つの列は,(成分が実ならば)**直交**する.したがって,

実行列の場合，これはユニタリ行列であることと同値である．→ 直交変換

■**直交系**（曲面上の曲線の） orthogonal system of curves on a surface
→ 曲面上の曲線の直交系

■**直交座標** rectangular coordinates
→ 直角座標

■**直交軸** rectangular axes
→ 直角座標

■**直交射影** orthogonal projection
集合 S の各点 P から直線あるいは平面に下した垂線の足を P の**射影**といい，S の各点の射影全体を S の**射影**という．**線分**の射影はその両端点の射影を結ぶ線分であり，**ベクトル**（力，速度など）の射影はその始点と終点の射影をそれぞれ始点と終点とするベクトルである．**有向折れ線**の直線への射影は最初の線分の始点と最後の線分の終点の射影をそれぞれ始点と終点とする有向線分である．この射影の符号がついた長さを有向折れ線の**射影**ということもある．

■**直交ベクトル** orthogonal vectors
内積が 0 であるような 2 つのベクトル [→ ベクトル空間, ベクトルの乗法]．平面や 3 次元空間の有向線分として表されるベクトルの場合は，直角に交わることと同値である．→ ベクトルの相反系

■**直交変換** orthogonal transformation
(1) 1 つの直交座標系を他の直交座標系にうつす変換．
(2) 線型変換
$$y_i = \sum_{j=1}^{n} a_{ij} x_j \quad (i=1, 2, \cdots, n)$$
で，2 次形式 $x_1^2 + x_2^2 + \cdots + x_n^2$ を不変に保つもの．つまり，行列 $A = (a_{ij})$ が直交行列である線型変換．実際，$x = (x_1, x_2, \cdots, x_n)$, $y = (y_1, y_2, \cdots, x_n)$ とおくと，$y = xA^T$．A が直交であるとは，$A^T A = I$（A^T は A の転置，I は単位行列）

を意味するから，
$$\sum_{i=1}^{n} y_i^2 = yy^T = xA^T Ax^T = xx^T = \sum_{i=1}^{n} x_i^2$$
ただし，x^T, y^T はそれぞれ x, y を転置した列ベクトルである．
(3) 行列 A の直交行列 P による変換 $P^{-1}AP$．これらの 2 つの概念は密接に関連している．実直交変換を，その行列 (a_{ij}) の行列式が 1 か または -1 かに従って，**真性または仮性**とよぶ．回転 $x' = x\cos\phi + y\sin\phi$, $y' = -x\sin\phi + y\cos\phi$ は，真性直交変換である．真性直交変換は**回転**ともよばれる．実際，2 次元または 3 次元の場合は，普通の回転となる．対称行列は，直交変換によって，対角化される．それゆえ，直交変換をしばしば**主軸変換**とよび，その行列の固有ベクトルを**正規座標**とよぶ．→ 合同変換, 同値な行列, ユニタリ変換

■**直交補空間** orthogonal complement
ベクトル空間の 1 つのベクトル v（または部分集合 S）の直交補空間とは，v（または S の各ベクトル）と直交するその空間のすべてのベクトルの集合である．3 次元空間の 1 つのベクトルの直交補空間とは，そのベクトルと垂直なすべてのベクトルの集合である．すなわち，そのベクトルと垂直な 2 つの 1 次独立なベクトルの 1 次結合全体の集合である．→ ベクトル空間

■**ちらばりの測度** measures of variability
範囲（レンジ），四分位偏差（4 分の 1 分位），平均偏差，標準偏差などのこと．

■**地理海里** geographical mile
＝海里．→ 海里

■**地理学的** geographic
地球の表面に関連すること．

■**地理学的座標** geographic coordinates
球面上の座標という意味において球座標と同じ．球座標は，半径 r の球面上の点を経度と緯度を用いて表す．→ 球座標

ツ

■対合　matched samples
　《統計》2個の無作為標本に対し，**対合（マッチ）された対**とは，考察の対象となっている変数以外のものにより決定されたある規則によって組とされた2つの標本である．例えば，10人ずつからなる2グループ間の身長を比較するとき，同じ年齢の者どうしを組にすることなどが考えられる．同様にして，任意の与えられた無作為標本に対し，**対合群**または**対合組**とは，直接研究対象となっていない変数にもとづきそれぞれの無作為標本の中から選ばれた1つの標本のことである．このような対合をとる目的は外的要因による変動を制御することである．

■対合　involution
　(1) 開平を意味する evolution の逆語．累乗をとる操作．この意味には日本語では内施という語が使われた．
　(2) 逆関数が自分自身と同じである関数．例えば $x=1/x'$．→ 逆関数，点の対合
　(3) $(x^*)^*=x$ をみたす**自己同型**．ここで x^* はある自己同型に対する x の像である．

■通径　latus rectum [*pl.* latera recta]
　→ 双曲線，楕円，放物線

■通常点　ordinary point, simple point
　(1) 多重点ではなく，滑らかに変化する接線をもつ弧の内点になっている点．通常点 P は多重点ではなく，媒介変数を使ってその曲線を $x=f(t), y=g(t)$ という方程式で表したとき，P に対応する t の値の近傍において，f' と g' が連続で少なくとも一方が0でないような点である．こう定義すると自然に高次元の場合に拡張ができる．平面曲線の方程式を $f(x,y)=0$ とし，f の1階偏導関数が連続ならば，点が通常点であるための十分条件は，その点で $f_x=f_y=0$ とならないことである．f が連続な2階偏導関数をもつならば，$f_x=f_y=0$ である点において，$f_{xx}f_{yy}-f_{xy}^2$ が負のときその曲線は2本の接線をもち，それが正のときにはもはや接線をもたない（この式が0になるときは，その曲線は尖点のように2重接線をもつことがある）．通常点でない曲線上の点を**特異点**という．尖点，十字点，多重点は特異点である．
　(2) 上で f' と g' が連続であるという条件を，f と g は解析的であるという条件で置き換えたもの [→ 解析関数]．＝単純点，正則点．

■通常点（曲面上の）　regular point of a surface
　→ 正則点（曲面上の）

■通常の三角関数　direct trigonometric functions
　正弦，余弦，正接などの三角関数．**逆三角関数**と区別するために"通常"とよんだ．→ 三角関数

■通約不可能　incommensurable
　公約数をもたないこと．すなわち，2つの数に共通な単位数が存在して，その数に適当な整数をかければいずれの数も得られるという命題が成り立たないこと．例えば，$\sqrt{2}$ と3は通約不可能な2数である．なぜならば，もし，整数 m, n と数 x が存在して，$\sqrt{2}=mx$ および $3=nx$ が成り立つとするならば，$\sqrt{2}=3m/n$ を得る．しかし，$\sqrt{2}$ は無理数であるからこれは不可能である．**通約不可能な2線分**とは，いずれの線分も同時に他のある1線分の整数倍とはならないこと．すなわち，それらの長さが通約不可能なことを意味する．

■通約量　commensurable quantities
　共通の尺度をもつ量．すなわち2つの量がともにある共通の尺度の整数倍の量であること．例えば1ヤードの長さの定規と1ロッド（長さの単位，5.5ヤード）とは，ともに例えば6インチの整数倍であるから通約量である．2つの実数はその比が有理数であるときまたそのときに限り通約量である．

■**ツェルメロ，エルンスト・フリードリッヒ・フェルディナンド**　Zermelo, Ernst Friedrich Ferdinand（1871—1953）
　ドイツの解析学者，集合論の研究家．

■**ツェルメロの公理**　Zermelo's axiom
　＝整列可能定理．→ 選択公理，ツォルンの補題

■**ツォルン，マックス・アウグスト**　Zorn, Max August（1906— 　）
　ドイツ系アメリカ人．代数学者で群論の研究家．解析学者．

■**ツォルンの補題**　Zorn's lemma
　極大原理．**半順序集合** T の任意の**線型順序**をもつ部分集合が，T の中に上界をもつならば，T は少なくとも1つの**極大要素**（$x \in T$ であって $x < y$ となる $y \in T$ が存在しないような要素 x）をもつ．
　この原理に代わる他の表現がいくつかある．
　(1)（**クラトフスキーの補題**）半順序集合のどの線型順序をもつ部分集合も，極大な線型順序をもつ部分集合に含まれる．
　(2) 集合族 A のどの有向集合に対しても，その有向集合の各要素を含む A の要素が存在するならば，A の中に（包含関係に関して）極大な要素がある．
　(3)（**ハウスドルフの極大原理**）A を集合族，N を A における有向集合とするならば，N を含む有向集合 N^* で，N^* を含む大きな有向集合が存在しないような N^* がある．
　(4)（**テューキーの補題**）**有限性条件**をもつ集合族は**極大な要素**をもつ．
　(5) 任意の集合は整列可能である．＝ツェルメロの公理．→ 順序集合
　(6) 選択公理［→ 選択公理］．
　有限選択公理を仮定すれば，上のすべての原理は論理的に同値である．

■**月形**　lune
　(1) 3カ月型の図形．特に2つの円弧で囲まれた図形．円弧と直線で囲まれた弓形と区別して使われる．
　(2) 球面上の2つの大円で囲まれた図形．このときは**球面月形**ということが多い．**月形の角**とは交点での大円の間の角である．その面積は，球の半径を r，月形の角度を A とするとき，$4\pi r^2 A/360$ である．

テ

■**底** base
(1) 幾何的図形の底とは，それをもとにして（あるいは，それに直交するものとして）高さが指定されるか，または指定されうると思われるような図形の辺（または面）のことをいう．
(2) 代数学での底．a^n のような表現に対して，数 a を底，n を指数とよぶ．→ 基底（数の表示における，ベクトル空間の），双対基底
(3) 対数の底
→ 対数

■**底** radix [*pl.* radices, radixes]
(1) 根．
(2) 任意の記数法の基数となる数．10 は 10 進法の底．→ 基底（数の表示における）
(3) 対数の基数にときどき与えられる名前．常用対数の底は 10 である．自然対数の底は 2.7182818284… で e で表される．→ 対数

■**ディアッド** dyad
内積とも外積とも指定せず，$AB=\varPhi$ として 2つのベクトルを並べたもの．ディアッドはベクトルに**内積**または**外積**として作用する演算子と考えられる：$\varPhi\cdot F=A(B\cdot F)$, $F\cdot\varPhi=(F\cdot A)B$, $\varPhi\times F=(A\times B)\times F$, $F\times\varPhi=F\times(A\times B)$. 最初のベクトルが**前項**であり，次のベクトルが**後項**である．2つ以上のディアッドの和を**ダイアディック**という．ダイアディックの各項の要素の順番を入れ換える．すなわち $A_1B_1+A_2B_2+A_3B_3$ を $B_1A_1+B_2A_2+B_3A_3$ とすることにより得られるものと，もとの要素は**共役な**ダイアディックといわれる．任意の r について $r\cdot\varPhi_1=r\cdot\varPhi_2$, $\varPhi_1\cdot r=\varPhi_2\cdot r$ であるとき，2つのダイアディックは等しいと定義する．ダイアディックがその共役と等しいときは**対称**，共役に負の符号をつけたものに等しいときは**交代**または**歪対称**という．ディアッド AB と CD の（直）積は $(B\cdot C)AD$ で与えられる．これを**ギブス積**ということもある．＝ダイアッド

■**ディオファントス** Diophantus (A.D. 250 頃；一説によれば 246－330)
古代ギリシャの算術，代数学者．エジプトに住んだ．

■**ディオファントス解析** Diophatine analysis
ある種の代数方程式の**整数解**を求めること．ほとんどの場合，巧妙に変数を導入することにより解く．

■**ディオファントス方程式** Diophantine equation
→ 不定方程式

■**底角（3 角形の）** base angles of a triangle
3 角形の底辺とその両端の辺とのなす（3 角形の内側の）角．

■**ディガンマ関数** digamma function
$\log_e \varGamma(x)$ の導関数 ψ.
$$\psi(x+1)-\psi(x)=1/x,$$
$$\psi'(x)=\sum_{n=0}^{\infty}(z+n)^{-2}$$
をみたす．ψ' は**トリガンマ関数**という．→ ガンマ関数

■**定義** definition
通常は長すぎて簡単かつ便利に表せない物のかわりに別のもの（例えば記号や 1 組の単語）を使うという同意．例えば，定義 "正方形は角がすべて直角で，辺の長さが等しい長方形である" は "角がすべて直角で辺の長さが等しい長方形" のかわりに "正方形" を用いるという同意．

■**定義域** domain
関数の独立変数が動く集合のこと．または，独立変数が動く範囲のこと．

■**定曲率曲面** surface of constant curvature
全曲率が，すべての点で等しい曲線．全曲率 $K=0$ のときは**可展面**であり，$K>0$ のときは**球状面**（球面とは限らない），$K<0$ のときは，**擬球面的曲面**である．→ 擬球面的曲面，球状面

■**定曲率リーマン空間** Riemannian space of constant Riemannian curvature
リーマン曲率が空間全体において一定で，かつ向き $\xi_1{}^i$, $\xi_2{}^i$ とは独立であるようなリーマン空間のこと．**リーマンの定曲率が k であるリーマン空間は $k>0$, $k<0$, $k=0$ であるにしたがってそれぞれ，リーマン球状空間，ロバチェフスキー空間，ユークリッド空間**とよばれる．

■**ディクソン，レオナード・ユージン**
Dickson, Leonard Eugene (1874—1954)
米国の数学者．特に有限線型群，有限体および線型結合的代数に重要な寄与をした．また3巻の記念碑的な大著『数論の歴史』を著した．これは古代から 1920 年代までの数論に関するほぼ完全な指針である．

■**提携** coalition
n 人ゲームにおいて，共同の利益のために協力して，共同戦略をもつ2人以上のプレイヤーの集合．→ 協力ゲーム

■**t 検定** t test
X は正規確率変数で，平均値も分散もわかっていないとする．平均値が μ_0 である仮説を，有意水準 α として検定するために，**t 検定**は，確率変数
$$T=\frac{(n-1)^{1/2}(\mu-\mu_0)}{s}$$
を使用する．ここで，μ は大きさ n の確率標本の平均値とし，
$$s=\left[\sum_{i=1}^{n}(X_i-\mu)^2/n\right]^{1/2}$$
とする．この仮説が正しいとき，T は自由度 $n-1$ の **t 分布**をもつ．そして，仮説は $|T|>t_\alpha$ ならば棄却される．t_α は，F をこの t 分布の分布関数とするとき，
$$F(t_\alpha)=1-\frac{1}{2}\alpha$$
をみたすとする．t 分布は，他の多くの仮説検定に対しても使用される．

■**定常状態** stationary state
時間 t における状態が，連立微分方程式
$$\frac{dx_i}{dt}=f_i(x_1,\cdots,x_n),\qquad x_i(t_0)=c_i$$
$$(i=1,\cdots,n)$$
をみたす状態変数 $x_1(t),\cdots,x_n(t)$ の集合によ
り表される物理系において，各 $i=1,\cdots,n$ に対して，$f_i(a_1,\cdots,a_n)=0$ をみたす $x_1,\cdots,x_n$ のそれぞれの値 $a_1,\cdots,a_n$ の集合を，**定常状態**という．→ 安定系

■**定数** constant
特定の対象または数．ある議論や一連の数学的操作を通じて同一の対象を表す記号．ただ1つの値をとる変数．→ 変数

■**定数関数** constant function
値域が唯一の要素からなる関数．すなわち，1つの元 a があってその定義域のすべての x に対し $f(x)=a$ となる関数．

■**定数項** constant term in an equation (function)
方程式あるいは関数の定数項．変数を含まない項．［類］絶対項．

■**定数変化法** variation of parameters
線型微分方程式において，それに対応する同次微分方程式の一般解がわかっているときに，与えられた線型微分方程式の特殊解を求める方法．例えば，方程式 $(x-1)y''-xy'+y=0$ の一般解が $y=Ax+Be^x$ であることは，すでにわかっているとする．このとき，方程式
$$(x-1)y''-xy'+y=1-x$$
を解くために，定数 A, B を関数とみなして，$y=xA(x)+e^xB(x)$ とおき，これが，特殊解となるように $A(x)$, $B(x)$ を決める．
条件 $xA'(x)+e^xB'(x)=0$ を付加すると，$y'=A(x)+e^xB(x)$ となる．関数 $y=xA(x)+e^xB(x)$ を微分方程式に代入することにより，$A'(x)+e^xB'(x)=-1$ を得る．したがって，求める解は
$$\begin{cases} xA'(x)+e^xB'(x)=0 \\ A'(x)+e^xB'(x)=-1 \end{cases}$$
を解くことにより得られる．$A'(x)$, $B'(x)$ を求め，さらに積分することにより $A(x)$, $B(x)$ を得る．

n 階の微分方程式についても，同様の方法が適用できる．同次微分方程式の一般解の任意定数を未知関数とおいた関数を y とする．これを $n-1$ 階まで微分する．その際，未知関数の導関数を含む項を0とおいた条件式を付加する．これらが，$n-1$ 個でる．y を与えられた微分方程式に代入することにより，さらに n 番目の式が

でてくる．

この方法を変形すれば，対応する同次方程式のいくつかの解がわかっているが，一般解が得られていない場合にも適用できる．

■**ディスクリート集合** discrete set
→ 離散集合

■**定積分** definite integral, Riemann integral

定積分は積分学の基本的な概念である．それはつぎのように表される．
$$\int_a^b f(x)\,dx$$
ここで，$f(x)$は**被積分関数**，aとbは積分の**下限**と**上限**，xは**積分変数**である．幾何学的には，$a<b$のとき積分が存在するのは，閉区間$[a,b]$とfのグラフの間の領域Wが面積をもつとき，かつそのときにかぎる．そのとき，積分はx軸より上にあるWの部分の面積から，x軸より下にあるWの部分の面積を引いたものに等しい．このほかにも多くの定積分に対する解釈がある．例えば，$v(t)$を直線に沿って動く質点の時刻tにおける速さとすると，$\int_a^b v(t)\,dt$はその質点が時刻aからbまでの間に動いた距離を表す．区間$[a,b]$を図に示したように長さ$\Delta x=(b-a)/n$の小区間にn等分したとする．このとき，定積分はaとbの間の区間でつくられる幅Δxずつの長方形の面積の和が，Δxが0に近づくときにとる極限値と等しくなる．さらに詳しくいうと，一般的にaからbまでの間で順番に数$x_1, x_2, \cdots, x_{n+1}$を選ぶ．ただし，$x_1=a, x_{n+1}=b$とする．さらに，$x_{i+1}-x_i=\Delta_i x$で表し，$\xi_i$を閉区間$[x_i, x_{i+1}]$の中の任意の数とする．このとき，和
$$R(x_1,\cdots,x_{n+1};\xi_1,\cdots,\xi_n)=\sum_{i=1}^n f(\xi_i)\Delta_i x$$
を**リーマン和**（**ダルブー和**）とよぶ．$|x_{i+1}-x_i|$のうちの最大数をδとすると，aとbを端点にもつ区間上でのfの**リーマン積分**は，
$$\int_a^b f(x)\,dx = \lim_{\delta\to 0} R(x_1,\cdots,x_n;\xi_1,\cdots,\xi_n)$$
の**極限**が存在するとき，その極限値として与えられる．これを**総和としての定積分**とか**区分求積法**ということもある．積分の定義される区間上で連続な関数に対して，定積分は常に存在する．しかし，連続性はそのための十分条件であって必要条件ではない．有界な関数が，与えられた区間上で（リーマン）積分をもつための必要十分条件は，その関数が**ほとんどいたるところ**連続であることである［→ **ダルブーの定理**］．

つぎに，定積分の基本的性質をいくつかあげる．
(1) 積分区間の**上限**と**下限**をとりかえれば，積分の符号が変わる．
(2) 任意の定数cに対して，
$$\int_a^b cf(x)\,dx = c\int_a^b f(x)\,dx$$
(3) 左辺の2つの積分が存在するとき，右辺の積分も存在して，つぎの等式が成り立つ．
$$\int_a^b f(x)\,dx + \int_b^c f(x)\,dx = \int_a^c f(x)\,dx$$
(4) 左辺の2つの積分が存在するとき，右辺の積分も存在して，つぎの等式が成り立つ．
$$\int_a^b f(x)\,dx + \int_a^b g(x)\,dx = \int_a^b [f(x)+g(x)]\,dx$$
(5) $a<b$とし，$a\leqq x\leqq b$のとき$m\leqq f(x)\leqq M$ならば，
$$m(b-a)\leqq \int_a^b f(x)\,dx \leqq M(b-a)$$
(6) fが連続ならば，aとbの間にある数ξが存在して，
$$\int_a^b f(x)\,dx = (b-a)f(\xi)$$
→ 一般リーマン積分，関数の平均値，積分可能関数，積分法の平均値定理，置換積分，微分積分法の基本定理

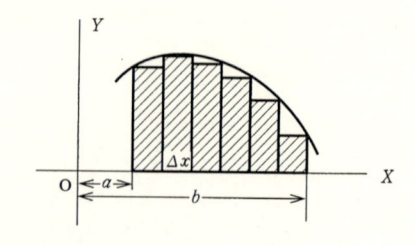

■**定積分法** definite integration
定積分を求める手続き．→ 定積分

■**定速** constant speed and velocity
同一時間に同一距離移動する物体は**定速**であるという（物体は直線運動をしている必要はない）．同一時間に同一の方向へ同一の距離移動する物体は**定速度**をもつという（これは各点における瞬間速度が同一ベクトルであることを意味

する [→ 速度]). 定速度は**一様**（直線）**速度**あるいは**一様運動**ともいう．一様運動はときに円周上の定速運動，すなわち一様円運動のことを意味することもある．

■**ティーツェ，ハインリッヒ・フランツ・フリードリッヒ** Tietze, Heinrich Franz Friedrich (1880—1964)
　オーストリア・ドイツの解析学者，位相数学者．

■**ティーツェの拡張定理** Tietze extension theorem
　T をハウスドルフ空間とするとき，次の(a), (b)はそれぞれ，T が**正規空間**であるための必要十分条件であるという定理．
　(a) X を任意の閉部分集合とし，f を X から閉区間 $[0, 1]$ への任意の連続関数とする．このとき，T で定義された $[0, 1]$ への連続関数 F で，$F(x)=f(x)$ $(x\in X)$ をみたすものが存在する．
　(b) X を任意の閉部分集合とし，f を X 上の任意の実数値連続関数とする．このとき，T で定義された実数値連続関数 F で，$F(x)=f(x)$ $(x\in X)$ をみたすものが存在する．＝ティーツェ-ウリゾーンの拡張定理．

■**ディドウの問題** Dido's problem
　一定長の長さの曲線によって囲まれた図形の最大面積を与える形を求める問題．求める曲線は円である．境界の一部が川などのように任意の長さの直線分として与えられているときの解は半円である．伝説的なカルタゴの初代女王ディドウはこの解を知っていたといわれる．すなわち彼女は牛の皮で囲めるだけの領土を与えられたので，牛の皮を細く切り北アフリカの海岸に沿って半円をつくり，その内部にカルタゴ国を創設したと伝えられている．＝等周問題(1)．

■**ディニ，ウリス** Dini, Ulisse (1845—1918)
　イタリアの解析学者．

■**ディニの条件**（フーリエ級数の収束に対する） Dini's condition for convergence of Fourier series
　　→ フーリエの定理

■**ディニの定理**（一様収束に関する） Dini's theorem on uniform convergence
　$\{S_n\}$ はコンパクト集合 D において，単調に連続関数 S に収束する，実数値連続関数列であるとする．このとき，$\{S_n\}$ の S への収束は D において一様である．

■**底の変換**（対数の） change of base in logarithms
　　→ 対数

■**定発散級数** properly divergent series
　　→ 発散級数

■**定幅曲線** curve of constant width
　　→ ルーローの3角形

■**定符号形式**（正の） positive definite quadratic form
　　→ 形式

■**底分数** radix fraction
　$\dfrac{a}{r}+\dfrac{b}{r^2}+\dfrac{c}{r^3}+\dfrac{d}{r^4}+\cdots$ の形で示される分数の和．ただし文字 $a, b, \cdots$ はすべて r（整数）より小さな整数である．すなわち r 進の小数のこと．→ 基底（数の表示における）

■ **t 分布** t distribution
　《統計》確率変数 X が **t 分布**をもつ，あるいは自由度 n の **t 確率変数**であるとは，その**確率密度関数** f が
$$f(x)=\dfrac{\Gamma\left[\dfrac{1}{2}(n+1)\right]}{\sqrt{n\pi}\,\Gamma\left(\dfrac{1}{2}n\right)}\left(1+\dfrac{x^2}{n}\right)^{-\frac{1}{2}(n+1)}$$
で表されることである．ここで，Γ は**ガンマ関数**を表す．$n>1$ ならば**平均値**は 0，$n>2$ ならば**分散**は $n/(n-2)$ である．確率変数が 0 に対して左右対称に分布され，その2乗が自由度 $(1, n)$ の F 確率変数であるならば，t 確率変数である．同様に，X が，平均値 μ，
$$s=\left[\sum_{i=1}^{n}(X_i-\mu)^2\right]^{1/2}$$
（ただし，$(X_1, X_2, \cdots, X_n)$ は X の無作為標本）の正規確率変数であるならば，$(X-\mu)\sqrt{n}/s$ は t 確率変数である．大きな n に対して，t 分布は，ほぼ，平均値 0，分散 1 の**正規分布**である．

分布については，すでにヘルマートにより示されていたが，**t 検定**，**t 分布**は，スチューデント（ゴセットのペンネーム）により導入，展開された．＝スチューデントの t 分布．→ F 分布，カイ2乗分布，コーシー分布

■**テイラー**　Taylor, Brook（1685―1731）
イギリスの解析学者，幾何学者，哲学者．透視画法や差分法に関する著書がある．

■**テイラー級数**　Taylor series
→ テイラーの定理

■**ディラック，ポール・エイドリアン・モーリス**　Dirac, Paul Adrien Maurice（1902―1984）
英国の理論物理学者．量子力学を創った一人．

■**ディラック行列**　Dirac matrix
$\gamma_i \gamma_j = -\gamma_j \gamma_i$ $(i \neq j)$，γ_i^2 が単位行列であるような 4×4 の4個の行列 γ_i $(i=1,2,3,4)$．→ クリフォード代数

■**ディラックのデルタ関数**　Dirac δ-function
＝ディラックの超関数，デルタ超関数．→ 一般関数，超関数

■**テイラーの公式**　Taylor's formula
テイラーの定理における剰余項を含めた公式．

■**テイラーの定理**　Taylor's theorem
関数を近似する多項式と，その誤差の評価を与える一般的な定理．1変数の関数 f に対する**テイラーの定理**は
$$f(x) = f(a) + f'(a)(x-a)$$
$$+ f''(a)(x-a)^2/2!$$
$$+ f'''(a)(x-a)^3/3! + \cdots$$
$$+ f^{(n-1)}(a)(x-a)^{n-1}/(n-1)! + R_n$$
である．R_n は**剰余項**（詳しくは n 項後の剰余項）という．剰余項には，いくつかの形があり，どれが有用かは，展開される関数による．剰余項の4つの形を示す．

(1) $R_n = \dfrac{1}{(n-1)!} \displaystyle\int_a^x (x-t)^{n-1} f^{(n)}(t)\, dt$

(2) **ラグランジュの形**
$$R_n = \frac{h^n}{n!} f^{(n)}(a+\theta h)$$

(3) **コーシーの形**
$$R_n = \frac{h^n (1-\theta)^{n-1}}{(n-1)!} f^{(n)}(a+\theta h)$$

(4) **シュレーミルヒの形**
$$R_n = \frac{h^n}{p(n-1)!} (1-\theta)^{n-p} f^{(n)}(a+\theta h)$$

ここで，θ は $0<\theta<1$ のある数．$h=x-a$ である．$p=1$，$p=n$ のときのシュレーミルヒの形は，それぞれコーシーの形，ラグランジュの形となる．**テイラーの定理**における n をいくらでも大きくできるならば，**テイラー級数**が得られる．この級数の和が，もとの関数を表すための必要十分条件は，$n \to \infty$ のとき $R_n \to 0$ となることである．$a=0$ のときのテイラー級数は，**マクローリン級数**とよばれる．マクローリンが示した級数であるが，テイラー級数の特別な場合となっている．$(x+a)^n$ の2項展開はマクローリン級数でもある．それは，n が整数のとき，$R_{n+1}=0$ となるからである．関数が，ベキ級数 $c_0 + c_1(x-a) + c_2(x-a)^2 + \cdots + c_n(x-a)^n + \cdots$ で表すことができるならば，このベキ級数が，テイラー級数である．関数が，ある区間において，各階の導関数を求めることができなければ，この関数をテイラー級数に展開することができないことは明らかである．テイラー級数への展開は，テイラーが発表する以前に，グレゴリーによって，またヨハン・ベルヌイによって実質的に知られていた．

2変数関数のテイラーの定理は
$$f(x,y) = f(a,b)$$
$$+ \left[(x-a)\frac{\partial}{\partial x} + (y-b)\frac{\partial}{\partial y}\right] f(a,b) + \cdots$$
$$+ \left[(x-a)\frac{\partial}{\partial x} + (y-b)\frac{\partial}{\partial y}\right]^{n-1} \frac{f(a,b)}{(n-1)!} + R_n$$
である．ここで，$[\ ]^l$ $(l=1,2,\cdots,n)$ は作用素である．これは，形式的に，2項定理を適用し，
$$\left(\frac{\partial}{\partial x}\right)^h \left(\frac{\partial}{\partial y}\right)^k, \left(\frac{\partial}{\partial x}\right)^0, \left(\frac{\partial}{\partial y}\right)^0$$
をそれぞれ
$$\frac{\partial^{h+k}}{\partial x^h \partial y^k}, \quad 1, \quad 1$$
とおきかえたものを，$f(a,b)$ に作用させた式を意味する．$|R_n|$ は，$f(x,y)$ の各 n 次偏導関数の絶対値の最大値と
$$\frac{1}{n!}(|x-a|+|y-b|)^n$$
をかけた値を越えない．実際 R_n は
$$R_n = \left[(x-a)\frac{\partial}{\partial x} + (y-b)\frac{\partial}{\partial y}\right]^n \frac{f(x_n, y_n)}{n!}$$

で与えられる．ここで，$0<\theta<1$ のある θ に対し
$$x_n=a+\theta(x-a), \quad y_n=b+\theta(y-b)$$
と表される．n をいくらでも大きくできるならば（f の各階の偏導関数が存在する必要がある），2変数のテイラー級数が得られる．この級数の和が，もとの関数を表すための必要十分条件は，$n\to\infty$ のとき $R_n\to 0$ となることである．テイラーの定理と級数は，多変数の関数の場合へ，同様に拡張される．テイラーの定理をテイラーの公式ともいう．これは，平均値定理の拡張あるいは一般化であるともいえるが，これを第2平均値定理ということもある．→ ローラン展開（解析関数の）

■**定理** theorem
ある仮定（公理）が正しいとすれば，正しいと証明できる命題．しかしそういう命題は，何か特別な目的に価値があると信じられない限り，定理とはよばれないことが多い．定理を証明するには，必ずしも仮定を直接使わず，すでに証明された定理を使うことが多い．ある定理から"容易"に導かれる命題を，その定理の**系**という．他の定理を証明するために，それ以前に証明される定理を**補題**（**補助定理**）という．

■**ディリクレ，ペーター・グスターフ・レジュネ** Dirichlet, Peter Gustav Lejeune（1805—1859）
ドイツの数論，解析，応用数学者．a と b が互いに素な整数であるとき，集合 $\{a, a+b, a+2b, \cdots\}$ は無限に多くの素数を含むことを示した．

■**ディリクレ核** Dirichlet kernel
$D_n(t)=\sum_{k=-n}^{n}e^{ikt}$ という関数であり，$e^{it}=1$ ならば，値は $2n+1$ である．一般に
$$D_n(t)=\frac{\sin((n+1/2)t)}{\sin(t/2)}$$
である．しばしばこれに係数 $1/2$ または $\pi/2$ を乗じたものをそうよぶ．関数 f の**複素型**フーリエ級数の部分和 $s_n(x)=\sum_{k=-n}^{n}c_k e^{ikx}$ は
$$s_n(x)=\frac{1}{2\pi}\int_{-\pi}^{\pi}f(x-t)D_n(t)\,dt$$
と表される．→ フーリエ級数

■**ディリクレ級数** Dirichlet series
$\sum_{n=1}^{\infty}(a_n/n^z)$ の形の無限級数．ここに z と a_n は複素数である［→ リーマンのゼータ関数］．なお，さらに一般に，λ_n を正の数の増加列として $\sum_{n=1}^{\infty}a_n\exp(-\lambda_n z)$ の形の級数を**一般のディリクレ級数**という．冒頭の形は $\lambda_n=\log n$ の場合である．

■**ディリクレ積** Dirichlet product
与えられた定義域 R と負でない関数 $p(x, y, z)$ に対して，関数 $u(x, y, z)$ と $v(x, y, z)$ のディリクレ積 $D[u, v]$ は，
$$\nabla u\cdot\nabla v=\frac{\partial u}{\partial x}\frac{\partial v}{\partial x}+\frac{\partial u}{\partial y}\frac{\partial v}{\partial y}+\frac{\partial u}{\partial z}\frac{\partial v}{\partial z}$$
として，
$$D[u,v]=\iiint_R(\nabla u\cdot\nabla v+puv)\,dxdydz$$
である．→ ディリクレ積分

■**ディリクレ積分** Dirichlet integral
次の積分
$$\iint_A\left[\left(\frac{\partial w}{\partial x}\right)^2+\left(\frac{\partial w}{\partial y}\right)^2\right]dxdy$$
または，任意個の独立変数をもつ関数に対する類似の積分．**ディリクレの原理**は次のことを述べている．A の境界である与えられた関数の値をとる連続関数のうちでディリクレ積分が最小となる関数は，A の内部において調和関数である．

■**ディリクレの条件（フーリエ級数の収束に対する）** Dirichlet's conditions for convergence of Fourier series
→ フーリエの定理

■**ディリクレの性質（ポテンシャル関数の）** Dirichlet characteristic properties of the potential functions
→ ポテンシャル関数のディリクレの性質

■**ディリクレの定理** Dirichlet theorem
a と r とが互いに素な整数のとき，等差数列 $\{a, a+r, a+2r, a+3r, \cdots\}$ 中に無限に多くの素数が含まれるという定理．

■**ディリクレの判定法（級数の収束に関する）**
Dirichlet's test for convergence of a series
$a_1, a_2, \cdots$ は p によらないある K に対して、$\left|\sum_{n=1}^{p} a_n\right| < K$ をみたす数列とする．すべての n に対して $u_n \geq u_{n+1}$ であり、$\lim_{n\to\infty} u_n = 0$ であるならば，$\sum_{n=1}^{\infty} a_n u_n$ は収束する．この判定法は，**アーベルの不等式**から導き出せる．

■**ディリクレの判定法（級数の一様収束に関する）** Dirichlet's test for uniform convergence of a series
$a_1, a_2, \cdots$ は x と p によらないある K に対して，$\left|\sum_{n=1}^{p} a_n(x)\right| < K$ をみたす関数列とする．u_n は，$n \to \infty$ のとき**一様**に $u_n(x) \to 0$ となり，かつ $u_n(x) \geq u_{n+1}(x)$ をみたす関数列とする．このとき，$\sum_{n=1}^{\infty} a_n(x) u_n(x)$ は一様に収束する．これは，**ハーディーの判定法**ともよばれる．

■**ディリクレの抽出し論法** Dirichlet drawer principle
$1 \leq p < n$ であり，n 個の要素を p 個の互いに素な集合上に表現すれば，少なくとも1つの集合は2個以上の要素を含むという原理．**ディリクレの鳩の巣原理**または単に**鳩の巣原理**ともいう．それは次の形に述べられる．n 個の要素を p ($1 \leq p < n$) 個の箱のどれかに入れれば，少なくとも1つの箱は2個以上の要素を含む．p を $n-1$ と限定することもある．なお鳩の巣という語は pigeon-hall（区分けのついたしきり棚の意味）の意図的な直訳らしい．

■**ディリクレ問題** Dirichlet problem
ポテンシャル論における，第1種境界値問題のこと．→ 第1種境界値問題

■**定理の逆** converse of a theorem (implication)
もとの定理あるいは含意の仮定と結論を入れかえることにより得られる定理（あるいは含意）．先の結論の一部分が仮定となった場合や，仮定の一部分が結論となった場合も，新しくできた命題をもとの命題の（部分的）逆とよぶことがある．例えば "x が4でわり切れれば x は2でわり切れる" という命題の逆は "x が2でわり切れれば x は4でわり切れる" という偽の命題である．含意が真であるとき，その逆は真でも偽でもありえる．含意 $p \to q$ とその逆 $q \to p$ がともに真ならば，同値 $p \leftrightarrow q$ が真である．→ 裏，含意の対偶

■**定理の結論** conclusion of a theorem
定理の仮定から必然的に導かれる（あるいは導かれることが証明される）命題．→ 含意

■**停留値（積分の）** stationary value of an integral
→ 変分

■**停留点** stationary point
接線が水平である曲線上の点．1変数関数の場合には微分が0である点．多変数関数の場合にはすべての偏微分が0である点．

■**デカルト，ルネ** Descartes, René (1596—1650)
哲学者，数学者．フランスで生まれ，西ヨーロッパの各地で生活し，オランダに移住した．フェルマーとともに解析幾何の確立者である．直角座標を意味する**カルテシアン座標**（＝デカルト座標）という語は，彼の名前のラテン語名 "Cartesius" によっている．これらのことにより，彼とフェルマーは，しばしば最初の現代数学者といわれている．

■**デカルト空間** Cartesian space
＝ユークリッド空間．

■**デカルト座標** Cartesian coordinate
→ 直角座標

■**デカルト積** Cartesian product
→ 直積

■**デカルトの符号法則** Descartes' rule of signs
多項式の正零点や負零点の個数の上限を決める法則．この法則は次のように述べられる．多項式 $P(x)$ の正零点の個数は，降べキ順に並べた多項式の係数の符号変化の数か，またはそれより偶数個少ない数に等しい．ここで重複度 m の零点は m 個の零点と数える．多項式の負零点の個数は，多項式 $P(-x)$ にこの法則を適用することにより調べることができる．例えば，多

項式
$$x^4-x^3-x^2+x-1$$
は3つの符号変化をもつので，この多項式は3個または1個の正零点をもつ．また，x を $-x$ に置き換えることにより得られる $x^4+x^3-x^2-x-1$ は，ただ1つの符号変化をもつので，もとの多項式はただ1つの負零点をもつ．→ 多項式の符号変化

■**デカルトの葉線** folium of Descartes
直交座標で，方程式 $x^3+y^3=3axy$ によって表される曲線（a は正の定数）．結節点を1個もち，1個のループと，直線 $x+y+a=0$ に漸近する2個の分枝からなる．

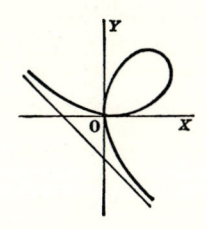

■**適合行列** conformable matrices
行列 A の行の数と行列 B の列の数が等しいとき，A は B への**適合行列**であるという．行列の積 AB をとることは A と B とが適合行列である場合のみ可能である．適合という関係は対称的な関係ではない．→ 行列の積

■**適合条件式** compatibility equations
《弾性》ひずみテンソルの成分を結びつける微分方程式．この方程式はそのひずみの状態が連続体において生じうることを保障する．

■**てこ** lever
《力学》重いものを持ち上げるための剛体の棒で，**支点**とよばれる支えに棒をあずけて力や重りを働かせる．支点が棒の下で力をかける点と物を動かす点の間にある場合，支点が棒の下で棒の一端点にある場合，支点が棒の上で棒の一端点にある場合のそれぞれに応じて，**第1，第2，第3型のてこ**とよばれる．

■**てこの腕** lever arm
てこの支点から重りまでの距離，または力の作用する線．

■**てこの法則** law of the lever
2つの重り（力）が平衡しているならば，それらの重さ（力）は互いにそれらがかかるてこの腕に反比例している．あるいは，つぎのように述べても同値である．それぞれの重さとそれがかかるてこの腕の積はともに等しい．あるいは，支点のまわりのすべての力のモーメント（積率）の代数的和は0に等しいといってもよい．

■**デザルグ，ジラール** Desargues, Girard
(1591―1661)
フランスの幾何学者．射影幾何の研究を正式に始めた．

■**デザルグの定理** Desargues' theorem
2つの3角形の対応する頂点を結んだ直線が1点で交わるための必要十分条件は，対応する辺の交点が1直線上にあることである．このような関係にある2つの3角形は**配影の位置**にあるという．

■**デジタル計算機** digital computer
デジタル表示された数値を用いて数学的演算を実行する計算機．→ エニアック，バベジ，ライプニッツ

■**テータ関数** theta functions
$q=e^{\pi i \tau}$ とする．ただし，τ は虚部が正の複素数とする．
$$\vartheta_1(z)=2\sum_0^\infty (-1)^n q^{(n+1/2)^2} \sin(2n+1)z$$
$$\vartheta_2(z)=2\sum_0^\infty q^{(n+1/2)^2} \cos(2n+1)z$$
$$\vartheta_3(z)=1+2\sum_1^\infty q^{n^2} \cos 2nz$$
$$\vartheta_4(z)=1+2\sum_1^\infty (-1)^n q^{n^2} \cos 2nz$$
で定義される関数を，**テータ関数**という．詳しくは**楕円テータ関数**という．通常は τ を明示しないで表現する．ϑ_4 を ϑ，あるいは ϑ_0，$\vartheta_1(z)$ を $\vartheta_1(\pi z)$ とかくこともある．
$$\vartheta_1(z)=-\vartheta_2\left(z+\frac{1}{2}\pi\right)$$
$$=(-iq^{1/4}e^{iz})\vartheta_3\left(z+\frac{1}{2}\pi+\frac{1}{2}\pi\tau\right)$$
$$=(-iq^{1/4}e^{iz})\vartheta_4\left(z+\frac{1}{2}\pi\tau\right)$$
が成り立つ．各テータ関数は
$$\vartheta_4(z+\pi)=\vartheta_4(z)=(-qe^{2iz})\vartheta_4(z+\pi\tau)$$

と同様の関係をみたし，この関係は**準2重周期関数**とよばれる．テータ関数は整関数である．

■**デデキント，ユリウス・ウィルヘルム・リヒャルト**　Dedekind, Julius Wilhelm Richard（1831—1916）

ドイツの数学者．数論，解析，特に，代数的整数，代数関数，イデアル論を専門とした．また，有理数の**デデキント切断**によって実数を定義し，実数に関する概念を明白にした．→エウドクソス

■**デデキント切断**　Dedekind cut

有理数を2つの空でない，互いに素の，次の条件をみたす部分集合AとBへ分割すること．(a) $x \in A$, $y \in B$ なら $x < y$ である．(b) 集合Aは最大元を含まない（この条件は，Bは最小元をもたない，で置き換えることができる）．例えば，Aを3未満のすべての有理数，Bを3またはそれ以上のすべての有理数とする．またAを負であるすべての有理数と0，および$x^2<2$であるすべての正の有理数との和集合，Bを$x^2>2$であるすべての正の有理数とする．最初の例において，Bは最小元をもっているが，2番目の例では，Bは最小元をもっていない．

デデキント切断の全体を，**実数全体**であると定義する．記号(A,B)によって，集合A,Bのつくるデデキント切断に対応する実数を表現する．実数の大小，加法，乗法を次のように定義する．**大小**：A_1に含まれ，A_2に含まれない元が存在するなら，$(A_1,B_1)>(A_2,B_2)$とする．**加法**：実数(A_1,B_1)と(A_2,B_2)との和を，A_1の元x_1とA_2の元x_2との和x_1+x_2の全体をA，Aの補集合をBとして，(A,B)とする．**乗法**：実数(A_1,B_1)と(A_2,B_2)との積を，次の性質をみたす有理数xの全体をAとし，Bをその補集合とすることによって定義する：任意の正の数εに対して，A_1,B_1,A_2,B_2にそれぞれ含まれるa_1,b_1,a_2,b_2が存在して，$b_1-a_1<\varepsilon$, $b_2-a_2<\varepsilon$をみたし，xは$a_1a_2,a_1b_2,b_1a_2,b_1b_2$のいずれよりも小さい（もし，$A_1,A_2$がともに正の数を含むならば，$A$は正でないすべての有理数と，$A_1$および$A_2$のそれぞれに含まれる正の数$x$と$y$との積全体の作る集合との和集合である）．$A$の上限が有理数$a$であるとき，対応$a \mapsto (A,B)$は順序，和，積を保っているので，実数$(A,B)$を$a$と同一視し，$(A,B)$を有理数とよぶ［→無理数］．実数に対しても，デデキント切断を有理数のときと同様に定義することができる．しかしこれによってできる新しい集合は，実数それ自身と何ら変らず，数の集合の拡張にはなっていない．

■**デュアメル，ジャン・マリー・コンスタン**　Duhamel, Jean Marie Constant（1797—1872）

フランスの解析，応用数学者．

■**デュアメルの定理**　Duhamel's theorem

n個の無限小（それぞれはnの関数）の和がnを増加させる（無限大まで）ときある極限値に近づくなら，これらの各無限小より**均一**に高次な無限小をそれらに加えることによりつくられる無限小の和は同じ極限値に近づく．例えば，各項が$1/n$であるn項の和は1であるので，この無限小の和は，nが増加するに従って1に近づく（等しい）．ゆえに，各項が$1/n+1/n^2$であるn項の和は，**デュアメルの定理**よりnが増加するに従って1に近づく．これは，$1/n+1/n^2$のn項の和は$1+1/n$であり，nを増加させると確かに1に近づくので正しい［→定積分］．専門的にいえば，

$$\lim_{n\to\infty}\sum_{i=1}^{n}a_i(n)=L$$

であり，任意の$\varepsilon(>0)$に対してNが存在し，すべてのiとすべての$n(>N)$に対して$|\beta_i(n)/a_i(n)|<\varepsilon$をみたすなら，

$$\lim_{n\to\infty}\sum_{i=1}^{n}[a_i(n)+\beta_i(n)]=L$$

となる［β_i/a_iがこの条件をみたすなら，割合β_i/a_i（$i=1,2,3,\cdots$）は0に**一様に収束する**という］．これは2つの極限が一致するための十分条件であるが，必要条件ではない．必要条件は，n個の$\beta_i(n)$の和がnを無限大に増加させると0に近づくことである．例えば，βの有限個がaより大きいが，それらのそれぞれは0に近づき，そして他のβについてはβ_i/a_iが0に一様に収束するなら，この必要条件がみたされる．

■**テューキー，ジョン・ウィルダー**　Tukey, John Wilder（1915—　　）

アメリカの作用素解析学者，統計学者，位相数学者．

■**テューキーの補題**　Tukey's lemma
→ツォルンの補題

■デュパン，フランソア・ピエール・シャルル
Dupin, François Pierre Charles, (1784—1873)
フランスの微分幾何，物理学者．

■デュパンのサイクライド cyclides of Dupin
3つの固定球面に接する球面の包絡面．

■デュパン標構（曲面の点における） Dupin indicatrix of a surface at a point
曲面 S の点 P における曲率線の接線を座標軸 ξ, η としてとり，ρ_1, ρ_2 をそれぞれ S の P における主曲率半径とする．このとき S の P における**デュパン標構**は，P における全曲率が正，負，0に従ってそれぞれ
$$\frac{\xi^2}{|\rho_1|}+\frac{\eta^2}{|\rho_2|}=1, \quad \frac{\xi^2}{\rho_1}+\frac{\eta^2}{\rho_2}=\pm 1, \quad \xi^2=|\rho_1|$$
となる．P における接平面に平行な近くの平面と，S との交わりである曲線は，P における S のデュパン標構とだいたい一致するか，または P における S の曲率が負であれば，デュパン標構を構成している双曲線の1つとだいたい同じである．それゆえに，曲面上の点は，そこにおける全曲率が正，負，0であるに従って，それぞれ**楕円的点**，**双曲的点**，**放物的点**とよばれる．

■デューラー，アルブレヒト Dürer, Albrecht (1471—1528)
ドイツの芸術家，数学者．最初に外サイクロイドの表現を与えた．また数学的題材を木彫によって表現した．

■デル del
勾配の演算子
$$i\frac{\partial}{\partial x}+j\frac{\partial}{\partial y}+k\frac{\partial}{\partial z}$$
のこと．∇ と記す．＝ナブラ．→ 関数の勾配，ベクトル関数の発散

■デルタ状4辺形 deltoid
隣接する2対の辺が相等しい凸でない4辺形．凹頂点を通る対角線について対称である．凸のとき凧（たこ）とよばれるのに対して，矢（dart）とよばれることもある．

■デルタ多面体 delta hedron
面は互いに合同な正3角形であるが，頂点の多面角は必ずしも合同でないような多面体．そのような凸多面体はちょうど8種ある．

■デルタ超関数 delta distribution
＝ディラックのデルタ関数．→ 超関数

■点 point
(1) 幾何学における無定義要素．ユークリッドに従えば，それは位置をもつがまったく容積をもたないものである．
(2) 点 (1, 3) のように座標によって定義される幾何学的要素．
(3) ある空間の仮定をみたす要素．→ 距離空間，ユークリッドの公準

■転位 inversion of a sequence of objects
隣りあう2項を取り換えること．列における**転位の個数**とは，何らかの正規性をもつ順序に並べ換えるために必要な転位の最小個数のことである．順列 1, 3, 2, 4, 5 は，1, 2, 3, 4, 5 を正規な列としたとき1個の転位をもつ．また，1, 4, 3, 2, 5 は3個の転位をもつ．順列の転位の個数が奇数か偶数かに従って，その順列を**奇**または**偶**であるという．

■点円 point circle
→ 円

■展開 expansion
(1) いくつかの項に対する規則的な演算の組み合わせの形をした式のことを表す言葉．いくつか（有限個または無限個）の項の和の形をしたものが最も多く用いられ，いくつかの項の積の形をしたものもよく用いられる．**展開形**ともいう．→ テイラーの定理，フーリエ級数
(2) 展開形を得ること．

■展開可能曲面 applicable surfaces
1つの曲面から他の曲面への写像で，長さを保存するものが存在するとき，これらの曲面を，**展開可能曲面**という．特に平面に展開可能なときをそうよび，単に**可展面**という．→ 可展面，等長写像

■展開記数法 expanded notation
537.2 という数は $(5\cdot 10^2)+(3\cdot 10)+(7\cdot 1)+\left(2\cdot\frac{1}{10}\right)$ と表すことができるが，このような表し方を，**展開記数法**という．これに対し，537.2 という，通常の表し方を，**位取り記数法**という．

■**電界強度** electrostatic intensity
　問題としている点に，他の電荷の位置を動かすことなく，正の単位電荷を置いたときに，その単位電荷の受ける力．他の電荷の位置を動かすことなく置くという仮定は，物理的に可能な事態であるよりは，むしろ，数学的に好都合な仮設と見なされるべきものである．点Pにおいて電荷eの受ける力がeEであるとき，ベクトルEが点Pにおける電界強度である．Eの次元は，力を電荷で割ったものである．電荷eをもつ点電荷による電界強度は，$er^{-2}\rho$である．[→クーロンの法則，点電荷]．ここで，r, ρはそれぞれ点電荷からその場所への距離，およびその方向をむいた単位ベクトルである．

■**電界強度の重畳原理** superposition principle for electrostatic intensity
　P_1における電荷e_1, P_2における電荷e_2, …の集まりによる電界強度は，それぞれの電荷による電界強度のベクトル和$\sum e_i r_i^{-2} \rho_i$になるという原理．

■**展開形ゲーム** extensive form of a game
　標準形ゲームは，各競技者の手番が1回だけで，先手・後手の区別がないゲームと考えられる．これに対し，手番に順番があったり，何回か（ただし，有限回）手番があったりするようなゲームを，手番の系列（手番の時間的な順番を表したもの）を用いて，以下のように記述したものを，**展開形ゲーム**という．各競技者の各手番に対し，純戦略集合と，過去の手番における戦略の選択の結果についてどの程度知っているかということに関する記述とを与える．偶然手番（カードを配るとか，さいころを投げるとかいうように，どの競技者の意思にもよらずに，状況の選択がなされること）がある場合は，その確率分布を与える．さらに，利得関数を与える．→標準形ゲーム

■**電荷の静電単位** electrostatic unit of charge
　《物理》等しい点電荷が1センチメートル離れて置かれているとき，反発力が1ダインとなる電荷の大きさ．力，距離，電荷がそれぞれダイン，センチメートル，静電単位で測られるなら，点電荷に関するクーロンの法則における定数kは1となる．SI単位系の絶対クーロンの2.997930×10^9分の1に相当する[→クーロン]．この定義において，電荷は自由空間におかれているとする．そうでなければ，媒質の誘電率が関係してくる．

■**電荷の体積密度** volume density of charge
　《物理》単位体積あたりの電荷．電荷密度に関する最も基本的な性質は，体積Vにわたる電荷密度の体積積分はVにおける全電荷になるという事実である．密度のかわりに点電荷を基本概念として出発するならば，点電荷の集合体の外側にある点での電場は，十分に複雑な密度関数を導入することによって，いくらでも近似することができることが知られている[→複合体のポテンシャルの集中法]．V_iは中心がP，半径r_iの球内部領域，e_iはV_iの中に存在する全電荷とすると，密度は，e_i/V_iの半径r_iを0にしたときの極限としても定義される．このとき，極限値が領域列V_iのとり方に独立であることが要求される．

■**電荷の面密度** surface density of charge
　《物理》単位面積あたりの電荷のこと．一定の厚さの表皮によって物体の境界ができていると考えると便利なことがある．表皮の中に存在する全電荷が移動して表皮の外側の表面に集中したと考えると，全電荷を扱う限り，表皮の単位体積あたりに存在する電荷のかわりに，それが移動して生じた表皮中の単位面積あたりの電荷に置き換えてよい．電荷の体積密度の体積積分は，電荷の面密度の面積分に等しい．→2重層の面密度

■**電荷または質量の曲面分布のポテンシャル関数** potential function for a surface distribution of charge or mass
　$U = \int \frac{\sigma}{r} dS$で定義される関数$U$のこと．ここで，$\sigma$が連続ならば，$\sigma$は電荷または質量の面密度である．$U$は連続であるが，その法線微分はその曲面のところで不連続である．より正確にいうと，曲面上の点P(曲面に境界があるときは境界上にない点とする)を選び，Pを通る法線を引き，その法線上の2点M, NでPをはさんで反対側に位置するものを選んで，MとNにおけるMからNへの向きの法線微分を計算すると，MとNがPに近づくときの

$$\left.\frac{\partial U}{\partial n}\right|_N - \left.\frac{\partial U}{\partial n}\right|_M$$

の極限は $-4\pi\sigma$ になる.

■**電荷または質量の空間分布のポテンシャル関数** potential function for a volume distribution of charge or mass
電荷または質量の連続的な空間分布（すなわち，電荷または質量をもった点の離散的な集まりのかわりに密度関数）が与えられたとき，そのポテンシャル関数は
$$\int \frac{\rho}{r} dV$$
である．ここで，ρ は点を変数とする関数で，直交座標を用いれば，$\rho(X, Y, Z)$ とかかれ，r は電荷の位置 (X, Y, Z) から場の中の点 (x, y, z) までの距離で，積分範囲は電荷が占めている空間である．したがって
$$\iiint \frac{\rho}{r} dXdYdZ$$
における積分変数は X, Y, Z であり，x, y, z は単なる助変数として現れている．結局，
$$\int \frac{\rho}{r} dV$$
は場内の点 (x, y, z) を変数とする関数となる．

■**電荷密度** density of charge
→ 電荷の体積密度，電荷の面密度，2重層の面密度

■**点から直線・平面への距離** distance from a point to a line or plane
点から直線，平面への垂直距離のこと．(x, y) 平面における点から直線への垂直距離は，直線の**標準形**の方程式の左辺に点の座標を代入した値の絶対値となる [→ 直線の方程式]．または，点から直線への垂線の足を求め，それからこの2点間の距離を計算して求める．点から平面への距離は，平面の**標準形**の方程式の左辺に点の座標を代入した値の絶対値となる [→ 平面の方程式].

■**電気抵抗** electrical resistance
伝導体を電流が流れるときに，電気エネルギーが熱に変換されることに伴って生ずる伝導体の性質．→ オームの法則

■**天球** celestial sphere
星が動いて見える球状の曲面．

■**天球上の点の方位角** azimuth of a celestial point
→ 時角と時圏

■**天球の極** pole of the celestial sphere
《天文》地軸の延長が天球と交わる2点のうちの1つ．その2点を天球の**北極**と**南極**とよぶ．
→ 時角と時圏

■**天球の赤道** celestial equator
《天文》地球の赤道面が，天球面を切ることによってできる大円． → 時角と時圏

■**点集合の種** species of a set of points
G' を集合 G の導集合（または導来集合）とし，G'' を G' の導集合とする．一般に $G^{(n)}$ を $G^{(n-1)}$ の導集合とする．集合 $G', G'', \cdots$ のうちの1つが空集合（元を1つも含まない集合）のとき，G は**第1種**であるといい，そうでないとき**第2種**であるという．$m + \frac{1}{n}$ (m, n は整数) の形の数全体の集合 G は，$G'' = 0$ であるから第1種である．有理数全体の集合は，すべての導集合が実数全体からなるから第2種である．

■**点集合の成分** component of a set of points
他の連結部分集合に含まれない，連結部分集合．成分であるためには，それが与えられた集合の中で閉じていることが必要である．

■**点集合の容積** content of a set of points
直線上の点集合 E に対し，有限個の区間（開区間でも閉区間でもよい）の族で，その合併が E を含むものを考える．このような区間の長さの和を考え，区間族の取り方を動かしたときのその和の下限を E の**外部容積**（あるいは**外容積**）とよぶ．一方それぞれの区間が E に完全に含まれ，かつどの2つの区間も共通部分をもたないような有限個の区間族をとり，その長さの和を考える．このような区間族の取り方を動かしたときのその和の上限を E の**内部容積**（あるいは**内容積**）とよぶ．あるいは（同値なことだが），E を含む区間 I の長さから，I における E の補集合の外部容積をひいたものを，E の内部容積とよぶ．これらはそれぞれジョルダン外測度，ジョルダン内測度ともよばれる（日本語ではそのほうが普通である）．外部容積と内部容積

が一致するとき，その一致した値を(**ジョルダン**)**測度**とよぶ．外部容積が 0 ならば，内部容積も 0 で，このとき集合の(ジョルダン)測度は 0 であるという．区間 $(0,1)$ の有理数の集合の外部容積は 1 で内部容積は 0 である．また集合 $\left(1, \frac{1}{2}, \frac{1}{3}, \frac{1}{4}, \cdots\right)$ の容積は 0 である．以上は直線上の点集合に関する容積の定義であるが，平面上や n 次元ユークリッド空間内の点集合に関しても同様に定義される．

■**テンソル** tensor
座標系の集合を考え，その各座標系における成分が定められている抽象的対象で，座標変換によって，対象の成分は一定の法則で変換されるもの．
$$A^{pq\cdots t}_{jk\cdots m}$$
を変数 $x^i (i=1, 2, \cdots, n)$ の関数の 1 つの集合とする．ここで，上つき添字は r 個，下つき添字は s 個あり，各添字は $1, 2, \cdots, n$ の値をとるものとする．この n^{r+s} 個の量が，他の任意の座標系
$$x'^i \quad (i=1, 2, \cdots, n)$$
において，その成分が
$$A'^{pq\cdots t}_{jk\cdots m} = A^{ab\cdots d}_{ef\cdots h} \frac{\partial x'^p}{\partial x^a} \cdots \frac{\partial x'^t}{\partial x^d} \frac{\partial x^e}{\partial x'^j} \cdots \frac{\partial x^h}{\partial x'^m}$$
によって与えられるとき，$r+s$ **階テンソル**の x 成分であるという．この式において，添字 $a, b, \cdots, d$ と $e, f, \cdots, h$ に総和規約が適用されている [→ 総和規約]．このようなテンソルを**反変 r 階，共変 s 階**のテンソルという．上つき添字を**反変指標**，下つき添字を**共変指標**という．テンソルの例としては**反変テンソル，共変テンソル**を参照．テンソルは，上記のように定義域が(各座標系において)ただ 1 つの点であるか，ある領域であるかを区別するときは，前者を単に**テンソル**，後者を**テンソル場**という．**相対テンソル場**に対して，上記のものを**絶対テンソル場**ともいう．反変 0 階かつ共変 0 階のテンソル場を**スカラー場**あるいは**不変量**という(すなわち，ただ 1 つの成分をもち，どの座標系においても同じ値をもつ)．→ 重み w の相対テンソル場

■**テンソル解析** tensor analysis
座標変換に際し，成分が特有の変換法則をみたしているような対象の研究．その主題はユークリッド空間や非ユークリッド空間の曲面論を含んでいるリーマン空間や非リーマン空間と深くかかわっている．

■**テンソルの共変微分** covariant derivative of a tensor
→ 共変微分テンソル

■**テンソルの縮約** contraction of a tensor
テンソルの 1 つの反変添数を共変添数の 1 つに等しくおいて，その添数について和をとる操作．その結果得られるテンソルを縮約テンソルという．

■**テンソルの合成** composition of a tensor
→ テンソルの内積

■**テンソルの積** product of tensors
2 つのテンソル $A^{a_1\cdots a_m}_{i_1\cdots i_m}$ と $B^{b_1\cdots b_p}_{j_1\cdots j_q}$ の積とは，テンソル
$$C^{a_1\cdots a_n b_1\cdots b_p}_{i_1\cdots i_m j_1\cdots j_q} = A^{a_1\cdots a_n}_{i_1\cdots i_m} B^{b_1\cdots b_p}_{j_1\cdots j_q}$$
のことである．これは，**外積**ともよばれる．
→ テンソルの内積

■**テンソルの内積** inner product of tensors
2 つのテンソル $A^{a_1\cdots a_n}_{i_1\cdots i_m}$ と $B^{b_1\cdots b_p}_{j_1\cdots j_q}$ の内積とは，一方の反変指標を他方の共変指標と等しくなるようにおき，それらの指標に関する和をとることによって積
$$C^{a_1\cdots a_n b_1\cdots b_p}_{i_1\cdots i_m j_1\cdots j_p} = A^{a_1\cdots a_n}_{i_1\cdots i_m} B^{b_1\cdots b_p}_{j_1\cdots j_q}$$
から得られる縮約されたテンソルのことである．2 つのテンソルの内積は**合成**ともよばれ，結果のテンソルを与えられた 2 つのテンソルから**合成されたテンソル**という．

■**テンソルの発散** divergence of a tensor
1 階の反変テンソル T^i (すなわち**反変ベクトル場**)の発散は $T^i_{,i}$ すなわち，
$$\frac{1}{\sqrt{g}} \frac{\partial (T^i \sqrt{g})}{\partial x^i}$$
である．ここで総和規約に従い，g は i 行 j 列成分が g_{ij} の行列式(g_{ij} は**基本距離テンソル**) $T^i_{,j}$ は T^i の共変微分である．1 階共変テンソル T_i (すなわち**共変ベクトル場**)の発散は，$g^{ij} T_{i,j}$，すなわち $T^i_{,i}$ である．ここで，$T^i = g^{ij} T_j$ であり，g^{ij} は $1/g$ と g における g_{ji} の余因子との積である．

■テンソルの和と差　addition and subtraction of tensors
　反変指標の数と共変指標の数がそれぞれ等しい2つのテンソル $A_{j_1\cdots j_q}^{t_1\cdots t_p}$, $B_{j_1\cdots j_q}^{t_1\cdots t_p}$ の和はテンソル
$$T_{j_1\cdots j_q}^{t_1\cdots t_p} = A_{j_1\cdots j_q}^{t_1\cdots t_p} + B_{j_1\cdots j_q}^{t_1\cdots t_p}$$
差はテンソル
$$S_{j_1\cdots j_q}^{t_1\cdots t_p} = A_{j_1\cdots j_q}^{t_1\cdots t_p} - B_{j_1\cdots j_q}^{t_1\cdots t_p}$$
である．

■テンソル場　tensor field
　→ テンソル

■テンソル密度　tensor density
　→ 重み w の相対テンソル

■点楕円　point ellipse
　→ 楕円

■転置行列　transpose of a matrix
　与えられた行列の行と列を入れ替えることによって得られる行列．

■天頂　zenith
　《天文》観測者の真上の天球上の点．鉛直線が天球と交わる点．

■展直展開曲面（空間曲線の）　rectifying developable of a space curve
　→ 空間曲線の展直展開曲面

■展直平面（空間曲線の1点における）　rectifying plane of a space curve at a point
　空間曲線上の1点において，その接線と従法線が定める平面のこと．→ 空間曲線の展直展開曲面

■天底　nadir
　《天文》天球上で天頂と正反対の位置にある点．地球上の観測者の位値から，真下に向かってのばした線が天球と交わる点．

■点で解析的　analytic at a point
　複素関数 z の1価関数 f が点 z_0 で解析的であるとは，z_0 の近傍 N が存在して，f が N の各点で微分可能なときをいう．すなわち，f が z_0 の近傍で解析的であるとき，f は点 z_0 で解析的である．［類］点で正則．→ 解析関数（複素変数

の）

■点電荷　point-charge
　電荷を付与された点．質点，粒子の概念に対応する電気的概念で，1点に集中しているとみなされる電荷のこと．→ クーロンの法則

■点電荷集合　set (complex) of point-charges
　空間内の有限個の点に位置する電荷の集まり．点電荷複合体ともいうが，この用語には，ときに，電気的効果が測定される場の点までの距離に比較して，電荷間の最大距離が十分に小さいという意味が含まれている．

■点の枝価　valence of node
　→ グラフ理論

■点の対合　involution on a line
　一直線上の点の間の対応で，逆対応が自分自身であるようなもの．代数的には，変換
$$x' = \frac{ax+b}{cx-a}$$
をいう．ただし，$a^2+bc \neq 0$ とする．$c \neq 0$ のとき，原点を適当に選べば，上式は $x'=k/x$ とかきなおせる．

■点のベキ　power of a point
　(1) **円に関する点のベキ**とは，右辺を0，2次の項の係数が1になるようにかいた円の方程式に，その点の座標を代入して得られる値のことである．これは，その点からその点を通る直線と円の2つの交点までの距離の代数的な積と等しい．この積はそのようなすべての直線に対して等しい値である．その点が円の外にあるときは，その値はその点から円までの接線の長さの2乗に等しい．
　(2) **球面に関する点のベキ**は，その点と球面の中心を通る任意の平面と球面の交わりとして得られる円に関するその点のベキである．これは，右辺を0，2次の項の係数を1にしてかいた球面の方程式にその点の座標を代入して得られる値と等しく，その点からその点を通る直線と球面の2つの交点までの距離の積とも等しい．また，その点が球面の外にあるならば，その点から球面までの接線の長さの2乗に等しい．
　日本語ではどちらについても"**方ベキ**"という用語が使われている．

■**点のまわりの回転**　rotation about a point
　点のまわりを平面上の円弧を描くような剛体運動のこと．

■**点の有界集合**　bounded set of points
　(1) 距離空間においては，2 点間の距離からなる集合が有界集合であるような点の集合．このような距離の上限は集合の**直径**とよばれる．任意の $\varepsilon>0$ に対して，T の各点が，それらの点のうち少なくとも 1 点からの距離が ε より小であるような T の点の有限集合が存在するとき，集合 T を**全有界**という．距離空間が**コンパクト**であるのは，それが完備であり，かつ全有界であるとき，またそのときに限る．
　(2) 線型位相空間における有界集合とは，0 の任意の近傍 U に吸収される，すなわち適当な正の定数 a をとると $S \subset aU$ となるような集合である．

■**天文 3 角形**　astronomical triangle
　天球上で，天体，天頂，近くにある天極を 3 頂点とする球面 3 角形．→ 時角と時圏

■**天文単位**　astronomical unit
　地球と太陽の間の平均距離．1.4959787×10^{11} メートル，あるいは 92955807 マイル．→ 付録：単位・名数

■**点有限**　point-finite
　→ 局所有限

■**点列コンパクト**　sequentially compact
　→ コンパクト

ト

■度　degree
(1) 角度の単位．→ 角度の60進法
(2) 温度の単位．
(3) 初等算数では，ときに**周期**と同じ意味に用いられることがある．

■同位角　corresponding angles, exterior-interior angles
→ 横断線によってつくられる角

■同一　identical
形も大きさもまったく同じ2つの図形．例えば3辺がそれぞれ相等しい2つの3角形は同一（合同）である．＝合同．

■同一有効桁　similar decimals
→ 小数

■同一量　identical quantities
値だけでなく形（形式）も同じ量．例えば，恒等式の左辺と右辺をなす2つの式．通常は両者は形が違うが，変数の任意の値に対して同一の値をとる．

■トゥエ，アクセル　Thue, Axel (1863―1922)
ノルウェーの数論学者．

■トゥエ-ジーゲル-ロスの定理　Thue-Siegel-Roth theorem
α を無理数とする．
$$\left|\frac{p}{q}-\alpha\right|<q^{-\mu}$$
をみたす無限に多くの有理数 $\frac{p}{q}$ が存在するような μ 全体の上限を $\bar{\mu}(\alpha)$ とおく．このとき，すべての α に対して $\bar{\mu}(\alpha)\geqq 2$ である．α が n 次の代数的数ならば，順次 $\bar{\mu}(\alpha)\leqq n$（リュウビル，1844），$\bar{\mu}(\alpha)\leqq\frac{1}{2}n+1$（トゥエ，1908），$\bar{\mu}(\alpha)\leqq 2\sqrt{n}$（ジーゲル，1921），$\bar{\mu}(\alpha)\leqq\sqrt{2n}$（ダイソン，1947），$\bar{\mu}(\alpha)=2$（ロス，1955）が証明された．

■投影側面（空間直線の）　projecting plane of a line in space
→ 空間直線の投影側面

■投影柱　projecting cylinder
ある曲線を通り，1つの座標平面に垂直な直線からなる柱面．座標平面に垂直な平面に含まれていない曲線に対して，このような曲面は3個あり，直交座標系におけるそれらの方程式は，曲線を決める2個の方程式から変数 x, y, z のそれぞれを1つずつ消去することによって得られる．空間の曲線として球面 $x^2+y^2+z^2=1$ と平面 $x+y+z=0$ の交わりである円周を例にすると，3個の投影柱は $x^2+y^2+xy=\frac{1}{2}$, $y^2+z^2+yz=\frac{1}{2}$, $z^2+x^2+zx=\frac{1}{2}$ であり，これらは楕円柱である．

■投影平面　projection plane
図形が射影されている平面．射影の射線の平面切断．→ 射影平面

■等温共役系（曲線の）　isothermal-conjugate system of curves
→ 曲線の等温共役系

■等温共役媒介変数　isothermal-conjugate
媒介変数曲線が曲面上の等温共役系をなすような媒介変数のこと．→ 曲線の等温共役系

■等温共役表現　isothermal-conjugate representation (of one surface on another)
→ 共形共役表現

■等温写像　isothermic map
曲面 S 上の (u, v) 領域の写像で，第1次の基本量が $E=G=\lambda(u, v)$, $F=0$ をみたすようなものをいう．$\lambda=0$ となる特異点以外では，この写像は等角的である．係数 u, v を**等温媒介変数**とよぶ．→ 等角写像，等温曲線族（曲面上の）

■**等温線** isotherm, isothermal lines
《気象》地図上で等しい気温の場所を通るように描いた線．地図上で同じ（年）平均気温の地点を結んだ線．**物理学**においては，定温に保たれた気体の体積と圧力の関係を描いて得られる曲線のこと．

■**等温的曲線族（曲面上の）** isothermic family of curves, isothermic system of curves (on a surface)
(1) 曲面上の1助変数曲線族で，その族と直交截線の族を合わせて，その曲面上の等温的曲線族をなすもの．
(2) 曲面 S 上の2つの1助変数曲線族からなる系で，それに対して2つの媒介変数 u, v が存在し，その系の曲線が S 上の媒介変数曲線となり，さらに第1基本2次形式が $\lambda(u,v)(du^2+dv^2)$ となるもの．→ 曲線の等温共役系, 等温的写像

■**等温的曲面** isothermic surface
曲率線の集合が**等温系**をなす曲面．すべての回転面は等温的曲面である．

■**等温変化** isothermal change
《物理》定温のもとでおこる物質の体積および圧力の変化．

■**等角** isogonal
同じ角度をもつこと．

■**等角アフィン変換** isogonal affine transformation
→ アフィン変換

■**等角共役直線** isogonal conjugate lines
→ 等角直線

■**等角写像** angle-preserving map, conformal map, conformal transformation
角を保存する写像．すなわち2つの曲線が角 θ で交わっていれば，その2つの曲線の像もやはり角 θ で交わっている変換．関数 $x=x(u,v)$, $y=y(u,v)$, $z=z(u,v)$ が与えられた (u,v)-領域を曲面 S へ等角的に写すための必要十分条件は，その第1基本量が $E=G=\lambda(u,v)\neq 0$ かつ $F=0$ をみたすことである［→ 等温写像］．このとき座標 u, v は**等温助変数**とよばれる．$x=x(u,v)$, $y=y(u,v)$, $z=z(u,v)$ で決定される曲面 S と，$\bar{x}=\bar{x}(u,v)$, $\bar{y}=\bar{y}(u,v)$, $\bar{z}=\bar{z}(u,v)$ で決定される曲面 $\bar{S}$ が正則点において等角的であるための必要十分条件は，それらの第1種基本量の間に $E:F:G=\bar{E}:\bar{F}:\bar{G}$ という関係が存在することである．3次元ユークリッド空間の開集合の間の等角対応は球面での反転，平面での鏡影，平行移動，拡大の組み合わせで得られる．3次元以上の変換の場合は**共形変換**ということが多い．複素数平面上の等角写像についてはコーシー-リーマン偏微分方程式の項を参照

■**等角双曲線** equiangular hyperbola, equilateral hyperbola
等辺双曲線ともいう．＝直角双曲線．→ 直角双曲線

■**等角多角形** equiangular polygon
すべての内角が等しい多角形．等角3角形は必ず等辺3角形となるが，4辺以上の等角多角形は等辺多角形となるとは限らない．対応する2角が等しい2つの多角形を，互いに**等角**な多角形という．

■**等角直線** isogonal lines
角の頂点を通る2直線で，その角の2等分線に関して対称（その角の2等分線と等しい角をなす）なもの．それら2直線は**等角共役**であるという．

■**等角変換** equiangular transformation, isogonal transformation
すべての角を不変に保つ変換．例えば一般相似変換は等角変換である．

■**等角螺線** equiangular spiral
＝**対数螺線**．接線と動径ベクトルのなす角が定数であるから，等角螺線という．→ 対数螺線

■**導関数** derivative
→ 微分

■**等脚台形** isosceles trapezoid
→ 台形

■**等距離** equidistant
同じ距離にあること．

■**等距離曲線族** isometric family of curves
　曲面上の1助変数曲線族で，その曲線族と直交軌道の族を合わせた曲線の系が，その曲面上で等距離系をつくるもの．

■**等距離曲面** isometric surfaces
　2つの曲面で，対応する2点の距離が等しく，また対応する2直線の角が等しいもの．

■**等距離系** equidistant system
　曲面の媒介変数曲線の系であって，第1基本（2次）形式が
$$ds^2 = du^2 + 2Fdudv + dv^2$$
の形であるもの．＝曲面の媒介変数曲線のチェビシェフ網．➡ 曲面の基本2次形式

■**等距離変換** isometry
　➡ 等長写像

■**同型** isomorphism
　(1) ➡ 圏(2)
　(2) 集合 A と集合 B の間の1対1対応（このとき，集合 A と B は**対等**であるといい，その対応を**同型写像**とよぶ．積，和あるいはスカラー倍などの演算が A と B で定義されているときは，以下に述べるようなこれらの演算に関する対応が存在することが要求される．A と B が・で表される演算に関して群（半群）をなし，x が x^* に，y が y^* に対応するとき，$x \cdot y$ が $x^* \cdot y^*$ に対応しなければならない．集合が自分自身と対応する同型写像を**自己同型写像**という．群の**内部自己同型写像**とは，ある要素 t が存在して，x が x^* に対応するのは $x^* = t^{-1}xt$ をみたすとき，かつそのときにかぎるような自己同型写像のことである．内部自己同型写像でないとき**外部自己同型写像**という．一般的に同型写像を**同型**と略称することがある．対応 $\omega_1 \to \omega_2, \omega_2 \to \omega_1, 1 \to 1$ は1の3乗根からなる群 $(1, \omega_1, \omega_2)$ の外部自己同型写像である．集合 S^* が自己同型写像によって部分群 S に対応するとき，すなわち，S^* と S の各元が対となって対応するとき，S^* も部分群となる．特に自己同型写像が内部自己同型写像であるとき，S と S^* は**共役な部分群**であるという．A と B が**環**（または整域，または体）で x が x^* と，y が y^* とそれぞれ対応するとき，xy は x^*y^* と，$x+y$ は x^*+y^* と対応しなければならない．もしここで xy が y^*x^* と対応するときには，**反同型**あるいは**反自己同型**という．例えば，正方行列の転置をとる操作がそうである．
　A と B が**ベクトル空間**のとき，積と和は環の場合と同じように対応していなければならないが，さらにスカラー積に対してもつぎのような対応がなければならない．すなわち，a をスカラーとし x が x^* と対応するとき，ax は ax^* と対応しなければならない．ベクトル空間がノルムをもつとき（例えば，バナッハ空間またはヒルベルト空間のとき），いずれの方向への対応も連続でなければならない．これはつぎのことと同値である．x が x^* と対応するとき，正の数 c と d が存在して，$c\|x\| \leq \|x^*\| \leq d\|x\|$ をみたす．➡ 準同型写像，等長写像

■**統計学** statistics
　データ収集のための実験計画，またデータより何らかの結論や決定を下す方法論のこと．大別して以下の3つに分けられる．(a) 確率論を応用し標本から母集団を推測する（**普通推測統計学**といわれる）．(b) 推測などを考えず単に原データを集計しまとめる（**記述統計学**）．(c) 統計的推測のための標本採集法（**標本抽出**）．

■**統計的管理** statistical control
　統計的管理状態とは，基本的に同じ条件下で得られるデータが次の要件を満足することをいう．すなわちデータの変動は確率的で，どのような体系的な原因にももとづかず，また部分グループの平均はどのような傾向をも含まないことである．仮定的な正規分布からの無作為標本にもとづく変異を許容する観測値は，統計的管理下の状態を特徴づけるものとして，よく用いられる．

■**統計的推論** statistical inference
　任意抽出された標本を基に母集団に関する陳述を導いたり，種々の判定を下す過程のことで，特に標本を抽出した母集団に関するいくつかの仮説の選択に応じて，正しい推論を行う確率が決定されうるものをいう．➡ 仮説検定

■**統計的独立** statistical independence
　➡ 独立事象，独立確率変数

■**統計的有意** statistical significance
　➡ 有意性検定

■**動径ベクトル** radius vector
→ 球座標，極座標

■**統計量** statistic
確率変数の関数で未知のパラメータを含まないもの．統計量の実現値は標本が取られたとき確定する．標本平均 $\sum_{i=1}^{n}(X_i/n)$ は統計量の一例である．通常統計量は分布のあるパラメータの推定量である．→ 推定量

■**等高線** contour lines, level lines
(1) 曲面と1つの平面が与えられているとする．その平面と平行な平面の族で隣り合う2平面間の距離が一定であるようなものと曲面との交わりの，もとの平面への射影．
(2) 同じ高度の点を結んだ地図上の曲線．等高線が密な場所では地表の高度がより急激に変化していることを示すから，地表の傾きを示す尺度として有用である．

■**等号の連なり** continued equality
$a=b=c=d$, $f(x,y)=g(x,y)=h(x,y)$ のように，3つもしくはそれ以上のものが，2つもしくはそれ以上の等号で結ばれた表現．後の表現は，方程式 $f(x,y)=g(x,y)$ かつ $g(x,y)=h(x,y)$ と同値である．

■**東西距** departure between two meridians on the earth's surface
地球表面上の2つの経線間の距離．緯線が2つの経線によって切り取られる弧の長さ．この距離は，緯線が極に近づくにつれて小さくなる．等角航路に用いられる．

■**等差級数** arithmetic series
等差数列のある項までの和．等差数列の和は，次に等しい（記号は次項参照）．
$\frac{1}{2}n(a+l)$ あるいは $\frac{1}{2}n[2a+(n-1)d]$
＝算術級数．→ 等差数列

■**等差数列** arithmetic progressions, arithmetic sequence
初項を a，公差あるいは単に差を d として，次のように書かれる数列
$a, a+d, a+2d, \cdots, a+(n-1)d$
のこと．

最終項，または n 次項は，$a+(n-1)d=l$ で表される．正の整数，$1,2,3,\cdots$ は等差数列をなしている．＝算術数列．→ 等差級数

■**動3面角（空間曲線と曲面の）** moving trihedral of space curves and surfaces
→ 空間曲線と曲面の動3面角

■**同次関数** homogeneous function
n を実数とし，何変数かの関数 f が，任意の正数 t に対し，すべての変数を t 倍すると f の値は t^n 倍になるという性質をもっているとする．このような関数 f を**同次関数**とよび，n をその**次数**という（n は非負整数であることが多い）．例えば，$(\sin(x/y))+(x/y)$ や $(x^2\log(x/y))+y^2$ は同次関数である．→ 同次方程式

■**等式** equation
2つの表現が等しいことを表した主張．等式には，**恒等式**と**条件方程式**（普通は単に**方程式**とよぶ）がある．条件方程式は，変数のある特別な値のときにのみ成り立つ[→ 恒等式]．例えば，$x+2=5$ は $x=3$ のときにのみ成り立ち，$xy+y-3=0$ は $x=2, y=1$ とその他多くの場合に成り立つが，それでも成立しないような x, y の組が存在する．条件方程式の**解**(**根**)は，方程式を真とする変数の値（変数が1以上であるならば，真とする変数の値の組）である[→ 重解]．方程式は，使われている関数の種類によって名前がつけられていることが多い．例えば，**無理方程式**は，
$$\sqrt{x^2+1}=x+2, \quad x^{\frac{1}{2}}+1=3x$$
のように，変数が根号の中にも現れるか，または，変数に分数指数がつく場合である．**三角方程式**は，$x-\sin x=\frac{1}{2}$ のように，変数が三角関数の中に現れる．指数方程式は，$2^x-5=0$ のように，変数が指数に現れる[→ 多項式方程式]．曲線，円柱，平面などの方程式とは，方程式または連立方程式の解が曲線，円柱，平面などの上の点の座標であり，また，そのようなものに限る方程式または連立方程式をいう．→ 曲線，曲面，直線の方程式，同値な方程式・不等式，媒介変数方程式

■**等時曲線** isochronous curve, tautochrone
(1) 曲線上を質点が摩擦なしに滑っていくとき，その曲線上のいちばん低い点に到達する時

間が始点の位置によらず一定となるとき，そのような曲線を等時曲線という．これはサイクロイドである．→ サイクロイド

(2) 1点Pを通る曲線族と，正数cが与えられたとする．Pから質点を各曲線に沿って落下させたとき，時間c後に到達した点において，これら各曲線と交わる曲線．

■**同次形の微分方程式** homogeneous differential equation

通常は，変数に関して（導関数は無視して）同次である1階の微分方程式をさす．例えば

$$y^2+(xy+x^2)\frac{dy}{dx}=0$$

$$\frac{x}{y}+\left(\sin\frac{x}{y}\right)\frac{dy}{dx}=0$$

である．これらの微分方程式は，$y=ux$ を代入することにより解くことができる．方程式

$$\frac{dy}{dx}=\frac{ax+by+c}{dx+cy+f}$$

は，$x=x'+h$, $y=y'+k$ を代入することにより同次方程式に変えることができる．ここで，h, k は分数の分母と分子における定数項を消去するように選ばれる．

■**同次座標** homogeneous coordinates

直角座標が x, y である平面上の点の**同次座標**とは，$x_1/x_3=x$, $x_2/x_3=y$ をみたす任意の3つの数の組 (x_1, x_2, x_3) のことである．直角座標における任意の多項式がこの座標系ではすべて同次式となることから同次座標とよばれる．例えば，$x^3+xy^2+9=0$ は同次座標では $x_1^3+x_1x_2^2+9x_3^3=0$ となる．同様に平面や3次元，あるいはもっと高次元の空間の同次座標が定義される．＝斉次座標，射影座標．→ 無限遠直線，射影平面

■**同次積分方程式** homogeneous integral equation

未知関数に関して1次同次であるような積分方程式．→ ヴォルテラの積分方程式，フレドホルム型積分方程式

■**同次線型微分方程式** homogeneous linear differential equation

独立変数のみでできた項を含まない**線型微分方程式**．例えば，$y'+yf(x)=0$.

■**同次多項式** homogeneous polynomial

すべての項の全次数（各変数に関する次数の総和）が同じであるような多項式．例えば，$x^2+3xy+4y^2$ は同次多項式である．

■**等質性** homogeneity

《統計学》(1) いくつかの母集団において，それぞれの分布関数が同一のものであるとき，これらの母集団は，**等質**であるという．

(2) (2×2)表において，**等質性検査**とは，母集団を2つに分類したときの割合の等質性に対する検査のことである．この検査は，**独立性検査**ともよばれる．独立性があるとき，相互作用が現れることはない．

■**透視的** perspective

直線束と点の集合が**透視的位置**にあるというのは，その直線束の各直線が対応した点を通っているときである．2つの直線束が透視的位置にあるというのは，対応する直線が**透視の軸**とよばれる直線上の点で交わることである．同様に2つの点の集合が**透視的位置**にあるというのは，対応した2点を通る直線が**透視の中心**とよばれる点で交わるときである．点の集合とある軸を通る平面束が**透視的位置**にあるというのは，平面束の各平面がそれに対応する点を通るときである．直線束とある軸を通る平面束が透視的位置にあるとは，直線束の各直線がそれに対応する平面に乗っていることである．また2つの平面束が**透視的位置**にあるというのは，対応している平面の交線がある平面上にあるときである．上述の関係をいずれも**透視的関係**という．→ 射影的関係

■**同時分布関数** joint distribution function
→ 分布関数

■**同次変換** homogeneous transformation

変換を与える式が，代数式でかつ，その各項の次数がすべて等しい変換．座標軸のまわりの回転，座標軸に関する折返し，伸縮などは，同次変換である．

■**同次変形** homogeneous strains

同次アフィン変換により近似的に表される力学における概念．弾性のある物体が変形されるときの内的に作用する力．

■**同次方程式** homogeneous equation
"(同次関数)=0"という形の方程式のこと．
→同次関数．一次同次連立方程式の解については，連立方程式1次の無矛盾性を参照．

■**同時モーメント** product moment
《統計》確率ベクトル $(X_1, \cdots, X_n)$ の $(a_1, \cdots, a_n)$ のまわりの $(k_1, \cdots, k_n)$ 次同時モーメント $\mu_{k_1\cdots k_n}$ とは，$\prod_{i=1}^{n}(X_i-a_i)^{k_i}$ の期待値である．$n=2$, $k_1=k_2=1$ かつ，a_1, a_2 をそれぞれ X, Y の平均 μ_{10}, μ_{01} とするならば，同時モーメントは $(X-\mu_{10})(Y-\mu_{01})$ の期待値である．この1次の同時モーメントは，X と Y との**共分散**とよばれる．X と Y とが $\{x_i\}$, $\{y_i\}$ 上の離散型確率ベクトルで同時確率関数 p にしたがうならば，共分散は
$$\mu_{11}=\sum(x_i-\mu_{10})(y_i-\mu_{01})p(x_i,y_i)$$
となる．また X と Y とが連続な確率変数で同時確率密度関数 f にしたがうときには
$$\mu_{11}=\int_{-\infty}^{\infty}\int_{-\infty}^{\infty}(x-\mu_{10})(y-\mu_{01})f(x,y)\,dx\,dy$$
となる．

■**等周** isoperimetric, isoperimetrical
等しい長さの周囲をもつこと．

■**導集合** derived set
→閉包（点集合の）

■**等周不等式** isoperimetric inequality
平面領域の面積 A とその境界曲線の長さ L の間に成り立つ不等式 $A\leq\dfrac{1}{4\pi}L^2$ のこと．等号は領域が円のとき，かつそのときにかぎり成り立つ．この不等式は，非負の全曲率をもつ曲面上の領域に対しても成り立ち，実際これらの曲面の特徴づけを与える．→等周問題（変分法における）

■**等周問題（変分法における）** isoperimetric problem in the calculus of variations
(1) →ディドウの問題
(2) 1つの積分を極大値または極小値にし，同時に他の与えられた関数の積分を一定値に保つための条件に関する問題（両方の積分はともに変分法の項で示されている一般形であるとする）．例としては，与えられた周をもつ平面閉曲線のうち面積最大のものを求めるという問題などである（解は円である）．極座標のもとでこの問題を述べれば，曲線 $r=f(\phi)$ で，
$$A=\int_0^{2\pi}\frac{1}{2}r^2\,d\phi$$
を最大にし，
$$P=\int_0^{2\pi}(r^2+r'^2)^{1/2}\,d\phi$$
を一定にするものを求めることになる．その解は，積分
$$A+\lambda P=\int_0^{2\pi}\left[\frac{1}{2}r^2+\lambda(r^2+r'^2)^{1/2}\right]d\phi$$
を最大にし，P が与えられた定数であるという条件から，定数 λ を決定することによって求められる．ほとんどの等周問題は同様にして変分法の通常の型の問題に還元することができ，与えられた問題の解は，必然的に還元された問題の解となる．

■**同次連立1次方程式の自明な解** trivial solutions of a set of homogeneous linear equations
すべての変数の値を0とすれば，同次連立1次方程式の解となる．これを**自明な解**という．変数の少なくとも1つの値が0と異なる解を，**自明でない解**という．→連立1次方程式の無矛盾性

■**導線** directrix
→錐面，柱面，線織面

■**同相写像** homeomorphism
＝位相変換．

■**等速円運動** uniform circular motion
一定な速さの円周上の運動．

■**導体ポテンシャル** conductor potential
境界 S の領域 R における**導体ポテンシャル**とは R 内で調和的，$R\cup S$ で連続，S 上で一定の値1をとる関数のことである．導体ポテンシャルは導体の表面において平衡な電荷のポテンシャルを表している．

■**同端角** coterminal angles
同一の始線および終線をもつ角（回転角）．例えば $30°$, $390°$, $-330°$ は同端角である．→角

■**等値** equate one expression to another

1つのものを他のものと等しいとすること．等式は2つの表現が等しいということを述べている．これは**恒等式**と**方程式**に分かれる[→ 等式]．例えば，$(x+1)^2=x^2+2x+1$ であるので，$(x+1)^2$ は x^2+2x+1 と恒等的に等しい．あるいは $\sin x$ と $2x+1$ を等しいとして方程式を得る．さらには，また，$ax+b$ と $2x+3$ の係数が等しいとして，$a=2$, $b=3$ を得る．

■**同値** equivalent

ある同値関係が与えられたとき，それぞれのものの間に，この関係があるなら，これらのものは**同値**であるという．→ 同値関係，同値な行列，同値な方程式・不等式

■**同値関係** equivalence relation

集合の2元の間に定義された，反射，対称，推移的関係．2元の間には関係があるか，ないかのどちらかである．2元の間に同値関係があるならば，その2元はこの同値関係に対して，**同値**であるという．数に対する通常の等号は同値関係である．幾何学における"等しい"はいろいろな性質に関する同一性を示すものとして使われる．例えば，3角形が相似である場合，合同である場合，等面積である場合等に，それぞれ等しいといわれることがある．→ 同値類

■**同値な行列** equivalent matrices

正方行列の間に定義された関係．2つの正則行列 P, Q に対して，$A=PBQ$ となるとき，行列 A と B は同値という．2つの行列 A, B が同値であるには，一方の行列 A から，有限回の次の操作で，他方の行列 B がつくられることが必要十分である．(a) 2つの行（列）を交換する．(b) 1つの行（列）に他の行（列）の定数倍を加える．(c) 1つの行（列）を0でない定数によって定数倍する．すべての行列は，ある対角行列と同値である．行列 B から定義される線型変換に対してこの変換 PBQ は**同値な変換**である．$P=Q^{-1}$ なら，この変換は**相似（共線）変換**である．P が Q の転置であるなら，**合同変換**となる．P が Q の共役転置であるなら，**共役変換**である．$P=Q^{-1}$ であり Q が直交行列であるなら，**直交同値な変換**である．$P=Q^{-1}$ であり Q がユニタリであるなら，**ユニタリ同値な変換**である．→ 共役変換，合同変換，相似変換，直交変換，ユニタリ変換

■**同値な方程式・不等式** equivalent equations and equivalent inequalities

同じ解をもつ方程式，不等式など．例えば，方程式 $x^2=1$ と $x^4=2x^2-1$ は，両方とも解として，-1 と $+1$ のみをもつので，同値である．連立方程式 $\{2x+3y=3, x+3y=9\}$ と $\{x=-6, x+3y=9\}$ は，両方とも解が $(x,y)=(-6,5)$ のみであるので，同値である．不等式 $|x-3|<2$ と $1<x<5$ の解は，両方とも開区間 $(1,5)$ であるので同値である．

■**同値な命題** equivalent propositions
→ 命題の同値

■**同値な命題関数** equivalent propositional functions
→ 命題関数

■**同調した向き** coherently oriented
→ 多様体，単体

■**等長写像** isometric map, isometry

(1) 等温写像．

(2) 長さを保つ写像．$x=x(u,v)$, $y=y(u,v)$, $z=z(u,v)$ で与えられる写像において長さが保たれるのは，第1基本係数が $E=G=1$, $F=0$ をみたすことである．変数 u, v を**等長媒介変数**とよぶ．上の3つの関数と $x=\bar{x}(u,v)$, $y=\bar{y}(u,v)$, $z=\bar{z}(u,v)$ が対応する2曲面 S と $\bar{S}$ の間の等長写像を与えるのは，対応する第1基本係数が $E=\bar{E}$, $F=\bar{F}$, $G=\bar{G}$ をみたすとき，かつそのときにかぎる．このとき，S と $\bar{S}$ は**展開可能**であるという．

(3) 距離空間 A から距離空間 B への対応で，x が x^* に，y が y^* に対応しているとき，2つの"距離" $d(x,y)$ と $d(x^*,y^*)$ が等しくなるもの．このとき A と B は**等長な距離空間**であるという．A と B がノルムの定義された2つのベクトル空間の場合には，さらにその対応が**同型**であることを必要とする．このとき，距離の保存は x と x^* が対応しているとき $\|x\|=\|x^*\|$ がなりたつことと同値である．A と B がヒルベルト空間であれば，このことは，x と x^*, y と y^* が対応しているとき2つの内積 (x,y) と (x^*,y^*) が等しいことと同値である．＝等長写像，等距離変換．→ ユニタリ変換

■**同値類**　equivalence class
　集合に**同値関係**が定義されているとき，次の規則によって集合を類に分割することができる．2つの元が同値であるときに限って，それらは同じ類に入る．これらの類は**同値類**といわれる．2つの同値類が共通元をもつならば，この2つの同値類は等しい．すべての元はどれかの同値類に属す．例えば，a が b に同値であることを，$a-b$ が有理数であることと定義すると，これは実数における同値関係であり，数 a を含む同値類は，a にすべての有理数をたしたものである．集合 T が共通部分をもたない T の部分集合に分割されているとき，次のように T に同値関係を定義できる．x と y が同じ部分集合に入っているとき，x は y と同値とする．

■**同程度連続**　equicontinuous
　定義域 S 上の関数族 F が S の点 x において**同程度連続**とは，任意の $\varepsilon>0$ に対して $\delta>0$ があり，F に属するどの関数 f に対しても，y が S 内にあり，2点 x, y の距離が δ より小さければ，つねに $|f(y)-f(x)|<\varepsilon$ が成立することである．S の各点で同程度連続な関数族 F を，**点別同程度連続**という．もしも任意の $\varepsilon>0$ に対して $\delta>0$ があり，r, s がともに S の要素で両者の距離が δ より小さければ，F のどの関数 f についても $|f(r)-f(s)|<\varepsilon$ であるとき，F を**一様同程度連続**という．→ アスコリの定理

■**動的計画法**　dynamic programming
　多段階決定過程の数学的理論．

■**同等な図形**　coincident configurations
　互いに一方のすべての点が他方に含まれる図形．同じ方程式で定義される直線（または曲線や曲面）は同等である．

■**等濃度**　equinumerable
　→ 対等な集合

■**同伴**　associate
　可換な半群または環において，その元 a, b に対し，$a=bx$, $b=ay$ となるような x, y が存在するとき，a と b を**同伴**という．

■**同伴極小曲面**　associate minimal surfaces
　極小曲面の極小曲線が媒介変数表示をもつとき，座標関数は $x=x_1(u)+x_2(v)$, $y=y_1(u)+$ $y_2(v)$, $z=z_1(u)+z_2(v)$ の形となる．関連する方程式 $x=e^{i\alpha}x_1(u)+e^{-i\alpha}x_2(v)$, $y=e^{i\alpha}\times y_1(u)+e^{-i\alpha}y_2(v)$, $z=e^{i\alpha}z_1(u)+e^{-i\alpha}z_2(v)$ は極小曲面の族を定義する．これをパラメータ α をもつ同伴極小曲面とよぶ．

■**等比級数**　geometric series
　等比数列の項で示される和のこと．無限等比級数
$$a+ar+ar^2+\cdots\cdots+ar^{n-1}+\cdots\cdots$$
の最初の n 項までの和は，$a(1-r^n)/(1-r)$ である．この和は，$|r|<1$ であるとき，$\lim_{n\to\infty}r^n=0$ となるので，n が増加するとき，$a/(1-r)$ に近づく．したがって，$|r|<1$ であるならば級数は収束し，その値は $a/(1-r)$ である．例えば，
$$1+\frac{1}{2}+\left(\frac{1}{2}\right)^2+\cdots+\left(\frac{1}{2}\right)^{n-1}$$
$$=\left[1-\left(\frac{1}{2}\right)^n\right]\bigg/\left(1-\frac{1}{2}\right)=2-\left(\frac{1}{2}\right)^{n-1}$$
である．
$$\lim_{n\to\infty}\left[2-\left(\frac{1}{2}\right)^{n-1}\right]=2$$
であるから，等比級数
$$1+\frac{1}{2}+\left(\frac{1}{2}\right)^2+\cdots$$
は，2に等しい．どのような循環小数も等比級数である．例えば，$3.575757\cdots$ は，等比級数
$$3+57\left(\frac{1}{100}\right)+57\left(\frac{1}{100}\right)^2+57\left(\frac{1}{100}\right)^3+\cdots$$
と表される．この値は，
$$3+57\left(\frac{1}{100}\right)\bigg/\left(1-\frac{1}{100}\right)=\frac{118}{33}$$
である．＝幾何級数．→ 等比数列, 無限級数の和

■**等比数列**　geometric progressions, geometric sequence
　a, r を定数として，
$$a_1=a, \quad a_{n+1}=ra_n \quad (n=1,2,3,\cdots)$$
によって定められる数列
$$a, ar, ar^2, ar^3, \cdots$$
のこと．a を**初項**，r を**公比**（または，単に**比**）といい，特にこの数列が有限であるとき，最後の項を**末項**という．初項から第 n 番目までの和は，$a(1-r^n)/(1-r)$ となる．＝幾何数列．→ 等比級数

■**等分散**　homoscedastic
　《統計学》同じ分散をもつこと．例えば，いく

つかの**分布**が等分散であるとは，それぞれの分散が等しいことをいう．**2変量分布**では，第2変数の与えられた値に対して，第1変数の分散が，第2変数の値に無関係であるとき，第1変数は等分散であるという．**多変量分布**において，ある1つの変数が等分散であるとは，その条件つき分布関数が他の変数の値の特定の集合に関係なく，定分散をもつことをいう．

■**等ベキの差**　difference of like powers
　$x^n - y^n$ のこと．n が奇数のとき，$x^n - y^n$ は $x - y$ によって割り切れる．n が偶数のときは，$x^n - y^n$ は $x - y$ と $x + y$ の両方によって割り切れる．例えば，
$$x^3 - y^3 = (x - y)(x^2 + xy + y^2)$$
$$x^4 - y^4 = (x - y)(x + y)(x^2 + y^2)$$
である．平方の差は，これの特別な場合であって，$x^2 - y^2 = (x - y)(x + y)$ である．→ 累乗の和

■**等辺球面多角形**　equilateral spherical polygon
　すべての辺の長さが等しい球面多角形．

■**等辺双曲線**　equilateral hyperbola
　→ 直角双曲線

■**等辺多角形**　equilateral polygon
　すべての辺の長さが等しい多角形．**等辺3角形**は必ず等角3角形となるが，4辺以上の等辺多角形は等角多角形となるとは限らない．対応する2辺の長さが等しい2つの多角形を，**互いに等長**な多角形という．

■**等方曲線**　isotropic curve
　→ 極小曲線

■**等方弾性体**　isotropic elastic substances
　弾性がその内部の方向に独立な**物質**を**等方的**という．すなわち，すべての方向に対して弾性が同じであることを意味する．

■**等方的物質**　isotropic matter
　任意の点においてどの方向に対しても同じ性質を有する物質．そのような性質としては，例えば，弾性，密度，あるいは熱または電気の伝導率などがある．

■**等方的平面**　isotropic plane
　$a^2 + b^2 + c^2 = 0$ のとき方程式 $ax + by + cz + d = 0$ が表す虚の平面．例えば，極小曲線の接触平面は等方的である．

■**等方展開可能**　isotropic developable
　$EG - F^2$ が恒等的に 0 である虚の曲面．そのような曲面は極小曲線の接曲面である．→ 曲面の基本係数

■**等ポテンシャル面**　equipotential surface
　ポテンシャル関数 U が定数となる面．より一般的には，U を点関数とするとき，U に関する等ポテンシャル面とは，その上で U が定数となる面．

■**動力学**　dynamics, kinetics
　剛体や変形する物体に働く力や，それらの運動の変化に対する力の効果を研究する力学の一部門．静力学と運動学よりなっている．→ 静力学，運動学

■**同類項**　similar terms
　変数の等しいベキを含んだ項．$3x$ と $5x$，ax と bx，axy と bxy などはそれぞれ同類項である．

■**同類項の加算**（代数における）　addition of similar terms in algebra
　同じ因数をもつ項を加え合わせること，すなわち，同じ因数の係数を加えあわせること．$2x + 3x = 5x$，$3x^2y - 2x^2y = x^2y$ そして $ax + bx = (a + b)x$．→ 非同類項

■**時**（とき）　time
　時計の時刻や地球の回転のような，一連の事象の連続的な経過．連続かつ持続する体験．
　平均太陽時（または**天文時**）とは，ある地点の子午線を太陽が引き続いて通過する間の平均時間である．これは，太陽が常に天球の赤道(地球の赤道を含む平面上にある）の上にあり，一定の速度で動くとしたとき，日時計によって示される時間である．
　真太陽時（または視太陽時）とは，日時計によって示される時間であり，1日を24時間に分ける．真太陽[→ 時間]の時角に12時を加えたもの．その時間は，厳密には同じ長さではない．これは，地軸の黄道面（地球軌道を含む平面）

に対する傾斜や地球軌道の離心率（楕円）による［→恒星時］．

標準時とは，ある地域で共通の規準で測った時間である．最初，米国とカナダにおいて，鉄道用に用いられたが，今では，世界中で広く使用されている．米国での標準時は，**東部・中部・山岳部・太平洋岸部**と呼ばれる 4 つの地域があり，ほぼ経度 15° ごとに分けられており，各地域の時間は，ほぼその中央の子午線の平均太陽時を用いている．例えば，**中部標準時**の午前 7 時は，**東部標準時**の午前 8 時，**山岳部標準時**の午前 6 時，**太平洋岸標準時**の午前 5 時である．専門的には，標準時とは，グリニジ子午線から 15° の整数倍（一部にその 1/2 の端数がある）を経度とする子午線の平均太陽時である．経度 15° は 1 時間に相当する．日本中央標準時は東経 135° での平均太陽時である．→ 秒

■**特異解（微分方程式の）** singular solution of a differential equation
→ 微分方程式の解

■**特異行列** singular matrix
行列式の値が 0 の行列．→ 行列

■**特異点（曲線の）** singular point of a curve
→ 通常点

■**特異点（曲面の）** singular point of a surface
→ 曲面の特異点

■**特異変換** singular transformation
→ 線型変換

■**特殊解** particular solution
任意定数（積分定数）を含まない任意の個々の解のこと．一般解の積分定数に特殊な値を代入して得られる解．→ 微分方程式の解

■**特性関数** characteristic function
《確率》確率変数 X またはそれに付随した分布関数について，その**特性関数** ϕ は，実数 t について e^{itx} の期待値が $\phi(t)$ に等しい関数である．値が $\{x_n\}$ で確率関数が p である離散的確率変数については，
$$\phi(t) = \sum e^{itx_n} p(x_n)$$
である．確率密度関数が f である連続確率変数については，
$$\phi(t) = \int_{-\infty}^{\infty} e^{itx} f(x)\,dx$$
である．ϕ の n 階導関数を $\phi^{(n)}$ とするとき，$(-i)^n \phi^{(n)}(0)$ は，n 次モーメントが存在するならば，それに等しい．ベクトル値確率変数 $(X_1, \cdots, X_n)$ の特性関数 ϕ は，$\phi(a_1, \cdots, a_n)$ が $e^{i(a_1 x_1 + \cdots + a_n x_n)}$ の期待値に等しいとして定義される．確率変数 $X_1, \cdots, X_n$ が独立であるための必要十分条件は，$(X_1, \cdots, X_n)$ をベクトルとみた特性関数 ϕ について，各 X_k の特性関数を ϕ_k とするとき
$$\phi(a_1, \cdots, a_n) = \prod_{k=1}^{n} \phi_k(a_k)$$
が成立することである．$X_1, \cdots X_n$ が独立ならば，確率変数 $\sum_{i=1}^{n} X_i$ の特性関数は $\prod_{k=1}^{n} \phi_k$ である．→ 積率法，半不変係数，フーリエ変換，モーメント母関数

■**特性関数（集合の）** characteristic function of a set
→ 集合の特性関数

■**特性曲線（曲面の）** characteristic curves of surface
→ 曲面の特性曲線

■**特性根（行列の）** latent root of a matrix
＝固有値．→ 固有値

■**特性方向（曲面の）** characteristic directions on a surface
→ 曲面の特性方向

■**特性方程式** characteristic equation
＝固有方程式．→ 行列の固有方程式

■**独立** independence
→ 独立事象，独立な確率変数

■**独立事象** independent event
2 つの事象が**独立**であるとは，一方の事象がおこる，おこらないにかかわらず，他方のおこる確率が変わらないときのことである．2 つの事象が**従属**であるとは，独立ではないときのことである．A と B を事象とし，これらの事象の確率を，$P(A)$，$P(B)$ とする（それぞれは 0 でない）．このとき，A と B が独立である

ということは，$P(A かつ B)=P(A)\cdot P(B)$が成り立つことと同値である．また，$P(A)$も$P(B)$も0でないならば，AとBが独立であるとは，$P(A)$が，BがおこったもとでのAのおこる条件つき確率$P_B(A)$に等しく，かつ，$P(B)$が，AのおこったもとでのBの条件つき確率$P_A(B)$に等しいことと同値である．白球が3個，黒球が5個入っている袋から無作為に球を1つずつ2回に分けて取るとき，2回目に引く球の色が白である確率$P(W_2)$は，$\frac{3}{8}$である．しかし，最初に取った球が白であることがわかっているならば，2回目に引く球の色が白である確率は$\frac{2}{7}$である．このとき$P(W_1 かつ W_2)=\frac{3}{28}$で，$P(W_1)P(W_2)=\frac{9}{64}\neq\frac{3}{28}$となる．したがって，"最初に取る球の色が白である"という事象と"2回目に取る球の色が白である"という事象は，独立ではない．→ 事象，独立な確率変数

■**独立な確率変数** independent random variables

X，Yを2つの確率変数とする．X，Yにそれぞれ関連する事象A，Bに対して，常に$p(A かつ B)=p(A)p(B)$が成り立つとき，X，Yは**独立**であるという．値域$\{x_i\}$，$\{y_i\}$をもつ離散的な2つの確率変数に対しては，すべてのiとjに関して$p(x_i かつ y_j)=p(x_i)p(y_j)$が成り立つことと同値である．分布関数$F_X$，$F_Y$および結合分布$F_{(X,Y)}$をもつ確率変数$X$，$Y$が独立であるための条件は，すべての数$a, b$に対して，$F_{(X,Y)}(a, b)=F_X(a)F_Y(b)$が成り立つことである．$X$と$Y$が確率密度関数$g, h$および結合確率密度関数$f$をもつとき，$X$と$Y$が独立な条件は，$f(a,b)=g(a)h(b)$が成り立つことである．これらのことは，確率変数の集合$\{x_1, x_2, \cdots, x_n\}$に対して自然に一般化される．$X_i$に関する事象$A_i(i=1,2,\cdots,n)$に対して，常にこれらの積事象の確率が，$\prod_{i=1}^{n}p(A_i)$で与えられるとき，これらの確率変数は独立であるという．XとYが独立な確率変数で標準偏差が0でないとき，これらの相関係数は0である．XとYの相関係数が0で，XとYはそれぞれ0でない標準偏差をもつ正規分布にしたがうとき，XとYは独立である．→ 確率ベクトル，確率変数

■**独立な関数系** independent functions

独立変数$x_1, x_2, \cdots, x_n$の関数系$u_1, u_2, \cdots, u_n$に対して，$F(u_1, u_2, \cdots, u_n)\equiv 0$をみたす関係が存在しないとき，これらを**独立な関数系**とよぶ．ただし，すべての$\partial F/\partial u_i$は恒等的に0ではないとする．考えている領域の任意の点で$\partial F/\partial u_i$がすべて0とはならず，また，各u_iの第1次導関数が連続であるとき，これらの関数系が独立であるための条件は，**ヤコビアン**
$$\frac{D(u_1, u_2, \cdots, u_n)}{D(x_1, x_2, \cdots, x_n)}$$
が恒等的に0ではないことである．2つの関数$2x+3y$と$4x+6y+8$は，$4x+6y+8=2(2x+3y)+8$をみたすから独立ではない．つぎの3つの関数は独立である．
$$u_1=2x+3y+z,\ u_2=x+y-z,\ u_3=x+y$$
これらのヤコビアンは0ではない．実際，
$$\begin{vmatrix} 2 & 3 & 1 \\ 1 & 1 & -1 \\ 1 & 1 & 0 \end{vmatrix}=-1$$

■**独立な連立方程式** independent equations

連立方程式で，そのうちのどの1つの方程式も，それ以外の方程式をみたす独立変数の値の集合を解集合としてもたないもの．→ 従属な方程式の組，方程式の無矛盾性

■**独立変数** independent variable
→ 関数

■**時計回り** clockwise

時計の針が文字盤上を回転する方向．

■**度数** frequency

資料全体に対するある与えられた範疇にある資料の数のこと．**頻度**ともいう．例えば，百点満点の試験において，その得点の階級を0-24, 25-49, 50-74, 75-100のように4つに分類するとき，各階級に属する答案の数が，それぞれ2, 10, 20, 8であるとする．このとき，各階級に対する絶対度数は，2, 10, 20, 8である．相対度数は，それぞれ，$\frac{1}{20}, \frac{1}{4}, \frac{1}{2}, \frac{1}{5}$である．これは，試験の答案の総数40で絶対度数をわることによって得られる．資料全体が，いくつかの範疇に分割されるとき，与えられた範疇に属する資料の数を**絶対度数**といい，絶対度数を資料全体の数でわったものを**相対度数**という．資料全体の各

範疇への分類が与えられ，確定順序をもつとき，この順序に従って，すでにでてきた範疇のすべての度数を加え合わせたものを**累積度数**という．例えば，2, 10, 20, 8 の絶対度数に対する累積度数は，2, 12, 32, 40 である．いくつかの値 x_i をとることのできる変数 x に対して，x_i 以下の x の値の絶対（相対）度数の和を x の上向累積絶対（相対）度数という．下向累積絶対（相対）度数も，同様にして定義できる．上向累積相対度数は，一般に**分布関数**とよばれる．→ 確率関数，分布関数

■**度数関数** frequency function

　有限，または可算無限個の値をとる変数 x に対し，**絶対度数関数** f とは，x_i に対し，x_i の絶対度数 $f(x_i)$ を対応させた関数である．**相対度数関数** g とは，x_i に対し，x_i の相対度数 $g(x_i)$ を対応させた関数である．$X_1, X_2, \cdots, X_n$ という値をとる確率変数に対し，度数関数 p とは，X_i に対し，X_i の確率 $p(X_i)$ を対応させたものである．これは，**確率関数**とよばれることもある．しかし，厳密には，事象 $X_1, X_2, \cdots, X_n$ への確率関数の制限である．→ 確率関数

■**度数曲線** frequency curve, frequency diagram

　度数分布や，変数の異なる値に対しての度数の集合にもとづいて作成するグラフのこと．度数曲線の高さは，横軸上にしるされている変数の異なる値に対する度数に比例する．慣例上，曲線の曲がる部分の下に度数を記入しておく．与えられた1つの区間の度数と，全区間の度数の合計に対する比を，その区間の相対度数という．例えば，0 から 100 までの値をとる変数があり，その値が横軸上に示されているとする．**階級区間**とよばれる区間 $0 \leq x < 10$, $10 \leq x < 20$, $\cdots 90 \leq x \leq 100$ のそれぞれに対して，底辺を区間とし，面積がその階級に比例する長方形をつくる．このようにしてできたグラフを**ヒストグラム**（**柱状図**）という．より一般的には，変数の範囲を連続するいくつかの区間にわけて（必ずしも同じ長さにする必要はない），底辺として区間をもち，その区間で表されている階級に対する度数に比例する面積をもつような長方形をつくることによって，ヒストグラムを構成することができる．もしも，区間の長さが等しいならば，長方形の高さはその階級の度数に比例する．また，このとき，すべての長方形の上の辺の中点を線分で結ぶならば，**度数多角形**とよばれるものを得る．このような図形表現を**度数図**ということもある．

■**度数多角形** frequency polygon
　→ 度数曲線

■**凸**（**点・線・面に対して**）convex (toward a point, line, plane)

　任意の弦によって切り取られる曲線の部分がその弦と一致するかあるいは与えられた点（直線）と同じ側にあるとき，その曲線は与えられた**点**（**直線**）**に対して凸**であるという．曲線がある水平線に対して凸で，その水平線より上（下）にあるとき，その曲線は**下に向かって**（**上に向かって**）**凸**であるという．曲線が下に向かって凸であることと，その曲線が凸関数のグラフであることは同値である[→ 凸関数]．与えられた平面と垂直な任意の平面による切り口の曲線がその2つの平面の交線の方向に（またはそれから離れる方向に）凸であるとき，その曲面は与えられた**平面の方向に**（またはそれから離れる方向に）**凸**であるという．

■**凸角** salient angle
　→ 凹角

■**凸関数** convex function

　f をその定義域に区間 I を含む実数値関数とする．l を $f(a) = l(a)$, $f(c) = l(c)$ である1次関数とするとき，I に含まれる任意の $a < b < c$ について $f(b) \leq l(b)$ が成り立つならば，f は I 上で凸であるという．すなわち f が I 上で凸であるのは，f のグラフの任意の2点を結ぶ弦が f のグラフと重なるかあるいは f のグラフの上にあるときである．f が区間 I 上で凸であるための必要十分条件は，I の任意の2点 x_1, x_2 と $0 < \lambda < 1$ である任意の実数 λ について
$$f[\lambda x_1 + (1-\lambda)x_2] \leq \lambda f(x_1) + (1-\lambda)f(x_2)$$
が成り立つことである．凸関数ならば連続関数であるが，**イェンセンの意味の凸関数**は必ずしも連続関数とはならない．f の2階導関数が I で連続な場合は，f が I で凸関数であることと I の任意の点で $f''(x) \geq 0$ であることとは同値である．

■**凸曲面** convex surface

　任意の平面による切り口が凸曲線であるよう

■**凸計画法** convex programming
　最大・最小化する関数や制約式が，x の凸または凹の関数になっている非線型計画法の特別な場合．→ 線型計画法，2次計画法

■**凸ゲーム** convex game
　→ 凹ゲームと凸ゲーム

■**凸集合** convex set
　その集合に含まれる任意の2点を結ぶ線分を含む集合．ベクトル空間では，その集合の任意の2つのベクトル x, y に対して $0<r<1$ である任意の実数 r について，$rx+(1-r)y$ がまたその集合に含まれることである．任意の点 x とその任意の近傍 U に対し，U に含まれる x の近傍 V で凸なものが存在するとき，その集合は**局所凸**であるという．内点をもつ凸集合は**凸体**とよばれる（凸体という語は閉集合であること，あるいはコンパクトであることをも要請する場合がある）．→ 張る

■**凸数列** convex sequence
　任意の i について $a_{i+1} \leq \frac{1}{2}(a_i + a_{i+2})$ が成り立つとき，数列 $\{a_1, a_2, a_3, \cdots\}$ は凸数列であるという（有限数列 $\{a_1, a_2, \cdots, a_n\}$ の場合は $1 \leq i \leq n-2$ について成立すればよい）．逆の不等号が成り立つ場合，数列は凹であるという．

■**凸線型結合** convex linear combination
　→ 線型結合

■**凸体** convex body
　→ 凸集合

■**凸多角形** convex polygon
　→ 多角形

■**凸多面体** convex polyhedron
　→ 多面体

■**ドット積** dot product (of vectors)
　＝内積．→ ベクトルの乗法

■**凸平面曲線** convex curve in a plane
　その曲線を切断するどの直線も，その曲線とちょうど2点で交わるような曲線．

■**ドナルドソン，サイモン・カーワン** Donaldson, Simon Kirwan (1957—)
　米国の数学者．"異種" 4次元空間の存在，すなわち通常の R^4 と位相的には同値だが，微分位相的には同値ではない4次元多様体が存在することを示した業績により，1986年フィールズ賞を受賞した．

■**ド・ブランジュ，ルイ** de Branges, Louis (1932—)
　全米の複素解析学者で，ビーベルバッハの予想を解決した．→ ビーベルバッハの予想

■**トム，ルネ** Thom, René (1923—)
　フランスの微分位相幾何学者．フィールズ賞を受賞 (1958年)．コボルディズム（同境）の理論を創始した．後にカタストロフ論を創始した．

■**ド・モアブル，アブラハム** de Moivre, Abraham (1667—1754)
　フランス生まれ，ベルギーで勉学をし，イギリスに定住した，統計，確率，解析学者．主に，**ド・モアブルの定理**と，確率論における仕事によって記憶されている．

■**ド・モアブルの定理** de Moivre's theorem
　複素数を極形式で表現したとき，その数のベキ乗を計算する方法．与えられた複素数の絶対値をベキ乗し，偏角をベキ乗数倍する．すなわち，
$$[r(\cos\theta + i\sin\theta)]^n = r^n(\cos n\theta + i\sin n\theta)$$
である．例えば
$$\begin{aligned}(\sqrt{2}+i\sqrt{2})^2 &= [2(\cos 45° + i\sin 45°)]^2 \\ &= 4(\cos 90° + i\sin 90°) \\ &= 4i\end{aligned}$$

■**ド・モルガン，オーガスタス** de Morgan, Augustus (1806—1871)
　イギリスの解析，論理，確率論学者．

■**ド・モルガンの公式** de Morgan formulas
　A, B を集合，補集合を $'$ で表すと，公式
$$(A \cup B)' = A' \cap B'$$
$$(A \cap B)' = A' \cup B'$$
のこと．この公式は，任意の部分集合の族 $\{A_\alpha\}$ に対しても成り立ち，次のように表せる．

$$(\cup A_a)' = \cap A_a'$$
$$(\cap A_a)' = \cup A_a'$$

■**トラクトリックス** tractrix

懸垂線の伸開線．**接線**の長さがすべて等しい曲線．図のように y 軸上に OA の長さが a に等しい点 A をとる．

いま長さ a の線分 PQ の端点 Q が x 軸上を動くものとする．Q が O にあるときの P の位置を A にとり，Q が x 軸上を動いたときの P の軌跡の曲線で，線分 PQ がこの曲線の P における接線となっているような曲線である．

方程式は

$$x = a \log \frac{(a \pm \sqrt{a^2-y^2})}{y} \mp \sqrt{a^2-y^2}$$

で与えられる．索引曲線，犬曲線，追跡線などの名もある．前二者は図での接線の長さ PQ が一定であり，x 軸上等速度で犬をひきずると，点 P（犬）の軌跡がこの曲線になることにちなむ．

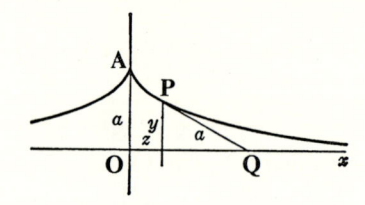

■**トーラス** torus

ドーナツや鎖の環の表面のような曲面．→ 輪環面

■**ド・ラ・バレ・プッサン，シャール・ジャン・ギュスターブ・ニコラス** de la Vallée-Poussin, Charles Jean Gustave Nicolas (1866―1962)

ベルギーの解析，数論学者．→ 素数定理

■**ドランブル・ジャン・バプティスト・ジョセフ** Delambre, Jean Baptiste Joseph (1749―1822)

フランスの天文学，幾何学者．

■**ドランブルの類比** Delambre's analogies

球面3角形の2角の和（または差）の半分の正弦（または余弦）と残りの角と3辺の間にある関係について成り立つ公式．3角形の角を A, B, C とし，これらの角と向い合う辺をそれぞれ a, b, c とするとき，ドランブルの類比または

ガウスの公式とは次の式の等式をいう．

$$\cos \tfrac{1}{2} c \sin \tfrac{1}{2}(A+B)$$
$$= \cos \tfrac{1}{2} C \cos \tfrac{1}{2}(a-b)$$
$$\cos \tfrac{1}{2} c \cos \tfrac{1}{2}(A+B)$$
$$= \sin \tfrac{1}{2} C \cos \tfrac{1}{2}(a+b)$$
$$\sin \tfrac{1}{2} c \sin \tfrac{1}{2}(A-B)$$
$$= \cos \tfrac{1}{2} C \sin \tfrac{1}{2}(a-b)$$
$$\sin \tfrac{1}{2} c \cos \tfrac{1}{2}(A-B)$$
$$= \sin \tfrac{1}{2} C \sin \tfrac{1}{2}(a+b)$$

■**取り尽くし法** method of exhaustion

円，楕円，あるいは，放物線と直線で囲まれた部分などの面積や，角錐，あるいは，より一般に，錐体などの体積を求める方法で，アルキメデスやエウドクソスによって使われたのはよく知られているが，おそらくエウドクソスにより考案されたものと思われる．例えば，平面上の点集合 S の面積を求めたいとしよう．そのとき，まず，単調に増加（あるいは減少）しながら S に"近づく"集合の列 $\{S_n\}$ で，おのおのの S_n の面積はすでに知られているようなものを求め，つぎに，$n \to \infty$ のとき，$S-S_n$（あるいは S_n-S）の部分は"取り尽くされて"，S_n の面積が S の面積に近づくことを示すというのが，この方法である．

■**ドリーニュ，ピエール・ジャーク** Deligne, Pierre Jacque (1944―)

ベルギー系フランスの数学者．複素数体上の代数的多様体のコホモロジー的構造と，有限体上の代数的多様体のディオファントス的構造との関係に関する業績により，1978年フィールズ賞を受賞した．

■**ドリンフェルト，ウラジミール** Drinfeld, Vladimir (1954―)

旧ソ連の数学者．代数幾何学・数論・量子群の理論などの業績により，1990年フィールズ賞を受賞した．

■**トルク** torque
→ 力のモーメント

■**トレミー** Ptolemy
→ プトレマイオスの英語名. → プトレマイオス

■**トレミーの定理** Ptolemy's theorem
凸四辺形が円に内接するための必要十分条件は，2組の対辺の長さの積の和が，対角線の長さの積に等しいことであるという命題．これは弦関数（三角関数）の加法定理の1つの表現である．

■**トレンド** trend
《統計》データの一般的な傾向や流れのこと．例えば鉄鋼価格の長期的変動のようなものをいう．しかしながら個々のデータはトレンドのまわりを変動している．**趨勢**とは，ゆっくりした変化ないし，永続性のある力により決定された長期間にわたるトレンドのことである．トレンドは普通，なめらかな関数（例えば直線）で表現される．＝傾向．→ 移動平均

■**トロコイド** trochoid
語源はギリシャ語の trochos（輪）＋eidos（形）である．

平面において，直線上を定円が滑ることなく転がるとき，円の中心を通る半直線上の1点の軌跡．定円の半径を a，半直線上の点と中心との距離を b，この半直線の回転角を θ（ラジアン）とすれば，**トロコイド**の方程式は，θ を媒介変数として

$$\begin{cases} x = a\theta - b\sin\theta \\ y = a - b\cos\theta \end{cases}$$

と表される．

$b > a$ のとき，$0 < \theta_1 < \pi$，$a\theta_1 - b\sin\theta_1 = 0$ である θ_1 をとると，$\theta = \theta_1 + n\pi$ に対する点で輪をつくるアーチ形の曲線である．これを**外サイクロイド**という．$b < a$ のとき，基線に交わらない曲線となる．これを**内サイクロイド**という．$b < a$ のときをプロレート，$b > a$ のときをカーテイトという場合もある．$b \to 0$ のとき，曲線は，中心の軌跡の直線へ近づく．$b = a$ のときが**サイクロイド**である．

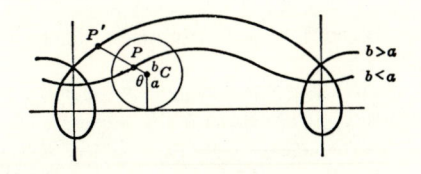

■**鈍角** obtuse angle, obtuse
(1) 直角（90°）よりも大きく，2直角（平角；180°）よりも小さい角．**鈍角3角形**とは，その1つの角が鈍角である3角形である．
(2) 直角よりも大きい角すべてに対して用いることもある．

■**トンプソン，ジョン・グリッグス** Thompson, John Griggs (1932—)
イギリスの数学者．フィールズ賞を受賞した（1970年）．ファイトとともに，非可換な有限単純群は偶数位数をもつことを1963年に証明した（**ファイト–トンプソンの定理**．これはバーンサイドが1911年に予想したものである）．また極小有限単純群，すなわち，真部分群が可解群であるような有限単純群を決定した．

ナ

■内角　interior angle
→ 横断線によってつくられる角，多角形の角

■内サイクロイド　curtate cycloid
→ サイクロイド，トロコイド

■内在的性質（曲線の）　intrinsic properties of a curve
曲線に関して座標系の任意の変換によって不変な性質．円錐曲線の内在的性質としては離心率，焦点と準線との距離，通径（楕円，双曲線の）軸の長さ，反転性などがある．

■内在的性質（曲面の）　intrinsic properties of a surface
その曲面のみに依存し，それをとり囲む空間によらない性質のこと．あるいは等長変換によって不変な性質のこと．また第1基本2次形式の係数のみで表される性質のこと．＝曲面の絶対的性質．

■内心　incenter of a triangle
内接円の中心．3角形の各内角の2等分線の交点．→ 3角形の内接円

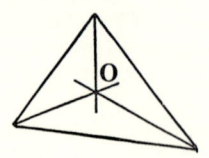

■内積（2関数の）　inner product of two functions
集合 E 上の実数値関数 f と g に対して，内積を
$$(f, g) = \int_E fg\,dx$$
で定義する．f と g が複素関数のときは，
$$(f, g) = \int_E \bar{f}g\,dx \quad \text{または} \quad \int_E f\bar{g}\,dx$$
で定義する（関数解析学では後者が標準だが，物理学では前者が使われる）．→ 直交関数，内積空間，ヒルベルト空間

■内積（ベクトルの）　inner-product of two vectors
→ 内積空間，ヒルベルト空間，ベクトル空間，ベクトルの乗法

■内積空間　inner-product space
内積またはスカラー積とよばれる関数が定義されたベクトル空間 V で，その積は V の要素のすべての順序対全体の上で定義され，スカラー（実数または複素数）全体の集合を定義域にもち，さらに，以下のような公理をみたすものである．x と y の内積を (x, y) で表すとき，$(ax, y) = \bar{a}(x, y)$, $(x+y, z) = (x, z) + (y, z)$, $(x, y) = \overline{(y, x)}$, $x \neq 0$ ならば (x, x) は正の実数．なお最初の公理を $(ax, y) = a(x, y)$ とおきかえる場合もある．その場合には $(x, ay) = \bar{a}(x, y)$ となる．$\|x\| = (x, x)^{1/2}$ によってノルムを定義すれば，その空間は**ノルム空間**となる．内積空間は**一般ユークリッド空間**あるいは**前ヒルベルト空間**ともよばれる．完備な内積空間を**ヒルベルト空間**とよぶが，場合によっては可分で有限次元ではないという条件を付け加えることもある．実スカラーをもつ有限次元内積空間を**ユークリッド空間**，複素スカラーをもつ有限次元内積空間を**ユニタリ空間**とよぶ．→ ヒルベルト空間，ベクトル空間，ベクトルの乗法

■内接　inscribed
多角形（または多面体）が直線，曲線または曲面から構成される閉じた図形の内部に含まれ，かつ多角形（または多面体）の各頂点がその図形に接しているとき，その多角形はその図形に**内接**しているという．閉じた図形が多角形（または多面体）の内部に含まれ，かつ（多角形の）各辺または（多面体の）各面がその図形に

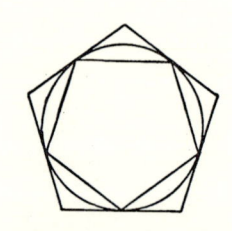

接しているとき，その図形はその多角形（または多面体）に内接しているという．1つの図形がもう1つの図形に内接しているとき，後者は前者に**外接**しているという[➡ 外接]．図は，1つの多角形が円に内接し，その円がもう1つの多角形に内接している様子を示している．➡ 円周角，3角形の内接円

■**内接円**　incircle, inscribed circle
　➡ 3角形の内接円，内接

■**内接線（2円の）**　internal tangent of two circles
　➡ 2円の共通接線

■**内接多角形**　inscribed polygons
　➡ 外接

■**内測度**　inner measure, interior measure
　➡ 外測度と内測度

■**内トロコイド**　hypotrochoid
　ハイポサイクロイドと同様の曲線である．違いは軌道を描く点が，ころがっていく円の内部または半径の延長上に置かれることである．h を円の中心と軌道を描く点との距離とするとき，その方程式は
$$x=(a-b)\cos\theta+h\cos[(a-b)\theta/b]$$
$$y=(a-b)\sin\theta-h\sin[(a-b)\theta/b]$$
で表される．ただし，h 以外の変数はハイポサイクロイドの場合と同じとする．h が b より小さい場合，b より大きい場合それぞれについての違いはトロコイドの各場合の様子と類似している．➡ 外トロコイド，サイクロイド，トロコイド，ハイポサイクロイド

■**内部**　interior
　円，多角形，球，3角形などの内部とは，それらの円，多角形などの内側にある点全体の集合のことである．以下に述べる一般的な定義に合わせるためには，ここでいう円とは円周とその内部をともに含む円盤と考えなければならない．多角形その他についても同様である．一般に集合 E の**内部**とは，E の中に含まれる近傍をもつような E の点全体のことである（この意味の集合を**開核**とよぶのが普通である）．そのような各点を**内点**とよぶ．E の閉包と E の補集合 $C(E)$ の閉包にともに属する点全体の集合を E および $C(E)$ の**境界**とよぶ．境界は E と $C(E)$ のいずれの内点でもないすべての点を含む．➡ 外部

■**内部演算**　internal operation
　➡ 演算

■**内部自己同型**　inner automorphism
　➡ 同型

■**内部写像**　interior mapping, interior transformation
　➡ 開写像

■**内分点**　point of division
　与えられた2点を結ぶ線分を与えられた比で分割する点．その与えられた2点の直交座標を (x_1, y_1), (x_2, y_2) とし，第1の点からPまでの距離をPから第2の点までの距離でわったものが r_1/r_2 となるような点Pの座標 (x, y) は，次式で与えられる．
$$x=\frac{r_2x_1+r_1x_2}{r_1+r_2}, \quad y=\frac{r_2y_1+r_1y_2}{r_1+r_2}$$
r_1/r_2 が正のときには，その点は与えられた2点の間に位置するので，**内分点**とよばれる．また，その点Pはその線分を比 r_1/r_2 で**内分**するという．これに対して $r_1/r_2<0$ $(\neq -1)$ のときには，その点は2点を結ぶ線分の延長上にあるので**外分点**といい，その線分を比 $|r_1/r_2|$ で**外分**するという．$r_1=r_2$ のときには，点Pは線分を2等分し，上の公式は次のような簡単な式になる．
$$x=\frac{x_1+x_2}{2}, \quad y=\frac{y_1+y_2}{2}$$
空間内の点に対しても，それが3つの座標をもつことを除けば，平面の場合と状況は同じである．x と y に関する公式は上のとおりで，z に関する公式は
$$z=\frac{r_2z_1+r_1z_2}{r_1+r_2}$$
である．

■**長さ（曲線の）**　length of a curve
　➡ 曲線の長さ

■**長さのある曲線**　rectifiable curve
　長さが有限である曲線．➡ 曲線の長さ

■**長さの要素**　element of length
　→ 線型要素

■**長さ零の曲線**　curve of zero length
　＝極小曲線．→ 極小曲線

■**中への写像**　into mapping
　→ 上への写像

■**流れ関数**　stream function
　非圧縮性流体の2次元定常流中で，Aを固定点として点 $P=P(x, y)$ を変化させるとき，ある曲線 AP を通る流束を $f(x, y)$ とする．AP を結ぶ2つの曲線を通る流束は等しいから，f は点 P の位置だけの関数となる．そうでない場合，流体の湧き出し・吸い込みがあることになる．f を一定にして P を動かしたときの P の描く曲線を通る流束はない．この曲線は**流線**といい，このような流線の方程式が $F(x)=0$ とかけるとき，F を**流れ関数**という．

■**流れ図**　chart, flow chart
　機械計算において，問題の論理構造を示すためにつくられる，名前づけされた枠や矢印などからなる図式．しかし一般には，流れ図内には機械語や命令は書かない．→ 計算機プログラミング，コーディング

■**ナッペ**　nappe
　円錐面を，頂点を通る面により，2つの部分に切断したときの一方．

■**滑らかな曲線**　smooth curve
　ユークリッド空間における曲線 C は区間 $[a, b]$ を連続関数によってうつした像である．区間 $[a, b]$ の点 t に対応する C 上の点の直交座標の第 i 座標を $x_i(t)$ と表すと，x_i は $[a, b]$ 上の連続関数である．曲線 C が**滑らか**であるまたは**連続微分可能**であるとは，各関数 x_i の第1次導関数が $[a, b]$ 上連続であることをいう．曲線 C が**区分的に滑らか**であるとは，各 x_i の第1次導関数が有限個の点を除いて連続であって，しかもそれらの各点において右微分可能かつ左微分可能である．

■**滑らかな曲面**　smooth surface
　(1) 各点において接平面が存在し，かつ標準方向が接触点の連続関数であるような曲面．
　(2) 次の性質をもつある連続な1対1変換 T の値域であるような集合．T の定義域は，有限な長さをもつ単純閉曲線を境界とする有界閉領域 D であり，かつ T は媒介変数方程式 $x=f(u,v), y=g(u,v), z=h(u,v)$ で表され，f, g, h の1階偏導関数は D を含む開集合上で連続であり，しかも D にはその点における次のヤコビアンがすべて0となるような点が存在しない：$\partial(y,z)/\partial(u,v)$, $\partial(z,x)/\partial(u,v)$, $\partial(x,y)/\partial(u,v)$．$D$ の境界の T による像を曲面の**縁**（**へり**）という．このような曲面は性質(1)をもつ．

■**滑らかな射影平面曲線**　smooth projective plane curve
　→ 射影平面曲線

■**滑らかな写像**　smooth map
　→ 微分同相写像

■**南天の赤緯**　south declination
　天の赤道から南へ測った赤緯．これは常に**負**とする．＝南緯．

二

■**2 (3, 4, 5, …) ずつ数える** count by twos (threes, fours, fives, etc.)
　整数を2 (3, 4, 5, …) 個とびに順番に唱えること.例えば2ずつ数えるときには"2, 4, 6, 8, …", 3ずつ数えるときには"3, 6, 9, 12, …"という.

■**2円の共通接線** common tangent of two circles
　2つの円に接する直線.2つの円がそれぞれの外部に位置している場合4本の共通接線がある.その中の2本は2つの円を分ける**内接線**である.残りの2本は**外接線**で,この場合2つの円は接線の同一側にある.

■**2階導関数** second derivative
　1階導関数の導関数. → 高階導関数

■**2階の階差** differences of the second-order, second-order differences
　1階の階差の**1階の階差**.例えば,数列 (1, 2, 4, 7, 11, …) の1階の階差は, (1, 2, 3, 4, …) であり, 2階の階差は (1, 1, 1, 1, …) である.同様にして, **3階の階差**は, 2階の階差の1階の階差であり,そして一般に, **r 階の階差**は $(r-1)$ 階の階差の1階の階差である.数列 $(a_1, a_2, a_3, …, a_n, …)$ の1階の階差は $(a_2-a_1, a_3-a_2, a_4-a_3, …)$ であり, 2階の階差は $(a_3-2a_2+a_1, a_4-2a_3+a_2, …)$ であり, r 階の階差は,
　$(a_{r+1}-ra_1+\{r(r-1)/2!\}a_{r-1}-…\pm a_1,$
　　$a_{r+2}-ra_{r+1}+\{r(r-1)/2!\}a_r-…\pm a_2, …)$
である. → 1階の階差

■**2項演算** binary operation
　2つの対象に対して定義された演算のこと.例えば,任意の2数に対するたし算,任意の2数に対するかけ算.2つの集合に対して,共通部分をとること, n 列の行列と n 行の行列に対して,積をとること, 2つの関数の合成など.集合がある特定の2項演算に関して**閉じている**とは,その集合の任意の1対の元に対して,その演算を行うことができ,その演算を施した結果得られた元が,その集合の元であることをいう.正整数の集合は加法や乗法に関して閉じてい る.しかしながら, $\frac{2}{3}$ は整数でなく, $2-3$ は正整数でないので,正整数の集合は除法や減法に関しては閉じていない.集合 $\{1, 2, 3\}$ は, $2+3$ がこの集合の元になっていないので,加法について閉じていない.詳しくいえば, 2項演算は,その定義域が集合 S の元の順序対の集合であるような関数 f のことである.集合 S が2項演算 f に関して閉じている必要十分条件は, x と y が S の元であるときにはいつでも $f(x, y)$ が S の元であることである. → 3項演算

■**2項級数** binomial series
　無限に多くの項を含む2項展開.すなわち n が正整数や0ではない場合の $(x+y)^n$ の展開.このような展開は $|y|<|x|$ もしくは $x=y\neq 0$, $n>-1$ もしくは $x=-y\neq 0$, $n>0$ の場合収束し,その和は $(x+y)^n$ になる.例えば
$$\sqrt{3} = (2+1)^{1/2}$$
$$= 2^{1/2} + \frac{1}{2}(2)^{-1/2} - \left(\frac{1}{2}\right)^3 (2)^{-3/2} + …$$

■**2項係数** binomial coefficients
　$(x+y)^n$ の展開における係数.例えば $(x+y)^2 = x^2+2xy+y^2$ において,次数2の2項係数は1と2と1である.次数 n (n は正整数) の $(r+1)$ 番目の2項係数は, $n!/[r!(n-r)!]$ である.これは n 個の対象から r 個の対象を選ぶ組合せの数で,記号 $\binom{n}{r}$, $_nC_r$, $C(n, r)$, C_r^n などで表される. 2項係数の和は, $(x+y)^n$ において x と y のそれぞれに1を代入すればわかるように, 2^n に等しい. → 2項定理,パスカルの3角形

■**2項公式** binomial formula
　2項定理によって得られる公式

■**2項式** binomial
　$2x+5y$ や $2-(a+b)$ のような2つの項からなる多項式. → 3項式

■**2項定理** binomial theorem
　2項式のベキ展開に関する定理のこと.すな

わち，$(x+y)^n$ の展開式における最初の項は x^n である．第2項の係数は n で，その因数は x^{n-1} と y である．3項目以降においては，x のベキは1ずつ減少し，y のベキは1ずつ増加する．また，各項の係数はその直前の項の係数に x の指数をかけ，それを(y の指数$+1$) で割ったものである．例えば，$(x+y)^3=x^3+3x^2y+3xy^2+y^3$．一般に n が正整数のとき，
$$(x+y)^n= x^n+nx^{n-1}y+\frac{n(n-1)}{2!}x^{n-2}y^2+\cdots+y^n$$
である．$x^{n-r}y^r$ の係数は $n!/[r!(n-r)!]$ である．→ 2項係数，2項級数

■**2項展開** binomial expansion
2項定理によって得られる展開式．→ 2項定理

■**2項微分** binomial differential
$x^m(a+bx^n)^p dx$ の微分のこと．ここで a, b は任意の定数，指数 m, n および p は有理数である．

■**2項不尽根数** binomial surd
→ 不尽根数

■**2項分布** binomial distribution
確率変数 X が**2項分布に従って分布している**，もしくは**2項分布を持つ確率変数**であるとは，正整数 n および正数 p が存在して，1回の試行における成功の確率が p であるような n 回の独立なベルヌイ試行における成功の回数を X が表すことをいう．X の値域は集合 $\{0, 1, \cdots, n\}$ で，k 回成功する確率は
$$P(X=k)=\binom{n}{k}p^k q^{n-k}$$
である．ここで $q=1-p$ である．例えば3個の貨幣を投げるとき，$p=\frac{1}{2}$ であり，"表" が 0, 1, 2, 3 回出る確率はそれぞれ $\frac{1}{8}, \frac{3}{8}, \frac{3}{8}, \frac{1}{8}$ である．これらの数値は $\left(\frac{1}{2}+\frac{1}{2}\right)^3$ を2項定理によって展開するときの各項に対応する．一般に
$$(p+q)^n=\sum_{k=0}^{n}\binom{n}{k}p^k q^{n-k}=\sum_{k=0}^{n}P(X=k)$$
である．2項分布の平均は np で，分散は npq であり，そして積率母関数は $M(t)=(q+pe^t)^n$ である．n が十分大きいとき，2項分布を，平均 np，分散 npq の正規分布によって近似することができる．また n が大きいとき，2項分布は平均 np のポアソン分布で近似することができる．→ 正規分布，多項分布，中心極限定理，ベルヌイの実験，ベルヌイの分布，ポアソン分布，モーメント母関数

■**2項方程式** binomial equation
方程式 $x^n-a=0$ のこと．

■**ニコディム，オットン・マルティン**
Nikodym, Otton Martin (1887—1974)
解析学者，位相数学者．ポーランド人．第2次世界大戦後まもなく米国に亡命した．→ ラドン-ニコディムの定理

■**ニコメデス** Nicomedes (B.C. 2世紀)
古代ギリシャの数学者．コンコイドを研究した．

■**ニコメデスのコンコイド** conchoid of Nicomedes
→ コンコイド

■**2次関数** quadratic function
→ 2次多項式

■**2次曲線** quadric curve, quadratic curve
2次方程式の曲線．＝円錐曲線．

■**2次曲面** quadric surface
→ 2次の

■**2次曲面の極と極平面** pole and polar of a quadric surface
与えられた点（平面の**極**）と，その点を通る割線とその2次曲面との2つの交点に関して，その点と共役調和である点の軌跡として得られる平面（点の**極平面**）．解析的には，与えられた点の極平面は，接平面の方程式の一般形において，接点の座標を与えられた点の座標で置き換えて得られる方程式が表す平面である［→ 2次曲面の接平面］．例えば，その2次曲面を方程式 $x^2/a^2+y^2/b^2+z^2/c^2=1$ をもつ楕円面とすると，点 (x_1, y_1, z_1) の極平面は $x_1x/a^2+y_1y/b^2+z_1z/c^2=1$ で表される平面である．

■**2次曲面の径面** diametral plane of a quadric surface
平行弦の中点を含む平面.

■**2次曲面の主平面** principal plane of a quadric surface
2次曲面の対称性を与える平面.

■**2次曲面の臍点測地線** umbilical geodesic of a quadric surface
曲面 S 上の臍点を通る測地線.

■**2次曲面の接錐** tangent cone of a quadric surface
2次曲面の接線を母線とする錐.とくにその母線が球面への接線となっている任意の円錐は球の接錐である.円錐の中に球を落とすと,この円錐はその球の接錐となる.

■**2次計画法** quadratic programming
最大・最小化する関数や制約式が x の2次関数になっている非線型計画法の特別な場合で,その2次の項が適当な準定値2次形式をなすもの.→ 凸計画法

■**2次形式** quadratic form
→ 形式

■**2次形式の極形式** polar of a quadratic form
2次形式 $Q=\sum_{i,j=1}^{n} a_{ij}x_i x_j\ (a_{ij}=a_{ji})$ から演算子
$$\frac{1}{2}\sum_{i=1}^{n} y_i \frac{\partial}{\partial x_i}$$
によって得られる双線型形式.すなわち,双線型形式
$$Q'=\sum_{i,j=1}^{n} a_{ij}y_i x_j$$
のこと. x と y をそれぞれ同次座標 $(x_1,\cdots,x_n),(y_1,\cdots,y_n)$ をもつ $n-1$ 次元空間の点とすると, $Q=0$ が2次曲面の方程式であり, $Q'=0$ がその2次曲面に関する y の極超平面の方程式である.→ 円錐曲線の極と極線

■**2次形式の指標** index of a quadratic form
2次形式が1次変換によって平方の和に変換されたときの正項の個数である.同じように,エルミート形式が1次変換によって $\sum_{i=1}^{n} a_i z_i \bar{z}_i$ の形に変換されたときの正係数の項の個数を,**エルミート形式の指標**という [→ 合同変換,連合変換].

同様に,対称行列またはエルミート行列の指標とは,それが対角行列に変換されたときの正の要素の個数である.形式または行列に対して,正項の個数から負項の個数を減じた値を**符号数**, 0 でない項の個数を**階数**とよぶ. 2つの2次形式(または, 2つの対称行列またはエルミート行列)が等しい階数と指標をもつ条件は,それらが合同なことである.すなわち,可逆な線型変換によって互いに移りあえることである.これは,**シルベスターの慣性法則**である.

■**2次形式の判別式** discriminant of a quadratic form
2次形式 $Q=\sum_{i,j=1}^{n} a_{ij}x_i x_j\ (a_{ij}=a_{ji})$ に対し, i 行 j 列の成分が a_{ij} で定義される行列の行列式のこと. Δ_m を Q から $x_1, x_2, \cdots, x_m$ を含む項以外をすべて取り除くことにより得られる2次形式の判別式とし, $a_1=\Delta_1, a_2=\Delta_2/\Delta_1, a_3=\Delta_3/\Delta_2,\cdots,a_n=\Delta_n/\Delta_{n-1}$ とおくとき, $\sum_{i,j=1}^{n} a_{ij}x_i y_j = \sum_{i=1}^{n} a_i y_i^2$ をみたす $x_i=y_i+\sum_{j=1}^{n} b_{ij}y_j$ の形の線型変換が存在する.→ 合同変換, 2次形式の指標

■**2次元幾何学** two-dimensional geometry
平面上の図形の研究. → 平面幾何学

■**2次公式** quadratic formula
2次方程式の解を求めるための公式.方程式 $ax^2+bx+c=0\ (a\neq 0)$ に対する解の公式は
$$x=\frac{-b\pm\sqrt{b^2-4ac}}{2a}$$
である. → 代数方程式の判別式

■**2次合同式** quadratic congruence
2次の合同式.すなわちその一般式は
$$ax^2+bx+c\equiv 0 \pmod{n},\ a\neq 0$$
である.

■**2次錐面** quadric conical surfaces
基準線が円錐曲線である錐面.

■**2次積率** second moment
＝慣性モーメント.

■2次多項式　quadratic polynomial

次数が2の多項式，すなわち ax^2+bx+c という形の多項式．**2次関数**とは，関数 f でその x における値 $f(x)$ が2次多項式によって定まるものである．$f(x)=ax^2+bx+c$ のとき，f のグラフは方程式 $y=ax^2+bx+c$ のグラフであり，軸が x 軸に垂直な放物線になる．

■2次の　quadratic, quadric

(1) 次数が2であること．
(2) すべての項の次数が2である数式，2次同次多項式．**2次曲線（2次曲面）**は，直交座標系における2次代数方程式によって定まる曲線（曲面）である［→円錐曲線］．2次曲面には楕円面，双曲面，放物面の3種類がある．→円錐面，有心2次曲線

■2次不等式　quadratic inequality

$ax^2+bx+c<0$ の形をした不等式，あるいは<を≦，>または≧で置き換えたもの．不等式 $x^2+1<0$ は解をもたない．不等式 $-x^2+2x-3<0$ は，$-x^2+2x-3=-(x-1)^2-2\leq-2$ であるから，すべての x について成り立つ．不等式 $x^2+2x-3<0$ は $(x-1)(x+3)<0$ と同値だから，その解集合は，$x-1$ と $x+3$ のどちらか一方が正で他方が負になるような x 全体，すなわち $-3<x<1$ である x 全体である．

■2次方程式　quadratic equation

次数が2である多項式の方程式．2次方程式の**一般形**（ときには混合形ともよばれる）は $ax^2+bx+c=0$ で，次式のような形のものを**既約形**という．
$$x^2+px+q=0$$
純2次方程式とは $ax^2+b=0$ の形をした2次方程式のことである．

■2次方程式の複素根　complex roots of a quadratic equation

実根と対比して，$a+bi$ という形の根のこと．しかしながら，実根は複素根の $b=0$ である特別の場合である．→2変数の2次方程式の判別式

■2次モーメント　second moment
→慣性モーメント

■2重級数　double series

次の形の配列を考える．

$$\begin{array}{cccc} u_{1,1} & u_{1,2} & u_{1,3} & u_{1,4} \cdots \\ u_{2,1} & u_{2,2} & u_{2,3} & u_{2,4} \cdots \\ u_{3,1} & u_{3,2} & u_{3,3} & u_{3,4} \cdots \\ \vdots & \vdots & \vdots & \vdots \end{array}$$

この配列の最初の m 個の行のそれぞれに対して，最初から n 個の項をとってできる長方形の配列のすべての項の和を $S_{m,n}$ と表す．もし $S_{m,n}$ が m，n の増大とともに S に近づくとき，S をこの級数の和とよぶ．**収束2重級数**とは2重級数で，かつこの級数に対してある数 S（和）が存在し，任意の正数 ε に対して整数 K が存在して，$m>K$ かつ $n>K$ ならば $|S-S_{m,n}|<\varepsilon$ が成り立つことをいう．もし無限級数をある2重級数の各行（または各列）からつくるとき，これらの級数の和からなる無限級数は，2重級数の**行に関する和**（または**列に関する和**）とよばれる．上で定義した S が存在し，かつ行に関する和と列に関する和がともに存在すれば，これら3つの和はすべて等しい．このことは**プリングスハイムの定理**として知られている．

■2重極小曲面　double minimal surface

次の性質をもつ極小曲面．極小曲面 S の各点 P において，P を通る S 上の閉じた道 C で，動点が C をひとまわりしてPにもどるとき，法線の正の方向が逆転するものが存在する．=片側極小曲面．→ヘンベルクの曲面

■2重積分　double integral
→重積分，累次積分

■2重接線　double tangent

(1) 曲線と**相異なる2つの接点**をもつ接線．
(2) 尖点における接線のように，同一点における2重になった接線．→多重点

■2重層の面密度　surface density of a double layer

単位面積あたりの偏り．表面に集中している電荷のかわりに，表面に広がっている双極子の連続分布があると考えてよい．=双極子分布の単位面積あたりのモーメント．→電荷の面密度

■2重縦座標　double ordinate

曲線上の2点を結ぶ線分で（直角座標における）縦軸に平行なもの．放物線 $y^2=2px$ や楕円

$x^2/a^2+y^2/b^2=1$ などのような，横軸に対称な曲線に対して用いられる用語．

■**2重点**　double point
→ 多重点

■**20面体**　icosahedron ［*pl.* icosahedrons, icosahedra］
20個の面をもつ多面体．**正20面体**とは各面がすべて合同な正3角形で，かつ各多面角がすべて等しいような20面体である．→ 多面体

■**20面体群**　icosahedral group
3次元空間の運動群（対称性）で，正20面体を自分自身にうつす群．それは5個の対象の偶置換全体のなす位数60の交代群と同型である．→ 群，対称変換群

■**20進法**　vigesimal number system
20を基底とする実数の記数法体系．英語の score やフランス語の vingt (20) は，これに関連した用語である．他にも世界各国の多くの民族に，この方式の表現がある．アステカ人やマヤ人がこの体系を使った．ただしマヤ人は3桁目には 20^2 でなく，$18 \cdot 20 = 360$ を使っている．これはたぶんマヤの1年が360日だったせいだろう．→ 基底（数の表示における）

■**2進数**　binary scale
10のかわりに2を基にして2進法で表された数．2進法で表した1101は，10進数では $2^3 + 2^2 + 0 \times 2 + 1$ すなわち13を意味する．

■**2進法**　binary number system, dyadic number system
実数を表現するのに基底10のかわりに基底2を使う数表示体系．0と1という数字のみが，数の表示のために使われる．例えば，2進法で101110である数は，$1 \cdot 2^5 + 0 \cdot 2^4 + 1 \cdot 2^3 + 1 \cdot 2^2 + 1 \cdot 2^1 + 0 \cdot 2^0$ であり，この数は10進法では46を表す．この例は，2進法で表示されている各数を，10進法に直す方法を示している．10進法表示されている数を2進法の表示に直すためには次の例に示すように2でわる操作を繰り返せばよい．10進法で29という数は，$2 \cdot 14 + 1 = 2^2 \cdot 7 + 1 = 2^2(2 \cdot 3 + 1) + 1 = 2^3 \cdot 3 + 2^2 + 1 = 2^3(2 + 1) + 2^2 + 1 = 2^4 + 2^3 + 2^2 + 1$ であるから，2進法に直すと11101となる．10進法のときと同様に，

ある実数を2進法表示したとき，無限循環小数となるのは，その数が有理数のとき，またそのときに限る．例えば，2進法で，0.1100000… と 0.101010… は，10進法ではそれぞれ $\frac{1}{2} + \frac{1}{4} = \frac{3}{4}$ と $\frac{2}{3}$ に等しい．電子計算機において，0と1をそれぞれ "off" と "on" で表現できるので，数の2進法による演算は電子計算機における演算にきわめて有効である．→ 基底（数の表示における）

■**2進有理数**　dyadic rational
p を整数，n を正の整数としたとき，$p/2^n$ の形の実数．

■**2直線間の距離**　distance between lines
平行2直線に対しては，2直線を結ぶ共通垂線の長さ，すなわち，直線上の点よりもう一方の直線への距離である．**ねじれの位置にある2直線**に対しては，ただ1つだけ存在する2直線を結ぶ共通垂線の長さである．

■**2直線のなす角**　angle between two lines
→ 交角

■**2点間の角距離**　angular distance between two points
観測点（基準点）から2点に引いた直線間の角度．＝見かけの距離．

■**2点間の距離**　distance between points
2点を結ぶ線分の長さ．解析幾何においては，直交座標による2点の座標の，対応する成分の差の平方の和の平方根をとることによって計算することができる．平面における2点の座標がそれぞれ (x_1, y_1)，(x_2, y_2) であるならば，距離は $\sqrt{(x_2-x_1)^2+(y_2-y_1)^2}$ である．空間における2点の座標が (x_1, y_1, z_1)，(x_2, y_2, z_2) であるならば，距離は $\sqrt{(x_2-x_1)^2+(y_2-y_1)^2+(z_2-z_1)^2}$ である．

■**2点形（直線の方程式の）**　two-point form of the equation of a line
→ 直線の方程式

■**2点に関する調和共役** harmonic conjugates with respect to two points
直線上の与えられた2点を同一の割合で内分，外分する2点．調和共役の（第3，第4の）2点と，与えられた（第1，第2の）2点との複比は−1である［→ 複比］．2点が他の2点に調和共役ならば，後者の2点も最初の2点に調和共役である．

■**2等分線** bisector of an angle
角を2つの等しい角に分割する直線．これは角を形成する2つの線分から等距離にある点の集合である．→ 点から直線，平面への距離

■**2等分点** bisecting point of a line segment
線分の中点と同じ意味．→ 線分の中点

■**2等分面（2つの交わる平面のなす角の）** bisector of the angle between two intersecting
2つの相交わる平面から等距離にある点すべての集合．任意の交わる2平面に対して，このような平面は2つ存在する．これらはそれぞれ，動点から2つの平面のそれぞれへの符号つきの距離が符号を除いて一致する，という等式を立てることによって求められる．→ 点から直線，平面への距離

■**2等辺3角形** isosceles triangle
→ 球面3角形，3角形

■**2倍角の公式** double-angle formulas
→ 平面三角法の恒等式

■**2倍公式（ガンマ関数の）** duplication formula (for gamma function)
ガンマ関数に関する公式
$$\Gamma(2z) = \pi^{-1/2}\Gamma(z)\Gamma\left(z+\frac{1}{2}\right)2^{2z-1}.$$
ルジャンドルの2倍公式ともよばれる．→ 倍数公式．

■**2部グラフ** bipartite graph
→ グラフの塗り分け

■**2分割** bisect
半分に分けること．

■**2分法** dichotomy
2つの類への類別．論理学における2分法の原理は，命題は真であるか，真でないかのどちらかである［→ 矛盾律］．例えば，2数 x, y に対して，命題 "$x=y$"，"$x \neq y$" のどちらか一方のみが真である．→ 3分性

■**2平面間の距離** distance between planes
平行2平面に対して，両平面に共通な垂線の長さ，すなわち，平面上の点より他方の平面までの距離．

■**2変数の2次方程式の判別式** discriminant of a quadratic equation
2次方程式
$$ax^2 + bxy + cy^2 + dx + ey + f = 0$$
の判別式は $\Delta = 4acf - b^2f - ae^2 - cd^2 + bde$ で与えられ，行列式により
$$\Delta = \frac{1}{2}\begin{vmatrix} 2a & b & d \\ b & 2c & e \\ d & e & 2f \end{vmatrix}$$
と表すことができる．判別式は，もとの方程式の1次の項がなくなるように軸を平行移動させることによりできる方程式，すなわち
$$a'x^2 + b'xy + c'y^2 - \Delta/(b^2-4ac) = 0$$
の定数項と $-(b^2-4ac)$ との積でもある．判別式および不変量 b^2-4ac は，2変数の2次方程式の軌跡に関して，次の判別の基準を与える．$\Delta \neq 0$, $b^2-4ac < 0$ なら，2次方程式の軌跡は，実または虚楕円，$\Delta \neq 0$, $b^2-4ac > 0$ なら双曲線，$\Delta \neq 0$, $b^2-4ac = 0$ なら放物線である．$\Delta = 0$, $b^2-4ac < 0$ なら点楕円，$\Delta = 0$, $b^2-4ac > 0$ なら交わる2直線，$\Delta = 0$, $b^2-4ac = 0$ なら2つの平行（一致する場合も含めて）する直線または実軌跡は存在しない．判別式 Δ の定義は人により違うことがあるが，どれも定数倍を除いて等しい．

■**2変量** bivariate
2つの変量（変数）をもつ．

■**2変量正規分布** bivariate normal distribution
確率ベクトル (X, Y) が2変量正規分布をもつとは，その確率密度関数が次式で与えられるときをいう．
$$f(x, y) = \frac{1}{2\pi\sigma_x\sigma_y(1-r^2)^{1/2}} e^{-1/2w/(1-r^2)}$$

$$w = \left(\frac{x-\mu_x}{\sigma_x}\right)^2 - 2r\frac{(x-\mu_x)(y-\mu_y)}{\sigma_x\sigma_y} + \left(\frac{y-\mu_y}{\sigma_y}\right)^2$$

ただし，$-1 \leq r \leq 1$，μ_x と μ_y はそれぞれ X と Y の平均であり，σ_x^2 と σ_y^2 はそれぞれ X と Y の分散である．Y が与えられたときの X（あるいは X が与えられたときの Y）の条件つき分布は正規である．$Y=y$ であるとき X の条件つき平均は $\mu_x + r(\sigma_x/\sigma_y)(y-\mu_y)$ である．パラメター r は**相関パラメータ**とよばれ，確率変数 X と Y の間の相関係数に等しい．

■**2変量分布** bivariate distribution
→ 分布関数

■**ニムゲーム** game of nim
　2人で行うゲーム．いくつかのマッチ棒の山がある．山の数も各山のマッチ棒の本数も任意とする．2人は順番に適当な1つの山から好きなだけマッチ棒をとる．最後のマッチ棒をとった方が勝ちである．勝つためには，各山のマッチ棒の本数を数え，それらを2進法で表し，（下の例のように）桁をそろえてかき並べるとよい．例えば，山が3つ，それぞれのマッチの本数が17, 6, 5とする．2進法で表すと10001, 110, 101．これらを同じ桁の数字が縦列をなすようにかく．

　　　　10001
　　　　　110
　　　　　101

勝つためには，先手 A は，最大の山から14本をとらなければならない．すると

　　　　　　11
　　　　　110
　　　　　101

が残される．後手 B がどのようにとっても，少なくとも1つの桁の列において，数字の和（すなわち，1の個数）が奇数となる．そこで A はその桁の列の和を偶数に変える．このようにしていくと，ついには B の番で，1と1がのこる．それゆえ A が勝つ．以上の戦略によれば，最初に桁の列の数字の和をすべて偶数にした方が勝つ．ニムにはいくつかの変種がある．例えば，山は1つで，2人は順番に1本以上 $k-1$ 本以下のマッチ棒をとる．あるいは，最後にとった方の負とする．最初に $nk+1$ 本（n はなんでもよい）を残した方が，その次の番に $(n-1)k+1$ 本

だけ残すことにより勝つことができる．=三山崩し，石取りゲーム．

■**2面角** dihedral angle
　直線が共通の辺になっているような直線と，2つの半平面との合併．直線は2面角の**辺**であり，直線と1つの平面との合併は**面**である．2面角の**平面角**は，辺に垂直な平面と2面角の面とが交わってできる2つの半直線によってつくられる角のこと．任意の2つの平面角（図の A, A'）は等しくなるので，2面角の**大きさ**はその平面角の1つで測る．2面角が**鋭角，直角，鈍角**であるとは，その平面角がそれぞれ鋭角，直角，鈍角であるときにいう．

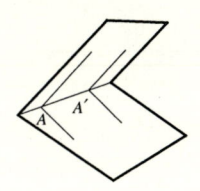

■**2面体群** dihedral group
　3次元空間内の運動群（対称変換群）で，正多角形を不変にするもの．多角形が n 角形なら，群は $2n$ 個の要素をもち，$x^n = e$, $y^2 = e$, $xy = yx$ をみたす2要素 x, y から生成される．→ 群，対称群

■**入力装置** input component
　コンピュータのシステムで，データを機械へ入力するために用いられる構成要素．例として，数値キーボード，パンチカードまたはパンチテープ機などがこの目的で用いられる．

■**ニュートン** newton
　《物理》1キログラムの質量に，毎秒毎秒1メートルの加速度を生じさせる力．10^5 ダイン．SI系の力の単位．記号 N．

■**ニュートン，アイザーク**（卿） Newton, Sir Isaac (1642—1727)
　卓越したイギリスの数学者，物理学者，天文学者．アルキメデス，ガウスとともに，歴史上最も偉大なる3人の数学者の1人である．ニュートンとライプニッツは，それぞれ独立に，微積分学を創始した．彼の主著『自然哲学の数

■ニュートン-コーツの積分公式　Newton-Cotes integration formulas

積分の近似公式

$$\int_{x_0}^{x_0+h} y\,dx = \frac{h}{2}(y_0+y_1) - \frac{h^3}{12}y''(\xi)$$

$$\int_{x_0}^{x_0+2h} y\,dx = \frac{h}{3}(y_0+4y_1+y_2)$$

$$-\frac{h^5}{90}y^{(4)}(\xi) \int_{x_0}^{x_0+3h} y\,dx$$

$$= \frac{3h}{8}(y_0+3y_1+3y_2+y_3) - \frac{3h^5}{90}y^{(4)}(\xi)$$

など．ただし，y_k は y の $x+kh$ における値，ξ は x の適当な中間の値である．上に示したものに続く 2 つの公式の補正項は 6 階の導関数を含む，など．これらの公式は等分点で補間した多項式の積分で与えられる．以上の公式は，積分の両端における y の値を含むので，**閉じた公式**とよばれる．開いた型のニュートン-コーツの公式は，

$$\int_{x_0}^{x_0+3h} y\,dx = \frac{3h}{2}(y_1+y_2) + \frac{h^3}{4}y''(\xi)$$

などである．**開いた公式**は，とくに微分方程式の数値解法に用いられる．

■ニュートンの運動の法則　Newton's laws of motion

第 1 法則：静止もしくは一様な直線運動をする物体は，その状態を変える力に強制されない限り，その状態を持続する．第 2 法則：運動量の変化率は作用した力に比例し，その力の方向におこる．第 3 法則：2 つの物体の相互作用は，それらを結ぶ直線上の，逆向きで大きさの等しい 2 つの力によって表される．

■ニュートンの恒等式　Newton's identities

多項式のすべての根のベキの和と係数との間の関係．すなわち，n 個の変換の累乗和を基本対称式で表す公式．代数方程式

$$x^n + a_1 x^{n-1} + a_2 x^{n-2} + \cdots + a_n = 0$$

の根を $r_1, r_2, \cdots, r_n$ とするとき，ニュートンの恒等式とは，$k \leq n-1$ のとき，

$$s_k + a_1 s_{k-1} + a_2 s_{k-2} + \cdots + a_{k-1}s_1 + ka_k = 0$$

$k \geq n$ のとき，

$$s_k + a_1 s_{k-1} + a_2 s_{k-2} + \cdots + a_n s_{k-n} = 0$$

ただし，

$$s_k = r_1^k + r_2^k + \cdots + r_n^k$$

■ニュートンの三叉曲線　trident of Newton
→ 三叉曲線

■ニュートンの 3/8 則　Newton's three-eighths rule

曲線 $y=f(x)$，x 軸，および直線 $x=a$，$x=b$ に囲まれる部分の面積を近似するための**シンプソン則**の一変種．区間 (a,b) の $3n$ 等分による公式

$$A = \frac{(b-a)}{8n}[y_a + 3y_1 + 3y_2 + 2y_3 + 3y_4 + 3y_5 + 2y_6 + \cdots + 3y_{3n-1} + y_b]$$

3/8 則の名は，分点の幅を $h=(b-a)/(3n)$ とするとき，係数 $(b-a)/(8n)$ が $(3/8)h$ に等しいことからくる．同様の理由で，シンプソン則は 1/3 則ともよばれる．シンプソン則における誤差は，$-(nk^5/90)f^{(4)}(\xi)$．一方，ニュートン則においては，$-(3nh^5/80)f^{(4)}(\eta)$ である．ただし，$k=(b-a)/(2n)$，$f^{(4)}(x)$ は 4 階の導関数，また ξ と η は，いずれも，a と b の間の点である．日本ではシンプソンの 3/8 則というのが慣用である．

■ニュートンの不等式　Newton's inequality

対数凸不等式

$$p_{r-1}p_{r+1} \leq p_r^2, \quad 1 \leq r < n$$

ここで，p_r は，n 個の数 $a_1, a_2, \cdots, a_n$ の第 r 基本対称式 b_r をなす $\binom{n}{r}$ 個の項の平均である．すなわち，$p_r = b_r / \binom{n}{r}$ である．

■ニュートン法　Newton's method of approximation

方程式の根の近似法の一種．1 変数関数の場合，これは接線が曲線の弧の微小部分にほぼ重なるという事実にもとづく．方程式を $f(x)=0$ とし，その 1 つの根の近似値 a_1 をとる．次の近似値 a_2 は，点 $(a_1, f(a_1))$ における曲線 $y=f(x)$ の接線と x 軸との交点の x 座標，すなわち，$a_2 = a_1 - f(a)/f'(a)$ とする（f' は f の導関数）．これは，f を a_1 においてテイラー展開し，はじめの 2 項のみを用い（それより高次の項は捨てて），$f(a_2)=0$ と仮定することに等しい．a_1 と a_2 が求める根 c を含むある区間 I の中にあ

るとし, I における $|f'(x)|$ の下限を L, $|f''(x)|$ の上限を U とすると,
$$|a_1-c| \leq \frac{|f(a_1)|}{L}, \quad |a_2-c| \leq \frac{U}{2L}|a_1-c|^2$$
一般化されたニュートン法は, $T(u)=v$ となるベクトル u を逐次近似で求めるのに用いられる. ただし, v は n 次元ユークリッド空間のベクトルで, T はその空間の1つの変換である. 1つの近似値 a_1 が与えられたとき, 次の近似値 a_2 は
$$a_1 - J^{-1}(a_1)[T(a_1)-v]$$
ここで, J^{-1} は T のヤコビ行列 J の逆行列である. =ニュートン-ラフソン法.

■**ニュートンポテンシャル** Newtonian potential
→ 重力ポテンシャル（質点の複合体の）

■**2葉双曲面** hyperboloid of two sheets
3つの座標平面のうちの2平面に平行な面での切断面の図形が双曲線であり, もう1つの座標平面に平行な面での切り口は, 交わりのない有限区間（交わりが虚）以外で楕円である2次曲面. 図のような座標系での方程式は,
$$\frac{x^2}{a^2} - \frac{y^2}{b^2} - \frac{z^2}{c^2} = 1$$
である. **回転2葉双曲面**とは, 切り口の楕円が円であるような2葉双曲面であり, 上の方程式において $b=c$ である. これは, x 軸のまわりに双曲線,
$$\frac{x^2}{a^2} - \frac{z^2}{c^2} = 1$$
を回転させて得られる. =複葉双曲面.

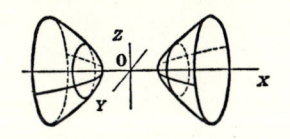

■**任意仮説** arbitrary assumption
《哲学》自然の法則や（ときには）容認された数学的原理にかなっているかどうかに無関係に, 個人が好き勝手にうちたてた仮説.

■**任意関数**（偏微分方程式の解における）arbitrary function in the solution of partial differential equations
（ある特別な型の）どのような関数をそこに代入しても, 与えられた偏微分方程式がみたされるような任意の関数を表す記号. 例えば f を任意の微分可能関数としたとき, $z=xf(y)$ は $x(\partial z/\partial x)-z=0$ の解である.

■**任意定数** arbitrary constant
特定されない定数を表す記号. 例えば2次方程式 $ax^2+bx+c=0$ において, a, b, c は任意定数である. → 積分定数

■**任意のイプシロン** arbitary ε
任意の ε に対して命題が真であるとは, 任意の数値（通常は正の）をとりうる ε に対してその命題が真のときをいう. この慣用句は, ε がきわめて小さな値を代表するのが最も重要である場合に用いられるのが通例である.

■**任意変数** arbitrary parameter
通常の意味の変数（助変数）と同義. "任意"をつけることで, その変数がある集合の勝手な要素になりうるが, 特定されていないことを強調するときに用いる（例えば, 任意実数など）.

ネ

■**ネイマン, ジャージー** Neyman, Jerzy(1894 —1981)

ベサラビア生まれの統計学者. 40歳までポーランドに住み, 4年間ロンドンに滞在したあとアメリカへ移住した. 統計学およびその応用に関し大きな業績がある.

■**ネイマン-ピアソン検定** Neyman-Pearson test

X を未知のパラメータ θ に依存する分布 F に従う確率変数とする(X, θ はベクトルでもよい). 標本 $(X_1, \cdots, X_n)$ にもとづいて仮説 $H_0 : \theta = \theta_0$ を対立仮説 $H_1 : \theta = \theta_1$ に対し検定するときの H_0 の採択域を

$$[(X_1, \cdots, X_n) \in R] \Leftrightarrow \frac{L(\theta_1)}{L(\theta_0)} < k$$

で定義する. ただし L は尤度関数. この検定方式をネイマン-ピアソン検定という. $\alpha = \theta = \theta_0$ のとき $(X_1, \cdots, X_n)$ が R に入らない確率(すなわち第1種の過誤確率)とするとき, ネイマン-ピアソン検定は, $\theta = \theta_1$ のとき $(X_1, \cdots, X_n)$ が R に含まれる確率を, 第1種の過誤確率が α 以下であるすべての検定方式の中で最小とする.
→ 仮説検定, 尤度関数

■**ねじれ曲線** twisted curve

平面上にない空間曲線. [類]歪曲線. それぞれの平面と n 点で交わるとき, 位数 n のねじれ曲線という. このとき交点は実であるか虚であるか, 同一の点があるかどうかは問わない. → ねじれ3次曲線

■**ねじれ3次曲線** twisted cubic

実であるか虚であるかを問わず, また同一であるか異なるかを問わずに, それぞれの平面と3点で交わる曲線のこと. 例えば $x = at$, $y = bt^2$, $z = ct^3$, $abc \neq 0$ という方程式は, そのような曲線を表している.

■**ねじれ4辺形** skew quadrilateral

同一平面上にない4点の各点を, 次々に他の2点と結んだ線分でつくられる図形. =空間4辺形. 以前にはフランス語からきたゴーシュ4辺形ともよばれていた.

■**ねじれ直線** skew lines

空間において交わりもせず平行でもない直線(詳しくはねじれの位置にある2直線). 2直線がねじれ直線であるためには, この2直線が同一の平面上にないことが必要十分である. 2つのねじれ直線の間の距離は, 両方の直線に垂直な直線と各直線を結ぶ線分の長さに等しい.

■**ねじれ率** torsion
→ 捩率(れいりつ)

■**ネーター, アマリエ**(通称エミー) Noether, Amalie (Emmy) (1882—1935)

ドイツ生まれ, 後に米国に亡命した女性代数学者. 不変式論, 抽象的公理的代数学, 公理的イデアル論, 非可換および巡回的多元環論に貢献.

■**ネーター環** Noetherian ring
→ 連鎖条件 (環の)

■**熱伝導方程式** heat equation

放物型2階偏微分方程式

$$\frac{\partial u}{\partial t} = \frac{k}{c\rho}\left(\frac{\partial^2 u}{\partial x^2} + \frac{\partial^2 u}{\partial y^2} + \frac{\partial^2 u}{\partial z^2}\right)$$

のこと. ここで $u = u(x, y, z ; t)$ は温度, (x, y, z) は空間の座標, そして t は時間を表す. 定数 k は物体の熱伝導率, c は比熱, ρ はその密度を表す. 略して熱方程式ともいう.

■**熱膨張係数** coefficient of thermal expansion

線膨張係数, 体膨張係数の両方を表す用語.

■**ネバンリンナ, ロルフ** Nevanlinna, Rolf (1895—1980)

フィンランドの複素解析学者で, 整関数および有理型関数の値分布論や計算機科学に重要な寄与をした. **ネバンリンナ賞**はヘルシンキ大学の基金により, 国際数学者会議の折に応用数学(これまでは主として計算機科学の数学的基礎)

に対して提供され，1983年（発表は1982年）に初めて授与された．なお彼の兄フリチョフも数学者だった．

■**ネピア，ジョン** Napier, John (1550—1617)
スコットランドの独創的アマチュア数学者．対数を発見した．→ ネピアの対数 (2)

■**ネピアの円分法則** Napier's rules of circular parts
独創的な2つの公式で，それによって，直角球面3角形の解法に用いられる10の公式をかきくだすことができる．直角を省略し，のこりの2つの内角の補角，斜辺の補角，そして他の2辺が，それらの3角形における位置の順に，円周上に並んでいると考える．これらのどの1つも，その両側の2つに対する中間点である．与えられた点の両隣りの2点を**隣接部分**，その向こうにある2点を**対向部分**という．このとき，ネピアの円分法則は，次のように述べることができる．(1) 任意の部分の正弦は，隣接部分の正接の積である．(2) 任意の部分の正弦は，対向部分の余弦の積である．

■**ネピアの対数** Napierian logarithm
(1) 自然対数の別名として，普通に使われるが，これは以下に示すように誤った用語である．
(2) ネピア自身の定義した"対数"は以下の通りで，これを Naplog とよぶことにする．彼は三角関数にヒントをえた．S を線分 $[0, 10^7]$ とし，R を初期点 0 からの放射線とする．p を S 上，x を R 上に動かし，同時に 0 から出発して，p は $10^7 - p = y$ の速度で，x は一様な速度 10^7 で動くとする．このとき $x = \text{Naplog}\, y$ である．ネピアは，1614年に，この定義に従って，正弦の"対数"表を，角度の1分ごとにつくり，$a/b = x/y$ ならば

$$\text{Naplog}\, a - \text{Naplog}\, b = \text{Naplog}\, x - \text{Naplog}\, y$$

であることを証明した．現在の微分積分学によれば，$\text{Naplog}\, y = 10^7 (\log_e 10^7 - \log_e y)$ であることが証明できる．1615年にブリッグスとネピアとは共同で対数の底を 10 に変更した．これが**常用対数**または**ブリッグスの対数**とよばれるものである［→ 対数］．

■**ネピアの類似公式** Napier's analogies
球面三角法における，平面三角法の公式の類似．（球面3角形の3辺を a, b, c，それらの対角を A, B, C とするとき）それらは

$$\frac{\sin\frac{1}{2}(A-B)}{\sin\frac{1}{2}(A+B)} = \frac{\tan\frac{1}{2}(a-b)}{\tan\frac{1}{2}c}$$

$$\frac{\cos\frac{1}{2}(A-B)}{\cos\frac{1}{2}(A+B)} = \frac{\tan\frac{1}{2}(a+b)}{\tan\frac{1}{2}c}$$

$$\frac{\sin\frac{1}{2}(a-b)}{\sin\frac{1}{2}(a+b)} = \frac{\tan\frac{1}{2}(A-B)}{\cot\frac{1}{2}C}$$

$$\frac{\cos\frac{1}{2}(a-b)}{\cos\frac{1}{2}(a+b)} = \frac{\tan\frac{1}{2}(A+B)}{\cot\frac{1}{2}C}$$

■**年** year
1年は，太陽の周りの地球の回転によって決められる．地球が，太陽の周りを，恒星に対して1周する時間を**恒星年**という．これは平均太陽日の365日6時間9分9.5秒に当る．地球（または太陽）が，春分点を通り，次に春分点へたどりつく間の時間を**太陽年**（または**回帰年**，**分点年**）という．これは平均太陽日の365日5時間48分46秒に当る．恒星年よりも20分23.5秒少ないのは，歳差運動のためである．昔も今も，太陽年が，暦のもととなっている．地球が，楕円軌道のある点から，再び同じ点にもどるまでの時間を**近点年**という．これは平均太陽日の365日6時間13分53秒に当る．上記の2つと異なるのは，楕円軌道の長軸が，1年に11秒の割合でゆっくり前進していることによる．

平均太陽日で365日を暦年という．ただし，**閏年**は 366 日とする．

利息計算に使われる**商業年**は 360 日である．
→ 付録：単位・名数

■**年間死亡率** central death rate during one year
1年間の死亡者数の，その年のある時点における生存者数に対する割合で，M_x と表す．ここで x はその年である．通常は，x 年における死亡者数を d_x，x 年のはじめにおける生存者数を l_x，x 年の終わりにおける生存者数を l_{x+1} とすれば，M_x は $d_x \big/ \left(\frac{1}{2}(l_x + l_{x+1})\right)$ と定義される．

ノ

ノイマン，カール・ゴットフリート
Neumann, Karl Gottfried (1832―1925)
ドイツの解析学者，ポテンシャル論学者．

ノイマン，フランツ・エルンスト
Neumann, Franz Ernst (1798―1895)
ドイツの数理物理学者，結晶学者．

ノイマン関数　Neumann function
(1) 《特殊関数》
$$N_n(z) = \frac{1}{\sin n\pi}[\cos n\pi J_n(z) - J_{-n}(z)]$$
によって定義される関数 N_n. ここで，J_n はベッセル関数である．この関数は (n が整数でないとき) ベッセルの微分方程式の解であり，**第2種ベッセル関数**ともよばれる．→ ハンケル関数

(2) 《ポテンシャル論》R を境界面 S をもつ領域，Q を R の内点とするとき，ノイマン関数 N とは
$$N(P, Q) = 1/(4\pi r) + V(P)$$
の形の関数をいう．ただし r は距離 PQ，$V(P)$ は調和関数，$\partial N/\partial n$ は S の上で定数，さらに $\iint_S N d\sigma_P = 0$ とする．ノイマン問題の解 $U(Q)$ は
$$U(Q) = \iint_S f(P) N(P, Q) \, d\sigma_P$$
の形に表される．→ グリーン関数，第2種境界値問題

どちらも K. G. ノイマンによる

ノイマンの公式（第2種ルジャンドル関数に対する）　Neumann formula for Legendre functions of the second kind
→ 第2種ルジャンドル関数に対するノイマンの公式

ノイマン問題　Neumann problem
→ 第2種境界値問題

濃度（集合の）　potency of a set, power of a set
→ カージナル数

ノット　knot
毎時1海里の速度．"船が20ノットで航行する"といえば，それが毎時20海里の速さで航行することを意味する．約 1.8 km/h. → 海里

ノビコフ，セルゲイ・ペトロヴィッチ
Novikov, Sergey Petrovdch (1938―　)
ロシアの幾何学者，代数的位相幾何学者．フィールズ賞受賞者(1970年)．可微分多様体，ホモトピー，コボルディズム，葉層構造などを研究．

伸び率　elongation
(1) 物体の2点間を結んだベクトルの長さ l と，その物体を変形させたときの増分 Δl との比において，l の長さを0にしたときの極限値．記号で書くと，$e = \lim_{l \to 0} \Delta l/l$ である．この極限値は，一般的には，変形を受ける物体におけるベクトルの方向によって異なる値となる．

(2) 変形を受けた物体における，ベクトルの単位長さに対する，長さの変化．

ノルム（行列の）　norm of a matrix
→ 行列のノルム

ノルム（4元数の）　norm of a quaternion
→ 共役4元数

ノルム（汎関数の）　norm of a functional
→ 共役空間，汎関数

ノルム（ベクトルの）　norm of a vector
→ ベクトル空間

ノルム（変換の）　norm of a transformation
→ 線型変換

ノルム線型空間　normed linear space
→ ベクトル空間

ノルム・ベクトル環　normed vector ring
→ バナッハ環

ハ

■**ハー** her

通常のカードを使って行われるつぎのような2人ゲーム．配り手（ディーラー）はカードを1枚ずつ配り，各自，自分のカードのみを見，配り手でないほうの競技者の意思により，2人のカードを交換するか，もっているカードを保持するかする（ただし，配り手のカードがキングのときは，配り手は交換を拒否することができる）．つぎに，配り手は，今もっているカードを保持するか，山札（ストック）のいちばん上のカードと交換するかする（ただし，山札のいちばん上のカードがキングであった場合には，交換はできない）．その結果高位のカードをもっている競技者の勝ちとする．このゲームは，人的な手と偶然な手がともに存在するゲームの例である．→ 指手

■**バー** bar

元来の意味は，幅に比べて長さが長い"細長い"もの．数学では，例えば（横棒として）共役複素数や分数の分母・分子を分ける記号，あるいは（縦線として）絶対値を表す，などに使われる．→ 括弧の総称，棒グラフ

■**媒介変数曲線** parametric curves

曲面 $S: x = x(u, v), y = y(u, v), z = z(u, v)$ において，$u=$定数，および $v=$定数として得られる S 上の2つの曲線族．u を固定する方を v 曲線（族），v を固定する方を u 曲線（族）という．→ 等距離系

■**媒介変数表示された方程式（放物線の）**
parametric equations of parabola
→ 放物線

■**媒介変数方程式** parametric equations

各座標が**媒介変数**とよばれる量によって表されている方程式．**曲線の媒介変数方程式**は，曲線上の点の各座標（平面では2つの，空間では3つの）を1つの媒介変数によって表す［→ 曲線］．媒介変数の値を与えることにより，その曲線を点ごとに描くことができる．媒介変数の各値は，曲線上の1点を定める．任意の方程式は，無数の媒介変数表示をもつ．それは1つの媒介変数を，その媒介変数の無数の値の代りに，関数でおきかえてもよいからである．しかし，**媒介変数方程式**という用語は，例えば，**円の媒介変数方程式** $x = r\cos\theta, y = r\sin\theta$ のように，しばしば，その曲線に本来そなわった媒介変数表示を意味する．その種の特別な媒介変数方程式については放物線，楕円，直線の方程式の項を参照．

曲面の媒介変数方程式とは，（通例，直交座標についての）3つの方程式で，それらは x, y, z を，他の2つの変数，すなわち媒介変数，の関数として与えている［→ 曲面］．それらの3つの方程式から媒介変数を消去すれば，曲面の直交座標方程式がえられる．2つのうち，一方の媒介変数を固定し，他方を動かせば曲面上に1つの曲線ができる．これを，**媒介変数曲線**という．そのとき媒介変数は**曲線座標**とよばれる．曲面上の1点は，2つの媒介変数曲線の交点として一意的に定まるからである．

■**媒介変数方程式の微分** differentiation of parametric equations

媒介変数方程式による導関数の求め方．媒介変数方程式を $y = h(t), x = g(t)$ とする．dx/dt が 0 でないとき，導関数は，
$$\frac{dy}{dx} = \frac{dy}{dt} \div \frac{dx}{dt}$$
によって与えられる．dx/dt が 0 のときは，この x において dy/dx が値をもたないことがある．あるいは，別の媒介変数方程式を用いて値が求められることもある．例えば，$x = \sin t, y = \cos^2 t$ とすると，
$$\frac{dx}{dt} = \cos t, \quad \frac{dy}{dt} = -2\sin t \cos t$$
であるから，
$$\frac{dy}{dx} = \frac{dy}{dt} \div \frac{dx}{dt} = -2\sin t$$

■**バイコンパクト** bicompact
→ コンパクト

■**バイコンパクトム** bicompactum
＝コンパクト．

■**倍数** multiple
算術において，与えられた数を何倍かした数をいう．例えば，12は，2,3,4,6の，そして当然であるが，1と12の倍数である．数の積に限らず，一般に，1つの積はその因子の倍数とよばれる．

■**倍数公式** duplication formula
→ 2倍公式（ガンマ関数の）

■**倍精度** double precision
2語（あるいは2個の記憶単位）を使うことにより1個の場合よりも桁数の多い数を表現するときに用いられる用語．＝倍長数．

■**配置** arrangement
＝順列．

■**排中律** law of the excluded middle
→ 矛盾律

■**ハイネ，ハインリッヒ・エドワルド** Heine, Heinrich Eduard (1821—1881)
オーストリアの解析学者．

■**ハイネ-ボレルの定理** Heine-Borel theorem
S を有限次元ユークリッド空間の部分集合とすると，S がコンパクトであるためには，S が有界な閉集合であることが，必要十分である．＝ボレルの被覆定理，ボレル-ルベーグの定理．→ コンパクト

■**排反事象** mutually exclusive events
→ 互いに排反な事象

■**ハイポサイクロイド** hypocycloid
円上の1点Pを考え，その円が与えられた1つの固定円の内部をころがるとき，Pが描く平面上の軌跡．a を与えられた固定円の半径，b をころがっていく円の半径とし，θ をOAからOところがっていく円の中心を結ぶ動径までのなす角とするとき，ハイポサイクロイドの媒介変数による方程式は，

$$x=(a-b)\cos\theta+b\cos\theta[(a-b)\theta/b]$$
$$y=(a-b)\sin\theta-b\sin\theta[(a-b)\theta/b]$$

である．いくつの弓型の曲線からなるかはエピサイクロイドの場合と同様の条件で決まる．直角座標に対して，4個の尖点をもつハイポサイクロイド（上図の場合）の方程式は，星形と同じ

$$x^{2/3}+y^{2/3}=a^{2/3}$$

である．ハイポサイクロイドは固定円に接する各点で第1種の尖点をもつ．内サイクロイドともいうが，この語は内側のトロコイドを指すのが正しい．→ エピサイクロイド，サイクロイド

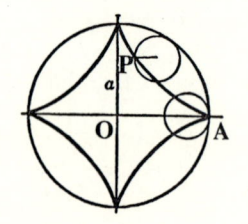

■**倍率** magnification
＝拡大率．

■**背理法** proof by contradiction, reductio ad absurdum proof
矛盾律にもとづく証明法．間接証明の一種．＝帰謬法．→ 間接証明，直接証明

■**配列** array
ある規則正しい配置によりものを表示すること．例えば**長方形の配列**，あるいは**行列**のように，数値を行，列に配置したもの．あるいは**統計データ**を小さい順（あるいは大きい順）に表示すること．

■**ハウスドルフ，フェリックス** Hausdorff, Felix (1868—1942)
ドイツの解析学，一般位相幾何学者．

■**ハウスドルフ空間** Hausdorff space
→ 位相空間

■**ハウスドルフ次元** Hausdorff dimension
X を距離空間とする．正の数 ε と p に対して，$m_p^\varepsilon(X)$ を，$\overset{\infty}{\underset{k=1}{\cup}} A_k = X$ であり，各 A_k の直径が ε 以下である A_k に対して，

の最大下界とする [→点の有界集合]. もしも X がコンパクトならば, A_k は有限個でよい.

$$\sum_{k=1}^{\infty}(A_k \text{の直径})^p$$

$\lim_{\varepsilon\to 0} m_p{}^\varepsilon(X)=m_p(X)$ と定義する. X の**ハウスドルフ次元**とは, $m_p(X)=0$ であるような p の最大下界である. あるいは同じことだが, $m_p(X)=\infty$ である p の最小上界といってもよい. カントール集合のハウスドルフ次元は $(\log 2)/(\log 3)$ である. 通例の n 次元ユークリッド空間内の内点を含む集合のハウスドルフ次元は n である. 任意の距離空間について, その**位相的次元**はハウスドルフ次元より小さいかまたは等しい. =ハウスドルフ-ベシコビッチ次元. → ジュリア集合, フラクタル

ハウスドルフの逆理 Hausdorff paradox
 S を球面とすると, S を 4 個の互いに素な集合 A, B, C, D に分割して, D は可算集合で, A は, B, C, $B \cup C$ のいずれとも合同である(したがって, A は, S から可算な部分集合 D を取り除いた残りの, "半分" とも "3分の1" ともみなせる)ようにできるという定理. → バナッハ-タルスキの逆理

ハウスドルフの極大原理 Hausdorff maximal principle
 → ツォルンの補題

ハウスドルフ-ベシコビッチ次元
Hausdorff-Besicovitch dimension
 → ハウスドルフ次元

パウンダル poundal
 ヤード・ポンド法の力の単位. → 力の単位

バクテリアの成長法則 law of bacterial growth
 無制限の栄養を与えた状態で自由にバクテリアを増殖させたときの増加率は, その時点でのバクテリアの個体の数に比例する. このことは方程式 $dN/dt=kN$ で定式化される. ここに k は定数, t は時間, N はその時点でのバクテリアの個体数, kN は増加率である. この方程式の解は $N=ce^{kt}$ で, c は $t=0$ としたときの N の値である. これはまた**生物成長の法則**とよばれる.

バーコフ, ジョージ・デーヴィド Birkhoff, George David (1884—1944)
 米国の位相幾何学者, 解析学者, 応用数学者で, 当時の学界において指導的役割を果たした. 地図の色分け, 変分学, 力学系の研究に従事した. 環領域の不動点に関するポアンカレの最終定理を証明した. なお束論で有名なギャレット・バーコフはその息子である. → エルゴード理論, ポアンカレ-バーコフの不動点定理

はさみうち原理 squeeze principle
 f, g, h を, 点 a の近傍で $f(x) \leqq g(x) \leqq h(x)$ が成立しているような関数とするとき, もし $\lim_{x\to a} f(x)=\lim_{x\to a} h(x) \; (=L \text{とおく})$ であれば, $\lim_{x\to a} g(x)=L$ となる. lim のかわりに, lim sup や lim inf を考えても成立し, また, 仮定を適当に変更すれば, $x\to a$ のとき以外の極限に対しても適用できる.

はさみうち法 regula falsi, rule of false position
 未知の値(ある数の平方根など)を計算するのに評価式を作って, 評価式および未知の値に関するいろいろな性質を用いる方法. その場合に 1 つの評価式を用いるときを**単点法**といい, 2 つの評価式を用いるときを**双点法**という. 双点法は方程式の無理根の近似や, 対数を求めるのに対数表を用いてより精密な値で近似する場合に用いられる. この方法は, いくつかの連なった小さな弧は 1 つの弦で近似できることを仮定する. したがって, 横座標における変化は対応する縦座標の変化に比例する. 例えば, $y=f(x)$ が $x=2$ のとき -4 の値をとり, $x=3$ のとき 8 の値をとるとする. このとき, これらの点を結ぶ弦が x 軸と交わる点の x 座標は $\frac{1}{4}(x-2)=\frac{1}{12}$ より $x=2\frac{1}{3}$ となり, この値は $f(x)=0$ の 1 根の近似値を与える. **ニュートン法**は根の近似に関する**単点法**の一例とみられる. → ニュートン法

パスカル pascal
 圧力の単位. 1 平方メートルあたり 1 ニュートンの力によって生じる圧力. なお気圧のミリバールは 100 パスカル (1 ヘクトパスカル) に等しく, 今後はヘクトパスカルが標準単位である.

■**パスカル, ブレズ** Pascal, Blaise (1623—1662)

幾何学，確率論，組合せ論，物理学，哲学に精通したフランスの偉大な学者．フェルマーと文通して，現在の確率論の基礎をきずいた．歴史上初めて計算器を発明して製作した．なお，パスカルのリマソンは彼の父エチエンヌの研究による．→ リマソン

■**パスカルの原理** principle of Pascal

《物理》流体内の圧力はすべての方向に減少することなく伝わる．例えば，密閉されたタンクの上に垂直にパイプを取り付けて，タンクとパイプを水で満たすと，タンクの内壁上の圧力は，タンク内の水によるものにパイプ内の水による定数値を加えたものである．その定数はパイプの直径には無関係で，単位面積の断面をもちパイプと同じ高さの水の柱の重さに等しい．

■**パスカルの3角形** Pascal triangle

$(x+y)^n$ ($n=0,1,2,3,\cdots$) を展開したときの係数を3角形状に配置したもの．その3角形は下方に任意に広がり，第 $(n+1)$ 行に $(x+y)^n$ の展開の係数が並んでいる．図のように，その配列の境界線上には1が並んでおり，1つの行の隣り合った2数の和は次の行のその2数の間に位置する数に等しい．この配列はその頂点を通る垂直な直線に関して対称である．この図形はパスカル以前から知られていたが，パスカルがそれを表す組合せの公式を発見したため，この名がある．→ 2項係数

```
         1
        1 1
       1 2 1
      1 3 3 1
     1 4 6 4 1
    1 5 10 10 5 1
```

■**パスカルの定理** Pascal's theorem

6辺形が円錐曲線に内接しているならば，3組の対辺の延長線の交点は1直線上にある．→ ブリアンションの定理

■**パスカルのリマソン** limaçon of Pascal
→ リマソン

■**パスカル分布** Pascal distribution

《統計》= 負の2項分布．→ 2項分布

■**パーセヴァル, マルク・アントワヌ・デ・シェヌ** Parseval des Chênes, Marc Antoine (1755—1836)

フランスの数学者．ナポレオン政府を批判した詩を書いたために，フランスから逃亡せざるをえなくなった．

■**パーセヴァルの定理** Parseval's theorem

(1) $f(x)$ に対して，a_k と b_k ($k=0,1,2,\cdots$) を次のように定める．

$$a_k = \frac{1}{\pi} \int_0^{2\pi} f(x) \cos kx \, dx$$

$$b_k = \frac{1}{\pi} \int_0^{2\pi} f(x) \sin kx \, dx$$

同様に，$F(x)$ に対して A_k と B_k を定めると，次の等式が成立する．

$$\int_0^{2\pi} f(x) F(x) \, dx$$
$$= \pi \left[\frac{1}{2} a_0 A_0 + \sum_{n=1}^{\infty} (a_n A_n + b_n B_n) \right]$$

ただし，f と F に対して，

$$\int_0^{2\pi} f(x) \, dx \quad と \quad \int_0^{2\pi} |f(x)|^2 \, dx$$

(F についても同様) がともに存在するという制限を置く必要がある．言い換えると，f と F が $[0, 2\pi]$ 上で(ルベーグ)可測であり，それらの2乗がルベーグ積分可能でなければならない．ヒルベルト空間のように内積 (x, y) が定義されている無限次元ベクトル空間の**完全正規直交系** $x_1, y_2, \cdots$ に対して，この定理は次のような形で表現できる．

$$(u, v) = \sum_{k=1}^{\infty} (u, x_k) \overline{(v, x_k)}$$

(2) 前述の2つの公式で $f=F$，$u=v$ としたもの．後者は次のようにかける．

$$\|u\|^2 = (u, u) = \sum_{k=1}^{\infty} |(u, x_k)|^2$$

→ ベクトル空間，ベッセルの不等式

■**パーセンタイル** percentile

《統計》データを小さな方から100個の等分区間ごとにくぎった各小区間内の点の集合．

■**パーセンテージ** percentage

(1) 全体の何パーセントかを注目して見いだされた結果．

(2) 100分の1単位ではかる割合，百分率，部分のこと．英語では"学生の一部 (percentage) は非常によくできる"，"お金は 6% の価値しかない"，という表現が可能である．

■パーセント　percent, per cent
100分の1．%で表す．ある量の6%はその $\frac{6}{100}$ のことである．

■パーセント増減　percent decrease or increase
あるものの値が x から y に変化したとき，$y>x$ ならばパーセント増は $100\,(y-x)/x$ であるといい，$y<x$ ならばパーセント減は $100(x-y)/x$ であるという．例えば，卵の価格が1ダースあたり40セントから48セントに変わったならば，パーセント増は $100\cdot8/40$，すなわち 20% である．価格が48セントから40セントに変わったならば，パーセント減は $100\cdot8/48$，すなわち，$16\frac{2}{3}$% である．

■パーセント割合　rate percent
100分の1ずつの割合．=収率．

■八分象限　octant
→ 直角座標

■8面体　octahedron [pl. octahedrons, octahedra]
8つの面をもつ多面体．すべての面が合同な3角形である8面体を正8面体という．凸8面体には総計257の型がある．→ 多面体

■8面体群　octahedral group
3次元空間の運動群(対称変換)で，正8面体を保存するもの．それは位数4!の対称群，すなわち4個の対象の置換全体のなす群と同型である．→ 群，対称変換群

■波長　wave length
波動の隣り合った山と山，谷と谷との距離．三角関数の周期．

■発見的方法　heuristic method
問題の理解を深めるために，いくつかの研究法あるいは技法を試み，その後，解への進展を評価する方法．教育の手法，あるいは実験的な方法を使用する発見のための手段として使われる．

■発散級数　divergent series
収束しない級数．発散級数の部分和の列 $\{S_1, S_2, \cdots\}$ (S_n はこの列の最初の n 項の和) が発散列である．級数が定発散であるとは，n を大きくすることにより部分和をいくらでも大きくできる(すなわち，任意の数 M に対して，有限個の n の値を除いて $S_n>M$ である)か，または小さくできる(すなわち，任意の M について，有限個の n の値を除き $S_n<M$ である)ときである．これら2つの場合をそれぞれ $\lim_{n\to\infty} S_n = \infty$，$\lim_{n\to\infty} S_n = -\infty$ と記す．定発散でない発散級数をすべて振動発散級数という．級数 $1+2+3+\cdots$，$1+\frac{1}{2}+\frac{1}{3}+\cdots$，$(-1)+(-1)+(-1)+\cdots$ は定発散する級数であり，他方 $1+(-1)+1+(-1)+\cdots$，$1+(-2)+3+(-4)+\cdots$ は振動発散級数である．最後の例において，部分和は $1, -1, 2, -2, 3, -3, 4, -4, \cdots$ である．この列は，任意の M に対し，有限個の n の値を除き $|S_n|>M$ という意味で発散する．

■発散級数の総和　summation of divergent series
発散級数の和は，収束級数への変換や，他の工夫によって定められる．例えば，$1-1+1-1+\cdots$ の和は
$$\lim_{x\to 1^-}(1-x+x^2-x^3+\cdots)$$
として，あるいは
$$\lim_{n\to\infty}\frac{S_1+S_2+\cdots+S_n}{n}$$
$$=\lim_{n\to\infty}\frac{1+0+1+\cdots+\frac{1}{2}\{1-(-1)^n\}}{n}$$
として定義される．ここで，S_n は第 n 項までの和を表す．いずれの場合も，和は $\frac{1}{2}$ である．前者は，収束因子(この場合は $1, x, x^2, \cdots$)を用いた例であり，後者は，相加平均を用いた例である．→ アーベルの総和法，チェザロの総和公式，ヘルダー総和，ボレルによる発散級数の総和法

■発散級数の和の正則な定義　regular definition of the sum of a divergent series
収束する級数に適用すると，通常の和を与え

る定義法．同じ性質を表すのに**整合的**という語も使われる．**正則**という語は，上の性質だけを表すのではなく，さらに発散級数をそのままそうとすると失敗する付加的な性質をも加えて使われることが多い．

■**発散数列**　divergent sequence
収束しない数列．これは，**定発散**であるか，**振動**であるかのいずれかである．→ 数列の極限，発散級数

■**発散定理**　divergence theorem
V は3次元有界開集合であり，その境界 S は有限個のなめらかな面素からなる曲面であるとする．n を V から外側へ向いている S への単位法線ベクトル，$\nabla \cdot F$ を F の発散とすると，**発散定理**は，ベクトル値関数 F がある特殊な条件をみたすとき，
$$\int_S (F \cdot n) \, d\sigma = \int_V (\nabla \cdot F) \, dV$$
が成立することを示す定理である．F についての十分条件は，F が V と S の和集合上で連続であり，F の成分の1階の偏微分導関数が V 上で有界で連続であることである．＝ガウスの定理，空間におけるグリーンの定理，オストログラドスキーの定理．→ グリーンの公式，面積分

■**8進法**　octonary, octal number system
10のかわりに，底8を用いる数の表現法．→ 基底（数の表示における）

■**パッフ，ヨハン・フリードリッヒ**　Pfaff, Johann Friedrich (1765—1825)
ドイツの解析学者．ガウスの友人であり先生である．

■**パッフ形式**　Pfaffian
$$u_1 dx_1 + u_2 dx_2 + u_3 dx_3 + \cdots + u_n dx_n$$
の形の表現で，係数 $u_1, \cdots, u_n$ が変数 $x_1, \cdots, x_n$ の関数になっているもの．＝（1階の）微分形式．

■**パップス**　Pappus of Alexandria (300年頃)
古代ギリシャの幾何学者．

■**パップスの定理**　theorems of Pappus
(1) 1つの曲線を（それと交わらない）同じ平面内の直線を軸として回転させて得られる回転体の表面積は，その曲線の長さと，曲線の重心が描く円周の長さとの積である．
(2) 平面上の集合を（それと交わらない）同じ平面内の直線を軸として回転させて得られる回転体の体積は，その集合の面積と，集合の重心が描く円周の長さとの積である．

■**八方対称**　quartic symmetry
正8角形の対称性のような対称性．つまり，1点を通り，隣り合う2本の直線が45°で交わるような4本の直線に関する平面図形の対称性．＝4次の対称．

■**ハーディ，ゴドフリ・ハロルド**　Hardy, Godfrey Harold (1877—1947)
イギリスの著名な解析学，整数論研究者．リトルウッドとの共同研究が有名．数の幾何学，ディオファントス近似，ワーリング問題，フーリエ級数，実・複素変数理論および不等式の研究をした．→ リーマン予想

■**ハーディの判定法**　Hardy's test
→ ディリクレの判定法（級数の一様収束に関する）

■**波動方程式**　wave equation
偏微分方程式
$$\frac{\partial^2 \psi}{\partial x^2} + \frac{\partial^2 \psi}{\partial y^2} + \frac{\partial^2 \psi}{\partial z^2} = \frac{1}{c^2} \frac{\partial^2 \psi}{\partial t^2}$$
のこと．音波の理論においては，（完全気体での）速度ポテンシャルによってみたされる．弾性の振動の理論においては，変位の各成分によってみたされる．さらに，電波・電磁波の理論においては，電気力あるいは磁力のベクトルの各成分によってみたされる．定数 c は伝播速度を表す．

■**鳩の巣原理**　pigeon-hole principle
→ ディリクレの抽出し論法
（pigeon-hole は鳩の巣小屋の出入口の意味もあるが，区分けした整理棚の意味である）．

■**バナッハ，ステファン**　Banach, Stefan (1892—1945)
ポーランドの代数学者．解析学者．位相数学者．

■**バナッハ環**　Banach algebra
任意の x, y に関して，$\|xy\| \leq \|x\| \cdot \|y\|$ であ

るバナッハ空間であって，実数（または複素数）体上の環のこと．体が実数体であるか複素数体であるかに応じて，実バナッハ環または複素バナッハ環とよばれる．閉区間 $[0,1]$ 上で連続なすべての関数の集合は，関数 f に対して $\|f\|$ を閉区間 $0 \leq x \leq 1$ での $|f(x)|$ の最大値であると定義するとき，実数体上のバナッハ環となる．＝バナッハ代数．［類］ノルム・ベクトル空間．

■**バナッハ空間** Banach space

スカラーが実数（あるいは複素数）であり，その各元 x に次の条件をみたすような，x の**ノルム**とよばれる実数 $\|x\|$ が対応づけられているベクトル空間．(1) $x \neq 0$ のとき $\|x\| > 0$, (2) 任意の実数 a に対して，$\|ax\| = |a| \cdot \|x\|$, (3) 任意の x, y に対して，$\|x+y\| \leq \|x\| + \|y\|$, (4) 空間は完備．ここで元 x の近傍とは，ある固定された ε に対して $\|x - y\| < \varepsilon$ をみたすすべての y の集合のことである．条件(4)が課せられていないとき，この空間は**ノルム線型空間**あるいは**ノルム・ベクトル空間**とよばれる．バナッハ空間は，スカラーが実数もしくは複素数であることに対応して，実バナッハ空間，複素バナッハ空間とよばれる．バナッハ空間の例として，ヒルベルト空間，ハーディ空間がある．$\sum_{i=1}^{\infty} |x_i|^r$ が有界で

$$\|x\| = \left[\sum_{i=1}^{n} |x_i|^r\right]^{1/r}$$

と定義されたすべての数列 $x = (x_1, x_2, \cdots)$ からなる空間 $l^{(r)} (r \geq 1)$ や，集合 T 上で可測な関数 f で，

$$\int_T |f|^r dm$$

が有限のとき

$$\|f\| = \left[\int_T |f|^r dm\right]^{1/r}$$

とした空間 $L^{(r)}$ ［→ 積分可能関数，族 L_p の関数］，そして区間 $[0,1]$ で定義された $\|f\| = \max_{0 \leq x \leq 1} |f(x)|$ なるすべての連続関数 f からなる空間 C などがある．→ 再帰的バナッハ空間

■**バナッハ–シュタインハウスの定理**
Banach-Steinhaus theorem

X, Y をバナッハ空間とし，X から Y の中への連続線型写像の族を Φ とする．各 $x \in X$ に対して $\{\|T(x)\| ; T \in \Phi\}$ が有界ならば，各 $x \in X$ と各 $T \in \Phi$ に対して $\|T(x)\| \leq M \|x\|$ をみたす定数 M がある（すなわち各 $T \in \Phi$ に対して $\|T\| \leq M$ である）．さらに一般に，X, Y が線型位相空間であり，X から Y の中への連続線型写像の族を Φ とし，S を X の点 x で $\{T(x) ; T \in \Phi\}$ が Y の中で有界集合であるようなものの集合とする．もしも S が X の内で第2類集合ならば，$S = X$ であって，Φ は一様に同程度連続である．なお，シュタインハウスはドイツ読みで，母国（ポーランド）の発音ではステインハウスである．＝一様有界性原理．

■**バナッハ–タルスキの逆理** Banach-Tarski paradox

バナッハとタルスキによる次のような定理．A と B が3次元以上のユークリッド空間内の有界集合で，その両方が内点をもつならば，A を有限個数の部分集合に分割し，剛体運動（平行移動と回転）により各部分集合を移動させ組み合わせることによって，B と合同な集合を形成することができる．特に球体を有限個の部分に分け，これらの部分を組み合わせて，もとの球と同じ大きさの2個の球体を形成することが可能である．バナッハとタルスキはこの場合に必要な部分集合の個数を明確にしてはいなかった．しかし，R. M. ロビンソンは部分集合の最小個数が5であること，またこれらの部分集合の1つは単なる1点でもよいことを証明した．また彼は球の表面 S が2つの部分に分かれ，さらにそのそれぞれがそれ自身に合同な2片に分かれうることも証明した（つまり，S から S の2個の同一コピーをつくるには，4個の部分集合のみが必要である）．

平面上では事情はまったく異なる．円板を 10^{50} 以下の片に分割し，並べ換えて正方形にできるが，その正方形は初めの円板とは同じ面積でなければならない．さらに一般に，任意のジョルダン曲線とその内部とを有限個に分割し，並べ換えて正方形にできる．分割された各部分が面積をもつと仮定すると，ここまで可能とはかぎらない．しかし，任意の多角形 P を有限個の3角形に分割して，並べ換えて，別の多角形 Q にできる必要十分条件は，P と Q とが等しい面積をもつことである．

"逆理"というのは常識に反する意味であり，選択公理を認めれば数学の正しい定理である．
→ ハウスドルフの逆理

■バナッハのカテゴリ定理　Banach category theorem

もし集合 S が（T_1 型の）位相空間 T の第2類集合であるならば，U の各点で S が第2類となるような T 内の空集合でない開集合 U が存在する．定理から直ちに次のことがいえる．T の部分集合が T 内の各点で第1類であるならば，その集合は T の中で第1類の集合である．

■バナッハの不動点定理　Banach fixed-point theorem

C を空でない完備な距離空間とし，T を C から C への縮小写像とすると，任意の $x_0 \in C$ に対して，点列 $\{x_0, T(x_0), T(T(x_0)), \cdots\}$ は C の1点 x^* に収束して，$T(x^*)=x^*$ であるという定理．このとき $x, y \in C$ に対して $[T(x), T(y)]$ の距離 $\leq \theta \cdot (x, y)$ の距離 $(0<\theta<1\,; \theta$ は定数）ならば

$$(x^*, x_n) \text{ の距離} \leq \frac{\theta^n}{1-\theta} \cdot (x_0, x_1) \text{ の距離}$$

である．カッチオポリ-バナッハの原理ともよばれる．→ 縮小写像

■幅　breadth, width

平面上の凸集合に対し，その集合を間にはさむ平行2直線の距離を w とするとき，この w の下限のこと．同じ定義が，n 次元空間の凸集合に対しても与えられる．ただし，"平行線"を"平行超平面"と変えればよい．この語は，次のように用いることもある．3辺 $a<b<c$ の箱は，幅 b，長さ c をもつという．厚さ $\frac{1}{2}$ cm，幅4 cm，長さ 24 cm の1枚の鋼鉄を考えるとよい．

■バビロニアの数字　Babylonian numerals

60進法であり，60未満の数は1と10と減法を表す楔形の記号で表される．基本的には1と10を表す記号を，その個数だけ反復するが，簡単のために減法を使用することもある（例えば 38 は，10 を表す記号4個と，1を2個減法するという形で表してもよい）．0を示す空位の記号はなく（後年には特別な記号が使われたこともあるが），全体の数値は文章の意味から定めなければならない．

■バベッジ，チャールズ　Babbage, Charles (1792—1871)

英国の数学者，統計学者，発明家．四則演算の基本則を用い，天文学，航海術に必要な計算や情報の蓄積とその呼び戻し（リコール）を可能にする機械装置の実現を考え，現代のディジタル計算機の先駆者となった．最近彼の設計図に基づいて"差分機関"が復元され，当時の技術で（十分な資金さえあれば）実現可能だったことが確かめられた．

■ハミルトニアン　Hamiltonian, Hamiltonian function

(1) **運動エネルギー**と**ポテンシャルエネルギー**の和で与えられるもの．

(2) **古典質点力学**では，n 個の**一般化座標** q_i と**一般化運動量** p_i の関数のこと．普通 H で表され，次のように定義される．

$$H = \sum_{i=1}^{n} p_i \dot{q}_i - L$$

ただし p_i は $p_i = \frac{\partial L}{\partial \dot{q}_i}$ で与えられ，$\dot{q}_i$ は i 番目の一般化座標の時間による1階微分であり，L は**ラグランジアン**である．もしラグランジアンが陽に時間を含まないと，H は系の全エネルギーに等しい．H は次の正準運動方程式をみたす．

$$\frac{\partial H}{\partial p_i} = \dot{q}_i, \quad \frac{\partial H}{\partial q_i} = -\dot{p}_i \quad (i=1, \cdots, n)$$

(3) **量子論**では，次の形の**波動関数** ψ に対する運動方程式（シュレディンガー方程式）での演算子となる．

$$i\hbar \frac{\partial \psi}{\partial t} = H\psi$$

■ハミルトン，ウィリアム・ローワン　Hamilton, William Rowan (1805—1865)

代数学，天文学，物理学を研究した偉大なアイルランドの学者．→ 4元数

■ハミルトン・グラフ　Hamiltonian graph

各頂点をちょうど1回ずつ通る閉路を，**ハミルトン路**または**ハミルトン回路**というが，そういう閉路をもつグラフ．→ グラフ理論，閉路，路(2)

ハミルトン-ケイレイの定理　Hamilton-Cayley theorem

どのような行列も，その行列の固有方程式をみたすという定理のこと．→ 行列の固有方程式

ハミルトンの原理　Hamilton's principle

保存力場中での質量 m の粒子は，次の作用積分 I を最小にするように運動するという原理．

$$I=\int_{t_1}^{t_2}(T-U)\,dt$$

ここで $T=\frac{1}{2}m\sum \dot{q}_i\cdot\dot{q}_i$ は運動エネルギー，$U=U(q_1q_2q_3)$ は $m\ddot{q}_i=-\frac{\partial U}{\partial q_i}$ をみたすポテンシャルエネルギーである．（保存力場中での）このような粒子の軌跡は，作用積分の極値を与える．

ハムサンドイッチ定理　ham sandwich theorem

X, Y, Z を，通常の3次元空間における，体積をもつ有界な集合とすると，この空間の平面で，X, Y, Z のおのおのを，体積の等しい2つの部分に分けるようなものが存在する．ここでは，X, Y, Z を体積をもつ有界な集合としたが，体積のかわりにルベーグ測度を考えることにすれば，より一般に，有界な**可測集合**［→ ルベーグ測度］に対しても成立する．この定理の名称は，この定理が，うまく切ればナイフを1回入れるだけで，ハムサンドイッチのハムと2枚のパンとをそれぞれ2等分できることを意味していることによる．

ハメル，ゲオルグ・カール・ウィルヘルム　Hamel, Georg Karl Wilhelm (1877—1954)

ドイツの解析学，応用数学者．

ハメル基底　Hamel basis

L を体 F 上の線型空間とすると，ツォルンの補題により，L の部分集合 B で，B の任意の有限部分集合が**線型独立**で，かつ，L の任意の元が，B に属する**有限個**の元の F-係数の**線型結合**として表されるようなものが存在することがわかる．このような B を，L の**ハメル基底**とよぶ（解析的な意味での基底［→ 基底（ベクトル空間の）］に誤解されるおそれがなければ，単に，**基底**ということのほうが多い）．このとき，L の 0（アーベル群としての単位元［→ ベクトル空間(2)]）以外の任意の元は $\sum_{i=1}^{n}x_ib_i$（n は自然数，b_i は B の相異なる元，x_i は 0 でない F の元）という形にただ1通りに表される．例えば，実数体は，有理数体上の線型空間として，ハメル基底（必然的に非可算集合になる）をもつ．

速さ　speed

単位時間に進んだ距離．速さは単位時間あたりの進んだ道のりだけに関係し，その進んだ方向には無関係である．与えられた時間内の**平均速さ**とは，時間内に進んだ距離を時間の長さでわった商のことをいう．速さ（または**瞬間速さ**）とは時間の長さを0に近づけたときの平均速さの極限のことをいう．物体が時間 t の間に進んだ距離を $h(t)$ とすると，時間 t_0 から t の間の平均速さは比 $\frac{h(t)-h(t_0)}{t-t_0}$ の絶対値である．時間 t_0 における速さは，t を t_0 に近づけたときのこの比の極限の絶対値である．例えば進んだ距離が時間の3乗に等しいならば，時間 t_0 における速さは $(t_1{}^3-t_0{}^3)/(t_1-t_0)$ において t_1 を t_0 に近づけたときの極限 $3t_0{}^2$ である．もし進んだ距離が時間の関数として表されるならば，速さはこの関数を時間に関して**微分**したものの絶対値である．速度ともいうが，厳密には速度はベクトルであり，その絶対値が速さである．

バラ曲線　rose curve

極座標で $r=a\sin n\theta$ または $r=a\cos n\theta$（n は正整数）と表されるグラフ．

このグラフはバラの花びらに似たループからなり，すべてのループが原点を共有する．n が奇数のとき n 個のループからなり，n が偶数のとき $2n$ 個のループからなる．$r=a\sin 3\theta$ または $r=a\cos 3\theta$ のグラフは **3弁バラ曲線**とよばれる．このグラフは極で3個のループが接した曲線である．

$r=a\sin 3\theta$ の軌跡は，正の極軸に第1の花びらが接し，直線 $\theta=30°$ に対して対称である．第2の花びらは直線 $\theta=150°$ に対して対称であり，第3の花びらは直線 $\theta=270°$ に対して対称である．それぞれのループは $60°$ の角で互いに接する．$r=a\cos 3\theta$ の軌跡は，$r=a\sin 3\theta$ の軌跡を原点を中心に $30°$ 回転させたものになっている．**4弁バラ曲線**とは，$r=a\sin 2\theta$ または $r=a\cos 2\theta$ のグラフのことをいう．前者の方程式のグラフ（図を参照）は4個の花びらから

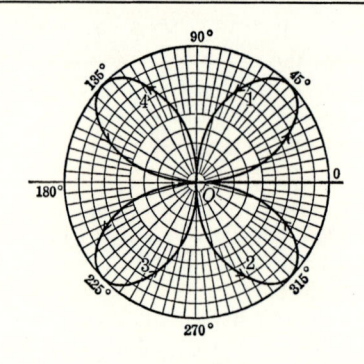

なり，それらの2個ずつの組はそれぞれ直線 $\theta=45°$, 直線 $\theta=135°$ に対して対称であり，四分円の座標軸で接する．後者のグラフは花びらが座標軸に対して対称で，直線 $\theta=45°$ と直線 $\theta=135°$ で接する以外は前者のグラフと同じである．

■**パラコンパクト空間** paracompact space
ハウスドルフ空間 T で以下の性質をもつもの．その合併が T に等しいような任意の開集合族 F に対して，その合併が T に等しいような開集合の**局所有限族** F^* で，F^* に属するどの集合も F に属する適当な集合に含まれるようなものが存在する．パラコンパクト空間は，正則かつ正規である．上記の族 F が可算のときに，上述の性質をもつ T を**可算パラコンパクト**という．→ コンパクト，メタコンパクト空間

■**馬力** horsepower
仕事率の単位(仕事の速さを測るもの)．いくつかの値がこの単位に割り当てられている．イギリスとアメリカで用いられているものは**ワット馬力**で，これは緯度50°で海面で毎秒550フィートポンドの仕事で定義される．ワット馬力はフランス馬力の1.0139倍に相等する．ただし近年のデータでは英馬力746 W，仏馬力735.5 W，ドイツ馬力735.4987 W，である．なお日本では法定計量単位としては，昭和33年以降認められていない．→ 付録：単位・名数

■**張る** span
集合 T が集合 S から**張られる**とは，T は S を含みかつある与えられた性質をみたすことをいう．凸集合 T が集合 S から張られるとは，T は S を含むような最小の凸集合である(すなわち，S を含むあらゆる凸集合の共通部分)ことをいう．線型空間 T が集合 S から張られるとは，T が S を含む最小の線型空間であることをいう．T を S の**スパン**とも略称する．

■**ハール，アルフレッド** Haar, Alfréd (1885—1933)
ハンガリーの解析学者．

■**バール** bar
(1)《気象》気圧の単位．10^5 ニュートン/平方メートル $= 10^5$ パスカル $= 10^6$ ダイン/平方センチメートル．
(2)《物理》1ダイン/平方センチメートルの圧力の意味に使うことがある．

■**ハール関数族** Haar functions
次のように定められる関数族 $\{y_n\}$ のこと．区間 $[0,1]$ 上で $y_1 \equiv 1$，そして $[0,1]$ を等しい長さの 2^r 個の区間 $\{I_j^r : 1 \leq j \leq 2^r\}$ に分割したとき，$1 \leq k \leq 2^{r-1}$ である正整数の各対 (r, k) に対し，$y_{2^{r-1}+k}$ は I_{2k-1}^r 上では恒等的に $2^{(r-1)/2}$, I_{2k}^r 上では恒等的に $-2^{(r-1)/2}$ とし，$[0,1]$ の残りの区間では恒等的に 0 と定めて得られる関数である．$1 \leq p \leq \infty$ であるとき，ハール関数の系列は，$[0,1]$ の L^p に対し基底となる．$1 < p < \infty$ であるとき，この基底は完備である．$p=2$ のときは，基底は正規直交系である．→ ラーデマッヘル関数系

■**ハール測度** Haar measure
G を局所コンパクト位相群とする．G 上の**ハール測度**とは，G の**コンパクト部分集合**によって生成される σ 環 S の各集合 E に，非負数 $m(E)$ を対応させる測度 m であって，次の性質をみたすものである．(i) S は $m(E)$ が 0 でない E を含む．(ii) m は**左不変**，または**右不変**である．すなわち，すべての G の元 a と S の元 E に対して，$m(aE) = m(E)$，またはすべての a と E に対して $m(Ea) = m(E)$. ここで，aE および Ea は，それぞれ x を E の元とするときの，ax の全体および xa の全体である．任意の局所コンパクト位相群は，左不変ハール測度，および右不変ハール測度をもち，しかも，それらは，いずれも，定数倍を除いてただ1つしかない．

■パール-リードの曲線　Pearl-Reed curve
＝ロジスティック曲線.

■バロー，アイザーク　Barrow Isaac (1630—1677)
英国の神学者，幾何学者，解析学者．豊かな才能をもち独創的であったが，彼は主にニュートンの先生として知られている．

■半　semi
半分を意味する．**半円**とは円の1/2，すなわち直径で円を切ったときの一方のこと．**半周**とは円周の1/2のこと．

■ハーン，ハンス　Hahn, Hans (1879—1934)
オーストリアの解析学者，位相数学者．

■半影　penumba
→ 本影

■半階乗　subfactorial of an integer
整数 n に対して，n の**半階乗**とは
$$n! \times \left[\frac{1}{2!} - \frac{1}{3!} + \frac{1}{4!} - \cdots \frac{(-1)^n}{n!}\right]$$
のことをいう．これは $n!E$ に等しい．ただし，E は $e^{-x}(x=-1)$ のマクローリン展開のはじめの $n+1$ 項の和である．例えば，4 の半階乗は
$$4!\left(\frac{1}{2!} - \frac{1}{3!} + \frac{1}{4!}\right) = 24\left(\frac{1}{2} - \frac{1}{6} + \frac{1}{24}\right) = 9$$
である．

■半角の公式　half-angle formulas
→ 平面三角法の半角の公式

■半環　semiring
→ 半集合環

■汎関数　functional
本質的には関数と同じ．f を C_1 から C_2 への関数とするとき，つぎのような場合に，よく，f を**汎関数**とよぶ．(1) C_1, C_2 が，ともに，関数の集合のとき．(2) C_1 が関数の集合で，C_2 が数の集合のとき（ただし，最近の抽象的な解析学では，C_1 が線型位相空間で，C_2 が数の集合のときに，この用語を用いることもあるから，注意を要する）．C_1 の元 y に，$\int_a^b \alpha(x)y(x)dx$ や $\max|y(x)|$ を対応させるのは，(2)の例であり，$dy(x)/dx$ や $\alpha(x)y(x) + \int_a^b \beta(x,s)y(s)ds$ を対応させるのが，(1)の例である．ただし，これらの例において，C_1 は，それぞれ適当な条件をみたす実変数実数値関数の集合である．C_1, C_2 が（適当な条件をみたす）実2変数実数値関数の集合であるような汎関数の例としては，$\frac{\partial^2 y(s,r)}{\partial s^2} + \frac{\partial^2 y(s,r)}{\partial r^2}$, $\int_r^s y(s,t)y(t,r)dt$ などがあげられる．C_1, C_2 が，実数体あるいは複素数体上の線型空間としての構造をもっているとき，f が**線型汎関数**であるとは，$f(x+y) = f(x) + f(y)$, $f(ax) = af(x)$ が，C_1 の任意の元 x, y と任意のスカラー a に対して成立することをいう．C_2 が実数体または複素数体で，C_1 が C_2 上のノルム空間のとき，C_1 から C_2 への線型汎関数 f が**連続**であるためには，$|f(x)| \leq M \cdot \|x\|$ が C_1 のすべての元 x に対して成立するような数 M が存在することが，必要十分である．このとき，このような M のなかで最小のものを，f の**ノルム**という．→ 共役空間

■半完全情報ゲーム　positional game
すべての競技者が同時に手番をむかえ，各手番において，すべての競技者が，過去のすべての手番における，すべての競技者の戦略の選択の結果を知っているような，展開形有限ゲーム．→ 完全情報ゲーム

■反帰線　edge of regression
《微分幾何》空間曲線 C の接線曲面 S は一般に C に沿って角をつくりながら接する2枚の曲面からなる．この C を S の**反帰線**とよぶ．＝反帰曲線．

■半球面　hemisphere
大円によって切り取られる球面の半分．

■半空間　half-space
空間内の平面によって仕切られた片方の側に位置する空間の部分のこと．空間を分割する平面を含まないとき，**開半空間**といい，平面を含むとき，**閉半空間**という．空間を仕切る平面を，先のどちらの場合にも，半空間の**境界**とか**面**という．

■半群　semigroup
結合律をみたす亜群のこと，すなわち積とよ

ばれる 2 項演算 (定義域は G の順序対全体の集合で, 値域は G の部分集合) をもつ集合 G で, 次の結合律が成り立つものをいう.
$$a(bc)=(ab)c \quad (a,b,c\in G)$$
半群において, $ab=ba$ $(a,b\in G)$ が成り立つとき, 可換半群またはアーベル半群とよばれる. 半群というとき, 次の消去律を仮定することがある. $xz=yz$ または $zx=zy$ が成り立つ G の元 z が存在するならば, $x=y$ である. 有限個の元からなる半群が消去律をみたすためには, それが群であることが必要十分である. 単位元をもつ半群を**モノイド**または**単位的半群**という.

■**半径（円または球面の）** radius of a circle (sphere)
(1) 円 (球) の中心から円周 (球面) までの距離.
(2) 中心と円周上(球面上)の点とを結ぶ線分.

■**ハンケル, ヘルマン** Hankel, Hermann (1839―1873)
ドイツの解析学, 幾何学者. 複素数の体系を体のすべての性質を保存して拡張することはできないということを証明した.

■**ハンケル関数** Hankel function
次の関数をそれぞれ**第 1 種, 第 2 種のハンケル関数**という.
$$H_n^{(1)}(z)=\frac{i}{\sin n\pi}[e^{-n\pi i}J_n(z)-J_{-n}(z)]$$
$$=J_n(z)+iN_n(z),$$
$$H_n^{(2)}(z)=\frac{-i}{\sin n\pi}[e^{n\pi i}J_n(z)-J_{-n}(z)]$$
$$=J_n(z)-iN_n(z).$$
ただし, J_n と N_n は, それぞれベッセル関数, ノイマン関数とする (n が 0 でない整数のときは, これらの式の極限が用いられる). (n が整数でないとき) ハンケル関数はベッセルの微分方程式の解となる. $H_n^{(1)}$, $H_n^{(2)}$ は, 両方とも 0 の近傍では, 非有界であり, ∞ の近傍では, 指数的な (それぞれ e^{iz}, e^{-iz} のような) ふるまいをする. ハンケル関数は, **第 3 種のベッセル**（または**円柱**）**関数**ともよばれる.

■**反交換的** anticommutative
2 項演算 $a\circ b$ が**反交換的**とは
$$a\circ b=-b\circ a$$
が成立することである. → ベクトルの乗法(3)

■**反再帰的** antireflexive
→ 再帰的関係

■**バーンサイド, ウイリアム** Burnside, William (1852―1927)
英国の代数学者. 特に群論の研究者.

■**バーンサイドの予想** Burnside conjecture
→ トンプソン

■**反三角関数** antitrigonometric function
＝逆三角関数. → 逆三角関数

■**半 3 次放物線** semicubical parabola
→ 3 次放物線

■**半軸** semiaxis
楕円, 楕円面, 双曲線などの中心から伸びる軸の半直線のこと. → 双曲線, 楕円, 楕円面

■**反自己同型** anti-automorphism
→ 同型

■**反射** reflection
《物理》光線や輻射熱, 音などが, 媒質の表面にぶつかり方向を変えて, 来たときと同じ媒質中に戻っていくこと. 反射は次の 2 つの法則に従う. (1) 入射光線と反射光線は, 反射面に対する同一垂直面上にある.(2) **入射角**と**反射角**は等しい. 入射角とは, 入射光線が反射面の入射点における法線となす角度のこと. 反射角とは, 反射光線が反射面の反射点における法線となす角度のことである.

■**汎弱位相** weak* topology
→ 弱位相, 弱収束

■**反射的関係** reflexive relation
→ 再帰的関係

■**反射的バナッハ空間** reflexive Banach space
→ 再帰的バナッハ空間

■**反射律** reflexivity
反射的（再帰的）であるという性質. → 再帰的関係

■**半集合環** semiring of sets
　空集合を含み，任意の2要素の交わりについて閉じていて次の条件がみたされる集合族 S のこと．$A \subset B$ である任意の S の要素に対して，S の有限個の集合 $C_1, C_2, \cdots, C_n$ が存在して $B-A = \cup C_i$，$C_i \cap C_j = \phi$ $(i \neq j)$ が成り立つ．集合環は半集合環である．→ 集合環

■**半順序集合** partially ordered set, poset
　→ 順序集合

■**反数** additive inverse
　→ 逆要素

■**反正矢** haversine
　→ 三角関数

■**反双曲線関数** antihyperbolic functions
　＝逆双曲線関数．→ 逆双曲線関数

■**反対称** antisymmetric
　→ 対称関係

■**半対数グラフ表示** semilogarithmic graphing
　平面上の座標軸として，一方を対数目盛りにし，他方を通常の目盛りにとった平面にグラフで表すこと．

■**半対数方眼紙** semilogarithmic coordinate paper
　一方の軸に一様な目盛りが他方の軸に対数目盛りが用いられている方眼紙．これは $y = ck^x$ の形の方程式のグラフ化に適する．両辺の対数をとると，
$$\log y = \log c + x \log k$$
ここで，$\log y$ を1つの変数，例えば u とみれば，1次式 $u = \log c + x \log k$ がグラフ化される．統計において変化率の変動に興味がある級数を図示したり，2つ以上の発散級数，または変動の大きい級数を比較するのに有効である．→ 両対数方眼紙

■**半直線** half-line, ray
　ある直線上の点 P と，P の片側の直線上の点全体からなる集合．点 P は**始点**または**原点**とよばれる．しばしば始点の有無を無視して，**半直線**とよばれ，始点を含むものは**閉半直線**，含まないものは**開半直線**とよばれる．その点はいずれの場合も半直線の**端点**とよばれる．

■**半定符号形式（正の）** positive semidefinite quadratic form
　→ 形式

■**反転（点・曲線の）** inverse of a point or curve
　→ 円に関する反転，球面に関する反転

■**反転（比例式の）** proportion by inversion
　→ 比例

■**反転器** inversor
　曲線とその反転とを同時に描くための機器．菱形の各辺が頂点のところで回転できるようになっており，1組の対角点がそれぞれ1つの固定点（鏡像の中心）に等しい長さの棒で結ばれているような構成はそのような機器の一例で，ポーセリエの機構とよばれている．結ばれていない1頂点が曲線を描くと，他の1頂点がその曲線の反転像を描く．

■**反転級数** reciprocal series
　ある級数の各項が，他の級数の対応する項の逆数になっているとき，**反転級数**であるという．

■**反転公式** inversion formulas
　フーリエ変換，ラプラス変換あるいはメリンの反転公式などのように，2つの線型変換 T_1, T_2 が与えられていて，適当なクラスの f に対して $T_1(f)$ に T_2 をほどこすと f となるような公式．→ フーリエ変換，メリンの反転公式，ラプラス変換

■**反転定理** reciprocal theorems
　(1) 平面幾何学では，それぞれの定理において2つの幾何学的要素，例えば，角度と辺，点と線など，を交換して得られる定理のこと．2つのこのような定理の真偽は必ずしも一致しない．
　(2) 射影幾何学では，**双対定理**と同じ意味．

■**反同型** anti-isomorphism
　→ 同型

■**反時計回り** counter clockwise
　時計の針が文字盤上を回転するのと逆の方

向.

■**ハンドル（曲面の）** handle of a surface
→ 種数（曲面の）

■**ハーン-バナッハの定理** Hahn-Banach theorem

L を，実ノルム空間 V の線型部分空間とし，f を，L で定義された実数値連続線型汎関数とする．すると，V 全体で定義された実数値連続線型汎関数 F で，L の任意の元 x に対して $F(x)=f(x)$ となり，かつ，F の V 上のノルムが f の L 上のノルムと一致するようなものが存在する．V が複素ノルム空間の場合も，複素数値関数を考えれば，同様の結果が成立する．
→ 共役空間

■**反比例** inverse proportion, inverse variation

1つの変数と，もう1つの変数の逆数の比が一定値，すなわち，2変数の積が一定値のとき，1方の変数は他方の変数に**反比例**するという．すなわち $y=c/x$ または $xy=c$（c は定数）のとき，y は x に反比例するという．あるいは，x は y に反比例するという．

■**反比例する量** inversely proportional quantities

(1) 2つの変数でそれらの積が一定のもの．すなわち，どちらの数も他の数の逆数の定数倍となるもの．
(2) 2つの数の列 $(a_1, a_2, \cdots)$, $(b_1, b_2, \cdots)$ が $a_1 b_1 = a_2 b_2 = \cdots$ をみたすとき，かつそのときにかぎり，これらの列は反比例するという．例えば，$(1,2)$ と $(6,3)$ は $1\cdot 6 = 2\cdot 3$ となることから反比例する．

■**反復核** iterated kernels

《積分方程式》つぎの式で与えられる関数 K_n. $K_1(x, y) = K(x, y)$ とし，
$$K_{n+1}(x, y) = \int_a^b K(x, t) K_n(t, y)\, dt$$
$$(n=1, 2, \cdots)$$
$K(x, y)$ は任意に与えられる1つの**核**である．これに対する**解核** $k(x, t; \lambda)$ は，
$$(-1)\cdot\sum_{n=0}^{\infty} \lambda^n K_{n+1}(x, t)$$
となる．

■**反復試行における確率** probability in a number of repeated trials

(1) ある事象が n 回の試行のうちちょうど r 回おこる確率は，その事象がおこる確率を p，おこらない確率を q とするとき，$n! p^r q^{n-r}/[r!\times(n-r)!]$ で与えられる．これは $(p+q)^n$ を展開したときの $(n-r+1)$ 番目の項である．サイコロを5回投げたとき，ちょうど2回1が出る確率は
$$5!\left(\frac{1}{6}\right)^2\left(\frac{5}{6}\right)^3 \Big/ (2!3!) = 0.16075\cdots$$
である．
(2) ある事象が n 回の試行のうち少なくとも r 回おこる確率は，それが毎回おこる確率とちょうど $n-1$ 回，$n-2$ 回，$\cdots$，r 回おこる確率をすべて加えたものである．この確率は $(p+q)^n$ の展開式の最初の $n-r+1$ 項の和で与えられる．

■**半不変係数** semi-invariant

《統計》確率変数 X の変換で $Y = a + X$ の形をした任意のものに対し，X に付随するパラメータの列 $\{v_n\}$ が Y に付随するパラメータの列 $\{w_n\}$ に対応し $w_n = b^n v_n (n \geq 2)$ をみたすとき，これらのパラメータを**半不変係数**という．例えば，平均値のまわりの中心積率（モーメント）とキュムラントは半不変係数である．

■**繁分数** complex fraction
→ 分数

■**半平面** half-plane

平面内の直線によって仕切られた片方の側に位置する平面の部分のこと．平面を分割する直線を含まないとき**開半平面**といい，直線を含むとき**閉半平面**という．平面を分割する直線を，先のどちらの場合に対しても，半平面の**境界**または，**辺**という．

■**判別関数** discriminant function

《統計》事象あるいは種目について，n 個の変数が測定できるとき，その結果にもとづいて，事象あるいは種目を誤分類の比率が最小になるように2つの組に分類する判定法を与える，n 個の測定値の線型結合．例えば，植物のいくつかの個体をさまざまな類に分類するという分類学上の問題において有用である．

■**判別式**　discriminant
→ 代数方程式の判別式，2次形式の判別式，2変数の2次方程式の判別式

■**反変関手**　contravariant functor
→ 関手

■**半辺公式**　half-side formulas
→ 球面三角法の半角と半辺の公式

■**反変指標**　contravariant indices
→ テンソル

■**反変テンソル**　contravariant tensor
　反変指標のみをもつテンソル．r 個の指標をもつときは，**r 階反変テンソル**という．変数 x^1, x^2, x^3 に対して，微分 dx^1, dx^2, dx^3 は1階反変テンソルの成分である（すなわち，**反変ベクトル**である）．$i=1,2,3$ に対して，
$$dx'^i = \frac{\partial x'^i}{\partial x^j} dx^j$$
$$= \frac{\partial x'^i}{\partial x^1} dx^1 + \frac{\partial x'^i}{\partial x^2} dx^2 + \frac{\partial x'^i}{\partial x^3} dx^3$$
となるからである．

■**反変微分テンソル**　contravariant derivative of a tensor
　テンソル $t^{a_1 \cdots a_p}_{b_1 \cdots b_q}$ に対し，行列式 $g=\{g_{ij}\}$ の g_{ij} の余因子の $1/g$ 倍を g^{ij} とし，$t^{a_1 \cdots a_p}_{b_1 \cdots b_q, \sigma}$ をその共変微分テンソルとするとき
$$t^{a_1 \cdots a_p, j}_{b_1 \cdots b_q} = g^{j\sigma} t^{a_1 \cdots a_p}_{b_1 \cdots b_q, \sigma}$$
を反変微分テンソルとよぶ．ここに和の規約が適用されている．→ 共変微分テンソル，クリストッフェルの記号

■**反変ベクトル場**　contravariant vector field
　1階反変テンソル場．→ 反変テンソル，平行移動

■**万有引力の法則**　law of universal gravitation
　ニュートンによって定式化された引力の法則のこと．それによれば，質量 m_1 と m_2 の粒子は，質量の積に比例し，粒子間距離 r の2乗に反比例する引力で作用し合う．式で示すと，
$$F = k \frac{m_1 m_2}{r^2}$$
となる．ただし k は，**重力定数**で普遍的な値をとり，実験によって決められた値は 6.67259×10^{-11} N·m²/kg² である．

■**半連続関数**　semicontinuous function
　任意の正数 ε に対し，x_0 のある近傍のすべての点 x について，$f(x) < f(x_0) + \varepsilon$ が成立するような実数値関数 f は，x_0 において**上半連続**であるという．また $f(x) > f(x_0) - \varepsilon$ が成立する場合は，**下半連続**であるという．上半連続，下半連続と同値な条件は $x \to x_0$ としたとき，それぞれ $f(x)$ の上極限 $\leq f(x_0)$，$f(x)$ の下極限 $\geq f(x_0)$ となることである．区間あるいは領域 R のすべての点で上半連続（下半連続）であるとき，その関数は R において上半連続（下半連続）であるという．$f(0)=1$, $x \neq 0$ ならば $f(x) = \sin x$ と定義された関数は，0 において上半連続であるが下半連続ではない．

ヒ

■**比** ratio
2つの数（または量）の商．2つの数（または量）の相対的な大きさ．2つの量の**逆比**は順序を逆にして考えた比，つまりその比の逆数である．→ 相関比，前項，後項，変形比，尤度比，分割点，ポアソン比，比例数集合

■**ピアソン，カール** Pearson, Karl (1857—1936)
イギリスの統計学者．カイ2乗検定を導入した．→ カイ2乗検定，ネイマン-ピアソン検定

■**ピアソン係数** Pearson coefficient
→ 相関係数

■**ピアソン分布の分類** Pearson classification
よく知られている多くの**確率密度関数**は微分方程式
$$\frac{dy}{dx} = \frac{x+a}{b+cx+dx^2} y$$
をみたす（例えば，ベータ分布，正規分布，カイ2乗分布，t 分布）．もし確率密度関数 f がこの方程式をみたすならば，a, b, c, d の値と f 自身は4次までのモーメントで決定される．ピアソンはこの微分方程式の解となる確率密度関数を，$b+cx+dx^2$ の零点の性質に従って分類した．もし $a=-\mu$, $b=-\sigma^2$, $c=d=0$ ならば，その解は平均 μ，分散 σ^2 の**正規分布**である．

■**ビエナイメ，イレーヌ・ジュール**
Bienaymé, Irénée Jules (1796—1878)
フランスの確率論学者．

■**ビエナイメ-チェビシェフの不等式**
Bienaymé-Chebyshev inequality
→ チェビシェフの不等式

■**非回転ベクトル** irrotational vector in a region
与えられた領域内で，任意の**可約な閉曲線**のまわりでの積分が0となるようなベクトル．ベクトルの**回転**が領域の各点で0となるのは，そのベクトルが非回転のとき，かつそのときにかぎる．あるいは，そのベクトルが1つのスカラー関数（スカラーポテンシャルとよばれる）の**勾配**となるとき，かつそのときにかぎる．すなわち，$\nabla \times \mathbf{F} \equiv 0$ であるのは，あるスカラーポテンシャル Φ に対して $\mathbf{F} = -\nabla \Phi$ となるとき，かつそのときにかぎる．→ 回転，関数の勾配

■**被開法数** radicand
$\sqrt{2}$ の2や $\sqrt{a+b}$ の $a+b$ のような，根号の下の量．

■**比較可能関数** comparable functions
同じ定義域 D をもつ実数値関数 f, g が D の任意の x について $f(x) \leq g(x)$ あるいは D の任意の x について $f(x) \geq g(x)$ をみたすとき，f, g は比較可能関数であるという．

■**非拡大写像** nonexpansive mapping
→ 縮小写像

■**p 形方程式** equation in p-form
最高次数の係数が1であり，他の係数がすべて整数である1変数の多項式方程式．＝整係数方程式．

■**非可約集合** irreducible transformations
→ 可約集合（行列の）

■**ピカール，シャルル・エミール** Picard, Charles Émile (1856—1941)
著名なフランスの解析学者，群論，代数幾何学の研究者．

■**ピカールの定理** Picard's theorems
ピカールの第1定理は，f が整関数で，$f(z) \not\equiv$ 定数ならば，f はたかだか1個の例外を除くすべての複素数値をとるというものである．例えば，$f(z) = e^z$ は0以外のすべての値をとる．ピカールの第2定理については，解析関数の特異点を参照せよ．

■ **ピカールの方法** Picard's method
　微分方程式の反復法による解法．微分方程式 $dy/dx = f(x, y)$ の点 (x_0, y_0) を通る解は
$$y(x) = y_0 + \int_{x_0}^{x} f[t, y(t)] dt$$
をみたす．その方法は，例えば定数値関数 y_0 を初期関数として
$$y_n(x) = y_0 + \int_{x_0}^{x} f[t, y_{n-1}(t)] dt$$
と代入を繰り返していくものである．この方法は連立線型微分方程式や高階の線型微分方程式を解くためにも拡張される．具体的に解くことよりも，解の存在証明に使われる場合が多い．

■ **ひく** minus
　2つの量の間に用いられる言葉で，1番目のものから2番目がひかれることを示す．3ひく2とは，3−2とかかれ，3から2がひかれることを意味する．

■ **微係数** differential coefficient
　＝微分係数．→ 微分

■ **被減数** minuend
　そこから他の量がひかれるべき量．→ 減法

■ **非固有積分** improper integral
　積分区間および被積分関数のいずれか，または両方が有界ではない積分．日本語では定訳がなく，異常積分，仮性積分，変格積分などともよばれる．

■ **非再帰的** nonreflexive
　→ 再帰的関係

■ **ピサのレオナルド** Leonardo of Pisa
　＝フィボナッチ．→ フィボナッチ

■ **菱形** rhomb, rhombus [*pl.* rhombi, rhombuses]
　辺の長さがすべて等しい平行4辺形のこと．なお正方形でないときに限ることもあるが，正方形をも菱形の特別な場合に含めたほうがよい．

■ **比重** specific gravity
　任意の物質の与えられた体積の重さの同体積の標準物質の重さに対する比のこと．固体や液体に対する標準物質は 4°C の水（この温度のとき水の密度は最大）である．

■ **非循環小数** noneriodic decimal, nonrepeating decimal
　→ 10進法

■ **p 乗級数** p series
$$1 + \left(\frac{1}{2}\right)^p + \left(\frac{1}{3}\right)^p + \cdots + \left(\frac{1}{n}\right)^p + \cdots$$
の形の級数をいう．この級数は1より大きい p のすべての値に対して収束し，また1以下の p に対して発散するので**比較判定法**の応用上重要である．$p=1$ のとき，この級数は**調和級数**である．

■ **被乗数** multiplicand
　乗数とよばれる他の数を乗ぜられるべき数．乗法が可換なときには，数 a と b の積 ab において，a が乗数で b が被乗数と考えても，b が乗数で a が被乗数と考えてもよい．

■ **飛状尖点** ramphoid cusp
　→ 尖点

■ **非剰余** non-residue
　→ n 乗剰余

■ **被除数** dividend
　他の数量でわられる数量．→ 除法定理

■ **p 進体** p-adic field
　定まった素数 p に対して，p **進整数**とは，整数列 $\{x_0, x_1, \cdots\}$ で，すべての $n \geq 1$ に対して $x_n \equiv x_{n-1} \pmod{p^n}$ をみたすものである．[→ 合同]．2つの p 進整数 $\{x_n\}$，$\{y_n\}$ が**等しい**とは，各 $n \geq 0$ に対して，$x_n \equiv y_n \pmod{p^{n+1}}$ が成立することである．加法と乗法とを，
$$\{x_n\} + \{y_n\} = \{x_n + y_n\}, \quad \{x_n\}\{y_n\} = \{x_n y_n\}$$
と定義すれば，p 進整数全体は可換環をなす．$\{x_n\}$ が単元である必要十分条件は，$x_0 \not\equiv 0 \pmod{p}$ である．

　p **進数**は，a を p 進整数，k を負でない整数とするとき，a/p^k の形の数である．ここで $a/p^m = b/p^n$ は，ap^n と bp^m とが，p 進数として等しい

ことを意味する．**p進体**とは，p進数の集合で，加法と乗法とを

$$\frac{a}{p^m}+\frac{b}{p^n}=\frac{ap^n+bp^m}{p^{m+n}}, \quad \frac{a}{p^m}\cdot\frac{b}{p^n}=\frac{ab}{p^{m+n}}$$

によって定義した体である．0 でない p 進数は，$p^n e$ の形に表される．ここに n は整数（負のこともある），e は単元である．$V(p^n e)=n$ とおけば，V はこの体の**付値**である．
→ 基底（数の表示における）

■**非推移的**　intransitive
→ 推移的関係

■**ヒストグラム**　histogram
→ 度数曲線

■**ひずみ**　strain
素材中の点の相対的位置の変化，すなわち**応力**による素材の歪みによって生ずる変化．

■**ひずみ係数**　coefficient of strain
→ 1次元ひずみ

■**ひずみテンソル**　strain tensor
弾性の線型理論において，平行座標軸 x, y, z に沿った変位 u, v, w に関する6つの関数 $e_{xx}, e_{yy}, e_{zz}, e_{xy}, e_{zy}, e_{xz}$ の組のこと．ただし

$$e_{xx}=\frac{\partial u}{\partial x}, \quad e_{yy}=\frac{\partial v}{\partial y}, \quad e_{zz}=\frac{\partial w}{\partial z}$$

$$e_{xy}=\frac{1}{2}\left(\frac{\partial v}{\partial x}+\frac{\partial u}{\partial y}\right), \quad e_{zy}=\frac{1}{2}\left(\frac{\partial w}{\partial y}+\frac{\partial v}{\partial z}\right),$$

$$e_{xz}=\frac{1}{2}\left(\frac{\partial u}{\partial z}+\frac{\partial w}{\partial x}\right)$$

これら6つの量（または3つの主変形の集合）は物体のひずみの状態を特徴づける．量 e_{xx}, e_{yy}, e_{zz} は**経線ひずみ**といい，残りの e_{xy}, e_{zy}, e_{xz} は**剪断ひずみ**という．変形テンソルの6つの成分に対する積分可能条件（**サン-ヴナンの整合方程式**）は，

$$(e_{ij})_{kl}+(e_{kl})_{ij}-(e_{ik})_{je}-(e_{jl})_{ik}=0$$

である．ただし，i, j, k, l は x, y, z のうちの任意の値をとり，（ ）の外の添字は偏微分を表示する．

■**被積分関数**　integrand
→ 定積分

■**非線型**　nonlinear
線型でないこと．→ 1次方程式，線型変換

■**非対称**　asymmetric
→ 対称関係

■**非対称分布**　skew distribution
対称でない分布のこと．平均のまわりの3次の積率が0でなければ，この分布は非対称である（逆は成り立たない）．確率密度関数（確率関数）が平均よりも左（右）にむけて，右（左）よりも大きく尾をひいているならば，**分布が左（右）にずれている**，または**負（正）の歪度**をもつという．平均のまわりの3次の積率 M_3 は歪度をはかるのに用いられることがあり，M_3 が負や正であるときに，分布はそれぞれ左，右にずれているという．

■**ピタゴラス（サモスの）**　Pythagoras of Samos（BC 580—500 年頃）
ギリシャの幾何学者，哲学者．万物を数によって説明しようとした．

■**ピタゴラスの恒等式**　Pythagorean identities
→ 平面三角法の恒等式

■**ピタゴラスの数**　Pythagorean numbers
→ ピタゴラスの3つ組

■**ピタゴラスの定理**　Pythagorean theorem
直角3角形の直角をはさむ2辺の長さの平方の和は，斜辺の長さの平方に等しい．辺の長さの比が3：4：5である直角3角形は，古くから直角を得るために使われた．この定理を幾何学的にいえば，正方形 ABGF（図）の面積は，正方形 ACDE と BCKH の面積の和に等しいといえる．=3平方の定理．

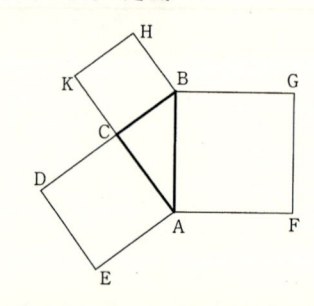

■ピタゴラスの星形　pentagram (of Pythagoras)
　正5角形のすべての対角線を描き，辺を除去して得られる5つの角をもつ星形図形．＝5角星形．

■ピタゴラスの3つ組　Pythagorean triple
　$x^2+y^2=z^2$ をみたす3個の正の整数の組 (x, y, z)．例えば $(3, 4, 5)$，$(5, 12, 13)$．そのような組は，y を偶数とすると，r, s を正の整数で $r>s$，rs が完全平方数である対によって，$x=r-s$，$y=2\sqrt{rs}$，$z=r+s$ と表される．x と y とが互いに素で，y が偶数であるピタゴラスの3つ組は，m, n を互いに素な正の整数で $m>n$，かつ両方が同時に奇数でないものをとり，$x=m^2-n^2$，$y=2mn$，$z=m^2+n^2$ と表される．このような x, y, z を3辺とする直角3角形を**ピタゴラス3角形**という．＝ピタゴラスの数．

■左逆元　left inverse
　→ 逆元

■左極限　limit on the left
　→ 右極限・左極限

■左単位元　left identity
　→ 単位元

■左手座標系　left-handed coordinate system
　各軸の正方向が左手3面体を形づくる座標系．→ 有向3面体，3面角

■左回りの曲線　left-handed curve
　有向曲線 C の点 P における捩率が正のとき，C に沿って P の位置を正の方向へ通過する動点 P が，P における接触平面の正の側面から負の側面へ動く［→ 1点の近傍内の空間曲線の標準的表現］．このようなとき，C を P における左回りの曲線とよぶ．→ 右回り

■左連続　continuous on the left
　→ 右連続・左連続

■ヒッチコック，フランク・ロレン　Hitchcock, Frank Lauren (1875―1957)
　アメリカのベクトル解析学者，物理学者．1941年に輸送問題を定式化した．

■ヒッチコックの輸送問題　Hitchcock transportation problem
　港と港の間を船で輸送する場合の総輸送費を最小にせよ，という線型計画法の問題．
　港 A_i $(i=1, 2, \cdots, n)$ には a_i 隻の船があり，港 B_j $(j=1, 2, \cdots, m)$ へ b_j 隻の船を
$$\sum_{i=1}^{n} a_i = \sum_{j=1}^{m} b_j$$
となるように引渡すことが要求されているとする．A_i から B_j への1隻の輸送費が c_{ij} であるとき，
$$\sum_{j=1}^{m} x_{ij} = a_i, \quad \sum_{i=1}^{n} x_{ij} = b_j$$
なる制約条件のもとで，
$$\sum_{i,j=1}^{n,m} c_{ij} x_{ij}$$
を最小にするような負でない整数 x_{ij} を求める．→ 線型計画法

■必要条件　necessary condition
　→ 条件

■必要な量の評価　estimate a desired quantity
　非常に一般的な考慮をして判断を下すこと．これは，厳密な数学的手続によって量を見いだすことと対比される．例えば，任意の数の平方根はそれに最も近い整数による**評価**ができるが，小数第4位まで正確に求めるためには，開平のある法則によって平方根を系統的に**計算**する必要がある．

■ BTU　BTU
　→ 英国熱量単位

■非同類項　dissimilar terms
　異なるベキや異なる未知数を含む項．例えば，$2x$ と $5y$，$2x$ と $2x^2$ は**非同類項**である．→ 同類項の加算（代数における）

■非特異1次変換　non-singular linear transformation
　ベクトル空間 V から V への1次変換で，0以外の x が $T(x)=0$ とならないもの．もしも V が有限次元ならば，1次変換 T が非特異であるための必要十分条件は，その行列式が0でな

いこと，あるいは値域が V 全体であることである．＝正則1次変換，可逆1次変換．→ 線型変換

■**等しい** equal
→ 同値関係

■**等しい角** equivalent angles
等しい角度をもつ2つの角のこと．→ 角

■**比熱** specific heat
(1) 1グラムの物質の温度を1℃上昇させるのに要するカロリー数，または1ポンドの物質を1°F上昇させるのに要するBTU数．これは**熱容量**ともよばれる．
(2) 与えられた物質の温度を1℃変えるのに必要な熱容量に対する，同じ質量の水の温度を1℃変えるのに必要な熱容量の比．

■**比の合成** composition in a proportion
比例式から，その第1項の前項と後項の和の第1項の後項に対する比が，第2項の前項と後項の和の第2項の後項に対する比と等しいという比例式を導くこと．すなわち，$a/b=c/d$ から $(a+b)/b=(c+d)/d$ を導くこと．

■**比の合成と分割** composition and division in a proportion
比例式から，その第1項の前項と後項の和の第1項の前項と後項の差に対する比が，第2項の前項と後項の和の第2項の前項と後項の差に対する比に等しいという比例式を導くこと．すなわち，$a/b=c/d$ から $(a+b)/(a-b)=(c+d)/(c-d)$ を導くこと．→ 比の合成，比の分割

■**比の分割** division in a proportion
比の値が等しい2つの比より，1つの比の1項より2項を引いたものと2項との比は，もう1つの比の1項より2項を引いたものと2項との比に等しくなるということ．例えば，$a/b=c/d$ より $(a-b)/b=(c-d)/d$ である．→ 比の合成

■**比判定法** ratio test
無限級数の収束（または発散）を，その連続する項の比を利用して調べること．**コーシーの比判定法**は，n を無限大にしたときの第 n 項の第 $(n-1)$ 項に対する比の極限の絶対値が1より小さいか大きいかに応じて，級数が収束または発散するというものである．この極限の絶対値が1のときは判定できない．
(1) 級数
$$1+\frac{1}{2!}+\frac{1}{3!}+\cdots+\frac{1}{n!}+\cdots$$
に対し，第 n 項と第 $(n-1)$ 項の比は
$$(1/n!)[1/(n-1)!]=1/n$$
であり，
$$\lim_{n\to\infty}(1/n)=0$$
したがってこの級数は収束する．
(2) 調和級数
$$1+\frac{1}{2}+\frac{1}{3}+\cdots+\frac{1}{n}+\cdots$$
に対し，その比は
$$(1/n)[1/(n-1)]=(n-1)/n$$
であり，
$$\lim_{n\to\infty}(n-1)/n=1$$
したがってこの方法では判定できない．しかしこの級数は，次のように各組が $\frac{1}{2}$ を超えるように組分けすることにより，発散することが示される．
$$1+\frac{1}{2}+\left(\frac{1}{3}+\frac{1}{4}\right)+\left(\frac{1}{5}+\frac{1}{6}+\frac{1}{7}+\frac{1}{8}\right)+\cdots$$
第 n 項と第 $(n-1)$ 項の比の極限の存在は必要ではない．**ダランベールの比判定法**（一般化された比判定法）によれば，ある項よりあとの項で，任意の項とその前の項との比の絶対値が，常に1より小さいある固定値より小さければ収束し，常に1より大きければ発散する．**ラーベの比判定法**はより精密な判定法で，級数が $u_1+u_2+u_3+\cdots+u_n+\cdots$ であり，$u_{n+1}/u_n=1/(1+a_n)$ であるとき，ある項よりあとの項で積 na_n が常に1より大きい固定値より大きければ収束し，ある項よりあとの項でその積が常に1あるいはそれ以下であれば発散する．

■**非標準数** non-standard number
R を実数の集合とし，U を正の整数の部分集合の**自由極大フィルター**とする [→ フィルター]．R^* を，実数のすべての数列 $\{r_i\}=\{r_1, r_2, r_3, \cdots\}$ の族の，次の (i) で定義される同値類の集合とする．(i) $\{r_i\}\equiv\{s_i\}$ とは，$r_i=s_i$ である i の集合が U の要素であることである．(ii) $\{r_i\}<\{s_i\}$ とは，$r_i<s_i$ である i の集合が U の要素であることである．(iii) $\{r_i\}+\{s_i\}=\{r_i+s_i\}$, (iv) $\{r_i\}\{s_i\}=\{r_is_i\}$, $\{r_i\}$ の絶対値は $\{|r_i|\}$ である．関数 ρ を R と R^* との間の同型

対応で, $\rho(r)$ は $r_i = r$ で表される $\{r_i\}$ の同値類とする. $\{r_i\}$ が正というのを $\rho(0) < \{r_i\}$ で定義すれば, R^* は**順序体**であるが, **完備**ではない (→ **体**). R^* の要素を, **非標準数**, または**超実数**という. **無限小**とは, 任意の正の数 r に対して $\rho(0) < \{|r_i|\} < \rho(r)$ である $\{r_i\}$ である. 例えば $r_i = 1/i$ とした $\{r_i\}$ は無限小である. **無限大**とは, 任意の実数 r に対して $\rho(r) < \{|r_i|\}$ である $\{r_i\}$ である. 例えば $r_i = i$ とした $\{r_i\}$ は無限大である. 無限小の逆数は無限大であり, 逆も正しい. $x \in R^*$ で x が無限大でなければ, $x - \rho(r)$ が無限小であるような $r \in R$ が存在する.

非標準数に基づく解析学を**非標準解析**または**超準解析**という. → **超準解析**

■被覆 cover

集合 T の各点がその族の中の少なくとも 1 つの集合に含まれるような集合族を, T の**被覆**とよぶ. T の被覆はその中のそれぞれの集合が閉 (開) であるとき**閉 (開)** であるという. M を距離空間とするとき, M の **ε-被覆**とは, M の有限の族による被覆であって, その中の任意の集合に含まれる任意の 2 点間の距離が ε 以下であるものをいう. ε-被覆の n 個の集合に含まれる点は存在するが, M のどの点も $(n+1)$ 個の集合には含まれないとき, その ε-被覆の**位数**は n であるという. → **ヴィタリの被覆**

■微分 derivative

瞬間的な変数変化に対する関数の変化割合. f を **1 変数の関数**とし, Δx を数 x に加える数 (正または負) とする. Δf を f の対応する増分
$$\Delta f = f(x + \Delta x) - f(x)$$
とする. 平均変化率を次のように表す.
$$\frac{\Delta f}{\Delta x} = \frac{f(x + \Delta x) - f(x)}{\Delta x}$$
ここで Δx を 0 に近づける. もし Δx を 0 に近づけるにつれて $\Delta f / \Delta x$ がある**極限**に近づくなら, この極限値を点 x における f の**微分** (詳しくは**微分係数**) という. もしも $f(x) = x^2$ ならば, 上記の計算は
$$f(x + \Delta x) = (x + \Delta x)^2,$$
$$f(x + \Delta x) - f(x) = (x + \Delta x)^2 - x^2,$$
$$\frac{f(x + \Delta x) - f(x)}{\Delta x} = \frac{(x + \Delta x)^2 - x^2}{\Delta x}$$
$$= 2x + \Delta x,$$
$$\lim_{\Delta x \to 0} (2x + \Delta x) = 2x = \frac{dx^2}{dx}$$
である.

各点 x での関数 f の微分係数の値は x に関する関数になる. これを f の**導関数**といいそれには次の記号が用いられる.
$$f', D_x f, \frac{df}{dx}, f'(x), D_x f(x), \frac{d}{dx} f(x), \frac{df(x)}{dx}$$
点 a における微分は次のように書かれる.
$$f'(a), D_x f(x)_{x=a}, \left[\frac{df(x)}{dx} \right]_{x=a}, f'(x)|_{x=a}$$
点 a における微分の定義は次のように書くこともできる.
$$f'(a) = \lim_{x \to a} \frac{f(x) - f(a)}{x - a}$$
微分と導関数とは, 厳密にいうと異なる概念だが, しばしば同一の意味に混用されている.

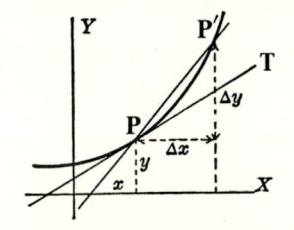

微分の実際的な意味は次の通りである. (1) 曲線の**傾き**: 図において, 割合 $\Delta y / \Delta x$ は直線 PP' の傾きである. これより, Δx を 0 に近づけたときのこの割合の極限は, 接線 PT の傾きである. このことから, 関数は微分が正である区間においては**増加**であり, 微分が負である区間においては**減少**である. もし微分が 0 であれば, **極大値**または**極小値**をとることがある. (2) 移動する質点の**速さ**および**加速度**: $f(t)$ を質点が時間 t までに動いた距離とする. このとき, f の t_1 における微分はこの質点の時刻 t_1 における**速さ**であり, 平均変化率 $\Delta f / \Delta t$ は Δt 間の平均の速さである. 時刻 t_1 における速さの微分 (距離の 2 次の微分) は, 時刻 t_1 における質点の**加速度**になる. 微分を計算するには, 多くの強力で有用な公式がある [→ 付録: 微分公式]. 例えば, **和の微分**は微分の和であり, x^n の微分は nx^{n-1} である. また u が x の関数である関数 $F(u)$ の微分は次の公式で与えられる (**連鎖律**).
$$\frac{dF(u)}{dx} = \frac{dF(u)}{du} \frac{du}{dx}$$
これらの公式より, 次の結果を得る.

$$D_x(x^3+x^2)=3x^2+2x$$
$$D_x[x^{1/2}+(x^2+7)^\pi]$$
$$=\frac{1}{2}x^{-1/2}+\pi(x^2+7)^{\pi-1}(2x)$$

など. =微分係数. → 加速度, 接線, 速度, 微分[differential], 微分[differentiation], ライプニッツ. この微分の定義に類似した定義が, 別の型の関数 [→ 複素関数の微分, ベクトルの微分] にも使われる.

■**微分** differential

(1) f を x において微分可能である**1変数の関数**とする. このとき f の微分は
$$df=f'(x)dx$$
である. ここで dx は独立変数である. したがって, df は2変数 x, dx の関数である. x の導関数は1であるから x の微分は dx である. 微分 df は次の性質をもつ. x が Δx だけ変化しその結果としての f の変化を Δf で表すならば, $\Delta x \to 0$ のとき $(\Delta f-df)/\Delta x$ が0に近づくという意味で, Δx が小さいとき df は Δf のよい近似である. なぜならば,
$$\lim_{\Delta x \to 0}\frac{\Delta f}{\Delta x}=f'(x), \quad \frac{\Delta f}{\Delta x}=f'(x)+\varepsilon$$
であるとき, $\lim_{\Delta x\to 0}\varepsilon=0$ であるからである. したがって, また, $\Delta f=f'(x)\Delta x+\varepsilon\Delta x$ または $\Delta f=f'(x)dx+\varepsilon\Delta x$ である. 例えば, 半径2mの円で囲まれた図形の半径を0.01m増やしたときの面積の変化の近似値は, $A=\pi r^2$ であるから,
$$dA=2\pi r dr=2\pi\times 2\times\frac{1}{100}=\frac{1}{25}\pi(\text{m}^2)$$
である.

(2) **多変数関数** $f(x_1, x_2, \cdots, x_n)$ **の微分**（全微分）は, 独立変数 $x_1, x_2, \cdots, x_n$, $dx_1, dx_2, \cdots, dx_n$ と**偏微分の項** $\frac{\partial f}{\partial x_i}dx_i$ でつくられた関数
$$df=\frac{\partial f}{\partial x_1}dx_1+\frac{\partial f}{\partial x_2}dx_2+\cdots+\frac{\partial f}{\partial x_n}dx_n$$
である. $u=f(x,y,z)$ で, z が x と y の関数ならば,
$$du=\left(\frac{\partial f}{\partial x}+\frac{\partial f}{\partial z}\frac{\partial z}{\partial x}\right)dx+\left(\frac{\partial f}{\partial y}+\frac{\partial f}{\partial z}\frac{\partial z}{\partial y}\right)dy$$
である. ここで右辺のそれぞれの項は偏微分である. 上のように f の変数のうちの少なくとも1つが他に従属しているときは, **中間微分**とよばれることがある. 1変数や多変数の関数に対する微分の公式は, **合成関数**に対しても成り立つ. このときは他の変数の関数として表されているる変数の微分を, その関数の全微分で置き換えればよい. 例えば, $z=f(x,y), x=u(s,t), y=v(s,t)$ であるならば, 2変数関数 $f(x,y)$ の全微分が,
$$df=\frac{\partial f}{\partial x}dx+\frac{\partial f}{\partial y}dy$$
なので,
$$dz=\frac{\partial f}{\partial x}dx+\frac{\partial f}{\partial y}dy$$
$$=\frac{\partial f}{\partial x}\left[\frac{\partial u}{\partial s}ds+\frac{\partial u}{\partial t}dt\right]$$
$$+\frac{\partial f}{\partial y}\left[\frac{\partial u}{\partial s}ds+\frac{\partial v}{\partial t}dt\right]$$
となる. 関数 f が (x,y) において**微分可能**であるとは, $\Delta f=f(x+\Delta x, y+\Delta y)-f(x,y)$ とおいたとき, 任意の $\varepsilon>0$ に対し $\delta>0$ が存在し, $|\Delta x|, |\Delta y|$ がともに δ より小さい $\Delta x, \Delta y$ に対し,
$$\left|\Delta f-\left(\frac{\partial f}{\partial x}\Delta x+\frac{\partial f}{\partial y}\Delta y\right)\right|<\varepsilon(|\Delta x|+|\Delta y|)$$
をみたすときにいう. これより, 独立変数が少量だけ変化したとき, **微分可能関数**の変化量はその微分で近似され, その誤差は独立変数の変化量に比べて小さい. 連続である偏微分をもつ関数は微分可能である. 近似のこの概念はもっと一般の状況の下での微分の定義に用いることができる [→ 汎関数の微分]. =全微分. → 関数の増分, 積分要素

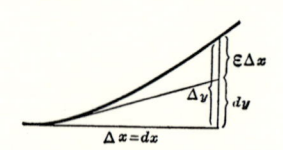

■**微分** differentiation

導関数, または微分係数を計算すること. → 微分 [derivative]

■**微分（媒介変数方程式の）** derivative from parametric equations

→ 媒介変数方程式の微分

■**微分解析機** differential analyzer

微分方程式（または連立微分方程式）を機械的に解くためのアナログ計算機. 1920年にブッシュ (Vannevar Bush) によって設計された**ブッシュの微分解析機**が, 最初につくられた微分

解析機である．これは差動歯車などによってつくられた2つの基本装置，加算機と積分機によって構成されている．

■**微分学** differential calculus
導関数や微分の概念で表現された独立変数の変化に伴う関数の変動の研究．特に，曲線の傾斜，非等速度，加速度，力，関数の近似値，量の最大値，最小値などの研究に用いられる．→ 微分

■**微分可能** differentiable
f を1変数の関数とする．x が f の導関数の定義域内の点であるなら，f は点 x で**微分可能**という．集合 D の各点で f が微分可能なら，f は D において**微分可能**であるという．多変数関数については，微分，微分同相写像の項参照．

■**微分幾何学** differential geometry
点の近傍における図形の性質の理論．→ 計量微分幾何学，射影微分幾何学

■**微分曲線** derived curve
与えられた曲線の**1階微分曲線**とは，x 座標の同じ値における y 座標の値が，もとの曲線の傾きに等しい曲線である．例えば，方程式 $y=3x^2$ で与えられる曲線は $y=x^3$ で与えられる曲線の微分曲線である．1階微分曲線の微分曲線は，**2階微分曲線**とよばれる．

■**微分係数** differential coefficient
＝導関数．→ 微分

■**微分公式** differentiation formulas
関数の導関数を与えるか，またはそれらの導関数を見つける問題をより簡単な関数の導関数を見つける問題に帰着させるための公式．→ 微分，付録：微分公式

■**微分作用素** differential operator
D および Dy でもってそれぞれ d/dx, dy/dx を表すとき作用素 D の多項式で表される作用素．例えば $(D^2+xD+5)y=d^2y/dx^2+x(dy/dx)+5y$ である．$f(D)$ を D の多項式とするとき，記号 $1/f(D)$ は**逆微分作用素**を表す．例えば，記号 $1/(D-a)$ は $dy/dx-ay=f(x)$ より生ずるものである．方程式は $(D-a)y=f(x)$ の形で表され，

$$y=\frac{1}{(D-a)}f(x)=Ce^{ax}+e^{ax}\int e^{-ax}f(x)\,dx$$

が解である．

■**微分式** differential form
微分の同次多項式．例えば，$g_{i_1 i_2 \cdots i_r}$ が対称共変テンソル場であり，$t_{\beta_1 \beta_2 \cdots \beta_q}$ が交代共変テンソル場であるなら，

$$g_{i_1 i_2 \cdots i_r} dx^{i_1} dx^{i_2} \cdots dx^{i_r}$$

および

$$t_{\beta_1 \beta_2 \cdots \beta_q} dx^{\beta_1} dx^{\beta_2} \cdots dx^{\beta_q}$$

は，スカラー場のように変換され，それぞれ**対称微分式**，**交代微分式**である．

■**微分積分学** calculus
数学の一分野で，関数の微分や積分，および，それに伴う諸概念や応用を扱う．この分野の発達初期に，無限小を扱ったことから，ときおり，**無限小解析**とよばれる．→ 微分学，積分学

■**微分積分法の基本定理** fundamental theorem of calculus
微分と積分の関係を示す定理で，以下のように述べられる．
(1) f を閉区間 $[a,b]$ で連続な関数とし，F を，$[a,b]$ のすべての点 x で $F'(x)=f(x)$ となるような関数とすると，
$$\int_a^b f(x)\,dx = F(b)-F(a)$$
(2) $\int_a^b f(x)\,dx$ が存在するとき，閉区間 $[a,b]$ における関数 F を，$F(x)=\int_a^x f(x)\,dx$ により定めると，$[a,b]$ 内の点 x_0 で，f が x_0 において連続であるような点においては，F は微分可能で $F'(x_0)=f(x_0)$ となる．→ 一般リーマン積分，積分要素，ダルブーの定理，定積分

■**微分同相写像** diffeomorphism
ユークリッド空間の集合 S 上で定義され，別の（同一でもよい）ユークリッド空間の中に値をもつ関数が**微分可能**または**滑らか**とは，S の各点 x において，x の開近傍 U があり，U 内で f はすべての階数の導関数をもち，それらがすべて連続なことである．T を m 次元ユークリッド空間から n 次元ユークリッド空間への写像 $T(x)=(f_1(x), f_2(x), \cdots, f_n(x))$ とする．ここに $x=(x_1, x_2, \cdots, x_m)$ である．f_i がすべて微分可能なとき，T を**微分可能**（または**滑らか**）

な写像という．**微分同相写像**とは，1対1の写像で，T も T^{-1} もともに微分可能な写像のことである．

■**微分方程式** differential equation
→ 常微分方程式

■**微分方程式の解** solution of a differential equation
従属変数のところに代入することにより，微分方程式を恒等式にする関数．方程式
$$x\frac{dy}{dx} - x^2 - y = 0$$
の y に x^2+cx, $\dfrac{dy}{dx}$ に $2x+c$ を代入すると恒等式になるので，$y=x^2+cx$ は解である．c にいかなる値を与えても，$y=x^2+cx$ は解であるので，c は**任意定数**といわれる．微分方程式の階数と等しい**独立な任意定数**を含む解を，微分方程式の**一般解**という．一般解の任意定数にある値を代入することによって得られる解を**特殊解**という．一般解からの特殊解としては得られない解を**特異解**といい，それは，一般解によって表現される曲線族の包絡線の方程式である．特異解で表される包絡線の各点における傾きと座標は，一般解によって表される曲線族のある元のそれと一致するので，この包絡線は微分方程式をみたす．→ ピカールの方法，微分方程式の判別式，ルンゲ－クッタ法

■**微分方程式の次数** degree of a differential equation
代数的微分方程式に対し，最高位の導関数の次数．すなわち，最高位の導関数に関する最大ベキ指数のこと．例えば
$$\left(\frac{d^4y}{dx^4}\right)^2 + 2\left(\frac{dy}{dx}\right)^3 = 0$$
の次数は2である．→ 常微分方程式

■**微分方程式の判別式** discriminant of a differential equation
$F(x,y,p)=0$（ただし $p=dy/dx$）の型の微分方程式において，**p-判別式**とは方程式
$$F(x,y,p)=0 \quad \text{と} \quad \frac{\partial F(x,y,p)}{\partial p}=0$$
より p を消去して得られたものである．微分方程式の解が
$$u(x,y,c)=0$$
であるなら，**c-判別式**は，方程式
$$u(x,y,c)=0 \quad \text{と} \quad \frac{\partial u(x,y,c)}{\partial c}=0$$
より c を消去して得られる．

p-判別式が0に等しいとすることにより得られる方程式の曲線は，解のすべての包絡線だけでなく，**尖点の軌跡**，**曲線族の接点の軌跡**，**特殊解**（曲線族の接点の軌跡の方程式を2乗したもの，特殊解の方程式を3乗したもの）を含むこともある．c-判別式が0に等しいとおくことにより得られる方程式の曲線は，解のすべての**包絡線**だけでなく，**尖点の軌跡**，**結節点の軌跡**，**特殊解**（結節点の軌跡の方程式を2乗したもの，尖点の軌跡を3乗したもの）も含む．例えば微分方程式 $(dy/dx)^2(2-3y)^2 = 4(1-y)$ の一般解は $(x-c)^2=y^2(1-y)$ であり，p-判別式，c-判別式はそれぞれ，$(2-3y)^2(1-y)=0$，$y^2(1-y)=0$ である．直線 $1-y=0$ は包絡線，$2-3y=0$ は曲線族の接点の軌跡，$y=0$ は結節点の軌跡である．

■**微分法の平均値定理** mean-value theorems (for derivative)
1変数関数の平均値定理：微分可能な曲線の弧は，その弧の割線（弧の両端を結ぶ直線）に平行な接線を少なくとも1つもつ．この定理は，割線が x 軸と平行のとき，ロルの定理となる．詳しくいえば，f が閉区間 $[a,b]$ で連続，かつ開区間 (a,b) で微分可能ならば，a と b の間の数 c で，
$$f(b)-f(a)=(b-a)f'(c)$$
をみたすものが存在する．
第2平均値定理：f と g は閉区間 $[a,b]$ で連続，開区間 (a,b) で微分可能，さらに，$g(b)-g(a) \neq 0$，かつ f' と g' は (a,b) の各点で0でないとすると，$a<x_1<b$ なる x_1 で
$$\frac{f(b)-f(a)}{g(b)-g(a)} = \frac{f'(x_1)}{g'(x_1)}$$
をみたすものが存在する．これは**平均値の2重法則**，**コーシーの平均値の公式**，または**一般化された**（または**拡張された**）**平均値定理**などともよばれる．ただし最後のよび名は，テイラーの定理を指すこともある．
2変数関数の平均値定理：f が $x_1 \leq x \leq x_2$, $y_1 \leq y \leq y_2$ において連続な1階の偏導関数をもつならば，
$$f(x_2, y_2) - f(x_1, y_1)$$
$$= (x_2-x_1)f_x(\xi, \eta) + (y_2-y_1)f_y(\xi, \eta)$$

かつ $x_1 < \xi < x_2$, $y_1 < \eta < y_2$ をみたす ξ, η が存在する．ただし，f_x と f_y はそれぞれ f の x と y に関する偏導関数である．この定理は，任意の個数の変数に拡張される．→ 微分

■**微分法の連鎖律** chain rule for derivatives
→ 連鎖律

■**非平方バナッハ空間** nonsquare Banach space

$$\|x\| = \|y\| = \left\|\frac{1}{2}(x+y)\right\| = \left\|\frac{1}{2}(x-y)\right\| = 1$$

であるような x, y が存在しないバナッハ空間．もし正の数 ε があって，

$$\|x\| = \|y\| = 1,$$
$$\left\|\frac{1}{2}(x+y)\right\| > 1 - \varepsilon,$$
$$\left\|\frac{1}{2}(x-y)\right\| > 1 - \varepsilon$$

である x, y が存在しないとき，**一様に非平方**という．→ 超再帰的バナッハ空間

■**ビーベルバッハ，ルードウィッヒ** Bieberbach, Ludwig (1886—1982)
ドイツの複素解析学者．

■**ビーベルバッハの予想** Bieberbach conjecture
f を $|z| < 1$ で定義された解析的で1対1（単葉），かつ $f(0) = 1$, $f'(0) = 1$ をみたす関数とする．f のテイラー展開

$$f(z) = z + a_2 z^2 + a_3 z^3 + \cdots = z + \sum_{n=2}^{\infty} a_n z^n$$

に対して，$n \geq 2$ のとき $|a_n| \leq 2$ であり，もしもある n に対して $|a_n| = n$ ならば，$|c| = 1$ である定数 c によって

$$f(z) = z + 2cz^2 + 3c^2 z^3 + \cdots = z/(1-cz)^2$$

であろうという予想．ビーベルバッハが1916年に予想したが，彼は $n = 2$ の場合を証明しただけだった．1972年までに，$n \leq 6$ について正しいことが証明されていた．完全な証明は1984年にルイ・ド・ブランジュによってなされた．→ ケーベの関数，リーマンの写像定理

■**比方眼紙** ratio paper
＝半対数方眼紙．→ 半対数方眼紙

■**ヒポクラテス（キオスの）** Hippocrates of Chios（BC 440頃）
古代ギリシャの数学者

■**ヒポクラテスの月形** lunes of Hippocrates
ヒポクラテスは，ある種の月形を"正方形化"した．おそらくこれは，円の正方形化の技法研究のために，むだな努力を推進したらしい［→円の正方形化］．以下いくつかの例をあげる．

(1) ABC を角 C が直角の2等辺3角形とする．A, B を通る円弧で，一方は C を中心とするもの，他方は AB を直径とするものを描く．このとき2つの円弧で囲まれる月形の面積は，もとの3角形の面積に等しい．

(2) ABC を半円に内接する3角形とする．直径上の辺以外の2辺を直径とする半円を外側につくり，それともとの半円とで囲まれる2個の月形をつくる．そのとき2個の月形の面積の和は，もとの3角形の面積に等しい．

(3) $T =$ ABCD を正6角形の半分で，AB＝BC＝CD とする．この等しい3辺をそれぞれ直径とする半円を外側につくり，T の外接円とで囲まれる3個の月形をつくる．T の面積は，3個

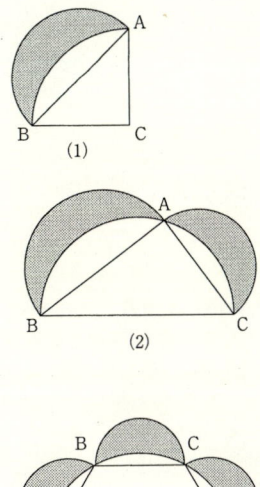

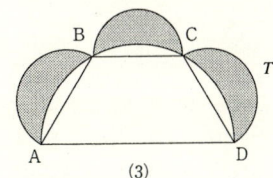

の月形と等辺の1つを直径とする半円の面積の和に等しい．

■**非本質的** inessential
位相空間 X から位相空間 Y の中への写像で，ただ1点を値域とする写像とホモトープであるものを**非本質的**という[→ **連続変形**]．非本質的ではない写像を**本質的**という．円周（または n 球面）の中への写像で，値域がその円周全体とならないものは非本質的である．区間（または n 胞体）から円周（または n 球面）の中への写像は非本質的である．円周から円周の中への写像が本質的であるための条件は，その円周の像の回転数が（その中心に関して）0 ではないことである．

■**飛躍** jump
→ 不連続性

■**百分温度目盛** centigrade temperature scale
→ セルシウスの温度目盛

■**百分度** grad
角の百分法における直角の 100 分の1のこと．＝グラード．

■**百分率** percentage
→ パーセンテージ

■**百分率誤差** percent error
→ 誤差

■**非有界関数** unbounded function
有界でない関数．任意の正数 M に対し，絶対値が M より大きい関数値が必ず存在する関数．詳しく述べれば，関数 f が集合 S 上で**非有界**であるとは，任意の数 M に対し，$|f(x_m)|>M$ となるような $x_m \in S$ が存在することである．関数 $1/x$ は区間 $0<x\leq1$ において非有界，$\tan x$ は区間 $0\leq x<\frac{1}{2}\pi$ において非有界である．

■**非ユークリッド幾何学** non-Euclidean geometry
ユークリッドの平行の公準（公理）が，みたされていない幾何学のこと．より一般的には，ユークリッドの公理系にもとづいていない幾何学のことをいう．→ ボリヤイ，ロバチェフスキー

■**ビュッフォン伯爵，ジョルジュ・ルイス・ルクレール** Buffon, Georges Louis Leclerc, Conte de (1707—1788)
フランスの自然科学，確率論学者．

■**ビュッフォンの針の問題** Buffon needle problem
平面全体に距離 d の間隔ごとに（無数の）平行線が引かれているとする．長さ δ ($\delta<d$) の針をこの平面上に投げる．このとき，この針が直線と交わる確率を求める問題のことである．答は $\frac{2\delta}{\pi d}$ となる．この試行を十分多く繰り返せば π の値を近似することができる．

■**表** table
すでに得られた結果を系統的に整理して，まとめて並べたもの．計算や調査する際の労力を軽減し，あるいは，未来の予測の根拠を与えたりする．→ 精度，分割表

■**秒** second
(1) （角度）角度を表す単位の1つで，1分の 1/60，1度の 1/360．ダブルアクセントによって $10''$ などとかき表す．→ 角度の 60 進法
(2) （時間）1分の 1/60．現在の国際単位系では次のように定義されている．地球のジオイド面にある外部場の影響のないセシウム 133 原子の基底状態の2つの超微細構造間の遷移で出る放射の 9192631770 周期の時間．→ 時間の 60 進法，SI 単位系，時（とき）

■**評価** valuation
判定すること，あるいは，値を決めること．

■**表差** tabular differences
1つの関数値をまとめた一覧表において，表の隣りどうしの値の差のこと．**対数表**においては，通常，表中の隣りどうしの仮数の差．**三角関数表**においては，表中の隣りどうしの関数値の差．

■**標準確率変数** canonical random variables
p 個の確率変数からなる集合 S と，q 個の確

率変数からなる集合 T が与えられたとき，**標準確率変数**とは，次の条件をみたす確率変数の集合 $\{X_1, \cdots, X_p\}$ と $\{Y_1, \cdots, Y_q\}$ のことである．同じ集合内のどの要素間の相関も 0 で，X_i は $i \neq j$ であるような Y_j に対して相関は 0，各 X_i は集合 S の元の線形結合の要素であり，各 Y_i も集合 T の元の線型結合の要素であり，各 X_i と Y_i の平均は 0 で，分散は 1 である．$1 \leq i \leq (p$ と q の最小$)$ に対する X_i と Y_i の相関のことを**標準相関**とよぶ．

■**標準化された確率変数** standardized random variable

平均が $\bar{X}$，標準偏差が σ の確率変数 X が与えられたとき，確率変数 $(X-\bar{X})/\sigma$ は平均が 0，標準偏差が 1 となる．確率変数 $(X-\bar{X})/\sigma$ は**標準化された確率変数**とよばれる．**正規化された確率変数**とよばれることもある．

■**標準気圧** standard atmosphere
→ 気圧

■**標準形（行列の）** canonical form of a matrix
→ 行列の標準形

■**標準形（方程式の）** standard form of an equation
→ 方程式の標準形

■**標準形ゲーム** normal form of a game

競技者の人数を n とするとき，各 i ($1 \leq i \leq n$) に対し，第 i 競技者のとりうる行動（**純戦略**とよばれる）の集合 S_i を与え，さらに第 i 競技者の利得関数 M_i (M_i の定義域は，$S_1, \cdots, S_n$ の直積 $S_1 \times \cdots \times S_n$ である）を与えることにより，記述されるゲーム．このゲームは，全競技者が同時に各自の純戦略を選択することにより終わり，そのときの利得関数の値によって，各競技者の利得が定まる．→ 展開形ゲーム

■**標準誤差** standard error

《統計》**不偏推定量**に対する標準偏差．標準偏差の表現に現れる未知のモーメントを標本値から計算されるモーメントの値で置き換えることによって得られる．例えば，$\sum_{1}^{n}\frac{x_i}{n}$ は平均値の推定量であり，その標準偏差は $\sigma/\sqrt{n}$ であるから

標準誤差は，$\bar{x} = \sum_{i=1}^{n}\frac{x_i}{n}$ として $\left[\sum_{i=1}^{n}\frac{(x_i-\bar{X})^2}{n}\right]^{\frac{1}{2}}$ で与えられる．

■**標準座標** normal coordinates

原点 $y^i = 0$ を通る任意の測地線のパラメータ方程式が，弧長パラメータを用いて $y^i = \xi^i s$ と表されるような座標．標準座標は特殊な測地座標である．→ 直交変換

■**標準時** standard time
→ 時（とき）

■**標準相関** canonical correlation
→ 標準確率変数

■**標準値** mark

《統計》それぞれの区間に対する代表的な値．普通はその区間の中央値か，またはそれに最寄りの整数値を用いる．

■**標準表現（空間曲線の）** canonical representation of a space curve

空間曲線の媒介変数として，1 点 P_0 からの弧長をとり，動 3 角面の軸を座標軸としたときの 1 点 P_0 の近傍における曲線表現．その表現の形は次のようになる．

$$x = s - \frac{1}{6}\frac{1}{\rho_0^2}s^3 + \cdots,$$
$$y = \frac{1}{2\rho_0}s^2 + \frac{1}{6}\frac{d}{ds}\left(\frac{1}{\rho}\right)_0 s^3 + \cdots,$$
$$z = -\frac{1}{6}\frac{1}{\rho_0 \tau_0}s^3 + \cdots,$$

ここで，ρ_0, τ_0 はそれぞれ P_0 における曲率半径と捩率半径である．

■**標準偏差** standard deviation

確率変数（またはそれに対応する分布関数）の**分散**の平方根のこと．→ 分散

■**標準無限小・標準無限大** standard (primary) infinitesimal and infinite quantities

無限小，無限大に関して位数が定義される．x が標準無限小であるとき，x^2 は x に関して高位の（2 位の）無限小である．同様に x が大きくなるとき，x^2 は**標準無限大** x に関して高位の（2 位）無限大である．→ 大きさの位数，無限小の位数

■**標数（環および体の）** characteristic of a ring or field
→ 環および体の標数

■**標数（対数の）** characteristic of the logarithm of a number
→ 対数の標数と仮数

■**標本** sample
《統計》母集団の有限部分集合．＝サンプル．
→ 系統的標本，層化確率抽出法，無作為標本

■**標本積率** sample moment
ある実験結果の無作為標本 $\{X_1, X_2, \cdots\}$ に対して，$\sum_{i=1}^{n}(X_i)^k/n$ を k 次の**積率（モーメント）**という．$k=1$ のときは**標本平均** $\sum_{i=1}^{n}X_i/n$ になる．→ 分布のモーメント，無作為標本

■**標本分散** sample variance
→ 分散

■**標本平均** sample mean
→ 標本積率

■**開いた数値句** open phrase
→ 数値句

■**開いた命題** open statement (sentence)
＝命題関数．すなわち，関数値が命題であるような関数．→ 数値文，命題関数

■**ビリオン** billion
米国やフランスでは10億（1,000,000,000）を，英国やドイツでは兆（1,000,000,000,000）を表す数詞．

■**非離散的な位相** indiscrete topology
→ 自明な位相

■**比率にあわせた作図** drawing to scale
すべての距離がもとの距離に対して同一の比率で描かれたコピーをつくること．すべての距離にある定数をかけることによって描かれたコピーをつくること．例えば建築家が家の設計図を描くときは家のフィートの長さをインチで表したり，細菌学者が1/4000の尺度で描いたりする．

■**ヒルベルト，ダヴィド** Hilbert, David (1862-1943)
ドイツの偉大な天才数学者，哲学者．20世紀で最も優れた数学者．代数的不変式論，代数多様体論，数体論，類体論，積分方程式論，関数解析，応用数学において多大な貢献をした．1899年にすべての数学に対する公理系の基盤の確立を提案し，ユークリッド幾何学の完全な公理系を与えた．1900年には，パリ国際数学者会議において23の問題をあげ，今世紀を通し，数学の研究に大きな影響を与え続けている．1895年以降ゲッチンゲン大学の教授として，終生を過ごす．→ ワーリングの問題

■**ヒルベルト空間** Hilbert space
完備な前ヒルベルト空間のこと[→ 内積空間]．例を2つあげる（各例において，係数体として実数体をとったものと，複素数体をとったものの，2通りがあり，それらをまとめて述べてある）．

(1) $\sum_{i=1}^{\infty}|x_i|^2$ が有限であるような実（複素）数列 $(x_1, x_2, \cdots)$ の全体を H とおくと，H はヒルベルト空間になる．ここで，H の元 $x=(x_1, x_2, \cdots)$，$y=(y_1, y_2, \cdots)$ と実（複素）数 a に対し，x と y の和は，$x+y=(x_1+y_1, x_2+y_2, \cdots)$ により定義され，x の a 倍は，$ax=(ax_1, ax_2, \cdots)$ により定義され，また，x と y の**内積**は，$(x, y)=\sum_{i=1}^{\infty}\bar{x}_i y_i$ により定義される．

(2) 区間 $[a, b]$ 上のルベーグ可測な実（複素）数値関数 f で，$|f|^2$ の $[a, b]$ 上の積分が有限であるもの全体を，"ほとんどいたるところ等しい"という同値関係でわって得られる商空間を H とおくと，H はヒルベルト空間になる．ただし，和とスカラー倍は通常のものを考え，内積は，$(f, g)=\int_a^b \overline{f(x)}\,g(x)\,dx$ により定義する（ルベーグ積分のかわりにリーマン積分を考えると，前ヒルベルト空間にはなるが，完備性がみたされなくなる）．

さて，一般論に戻り，$B=\{x_\alpha\}$ を，ヒルベルト空間 H の正規直交集合とする．すると，H の任意の点 x に対し，(x, x_α) が0でない x_α はたかだか可算個しかなく，$\sum(x, x_\alpha)x_\alpha$ が表す点は，和の順序によらずに定まる．極大な正規直交集合を**完全正規直交集合**とよぶが，正規直交

集合 B が完全であるためには，すべての x に対して $x=\sum(x, x_a) x_a$ となることが，必要十分である．任意のヒルベルト空間 H は完全正規直交集合をもち，その濃度は H により定まる．同じ係数体をもつ2つのヒルベルト空間が同型であるためには，同じ濃度の完全正規直交集合をもつことが必要十分である．ヒルベルト空間の間の**同型写像**とは，線型空間としての同型写像であって，かつ，ノルムを保つようなもののことをいう．例えば，上記の例(1)と例(2)は，その完全正規直交集合がどちらも可算無限の濃度をもち，同じ係数体上で考えているのであれば，同型である．したがって，実数体あるいは複素数体上，定まった次元のヒルベルト空間は，本質的にただ1つしか存在しない．→ スペクトル定理，線型作用素

■**ヒルベルト-シュミットの対称核積分方程式論** Hilbert-Schmidt theory of integral equations (with symmetric kernels)

相異なる固有値に対応する固有関数が互いに直交することにもとづく理論で，その骨格はつぎのように述べられる．以下，K は，$a \leq x \leq b$, $a \leq t \leq b$ で定義された，恒等的には0でない，2変数連続関数で，$K(x, t) = K(t, x)$ をみたすものとし，積分方程式

$$\lambda \theta(x) = \int_a^b K(x, t) \theta(t) dt$$

の**固有値**（ここでいう固有値は，積分方程式論で普通固有値とよばれているものとは異なる[→ 固有値]）について考える．

(1) 0でない固有値は少なくとも1つ存在し，固有値はすべて実数で，相異なる固有値に対応する**固有関数**は互いに直交する．0でない各固有値に対し，その固有空間（固有関数がなす空間）は有限次元である．

(2) （以下では，相異なる固有値が無限個あるものとするが，有限個しかない場合も，無限級数を有限級数におきかえれば，同様の結果が成立する．）固有値の全体は0以外には集積点をもたず，したがって，0でない固有値からなる数列 $\{\lambda_n\}$ で，0でない各固有値が，その固有空間の次元回だけ現れるようなものを，つくることができる．また，この数列 $\{\lambda_n\}$ に対し，各 λ_n に対応する固有関数 ϕ_n を，$\{\phi_n\}$ が**正規直交系**をなすように選ぶことができる．

(3) f は区間 $[a, b]$ 上の連続関数で，ある連続関数 g が存在して，

$$f(x) = \int_a^b K(x, t) g(t) dt$$

とかけるようなものとするとき，

$$a_n = \int_a^b f(t) \phi_n(t) dt$$

とおくと，

$$f(x) = \sum_{n=1}^{\infty} a_n \phi_n(x)$$

となる．ここで，右辺の級数は，$[a, b]$ 上で一様絶対収束する（なお，a_n は g を用いれば，

$$a_n = \lambda_n \int_a^b g(t) \phi_n(t) dt$$

とも表される）．

(4) f を連続関数とすると，積分方程式

$$\theta(x) = f(x) + \frac{1}{\lambda} \int_a^b K(x, t) \theta(t) dt \quad (\lambda \neq 0)$$

は，λ が固有値でなければ，ただ1つの連続解をもち，それは，

$$\theta(x) = f(x) + \sum_{n=1}^{\infty} \left(\frac{\lambda_n}{\lambda - \lambda_n} \int_a^b f(t) \phi_n(t) dt \right) \phi_n(x)$$

で与えられる（右辺の級数は一様絶対収束する）．

(5) λ が固有値の場合は，上記の積分方程式が解をもつためには，f が，λ に対応するすべての固有関数と直交することが，必要十分であり，そのとき，任意の解は，上記の級数（から $\lambda_n = \lambda$ であるような n に対応する項を除いたもの）と，λ に対応する固有関数との，和の形に表される．なお，級数 $\sum_{n=1}^{\infty} \lambda_n \phi_n(x) \phi_n(t)$ は，もし $a \leq x \leq b$, $a \leq t \leq b$ において一様収束すれば（K によっては，そうならないこともある），$K(x, t)$ に等しくなる．

■**ヒルベルト平行体** Hilbert parallelotope

ヒルベルト空間の点 $x = (x_1, x_2, \cdots)$ で，各 n に対して $|x_n| \leq \left(\frac{1}{2}\right)^n$ をみたすもの全体の集合．任意のコンパクト距離空間は，ヒルベルト平行体の部分集合と位相同型である．ヒルベルト平行体は，各 n に対して $|x_n| \leq 1/n$ をみたす点 x 全体の集合と位相同型である．この集合をヒルベルト平行体とよぶこともある．これらの集合は，しばしば，**ヒルベルト立方体**ともよばれる．

■**比例** proportion

2個の比が等しいことの表記．両辺が比である等式．4数 a, b, c, d が比例関係にあるという

のは，最初の2数の比と最後の2数の比が等しいことで，$a/b=c/d$ または $a:b=c:d$ と表す（$a:b::c:d$ とかいた時代もあった）．a, d を比例式の**外項**，b, c を**中項**（または内項）という．**連比例**は3個以上の数値からなる列で，となり合う2個の数値の比がすべて等しいものである．これは両端を除くすべての数値がその前後の数値の**相乗平均**になっていること，また数値が**等比数列**をなしていることと同値である．1, 2, 4, 8, 16 は連比例をなし，次のようにかかれる．

$1:2:4:8:16$ または $\dfrac{1}{2}=\dfrac{2}{4}=\dfrac{4}{8}=\dfrac{8}{16}$

4数が比例関係にあれば，その比例式からほかのいくつかの比例式を導くことができる．いま $\dfrac{a}{b}=\dfrac{c}{d}$ とすると，

$$\dfrac{a+b}{b}=\dfrac{c+d}{d}$$

$$\dfrac{a+b}{a-b}=\dfrac{c+d}{c-d} \quad (a\neq b)$$

$$\dfrac{a}{c}=\dfrac{b}{d} \quad (c\neq 0)$$

$$\dfrac{b}{a}=\dfrac{d}{c} \quad (a\neq 0)$$

$$\dfrac{a-b}{b}=\dfrac{c-d}{d}$$

これらの5個の比例式は，それぞれ**加法**，**加法および減法**，**交換**，**反転**，**減法**によってもとの比例式から誘導されるという．→ 正比例，反比例，比の合成，比の合成と分割，比の分割

■**比例因子** factor of proportionality
→ 正比例

■**比例項** proportional
比例式内の1つの項．数 a, b, c に対する**第4比例項**とは，$a/b=c/x$ をみたす数 x のことで，数 a, b に対する**第3比例項**とは $a/b=b/x$ をみたす数 x のことである．2数 a, b 間の**比例中項**とは，$a/x=x/b$ をみたす数 x のことである．例えば $\dfrac{1}{2}=\dfrac{5}{10}$ より，10は1, 2, 5に対する第4比例項である．$\dfrac{1}{2}=\dfrac{2}{4}$ より，4は1, 2に対する第3比例項であり，2は1, 4間の比例中項である．→ 比例

■**比例数集合** proportional sets of numbers
1対1対応のついた数の集合の組で，ともに0でない2数 m, n が存在し，一方の集合のどの数を m 倍しても他方の集合において対応する数の n 倍に等しくなるもの．1, 2, 3, 7 と 4, 8, 12, 28 は比例し，$m=4, n=1$ である．これは対応する数の商がすべて等しくなる，という決め方よりも広い定義である．例えば $\{1, 5, 0, 9, 0\}$ と $\{2, 10, 0, 18, 0\}$ は比例し，$m=2, n=1$ であるが，0で割ることは不可能なので対応する2数で商をもたないものがある．

■**比例性** proportionality
比例する関係にある状態．

■**比例中項** mean proportional, means of proportion
→ 比例項

■**比例抽出法** proportional sample
→ 層化確率抽出法

■**比例定数** constant of proporitonality
→ 正比例

■**比例配分** proportional parts
正数 n の**比例配分**とは，総和が n になる正数の集合で，別の与えられた数の集合と比が等しくなるもののことである．12の1, 2, 3に比例する配分は2, 4, 6である．比例配分は関数を近似する方法として一般的に用いられる．a と b の間の数 x に対する関数 f の値 $f(x)$ を $f(x)-f(a), f(b)-f(x)$ が $x-a, b-x$ と比が等しくなるような数で近似することによって，a, b 間の f のグラフは $(a, f(a)), (b, f(b))$ を結ぶ直線で置き換えられる．［類］比例部分，按分比例．→ 対数表の比例部分，補間法

■**比例量** proportional quantities
比を一定に保ちながら変化する2個の数値．

■**広中平祐** （1931— ）
日本，アメリカにおける代数幾何学者，フィールズ賞受賞者(1970年)．代数的多様体および特異点の解消の研究者．

■**p を法とする因数** factor modulo p
整数係数の多項式 $f(x), d(x)$ に対し，$d(x)$ が，$f(x)$ の，**p を法とする因数**であるとは，合同式 $f(x)\equiv g(x)d(x) \pmod p$ が成立するよ

うな，整数係数の多項式 $g(x)$ が存在することをいう．

■**品質管理**　quality control
　重要な偶然でなくおこる製品の質の変動をみつけるために行われる，産出工程の統計的検定方法．現在ではさらに拡張して，サービス産業をも含めて，業務の生産性向上のための組織的な対応をそうよぶことが多い．

■**ヒンチン，アレクサンドル・ヤコヴレヴィチ**
Khinchine (Khintchine), Aleksandr Iakovlevich (1894—1959)
　ロシアの解析学および確率論の研究者．

■**ヒンチンの定理**　Khinchine's theorem
　$x_1, x_2, \cdots$ を同じ分布関数 $F(x)$ と平均 u をもつ独立な確率変数とする．このとき，確率変数
$$\bar{x} = \sum_{i=1}^{n} \frac{x_i}{n}$$
は $n \to \infty$ のとき u に**確率収束**する．

■**頻度**　frequency
　→ 度数

フ

■**負** negative
→ 正の数

■**ファイ関数** phi function
→ オイラーの φ 関数

■**ファイ係数** phi coefficient
《統計》2×2分割表より求められる係数．ファイ係数 ϕ は
$$\phi=\sqrt{\chi^2/n}$$
で定義される．これは χ^2 分割表の要素より計算される．→ カイ2乗検定，カイ2乗分布

■**ファイト，ワルター** Feit, Walter (1930—)
米国の群論の研究者．

■**ファイト-トンプソンの定理** Feit-Thompson theorem
→ トンプソン

■**ファジー** fuzzy
曖昧さや，不正確さを取り扱う体系的な枠組みを与えることを意図する概念や方法を**ファジー数学**とよぶ．**厳密な集合**（**クリスプ集合**）は，各対象を集合に属するか属さないかをはっきり区分する．しかし多くの対象の集合では，要素か否かは段階的である．例えば背の高い女性，民主的な国，頭のよい生徒，晴天など．**ファジー集合**は，各要素が集合に属する程度を，ファジー集合の要素の割合を表す数を考慮して定義する．その数はたいてい閉区間 $[0,1]$ 内から選ばれる．例えば老人のファジー集合に対して60歳の人は，70% 老人で 30% 若者，すなわちそれに属する割合が0.7とする．ファジー集合を数学的対象として，古典論理学によって取り扱うこともできるが，**ファジー論理学**は真理値自身をもつファジー集合として扱い，推論規則は厳密であるというよりも近似的なものと考える．ファジー推論はファジー集合に対して行われるだけでなく，真理値や推論規則もファジーでありうる．在来の計算機はブール代数の論理を使い，すべての命題は真か偽かであることを要請するが，ファジー論理学では同時に一部正しく，また一部正しくない命題を許す．例えば通常の恒温器（サーモスタット）は温度が規程より低ければスイッチを入れて加熱し，温度が上がればスイッチを切る．"ファジー"な恒温器は温度によって違う水準で動作する．もし温度が規程の上限よりも下限のほうに近ければ，スイッチを入れて，温度が"ほぼ正しい"範囲に入るまで熱する．

■**ファトゥー，ピエール** Fatou, Pierre (1878—1929)
フランスの解析学者．

■**ファトゥーの定理**（**補題**） Fatou's theorem (lemma)
μ を集合 E 上の完全加法的測度とし，$\{f_n\}$ を，広義の実数系に値をとる E 上の可測関数の列とする．このとき，$\liminf f_n$, $\limsup f_n$ は可測であり，かつ，つぎの(1), (2)が成立する．

(1) すべての n に対し $f_n \leqq g$（E の任意の点 x に対して $f_n(x) \leqq g(x)$ が成立するという意味）となる可測関数 g で，$\int_E g d\mu \neq +\infty$ であるものが存在すれば，
$$\limsup \int_E f_n d\mu \leqq \int_E (\limsup f_n) d\mu$$
である．

(2) すべての n に対し $f_n \geqq h$ となる可測関数 h で，$\int_E h d\mu \neq -\infty$ であるものが存在すれば，
$$\int_E (\liminf f_n) d\mu \leqq \liminf \int_E f_n d\mu$$
である．

■**ファルティングス，ゲルト** Faltings, Gerd (1954—)
ドイツの数学者．モーデル予想の証明により，1986年フィールズ賞を受賞した．

■**ファレイ，ジョン** Farey, John (1766—1826)
イギリスの土木技師，数学者．

■**ファレイ数列** Farey sequence
n を自然数とするとき，n **に属するファレイ**

数列とは，$0 \leq p \leq q \leq n$ をみたす既約分数（分母と分子の最大公約数が1であるような分数）p/q を大きさの順にならべて得られる数列のことをいう．例えば，5に属するファレイ数列は
$$\frac{0}{1}, \frac{1}{5}, \frac{1}{4}, \frac{1}{3}, \frac{2}{5}, \frac{1}{2}, \frac{3}{5}, \frac{2}{3}, \frac{3}{4}, \frac{4}{5}, \frac{1}{1}$$
である．a/b, c/d, e/f をファレイ数列における連続する3項とすると，$bc-ad=1$, $c/d=(a+e)/(b+f)$ が成立する．これは，1816年にファレイが証明なしで述べ，のちにコーシーが証明したことであるが，1802年にハロスによってすでに証明されていたことがわかった．

■**ファーレンハイト，ガブリエル・ダニエル** Fahrenheit, Gabriel Daniel（1686―1736）
　物理学者．ポーランドに生まれ，イギリス，オランダで過ごした．華氏温度の提唱者．

■**ファーレンハイトの温度目盛** Fahrenheit temperature scale
　水の氷点を 32°, 沸点を 212° とした温度目盛．→ セルシウスの温度目盛

■**ファン・デア・ヴェルデン，バルテル・レーンデルト** Van der Waerden, Bartel Leendert（1903― ）
　オランダの数学者，数学史家．

■**ファン・デア・ヴェルデンの定理** Van der Waerden theorem
　→ ラムジー理論

■**ファンデルモンド，アレクサンドル・テオフィル** Vandermonde, Alexandre Théophile（1735―1796）
　フランスの代数学者．行列式の理論の，理論的な展開を最初に与えた．

■**ファンデルモンドの行列式** Vandermonde determinant
　以下のような行列式，またはその転置行列式．すなわち，第1行の各要素は1であり，第2行は n 個の不定元 $x_1, x_2, \cdots, x_n$ が並び，$2 \leq i \leq n$ に対する第 i 行の要素が $x_1^{i-1}, x_2^{i-2}, \cdots, x_n^{i-1}$ であるもの．そのような形の行列をファンデルモンド行列という．行列式の値は，$i>k$ である組全体にわたる x_i-x_k の積に等しい．

■**フィッシャー，エルンスト・ジギスムンド** Fischer, Ernst Sigismund（1875―1954）
　代数，解析学者．オーストリアで生まれ，チェコスロバキア，ドイツで暮らした．→ リース-フィッシャーの定理

■**フィッシャー，ロナルド・エイルマー** Fisher, Ronald Aylmer（1890―1962）
　イギリスの統計学者．

■**フィッシャーの z** Fisher's z
　相関係数の変換
$$z(r)=\frac{1}{2}\log_e\frac{1+r}{1-r}=\tanh^{-1}r$$
のこと．ただし，ここでの r は相関係数．無作為な標本が2変量正規母集団から抽出されるとき，z の分布は相関係数 r 自身の分布よりも急速に正規分布に近づく．標本数 n が十分に多いとき，z の**平均**，**分散**はそれぞれ $z(\rho)$（ρ は母集団の相関係数），$1/(n-3)$ に，漸近的に近づくことが知られている．

■**フィッシャーの z 分布** Fisher's z distribution
　→ F 分布

■**フィート** foot [$pl.$ feet]
　長さの単位で，12インチに等しい．0.3048 メートル．→ 付録：単位・名数

■**フィボナッチ，レオナルド** Fibonacci, Leonardo（1175 頃―1250 頃）
　イタリアの数論・代数学者であるレオナルド・ダ・ピザ（Leonardo da Pisa）あるいはレオナルド・ピザノ（Leonardo Pisano）のあだ名．フィボナッチとはボナッチの子供という語の編略形である．フィボナッチは1202年に『そろばんの書』を出版した．この本はヨーロッパでのローマ数字からインド・アラビア数字への転換に，大きく影響した．

■**フィボナッチ数列** Fibonacci sequence
　$1, 1, 2, 3, 5, 8, 13, 21, \cdots$ という数列，つまり，$F_0=F_1=1$ とおき，$n \geq 2$ に対しては $F_n=F_{n-2}+F_{n-1}$ とすることによって得られる数列 $\{F_n\}$ のこと．この数列に現れる数のことを，**フィボナッチ数**という．さて，連分数

$$1+\cfrac{1}{1+\cfrac{1}{1+\cfrac{1}{1+\cfrac{1}{1+\cdots}}}}$$

は収束し，その値は，方程式 $x=1+1/x$ の正の根，つまり $(\sqrt{5}+1)/2$ に等しい．また，この連分数の第 n 近似分数は F_{n+1}/F_n に等しい．このことから，数列 $\frac{1}{1}, \frac{2}{1}, \frac{3}{2}, \frac{5}{3}, \frac{8}{5}, \frac{13}{8}, \cdots$ は $(\sqrt{5}+1)/2$ に収束することがわかる．→黄金分割

■**フィールズ，ジョン・チャールズ** Fields, John Charles (1863―1935)

カナダの解析学者．1924 年にトロントで開かれた国際数学者会議の議長として，会議の終わりに残った資金を，今後の国際会議において，数学で著しい功績をあげた人物への賞与として使うことを提案した．この**フィールズ賞**は受賞者のよりいっそうの発展を奨励することも意図されており，受賞資格者は 40 歳以下という制限がある．この賞は，チューリヒでの会議 (1932) で正式に設立された．以降，各会議での受賞者は次の通り．アールフォルス，ダグラス（オスロ，1936），シュワルツ，セルバーグ（ケンブリッジ，マサチューセッツ，1950），小平邦彦，セール（アムステルダム，1954），ロス，トム（エジンバラ，1958），ヘルマンダー，ミルナー（ストックホルム，1962），アティヤ，コーエン，グロタンディク，スメール（モスクワ，1966），ベーカー，広中平祐，ノヴィコフ，トンプソン（ニース，1970），ボンビエリ，マンフォード（バンクーバー 1974）．クィレン，フェファーマン，マルグリス，ドリーニュ（ヘルシンキ，1978），サーストン，コンヌ，ヤオ（丘成桐），（ワルシャワ，1982；会議は 1983），ファルティングス，ドナルドソン，フリードマン（バークレイ，1986），ウィッテン，ジョーンズ，ドリンフェルト，森重文（京都，1990）．

■**フィルター** filter

集合 X の部分集合からなる集合 F がつぎの 4 条件をみたすとき，F のことを，X の**フィルター**という．F 自身空でない．空集合は F に属さない．F に属する任意の 2 つの集合に対し，それらの共通部分は F に属する．X の部分集合で，F に属するある集合を含むようなものは，すべて F に属する．X のフィルター F が**超フィルター**（または**極大フィルター**）であるとは，F を真に含むような X のフィルターが存在しないことをいう．この定義から，F が X の超フィルターのとき，X の任意の部分集合 A に対し，A または A の補集合が F に属することがわかる．ツォルンの補題から，F が X の部分集合のフィルターならば，F を含む極大フィルターが存在する．**自由極大フィルター**とは，A の補集合が有限集合なら A を含むような極大フィルターである．X が位相空間のとき，フィルター F が X の点 x に**収束する**とは，x の近傍がすべて F に属することをいう．→非標準数

■**フィルターの基底** filter base

集合 X の空でない部分集合の族 F であり，F の任意の 2 要素の共通分（空でない）が，F の第 3 の要素を含むという性質をもつものである．もしも F がフィルターの基底なら，X の部分集合で F のある要素を含むものの全体 F^* はフィルターをなす．

■**フェエール，レオポルド** Fejér, Leopold (1880―1959)

ハンガリーの数学者．複素変数の理論や級数の総和可能性の研究者．

■**フェエール核** Fejér kernel

ディリクレ核を $D_n(t)$ とするとき，関数

$$K_n(t) = \frac{1}{n+1} \sum_{k=0}^{n} D_k(t)$$

である．$e^{it}=1$ のときには値は $2n+1$ であり，一般に

$$K_n(t) = \frac{1}{n+1} \frac{1-\cos(n+1)t}{1-\cos t}$$

である．s_n を f の複素型フーリエ級数の部分和とし，$\sigma_n = \sum_{k=0}^{n} s_k/(n+1)$ とすると

$$\sigma_n(x) = \frac{1}{2\pi} \int_{-\pi}^{\pi} f(x-t) K_n(t) dt$$

である．→チェザロの総和公式，ディリクレ核，フェエールの定理

■**フェエールの定理** Fejér's theorem

f を，周期 2π の（$f(x+2\pi)=f(x)$ が任意の実数 x に対して成立するような）実変数関数とする．**フェエールの定理**というのは，つぎの 2 つの定理のことである．

(1) $\int_{-\pi}^{\pi} f(x) dx$ が存在すると仮定し，この積分が広義積分の場合には，さらに，$\int_{-\pi}^{\pi} |f(x)| dx$ の存在も仮定する．すると，f の**フーリエ級数**

は，左右からの極限値 $f(x-0)$, $f(x+0)$ がともに存在するような任意の点 x において $(\mathbf{C},\mathbf{1})$ 総和可能であり，かつ，その和は，$\frac{1}{2}(f(x+0)+f(x-0))$ に等しくなる．

(2) さらに，f がある区間 (a,b) 上で連続であるとすると，$a<\alpha<\beta<b$ であるような任意の α, β に対し，f のフーリエ級数は区間 (α, β) 上で**一様に** $(\mathbf{C},\mathbf{1})$ 総和可能である．この2つの定理は1904年フェエールにより発表された．→ チェザロの総和公式

■**フェファーマン，チャールズ** Fefferman, Charles, (1949—)

米国の数学者．ハーディ空間 H^1 の双対の発見と偏微分方程式，調和解析，多複素変数解析関数などの研究により，1978年フィールズ賞を受賞した．

■**フェラリ，ルドヴィコ** Ferrari (Ferraro), Ludovico (1522—1565)

イタリアの数学者．1変数の一般4次方程式の解法を初めて求めた．

■**フェラリの解法（4次方程式の）** Ferrari's solution of the quartic

4次方程式 $x^4+px^3+qx^2+rx+s=0$ の根を，次の2つの2次方程式，
$$x^2+\frac{1}{2}px+k=\pm(ax+b)$$
の根でもあるように変形する，4次方程式の代数的解法のこと．ただし，ここで，
$$a=\left(2k+\frac{1}{4}p^2-q\right)^{1/2}, \quad b=\frac{kp-r}{2a}$$
であり，k は，3次方程式（分解方程式）
$$k^3-\frac{1}{2}qk^2+\frac{1}{4}(pr-4s)k+\frac{1}{8}(4qs-p^2s-r^2)=0$$
から得られる解である．

■**フェルマー，ピエール・ド** Fermat, Pierre de (1601—1665)

フランスの多才なアマチュア数学者（本職は判事）．整数論の研究でその名を不朽にした．また，ニュートン，ライプニッツの現れる以前から微分学の発想を用いた．パスカルとともに確率論を創始したと考えられている．また，解析幾何学の発案者としてデカルトとともに名を連ねた，初期の近代数学者の1人である．

■**フェルマー数** Fermat numbers
$$F_n=2^{2^n}+1 \quad (n=0,1,2,3\cdots)$$
という形の数．フェルマーは，これらの数はすべて素数であろうと予想していたようだが，実際には，F_5 は素数ではない．
$$F_5=(641)(6700417)=4294967297$$
さらに $5\leq n\leq 16$ に対して，F_n はすべて素数でない．$n>16$ についても少なくとも97個の n （例えば 18, 23, 36, 38, 39, 55）について F_n は素数でないし，$n>4$ で F_n が素数であることがわかった数は存在しない．F_n が完全に素因子分解されている最大の n は13である．F_9 は7桁，49桁，99桁の3個の素数の積である．なお，素数 p に対し，正 p 角形が定規とコンパスだけで作図できるためには，p がフェルマー数であることが必要十分であることが知られている．→ メルセンヌ数

■**フェルマーの原理** Fermat's principle

同一の端点をもつ経路の中で，どの経路よりも実際の光線の経路の所要時間が短いという原理．この原理は，ヨハン・ベルヌイによって最短降下線の問題の解法で用いられた．→ 最短降下線

■**フェルマーの最終定理** Fermat's last theorem

フェルマーはディオファントスの本『数論』を愛読し，多くの注を記入した．その中の一つに以下のものがある．"…2次より高次の累乗について，2個の同じ累乗数の和が同じ累乗数になることは不可能である．私はこの命題に，真に驚嘆すべき証明を発見したが，それを記入するには，この余白は狭すぎる"．$n>2$ のとき $x^n+y^n=z^n$ に対して正の整数 x,y,z の解が存在しないという予想を，**フェルマーの最終定理**という．もっともこの"定理"はまだ証明されていないのだが，現在 $n>2$ で $x^n+y^n=z^n$ の解は，$n>1000000$ でない限り存在しないことがわかっている．もし $p>1000000$ である素数 p が x を整除すれば $x^p>(1000000)^{1000000}$ である．もし x,y,z のどれも n と公約数をもたなければ，$n>7.568\times 10^{17}$ でない限り解は存在せず，x,y,z の最小数は $\frac{111}{77}n(2n^2+1)^n$ より大きくなければならない．$x^2+y^2=1$ は無限に多くの有理数解をもつが，$n>2$ のいかなる n に対し

■**フェルマーの定理**　Fermat's theorem
　p を素数とし，a を，p と互いに素な，つまり，p でわり切れない，正の整数とする．このとき a^{p-1} を p でわると余りは 1 になるというのが，**フェルマーの定理**である．式でかくと，$a^{p-1} \equiv 1 \pmod{p}$ ということになる．例えば，$p=5$，$a=2$ のときは，$2^4 \equiv 1 \pmod 5$ である．→ 合同式

■**フェルマー螺線**　Fermat's spiral
　→ 放物螺線

■**フェロ，スキピオネ・デル**　Ferro, Scipione del (1465 頃—1526)
　イタリアの数学者．m と n が正数のときの $x^3+mx=n$ の解を秘かに発見していた．→ カルダノの解法（3 次方程式の），タルタリア

■**フォス，アウレル・エドムント**　Voss, Aurel Edmund (1845—1931)
　ドイツの微分幾何学者．

■**フォスの曲面**　surface of Voss
　共役な測地線系をもつ曲面．

■**フォンタナ，ニッコロ**　Fontana, Niccolo
　＝タルタリア．→ タルタリア

■**フォン・ノイマン，ジョン**　von Neumann, John (1903—1957)
　ハンガリーのブダペストで生まれ，ベルリン，ハンブルグで学び，その後，米国へ渡った．純粋・応用数学者，経済学者．20 世紀において最も多才な数学者の 1 人であり，多方面に，革新的役割を果たした．ゲームの理論を創始し，数理経済学，量子論，エルゴード理論，ヒルベルト空間における作用素の理論，計算機の理論および設計，線型計画法，連続群論，論理学，確率論に重要な貢献をした．

■**フォン・ノイマン環**　von Neumann algebra
　複素ヒルベルト空間上の有界線型作用素のなす環の部分集合 A が ＊**環**とは，A が多元環であり，その各要素の随伴作用素を含むことである．フォン・ノイマン代数とは，＊環であって，恒等作用素を含み，強作用素位相について閉じているものである．＝作用素環，フォン・ノイマン代数．→ 線型作用素，体上の多元環

■**不確定**　ambiguous
　ただ 1 通りには決定できない．＝あいまい．

■**不還元の場合**　irreducible case
　→ カルダノの解法

■**不完全ガンマ関数**　imcomplete gamma function
　→ ガンマ関数

■**不完全帰納法**　imcomplete induction
　→ 数学的帰納法

■**不完全ベータ関数**　imcomplete beta function
　→ ベータ関数

■**負曲率曲面**　surface of negative curvature
　そのすべての点における全曲率が負である曲面．負曲率曲面では，その各点の近傍のある部分は接平面の一方の側に，そして他の部分は他方の側にある．例えば，輪環面の内側の面，1 葉双曲面など．

■**伏角**　angle of depression
　観測者の目の位置を含み地面に平行な面と，観測者の目と，その目の位置より下方に位置する物体とを結んでできる斜線とがなす角．

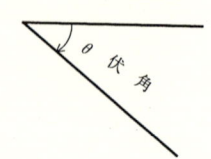

■**複合仮設**　composite hypothesis
　《統計》**単純**でない仮設．例えば，"X は平均値 0 の正規分布に従う"という仮設は，分散が与えられなければ分布が決定しないから，**複合仮設**である．

■**複合事象**　compound event
　S_1 と S_2 を 2 つの試行の標本空間とし，E_1 と E_2 をそれぞれ S_1 と S_2 に含まれる事象とする．このとき，直積 $E_1 \times E_2$ を**複合事象**という．例え

ば，"1つの硬貨を2回投げて，2回とも表である"という事象は，標本空間 S_1 と S_2 が，それぞれ {表，裏}（1枚の硬貨を投げるときにおこる結果である表と裏の集合）である S_1 と S_2 に関する複合事象である．

■**複合数** compound number

5フィート7インチや6ポンド3オンスのように2つ以上の単位（多くは単位の比が10進でない）のついた数．昔は諸等数といった．

■**複合体のポテンシャルの集中法** concentration method for the potential of a complex

この手法は複合体内部の点Oを選び，Oに伴う量，すなわち，r（Oから場の点までの距離），l_i（Oから電荷 e_i までの距離），θ_i（r と l_i の間の角度）を用いて r_i を表すというものである．したがって，余弦定理と2項定理により，
$$r_i^{-1}=(r^2+l_i^2-2rl_i\cos\theta_i)^{-1/2}=1/r+$$
$$(l_i\cos\theta_i)/r^2+l_i(3\cos^2\theta_i-1)/(2r^3)+\cdots$$
となる．λ_i をOから e_i へのベクトル，ρ_1 をOから場の点への方向を指す単位ベクトル，μ_i をベクトル $e_i\lambda_i$ とすると，$\mu_i\cdot\rho_1=e_il_i\cos\theta_i$ であるから，$\sum e_il_i\cos\theta_i=\sum\mu_i\cdot\rho_1=\mu\cdot\rho_1$ となる．ただし，$\mu=\sum\mu_i$ である．このベクトル μ をその複合体の偏極という．前述の r_i^{-1} の方程式に e_i をかけ，i について和をとり，総電荷 $\sum e_i$ を e とおくと，そのポテンシャルは $e/r+(\mu\cdot\rho_1)/r^2+$（高次の項）の形をしていることがわかる．複合体が大きさが等しく等号の反対の2つの電荷だけからなるとき，負電荷を e_1 とすると，
$$\mu_1+\mu_2=e_2(-\lambda_1+\lambda_2)=\mu$$
となる．ここで，$-\lambda_1+\lambda_2$ は負電荷 e_1 から正電荷 e_2 へのベクトルである．したがって，この特殊な複合体（ある意味で磁石の電気的な類似物である）の偏極は負電荷から正電荷への方向をもち，その大きさ m が正電荷に両電荷間の距離をかけたものと等しいベクトルである．**2重極子または双極子**とは μ を一定にしたままで，e_2 ($=-e_1$)を無限に近づけ，l_1 と l_2 を0に近づけたと仮定して得られた極限に相当する抽象的対象である．この極限操作により，r_i^{-1} の表現の中の高次の項を無視できるようになる．したがって，双極子のポテンシャルは $(\mu\cdot\rho_1)r^{-2}$，すなわち $(m\cos\theta)r^{-2}$ の単項式で表される．ただし，θ は ρ_1 と μ の間の角度である．より一般的な電荷の複合体の話に戻ると，そのポテンシャルは $1/r$ の3次以上の項を無視すれば，大きさ

e の単電荷とモーメント μ の双極子を，ともにOに配置して得られるものである．

■**複合体のポテンシャルの掃散法**
spreading method for the potential of a complex

複合体を1点に置かれた仮想的な複数の粒子で置き換えるかわりに，掃散法では点電荷の集合を密度関数 $\rho(x,y,z)$，もしくは電荷密度と偏極密度によって特徴づけられる電荷の連続分布で置き換える．電荷と偏極の両方が掃散されていると，電荷のみを分布させたときよりも簡単な関数で，与えられた次数の近似を得ることができる．そのポテンシャルは，電荷のみを掃散した場合は $\int\dfrac{\rho}{r}dV$ で，そうでない場合は
$$\int\dfrac{\rho}{r}dV+\int\dfrac{m\cos\theta}{r^2}dV$$
で与えられる．ここで，m は単位体積あたりの偏極の絶対値である．偏極が曲面上に集中していると見なせるならば，最後の積分は面積分
$$\int m\cos\theta r^{-2}dS$$
で置き換え，m を単位面積あたりの偏極の大きさとすべきである．

■**複数電荷の静電ポテンシャル** electrostatic potential of a complex of charge

これはスカラー点関数 $\sum e_i/r_i (=e_1/r_1+e_2/r_2+\cdots+e_n/r_n)$ で与えられる．$r_1, r_2, \cdots, r_n$ は電荷 $e_1, e_2, \cdots, e_n$ から空間の点への距離であり，その点は帯電しないと仮定する．この場合のポテンシャルは，電荷の存在する点以外のすべての点で定義された点関数である．直交座標において，x, y, z と x_i, y_i, z_i を点と i 番目の電荷の座標とするならば，
$$e_i/r_i=e_i[(x-x_i)^2+(y-y_i)^2+(z-z_i)^2]^{-1/2}$$
である．点Pにおけるポテンシャルは，正の単位電荷をPから無限遠点に運ぶとき場によってなされる仕事，または単位の電荷を無限遠点より点Pまで運ぶとき，場に対してなされる仕事に等しい．この仕事は，τ を積分経路とする曲線に対する単位接線ベクトル，s を弧長とするとき，電界強度 E の接線成分の線積分 $\int_P^\infty E\cdot\tau ds$ によって与えられる[→クーロン，クーロンの法則，力の場，電界強度]．この線積分は積分経路にはよらない．電荷の置かれた点を固定し，場の点を変数として考えるとき，このポテンシ

ャル関数の**勾配**の負は，**電界強度**に等しい．このポテンシャル関数は点 P において，ラプラスの偏微分方程式をみたし，そして十分大きい r に対して位数は $1/r$ である．

■**複素解析関数の解析接続** analytic continuation of an analytic function of a complex variable
→ 解析接続

■**複素関数の積分** integral of a function of a complex variable
→ 線積分

■**複素関数の微分** derivative of a function of a complex variable

複素数値関数 f が複素数 z_0 の近傍を定義域に含むとき，f が z_0 で微分可能であるとは，
$$\lim_{z \to z_0} \frac{f(z)-f(z_0)}{z-z_0}$$
が存在することをいう．この極限値が z_0 における f の**微分**であり，
$$f'(z)|_{z=z_0},\ f'(z_0),\ \frac{df}{dz}\bigg|_{z=z_0}$$
などで表す．→ 解析関数

■**複素共役（行列の）** complex conjugate of a matrix
→ 行列の複素共役

■**複素座標** complex coordinates
(1) 複素数の座標．
(2) 平面上で複素数を表すために用いられる座標 [→ 複素数]．

■**複素数** complex number

a, b を実数，$i^2 = -1$ とするとき，$a+bi$ の形でかける実数および**虚数**．（複素数は普通の意味での虚な概念ではないが）$b \neq 0$ である複素数は虚数とよばれ，$a=0, b \neq 0$ のときは**純虚数**とよ

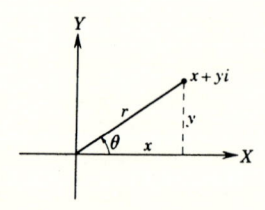

ばれる．2 つの複素数はそれがまったく同一のとき**等しい**と定義される．すなわち $a+bi=c+di$ は $a=c$ かつ $b=d$ を意味する．複素数 $x+yi$ は，x, y を成分にもつベクトル，すなわち点 (x, y) として表される（図参照）[→ アルガン図表]．よって 2 つの複素数が等しいのは，それらを表すベクトルが等しいとき，すなわちそれらを表す点が一致するとき，かつそのときに限る．先の図で $x=r\cos\theta, y=r\sin\theta$ であるから
$$x+yi = r(\cos\theta+i\sin\theta)$$
となるが，この右辺を $x+yi$ の**極形式**とよぶ [→ 複素数の極形式]．**複素数の和**は，その実数部分と i の係数部分のそれぞれの和をとることで得られる．例えば，$(2-3i)+(1+5i)=3+2i$．幾何学的には，これは対応するベクトルの和をとることと同じである．図で
$$OP_1+OP_2 = OP_3 \quad (OP_2 = P_1P_3)$$

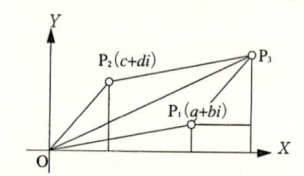

複素数の積は，複素数を特別な性質 $i^2=-1$ をもった i に関する多項式とみなすことで得られる．よって
$$(a+bi)(c+di) = ac+(ad+bc)i+bdi^2$$
$$= ac-bd+(ad+bc)i$$
2 つの複素数が $r_1(\cos A+i\sin A), r_2(\cos B+i\sin B)$ という形で表されているとすれば，その積は $r_1r_2[\cos(A+B)+i\sin(A+B)]$ となる．すなわち，2 つの複素数の積は，その絶対値の積をとり，偏角の和をとることで得られる [→ ド・モアブルの定理]．同様に 2 つの**複素数の商**の絶対値は，被除数の絶対値を除数の絶対値でわった商，その偏角は被除数の偏角から除数の偏角をひいた角となる．すなわち
$$r_1(\cos\theta_1+i\sin\theta_1) \div r_2(\cos\theta_2+i\sin\theta_2)$$
$$= \frac{r_1}{r_2}[\cos(\theta_1-\theta_2)+i\sin(\theta_1-\theta_2)]$$
極形式でかかれていない複素数の商は，被除数および除数に除数の共役複素数をかけることにより計算される．例えば
$$\frac{2+i}{1+i} = \frac{(2+i)(1-i)}{(1+i)(1-i)} = \frac{3-i}{2}$$
専門的には，複素数の系は実数の順序対 (a, b) の全体であって，2 つの対はそれが同等なとき，

またそのときに限り等しいとしたものとされる. $[(a, b)=(c, d) \Leftrightarrow a=c, b=d]$. この系での加法, 乗法は次のように定義される.
$$(a, b)+(c, d)=(a+c, b+d)$$
$$(a, b)(c, d)=(ac-bd, ad+bc)$$
この系は, 例えば加法, 乗法に関する結合則および交換則などの基本的代数則のほとんどをみたしている. この系は体であるが順序体ではない. 定義からの注目すべき帰結として
$$(0, 1)(0, 1)=(-1, 0)$$
$$(0, -1)(0, -1)=(-1, 0)$$
となる. これは $(-1, 0)$ すなわち -1 が 2 つの平方根 $(0, 1)$ および $(0, -1)$ をもつことを意味している. → 代数学の基本定理

■**複素数球面** complex sphere
立体射影により複素数平面を表現する単位球. 複素数平面は通常, 射影の極に関する赤道面であるか, あるいは射影の極の対点で球に接する平面である.

■**複素数の極形式** polar form of a complex number
極座標を用いた複素数の表現. その複素数が表している点の極座標が (r, θ) のとき, この表現は $r(\cos\theta+i\sin\theta)$ となる. この r を**絶対値**といい, 角度 θ を**偏角**という. **位相角**などともよばれる. =複素数の三角形式. → オイラーの公式, ド・モアブルの定理, 複素数

■**複素数の三角形式** trigonometric form of a complex number
→ 複素数の極形式

■**複素数の虚部** imaginary part of a complex number
複素数を $z=x+iy (x, y$ は実数) とするとき, y を z の虚部といい, $I(z), \mathrm{Im}(z)$, または $\mathfrak{J}(z)$ で表す.

■**複素数の実部** real part of a complex number
要素 i を含まない項のこと. 複素数 $z=x+iy$ (ただし, x と y は実数) の**実部**は x で, $R(z)$, $\mathrm{Re}(z)$ もしくは $\mathfrak{R}(z)$ で表される.

■**複素数の絶対値** absolute value of a complex number, modulus of a complex number
複素数をベクトルとみたときのその長さ [→ 複素数]. 複素数 $a+bi$ の絶対値は $\sqrt{a^2+b^2}$ であり, $|a+bi|$ とかく. $r(\cos\beta+i\sin\beta)$, $r\geq 0$ の形の数の絶対値は r である. $4+3i$ の絶対値は 5, $1+i=\sqrt{2}\left(\cos\dfrac{\pi}{4}+i\sin\dfrac{\pi}{4}\right)$ の絶対値は $\sqrt{2}$. 絶対値の重要な性質は, z と w を任意の複素数とするとき, $|zw|=|z||w|$ および $|z+w|\leq|z|+|w|$. → 絶対値 (実数の)

■**複素数の対数** logarithm of a complex number
$z=e^w$ のとき数 w を底 e に対する z の**対数**という. z の偏角を θ, 絶対値を r とし,
$$z=x+iy=r(\cos\theta+i\sin\theta)=re^{i\theta}$$
と書くとき, $\log(x+iy)=i\theta+\log r$ である. すなわち, $\log z=\log|z|+i\arg z$ が成り立つ [→ 複素数の極形式, オイラーの公式]. 複素数の偏角は多価関数であるから, その対数も多変数関数である. $e^{i\pi}=\cos\pi+i\sin\pi=-1$ であるから $\log(-1)=i\pi$ (主値) となる. 任意の数 $-n$ に対して $\log(-n)=i\pi+\log n$ が成り立つ. これによって, **負数の対数**が定義される. さらに一般に, k を任意の整数とするとき, $\log(-n)=(2k+1)\pi i+\log n$ が成り立つ. $\log_e z$ が与えられたとき, 任意の底に対する z の対数を求めることができる. → 複素変数の対数関数, 対数

■**複素数の直交形式** rectangular form of a complex number
複素数を $x+yi$ と表す形式のこと. $r(\cos\theta+i\sin\theta)$ と表す**極形式**または**三角形式**に対して用いられる.

■**複素数の偏角** amplitude of a complex number, argument of a complex number
→ 複素数の極形式, 偏角 (複素数の)

■**複素数平面** complex plane
(1) その上の点が複素数を表す平面.
(2) (1)の(複素数の)平面に対し, 無限遠に 1 点を付け加えたもの. 無限遠点の近傍は, 0 を中心とする円の外側と定義する. この意味の複素数平面は位相的に (そして等角的に) 球面と同型である. [類] ガウス平面. → 立体射影 (球面の平面上の)

■複素数領域　complex domain
すべての複素数の集合．＝複素数体．→ 体

■複素整数　complex integer
→ ガウスの整数

■複素積分　complex integration
→ 線積分(2)

■複素測度　complex measure
→ 集合の測度

■複素変数の周期関数　periodic function of a complex variable
領域 D で解析的な関数 f が定数値関数ではなく，ある複素数 $\omega \neq 0$ が存在して，z が D に属すならば $z+\omega$ も D に属し，$f(z+\omega) \equiv f(z)$ となるとき，f は D で**周期的**であるという．その複素数 ω が f の**周期**である．$|\alpha|<1$ である実数 α に対して，$\alpha\omega$ の形の周期が存在しないとき，ω を f の**原始周期**または**基本周期**という．原始周期 ω をもつ複素変数 z の関数 f が $\pm\omega$，$\pm 2\omega$，…以外の周期をもたないとき，f を**単一周期関数**という．複素変数の **2 重周期関数**は，単一周期的でない複素変数の周期関数である．周期関数が単一周期的でなければ，2 つの原始周期 ω，ω' が存在して，すべての周期は $n\omega + n'\omega'$ の形をしていることが示される．ただし，n と n' は同時に 0 ではないとする．これが**ヤコビの定理**である．→ 楕円関数

■複素変数の対数関数　logarithmic function of a complex variable
関数 $\log z$ は，指数関数の逆関数として定義される．すなわち $z = e^w$ のとき $w = \log z$．積分
$$\log z = \int_1^z \frac{d\zeta}{\zeta}$$
によっても定義できる．ただし，積分路は分岐点 $z=0$ を通らないものとする．また関数要素
$$f(z) = (z-1) - \frac{1}{2}(z-1)^2 + \cdots + \frac{(-1)^{n-1}}{n}(z-1)^n + \cdots$$
とその解析接続によっても定義できる．対数関数は無限多価である．その主分枝を $\mathrm{Log}\, z$ とかくとき，そのすべての値は $\log z = \mathrm{Log}\, z + 2k\pi i$（$k=0,\pm 1,\pm 2,\cdots$）により与えられる．関数 $\log z$ の**主分枝**は複素変数 $z = x+iy$ の 1 価正則関数で，z 平面に負の実軸に沿って切り込みを入れたものの上で定義され，正の実軸上で実関数 $\log x$ と一致する．

■複体　complex
(1) 複体という語は単に集合を意味することがある．
(2) → 単体的複体

■副対角線　secondary diagonal of a determinant
→ 行列式

■複比　anharmonic ratio, cross ratio
A, B, C, D が同一直線上の 4 点のとき，複比 (AB, CD) は C が AB を分ける割合を，D が AB を分ける割合でわった商で定義される．4 点の横座標（または縦座標）が x_1, x_2, x_3, x_4 のとき，複比は
$$\frac{(x_3-x_1)(x_4-x_2)}{(x_3-x_2)(x_4-x_1)}$$
である．4 点のどの順序づけも調和比 [→ 調和比] を与えないならば，複比は並べ方によって一般に 6 つの異なる値をとる．L_1, L_2, L_3, L_4 が **1 点で交わる 4 本の直線**で，傾きがそれぞれ m_1, m_2, m_3, m_4 のとき，この 4 本の直線の複比は
$$\frac{(m_3-m_1)(m_4-m_2)}{(m_3-m_2)(m_4-m_1)}$$
である．

■複葉双曲線　hyperboloid of two sheets
→ 2 葉双曲面

■符号　signature
数，2 次形式，エルミート形式，行列などの正負を表す符号．→ 2 次形式の指標

■符号関数　signum function
$x>0$ のとき 1，$x<0$ のとき -1，$x=0$ のとき 0 の値をそれぞれとる関数．符号関数は $\mathrm{sgn}\, x$ または $\mathrm{sg}\, x$ と表される．

■符号つき数　signed numbers
正の数および負の数．

■符号つき測度　signed measure
→ 集合の測度

■**符号の継続**　continuation of sign in a polynomial
　継続する項の前につく同一の代数的符号の繰り返し.

■**符号変化**（順序づけられた数の集合の）　variation of sign in an ordered set of numbers
　隣り合った2つの数の符号変化. 例えば, 数列 $\{1, 2, -3, 4, -5\}$ は3つの符号変化をもつ.

■**符号法則**　law of signs
　加法や**減法**において, ひき続く（正, 負の）符号が同じならば正の符号に, ひき続く符号が異なれば負の符号にそれぞれおき換えることができる.
$$2-(-1)=3$$
$$2-(+1)=2-1=1$$
$$2+(-1)=1$$
例えば, $2-(-1)$ は $2+(-1)(-1)$ とみなすことができるから, これは**乗法**, **除法**の性質の特別な場合と考えられる. すなわち2つの同符号の数の積, 2つの異符号の数の積はそれぞれ正の数, 負の数になる.
$$(-4)(-2)=8$$
$$\frac{-4}{2}=\frac{4}{-2}=-2$$
→ 実数の積, 実数の和

■**フーコーの振子**　Foucault's pendulum
　《力学》非常に長い鉄線と重いおもりからなる振子で, 地球が自転していることを示すために設計されたもの. それは地球に対して同一の平面の中にとどまっていないように支えられている.

■**節線**（ふしせん）　nodal line
　ある立体的配列（または形状）において, それが回転あるいは一定の仕方で変形する間, 不動である直線. また弾性板が振動しているとき, 不動点のなす直線. 接線と区別するため "ふしせん" と読むことが多い. → オイラーの角

■**節点**（ふしてん）　node
　(1)《天文》春分点・秋分点あるいは昇交点・降交点. → 黄道
　(2)《グラフ理論》点. → グラフ理論
　(3) 区間の分点.
　(4) → 結節点.
　なお正しい音は "せってん" だが, 接点と区別するために, "ふしてん" とよむことが多い.

■**不尽根数**　surd
　加数が無理数である累乗根を複数個加えた数. 無理数と同義に使われることもある. 1つの項だけの不尽根数は, 根号の指数が $2, 3, \cdots$ に応じて, **平方根**, **立方根**, … という. 有理数の因数や項を含まないとき（例えば $\sqrt{3}$, $\sqrt{2}+\sqrt{3}$）は**整不尽根数**といい, 有理数の因数か項を含むとき（例えば $2\sqrt{3}$, $5+\sqrt{2}$）は**混不尽根数**という. 各項が不尽根数のとき（例えば $3\sqrt{2}+\sqrt{5}$）は**純不尽根数**という. 2つの項の少なくとも1つが不尽根数であるような数（例えば $2+\sqrt{3}$, $\sqrt[3]{2}-\sqrt{3}$）は2項不尽根数という. $a\sqrt{b}+c\sqrt{d}$ と $a\sqrt{b}-c\sqrt{d}$ （a, b, c, d は有理数で, $\sqrt{b}, \sqrt{d}$ は少なくとも一方が有理数ではない）は**互いに共役な2項不尽根数**という. 互いに共役な2項不尽根数の積は有理数となる. 例えば, $(a+\sqrt{b})(a-\sqrt{b})=a^2-b$. 3項よりなる数で, その3項のうち少なくとも2項が, 1つの項だけの不尽根数として表すことができないような不尽根数となっている数（例えば $2+\sqrt{2}+\sqrt{3}$, $3+\sqrt{5}+\sqrt[3]{2}$）を**3項不尽根数**という.

■**不推移的**　nontransitive
　→ 推移的関係

■**負数の対数**　logarithm of a negative number
　→ 複素数の対数

■**不足数**　defective number, deficient number
　＝ 輸数. → 完全数

■**不足方程式**　defective equation
　ある方程式のもっている解より少ない解しかもっていない方程式のこと. 例えば, 方程式の両辺を, 変数を含んだ関数で割れば, 解の一部は失なわれる. $x^2+x=0$ の両辺を x で割れば, $x+1=0$ となるが, これは不足方程式である. なぜならば, 解0が失なわれるからである.

■**不対称**　nonsymmetric
　→ 対称関係

■2枝の3次曲線　bipartite cubic

方程式 $y^2=x(x-a)(x-b)$ $(0<a<b)$ の軌跡．曲線は x 軸に対して対称で，原点と点 $(a,0)$，$(b,0)$ で x 軸と交わる．この曲線は完全に2つに分かれた分枝をもつので2枝曲線とよばれる．

■双子素数　twin primes

差が2である素数の対．例えば $(3,5)$，$(5,7)$，$(17,19)$．双子素数が無限に多いかは（そうと予想されているが），証明されていない．

■2つの複素数の相等　equality of two complex numbers

2つの複素数が相等しいのはそれらの実数部と虚数部とがそれぞれ等しい場合，すなわち $a+bi=c+di$ となるのは，$a=c$，$b=d$ の場合のみである．またそれらの絶対値が等しく，それらの偏角が 2π の整数倍だけ違う場合といってもよい．

■ブーダン・ド・ボア・ローラン，フェルディナンド・フランソア・デジレ　Budan de Bois Laurent, Ferdinand François Désiré (1800—1853)

フランスの医者であり，アマチュア数学者．

■ブーダンの定理　Budan's theorem

a と b $(a<b)$ の間にある $f(x)=0$ (ただし $f(x)$ は次数 n の多項式) の実根の個数は，$V(a)-V(b)$ またはそれよりも偶数個だけ少ない．ここに，記号 $V(a)$，$V(b)$ でそれぞれ $x=a$，$x=b$ としたときの数列
$$f(x), f'(x), f''(x), \cdots, f^{(n)}(x),$$
の符号変化の個数を表すものとする（この数列において0である項は数えず，m 重根は m 個の根として数える）．例えば，0と1の間で $x^3-5x+1=0$ の根の個数をみつけるために，関数列 x^3-5x+1, $3x^2-5$, $6x$, 6 をつくり，x に0と1をそれぞれ代入すると，1, -5, 0, 6 および，-3, -2, 6, 6 を得るので，$V(0)=2$, $V(1)=1$ である．よって，$V(0)-V(1)=2-1$ となり，0と1の間にちょうど1個の実数根が存在する．同様にして，2と3の間および -3 と -2 の間に他の根が存在することがわかる．

■付値（体の）　valuation of a field
→ 体の付値

■フック，ロバート　Hooke, Robert (1635—1703)

イギリスの物理学，化学，数学者．

■フックの法則　Hooke's law

ロバート・フックによって1678年に発表された応力とひずみの比例関係の法則．簡単には，弾性限界内での物質の張力による伸びは，その張力に比例するというもの．伸びを e とし引張り応力を T とすると，$T=Ee$ の関係で表される．ここで E は材料の性質に依存する定数であり，弾性率という．この法則は，力とそれによる変形があまり大きくないとき，多くの物質で成立していることがわかっている．→ 一般化されたフックの法則，ヤング率

■ブッシュ・ヴァネヴァー　Bush, Vannevar (1890—1974)

アメリカの電気技術者．最初の大規模な機械仕掛けであるが電力で動くアナログコンピュータを1925年以降に創作した．

■不定形　indeterminate form

値が定まらないつぎのような型の式をいう．$\infty-\infty$, $0/0$, ∞/∞, ∞^0, 0^0, 1^∞．式の中の別個の関数を，式変形によって適切に処理する前にそれぞれの極限値に置き換えるとき生ずることがある．差，商などの極限を求める手続きを行うことが適切で，極限の差，商などを求めようとするのは不適切である．→ ロピタルの法則

■不定積分　indefinite integral

与えられた関数を導関数にもつような任意の関数．g が f の不定積分ならば，任意定数を加えた $g+c$ もまた f の不定積分である．このとき c を積分定数とよぶ．x に関する f の不定積分を $\int f(x)dx$ とかく．$f(x)$ を被積分関数とよぶ．不定積分を求める多くの基本公式が付録にあげてある．さらに多くの公式集も存在するが，不定積分の表を完全にあげつくすことはできない．＝逆微分．

■不定方程式　indeterminate equation

連立でない1つの方程式が，$x+2y=4$ のように2つ以上の未知数をもち，無数の解が存在するとき，不定であるという．歴史的には，この種の方程式のうち，係数が整数であるときに，

整数解が何になるかということに，特別の興味がもたれた．この制限のついた方程式を**ディオファントスの方程式**という．無数の解をもつ連立線型方程式は，**不定連立線型方程式**といわれる．→ 方程式系の無矛盾性，連立1次方程式の無矛盾性

■**不等号の向き**　sense of an inequality
→ 不等式

■**不等式**　inequality
1つの数量が他の1つの数量より小さい（または大きい）という陳述．a が b より小さいとき，これらの関係は記号的に $a<b$ と表される．不等式は多くの重要な性質を有する［→ 実数の順序］．関係する変数のすべての値に対して真になるとは限らない不等式を**条件不等式**，すべての変数の値に対して真となる不等式（または変数を含まない不等式）を**絶対不等式**（または**無条件不等式**）という．例えば，$x+2>3$ は条件不等式である．なぜならば，1より大きい x に対してのみ真となるからである．一方，$x+1>x$, $3>2$ あるいは $(x-1)^2+3>2$ などは絶対不等式である．**整不等式**とは，不等号の両辺が整式であるような不等式である［→ 2次不等式］．不等号の示す方向（大きいまたは小さい側を示す方向）を不等式の**向き**という．この語は，**同じ向き**あるいは**反対向き**などの句で用いられる．不等式 $a<b$ と $c<d$, あるいは $b>a$ と $c>d$ は**同じ向き**，不等式 $a<b$ と $d>c$ は**反対向き**である．→ 同値な方程式・不等式

■**不等式のグラフ**　graph of an inequality
与えられた不等式をみたす点全体の集合．例えば，不等式 $y<x$ のグラフは直線 $y=x$ の下側にある点全体の集合，$2x-y<3$ のグラフは直線 $y=2x-3$ の上側にある点全体の集合である．また，連立不等式 $y<x$, $2x-y<3$ の解の集合は，直線 $y=x$ の下側かつ直線 $y=2x-3$ の上側にある点全体の集合である．$x^2+y^2+z^2<4$ のグラフは，球面 $x^2+y^2+z^2=4$ の内部である．［類］解集合．なお日本語では不等式の成立する**領域**，あるいは不等式の**解**（の集合）とよぶのが普通である．→ 2次不等式

■**浮動小数点**　floating decimal point
計算の過程を通して，小数点を計算機内で固定せず，計算の各操作に応じて，小数点の位置

を定めて計算を進める計算機の用語．数値を例えば $a\times10^n$ の形に表現して a と n とをデータとする表現方法を意味する．

■**不動点**　fixed point
→ 固定点

■**不動点定理**　fixed point theorem
ある条件の下に，E の部分集合から E の中への写像 T が少なくとも1つ不動点（固定点）をもつことに関する定理．たとえば，以下の項目を参照．→ バナッハの不動点定理，ブロウエルの不動点定理，ポアンカレ-バーコフの不動点定理

■**不等辺3角形**　scalene triangle
3つの辺すべてが異なる平面3角形または球面3角形のこと．

■**プトレマイオス，クラディウス**　Ptolemy (Claudius Ptolemaus)（2世紀）
アレキサンドリアの幾何学者，天文学者，地理学者．英語読みは"トレミー"である．→ トレミーの定理

■**ブニャコフスキー，ヴィクトル・ヤコフレビッチ**　Buniakovski (Bouniakowsky), Victor Jakowlewitsch (1804—1899)
ロシアの確率論学者．

■**ブニャコフスキーの不等式**　Buniakovski's inequality
→ シュヴァルツの不等式

■**不能な方程式**　incompatible equations, inconsistent equations
2つ（以上）の方程式で，それらを同時にみたす解の組が1つもないとき，その連立方程式は**不能**であるという．例えば，$x+y=2$ かつ $x+y=3$ は不能である．→ 方程式系の無矛盾性，連立1次方程式の無矛盾性

■**負の角**　negative angle
→ 角

■**負の指数**　negative exponent
→ 指数

■負の数　negative number
→ 正の数

■負の相関　negative correlation
→ 相関

■負の2項分布　negative binomial distribution
　確率変数 S が**負の2項分布**をもつ，あるいは**負の2項確率変数**であるとは，正整数 r と正数 p が存在して，1回試行における成功の確率が p であるような独立ベルヌイ試行を r 回の成功が得られるまで繰り返すとき，その必要回数を表すのが X であることをいう．X の値域は無限集合 $\{r, r+1, r+2, \cdots\}$ であり，n 回試行の確率は
$$P(X=n) = \binom{n-1}{r-1} p^r q^{n-r} \quad (n \geq r)$$
である．ここで $q=1-p$ である．その平均は r/p，分散は rq/p^2，モーメント母関数は $M(t) = e^{tr} p^r (1-qe^t)^{-r}$ である．=パスカル分布．$r=1$ のとき X は**幾何分布**をもつ，あるいは**幾何確率変数**であるという．このとき $n \geq 1$ なら $P(X=n) = pq^{n-1}$ で，平均は $1/p$，分散は q/p^2 である．最初の成功以前の試行の回数 $Y=X-1$ も，しばしば幾何確率変数とよばれる．このとき $n \geq 0$ で $P(X=n) = pq^n$ で，平均は q/p である．

■負の符号　negative sign
　ある数の負の数を示す記号 "−"．=マイナス符号．→ 正の数，マイナス(2)

■フビニ，ギド　Fubini, Guido (1879—1943)
　イタリアの解析学，代数学および射影微分幾何学者．

■フビニの定理　Fubini theorem
　m_1, m_2 をそれぞれ集合 X, Y 上の σ 有限な測度とし，$m_1 \times m_2$ を X と Y の**直積** $X \times Y$ 上の m_1 と m_2 の直積測度とする．このとき，h を $X \times Y$ 上で積分可能な関数とすると，$g_y(x) = h(x, y)$ とおいたとき，g_y が X 上で積分可能でないような y の全体は，Y において**測度 0** であり，$f_x(y) = h(x, y)$ とおいたとき，f_x が Y 上で積分可能でないような x の全体は，X において**測度 0** であり，しかも
$$F(x) = \int_Y f_x dm_2, \quad G(y) = \int_X g_y dm_1$$
とおくと，
$$\int_{X \times Y} h d(m_1 \times m_2) = \int_X F dm_1 = \int_Y G dm_2$$
が成立するというのが，**フビニの定理**である．つぎのような結果は，この定理の特別な場合と考えることができる．"A を $X \times Y$ における可測集合とし，Y の点 y に対し，(x, y) が A に属するような X の点 x の全体を B_y とおき，X の点 x に対し，(x, y) が A に属するような Y の点 y の全体を C_x とおく．このとき，B_y が可測でないような y の全体は測度 0 であり，C_x が可測でないような x の全体は測度 0 であり，しかも，
$$(m_1 \times m_2)(A) = \int_X m_2(C_x) dm_1$$
$$= \int_Y m_1(B_y) dm_2$$
が成立する". → シルピンスキー集合

■部分基底　subbase
→ 位相の基底

■部分群　subgroup
→ 群，正規部分群

■部分群の指標　index of a subgroup
　群の位数を部分群の位数でわった商の値．→ 群，ラグランジュの定理

■部分集合　subset
　集合 A の各要素が別の集合 B に含まれるとき，A を B の**部分集合**である，A は B に含まれる，B は A を含む，といい，また B を A の**拡大集合**という．集合 R が S の部分集合であって，$R \neq S$ であるとき，部分集合 R は集合 S の**真部分集合**である，あるいは R は S に真に含まれるという．

■部分集合の加法族　algebra of subsets
　集合 X の**部分集合の加法族**とは，X の部分集合の族で，その任意の要素（集合）に対して，その補集合を要素としてもち，任意の2つの要素の合併（または共通部分）をも要素としてもつような集合族のことをいう．さらに，要素の任意の加算個の集合の合併をも含むものを **σ 加法族**とよぶ．部分集合の加法族は，合併と共通部分の演算に関する**ブール代数**である．集合 X の部分からなる環が X の部分集合の加法族

であるための必要十分条件は，それが X を要素としてもつことである．集合 X の部分集合からなる任意の集合族 C に対し，C を含むすべての加法族（σ 加法族）の共通部分は，C を含む最小の加法族（σ 加法族）であり，C によって**生成される加法族**（または **σ 加法族**）とよばれる．実数直線（あるいは n 次元空間）に対し，σ 加法族の例は，すべての可測集合の系，すべてのボレル集合の系，およびベールの性質をもつすべての集合の系である．→ 集合環

■**部分商**　partial quotient
→ 連分数

■**部分剰余**　partial remainders
組立除法における商の（分離された）係数．
→ 組立除法

■**部分積**　partial product
(1) 乗数が2つ以上の桁を含むとき，そのうちの1つの桁を被乗数にかけたもの．
(2) 無限乗積 $\prod_{k=1}^{\infty} a_k$ のうち，有限項の積．

■**部分積分**　integration by parts
積の微分公式を用いた積分の計算方法．公式 $d(uv) = udv + vdu$ をかきなおすと，$udv = d(uv) - vdu$ となる．この両辺を積分して
$$\int u\,dv = uv - \int v\,du$$
を得る．この公式により，被積分関数を変形して積分計算をより単純化でき，また他の方法では積分が直接求められない関数に対して積分を行うことができる．特に，xe^x, $\log x$, $x\sin x$ などの関数に対して有効である．例えば
$$\int xe^x dx = xe^x - \int e^x dx$$
ここで，$x = u$，$e^x dx = dv$，$v = e^x$ である．

■**部分体**　subfield
体の部分集合でそれ自体が体であるもの．例えば，有理数全体の集合は実数全体のつくる体の部分体である．→ 体

■**部分定積分**　partial definite integral
累次積分の一部をなす定積分の1つ．

■**部分分数**　partial fractions
その代数和が与えられた分数になるような分数の集合のこと．**部分分数法**という言葉は，特にある種の有理関数を積分する際に，部分分数分解を求めてそれを利用する手法を指している．例えば，ある値 A, B に対して
$$\frac{1}{x^2-1} = \frac{A}{x-1} + \frac{B}{x+1}$$
となることが知られている．実際，$A = \frac{1}{2}$, $B = -\frac{1}{2}$ で，これは分母を払って同じ次数をもつ x の係数を比較すれば求められる．または，両辺に $x-1$ をかけて $x=1$ を代入すれば $A = \frac{1}{2}$ が求まり，$x+1$ をかけて $x=-1$ を代入すれば $B = -\frac{1}{2}$ が求まる．どんな2つの多項式の商も分母よりも分子の次数が小さいならば，それは次の形をした分数の和として表される．
$$\frac{A}{x-a}, \quad \frac{B}{(x-a)^n}, \quad \frac{Cx+D}{x^2+bx+c}, \quad \frac{Ex+F}{(x^2+bx+c)^n}$$
ただし，n は正整数で，もとの多項式の係数がすべて実数ならば，上の各係数もすべて実数である．部分分数とはまさにこの比較的簡単な形の分数のことだと思えばよい．

■**部分分数による積分**　integration by partial fractions
被積分関数が分母の次数が2以上の有理関数のとき用いられる積分法．被積分関数を分母の次数が1の部分分数に分解する．例えば，
$$\int \frac{dx}{1-x^2} = \frac{1}{2}\int \frac{dx}{1-x} + \frac{1}{2}\int \frac{dx}{1+x}$$
→ 部分分数

■**部分分数分解**　decomposition of a fraction
分数を，部分分数の和の形にかくこと．

■**部分領域**　subregion
ある領域に含まれる領域．

■**部分類**　subclass
［類］部分集合．→ 部分集合

■**部分列**　subsequence
ある数列に含まれる数列．$\frac{1}{2}, \frac{1}{4}, \cdots, \frac{1}{2n}, \cdots$ は $1, \frac{1}{2}, \frac{1}{3}, \frac{1}{4}, \cdots, \frac{1}{n}, \cdots$ の部分列である．

■不変因子（行列の） invariant factor of a matrix
　→ 行列の不変因子

■不偏検定　unbiased test
　→ 仮説検定

■普遍集合　universal set
　特定の問題や議論の対象となりうるものの全体．＝母集団．

■不偏信頼区間　unbiased confidence interval
　以下のような性質をもつ信頼区間 (T_1, T_2) [→ 信頼区間] である．θ が未知の母数の真の値であるときの "$\theta \in (T_1, T_2)$" の条件つき確率が，その母数が何か他の値をとるときの "$\theta \in (T_1, T_2)$" の条件つき確率よりもけっして小さくはならないような信頼区間 (T_1, T_2) をいう．

■不偏推定量　unbiased estimator
　《統計》パラメータ ϕ の推定量 $\varPhi$ で，$E(\varPhi) = \phi$ であるもの．ここで $E(\varPhi)$ は $\varPhi$ の期待値．$E(\varPhi) - \phi$ のことを $\varPhi$ の偏りという．$\varPhi$ の偏りが 0 でないとき，$\varPhi$ を偏りをもつ推定量という．例えば $\sum_{i=1}^{n} \dfrac{X_i}{n}$ は任意の分布の平均値の不偏推定量である [→ 分散]．$\varPhi$ が $\lim_{n\to\infty} E[\varPhi(X_1, \cdots, X_n)] = \phi$ をみたすとき，漸近不偏推定量という．最小分散不偏推定量とは，不偏推定量中最小の分散をもつものであり，応用統計学で重要な多くの分布のパラメータに対し，ただ 1 つに定まることが多い．

■不変的性質　invariant property
　特定の変換によって不変な関数，配置，あるいは方程式などの性質．変換または変換の型をまず特定して，それらに関しての不変性をいう．例えば，十字比の値は射影によって変わらないから，射影変換のもとでの不変数である．→ テンソル

■不変部分空間問題　invariant subspace problem
　バナッハ空間 X 上の有界線型作用素 T が自明でない，すなわち $\{0\}$ でない真の不変部分空間（すなわち，線型閉部分空間 L で $x \in L$ ならば $Tx \in L$ をみたすもの）をもつのはどのよ

うなときかという問題．T と可換で X 全体を 0 に移さないようなコンパクトな作用素が存在すれば，T はそのような不変部分空間をもつことが知られている．また，非回帰的バナッハ空間 X と X 上の有界線型作用素で自明でない不変部分空間をもたないものの存在も知られている．

■不変部分群　invariant subgroup, normal subgroup
　→ 正規部分群

■プライム記号　prime (or accent) as a symbol
　記号 ′ のことで，文字の右または上に置かれる．アクセント記号ともいう．
　(1) 関数の 1 階微分を表すのに使われる．y' や $f'(x)$ は "y-プライム" "f-プライム" と読み，y と $f(x)$ の 1 階微分を表す．同様に，y'' や $f''(x)$ は "y-ダブル・プライム" "f-ダブル・プライム" と読み，2 階微分を表す．一般に，$y^{[n]}$ や $f^{[n]}(x)$ は n 階微分を表す．
　(2) ときには文字に添えて定数を表すことがある．例えば，x' で x の特別な値を表し，(x', y') により座標 x', y' をもつ特別な点を表し，動点 (x, y) と区別する．
　(3) x, x', x'' などのように，同じ文字を使って異なる変数を表すときに使われる．
　(4) フィートやインチを表すときに使われる．例えば，$2'$ や $3''$ は 2 フィート，3 インチと読む．
　(5) 角の度分秒表示において分や秒を表すときに使われる．例えば，$3°10'20''$ は 3 度 10 分 20 秒と読む．なおダッシュは元来 "―" を表す用語だが ′ をダッシュとよぶこともある．

■ブラウン，ロバート　Brown, Robert (1773 — 1858)
　スコットランドの植物学者．ブラウン運動の発見者

■ブラウン運動過程　Brownian motion process
　元来はブラウンが発見した不規則運動を意味するが，現在の数学ではそれを抽象化した一種の確率過程の意味に使う．→ ウィーナー過程

■フラクタル　fractal
　本来は "フラクタル" は，ハウスドルフ次元

が整数でなく，したがってそれが**位相的次元**よりも大きい不規則集合または図形を指すのに使われた．その後広く自己相似性を示す集合を意味するようになった．すなわち**フラクタル**とは，部分集合 $\{F_i\}$ の合併からなる集合 F であって，各 F_i が F と相似であり，$F_i \cap F_j$ ($i \neq j$) が空集合（あるいは何らかの意味で無視できる）であり，F_i がまた同様に分解され，これが無限に続くものである [→ **相似**]．例えばカントール集合はフラクタルである．その位相的次元は 0 だが，ハウスドルフ次元は $(\log 2)/(\log 3)$ である．さらに C の区間 $[0, 1/3]$ 中の部分は $[2/3, 1]$ の部分と合同であり，そのどちらも全体と相似である．カントール集合の各点の近傍は，カントール集合全体と相似な集合を含む [→ **カントール集合**]．カントール集合を構成する手順を変えると，他の興味深いフラクタルを生成する．例えば，カントール集合を円でつくる際に毎回除く 1/3 の区間を，それを直径と円周で置き換える．あるいは正方形を 9 個の合同な正方形に分け，中央の正方形を内接する円（あるいは他の対象）で置き換え，これを残りの 8 個の正方形に実行し，無限に反復する．このとき円に色をつければ，もっと"芸術的"になる．フラクタルの他の例は以下の項目を参照．→ **ジュリア集合**，**マンデルブロー集合**

■**フラクタル次元** fractal dimension

X を距離空間とする．任意の正の数 ε に対し，$N(X, \varepsilon)$ を，ε より小さい半径の球 M 個で X を覆うことができるような最小の球の個数とする．このとき X のフラクタル次元は
$$D = \lim_{\varepsilon \to 0} \frac{\log N(X, \varepsilon)}{\log (1/\varepsilon)}$$
である．それはまた
$$\limsup_{\varepsilon \to 0} \varepsilon^d N(X, \varepsilon) = 0$$
であるような d の下限でもある．

もしも X が**フラクタル**であり，N 個の合同なおのおのが X と r 倍すれば合同になる部分集合に分割されれば，X のフラクタル次元は $(\log N)/(\log r)$ である．カントール集合のフラクタル次元は $(\log 2)/(\log 3)$ である．任意の距離空間に対して，ハウスドルフ次元はフラクタル次元よりも小さいかまたは等しい．= **マンデルブロー次元**．→ **フラクタル**

■**フラグメン，ラルス・エドワルト** Phragmén, Lars Edvard (1863—1937)

スウェーデンの解析学者．

■**フラグメン-リンデレーフの関数** Phragmén-Lindelöf function

有限位数 ρ の整関数 f に対する関数
$$h(\theta) \equiv \limsup_{r \to \infty} \frac{\log |f(re^{i\theta})|}{r^\rho}$$
のこと．フラグメン-リンデレーフの関数 $h(\theta)$ は位数 ρ の劣正弦的関数である．→ **整関数**

■**ブラシュケ，ウィルヘルム** Blaschke, Wilhelm (1885—1962)

オーストリア系ドイツ人．解析学・幾何学者．

■**ブラシュケ積** Blaschke product

次式で定められる積
$$B(z) = z^k \prod_{n=1}^{\infty} \frac{(a_n - z)|a_n|}{(1 - \bar{a}_n z) a_n}$$
ここで，各 n に対し $0 < |a_n| < 1$，$\sum_{1}^{\infty} (1 - |a_n|)$ は収束するとし，k は非負整数である．関数 B は，$|z| < 1$ であるすべての複素数からなる集合上で，有界かつ解析的である．B の零点は $\{a_k\}$ と 0 ($k > 0$ ならば) である．

■**ブラシュケの定理** Blaschke's theorem

幅 1 の有界な凸閉（平面）集合は半径 $\frac{1}{3}$ の円を含む．→ **ユングの定理**

■**プラス** plus

+ の記号．(1) $2 + 3$ (2 に 3 を加える) のようにたし算を表す．(2) 正であるという性質．(3) $2.35+$ のように微小な量が加えられていることを表す．記号 + を**正符号**ということもある．

■**プラトー，ジョセフ・アントワーヌ・フェルディナンド** Plateau, Joseph Antoine Ferdinand (1801—1883)

ベルギーの物理学者．

■**プラトー問題** Plateau problem

与えられた曲線をその境界とする極小曲面の存在やそれを決定する問題．その極小曲面の面積が最小であることを要求されることもあれば，そうでないときもある．物理学者プラトーはせっけん膜の実験によって，いくつかの相異

なる閉曲線に対してこの問題を解いた．

■**ブラリ・フォルティ，チェザレ** Burali-Forti, Cesare (1861—1931)
イタリアの数学者．

■**ブラリ・フォルティの逆理** Burali-Forti paradox
"すべての順序数からなる集合"（そのそれぞれは整列集合の**順序型**である）は整列集合である．この集合の順序型 Y は，このとき最大順序数となっている．しかし $Y+1$ はそれより大きい順序数なので，このことは不可能である．ここで Y はある整列集合の順序型で，$Y+1$ はこの集合の各元の後に位置する1個の新しい元を付け加えることによって得られる整列集合の順序型である．

■**フランチェスカ，ピエロ・デラ** Francesca, Piero della (1416—1492)
イタリアの画家，数学者．遠近法に関して多くの著述を残した．当時の人々に科学的な画家と考えられた．

■**ブリアンション，シャルル・ジュリアン** Brianchon, Charles Julien (1783—1864)
フランスの幾何学者．

■**ブリアンションの定理** Brianchon's theorem
6角形が円錐曲線に外接するならば，3つの対角線（対点を通る直線）は1点で交わる．これは**パスカルの定理**の双対である．→射影幾何の双対原理，パスカルの定理

■**フーリエ男爵，ジャン・バプティスト・ジョセフ** Fourier, Jean Baptiste Joseph, Baron de (1768—1830)
フランスの解析学および数学的物理学者．広義に展開可能な級数についての研究が有名．数学的物理学の研究において重要である熱伝導の研究の創始者．

■**フーリエ級数** Fourier series
関数 f に対し，
$$a_n = \frac{1}{\pi}\int_{-\pi}^{\pi} f(x)\cos nx\,dx, \quad n \geq 0$$
および
$$b_n = \frac{1}{\pi}\int_{-\pi}^{\pi} f(x)\sin nx\,dx, \quad n \geq 1$$
とおくとき，級数
$$\frac{1}{2}a_0 + (a_1\cos x + b_1\sin x) +$$
$$(a_2\cos 2x + b_2\sin 2x) + \cdots$$
$$= \frac{1}{2}a_0 + \sum_{n=1}^{\infty}(a_n\cos nx + b_n\sin nx)$$

のことを f の**フーリエ級数**という．フーリエ級数の著しい特徴は，きわめて広い範囲の関数を表すことができ [→フーリエの定理]，その結果，区間の異なる部分で異なる式を使って定義されたような関数をも表すことがあるという点にある．なお，正弦関数や余弦関数は周期 2π をもつから，フーリエ級数も周期 2π をもつ．例として，$-\pi \leq x \leq 0$ に対しては $f(x)=1$ で，$0 < x \leq \pi$ に対しては $f(x)=2$ で定義される関数 f を考える．
$$\pi a_0 = \int_{-\pi}^{\pi} f(x)\,dx = \int_{-\pi}^{0} dx + \int_{0}^{\pi} 2\,dx = 3\pi$$
つまり，$a_0 = 3$ である．同様にして，1以上のすべての n に対して $a_n = 0$ であること，偶数の n に対して $b_n = 0$ であること，奇数の n に対して $b_n = 2/(n\pi)$ であることがわかる．したがって，この f のフーリエ級数は
$$\frac{3}{2} + \frac{2}{\pi}\left(\sin x + \frac{1}{3}\sin 3x + \frac{1}{5}\sin 5x + \cdots\right)$$
となるが，この級数は，開区間 $(-\pi, 0)$ 上および $(0, \pi)$ 上では $f(x)$ に収束することが証明できる．なお，この例では，簡単のため，$-\pi$ から π までの区間において考えたが，その他の部分においてもフーリエ級数を考えることができるのはもちろんである．区間 $(-\pi, \pi)$ における関数 f の**複素フーリエ級数**は
$$\sum_{n=-\infty}^{\infty} c_n e^{inx}, \quad c_n = \frac{1}{2\pi}\int_{-\pi}^{\pi} f(x) e^{-inx}\,dx$$
である．上述のフーリエ級数との関係は
$$c_n = \frac{1}{2}(a_n - ib_n), \quad c_{-n} = \frac{1}{2}(a_n + ib_n), \quad n \leq 0$$
で与えられる．$\{e^{inx}; n=0, \pm 1, \pm 2, \cdots\}$ は区間 $(-\pi, \pi)$ において**直交系**である．$(-\pi, \pi)$ 以外の区間での，上述のフーリエ級数を変換してつくられる類似の級数も，フーリエ級数とよばれる．→直交関数，フーリエの定理

■**フーリエの片側級数** Fourier's half-range series
$$\frac{1}{2}a_0 + a_1\cos x + a_2\cos 2x + \cdots$$

$$= \frac{1}{2}a_0 + \sum_{n=1}^{\infty} a_n \cos nx$$

または，

$$b_1 \sin x + b_2 \sin 2x + \cdots = \sum_{n=1}^{\infty} b_n \sin nx$$

という形をした**フーリエ級数**のこと．これらは，それぞれ，**余弦級数**，**正弦級数**ともよばれる．余弦関数は偶関数であるから，余弦級数が，すべての $-\pi < x < \pi$ に対して，関数 f の x における値 $f(x)$ に収束しているとすれば，f は偶関数，つまり，$f(-x) = f(x)$ をみたす関数でなければならないことになる．同様に，正弦関数は奇関数であるから，正弦級数がすべての $-\pi < x < \pi$ に対して $f(x)$ に収束しているとすれば，f は奇関数，つまり，$f(-x) = -f(x)$ をみたす関数でなければならないことになる．

■**フーリエの積分定理** Fourier's integral theorem

f は値が無限大になる不連続点を有限個しかもたず，それらの不連続点を内部に含まない任意の有界な区間上で積分可能であり，かつ，$\int_{-\infty}^{\infty} |f(x)| dx$ が存在すると仮定する．すると，その近傍で f が有界変動であるような任意の点 x において，

$$\lim_{h \to 0} \frac{1}{2}(f(x+h) + f(x-h))$$
$$= \frac{1}{2\pi} \int_{-\infty}^{\infty} dt \int_{-\infty}^{\infty} f(s) \cos t(x-s) ds$$

が成立するという定理．

■**フーリエの定理** Fourier's theorem

f は周期 2π の実変数関数で，$[-\pi, \pi]$ 上で f も $|f|$ も積分可能であるとし，a_n と b_n を，

$$\pi a_n = \int_{-\pi}^{\pi} f(x) \cos nx \, dx$$
$$\pi b_n = \int_{-\pi}^{\pi} f(x) \sin nx \, dx$$

により定める．また，以下の(i)から(v)までの条件のうちの少なくとも1つがみたされていると仮定する．このとき，級数

$$\frac{1}{2}a_0 + \sum_{n=1}^{\infty}(a_n \cos nx + b_n \sin nx)$$

は，点 x において，

$$\frac{1}{2}(f(x+0) + f(x-0))$$

に収束する．したがって，特に f が x で連続であれば，$f(x)$ に収束する．ここで，$f(x+0)$ と $f(x-0)$ は，それぞれ x における f の，右からの，および，左からの極限値を表す．

(i) (**ディリクレの条件**) f は有界で，区間 $[-\pi, \pi]$ において，極大値および極小値を与える点が有限個しかなく，また，不連続点も有限個しかない．

(ii) 正数 δ で，f が $[x-\delta, x+\delta]$ 上で有界で，$[x-\delta, x)$ 上および $(x, x+\delta]$ 上で単調となるようなものが存在する．

(iii) (**ジョルダンの条件**) 正数 δ で，f が $[x-\delta, x+\delta]$ 上有界変動であるようなものが存在する．

(iv) (**ディニの条件**) $f(x+0)$, $f(x-0)$ がともに存在し，かつ，次の関数(t に関する関数)が $[0, \pi]$ 上で積分可能．

$$\left| \frac{f(x+t) - f(x+0)}{t} + \frac{f(x-t) - f(x-0)}{t} \right|$$

(v) f は x で右微分可能かつ左微分可能．

積分可能 (L_1 に属する) だが，そのフーリエ級数がいたるところ発散する関数がある．しかし，f が2乗積分可能 (L_2 に属する) ならば，そのフーリエ級数はほとんどいたるところ (測度0の集合を除いて) 収束する．→局所化の原理，ディリクレ核，バナッハ空間，フェエール核，フェエールの定理．

■**フーリエ変換** Fourier transform

関数 f に対し，f の**フーリエ変換** g は，

$$g(x) = \frac{1}{\sqrt{2\pi}} \int_{-\infty}^{\infty} f(t) e^{itx} dt$$

により定義される ($1/\sqrt{2\pi}$ をかけない式で定義している書物もある)．f がフーリエの積分定理における条件 [→フーリエの積分定理] をみたしていれば，その近傍で f が有界変動であるような任意の点 x において，次の**反転公式**が成立する．

$$\lim_{h \to 0} \frac{1}{2}(f(x+h) + f(x-h))$$
$$= \frac{1}{\sqrt{2\pi}} \int_{-\infty}^{\infty} g(t) e^{-itx} dt$$

(この意味において，f, g を**フーリエ変換による対**とよぶこともある)．なお，関数 f の**余弦変換**と**正弦変換**は，それぞれ，

$$g(x) = \sqrt{\frac{2}{\pi}} \int_0^{\infty} f(t) \cos tx \, dt$$

と

$$g(x) = \sqrt{\frac{2}{\pi}} \int_0^{\infty} f(t) \sin tx \, dt$$

により定義され，これらについても反転公式が

成立する（反転公式における被積分関数は，それぞれ，$g(t)\cos tx$ および $g(t)\sin tx$ とすればよい）．→ 高速フーリエ変換，離散フーリエ変換

■**ブリス，ギルバート・アメス** Bliss, Gilbert Ames (1876—1951)
アメリカの解析学者．彼の研究で最も有名なものは変分学に関するものであるが，複素変数の代数関数の研究と，外部弾道の研究にも寄与した．

■**ブリッグス，ヘンリー** Briggs, Henry (1561—1630)
英国の天文学者，幾何学者であり，数表（特に対数表）の製作者でもある．

■**ブリッグスの対数** Briggsian logarithms
10 を底とする対数．＝常用対数．→ 対数

■**フリップ-フロップ回路** flip-flop circuit
計算機中の双安定回路のこと．すなわち，他方の状態に変化する信号を受け取らない限り，2 つの安定状態の現在の状態を維持する回路．これらの回路は通常電子回路の特徴的な接続によって実現される．

■**フリードマン，マイクル** Freedman, Michael (1951—)
米国の数学者，4 次元ポアンカレ予想の解決により，1986 年にフィールズ賞を受賞した．

■**プリュッカー，ユリウス** Plücker, Julius (1801—1868)
ドイツの幾何学者，数理物理学者．

■**プリュッカーの簡約記号** Plücker's abridged notation
曲線を研究するときに使われる記号．与えられた曲線の枝を表すのに，ある式（関数）を 0 に等しいとおくとき，その式を 1 つの記号で表現するもの．これによって曲線の研究を 1 次多項式の研究に還元する．例えば $L_1=0$ が $2x+3y-5=0$ を表し，$L_2=0$ が $x+y-2=0$ を表せば，$k_1L_1+k_2L_2=0$ は，両者の交点である $(1,1)$ を通る直線の族を表す．→ 直線束（1 点を通る）

■**プリュファー，ハインツ** Prüfer, Heinz (1896—1934)
ドイツの数学者．群論，射影幾何学，微分方程式論の発展に功績がある．

■**プリュファー変換** Prüfer substitution
y を従属変数とする微分方程式 $(py')'+qy=0$ に，$py'=r\cos\theta$，$y'=r\sin\theta$ をそれぞれ代入して，r, θ を従属変数とする方程式
$$\theta'=q\sin^2\theta+\frac{\cos^2\theta}{p}$$
$$r'=\frac{1}{2}\left(-q+\frac{1}{p}\right)r\sin 2\theta$$
に変換すること．この変換は特に，常微分方程式のスツルム-リュウビル理論を展開するのに有効である．→ スツルム-リュウビルの微分方程式

■**プリンキピア** Principia
アイザック・ニュートン卿によって書かれた著作．学術書として古今最高級のものの 1 つである．正しくは "Philosophiae Naturalis Principia Mathematica（自然哲学の数学的原理）" という題名で，1687 年にロンドンで最初に出版された．この著作は剛体や弾性体の力学や数理天文学の現在の体系のすべての基礎となっている．→ ニュートン

■**プリングスハイム，アルフレッド** Pringsheim, Alfred (1850—1941)
ドイツの解析学者．

■**プリングスハイムの定理（2 重級数に関する）** Pringsheim's theorem on double series
→ 2 重級数

■**ブール，ジョージ** Boole, George (1815—1864)
英国（詳しくはアイルランド）の先駆的論理学者．代数学，幾何学，解析学，変分学，確率論における研究もした．

■**プールされた二乗和** pooled sum of squares
《統計》大きさの異なる，いくつかの無作為標本が同一のモデルからの標本と考えられるとき，プールされた二乗和 S とは
$$S=\sum_{j=1}^{k}\sum_{i=1}^{n_j}(x_{ij}-\bar{x}_j)^2$$
で定義される．ここで $i=1,\cdots,n_j$ は j 番目の標本の標本数で，$j=1,\cdots,k$，すなわち k 個の標本

が与えられている．また $\bar{x}_j$ は j 番目の標本の標本平均である．さらに $S / \left(\sum_{j=1}^{k} n_j \right)$ を**プールされた分散**という．

ブール代数　Boolean algebra

次のような特性をもつ環のこと．各 x に対し，$x \cdot x = x$ が成立し，元 I が存在して任意の x に対して $x \cdot I = x$ となる．環の元が集合ならば，環に関する加法，乗法は集合の対称差，交わりに相当し，I は環に属するすべての集合を含む集合である．集合 S の部分集合の族がその元それぞれの補集合を含み，さらに，任意の2つの元の合併を含むとき，環の加法と乗法を対称差と交わりに対応させるならば，S はブール代数である．逆に，任意のブール代数はある集合の部分集合の全体からなる族の部分族のなす代数系である［→ 部分集合の加法族］．任意のブール代数に対して演算 $\cup$ と $\cap$，ならびに包含の概念が
$$A \cup B = (A+B) + (A \cdot B),$$
$$A \cap B = A \cdot B$$
$$A \subset B \Leftrightarrow A \cap B = A$$
によって定められるならば，これらは集合に対する合併，共通部分，包含概念に相当し，次の命題を容易に証明することができる（$A + A$ はブール代数のすべての元 A に対して同じ値となることが証明でき，この共通の値を θ で表す）．
$$A \cup (B \cup C) = (A \cup B) \cup C,$$
$$A \cap (B \cap C) = (A \cap B) \cap C,$$
$$A \cup B = B \cup A,$$
$$A \cap B = B \cap A,$$
$$A \cap (B \cup C) = (A \cap B) \cup (A \cap C),$$
$$A \cup (B \cap C) = (A \cup B) \cap (A \cup C),$$
$$A \cup A = A \cap A = A, \theta \cup A = I \cap A = A,$$
$$\theta \subset A \subset I,$$
$$A \subset B \text{ かつ } B \subset A \text{ ならば } A = B,$$
$$A \subset B \text{ かつ } B \subset C \text{ ならば } A \subset C.$$
A の補集合 A' を $A + I$ によって定義すると，
$$(A \cap B)' = A' \cup B', \quad (A \cup B)' = A' \cap B',$$
$$A \cup A' = I, \quad A \cap A' = \theta,$$
$$(A')' = A, \quad I' = \theta, \quad \theta' = I.$$
最も簡単なブール代数は空集合と1点からなる集合，すなわち $\phi = \theta$ と I からなるものである．このとき $A \cup B = I$ となるには A と B のうち少なくとも1つが I であることが必要十分である．$A \cap B = \theta$ であるための必要十分条件は，A, B のうち少なくとも1つが θ である．集合の多元環と考えられるのと同様にして，ブール代数は元来は命題の基本的な論理的性質のなす多元環として導入されたので，**命題代数**ともよばれる．すなわち命題 $p = q$ は，"p"と"q"は論理的に同値であることを表し，$p \cup q$ は"p または q"という命題を表し，$p \cap q$ は"p かつ q"という命題を意味する．さらに，p' とは命題"p でない"を意味する．p が"3角形 x は2等辺である"という命題，q が"3角形 x は正3角形である"という命題ならば，$p \cup q$ は"3角形 x が2等辺3角形であるかまたは正3角形である"．$p \cap q$ は"3角形 x は2等辺3角形であり，かつ正3角形である"という命題になり，$q \subset p$ は"$q \cap p = q$"（すなわち，"任意の x に対して，x が正3角形であるならば，x は2等辺3角形である"）という命題である．ただしブールが最初に考えた"思考代数"は，上記の形とは異なる．
→ 原子，束

■フルネ，ジャン・フレデリク　Frenet, Jean Frédéric (1816—1900)

フランスの微分幾何学者．

■フルネ−セレーの公式　Frenet-Serret formulas

空間曲線の理論における中心的な公式．α, β, γ は，それぞれ空間曲線 C の接線，主法線，従法線に沿った単位ベクトルを表し，ρ と τ は，曲率半径と撓率半径を表すものとする．このとき，公式
$$\frac{d\alpha}{ds} = \frac{\beta}{\rho}, \quad \frac{d\beta}{ds} = \frac{\alpha}{\rho} - \frac{\gamma}{\tau}, \quad \frac{d\gamma}{ds} = \frac{\beta}{\tau}$$
が成り立つ．ただし，s は弧長を表すものとする．

■ブルバキ，ニコラス　Bourbaki, Nicolas

主にフランス人の専門の数学者の団体のペンネーム．1930年後半より多数の『数学要論』を著した．これは数学の"主要部分"の総括である．この団体の構成員は時代とともに変化し，最初から秘密にされた．最初の仲間は，H. カルタン，シュバレー，デュードンネ，ヴェイユであった．多くの場合10ないし20人で構成されていた．

■フレシェ，ルネ・モリス　Fréchet, René Maurice (1878—1973)

フランスの解析学，確率論，トポロジー学者．

■**フレシェ空間** Fréchet space
(1) T_1-空間のこと [→ 位相空間].
(2) 局所凸, 距離化可能, かつ完備であるような線形位相空間のこと (局所凸という条件は落とすこともある). → ベクトル空間

■**フレシェ微分** Fre'chet diffrential
C_1, C_2 を**線型位相空間**とし, y_0 を C_1 の点とし, f を C_1 から C_2 への写像とする. このとき, もし, C_1 から C_2 への有界線型写像 $\delta f(y_0, y)$ (y が独立変数を表す) で, $f(y_0+y)-f(y_0)=\delta f(y_0, y)+\varepsilon(y_0, y)$, $\varepsilon(y_0, y)$ は 0 の近傍において "y に関してより高次", となるようなものが存在すれば, その $\delta f(y_0, y)$ を, y_0 での f の**微分**という. もちろん, この定義をきちんとしたものにするためには, "より高次" の意味を明確にしておく必要がある. 例えば, C_1, C_2 がともに**実バナッハ空間**のとき, "y が 0 に近づくとき $\|\varepsilon(y_0, y)\|/\|y\|$ が 0 に近づく" ということをもって "より高次" ということの定義としたものを, **フレシェ微分**という. 例として, C_1, C_2 が, 区間 $a \leq x \leq b$ 上の実連続関数全体がなすバナッハ空間 (**ノルム**は $\|y\|=\max_{a \leq x \leq b}|y(x)|$ で与えられる) のとき, $\alpha(x)$, $\beta(x, s)$ を与えられた連続関数として,
$$(f(y))(x)=\alpha(x)y(x)+\int_a^b \beta(x,s)y^2(s)ds$$
によって表される写像 f を考えると, そのフレシェ微分は C_1 の各点 y_0 において存在し,
$$\delta f(y_0, y)=\alpha(x)y(x)+2\int_a^b \beta(x,s)y_0(s)y(s)ds$$
によって与えられる.

■**フレドホルム, エリック・イヴァル** Fredholm, Erik Ivar (1866—1927)
スウェーデンの解析学, 物理学者.

■**フレドホルム型積分方程式** Fredholm integral equations
$f(x)=\int_a^b K(x,t)y(t)dt$ という形の積分方程式を**第1種フレドホルム型積分方程式**とよび, $y(x)=f(x)+\lambda\int_a^b K(x,t)y(t)dt$ という形の積分方程式を**第2種フレドホルム型積分方程式**とよぶ (単に, **第1種積分方程式**, **第2種積分方程式**ということもある). ここで, y が未知関数であって, f と K は既知関数, λ は (任意) 定数である. 関数 K のことを, この積分方程式の**核**あるいは**積分核**という (λK のことを核ということもある). 第2種フレドホルム型積分方程式において, もし $f(x) \equiv 0$ であれば, **同次積分方程式**になる. → 第2種フレドホルム型積分方程式のフレドホルムの解法

■**フレドホルムの行列式** Fredholm determinant
《積分方程式》
$$D(\lambda)=1-\lambda\int_a^b k(t,t)dt$$
$$+\frac{\lambda^2}{2!}\int_a^b\int_a^b \begin{vmatrix} K(t_1,t_1) & K(t_1,t_2) \\ K(t_2,t_1) & K(t_2,t_2) \end{vmatrix} dt_1 dt_2$$
$$-\frac{\lambda^3}{3!}\int_a^b\int_a^b\int_a^b \begin{vmatrix} K(t_1,t_1) & K(t_1,t_2) & K(t_1,t_3) \\ K(t_2,t_1) & K(t_2,t_2) & K(t_2,t_3) \\ K(t_3,t_1) & K(t_3,t_2) & K(t_3,t_3) \end{vmatrix} dt_1 dt_2 dt_3 + \cdots$$
によって定義される λ のベキ級数のことを, 核 K に対するフレドホルムの行列式という. "核 K に対する" のかわりに, "核 λK に対する" ということもある.

■**フレドホルムの小行列式** Fredholm minors
《積分方程式》核 $K(x,y)$ に対する**フレドホルムの1次の小行列式** $D(x,y;\lambda)$ は
$$D(x,y;\lambda)$$
$$=K(x,y)-\lambda\int_a^b \begin{vmatrix} K(x,y) & K(x,t) \\ K(t,y) & K(t,t) \end{vmatrix} dt +$$
$$\frac{\lambda^2}{2!}\int_a^b\int_a^b \begin{vmatrix} K(x,y) & K(x,t_1) & K(x,t_2) \\ K(t_1,y) & K(t_1,t_1) & K(t_1,t_2) \\ K(t_2,y) & K(t_2,t_1) & K(t_2,t_2) \end{vmatrix} dt_1 dt_2$$
$$-\cdots$$
により定義される. 一般の r 次の小行列式は
$$D(x_1, \cdots, x_r, y_1, \cdots, y_r; \lambda)$$
$$= \begin{vmatrix} K(x_1,y_1) \cdots K(x_1,y_r) \\ \vdots \qquad \vdots \\ K(x_r,y_1) \cdots K(x_r,y_r) \end{vmatrix}$$
$$+\sum_{n=1}^\infty \frac{(-\lambda)^n}{n!}\int_a^b \cdots \int_a^b$$
$$\begin{vmatrix} K(x_1,y_1) \cdots K(x_1,y_r) & K(x_1,t_1) \cdots K(x_1,t_n) \\ \vdots \qquad \vdots & \vdots \qquad \vdots \\ K(x_r,y_1) \cdots K(x_r,y_r) & K(x_r,t_1) \cdots K(x_r,t_n) \\ K(t_1,y_1) \cdots K(t_1,y_r) & K(t_1,t_1) \cdots K(t_1,t_n) \\ \vdots \qquad \vdots & \vdots \qquad \vdots \\ K(t_n,y_1) \cdots K(t_n,y_r) & K(t_n,t_1) \cdots K(t_n,t_n) \end{vmatrix}$$
$$\times dt_1 \cdots dt_n$$
により定義される. なお, "核 $K(x,y)$ に対する" のかわりに, "核 $\lambda K(x,y)$ に対する" とい

うこともある．

■**フレネル，オーガスタン・ジャン** Fresnel, Augustin Jean (1788—1827)
　フランスの物理学者，技師．

■**フレネル積分** Fresnel integrals
　(1) 積分 $\int_0^x \sin t^2 dt$ および $\int_0^x \cos t^2 dt$ のこと．前者は**フレネル正弦積分**，後者は**フレネル余弦積分**とよばれる．また，これらは，それぞれ，

$$\frac{x^3}{3} - \frac{x^7}{7\cdot 3!} + \frac{x^{11}}{11\cdot 5!} - \cdots$$

$$x - \frac{x^5}{5\cdot 2!} + \frac{x^9}{9\cdot 4!} - \cdots$$

に等しい（上の級数は x の各値に対して収束する）．
　(2) 積分
$$\int_x^\infty \frac{\cos t}{t^{1/2}} dt \quad \text{および} \quad \int_x^\infty \frac{\sin t}{t^{1/2}} dt$$
のこと．これらは，それぞれ $U\cos x - V\sin x$ と $U\sin x + V\cos x$ に等しい．ただし
$$U = \frac{1}{x}\left(\frac{1}{x} - \frac{3!}{x^3} + \frac{5!}{x^5} - \cdots\right),$$
$$V = \frac{1}{x}\left(1 - \frac{2!}{x^2} + \frac{4!}{x^4} - \cdots\right)$$
である（右辺は漸近展開）．

■**不連結集合** disconnected set
　V に属する U の集積点も U に属する V の集積点も存在せず，共通部分をもたない2つの集合 U と V に分かれる集合 A のこと．2点以上を含む部分集合がすべて不連結となるならば，その集合を**全不連結集合**という．例えば，有理数の全体よりなる集合は，全不連結である．開集合の閉包が開集合である，すなわち，共通部分をもたない2つの開集合の閉包が共通部分をもたないような集合は，**極端に不連結**といわれる．極端に不連結なハウスドルフ空間は，**全不連結**である．

■**不連続関数** discontinuous function
　連続でない関数のこと．関数が区間のある点において不連続なとき，関数は区間において不連続であるともよばれるが，しかし通常は，ある区間内のある点において（あるいは，区間内のある集合上で）不連続なとき，関数はその点（あるいはその集合上）で，不連続であるという．

■**不連続性** discontinuity
　連続でないこと．関数の定義域のある点において，関数が不連続となるならば，その点を**不連続点**という．関数 f の定義域にない点 x における $f(x)$ の値をいかに定義しても，f が x で連続にならなければ，その点を関数 f の不連続点ということもある（例えば，関数 $1/x$ に対する $x=0$ の点）．実数値関数に対する不連続点は次のように分類される．不連続点における関数の値を，新しく定義しなおせば，関数がその点において連続関数になるとき，その不連続点を**除去可能**な不連続点という（このときは，右からの極限と，左からの極限が存在して，等しいときである）．例えば，$x\sin(1/x)$ は点0においては定義されていないが，x を0に近づけるなら，右および左からの極限値は0となる．これより，$x\sin(1/x)$ の点0における値を0と定義すれば，$x\sin(1/x)$ は点0において連続関数となるので，点0は $x\sin(1/x)$ の除去可能な不連続点である．**除去不可能な不連続点**は，除去できない不連続点である．**飛躍不連続点**は，関数の右からと左からの極限値は存在するが，これらが等しくない不連続点である．例えば，関数 $1/(1+2^{1/x})$ の $x=0$ における右と左からの極限値はそれぞれ0と1である．右と左からの極限値の差を関数の**飛躍**（**とび**）という．以上の不連続点を第1種の不連続点という．不連続点であって，第1種の不連続点でない不連続点を，第2種の不連続点という．**有限不連続点**とは，不連続点であるが，その点の近傍において関数が有界であるような点である．例えば $\sin(1/x)$ は点0において有限不連続点をもつ．**無限不連続点**とは，その点のいかなる近傍においても関数 $|f(x)|$ がいくらでも大きい値をとる不連続点である．無限不連続点は，第2種の不連続点である．→ 解析関数の特異点

■**不連続点** point of discontinuity
　曲線（または関数）が不連続になる点．→ 不連続関数，連続関数

■**ブロウエル，ルイツェン・エグバータス・ヤン** Brouwer, Luitzen Egbertus Jan (1881—1966)
　オランダの位相数学者，ならびに論理学者．すべての数学的対象の知的構成の原型となるの

は正整数であると唱える，現代直観主義の創始者である．この原理にもとづいて，彼は（排中律を含む）アリストテレス論理学，特に無限集合に関する論理の無制限な使用に異論を唱えた．したがって（彼の立場では）ある性質Pをもつ整数が存在することを主張するには，そのような整数を構成するか，あるいはそのような整数が存在しないことを"構成的"に証明しなければならない．そのような整数が存在しないのは偽である（存在しないと仮定すると矛盾が生じる）ことを証明したのでは不十分である．

■**ブロウエルの不動点定理** Brouwer's fixed-point theorem

C を円とその円の内部の領域からなる円板とする．このとき，C の各点を C の点にうつす任意の連続な変換 T に対して，変換 T によって動かされない点，すなわち不動点が存在する．ただし，変換は1対1と仮定する必要はない．この定理は閉 n 胞体（$n≧1$），例えば閉区間または内部を含めた球に対しても成立する．

この定理はシャウダーによって C が線型ノルム空間のコンパクト凸集合の場合に拡張された（**シャウダーの不動点定理**）．さらに，チコノフはこの結果をノルム空間から，局所凸な線型位相空間へ拡張した．→ ベクトル空間

■**ブロック乱塊法** randomized blocks

《統計》数種類の状況を設定し，そのそれぞれの状況において実験をくり返し行う実験計画のことで，各状況の**ブロック**とよぶ．例えば，3種類のトウモロコシの収穫高をいくつかの農地，すなわちブロックにおいて検査する．ここで，各農地の区画ごとに各種のトウモロコシを植え，各農地における各区画の産出力は等しいと仮定する．生産品の品質を調べる際，機械はいくつかの種類，すなわちブロックにグループ分けされ，操作員は無作為に選ばれる方式がとられる．→ 分散，分散分析

■**プロット** plot

平面または空間において，ある座標系に関する座標が与えられたとき，その座標に点を配置すること．点の位置づけ．直交座標の場合には，方眼紙の上に点を配置したり，無地の紙の上に指定された座標軸があるときは，その点のそれぞれの座標と等しいところに平行線を引いたりして点をプロットする．→ 座標

■**ブロット大佐のゲーム** "Colonel Blotto" game

つぎの規則によって行われる2人ゲーム．いくつかの要塞があり，各要塞について，それが兵士何人分に相当するかの換算率が決まっている．各競技者は手持ちの兵士を各要塞に割り当てる．各要塞において，双方とも，少ないほうの兵士の人数分だけの兵士を失い，生き残った兵士のいるほうがその要塞を占拠する．各競技者の利得は，生き残った兵士の総数と，占拠したすべての要塞を兵士の人数に換算したものとの和によって，与えられる．

■**フロベニウス，フェルディナンド・ゲオルグ** Frobenius, Ferdinand Georg (1849—1917)

ドイツの代数学，解析学および群論研究者．→ シローの定理

■**フロベニウスの定理** Frobenius theorem

D が，実数体上の多元体であり，D の各元が実係数をもつ多項方程式をみたすならば，D は，実数体，複素数体，四元数体のいずれかに同型であるという定理．この定理は次のような意味で一般化できる．体であることの仮定から"乗法に関して結合的である"の個所を除くことによって D 上の制約が減らされるとき，D として許される唯一の（通常体以外の）可能性は，ケイレイ代数（八元数）である．→ ケイレイ

■**分** minute

(1) 60秒．→ 秒
(2) 1度の60分の1（60分法の角の単位）．→ 角度の60進法

■**分解方程式** resolvent cubic

→ フェラリの解法（4次方程式の）

■**分割** partition

→ 整数の分割

■**分割のノルム** norm of partition

→ 区間の分割

■**分割比** division ratio, ratio of division

→ 内分点

■**分割表** contingency table

《統計》母集団の各要素が2種類の属性に従

って分類され，各属性が p 個と q 個の部門に分かれているなら，総計 pq 個のグループがあることになる． pq 個のグループに分類される表で，母集団の要素がそれぞれのグループに落ちる頻度を表すような表を， $p\times q$ 分割表という．この概念は属性の数が 2 より大なときにも拡張できる．次に示すのは **2×3 分割表** であって，400 人の人々の性別とある政治問題に関する意見について 6 個のグループに分けている．

	男 性	女 性
賛 成	234	195
反 対	108	124
保 留	58	81

■**分岐** bifurcation

2 つの枝または部分に分れること．分裂して離れること．

■**分岐度（リーマン面の分岐点の）** order of a branch-point of a Riemann surface

分岐度 k ($k\geq 1$) の分岐点とは，そこにおいて，リーマン面の $k+1$ 枚の面が張りついている点である．

■**分岐理論** bifurcation theory

非線型方程式の解が既知の解の近傍で示す挙動，特に助変数が変化したときの研究．例えば
$$y''+\left(\lambda-\frac{1}{\pi}\int_0^\pi y^2 dx\right)y=0$$
は，自明な解 $y=0$ をもつ．それは $A^2=2(\lambda-n^2)$ のとき $y=A\sin nx$ という解をもつ． $\lambda>1$ ならば $y=\sqrt{2(\lambda-1)}\sin x$ という解が現れ， $\lambda>4$ ならば $y=\sqrt{2(\lambda-4)}\sin 2x$ という解がある．この λ の値 $1, 4, 9, \cdots$ を**分岐点**，**分枝点**または**周期倍増点**という． → カオス

■**分散** variance

確率変数 X （または対応する分布関数）の**分散**は， X の平均のまわりの 2 次モーメント，すなわち $(X-\mu)^2$ の期待値のことである．ただし μ は X の平均である．通常，分散は σ^2 と書かれる．その平方根 σ を**標準偏差**という．確率関数 p ，値域 $\{x_i\}$ である離散型確率変数に対しては
$$\sigma^2=\sum(x_i-\mu)^2 p(x_i)$$
が成立する（ただし和が収束するという条件下で）．一方密度関数 f をもつ連続型確率変数に対しては，

$$\sigma^2=\int_{-\infty}^\infty (x-\mu)^2 f(x)\,dx$$

が，積分が収束するならば成立する．ところで
$$E[(X-c)^2]=\sigma^2+(\mu-c)^2$$
より，分散は任意の c のまわりの 2 次モーメントの中で最小値を与える[→ 平行軸定理]．観測値 $\{x_1, \cdots, x_n\}$ ，およびその平均 $\bar{x}$ に対し，**標本分散**は
$$\sum_{i=1}^n \frac{(x_i-\bar{x})^2}{n} \quad \text{または} \quad \sum_{i=1}^n \frac{(x_i-\bar{x})^2}{n-1}$$
のいずれかで定義される．前者は正規性の仮定下で最尤推定量であり，また後者は常に不偏推定量であり，正規性の仮定の下では最小分散推定量でもある．真の平均 μ が既知であれば
$$\sum_{i=1}^n \frac{(x_i-\mu)^2}{n}$$
は不偏推定量であり，正規性の仮定下では最尤推定量で，かつ最小分散不偏推定量となっている． → 期待値，標準偏差，分布のモーメント

■**分散分析** analysis of variance

いくつかの母集団（級）より採られた観測値の集合の平均からの偏差の平方和（変動）を，いくつかの要素にわけることにより分析する手法．通常それらの構成要素は級間平方和と級内平方和である．より一般的に，分散分析とは独立な（正規）確率変数の平方和を，別な独立な（正規）確率変数の平方和に分割することである．分散分析法をもちい，級ごとの平均の違いを分析する．ここで平均の違いは，ある因子によるもので，その影響力が考察される．

■**分枝** branch of a curve

曲線の分枝とは，不連続になるか，または頂点，極大点・極小点，尖点，結節点などのような特別な点によって，曲線が 2 つ以上の部分に分割されるときの 1 部分のこと．双曲線の 2 つの**分枝**，双曲線の 4 つの分枝，半 3 次的放物線 ($y^2=kx^3$) の 2 分枝曲線の x 軸より上（または下）に位置する分枝など．

■**分子** numerator

分数の表示において，横線の上にかかれた数（式）．分母とよばれる数（式）によってわられるべき数（式）．

■**分数** fraction

$\frac{a}{b}$（または a/b）という形の式のことで，a を b でわった結果を表す．被除数 a は**分子**とよばれ，除数 b は**分母**とよばれる（例えば，分数 $\frac{3}{4}$ の分子は 3 であり，分母は 4 である）．分母，分子がともに整数であるような分数は，**単分数**（あるいは**常分数**あるいは**卑近分数**）とよばれ，一方，分母，分子を表す式の中に，さらに分数が含まれているような分数は，**繁分数**とよばれる．分子が 1 であるような単分数のことを，**単位分数**という．繁分数は単分数になおすことができる．例えば，分子が単分数の場合には，分母の分子と分母をいれかえたものと，分子とを，かけ合わせればよい（これは，分母の逆数を，分子と分母とにかけることを意味する）．それよりやや複雑な場合として，分母，分子が，いくつかの単分数の和の形になっている場合には，それらの単分数の分母の最小公倍数を，（もとの繁分数の）分子と分母にかければよい．例えば，
$\frac{1}{3} / \left(\frac{1}{2}+\frac{1}{4}\right) = \frac{1}{3} / \frac{3}{4} = \frac{1}{3} \times \frac{4}{3} = \frac{4}{9}$，
$\frac{1}{3} / \left(\frac{1}{2}+\frac{1}{4}\right) = \left(12 \times \frac{1}{3}\right) / \left[12\left(\frac{1}{2}+\frac{1}{4}\right)\right]$
$= \frac{4}{9}$．

同じ分母をもつ 2 つの単分数は，**公分母**であるといわれる．分母，分子が実数であるような分数 $\frac{a}{b}$ を考える．$\frac{a}{b}$ が**有理分数**であるとは，a，b がともに有理数であることをいう．$\frac{a}{b}$ が**真分数**であるとは，$|a|<|b|$ であることをいい，**仮分数**であるとは，$|a|\geqq|b|$ であることをいう（例えば，$\frac{2}{3}$ は真分数であり，$\frac{4}{3}$ は仮分数である）．分母，分子がともに多項式であるような分数も考えられており，そのような分数は，**有理分数式**（あるいは**有理式**あるいは**有理関数**）とよばれる．有理分数式は，分子の次数が分母の次数より真に小さいとき，**真分数式**とよばれ，そうでないときは，**仮分数式**とよばれる．例えば，$x/(x^2+1)$ は真分数式であり，$x^2/(x+1)$ は仮分数式である．$(x-y)/xy$ は，x，y 2 変数の分数式としては真分数式であるが，x のみに関しては仮分数式であり，y のみに関しても仮分数式である．

■**分数指数** fractional exponent
→ 指数

■**分数と同等な小数** decimal equivalent of a common fraction
例えば，$0.125=\frac{1}{8}$，$0.333\cdots=\frac{1}{3}$ のように値が等しいもの．

■**分数の加法** addition of fractions
→ 実数の和

■**分数の減法** subtraction of fractions
→ 実数の和

■**分数の小数への変形** reduction of a common fraction to a decimal
分数において，分子に小数点と 0 をつけて，それを分母で割り（通常は近似的に）小数に変えること．例えば，
$\frac{1}{4}=\frac{1.00}{4}=0.25$, $\frac{2}{3}=\frac{2.000}{3}\fallingdotseq 0.667$

■**分数の乗法** multiplication of fractions
→ 実数の積

■**分数の除法** division of fractions
→ 除法

■**分数の分解** decomposition of a fraction
分数を**部分分数**に分解すること．

■**分数の分母を払う** clearing of fractions
与えられた方程式に対し，その方程式の分数項の分母の最小公倍数を，両辺にかけること．
→ 無縁解

■**分数方程式** fractional equation
(1) 分母が未知数を含むような分数を含む方程式のこと．(2) もっと一般に，分数（どのような形のものでもよい）を含む方程式のことを，指すこともある．例えば，$\frac{1}{2}x+2x=1$ は，(2)の意味での分数方程式であるが，(1)の意味では分数方程式ではない．$x^2+2x+\frac{1}{x^2}=0$ は，(1)の意味でも(2)の意味でも，分数方程式である．

■**分析（問題の）** analysis of a problem
　問題に内蔵された原理，法則などを詳らかにすること．具体的には，問題文中に与えられたデータや他の関連するデータを数学の言語で並べ上げたり，解決への糸口を捜したり，どのようなステップを踏めば解けるのかを考える方法．

■**分析的** analytical
　総合的手法に対する言葉で，分析または分析的手法によって（証明などが）行われる．

■**分析による証明** proof by analysis
　証明すべき事柄から進んで，何か知られた真理へ進む手順．既知の真理から証明しようとする事柄へ進む総合の逆．分析による証明の最も普通の方法は，実のところ分析と総合であり，その中で分析の段階は可逆的であることを要求される．

■**分度器** protractor
　半円板に通常は度数で直径の一端から他端へ向かって目盛りを付けたもの．角度を測るのに使われる．

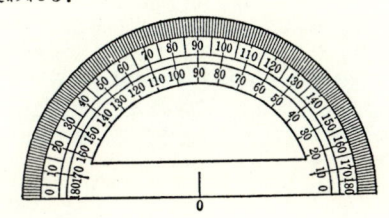

■**分配束** distributive lattice
→ 束

■**分配則（算術と代数における）** distributive property (of arithmetic and algebla)
　任意の数 a, b, c に対して
$$a(b+c) = ab + ac$$
となる性質のこと．例えば，$2(3+5) = 2 \cdot 3 + 2 \cdot 5$ である．これを一般化すると，多項式と単項式の積は，多項式の各項と単項式との積の和である．例えば，
$$2(3+x+2y) = 6 + 2x + 4y$$
である．2つの多項式の積をつくるときは，一方の多項式を単項式として扱い，そして他方の多項式の各項との積をつくる．次に，今できた多項式と単項式との積を分配則によって計算すればよい（一方の多項式の各項と，他方の多項式の各項との積の和を計算しても同じである）．例えば，
$$(x+y)(2x+3) = x(2x+3) + y(2x+3)$$
$$= 2x^2 + 3x + 2xy + 3y$$
である．演算が非可換な場合は**左からの分配則**
$$a(b+c) = ab + ac$$
と，**右からの分配則**
$$(b+c)a = ba + ca$$
を区別する必要がある．

■**分配的** distributive
　集合の各元を結合したものに作用をほどこしたものが，集合の各元に作用をほどこしたものを結合したものと等しいとき，作用が結合の規則に関して分配的であるという．例えば，結合の規則を加法とするとき，
$$\frac{d(u+v)}{dx} = \frac{du}{dx} + \frac{dv}{dx}$$
正弦関数は，$\sin(x+y) \neq \sin x + \sin y$ であるので分配的ではない．→ 体，分配則（算術と代数における）

■**分布** distribution
　《統計》1組の数の相対的な配列．1つの変数の値の組と，それぞれの値の頻度．専門的には**確率変数**と，その**確率密度関数**，**確率関数**，または**分布関数**．例えば，下記の諸項目を参照．
→ 一様分布，F 分布，カイ2乗分布，ガンマ分布，コーシー分布，正規分布，対数正規分布，多項分布，超幾何分布，t 分布，2項分布，2変量正規分布，ピアソン分布の分類，負の2項分布，ベルヌイの分布，ポアソン分布

■**分布関数** distribution function
　F_X が確率変数 X の分布関数であるとは，$F_X(t)$ がすべての実数 t に対して "$X \leq t$" をみたす事象の確率となっていること．分布関数は X が**離散**または**連続**であるとき，それぞれ離散または連続であるという．離散確率変数 X が値 $x_1, x_2, \cdots$ をとり，$f(x_i)$ が x_i の確率であるならば，$F_X(t)$ は $x_i \leq t$ をみたすすべての $f(x_i)$ の和である．関数 f が連続確率変数の確率密度関数ならば，$F_X(t) = \int_{-\infty}^{t} f(x) dx$ である．確率変数の組 (X, Y) に対する**同時分布関数** $F_{(X,Y)}$ は，任意の実数 a, b に対し $F_{(X,Y)}(a, b)$ を事象 "$X \leq a$ かつ $Y \leq b$" の確率とすることによって

定義される．確率変数 X, Y が独立であるための必要十分条件は，すべての a, b に対して $F_{(X,Y)}(a, b) = F_X(a) F_Y(b)$ をみたすことである［→ 独立な確率変数］．関数 $F_{(X,Y)}$ は **2 変量分布** ともいわれる．確率変数の任意の組に対し**多変量分布**関数も同様に定義される．＝累積分布関数，確率分布関数．"分布関数"はしばしば母集団の分布を表す関数（**度数分布関数**や**確率関数**のようなもの）の意味で使われる．例えば，以下の項目を参照．→ 一様分布，ガンマ分布，コーシー分布

■**分布のモーメント** moment of a distribution

《統計》確率変数 X またはその分布関数の点 a のまわりでの k 次の**モーメント** μ_k とは，$(X-a)^k$ の**期待値**（もしも存在すれば）のことである．点列 $\{x_n\}$ 上の確率関数 p をもつ離散型確率変数の場合は，

$$\mu_k = \sum (x_i - a)^k p(x_i)$$

で定義される．ただし上記の和は有限かまたは絶対収束するものとする．確率密度関数 f をもつ連続型確率変数については，

$$\mu_k = \int (x-a)^k f(x) \, dx,$$

で定義される．ただしこの積分は絶対収束するものとする．もしも a が平均であれば，μ_k は k 次の**中心モーメント**とよばれる，また 0 のまわりのモーメントは単にモーメントとよばれる．1 次のモーメントは**平均**で，平均のまわりの 2 次のモーメントが**分散**である．中心モーメントは（0 のまわりの）モーメント $\{u_k\}$ を用い，u_1, $u_2 - u_1^2$, $u_3 - 3u_2 u_1 + 2u_1^3$, $u_4 - 4u_3 u_1 + 6u_2 u_1^2 - 3u_1^4$, … と書かれる．$k$ 次の**階乗モーメント**は $X(X-1)(X-2)\cdots(X-k+1)$ の期待値である．→ 積率法，絶対モーメント，標本積率，平行軸定理，モーメント母関数

■**分母** consequent, denominator

分数における線の下の成分．すなわち分子をわる成分．$\frac{2}{3}$ の分母は 3 である．日本語では $\frac{2}{3}$ を "3 分の 2" と読むが英語ではこれを "2 over 3" と読むので，分数の第 2 項（後項）ともよばれる．

■**分野** field of study

互いに関連する学習や研究の内容，対象などの 1 つのまとまり，例えば，解析学の分野，純粋数学の分野，応用数学の分野など．

■**分離拡大（体の）** separable extension of a field

F^* を体 F を含むある体とする．このとき，$c \in F^*$ が F に関して**分離的**であるとは，c が F に係数をもつある分離多項式の零点であることをいう．F^* が**分離的**であるとは，F^* のすべての元が分離的であることをいう．**完全体**とは，そのすべての有限次拡大体が分離体であること，すなわちその体に係数をもつ既約多項式が重解をもたないことをいう．

■**分離子** separatrix

何かを分離する記号．例えば，234,569 のように 3 桁おきに数を区切るコンマ，あるいは 234 569 のように間を区切る空白．小数点も分離子とよばれることがある．

■**分離体** splitting field
→ ガロア体

■**分離多項式** separable polynomial

重解をもたない多項式，すなわち n 個の相異なる解を，その多項式のガロア体中にもつ多項式．体 F に係数をもつ多項式 f が分離的であるためには，f とその形式的微分 f' との最大公約因数が定数であることが必要十分である．＝無平方多項式．

■**分離的ゲーム** separable game

利得関数が

$$M(x,y) = \sum_{i,j=0}^{m,n} a_{ij} f_i(x) g_j(y)$$

という形をした，連続 2 人零和ゲーム（純戦略集合は閉区間 $[0,1]$）のこと．ここで，a_{ij} は定数であり，f_i, g_j は連続関数である．**多項式ゲーム**は分離的ゲームの特別な場合である．

■**分離の法則** rule of detachment

条件文と，条件文の仮定の両方ともが真であるなら，条件文の結論も真である．例えば，命題 "私のチームが負けたなら，私は私の帽子を食べる" と "私のチームは負けた" の両方ともが真なら，命題 "私は私の帽子を食べる" は真である．

へ

■**ペアノ，ジューゼッペ** Peano, Giuseppe (1858—1932)
　イタリアの論理学者，解析学者，幾何学者．

■**ペアノ空間** Peano space
　単位閉区間 $[0, 1]$ の連続写像の像になるハウスドルフ空間．ハウスドルフ空間がペアノ空間になるための必要十分条件は，それがコンパクト，連結，局所連結，距離づけ可能で，空でないことである（ペアノ空間は弧状連結にもなっている）．ペアノ空間は**ペアノ曲線**とよばれることもあるが，通常ペアノ曲線といえば，媒介変数 $0 \leq t \leq 1$ と連続写像 f, g を用いた方程式 $x = f(t)$, $y = g(t)$ で定まる曲線で，単位正方形のすべての点を通過するものを指す．

■**ペアノの公理** Peano's postulates
　自然数の公理系．→ 整数

■**平角** straight angle, flat angle
　角の両辺が反対方向に延びる同一の直線をなす角．180°または π ラジアンの角．[類]平坦角．

■**閉曲線** closed curve
　端点をもたない曲線．円の連続変換による像
→ 曲線，単純閉曲線，路(2)，連続関数

■**閉曲面** closed surface
　境界線をもたない曲面．各点の近傍が開円板と同相となっている曲面．→ 曲面

■**平均** average, mean
　数の集合を代表する，あるいは表現する1つの数．通例，その集合の中の最小数より小さくなく，最大数より大きくない．数 $x_1, x_2, \cdots, x_n$ の**重みつき平均**（または**加重平均**）とは，
$$\bar{x} = \frac{q_1 x_1 + q_2 x_2 + \cdots + q_n x_n}{q_1 + q_2 + \cdots + q_n}$$
である．q_i を**重み**といい，それらが等しいとき，重みつき平均は**算術平均**（**相加平均**，普通，単に**平均**とよばれる）となる．例えば，60, 70, 80, 90 の平均は 75（これらの和を4でわったもの）．もしも進級にさいして学生の成績について特定の科目を重視するような選好をもたせたいならば，重みつき平均を用いることができる．成績が 60, 70, 80, 90 であったとすれば，平均は 75 である．しかし重みとして 1, 2, 3, 4 を用いれば，重みつき平均は $(60+140+240+360)/10$，すなわち，80 となる．数 $x_1, x_2, \cdots, x_n$ の**調和平均**とは，各数の逆数の算術平均の逆数，すなわち，
$$H = \frac{n}{\frac{1}{x_1} + \frac{1}{x_2} + \cdots + \frac{1}{x_n}}$$
である．n 個の正数 $x_1, x_2, \cdots, x_n$ の積の正の n 乗根，$\sqrt[n]{x_1 x_2 \cdots x_n}$ を，それらの数の**幾何平均**（**相乗平均**）という．1組の数の対数の算術平均は，それら数の幾何平均の対数となる．**確率変数**に関しては，平均とは**期待値**[→ 期待値] のことである．上述の重みつき平均は（q_i を x_i の確率とすれば），期待値の特別な場合となる．=平均値，期待値．→ 関数の平均値，算術幾何平均，相加平均，相乗平均，調和平均

■**平均曲率（曲面の）** mean curvature of a surface
　→ 曲面の曲率

■**平均寿命** expectation of life
　死亡生残表によって，与えられた集団の人たちが，ある年齢に達した後，生存できることが期待される平均年数のこと．これは，また**完全平均寿命**ともよばれ，**短縮平均寿命**と区別される．**短縮平均寿命**とは，与えられた集団の人たちが生存できるすべての年数の平均のことである．**接合平均寿命**とは，ある与えられた年齢の2人以上の人たち全員の生存が期待できる年数の平均のことである．

■**平均速度** average velocity
　移動する物体の，与えられた時間の初めと終わりにおける位置ベクトルの差を，その時間でわったもの．時刻 t における質点の**位置ベクトル**を $\boldsymbol{R} = x(t)\boldsymbol{i} + y(t)\boldsymbol{j} + z(t)\boldsymbol{k}$ とすると，時間 $\varDelta t$ における平均速度は
$$\frac{x(t+\varDelta t) - x(t)}{\varDelta t}\boldsymbol{i} + \frac{y(t+\varDelta t) - y(t)}{\varDelta t}\boldsymbol{j} +$$

すなわち，
$$\frac{z(t+\Delta t)-z(t)}{\Delta t}k$$
$$\frac{\boldsymbol{R}(t+\Delta t)-\boldsymbol{R}(t)}{\Delta t}$$
である．これは，x, y, z 軸に沿った平均速度の合力である．なお速さ（速度ベクトルの大きさ）の平均は，**平均速さ**とよぶべきだが，これをも平均速度ということが多い．→ベクトル

■**平均値定理** mean value theoem
(1)《微分法》
→微分法の平均値定理
(2)《積分法》
→積分法の平均値定理

■**平均値の2重法則** double law of the mean
→微分法の平均値定理

■**平均平方誤差**
《統計》t を母数 θ の**推測値**として，$(t-\theta)^2$ の**期待値**，σ^2 を**分散**，b を t の**偏り**とすると，これは σ^2+b^2 となる．

■**平均偏差** mean deviation
μ を平均値とするとき，$|X-\mu|$ の値の**平均値**すなわち**期待値**．密度関数 f をもつ連続確率変数の**平均偏差**は，
$$\int_{-\infty}^{\infty}|x-\mu|f(x)dx$$
が収束するとき，この積分によって定義される．確率関数が p で，値が $\{x_n\}$ である離散確率変数の**平均偏差**は，$\sum|x_i-\mu|p(x_i)$ が収束するとき，この和によって定義される．μ に中央値を用いることがときどきある．もし，確率変数が等確率である有限個の値を取るならば，平均に関しての偏差の符号を考慮した和は 0 であり，偏差の符号を考慮しない和は中央値に関しての偏差のとき最小値になる．→絶対モーメント

■**平均密度** mean density
質量を体積でわったもの．専門的には，ρ を密度，$\int_v$ は全体積上の積分を表すとき，
$$\int_v\rho dv\div\int_v dv$$
である．

■**閉区間** closed interval
→区間

■**平行** parallel
等距離ではなれていること．英語の語源は，ギリシャ語の para（辺と辺）と allēlon（互いに）との合成語である．→グラフ理論，平行曲線，平行線・平行面，平行ベクトル

■**平衡（質点・物体の）** equilibrium of a particle or a body
→質点（物体）の平衡

■**平行移動** parallel displacement
C を与えられた任意の曲線とし，その媒介変数による方程式を，
$$x^i=f^i(t) \quad (t_0\leq t\leq t_1)$$
とする．また ξ は，曲線 C 上の点 $x^i(t_0)$ における任意の共変ベクトルとする．このとき，曲線 C および計量テンソル g_{ij} に関する適当な条件のもとに，初期条件 $\xi^i(r_0)=\xi_0^i$ に対する微分方程式
$$\frac{d\xi^i(t)}{dt}+$$
$$\Gamma_{\alpha\beta}{}^i(x^1(t),\cdots,x^n(t))\xi^\alpha(t)\frac{dx^\beta(t)}{dt}=0$$
の解は，曲線 C の各点 $x^i(t)$ において共変ベクトル $\xi^i(t)$ を一意的に定める．C の各点 $x^i(t)$ におけるベクトル $\xi^i(t)$ は，C に関して与えられたベクトル ξ_0^i と**平行**である．このときベクトル $\xi^i(t)$ は与えられたベクトル ξ_0^i から**平行移動**によって得られたという．点 $x^i(t)$ が C 上を動くときの，ベクトル $\xi^i(t)$ の集合が，**与えられた曲線 C に関する平行（共変）ベクトル場**となる．例えば，測地線に対する接ベクトル場 $dx^i(s)/ds$ は，測地線に関する平行（共変）場をなす．

■**平行移動・回転移動** translation and rotation
座標軸を平行移動し，かつ回転する変換．例えば，x, y に関する一般の2次式を，x, y, xy の係数が 0 となる式に変形するのに用いられる．この変換公式は
$$x=x'\cos\theta-y'\sin\theta+h$$
$$y=x'\sin\theta+y'\cos\theta+k$$
で与えられる．h, k は，初めの座標系における新座標系の原点の座標であり，θ は x 軸の正の

方向を x' 軸の正の方向と平行になるまで回軸したときの回転角である．

■**平行円**　parallel circle
→ 回転面

■**平行曲線（平面の）**　parallel curves (in a plane)
　2つの曲線上の点が同一の法線をもつ点どうしで対をなし，それが常に法線から同一の長さの線分を切り取るとき，2つの曲線を平行という．共通の法線をもつ点における接線は，互いに平行である．→ 伸開線

■**平行曲面**　parallel surfaces
　共通の法線をもつ曲面．曲面 $S: x=x(u, v)$, $y=y(u, v)$, $z=z(u, v)$ と平行な曲面は，$(x+aX, y+aY, z+aZ)$ を座標にもつ曲面である．ただし，X, Y, Z は S の法線の方向余弦，a は定数である．

■**平行光線**　parallel rays
　同じ直線または平行な直線上の2つの光線．しばしば，同じ方向を向いていることが要求される．その場合，反対方向を向いた光線は，**逆光線**である．

■**平行軸定理**　parallel-axis theorem
　質量 M の物体の質量中心を通る直線 L_0 に関する慣性モーメントを I とすると，L_0 から距離 h だけ離れた直線 L_1 に関する慣性モーメントは，$I+h^2M$ である．X を平均 $\bar{x}$，分散 σ^2 の確率変数とすると，この定理より，$(x-a)^2$ の期待値は，$\sigma^2+(\bar{x}-a)^2$ である．

■**平行4辺形**　parallelogram
　相対する辺が平行である4辺形．相対する頂点を結ぶ線分 AC と BD（図）を**対角線**という．平行4辺形の**高さ**とは，相対する2つの辺の間の垂直距離をいう．そのときの一方の辺が**底辺**である．平行4辺形の**面積**は底辺の長さと高さの積，すなわち，任意の（底辺として選ばれた）

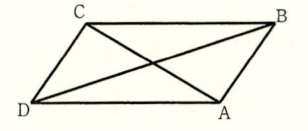

辺の長さとその辺の対辺との垂直距離の積である．

■**平行4辺形の法則**　parallelogram law
→ ベクトルの和

■**平行線公理（ユークリッドの）**　Euclid's postulate of parallels
　2直線が1つの直線（交線）と交わるとき，その交線の一方の側にできる2つの内角の和が2直角より小さいならば，2直線を延長すると交線のその側において交わる．これは，他の適当な公理のもとに，次の公理と同値である．与えられた直線上にない点を通り，その直線と平行な直線がただ1つひける．

■**平行線束**　pencil of parallel lines
　与えられた方向をもつ直線全体．与えられた直線に平行な直線全体．射影幾何学では，平行線束は直線束として扱える．平行線からなる直線束の頂点は無限遠点である．このように無限遠点の考えを導入すると，直線束と平行線束の概念を統一できる．平行線束の方程式は，直線の方程式 $y=mx+b$ において定数 m を固定し b を動かせば得られる．ただし，平行線束が x 軸に垂直なときは除く．この場合には $x=c$ を考えればよい．→ 直線束（1点を通る）

■**平行線・平行面**　parallel lines and planes
　2つの直線が**平行**であるとは，それらが1つの平面上にあり，かつどこまで延長しても交わらないことをいう．平面上の異なる2直線が平行であるための解析的条件は，それらの直交座標に関する方程式の対応する変数の係数が比例すること，またはそれらの直線の傾きが等しいこと，あるいはそれらの方程式の係数行列式が0となることである．空間内の異なる2直線が平行であるための条件は，それらが同じ方向余弦（または反対符号の方向余弦）をもつこと，またはそれらの方向係数が比例することである．**2つの平面**が**平行**であるとは，それらをどこまで延長しても交わらないことである．異なる2平面が平行であるための解析的条件は，それらの法線の方向係数が比例すること，またはそれらの直交座標に関する方程式の対応する変数の係数が比例することである．直線と平面は，どこまでいっても交わらないとき**平行**である．直線が平面と平行であるのは，直線が平面の法

線と垂直なときであり，しかもそのときに限る [→ 垂直な直線，平面]．3直線のすべてがある平面に平行であるための必要十分条件は，それらの3直線の方向係数を一定の順序でならべた3つの行からなる3次正方行列の行列式が0となることである．

■**平行体** parallelotope

平行6面体（または直方体）で，その辺の長さの比が $1:\frac{1}{2}:\frac{1}{4}$ であるもの．レンガの形とされる．

■**平行ベクトル** parallel vectors

2つの0でないベクトル u と v で，$u=kv$（k は0でないスカラー）となるもの．通常の3次元ベクトルの場合，2つの0でないベクトル u と v が平行である必要十分条件は，ベクトル積 $u \times v$ が0となるときである，あるいはそれらが同じ点から出る矢として同一直線上にあるときである．しばしば，より限定的な定義が用いられる．すなわち，0でないベクトル u と v が**平行**であるとは，$u=kv$ となる正の数 k が存在することと定める．このとき，2つのベクトルが平行であるための必要十分条件は，それらが同じ点から出る矢として同一直線上にあり，しかも同一方向を向いていることである，あるいはそれらのベクトル積が0でスカラー積が正となることである．2つのベクトルが**逆平行**であるとは，それらが平行であり，しかも逆方向を向いていることである．このとき $k<0$，あるいはベクトル積が0でスカラー積が負である．

■**平行ベクトル場** parallel vector field
→ 平行移動

■**平行6面体** parallelepiped

平行4辺形を底面とする角柱．すべての面が平行4辺形の多面体．平行な1対の底面以外の面を**側面**，側面の面積の和を角柱の**側面積**，そして側面の共通部分を**側辺**という．平行6面体の**対角線**とは，同一の面にない2つの頂点を結ぶ線分である．これらは4本あり，**主対角線**とよばれる．他の対角線は面の対角線である．平行6面体の**高さ**を1つの面（**底面**）からそれと平行な面への垂直距離とすると，その体積は底面の面積と高さの積である．**直角平行6面体**とは，側面に垂直な底面をもつ平行6面体である．それは直角柱の特別な場合と考えられる．**直方体**とは，長方形を底面とする直角平行6面体である．その辺の長さを a, b, c とすると，その体積は abc，その全表面の面積は $2(ab+bc+ac)$ である．**斜平行6面体**とは，側辺が底面と直角でない平行6面体である．

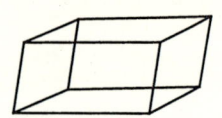

■**閉写像（閉変換）** closed function, closed mapping, closed transformation

(1) → 開写像

(2) T を**1**次変換，その定義域を D とする．D に含まれる点列 $\{x_n\}$ に対し，もし $\lim x_n = x_0$，$\lim T(x_n) = y_0$ が存在するならば，$x_0 \in D$ かつ $T(x_0) = y_0$ が成立するとき，T は閉である．いいかえると T の定義域の閉包 $\bar{D}$ と値域の閉包 $\bar{R}$ の直積 $\bar{D} \times \bar{R}$ の中で，$[x, T(x)]$ という点の集合が閉集合となるとき T は閉である．→ 開写像定理

■**閉集合** closed set

点集合 U は，U のすべての集積点が U に含まれるとき，閉集合である．閉集合は開集合の補集合である．円周上の点と内部の点をあわせた集合は閉集合である．

■**並進曲面（併進曲面）** surface of translation, translation surface

$x = x_1(u) + x_2(v)$, $y = y_1(u) + y_2(v)$, $z = z_1(u) + z_2(v)$ という形で表示される曲面．これは，曲線 $C_1 : x = x_1(u)$, $y = y_1(u)$, $z = z_1(u)$ 上の各点が，曲線 $C_2 : x = x_2(v)$, $y = y_2(v)$, $z = z_2(v)$ と合同な図形を描くように，C_1 をそれ自身に対し平行移動することによって得られる曲面である．また，同様に，曲線 C_2 上の各点が，曲線 C_1 と合同な図形を描くように，C_2 をそれ自身に対し平行移動することによって得られる曲面ともいえる．C_1（または C_2）の点によって描かれる軌跡を，この曲面の**母線**という．

■**ベイズ，トーマス** Bayes, Thomas (1702–1761)

英国の神学者，確率論学者．

■ベイズの定理　Baye's theorem
　A と $B_1, B_2, \cdots, B_n$ を次のような事象とする．A の確率 $P(A)$ は 0 ではなく，$\sum_{i=1}^{n} P(B_i) = 1$，さらに $i \neq j$ ならば $P(B_i$ かつ $B_j) = 0$ とする．このとき A が起こったことを前提とした B_j の条件つき確率 $P(B_j|A)$ は
$$P(B_j|A) = \frac{P(B_j)P(A|B_j)}{\sum_{i=1}^{n} P(B_i)P(A|B_i)}$$
で与えられる．$P(B_j|A)$ は事象 B_j の逆確率ともよばれる．例えば，4 個のつぼのそれぞれが選ばれる確率が等しいものとする．1 番目のつぼには 1 個の白球と 2 個の赤球が入れてあり，2 番目のつぼには 1 個の白球と 3 個の赤球，3 番目のつぼには 1 個の白球と 4 個の赤球，そして 4 番目のつぼには 1 個の白球と 5 個の赤球が入れてあるとする．それぞれのつぼが選ばれる確率は $\frac{1}{4} = P(B_i)$ である．A を白球を取り出す事象とすれば，$i = 1, \cdots, 4$ に対してそれぞれ $P(A|B_i)$ の値は $\frac{1}{3}, \frac{1}{4}, \frac{1}{5}, \frac{1}{6}$ に等しい．ベイズの公式を応用すると
$$P(B_2|A)$$
$$= \frac{\frac{1}{4} \cdot \frac{1}{4}}{\frac{1}{4} \cdot \frac{1}{3} + \frac{1}{4} \cdot \frac{1}{4} + \frac{1}{4} \cdot \frac{1}{5} + \frac{1}{4} \cdot \frac{1}{6}} = \frac{15}{57}$$
となる．→ 条件つき確率

■平尖的分布　platykurtic distribution
　→ 尖度

■平坦角　flat angle
　→ 平角

■平坦点（曲面の）　planar point of a surface
　そこで $D = D' = D'' = 0$ となる曲面上の点 [→ 曲面の基本係数]．平坦点ではその曲面上のすべての方向が漸近方向である．曲面が平面であるための必要十分条件は，そのすべての点が平坦点であることである．

■閉包（点集合の）　closure of a set of points
　与えられた集合に対し，その閉包とはその集合とその集合のすべての集積点を含む集合である．閉集合の閉包はもとの集合自身であり，任意の集合の閉包は閉集合である．与えられた集合の集積点の全体はその集合の導集合とよばれる．集合 U の閉包を通常 $\bar{U}$，導集合を U' とかく．

■平方　square
　解析や代数において，自分自身を乗じた量．2 乗と同じ．

■平方根　square root
　→ n 乗根

■平方剰余の相互法則　quadratic reciprocity law
　p, q が互いに異なる奇素数であるとき成り立つ，次の公式をいう．
$$(q|p)(p|q) = (-1)^{(q-1)(p-1)/4}$$
= 2 次の相反法則．→ ルジャンドルの記号

■平方数　square number
　1, 4, 9, 16, 25, 36, 49 などのように整数の平方である数．

■平方の差　difference of squares
　→ 同ベキの差

■平方偏差　mean-square deviation
　ある数 a に対する 2 次積率のこと．a が平均値であるなら，平方偏差は**分散**である．→ 分布のモーメント

■平面　plane
　その任意の 2 点を結ぶ直線が完全にそれに含まれる曲面．= 平らな面．

■平面解析幾何学　plane analytic geometry
　主に，2 変数の方程式のグラフの形を表すことや平面上での軌跡の方程式を求めることを研究する平面上の（2 次元空間での）解析幾何学のこと．

■平面角　plane angle
　→ 角

■平面角（2 面角の）　plane angle of a dihedral angle
　2 面角の辺に垂直で，それぞれの面に含まれる交差する 2 直線のなす角．2 面角の 2 面と，その 2 面角の辺に垂直な第 3 の平面との交線の間の平面角．そのような平面角はその 2 面角を測

るという．その平面角が鋭角，直角，鈍角のとき，その2面角も**鋭角，直角，鈍角**という．

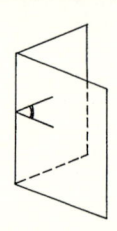

■平面（初等）幾何学　plane (elementary) geometry
定規やコンパスを用いて描くことのできる平面図形（角，3角形，多角形，円など）の性質や関係を研究する幾何学の分野のこと．

■平面曲線　curve in a plane, plane curve
すべての点が同一平面上にある曲線．→ 曲線

■平面グラフ　planar graph
各辺が対応する2項点を結ぶ単純曲線で，相異なる2辺が頂点以外では交わらないように，平面上で表現できるグラフ．クラトフスキーは，グラフが平面グラフであるための必要十分条件が，次の2種のグラフを部分グラフとして含まないことであることを示した．
(1) 5点からなる完全グラフ．
(2) 3:3の完全2部グラフ．すなわち6点を3個ずつに分け，別の組の点どうしをすべて結んだグラフ．あるいは6角形の対点どうしを結んだグラフ．→ グラフ理論

■平面航法　plane sailing
羅針方位線上（32の方位がある）を航行する航法のこと．羅針方位線が子午線となす一定の角度は船の**針路**とよばれる．平面の直角3角形を解くことが必要である．

■平面航法の3角形　triangle of plane sailing
地球上の2地点の緯度の差と東西距離を2辺とし，航海線を斜辺とした球面直角3角形．これを平面上の3角形とみなして取り扱う．

■平面三角法の恒等式　identities of plane trigonometry
式の中に含まれている三角関数が，定義されている変数のすべての値に対して成立する，三角関数の間の関係式．すなわち三角関数の間に成立する恒等式．

三角関数の**基本的恒等式**は最も単純な恒等式である［→ 三角関数］．さらに，次のような三角法の恒等式がある．

換算公式は，任意の角の三角関数の値を $0 \leq A \leq 90°$，あるいは $0 \leq A \leq 45°$ の角 A の三角関数によって表すのに使われる恒等式である．正弦 (sine)，余弦 (cosine)，正接 (tangent) に対する公式を示すと（符号は複号同順）

$$\sin(90°\pm A)=\cos A$$
$$\sin(180°\pm A)=\mp\sin A$$
$$\sin(270°\pm A)=-\cos A$$
$$\cos(90°\pm A)=\mp\sin A$$
$$\cos(180°\pm A)=-\cos A$$
$$\cos(270°\pm A)=\pm\sin A$$
$$\tan(90°\pm A)=\mp\cot A$$
$$\tan(180°\pm A)=\pm\tan A$$
$$\tan(270°\pm A)=\mp\cot A$$

次の公式を**ピタゴラスの恒等式**という．
$$\sin^2 x+\cos^2 x=1$$
$$\tan^2 x+1=\sec^2 x$$
$$1+\cot^2 x=\operatorname{cosec}^2 x$$

和と差の恒等式とは，2つの角の和あるいは差の正弦，余弦，正接などを，1つの角の三角関数によって表す公式．通例**加法定理**とよばれる．この公式の必要性は，$\sin(x\pm y)\neq\sin x\pm\sin y$ のように，関数記号を分配する形の式が成立しないことによる．それらのうち最も重要なのは（符号は複号同順），
$$\sin(x\pm y)=\sin x\cos y\pm\cos x\sin y$$
$$\cos(x\pm y)=\cos x\cos y\mp\sin x\sin y$$
$$\tan(x\pm y)=\frac{\tan x\pm\tan y}{1\mp\tan x\tan y}$$

である．**2倍角の恒等式**とは，角の2倍の正弦，余弦，正接などを，その角の三角関数によって表す公式．上の公式において，y を x とおけば得られる．重要なのは，
$$\sin 2x=2\sin x\cos x$$
$$\cos 2x=\cos^2 x-\sin^2 x$$
$$\tan 2x=\frac{2\tan x}{1-\tan^2 x}$$
である．

半角の恒等式とは，角の半分の三角関数を，この角の三角関数によって表す公式．これらは，2倍角の恒等式から容易に得られる（$2x=A$，$x=\frac{1}{2}A$ とおけばよい）．そのうち，重要なのは

$$\sin\frac{1}{2}A = \pm\sqrt{\frac{1-\cos A}{2}}$$
$$\cos\frac{1}{2}A = \pm\sqrt{\frac{1+\cos A}{2}}$$
$$\tan\frac{1}{2}A = \frac{\sin A}{1+\cos A} = \frac{1-\cos A}{\sin A}$$

である.
　積の恒等式とは
$$\sin x \cos y = \frac{1}{2}\{\sin(x+y) + \sin(x-y)\}$$
$$\cos x \sin y = \frac{1}{2}\{\sin(x+y) - \sin(x-y)\}$$
$$\cos x \cos y = \frac{1}{2}\{\cos(x+y) + \cos(x-y)\}$$
$$\sin x \sin y = \frac{1}{2}\{\cos(x-y) - \cos(x+y)\}$$

である.これらは,和と差の恒等式より容易に得られる.

■**平面三角法の半角の公式** half-angle formulas of plane trigonometry

(1) 3角形の角の1つと辺との間の関係を与える平面三角形の解法の公式.これらは,対数計算が主流であった時代に,このほうが使いやすかったので,**余弦法則**のかわりに用いられた.半角の公式を示すと,

$$\tan\frac{1}{2}A = \frac{r}{s-a}$$
$$\tan\frac{1}{2}B = \frac{r}{s-b}$$
$$\tan\frac{1}{2}C = \frac{r}{s-c}$$

ここで,A, B, C は角で,a, b, c はそれぞれ A, B, C の対辺の長さ,

$$s = \frac{1}{2}(a+b+c)$$
$$r = \sqrt{\frac{(s-a)(s-b)(s-c)}{s}}$$

である.
　(2) → 平面三角法の恒等式

■**平面図形** plane figure (curve, surface)
　平面内に完全に含まれている図形.曲線の場合には**平面曲線**という.

■**平面積計** planimeter
　平面図形の面積を計測する装置.図形の境界線に沿って平面積計の針を動かし一周させればよい.通常のものは**極平面積計**とよばれる.→

求積器

■**平面切断** plane section
　曲面や立体と平面との共通部分.

■**平面層** sheaf of planes
　ある与えられた1点を通るすべての平面のこと.この点を層の**中心**という.層の任意の平面を表す方程式は,同一直線を共有しないようなその層に属する3つの平面を表す方程式をのそれぞれを異なるパラメータ(任意定数)でかけ,その結果を加えることによって得られる.→ 平面束

■**平面束** pencil of planes
　与えられた直線を含む平面全体.その直線を平面束の**軸**とよぶ(図中の直線 AB).

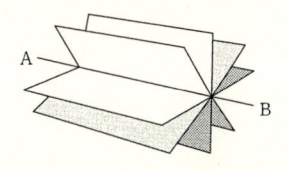

■**平面代数曲線** algebraic plane curve
　f を x と y との多項式とするとき,直角座標で $f(x, y) = 0$ という方程式で表される平面曲線.f の次数が n のとき,その曲線は **n 次代数曲線**とよばれる.n が1のとき**直線**であり,n が2のとき2次曲線すなわち**円錐曲線**である.また n が 3, 4, 5, 6, … に従って 3次, 4次, 5次, 6次, …曲線である.n が2より大きいときその曲線を**平面高次代数曲線**という.$f(x, y) = 0$ で定義される代数曲線に対し,$f(x, y) = g(x, y) \times h(x, y)$ である $h(x, y)$ (それは定数であってもよい) が存在するとき,$g(x, y) = 0$ で定義される曲線を $f(x, y) = 0$ で定義される曲線の**成分**という.ただ1つの成分をもつ平面代数曲線を**既約曲線**という.例えば $x^2 + y^2 - 9 = 0$ は既約であるが,$(y-x)(2x-y-1) = 0$ は可約でその成分の方程式は $y - x = 0$ および $2x - y - 1 = 0$ である.→ 射影平面曲線,ベズーの定理

■**平面代数曲線束** pencil of plane algebraic curves
　次のような方程式の h と k に任意の値を代入して得られる方程式で与えられる曲線全体.

$$hf_1(x, y) + kf_2(x, y) = 0$$

ただし, h と k は同時には 0 ではなく, $f_1=0$ と $f_2=0$ は同じ次数をもつ. n をこの次数とすると, この曲線束の任意の曲線は $f_1=0$ と $f_2=0$ に共通な(複素座標系で考えて) n^2 個の定点を通る. 例えば円錐曲線束は 4 個の定点を通る円錐曲線全体からなり, 3 次曲線束は 9 個の定点を通る 3 次曲線全体からなる. → 円束, 直線束(1 点を通る)

■**平面直交座標系の象限** quadrant in a system of plane rectangular coordinates

直交座標系において, 座標軸によって分割される 4 個の区画の 1 つ. x 座標と y 座標がともに正の区画から反時計回りに数えて, 第 1, 第 2, 第 3, 第 4 象限という. → 直角座標

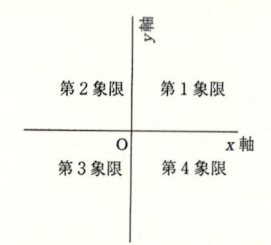

	y軸	
第 2 象限		第 1 象限
	O	x軸
第 3 象限		第 4 象限

■**平面内の相反極図形** reciprocal polar figures in the plane

直線とその交点からなる 2 つの図形において, それぞれの図形の各点が, 与えられた円錐曲線に関して他方の図形の直線の極になっているとき, この 2 つの図形を**相反極図形**という [→ 円錐曲線の極と極線]. **極相反 3 角形**とは, ある円錐曲線に関して, それぞれの頂点が他方の対辺の極になっている 2 つの三角形のことである. **極相反曲線**とは, 一方の曲線上の各点の与えられた円錐曲線に関する極線が他方に接するような 2 つの曲線の組である. このとき, 後者の曲線上の点の極線も前者に接することになる.

■**平面に関する鏡映** reflection in a plane

対称的な配置の中で, 各点を平面に関して対称な位置に移すこと. 例えば, 点 (x, y, z) は x-y 平面に関する鏡映で, 点 $(x, y, -z)$ に移される.

■**平面の円の方程式** equation of a circle in the plane

直角座標系において

$$(x-h)^2 + (y-k)^2 = r^2$$

が半径 r, 中心 (h, k) の円を表す. 中心が原点の場合は $x^2 + y^2 = r^2$ となる [→ 2 点間の距離]. 極座標系において, 動径を ρ, 方位角を ϕ とするとき,

$$\rho^2 + \rho_1^2 - 2\rho\rho_1 \cos(\phi - \phi_1) = r^2$$

が半径 r, 中心 (ρ_1, ϕ_1) の円を表す方程式である. 原点が中心ならば, 方程式は $\rho = r$ となる. 半径を a, x 軸の正方向から動径への角度を θ とするとき, 円の**媒介変数表示**は $x = a\cos\theta$, $y = a\sin\theta$ で与えられる.

■**平面の縮小** shrinking of the plane
=縮小変更. → 相似変換

■**平面の方程式** equation of a plane

3 次元直交座標系における 1 次式の方程式のこと. 方程式 $Ax + By + Cz + D = 0$ が平面の方程式の一般形である. ただし, A, B, C は同時には 0 にならないとする. 一般形の特殊な場合として次のようなものがある. (1) **切片形**. 方程式 $x/a + y/b + z/c = 1$. ここで, a, b, c はそれぞれ x, y, z 切片である. (2) **3 点形**. 平面上の 3 点を用いて表される平面の方程式. 最も簡単な形は $x, y, z, 1$; $x_1, y_1, z_1, 1$; $x_2, y_2, z_2, 1$; $x_3, y_3, z_3, 1$ を行にもつ行列式を 0 とおけば得られる. ただし, (x_1, y_1, z_1), (x_2, y_2, z_2) (x_3, y_3, z_3) が与えられた 3 点である. (3) **法線形**. 方程式

$$lx + my + nz - p = 0$$

ここで, l, m, n は原点を通る平面の法線の方向余弦で, p は原点から平面までの法線の長さである. l, m, n と平面上の点の座標 x_1, y_1, z_1 が与えられると, $p = lx_1 + my_1 + nz_1$ となるから, その平面の方程式は

$$l(x - x_1) + m(y - y_1) + n(z - z_1) = 0$$

とかける. この方程式の左辺はベクトル (l, m, n) と $(x - x_1, y - y_1, z - z_1)$ との内積である. したがって, 上の 2 つの方程式の左辺は, どちらも点 (x, y, z) からその平面までの距離を表している. 平面の方程式 $Ax + By + Cz + D = 0$ を $\pm(A^2 + B^2 + C^2)^{1/2}$ でわれば, その法線形が得られる. ただし, 符号は定数項 D の符号と異なるようにとるものとする.

■**ペイリー，レイモンド・エドワード・アラン・クリストファー** Paley, Raymond Edward Alan Christopher (1907—1933)
　天分にめぐまれたイギリスの数学者．カナダのバンフにてスキー中，雪崩にあって死亡．

■**ペイリー–ウィーナーの定理** Paley-Wiener theorem
　$\{x_i\}$ をバナッハ空間 X の基底，$\{y_i\}$ を X 内の数列とするとき，ある正数 $\theta<1$ が存在して，任意の数列 $\{a_i\}$ に対し，不等式
$$\left\|\sum_{i=1}^{n} a_i(x_i-y_i)\right\| \leq \theta \left\|\sum_{i=1}^{n} a_i x_i\right\|$$
が成り立つならば，$\{y_i\}$ も X の基底であり，$y_i=T(x_i)$ は X から X の上への同型写像 T を定義する．この定理は，ヒルベルト空間の完備正規直交系に対して，ペイリーとウィーナーによって証明された．θ と $\{a_i\}$ をとりのぞき，不等式を
$$\sum_{i=1}^{\infty} \|x_i-y_i\| \|f_i\| < 1$$
におきかえることができる．ただし，$\{f_i\}$ は，$f_i(x_j)$ が $i=j$ または $i\neq j$ に従って 1 または 0 となるような連続線型汎関数の列である．→ 基底（ベクトル空間の），直交関数

■**閉領域** closed region
→ 領域(1)

■**閉路** circuit
　グラフ中の閉じた路で，その中の各点および各辺が1回ずつ現れるもの．位相幾何学的には円である．複数の閉路を合せた路をも閉路（サイクル）ということがある．→ グラフ理論，ハミルトン・グラフ，路(2)

■**ベーカー，アラン** Baker, Alan (1939— 　)
　英国の数学者で，フィールズ賞の受賞者(1970年)．ゲルフォント–シュナイダーの定理を拡張して，$a_1, a_2, \cdots, a_k$ が代数的数（0 または 1 ではない）で，$\beta_1, \beta_2, \cdots, \beta_k$ が線型独立で代数的無理数ならば $a_1^{\beta_1} a_2^{\beta_2} \cdots a_k^{\beta_k}$ が超越数であることを示した．→ ゲルフォント–シュナイダーの定理

■**ペー関数** pe function
　ワイエルシュトラスの基本的な楕円関数．昔は筆記体で $\wp$ で表したが，近年は普通の p で表記することが多くなった．→ ワイエルシュトラスの楕円関数

■**ベキ** power
→ 指数

■**ベキ（点の）** power of a point
→ 点のベキ

■**ベキ級数** power series
　各項が変数の正整数ベキを含み，かつ昇ベキの順に項が並んでいる級数のこと，すなわち
$$a_0 + a_1 x + a_2 x^2 + \cdots + a_n x^n + \cdots$$
の形の級数のことをいう．ただし，各 a_i は定数で，x は変数である．
$$a_0 + a_1(x-h) + a_2(x-h)^2 + \cdots + a_n(x-h)^n + \cdots$$
の形の級数をさすこともある．
　形式的ベキ級数とは，$a_0+a_1x+a_2x^2+\cdots$ の形のベキ級数をいい，このときは収束性を問題にしない．2つの形式的ベキ級数の加法は対応する項どうしを加えることで定義し，乗法は一方の各項に他方の各項をかけることにより定義する［→ **無限級数の積**］．x に関する形式的ベキ級数全体はこの加法と乗法により，**単位的可換環**となる．定数項が 0 でない任意の形式的ベキ級数 F は**単元**である．なぜならば，1 を F で形式的にわることにより，$FF^{-1}=1$ をみたす形式的ベキ級数 F^{-1} が得られるからである．2つのベキ級数 F, G が**同伴である**とは，定数項が 0 でないようなベキ級数 E が存在して，$F=GE$ が成り立つことをいう．これらの概念は多変数の場合，すなわち $x_1, x_2, \cdots, x_n$ に関するベキ級数
$$\sum_{p=0}^{\infty} F_p(x_1, \cdots, x_n)$$
に拡張される．ただし，F_p は $x_1, x_2, \cdots, x_p$ に関する次数が p の同次多項式である．→ 収束円，テイラーの定理

■**ベキ級数に関するアーベルの定理** Abel theorem on power series
　(1) ベキ級数 $a_0+a_1x+a_2x^2+\cdots+a_nx^n+\cdots$ が $x=c$ において収束するならば，$|x|<|c|$ において絶対収束するという定理
　(2) $\sum_{n=0}^{\infty} a_n$ が収束するならば
$$\lim_{t\to 1-0} \sum_{n=0}^{\infty} a_n t^n = \sum_{n=0}^{\infty} a_n$$
であるという定理．ここで極限は +1 に左側から近づく極限である．これと同値な命題は，$\sum_{n=0}^{\infty} a_n x^n$

が $x=R(>0)$ で収束すれば，$S(x)=\sum_{n=0}^{\infty}a_nx^n$ とおくと，関数 S は $0,R$ を両端とする閉区間において連続である，という定理である．この定理はさまざまな名で述べられ，最も詳しくは"収束円周上のアーベルの連続性定理"とよばれる．

■ベキ級数の除法　divison of two power series

2つの級数を，それらがともに変数に関して次数の低いほうから並べたベキ多項式とみて，わり算をすること．商は，2つの級数の共通収束領域内で分母の級数を0とする実数，あるいは複素数の絶対値より小さい絶対値をもつすべての変数に対して収束し，両級数の和の商を表す．

■ベキ級数の積分　integration of a power series
→無限級数の積分

■ベキ級数のたたみ込み　convolution of two power series

2つの級数 $\sum_{n=-\infty}^{\infty}a_nz^n$ および $\sum_{n=-\infty}^{\infty}b_nz^n$ が与えられたとき $c_n=\sum_{p=-\infty}^{\infty}a_pb_{n-p}$ とおいてできる級数 $\sum_{n=-\infty}^{\infty}c_nz^n$ を先の級数の**たたみ込み**とよぶ．これは級数の項ごとの形式的な積である．

■ベキ級数の微分　differentiation of a power series
→無限級数の微分

■ベキ根の位数　order of a radical
＝指数．→乗根の指数

■ベキ等　idempotent
ある集合の要素 x と演算。に関する $x\circ x=x$ という性質．例えば集合のブール代数に関する $A\cup A=A$ または $A\cap A=A$ という性質．→ブール代数
特に乗法について，自分自身を自分に乗じても不変である性質に対して用いられる．単位元や行列
$$\begin{pmatrix}1 & 0 & 0\\ 0 & 1 & 0\\ 1 & 0 & 0\end{pmatrix}$$
などはベキ等である．

■ベキ零　nilpotent
何回かのベキをとると0になること．行列
$$A=\begin{pmatrix}2 & 0 & -4\\ 3 & 0 & 0\\ 1 & 0 & 2\end{pmatrix}$$
はベキ零である．実際，$A^3=0$．

■ベキ零イデアル　nilpotent ideal
環 R のイデアル I で，適当な正整数 n が存在し，I から $x_1,x_2,\cdots,x_n$ をどのように選んでも $x_1x_2\cdots x_n=0$ となるもの．→イデアル，環の根基

■ヘクタール　hectare
メートル法での面積の単位．10000平方メートル．

■ベクトル　vector
一般的にはベクトル空間の要素．元来は3次元ユークリッド空間において，有向線分で表され，加法と乗法について一定の演算規則をみたすもの[→ベクトルの乗法，ベクトルの和]．上記に対応する演算規則をみたす，順序づけられた3つの数の組．いくつかのベクトルの和が，与えられたベクトルと等しくなるとき，それらのベクトルを与えられたベクトルの**成分**という．向きが与えられたとき，その向きにおける成分とは，その向きにある直線上へのベクトルの射影のことである．座標軸 x,y,z と同じ向きの単位ベクトルを，それぞれ $\boldsymbol{i},\boldsymbol{j},\boldsymbol{k}$ で表すと，1つのベクトルの各軸に平行な成分は，$x\boldsymbol{i},y\boldsymbol{j},z\boldsymbol{k}$ の形となり，そのベクトルは
$$x\boldsymbol{i}+y\boldsymbol{j}+z\boldsymbol{k} \quad \text{または} \quad (x,y,z)$$
と表すことができる．図は，ベクトル $\boldsymbol{R}=x\boldsymbol{i}+y\boldsymbol{j}+z\boldsymbol{k}$ を表している．→加速度，速度，力のベクトル，ベクトル空間

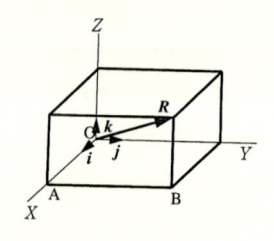

■**ベクトル解析** vector analysis
　ベクトルやベクトルの間の関係，さらに，ベクトルの応用についての研究．特にベクトル値関数の微分積分学．

■**ベクトル角** vectorial angle
　→ 極座標

■**ベクトル関数の発散** divergence of a vector function
　ベクトル値関数 $F = iF_x + jF_y + kF_z$ に対して，$\nabla \cdot F$ と表される発散は，∇ を作用素

$$i\frac{\partial}{\partial x} + j\frac{\partial}{\partial y} + k\frac{\partial}{\partial z}$$

とすれば，

$$\nabla \cdot F = i \cdot \frac{\partial F}{\partial x} + j \cdot \frac{\partial F}{\partial y} + k \cdot \frac{\partial F}{\partial z}$$
$$= \frac{\partial F_x}{\partial x} + \frac{\partial F_y}{\partial y} + \frac{\partial F_z}{\partial z}$$

と定義される．例えば，$F(x, y, z)$ が点 $P : (x, y, z)$ における流体の速度とすれば，$\nabla \cdot F$ は P を含む流体の無限小部分の単位体積あたりの体積変化率である．なお級数の発散と区別して"発散量"ということもある．→ テンソルの発散

■**ベクトル空間** vector space
　(1) 3次元におけるベクトルの全体，または，n 個の成分をもったベクトル $(x_1, x_2, \cdots, x_n)$ の全体．成分が実数のときは**実ベクトル空間**という．ベクトル $x = (x_1, x_2, \cdots, x_n)$, $y = (y_1, y_2, \cdots, y_n)$ の和は $x + y = (x_1 + y_1, x_2 + y_2, \cdots, x_n + y_n)$ で定義する．ベクトル x のスカラー倍は $ax = (ax_1, ax_2, \cdots, ax_n)$ で定義する．ベクトル x, y に対し $\sum_{i=1}^{n} \bar{x}_i y_i$ を x と y の**スカラー積**（**内積**または**点乗積**）という．$\left[\sum_{i=1}^{n} |x_i|^2\right]^{1/2}$ をベクトル x の長さ，または**ノルム**という．ヒルベルト空間においては，ベクトルが無限個の成分をもつこともある．
　(2) つぎの条件をみたす**ベクトル**とよばれる要素の集合 V. V の任意のベクトル x, y に対し，和とよばれる V のベクトル $x + y$ が1つ定まり，V の任意のベクトル x と任意のスカラー a に対し，スカラー倍とよばれる V のベクトル ax が1つ定まり，次の (i) ~ (iii) をみたす．すなわち，(i) V は和に関しアーベル群をなす．(ii) $a(x + y) = ax + ay$, $(a + b)x = ax + bx$, (iii) $(ab)x = a(bx)$, $1x = x$. 条件 (ii), (iii) において，x, y は任意のベクトル，a, b は任意のスカラーである．
　スカラーは，実数または複素数とするが，体の要素とすることもある．=線型空間，線型ベクトル空間．
　ベクトル空間が，位相群で，かつスカラー倍が連続（すなわち，ax の任意の近傍 W に対し，a の近傍 U と x の近傍 V が存在し，$b \in U$, $y \in V$ ならば $by \in W$ となる）のとき，**線型位相空間**（または，**位相ベクトル空間**）という．ベクトル空間の任意のベクトル x に対し，つぎの条件をみたす実数 $\|x\|$（これを x の**ノルム**という）が定まっているとき，**ノルムベクトル空間**（または，**ノルム線型空間**，**線型ノルム空間**，**ノルム空間**）という．$x \neq 0$ ならば $\|x\| > 0$, $\|ax\| = |a| \|x\|$, $\|x + y\| \leq \|x\| + \|y\|$.
　ノルムベクトル空間は線型位相空間になる．
　→ 基底（ベクトル空間の），直交ベクトル，内積空間，ヒルベルト空間，フレシェ空間

■**ベクトル空間での射影** projection of a vector space
　ベクトル空間からそれ自身への変換 P で，**線型**（**加法的**かつ**同次**）かつ**ベキ等**（$P \cdot P = P$）であるもの．P がベクトル空間 T の射影であるとき，T に含まれるベクトル空間 M, N が存在し，T の各要素は M の要素と N の要素の和として一意的に表すことができる．具体的にいえば，M は P の値域で，N は P の零空間（$P(x) = 0$ なる点 x 全体からなる空間）である．このとき P は T を M の上へ N に沿って**射影する**という．T がバナッハ空間である場合，このような P が連続であるための必要十分条件は，正数 ε が存在して M, N それぞれに属する単位ノルム（長さ）のベクトル x, y に対して，$\|x - y\| \geq \varepsilon$ とできることで，これはある定数 A が存在し，各 x に対して $\|P(x)\| \leq A \|x\|$ となることと同値である．T がヒルベルト空間である場合，各 x に対して $\|P(x)\| \leq \|x\|$ となるとき，あるいは同値な条件だが，M と N が直交するとき，P は**直交射影**（単に**射影**ということもある）であるといわれる．

■**ベクトル空間のテンソル積** tensor product of vector spaces
　X, Y が体 F 上のベクトル空間のとき，両者の**テンソル積** $X \otimes Y$ とは，X と Y から F への双1次関数の空間 $L(X, Y)$ の**共役**または**双対空間**である．もしも X, Y がそれぞれ m, n 次元

ならば, $X \otimes Y$ は mn 次元である. $x \in X, y \in Y$ に対して, 各双 1 次関数 φ について $z(\varphi) = \varphi(x, y)$ をみたす $z \in X \otimes Y$ を, $z = x \otimes y$ で表す. X, Y が局所凸な線型位相空間ならば, $X \otimes Y$ の射影位相は, $F(x, y) = x \otimes y$ を連続にするような最も細かい局所凸位相である.

■**ベクトル 3 重積** triple (scalar) product of three vectors

3 次元空間の 3 つのベクトル A, B, C からきまるスカラー $A \cdot (B \times C)$ のこと. これは, (ABC) または $[ABC]$ ともかかれる. 点・は**スカラー積**(内積), ×は**ベクトル積**(外積)を表す. ベクトル A, B, C が
$$A = a_1 i + a_2 j + a_3 k, \quad B = b_1 i + b_2 j + b_3 k,$$
$$C = c_1 i + c_2 j + c_3 k$$
と表されるならば, 3 重積は, 行列式
$$\begin{vmatrix} a_1 & b_1 & c_1 \\ a_2 & b_2 & c_2 \\ a_3 & b_3 & c_3 \end{vmatrix}$$
に等しい. 3 重積のベクトルを巡回的におきかえても, 値は変わらない. これは上の行列式より明らかである. 3 重積の絶対値は, この 3 つのベクトルを 3 辺とする平行 6 面体の体積に等しい.

■**ベクトル積** vector products
→ ベクトルの乗法

■**ベクトル値関数** vector function
値がベクトルである関数のこと. f_1, f_2, f_3 を実数値関数とするとき,
$$F = f_1 i + f_2 j + f_3 k$$
とおくと, F はベクトル値関数になる.

■**ベクトル値関数** vector-valued function
値域がベクトル空間の部分集合である関数.
→ 関数

■**ベクトル値関数 ϕ に対するベクトル・ポテンシャル** vector potential relative to a given vector valued function ϕ
ベクトル値関数 ψ で $\nabla \times \psi = \phi$ となるもの.
→ 管状ベクトル

■**ベクトル値関数 ϕ に対するポテンシャル関数** potential function relative to a given vector valued function ϕ
スカラー値関数 S で, $\nabla S = \phi$ あるいは $-\nabla S = \phi$ となるもので, どちらをとるかは慣習による. ϕ が速度ならば, S は**速度ポテンシャル**である. → 非回転ベクトル

■**ベクトルの合成** composition of vectors
ベクトルの加算のこと. しかしベクトルの合成という用語は, 力, 速度, 加速度を表しているベクトルの加算について述べるときに用いられる. すなわち合成された力, 速度, 加速度を求めるときに用いられる. → ベクトルの和

■**ベクトルの乗法** multiplication of vectors
(1) **ベクトルのスカラー倍**. スカラー a とベクトル v の積は, v と同じ方向をもち, v の長さの a 倍の長さをもつベクトル, すなわち, v の各成分の a 倍を成分とするベクトル av である.
(2) **2 つのベクトルのスカラー積**. 2 つのベクトルの長さの積に 2 つのベクトルのなす角の余弦を乗じたもの. この積は**内積**ともよばれ, (a, b) または $a \cdot b$ とかかれる. スカラー積は 2 つのベクトルの対応する成分の積の和に等しい.
→ ベクトル空間
(3) **2 つのベクトルのベクトル積**. 2 つの 3 次元ベクトル a と b のベクトル積 $a \times b$ とは, 長さが, a の長さと b の長さおよび a から b への角の正弦の積(すなわち, a と b を 2 辺とする平行 4 辺形の面積)に等しいベクトルで, a と b が含まれる平面に垂直, かつ $a, b, a \times b$ がこの順で**正の向きの 3 角形** [→ 3 面角] をなすように向きづけられたものである. ベクトル積を**外積**ともいう. 内積は可換, すなわち, $(a, b) = (b, a)$ であるが, 外積は非可換である. 実際, $a \times b = -b \times a$. ベクトル $a = 2i + 3j + 5k$ と $b = 3i - 4j + 6k$ のスカラー積は $2 \cdot 3 - 3 \cdot 4 + 5 \cdot 6 = 24$. 一方, ベクトル積の方は, $a \times b = 38i + 3j - 17k$, $b \times a = -38i - 3j + 17k$ である.

■**ベクトルの絶対値** absolute value of a vector
ベクトルの長さ(向きを考慮しない). ベクトルの各座標軸における成分を 2 乗し加え, 平方根をとった値. ベクトル $2i + 3j + 4k$ の絶対値は $\sqrt{29}$. 一般に, ベクトル $ai + bj + ck$ の絶対値は $\sqrt{a^2 + b^2 + c^2}$.

■ベクトルの相反系　reciprocal system of vectors

ベクトル A_1, A_2, A_3 と B_1, B_2, B_3 の集合で, $i=1, 2, 3$ について, $A_i \cdot B_i = 1$ かつ $A_i \cdot B_j = 0$ ($i \neq j$ のとき) という性質をもつもの. ベクトル A_1, A_2, A_3 について, 3重スカラー積が $[A_1 A_2 A_3] \neq 0$ ならば, A_1, A_2, A_3 に**相反する**ベクトルの集合は, $A_2 \times A_3 / [A_1 A_2 A_3]$, $A_3 \times A_1 / [A_1 A_2 A_3]$, $A_1 \times A_2 / [A_1 A_2 A_3]$ となる. → ベクトル3重積

■ベクトルの微分　derivative of a vector

t を曲線のパラメーターとし, パラメーターの値が t のときの曲線上の点に, ベクトル $v(t)$ が対応しているとする. このとき, 点 t における
$$\lim_{\Delta t \to 0} \frac{v(t+\Delta t) - v(t)}{\Delta t}$$
の極限値が存在するなら, これを曲線のパラメーターによる, 点 t における**ベクトルの微分**という. → 加速度, 速度

■ベクトルのベクトル積　vector product of vectors

→ ベクトルの乗法

■ベクトルの和　sum of vectors, resultant of vectors (forces, velocities, accelerations)

(1) 《代数的》成分ごとに和をつくることにより得られるベクトル. 例えば,
$$(2i+3j) + (i-2j) = 3i+j,$$
$$(2i+3j+5k) + (i-2j+3k) = 3i+j+8k$$
(2) 《幾何学的》2 つのベクトルの和は, 第 1 のベクトルの終点と第 2 のベクトルの始点とを一致させ, 第 1 のベクトルの始点を始点にもち, 第 2 のベクトルの終点を終点にもつベクトル. 3 つ以上のベクトルの和は, はじめの 2 つのベクトルの和をつくった後, 第 3 のベクトルとの和をつくる. この操作を次々と行うことにより最終点に 1 つのベクトルを得る. したがって, このベクトルの和は, 第 1 のベクトルの始点を始点とし, 最後のベクトルの終点を終点とするベクトルである. 2 つのベクトルに対して, この操作は図における**平行 4 辺形の法則**を導く. ベクトル A とベクトル B の和は A と B により定まる平行 4 辺形の対角線に沿ったベクトル C である (図はベクトルの加法は可換であることを示す. ベクトルの和は結合法則もみたす). 2 つの力の合成が平行 4 辺形の法則 (**力の平行 4 辺形の法則**) により求まることは, 1586 年にステヴィンにより発表された. 多くの他の物理的実在がベクトルにより表され, この方法で合成される (例えば, 速度, 加速度). = ベクトルの合成. → ベクトル

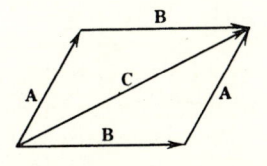

■ベクトル・ポテンシャル　vector potential

→ ベクトル値関数 ϕ に対するベクトル・ポテンシャル

■ベシコビッチ, アブラム・サモレビッチ　Besicovitch, Abram Samollevitch (1891―1970)

ソ連の数学者で, 確率論, 概周期関数, 複素解析学, トポロジー, 数論などを研究した.

■ベズー, エチエンヌ　Bézout, Étienne (1730―1783)

フランスの解析学者, 幾何学者.

■ベズーの定理　Bézout's theorem

次数が m, n である 2 つの代数的平面曲線が共通成分をもたないならば, それらはちょうど mn 個の交点をもつ (交点を数えるときは, それらの各点の重複度も考慮に入れ, 無限での交点も含むことにする [→ 射影平面, 同次座標]). n 次元ユークリッド空間において, p 個の代数的超曲面が次数 $d_1, d_2, \cdots, d_p$ をもち, 有限個の共有点しかもたないならば, 共有点の個数はたかだか $d_1 d_2 \cdots d_p$ である. このとき, 無限での交点も数え, 各交点においてその重複度を考慮するならば, 共有点の個数はちょうど $d_1 d_2 \cdots d_p$ である.

■ベータ関数　beta function

正の m, n に対して,
$$\beta(m, n) = \int_0^1 x^{m-1} (1-x)^{n-1} dx$$
で定義された関数 β のこと. Γ 関数を用いて,
$$\beta(m, n) = \frac{\Gamma(m) \Gamma(n)}{\Gamma(m+n)}$$
と表される [→ ガンマ関数].

不完全ベータ関数とは，
$$\beta_x(m, n) = \int_0^x t^{m-1}(1-t)^{n-1} dt$$
で定義される関数のこと．これは $m^{-1}x^m F(m, 1-n; m+1; x)$ に一致する．ここに，F は超幾何関数である．

■**ベータ係数** beta coefficient
→ 重相関

■**ベータ分布** beta distribution
確率変数 X が**ベータ分布**をもつ，あるいは**ベータ確率変数**であるとは，X の値域が区間 $(0, 1)$ であり，その分布の密度関数 f が，次の条件をみたすような正数 α, β が存在する場合をいう．
$$f(x) = \frac{\Gamma(\alpha+\beta)}{\Gamma(\alpha)\Gamma(\beta)} x^{\alpha-1}(1-x)^{\beta-1}$$
$$= \frac{x^{\alpha-1}(1-x)^{\beta-1}}{B(\alpha, \beta)}$$
ここで Γ はガンマ関数，B はベータ関数．この分布の平均は $\alpha/(\alpha+\beta)$ で，分散は $\alpha\beta/[(\alpha+\beta)^2(\alpha+\beta+1)]$ である．0の周りの k 次モーメントは $B(\alpha+k, \beta)/B(\alpha, \beta)$ である．F が自由度 (m, n) の F-確率変数ならば，$X = nF/(m+nF)$ は $\alpha = \frac{1}{2}n, \beta = \frac{1}{2}m$ に対するベータ確率変数である．

■**ヘックス** hex
1942年デンマークにおいて"ポリゴン"として最初に紹介されたゲームのこと．ゲームは，1辺に n 個（通常は $n=11$）の6角形をもつ n^2 個の6角形からなるひし形状の板上に，2色の碁石を置くゲームである．最初の競技者は，中心以外のある6角形に碁石を置くことができる（短い方の対角線上の6角形に碁石を置くことが許されない場合もある）．そのあと競技者は，交代に碁石で覆われていない6角形に自分の色の碁石を置く．先に，ひし形の対辺を自分の碁石で結びつなぐことができた方が勝ちとなる．ヘックスのゲームは，引き分けることはない．このゲームは理論上先手必勝なのに簡単な必勝戦術がなく，盤が大きいと碁に匹敵する複雑性をもつことで有名になり，国際的標準ルールも検討されている．ナッシュのゲームともいう．

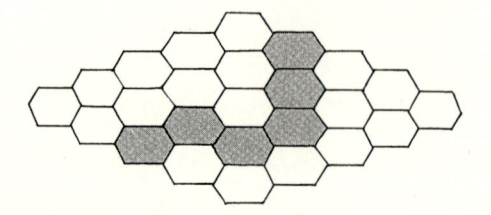

■**ベッケンバッハ，エドウィン・フォード**
Bechenbach, Edwin Ford (1906—1982)
米国の数学者．特に不等式と複素関数の研究をした．米国数学協会の組織化と解説書，特に本書の何回かの改訂における多大の寄与により，数学に対する貢献賞を受賞した．

■**ヘッセ，ルードウィッヒ・オットー** Hesse, Ludwig Otto (1811—1874)
ドイツの微分幾何学者．

■**ヘッセ行列式** Hessian
n 変数 $x_1, x_2, \cdots, x_n$ の関数 f に対して，f の**ヘッセ行列式**とは，i 行 j 列の要素が $\frac{\partial^2 f}{\partial x_i \partial x_j}$ である n 次の行列式のことをいう．ヤコビ行列式が，1次の導関数に類似しているように，ヘッセ行列式は，1変数関数の2次導関数に類似している．例えば，2変数 x, y の関数 f のヘッセ行列式は，
$$\frac{\partial^2 f}{\partial x^2}\frac{\partial^2 f}{\partial y^2} - \left(\frac{\partial^2 f}{\partial x \partial y}\right)^2$$
である．これは，極大，極小点や鞍点を決定するために用いられる [→ 鞍点，最大値]．＝ヘッシアン．

■**ベッセル，フリードリッヒ・ウイルヘルム**
Bessel, Friedrich Wilhelm (1784—1846)
ドイツの天文学者，数学者．

■**ベッセル関数** Bessel functions
0以外の整数 n に対して，**第 n 次ベッセル関数** $J_n(z)$ とは，$e^{z(t-1/t)/2}$ を t と $\frac{1}{t}$ のベキに展開したときの，t^n の係数のことである．一般に
$$J_n(z) = \frac{1}{\pi}\int_0^\pi \cos(nt - z\sin t)\, dt$$
$$= \sum_{r=0}^\infty \frac{(-1)^r}{r!\,\Gamma(n+r+1)} \left(\frac{z}{2}\right)^{n+2r}$$
であり，$n \neq -1, -2, \cdots$ のときは，上式の2行目の形で表せる．
$$J_{\frac{1}{2}}(z) = \sqrt{\frac{2}{\pi z}}\sin z$$
ですべての n に対して
$$2[dJ_n(z)/dz] = J_{n-1}(z) - J_{n+1}(z),$$

$(2n/z)J_n(z)=J_{n-1}(z)+J_{n+1}(z)$
をみたす．ここで $J_n(z)$ はベッセルの微分方程式の解である．これはときに**第1種のベッセル関数**とよばれる．→最急降下法，ノイマン関数，ハンケル関数，変形ベッセル関数

■**ベッセルの微分方程式**　Bessel's differential equation

微分方程式
$$z^2\frac{d^2y}{dz^2}+z\frac{dy}{dz}+(z^2-n^2)y=0$$
のこと．

■**ベッセルの不等式**　Bessel's inequality

(1) 任意の実関数 F と，区間 (a,b) 上の正規直交系をなす実関数 $f_1, f_2, \cdots$ に対して，ベッセルの不等式とは
$$\int_a^b[F(x)]^2dx\geq\sum_{n=1}^\infty\left[\int_a^b F(x)f_n(x)\,dx\right]^2$$
あるいは複素数値関数に対して，
$$\int_a^b|F(x)|^2dx\geq\sum_{n=1}^\infty\left|\int_a^b\overline{F(x)}f_n(x)\,dx\right|^2$$
のことである．関数 $F, f_1, f_2, \cdots$ がリーマン積分可能（もしくはより一般にルベーグ可測で平方がルベーグ可積分）であると仮定すると，すべての p に対して上述の不等式は成り立つ．その平方がリーマン（またはルベーグ）可積分である任意の（可測）実関数のフーリエ係数に対して，ベッセルの不等式は次のように表される．すべての n に対して，
$$\frac{1}{\pi}\int_0^{2\pi}[F(x)]^2dx\geq(a_0/2)^2+\sum_{k=1}^n(a_k^2+b_k^2)$$
ここに
$$a_k=\frac{1}{\pi}\int_0^{2\pi}F(x)\cos kx\,dx,$$
$$b_k=\frac{1}{\pi}\int_0^{2\pi}F(x)\sin kx\,dx \quad (k=0,1,2,\cdots)$$
である．

(2) ベクトル $x_1, x_2, \cdots, x_n$ を内積 (x, y) の定義されたベクトル空間の正規直交集合とするなら，ベッセル不等式は，$(u, u)=|u|^2\geq\sum_{k=1}^n|(u, x_k)|^2$ である．→パーセヴァルの定理，ベクトル空間，リース-フィッシャーの定理

■**ベッチ，エンリコ**　Betti, Enrico (1823—1892)

イタリアの代数学者，解析学者，位相幾何学者，政治家．→ホモロジー群

■**ベッチ数**　Betti number

H_r を群 G を用いてつくった（単体複体 K の）r 次元ホモロジー群とする．π を素数としたとき，G を π を法とした整数の群とする．このとき G は体，H_r は線型(ベクトル)空間をなし，H_r の次元を K の **r 次元ベッチ数** (mod π) とよぶ．G が整数の群のとき，H_r は有限個の生成元をもつ可換群で，それは無限巡回群 $E_1, \cdots, E_m$ と，有限次数 $r_1, \cdots, r_n$ をもつ巡回群 $F_1, \cdots, F_n$ との直積になっている［→群の捩係数］．ここで数 m は r 次元ベッチ数で，$r_1, \cdots, r_n$ は K の r 次元捩係数である．ベッチ数（特に2を法とする1次元ベッチ数あるいはそれに1を加えた数）はしばしば**連結数**と（連結度，連結度数などとも）よばれる［→連結数］．

通常の閉曲面について，$\chi=2-B_2^1$ が成り立つ．ここで，χ はオイラーの標数，B_2^1 は法2での1次元ベッチ数である．曲面が閉じていない（すなわち境界曲線をもつ）場合，$\chi=1-B_2^1$ である．曲面が向きづけられている場合，その曲面の**種数**は $\frac{1}{2}B_2^1$ である．

■**ペテルスブルグの逆理**　Petersburg paradox

ピーターとポールが硬貨投げゲームを行うとする．ゲームは裏がはじめて出るまでつづける．すなわち，始めから $n-1$ 回連続して表が出たとき，n 回目に裏が出たらポールはピーターに 2^n ドル支払いゲームは終了する．ピーターはゲームに参加するために何ドル払おうとも，常にポールより有利である．もしも最大限 n 回の投げでゲームを終了させるとするならば，このゲームの参加費としてピーターはポールに
$$\sum_1^n\left(\frac{1}{2}\right)^k 2^{k-1}=\frac{1}{2}n$$
ドル支払うべきである．この逆理はダニエル・ベルヌイがペテルスブルグ・アカデミーの紀要に発表したのでこの名がある．

■**ヘビサイド，オリバー**　Heaviside, Oliver (1850—1925)

イギリスの電気技師．彼の演算子法は，理論的というよりはむしろ実験的なものだったが，後に他の研究者たちにより厳密な裏づけがなされた．

■**ヘリー，エドワード** Helly, Eduard(1884—1943)

　オーストリアの解析学，幾何学，位相幾何学および物理学者．

■**ヘリーの条件** Helly's condition

　$f_1, \cdots, f_n$ をノルム空間 X 上の連続な線型汎関数とし，$c_1, \cdots, c_n$ を数，M を正数とする．このとき，もし，任意の n 個の数 $k_1, \cdots, k_n$ に対して $|\sum_{i=1}^{n} k_i c_i| \leq M \|\sum_{i=1}^{n} k_i f_i\|$ が成立していれば，任意の $\varepsilon > 0$ に対し，$\|x\| \leq M + \varepsilon$ であるような X の元 x で，すべての i に対して $f_i(x) = c_i$ となるようなものが存在する（逆も成り立つ）．この定理は，X が再帰的バナッハ空間の場合（特に X が有限次元の場合）は，$\varepsilon = 0$ として成立する．また，この定理は，通常の1次連立方程式の整合性に関する，よく知られた定理を含む．
→ 連立1次方程式の無矛盾性

■**ヘリーの定理** Helly's theorem

　F は，n 次元ユークリッド空間の有界閉凸部分集合の集合で，$n+1$ 個以上の元（＝集合）をもち，F に属するどの $n+1$ 個の集合に対しても，それらの $n+1$ 個に共通な点が存在するとする．すると，F に属するすべての集合に共通な点が存在する．関連する定理については，→ カラテオドリの定理，スタイニッツの定理，ラドン-ニコディムの定理

■**ペル，ジョン** Pell, John (1610—1685)

　イギリスの代数学者，幾何学者，天文学者．

■**ベール，ルイス・ルネ** Baire, Louis René (1874—1932)

　フランスの解析学者．

■**ペルガのアポロニウス** Apollonius of Perga (B. C. 255—170 頃)

　ギリシャの偉大な幾何学者．ペルガは彼の生まれた都市名．

■**ベール関数** Baire function

　任意の実数 a に対して，$f(x) > a$ であるすべての x からなる集合がボレル集合であるという性質を有する実数値関数 f のこと．同値な定義は，任意の a, b に対して $f(x) \geq a$ をみたすすべての x からなる集合，あるいは $a \leq f(x) \leq b$ をみたすすべての x からなる集合がボレル集合であることである（記号 $\leq$ の片方あるいは両方が $<$ にかわってもよい）．ベール関数は可測である．ベール関数は次のように分類される．連続関数の集合は**第1ベール類**とよばれる．一般に関数がベール類 α に属するというのは，それが任意の $\beta < \alpha$ に対するベール類 β に属さず，α より小さな数に対応するベール類に属する関数の列の各点極限になっているときである．超限帰納法によって，これらの類は可算の整列集合に対応するすべての順序数に対して定義される．それ以上拡張しても付加される関数はない．＝ボレル可測関数．各可測関数に対して，測度0の集合上のみで f と異なるボレル可測関数が対応する．

■**ベル関数** ber function

　複素変数のベッセル関数に関連した諸関数の1つで，次の関係で定義される．
$$\text{ber}_n(z) \pm i\, \text{bei}_n(z) = J_n(ze^{\pm 3\pi i/4})$$
$$\text{her}_n(z) + i\, \text{hei}_n(z) = H_n^{(1)}(ze^{3\pi i/4})$$
$$\text{her}_n(z) - i\, \text{hei}_n(z) = H_n^{(2)}(ze^{-3\pi i/4})$$
$$\text{ker}_n(z) \pm i\, \text{kei}_n(z) = i^{\mp n} K_n(ze^{\pm \pi i/4})$$
ここで J_n はベッセル関数，$H_n^{(1)}$ と $H_n^{(2)}$ はハンケル関数，K_n は第2種の変形ベッセル関数である．また $\text{ber}_0(z) = \text{ber}(z), \text{bei}_0(z) = \text{bei}(z)$ などのように定める．これより
$$2\, \text{ker}_n(z) = -\pi\, \text{hei}_n(z)$$
$$2\, \text{kei}_n(z) = \pi\, \text{her}_n(z)$$
となる．これらは上記の記号で表され，それぞれベル，ベイ，ヘル，ヘイ，ケル，ケイと読む．n が実数で z が正の実数の場合，これら6つの関数は実数値をとる．特に，
$$\text{ber}\, x = 1 - \frac{x^4}{2^2 \cdot 4^2} + \frac{x^8}{2^2 \cdot 4^2 \cdot 6^2 \cdot 8^2} - \cdots$$
$$\text{bei}\, x = \frac{x^2}{2^2} - \frac{x^6}{2^2 \cdot 4^2 \cdot 6^2} + \frac{x^{10}}{2^2 \cdot 4^2 \cdot 6^2 \cdot 8^2 \cdot 10^2} - \cdots$$
である．また，
$$\int_0^x t\, \text{ber}(t)\, dt = x\, \text{bei}'(x),$$
$$\int_0^x t\, \text{bei}(t)\, dt = -x\, \text{ber}'(x)$$
であるが，これらは ber を ker に，bei を kei に置き換えても成り立つ．

■**ベール空間** Baire space

　次の性質をもつ位相空間 X．（i）空でない開部分集合は必ず第2類集合である，あるいは

これと同値だが，(ii) 可算個の稠密な開集合の共通部分は，X の中で稠密である．完備な距離空間あるいは局所コンパクトな位相空間はベール空間である．→ 集合の類

■**ヘルダー，ルードウィヒ・オットー**
Hölder, Ludwig Otto (1859—1937)
ドイツの群論研究者．級数の総和可能性の研究もした．

■**ヘルダー条件** Hölder condition
→ リプシッツ条件

■**ヘルダー総和** Hölder sum, Hölder's definition of the sum of a divergent series
級数 $\sum a_n$ の，ヘルダー総和とは
$$\lim_{n\to\infty} s_n' = \lim_{n\to\infty} \frac{s_1 + \cdots + s_n}{n}$$
である．ここで $s_n = \sum_{i=1}^{n} a_i$ である．または，
$$\lim_{n\to\infty} \frac{s_1' + \cdots + s_n'}{n}$$
で定義し，$s_n' = \frac{1}{n}\sum_{i=1}^{n} s_i$ などとする．これは，この平均の極限が存在する段階まで，最初の n 項の部分和の平均を求める過程を繰り返し適用することである．この和は正規（正則）であり，チェザロの総和と本質的に同じである．→ 発散級数の和の正則な定義

■**ヘルダーの不等式** Hölder's inequality
次の2つの不等式をヘルダーの不等式という．
　$p > 1$, $p + q = pq$ であるならば，
(1) $\sum_{1}^{n} |a_i b_i| \leq [\sum_{1}^{n} |a_i|^p]^{1/p} [\sum_{1}^{n} |b_i|^q]^{1/q}$,
(2) $\int_{\Omega} |fg| d\mu \leq [\int_{\Omega} |f|^p d\mu]^{1/p} [\int_{\Omega} |g|^q d\mu]^{1/q}$.
ただし，(1)は，$n = \infty$ でもよい．(2)では，$|f|^p$, $|g|^q$ は，Ω 上で可積分とする．積分は，リーマン積分，または μ が，Ω の部分集合の σ 加法族上で定義される測度としてもよい [→ 積分可能関数]．(1)での数は，実数または複素数，(2)での関数は，実関数または複素関数とする．これらの不等式の一方は他方から容易に演繹される．特に，$p = q = 2$ であるとき，これらは，シュヴァルツの不等式となる．→ シュヴァルツの不等式，ミンコフスキーの不等式

■**ベルトラン，ジョセフ・ルイ・フランソア**
Bertrand, Joseph Louis François (1822—1903)
フランスの解析学者，微分幾何学者，確率論学者．

■**ベルトラン曲線** Bertrand curve
その主法線がもう1つの曲線の主法線になるような曲線．＝共役曲線．

■**ベルトランの公準** Bertrand's postulate
n が 3 より大ならば，n と $(2n-2)$ の間に少なくとも1つの素数が存在する．例えば n が 4 ならば $2n-2=6$ であり，素数 5 が 4 と 6 の間にある．ベルトランの"公準"（予想）は後に P. L. チェビシェフ (1852) が証明した．ベルトラン-チェビシェフの定理とよばれることが多い．

■**ベルヌイ，ダニエル** Bernoulli, Daniel (1700—1782)
スイスの解剖学者，植物学者，流体力学者，解析学者，確率論学者．ベルヌイ家の歴代の家系の中，彼の世代では最も名高い人物ヨハン・ベルヌイの次男．

■**ベルヌイ，ニコラス** Bernoulli, Nikolaus (Nicolaus) (1623—1708)
スイスの栄光の数学者一家の先祖（家系図参照）．一家は元々アントワープの出身であるが，宗教的迫害のために 1583 年バーゼルに移り住んだ．

■**ベルヌイ，ニコラス2世** Bernoulli, Nikolaus (Nicolaus), II (1687—1759)
スイスの数学者．前項のニコラスの孫．おじのヤコブとヨハンから教育を受け，彼らの問題の多くを解いた．

■**ベルヌイ，ヤコブ** Bernoulli, James (Jacques, Jakob) (1654—1705)
スイスの物理学者，解析学者，組合せ論学者，確率論学者，統計学者．数学者一家ベルヌイ家の中で最初でおそらく最も有名な人物（彼の名は英語ではジェームズ，フランス語ではジャークと表記される）．

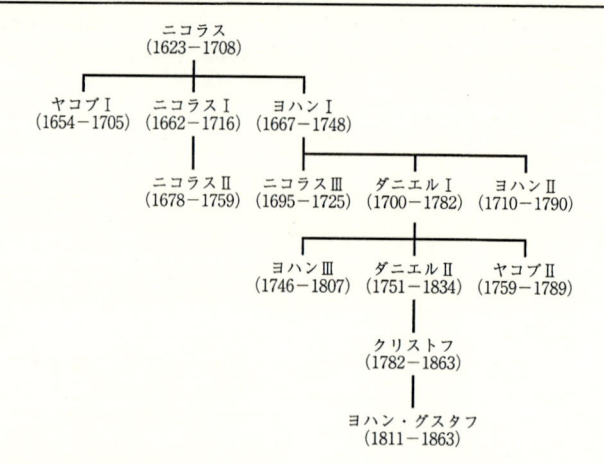

```
                    ニコラス
                  (1623-1708)
         ┌───────────┼───────────┐
       ヤコブI      ニコラスI      ヨハンI
    (1654-1705) (1662-1716)  (1667-1748)
                     │     ┌──────┼──────┬──────┐
                 ニコラスII ニコラスIII ダニエルI  ヨハンII
              (1678-1759)(1695-1725)(1700-1782)(1710-1790)
                                       ┌──────┼──────┐
                                    ヨハンIII ダニエルII ヤコブII
                                 (1746-1807)(1751-1834)(1759-1789)
                                              │
                                         クリストフ
                                       (1782-1863)
                                              │
                                       ヨハン・グスタフ
                                       (1811-1863)
```

■**ベルヌイ，ヨハン** Bernoulli, John (Jean, Johann) (1667-1748)
スイスの数学者．兄のヤコブの弟子で，好敵手でもあり，たぶん兄に劣らず優秀であった．彼は有名な最短降下線問題の提起をして変分学の研究に先鞭をつけた（彼の名は英語ではジョン，フランス語ではジャンと表記される）．→ オイラー，最短降下線

■**ベルヌイ数** Bernoulli numbers
(1) $x(1-e^{-x})$ または $xe^x/(e^x-1)$ の展開における $x^2/2!, x^4/4!, \cdots, x^{2n}/(2n)!, \cdots$ の係数の数値．e^x を指数級数で表し，(e^x-1) の展開で割ることにより，この商の展開の最初の4項は
$$1+\left(\frac{1}{2}\right)x+\left(\frac{1}{6}\right)\frac{x^2}{2!}-\left(\frac{1}{30}\right)\frac{x^4}{4!}$$
を得る．奇数項は，項 $\left(\frac{1}{2}\right)x$ 以外はすべて0となる．ベルヌイ数を B_1, B_2 などで表すが，B_2, B_4 などを使う研究者もいる．最初の表記法では $B_1=\frac{1}{6}, B_2=\frac{1}{30}, B_3=\frac{1}{42}, B_4=\frac{1}{30}, B_5=\frac{5}{66}, B_6=\frac{691}{2730}, B_7=\frac{7}{6}, B_8=\frac{3617}{510}$ となる．一般に
$$B_n=\frac{(2n)!}{2^{2n-1}\pi^{2n}}\sum_{i=1}^{\infty}\left(\frac{1}{i}\right)^2$$
である．
(2) 関係
$$\frac{t}{e^t-1}=\sum_{i=1}^{\infty}B_n'\frac{t^n}{n!}$$
で定義された数．+-の符号を除いて $B_{2n}'=B_n$ となる．またすべての $n>1\left(B_1'=-\frac{1}{2}\right)$ に対して $B_{2n+1}'=0, B_n(z)$ が n 次のベルヌイ多項式のとき $n!B_n'=B_n(0)$ となる．定義としてこれらの定義の自明な変形が与えられることもある．ヤコブ・ベルヌイによる．→ スターリング級数，ベルヌイの多項式

■**ベルヌイの実験** Bernoulli experiment
《統計学》貨幣を投げたとき"表"が出るか"裏"が出るか，あるいは候補者 A と候補者 B のいずれかが信任を得るかというように2つの可能な結果が存在するような実験または試行．ヤコブ・ベルヌイによる．[類] ベルヌイ試行．→ ベルヌイの分布

■**ベルヌイの多項式** Bernoulli polynomials
(1) 次のように定義された多項式 B_n のこと．
$$\frac{te^{zt}}{e^t-1}=\sum_1^{\infty}B_n(z)t^n$$
最初の4つのベルヌイ多項式は
$$B_1(z)=z-\frac{1}{2},$$
$$B_2(z)=\frac{z^2}{2}-\frac{z}{2}+\frac{1}{12},$$
$$B_3(z)=\frac{z^3}{3!}-\frac{z^2}{4}+\frac{z}{12},$$
$$B_4(z)=\frac{z^4}{4!}-\frac{z^3}{12}+\frac{z^2}{24}-\frac{1}{720}$$
である．また，
$$B'_{n+1}(z)=B_n(z),$$
$$B_n(z+1)-B_n(z)=nz^{n-1} \quad (n>1),$$

$$B_{2n}(z) = (-1)^{n-1} \sum_{r=1}^{\infty} \frac{2\cos 2r\pi z}{(2r\pi)^{2n}}$$

($0 \leq z \leq 1$) かつ

$$B_{2n+1}(z) = (-1)^{n-1} \sum_{r=1}^{\infty} \frac{2\sin 2r\pi z}{(2r\pi)^{2n+1}} \quad (n \geq 1)$$

($0 \leq z \leq 1$) が成り立つ.
(2) 次のように定義された多項式 ϕ_n のこと.

$$t \frac{e^{zt}-1}{e^t-1} = \sum_{n=1}^{\infty} \frac{\phi_n(z) t^n}{n!}$$

また,
$$\phi_n = n!(B_n - B_n') \quad \text{かつ} \quad \phi(0) = 0$$

が成り立つ. 定義としてこれらの定義の自明な変形が与えられることもある. ダニエル・ベルヌイにより完成された.

■**ベルヌイの定理** Bernoulli's theorem
ヤコブ・ベルヌイによる. → 大数の法則

■**ベルヌイの不等式** Bernoulli inequality
不等式 $(1+x)^n > 1+nx$ のこと. ここで $x > -1$, $x \neq 0$ かつ n は 1 より大なる整数とする. ヤコブ・ベルヌイによる.

■**ベルヌイの分布** Bernoulli distribution
確率変数 X が**ベルヌイ分布**をもつあるいは**ベルヌイ確率変数**であるとは, ある数 p が存在して, X が成功の確率が p であるような 1 回のベルヌイ試行における成功の回数を表すことをいう. X の値域は集合 $\{0, 1\}$ で, k 回の成功の確率は $P(X=k) = p^k q^{1-k}$ ($k=0$ または 1) である. ここで $q=1-p$ とする. 平均値は p で分散は pq である. ヤコブ・ベルヌイによる. → 2 項分布

■**ベルヌイの方程式** Bernoulli equation
次の形の微分方程式.

$$\frac{dy}{dx} + yf(x) = y^n g(x)$$

ヤコブ・ベルヌイによる.

■**ベルヌイのレムニスケート** lemniscate of Bernoulli
→ レムニスケート

■**ベールの性質** property of Baire
集合 T の部分集合 S は, 空集合でない各開集合 U が S または S の補集合のいずれかが第 1 類集合となるような点を必ず含むときにベールの性質をもつという. 集合がベールの性質をもつ必要十分条件は, それが適当な第 1 類集合を加えたり, 除去することによって開 (または閉) 集合となりうることである. あるいはそれが G_δ 集合と第 1 類集合の和, または F_σ 集合から第 1 類集合を除いたものとして表現できるときである. ベールの性質をもつすべての集合からなる族は, 第 1 類の集合と開集合によって, 生成される σ 加法族である. → 可測集合, ボレル集合

■**ベールの定理** Baire category theorem
完備距離空間はそれ自体の中で第 2 類集合であるという定理. 言い換えれば, 完備距離空間では, 任意の稠密開集合の列の共通部分も稠密であるということ. 例えば, 閉区間 $[0,1]$ 上のすべての連続関数からなる空間 C は, もし距離 $d(f,g)$ が $|f(x)-g(x)|$ の上限で定義されているならば, 完備距離空間である. $[0,1]$ の 1 つ以上の点で微分可能であるような, C の要素全体からなる集合は, C の第 1 類集合であることが示される. それゆえ, $[0,1]$ 上のどの点においても微分可能でない連続関数の集合は第 2 類集合である.

■**ペル方程式** Pellian equation
ディオファントス方程式の特別なもので
$$x^2 - Dy^2 = 1$$
のこと. ここに, D は完全平方数ではない正整数である. これはオイラーが誤って命名した名である.

■**ヘルマンダー, ラルス** Hörmander, Lars
(1931—)
スウェーデンの解析学者. 偏微分方程式論と線型微分作用素の研究よりフィールズ賞を受賞 (1962 年).

■**ヘルムホルツ, ヘルマン・ルードウィヒ・フェルディナンド・フォン** Helmholtz, Hermann Ludwig Ferdinand von (1821–1894)
ドイツの生理学者, 医師, 物理学者.

■**ヘルムホルツの微分方程式** Helmholtz' differential equation
方程式

$$L \frac{dI}{dt} + RI = E$$

抵抗 R とインダクタンス L からなる回路に流れる電流 I が，この方程式をみたす．ただし E は印加された，もしくは外部の起電力である．

■**ヘルムホルツ方程式** Helmholtz' equation
楕円型 2 階微分方程式
$$\triangle u + \mu u = f(x, y, z) \quad (\mu は定数)$$
のこと．ただし $\triangle$ はラプラシアンである．

■**ベルンシュタイン，セルゲイ・ナタノビッチ**
Bernstein, Sergei Natanovich (1880—1968)
ロシアの解析学者，近似理論の専門家．

■**ベルンシュタインの多項式** Bernstein polynomials
f を定義域が閉区間 $[0,1]$ である実数値関数とする．このとき
$$B_n(f) = \sum_{i=0}^{n} f\left(\frac{i}{n}\right)\binom{n}{i} x^i (1-x)^{n-i} \quad (n=1, 2, \cdots)$$
をベルンシュタインの多項式という．f が連続ならば $B_n(f)$ は $[0,1]$ 上で f に一様収束する．

■**ベーレンス，ウォルター・ウリッヒ**
Behrens, Walter Ulrich
ドイツの農業統計学者．

■**ベーレンス-フィッシャーの問題** Behrens-Fisher problem
正規分布に従う 2 つの母集団の平均値の差に関する信頼区間を，各母集団の分散は未知だが，標本平均値がともに知られているときに，決定する問題．

■**ヘロン（アレキサンドリアの）** Heron of Alexandria (A.D. 1 世紀)
古代ギリシャの数学者，物理学者．

■**ヘロンの公式** Heron's formula
3 辺の長さ a, b, c の 3 角形の面積 A を求める公式．
$$A = \sqrt{s(s-a)(s-b)(s-c)}$$
ただし，$s = \frac{1}{2}(a+b+c)$．

■**辺** edge
幾何図形の 2 面の交わり，または平面図形の境界のつくる線または線分．多面体の辺，多面角の辺，角柱の側辺などである．＝稜．→ 多面角，2 面角，半平面

■**辺（角の）** side of an angle
→ 角

■**辺（多角形の）** side of a polygon
多角形を構成する線分の任意の 1 つ．

■**辺（半平面の）** boundary of half-plane
→ 半平面

■**変位** deformation
《弾性体》物体上の点の位置の，それらの点の間の距離の変化を伴った変化．→ 変形

■**変位角** anomaly of a point
→ 極座標（平面の）

■**偏角（複素数の）** amplitude, argument (of a complex number)
複素数を表すベクトルが，正の水平軸となす角度のこと．例えば $2+2i$ の偏角は $45°$ である．なお偏角という語は，極座標で方位角の意味にも使われる．→ 複素数の極形式

■**変換** transformation
図形を他の図形に移したり，式を他の式に変えたりすること．例えば，
(1) 1 つの代数式を他の違った形の代数式に変えること［→ 合同変換］．
(2) 1 つの方程式や代数式の変数に，他の変数で表された式を代入して，他の変数の代数式などに変形すること．
(3) 関数
→ 関数，共役変換，線型変換(2)

■**変換群** transformation group
群をなす変換の集合．→ 逆変換，群，変換の積

■**変換のスペクトル** spectrum of a transformation
行列のスペクトルとは，行列の固有値全体の集合のことをいう．さらに一般に，T をベクトル空間 L から L 自身への線型変換とし，I を L 上の恒等変換すなわち $I(x) \equiv x$ とするとき，T の**スペクトル**とは，それぞれ次のように定義される互いに共通部分のない集合，点スペクトル，連続スペクトル，剰余スペクトルのことをいう．

点スペクトルとは，$T-\lambda I$ が逆変換をもたないような数 λ の集合のことをいう．**連続スペクトル**とは，$T-\lambda I$ が有界でない（したがって連続でない）逆変換をもち，かつ $T-\lambda I$ の定義域が L で稠密であるような数 λ の集合のことをいう．**剰余スペクトル**とは，$T-\lambda I$ の逆変換の定義域が L で稠密でないような数 λ の集合のことをいう．スペクトルに属さない数の集合は**レゾルベント集合**とよばれ，$T-\lambda I$ が稠密な定義域をもつ有界な逆変換をもつような数 λ からなっている．L は有限次元ベクトル空間，T はベクトル $x=(x_1, x_2, \cdots, x_n)$ をベクトル $T(x)=(y_1, y_2, \cdots, y_n)$ $(y_i=\sum_j a_{ij}x_j)$ にうつすような変換とするとき，T の点スペクトルは**行列** (a_{ij}) の固有値全体の集合である．λ_0 を T の点スペクトルの元とするとき，ベクトル $x\neq 0$ が存在して $T(x)=\lambda_0 x$ をみたす λ は T の固有値，x は T の固有ベクトルとよばれる．λ_0 に対する固有ベクトル全体のなすベクトル空間は，λ_0 に対する**固有値多様体**とよばれる．L がバナッハ空間ならばスペクトルは空集合でない．T が有界線型変換で，$|\lambda|\geq\|T\|$ であるとき，λ はレゾルベント集合に属し，$T-\lambda I$ の逆変換は $-\sum_1^{\infty}\lambda^{-n}T^{n-1}$ である．L が（複素）ヒルベルト空間で，λ が T の剰余スペクトルに属するならば，$\bar{\lambda}$ は T^* の点スペクトルに属する．もし λ が T の点スペクトルに属するならば，$\bar{\lambda}$ は T の点スペクトルに属するかまたは T^* の剰余スペクトルに属する．T を**エルミート変換**または**正規変換**または**ユニタリ変換**とするとき，T の剰余スペクトルは空集合である．T がエルミート変換ならば，T のスペクトルのどの元も実数である．T がユニタリならば，T のスペクトルのすべての元は円 $|z|=1$ 上にある．$u_1, u_2, \cdots$ をヒルベルト空間の正規直交系とし，$\lambda_1, \lambda_2, \cdots$ を極限値が 1 の数列（ただし $\lambda_n\neq 1$ とする）とするとき，線型変換 T を

$$T\left(\sum_1^{\infty} a_i u_i\right) = \sum_1^{\infty} a_i \lambda_i u_i$$

で定義する．このとき，$\lambda_1, \lambda_2, \cdots$ は T の点スペクトルをつくる．変換 $T-I$ は有界ではないが稠密な定義域をもつ逆変換をもつ．したがって 1 は連続スペクトルに属する．1 と λ_i $(i=1, 2, \cdots)$ 以外のすべての数は T のレゾルベント集合に属する．→ 共役変換，スペクトル定理

■**変換の積**　product of two transformations

　与えられた 2 つの変換を順次適用することによって得られる変換．変換の積は可換とは限らない．すなわち，変換を適用する順序に関係する．例えば，2 つの変換 $x=x'+a$, $x=(x')^2$ の積は可換でない．なぜなら，変換を適用する順序により，$x=(x')^2+a$ と $x=(x'+a)^2$ の異なった変換が得られるからである．

■**変換の分解**　factoring of a transformation, factorization of a transformation

　与えられた変換を，2 個以上の変換の合成の形に表すこと．→ アフィン変換

■**偏球面的**　oblate

　1 つの直径方向に偏平な球面（回転楕円面）のような，あるいはそれに関する．

■**変曲**　flexion

　曲線の勾配の変化の割合に対して用いられる語．関数の 2 階導関数のこと．

■**偏極（複合体の）**　polarization of a complex

→ 複合体のポテンシャルの集中法

■**変曲結節点**　flecnode

　結節点であって，しかも，その点において交わる分枝のうちの 1 つに関して変曲点になっているような点．

■**変曲接線（曲線の）**　inflectional tangent to a curve

　変曲点における接線．曲線とこのような接線に対して dy/dx と d^2y/dx^2 の値は等しくなるので，その接触の位数は 3 である．→ 接触の位数

■**変曲点**　point of inflection

　平面曲線が任意の定直線の方向に対してその点で凹から凸へ変わるような点．平面曲線がその点で**停留接線**をもち，その点を境に接線の回転の向きが一方向から他方向へ変わるような点．2 階の導関数がその点で連続とするとき，2 階の導関数の零点であることは変曲点であるための**必要条件**であるが**十分条件**ではない．なぜならば，2 階の導関数がその点で 0 となっても前後で符号が変化しないこともあるからである．例えば，曲線 $y=x^3$ は原点で 2 階の導関数が 0 となり，そこで**変曲点**をもつ．曲線 $y=x^4$

も原点で2階の導関数が0となるが，そこで最小値をとる．曲線 $y=x^4+x$ は原点で2階の導関数が0となるが，その点で変曲点も最大値も最小値もとらない．ある点が変曲点であるための必要十分条件は，その点で2階の導関数が符号を変えることである．すなわち，その点の直前と直後にある独立変数の値に対して，2階の導関数が異なる符号をもつことである．

■**変形ベッセル関数** modified Bessel functions

第1種および第2種の変形ベッセル関数とは関数 $I_n(z)=i^{-n}J_n(iz)$ および
$$K_n(z)=\frac{1}{2}\pi(\sin n\pi)^{-1}[I_{-n}(z)-I_n(z)]$$
のことである．n が整数のとき $K_n(z)$ はこの表現の極限となる．n が実数で z が正のとき，これらの関数は実数値をとる．また I_n は変形ベッセル微分方程式
$$z^2\frac{d^2y}{dz^2}+z\frac{dy}{dz}-(z^2+n^2)y=0$$
の解でもある．
$$I_n(z)=\sum_{r=0}^{\infty}\frac{1}{n!\,\Gamma(n+r+1)}\left(\frac{z}{2}\right)^{n+2r}$$
である．n が整数でないとき，関数 I_n と I_{-n} はこの微分方程式の独立な解である．一方 n が整数のとき，K_n の極限が第2の解である．これらの関数は次のようないろいろな漸化式をみたす．
$$I_{n-1}(z)-I_{n+1}(z)=(2n/z)I_n(z)$$
$$K_{n-1}(z)-K_{n+1}(z)=-(2n/z)K_n(z)$$
K_n の定義は，$\cos n\pi$ と上の値の積として与えられることがある（そのとき I_n と K_n は同じ漸化公式をみたす）．→ ベル関数

■**変形率** deformation ratio

等角写像においては，拡大率は任意の点において，すべての方向に等しい．すなわち，$ds^2=[M(x,y)]^2(dx^2+dy^2)$．関数 $M(x,y)$ は**線型変形率**．$[M(x,y)]^2$ は**面積変形率**．もし，写像が複素変数 z の解析関数 $w=f(z)$ で与えられれば，
$$M=|f'(z)|$$
である．=拡大率．

■**偏差** deviation

《統計》確率変数の値とある標準値（普通は平均値）との差．→ 確率偏差　四分偏差，標準偏差，平均偏差，平方偏差

■**偏差分** partial differences

2変数以上の関数 $f(x,y,z)$ の，ただ1つの変数を除き他のすべての変数を固定して残った変数について差分をとることを，いろいろな変数の組み合わせに対して続けて行うことによって得られる表現．

■**偏差分方程式** partial difference equation

2つ以上の独立変数 $x,y,z,\cdots$，とそれらに対する1つ以上の従属変数 $f(x,y,z,\cdots)$，$g(x,y,z,\cdots)$，$\cdots$ とこれらの従属変数の差分で表現された関係式．

■**辺心距離** apothem

正多角形の中心から辺までの距離．[類]短半径

■**変数** variable

ある集合の任意の要素を表すのに使用される文字．変数は，集合のある要素を入れるための"空欄"とみればよい．集合の各要素を変数の**値**といい，その集合を変数の**変域**という．ただ1つの要素からなる集合のときは，変数は**定数**である．式 $x^2-y^2=(x-y)(x+y)$ における文字 x,y は，そこにどんな数を代入しても等式が成立することを意味し，特に範囲を限定しない変数である．→ 関数

■**変数の許容値** permissible values of a variable

対象としている関数が定義されている値で，関数をある区間や集合に制限して考えているときは，そこに属しているもの．0 は $\log x$ における x の許容値ではなく，$\log x$ を区間 $(1,2)$ 上だけで考えているならば，4も x の許容値ではない．関数の定義域の任意の値に対しても"許容"という言葉が使われる．

■**変数分離** separation of variables

→ 変数分離型の微分方程式

■**変数分離型の微分方程式** differential equation with variables separable

与えられた方程式に代数的演算をほどこすことによって $P(x)dx+Q(y)dy=0$ の形に表される常微分方程式．この方程式の一般解は，直接積分することによって求められる．

■変数変換　change of variable
　→ 置換積分，連鎖律

■偏相関　partial correlation
　(1) いま2つの確率変数 X_1 と X_2 を $n-2$ 個の他の変数とともに考察する．X_1 と X_2 からそれぞれと $X_3, \cdots, X_n$ の線型関数のうち最大の**重相関**をもつものを差し引いて，それらをそれぞれ確率変数 Y_1 と Y_2 とよぶ．Y_1 と Y_2 の間の相関係数を X_1 と X_2 の間の $X_3, \cdots, X_n$ に関する**偏相関係数**という．偏相関係数はそれより低次の係数を使って表すことができる．

$$r_{12:34\cdots k} = \frac{r_{12:34\cdots k-1} - r_{1k:34\cdots k-1} r_{2k:34\cdots k-1}}{\sqrt{(1-r^2_{1k:34\cdots k-1})(1-r^2_{2k:34\cdots k-1})}}$$

　(2) 他の**偏相関係数**は，$X_3, \cdots, X_n$ が特定の値をとってそれらの値を条件としたときの X_1 と X_2 の（条件つき）相関係数である．すなわち $X_3, \cdots, X_n$ が特定の値をとったとき，X_1 と X_2 の条件つき分布を使って計算した X_1 と X_2 の相関係数である．

■偏長回転楕円面　prolate ellipsoid of revolution
　→ 楕円面

■扁長サイクロイド　prolate cycloid
　ループをもつ**トロコイド**．

■変動（曲面上の関数の）　variation of a function on a surface
　曲面 $S: x=x(u,v), y=y(u,v), z=z(u,v)$ 上の点 P における関数 $f(u,v)$ の変化率は，P からの向きによって異なる．これは，曲線 $f=$ 定数の接線方向で 0 となり，垂直方向において絶対値が最大となる．後者の場合の値は

$$\left|\frac{df}{ds}\right| = \frac{\left[E\left(\frac{\partial f}{\partial v}\right)^2 - 2F\frac{\partial f}{\partial u}\frac{\partial f}{\partial v} + G\left(\frac{\partial f}{\partial u}\right)^2\right]^{1/2}}{[EG-F^2]^{1/2}}$$

によって与えられる．→ 関数の勾配，曲面の基本係数

■変動係数　coefficient of variation
　標準偏差と，分布の**平均値**との商．100 倍して表すこともある．

■変動定数　constant of variation
　→ 正比例

■ヘンネベルグ，エルンスト・レブレヒト
Henneberg, Ernst Lebrecht（1850—1933）
　ドイツの技師および微分幾何学者．

■ヘンネベルクの曲面　surface of Henneberg
　$\phi(u)=1-1/u^4$ である実極小曲面［→ ワイエルシュトラスの方程式］．ヘンネベルクの曲面は**2重極小曲面**である．→ 2重極小曲面

■偏微分　partial derivative, partial differential
　多変数関数に対して，1つの変数に着目し他の変数を定数と見なして行う微分のこと．x と y が変数のとき，$f(x,y)$ の偏微分は $\partial f(x,y)/\partial x$, $\partial f(x,y)/\partial y$, $D_x f(x,y)$, $D_y f(x,y)$, $f_x(x,y)$, $f_y(x,y)$, $f_1(x,y)$, $f_2(x,y)$ とかかれる．また，(x,y) を省略して $\partial f/\partial x$, f_1 などとかくこともある．x^2+y の x に関する偏微分は $2x$, y に関する偏微分は 1 である．幾何学的には，2変数関数 f の x と y に関する偏微分の点（a,

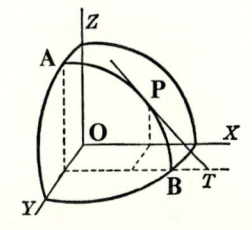

b) での値は，曲面 $z=f(x,y)$ とそれぞれ方程式 $y=b$, $x=a$ で与えられる平面との交曲線の接線の傾きに等しい．図では，点 P における x に関する偏微分の値は，曲線 AB に接する直線 PT の傾きになっている．偏微分の偏微分は**2階偏微分**とよぶ．例えば，$f(x,y)=x^3y$ ならば $f_1(x,y)=3x^2y$, $f_{12}(x,y)=3x^2$ である．高階偏微分も同様に定義する．→ 微分

■偏微分の連鎖律　chain rule for partial differentiation
　→ 連鎖律

■偏微分方程式　partial differential equations
　2つ以上の独立変数とそれらに関する偏微分を含んだ方程式のこと．すべての従属変数とそれらの偏微分の次数が1であるとき，その偏微分方程式は**線型**であるという．すなわち，線型

偏微分方程式はその各項が独立変数の既知の関数またはその偏微分と従属変数の積からなっているか，独立変数の既知の関数自体になっているものである．偏微分方程式の**階数**はその中に現れている偏微分の最も高い階数である．

■**偏微分方程式の依存領域** domain of dependence for a partial differential equation
→ 依存領域

■**変分** variation
関数 y に，新たに関数 δy を加えれば関数 $y+\delta y$ を得る．このとき δy を関数 y の**変分**という．1760 年頃，ラグランジュは，1 つの弧に沿った積分値と，その弧の近くにある弧に沿った積分値を比較する際，この記号を用いた．積分
$$I=\int_a^b f(x, y, y')\,dx$$
の**第 1 変分**とは
$$\delta I=\frac{d}{d\varepsilon}\int_a^b f(x, y+\varepsilon\phi, y'+\varepsilon\phi')\,dx\Big|_{\varepsilon=0}$$
である．ただし，ϕ は適当な付帯条件をみたす関数である．
$\phi(a)=\phi(b)=0$ ならば，
$$\delta I=\int_a^b \phi\left[\frac{\partial f}{\partial y}-\frac{d}{dx}\left(\frac{\partial f}{\partial y'}\right)\right]dx$$
となる．
ある付帯条件をみたす関数 ϕ 全体を考え，その中で $\phi(a)=\phi(b)=0$ をみたす ϕ に対しては，I の第 1 変分が y において常に 0 となるならば，このとき関数 y は I を**停留にする**という．あるいは I は y において**停留値**をもつという．関数 ϕ に対する付帯条件としては，例えば，"長さをもつ" "連続な導関数をもつ" などがある．y において I が極大，あるいは極小になるための必要条件は，I が y において停留値をもつことである．
$$\delta^n I=\frac{d^n}{d\varepsilon^n}\int_a^b f(x, y+\varepsilon\phi, y'+\varepsilon\phi')\,dx\Big|_{\varepsilon=0}$$
を積分 I の**第 n 変分**という．→ 変分法

■**変分法** calculus of variations
いくつかの独立変数，いくつかの従属変数，およびそれらの導関数を含む式を被積分関数とする定積分の最大・最小値理論の研究で，積分値が最大あるいは最小となるような従属変数を決定することを問題とする．そのような積分で最も簡単な形は，
$$I=\int_a^b f(x, y, dy/dx)\,dx$$
ここで，I が最大あるいは最小になるように y を定めるのが問題である．**変分法**という名は，1760 年頃ラグランジュによって導入された記法に由来する．

他に，研究されている積分の形は，
$$I=\int_a^b f(x, y_1, \cdots, y_n, y_1', \cdots, y_n')\,dx$$
ここで $y_1, \cdots, y_n$ は x の未知関数，あるいは，次のような重積分である：
$$I=\int_a^b\int_a^b f\left(x, y, z, \frac{\partial z}{\partial x}, \frac{\partial z}{\partial y}\right)dx\,dy$$
ここで z は x, y についての未知関数，さらには，高次の重積分や多数の従属変数を含む重積分の場合もある（導関数は 2 階以上になることもある）．→ オイラーの方程式(2)，最短降下線，ディドウの問題，等周問題（変分法における），変分，変分法の基本補題

■**変分法の基本補題** fundamental lemma of the calculus of variations
つぎの定理のこと．"α は区間 $a\leqq x\leqq b$ における連続関数で，等式 $\int_a^b \alpha(x)\phi(x)\,dx=0$ が，$a\leqq x\leqq b$ において連続な導関数をもち，かつ，$\phi(a)=\phi(b)=0$ である任意の ϕ に対して，成り立つとする．すると，α は $a\leqq x\leqq b$ において恒等的に 0 に等しい"．

■**偏平回転楕円面** oblate ellipsoid of revolution, oblate spheroid
→ 楕円面

■**偏揺角** yaw angle
弾道学において，砲弾の軸と，その速度ベクトルの方向とのなす角．

■**変量** variate
《統計》＝確率変数．→ 確率変数

ホ

■**ボーア, ハロルド** Bohr, Harold (1887—1951)
デンマークの解析学・数論学者. 物理学者ニールス・ボーアの弟. 総和可能性, ディリクレ級数, ゼータ関数について研究し, 概周期関数の理論を創った. → 概周期関数

■**ポアソン, シメオン・ドニ** Poisson, Siméon Denis (1781—1840)
フランスの解析学者で確率論, 応用数学の研究者でもある.

■**ポアソン過程** Poisson process
添字集合 T を実数の区間とし, $X(t)$ をある特定の事象が"時刻" t 以前におこった回数とするとき, 確率過程 $\{X(t): t \in T\}$ が次の (i), (ii), (iii) をみたせば, それをポアソン過程とよぶ. (i) 定数 λ (**パラメーター, 平均率または強度**) で
$$\lim_{h \to 0} \frac{P[X(h)=1]}{h} = \lambda$$
となるものが存在する. すなわち, h が十分小さければ, 長さ h の区間において事象がちょうど 1 回出現する確率 $P[X(h)=1]$ が近似的に λh になる. (ii) $\lim_{h \to 0} P[X(h) \geq 2]/h = 0$. (iii) $a < b \leq c < d$ のとき, 確率変数 $X(b) - X(a)$ と $X(d) - X(c)$ は独立で, $b-a = d-c$ のときには常に同じ分布をもつ. ポアソン過程は, 放射性物質の自然崩壊や窓口への到着, 長いテープや鉄線に現れるきずなどの問題に対する有効なモデルを供給してくれる. → ガンマ分布, ポアソン分布

■**ポアソン積分** Poisson integral
積分
$$\frac{1}{2\pi} \int_0^{2\pi} U(\psi) \frac{a^2 - r^2}{a^2 - 2ar\cos(\theta - \phi) + r^2} d\psi$$
のこと. すなわち, $\zeta = ae^{i\phi}$, $z = re^{i\theta}$ とおくと
$$\frac{1}{2\pi} \int_0^{2\pi} \text{Re}\left(\frac{\zeta + z}{\zeta - z}\right) U(\phi) d\phi$$
である. これは $x^2 + y^2 < a^2$ で調和的で $x^2 + y^2 \leq a^2$ で連続, かつ $x^2 + y^2 = a^2$ 上で連続な境界値関数 $U(\phi)$ と一致するような関数の, 点 $x = r\cos\theta$, $y = r\sin\theta$ における値を与える. より一般的な境界値関数に対しても, 同様の表現を考えることができる.

■**ポアソンの微分方程式** Poisson differential equation
偏微分方程式
$$\frac{\partial^2 v}{\partial x^2} + \frac{\partial^2 v}{\partial y^2} + \frac{\partial^2 v}{\partial z^2} = -u$$
のこと. すなわち, $\nabla^2 v = -u$. これはポテンシャル関数のディリクレによって特徴づけられた性質である.

■**ポアソン比** Poisson ratio
《物理》縦方向のひずみに対する横断面方向のひずみの比の値. 例えば, 細い弾性的な棒が縦方向の応力 T の作用を受けているときには, 横断面のすべての方向に e_1 だけ収縮し, 縦方向に e_2 だけ延びる. このとき, 比 $\sigma = |e_1/e_2|$ の値が**ポアソン比**である. フックの法則により, $T = Ee_2$ である. ただし, E は張力に関するヤング率である. したがって, $\sigma = -e_1 E/T$ となる. ほとんどの構造物に対して, ポアソン比の値は $\frac{1}{4}$ から $\frac{1}{3}$ の間である.

■**ポアソン分布** Poisson distribution
確率変数 X が**ポアソン分布**をもつ, または**ポアソン確率変数**であるというのは, X の値域が非負整数全体の集合で, その確率変数 P がある正数 μ に対して
$$P(n) = \frac{e^{-\mu} \mu^n}{n!} \quad (n \geq 0)$$
をみたすときである. ここで, μ は平均であり分散でもある. そのモーメント母関数は $M(t) = e^{\mu(e^t - 1)}$ である. $np = \mu$ をみたしながら $n \to \infty$, $p \to 0$ となると 2 項分布はポアソン分布に近づく. したがって, まれにしかおこらない独立事象に対して多くの試行を繰り返すようなときには, ポアソン分布は 2 項分布の有効な近似となる. 例えば, 交通事故死やその他の事故あるいは放射線の放射など. ポアソン過程がパラメーター λ をもつとき $\mu = \lambda s$ とするならば, X を長

さ s の区間内でおこる事象の個数とすると，X はパラメーター μ をもつポアソン確率変数となる．

■**ポアンカレ，ジュル・アンリ** Poincaré, Jules Henri (1854—1912)

偉大なフランスの数学者で，数理物理学者，天文学者，哲学者でもあった．ヒルベルトの多才ぶりもさることながら，最後の万能学者とよばれている．

■**ポアンカレ–バーコフの不動点定理** Poincaré-Birkhoff fixed-point theorem

2つの同心円にはさまれた環状の領域上の1対1の連続変換が，一方の円周を正の方向に他方を負の方向に動かし，しかも面積を保つならば，その変換は少なくとも2つの不動点をもつ．この定理はポアンカレが予想し，G. D. バーコフが証明した．

■**ポアンカレの再帰定理** Poincaré recurrence theorem

X を n 次元ユークリッド空間の有界開領域とし，T を X からそれ自身への体積を保存する同相写像とする．すなわち，任意の開集合と T によるその像は同じ体積（または測度）をもつ．ポアンカレは X 内の測度が0の集合 S が存在し，S に属さない任意の点 x と x を含む任意の開集合 U に対して，$T(x)$, $T^2(x)$, $T^3(x)$, … のうち無限個のものが U に含まれるようなものが存在することを証明した．ただし，$T^n(x)$ は x に T を続けて n 回施したものである．この定理は S の測度が0であるという条件を，S が第1類集合であるという条件に変えても成立する．ポアンカレの再帰定理には一般化や修正が数多く知られている．単に再帰理ともよぶ．→エルゴード理論

■**ポアンカレの双対定理** Poincaré duality theorem

G を鎖やホモロジー群が定義される群とする．n 次元単体複体と同位相の向きづけ可能な多様体の p 次元ベッチ数 B_G^p は，
$$B_G^p = B_G^{n-p}$$
をみたす．G が有理数であるとき，ポアンカレはこの定理を証明した．さらに，G が法2の整数のときはベブレンにより，法 p （p は素数）の整数のときはアレクサンダーにより与えられた．→ベッチ数，ホモロジー群

■**ポアンカレの予想** Poincaré conjecture

3次元多様体が閉，コンパクト，単連結ならば，3次元球面と同位相であろうという，未解決の予想．**一般のポアンカレ予想**とは，コンパクトな n 次元多様体 M^n が，n 次元球面 S^n と同じホモトピー類をもてば，S^n と位相同型であるという命題である．ここに M^n が S^n と同じホモトピー類というのは，S^k から M^n ($k<n$) への任意の連続写像が，連続的に1点に変形できるということである［→連続変形］．一般のポアンカレ予想は，$n>4$ のときはスメールによって（1960年），$n=4$ のときはフリードマンによって（1984年），証明された．

■**ホイヘンス，クリスチャン** Huygens (Huyghens), Christian (1629—1695)

オランダの自然科学者，天文学者，数学者．連分数，等時曲線，確率，微積分学の発見へつながる解析学の研究の草分け．→サイクロイド

■**ホイヘンスの原理** Huygens principle

n 次元空間での初期値問題において，各点の依存領域が最大 $n-1$ 次元の多様体のとき，その問題はホイヘンスの原理をみたしているという．→依存領域，アダマールの予想

■**ホイヘンスの公式** Huygens formula

円弧 $\overarc{AB}$ の長さは，$\overarc{AB}$ の中点を P とし，線分 AB の長さを a，線分 AP の長さを b で表すとき，$2b+(2b-a)/3=8b/3-a/3$ で近似できる．

■**ボイル，ロバート** Boyle, Robert (1627—1691)

英国の化学者，自然哲学者．

■**包** hull

ある特性をもつ，元の集合を含む最小の集合を意味する．＝スパン．→張る

■**胞** cell

n 次元の胞（略して **n 胞**）とは，n 次元ユークリッド空間 $(x_1, \cdots, x_n)$ 内の集合 $\sum x_i^2 < 1$ または $\sum x_i^2 \leq 1$ のいずれかと位相同型な集合である．最初の場合は**開 n 胞**，後の場合は**閉 n 胞**という．0胞とは点であり，1胞とは開または

閉区間あるいはそれらを連続的に変形した集合である．円あるいは単純多角形とその内部は閉2胞であり，球あるいは単純多面体とその内部は閉3胞である．閉 n 胞は n 球体あるいは n 円板とよばれることがある．

■**法（合同式の）** modulus of congruence
→ 合同式

■**方位** bearing of a line
直線が，南北を結ぶ直線とでつくる角度のこと．南北線に対する相対方位．

■**方位（点の）** bearing of a point, with reference to another point
ある1点に関する点の方位とは，それら2点を通る直線が南北線となす角度のことである．

■**方位角** direction angle
→ 方向角

■**方位角（天の）** azimuth of a celestial point
→ 時角の時圏

■**方位角（平面の）** azimuth of a point in a plane
→ 極座標（平面の）

■**方位磁針** mariner's compass
各方位の描かれている板（図を見よ）に垂直に立てられた軸を回る磁針．磁針は常に磁北の方向を指している．コンパスともよばれる．

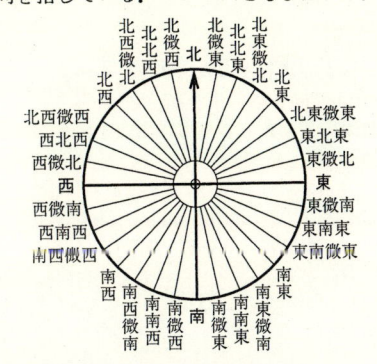

■**方位写像** azimuthal map
球面 S の地図で，S の各点を S の直径上の点から，その直径に対し垂直な接平面へ投影した写像．S の中心より投影した方位角写像は**心射図法**とよばれる．他方無限遠点より投影するときは**正射図法**という．→ 立体射影（球面の平面上への）

■**法 n の剰余類** number class modulo n
n を法として，与えられた整数と合同な整数の全体，合同式 $x \equiv 2 \pmod{3}$ の解 x は，3を法として2と合同な整数のなす剰余類に属す．この類は，$3k+2$ （k は整数）の形の数全体である．

■**包含関係** inclusion relation
A, B を集合とするとき，普通 $A \subset B$ で表される関係であり，これは A の要素が B の要素でもあることを意味する．特定の要素 x が B の要素であることを，通例記号 $x \in B$ で表す．

■**方眼紙** cross-section paper, ruled paper
等間隔の縦，横の線が引いてある紙．直交座標の方程式のグラフを描くのに用いる．＝罫線紙，方形紙．

■**包含写像** inclusion function
集合 A, B の間に $A \subset B$ が成り立っているとき，A のすべての要素 x に対して $f(x) = x$ であるような写像のことである．特に $A = B$ のときには，包含写像は恒等写像となる．

■**法曲率（曲面の）** normal curvature of a surface
→ 曲面の曲率

■**棒グラフ** bar graph
棒の長さが資料の集まりにおいて与えられた量に比例するような平行な棒（図参照）からなるグラフのこと．

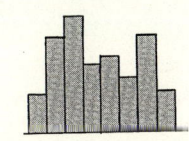

■**方形グラフ** rectangular graph
＝棒グラフ．→ 棒グラフ

■**方向角** direction angle
方向を表す角の意味．平面における直線のときは，その直線と x 軸の正の部分とのなす角の

うち，非負の最小のもの．空間における直線のときは，その直線と座標軸の正の部分とのなす3つの正の角のうちのどれか1つ．直線には向きがついていないので，そのような角の組は2通り考えられるが，それらの1つを直線に対応させる．方向角は独立ではない［→ 方向余弦のピタゴラス関係］．図における直線 L の方向角は，L に平行な直線 L' が座標軸となす角 α, β, γ のどれかである．＝方位角．

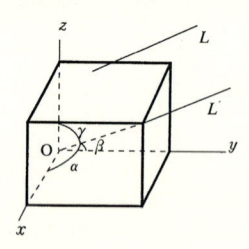

■**方向成分** direction components
→ 空間における直線の方向比

■**方向つき数値** directed numbers
正または負の符号がついた数．幾何的には，数を数直線上の点と考えるとき，負の数は，正の数の反対側に表示される．＝符号つき数値，→ 正の数

■**方向比（空間における直線の）** direction numbers (ratios) of line in space
直線の**方向余弦**と比例している，すべてが0ではない3つの数．点 (x_1, y_1, z_1) と (x_2, y_2, z_2) を通る直線の方向比は，$x_2-x_1, y_2-y_1, z_2-z_1$ であり，この直線の方向余弦は，2点間の距離を
$$D=\sqrt{(x_2-x_1)^2+(y_2-y_1)^2+(z_2-z_1)^2}$$
とすると，
$$\frac{x_2-x_1}{D}, \frac{y_2-y_1}{D}, \frac{z_2-z_1}{D}$$
である．＝方向成分．

■**方向微分** directional derivative
関数の与えられた方向（その方向の直線あるいは曲線に沿った）に関する弧長に対する変化の割合．これは，3つの座標軸に平行な方向への関数の変化の割合を，軌道方向への接線に方向射影したものの和に等しい．具体的にいうと，x, y, z の関数 F に対して，s を弧長とする媒介変数による方程式 $x=x(s), y=y(s), z=z(s)$

で表される曲線方向の方向微分は，
$$\frac{du}{ds}=F_x(x,y,z)\frac{dx}{ds}+F_y(x,y,z)\frac{dy}{ds}+F_z(x,y,z)\frac{dz}{ds}$$
であり，l, m, n を曲線の接線の方向余弦とすると，
$$lF_x(x,y,z)+mF_y(x,y,z)+nF_z(x,y,z)$$
とも書ける．2変数関数 f については，θ を曲線の（運動方向の）接線と方向づけられた x 軸がなす角とするとき，
$$f_x(x,y)\cos\theta+f_y(x,y)\sin\theta$$
と表せる．→ 連鎖律

■**方向余弦** direction consines
方向角の余弦．α, β, γ をそれぞれ x 軸，y 軸，z 軸に対する方向角，$l=\cos\alpha, m=\cos\beta, n=\cos\gamma$ とすると，通常それは，l, m, n と記される．各**方向余弦**は独立ではなく，それらの中の2つが決まると，**ピタゴラスの定理** $\cos^2\alpha+\cos^2\beta+\cos^2\gamma=1$ により，符号を除いて3つめも決まる．→ 方向つき数値

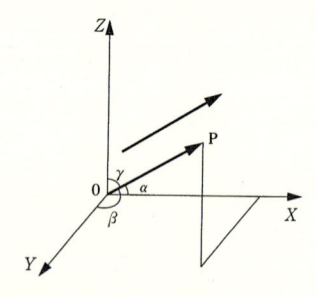

■**方向余弦のピタゴラス関係** Pythagorean relation between direction cosines
直線の方向余弦の平方の和は1に等しいという関係．

■**放射現象** radiation phenomena
ある1点における時刻 $t=0$ での乱れが，時間の経過とともに広がっていくような波動現象．乱れの広がる領域は**影響範囲**とよばれる．→ 依存領域

■**放射的関係の図形** radially related figures
互いに他の中心射影になっている2つの図形．ある固定点から出た直線が一方の図形の1

点を通るならば，他方の図形の 1 点も通り，固定点からその 2 点までの距離の比が常に同じである図形．2 つの相似な図形は常にそのように配置できる．この固定点を**相似の中心**または**放射の中心**とよぶ．2 つの線分の比を**放射比**または**相似比**とよぶ．2 つの放射的関係の図形は相似である．それらは**相似図形**ともよばれる．

■**放射点** ray center
 = 射影の中心．→ 中心射影，放射的関係の図形

■**放射比** ray ratio
 → 放射的関係の図形

■**傍心（3 角形の）** excenter of a triangle
 → 3 角形の傍心

■**豊数** abundant number
 → 完全数

■**傍接円** escribed circle of a triangle, excircle of a triangle

3 角形の 1 つの辺と，他の 2 辺の延長線に接する円．傍接円は 3 角形の外部にできる．図は，3 角形 ABC の傍接円が，L において BC に接し，AB と AC の延長線にそれぞれ N と M で接している．角 BAC の 2 等分線は，傍接円の中心を通る．

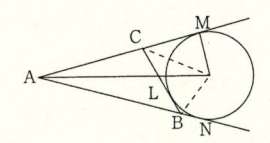

■**法線（曲線あるいは曲面への）** normal (to a curve or surface)

(1) 点 P におけるある曲線への**法線**とは，P を通り，P における接線と垂直な直線である［→ 接線］．平面曲線に対しては，法線の方程式は
$$y - y_1 = -\frac{1}{f'(x_1)}(x - x_1)$$
である．ここで，$f'(x_1)$ は，法線が曲線を切る点 (x_1, y_1) における曲線の傾きである［→ 微分係数，垂直な直線・平面］．点 P における空間曲線への法平面とは，P を通り，P における接線と垂直な平面である．P における法線とは，P を通る法平面内の直線である．

(2) 点 P における空間曲線への**従法線**とは，P を通り，P におけるその曲線の接触平面と垂直な直線である．従法線の正の方向は，その方向余弦が $\rho(y'z'' - z'y'')$，$\rho(z'x'' - x'z'')$，$\rho(x'y'' - y'x'')$ となるように選ぶ．ここで，x'，y'，… は，弧長に関する微分である．点 P における空間曲線への**主法線**とは，P における法線で，その曲線の接触平面内にあるものである．P における**法平面**とは，P を通る接線に垂直な平面であり，主法線，従法線を含む．P における主法線の正の方向は，接線，主法線，従法線が，この順で，正の x 軸，y 軸，z 軸と同じ方向づけをもつように選ばれる．点 P における曲面への法線とは，P を通り，P における接平面と垂直な直線である．

■**法線影** subnormal
曲線上の点とその点での曲線に対する法線が x 軸と交わる点とを結ぶ線分の x 軸への射影．法線影の長さは $y(dy/dx)$ である．ただし，y と dy/dx（y の x に関する微分係数）は曲線上の与えられた点から求まる．→ 接線の長さ

■**法線応力** normal stress
 → 応力

■**法線形（方程式の）** normal form of an equation
 → 直線の方程式，平面の方程式

■**法線切り口** normal section of a surface
法線を含む平面によるその曲面の切り口，主方向の法線切り口を**主法線切り口**という［→ 曲面の曲率］．= 曲面の垂直切り口．

■**法線成分（加速度の）** centripetal components of an acceleration, normal components of an acceleration
 → 加速度

■**法線微分係数** normal derivative
関数の，曲線または曲面の法線方向への，方向微分係数．関数の法線方向における変化率．
 → 方向微分

■**法則** law
一般原理，原則，規則，規準．律，則などの

用語も使われる．例えば，以下の項目を参照．
可換，慣性の法則，結合，ケプラーの惑星の運動法則，ゴンパーツの法則，指数，種の法則，正弦公式，正接法則，対数，大数の法則，直角球面3角形の象限の法則，ニュートンの運動法則，バクテリアの成長法則，平方剰余の相互法則，メイカムの法則，余弦定理．

■**膨張** dilatation
単位体積の物体の変形による体積変化．主ひずみが e_1, e_2, e_3 であるなら，膨張は，
$$\vartheta = (1+e_1)(1+e_2)(1+e_3) - 1$$
であり，ひずみが小さい場合には，近似的に，
$\vartheta = e_1 + e_2 + e_3$ となる．

■**方程式** equation
→ 等式

■**方程式系の無矛盾性** consistency of systems of equations
変数の少なくとも1組の値がその方程式系をみたすとき，すなわち各方程式の解の集合が1点またはそれ以上の共通部分をもつとき，その方程式系は無矛盾であるという．もし方程式系をみたす変数の組が存在しないならば，その方程式系は矛盾するという．例えば
$$x+y=4 \quad かつ \quad x+y=5$$
は矛盾する．
$$x+y=4 \quad かつ \quad 2x+2y=8$$
は無矛盾ではあるが独立ではない［→ 独立］．
$$x+y=4 \quad かつ \quad x-y=2$$
は無矛盾でしかも独立である．最初の例では2つの式は平行する2本の直線を表し，2番目の例では2つの式は同一の直線を表している．最後の例では2つの式は1点 $(3,1)$ で交わる2本の異なる直線を表している．

■**方程式の解** solution of equations
1つの方程式に対して**解**という用語は，
(1) その方程式の根（それをみたす対象）を見つける（または近似する）過程，
(2) その方程式の根のいずれかを意味する．
(3) **連立方程式の解**といえば，すべての方程式をみたす変数の値の集合を見いだす過程をいう．このような変数の値の集合のことも解という［→ 連立方程式］．方程式 $f(x)=0$ の**幾何学的解**（または**グラフ的解**）とは，$y=f(x)$ のグラフを描き，グラフが x 軸と交わる点を調べることにより解を見いだす過程のことをいう［→ 方程式の根］．方程式に数値を代入して調べることにより解を推定したものを**検証による解**という．→ 代数方程式

■**方程式の軌跡** locus of equation
→ 軌跡

■**方程式の係数** coefficients in an equation
(1) 変数の係数．
(2) 定数項と，変数を含むすべての項の係数．定数項を含まない場合は"変数の係数"といういい方がよく用いられる．

■**方程式の項の消去** removal of a term of an equation
ある項を消去するように座標変換や変数変換により，方程式を変換すること．→ 簡約3次方程式，座標軸の回転，座標軸の平行移動

■**方程式の根** root of an equation
方程式における変数にある数を代入したとき，等式が成立するような数のこと．例えば方程式 $x^2+3x-10=0$ において，$2^2+3\cdot2-10=0$ であるから，2は解である．近年は**解**というのが普通になった．方程式の解はその**方程式をみたす**，あるいはその方程式の**根**であるといわれる．しかし，解といえば根を求める過程のことを意味する用語としても用いられる．代数方程式の解を近似的に求める多くの方法がある［→ グレーフェによる代数方程式の近似解法，ニュートン法，はさみうち法，ホーナー法］．ある解を近似するのに基本的な操作は，その解を他の解から**分離**すること，すなわち適当な2数を見つけてその間に解がちょうど1つあるようにすることである．**解の位置を定める定理**として，次の**中間値の定理**が有効である．1変数の多項式または連続関数が変数の2つの値に対して異なる符号をとるとき，これら2つの値の間のある値において0となる．与えられた関数を0と置くことにより得られる方程式は，その関数が異なる符号の値をとるような2つの値の間に解をもつ．幾何学的には，1変数 x の連続関数のグラフは x のある値に対して x 軸の上方（または下方）にあり，他のある値に対して x 軸の下方（または上方）にあるならば，グラフはその2点の間で x 軸と交わることを意味する．与えられた方程式から，その解に関係した値を解にもつ新

しい方程式をいろいろと導くことができる．そのうちの1つは，もとの変数の符号を変えることにより新しい方程式をつくり，もとの方程式とは符号が逆の解をもつようにすることである．与えられた方程式の変数 x に対して，$x=x'+a, a>0$ と新しい変数 x' に置き換えることにより，解を a だけ減少させることができる．もとの方程式が解 x_1 をもつとき，新しい方程式は $x_1'=x_1-a$ を解にもつ．方程式 $x^2-3x+2=0$ の解は 1 と 2 であるが，変数の置き換え $x=x'+2$ により，-1 と 0 を解にもつ方程式 $(x')^2+x'=0$ に変わる．方程式の変数を $x=1/x'$ と置き換えることにより，もとの方程式の解の逆数を解とする方程式に変換される [→ 相反方程式]．多項式の解と係数の関係は以下のようになる．2次方程式に対して，2次の項の係数が 1 のとき，2解の和は1次の項の係数の符号を変えた値に等しく，2解の積は定数項に等しい．$ax^2+bx+c=0$ において，2根の和は $-b/a$, 2 解の積は c/a に等しい．n 次の方程式で n 次の項の係数が 1 であるとき，すべての解の和は x^{n-1} の係数の符号を変えたものに等しく，可能なすべての2解の積全部の和は x^{n-2} の係数に等しい．可能なすべての3解の積全部の和は x^{n-3} の係数の符号を変えたものに等しい，など．最後にすべての解の積は定数項に $(-1)^n$ をかけたものに等しい．$r_1, r_2, \cdots, r_n$ を方程式

$$x^n+a_1x^{n-1}+a_2x^{n-2}+\cdots+a_n=0$$

の根とするとき，次のような関係が成立する．

$$r_1+r_2+\cdots+r_n=-a_1,$$
$$r_1r_2+r_1r_3+\cdots+r_1r_n+r_2r_3+\cdots+r_{n-1}r_n=a_2,$$
$$\cdots\cdots\cdots\cdots\cdots\cdots\cdots\cdots$$
$$r_1r_2r_3\cdots r_n=(-1)^na_n$$

→ カルダノの解法，代数学の基本定理，代数方程式の2重解，多項式方程式，2次公式，ニュートン法，フェラリの解法，方程式の重解，有理解定理

■**方程式の根の定数倍** multiplication of the roots of an equation

与えられた方程式の各解の定数倍を解とする方程式をつくるには，代入（変換）$x=x'/k$ を行えばよい．x' に関する方程式の解は，x に関する方程式の各解の k 倍となる．

■**方程式の3重解** triple root of an equation
→ 方程式の重解

■**方程式の重解** equal roots of an equation, multiple root of an equation

a が $f(x)=0$（f は多項式）の重解であるとは，1より大きい整数 n に対して，$(x-a)^n$ が $f(x)$ の因子となることである．重解でない解を**単解（単純解）**という．$(x-a)^n$ が $f(x)$ に含まれる因子 $x-a$ の最高ベキならば，n が 2 または 3 のとき，a は **2重解**または **3重解**である．一般には，**n重解**とよぶ．重解は，$f(x)=0$ および $f'(x)=0$ の共通解である．一般に，ある解が n 重解であるのは，それが $f(x)=0, f'(x)=0, \cdots, f^{(n-1)}(x)=0$ の共通解であり，しかも $f^{(n)}(x)=0$ の解でないときに限る．そこで，f が多項式でないときも，f の $n-1$ 階までの導関数の共通根で，f の n 階の導関数の解でないものを f の n 重解とよび，n をその**重複度**とよぶ．重複解，重根，多重根ともよばれる．

■**方程式の対称な組** symmetric pair of equations

2つの方程式において，変数を入れ替えたとき，方程式が入れ替わることがあっても，組としては変わらないような方程式の組．例えば
$$\begin{cases} x^2+2x+3y-4=0 \\ y^2+2y+3x-4=0 \end{cases}$$
は，方程式の対称な組である．

■**方程式の標準形** standard form of an equation

簡単化と普遍性のために広く数学者に用いられている形．例えば，有理整数係数の x に関して n 次の代数方程式の**標準形**は，
$$a_0x^n+a_1x^{n-1}+\cdots+a_n=0$$
楕円の方程式の直交座標での標準形は，
$$\frac{x^2}{a^2}+\frac{y^2}{b^2}=1$$

■**方程式の辺** member of an equation

等号の一方（あるいはその反対）の側にある数式．それらは，左辺と右辺，第1辺と第2辺などとよんで区別する．

■**方程式の無限大の解** infinite root of an equation

n 次の方程式とみなすことのできる r（$r<n$）次の方程式は，無限大を $(n-r)$ 重解としてもつとみなせる．例えば，方程式 $ax^2+bx+c=0$ は $a=0, b\neq 0$ のとき，1解を無限大にも

ち, $a=b=0 \neq c$ のとき, 2解を無限大にもつ. この2次方程式の x を $1/y$ で置き換えると方程式 $a+by+cy^2=0$ が得られるが, この方程式はもとの方程式における零点の個数と同数の無限大を解にもつ. この表現を使えば直線と双曲線は常に2点で交わるといってよい. このうちの一方または両方が無限遠点でありうる. → 理想点

■**方程式論** theory of equations
　代数方程式の解法や, 解の存在, 解の性質, 解と係数の関係などについての研究.

■**放物型偏微分方程式** parabolic partial differential equation
　実2階偏微分方程式
$$\sum_{i,j=1}^{n} a_{ij}\frac{\partial^2 u}{\partial x_i \partial x_j} + F\left(x_1, \cdots, x_n, u, \frac{\partial u}{\partial x_1}, \cdots, \frac{\partial u}{\partial x_m}\right)=0$$
で, 行列式 $|a_{ij}|$ が0であるもの. すなわち, 2次形式 $\sum_{i,j=1}^{n} a_{ij}y_iy_j$ は**正則でない**. したがって, この2次形式は, 実線型変換により, 必ずしも同符号でない係数をもつ $n-1$ 個以下の平方項の和にかける. 典型的な例は, 熱方程式である. → 2次形式の指標

■**放物型リーマン面** parabolic Riemann surface
　→ リーマン面

■**放物曲線** parabolic curve
　直角座標で
$$y=a_0+a_1x+\cdots+a_nx^n$$
という形の方程式をもつ代数曲線.

■**放物空間** parabolic space
　=(ユークリッド) 射影平面. → 射影平面

■**放物線** parabola
　円錐面の, 1つの母線に平行な, 頂点を通らない平面による切り口. 平面上の固定された直線と, その上にない定点から等距離にあるその平面上の点全体の軌跡. 直交座標系によるその**標準方程式**は, $y^2=2px(y^2=4mx$ ともかく) である. ここで, 定点は, x 軸上の正の側, 原点から距離 $\frac{1}{2}p$ (または m) のところにあり, 固定された直線は, y 軸と平行で, 原点の左側, 原点から距離 $\frac{1}{2}p$ のところにある. その与えられた点を**焦点**, 与えられた直線を**準線**という. 対称の軸 (上記の標準形においては x 軸) を放物線の**軸**という. 軸が放物線を切る点を**頂点**, 焦点を通り軸と垂直な弦を**通径**という. 放物線の**媒介変数方程式**の重要な形は, 例えば, 発射体の軌道の決定に用いられるものがある. v_0 を初速度の大きさ, β を出発時の発射体と地平面のなす角とすると, その軌道は
$$x=v_0 t\cos\beta, \quad y=v_0 t\sin\beta-\frac{1}{2}gt^2$$
である. ただし, t はその物体がとびたってから経過した時間, そして g は重力加速度とする. これらは放物線の方程式である. $\beta=45°$ (空気抵抗を無視すれば, 発射体がもっとも遠くまでとどく角度) とし, g を近似的に (フィートを単位として) 32とするならば, 方程式は
$$x=\frac{1}{2}\sqrt{2}\,v_0 t, \quad y=\frac{1}{2}\sqrt{2}\,v_0 t-16t^2$$
となる. t を消去して, $y=x-32x^2/v_0^2$ を得る. メートルを単位とすれば, 32を9.8あるいは近似的に10とする. → 円錐曲線, 双曲線, 楕円

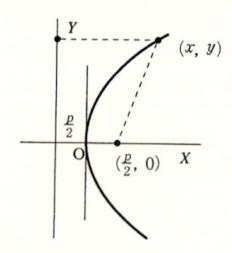

■**放物線の焦点の性質** focal property of the parabola
　放物線上の任意の点Pにおける焦点半径と放物線の軸に平行なPを通る直線は, Pにおけ

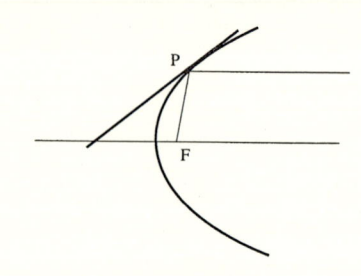

る放物線の接線と等しい角をなす．もし放物線がみがきあげられた金属の帯でできているならば，焦点 F（図）を光源とする光線は，放物線に反射して放物線の軸に平行な光線となる．同様に，放物線の軸に平行な光線は，放物線に反射し焦点に集められる．この性質が**放物線の光学的**（または**反射の**）**特性**である．音に関する対応する性質を放物線の**音響特性**という．

■**放物線の直径** diameter of a parabola
　放物線の平行な弦の集合の中点のなす軌跡．放物線の軸に平行な任意の直線は，適当な弦の集合に対応する直径である．→ 円錐曲線の直径

■**放物線弓形** parabolic segment
　放物線の軸に垂直な弦が張る放物線の弓形の弧．それらが囲む面積は，C を弦（**底辺**）の長さ，d を頂点から弦までの距離（**高さ**）とすると，$\frac{2}{3}cd$ である．

■**放物柱** parabolic cylinder
→ 柱

■**放物的ケーブル** parabolic cable
　等間隔に等しく荷重され，両端で支えて吊り上げられたケーブル（太索）．その荷重が，水平方向に対して一様かつ**連続的**に分布しているならば，この曲線は，放物線となる．ただし，線はしなやかとし，線の重さは無視できるものとする［→ カテナリー］．吊り橋の太索は，索の自重，および荷重に間隔があり，連続的でないことによる多少の修正を除けば，放物的ケーブルとみなすことができる．

■**放物点** parabolic point
　その点におけるデュパンの標準形が平行な直線の対であるような点．［→ デュパン標構(曲面の点における)］．全曲率が 0 となる点．

■**放物面** paraboloid
　楕円放物面と**双曲放物面**の総称．**楕円放物面**とは，3 次元空間内の曲面で，適当な直交座標をとることにより，一方の座標平面と平行な切り口が楕円となり，他方の座標平面と平行な切り口が放物線となるものである．曲面が図の位置にあるとき，その方程式は，
$$x^2/a^2+y^2/b^2=2cz$$

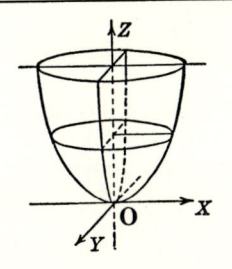

放物線をその軸のまわりで回転させると，**回転放物面**が得られる．これは軸と垂直な切り口が円であるような特殊な楕円放物面である．双曲放物面とは，適当な直交座標をとることにより，一方の座標平面と平行な切り口が双曲線となり，他方の座標平面と平行な切り口が放物線となる曲面である．曲面が図の位置にあるとき，その方程式は，
$$x^2/a^2-y^2/b^2=2cz$$
これは 1 つの**線織面**である．その 2 つの**母線**の族は，p を助変数とするとき，
$$x/a-y/b=1/p, \quad x/a+y/b=2pcz$$
および
$$x/a+y/b=1/p, \quad x/a-y/b=2pcz$$
であり，それらのいずれからも曲面が生成される．これらの直線族は，そのいずれからも曲面を生成するのに使えるので，**母線**（生成直線）とよばれる．

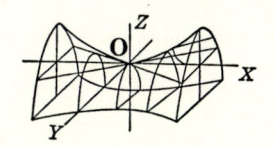

■**放物螺線** parabolic spiral
　半径ベクトルの長さの平方がそのなす角と比例するような螺線．極座標によるその方程式は，$r^2=a\theta$ である．**フェルマー螺線**ともよばれる．

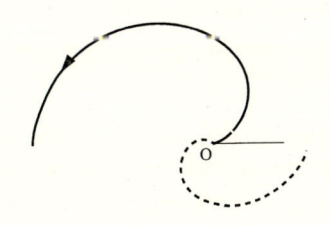

方べき（円に関する） power
→ 点のべキ

包絡空間　enveloping space
図形が含まれている空間．このとき，配置はこの包絡空間に**埋め込まれている**といわれる．円 $x=\cos\theta$, $y=\sin\theta$ は2次元ユークリッド (x,y) 空間に埋め込まれる．

包絡線　envelope
曲線の1助変数族の包絡線は，この族のすべての曲線に接する曲線である．その方程式は，曲線族の方程式と曲線族の方程式を助変数について偏微分して得られる方程式から，助変数を消去することにより求めることができる．円の族 $(x-a)^2+y^2-1=0$ の包絡線は $y=\pm 1$ である[→ 微分方程式の解]．特に，**直線の1助変数族の包絡線**は，各直線に接する曲線である．例えば $4(x-2)^3=27y^2$ は直線族 $y=-\frac{1}{2}cx+c+\frac{1}{8}c^3$ の包絡線である．これは，$y=-\frac{1}{2}cx+c+\frac{1}{8}c^3$ と $0=-\frac{1}{2}x+1+\frac{3}{8}c^2$ から c を消去して得られるものである．**曲面の1助変数族の包絡面**はそれらの特性曲線に沿って各曲面に接する曲面である．すなわち，曲線族の特性曲線の軌跡である．→ 1助変数曲面族の特性曲線

補外　extrapolation
いくつかの実数に対する関数 f の値がわかっているとき，それらの実数のうちの最大のものよりも大きい実数，もしくは，最小のものよりも小さい実数に対する f の値を予測（近似）すること．外挿（外挿法）ともいう．例えば，$\log 3.1$ の値は，$\log 2$ と $\log 3$ を使えば，

$$\log 3.1 = \log 3 + \frac{1}{10}(\log 3 - \log 2)$$

と近似できる．→ 補間法

補角　supplementary angles
それらの和が $180°$ になる2つの角．角の和が平角となる2つの角．このとき，2つの角は互いに**補角をなす**という．

補加速度　complementary acceleration
→ コリオリの加速度

補間公式　interpolation formulas
→ エルミートの補間公式，グレゴリー－ニュートンの公式，ラグランジュの補間公式

母関数　generating function
考えている数列ないし関数列が，関数 F のある種の級数展開の係数として現れるとき，F のことを，その数列ないし関数列の**母関数**（または，**生成関数**）という．例えば，P_n でルジャンドルの多項式を表すことにすると，

$$(1-2ux+u^2)^{-1/2}=\sum_{n=0}^{\infty} P_n(x)u^n$$

であるから，$(1-2ux+u^2)^{-1/2}$ は $\{P_n\}$ の母関数である．

補間法　interpolation
すでに知られている2つの関数値の中間の値を求める1つの手続きで，関数それ自身の法則に依存しない方法をとる．通例いくつかの点で関数値と一致する多項式をつくる．三角多項式，指数多項式なども使われる．特に**線型補間法**は，1次式にした場合で，縦軸に対する3つの関数値が直線上に並んでいるという仮定にもとづいて計算を行う．考えている値の間の差が小さく，また関数が滑らかなとき（接線が連続的に変化するとき）は上の仮定はほとんど正しい．関数 f の値が x_1 と x_2 において知られているとすれば，線型補間法の公式はつぎのようになる．

$$f(x)=f(x_1)+[f(x_2)-f(x_1)]\frac{x-x_1}{x_2-x_1}$$

計算機の出現以前には，補間法は対数表や三角関数表の，表にない引数の値を計算するのに広く使われた．

補曲面　complementary surface
S を与えられた曲面とする．S がそのそれぞれの中心曲面となるような平行曲面族が存在する[→ 与えられた曲面に関する中心曲面，平行曲面]．その平行曲面族のもう一方の共通中心曲面を S の**補曲面**とよぶ．

北天の赤緯　north declination
ある点の天の赤道から北へ測った赤緯．これは常に**正**とする．＝北緯．

保型関数　automorphic function
複素平面の定義域 D において極を除いて解析的である1変数関数 f が**線型変換の群に対**

■して保型的であるとは，群の各変換 T について，D に含まれる z に対し $T(z)$ も D に含まれ，$f[T(z)] \equiv f(z)$ が成り立つことをいう．

■補三角関数　complementary trigonometric functions
＝余三角関数．

■星　star
集合族の要素 P において，P を部分集合に含む集合全体を P の星という．単体的複体 K の単体 S の星とは S が面であるような K のすべての単体からなる集合のことをいう（頂点 P の星とは P を頂点とする単体すべての集合である）．例えば 4 面体の頂点 P の星は P を含むすべての辺とすべての面からなる集合である．またグラフ理論では，1 頂点 P に対して，それを端点にもつ辺全体の集合を P の星という．

■星形（ピタゴラスの）　pentagram of Pythagoras
＝5 角形の星形．→ ピタゴラスの星形

■星形集合　star-shaped set
任意の次元のユークリッド空間または任意のベクトル空間における集合 B が B の点 P に関して星形集合であるとは，B のどの点 Q に対しても線分 PQ のすべての点が B に含まれることである．

■星の天頂距離　zenith distance of a star
《天文》天頂，天底，星を通る大円に沿って測った天頂と星の間の角距離．高度の余角にあたる．→ 時角と時圏

■補集合　complement of a set
全体空間（または集合）の元で，与えられた集合 U に含まれないものの全体を U の補集合とよぶ．実数を全体空間とするとき，正の数の集合の補集合は負の数と 0 からなる集合である．

■母集団　population
《統計》ある実験によりひきおこされる結果の全体，またはその結果を記述する記号や数字の全体．すなわち，対応する確率変数の取りうる値の全体．例としては，硬貨を投げたときの {表，裏}，棒の長さを測るときの結果の全体，一定の条件下で製造された自動車タイヤの全体（または標準的なテストにおける，それらのタイヤの寿命）．＝親集団，目標母集団．

■補助円（双曲線の）　auxiliary circle of a hyperbola
→ 双曲線の媒介変数方程式

■補助方程式　auxiliary equation, reduced equation
→ 線型微分方程式

■母数　modulus [$pl.$ moduli]
補助的な量を意味するモジュラスの訳語．
(1) 楕円積分の母数．→ 楕円積分，ヤコビの楕円関数
(2) 合同式の母数（法）．→ 合同式
(3) 対数の母数（モジュラス）．底を変換するときの一定乗数．→ 対数
(4) 正規分布のモジュラス．→ 精度のモジュラス

■母数仮設　parametric hypothesis
《統計》確率変数に対して特定の分布の型を仮定し，分布の母数の条件に関する仮設を立てること．

■補正（イェーツの）　Yates' correction
→ イェーツの連続補正

■補正（シェパードの）　Sheppard's correction
→ シェパードの補正

■保積写像　equiareal map
面積を保つ写像．

■ポーセリエ，シャルル・ニコラス　Peaucellier, Charles Nicolas (1832―1913)
フランスの技術者で幾何学者．

■ポーセリエの機構　Peaucellier's cell
反転器．→ 円に関する反転

■母線　element, generator, generating line
→ 錐，線織面，柱，柱面，並進曲面

■**保測写像**　area-preserving map
　曲面 S の (u, v) 領域 D において定義された写像 $x=x(u,v)$, $y=y(u,v)$, $z=z(u,v)$ が面積を保つのは，**第1基本形式**が $EG-F^2\equiv 1$ をみたすときであり，しかもそのときに限る．上記曲面 S と曲面 $\bar{S}: x=\bar{x}(u,v)$, $y=\bar{y}(u,v)$, $z=\bar{z}(u,v)$ との間の誘導写像が面積を保つのは，$EG-F^2\equiv\bar{E}\bar{G}-\bar{F}^2$ のときであり，しかもそのときに限る．＝同値写像，等面積写像．

■**保存力の場**　conservative field of force
　質点を1点から他の点に移動する仕事が，その移動の道筋に依存しない力場．保存場においては，質点を閉路に沿って1周させる仕事は0である．F_x, F_y, F_z を保存場の力の直交成分とし，質点に対する仕事が
$$\int_c F_x dx + F_y dy + F_z dz$$
という線積分で表されるならば，この積分の中身は完全微分となる．重力場，静電場は保存力場の例である．しかしながら，導線を流れる電流のつくる磁場や，摩擦の影響のある力場などは保存場ではない．

■**補題**　lemma
　証明済みの定理で，他の定理の証明に用いられることが主目的であるもの．＝補助定理．→定理

■**ポテンシャル**　potential
　単位量のしかるべきものを，ある不変な場に逆らって無限遠から問題の点まで移動させるときになされる仕事．慣例に応じて，その負の値を指すこともある．または，与えられた点における方向微分が，場の強さのその方向の成分と大きさが等しくなるような関数のその点での値．この概念は大変広範囲の分野で発展を遂げているので，その様子を十分に説明するには，個々の例を列挙するしかない．→運動ポテンシャル，曲面上の双極子の2重層分布のポテンシャル関数，質点の複合体の重力ポテンシャル，静磁界のポテンシャル，電荷または質量の空間分布のポテンシャル関数，電荷または質量の曲面分布のポテンシャル関数，複合体のポテンシャルの集中法，複合体のポテンシャルのための掃散法，ベクトル値関数 ϕ に対するベクトル・ポテンシャル，ポテンシャル論，ベクトル値 ϕ に対するポテンシャル関数

■**ポテンシャルエネルギー**　potential energy
　物体がある点に位置することによってもつエネルギー．この用語は保存力の場においてのみ使用される．ポテンシャルエネルギーは，その物体を最初の位置より，他の位置に動かしたときなされた仕事の量に，負の符号をつけたものとして定義される．→エネルギー保存則

■**ポテンシャル関数**　potential function
　→電荷または質量の曲面分布のポテンシャル関数，電荷または質量の空間分布のポテンシャル関数

■**ポテンシャル関数のガウスの平均値定理**
Gauss' mean-value theorem for potential functions
　→ガウスの平均値定理

■**ポテンシャル関数のディリクレの性質**
Dirichlet characteristic properties of the potential function
　ρ およびその1次の偏微分が区分的に連続であり，ρ が0でない点の集合が有限半径の球の中に含まれているとする．このとき，ポテンシャル関数
$$U=\iiint \rho/r \, dV$$
に関する**ディリクレの性質**とは次のことである．(1) U は全体で C^1 である．(2) U は ρ, $\partial\rho/\partial x$, $\partial\rho/\partial y$, $\partial\rho/\partial z$ の不連続点からなる曲面上の点を除いて C^2 である．(3) $\rho=0$ である立体の外側の点において，U はラプラスの方程式
$$\partial^2 U/\partial x^2 + \partial^2 U/\partial y^2 + \partial^2 U/\partial z^2 = 0$$
をみたし，立体の内側で境界上にない点において，U は一般のポアソンの方程式
$$\partial^2 U/\partial x^2 + \partial^2 U/\partial y^2 + \partial^2 U/\partial z^2 = \pm 4\pi\rho$$
をみたす（符号は，慣習に従って静電気学の場合は正，重力の場合は正や負をとる）．(4) $M=\iiint \rho dV$, $R^2=x^2+y^2+z^2$ とすると，$R\to\infty$ のとき $R(U-M/R)\to 0$ となるが，$R^3\partial(U-M/R)/\partial x$, $R^3\partial(U-M/R)/\partial y$, $R^3\partial(U-M/R)/\partial z$ はそれぞれ有界である．→電荷または質量の空間分布のポテンシャル関数

■**ポテンシャル論**　potential theory
　(1) ポテンシャル関数の理論．ある意味ではラプラス方程式の理論ということもできる．すべ

ての調和関数はポテンシャル関数と見なすことができ，ニュートン・ポテンシャル関数は自由空間における調和関数である．

(2) 近年では(1)を抽象化した積分や偏微分方程式に関する各種の理論も同じ名でよばれる．

■**ホドグラフ** hodograph
運動している粒子の速度ベクトルの始点を固定点に置いたとき，それらのベクトルの終点の描く曲線のこと．直線上の一様運動の**ホドグラフ**は点になる．円周上の一様運動の場合は，粒子の速さに等しい半径をもつ円となる．$\boldsymbol{v}=\boldsymbol{f}(t)$ を粒子の軌跡のベクトル方程式とすれば $\dfrac{d\boldsymbol{v}}{dt}=\boldsymbol{f}'(t)$ がホドグラフの方程式となる．

■**ボード尺度** board measure
木材の計測に用いられる尺度法．→ 付録：単位・名数

■**ほとんどいたるところ** almost all
→ 測度 0

■**ほとんどすべての点** almost everywhere
→ 測度 0

■**ホーナー，ウィリアム・ジョージ** Horner, William George（1786—1837）
イギリスの代数学者．

■**ホーナー法** Horner's method
方程式 $p(x)=0$ (p は多項式) の実解を近似的に求める方法で，つぎの手順による．

(1) 整数 a_0 を，a_0 と a_0+1 の間に解がただ1つあるように選ぶ（2つの解が接近していてこのようなことが不可能なときには，もとの方程式の根の10倍を解とする方程式，100倍を解とする方程式，…を考えていけばよい）．

(2) $p(x)=0$ に $x=a_0+x_1$ を代入することにより，あらたな方程式 $p_1(x_1)=0$ を得る．この方程式は，0と1の間に解をただ1つもつ．

(3) 整数 a_1 ($0 \leqq a_1 \leqq 9$) を，方程式 $p_1(x_1)=0$ の解が，$a_1/10$ と $(a_1+1)/10$ の間に（ただ1つ）あるように選ぶ．

(4) $p_1(x_1)=0$ に $x_1=a_1/10+x_2$ を代入することにより，あらたな方程式 $p_2(x_2)=0$ を得，整数 a_2 ($0 \leqq a_2 \leqq 9$) を，この方程式の解が，$a_2/100$ と $(a_2+1)/100$ の間にあるように選ぶ．

以下，この手続きを，必要なだけ繰り返す．このとき，$a_0+a_1/10+a_2/100+\cdots$ がもとの方程式の解の近似値を与える（求めたい桁より1つ多く計算して四捨五入するのが普通である）．p_i を求める計算では，組み立て除法がよく使われる．また，段階(3)において，方程式 $p_1(x_1)=0$ を，その解の10倍を解とする方程式に変形しておいてから，a_1 を求める（以下，a_i を求めるさい，同様の変形を施してから求めるようにする）こともある．なお，適当な段階で方程式 $p_i(x_i)=0$ の2次以上の項を無視して解の近似値を求めることによって，上記の方法を続けるよりも速く，求めたい正確さの近似値が得られることが多いことを注意しておく．→ 剰余定理，はさみうち法，補間法

■**ボホナー，サロモン** Bochner, Salomon（1899—1982）
ポーランドで生まれた解析学者で，ベルリン大学で学位を得た後，1933年に米国に移住した．フーリエ解析，複素解析学などに多くの貢献がある．

■**ボホナー積分** Bochner integral
→ 積分可能関数

■**ホモトープな** homotopic
→ 連続変形

■**ホモロジー群** homology group
K をユークリッド単体的複体（あるいはより一般に，抽象複体），G を可換群とし，G に係数をもつ鎖を考える [→ 単体の鎖]．各非負整数 r に対し，r 輪体の全体を T^r とおき，ある $(r+1)$ 鎖の境界になっているような r 鎖の全体を H^r とおく．このとき $H^r \subseteqq T^r$ である．2つの r 輪体は，その差が H^r に属するとき，互いに**ホモローグ**であるといわれる．したがって，H^r は，0にホモローグな r 輪体の全体である．剰余群 T^r/H^r（当然，可換群になる）を，G に係数をもつ K の **r 次元ホモロジー群**という．したがって，ホモロジー群の元は，互いにホモローグな輪体の集まりになっている．この定義は，もちろん，係数として用いた群 G のとり方によるが，整係数の，つまり，Z（整数全体が通常の加法に関してなす可換群）に係数をもつ K のホモロジー群が，すべての次元について求められていれば，それと G とのみから（K が何であるか

は知らなくとも)，G に係数をもつ K のホモロジー群が求められることが知られている．以下，$G=\mathbf{Z}$ の場合の例を2つあげる．まず，トーラスの整係数1次元ホモロジー群は，2個の $\mathbf{Z}$ の直積に同型であるが，これは，トーラスにおいては，"1点につぶれない円周"のなかに，"独立な"ものが2個ある("穴"のまわりをまわる大きな円と，"胴体"の断面として現れる小さな円)ことと，関係している．つぎに，通常の球面の整係数1次元ホモロジー群は単位元のみからなるが，これは，球面においては"すべての円周が1点につぶれる"ことと，関係している [→ 基本群]．なお，一般に，K が連結であれば，G に係数をもつ0次元ホモロジー群は，G に同型である．→ コホモロジー群

■**ホモロジー代数** homological algebra
　代数的トポロジー，特にホモロジー理論の手法を使う代数学の一分野．加群の構造および圏と関手の手法を強調する．

■**ポーランド空間** Polish space
　可分，完備で距離づけ可能な位相空間．ポーランド学派を記念してつけられた名．

■**ポリオミノー** polyomino
　単位正方形をその辺でつないだ平面図形．4個以下の正方形でつくったポリオミノー(それぞれモノミノー，ドミノー，トロミノー，テトラミノーとよばれる)はすべて，それらと合同な図形で平面を埋めつくすことができる．5個の正方形からなるペントミノー12種，6個の正方形からなるヘクソミノー35種についても，いくつかの片を裏返しにすることを許せば，平面を埋められる．しかし7個のヘプトミノー108種中4種と，8個のオクトミノー369種中のたぶん26種は(たとえ裏返しを許しても)平面充塡形ではない．
　その辺に沿って合同な正3角形をつないだ図形を**ポリアモンド**という．8個以下のポリアモンドのうち，7個のもののうち1種以外は平面充塡形である．合同な正6角形を辺にそってつないだ図形を**ポリヘクス**という．5個以下の正6角形をつないだポリヘクスはすべて平面充塡形である．→ 充塡形

■**ポリトープ** polytope
　0，1，2，3次元空間内の点，線分，多角形，多面体に対応した n 次元空間内の類似物．n 次元空間内の**凸ポリトープ**は同じ超平面に含まれていない有限個の点の凸包である．したがって，凸ポリトープは有限個の超平面によって囲まれた有界凸集合である．凸ポリトープ K の**辺**は，空集合か K (これらは本当の意味では辺ではない)か K を支持している超平面 H に対して $F=H\cap K$ となる集合 F である．凸ポリトープの**面**は空集合でも K でもない辺で，それよりも大きなどの辺にも含まれていないものである．日本語訳は定まっていないが，しいて訳せば"多胞体"である．

■**ポリヘクス** polyhex
　→ ポリオミノー

■**ボリャイ・ファルカシュ** Bolyai, Farkas (1775—1856)
　ハンガリーの数学者．ガウスの友人であり，ボリャイ・ヤノシュの父親．ドイツ名はウォルフガング．

■**ボリャイ・ヤノシュ** Bolyai, Janos (1802—1860)
　ハンガリーの幾何学者．ロバチェフスキーとは独立に非ユークリッド幾何を創案した．なお彼の名はドイツ語ではヨハン，英語ではジョンと表記される．→ 非ユークリッド幾何学，ロバチェフスキー

■**ボルザ，オスカー** Bolza, Oskar (1857—1942)
　ドイツの解析学者で，大半を米国で過ごした．変分学における業績で有名である．また，楕円・超楕円関数の研究にも貢献した．

■**ボルザの問題** problem of Bolza
　変分学において，次の条件をみたす曲線族．
$$Q_j(x, y, y')=0 \quad \text{かつ}$$
$$g_k[x_1, y(x_1), x_2, y(x_2)] + \int_{x_1}^{x_2} f_k(x, y, y')\,dx = 0$$
において，次の形の関数を最小にする弧を決定する一般の問題．
$$I = g[x_1, y(x_1), x_2, y(x_2)] + \int_{x_1}^{x_2} f(x, y, y')\,dx$$

■**ボルツァノ，ベルンハルト** Bolzano, Bernhard (1781—1848)

チェコスロバキアの解析学者．彼の業績は厳密な証明の重要性を確立するのに大いに役立った．彼は最初カトリックの司祭であり，1805 年にプラハ大学の哲学教授の地位を与えられた．しかし教育の改革，個人の良心の権利，戦争や軍国主義の不合理性などを語り，自分の発言を取り消すのを拒否したため，1824 年にわずかの恩給つきで，強制的に退職させられた．

■**ボルツァノーワイエルシュトラスの定理** Bolzano-Weierstrass theorem

E が無限に多くの点を含む有界集合であるならば，E の集積点 x が存在する．集合 E は実数の集合，平面における集合，あるいは n 次元ユークリッド空間における集合としてよい．定理と同値な命題として，任意の（有限次元）ユークリッド空間に対して，有界な閉集合とボルツァノーワイエルシュトラスの条件をみたす集合の概念は同値である［→ コンパクト］．この定理は，しばしばワイエルシュトラスに帰するものとされているが，1817 年にボルツァノによって証明されたものであり，コーシーも知っていたらしい．

■**ボルツァノの定理** Bolzano's theorem

実変数 x の実数値関数 f は，閉区間 $[a, b]$ において連続であり，かつ $f(a)$ と $f(b)$ が異符号であるならば，a と b の間の少なくとも 1 つの値 x に対して $f(x)=0$ である．

■**ボルテラ** Voltera
→ ヴォルテラ

■**ボルト** volt

起電力の単位．

(1) 1 絶対アンペアの電流が流れる導体で，1 ワットの割合でエネルギーが消費されるとき，その導体に存在しなければならない電位差を**絶対ボルト**という．絶対ボルトは，1950 年以来，電位差の国際規準となっている．

(2) 1 国際オームの抵抗をもった導体において，1 国際アンペアの電流を運ぶとき，この導体に存在しなければならない電位差を**国際ボルト**という．1950 年まで，国際規準とされていた．

1 国際ボルト＝1.000330 絶対ボルト．

■**ボレル，フェリックス・エドワード・ジュスタン・エミール** Borel, Félix Édouard Justin Émile (1871—1956)

フランスの数学者であり政治家．現代の測度論や発散級数に関する基礎を創り，確率，ゲーム理論などにも貢献した．

■**ボレル可測関数** Borel measurable function
→ 可測関数(2)，ベール関数

■**ボレル集合** Borel set

X を位相空間とする．例えば実数直線あるいはユークリッド空間とする．**ボレル集合**とは，X のすべての開集合（あるいはすべての閉集合）を含む最小の σ 加法族の要素である．したがって閉集合から可算個数の集合族について，合併と共通部分の操作を反復してえられる．ボレル集合の例としては，閉集合の可算個の合併である F_σ 集合や，開集合の可算個の共通部分である G_δ 集合がある．ボレル集合は，**ボレル可測集合**とよばれることもある．X がユークリッド空間ならば，ボレル集合はすべてルベーグ可測である．

■**ボレルによる発散級数の総和法** Borel's definitions of the sum of a divergent series

(1) $\sum a_n$ を和を考える対象となる級数とすると，$\sum a_n$ の和を次のように定める．

$$S = \lim_{\alpha \to \infty} \lim_{n \to \infty} \frac{s_0 + s_1\alpha + s_2\alpha^2/2! + \cdots + s_n\alpha^n/n!}{1 + \alpha + \alpha^2/2! + \cdots + \alpha^n/n!}$$
$$= \lim_{\alpha \to \infty}\left(e^{-\alpha}\sum_{n=0}^{\infty}\frac{s_n}{n!}\alpha^n\right)$$

ただし，$s_i = \sum_{j=0}^{i} a_j$ である．

(2) 級数 $\sum a_n$ に対して次の極限値が存在するとき，$\sum a_n$ の和を

$$\int_0^{\infty} e^{-x}\sum_0^{\infty} a_n \frac{x^n}{n!} dx$$

と定める．ここで，x は実数である．両方の定義はともに**正則的**である．→ 発散級数の総和

■**ボレルの被覆定理** Borel covering theorem
→ ハイネ-ボレルの定理

■**ホワイトヘッド，アルフレッド・ノース** Whitehead, Alfred North (1861—1947)

イギリスの代数学者，解析学者，応用数学者，

論理学者，哲学者．数理哲学へ重用な寄与をした．→ ラッセル

■**ホワイバーン，ゴルドン・トーマス** Whyburn, Gordon Thomas (1904—1949)
　アメリカの解析的位相数学者．特に，コンパクト写像，単調写像，開写像，商写像に関し，業績がある．

■**本影** umbra[*pl.* umbrae]
　《物理》物体によって完全に遮られる光線の影の部分．太陽と地球においては，地球に接する錐体の内部で，太陽が完全に影に入る部分となる．これが**本影**である．これに対し，図の A, B の部分は，光が部分的に遮られている．これを**半影**という．

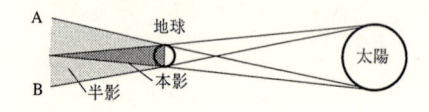

■**本質的な写像** essential map
　→ 非本質的

■**本初子午線** prime meridian
　→ 子午線

■**ポンスレ，ジャン・ヴィクトル** Poncelet, Jean Victor (1788—1867)
　フランスの技師で射影幾何学者．射影幾何学の研究を復活させ，その現代的な研究の基礎を築いた．（ジェルゴンヌと同じ時期に）双対原理を定式化した．無限遠点や横断の理論を導入した．

■**ポンスレの連続性原理** Poncelet's principle of continuity
　"ある図形が他の図形から連続的な変形を経て得られ，後者が前者同様に一般的ならば，第1図形のどんな性質も第2図形に受け継がれる" というたいへんあいまいな原理．

■**ポンド** pound
　質量の単位．1質量ポンドの重さ [→ 重さ，質量]．重さは地球上の異なる地点では少し変化するので，高い精度を必要とするときは，1ポンドの力とは北緯45°の海面における1質量ポンドの重さと定める．ほぼ0.45キログラム．

■**ポントリャギン，レフ・セメノビッチ** Pontryagin, Lev Semenovich (1908—1988)
　ソ連の数学者．代数学，トポロジー，微分方程式，制御理論などに多くの重要な寄与をした．彼は14歳の折に事故にあって全盲になった．

■**ボンネ，ピエール・オッシァン** Bonnet, Pierre Ossian (1819—1892)
　フランスの解析学・微分幾何学者．

■**ボンネの平均値の定理** Bonnet's mean-value theorem
　→ 積分法の平均値定理

■**ボンビエリ，エンリコ** Bombieri, Enrico (1940—)
　イタリアの数学者．数論における貢献と極小曲面に関する理論で，フィールズ賞を受賞した (1974年)．

マ

■**マイクロ** micro, micr
マイクロオーム，マイクロ秒のように，100万分の1を表示する接頭語．

■**マイナス** minus
(1) ひき算．
(2) 負，負数．

■**マイル** mile
英国・米国での長さの単位．1609.3メートルまたは5280フィートに等しい．元来は古代ローマで1000歩の意味からきた．

■**曲った面** curved surface
平面の部分を含んでいない曲面．

■**曲り点** bend point
平面曲線上の点で，縦座標が最大あるいは最小となる点．

■**マグヌス，ハインリッヒ・グスタフ**
Magnus, Heinrich Gustav（1802—1870）
ドイツの化学者，物理学者．

■**マグヌス効果** Magnus effects
空気（気体）力学における現象．回転する砲弾に作用する力とモーメントで，例えば，砲弾の右手方向へのずれなどを説明する．

■**マクローリン，コリン** Maclaurin, Colin（1698—1746）
スコットランドの数学者，物理学者．

■**マクローリン級数** Maclaurin series
→ テイラーの定理

■**マクローリンの3等分線** trisectrix of Maclaurin
→ 3等分線

■**曲げモーメント** bending moment
→ 力のモーメント

■**摩擦角** angle of friction
→ 摩擦力

■**摩擦係数** coefficient of friction
→ 摩擦力

■**摩擦力** force of friction
《力学》2つの物体が接して，一方Aが他方Bに対して静止，または加速度を伴わない運動をしているとき，Aに働く外力は接触面に垂直な垂直抗力Nと接触面内で働く摩擦力Fによって釣り合っている．AがBに対し静止した状態から動き出す瞬間の鋭角αは**摩擦角**とよばれ，$\tan\alpha=\dfrac{F}{N}=\mu$は**静止摩擦係数**という．$A$が$B$に対して加速度を伴わない運動をしているときの$\mu$は，**(運)動摩擦係数**（すべり摩擦係数）という．

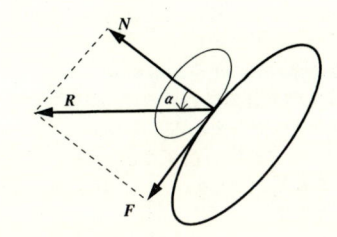

■**マシュー，エミール・レオナール** Mathieu, Émile Léonard（1835—1890）
フランスの数理物理学者．

■**マシュー関数** Mathieu function
マシューの微分方程式の任意の解．周期的な，偶または奇関数であり，適当に定数倍されている．その解のうち，$b\to 0$, $a=n^2$のとき$\cos nx$に近づき，そのフーリエ展開における$\cos nx$の係数が1であるものを$ce_n(x)$とかく．また，解で$b\to 0$のとき$\sin nx$に近づき，そのフーリエ展開における$\sin nx$の係数が1であるものを$se_n(x)$とかく．

■**マシューの微分方程式** Mathieu differential equation

$$y'' + (a + b\cos 2x)y = 0$$

の形の微分方程式．一般解は

$$y = Ae^{rx}\phi(x) + Be^{-rx}\phi(-x)$$

とかける．ここで，r は定数，$\phi(x)$ は周期 2π の周期関数である．a のある値(**固有値**，または**特性値**ともいう)に対して，周期解がある．しかし，$b \neq 0$ のとき，マシューの微分方程式は，2つの独立な周期解をもちえない．

■**交わり** intersection, meet

(1) 2つ(あるいはそれ以上)の幾何学的配置に共通に属する点または点の集合．**2つの曲線の共通部分(交点)**は通常有限個の点からなるが，一方の曲線の弧が他の曲線の一部分となっているときには，その弧も共通部分に含まれる．2つの直線は空の共通部分か，または1点のみからなる共通部分(交点)をもつ．2つの**曲面**が空の共通部分をもたないならば，通常それらの共通部分は曲線となるが，孤立点や曲面の一部を含むこともある．2つの平面の共通部分は空または一直線である．**虚の共通部分(交点)**とは，方程式とそれらのグラフの間の関係の一般性を高めるために用いられる概念であり，方程式の共通虚数解の集合からなる．

(2) **2つの集合の交わり**とは，両方の集合に属する点全体の集合である．集合 U と V の共通部分はふつう記号 $U \cap V$ で表すが，UV, $U \cdot V$ などの表記も用いられ，U と V の**積**あるいは**共通部分**などとよばれることもある．

■**交わりに関して既約** meet-irreducible
→ 結びに関して既約

■**マスケローニ，ロレンツォ** Mascheroni, Lorenzo (1750—1800)
イタリアの幾何学者．定規とコンパスによるどんな作図もコンパスのみによって作図できることを証明した．

■**マスケローニの定数** Mascheroni constant
→ オイラーの定数

■**マズール，スタニスロウ** Mazur, Stanisław (1905—1981)
ポーランドの数学者．関数解析学，実関数論，トポロジーにおいて貢献が大きい．

■**マズール-バナッハのゲーム** Mazur-Banach game
I を与えられた閉区間，A と B を I の任意の交わりをもたない部分集合で，その和集合が I となるものとする．2人の競技者 (A) と (B) が，交互に閉区間 $I_1, I_2, \ldots$ を選ぶ．ただし，各区間は，それ以前の区間に含まれているものとする．競技者 (A) は奇数番の区間を，(B) は偶数番の区間を選ぶとする．選ばれたどの区間にも含まれる A の1点が存在するとき (A) の勝ち，そうでなければ (B) の勝ちとする(後者の場合，どの区間にも含まれる B の1点が存在する)．(A) が選ぶどんな戦略に対しても (B) が勝てる戦略があるのは，A が I において**第1類集合**のときであり，しかもそのときに限る．(B) が選ぶどんな戦略に対しても (A) が勝てる戦略があるのは，B が I の**ある点において第1類集合**をなすときであり，しかもそのときに限る．それらの命題の前者は，任意の位相空間に，後者は完備距離空間に拡張される．ただし，競技者が選ぶ集合は，次の性質をみたす集合族 G から選ぶものとする．G 内の各集合は空でない内部をもち，かつ任意の空でない開集合は少なくとも1つの G 内の集合を含む．→ 区間縮小法

■**マチン，ジョン** Machin, John (1685—1751)
英国の数学者．

■**マチンの公式** Machin formura

$$\frac{\pi}{4} = 4\arctan\frac{1}{5} - \arctan\frac{1}{239}$$

という等式．マチンがテイラー級数

$$\arctan x = x - \frac{1}{3}x^3 + \frac{1}{5}x^5 - \frac{1}{7}x^7 + \cdots$$

と併用して，1706年に円周率を100桁計算した．同じ公式をウィリアム・シャンクスが使って1873年に707桁計算したが，正しかったのは527桁だけだった．

■**マックレーン，サンダース** MacLane, Saunders (1909—)
アメリカの代数学者，代数的位相幾何学者，幾何学者，集合論学者．アイレンベルグとともにカテゴリー理論の創始者．

■**マッハ，エルンスト** Mach, Ernst (1838—1916)
オーストリアの哲学者，物理学者．

■マッハ数　Mach number
　物体の速度を v, 空気中の局所音速を a とするときの v と a の比 v/a.

■魔方陣　magic square
　整数を正方形に配列したもので，下記の例のように，各行，各列，および2つの対角線上にある数の和がすべて等しいもの．

17	3	13
7	11	15
9	19	5

1	15	14	4
12	6	7	9
8	10	11	5
13	3	2	16

■マヤの数詞　Mayan number
　→ 20進法

■マリオット，エドム　Mariotte, Edme (1620—1684)
　フランスの物理学者．

■マリオットの法則　Mariotte's law
　ボイルの法則に対するフランスでのよび名．

■マルグリス，グレゴリ・アレクサンドロヴィッチ　Margulis, Gregory Aleksandrovich (1946—)
　ロシアの数学者．実および p 進リー群の離散部分群の理論に関する寄与によって，1978年フィールド賞を受賞した．

■マルコフ，アンドレイ・アンドレヴィッチ　Markov (Markoff), Andrei Andreevich (1856—1922)
　ロシアの確率論学者，アルゴリズム学者，代数学者，位相数学者．

■マルコフ過程　Markov process
　"未来"が"現在"によって決定され，過去から独立であるような確率過程．すなわち，確率過程 $\{X(t); t \in T\}$ であって，T の点 $t_1 < t_2 < \cdots < t_n$ に対して，$X(t_i) = x_i$, $i < n$ が与えられたときの "$X(t_n) \leq x_n$" の条件つき確率が，$X(t_{n-1}) = x_{n-1}$ が与えられたときの "$X(t_n) \leq x_n$" の条件つき確率に等しいという性質をもつもの．$X(t_0) = a$ のもとで $X(t)$ が区間（あるいはボレル集合）E に値をとる確率 $P_t(t_0, a; E)$ を推移確率関数という．$P_t(t_0, a; E) = \bar{P}(t - t_0, a; E)$, $t > t_0$ となる関数 $\bar{P}$ が存在するとき，その過程は定常である．マルコフ過程でそのすべての確率変数の値域が1つの離散集合に含まれているものをマルコフ連鎖という．T を正整数の集合とし，$X(t)$ の値域が集合 $\{s_1, s_2, \cdots\}$ に含まれていると仮定する．もしその過程が定常ならば，$X(n-1) = s_i$ が与えられたときの $X(n) = s_j$ の確率が p_{ij} となる推移確率の行列 $\{p_{ij}\}$ が定まる．

■マルチンゲール　martingale
　次の性質をみたす確率過程 $\{X(t); t \in T\}$: 各 t について $|X(t)|$ の平均が有限であり，かつ T に属する $t_1 < t_2 < \cdots < t_n$ に対して，$X(t_i) = a_i$, $i < n$ のもとでの $X(t_n)$ の条件つき平均が（確率1で）a_{n-1} に等しい．T が正整数の集合のときは，$X(i) = a_i$, $i < n$ のもとでの $X(n)$ の条件つき平均が a_{n-1} であることを要求すれば十分である．各 n に対して $G(n)$ を公平なゲームとする．ある競技者が前回までのゲームで得た賞金をすべて賭けるという条件のもとで，$G(n)$ において，その人が得る賞金額を $X(n)$ とすれば，$\{X(n)\}$ はマルチンゲールとなる．ある競技者が n 回目に得た賞金額を a_n とすると，その人の過去における運がどうであっても，$n+1$ 回目に得る平均賞金額は a_n である．$\{X_n\}$ を平均0の独立確率変数列とし，$S(n) = \sum_{i=1}^{n} X_i$ とすると，$S(n)$ はマルチンゲールとなる．→ ウィーナー過程

■丸め　rounding
　ある特定の桁のあとの小数を捨てて末位を適当に処理すること．普通切り捨てられたはじめの数字が5より小さいとき，次の数字はそのままにしておく．切り捨てられたはじめの数字が5以上でかつあとに続くある数字が0でないとき，次の数字は1だけ増加させる（四捨五入）．切り捨てたはじめの数字が5でしかもあとに続く数字がすべて0であるとき，その前の数字を偶数にする，すなわちその前が奇数なら1を加え，偶数のときはそのままにしておく習慣がある．例えば，2.324, 2.316, 2.315 は2桁を丸めると同じ2.32となる．

■**丸め誤差** round-off error
　計算において数値をそのままではなく，小数の何桁目かで丸めることにより生ずる誤差．

■**マンデルブロー，ベノア B.** Mandelbrot, Benoit B. (1924—)
　ポーランド生まれ，フランスで学び，米国で活躍中の数学者．→ フラクタル，マンデルブロー集合

■**マンデルブロー集合** Mandelbrot set
　c, z を複素数とし，$f_c(z) = z^2 + c$ とおく，各 c に対して，B_c を関数列 $\{f_c, f_c^2, \cdots\}$ に対する軌道が有界である z 全体の集合とする [→ 軌道]．**マンデルブロー集合** $\mathcal{M}$ とは，B_c が連結であるような，複素数 c 全体の集合である．個々の c について，0 の軌道が非有界ならば，B_c は全不連結であり（じつはカントール集合の型である），0 の軌道が有界ならば，B_c は連結である．いずれにせよ，B_c の境界 J_c は**フラクタル**であり，**ジュリア集合**である．$\mathcal{M}$ の境界もフラクタルである．J_c 中の点の近傍を U とすると，複素数平面上の各点は，U 内のある点の軌道に属する．→ カオス，フラクタル，ジュリア集合

■**マンフォード，ディヴィッド・ブライアント** Mumford, David Bryant (1937—)
　イギリス生まれで米国に移住した数学者．代数幾何学者．フィールズ賞受賞者(1974 年)．モジュライの理論および幾何学的不変量を研究．

ミ

■**見かけの距離** apparent distance
→ 2点間の角距離

■**見かけの変数** dummy variable
　他の任意の記号と替えても意味の変わらない記号．例えば，$\sum_{i=1}^{n} a_i$ と $\sum_{j=1}^{n} a_j$ はまったく同じ意味であり，$a_1, a_2, \cdots, a_n$ の和を意味する[それぞれの場合 i（または j）は**見かけの変数**とよばれる]．$\int_a^b f(x)dx$ の積分の値は a, b と関数 f によって決まり，他の文字を用いた $\int_a^b f(s)ds$ も同じ値となるので，x が見かけの変数である．→ 総和規約

■**右逆元** right inverse
→ 逆元

■**右極限・左極限** limit on the right (left)
　関数 f の点 a における**右極限**とは，つぎの条件をみたす数 M のことである．任意 $\varepsilon > 0$ に対して，ある $\delta > 0$ が存在し，
$$a < x < a + \delta \text{ ならば } |M - f(x)| < \varepsilon$$
が成り立つ．また，そこでの**左極限**とは，任意の $\varepsilon > 0$ に対して，ある $\delta > 0$ が存在し，
$$a - \delta < x < a \text{ ならば } |N - f(x)| < \varepsilon$$
が成り立つような数 N のことである．関数が a において右（または左）連続であるとは，右（または左）極限が存在し，さらにその値が $f(a)$ に等しいとき，かつそのときにかぎる．このような極限はさまざまな方法で記述される．例えば，$\lim_{x \to a^+} f(x)$，$f(a-)$，$f(a+0)$ などである．それぞれ右側極限，左側極限ともいう．

■**右単位元** right identity
→ 単位元

■**右手座標系** right-handed coordinate system
　各軸の正方向が右手3面体を形づくる座標系．→ 3面角

■**右巻の曲線** dextrorsum［ラテン語］, dextrorse
→ 右回りの曲線

■**右回りの曲線** right-handed curve
　有向曲線 C の点 P での捩率が負であるとき，C は P において右回りであるという．→ 左回りの系の曲線

■**右連続・左連続** continuous on the right (left)
　f を実数値関数，x_0 をその定義域の点とする．任意の正数 ε に対しある正数 δ が存在して，$x_0 < x < x_0 + \delta$ なるすべての x について
$$|f(x) - f(x_0)| < \varepsilon$$
となるとき，f は x_0 において**右連続**であるという．また任意の正数 ε に対しある正数 δ が存在して，$x_0 - \delta < x < x_0$ なるすべての x について
$$|f(x) - f(x_0)| < \varepsilon$$
となるとき，f は x_0 において**左連続**であるという．区間 (a, b) の任意の点において右（左）連続であるとき，f は区間 (a, b) において右（左）連続であるという．→ 右極限・左極限

■**みたす** satisfy
　(1) 定理または仮定または仮説を**みたす**というように，ある条件を満足すること．
　(2) 1つまたはいくつかの方程式の変数に代入したときに等式が成立するような値の集合は，その方程式を**みたす**という．$x = 1$ は $4x + 1 = 5$ を**みたす**．$x = 2, y = 3$ は連立方程式
$$\begin{cases} x + 2y - 8 = 0 \\ x - 2y + 4 = 0 \end{cases}$$
をみたす．

■**路** path
　(1) 曲線と同じ．しかし，路（パス）は区分的に滑らかな曲線であると定義されることもある．→ 滑らかな曲線
　(2)《グラフ理論》グラフの辺を次々につなぎ，相隣る辺は共有点をもち，各辺はその中に1度しか現れない列．最初の点と最終の点が同一の路を**閉じている**，あるいは**閉路**という．最

初と最後の点以外に，途中の点が1度しか現れなければ，閉路は位相的に円周と同型である．
→ グラフ理論

■**道状連結集合**　pathwise connected set
→ 弧状連結集合

■**未知量**　unknown quantity
(1) ある与えられた条件をみたす，前もってわからない量あるいは数値をとる文字，あるいは文字式．主に方程式に使用され，数値を求めるときには**未知数**という．方程式 $x+2=4x+5$ において，x は未知数である．
(2) 正確には，(1)で述べた文字は**変数**といい，未知量または未知数とは，解の集合に属する数量をいう．これによれば，方程式 $x^2-5x+6=0$ において，x は変数であり，この方程式をみたす数 2, 3 が未知数である．

■**道連結集合**　path connected set
→ 弧状連結集合

■**3つ組**　triplet
1番目，2番目，3番目と順番が決められた3つの項の組．数の組 (a, b, c) は成分 a, b, c のベクトルを表したり，ある対象物を，指定された方法で数の組として表現するのに用いられる．例えば，球座標の点を (a, b, c) と表したり，半径 a，中心 (b, c) の円を (a, b, c) と表したりする．＝3項順序対．

■**ミッタハ＝レフラー，マグヌス・ゲスタ**
Mittag-Leffler, Magnus Gösta (1846—1927)
スウェーデンの複素解析学者．雑誌 Acta Mathematica を創刊し，ストックホルムの近くのデュルスホルムに数学図書館ならびに研究所を創設した．

■**ミッタハ＝レフラーの定理**　Mittag-Leffler theorem
極と主要部を与えたとき，それを有する有理型関数の存在を保証する定理．$\{z_1, z_2, \cdots\}$ を $\lim_{n \to \infty} |z_n| = \infty$ である複素数列とする．各 n に対して，P_n を定数項のない多項式とする．そのとき複素数平面全体で有理型であり，$\{z_1, z_2, \cdots\}$ に極をもち，f の z_n での極の**主要部**が $P_n[1/(z-z_n)]$ である有理型関数が存在する．この性質をもつ有理型関数の最も一般的な形は
$$f(z) = \sum_{n=1}^{\infty} \left[P_n\left(\frac{1}{z-z_n}\right) + p_n(z) \right] + g(z)$$
の形である．ここに各 p_n は多項式であり，g は整関数であり，級数は f が解析的である領域内の任意のコンパクト集合上で一様に収束する．

■**密度**　density
(1) 物体の単位体積における質量または分量．4°C の水 1cc の質量は 1 グラムであるので，**メートル法における密度は比重に一致する**．→ 比重
(2) → 整数列の密度

■**未定係数**　undetermined coefficients
ある条件をみたすように決められる未知数．例えば，x^2-3x+2 が $x+a$ と $x+b$ の積に等しくなるような a, b を決定するには，
$$x^2+(a+b)x+ab \equiv x^2-3x+2$$
より，$a+b=-3$, $ab=2$. よって $a=-1$, $b=-2$, あるいは $a=-2$, $b=-1$.
未定係数法とは，次の例で示すような，微分方程式の解を求める方法の1つである．方程式 $y''+2y'-5y=5\sin x$ の特殊解を求めるために，$y=A\sin x+B\cos x$ を代入して，$A=-\frac{3}{4}$, $B=-\frac{1}{4}$ を得る．$y''-3y'+2y=27x^2e^x$ の特殊解を求めるために，$y=x^2(Ax^2e^x+Bxe^x+Ce^x)$ を代入して，$A=\frac{3}{4}$, $B=-1$, $C=1$ を得る（x^2 がつけられているのは，$y''-3y'+2y=(D+2)(D-1)^2y$ としたとき，e^x が $(D-1)^2y=0$ の解となっていることによる．$Ax^2e^x+Bxe^x+Ce^x$ の各項は，$27x^2e^x$ を逐次微分したとき得られるすべての形を表している）．→ 部分分数

■**ミニマックス**　minimax
＝鞍点．→ 鞍点

■**ミニマックス定理**　minimax theorem
(1) → クーラントの最大-最小，最小-最大定理
(2) 利得行列 (a_{ij}) ($i=1, \cdots, m$; $j=1, \cdots, n$) をもつ有限零和2人ゲームで，最大化（追求）対局者は混合戦略 $X=(x_1, \cdots, x_m)$ を，また最小化対局者は混合戦略 $Y=(y_1, \cdots, y_n)$ を用いたときの**期待利得**は次の式で与えられる．

$$\sum_{j=1}^{n}\sum_{i=1}^{m}a_{ij}x_{i}y_{j}=v_{X,Y}=E(\!(X,Y)\!)$$

ここで $\max_X(\min_Y v_{X,Y}) \leq \min_Y(\max_X v_{X,Y})$ は明らかである．**ミニマックス定理**（ゲーム理論の基本定理）によれば，有限零和2人ゲームにおいては，常に等号が成立し

$$\max_X(\min_Y v_{X,Y}) = \min_Y(\max_X v_{X,Y}) = v$$

となる．この結果は連続の利得関数をもつ連続2人零和ゲームや，他の無限ゲームへ拡張される．特に，ある2人零和ゲームが (x_0, y_0) で**鞍点**をもてば，v は (x_0, y_0) における利得関数の値である．→ゲームの値，ゲームの鞍点

■**脈体（集合族の）** nerve of a family of sets →集合族の脈体

■**ミリ** milli
ミリメートル，ミリグラム，ミリバールのように，1000分の1を表示する接頭語．

■**ミリアッド** myriad
元来1万を表すギリシャ語だが [→ギリシャの数字]，巨大な数の意味にも使われる．

■**ミル** mil
角の測定単位の1つ．1回転の6400分の1，$0.05625°$，あるいは約1000分の1ラジアンに等しい．米国の砲兵隊で用いられている．かつて密位と音訳された．

■**ミルナー，ジョン・ウィラード** Milnor, John Willard (1931—)
アメリカの代数的，微分位相幾何学者．フィールズ賞受賞者（1962年）．S^7 に位相同型であるが微分同型でない微分多様体の存在を証明．

■**ミンコフスキー，ヘルマン** Minkowski, Hermann (1864—1909)
整数論学者，代数学者，解析学者，幾何学者．ロシアに生まれ，スイスとドイツに住む．数の幾何学を創始．相対論の記述に4次元の幾何学的時空構造を提唱した．

■**ミンコフスキーの距離関数** Minkowski distance function
原点 O を内点にもつ与えられた凸体 B に対して，ミンコフスキーの**距離関数** F が，その空間の各点 P で，次のように定義される．まず $F(O)=0$．O 以外の点 P に対して，$F(P)$ は比 $\rho(O,P)/\rho(O,Q)$ の下限とする．ただし，$\rho(O,P)$ は O と P の間の距離であり，点 Q は線分 OP 上の B の点を動く．定義より，P が B の内部にあれば $F(P)<1$，境界上にあれば $F(P)=1$，そして外部にあれば $F(P)>1$ となる．F は P の凸関数である．2つの**反極凸体**とは，原点を内点にもつ2つの凸体で，互いに，一方の**支持関数**が他方の**距離関数**となっているものである．→支持関数

■**ミンコフスキーの不等式** Minkowski's inequality
不等式

(1) $\left(\sum_{1}^{n}|a_i+b_i|^p\right)^{1/p} \leq \left(\sum_{1}^{n}|a_i|^p\right)^{1/p} + \left(\sum_{1}^{n}|b_i|^p\right)^{1/p}$

（n は $+\infty$ も許す），または

(2) $\left(\int_{\Omega}|f+g|^p d\mu\right)^{1/p} \leq \left(\int_{\Omega}|f|^p d\mu\right)^{1/p} + \left(\int_{\Omega}|g|^p d\mu\right)^{1/p}$

ただし，$p \geq 1$．ここで，μ は Ω の部分集合の σ 加法族上で定義された測度で，$|f|^p$ と $|g|^p$ は Ω 上可積分とする．積分はリーマン積分でもよい [→積分可能関数]．(1)に現れる数および(2)の関数値は，実数でも複素数でもよい．これらのいずれの不等式も，他の不等式から導かれる．また**ヘルダーの不等式**からも出る．$0<p\leq 1$ の場合，不等号は逆向きになる（ただし，すべての値 a_i, b_i, f, g は非負とする）．これらの不等式は，$p \geq 1$ の場合，**3角不等式**である．例えば，l^p をすべての数列 $\boldsymbol{a}=(a_1, \cdots, a_n)$ のなす空間，$\|\boldsymbol{a}\|=\left(\sum_{1}^{n}|a_i|^p\right)^{1/p}$（$n$ が $+\infty$ のときは，$\|\boldsymbol{a}\|<+\infty$ となる $\boldsymbol{a}$ のみを考える）とすると，(1)は空間 l^p における**三角不等式** $\|\boldsymbol{a}+\boldsymbol{b}\| \leq \|\boldsymbol{a}\|+\|\boldsymbol{b}\|$ となる．

ム

■ムーア,エリアキム・ヘイスティングス Moore, Eliakim Hastings (1862—1932)

米国の解析学者,代数学者,群論学者.彼の博士号を指導した学生たちから,ムーア (R. L. Moore, 同姓だが親類ではない) など多くの著名な数学者が輩出した.

■ムーア,ロバート・リー Moore, Robert Lee (1882—1974)

アメリカの一般位相数学者.彼の啓発的な"自分自身で証明する"教育法(ムーア法とよばれる),ならびに,多くの彼の博士課程学生の成功は,彼自身の位相に関する業績に劣らず評価される.

■ムーア空間 Moore space

位相空間 S で,次の性質をみたす列 $\{G_n\}$ が存在するものをいう.(1) 各 G_n は S の開集合からなる集合族で,それらの開集合の合併が S である.(2) 各 n について,G_{n+1} は G_n の部分集合族である.(3) 任意の開集合 R の異なる 2 点 x, y に対して,ある n が存在して,x を含む G_n 中の任意の開集合 U について,U の閉包は R に含まれかつ y を含まない.

■ムーア-スミスの収束 Moore-Smith convergence

有向集合(または**ムーア-スミス集合**)とは,以下の意味で順序づけられている集合である.すなわち,その集合を D とするとき,D の元のいくつかの対 (a, b) に対して,次の 3 条件をみたす関係(それを $a \geq b$ とかく)が定義されている.(i) $a \geq b$ かつ $b \geq c$ ならば $a \geq c$.(ii) D のすべての元 a に対して,$a \geq a$.(iii) D の任意の元 a, b に対して,$c \geq a, c \geq b$ となる D の元 c が存在する.ある有向集合 D から集合 S の中への写像,もしくはその写像による D の像をも,S の**有向点列**(または**ムーア-スミス列**)という.例えば,正整数の集合は有向集合であり,数列 $\{x_1, x_2, \cdots\}$ は有向点列である.また位相空間のすべての開集合からなる集合族は,$U \geq V$ を包含関係 $U \subset V$ によって定義すれば,有向集合となる.さて,D を有向集合,ϕ を D から位相空間 T の中への写像である有向点列とする.T のある部分集合 U に対して,D の元 a が存在し,$b \geq a$ となる任意の (D の元) b の像 $\phi(b)$ が U に属するとき,ϕ は U に**究極的に入る**という.また D の任意の元 a に対して,$b \geq a$ となる D の元 b で $\phi(b)$ が U に入るものが存在するとき,ϕ は U に**頻発的に入る**という.このとき $\phi(a)$ が U に入るような D の元 a の全体 E は,D の**共終的部分集合**をなす.これは,D の任意の元 b に対して,$a \geq b$ となる元 a が E の中に存在することを意味する.有向点列 ϕ が T の点 x の任意の近傍に究極的に入るとき,**ϕ は x に収束する**という.定義より,点 x が (T の部分集合) V の集積点であるのは,x に収束する V の有向点列が存在するときであり,しかもそのときに限る.位相空間がハウスドルフ空間となるのは,その空間の任意の有向点列が 2 つ以上の点に収束しないときであり,しかもそのときに限る.

■無意味な相関 nonsense correlation
→ 架空の相関

■無縁解 extraneous root

方程式を解くとき,より解きやすい方程式に変形することがあるが,そうすると,変形後の方程式の解の中に,もとの方程式の解でないものが,入っていることがある.そのような(変形後の方程式の)解のことを,もとの方程式の**無縁解**という.無縁解は,両辺を平方するとか,分母を払うとかいうような変形をほどこしたときに生ずることが多い.例を 2 つあげる.(1) 方程式 $\dfrac{1}{x-2} - 1 = \dfrac{2}{x(x-2)}$ の解は 1 のみであるが,両辺に $x(x-2)$ をかけて得られる方程式は 2 という解をもつ.(2) 方程式 $1 - \sqrt{x-1} = x$ の解は 1 のみである.一方,両辺から 1 をひき平方して整理すると $x^2 - 3x + 2 = 0$ という方程式が得られるが,これは 1 と 2 という 2 個の解をもつ.このうちの 2 をもとの方程式に代入すると,左辺は 0 になり,右辺は 2 になるから,これは無縁解である.

■**向きづけ** orientation
→ 角，曲面，3面角，多様体，単体，単体的複体

■**無限** infinite
　任意に固定された限界を越えて大きくなること．例えば，f を関数とし，点 a の任意の近傍に a 以外の f の定義域の点が含まれるとする．任意の数 C に対して a の近傍 U が存在し，$x \in U$，$x \neq a$ かつ x が f の定義域に属する点ならば $|f(x)| > C$ が成り立つとき，x が a に近づくにしたがって f は**無限大となる**という．任意の数 C に対して a の近傍 U が存在し，$x \in U$，$x \neq a$ かつ x が f の定義域に属する点ならば $f(x) > C$ が成り立つとき，x が a に近づくにしたがって f は**正の無限大となる**という．任意の数 C に対して a の近傍 U が存在し，$x \in U$，$x \neq a$ かつ x が f の定義域に属する点ならば $f(x) < C$ が成り立つとき，x が a に近づくにしたがって f は**負の無限大となる**という．これらはそれぞれつぎのように表される．
$$\lim_{x \to a} |f(x)| = \infty, \quad \lim_{x \to a} f(x) = \infty,$$
$$\lim_{x \to a} f(x) = -\infty$$
上の定義は a が記号 $+\infty$ あるいは $-\infty$ の場合にも適用される．ただし，そのとき "$+\infty$ の近傍" とは特定の数 M に対して $x > M$ をみたす x 全体の集合とし，"$-\infty$ の近傍" も同様に定義する．→ 広義の実数系，非有界関数

■**無限遠直線** line at infinity
　代数的には，直角座標に対して，$x_1/x_3 = x$，$x_2/x_3 = y$ で定義される**同次座標系**において，方程式 $x_3 = 0$ で表される図形 [→ 同次座標]．**幾何学的**には，平面上の理想点の集合．＝理想線．

■**無限遠点** point at infinity, infinite point
　(1) → 理想点
　(2) → 広義の実数系
　(3) **複素数平面における無限遠点**とは，その 1 点を付加することによって複素数平面が完備化される点のことである（ユークリッド平面の場合には完備化できない）．複素数平面を球面として考えることができる．例えば，**立体射影**によって複素平面上へ共形的に写像される球面と考えられる．このとき，射影の**極点**が無限遠点に対応する．

■**無限級数** infinite series
→ 級数

■**無限級数の収束の必要条件** necessary condition for convergence
　収束する級数の項は，先の方にいくにつれて 0 に近づく．すなわち，第 n 項は，n が無限大に向かうにつれて 0 に近づく．これは収束の十分条件ではない．例えば，級数
$$1 + \frac{1}{2} + \frac{1}{3} + \cdots + \frac{1}{n} + \cdots$$
は発散するが，$1/n$ は n が無限大に向かうにつれて 0 に近づく．→ 級数の収束に関するコーシーの条件

■**無限級数の収束判定法** tests for convergence of an infinite series
→ アーベルの収束判定法，クンメルの収束判定法，交代級数，コーシーの無限級数の収束に関する積分判定法，乗根判定法，ディリクレの判定法，比判定法，無限級数の収束の必要条件，無限列の比較収束判定法

■**無限級数の剰余項** remainder of an infinite series
　無限級数における第 n 項以降の剰余項．(1) 級数が収束級数であるとき，級数和 S と第 n 項までの和 S_n との差 $R_n = S - S_n$．(2) 関数とその関数を級数展開したときの第 n 項までの和との差 [→ テイラーの定理，フーリエ級数]．剰余項が 0 に収束するような独立変数 x のそれぞれに対して，級数は収束し，その x における関数の値を与える．

■**無限級数の積** multiplication of infinite series
　2 つの級数の積は，それらが多項式であるかのように，一方の級数の各項に他の級数のすべての項をかけることによりできる級数として定義する．もしどちらの級数も絶対収束すれば，積の級数における項の順序にかかわらず，積の級数の項全体の和は与えられた 2 つの級数のそれぞれの和の積に等しい．一方の級数が条件収束級数の場合はこのようなことは必ずしも成立しない．2 つの級数 $a_1 + a_2 + a_3 + \cdots$ と $b_1 + b_2 + b_3 + \cdots$ の**コーシー積**（ふつう積とよぶ）とは，級数 $c_1 + c_2 + c_3 + \cdots$ のことをいう．ただし
$$c_n = a_1 b_n + a_2 b_{n-1} + \cdots + a_n b_1$$

は $i+j=n+1$ であるすべての $i,\ j$ に対して積 a_ib_j を考えてそれらの和をとったものである. 2 つのベキ級数の積の第 n 項は,一方の級数の項に他の級数の項をかけてできる $n-1$ 次のすべての項についての和である. もし 2 つの級数が収束し,かつ少なくとも一方が絶対収束するならば,それらのコーシー積は収束し,その和は与えられた級数の和の積に等しい(メルテンスの定理). また,もし 2 つの級数およびそのコーシー積がすべて収束するならば,コーシー積の和は,与えられた 2 つの級数のそれぞれの和の積である. ベキ級数は収束区間において絶対収束する. したがって,2 つの**ベキ級数**はつねにかけることができ,その積はそれぞれの収束区間の共通部分において意味をもつ.

■**無限級数の積分** integration of an infinite series

無限級数を,積分の定義される項ごとに積分すること. ある区間で一様収束する連続関数からなる任意の級数は項別積分ができ,その結果得られる級数は,どの項の積分の極限も有限かつ一様収束の区間内にあるという条件のもとで収束し,しかももとの級数で表される関数の積分値に等しい. 任意の**ベキ級数**は,収束区間内の任意の区間においてこの条件がみたされ,もしどの項の積分の極限も収束区間内にあれば,項別積分ができる. 級数 $1-x+x^2-\cdots+(-1)^{n-1}x^{n-1}+\cdots$ は $|x|<1$ であるとき収束する. したがって極限が,例えば 0 と $\dfrac{1}{2}$ の間にあるとき,あるいは $|x_1|<1$, $|x_2|<1$ である x_1 と x_2 の間にあるとき,項別積分ができる. 実際には $x_1,\ x_2$ のうちの一方が 1 でもよい. このことは次の一般的な定理の特別な場合である. 無限級数のはじめの n 項の和を $S_n(x)$ とおく. **測度 0** の集合が存在して区間 $[a, b]$ における補集合上で,$|S_n(x)|$ が一様有界であるとし,この級数が和 $S(x)$ に収束するとする. このとき,$\int_a^b S(x)\,dx$ および各 n に対して $\int_a^b S_n(x)\,dx$ が存在するなら $\lim \int_a^b S_n(x)\,dx = \int_a^b S(x)\,dx$ である(リーマン積分のかわりに)ルベーグ積分を用いると,$\int_a^b S(x)\,dx$ の存在を仮定する必要がなく,また $\int_a^b S_n(x)\,dx$ の存在を仮定するかわりに,各 S_n が**可測**であるという仮定に置き換えることができる. ➡ **有界収束定理**, ルベーグ収束定理

■**無限級数の総和法** summation of an infinite series

級数の和を見つける方法. ➡ 無限級数の和

■**無限級数の比較収束判定法** comparison test for convergence of an infinite series

ある定まった項よりあとのそれぞれの項の絶対値が,収束正項級数の対応する項に等しいかあるいはそれより小さいとき,その級数は**収束**する(絶対収束する). 逆にある発散正項級数の各項に等しいかあるいはそれより大きければ,その級数は**発散**する.

■**無限級数の微分** differentiation of an infinite series

無限級数において各項ごとに微分すること. このことが許される場合を以下に示す. 項別微分して得られた級数が,ある区間内で一様に収束するならば,同じ区間内でもとの級数によって表される関数の導関数を表す. 収束区間内の任意の区間における**ベキ級数**は,つねにこの条件をみたす. 例えば,級数
$$x-\frac{x^2}{2}+\frac{x^3}{3}-\cdots+(-1)^{n+1}\frac{x^n}{n}+\cdots$$
は $-1<x\leqq 1$ において収束し,この区間内では $\log(1+x)$ を表す. 微分した級数
$$1-x+x^2-\cdots\pm x^{n-1}\mp\cdots$$
は $a<1$ ならば $-a<x<a$ に対して一様収束し,そのような任意の区間において
$$\frac{1}{1+x}$$
を表す.

■**無限級数の部分和** partial sum of an infinite series

級数の第 1 項からひき続く有限個の項の和. 級数 $a_1+a_2+a_3+\cdots$ に対して,はじめの n 項の和 $S_n=a_1+a_2+\cdots+a_n$ のおのおのが部分和である.

■**無限級数の和** sum of an infinite series

級数のはじめの n 項の和の $n\to\infty$ としたときの極限. 無限級数の項を 1 つずつ次々と加えてゆくことによりすべて加え終えることはできないから,通常の算術における和とは異なる. 級数

$$\frac{1}{2}+\frac{1}{4}+\frac{1}{8}+\cdots+\left(\frac{1}{2}\right)^n+\cdots$$

の和は 1 である. なぜなら, はじめの n 項の和は $1-1/2^n$ であるから. この級数の和は, 有限個の項の算術和はつねに 1 より小さいにもかかわらず, ちょうど 1 である. 級数 $1+(-1)+1+(-1)+1+\cdots$ は和をもたない. なぜなら, はじめの n 項の和は n が奇数のとき 1, n が偶数のとき 0 であるから, $n\to\infty$ としたとき極限をもたないからである. 無限級数 $a_1+a_2+a_3+\cdots$ が**収束**し, その**和**が S であるとは, $\lim_{n\to\infty}(a_1+a_2+\cdots+a_n)$ が存在し, かつ S に等しいことをいう. この極限が存在しないとき級数は**発散**するという. → 収束する, 等比級数, 2 重級数

■**無限ゲーム** infinite game
→ 有限ゲーム・無限ゲーム

■**無限降下法** method of infinite descent, proof by descent
→ 数学的帰納法

■**無限集合** infinite set
 有限でない集合のこと. 要素の個数が有限でない集合のこと. それ自身の真部分集合との間に 1 対 1 対応が存在する集合のこと. 例えば, 正整数全体は無限集合をなす. この場合, 真部分集合である正偶数全体の集合との間に 1 対 1 対応が存在する. 0 と 1 の間の有理数全体の集合は無限集合をなす. この場合, 正整数全体の集合の中への 1 対 1 対応が存在する.

■**無限小** infinitesimal
 (1) 極限値として 0 に近づく変数. 通常は関数 $f(x)$ で, $\lim_{x\to 0}f(x)=0$ となるものをいう.
 (2) → 非標準数

■**無限小解析** infinitesimal analysis
 微分および $n\to\infty$ のもとでの n 個の無限小の和の処理としての積分の研究[→ 定積分]. しばしば, 微分積分学および微分積分学を用いるすべての主題に対しても用いられる.

■**無限小数** infinite decimals, nonterminating decimals
→ 10 進法

■**無限乗積** infinite product
 無限個の因子を含む積のこと. 無限乗積は大文字のパイ Π を用いて,
$$\Pi\frac{n}{n+1}=\frac{1}{2}\cdot\frac{2}{3}\cdot\frac{3}{4}\cdot\frac{4}{5}\cdots$$
のように表す. 無限乗積 $u_1\cdot u_2\cdot\cdots\cdot u_n\cdot\cdots$ に対して, k をうまくとると,
$$u_k,\ u_k\cdot u_{k+1},\ u_k\cdot u_{k+1}\cdot u_{k+2},\cdots$$
が 0 でない値に収束するようにできるとき, その無限乗積は**収束**するという. 部分積の絶対値が無限大になるか, または任意の k に対して上の数列が 0 に近づくとき, その無限乗積は**発散**するという. 上の数列が極限をもたず, 無限に発散するのでもないような k が存在するとき, 無限乗積は**振動**するという. 無限級数とのある関係を考えて, 無限乗積を $\Pi(1+a_n)$ の形にかくことが多い. 各 n に対して $a_n>0$ ならば, $\Pi(1+a_n)$ と $\Pi(1-a_n)$ が収束するための必要十分条件は, $\sum a_n$ が収束することである. 級数 $\sum a_n^2$ が収束するならば, これらの無限乗積が収束するための必要十分条件は, $\sum a_n$ が収束することである. 無限乗積 $\Pi(1+a_n)$ が**絶対収束**するというのは, $\sum|a_n|$ が収束するときである. 絶対収束する無限乗積は収束する. 収束する無限乗積の因子を, 積の極限値を変えることなく任意に並べ換えることができるための必要十分条件は, その無限乗積が絶対収束することである.

■**無限小の位数** order of an infinitesimal
 u と v を x の関数とし, x が 0 に近づくとき 0 に近づく無限小であるとする. 正数 A, B と ε が存在し, $0<|x|<\varepsilon$ ならば, $A<|u/v|<B$ が成り立つとき, u と v は**同位数**であるという. $\lim_{x\to 0}u(x)/v(x)$ または $\lim_{x\to 0}|v(x)/u(x)|$ $=+\infty$ であるとき, u は v より**高位数**, v は u より**低位数**であるという. u^n が v と同位数のとき, v は u に関して n 位(の無限小)であるという. $(1-\cos x)$ は x に関して 2 位の無限小である. 実際, x が 0 に近づくとき $x^2/(1-\cos x)$ は 2 に近づく.

■**無限小微分** infinitesimal calculus
 通常の微分のこと. 無限小の量の研究にもとづくことからこのようによばれる.

■**無限数列** infinite sequence
→ 数列

■**無限積分** infinite integral
　積分区間の少なくとも一端が無限大である定積分．その積分の値は，積分区間の端点が無限大になるとき，その積分値が近づく極限値である．この極限値が存在するときに限り，この積分値が存在する．無限積分は非固有積分（仮性積分，異常積分，変格積分）の一種である．例えば，
$$\int_1^\infty \frac{dp}{p^2} = \lim_{h\to\infty} \int_1^h \frac{dp}{p^2} = \lim_{h\to\infty}[-1/h+1]=1$$

■**無限点** infinite point
→ 理想点

■**無限に** ad infinitum
　（ある法則に従って）限りなく続く状態を表す．3個の点 "…" で表される．主として無限数列，無限級数，そして無限積を表すのに使われる記号．

■**無限の位数** order of infinities
→ 大きさの位数

■**無限分枝（曲線の）** infinite branch of a curve
　曲線の一部分で，どのような（有限）円の内部にもそれ全体が含まれないもの．

■**無作為標本** random sample
　《統計》実数 X をある試行の結果とする，またこの試行を繰り返し行う．それぞれの試行結果が互いに影響を与えないとき，$\{X_1,\cdots,X_n\}$ を大きさ n の無作為標本（ランダム・サンプル）とよぶ．確率変数 X からの大きさ n の無作為標本 $\{X_1,\cdots,X_n\}$ とは，独立で X と同じ分布にしたがう n 個の確率変数のことである．例えば，1,…,n の番号をふった n 個のボールが入っている壺からボールを1つ取り出す試行を考えよう．また取り出されたボールの番号を確率変数 X の値とする．今もしも X_1, X_2 をそれぞれ1回目の試行，2回目の試行の結果とすれば，$\{X_1, X_2\}$ は1回目の試行のあとボールを壺にもどすとき，大きさ2の無作為標本となる．

■**矛盾律** law of contradiction
　命題とその否定は同時に真とはならない，すなわち1つの命題が同時に真でありかつ偽であることはないという論理学の原理．例えば "$x^2=4$" と "$x^2\neq 4$" を同時にみたす数 x は存在しない．命題は真であるかその否定が真であるかであって，その両方が真ではありえない．この主張を**排中律**とよぶ．→ 2分法

■**結び** join
→ 束，和集合

■**結びに関して既約** join-irreducible
　集合族がつくる束または環において，要素 W が2つの要素 X, Y によって $X\cup Y=W$ と表されるならば，$X=W$ または $Y=W$ のいずれかが成り立つとき，W は**結びに関して既約**であるという．ブール代数の要素はそれが原子または 0 のとき，かつそのときにかぎり結びに関して既約である．有限束の任意の要素は結びに関して既約ないくつかの要素の結びとして表される．**交わりに関して既約**であるという性質も，∪ を ∩ におきかえるだけで同様に定義される．

■**結び目** knot (in topology)
　空間内で一片のひもを任意の方法で輪状に結んだりからみあわせたのち，端点どうしをつなぎ合わせてできる曲線．任意の2つの結び目は位相幾何学的に同値であるが，一方を連続的に変形して（すなわち，ひもを切断することなく変形して）他方と同じにすることは，一般にできない．数学的には，結び目とは空間内の点の集合で，位相幾何学的に円と同値なものである．結び目の理論の研究課題は，可能な結び目の型の数学的解析と，2つの結び目が連続的変形で互いに他に移り合えるか否かを決定する手段についてである．

■**無定義用語** undefined term
　心理的な意味はあっても，明確な数学的定義を与えない用語．ある公理をみたすというだけで，他に特定な定義をしない用語．

■**ムーニェ，ジャン・バプティスト・マリー**
Meusnier, Jean Baptiste Marie (1754—1793)
　フランスの工学者，化学者，物理学者，微分幾何学者．

■**ムーニェの定理**　Meusnier's theorem
曲面 S 上の点 P を通る曲線 C の曲率中心は，その点を通り，曲線の接線と曲面の法線とを含む平面で曲面を切った切り口に現れる曲線の曲率中心の（曲線 C の点 P における）接触平面への正射影である．図解的にいうと，与えられた方向に対する点 P における法曲率半径の 2 倍に等しい線分が，P を始点として S の法線上にあるとする．この線分を直径とする球を描く．すると，この球と S 上の与えられた方向への曲線 C の点 P における接触平面との交わりの円が，この曲線の点 P における曲率円となる．

■**無矛盾性（方程式系の）**　consistency of systems of equations
→ 方程式系の無矛盾性

■**無矛盾の仮定**　consistent assumptions (hypotheses, postulates)
互いに矛盾しない仮定，仮設，公準など．

■**無理数**　irrational number
整数または整数どうしの商として表されない実数．最大数をもたない集合 A と最小数をもたない集合 B からなる**デデキントの切断**によって定義される数が無理数である．あるいは，循環しない無限小数全体が無理数全体である．無理数には 2 つの型がある．**代数的無理数**（有理係数の整式で与えられる方程式の根となる無理数）と**超越数**である．数 e と π は超越数であり，3 角関数（ラジアン変数）と双曲線関数に 0 でない代数的数を代入した値も超越数である．また，α, β が代数的数で，α が 0 と 1 以外の値であり，β が有理数でないとき，α^β は超越数である [→ ゲルフォント-シュナイダーの定理]．代数的数（有理数も含めて）は超越数より少ないということが 2 つの意味でいえる．そのうち第 2 の性質のほうは第 1 の性質から導き出されるものである．(1) 代数的数全体の集合は**可算**であり，一方，超越数全体の集合は**非可算**である．(2) 代数的数全体の集合は**測度 0** であり，一方，勝手な区間上の超越数全体の**測度**はその区間の長さに等しい．［類］正規数．→ リュウビル数

■**無理数の指数**　irrational exponent
→ 指数

■**無理代数曲面**　irrational algebraic surface
変数が根号のもとで既約の形になっている代数関数のグラフ．$z=\sqrt{y+x^2}$ や $z=x^{1/2}+xy$ などの軌跡は無理代数曲面である．

メ

■**メイカム,ウィリアム・マシュー**
Makeham, William Matthew (1860頃—1892)
イギリスの統計学者.

■**メイカムの公式** Makeham formula (for bonds)
n 期前に償還される債券価格を与える公式.
$$Cv^n + (j/i)F(1-v^n)$$
ここで, $C=$償還金額(満期), $F=$額面価額, $j=$配当率, $i=$投資率, $v=(1+i)^{-1}$ である.

■**メイカムの法則** Makeham law
死亡率 M はある定数 A, B に対し $M=A+Be^x$ と表されるという法則. ここで x は年齢である. 実際の統計数字と比べメイカムの法則はゴンパーツの法則よりも正確な近似となっている. 20歳から死亡時までの間で, メイカムの法則は大部分の生命表に現れるデータを説明している.

■**名数** denominate number, denomination of a number
測定の単位を表す単位をつけた数. たとえば, 3メートル, 2グラム, 5リットルなど. 名数につく単位名称は, メートル, キログラム, ガロンや十, 百, 千といった広義の単位である. → 付録:単位・名数

■**名数の和・差・積** addition, subtraction, or multiplication of denominate numbers
同じ名数にし, あとは通常の数と同様に行う操作. 例えば, 長さ250cm 幅300cm の部屋の平方メートルを求めるには, 長さを2.5m, 幅を3m にする. 結果は, 2.5×3 平方メートル. → 実数の積

■**命題** proposition, open statement
(1) 定理または問題.
(2) 証明や解法の明示された定理もしくは問題.
(3) 真または偽であることが断定できる, あるいは真または偽であると明示されている記述.
[類] 文, 主張. → 命題関数

■**命題関数** propositional function
命題の集合を値域とする関数. 命題関数 p の**真集合**とは, p の定義域の元で p による値が真な命題であるものすべてからなる集合のことをいう. 例えば, 不等式 "$x<3$" で定義される命題関数は, $x=2$ のとき**真**な命題で, $x=4$ のとき**偽**な命題であり, 真集合は3より小さい数全体の集合である. 命題関数 "$x^2+3x=0$" は x が -3 または0のとき真なので, 真集合は -3 と0からなる集合である. 平面上の3角形全体を定義域とする命題関数 "x が直角3角形ならば x は2等辺3角形である" の真集合は, 直角をもたない3角形と直角2等辺3角形の全体である. 2個の命題関数が**同値**であるとは, これらの真集合が等しいことをいう. 例えば同じ定義域をもつ2個の命題関数 p, q に対し, $\sim p \wedge \sim q$ と $\sim (p \vee q)$ とは同値である. ただし, $\sim p \wedge \sim q$ は**合接**(=論理積)であり, その値は定義域の任意の元 x に対して "$p(x)$ が偽でありかつ $q(x)$ が偽である", $\sim (p \vee q)$ は**離接**(論理和)の否定で, その値は定義域の任意の元 x に対して "$p(x)$ と $q(x)$ のうち少なくとも一方は真であることは真でない" という命題である. 他の例として前述の同値な方程式・不等式なども参照せよ. [類] 開いた文, 開いた命題, 文章関数, 文関数. → 限定記号, ド・モルガンの公式

■**命題代数** algebra of propositions
→ ブール代数

■**命題の同値** equivalence of propositions
同値な命題とは, 2つの命題が"**のとき, かつそのとき限り (if and only if)**" で結ばれている命題である. 2つの命題の両方とも真であるか, 両方とも偽であるとき, 同値は真となる. いかなる3角形に対しても, 等辺3角形であることと, 等角3角形であることは, 同時に成立するか, いずれも成立しないかのどちらかであるから, 命題 "すべての3角形 x について x が等辺3角形であるとき, かつそのときに限り, x は等角3角形である" は真である. 命題 p と

q とでつくられた同値な命題は，$p\leftrightarrow q$ または $p\equiv q$ で表す．同値 $p\leftrightarrow q$ は "p は q である ことに**必要十分である**" または "p のとき，かつそのときに限り，q である" とも表される．これは，含意 $p\rightarrow q$ と $q\rightarrow p$ の論理積の同値である．$p\leftrightarrow q$ が真であるなら，命題 p と q は同値である．同値は，**双条件的命題**ともいわれる．2つの命題の数学的内容よりも，**形式論理的に同値**なら，この2つの命題は論理的に同値である．たとえば，命題 p と q が何であっても，$\sim(p\wedge q)\equiv(\sim p)\vee(\sim q)$ と同値である [→ 否定，論理積，論理和]．→ 同値な命題関数

■**命題の否定** negation (denial) of a proposition

与えられた命題に，"…は偽である"，あるいは，単に "ではない" を付け加えることにより得られる命題のこと．例えば，"今日は水曜日である" の否定は "今日は水曜日であるというのは偽である" となる．"すべての牛は茶色である" の否定は "すべての牛が茶色であるというのは偽である" となる．あるいは，"茶色でない牛が少なくとも1頭はいる" ということもできる．命題 P の否定をしばしば $\sim P$ ($\bar{P}$, $\neg P$ などの記号も使われる) とかき，"P **ではない**" とよむ．ある命題の否定が真であるのは，その命題が偽であるときであり，しかもそのときに限る．→ 限定記号

■**メガ** meg, mega

メガオームやメガボルトのように，ある単位の100万倍を表示する接頭語．50メガトン爆弾は，TNT 50000000トンに相当する爆発力をもつ．

■**メジアン** median
→ 中央値

■**メタコンパクト空間** metacompact space

位相空間 T に対し，任意の開被覆 F (開集合の族で合併が T を含むもの) に対し，F の細分である点有限の開被覆 F^* が存在するもの．**細分**とは F^* の各要素が F のどれかの要素に含まれることである．開被覆 F が可算個のときに上記の性質が成立するとき，**可算メタコンパクト**という．メタコンパクトなハウスドルフ空間は，必ずしも可算パラコンパクトではない．T_1 位相空間がコンパクトであるための必要十分条件は，可算コンパクトかつメタコンパクトであることである．→ 局所有限，コンパクト，パラコンパクト空間

■**メートル** meter, metre

メートル法および SI (国際単位系) の長さの単位．39.3701 インチに相当．元来は1790年に，パリを通る北極から赤道までの子午線長の1000万分の1と定義され，1793年につくられた3本の白金棒の2つのしるしの間の0℃ での間隔とされた (この原器はパリに保管されている)．その後，クリプトン86原子の出す橙色の輝線スペクトルの真空中の波長の 1650763.73 倍とされたが，現在では，真空中で光が $1/299792458$ 秒間に走る距離と定義し直された．→ 付録: 単位・名数

■**メートル法** metric system

長さ，時間，質量の単位として，それぞれメートル，秒，キログラムを基本とし，これらに10の累乗を乗じた値を補助する単位系．元来はフランスにおいて，フランス革命から生じた近代化の一環として採用され，1791年にフランス・アカデミーの委員会 (ラグランジュやラプラスを含む) で推奨され，後にずっと遅れて国立アカデミーの活動に組み込まれた．現在では英語圏の一部の国を除く世界の大半の国々で使われ，科学的測定にはほとんど汎用にこれが使われている．

面積の単位はアール (100平方メートル)，体積の単位はステール (1立方メートル) であるが，リットル (1立方デシメートル) が普通に使われている．大きい量に対しては，デカ (da)，ヘクト (h)，キロ (k)，ミリア (my)，メガ (M)，ギガ (G)，テラ (T)，ペタ (P)，エクサ (E) がそれぞれ $10, 10^2, 10^3, 10^4, 10^6, 10^9, 10^{12}, 10^{15}, 10^{18}$ を表すのに使われる．小さい量に対しては，デシ (d)，センチ (c)，ミリ (m)，ミクロ (マイクロ) (μ)，ナノ (n)，ピコ (p)，フェムト (f)，アット (a) がそれぞれ $10^{-1}, 10^{-2}, 10^{-3}, 10^{-6}, 10^{-9}, 10^{-12}, 10^{-15}, 10^{-18}$ を表すのに使われる．→ 付録: 単位・名数

■**メネラウス (アレクサンドリアの)** Menelaus of Alexandria (AD1世紀頃)

古代ギリシャの数学者．彼の著作にいわゆるメネラウスの定理が載っている．

■メネラウスの定理　theorem of Menelaus (of Alexandria)

3角形 ABC において，それぞれ，辺 AB, BC, CA またはその延長上にある点 P_1, P_2, P_3 が共線であるための必要十分条件は，

$$\frac{AP_1}{P_1B}\frac{BP_2}{P_2C}\frac{CP_3}{P_3A}=-1$$

である．ここで P_1, P_2, P_3 はどれも A, B, C の 1 つではないとし，3角形の辺または延長上の線分は，向きづけて考える．→ チェバの定理，有向直線

■メビウス，アウグスト・フェルディナンド　Möbius (Moebius), August Ferdinand (1790—1868)

ドイツの幾何学者，位相数学者，整数論学者，統計学者，天文学者．

■メビウス関数　Möbius function

正整数を変数とする関数 μ で，次のように定義される．$\mu(1)=1$；$n=p_1p_2\cdots p_r$ ($p_1, p_2, \cdots, p_r$ は異なる素数) に対しては，$\mu(n)=(-1)^r$；他のすべての正整数 n に対しては，$\mu(n)=0$．$\mu(n)$ は 1 の原始 n 乗根の和である．→ リーマン予想

■メビウスの帯　Möbius strip

長い長方形の紙の帯を半回転ねじり，両端をのりづけしてできる単側曲面．メビウスの帯は単側であることに加え，その中心線に沿って 2 つに切っても，やはり 1 本の帯となるという特筆すべき性質をもつ．→ 単側曲面

■メビウス変換　Möbius transformation

複素平面上の $w=(az+b)/(cz+d)$, $ad-bc\neq 0$ の形の変換．=1次分数変換，1次変換．

■目盛り　scale

既知の区間を与えられた順序でしるした体系のこと．物指しや温度計などにいろいろな量を測定する目的で用いられる．

■メリン，ロベルト・ヒャルマー　Mellin, Robert Hjalmar (1854—1933)

フィンランドの解析学者，数理物理学者．

■メリンの反転公式　Mellin inversion formulas

1 対の公式

$$g(x)=\frac{1}{2\pi i}\int_{\sigma-i\infty}^{\sigma+i\infty}x^{-s}f(s)\,ds,$$
$$f(x)=\int_0^\infty x^{s-1}g(x)\,dx$$

適当な条件のもとで，これらは，互いに他の逆変換になっている．→ フーリエ変換，ラプラス変換

■メルカトール，ゲルハルドス　Mercator, Gerhardus (1512—1594) [Gerhard Kremer のラテン語化した形]

フランダースの地理学者，地図作製者，数学者．メルカトール図法の発案者．彼は異端審問で火刑に処せられそうになったので亡命したが，後に皇帝カルロス 5 世につかえた．

■メルカトール，ニコラス　Mercator, Nicolaus (1620頃—1687)

数学者，天文学者，技師．本名ニコラス・カウフマン．(当時デンマーク領だった) ホルスタインで生まれたが，生涯の大半を英国ですごした．彼は $-1<x\leq 1$ において成立する公式

$$\log_e(1+x)=x-\frac{x^2}{2}+\frac{x^3}{3}-\frac{x^4}{4}+\frac{x^5}{5}-\cdots$$

を独立に発見した何人かの数学者のうちの 1 人である．この公式は，双曲線 $y=1/(1+x)$ と x 軸とではさまれる部分の 0 と x との間の面積が $\log_e(1+x)$ に等しいことから導かれる．彼の双曲線の求積法は，ニュートンに影響を与えた．

■メルカトール図法　Mercator projection

(x, y) 平面上の点と球面上の点との対応の 1 種で，

$$x=k\theta, \quad y=k\operatorname{sech}^{-1}(\sin\phi)=k\log\tan\frac{\phi}{2}$$

によって与えられる．ただし，θ は経度，ϕ は余緯度 (90°から緯度を引いたもの)，k は球の半径に相当する定数である．この対応は，特異点である両極を除いて，等角である．海図に用いられる．

■メルカトール地図　Mercator chart

メルカトール図法を用いて作製された地図．平面上の直線は，球面上では，子午線を一定の

角で切っていく曲線に対応する．球面上の面積の倍率は，赤道からの距離が増えるとともに増す． ➡ メルカトール図法

■**メルセンヌ，マラン** Mersenne, Marin(1588–1648)
フランスの神学者，哲学者，整数論学者．

■**メルセンヌ数** Mersenne number
$M_p = 2^p - 1$ の形の数．ここで，p は素数である．メルセンヌは，M_p が素数となる素数 p は，2, 3, 5, 7, 13, 17, 19, 31, 67, 127, 257 のみであると主張した．実際は，M_{67} と M_{257} は素数ではない．M_{61}, M_{89}, M_{107} は素数であることが知られている．その後 1992 年までに，以下の p に対する合計 32 個が，素数であることがわかった．2, 3, 5, 7, 13, 17, 19, 31, 61, 89, 107, 127, 521, 607, 1279, 2203, 2281, 3217, 4253, 4423, 9689, 9941, 11213, 19937, 21701, 23209, 44497, 86243, 110503, 132049, 216091, 756839

■**面** face
➡ 角錐，角柱，多面角，多面体，2 面角，半空間，ポリトープ

■**面（半空間の）** boundary of half-space
➡ 半空間

■**面角** face angle
➡ 多面角

■**面積** area
隣接した辺の長さが a と b の長方形の**面積**は ab である．ある有界平面集合で，その集合に含まれる重ならない有限個の長方形の面積の和の最小上界を α，その集合を完全に被覆する有限個の長方形の面積の和の最大下界を β とすると，$\alpha = \beta$ のときこの値をこの集合の面積とする．もし $\alpha = \beta = 0$ ならばこの集合は面積をもち，その値は 0，$\alpha \neq \beta$ ならこの集合は面積をもたない．面積をもつ非有界集合とは，それに対しどのような長方形 R についても，$R \cap S$ の面積が m を越えないような，ある数 m が存在する非有界集合 S である．S の面積はあらゆる長方形 R に対する $R \cap S$ の面積の最小上界である．この定義は一般の面積の公式の証明に使うことができる[➡ 円，3 角形など]．この算法は面積の計算にたいへん有用である[➡ 定積分]．"取り尽くし法"もこの算法に関与している[➡ 取り尽くし法]．=2 次元容積．➡ 点集合の容積，可測集合，ディドウの問題，パップスの定理

■**面積微分** differential of area
=面積要素．➡ 曲面積，積分要素

■**面積分** surface integral
関数 $f(x, y, z)$ の曲面 S 上の積分 $\int_S f(x, y, z) \, d\sigma$．曲面を分割し，その分割の各構成要素 A の面積と，A の 1 点における f の値との積をすべて加えた和をつくる．分割が一様に細かくなるように分割の構成要素を増やす．そのときのこの和の極限が曲面上の積分である．S は (u, v) 平面の集合 D を変域とする位置ベクトル P で表された滑らかな曲面とする．そして，n はその値がすべて単位の長さの，D 上で定義された連続なベクトル値関数で，S に直交するとすれば，ベクトル値関数 F の S 上の面積分は，
$$\int_S (F \cdot n) \, d\sigma = \int_D (F \cdot n) \left| \frac{\partial P}{\partial u} \times \frac{\partial P}{\partial v} \right| dA$$
である．n が，ベクトル $(\partial P/\partial u) \times (\partial P/\partial v)$ をその長さでわったベクトルとするならば，上式は
$$\int_D F \cdot \left(\frac{\partial P}{\partial u} \times \frac{\partial P}{\partial v} \right) dA$$
となる．D が (x, y) 平面上にあるならば，曲面の方程式は $z = g(x, y)$ となり，積分は
$$\int_D f[x, y, g(x, y)] \sec \beta \, dx dy$$
となる．ここで f は n を単位法線ベクトルとするとき，内積 $F \cdot n$ を意味し，β は，(x, y) 平面と直交する単位ベクトル k と法線ベクトル n とのなす角である．➡ 曲面積，ストークスの定理

■**面積要素** element of area
➡ 曲面積，積分要素

■**面の主方向** principal direction on a surface
➡ 曲面の曲率

■**面密度** surface density
➡ 電荷の面密度，2 重層の面密度

モ

■**文字式** literal expression, literal equation
定数が文字で表されている式あるいは方程式. $ax^2+bx+c=0$, $ax+by+cz=0$ などは文字(方程)式であるが, $3x+5=7$ はそうではない.

■**文字定数** literal constant
1, 2, 3 などの特定の定数と異なり, 不特定の任意の定数 (例えば任意の実数, あるいは任意の有理数) を記述する文字. アルファベットの初めの部分の文字を用いることが多い (しかし必ずしもそうではない) [→ 添字].

■**文字表記** literal notation
未知数または議論の対象となっている数の集合などを表すために文字を用いること. 例えば, 代数では $a+a=2a$ のように基本的な計算法則をすべての数を対象として述べようとするとき, 文字を用いる.

■**モジュラ関数** (elliptic) modular function
モジュラ群 (またはその部分群) に関して保型的な, 上半平面上の1価有理型関数. 普通, そのもとで, その関数がモジュラ関数 J の有理関数となるといったような, 適当な条件がつく. ここで,
$$J(\tau) = \frac{4}{27} \frac{(\vartheta_3^8 - \vartheta_2^4\vartheta_4^4)^3}{(\vartheta_2\vartheta_3\vartheta_4)^8}$$
ただし, ϑ_i はパラメータ τ の関数であり, テータ関数 $\vartheta_i(z)$ において, $z=0$ としてえられる. あるいは
$$J(\tau) = \frac{g_2^3}{g_2^3 - 27g_3^2}$$
ただし, ここで $g_2 = 60\sum'(m\omega+n\omega')^{-4}$, $g_3 = 140\sum'(m\omega+n\omega')^{-6}$ ($\sum'$ は, $m=n=0$ を除くすべての整数の対 m, n にわたる和を意味する), $\tau = \omega'/\omega$. モジュラ関数 $\lambda(\tau) = \vartheta_2^4/\vartheta_3^4 (= f(\tau)$ ともかく), $g(\tau)$, および $h(\tau) = -f(\tau)/g(\tau)$ がよく使われる. ここで, J と λ には,
$$27J\lambda^2(1-\lambda)^2 = 4(1-\lambda+\lambda^2)^3$$
なる関係がある. 楕円モジュラ関数ともよばれる.

■**モジュラ群** modular group
$w = (az+b)/(cz+d)$ の形の変換全体のなす群. ただし, a, b, c, d は (有理) 整数で, $ad-bc=1$ をみたす. このような変換は上半平面 (そして下半平面) をそれ自身の上にうつす. 特に, 実数点を実数点にうつす.

■**モジュラ算術** modular arithmetic
→ 合同式

■**モジュラス (対数の)** modulus of logarithms
→ 対数

■**モジュラ束** modular lattice
→ 束

■**最も吟味された信頼区間** most selective confidence interval
任意の $(100a)\%$ 信頼区間 (S_1, S_2) [→ 信頼区間] の中で, 真の未知パラメータとは異なる θ_1 に対し
$$\mathrm{Prob}[\theta_1 \in (T_1, T_2)] \leq \mathrm{Prob}[\theta_1 \in (S_1, S_2)]$$
となる $(100a)\%$ 信頼区間 (T_1, T_2) のこと. **最も吟味された信頼区間**とは, 誤ったパラメータを含む確率が最小のものをいう. **最短区間推定**ともよばれるが, 最も吟味された信頼区間は $T_2 - T_1$ を最小にするとは限らない.

■**モーデル, ルイス・ジョエル** Mordell, Louis Joel (1888—1972)
英国の整数論学者.

■**モーデルの予想** Mordell conjecture
1922年になされた以下の予想. 有理数係数の2変数の代数方程式で定義された平面曲線の種数が2以上ならば, その上にある有理点の個数は有限個であろう. 1983年に, ファルティングスは, 数体 K 上で定義された種数2以上の平面曲線は, K 点を有限個しか含まないことを証明した. モーデルの予想はこの一部である. もしも滑らかな射影的平面曲線が n 次の同次多項

式によって定義されれば，その種数は $\frac{1}{2}(n-1)(n-2)$ であり，$n≧4$ なら2以上である．特に $x^n+y^n=z^n$ で定義される曲線の種数は，$\frac{1}{2}(n-1)(n-2)$ である．したがって $n≧4$ ならば，$x^n+y^n=z^n$ の整数解は，あったとしても有限個である．→ 射影平面曲線，フェルマーの最終定理

■**モード** mode

一連の測定または観測において，最も多く現れる値がただ1つあるとき，その値をいう．最も多くおこる値が2つ以上ある場合は，有用な定義がない．もしある学級で75点の学生がいちばん多いとすると，75が**モード**である．確率密度関数 f をもつ**連続な確率変数**に対しては，f が最大値をとる点がただ1つあるとき，その点をモードという．f が極大値をとる各点を，モードとよぶこともあるが，多モード性は，現実にはまれである．モードは平均値や中央値と同じとは限らない．＝最頻値．

■**物指し** ruler

単位の長さを直線上に目盛った直線状の物の長さをはかる用具．イギリスでは1フィート（約30センチメートル，12インチ）の長さの物指しにインチの分数で目盛りがついているものが普通使われる．

■**モーメント** moment
→ 積率法，分布のモーメント

■**モーメント母関数** moment generating function

《統計》確率変数 X またはその分布関数の**モーメント母関数** M とは，e^{tX} の期待値が存在するとき $M(t)=E(e^{tX})$ で定義される．点列 $\{x_n\}$ 上の確率関数 p にしたがう離散型確率変数のモーメント母関数は，$M(t)=\sum e^{tx_n}p(x_n)$ である．また確率密度関数 f にしたがう連続型確率変数の場合は

$$M(t)=\int e^{tx}f(x)\,dx$$

で定義される．ただし両者とも和または積分が収束することを前提とする．2つの分布はそのモーメント母関数が一致すれば等しい．通常用いられる大部分の分布に対し，（原点のまわりの）j 次のモーメントは，$t=0$ で計算された M の j 次の微係数に等しい．2項分布を例にとれば，

$$M(t)=\sum_{k=0}^{n}e^{tk}\binom{n}{k}p^k q^{n-k}=(q+pe^t)^n$$

ゆえに，$M'(t)=npe^t(q+pe^t)^{n-1}$，そして $M'(0)=np$，すなわち1次モーメントとなる．さらに，$M''(0)=np+n(n-1)p^2$ となるが，これは原点のまわりの2次モーメントである．確率変数 X の**階乗モーメント母関数**とは t^X の期待値であり，$M(\ln t)$ に等しい．ここで M は X のモーメント母関数である．階乗モーメント母関数の k 次の微係数の $t=1$ の値が k 次の**階乗モーメント**である．種々のモーメント母関数の例については，それぞれの分布関数の項を参照せよ．＝積率母関数．→ キュムラント，特性関数，分布のモーメント

■**モーメント問題** moment problem

"モーメント問題" というよび名は，1894年頃，スティルチェスによって，次の問題に対して与えられた．数列 $\{\mu_0, \mu_1, \mu_2, \cdots\}$ が与えられたとき，すべての非負整数 n に対して

$$\mu_n=\int_0^\infty t^n\,d\alpha(t)$$

となる単調増加関数 α を見いだせ ［→ リーマン-スチルティエス積分］．モーメント型の問題は，早くも1873年に，チェビシェフによって解かれている．一般に，モーメント問題とは，（集合 E が与えられたとき）

$$\mu_n=\int_E t^n\,d\alpha(t),\quad n=0,1,2,\cdots$$

をみたす特定の種類の関数 α が存在するための，数列 $\{\mu_0, \mu_1, \mu_2, \cdots\}$ の条件を決定すること，あるいは数列 $\{\mu_0, \mu_1, \cdots\}$ に対して解 α の個数を求めること，さらに，すべての解を決定することである．例えば，E を区間 $[0,1]$ とし α を単調増加とするとき，α が存在するための必要条件は，$\{\mu_n\}$ が有界数列となることであり，必要十分条件は，完全単調とよばれる条件

$$\sum_{k=0}^{m}(-1)^k\binom{m}{k}\mu_{k+m}\geq 0\quad (m,n=0,1,2,\cdots)$$

である．もし E が実数直線 $(-\infty, |\infty)$ で α がやはり単調増加ならば，必要十分条件は，

$$\sum_{i=0}^{n}\alpha_i t^i\geq 0\quad (-\infty<t<+\infty)$$

をみたす任意の数列 $\{\alpha_1,\cdots,\alpha_n\}$ に対して，

$$\sum_{i=0}^{n}\alpha_i\mu_i\geq 0$$

が成り立つことである．また有限区間や実数直

線全体では，解は存在すれば一意的だが，半無限直線 $[0, \infty)$ では一意的ではない．

■モラ　morra
　2人で行うゲーム．両方が，同時に，相手に対して1, 2, または3本の指を示しながら，相手が出す指の本数をいう．当てた方は，そのとき2人が出した指の本数の和だけ得点し，相手は同じ点数を失う．モラは，偶然的な戦略を含む2人零和ゲームの例である．→戦略

■森　重文　Mori, Shigefumi (1951－　)
　日本の数学者．3次元代数多様体の研究により，1990年フィールズ賞を受賞した．

■モル　mole
　《物理》物質の1モルとは，適当な単位での質量が，その物質の分子量と等しい量である．例えば1グラム・モル（これを単にモルと略すことが多い）は，グラムで測った質量の数値が，分子量に等しい量である．

■モールディング曲面　molding surface
　平面が柱面上を滑ることなく転がるときに，その平面上の曲線がつくる曲面．柱面のかわりに直線をとれば，回転面である．→モンジュの曲面

■モレラ，ジャチント　Morera, Giacinto (1856－1909)
　イタリアの解析学者，数理物理学者．

■モレラの定理　Morera's theorem
　複素数平面の有界単連結領域 D で連続な複素関数 f が，D 内の長さをもつ任意の閉曲線 C に対して，$\int_C f(z)\,dz=0$ をみたすならば，正則である．この定理は，コーシーの積分定理の逆に相当する．

■モンジュ，ガスパール　Monge, Gaspard (1746－1818)
　フランスの解析学者，幾何学者．画法幾何学を創始．

■モンジュの曲面　surface of Monge
　平面が可展面上を滑ることなく転がるとき，その平面上の曲線がつくる曲面．→モールディング曲面

■問題　problem
　解を求めるように提出された問い．考察の対象．"角を2分せよ"とか"2の8乗根を求めよ"というような，実行すべき目標を明示している命題．→アポロニウスの問題，3点問題，ディドウの問題，モーメント問題，4色問題

■問題設定　problem formulation
　数値計算において，問題設定とは顧客が何を求め，または何を求めるべきかを決定し，計算機を利用してその問題を解くための準備として数学的な用語で記述する過程のことをいう．→計算機プログラミング

■モンテカルロ法　Monte Carlo method
　数学や物理学上の問題に対する確率的な近似解を求めるときに，統計的な標本抽出法を用いる方法．現在では決定論的モデルでも，計算機によるシミュレーション実験で解く方法をこのようによぶことが多い．このような方法は，これまでに例えば定積分の計算，連立代数方程式や常および偏微分方程式の解，中性子散乱の研究などに使われてきた．モンテカルロは賭博場のある町の名で，元来は第二次世界大戦中の陰語といわれる．→ビュッフォンの針の問題

ヤ

■**ヤオ, シン・トゥング (丘成桐)** Yau, Shing-Tung (1949—)

中国で生まれた米国の数学者. 微分幾何学および偏微分方程式の研究により, 1983年フィールズ賞を受賞した.

■**薬剤重量** apothecaries' weight

薬剤用に使われている重量単位の体系. ポンドやオンスはトロイ衡と同じであるが, 分割のしかたが異なる. → 付録：単位・名数

■**約数** aliquot part

ある数 x の**約数**とは, x を割ったときに剰余が0となる数のこと. ある数のもつ一つ一つの因数. ほとんどすべての場合, 整数を扱うときに用いられる用語. 例えば, 2と3は6の約数である. [類] 因数, 因子

■**約分（分数の）** reduction of a fraction to its lowest terms

分母と分子のすべての共通因子でそれぞれをわってゆく過程のこと. → 打ち消し(1)

■**ヤコビ, カール・グスタフ・ヤコブ** Jacobi, Karl Gustav Jacob (1804—1851)

ドイツの代数学および解析学者.

■**ヤコビアン（多変数関数の）** Jacobian of two or more functions in as many variables

n 個の関数 $f_i(x_1, x_2, \cdots, x_n)$ ($i=1, 2, 3, \cdots, n$) に対してそれらの**ヤコビアン**とは行列式

$$\begin{vmatrix} \frac{\partial f_1}{\partial x_1} & \frac{\partial f_1}{\partial x_2} & \frac{\partial f_1}{\partial x_3} & \cdots & \frac{\partial f_1}{\partial x_n} \\ \frac{\partial f_2}{\partial x_1} & \frac{\partial f_2}{\partial x_2} & \frac{\partial f_2}{\partial x_3} & \cdots & \frac{\partial f_2}{\partial x_n} \\ \cdots & \cdots & \cdots & \cdots & \cdots \\ \frac{\partial f_n}{\partial x_1} & \frac{\partial f_n}{\partial x_2} & \frac{\partial f_n}{\partial x_3} & \cdots & \frac{\partial f_n}{\partial x_n} \end{vmatrix}$$

のことである. つぎのいずれかの記法がよく用いられる.

$$\frac{D(f_1, f_2, f_3, \cdots, f_n)}{D(x_1, x_2, x_3, \cdots, x_n)}, \quad \frac{\partial(f_1, f_2, f_3, \cdots, f_n)}{\partial(x_1, x_2, x_3, \cdots, x_n)}$$

2つの関数 $f(x, y)$ と $g(x, y)$ のヤコビアンは, 行列式

$$\begin{vmatrix} \frac{\partial f}{\partial x} & \frac{\partial f}{\partial y} \\ \frac{\partial g}{\partial x} & \frac{\partial g}{\partial y} \end{vmatrix}$$

であり, $\frac{D(f, g)}{D(x, y)}$ と表される. ＝関数行列式. → 陰関数定理, 独立な関数系

■**ヤコビの楕円関数** Jacobian elliptic functions

$$z = \int_0^y (1-t^2)^{-1/2} (1-k^2 t^2)^{-1/2} dt$$

とするとき, $y = \text{sn}(z, k) = \text{sn} z$, および $\text{sn}^2 z + \text{cn}^2 z = 1$, $k^2 \text{sn}^2 z + \text{dn}^2 z = 1$ によって定義される関数 $\text{sn} z$, $\text{cn} z$, $\text{dn} z$. ここで $\text{cn} z$, $\text{dn} z$ の符号は $\text{cn}(0) = \text{dn}(0) = 1$ をみたすように選ばれる. k はこの関数の**母数**であり, $k' = \sqrt{1-k^2}$ は**補母数**である.

$$K = \int_0^1 (1-t^2)^{-1/2} (1-k^2 t^2)^{-1/2} dt$$
$$K' = \int_0^1 (1-t^2)^{-1/2} (1-k'^2 t^2)^{-1/2} dt$$

とするならば, $\text{sn} z$, $\text{cn} z$, $\text{dn} z$ は周期がそれぞれ $(4K, 2iK')$, $(4K, 2K+2iK')$, $(2K, 4iK')$ であるような2重周期関数である. また,

$$\frac{d\text{sn} z}{dz} = \text{cn} z \, \text{dn} z, \quad \frac{d\text{cn} z}{dz} = -\text{sn} z \, \text{dn} z,$$
$$\frac{d\text{dn} z}{dz} = -k^2 \text{sn} z \, \text{cn} z$$

である. これらの関数のヤコビによる最初の記法は, $\text{sinam} z$, cosam, $\varDelta \text{am} z$ であり, 彼はまた $\text{sn} z/\text{cn} z$ を $\text{tanam} z$ と書いた (今日 $\text{tn} z$ と書くこともある). → 楕円積分

■**ヤコビの多項式** Jacobi polynomials

$F(a, b ; c ; x)$ を超幾何関数とし, n を正の整数とするとき, $J_n(p, q ; x) = F(-n, p+n ; q ; x)$ で与えられる多項式. P_n と T_n をそれぞれルジャンドルおよびチェビシェフの多項式とするとき,

$$J_n \left[1, 1, \frac{1}{2}(1-x) \right] = P_n(x)$$

$$2^{1-n}J_n\left[0, \frac{1}{2}, \frac{1}{2}(1-x)\right] = T_n(x)$$
が成り立つ．

■**ヤコビの定理**　Jacobi's theorem
→ 複素変数の周期関数

■**ヤコビ標準形**　Jacobi canonical form
→ 行列の標準形

■**やせた集合**　meager set
＝第1類集合．→ 集合の類

■**屋根の登り**　rise of a roof
(1) 屋根のへりから棟（むね）までの垂直高のこと．
(2) 屋根の最低点と最高点との垂直高のこと．

■**ヤング，ウィリアム・ヘンリー**　Young, William Henry (1863—1942)
イギリスの解析学者．積分論，直交級数に関する業績がある．

■**ヤング，トーマス**　Young, Thomas (1773—1829)
英国の医者，物理学者．光の波動説を提唱し，弾性体のヤング率を導入した．古代エジプトの象形文字解読にも功績があった．

■**ヤングの不等式**　Young's inequality
関数 f は $x \geq 0$ で連続，狭義増加，$f(0)=0$ とする．g を f の逆関数とする．$a \geq 0$, $b \geq 0$ はそれぞれ f, g の定義域内の点とする．このとき，
$$ab \leq \int_0^b f(x)\,dx + \int_0^b g(y)\,dy$$
を**ヤングの不等式**という．等号は，$f(a)=b$ のときのみ成り立つ．$b<f(a)$, $b=f(a)$, $b>f(a)$ の場合の図を描いてみると直観的には明らかである．不等式の証明によく用いられる．

■**ヤング率**　Young's modulus
1807年，T. ヤングによって，弾性論に導入された定数．それは，弾性体のふるまいを特徴づける．細い棒の断面に働く応力を T, それによって生ずる小さな伸びを e とすれば，$T=Ee$ が成り立つ．E を**ひっぱり（張力）のヤング率**という．多くの物体について，ひっぱりのヤング率と圧縮率は異なる．等方的な物質の弾性状態を完全に特徴づけるには，ヤング率とポアソン比 (q, v) で十分であることがわかっている．

ユ

友愛数 amicable numbers
→ 友数

有意検定 significance test
《統計》仮説 H の有意検定とは, H が誤りであるという仮説を帰無仮説として行う検定である. したがってその仮説のもとで, 観測値と仮説から予期される結果との違いが, 単なる偶然や標本抽出のための誤差だけから説明されることがとうていありえないような観測を, **統計的に有意である**という. 例えば物理学において, 他の理論の必要性を暗示する実験値は, この意味で有意である. 誰しも実験値が期待された値と有意に離れているか否かに最も関心をもつ.
→ 仮設検定

有界集合（点の） bounded set of points
→ 点の有界集合

有界収束定理 bounded convergence theorem
m を $m(T) < \infty$ である集合 T の部分集合の σ 加法族上で完全加法的測度とし, $\{S_n\}$ をすべての n と T のすべての x に対して $|S_n(x)| \leq M$ である数 M が存在するような可測関数の列とする. このとき, 各 S_n は積分可能であり, T のほとんどいたるところで $\lim_{n \to +\infty} S_n(x) = S(x)$ をみたす関数 S が存在するならば, S も積分可能であり,
$$\int_T S dm = \lim_{n \to \infty} \int_T S_n dm$$
が成り立つ.
リーマン積分に関しては, 上述の定理を次のように述べることができる. 関数列 $\{S_n\}$ と区間 I に対して定数 M が存在し, すべての n と I のすべての点 x に対して $|S_n(x)| \leq M$ が成り立つとする. さらに, すべての S_n は I 上でリーマン積分可能であり, I 上でリーマン積分可能な関数 S が存在して, $\lim_{n \to \infty} S_n(x) = S(x)$ が I 上ほとんどいたるところ成立しているとする. このとき S の I 上の積分は, $n \to \infty$ のときの S_n の I 上の積分値の極限と一致する. → 単調収束定理, 無限級数の積分, ルベーグの収束定理

有界線型変換 bounded linear transformation
→ 線型変換

有界な数列 bounded sequence
→ 数列の上界・下界

有界変動 bounded variation
→ 全変動

有界量 bounded quantity, bounded function
絶対値が, つねに適当に選ばれたある定数以下になるような量のこと. 直角 3 角形の斜辺に対する各辺の長さの割合は 1 以下だから, これは有界数量である. すなわち, 関数 $\sin x$, $\cos x$ はその絶対値がつねに 1 またはそれ以下の値をとるので, 有界関数である. 区間 $\left(0, \frac{1}{2}\pi\right)$ における関数 $\tan x$ は有界でない.

優角 reflex angle
180° より大きく 360° より小さい角度.

優加法的 superadditive
→ 加法的関数, 加法的集合関数

有限 finite quantity
(1) $+\infty$, $-\infty$ をも含めた広義の実数系（あるいは, ∞ をも含めた複素数平面）において, 通常の意味での実数（あるいは複素数）のことを**有限な実数（あるいは複素数）**という. → 複素数平面, 広義の実数系
(2) (1)の意味での広義の実数系や複素数平面に値をとる関数 f に対し, f が集合 S 上で有限であるとは, S の任意の元 x に対して $f(x)$ が(1)の意味で有限であることをいう. 例えば, 実数全体の上で, 関数 f を
$$f(x) = \begin{cases} 1/x, & x \neq 0 \text{ のとき} \\ +\infty, & x = 0 \text{ のとき} \end{cases}$$

により定義すると，f は正の実数全体の集合上で**有限**であるが**有界**ではないことになる．ただし，分野によっては，"有限"という言葉を"有界"の意味で用いることもあるから，注意を要する．

■**有限群** finite group
→ 群

■**有限ゲーム・無限ゲーム** finite and infinite games
各競技者の純戦略の個数が有限であるようなゲームを**有限ゲーム**とよぶ．これに対し，少なくとも1人の競技者が無限個の純戦略をもっているようなゲームを**無限ゲーム**とよぶ（例えば，与えられた時間帯のうちのどの時点で発砲するかというのが，純戦略であるような場合など）．
→ 戦略

■**有限交叉性** finite intersection property
集合の集合 A が**有限交叉性**をもつとは，A のどの有限部分集合 F に対しても，F に属する集合の共通部分が空でないことをいう．

■**有限次拡大（体の）** finite extention of a field
→ 体の拡大

■**有限射影平面** finite projective plane
→ 射影平面(2)

■**有限集合** finite set
有限個の要素からなる集合のこと（このとき，その集合の要素の個数は，ある負でない整数で表される）．例えば，-30 以上 100 以下の整数全体の集合は有限集合であり，その要素の個数は 131 である．正確な定義を述べると次のようになる．集合 A が有限集合であるとは，A のどの真部分集合 X に対しても，A と X の間に1対1対応がつかないことをいう．→ 無限集合

■**有限小数** finite decimal, terminating decimal
→ 10進法

■**有限数学** finite mathematics
微分積分学や極限の概念を含まない数学．"有限数学"の課程は通常，行列，線型代数，整数論，金融数学，集合論，論理，確率論，線型計画法，オペレーションズリサーチ，組合せ論，グラフ理論，計算の理論などの分野の基本的な題材を扱う．

■**有限性** finite character
有限特性ともいう．集合族 A が**有限性**をもつとは，任意の有限部分集合がすべて A の元であるような集合はすべて A の元であり，また，任意の A の元の任意の有限部分集合は A に属することをいう．ある集合の部分集合の性質が有限性をもつとは，ある部分集合 S がその性質をもつことと，S の空でない任意の有限部分集合がその性質をもつことが同値であることをいう．例えば，全順序集合であるということは有限性をもつ性質であるが，整列順序集合であるということはそうでない．ある性質が有限性をもつならば，その性質をもつ集合の全体は有限性をもつ集合族となる．また，集合族 A が有限性をもつならば，A に属するという性質は有限性をもつ性質となる．→ ツォルンの補題

■**有限選択公理** finite axiom of choice
集合族が有限個の集合からなる特別な場合の選択公理．→ 選択公理

■**有限の** terminating
終わりがあること．限られていること．ある一定の桁，項で表されること．例えば，小数 3.147 は**有限小数**という．これに対し，循環小数 $7.414141\cdots$ は**有限でない**．無限数列や無限級数は有限でない．[類] 有限 (finite)．

■**有限表現可能** finitely representable
バナッハ空間 X が他のバナッハ空間 Y の中に**有限表現可能**とは，X の任意の有限次元部分空間 X_n が，Y の部分空間に"ほとんど同型"なことである．詳しくいうと，任意の正の数 $c<1$ と $d>1$ に対し，X_n と Y の部分空間の間に同型写像があり，それについて $x\in X$ が $x^t\in Y$ に対応するとき，$c\|x\| \leq \|x^t\| \leq d\|x\|$ が成立することである．→ 超再帰的バナッハ空間，同型

■**有限不連続性** finite discontinuity
→ 不連続性

■**有限零和2人ゲームの解** solution of a two-person zero-sum game

各競技者に対する最適な混合戦略（特別な場合として，純戦略になることもある）の組のこと．このような組において，利得関数 M は，ゲームの値に等しい値をとる．解 (X, Y) で，つぎの性質をみたすものを，**単純解**とよぶ．最小化競技者のどの純戦略 j に対しても，$M(X, j)$ はゲームの値に等しく，最大化競技者のどの純戦略 i に対しても，$M(i, Y)$ はゲームの値に等しい．ゲームは，一般には，単純解をもつとは限らない．**硬貨合わせゲーム**は，単純解をもつゲームの例である．ただし，ここでは，硬貨を表にするか裏にするかというのが各競技者の純戦略である，つまり，硬貨を"投げる"のは，偶然手番ではなく人的手番であると考えている．ゲームの**基本解**とは，解の集合 S で，任意の解が S に属する解の凸線形結合で表されるが，S のどの真部分集合もそのような性質をもたないもののことをいう．→ ゲームの値，戦略，対局者

■**有限連分数** terminating continued fraction
→ 連分数

■**優弧** major arc
円周を割線で切ったときにできる2つの弧のうち長い方．→ 扇形

■**有向集合** directed set
→ ムーア-スミスの収束

■**有効推定量** efficient estimator
《統計》(1) 母数 θ に対する**不偏推定量** $T(X_1, X_2, \cdots, X_n)$ であって，そのようなすべての推定量の中で T の分散すなわち $(T-\theta)^2$ の期待値が最小となるもの．しばしば，

$$E[(T-\theta)^2] = \frac{1}{n \cdot E[(\partial \log f/\partial \theta)^2]}$$

となる推定量とも定義される．この式の右辺は，$E[(T-\theta)^2]$ の下限を与えている［→ クラメール-ラオの不等式］．T が有効推定量であり，t が他の推定量であるなら，t の**有効性**は $E[(T-\theta)^2]/E[(t-\theta)^2] \leq 1$ である．

(2) 無作為標本 $(X_1, X_2, \cdots, X_n)$ からの推定量 T_n の列 $\{T_n\}$ $(n=1, 2, \cdots)$ に対して，分布 $\sqrt{n}(T_n-\theta)$ が n が大きくなるに従って，平均 0，分散 σ^2 の正規分布に近づき，そして σ^2 はそれらすべての推定量の中で最小であるとき，$\{T_n\}$ は**漸近的に有効**である．または単に**有効**であるという．

■**有効数字** significant digits, significant figure

(1) その数の常用対数をとったとき，仮数部分を決定する桁．左からみて最初に現れる 0 でない数から，最右端にある 0 でない数まで．

(2) 重要性をもった桁．小数点の左にある 0 でない最初の数，または小数点の左に桁がないなら小数点の後にある最初の数，から最後の数まで．例えば，230 の有効数字は 2, 3, 0 である．0.230 の有効数字は 2, 3, 0 であり，0 は 3 桁まで正確であることを意味している．0.23 の 0 は有効桁ではないが，0.023 の 2 つ目の 0 は有効桁である．

■**有向線素** lineal element
《微分方程式》1 点を通る有向線分で，その傾きと点の座標が与えられた 1 階の微分方程式をみたすもの．

■**有向線分** line segment
→ 有向直線

■**有向線分の和** sum of directed line segments

いくつかの有向線分が，それぞれの終点と次の有向線分の始点とが一致しているとき，最初の有向線分の始点から最後の有向線分の終点に至る有向（直）線分．例えば，東へ 5 キロ，西へ 3 キロは東へ 2 キロに等しい．有向線分の和はベクトルの和の特別な場合である．→ ベクトルの和

■**有向直線** directed line
直線（線分）上の 1 点より他の点への向きを正，逆向きを負とした方向のついた直線（または線分）．方向は，相異なる 2 点（線分の場合には通常両端の 2 点がとられる）と，どちらから他方に向いているかを決めれば，決定する．これら 2 点は，最初の点を**始点**，他方の点を**終点**とすることによりベクトルとなる．

■**有向点列** net
→ ムーア-スミスの収束

■有心円錐曲線　central conics
中心をもつ円錐曲線，すなわち楕円および双曲線．→ 曲線の中心

■有心2次曲線　central quadrics, central conics
楕円や双曲線のような，中心をもつ2次曲線．

■有心2次曲面の直径　diameter of a central quadric surface
有心2次曲面の平行な切断面の中心点の軌跡．この軌跡は直線となる．

■有心2次曲面の直径面の共役直径　conjugate diameter of a diametral plane of a central quadric
与えられた直径に平行な平面による2次曲面のすべての断面の中心を含む直径．この直径面も同様に，その直径に共役であるという．

■友数　amicable numbers
一方が他方の約数（ただし自分自身は除く）の和になっている2数のこと．例えば220と284は友数である．なぜなら，220の約数は1, 2, 4, 5, 10, 11, 20, 22, 44, 55, 110であり，その和は284. 284の約数は1, 2, 4, 71, 142であり，その和は220．友数の小さいほうが10^8未満の友数対は，236組知られている．友愛数，親和数などの訳もある．

■優調和関数　superharmonic function
凹関数と凸関数との関係のように，多変数の実数値関数fが，$-f$が劣調和関数であるとき，**優調和関数**という．→ 劣調和関数

■誘導方程式　derived equation
(1) **代数学**において，ある方程式の両辺に項を加えたり，ベキをとったり，ある数量をかけたりわったりすることにより得られる方程式．誘導方程式は元の方程式と必ずしも同値であるとは限らない．すなわち，同じ解の組をもつとは限らない．

(2) **解析学**において，与えられた方程式を微分することにより得られる方程式．→ 微分曲線

■尤度関数　likelihood function
固定したXに対して頻度関数または確率密度関数$f(X;\theta_1,\theta_2,\cdots,\theta_n)$をパラメータ $\{\theta_1,\theta_2,\cdots,\theta_n\}$の関数として考えたもの．特に，$\{X_1, X_2, \cdots, X_k\}$を1つの母集団からの無作為標本とし，その母集団の分布はある特定の形式または型であると知られているが，いくつかのパラメータは知られていないとする．パラメータが値$\theta_1, \theta_2, \cdots, \theta_n$をもつとき，$f(X;\theta_1,\theta_2,\cdots,\theta_n)$を頻度関数または確率密度関数とする．与えられた無作為標本の**尤度関数** Lは

$$L(X_1,\cdots,X_k;\theta_1,\cdots,\theta_n)=\prod_{i=1}^{k}f(X_i,\theta_1,\cdots,\theta_n)$$

で与えられ，固定された$\{X_1,\cdots,X_k\}$のもとで$\{\theta_1,\theta_2,\cdots,\theta_n\}$の関数と考えられる．尤度関数を最大にするこれらのパラメータの値を**最尤推定値**という．その結果得られる関数$\theta_1(X_1,\cdots,X_k),\cdots,\theta_n(X_1,\cdots,X_k)$をこれらのパラメータに対する**最尤推定量**という．例えば，袋の中に4個の玉が入っており，θ個が黒，残りが赤であるとする．たて続けに玉を取り出したところ，黒玉，赤玉，黒玉であったとする（ただし，1回ごとに取り出した玉を元に戻す）．頻度関数（または確率関数）は，黒をひくことと赤をひくことに対してそれぞれ値$\frac{\theta}{4}$と$1-\frac{\theta}{4}$をもち，尤度関数は

$$\left(\frac{\theta}{4}\right)\left(1-\frac{\theta}{4}\right)\left(\frac{\theta}{4}\right)=\frac{4\theta^2-\theta^3}{64}$$

で与えられ$\theta=0, 1, 2, 3, 4$に対する値は0, 3/64, 1/8, 9/64, 0となる．最大値は$\theta=3$のとき9/64であり，θの最尤推定値は3である．→ 十分統計量，推定量，分散，尤度比

■尤度比　likelihood ratio
ある特定の条件H_0をみたすパラメータに対する**尤度関数**の最大値をL_0，パラメータのすべての可能な値に対する**尤度関数**の最大値をL_1とするときの比L_0/L_1のこと．L_0/L_1は標本値$\{X_1,X_2,\cdots,X_k\}$の関数である．有意水準(100α)％による尤度比検定は，$L_0/L_1<a$の確率がαと等しいようなaに対して，$L_0/L_1<a$ならば仮説H_0を棄却する．→ ネイマン-ピアソン検定，尤度関数

■優ベクトル　dominant vector
ベクトル$\boldsymbol{a}=(a_1,a_2,\cdots,a_n)$が他のベクトル$\boldsymbol{b}=(b_1,b_2,\cdots,b_n)$に対して，各$i$で$a_i \geq b_i$をみたすときにいう．もし各$i$で$a_i>b_i$をみたすなら，**狭義の優ベクトル**であるという．

■優弓形　major segments of a circle
→ 曲線の弓形

■有理演算　rational operations
加法，減法，乗法，除法のこと．＝四則演算．

■有理化　rationalize
式の値や方程式の根を変えることなしに根号を除去すること．**代数方程式の有理化**とは，変数を含む根号を除去することである（必ずしも可能ではない）．比較的有効な方法は，根号を等式の1辺へ移項し（根号が2つ以上あるときはうまく変形する），両辺を根号の指数乗（または根号のうちの1つの指数乗）するというものである．もし必要ならばこれを繰り返す．この方法では，よけいな根が入りこむことがある．例えば，(1) $\sqrt{x-1}=x-2$ を有理化すると，$x-1=x^2-4x+4$，すなわち $x^2-5x+5=0$．
(2) $\sqrt{x-1}+2=\sqrt{x+1}$ は，$\sqrt{x-1}-\sqrt{x+1}=-2$ とかけるので，両辺を2乗すると $x-1-2\sqrt{x^2-1}+x+1=4$，すなわち $\sqrt{x^2-1}=x-2$．よって $x^2-1=x^2-4x+4$，すなわち $4x-5=0$．**分数の分母の有理化**とは，分母に根号がなくなるように分母分子にある量をかけることである．例えば，分数が $\frac{1}{\sqrt{a}+\sqrt{b}}$ ならば，有理化因子は $\sqrt{a}-\sqrt{b}$ で，$\frac{\sqrt{a}-\sqrt{b}}{a-b}$ を得る．分数が $\frac{1}{\sqrt[3]{c^2}}$ ならば，有理化因子は $\sqrt[3]{c}$ で $\frac{\sqrt[3]{c}}{c}$ を得る．**積分の有理化**とは，被積分関数に根号がなくなるように代入（変数変換）を行うことである．積分 $\int \frac{x^{\frac{1}{2}}}{1+x^{\frac{3}{4}}}dx$ は $x=z^4 (dx=4z^3 dz)$ という代入により，$\int \frac{4z^5}{1+z^3}dz$ と有理化される．

■有理解定理　rational root theorem
有理数 p/q（p と q は互いに素）がある整数係数の多項式
$$a_0 x^n + a_1 x^{n-1} + a_2 x^{n-2} + \cdots + a_{n-1} x + a_n = 0$$
の解ならば，a_0 は q でわり切れ，a_n は p でわり切れるという定理．

■有理曲線　unicursal curve
θ, ϕ を t の有理関数として媒介変数方程式 $x=\theta(t)$，$y=\phi(t)$ で表される曲線．

■有理型関数　meromorphic function
複素変数 z の関数がある領域 D で**有理型**であるとは，その関数が D において，極を除いて，正則（解析的ともいう）であることをいう．すなわち，D 内のすべての特異点は極である．

■有理式・有理関数　rational expression, rational function
分数指数や既約の根号のついた変数を含まないような代数的表現．多項式の商として表される関数．$2x^2+1$ や $2x+\frac{1}{x}$ は有理式であるが $\sqrt{x+1}$ や $x^{3/2}+1$ は有理式でない．→ 部分分数

■有理数　rational number
整数または整数の商で表される数 $\frac{1}{2}, \frac{4}{3}, 7$ など．整数が定義された後で [→ 整数]，有理数を整数 $a, b (b \neq 0)$ の順序対 (a, b) 全体の集合として定義し，同等，加法，乗法を次のように定義する．
$(a, b) = (c, d)$ であるのは $ad = bc$ のとき，かつそのときに限る．
$$(a, b) + (c, d) = (ab + bc, bd)$$
$$(a, b)(c, d) = (ac, bd)$$
通常は (a, b) を a/b とかく．このとき上の同等，加法，乗法は次のような形になる．
$\frac{a}{b} = \frac{c}{d}$ であるのは $ad = bc$ のとき，かつそのときに限る．
$$\frac{a}{b} + \frac{d}{c} = \frac{ad + bc}{bd}$$
$$\frac{a}{b} \cdot \frac{c}{d} = \frac{ac}{bd}$$
有理数 $(a, 1)$ または $a/1$ は**整数**とよばれ，普通単に a とかく．→ 無理数

■有理整関数　rational integral function
変数に関する有理整項のみを含む関数．1つまたはいくつかの変数に関して有理整関数であるが，他の変数に関してはそうでないこともある．例えば，$w+x^2+2xy^{\frac{1}{2}}+1/z$ は x に関して，また w と x の両方に関して有理整関数になっているが，y に関しては有理的ではなく，z に関しては整的でない．＝多項式．→ 項

■有理変換　rational transformation
方程式や関数の変数を，その変数の有理関数となっている変数でおきかえること．変換 $x'=$

$x+2$, $y'=y+3$, 変換 $x'=x^2$, $y'=y^2$ は有理変換である．

■ユークリッド　Euclid (B.C. 300頃)
　ギリシャ語の原名はエウクレイデス．ギリシャの，幾何学，整数論，天文学，物理学者．彼の著した，公理的『原論』は，最も長い間にわたって，最も広く数学の仕事に使われた著作であり，19世紀まで絶対視されていた．

■ユークリッド環　Euclidean ring
　可換環 R であって，次の性質をみたすような，定義域を $R-\{0\}$，値域を非負の整数とする関数 n が存在するものをいう．(i) $xy \neq 0$ なら，$n(xy) \geq n(x)$ である．(ii) R の任意の2元 $x(\neq 0)$，y に対して，ある元 q, r が存在して $y=qx+r$ と表せ，かつ，$r=0$ か $n(r)<n(x)$ が成り立つ．ユークリッド環は単位元をもった単項イデアル環である．体上の多項式環は，$n(p)$ を p の次数とするとき，ユークリッド環である．

■ユークリッド幾何学　Euclidean geometry
　ユークリッドの公理系を基にした幾何学の分野のこと．ユークリッドの『原論』(B.C. 300頃)には，整数論の命題だけではなく，初等幾何学の基本的な命題の体系的な展開が著されている．しかし，現在の眼から見るといくつかの不完全な命題も含まれている（例えば，"直線が，3角形の頂点を通らず，3角形上の1辺を切断するならば，この直線はもう一つの辺を切断する" という公理（パッシュの公理）の必要性）．現代では，**ユークリッド空間**という語は，2点間の距離が3次元空間で用いられる公式の拡張として与えられる有限次元のベクトル空間のことをいう．

■ユークリッド空間　Euclidean space
　(1) 通常の2または3次元空間のこと．
　(2) n 個の数値より構成された点 $(x_1, x_2, \cdots, x_n)$ 全体よりつくられた空間で，その2点 $x=(x_1, x_2, \cdots, x_n)$, $y=(y_1, y_2, \cdots, y_n)$ の間の距離 $\rho(x, y)$ が
$$\left(\sum_{i=1}^{n}|x_i-y_i|^2\right)^{\frac{1}{2}}$$
と定義されているもの．x を構成している x_i が実数または複素数であるかによって，**実**または**複素ユークリッド空間**という．しかしときには，実数のときをユークリッド空間，複素数の場合は，**ユニタリ空間**という．＝デカルト空間．→内積空間

■ユークリッド空間のクリストッフェルの記号　Euclidian Christoffel symbols
　ユークリッド空間（すなわち，弧長素 ds が $ds^2 = \sum dy_i^2$ で与えられるような直角座標 $y_1, y_2, \cdots, y_n$ が存在する空間）におけるクリストッフェルの記号．第2種のクリストッフェルの記号は，ユークリッド空間の直角座標においては常に0となる．しかし一般の座標においては，ユークリッド空間のクリストッフェルの記号は必ずしも0ではない．このとき，クリストッフェルの記号は直角座標 y^i を一般座標 x^i に移す変換の関数とその逆関数を用いて，
$$\begin{Bmatrix} i \\ jk \end{Bmatrix} = \frac{\partial^2 y^l}{\partial x^j \partial x^k} \frac{\partial x^i}{\partial y^l}$$
という別の表現でも与えられる．直角座標においてクリストッフェルの記号が常に0となることから，直角座標においては共変微分は通常の偏微分となる．したがって偏微分が可換である限り，一般座標においてもユークリッド空間の共変微分は可換な作用素である．→クリストッフェルの記号

■ユークリッドの公準　Euclid's postulates
　(1) 任意の2点を通る直線を引くことができる．(2) 線分は任意に延長できる．(3) 任意の点を中心とする任意の半径の円を描くことができる．(4) すべての直角は等しい．(5)（平行線公理）平面内の2直線が第3の直線と交わり，その片側の向かい合った内角の和が2直角より小さいならば，その2直線は十分延長すれば角の和が2直角より小さい側で交わる．ユークリッド自身が公準として何個の仮定をおいたのかについては，完全な合意が得られていないが，一般に上記の5つがそうであろうと認められている．なお公準という語は元来は議論の前提となる "要請" であったといわれる．

■ユークリッドの公理　Euclid's axioms, "common notions"
　(1) 同一のものに等しいのなら，それらは同一である．
　(2) 等しいものを等しいものに加えたら，その結果も等しい．
　(3) 等しいものを等しいものから引いたら，そ

の結果も等しい．
(4) お互いに一致するものどうしは等しい．
(5) 全体はそのどの部分よりも大である．
このうち(4)と(5)がユークリッドのものであるかどうかは，必ずしもすべての学者が同意しているわけではない．

■**ユークリッドの互除法** Euclidean algorithm, Euclid's algorithm

2つの整数の最大公約数を求める方法．以下に，このアルゴリズムを示す．2つの整数 x, y があり，これらの最大公約数を求める．まず，x を他方の数 y で割り，その際に生じる剰余を r_1 とする．次に，y を r_1 で割り，その際に生じる余りを r_2 とする．さらに，r_1 を r_2 で割り，その際に生じる剰余を r_3 とし，次に r_2 を r_3 で割り，…という操作を繰り返していくと，$r_n=0$ となり，この操作は完了する．この操作において，r_{n-1} が求めるべき最大公約数である．

この手法は，整数に関してのみならず，代数学において，2つの多項式に関する（一般にはユークリッド環において）共通因数を求める際に同様の手順を利用できる．

例えば，12と20の最大公約数をユークリッドのアルゴリズム（互除法）により求める．

$20 \div 12 = 1$　　あまり 8
$12 \div 8 = 1$　　あまり 4
$8 \div 4 = 2$　　あまり 0

よって，求める最大公約数は 4 である．

■**ユークリッドの平行線公理** Euclid's postulate of parallels
→ 平行線公理

■**ユニタリ行列** unitary matrix

正方行列が，その**転置共役**行列の逆行列に等しいもの．すなわち，すべての i と j に対して

$$\sum_{s=1}^{n} a_{is}\bar{a}_{js} = \sum_{s=1}^{n} a_{si}\bar{a}_{sj} = \delta_{ij}$$

となる行列．ただし，δ_{ij} は**クロネッカーのデルタ**で，a_{ij} は i 行 j 列目の成分である．したがって，任意の異なる2つの行または任意の異なる2つの列は，複素数ベクトル空間において**直交**する．実行列の場合，これは直交行列であることと同値である．→ ユニタリ変換

■**ユニタリ空間** unitary space
→ 内積空間

■**ユニタリ変換** unitary transformation

(1) 随伴変換が逆変換となる線型変換．**有限次元空間**においては，$x=(x_1, x_2, \cdots, x_n)$ を $Tx=(y_1, y_2, \cdots, y_n)$ $(y_i = \sum_{j=1}^{n} a_{ij}x_j \ (i=1, 2, \cdots, n))$ に変換する線型変換 T がユニタリ変換であるための必要十分条件は，行列 (a_{ij}) がユニタリ行列となることである．あるいは，変換 T によりエルミート形式

$$x_1\bar{x}_1 + x_2\bar{x}_2 + \cdots + x_n\bar{x}_n$$

が不変であることである．**ヒルベルト空間** H の要素の内積を (x, y) で表すと，H から H への変換 T が，任意の x, y に対して $(Tx, Ty) = (x, y)$ をみたすならば，T はユニタリ変換である．また，T が，H から H への**等長写像**［各 $x \in H$ に対し $(Tx, Tx) = (x, x)$］ならば，T はユニタリ変換である．ユニタリ変換は正規変換である．

(2) **行列** A のユニタリ変換とは，行列 $P^{-1}AP$ である．ここで，P はユニタリ行列とする．有限次元空間のユニタリ変換と行列のユニタリ変換の概念は，**直交変換**の場合と同様の関係にある．ただし，転置行列 A^T をエルミート共役な（転置共役）行列に置き替える必要がある．エルミート行列は，ユニタリ変換によって対角行列に変換される．よって，すべてのエルミート形式は，上に述べたように，ユニタリ変換によって

$$\sum_{i=1}^{n} p_i x_i \bar{x}_i$$

という形の式へ変換される．→ スペクトル定理，直交変換

■**ユニモジュラ行列** unimodular matrix
その行列式の値が1に等しい正方行列．

■**弓形** segment of a circle
円弧と直線で囲まれた図形．→ 曲線の弓形

■**ゆらぎ** fluctuation
＝変動．

■**ユング，ハインリッヒ・ウィルヘルム・エワルト** Jung, Heinrich Wilhelm Ewald (1876–1953)
ドイツの解析学，幾何学者．

■ユングの定理　Jung's theorem
　n 次元ユークリッド空間内の直径 1 の集合は半径
$$\left[\frac{n}{2(n+1)}\right]^{1/2}$$
の閉球体に包含しうる．特に，直径 1 の平面集合は半径 $1/\sqrt{3}$ の円に包含される．→ ブラシュケの定理

ヨ

■**ヨアヒムシュタール，フェルディナンド**
Joachimsthal, Ferdinand (1818—1861)
ドイツの解析学および幾何学者．

■**余緯度（地球上の1点の）** colatitude of a point on the earth
90度－緯度．緯度の余角．

■**余因子（行列のある要素に対する）** cofactor of an element of a matrix
正方行列において，その行列の行列式の同じ要素の余因子のこと．正方行列に対してのみ定義される．→ 行列の成分の小行列式

■**陽関数** explicit function
→ 陰関数

■**容積** interior content
→ 点集合の容積

■**葉線** folium
→ デカルトの葉線

■**要素（行列式の）** element of determinant
→ 行列式

■**揚力** lift
《力学》航空力学において，力全体 F が物体 B へ作用し B に速度ベクトル v をもつ運動を与えたとき，v に垂直な F の成分を**揚力**という．→ 抗力

■**余角** complementary angles, complement of an angle
その和が直角となる2つの角．直角3角形の2つの鋭角は常に互いに余角である．→ 三角関数

■**余割** cosecant
→ 三角関数

■**余割曲線** cosecant curve
$y = \operatorname{cosec} x$ のグラフ．$\operatorname{cosec} x = \sec\left(x - \dfrac{\pi}{2}\right)$ であるから，正割曲線を右へ $\dfrac{\pi}{2}$ ラジアン移動することにより得られる．→ 正割曲線

■**余関数** complementary function
→ 線型微分方程式

■**余関数** confunction
→ 三角余関数

■**余弦** cosine
→ 三角関数

■**余弦曲線** cosine curve
$y = \cos x$ のグラフ（図）．この曲線は y 軸と1で交わり，x 軸に向かって凹で，$\dfrac{\pi}{2}$（ラジアン）の奇数倍で x 軸と交わる．

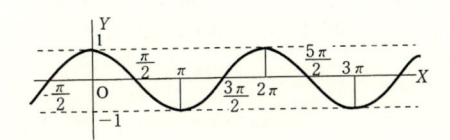

■**余弦法則** law of cosines
a, b, c を平面3角形の3辺，C を c の対角とするとき等式
$$c^2 = a^2 + b^2 - 2ab\cos C$$
が成り立つ．この公式を**余弦法則**，**余弦公式**または**余弦定理**とよぶ．2辺と1つの角あるいは3つの辺が与えられているとき，3角形を決定するのにこの公式は有用である．球面3角形の場合，a, b, c をその3辺，A, B, C をそれぞれ対応する対角とするとき，余弦法則に相当する公式は，
$$\cos a = \cos b \cos c + \sin b \sin c \cos A$$
$$\cos A = -\cos B \cos C + \sin B \sin C \cos a$$
である．これを区別して**正弦余弦定理**ともいう．

■**余高度（天球上の点の）** colatitude of a celestial point
＝天頂距離．

■**横座標** abscissa[*pl.* abscissas, abscissae]
2次元の直交座標系の水平座標．通常，x で表される．斜交座標系でも同様の意味で用いられる．→ 直角座標

■**横軸（双曲線の）** transverse axis of the hyperbola
→ 双曲線

■**横幅** run
2点の横座標の差異のこと．座標がそれぞれ $(2,3)$，$(5,7)$ である2点の横幅は $5-2=3$ である．2点の縦座標の差異は縦幅とよばれる．したがって，横幅の平方に縦幅の平方を加えると2点の距離の平方になる．

■**余矢** coversed sine, coversine, versed cosine
$1-\sin\alpha$ のこと．幾何的には単位円半径とある角度の正弦との差である．→ 三角関数

■**4次の** quartic
次数が4の，4階の．**4次曲線** は4次の代数曲線（4次方程式のグラフ）．**4次方程式** は4次の多項式の方程式．

■**4次方程式** biquadratic equation
4次の代数方程式．＝双2次式．

■**4次方程式の解法（フェラリの）** Ferrari's solution of the quartic
→ フェラリの4次方程式の解法

■**余剰数** redundant number
→ 完全数

■**余正割** exsecant
→ 三角関数

■**余赤緯** codeclination
《天文》天球点の余赤緯とは，90度から赤緯を減じた値．赤緯の余角．[類]極距離．→ 時角と時圏

■**余接** cotangent
→ 三角関数

■**余接曲線** cotangent curve
$y=\cot x$ のグラフ．このグラフは $x=0$ および $x=n\pi$ の直線に漸近し，$\frac{\pi}{2}$（ラジアン）の奇数倍で x 軸と交わる．

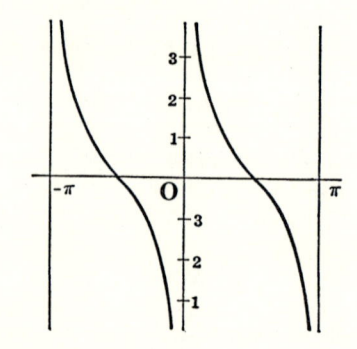

■**余対数** cologarithm
逆数の対数（すなわち対数に -1 をかけた数）をその小数部分が正となるように表したもの．計算中で仮数のひき算をさけ，負の仮数を扱うことによる混乱をさけるために用いられる．例えば $\frac{641}{1246}$ を対数を用いて計算する場合

$$\log\frac{641}{1246}=\log 641+\operatorname{colog} 1246$$

とする．ここで

$$\begin{aligned}\operatorname{colog} 1246 &= 10-\log 1246-10\\ &= 10-(3.09055)-10\\ &= 6.9045-10\end{aligned}$$

である．

■**4つ組** quadruple
4個の要素で構成されたもの．**順序つき4つ組** は，1番目から4番目まで順序のついた4数の組で，4次元空間の1点を表すことができる．

■**ヨハヒムスタールの曲面** surface of Joachimsthal
曲率線の2つの族の一方の要素がすべて平面曲線であり，それを含む平面族がすべて共軸であるような曲面．

■ **4色問題** four-color problem

1852年頃に提唱された，球面または平面上の任意の地図が，共通の境界線をもつ2つの国は同色にならないように塗り分けるとき，4色で可能かという問題．このとき各国の境界は単純閉曲線（あるいは多角形）であり，各国は連結であると仮定する．すなわち，1つの国の中の任意の2点は，その国の中で結ばれるとする．2つの国が有限個の点でのみ接していれば，同じ色でもよい．巨大計算機による長時間の計算の助けを借りて，アッペルとハーケンが1976年に，任意のそのような地図の塗り分けが4色で十分なことを示した．1890年頃以来，5色で十分なことと，3色では不十分な地図のあることが知られていた．曲面の**染色数**とは，その上の任意の地図を塗り分けるのに十分な色の最小数である．クラインの壺を除いて，曲面のオイラー標数が χ のとき，染色数は $(7+\sqrt{49-24\chi})/2$ 以下の最大の整数であることが知られている．$\chi=0$ である円柱，メビウスの帯，円環面では染色数は7であるが，$\chi=0$ であるクラインの壺では，染色数は6である．射影平面では $\chi=1$ で染色数は6であり，平面や球面では $\chi=2$ であって，染色数は4である．平面や球面上で各国が最大1個の"植民地"（すなわちもとの国と同じ色に塗る必要がある地域）をもつとすると，12色までの色が必要であり，実際12色を要する地図がある（**12色定理**）．＝地図の塗り分け問題．

■ **4段階法** four-step rule (method)

関数 f の導関数を，定義に従って求める方法のことで，次のように4段階に分けて考えることができるので，この名がある．(1) $f(x)$ を表す式において，x に増分 Δx を加えたものを，x に代入する，つまり，$f(x+\Delta x)$ を求める．(2) $f(x)$ をひく，つまり，$f(x+\Delta x)-f(x)$ を求める．(3) Δx でわり簡易化する，つまり，
$$\frac{f(x+\Delta x)-f(x)}{\Delta x}$$
を求め簡易化する（簡易化は，例えば，分子を展開して Δx をくくり出すことなどによりなされる）．(4) Δx が0に近づいたときの極限を求める（単に $\Delta x=0$ とおくことにより求められることもある）．例として，$f(x)=x^2$ の場合を取り上げると，以下のようになる．

(1) $f(x+\Delta x)=(x+\Delta x)^2$
(2) $f(x+\Delta x)-f(x)=(x+\Delta x)^2-x^2$
(3) $\dfrac{f(x+\Delta x)-f(x)}{\Delta x}=\dfrac{(x+\Delta x)^2-x^2}{\Delta x}$
$\qquad\qquad\qquad\qquad =2x+\Delta x$
(4) $\lim\limits_{\Delta x\to 0}(2x+\Delta x)=2x=\dfrac{dx^2}{dx}$

ラ

■**ラ・イール，フィリップ・デ** La Hire, Phillipe de (1640—1718)
フランスの幾何学者．射影幾何学の手法を円錐曲線に関するアポロニウスの定理の証明に応用した．

■**ライプニッツ，ゴットフリート・ウィルヘルム・フォン** Leibniz, Gottfried Wilhelm von (1646—1716)
ドイツ・ライプチッヒに生まれる．彼はおそらくほとんどすべての主要分野の知識をマスターした最後の一人であろう．1667 年に法学博士の学位を受け，法律と国際政治に造詣が深かった．彼は（ニュートンと独立に）微分積分学を考案し，今日でも使われている多くの記号を導入した．また計算器を改良して，乗法を可能にした．→ 最短降下線

■**ライプニッツの収束判定** Leibniz test for convergence
項の絶対値が減少して 0 に収束する交代級数は収束するという定理．→ 交代級数

■**ライプニッツの定理** Leibniz theorem (formula)
2 つの関数の積の n 階導関数を求める公式．
$$D^n(uv) = vD^nu + nD^{n-1}uDv + \frac{1}{2}n(n-1)D^{n-2}uD^2v + \cdots + uD^nv$$
係数は $(u+v)^n$ の展開式に現れる係数と一致し，各項の微分の次数もこの展開式の対応する各項のベキ乗の次数と同じになる．これと同様に，k 個の関数の積の n 階導関数は，k 個の変数の和の n 乗の多項展開式をもとにしてかき表すことができる．

■**ラグランジュ，ジョセフ・ルイ** Lagrange, Joseph Louis (1736—1813)
イタリア・トリノで生まれ，その折の名はジュゼッペ・ロドヴィコ・ラグランジャ（Giuseppe Lodovico Lagrangia）であった．1766 年にフレデリック大王の招きで宮廷に地位をえ，20 年間勤めた後，フランスに移った．彼は解析学・代数学・数論・確率論・物理学・天文学に幅広い業績を有する．特に変分法・解析力学・天文学に大きく寄与した．

■**ラグランジュ関数** Lagrangian function
→ 運動ポテンシャル

■**ラグランジュの形（剰余項の）** Lagrange form of the remainder
→ テイラーの定理

■**ラグランジュの乗数法** Lagrange method of multipliers
変数の間の関係式（付帯条件）が与えられているとき，それらを変数にもつ多変数関数の最大値や最小値を求める方法．周が一定の長さ k である長方形の面積の最大値を求めるとすれば，$2x+2y-k=0$ のもとで xy の値の最大値を求めればよい．ラグランジュの乗数法によれば，x と y に関する 3 つの方程式 $2x+2y-k=0$，$\partial u/\partial x=0$，$\partial u/\partial y=0$ を解けばよい．ただし，$u=xy+t(2x+2y-k)$，また t は消去されるべき未知数として扱う．一般に，n 変数関数 $f(x_1, x_2, \cdots, x_n)$ と変数に対する h 個の関係式 $\phi_1=0$，$\phi_2=0, \cdots, \phi_h=0$ が与えられたとき，この関数が最大値または最小値をとるときの $x_1, x_2, \cdots, x_n$ の値を見つけるためには，補助関数 $f+t_1\phi_1+\cdots+t_h\phi_h$ の $x_1, x_2, \cdots, x_n$ それぞれに関する偏微分を $t_1, t_2, \cdots, t_h$ は定数とみなして行い，それらを 0 とおく．つぎに，これら n 個の方程式と与えられた h 個の関係式を連立させて解く．ただし，各 t_i は未知数として消去する．

■**ラグランジュの定理** Lagrange theorem
G を有限群 H の部分群とするとき，G の位数は H の位数をわり切る．

■**ラグランジュの補間公式** Lagrange interpolation formula
独立変数の範囲として 1 つの区間が与えられており，その区間内である関数の値のいくつかが知られているとき，同じ区間内でその関数のさらに別の値の近似値を求めるための公式．こ

の公式は，与えられた点の個数より1だけ小さい次数をもつ多項式を決定することができ，その多項式によって求める値に対して要求される精度の範囲で与えられた関数を近似することができるという仮定にもとづいている．$x_1, x_2, \cdots, x_n$ をそこで関数値が得られている x の値とするとき，この公式はつぎのようになる．

$$f(x) = \frac{f(x_1)(x-x_2)(x-x_3)\cdots(x-x_n)}{(x_1-x_2)(x_1-x_3)\cdots(x_1-x_n)}$$
$$+ \frac{f(x_2)(x-x_1)(x-x_3)\cdots(x-x_n)}{(x_2-x_1)(x_2-x_3)\cdots(x_2-x_n)}$$
$$+ \cdots$$

■**ラゲール，エドモンド・ニコラス** Laguerre, Edmond Nicolas (1834—1886)
　フランスの幾何学，解析学者．

■**ラゲールの随伴関数** associated Laguerre functions
　$L_n{}^k$ を**ラゲールの随伴多項式**とするとき，関数 $y = e^{-x/2} x^{(k-1)/2} L_n{}^k(x)$ のこと．この関数はつぎの微分方程式の解の1つである．
$$xy'' + 2y' + \left[n - \frac{1}{2}(k-1) - \frac{1}{4}x - \frac{k^2-1}{4x}\right] y = 0$$

■**ラゲールの随伴多項式** associated Laguerre polynomials
　L_n を**ラゲールの多項式**とするとき，
$$L_n{}^k(x) = \frac{d^k}{dx^k} L_n(x)$$
で定義される多項式．微分方程式
$$xy'' + (k+1-x)y' + (n-k)y = 0$$
をみたす．

■**ラゲールの多項式** Laguerre polynomials
　次式で定義される多項式 L_n
$$L_n(x) = e^x \frac{d^n}{dx^n}(x^n e^{-x})$$
すべての n に対して $(1+2n-x)L_n - n^2 L_{n-1} - L_{n+1} = 0$，また，
$$(1-t)^{-1} e^{-xt/(1-t)} = \sum_{n=1}^{\infty} L_n(x) t^n / n!$$
が成り立つ．ラゲールの多項式は定数 $\alpha = n$ としたときの**ラゲールの微分方程式**の解である．関数の族 $e^{-x} L_n(x)$ は区間 $(0, \infty)$ 上の直交関数系をなす．

■**ラゲールの微分方程式** Laguerre's differential equation
　次の微分方程式のこと．
$$xy'' + (1-x)y' + \alpha y = 0$$
ただし，α は定数とする．

■**ラジアン** radian
　円の半径と同じ長さの弧に対する円周角．したがってある角度をラジアンで測ればその角度を中心角とする円弧の長さと，その円の半径との比になる．すべての円についてその比は一定である．この角度の測り方は弧度法ともよばれる．2π ラジアン $= 360°$，π ラジアン $= 180°$，1 ラジアン $= \left(\dfrac{180}{\pi}\right)°$，$\dfrac{1}{4}\pi$ ラジアン $= 45°$，$\dfrac{1}{3}\pi$ ラジアン $= 60°$，$\dfrac{1}{2}\pi$ ラジアン $= 90°$．→ 角の60進法，ミル

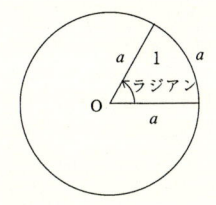

■**螺旋** helix
　円柱面や錐面上にあり，一定の角度でそれらを切断する曲線のこと．円柱面や錐面上にあることに対応して**円柱螺旋**とか**円錐螺旋**といわれる．円柱面が直円柱面であるとき，螺旋は円螺旋であり，その方程式は，媒介変数表示で，$x = a\sin\theta$，$y = a\cos\theta$，$z = b\theta$（ただし，a と b はともに定数で，θ は媒介変数とする）で与えられる．例えば，ボルトのねじ山などは，円螺旋である．平面螺線と区別して**つるまき線**ともいう．

■**螺線** spiral
　→ アルキメデスの螺線，コルニュの螺線，双曲螺線，対数螺線，放物螺線

■**螺旋曲面** spiral surface
　軸 A のまわりに曲線 C を回転させ，しかも C を連続的に A のある定点に関して相似変換させることにより，C の各点 P に対して A と P の描く軌跡上の各点とが一定の角を保つようにしてできる曲面．

■螺旋面　helicoid

曲線Cが定直線lを軸として一定の角速度で回転しながらlの方向へ一定の割合で平行移動するとき，Cの描く曲面を螺旋面という．定直線lをz軸にとると螺旋面は媒介変数によって次のように表すことができる．$x=u\cos v$, $y=u\sin v$, $z=f(u)+mv$. 特に，$m=0$のとき螺旋面は回転面となり，$f(u)=$定数のときは**正螺旋面**とよばれる特別な正コノイドとなる． → 正螺旋面

■ラッセル，バートランド・アーサー・ウィリアム　Russell, Bertrand Arthur William (1872—1970)

イギリスの偉大な哲学者，論理学者，ホワイトヘッドとともに数学の論理学的基礎について深く研究した．

■ラッセルの逆理　Russell's paradox

すべての集合は次の2つの型に分けられると仮定する．集合Mが第1の型であるとは，MがM自身を要素として含まないことをいう．集合Mが第2の型であるとは，MがM自身を要素として含むことをいう．**ラッセルの逆理**とは次の議論をいう．第1の型のすべての集合の集合Nは，第1の型でなければならない．なぜなら，もしそうでないとすると，第2の型の集合であるNはNの1つの要素となる．しかしNを第1の型とすると，Nの定義からNはNを要素として含むことになり，Nは第2の型でなければならないことになる．このことから自分自身を要素として含まないすべての集合という概念は矛盾を含むものであることがわかる． → ブラリ・フォルティの逆理

■ラーデマッヘル，ハンス・アドルフ　Rademacher, Hans Adolph (1892—1969)

ドイツの数学者．平和主義的見解から，1933年に米国に亡命．解析学と解析的数論に重要な貢献をした．

■ラーデマッヘル関数系　Rademacher functions

区間$[0,1]$で定義される関数$\{r_n\}$で，$r_n=\mathrm{sign}[\sin(2^n\pi x)]$. nは正整数で，$\mathrm{sign}(x)$は$x>0$, $x=0$, $x<0$でそれぞれ1, 0, -1をとる．ラーデマッヘル関数は，区間$[0,1]$で正規直交系をなし，それが$L^p (1\leqq p<\infty)$で生成する閉線型部分空間はヒルベルト空間に同型であり，$p>1$なら相補的である．ここでL^pは$\|f\|=\left[\int_0^1|f|^p\cdot dx\right]^{1/p}$をノルムとする$[0,1]$上の関数からなるバナッハ空間である． → ウォルシュの直交関数系，直交関数，ハール関数族，符号関数，ルベーグ積分

■ラテン方陣　Latin square

n次の**ラテン方陣**とは，$n\times n$の正方行列で，各行および各列がそれぞれ同じn個の記号の適当な順列となっているものである．対角要素も同じ性質をもつとき，**対角ラテン方陣**とよぶ．**統計学**ではこのような行列が可変情報源を制御する方法を与えるために用いられる．例えば，5人のタイピストがそれぞれ5通りの原稿を作製したとき，それらの作業標本を検定することを考える．作業標本を要素にもつ5×5のラテン方陣は，各原稿が各タイピストによってどのように仕上げられたかを表現する．また，各行にタイピスト，各列に使用され機械を対応させれば機械ごとの仕上がりを表現する．

2つの同じ大きさのラテン方陣A, Bが**直交する**とは，A, Bの第i行，第j列要素をそれぞれa_{ij}, b_{ij}で表すとき，すべての順序対(a_{ij}, b_{ij})の集合Pの要素がことごとく相異なることである．もしも互いに直交するk個のn次ラテン方陣があれば，$k\leqq n-1$である．$k=n-1$のとき，その集合を**完備**という． → グレコ・ラテン方陣，射影平面(2)

■ラドー，ティボル　Radó, Tibor (1895—1965)

ハンガリー生まれ．米国に帰化した数学者．複素関数論，極小曲面，測度論の研究をした．J. ダグラスと同じ頃にプラトー問題を解いた．

■ラドン，ヨハン・カルル・アウグスト　Radon, Johann Karl August (1887—1956)

オーストリア-ドイツの代数学者，解析学者，幾何学者．

■ラドン-ニコディムの定理　Radon-Nikodým theorem

集合Xの部分集合のσ加法族$\mathcal{A}$上で定義されるσ有限測度をμとし，$\mathcal{A}$上で定義されμに関して絶対連続な[すなわち$\mu(A)=0$ならば$\nu(A)=0$]任意のσ有限測度をνとする．こ

のとき，A が $\mathcal{A}$ に属し，f が μ 可測ならば，非負の μ 可測関数 ϕ が存在して

$$\nu(A)=\int_A \phi d\mu \quad \text{かつ} \quad \int_A f d\nu = \int_A f\phi d\mu$$

となる．この関数 ϕ を μ に関する ν の**ラドン-ニコディム導関数**という．このような2つの関数 ϕ_1 と ϕ_2 が異なるのは，μ 測度が0である集合上のみである．ν と ϕ が複素数値であっても定理は成り立つ．もしもボホナー積分を使うなら，この定理は ν, ϕ が有限次元の空間，あるいはある種のバナッハ空間（例えば反射的空間）の値をとるときでも正しい．そのようなバナッハ空間は，**ラドン-ニコディムの性質**をもつという．→ クレイン-ミルマンの定理，集合の測度，積分可能関数

■**ラドンの定理** Radon-theorem
S が n 次元空間の部分集合で，少なくとも $n+2$ 頂点を含むならば，S は凸包が互いに素でないような2つの互いに素な集合 X と Y の和集合として表される → カラテオドリの定理，スタイニッツの定理，ヘリーの定理

■**ラ・バレ・プッサン** La Vallée Poussin
→ ド・ラ・バレ・プッサン

■**ラプラス，ピエール・シモン** Laplace, Pierre Simon (1749—1827)
フランスの学者．解析学，確率論，天文学および物理学の研究者．天体力学に関する記念碑的業績，確率論に対する多大な貢献および彼の名前をもつ微分方程式によって高名．

■**ラプラスの微分方程式** Laplace's differential equation
つぎの微分方程式である．

$$\frac{\partial^2 V}{\partial x^2}+\frac{\partial^2 V}{\partial y^2}+\frac{\partial^2 V}{\partial z^2}=0$$

適当な条件のもとで，重力，静電気，磁気，電気および速度ポテンシャルがラプラスの方程式をみたす．一般に，**基本計量テンソル** g_{ij} を用いれば，ラプラスの方程式はつぎの形をとる．

$$g^{ij}V_{,i,j}=0 \quad \text{または} \quad \frac{1}{\sqrt{g}}\frac{\partial\left(\sqrt{g}\,g^{ij}\frac{\partial V}{\partial x^j}\right)}{\partial x^i}=0$$

ただし，g は行列式 $|g_{ij}|$, g^{ij} は g における g_{ji} の余因子，$V_{,i,j}$ はスカラー V の第2**共変微分**である．また，**総和規約**を用いている．円柱座標および球座標のそれぞれのもとで，ラプラスの方程式はつぎの形をとる．

$$\frac{\partial^2 V}{\partial r^2}+\frac{1}{r}\frac{\partial V}{\partial r}+\frac{\partial^2 V}{\partial z^2}+\frac{1}{r^2}\frac{\partial^2 V}{\partial \theta^2}=0$$

$$\frac{1}{r^2}\frac{\partial}{\partial r}\left(r^2\frac{\partial V}{\partial r}\right)+\frac{1}{r^2\sin\theta}\frac{\partial}{\partial \theta}\left(\sin\theta\frac{\partial V}{\partial \theta}\right)$$
$$+\frac{1}{r^2\sin^2\theta}\frac{\partial^2 V}{\partial \phi^2}=0$$

→ ポテンシャル関数のディリクレの性質

■**ラプラス変換** Laplace transform
つぎの関数 f を g の**ラプラス変換**という．

$$f(x)=\int e^{-xt}g(t)\,dt$$

ただし，積分路は複素数平面上のある曲線とする．実軸上の0から $+\infty$ を積分路とするのが通例である．$x>0$ に対して $g(x)$ が定義されており，無限不連続点を有限個しかもたず，任意の有限区間に対して $\int|g(t)|\,dt$ が存在するとき，$f(x)=\int_0^\infty e^{-xt}g(t)\,dt$ とおく．ただし，$x>a$ のときこの積分は絶対収束するとする．このとき，このラプラス変換はつぎの式で表される逆変換をもつ．

$$g(x)=\frac{1}{2\pi i}\int_{a-t\infty}^{a+t\infty}e^{xt}f(t)\,dt$$

x の近傍で g が**有界変動**でかつ $a>a$ のとき，この積分比は

$$\lim_{h\to 0}\frac{1}{2}[g(x+h)+g(x-h)]$$

である．→ フーリエ変換

■**ラーベ，ヨセフ・ルードウィッヒ** Raabe, Josef Ludwig (1801—1859)
スイスの解析学者．

■**ラーベの比判定法** Raabe's ratio test
→ 比判定法

■**ラマヌジャン，スリニヴァサ** Ramanujan, Srinivasa (1887—1920)
非常に独創的なインドの数論の天才．ハーディと共同研究した．

■**ラムジー，フランク・プランプトン** Ramsey, Frank Plumptan (1902—1930)
英国の数学者，経済学者，哲学者．

■**ラムジー数**　Ramsey number
→ ラムジー理論

■**ラムジー理論**　Ramsey theory
　直観的にいえば，"きわめて大きい構造は，何かの規則性を含む"，"完全な無秩序はありえない"，"ある種の十分大きな系は，全体系よりも高度の秩序をもつ大きな部分体系を含む"といった原理．以下この種の5つの実例をあげる．
　(1) **ラムジーの定理**　正整数 λ と正整数の集合 $\{\mu_1, \mu_2, \cdots, \mu_k\}$ を与え，各 $\mu_i \geq \lambda$ とする．これに対して次の性質をもつ数 N が存在する．T を N 個の要素からなる集合とし，その中の λ 個の要素からなる部分集合が，集合 $A_1, \cdots, A_k$ に分割されたとする．このとき T の μ_i 個の要素をもつ部分集合 M_i が存在し，M_i の λ 個の要素を含む部分集合はすべて A_i に属する．このような N の最小値を**ラムジー数** $R_\lambda(\mu_1, \cdots, \mu_n)$ という．これまでに $R_2(3,3)=6$, $R_2(3,4)=9$, $R_2(4,4)=18$, $R_2(3,5)=14$, $R_2(3,6)=18$, $R_2(3,7)=23$, $R_2(3,9)=36$, $R_2(3,3,3)=18$ であることがわかっている．例えば，(i) ある集合が $R_2(\mu_1, \cdots, \mu_k)$ 個の要素をもち，各対が k 個の関係 $R_1, R_2, \cdots, R_k$ のどれか1つをもつとする．関係 R_i をもつ対全体の集合を A_i とする．このとき M_i は，μ_i 個の要素からなる部分集合で，その中の任意の要素対が関係 R_i をもつ．(ii) $R_4(p,5)$ の集合中どの3点も，同一平面上にあって共線でないとする．4個の要素からなる集合 L について，L の4点が凸4辺形をつくるか否かで，A_1 か A_2 かに属するとする．$i=1$ ならば，M_i は p 辺の凸多角形をつくる．しかしどの3点も共線でない5点は，凸4辺形をなす4点を含むので，$i=2$ ではありえない．
　(2) **ファン・デア・ヴェルデンの定理**　正整数 k, p を与えたとき，次のような性質をもつ n がある．最初の n 個の整数のおのおのに，k 色のうちのどれか1つずつをつけたとき，長さ p の同色の項のみからなる等差数列が必ず存在する．
　(3) **上密度**が正の正整数の集合は，必ずいくらでも長い等差数列を含む．
　(4) I, C が無限集合で，f を I の定義域，C を値域とする1価関数とすると，I の無限部分集合 S で，S のすべての要素が f によって C の同一要素にうつされるか，または S に f を制限すれば1対1であるかのいずれかであるものが存在する．

　(5) 任意の r に対して n が存在し，最初の n 個の正整数を k 個の部分集合に分割したとき，少なくとも1つの部分集合が $x+y=z$ であるような x, y, z を含む．
　ラムジーは完全性定理の証明の補助手段として前記ラムジーの定理を証明したが，当初期待したほど有用ではなかった．現在ではむしろ前記各種の"十分大きな数"という限界に，とてつもなく巨大な数が現れる点が注目されている．

■**ラメ，ガブリエル**　Lamé, Gabriel (1795—1870)
　フランスの工学および応用数学者．

■**ラメの定数**　Lamé's constants
　等方的物体の弾性を完全に特徴づける2つの正定数 λ と μ のことで，ラメによって発見された．これらの定数はヤング率 E およびポアソン比 σ とつぎの等式によって関連づけられる．
$$\lambda = \frac{E\sigma}{(1+\sigma)(1-2\sigma)}, \quad \mu = \frac{E}{2(1+\sigma)}$$
μ を**剛性係数**(または**ずれ係数**)とよび，その値はずれ応力とそのずれ応力によってひきおこされる角の変化との比に等しい．

■**卵形線**　oval
　フットボールや卵の断面のような形の曲線．中心に向かってつねに凹である閉曲線．凸領域の境界をなす閉曲線．

■**乱数**　random numbers
→ 乱数表

■**乱数表**　table of random numbers
　乱数列を列挙した表．→ 乱数列

■**乱数列**　random sequence
　《統計》不規則，非循環かつ偶然的な数列のこと．**乱数列**(**確率整数列**)とは整数0～9がそれぞれ確率1/10で独立に現れる確率系列のことをいう．n 個の要素から k 個を取るときの無作為標本は，まず要素を $1, \cdots, n$ と番号づけ，次に k 個の数字が選ばれるまで(n と同一の桁数の)乱数列を使い，k より大きい数は無視して乱数列から数を選ぶ．完全に満足のゆく乱数列は発見されていないが，不規則性(ランダム性)をテストするいくつかの方法がある．例えば数列

をいくつかのブロックに分け，その中に現れる特定の数字の出現頻度，または特定の数字の特定な出現に関する連を，カイ2乗検定を用い検定する．100万個の数字よりなる乱数列が出版されている．

■**ランダムウォーク** random walk
→ 酔歩

■**ランベルト，ヨハン・ハインリッヒ** Lambert, Johann Heinrich (1728—1777)
ドイツの学者．解析学，数論，天文学，物理学および哲学の研究者．π が無理数であることの証明と，双曲線関数の発見で知られる．

■**乱歩** random walk
→ 酔歩

リ

■リー，マリウス・ソフュス Lie, Marius Sophus (1842—1899)
ノルウェーの学者．解析学，幾何学，群論の研究者．変換不変量と変換群の理論を発展させた．

■利益率 percent profit
コストに対する利益率は，売り値からコストを引いたものをコストでわり，100 を乗じたもの．もしもある品物のコストが 9 セントであるとき，それが 10 セントで売れたなら，利益率は $\frac{1}{9} \times 100$，すなわち 11.11% である．
売り値に対する利益率は，売り値からコストをひいたものを，売り値でわったものに 100 を乗じたもの，すなわち $100(s-c)/s$．コストに対する増分は常に売り値のそれよりも大きい．もしある物品のコストが 9 セントで，それを 10 セントで売ったならば売り値に対する利益は $\frac{1}{10} \times 100$，すなわち 10% である（コストに対する利益率と対比せよ）．

■力学 mechanics
力と束縛の作用のもとでの，粒子や系の運動，ないしは運動しようとする性質の数学的理論．質量系の運動，およびこれらの運動をひきおこしたり変化させるときの力の効果の研究．通常，**運動学**と**動力学**に分けられる．→ 運動学，動力学

■力学での平行 4 辺形 parallelogram of forces (velocities, accelerations)
ベクトルの平行 4 辺形において，**ベクトル**を，**力**，**速度**，または**加速度**におきかえたもの．→ ベクトルの和

■力管 tube of force
表面が力線からなっている管のこと．一般に，C が閉曲線でそのどの部分も力線でなく，力線がそのすべての点を通っているとすると，それらの力線の集まりは**力管**の境界をなす．

■リー群 Lie group
解析的構造を与えることができる位相群．積 xy の座標が要素 x と y の座標の解析関数であり，要素 x の逆元 x^{-1} の座標も x の座標の解析関数で表されるような位相群である．→ 局所ユークリッド空間

■離散位相 discrete topology
集合 S に対して離散位相とは，すべての部分集合を開集合とした位相である．このときすべての部分集合は開集合かつ閉集合であり，任意の集合は，その中の点の近傍である．→ 空間の位相

■離散集合 discrete set
集積点をもたない集合．すなわち，各点はそれ以外の集合の点を含まない近傍をもつ．例えば，整数の集合は離散集合である．有理点を含む長さ 0 でない区間は，必ず他の有理点を含むので，有理数の集合は離散集合ではない．→ 孤立集合

■離散数学 discrete mathematics
微分積分学や極限に関係しない数学．本質的に有限数学と同じであるが，"離散数学" と称する課程中では，計算機科学の基礎に関する部分が強調されていることが多い．→ 有限数学

■離散フーリエ変換 discrete Fourier transform
複素数列 $z=(z_0, z_1, \cdots, z_{n-1})$ に，数列 $w=(w_0, w_1, \cdots, w_{n-1})$ を，各 s について
$$w_s = \alpha n^{-1} \sum_{r=0}^{n-1} z_r e^{2\pi i r s/n}$$
によって対応させる変換．逆変換は
$$z_r = \alpha^{-1} \sum_{s=0}^{n-1} w_s e^{-2\pi i r s/n}$$
である．多くの場合 $\alpha=1$ ととるが，$\alpha=n$ または $\alpha=\sqrt{n}$ とすることもある．これらの変換は $w=Fz, z=F^{-1}w$ と表すことができる．ここに F は αn^{-1} と $n \times n$ の**ファンデルモンドの行列**との積であり，r 行 s 列の要素は ω^{rs} である．ただし行と列とは 0 から $n-1$ 番と数え，$\omega=$

$e^{2\pi i/n}$ は 1 の n 乗根である．F^{-1} は，a^{-1} と，r 行 s 列の要素が ω^{-rs} であるファンデルモンドの行列との積である．→ 高速フーリエ変換，フーリエ変換

■**離散変数** discrete variable
変数のとる値が離散集合である変数．→ 確率変数

■**離心円** eccentric circles
→ 楕円，双曲線の媒介変数方程式

■**離心角** eccentric angle
→ 楕円，双曲線の媒介変数方程式

■**離心的図形** eccentric (excentric) configurations
中心が一致していない図形．多くの場合，これは 2 つの円に対して使われる．

■**離心率** eccentricity
→ 円錐曲線

■**リース，フリジェス** Riesz, Frigyes (1880–1956)
ハンガリーの革新的関数解析学者．劣調和関数および抽象的演算子の概念を導入した．ドイツ名 Frederic で知られている．彼の弟マルセルも著名な数学者である．

■**リース−フィッシャーの定理** Riesz-Fischer theorem
可算加法的測度 m が集合 Ω の部分集合からなる σ 加法族上に定義されているとし，L_2 を可測な実（または複素）関数 f で，$\int |f|^2 dm$ が有限値をとるもの全体の集合とする．**リース−フィッシャーの定理**は L_2 が**完備**であることを主張する．すなわち，L_2 の元からなる列 $f_1, f_2, \cdots$ に対して，$\|f_m - f_n\| \to 0$ $(m, n \to \infty)$，$\|f_m - f_n\|^2 = \int |f_m - f_n|^2 dm$ ならば，L_2 の元 f が存在して，この列は f に（位数 2 で）収束する．これより直ちに得られる次の事実もまたリース−フィッシャーの定理とよばれる．$u_1, u_2, \cdots$ を直交関数列，$a_1, a_2, \cdots$ を複素数列（または実数列）とし，$\sum |a_n|^2$ が収束するとき，L_2 に属する関数 f が存在して，各 n に対して

$$a_n = \int f(x) \overline{u_n(x)} dx$$

をみたす．例えば，三角級数

$$\frac{1}{2} a_0 + \sum (a_n \cos nx + b_n \sin nx)$$

がある関数のフーリエ級数であるための必要十分条件は

$$\sum_1^\infty (a_n^2 + b_n^2)$$

が収束することである．

■**離接** alternation, disjunction
→ 論理和

■**理想点** ideal point
いくつかの分野（例えば，射影幾何学）で成り立つ定理に例外を付加する必要がなくなるように，点の概念を完備化するとき用いられる術語．同一平面内の 2 本の直線は，それらが平行でなければ交わるというかわりに，同一平面内の 2 本の直線は常に交わり，特に理想点で交わることはそれらが平行であることと同義であるとする．いいかえれば，**理想点**は一つの方向を表すと考えられる．すなわち，ある平行な直線全体の集合がもつ方向である．同次座標 x_1, x_2, x_3 によって表せば，理想点は $(x_1, x_2, 0)$ かつ x_1 と x_2 が同時に 0 でない点である．点 $(x_1, x_2, 0)$ は傾き x_2/x_1 をもつ任意の直線上にある．＝無限遠点．→ 同次座標，無限遠点

■**リチュウス** lituus [pl. litui]
ラッパのような形をした平面曲線で，その形状からこのように名づけられた．点を表す動径ベクトルの長さの平方が，その角座標と反比例して変化するような点の軌跡．極座標における方程式は $r^2 = a/\theta$ となる．この曲線は極軸を漸近線とし，また，極点のまわりを回転しながら無限に極点に近づく．ただし，極点と交わることはない．図では r が正の値の場合のみを示してある．負の値をとるときは，正の場合と極点に関して対称な曲線となる．

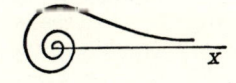

■**率** odds
(1) 賭けで一方の仲間と他方に対する比率．例

えば2対1と率をいう．
(2) 賭けをしたとき，ある事象がおこる確率ないしはその確率の割合
(3) チェスの駒落ちやテニスの点加算など，ゲームで強者に対して弱者に与える補助の許容手段．

■率　rate
(1) 値や関係を比較しながら行う計算．
(2) 相対量．例えば，利率は6%（すなわち，毎年100円につき6円），鉄道の1kmあたりの料金率，急激な成長率などという．→速さ，速度

■リッカチ伯爵，ジャコポ・フランチェスコ　Riccati, Count Jacopo Francesco (1676—1754)
イタリアの幾何および解析学者．

■リッカチの微分方程式　Riccati equation
$dy/dx + ay^2 = bx^n$ の形の微分方程式．ダニエル・ベルヌイは，この方程式が有限形で積分可能であるときのnは$-4k/(2k\pm1)$に限ることを示した．ただし，kは正整数．$dy/dx + f + yg + y^2 h = 0$ の形の微分方程式は，**一般のリッカチの微分方程式**とよばれる．$y = w'/(hw)$ とおき換えることにより，$w'' + [g - (h'/h)]w' + fhw = 0$ と変換される．ゆえに，$h(x) \equiv 1$ ならば，$y'' + gy' + fy = 0$ の一般解は，$y(x) = ce^{\int u(x)dx}$ である．ただし，u は一般のリッカチの方程式の一般解である．一般のリッカチの方程式は，動く真性特異点をもたない1階常微分方程式として特徴づけられる．

■立体解析幾何学　solid analytic geometry
3次元空間での解析幾何学のこと．3変数の方程式のグラフの形を表すことや，空間内での軌跡の方程式を求めることを研究する分野．

■立体角　solid angle
共通の原点（立体角の**頂点**とよばれる）をもち，ある閉曲線を通る半直線で形づくられる曲面．閉曲線として多面体をとった立体角が多面体角である．図において，曲面Sに対する点Pにおける立体角の大きさは，Pを中心とする単位半径の球面を，頂点がPでSを底とする錐で切り取ってできる曲面の面積Aに等しい．単位立体角は**ステラジアン**とよばれる．1点のまわ

りの全立体角は 4π ステラジアンである．→球面度数

■立体（初等）幾何学　solid (elementary) geometry
3次元空間における図形を研究する幾何学の分野．この図形の平面部分は，平面初等幾何学で研究される図形からなる．例えば，立方体，球面，多面体，平面間の角度など．

■立体射影（球面の平面上への）　stereographic projection of a sphere on a plane
球面S上の1点Pを**極**とよび，Pを通る直径に垂直でPを含まない平面をπとする．Pとπ上の動点pを結ぶ直線とSとの交点でP以外のものをqとし，球面S上の点qをπ上の点pに写す写像を，Sからπ上への**立体射影**という．仮想的に"無限遠点"を平面πにつけ加え，Pに対応させることによって，Sとπとの間に1対1対応がつく．これは等角写像であり，複素関数論で用いられることが多い．平面πをPに関するSの赤道を通る平面や，Sの直径によってPと結ばれる，Pの対点におけるSの接平面にとることが多い．

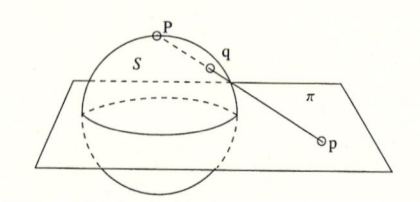

■リッチ，クルバストロ・グレゴリオ　Ricci, Curbastro Gregorio (1853—1925)
イタリアの代数・解析・幾何および物理学者．リーマン幾何の微分不変量の研究のためのテンソル解析を基礎づけた．

■リッチのテンソル　Ricci tensor
縮約曲率テンソルとは，$R_{ij} = R_{ij\sigma}^{\sigma}$（ただし，$R_{ijk}^{p}$ はリーマン-クリストッフェル曲率テンソ

ル）のことをいう．一般相対性理論において，このテンソルが重力方程式に現れることから，**アインシュタインのテンソル**とよばれることもある．リッチのテンソルは

$$\frac{\partial \log \sqrt{g}}{\partial x^i} = \begin{Bmatrix} i \\ ij \end{Bmatrix}$$

であるから，対称テンソルである．

■**リットル** liter (litre)

1立方デシメートル，すなわち1立方メートルの1000分の1．約61.026立方インチ，あるいは1.056クォーツ．→付録：単位・名数

■**立方根** cube root of a given quantity

立方すると与えられた量になる量のこと．→ n 乗根

■**立方（数の）** cube of a number

数の3乗のこと．例えば2の立方は$2 \times 2 \times 2$で2^3とかかれる．

■**立方体** cube

(1) 6つの平面で限られた多面体で，その12本の辺がすべて等しく，面と面のなす角度がすべて直角であるもの．

(2) n次元空間において，$\{a_i\}$, $\{b_i\}$をすべてのiについて$b_i - a_i$が同一の正の値kをもつ2つの数列とする．このとき，それぞれのiについて$a_i \leq x_i \leq b_i$をみたす点$x = (x_1, x_2, \cdots, x_n)$の集合を n **次元の立方体**（正しくは**超立方体**）とよぶ．kは立方体の辺の長さで，その体積（測度）は k^n に等しい．これは長さがkのn個の閉区間の直積である．4次元の立方体は**4方体**(tesseract)とよばれる．それは16頂点，32辺，24面と8個の"3次元の表面"の胞からなる．

■**立方体倍積問題** duplication of the cube

与えられた立方体の2倍の体積をもつ立方体の辺の長さを，直線定規とコンパスのみを使って求める問題．これは方程式$y^3 = 2a^3$を，直線定規とコンパスのみを使って，yについて解くことである．2の3乗根を平方根の項のみをつかって表すことはできず，そして直線定規とコンパスによって求められる無理数は平方根のみで表される数だけであることから，この問題を解くことは不可能である．＝デロスの問題．

■**立方8面体** cubo-octohedron, cubooctohedron

立方体または正8面体の各辺の中点を結んでできる12頂点，14面（正方形6個，正3角形8個）からなる準正多面体の1つ．結晶形に現れるほか，装飾品にも使われる．

■**利得** payoff

ゲームにおいて一方の対局者が受けとる利益．2人零和ゲームにおいて**利得関数** M とは，最大化対局者が戦略 x，最小化対局者が戦略 y を用いたとき，最小化対局者が最大化対局者に支払う（正または負の）金額が $M(x, y)$ となるものをいう．有限な2人零和ゲームにおける**利得行列**とは，最大化対局者がi番目の，最小化対局者がj番目の戦略をもちいたときの利得関数の値がa_{ij}要素となっている行列である．→ゲーム，対局者

■**リトルウッド，ジョン・イーデンサー**
Littlewood, John Edensor (1885—1977)

偉大なイギリスの数学者．解析学および数論の研究者．ハーディとの共同研究者として有名．

■**リプシッツ，ルドルフ・オットー・ジギスムント** Lipschitz, Rudolph Otto Sigismund (1832—1903)

ドイツの数学者．解析学，幾何学，数論および物理学の研究者．

■**リプシッツ条件** Lipschitz condition

関数 f が，点 x_0 において x_0 のある近傍内のすべての x に対して $|f(x) - f(x_0)| \leq K|x - x_0|$ をみたすとき，f は（定数 K の）**リプシッツ条件**をみたすという．x_0 のある近傍内のすべての x に対して

$$|f(x) - f(x_0)| \leq K|x - x_0|^p$$

が成り立つとき，f は x_0 において次数 p の**ヘルダー条件**をみたすという．次数 p のリプシッツ条件ともよばれる．関数 f は，区間 $[a, b]$ 上の任意の x_1 と x_2 に対して

$$|f(x_2) - f(x_1)| \leq K|x_2 - x_1|$$

が成り立つとき，その区間上でリプシッツ条件をみたす．閉区間上の各点で連続な導関数をもつ関数はリプシッツ条件をみたす．→縮小写像

■**リマソン** limaçon

固定された円周上の1点を中心に回転する直

線において，その直線とその円との交点から一定の距離にあるその直線上の点の軌跡．蝸牛線と訳されている．円の直径を a（図参照），一定の距離を b とする．また，固定点（回転の中心）を極点，動直線を動径ベクトルとし，固定円の直径をとおる直線を極軸とする．このとき，リマソンの方程式は $r=a\cos\theta+b$ である．この曲線を初めて研究したのはブレーズ・パスカルの父エチエンヌ・パスカル（1588—1640）であったことから，**パスカルのリマソン**とよばれている．b が固定された円の直径より小さいとき，この曲線は一方が他方の中側にあるような2つのループとなる．外側のループは心臓形，内側のループは洋梨の形をしており，原点で結節点をもつ．b が a と等しいときは，心臓形の1つのループ（**カージオイド**）となる．b が a より大きいときは1つのループからなり，b が増加するに従って，円の形に近づく．＝蝸牛線．

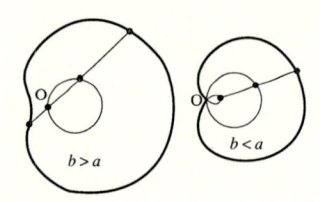

■**リーマン，ゲオルグ・フリードリッヒ・ベルンハルト** Riemann, Georg Friedrich Bernhard (1826—1866)

偉大な革新的なドイツの数学者．幾何学，複素関数論をはじめとし，数論，ポテンシャル論，トポロジー，数理物理学に大きく貢献した．リーマン幾何は現代の相対性理論の基礎を与えている．

■**リーマン-クリストッフェル曲率テンソル** Riemann-Christoffel curvature tensor

このテンソル場は
$$R^i_{\alpha\beta\gamma}(x^1, x^2, \cdots, x^n) = \frac{\partial\begin{Bmatrix}i\\\alpha\beta\end{Bmatrix}}{\partial x^\gamma} - \frac{\partial\begin{Bmatrix}i\\\alpha\gamma\end{Bmatrix}}{\partial x^\beta} + \begin{Bmatrix}\sigma\\\alpha\beta\end{Bmatrix}\begin{Bmatrix}i\\\sigma\gamma\end{Bmatrix} - \begin{Bmatrix}\sigma\\\alpha\gamma\end{Bmatrix}\begin{Bmatrix}i\\\sigma\beta\end{Bmatrix}$$
である．ただし，記号 $\begin{Bmatrix}i\\jk\end{Bmatrix}$ は基本微分形式が $g_{ij}dx^i dx^j$ の n 次元リーマン空間の**第2種クリストッフェル記号**である．$R_{\alpha\beta\gamma}{}^i$ は4階，反変1階，共変3階のテンソル場である．$R_{\alpha\beta\gamma}{}^i$ を上の

式に負号をつけたものとして定義することもある．→共変リーマン-クリストッフェル曲率テンソル

■**リーマン-スティルチェス積分** Riemann-Stieltjes integral

$a_0=x_0, x_1, x_2, \cdots, x_n=b$ を区間 $[a,b]$ の分割とし
$$s_n=\max|x_i-x_{i-1}| \quad (i=1,2,\cdots,n)$$
とする．f, ϕ を $[a,b]$ 上で定義された有界実数値関数とし，
$$S_n=\sum f(\xi_i)[\phi(x_i)-\phi(x_{i-1})]$$
とする．ただし，ξ_i は $x_{i-1}<\xi_i<x_i$ をみたすかってな実数とする．もし $s_n\to 0$ となるように分割を細かくしたとき（すなわち $n\to\infty$），ξ_i の選び方にも分割の仕方によらずに $\lim S_n$ が存在するならば，この値を ϕ に関する f の**リーマン-スティルチェス積分**といい，
$$\int_a^b f(x)d\phi(x)$$
とかく．もし $\int_a^b f(x)d\phi(x)$ が存在するならば，$\int_a^b \phi(x)df(x)$ も存在して，
$$\int_a^b f(x)d\phi(x)+\int_a^b \phi(x)df(x)$$
$$=f(b)\phi(b)-f(a)\phi(a)$$
が成り立つ．f が $[a,b]$ 上有界で，ϕ が $[a,b]$ 上有界変動であるならば，$\int_a^b f(x)d\phi(x)$ が存在するためには，f の不連続点の集合上 ϕ の全変動が0，すなわち，f が x に関して不連続であるようなすべての点 x に対応する $\phi(x)$ の集合が測度0であることが必要十分である．ただし，ϕ が x に関して不連続であるとき，$\phi(x)$ として $\phi(x-0)$ と $\phi(x+0)$ で定められる区間をとることにする．

■**リーマン-ルベークの補助定理** Riemann-Lebesgue lemma

f と $|f|$ が区間 $[a,b]$ 上可積分であるとき，$\lim_{t\to+\infty}\int_a^b f(x)\sin tx\,dx=0$ かつ $\lim_{t\to+\infty}\int_a^b f(x)\times\cos tx\,dx=0$ である，あるいはこれと同値であるが，$\lim_{t\to+\infty}\int_a^b f(x)\sin(tx+b)dx=0$ がすべての b に対して成り立つ．この補助定理は，フーリエ級数の収束性を調べるのに役立つ．とくに，t が整数であるとき，この補助定理は $\lim_{n\to+\infty}a_n=\lim_{n\to+\infty}b_n=0$ であることを示している．ただし，

a_n, b_n はそれぞれ f のフーリエ級数における $\cos nx$, $\sin nx$ の係数である.

■**リーマン球面**　Riemann sphere, Riemann spherical surface

3次元空間内の単位球の表面を立体射影により, (平面)リーマン面(複素数平面)に対応させた面のこと. =複素数球面.

■**リーマン曲率**　Riemannian curvature

1点と, その点での線型独立な2つの方向の反変ベクトル $\xi_1{}^i$, $\xi_2{}^i$ により定められるスカラーのこと.
$$k = \frac{R_{\alpha\beta\gamma\delta}\xi_1{}^\alpha\xi_2{}^\beta\xi_1{}^\gamma\xi_2{}^\delta}{(g_{\alpha\delta}g_{\beta\gamma} - g_{\alpha\gamma}g_{\beta\delta})\xi_1{}^\alpha\xi_2{}^\beta\xi_1{}^\gamma\xi_2{}^\delta}$$
$g_{\alpha\beta}$ は**リーマン空間の距離テンソル**, $R_{\alpha\beta\gamma\delta}$ は共変リーマン-クリストッフェル曲率である [→ 共変リーマン-クリストッフェル曲率テンソル]. リーマン曲率を導く幾何学的な構成法は, 次のようである. 与えられた点における方向 $u\xi_1{}^\alpha + v\xi_2{}^\alpha$ からなる2パラメータ系を考え, その点を通る測地線でできる2次元の測地面を考え, 先の2パラメータ系に方向をとる. 与えられた点の測地面の**ガウスの曲率**(全曲率)とは, 与えられた点での与えられた向きに関する n 次元リーマン空間をおおうリーマン曲率のことである.

■**リーマン空間**　Riemannian space

n 次元座標多様体のこと. すなわち, 点 $(x^1, x^2, \cdots, x^n)$ からなる空間で, 弧の長さ ds は対称2次微分形式
$$ds^2 = g_{ij}(x^1, \cdots, x^n) dx^i dx^j$$
で定義される. ただし, 係数 g_{ij} で定まる行列の行列式は0でないものとし, また上式において**和の規則**により和記号 $\sum$ が省略されている. この微分形式は正値形であるという条件が付加されることもあるが, この制約は一般相対性理論への応用においては付加されない. g_{ij} は対称共変テンソルの成分であり, **基本距離テンソル**とよばれる.

■**リーマン空間における測地的座標系**　geodesic coordinates in Riemannian space

リーマン空間における座標系 $(y^1, \cdots, y^n)$ が点 P において測地的であるとは, P の座標が $(0, \cdots, 0)$ であり, かつ, クリストッフェルの記号 $\Gamma_{\alpha\beta}{}^i(y^1, \cdots, y^n)$ が P においてすべて0になること, つまり, 直観的にいえば, P のまわりでは直角座標と同じように扱えることをいう. $(x^1, \cdots, x^n)$ を一般の座標系とし, この座標系に関する点 P の座標を $(q^1, \cdots, q^n)$ とするとき, P における測地的座標系は
$$x^i = q^i + y^i - \frac{1}{2}\sum_{\alpha,\beta}(\Gamma_{\alpha\beta}{}^i(x^1,\cdots,x^n))_{x^j=q^j}y^\alpha y^\beta$$
を y^i について "解く" ことにより得られる. → 測地的極座標, 測地的助変数

■**リーマン積分**　Riemann integral

→ 定積分, 一般リーマン積分

■**リーマンの写像定理**　Riemann mapping theorem

全平面とは異なる, 空ではない任意の単連結開集合は, 円の内部へ1対1等角に写像できる. 単位円 $|z|=1$ の開集合の点 z_0 に対して, $f(z_0)=0$ かつ $f'(z_0)>0$ である写像 f がちょうど1つ存在する. 1851年にリーマンはこのことを記述したが, その "証明" には不備があった. 最初の完全な証明は1908年にケーベによるものであるが, それからリーマンの写像定理を導くことができる関連した定理は, 1900年にオスグッドによって証明されている. その他この定理の別証を与える諸技法に寄与した数学者は数多い.

■**リーマンのゼータ関数**　Riemann zeta function

複素数 $z=x+iy$ の**ゼータ関数** ζ は, $\text{Re } z > 1$ に対して, 級数
$$\zeta(z) = \sum_{n=1}^\infty n^{-z} = \sum_{n=1}^\infty e^{-z\log n}$$
によって定義される. ここで, $\log n$ は実数である. この関数は, すべての複素数 z に解析接続され, $z=1$ に1位の極をもつ有理型関数である. → リーマン予想

■**リーマン面**　Riemann surface

複素数 z と1価解析関数 $w=f(z)$ で表された複素数 w との関係は, 1対1, 1対多, 多対1または多対多対応でありうる. それぞれの場合の例として, $w=(z+1)/(z-1)$, $w=z^2$, $w^3=z$, $w^3=z^2$ があげられる. **リーマン面**はどのような場合においても, z リーマン面の点と w リー

マン面の点とが1対1に対応するように考えられたものである．適当な個数（有限個または無限個）の領域のシートをz平面上，w平面上に考える．これらはいろいろの仕方で分岐点でつなげられるが，これらの領域のシートは分岐点の結びを切って無限に拡げることにより，互いに区別することができる．したがって，$w^3 = z^2$は3枚に重なったz平面から2枚に重なったw平面上への1対1写像を与える．どんな単連結リーマン面も等角写像により次のいずれか1つにうつされる．単位円の内部；無限面（無限遠点を含み，穴のあいた複素数平面）；無限遠点を含む閉じた複素数平面，すなわちリーマン球面．これらの3つの場合にリーマン面はそれぞれ**双曲型**，**放物型**，**楕円型**とよばれる．

■**リーマン面の分岐切断** branch cut of a Riemann surface
リーマン面上の直線または曲線Cであって，動点がCを横切るとき，その点が1つのシートから別のシートへ移るとみなされる区分線．

■**リーマン面の分岐点** branch-point of a Riemann surface
リーマン面上の点で，複数個の葉の共通点となっているような点．

■**リーマン面のモジュライ** moduli of Riemann surface
リーマン面（複素1次元解析的多様体）の解析的に同値な族を表す変数．種数1（楕円型）の閉リーマン面では，楕円モジュラ関数の値がそれに相当する．種数$g \geq 2$の閉リーマン面では，$3(g-1)$個の複素数が必要で，それらの表す空間を**タイヒミューラー**（Teichmüller）**空間**という．

■**リーマン面の葉** sheet of a Riemann surface
平面の適当なある部分の多重被覆面を考えない限り拡げることのできないようなリーマン面の任意の一部分．関数$w = z^{1/2}$のリーマン面の葉は原点から無限遠点まで延びたかってな単純曲線によって切られたz-平面からなっている．

■**リーマン予想** Riemann hypothesis (about the zeros of the zeta function)
ゼータ関数の零点に関するリーマンの予想のこと．ゼータ関数は零点として，$-2, -4, \cdots$をもつが，他のすべての零点は，実部が$0 < \mathrm{Re}(z) < 1$をみたす複素数zの帯状領域にある．リーマン予想とは，$-2, -4, \cdots$を除いた他のすべての零点が直線$\mathrm{Re}(z) = \frac{1}{2}$上にある，という未解決の予想のことをいう．この直線上に無限個の零点がのっていることは，ハーディによって証明されている．現在では最初の1.5×10^9個の零点が計算されている．それらはすべて単純零点で，この線上にある．リーマン予想の証明は，素数に関する定理において広範囲にわたる結果をもたらすはずのものである．リーマン予想が真であるための1つの必要十分条件は，ディリクレ級数$\sum_1^\infty \mu(n) n^{-s}$が，実部が$\frac{1}{2}$より大きい$s$に対して収束することである．=リーマン仮説．

■**リーマン和** Riemann sum
→定積分

■**粒子** particle
《力学》物理学的には，物質を構成する最小なもの．物理学的粒子の数学的理想化は，空間的な広がりを無視し，慣性質量をもった数学的に表現した点（質点）として捉える．

■**留数** residue
fが複素変数zのz_0を除外したz_0の近傍$\{z \mid 0 < |z - z_0| < \varepsilon\}$における解析関数であるとき，$f$の$z_0$における**留数**とは$\frac{1}{2\pi i} \int_C f(z) \, dz$のことをいう．ただし，$C$は上の近傍において$z_0$を内部に含む単一閉曲線とする．留数は$f(z)$の$z_0$におけるローラン展開
$$(z - z_0) f(z) = \sum_{n=-\infty}^{-1} a_n t^n + \sum_{n=0}^{\infty} a_n t^n \quad (t = z - z_0)$$
の係数a_{-1}と一致する．

■**流線** stream lines
→流れ関数

■**流体圧力** fluid pressure
流体によって及ぼされる単位面積あたりの力．深さhの水平な単位面積が受ける流体圧力は流体の密度とhの積に等しい．深さhの水平面が受ける全圧力は，その面積をA，流体の密

度を k とすると，khA である．水平でない領域が受ける全圧力を求めるには，その領域を無限小の領域に分割し（例えば，その領域が垂直面内にあるならば，垂直または水平の帯に分割する），それらが受ける力を適当に近似して，積分を用いてその総和を求める．→ 積分要素

■**流体力学** mechanics of fluids
気体理論，水力学，および空気力学を含む理論体系．

■**リュウビル，ジョセフ** Liouville, Joseph (1809—1882)
フランスの解析学および幾何学者．超越数の存在を初めて証明した．

■**リュウビル-ノイマン級数** Liouville-Neumann series
《積分方程式》
$$\phi_1(x) = \int_a^b K(x,t)f(t)\,dt$$
$$\phi_n(x) = \int_a^b K(x,t)\phi_{n-1}(t)\,dt \quad (n=2,3,\cdots)$$
とおくとき，級数
$$y(x) = f(x) + \sum_{n=1}^{\infty} \lambda^n \phi_n(x)$$
をいう．次の条件(1), (2), (3)がみたされるとき，この関数 y は方程式
$$y(x) = f(x) + \lambda \int_a^b K(x,t)y(t)\,dt$$
の解である．(1) $K(x,y)$ が領域 $a \leq x \leq b$，$a \leq y \leq b$ で実数値をとり，連続かつ恒等的に0でない．(2) M を $|K(x,y)|$ の上限とするとき，この領域で $|\lambda| < 1/[M(b-a)]$．(3) $a \leq x \leq b$ に対して $f(x) \not\equiv 0$ で，実数値をとり，かつ連続．→ 反復核

■**リュウビル関数** Liouville function
正整数の関数 λ で，$\lambda(1) = 1$，かつ，$n = p_1^{a_1} \cdots p_r^{a_r}$，$p_1, \cdots, p_r$ は素数のとき，$\lambda(n) = (-1)^{a_1 + \cdots + a_r}$ で定義されるもの．

■**リュウビル数** Liouville number
無理数 X であって，任意の整数 n について有理数 p/q，$q > 1$，が存在し
$$|X - p/q| < 1/q^n$$
が成り立つようにできるもの．すべてのリュウビル数は**超越数**である［→ **無理数**］．任意の**無理数** I に対しては，無限に多くの有理数 p/q で，
$$|I - p/q| < 1/(\sqrt{5}\,q^2)$$
をみたすものが存在する．また，$\sqrt{5}$ はすべての I に対してこうなるような最大数である．n 次の**代数的数** A に対しては，ある正数 c が存在し
$$|A - p/q| < c/q^n$$
が無限に多くの有理数 p/q に対して成り立つ．また n はこのようなことが成り立つ最大指数である．任意の2つの実数の間にリュウビル数が存在する．実際，リュウビル数全体の集合は**第2類集合**である（ただしその測度は0である）．

■**リュウビルの曲面** surface of Liouville
第1基本2次形式が
$$ds^2 = [f(u) + g(v)][du^2 + dv^2]$$
となる媒介変数表示された曲面．

■**リュウビルの定理** Liouville's theorem
f を複素変数 z の解析整関数で有界なものとすれば，f は定数関数である．

■**流率（法）** fluxion
変化の割合や"流量"の導関数に対するニュートンの用いた用語．ニュートンの記法では，$\dot{x}$ のように文字の上に点を付けることによって導関数を表す．

■**流量** fluent
(1) 変化や，"流動"関数に対して，ニュートンが用いた用語．
(2) グラフ理論やネットワーク理論では有向グラフ（回路網）の有向辺（弧）集合上で定義される整数値関数．

■**リューリエ，シモン・アントワーヌ・ジャン** L'Huilier, Simon Antoine Jean (1750—1840)
スイスの幾何学者．

■**リューリエの定理** L'Huilier's theorem
球面3角形の球面過剰 E と辺の関係を述べた定理．$\tan \frac{1}{2} E$ はつぎの式と等しい．
$$\left[\tan \frac{1}{2} s \tan \frac{1}{2}(s-a) \tan \frac{1}{2}(s-b) \times \tan \frac{1}{2}(s-c)\right]^{1/2}$$

ただし，a, b, c は 3 角形の 3 辺，$s=\frac{1}{2}(a+b+c)$ とする.

■**量** quantity
算術的，代数的，あるいは解析的表現で，それらの表現の間の関係よりも，値に関するもの.

■**領域** domain, region
(1) 空でない**連結な開集合**．場合によっては，その境界点のすべて，または一部を含めることもある．特に，境界点を含まないとき**開領域**，境界点のすべてを含むとき**閉領域**という．例えば，**閉3角領域**（または単に**3角領域**）は 3 角形とその内部である．**閉円形領域**（または**円形領域**）は円周とその内部である．**閉長方形領域**（または**長方形領域**）は長方形とその内部である．3 角形，円，長方形の内部がそれぞれ**開3角領域**，**開円形領域**，**開長方形領域**である．球面の内部は開領域で，球面とその内部をあわせたものが閉領域である．
(2) 空でない開集合の意味に使われることもある．

■**両延級数** two-way series
$\cdots+a_{-2}+a_{-1}+a_0+a_1+a_2+\cdots$ または $\sum_{n=-\infty}^{n=+\infty} a_n$ の形の級数．→ ローラン展開（解析関数の）

■**菱形**（りょうけい）rhomb, rhombus
→ 菱形（ひしがた）

■**両対数方眼紙** logarithmic coordinate paper
方眼紙の一種で，（例えば）数 $1, 2, 3, \cdots$ に対応するけい線が座標軸からこれらの数の対数に比例する間隔で引かれているもの．すなわち，グラフ用紙の目盛りは軸からの距離ではなく，実際の距離の逆対数である．この目盛りを**対数目盛り**という．一方，実際の距離をしるす普通の目盛りは**一様目盛り**である．→ 半対数方眼紙

■**両直角球面3角形** birectangular spherical triangle
2 つの直角をもつ球面 3 角形のこと．

■**量の立方** cube of a quantity
量の 3 乗のこと．例えば $(x+y)$ の立方は
$$(x+y)(x+y)(x+y)$$
で，$(x+y)^3$ と書かれ，$x^3+3x^2y+3xy^2+y^3$ に等しい.

■**両立しない方程式** incompatible equations
＝不能な方程式.

■**両立性** compatibility
＝無矛盾性.

■**理論** theory
ある概念に関する原理や，その概念に関して前提とされかつ証明された事柄.

■**理論の基本的仮定** fundamental assumptions of a subject
ある主題に関する理論を組み立てている仮定の集合．例えば，代数学において可換律，結合律はこの基本的仮定である．同じ理論の基本的仮定でも人により多少異なる.

■**理論力学** theoretical mechanics
→ 解析力学

■**臨界点** critical point
停留点のこと．ときにある関数のグラフが垂直な接線をもつ点も臨界点とよばれる.

■**輪環面** anchor ring, anchor torus, ring surface, torus ring
ドーナツ形の曲面，すなわち空間において，円をその円を含む平面上にある，その円と交わらない直線を軸として回転させることにより得られる曲面．円の半径を r，円の中心から回転軸（ここで，z 軸とする）への距離を k とし，円の方程式は $(y-k)^2+z^2=r^2$ とすると，輪環面の方程式は
$$(\sqrt{x^2+y^2}-k)^2+z^2=r^2$$
である．この体積は $2\pi^2 kr^2$ であり，表面積は $4\pi^2 kr$ である．＝トーラス.

■**隣接角** angle of contingence
与えられた平面曲線上の 2 点における，その曲線の接線の正の方向の間の角.

■**隣接関数** incidence function
→ グラフ理論

■**隣接した** consecutive

とび越すことなく，順番に従っていること．例えば
$$1+x+x^2+x^4$$
という和の中で，x と x^2 は隣接した項である．集合 $\{3,4\}$ と $\{5,6,7\}$ は隣接した整数の集合である．また $\{3,5,7,9\}$ は隣接した奇数の集合である．したがって，この概念は有理数には適用できない．有理数 x に対し，x より大きい最初の有理数は存在しないからである．

■**隣接した角** adjacent angles

共通辺，共通頂点をもち，それらの共通辺の対辺とでできる2角．図の AOB と BOC は隣接角である．

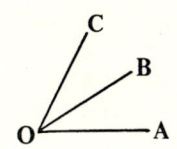

■**隣接した角・辺** consecutive angles and sides

多角形の1つの辺を共有する2つの角は隣接した角である．また1つの頂点を共有する2辺は隣接した辺である．

■**輪体** cycle

サイクル．→ 単体の鎖

■**リンデマン，カール・ルイス・フェルディナンド・フォン** Lindemann, Carl Louis Ferdinand von (1852—1939)

ドイツの解析学および幾何学者．→ 円周率

■**リンデレーフ，エルンスト・レオナルド** Lindelöf, Ernst Leonard (1870—1946)

フィンランドの学者．解析学と位相幾何学の研究者．

■**リンデレーフ空間** Lindelöf space

位相空間 T でつぎの（可算被覆）条件をみたすもの．その和集合が T を含むような任意の開集合の族 C に対して，C の要素からなる可算族 C^* で，その和集合が T を含むようなものが存在する．第2可算公理をみたす位相空間は**リンデレーフ空間**である（リンデレーフの定理）．

■**リンド，アレキサンダー・ヘンリー** Rhind (または Rhynd), Alexander Henry (1833—1863)

スコットランドの古物研究家．1858年，彼はエジプトの保養地で古代エジプトの数学を記述した有名なアーメス・パピルスを購入した．そのためこれはリンド・パピルスの名で知られている．→ アーメス・パピルス

ル

■**類** category
→ 集合の類

■**累算器** accumulator
計算器で，記憶した数に，それに続いて受けとった数を加えていく加算器もしくは計数器．

■**累次積分** iterated integral
積分を特定の順序で逐次行う方法．最初に1変数のみに関して行い，他の変数は固定して定数としておく．つぎに他の1変数に関して行い，残りの変数は固定しておく，といったやり方でつぎつぎに行う．求める積分が不定積分ならば，これは累次偏微分法の逆である．求める積分が定積分のとき，積分区間の上下限は定数と変数のどちらの可能性もある．後者の場合，その変数はまだ行われていない積分に関する変数の関数であることが多い．

(1) 累次積分：2重積分
$$\iint xy\,dy\,dx$$
はつぎのように2度にわたる累次積分にかきなおせる．
$$\int \left\{ \int xy\,dy \right\} dx$$
この内側の積分によって
$$\left(\frac{1}{2}xy^2 + C_1\right)$$
を得る．ここに，C_1はxだけの任意の関数である．再び積分を行って
$$\frac{1}{4}x^2y^2 + \int C_1\,dx + C_2$$
を得る．ここに，C_2はyの任意の関数である．上の結果は$\frac{1}{4}x^2y^2 + \phi_1(x) + \phi_2(y)$の形にかき表すことができる．ただし，$\phi_1(x)$と$\phi_2(x)$はそれぞれ任意の$x$および$y$の微分可能関数である．積分の順序は，普通ここで行ったように内側から外側への順で行う．この順序は必ずしも可換とはかぎらない．3重積分も同様に3回の累次積分として計算できる

(2) 累次定積分：
$$\int_a^b \int_x^{x+1} xy\,dy\,dx$$
はつぎの積分と同値である．
$$\int_a^b \left\{ \int_x^{x+1} x\,dy \right\} dx$$
これは，最終的に
$$\int_a^b \{x(x+1) - x^2\}dx = \frac{1}{2}(b^2 - a^2)$$
となる．→ 重積分

■**累次微分法** successive differentiation
→ 逐次微分法

■**累乗の和** sum of like powers
(1) $x^n + y^n$の形の代数的展開．$x^n + y^n$はnが奇数のとき$x+y$でわり切れるので，因数分解において重要である．→ 等ベキの差
(2) 整数を同じ累乗の和で表す．

■**類比** analogy
新しい諸定理をつくる際に，数学でときどき使われる推論の方法．2つ以上の事柄がいくつかの点で一致するなら，それらはたぶん他の点においても一致するであろうと推論できる．もちろん，この方法で得られる定理の妥当性を裏づけるには正確な証明が必要である．

■**ルーシェ，ユージェーヌ** Rouché, Eugène
(1832—1910)
フランスの代数，解析，幾何および確率論の研究家．

■**ルーシェの定理** Rouché theorem
fとgとが，複素数z平面上の単純で長さのある曲線Cで囲まれた領域で解析的であり，$0 \leq \lambda \leq 1$に対して，$z \in c$で$f(z) + \lambda g(z) \neq 0$とする．このとき$f$と$f+g$とは，$C$の内部で同個数の零点をもつ．この仮定は，$z \in C$において$|f(x)| > |g(z)|$ならみたされる．さらに$f = \varphi$, $g = -\theta - \varphi$とするとき，$z \in C$で$|\varphi(z) + \theta(z)| < |\varphi(z)| + |\theta(z)|$ならば，上記の条件がみたされる．後者は次のようなルーシェの定理の対称な形を与える．
"もしも$z \in C$で$|\varphi(z) + \theta(z)| < |\varphi(z)| + |\theta(z)|$ならば，$\varphi$と$\theta$とは$C$の内部で同個数

の零点をもつ".

■ルジャンドル,アドリアン・マリー
Legendre, Adrien Marie (1752—1833)
フランスの解析学者および数論研究者.

■ルジャンドル関数に対するノイマンの公式
Neumann formula for Legendre functions
→ 第2種ルジャンドル関数に対するノイマンの公式

■ルジャンドル随伴関数 associated Legendre functions
P_n を**ルジャンドルの多項式**とするとき, 関数
$$P_n^m(x) = (1-x^2)^{m/2}\frac{d^m}{dx^m}P_n(x)$$
のこと. 関数 P_n^m は微分方程式
$$(1-x^2)y'' - 2xy' + [n(n+1)-m^2/(1-x^2)]y = 0$$
の解である. → 球面調和関数, 帯球調和関数

■ルジャンドルの記号 Legendre symbol
この記号 $(c|p)$ は,整数 c が奇素数 p の平方剰余であるとき1に等しく,c が p の平方非剰余であるとき -1 に等しい.例えば, $x^2 \equiv 6 \pmod{19}$ は解をもつから $(6|19) = 1$, $x^2 \equiv 39 \pmod{47}$ は解をもたないから $(39|47) = -1$ となる.本来は $\left(\frac{c}{p}\right)$ とかいたが,近年1行に表すため $(c|p)$ とかくことが多くなった.

■ルジャンドルの係数 Legendre coefficients
→ ルジャンドルの多項式

■ルジャンドルの多項式 Legendre polynomials
級数展開
$$(1-2xh+h^2)^{-1/2} = \sum_{n=0}^{\infty} P_n(x)h^n$$
における係数 $P_n(x)$ のこと. したがって,
$P_0(x) = 1$, $P_1(x) = x$, $P_2(x) = \frac{1}{2}(3x^2 - 1)$,
$P_3(x) = \frac{1}{2}(5x^3 - 3x)$, $P_4(x) = \frac{1}{8}(35x^4 - 30x^2 + 3)$. 関数 P_n は**ルジャンドルの微分方程式**の解である.すべての n に対して漸化式
$$P_{n+1}'(x) - xP_n'(x) = (n+1)P_n(x)$$
$$(n+1)P_{n+1}(x) - (2n+1)xP_n(x) + nP_{n-1}(x) = 0$$

が成立し,また
$$P_n(\cos\theta) = \frac{(-1)^n}{n!} r^{n+1}\frac{\partial^n}{\partial z^n}\left(\frac{1}{r}\right)$$
が成り立つ.ただし,$\cos\theta = z/r$ かつ $r^2 = x^2 + y^2 + z^2$ である.ルジャンドルの多項式全体の集合は,区間 $(-1,1)$ 上の完備直交関数系である.**ルジャンドルの係数**ともよばれる.→ シュレフリ積分, ロドリーグの公式

■ルジャンドルの2倍公式 Legendre duplication formula
→ 2倍公式(ガンマ関数の)

■ルジャンドルの必要条件 Legendre necessary condition
《変分法》関数 y が $\int_{x_1}^{x_2} f(x,y,y')dx$ を最小にするためにみたすべき条件 $f_{y'y'} \geq 0$. → オイラーの方程式, 変分法, ワイエルシュトラスの必要条件

■ルジャンドルの微分方程式 Legendre differential equation
$(1-x^2)y'' - 2xy' + n(n-1)y = 0$. という型の微分方程式. → ルジャンドルの多項式

■ルジン,ニコライ・ニコラエビッチ Luzin (または Lusin), Nikolai Nikolaevich (1883—1950)
ロシアの解析学者, 位相数学者, 論理学者.

■ルジンの定理 Luzin's theorem
f を数直線(または n 次元空間)上で定義された,**ほとんどいたるところ**有限な**可測関数**とする.このとき,任意の正数 ε に対して実数直線(または n 次元空間)上の連続関数 g で,測度が ε より小さい適当な集合の点を除いて,$f(x) = g(x)$ となるものが存在する.

■ルッフィニ,パウロ Ruffini, Paolo (1765—1822)
イタリアの代数および群論の研究家(本職は医師).1799年に一般の5次方程式は有限回の代数演算によって解くことは不可能であることを証明し出版したが,その証明には重大な不備があった.現在ではこの事実を初めて完全に証明したのはアーベルとされている.

■**ルベーグ，アンリ・レオン** Lebesgue, Henri Léon (1875—1941)

フランスの解析学者．特に，彼の測度と積分の理論は数学に大きな影響を与えた．また，三角級数に関する優れた業績もある．

■**ルベーグ-スティルチェス積分** Lebesgue-Stieltjes integral

f を**可測関数**，ϕ を区間 $[a,b]$ 上で定義された単調増加関数とする．$\phi(a) \leq \xi \leq \phi(b)$ なる ξ に対して，$F(\xi)$ を次の(1), (2)によって定義する．(1) $\xi = \phi(x)$ である点 x が存在するとき，$F(\xi) = f(x)$．(2) 任意の x に対して，$\xi_0 \neq \phi(x)$ であるとき，$\phi(x_0-0) \leq \xi_0 \leq \phi(x_0+0)$ をみたす ϕ のただ1つの不連続点 x_0 が存在する．このとき，$F(\xi_0) = f(x_0)$ と定義する．もし，**ルベーグ積分** $\int_{\phi(a)}^{\phi(b)} F(\xi) d\xi$ が存在するならば，この値を ϕ に関する f の**ルベーグ-スティルチェス積分**といい，

$$\int_a^b f(x) d\phi(x)$$

とかく．もし ϕ が**有界変動**ならば，単調増加関数 ϕ_1, ϕ_2 の差 $\phi_1-\phi_2$ であり，ルベーグ-スティルチェス積分 $\int_a^b f(x) d\phi(x)$ は，

$$\int_a^b f(x) d\phi_1(x) - \int_a^b f(x) d\phi_2(x)$$

で定義される．もし上述のように定義された F が $[\phi(a), \phi(b)]$ 上可測であり，かつ f が $[a,b]$ 上可測で，しかも適当な積分可能な関数 θ により

$$\phi(x) = \int_a^x \theta(x) dx$$

と表されるとき，

$$\int_a^b f(x) \theta(x) dx = \int_a^b f(x) d\phi(x)$$

である．前者はルベーグ積分である．

■**ルベーグ積分** Lebesgue integral

まず f を，(ルベーグ) 可測でかつ有限測度の集合 E 上で定義された**有界**可測関数とし，L と U を f の下界および上界とする．区間 $[L, U]$ を増加数列 $y_0 = L, y_1, y_2, \cdots, y_n = U$ によって n 個の部分に分割し，e_i を $y_{i-1} \leq f(x) < y_i$ をみたす x 全体の集合 $(i=1, 2, \cdots, n-1)$，e_n を $y_{n-1} \leq f(x) \leq y_n$ をみたす x 全体の集合とする．$m(e_i)$ を e_i の測度とするとき，Ω 上の f の**ルベーグ積分** $\int_\Omega f(x) dx$ は，$y_i - y_{i-1}$ のうちの最大数が 0 に近づくに従って

$$\sum_{i=1}^n y_{i-1} m(e_i) \text{ または } \sum_{i=1}^n y_i m(e_i)$$

のとる極限値として定義される．f が有界でない場合，f_n^m を $n \leq f(x) \leq m$ のとき $f_n^m(x) = f(x)$, $f(x) > m$ のとき $f_n^m(x) = m$, $f(x) < n$ のとき $f_n^m(x) = n$ と定義すれば，f のルベーグ積分はつぎの極限値が存在するとき，その値によって定義される．

$$\int_\Omega f(x) dx = \lim_{\substack{m \to \infty \\ n \to \infty}} \int_\Omega f_n^m(x) dx$$

集合 Ω が有限測度をもたないとき，区間 I の境界が無限にどのように増加してもつねに

$$\int_{\Omega \cap I} f(x) dx$$

が一定の極限値に近づくならば，その極限値を $\int_\Omega f(x) dx$ と定義する．ある区間 I に含まれる集合 E 上で定義される関数 ϕ が E 上でルベーグ積分をもつのは，階段関数 (または連続関数) 列 $\{f_n(x)\}$ で I のほとんどすべての x に対して

$$\lim_{n \to \infty} f_n(x) = \phi(x)$$

となるものが存在し [E に含まれない x に対しては $\phi(x)$ の値は 0 とする]，かつ，

$$\lim_{m, n \to \infty} \int_I |f_n(x) - f_m(x)| dx = 0$$

が成り立つとき，かつそのときにかぎる．この場合，$\lim_{n \to \infty} \int_I f_n(x) dx$ が存在し，その値が ϕ の E 上のルベーグ積分である [→ 可測，積分可能関数]．リーマン積分をもつ関数は必ずルベーグ積分をもつが，その逆は成り立たない．

■**ルベーグ測度** Lebesgue measure

ユークリッド空間内の有界集合が (**ルベーグ**) **可測**であるとは，その外測度と内測度が等しいことをいう．その共通の値を，その集合の**測度**とよぶ．非有界な集合 S に対しては，S と有界な区間 I との共通部分 W_I を考える．すべての I に対して W_I が可測であるとき，S は (ルベーグ) 可測であると定義する．そして，W_I の測度の上極限を，それがもし有限ならば，S の測度と定める．そうでないとき，S の測度は無限大である．以下の5つの条件は，それぞれ，集合 B がルベーグ可測であるための必要十分条件である．(1) 任意の正数 ε に対して，閉集合 F と開集合 G で，$F \subset B \subset G$, かつ $F-G$ の測度が ε より小となるものが存在する．(2) 任意の正数 ε に対して，開集合 G で，$B \subset G$, かつ $G-B$

の外測度が ε より小となるものが存在する．(3) 任意の正数 ε に対して，閉集合 F で，$F \subset B$，かつ $B-F$ の外測度が ε より小となるものが存在する．(4) 任意の区間 I の測度が，$I \cap B$ の外測度と $I \cap B^c$ の外測度の和に等しい（ここで，B^c は B の補集合），(5) 任意の集合 S の外測度が，$S \cap B$ の外測度と $S \cap B^c$ の外測度の和に等しい．ユークリッド空間のルベーグ可測集合の全体は σ 環をなす［→ 集合環］．→ 可測，外測度・内測度，区間測度 0

■**ルベーグの収束定理** Lebesgue convergence theorem

m を集合 T の部分集合からなる σ 環上の可算加法測度とし，g は非負関数で
$$\int_T g dm < +\infty$$
をみたし可測であるとする．また，$\{S_n\}$ を T 上で $|S_n(x)| \leq g(x)$ をみたす可測関数列とする．このとき，各 S_n は積分可能で，T 上ほとんどいたるところで $\lim_{n \to \infty} S_n(x) = S(x)$ となる $S(x)$ が存在すれば，
$$\int_T S dm = \lim_{n \to \infty} \int_T S_n dm$$
が成り立つ．ここで，仮定 $\int_T g dm < +\infty$ を $\int_T g^p dm < +\infty$ におきかえれば，結論はつぎのように変わる．"各 n に対して $|S_n|^p$ は積分可能，$|S|^p$ は積分可能，かつ $\lim_{n \to \infty} \int_T |S - S_n|^p dm = 0$". =ルベーグの優収束定理．→ 単調収束定理，無限級数の積分，有界収束定理

■**ルーロー，フランツ** Reuleaux, Franz (1829 —1905)

ドイツの幾何学者．

■**ルーローの 3 角形** Reuleaux triangle

正 3 角形の各頂点を中心に円を描いて，他の 2 頂点ずつを結んでできる 3 つの弧で囲まれた閉曲線のこと．この閉曲線は，r をこの円弧の半径とするとき，任意の直線 L に対して，L に平行で距離が r の 2 直線に接することから，**定幅曲線**である．

■**ルンゲ，カール・ダヴィド・トルメ** Runge, Carl David Tolmé (1856—1927)

ドイツの解析学者．

■**ルンゲ-クッタ法** Runge-Kutta method

微分方程式 $dy/dx = f(x, y)$ を解くための近似解法の 1 つ．点 (x_0, y_0) を通る近似解を求めるために $x_1 = x_0 + h$ とおき，次の公式によって $y_1 = y_0 + k$ を決める．
$$k_1 = h \cdot f(x_0, y_0),$$
$$k_2 = h \cdot f\left(x_0 + \frac{1}{2}h,\ y_0 + \frac{1}{2}k_1\right),$$
$$k_3 = h \cdot f\left(x_0 + \frac{1}{2}h,\ y_0 + \frac{1}{2}k_2\right),$$
$$k_4 = h \cdot f(x_0 + h,\ y_0 + k_3),$$
$$k = \frac{1}{6}(k_1 + 2k_2 + 2k_3 + k_4).$$
この操作をひきつづき (x_1, y_1) から出発して逐次くり返す．f が x だけの関数であるとき，この方法は数値積分のシンプソンの公式に帰着し，また連立 1 階微分方程式の近似解，高階の連立微分方程式，連立方程式の近似解に拡張される．

上記のは古典的ルンゲ-クッタ法である．それはオイラー法を自然に精密化したものである［→ オイラー法］．同様の公式が多数知られ，総称してルンゲ-クッタ型公式という．

レ

零　zero
　算法における和の**単位元**，すなわち，任意の数 x に対し $x+0=x$, $0+x=x$ をみたす数 0 のこと．零は，空集合の基数（濃度）でもある．
→カージナル数

零因子　divisor of zero, zero divisor
→整域

零円　null circle
→円

零角　zero angle
　同じ点から同方向（すなわち一致）に引いた2本の半直線によってつくられる角．大きさが 0 度の角．

零化元集合　annihilator
　集合 S の**零化元集合**とは，S の各点で 0 となる，すなわち，S を零化するある型の関数からなるすべての類である．例えば，関数を連続線型汎関数とし，S をノルム線型空間 N の部分集合とすれば，S の零化元集合は，S の各点で 0 であるすべての連続線型汎関数からなる第1共役空間 N^* の線型部分集合 S' である．同様に，ヒルベルト空間の線型部分空間 S の零化元集合は，S の直交補空間である．

零行列　null matrix
　すべての成分が 0 である行列．

捩係数　torsion coefficient
→群の捩係数

零元（圏の）　zero of category
→圏

零全曲率曲面　surface of zero total curvature
　柱面，あるいはもっと一般に任意の可展面のように，その上のすべての点で全曲率が 0 である曲面．

零線分　nilsegment
→線分

零の階乗　factorial zero
　$0!$ とかき，1 に等しい．→階乗

零の乗法　multiplication by zero
　零と任意の数との積は零である．すなわち，任意の数 k に対し，$0 \times k = k \times 0 = 0$. →1と0の乗法的性質

零の除法　division of zero
　零を零でない数でわった商は零．0 でない任意の数 k に対し，$0 = k \times 0$ より，$0/k = 0$. しかし 0 でない数を零で割ることはできない．→除法

零ベクトル　zero vector
　長さ 0 のベクトル．成分がすべて 0 であるベクトル．$V = a\boldsymbol{i} + b\boldsymbol{j} + c\boldsymbol{k}$ の形のベクトルの場合は，$\boldsymbol{O} = 0\boldsymbol{i} + 0\boldsymbol{j} + 0\boldsymbol{k}$ が零ベクトルである．零ベクトルは，ベクトルの加法における零元である．すなわち，任意のベクトル $\boldsymbol{V}$ に対し，$\boldsymbol{V} + \boldsymbol{O} = \boldsymbol{O} + \boldsymbol{V} = \boldsymbol{V}$.

レイリー-リッツ法　Rayleigh-Ritz method
　関数方程式のかわりに有限の連立方程式を解いて，その近似解を決定する方法．したがって例えば，閉区間上の C^n に属するすべての関数（とその最初の n 個の導関数）は，多項式によって任意に近く近似できる．

捩率　torsion (of a space curve at a point)
　P を空間曲線 C 上の1点，P' を動点とする．Δs を P と P' の間の（C 上の）弧長とし，$\Delta \psi$ を P と P' における曲線 C の従法線の正方向のなす角とする．このとき，
$$\frac{1}{\tau} = \lim_{\Delta s \to 0} \pm \frac{\Delta \psi}{\Delta s}$$
を P における**捩率（ねじれ率）**という．$\frac{1}{\tau}$ の符号は $d\gamma/ds = \beta/\tau$ となるように選ぶ［→フルネ-セレーの公式］．

捩率とは，弧長 s に関して，曲線 C が接触平面の外へどの程度曲がっているかの計量として用いられる．

$$\frac{1}{\tau} = -\rho^2 \begin{vmatrix} x' & y' & z' \\ x'' & y'' & z'' \\ x''' & y''' & z''' \end{vmatrix}$$

が成立する．行列式内の各成分は，弧長 s について微分したものである．捩率の逆数を**捩率半径**という．$1/\tau$ を τ とかくこともある．なお"捩"の字が常用漢字でないため，近年ではねじれ率ということが多い．

■**零列** null sequence
0 に収束する数列．

■**零和ゲーム** zero-sum game
どのような状況においても全競技者の利得の和が 0 になっているゲーム．ゼロ和ゲームともいう．例えばポーカーなどのように，利得が金銭の授受のみによるゲームは，("場所代"を無視すれば) 零和ゲームである．零和 2 人ゲームでは，第 1 競技者の利得関数を単に**利得関数**といい，第 1 競技者を**最大化競技者**，第 2 競技者を**最小化競技者**とよぶのが普通である．零和ゲームでないゲームは**非零和ゲーム**とよばれる．

■**レオナルド・ダ・ヴィンチ** Leonardo da Vinci (1452—1519)
イタリア・ルネッサンス時代の卓越した天才．数学の分野では，数学を遠近法 [透視法] へ応用 (これに関する論文を書いている) したことと科学への応用で知られている．

■**レオナルド・ダ・ピザ (レオナルド・ピザノ)** Leonardo da Pisa (Leonardo Pisano)
→ フィボナッチ

■**レゾルベント集合** resolvent set
→ 変換のスペクトル

■**列** column
項の縦方向の並び．加算や減算，あるいは行列式や行列で用いられる．

■**劣加法的** subadditive
→ 加法的関数，加法的集合関数

■**劣弧** minor arc of a circle, short arc of a circle
円を弦で 2 つに分けたときにできる 2 つの弧のうちの短い方の弧．→ 扇形

■**劣正弦関数** subsine function (of order ρ)
凸関数が 1 次関数より小さいとして定義されるように，$F(x) \equiv A\cos\rho x + B\sin\rho x$ の形のいくつかの関数より小さいとして定義される関数 f を位数 ρ の**劣正弦関数**という．すなわち区間 I 上の位数 ρ の劣正弦関数 f に対して，$x_1, x_2 \in I$ に対して $0 < x_2 - x_1 < \pi/\rho$ をみたし，かつ上の関数 F が $F(x_1) = f(x_1), F(x_2) = f(x_2)$ をみたすとき，$x_1 < x < x_2$ に対して $f(x) \leq F(x)$ でなければならない．→ フラグメン-リンデレーフの関数

■**劣調和関数** subharmonic function
2 次元の領域 D で定義された実数値関数 u が次の条件をみたすとき，u は D で**劣調和**であるという．(1) $-\infty \leq u(x, y) < +\infty$ (条件 $u(x, y) \neq -\infty$ が付加されることがある)，(2) u は D において上半連続，(3) D に含まれる，境界が B' の任意の領域 D' と，$D' + B'$ で連続かつ B' において $h(x, y) \geq u(x, y)$ であるような D' で調和な任意の関数 h に対して，つねに D' において $h(x, y) \geq u(x, y)$ が成立する．

$u(x, y) \not\equiv -\infty$ をみたす劣調和関数 u は積分可能である．関数 u が $u(x, y) \not\equiv -\infty$ をみたし，u の定義域 D において上半連続であるとし，u が劣調和であるためには D に含まれる任意の閉円板に対して次の u の平均値に関する不等式のいずれかが成り立つことが必要十分である．

$$u(x_0, y_0) \leq \frac{1}{2\pi} \int_0^{2\pi} u(x_0 + \rho\cos\theta, y_0 + \rho\sin\theta) d\theta$$

$$u(x_0, y_0) \leq \frac{1}{\pi r^2} \int_0^r \int_0^{2\pi} u(x_0 + \rho\cos\theta, y_0 + \rho\sin\theta) \rho d\rho d\theta$$

関数 u が定義域 D において連続な 2 階偏導関数をもつとき，u が D で劣調和であるためには D の各点において次の不等式が成り立つことが必要十分である．

$$\Delta u = \frac{\partial^2 u}{\partial x^2} + \frac{\partial^2 u}{\partial y^2} \geq 0$$

劣調和関数の概念は n 変数の関数に直ちに拡張できる．→ 凸関数

劣弓形　minor segments of a circle
→ 曲線の弓形

レトラクト　retract
位相空間 T の部分集合 X が T の**レトラクト**であるとは，T から X への上への連続関数 f が存在して，$f(x)=x(x\in X)$ をみたす，すなわち X の恒等関数 f が T 全体の連続関数へ拡張できることをいう．X が T のレトラクトであるとき，X 上の各連続関数は T 全体の連続関数へ拡張できる［→ ティーツェの拡張定理］．位相空間 X が**絶対レトラクト**であるとは，T が任意の正規空間とし，X が T のある閉集合に同相であるとき，Y が T のレトラクトであることをいう．**円板，n 球**は絶対レトラクトであり，**円周**はレトラクトではない．

レビ＝チビタ，チュリオ　Levi-Civita, Tullio (1873—1941)
イタリアの幾何学，解析学および物理学者．リッチの共同研究者．彼の絶対微分法はアインシュタインが相対性理論を展開するときに用いられた．

レフシェッツ，ソロモン　Lefschetz, Solomon (1884—1972)
ロシア系アメリカ人の学者．理論工学，代数幾何学および位相幾何学の研究者．微分方程式，制御理論，非線型力学の分野での業績もある．

レムニスケート　lemniscate
平面上で直角双曲線の接線へ原点から下した垂線の足の軌跡．3角形の2辺の長さの積が他の（固定された）1辺の長さの2乗の4分の1となるように動かしたときの頂点の軌跡．極座標のもとで，節点（図参照）を極点，対称軸を始線にとり，曲線と始点との最大距離を a とすると，レムニスケートの方程式は $\rho^2=a^2\cos 2\theta$ となる．対応する直交座標のもとでの方程式は，
$$(x^2+y^2)=a^2(x^2-y^2)$$
である．この曲線は，初めて研究したヤコブ・ベルヌイにちなんで，**ベルヌイのレムニスケート**とよばれることもある．＝連珠形．→ カッシニの卵形線

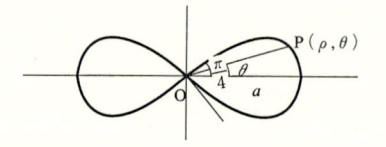

連　ream
紙の枚数を表す単位のひとつ．一般に500枚を指す．→ 付録：単位・名数

連結関係　connected relation
$a\neq b$ のとき，a が b に関係しているか，または b が a に関係しているか，いずれかである関係．実数での $a<b$ という関係がその典型例である．

連結グラフ　connected graph
→ グラフ理論

連結集合　connected set
その集合の分割 U, V で，U のどの集積点も V に含まれず，逆に V のどの集積点も U に含まれないものが存在しないとき，その集合は**連結**であるという［→ 非連結集合］．$\sqrt{5}$ より大きい有理数の集合と，$\sqrt{5}$ より小さい有理数の集合は，ともに有理数全体の集合の中で閉集合であるから，有理数全体の集合は連結ではない．**弧状連結**な集合は連結である．しかし連結な集合は必ずしも弧状連結であるとは限らない．→ 局所連結集合，弧状連結集合

連結数　connectivity number
それらの点を取り除いても曲線を2つ以上の部分に分けない点の個数の最大値に1を加えた数を，その**曲線の連結数**とよぶ（オイラー数を χ とするとき，連結数は $2-\chi$ となる）．（連結な）曲面を分離することなく，曲面上に描くことのできる閉切断線（またはすでに描かれている切断線を結ぶ切断線，あるいは曲面が境界をもつ場合には，境界の点を結ぶ切断線または境界の点とすでに描かれている切断線を結ぶ切断線）の個数の最大値に1を加えた数を，その（連結な）**曲面の連結数**という．閉曲面の場合 $3-\chi$ に一致し，境界をもつ曲面の場合 $2-\chi$ に一致する．したがって単連結な曲線や曲面において，その連結数は1である．その連結数が $2, 3, \cdots$ であるとき，曲線や曲面は**2重連結，3重連結，…**であるという．中心が共通の2つの円周で囲まれた領域は2重連結である．ドーナッツの表面（輪環面，トーラス）は3重連結である．この意味で，連結な単体的複体（曲線または曲面）の

連結数は，1次元ベッチ数に1を加えたものに（2を法として）等しい．しかしながら，ときに連結数は1次元ベッチ数そのものと定義される場合もある．

■連合変換　conjunctive transformation

連合変換は，**合同変換**が**2次形式**と密接に関連しているように，**エルミート形式**と関連している．ただし，合同変換における P^T を，P のエルミート共役な行列におきかえればよい［→合同変換］．

すべてのエルミート行列は，連合変換によって対角化される．よって，すべてのエルミート形式は，線型変換により $\sum_{i=1}^{n} a_i z_i \bar{z}_i$ に変形される．ここで，a_i $(i=1,2,\cdots,n)$ は実数である．

■連鎖　chain

(1) 線型順序集合．→ 順序集合，入れ子集合族
(2) → 単体の鎖

■連鎖条件（環の）　chain conditions on rings

すべての空でない右イデアルの集合が極小元をもつか，あるいは同じことだが，各 k に対して $I_k \supset I_{k+1}$ をみたす右イデアルの列 $\{I_k\}$ は有限個しか異なる元をもたないならば，環 R は右イデアルに関して**降鎖条件**をみたす（あるいは右イデアルに関して**アルティン的**である）という．また R が右イデアルに関して**昇鎖条件**をみたす（あるいは右イデアルに関して**ネーター的**）とは，すべての空でない右イデアルの集合が極大元をもつか，あるいは同じことだが，各 k に対して $I_k \subset I_{k+1}$ をみたす右イデアルの列 $\{I_k\}$ は有限個しか異なる元をもたないことをいう．左イデアルに対しても同様の定義ができる．→ ウェダーバーンの構造定理

■連鎖律　chain rule

《微分法》
(1) **常微分**について F が f と u との合成関数，すなわち $F(x)=f(u(x))$ によって，u の定義域で定義される関数（u の値域は f の定義域に含まれると仮定する）に対する微分法の公式であって，次のように表される．
$$\frac{dF}{dx} = \frac{df}{du} \cdot \frac{du}{dx}$$
例えば $u=x^2+1$ のとき，u^3 の導関数は
$$3u^2 \cdot du/dx = 3(x^2+1)^2 (2x)$$
である．この連鎖律が x において成立するための十分条件は，f が $u(x)$ で微分可能であり，x の各近傍が，x 以外の F の定義域の点を含むことである．この規則は，反復して適用してよい．例えば，
$$D_x u(v(w)) = D_v u \cdot D_w v \cdot D_x w$$
である．また陽関数の微分公式と併せて使用してよい．例えば
$$D_x[(x^2+1)^3+3]^2$$
$$= 2[(x^2+1)^3+3] \cdot 3(x^2+1)^2 \cdot 2x$$
である．連鎖律は**変数変換**にも使用できる．例えば y を $z=1/y$ で置き換えると，微分方程式
$$D_x y + y^2 = 0$$
は，公式
$$D_x z = D_y z \cdot D_x y = (-1/y^2) D_x y$$
によって
$$-y^2 D_x z + y^2 = 0 \quad \text{すなわち} \quad D_x z = 1$$
となる．

(2) **偏微分**について F を $u_1, \cdots, u_n$ の関数とし，各 u_i は $x_1, x_2, \cdots,$ の関数とすると，偏微分に関する連鎖律は
$$\frac{\partial F}{\partial x_p} = \sum_{i=1}^{n} \frac{\partial F}{\partial u_i} \frac{\partial u_i}{\partial x_p}$$
である．この公式は点 $P_0 = (x_1^0, \cdots, x_n^0)$ が各 $u_1, \cdots, u_n$ の定義域の内点であり，各関数 u_i が P_0 において x_p について微分可能であって，さらに F が $(u_1^0, \cdots, u_n^0)$ で微分可能ならば（u_i^0 は関数 u_i の P_0 での値），点 P_0 において成立する．もし各関数 $u_1, u_2, \cdots, u_n$ が1変数 x の関数ならば，公式は
$$\frac{dF}{dx} = \sum_{i=1}^{n} \frac{\partial F}{\partial u_i} \frac{du_i}{dx}$$
であって，これが F の x に関する導関数である．例えば $z = f(x, y)$, $x = \phi(t)$, $y = \theta(t)$ ならば，z の t に関する全微分は
$$\frac{dz}{dt} = f_x(x, y) \phi'(t) + f_y(x, y) \theta'(t)$$
で与えられる．→ 微分

■連積　continued product

無限個の項からなる積，または $(2 \times 3) \times 4$ のように3つ以上の項からなる積．ギリシャ文字 Π に適当な添字をつけて表す．例えば
$$\frac{1}{2} \cdot \frac{2}{3} \cdot \frac{3}{4} \cdots \frac{n}{n+1} \cdots = \prod_{n=1}^{\infty} \frac{n}{n+1}$$

■**連続（1点の近傍において）** continuous in the neighborhood of a point
→ 1点の近傍において連続

■**連続型確率変数** continuous random variable
→ 確率変数

■**連続関数** continuous function
　f を位相空間をその定義域および値域にもつ関数とする。x での値 $f(x)$ の任意の近傍 W に対し，x のある近傍 U があって，U のすべての点 u に対し $f(u)$ が W に含まれるようにできるとき，f は **x において連続**であるという．その定義域 D のすべての点において連続な関数を**連続関数**とよぶ．f が連続関数であるための必要十分条件は値域 R 中の任意の開集合の f に関する逆像が開集合となることである（もしくは R の任意の閉集合の逆像が閉集合となることである）[→ 開写像]．
　連続な f を変換とみたときには，**連続変換**という．f を定義域も値域も実数あるいは複素数である関数とする．この場合，f が点 x_0 において連続であるとは，x を十分に x_0 の近くにとれば，$f(x)$ を $f(x_0)$ にいくらでも近づけることができることである．すなわち，与えられた任意の正数 ε に対し，ある正数 δ が存在して $|x-x_0|<\delta$ をみたす f の定義域の任意の点 x について，いつでも $|f(x)-f(x_0)|<\varepsilon$ が成立することである．この定義より x_0 が f の定義域で孤立点ならば，f は x_0 で連続である（すなわち $x \neq x_0$，$|x-x_0|<\delta$ なる点 x が f の値域には存在しないような正数 δ がある）．また孤立点でない x_0 について f が x_0 で連続であるための必要十分条件は
$$\lim_{x \to x_0} f(x) = f(x_0)$$
となることである．集合 S のすべての点で連続なとき，f は **S で連続**であるという．すべての多項式関数，三角関数，指数関数，対数関数はその定義域で連続である．すべての関数は微分可能な点において連続である．$f(x, y)$ を2つの実数 x，y の関数，すなわち平面上の点 (x, y) の関数とする．任意の正数 ε に対し，(a, b) との距離が δ 以下の f の定義域のすべての点 (x, y) について
$$|f(x, y)-f(a, b)|<\varepsilon$$
が成り立つとき，f は (a, b) において連続であるという．(a, b) が定義域の孤立点でないとき，$f(x, y)$ が (a, b) で連続であることは
$$\lim_{(x, y) \to (a, b)} f(x, y) = f(a, b)$$
が成り立つことと同値である．→ 一様連続，同程度連続，不連続関数

■**連続曲面** continuous surface in a given region
　2変数連続関数のグラフ．すなわち (x, y) -平面の与えられた領域における x と y の連続関数 f に対し，その点の直交座標が，$z=f(x, y)$ という方程式をみたす点の軌跡のつくる曲面．このとき曲面の (x, y) -平面への射影は与えられた領域である．例えば原点を中心とした球面は連続曲面である．実際，円周 $x^2+y^2=r^2$ で囲まれた領域において，
$$z=\sqrt{r^2-(x^2+y^2)}$$
は連続関数である．球面全体を得るためには，根号の前に＋，－の符号をつけた2つの場合を考えなければならない．このように考えて，球面は多価（この場合は2価）の曲面である．

■**連続ゲーム** continuous game
　各競技者の純戦略集合が，有限次元ユークリッド空間の有界凸連結閉集合（閉区間 $[0, 1]$ を考えることが多い）であるような無限ゲーム．
→ 有限ゲーム・無限ゲーム

■**連続性** continuity
　連続であるという性質．

■**連続性公理** axiom of continuity, principle of continuity
　実軸上のどの点に対しても，実数（有理数あるいは無理数）がただ1つ対応する．**収束に関するコーシーの条件**あるいは**デデキントの切断公準**によって示されるような数が存在するという仮定．＝連続性原理．

■**連続性の方程式** equation of continuity
　《力学》流体力学における基本方程式の1つ．すなわち流体の密度を ρ，その速度ベクトルを η とするとき，
$$\frac{d\rho}{dt}+\rho\nabla \cdot \eta = 0$$
あるいは，q は流体の流れを表しているとするとき，方程式 $\mathrm{div}\, q = \nabla \cdot q = 0$ のことをいう．

流体に湧き出しも、吸い込みもない場合には、この方程式は、流体が1点に集中することもなく、また1点から広がっていることもないことを示している。この方程式が流体のいかなる点においても成立しているならば、ベクトル場の線は閉じているか、または無限である。そのようなベクトル場を**湧き出しなし**という。

もっと一般的な方程式においては流体が湧き出す湧き出し口と消滅する吸い込み口を考慮に入れる。

■**連続体** continuum [*pl*. continua, continuums]
コンパクトな連結集合。通常少なくとも2点を含むことを定義に含めるが、これは無限個の点を含むことを意味する。(有理数と無理数を合わせた)すべての実数は**実数連続体**とよばれる。実数の任意の閉区間は連続体である。連続体が閉区間に同相であるための必要十分条件は、それが2点以上の非カット点を含まないことである［→ カット］。

■**連続体仮説** continuum hypothesis
1878年にカントールによって提示されたつぎのような予想。

実数全体の集合（実数連続体）のすべての無限部分集合は、整数全体の集合または実数全体の集合のいずれかと等しい濃度をもつ。

さらに一般に、任意の無限濃度 $\aleph$ に対して、$\aleph$ より大きい最小の濃度は $2^\aleph$ であるという仮説を**一般連続体仮説**という。現在では集合論の公理と独立であることが証明されている。→ コーヘン

■**連続変換** continuous transformation
→ 連続関数

■**連続変形** continuous deformation
収縮、ねじるなどの、ちぎることのない変形である。専門的には、対象 A から対象 B への**連続変形**とは、A から B の上への連続写像 $T(p)$ のことであり、次の条件をみたす。$0 \leq t \leq 1$ である実数 t と A 上の点 p の双方に関して連続で、$F(p, 0)$ は A の恒等写像であり、$F(p, 1)$ は $T(p)$ と一致する写像 $F(p, t)$ が存在する。

この定義によれば、平面上の円は連続的に点に変形できる。しかし、輪環面の外周に沿った円は、輪環面から離れることなく、すなわち、$F(p, t)$ のすべての値が輪環面上にあるようにして、点や輪環面上の小さな円に変形することはできない。連続変形においては、複数の点を結合しない（すなわち、上の関数 $F(p, t)$ が各 t について1対1対応である）ことを仮定することがある。このとき平面上で、円は正方形に連続的に変形できるが、点や8の字には変形できない。また1点を除いた球面は、円板（円とその内部を含んだもの）には連続的に変形できるが、柱面や球面にはできない。位相空間 A から位相空間 B への2つの写像 T_1, T_2 が互いに連続変形できるとは、次の条件をみたす B 上に値をとる関数 $F(x, t)$ が存在するときである。(1) $0 \leq t \leq 1$ である実数 t と、A 上の点 x の双方に関して連続である。(2) A のすべての点 x に対して、$F(x, 0) = T_1(x)$, $F(x, 1) = T_2(x)$ である。2つの写像が**ホモトープ**であるとは、それらが互いに連続変形できるときである。もし B が A に含まれ、T_1 が A から A への恒等写像であるとする。このとき T_1 を T_2 に連続変形できるならば、T_2 は A から T_2 の像への連続変形（上の意味で）になる。→ 非本質的

■**連続変形曲線（曲面上の）** path curve of continuous surface deformation
→ 曲面上の連続変形曲線

■**連分数** continued fraction
ある数と分数の和の形にかかれた式で、その分数の分母が、また、ある数と分数の和の形にかかれており、…、という形の式のこと、つまり、

$$a_0 + \cfrac{b_1}{a_1 + \cfrac{b_2}{a_2 + \cfrac{b_3}{a_3 + \cfrac{b_4}{a_4 + \cdots}}}}$$

という形の式のことをいう。紙面の節約のため、

$$a_0 + \frac{b_1}{a_1 +} \frac{b_2}{a_2 +} \frac{b_3}{a_3 +} \frac{b_4}{a_4 +} \cdots$$

という略記法がよく用いられる。連分数は、無限個の項をもつ場合も、有限個の項しかもたない場合もある。前者の場合には**無限連分数**といい、後者の場合には**有限連分数**という。無限連分数において、数列 $\{a_n\}$, $\{b_n\}$ が周期性をもつ（任意の $i \geq 0$ に対して $a_{m+k+i} = a_{m+i}$,

$b_{m+k+j} = b_{m+i}$ が成立するような m と k が存在する)とき，この連分数は**循環的**あるいは**周期的**であるといわれる．

$$r_n = a_0 + \cfrac{b_1}{a_1 + \cdots + \cfrac{b_n}{a_n}}$$

のことをもとの無限連分数の**第 n 近似分数**という．数列 $\{r_n\}$，つまり，数列

$$a_0,\ a_0 + \frac{b_1}{a_1},\ a_0 + \cfrac{b_1}{a_1 + \cfrac{b_2}{a_2}},\ a_0 + \cfrac{b_1}{a_1 + \cfrac{b_2}{a_2 + \cfrac{b_3}{a_3}}},\ \ldots$$

が収束するとき，もとの連分数は**収束する**といい，その極限値のことを，この連分数の**値**という．また，b_1/a_1，b_2/a_2 などのことを**部分商**とよぶ．

■**連分数の収束項**　convergent of a continued fraction
　有限の段階で終わっている連分数(の個々の項)．→ 連分数

■**連立 1 次方程式の解法**　solution of a system of linear equations
　→ 連立 1 次方程式の無矛盾性，クラメルの公式，消去

■**連立 1 次方程式の係数行列式**　determinant of the coefficients of a set of linear equations
　n 個の未知数の n 個の線型方程式に対し，i 行 j 列成分に i 番目の方程式の j 番目の変数(変数はそれぞれの方程式で同じ順番に並べる)の係数を対応させることによりつくられた行列式．この行列式は，もし方程式の個数が未知数の個数に一致しないときは定義されない [→ 係数行列]．左の連立方程式の行列式は右の式である．

$$\begin{cases} 2x + 3y - 1 = 0 \\ 4x - 7y + 5 = 0 \end{cases} \qquad \begin{vmatrix} 2 & 3 \\ 4 & -7 \end{vmatrix}$$

■**連立 1 次方程式の無矛盾性**　consistency of linear equations
　2 変数 1 次方程式は平面上の直線の方程式である．したがって 1 つの方程式は無数の解をもつ．2 つの方程式は，それらが相異なり，しかも交叉する 2 つの直線を表すとき，ただ 1 つの解をもつ．もし 2 本の直線が平行ならば解は存在せず，2 本の直線が一致すれば無数の解が存在する．これらは以下の議論における 3 つの場合に対応する．連立方程式

$$\begin{cases} a_1 x + b_1 y = c_1 \\ a_2 x + b_2 y = c_2 \end{cases}$$

を考えよう．ここに a_1, b_1 のどちらか一方は 0 でなく，a_2, b_2 のどちらか一方も 0 ではないとする．第 1 の式に b_2 をかけ，第 2 の式に b_1 をかけ，その結果の式の差をとれば

$$(a_1 b_2 - a_2 b_1) x = b_2 c_1 - b_1 c_2$$

となる．同様にして

$$(a_1 b_2 - a_2 b_1) y = a_1 c_2 - a_2 c_1$$

行列式を用いれば

$$x \begin{vmatrix} a_1 & b_1 \\ a_2 & b_2 \end{vmatrix} = \begin{vmatrix} c_1 & b_1 \\ c_2 & b_2 \end{vmatrix}$$

$$y \begin{vmatrix} a_1 & b_1 \\ a_2 & b_2 \end{vmatrix} = \begin{vmatrix} a_1 & c_1 \\ a_2 & c_2 \end{vmatrix}$$

と書ける．次の 3 つの場合が考えられる．
　I．係数行列式 $\begin{vmatrix} a_1 & b_1 \\ a_2 & b_2 \end{vmatrix}$ が 0 でなければ，それで両辺をわることができ，x と y の値は一意に定まる．よって連立方程式は独立で無矛盾である．連立方程式

$$\begin{cases} 2x - y = 1 \\ x + y = 3 \end{cases}$$

はこの方法で，

$$\begin{cases} 3x = 4 \\ 3y = 5 \end{cases}$$

と変形され，一意の解 $x = \dfrac{4}{3}$，$y = \dfrac{5}{3}$ を得ることができる．
　II．係数行列式が 0 で，x の(あるいは y の)係数を定数項でおきかえた行列式の少なくとも一方が 0 でないとき，解は存在しない．すなわち連立方程式は矛盾している．連立方程式

$$\begin{cases} 2x - y = 1 \\ 4x - 2y = 3 \end{cases}$$

は

$$\begin{cases} 0 \cdot x = 1 \\ 0 \cdot y = 2 \end{cases}$$

と変形され，したがって解をもたない．
　III．3 つの行列式がすべて 0 の場合，方程式は

$$\begin{cases} 0 \cdot x = 0 \\ 0 \cdot y = 0 \end{cases}$$

となる．連立方程式は矛盾しないが独立ではない．連立方程式

$$\begin{cases} x - y = 1 \\ 2x - 2y = 2 \end{cases}$$

はこの場合にあたり，無数の (x, y) の組が方程

式をみたす.

3変数1次方程式は空間中の平面の方程式である. したがって1つの方程式は無数の解をもつ. 3変数の2個の連立方程式は, それらが平行な平面を表し解をもたない場合と, それらが直線で交わる2平面を表すとき, あるいはそれらが同一の平面を表すときの無数の解をもつ場合の3つの場合がある. 3変数3連立方程式

$$\begin{cases} a_1x+b_1y+c_1z=d_1 \\ a_2x+b_2y+c_2z=d_2 \\ a_3x+b_3y+c_3z=d_3 \end{cases}$$

から2変数を同時に消去することにより

$$Dx=K_1, \quad Dy=K_2, \quad Dz=K_3$$

を得る. ここに D は係数行列式, K_1, K_2, K_3 は D においてそれぞれ a の列, b の列, c の列を d の列でおきかえて得られる行列式を表す. この場合も次の3つの場合がおこる.

Ⅰ. $D \neq 0$ のとき, 各式を D でわることにより, 一意的な解の組 x, y, z を得る. すなわち, もとの3つの方程式は1点で交わる3つの平面を表し, 連立方程式は無矛盾でかつ独立である.

Ⅱ. $D=0$ かつ K_1, K_2, K_3 のいずれかが0でないとき, 連立方程式は解をもたない. 3つの平面は共有点をもたず, 連立方程式は矛盾している.

Ⅲ. $D=0$ でかつ $K_1=K_2=K_3=0$ のとき, さらに次の3つの場合に分かれる.

a) D のある2次の部分行列式が0でないときは, 連立方程式は無数の解をもつ. 3つの平面(各式の軌跡)は1つの直線で交わり, 連立方程式は無矛盾である.

b) D のどの2次の部分行列式も0で, K_1, K_2, K_3 のどれかに0でない2次の小行列式が含まれているとき, 平面は互いに平行であり, 少なくとも一組の同一平面でない2つの平面がある. このとき連立方程式は矛盾している.

c) D, K_1, K_2, K_3 のすべての2小行列式が0のとき, 3つの平面は一致し, 連立方程式は無矛盾である(しかし独立でない).

一般に n 変数 m 連立1次方程式の場合は行列の階数を考えることにより, うまく取り扱うことができる[→ 行列の階数]. 連立方程式が無矛盾であるための必要十分条件は, 係数行列の階数と**拡大**行列の階数が一致することである. 連立方程式の定数項がすべて0であるとき(同次方程式の場合), 自明な解(すべての変数が0)が存在する. m 変数 n 連立同次1次方程式の場合

(1) $n<m$ ならば連立方程式は自明でない解(すなわちすべてが0ではない解)をもつ.

(2) $n=m$ のとき, 連立方程式が自明でない解をもつための必要十分条件は, その係数行列式が0となることである.

(3) $n>m$ のとき, 連立方程式が自明でない解をもつための必要十分条件は, その係数行列の階数が m より小さいことである. これらは m 変数 n 連立1次方程式において, その定数項がすべて0である特別な場合の結果である.

■**連立微分方程式** simultaneous (systems of) differential equations

関数の従属変数を含む, 2つ以上の微分方程式よりなる系. 解はそれらすべての微分方程式をみたさなければならない.

■**連立不等式** simultaneous inequalities

全変数について, 同時に考えたとき矛盾を生じないような2つ以上の不等式の組. 連立不等式 $x^2+y^2<1$, $y>0$ は原点を中心とする単位円の内部にあり, かつ x 軸より上方にある点全体の集合を解の集合とする. 凸多角形または凸多面体の内部は適当な連立1次不等式(多角形の場合は2変数, 多面体の場合は3変数)の**グラフ**(または**解集合**)である.

■**連立方程式** simultaneous equations

全変数について同時に考えたとき矛盾しないような方程式の組.

例えば, $x+y=2$ と $3x+2y=5$ は連立1次方程式であり, $x=1, y=1$ が解であるが, これはこれら2つの方程式のグラフである2直線の交点の座標に等しい. 2変数の2つの多項式からなる連立方程式の解の個数は, 無限大の解も許して数えるとき, 2つの多項式に共通因子がなければそれらの次数の積に等しい. 例えば, (1)連立方程式 $y=2x^2$, $y=x$ は $(0,0)$ と $\left(\dfrac{1}{2}, \dfrac{1}{2}\right)$ を解にもつ. (2)連立方程式 $y-2x^2=0$, $y^2-x=0$ は2つの実数解と2つの虚数解をもつ. 各方程式が線型である(すなわち, どの変数についても1次である)連立方程式を**連立1次方程式**という. [類]方程式系[→ 連立1次方程式の無矛盾性].

ロ

60進法　sexagesimal system of numbers
10のかわりに60を基底にした数体系．→ 基底（数の表現における），バビロニアの数字

ロクソドローム　loxodrome
＝斜航螺線．

6面体　hexahedron [*pl.* hexahedrons, hexahedra]
6面を有する多面体．凸のものは全部で7種の型がある．

ロジスティック曲線　logistic curve
$y=k/(1+e^{a+bx})$，$b<0$の形の方程式が描く曲線．$x=0$におけるyの値は
$$k/(1+e^a)$$
また$x\to\infty$のとき$y\to k$．xが増加するときのyの増分は，$1/y$の増分のその初期値との差が対応する$1/y$と初期値$1/k$との差に比例するように増える．**パール-リード曲線**の名でも知られている．これは，**成長曲線**として知られる曲線の一種である．

ロジスティックス　logistics
輸送，供給，宿営などの軍事技術（ならびに科学）．線型計画法やゲームの理論などの数学的原理にもとづき研究される．

ロジスティック螺線　logistic spiral
＝対数螺線．

ロス，クラウス・フレデリック　Roth, Klaus Friedrich (1925—)
イギリスの整数論の大家でフィールズ賞の受賞者 (1958年)．→ トゥエ-ジーゲル-ロスの定理

ロドリーグ，ベンジャミン・オリンド　Rodrigues, Benjamin Olinde (1795—1850)
フランスの経済学者で数学の早期教育の改革者．

ロドリーグの公式　Rodrigues formula
等式
$$P_n(x)=\frac{1}{2^n n!}\frac{d^n}{dx^n}(x^2-1)^n$$
をロドリーグの公式という．ただし，P_nは**ルジャンドルの多項式**．なおこれを拡張して，直交多項式系のn次式をn回導関数で表す一般公式を，同じ名でよぶこともある．

ロドリーグの方程式　equations of Rodrigues
曲面Sの曲率を特徴づける直線の方程式
$$dx+\rho dX=0,\ dy+\rho dY=0,\ dz+\rho dZ=0$$
のこと．ただし，関数ρは曲率のその直線方向での法曲率の半径である．

ロバスト統計量　robust statistics
仮説検定では多くは，ある分布が正規であるという仮定に基づいている．もしも推測がこの仮定から離れても，また少数のデータや手順の誤りによってもあまり影響を受けないとき，すなわち母集団が正規分布から大きく離れていても，検定の**有意水準**や**検出力**がごくわずかしか変化しないとき，その検定は**ロバスト**（頑丈）とよばれる．もっと一般に，ある統計手順がロバストとは，その検定法の基礎になる仮定から少々外れてもあまり敏感でなく，大きなずれに対しても破局的にならないことである．統計学者は永年その種の問題を考えてきたが，ロバスト統計の理論は比較的新しい．ロバストという語が使われるようになったのは，1953年である．→ 仮説検定

ロバチェフスキー，ニコライ・イヴァノヴィッチ　Lobachevski, Nikolai Ivanovich (1792—1856)
ロシアの幾何学者．ボリャイと独立に，非ユークリッド幾何学の体系を初めて発表した．→ 非ユークリッド幾何学，ボリャイ

ロバン，ヴィクトル・ギュスタフ　Robin, Victor Gustave (1855—1897)
フランスの解析および応用数学者．

■**ロバン関数** Robin's function
　境界面 S の領域 R と R の内部の点 Q に対して，**ロバン関数** $R_{k,h}(P,Q)$ とは $R_{k,h}(P,Q) = 1/(4\pi r) + V(P)$ の形の関数をいう．ただし，r は P と Q の距離を表し，$V(P)$ は調和で，S 上 $k\partial R_{k,h}/\partial n + hR_{k,h} = 0$ であるとする．ポテンシャル論における第3境界値問題（ロバン問題）の解は
$$U(Q) = \int_S f(P) R_{k,h}(P,Q)\, d\sigma_P$$
と表される．→ グリーン関数，第3境界値問題

■**ロピタル，ギュヨーム・フランソワ・アントワーヌ・デ（サン・メーム侯爵）** L'Hôpital (L'Hôspital, Lhospital とも綴る), Guillaume François Antoine de (1661—1704)
　フランスの解析学および幾何学者．微分学として最初の教科書の著者．→ 最短降下線

■**ロピタルの法則** L'Hôpital's rule
　つぎのような**不定形**を評価するための法則（実際の発見者はヨハン・ベルヌイで，俸給の替わりとしてロピタルに与えられた）．
$$\lim_{x \to a} f(x) = \lim_{x \to a} F(x) = 0$$
または $\lim_{x \to a} |f(x)| = \lim_{x \to a} |F(x)| = +\infty$
のとき，f と F の導関数 f' と F' に対して，x が a に近づくに従って，$f'(x)/F'(x)$ がある極限値に近づくならば，$f(x)/F(x)$ も同じ極限値に近づく．例えば $f(x) = x^2-1$, $F(x) = x-1$, $a=1$ とすると $f(a)/F(a)$ は 0/0 型の不定形であり，また，
$$\lim_{x \to 1} f'(x)/F'(x) = \lim_{x \to 1} 2x = 2$$
より，この値が $\lim_{x \to 1}(x^2-1)/(x-1)$ となる．ロピタルの定理の証明には，a のある近傍 U が存在して，f と F は a 以外の U の点では微分可能，かつ f' と F' がともに 0 となる U の点は存在しないという仮定が必要である．→ 微分法の平均値の定理

■**ロビンソン，アブラハム** Robinson, Abraham (1918—1974)
　ドイツに生まれ，イギリス，カナダ，イスラエル，アメリカと移り住んだ．論理学者，数学者（代数，解析，関数解析），流体力学者であり，超準解析を創始した．

■**ローマ数字** Roman numerals
　ローマ人が筆記体で自然数を表すのに用いた表記法．I は 1, V は 5, X は 10, L は 50, C は 100, D は 500, M は 1000 をそれぞれ表す．すべての自然数を次のようにして表す．10 までの整数 I, II, III, IIII または IV, V, VI, VII, VIII, IX, X, 10 の倍数：X, XX, XXX, XL, L, LX, LXX, LXXX, XC, 100 の倍数：C, CC, CCC, CD, D, DC, DCC, DCCC, CM.

■**ローラン，ポール・マシュー・エルマン** Laurent, Paul Matthieu Hermann (1841—1908)
　フランスの解析学者．ローラン級数によって有名．この級数はテイラー級数を一般化したものである．

■**ローラン級数** Laurent series
　→ ローラン展開（解析関数の）

■**ローラン展開（解析関数の）** Laurent expansion of an analytic function
　f が複素数平面上の同心円環 $a < |z-z_0| < b$ において解析的であるとする．このとき，f はその円環において次式のような双方向ベキ級数で表される．
$$f(z) = \sum_{-\infty}^{\infty} a_n (z-z_0)^n$$
この級数を f の z_0 のまわりの**ローラン展開**または**ローラン級数**とよぶ．係数 a_n は次式で与えられる．
$$a_n = \frac{1}{2\pi i} \int_C (\zeta - z_0)^{-n-1} f(\zeta)\, d\zeta$$
ここに，C は円環内の内側の円 $|z-z_0| = a$ を囲むような，長さ有限の単純閉曲線である．
　ここで $a_n \neq 0$ である負の n の項が有限個ならば，f は z_0 で**極**をもつといい $\sum_{-\infty}^{-1} a_n (z-z_0)^n$ を f の z_0 における展開の**主要部**という．→ 解析関数の特異点

■**ロル，ミツェル** Rolle, Michel (1652—1719)
　フランスの解析，代数および幾何学者．

■**ロルの定理** Rolle theorem
　連続曲線が x 軸と 2 点で交わり，かつその 2 点を結ぶこの曲線の切片のどの点における接線の勾配も有限であるとき，その曲線の切片上の

少なくとも1点において，その点での接線の傾きが x 軸と平行である．より正確にいえば次のようになる．f を $a \leq x \leq b$ において連続な関数とし，$f(a)=f(b)=0$ かつ区間 (a, b) のすべての点において微分可能であるとき，f' はこの区間内のある点を零点にもつ（a または b または a, b の両方を零点にもってよい）．例えば，正弦 (sin) 曲線は x 軸と原点および $x=\pi$ で交わり，$x=\dfrac{\pi}{2}$（ラジアン）において x 軸と平行な接線をもつ．

■**ロンスキー，ヨセフ・マリア** Wronski (または，Hŏené-Wronski), Josef Maria (1778—1853)

解析学者，哲学者，物理学者，組合せ論の専門家．ポーランドで生まれ，フランスに住んだ．

■**ロンスキアン** Wronskian

n 個の関数 $u_1, u_2, \cdots, u_n$ の**ロンスキアン**とは，行列式

$$\begin{vmatrix} u_1 & u_2 & \cdots & u_n \\ u_1' & u_2' & \cdots & u_n' \\ \cdots\cdots\cdots\cdots\cdots \\ u_1^{(n-1)} & u_2^{(n-1)} & \cdots & u_n^{(n-1)} \end{vmatrix}$$

をいう．**ロンスキー行列式**ということが多い．ロンスキアンが，恒等的には0となっていないならば，これら n 個の関数は**1次独立**である．これに対して，ロンスキアンが区間 (a, b) において恒等的に0のとき，区間 (a, b) において**1次従属**となるのは，次の場合に成立する．$u_1, u_2, \cdots, u_n$ が解析関数であるとき，あるいは $u_1, u_2, \cdots, u_n$ の $n-1$ 次導関数が連続で，しかも，これらが，次の形の微分方程式

$$p_0 \frac{d^n y}{dx^n} + p_1 \frac{d^{n-1}y}{dx^{n-1}} + \cdots + p_{n-1} \frac{dy}{dx} + p_n y = 0$$

（関数 p_i は区間 (a, b) で連続，p_0 は (a, b) の各点で $\neq 0$）の解となる．

実際，この微分方程式の n 個の解は，そのロンスキアンが (a, b) のある点で0ならば，1次従属で，ロンスキアンは区間 (a, b) で恒等的に0となる．

■**論理積** conjunction of propositions

2つの命題が"かつ"で結ばれてできる命題．例えば"本日は水曜である"という命題と"私の名前はハリーである"という命題の論理積は"本日は水曜で，私の名前はハリーである"となる．命題 p と q の論理積は通常 $p \land q$ あるいは $p \cdot q$ とかき，"p かつ q"と読む．p と q の論理積は p, q ともに真である場合にのみ真となる．→ 論理和

■**論理における分配則** distributive properties of logic

論理和（$\lor$）に対する論理積（$\land$）の分配則
$$p \land (q \lor r) \Leftrightarrow (p \land q) \lor (p \land r)$$
と，論理積に対する論理和の分配則
$$p \lor (q \land r) \Leftrightarrow (p \lor q) \land (p \lor r)$$
のこと．→ 論理積，論理和

■**論理和** disjunction of propositions

与えられた2つの命題を"または"によって結ぶことによってできる命題．それゆえ，与えられた命題の中，1つでも真であるなら，論理和は真となり，両方とも偽の場合にのみ，論理和は偽となる．例えば"2・3=7"と"名古屋は愛知県にある"の論理和は，真な命題"2・3=7，または，名古屋は愛知県にある"である．"今日は火曜日である"と"今日は元旦である"の論理和は，命題"今日は火曜日であるか，または，今日は元旦である"である．この命題は，今日が火曜日でもなく元旦でもない限り，真である．命題 p と q の論理和を $p \lor q$ と書き"p または q"と読む．これは普通の意味の論理和である．論理和にはこのほかに，p と q のうち片方のみが真のとき真となる，**排他的論理和**といわれるものがある．→ 論理積

ワ

■和　sum

2つ以上の要素の**和**とは，**加法**とよばれる演算によってそれらの要素から定まる結果をいう．加法とよばれる演算は，普通は累積のある操作に（ときにはわずかに）関係する．例えば，$2+3=5$ は，2つの集合の一方が2つのものを含み，もう一方が3つのものを含むとき，この2つの集合を合せると5つのものを含む集合が生ずることに関係する．それぞれが力を表すいくつかのベクトルの和は，個々の力のすべてが，同時に働くときの結合力と同値な力を表すベクトルに等しい．

■和（角の）　addition of angles
→ 角の和

■和（実数の）　sum of real numbers
→ 実数の和

■和（t 位の）　sum of order t

a_i がすべて正数であるときの $(\sum a_i^t)^{1/t}$．これと類似の t 位の平均の定義については，移動平均を参照．

■和（テンソルの）　addition of tensors
→ テンソルの和と差

■和（複素数の）　sum of complex numbers
→ 複素数

■ワイエルシュトラス，カール・テオドル・ウィルヘルム　Weierstrass, Karl Theodor Wilhelm (1815—1897)

ドイツの解析学の大家．1854年に高校教師であった折の論文が認められ，それに対してケーニヒスベルグ大学から名誉学位が授けられた．1856年にベルリン大学教授となった．彼は複素変数の解析関数を，ベキ級数によって定義し，連続性の概念，実数系，実変数および複素変数の関数論，アーベル積分，楕円関数，変分法などに寄与した．

■ワイエルシュトラスの一様収束に関する M 判定法　Weierstrass M-test for uniform convergence

関数列 $f_1(x)$, $f_2(x)$, $\cdots$ に対して，区間 (a, b) 上で $|f_n(x)| \leq M_n$ $(n=1, 2, \cdots)$ をみたし，しかも，$\sum M_n$ が収束するような数列 $M_1, M_2, \cdots$ が存在するならば，$\sum f_n$ は (a, b) 上で一様収束する．例えば，列 $x, x^2, x^3, \cdots$ は区間 $\left(0, \dfrac{1}{2}\right)$ 上で $|x^n| \leq \left(\dfrac{1}{2}\right)^n$ $(n=1, 2, \cdots)$ をみたし，しかも $\sum \left(\dfrac{1}{2}\right)^n$ は収束する．よって，$\sum x^n$ は $\left(0, \dfrac{1}{2}\right)$ 上で一様収束する．

■ワイエルシュトラスの近似定理　Weierstrass approximation theorem

1実変数の連続関数は，閉区間上で，多項式によっていくらでも近似できるという定理．すなわち，f を閉区間 $[a, b]$ 上で連続な関数とするとき，任意の $\varepsilon>0$ に対して，$[a, b]$ において
$$|f(x)-p(x)|<\varepsilon$$
をみたす多項式 $p(x)$ が存在する．＝多項式近似定理．→ ストーン-ワイエルシュトラスの定理，ベルンシュタインの多項式

■ワイエルシュトラスの楕円関数　Weierstrass elliptic functions

$S=4t^3-g_2t-g_3=4(t-e_1)(t-e_2)(t-e_3)$, $z=\int_y^\infty S^{-\frac{1}{2}}dt$ とするとき，$y=p(z)$ で定義される p 関数およびその導関数 $p'(z)=\sqrt{4p^3-g_2p-g_3}$ のこと [→ ペー関数]．これらの関数は，K, K' をヤコビの楕円関数の項で定義された量，$\omega_1=K(e_1-e_3)^{-\frac{1}{2}}$, $\omega_2=iK'(e_1-e_3)^{-\frac{1}{2}}$ としたとき，周期が $2\omega_1, 2\omega_2$ であるような2重周期関数である [→ ヤコビの楕円関数]．すべての楕円関数 $f(z)$ は，$f(z)$ と同じ周期をもつ $p(z)$ の有理関数と $p'(z)$ の積で表すことができる．さらに sn z をヤコビの楕円関数とすると，
$$p(z)=e_3+(e_1-e_3)\left[\operatorname{sn}\left\{z(e_1-e_3)^{\frac{1}{2}}\right\}\right]^{-2}$$
であり，また $\Omega_{m,n}=2m\omega_1+2n\omega_2$ とすると，

$$p(z) = \frac{1}{z^2} + \sum_{m,n} \left\{ \frac{1}{(z-\Omega_{m,n})^2} - \frac{1}{\Omega_{m,n}^2} \right\}$$

である．ここで和は，$m=n=0$ 以外のすべての整数値の対 (m, n) に対してとる．

■**ワイエルシュトラスの定理**　theorem of Weierstrass
→ ワイエルシュトラスの方程式

■**ワイエルシュトラスの必要条件**　Weierstrass necessary condition
《変分法》
$$\int_{x_1}^{x_2} f(x, y, y') dx$$
を最小にする関数 y がみたさねばならない条件．すなわち，$(x, y, Y') \neq (x, y, y')$ ならば，
$$E(x, y, y', Y') \geq 0.$$
ただし，
$$E = f(x, y, Y') - f(x, y, y') - (Y' - y') f_{y'}(x, y, y')$$
である．
ルジャンドルの必要条件 $f_{y'y'}(x, y, y') \geq 0$ は，これから得られる．→ オイラーの方程式，変分法，ルジャンドルの必要条件

■**ワイエルシュトラスの方程式**　equations of Weierstrass
等温表現における，すべての実極小曲面の座標関数に対する次の積分表現をいう．
$$x = R \int (1 - u^2) \phi(u) du$$
$$y = R \int i(1 + u^2) \phi(u) du$$
$$z = R \int 2u \phi(u) du$$
ここで，R は関数の実部を表す．例えば，常螺旋面は $\phi(u) = ik/2u^2$（k は定数）とおくことによって得られる．ワイエルシュトラスの方程式は，エンネパの方程式において，u と v，ϕ と ϕ を互いに共役な複素数とおけば得られる［→ エンネパの方程式］．等温表現で与えられた曲面が，極小曲面であるための必要十分条件は，その座標関数が調和関数である，というワイエルシュトラスの定理によって，関数 x, y, z は調和関数となる．→ エンネパの曲面，シェルクの曲面，ヘンネベルクの曲面

■**ワイエルシュトラスの予備定理**　Weierstrass preparation theorem
$F(x_1, \cdots, x_n)$ は変数 $x_1, \cdots, x_n$ の**形式的ベキ級数**で，定数項をもたず，変数 x_1 だけの項の最小次数は k であるとする．このとき，定数項をもった形式的ベキ級数 E と，一意的に
$$G = x_1^k + x_1^{k-1} G_1 + x_1^{k-2} G_2 + \cdots + G_k$$
と表される式（各 G_i は変数 $x_2, x_3, \cdots, x_n$ の形式的ベキ級数で，定数項を含まない）が存在し，$F = GE$ が成り立つという定理．収束するベキ級数に対する類似の定理も同じ名でよばれる．

■**歪エルミート行列**　skew Hermitian matrix
行列の共役転置行列に，-1 を乗じたもののこと，a_{ij} を i 行 j 列の成分とするとき，すべての i および j に対し，a_{ij} が $-a_{ji}$ の共役複素数となる正方行列のこと．

■**歪曲線**　skew curve
= ねじれ曲線．

■**y 軸**　y-axis
→ 直角座標

■**歪対称行列**　skew-symmetric matrix
→ 交代行列

■**歪対称ディアディック**　antisymmetric dyadic
→ ディアッド

■**歪対称テンソル**　skew-symmetric tensor
→ 交代テンソル

■**歪度**　skewness
《統計》平均のまわりの分布に対称性が欠けていること，およびその割合．歪度の測り方は数種ある．普通に使われるのは μ_3/σ^3 である．ここに μ_3 は平均のまわりの 3 次のモーメントであり，σ^2 は分散，すなわち平均のまわりの 2 次のモーメントである．しかし $\mu_3 = 0$ であっても，分布が対称から大きく外れていることもありうる．

■**ワイル，ヘルマン**　Weyl, Hermann (1885–1955)
オーストリア生まれ，ドイツで活躍し，米国に移住した数学者，哲学者．群表現やリーマン

面に関する基本的仕事をした．代数のみならず，数論，量子力学，相対性理論，位相，数学基礎論への業績がある．

■**ワインガルテン，ヨハネス・レオナルト・ゴットフリート・ユリウス** Weingarten, Johannes Leonard Gottfried Julius（1836—1910）
　ドイツの応用数学者，微分幾何学者．

■**ワインガルテン曲面** Weingarten surface
　主曲率半径の一方が他方の関数となっているような曲面．例えば，全曲率が一定値の曲面や，平均曲率が一定値の曲面は，ワインガルテン曲面である．＝W曲面．

■**湧き出し** source
　流体力学，ポテンシャル論などにおいて，流体によって占有される領域に向かって流体の湧き出る点のことを意味する．流体の流れがこの逆である点は**吸い込み**とよばれる．数学的には発散量に対する正負の点源である．

■**和集合** union of sets
　集合族の和集合とは，与えられた集合の少なくとも1つに含まれる要素全体の集合．例えば，A, B, C を要素とする集合と，B, D を要素とする集合の和集合は，A, B, C, D を要素とする集合である．2つの集合 U, V の和集合は，通常 $U \cup V$ と表される．＝結び，合併集合，和．

■**ワット** watt
　仕事率を測る単位．1ボルトの電位差のある所に1アンペアの電流を流すのに必要な仕事率．約 $\frac{1}{736}$ 馬力（イギリス，アメリカ）．1950年まで使用された**国際ワット**は，**国際アンペア**と**国際ボルト**によって定義され，**絶対ワット**とは，わずかに異なっていた．絶対ワットは，毎秒 10^7 エルグ（1ジュール）の仕事率と等しく，現在ではこれが国際単位系のワットである．

■**ワット，ジェイムズ** Watt, James（1736—1819）
　イギリスの技術者，発明家．

■**ワット時** watt-hour
　電力を測る単位．1ワットの仕事率が，1時間でなす仕事量．36×10^9 エルグ＝3600ジュールに等しい．

■**和と差の積** product of the sum and difference of two quantities
　因数分解のときに使われる $(x+y)(x-y)$ の形の積で，x^2-y^2 に等しい．

■**ワーリング，エドワード** Waring, Edward（1734—1798）
　イギリスの代数学者，数論の研究家．なお日本ではドイツ風にワーリングとよぶことが多いが，原音はウェヤリングが近い．

■**ワーリングの問題** Waring's problem
　1770年にワーリングによって提示された次の問題．任意の正の整数 n に対して，どのような整数もたかだか $g(n)$ 個の負でない整数の n 乗数の和で表されるような，最小の整数 $g(n)$ が存在する．この問題は1909年にヒルベルトによって証明された．ラグランジュは，1770年に $g(2)=4$，すなわち任意の正整数が4個以下の平方数の和で表されること，および $4n+1$ の形の素数は，2個の平方数の和に1通りに表されることを証明した．オイラーは $n \geq 2$ のとき，A を $(3/2)^n$ より小さい最大の整数として $g(n)=2^n+A-2$ を予想した．オイラーの予想が正しくないのはたかだか有限個の n に対してであり，そのどの n も471600000より大きい．例えば $g(3)=9$, $g(4)=19$, $g(5)=37$, $g(6)=73$, $g(7)=143$ である．有限個の整数を除いて，任意の整数が $G(n)$ 個以下の n 乗数の和で表されるという最小の整数を $G(n)$ とすると，$G(3) \leq 7$, $G(4)=16$ である．→3個の平方定理

■**ワンツェル，ピエール・ロラン** Wantzel, Pierre Laurent（1814—1848）
　フランスの代数学者，幾何学者．→角の3等分

付　　録

単位・名数
数学記号
　算数・代数・数論
　三角関数・双曲線関数
　幾　何
　解　析
　論理・集合論
　トポロジー・抽象空間
　統　計
微分公式
積分公式
ギリシャ文字

単位・名数

長　さ

1 ポイント (point) [印刷] ＝0.013837 インチ
1 インチ (inch : in.) ＝2.54 センチメートル
1 ハンド (hand) ＝4 インチ
1 パーム (palm) ＝3 インチ [ときには 4 インチ]
1 スパン (span) ＝9 インチ
1 フィート (foot ; feet ; ft) ＝12 インチ
1 歩 (pace) [軍用] ＝2.5 フィート
1 ヤード (yard : yd) ＝3 フィート
1 ロッド (rod : rd) ＝5.5 ヤード＝16.5 フィート
1 ハロン (furlong) ＝40 ロッド＝660 フィート
1 マイル (mile) [法定マイルまたは陸上マイル] ＝
　5280 フィート＝320 ロッド＝8 ハロン＝
　1.609344 キロメートル
1 リーグ (league) ＝3 マイル

1 テラメートル (terameter : Tm) ＝10^{12} メートル
1 ギガメートル (gigameter : Gm) ＝10^9 メートル
1 メガメートル (megameter : Mm) ＝10^6 メートル
　＝1000 キロメートル
1 ミリアメートル (myriameter : mym) ＝10^4 メートル＝10 キロメートル
1 キロメートル (kilometer : km) ＝10^3 メートル＝0.62137＋マイル
1 ヘクトメートル (hectometer : hm) ＝100 メートル
1 デカメートル (decameter, dekameter または dam) ＝10 メートル
1 メートル (meter : m) ＝39.3701－インチ＝
　1.09361＋ヤード
1 デシメートル (decimeter : dm) ＝10^{-1} メートル
1 センチメートル (centimeter : cm) ＝10^{-2} メートル
1 ミリメートル (millimeter : mm) ＝10^{-3} メートル
1 マイクロメートル [ミクロン] (micrometer, micron : μm＊) ＝10^{-6} メートル
　＊昔は μ と略記されていたが，現在では μm と書くと決められている．
1 ナノメートル (nanometer : nm) ＝10^{-9} メートル
1 ピコメートル (picometer : pm) ＝10^{-12} メートル
1 フェムトメートル (femtometer : fm) ＝10^{-15} メートル＝1 フェルミ
1 アットメートル (attometer : am) ＝10^{-18} メートル
1 オングストローム (angstrom : Å) ＝10^{-10} メートル＝0.1 ナノメートル
1 天文単位 (astronomical unit : AU) [地球と太陽の間の平均距離＊] ＝ほぼ 1.49597870×10^{11} メートル＝92955807 マイル
　＊現在では重力定数と太陽質量の積をもとに，ケプラーの第 3 法則を用いて再定義され，平均距離は 1,000000031 AU である．
1 光年 (light year) [光が 1 年間に走る距離] ＝ほぼ 9.460528×10^{15} メートル＝5.8785×10^{12} マイル
1 パーセク (parsec) [1 天文単位が 1 秒の角を張る距離] ＝3.0857×10^{16} メートル≒3.26 光年

測量用の単位

1 リンク (link : li) ＝7.92 インチ＝20.12 センチメートル
1 ロッド (rod : rd) ＝25 リンク＝5.5 ヤード
1 チェーン (chain) [測量用＊] ＝4 ロッド＝66 フィート＝100 リンク
　＊工学用チェーンあるいは測量尺は，通例 100 フィートである．
1 マイル (mile) ＝80 チェーン

1 平方ロッド (square rod) ＝625 平方リンク
1 平方チェーン (square chain) ＝16 平方ロッド
1 エーカー (acre) ＝10 平方チェーン＝4047 平方メートル
1 町区 (township) ＝36 平方マイル
1 坪＝1 平方間＝3.31 平方メートル

航海用の単位

1 尋 (ひろ) ＝6 フィート
1 鏈 (れん) ＝1 ケーブル長＝120 尋
1 海里 [旧英国海軍] ＝7.5 鏈＝5400 フィート
1 海里 [現在の国際単位] ＝6076.11549 フィート＝1852 メートル
1 リーグ (league) ＝3 マイル

角の単位

1 秒 (second : ″) ＝1/60 分＝π/648000 ラジアン [＝ほぼ 0.5×10^{-5} ラジアン]
1 分 (minute : ′) ＝60 秒＝π/10800 ラジアン [＝ほぼ 0.3×10^{-3} ラジアン]
1 度 (degree : °) ＝60 分＝0.01745329 ラジアン
全周＝360 度
1 ラジアン (radian) ＝180 度/π＝57 度 17 分 44.806 秒
1 ミル (mil) ＝全周の 1/6400
緯度の 1 度＝ほぼ 69 ミル

面　積

1 平方フィート (square foot) ＝144 平方インチ (square inches)
1 平方ヤード (square yard) ＝9 平方フィート
1 平方ロッド (square rod) ＝30.25 平方ヤード
1 リード (reed) ＝40 平方ロッド
1 エーカー (acre) ＝160 平方ロッド＝43560 平方フィート
1 平方マイル (square mile) ＝640 エーカー
1 アール (are: a) ＝100 平方メートル＝119.599 平方ヤード
1 ヘクタール (hectare: ha) ＝100 アール＝1 平方ヘクトメートル＝2.471 エーカー
1 平方キロメートル (square kilometer: km²) ＝100 ヘクタール
1 バーン (barn: b) ＝10^{-28} 平方メートル＝100 平方フェトメートル［核物理学の有効断面積］

体　積

1 立方フィート (cubic foot) ＝1728 立方インチ (cubic inch)
1 立方ヤード (cubic yard) ＝27 立方フィート
1 パーチ* (perch) ＝24.75 立方フィート
　　*パーチは長さの単位としてはロッド (5.5 ヤード)，面積の単位としては平方ロッドとしても使われる．
1 茶さじ (teaspoonful) ＝1/4 小さじ［薬用］＝1/3 小さじ［料理用］
1 小さじ (tablespoonful) ＝0.5 液体オンス (fluid ounce)
1 パイント (pint) ＝4 ジル (gill) ［液量］
1 クォート (quart) ＝2 パイント［液量］
1 ガロン (gallon) ＝4 クォート＝231 立方インチ
1 立方フィート＝7.48 ガロン
1 バレル (barrel) ＝31.5 ガロン
1 ホグスヘッド (hogshead) ［大樽］＝2 バレル＝63 ガロン
1 クォート (quart) ＝2 パイント［乾量］
1 ペック (peck) ＝8 クォート［乾量］＝537.605 立方インチ
1 ブッシェル* (bushel) ＝4 ペック
　　*米国では 1 ブッシェルは 2150.42 立方インチ，英国では 2218.2 立方インチ，米国での穀物ブッシェルは 2747.715 立方インチである．
1 リットル* (liter: l) ＝1 立方デシメートル＝1000 立方センチメートル＝0.908 クォート［乾量］＝1.0567 クォート［液量］
　　* 1964 年以前には，1 リットルは 1 気圧で最大密度の温度における純水 1 kg の体積と定義されていた．これは 1000.028 cm³ に相当する．

1 キロリットル (kiloliter) ＝1 ステール (stere) ＝1000 リットル＝1 立方メートル
1 ヘクトリットル (hectoliter) ＝100 リットル
1 デカリットル (decaliter) ＝10 リットル
1 デシリットル (deciliter) ＝0.1 リットル
1 センチリットル (centiliter) ＝0.01 リットル
1 ミリリットル (milliliter) ＝0.001 リットル＝1 立方センチメートル

薬剤師の液量

1 ドラム (杯) (fluid dram) ［液量］＝60 ミニム (minim) ＝0.2256 立方インチ
1 流量オンス (fluid ounce) ＝8 ドラム［液量］
1 パイント (pint) ＝16 液量オンス
1 ガロン (gallon) ＝8 パイント＝231 立方インチ

常衡重量

(薬，金，銀，宝石を除くすべての物質の重量に使用される ——— 下記トロイ衡および薬量重量参照)

1 グレイン (grain: gr) ＝64.800－ミリグラム
1 ドラム (dram: dr) ＝$27\frac{11}{32}$ グレイン
1 オンス (ounce: oz) ＝16 ドラム＝437.5 グレイン＝28.3495 グラム
1 ポンド (pound: lb) ＝16 オンス＝7000 グレイン＝256 ドラム＝453.52＋グラム
1 ストーン (stone) ［英国］＝14 ポンド
1 クォーター (quarter) ＝25 ポンド
1 百重 (hundredweight: cwt) ＝100 ポンド＝4 クォーター
1 トン (ton: T) ＝20 百重＝2000 ポンド［正トンまたは小トン］
1 大トン (long ton; gross ton) ＝2240 ポンド
1 鉱山トン (Cornish mining ton) ［コーンウォルの］＝2352 トン

トロイ衡 (金衡) 重量

1 グレイン＝64.800－ミリグラム［常衡と同じ］
1 ペンス重 (pennyweight) ＝24 グレイン
1 (トロイ) オンス (ounce) ＝20 ペンス重＝480 グレイン＝31.104 グラム
1 (トロイ) ポンド (pound) ＝12 (トロイ) オンス＝5760 グレイン＝373.24＋グラム
1 カラット (carat) ＝3.168 グレイン－0.2053 グラム

薬量重量

1 グレイン* (grain) ＝64.800－ミリグラム［常衡と同じ］
1 スクループル (scruple) ＝20 グレイン

1(薬量)ドラム(dram)=3 スクループル=60 グレイン

1(薬量)オンス*(ounce)=8(薬量)ドラム=480 グレイン=31.104 グラム

1(薬量)ポンド*(pound)=12(薬量)オンス=373.24＋グラム
　＊薬量重量のグレイン，オンス，ポンドはトロイ衡と同一である．

メートル法の重量

1 ミリエ(millier)=1 メートルトン(metric ton : t)=1 メガグラム=1000 キログラム=10^6 グラム=2204.623 ポンド

1 キンタル(quintal)=100 キログラム=10^5 グラム=220.46 ポンド

1 ミリアグラム(myriagram)=10 キログラム=10^4 グラム=22.046 ポンド

1 キログラム*(kilogram)=1000 グラム=2.205 ポンド
　＊元来 1 キログラムは 1 気圧，最大密度の温度にある純水 1000 立方センチメートルの質量と規定され，国際原器がつくられたが，現在では国際キログラム原器の質量とされる．なお，グラムの略字は米国（本書の原著）では gr を使うことが多いが，これはグレインとまぎらわしく，現在の SI 単位系では g を使うことになっている．

1 ヘクトグラム(hectogram)=100 グラム=3.527 オンス

1 デカグラム(decagram)=10 グラム=0.353 オンス

1 グラム(gram: g)=10^{-3} キログラム=15.432 グレイン=0.0353 オンス

1 デシグラム(decigram)=10^{-4} キログラム=10^{-1} グラム=1.543 グレイン

1 センチグラム(centigram)=10^{-5} キログラム=10^{-2} グラム=0.154 グレイン

1 ミリグラム(milligram)=10^{-6} キログラム=10^{-3} グラム=0.015 グレイン

1 原子質量単位(atomic mass unit : u)［核種 ^{12}C の 1 原子の質量の 1/12］=1.6605402×10^{-27} キログラム

木材単位

1 コードフィート(cord feet)=16 立方フィート

1 コード(cord)=8 コードフィート=128 立方フィート

1 フィート板単位(ft B. M.)［1 フィート平方で，厚さ 1 インチ（またはそれ以下）の板 1 枚．1 インチ以上の厚さの板では，板単位(B. M.)の数値は，平方フィート単位の面積と，インチ単位の厚さの積とする］

紙単位

1 帖（じょう）(quire)=24 枚

1 部外帖(quire of outsides)=20 枚

1 印刷帖(printer's quire)=25 枚

1 連（れん）(ream)=20 帖

1 小連(short ream)=480 枚

1 大連(long ream)=500 枚

1 印刷連(printer's ream)=21.5 帖=516 枚

1 束(bundle)=2 連

1 印刷束(printer's bundle)=4 連

1 梱（こり）(bale)=10 連

1 羊皮紙巻(roll of parchment)=60 皮(skin)

時間

1 秒(second : s)=ほぼ 1/86400 平均太陽日*
　＊当初は平均太陽日の 1/(24×60×60) と定義された．これを太陽秒とよぶ．これは時とともに変化することがわかり，1956 年に暦表秒として，1900 年 1 月 0 日 12 時（暦表時）における回帰年の 1/31556925.9747 と定義されたが，1967 年に現在の原子秒に変わった．それは ^{133}Cs の基底状態の 2 つの超微細準位間の遷移に対応する放射の 9192631770 周期の継続時間である．sec とも略記するが，SI 単位系の正式略字は s である．

1 分(minute : min)=60 秒

1 時間(hour : h)=60 分=3600 秒

1 日(day)=24 時間=86400 秒

1 週(week)=7 日

1 平年(common year)=365 日

1 閏年(leap year)=366 日

1 年(year)=12 月

1 商用年(commercial year)=360 日

1 恒星年(sideral year)=365.256363 日

1 太陽年(mean solar year, tropical year, equinoctial)［春分点への回帰］=365.242190 日

1 近点年(anomalistic year)=365.259636 日

1 食年(eclipse year)=346.620074 日

1 世紀(century)=100 年

1 十年紀(decade)=10 年

米国の通貨

1 ミリ(mill : m.)=0.1 セント

1 セント(cent : ct または ¢)=10 ミリ

1 ダイム(dime)=10 セント

1 ドル(dollar : $)=10 ダイム=100 セント

1 イーグル(eagle)=10 ドル

1 ニッケル(nickel)=5 セント

1 クォーター(quarter)=5 ニッケル=25 セント

1 ハーフドル(half dollar)＝2 クォーター＝50 セント

その他

1 ダース(dozen)＝12 個
1 グロス(gross)＝12 ダース
1 大グロス(great gross)＝12 グロス
1 スコア(score)＝20 個
1 立方フィートの純水＝62.425 ポンド[最大密度で]
1 ガロンの水＝8.337 ポンド
1 立方フィートの空気＝0.0807 ポンド [1 気圧 0°C で]
g[重力加速度]＝32.174 フィート/秒^2＝9.8066 メートル/秒^2
g[法定重力加速度]＝9.80665 メートル/秒^2
g[赤道上の正規重力]＝9.78032 メートル/秒^2
1 馬力(horse power)[力学；英馬力]＝550 フィート・ポンド/秒＝745.70 ワット
1 馬力[電力]＝746.00 ワット
1 仏馬力＝735.5 ワット＝75 メートル・キログラム重/秒
1 BTU/分＝17.580（絶対）ワット＝778.0 フィート・ポンド/分
1 キロワット時＝3413.0 BTU
1 ワット秒＝1（絶対）ジュール＝1 ニュートン・メートル＝10^7 エルグ
1 国際ジュール＝1.000165（絶対）ジュール
空気中の音速＝1088 フィート/秒＝331.62 メートル/秒 [0°C で]
水中の音速＝4823 フィート/秒＝1.4700 キロメートル/秒 [20°C で]
光速＝186282.397 マイル/秒＝299792.458 キロメートル/秒

数学的定数

e [自然対数の底数]＝2.718281828459045＋
π [円周率]＝3.14159265358979323846264 3＋
$M = \log_{10} e = 0.434294481903252 -$
$1/M = \log_e 10 = 2.30258509299404568402 -$

数学記号

算数・代数・数論

$+$ プラス，正
$-$ マイナス，負
$\pm$ プラスまたはマイナス，正または負
$\mp$ マイナスまたはプラス，負または正
$ab, a \cdot b, a \times b$　a かける b；a と b の積
$a/b, a \div b, a:b$　a わる b；a と b の比
$a/b=c/d$ または $a:b=c:b$　比例：a と b の比は c と d の比に等しい
$=, ::$　等号（:: という記号は旧式である）
$\equiv$　恒等的に等しい；同一
$\neq$　等しくない．
$\cong$ または $\equiv$　合同；近似的に等しい（慣用でない）
$\sim$ または $\frown$　同値；相似
$>$　より大きい；を超える
$<$　より小さい；未満
$\geq$ または $\geqq$　より大きいかまたは等しい；以上
$\leq$ または $\leqq$　より小さいかまたは等しい；以下
$a^n = aaa \cdots$（n 個）累乗
$\sqrt{a}, a^{1/2}$　正の a に対する正の平方根
$\sqrt[n]{a}, a^{1/n}$　a の n 重根，通例 n 重根の主値
a^0　1（$a \neq 0$ のとき）
a^{-n}　a^n の逆数 $1/a^n$
$a^{m/n}$　a^m の n 乗根
( )　丸かっこ；小かっこ
{ }　波かっこ；中かっこ
[ ]　角かっこ；大かっこ
　　　上つき棒；まとめて扱う記号
$a \propto b$　a は b に応じて増減する；a は b に正比例する（めったに使われない）
i（または j）　-1 の平方根，$\sqrt{-1}$，虚数単位；j は物理学（電気工学）において，i が電流を表すときに使われる．数学では i が普遍的に使われる
$\omega_1, \omega_2, \omega_3$ または $1, \omega, \omega^2$　1 の 3 個の立方根
a'　a プライム
a''　a ダブル・プライム；a セコンド
$a^{[n]}$　a に n 個のプライム記号
a_n, a^n　a の下つき n，a の上つき n
xRy　x は y と関係 R を有する
$f(x), F(x), \phi(x)$ など　関数 f, F, ϕ など；あるいはそれらの x での値
$f^{-1}(a)$　f が逆関数をもつときには，逆関数の a における値．そうでないときには，$f(x)=a$ である x の集合

$|z|$　z の絶対値，z の数値，z の大きさ
$\bar{z}, \mathrm{conj}\, z, z^*$　z の共役複素数
$\arg z$　z の偏角，z の位相
$R(z), \mathfrak{R}(z), \mathrm{Re}(z)$　複素数 z の実部；$z = x+iy$ なら $R(z)=x$
$I(z), \mathfrak{I}(z), \mathrm{Im}(z)$　複素数 z の虚部；$z=x+iy$ なら $I(z)=y$
$n!$（または $\lfloor n$）　n の階乗；$0!=1$，$n \geq 1$ のとき $n! = 1 \cdot 2 \cdot 3 \cdots n$
$P(n,r), {}_nP_r$　n 個の対象から r 個をとった順列の個数；$n!/(n-r)! = n(n-1)(n-2)\cdots(n-r+1)$
$\binom{n}{r}, {}_nC_r, C_r^n, C(n,r)$　n 個の対象から r 個とった組合せの個数；$n!/[r!(n-r)!]$，第 $(r+1)$ 2項係数
$|a_{ij}|$　i 行 j 列の要素が a_{ij} である行列の行列式
$(a_{ij}), [a_{ij}], \|a_{ij}\|^*$　i 行 j 列の要素が a_{ij} である行列

* 本文にあるとおり，行列を ‖ ‖ で表すのは昔の記号で，現在では ‖ ‖ は，後述のノルム記号に使うのが慣用である．

$|abc\cdots|$　行列式 $\begin{vmatrix} a_1 & a_2 & \cdots \\ b_1 & b_2 & \cdots \\ \cdots & \cdots & \cdots \end{vmatrix}$

$(abc\cdots), [abc\cdots], \|abc\cdots\|$

行列 $\begin{pmatrix} a_1 & a_2 & \cdots \\ b_1 & b_2 & \cdots \\ \cdots & \cdots & \cdots \end{pmatrix}$ または $\begin{Vmatrix} a_1 & a_2 & \cdots \\ b_1 & b_2 & \cdots \\ \cdots & \cdots & \cdots \end{Vmatrix}$

$\begin{pmatrix} abc\cdots \\ bcd\cdots \end{pmatrix}$ または $(abcd\cdots)$　a を b，b を c，c を $d, \cdots$ にうつす巡回置換

$\mathrm{adj}\, A, [A_{ij}], (A)$　$A=[a_{ij}]$ の随伴行列
$\bar{A}$　行列 A の複素共役行列
I　単位行列*

* 日本では伝統的に，単位行列にはドイツ流の E が多く使われているが，本書では I を使用している．

A^{-1}　A の逆行列
A^*　A のエルミート共役（転置・複素共役）行列
A', A^T　A の転置行列
A_{ij}　行列 $[a_{ij}]$ における a_{ij} の余因子
$\|A\|$　行列 A のノルム

数学記号　523

⊕　代数系における加法公理の演算，$x \oplus y$ を x と y との和という
⊗　代数系における乗法公理の演算，$x \otimes y$ を x と y との積という．
∘, *　代数系における公理的 2 項演算，$x \circ y$ または $x * y$ に，演算結果を表す
G. C. D. または g. c. d.　最大公約数
L. C. D. または l. c. d.　最小公分母
L. C. M. または l. c. m.　最小公倍数
(a, b)　a と b との最大公約数；a と b の間の開区間
$[a, b]$　a と b との最小公倍数；a と b の間の閉区間
$a \mid b$　a は b を整除する
$a \nmid b$　a は b を整除しない
$x \equiv a \pmod{p}$　$x - a$ が p でわり切れる；x は p を法として a と合同である（と読む）

$[x]$ または $\lfloor x \rfloor$　x を超えない最大の整数
$\phi(n)$　オイラーの約数関数．n を超えない正の整数で，n と互いに素なものの個数
$p(n)$　n の分割数
$\tau(n), d(n)$　n の正の約数の個数
$\sigma(n)$　n の正の約数全体の和．n が完全数というのは $\sigma(n) = 2n$ のとき
$\sigma_k(n)$　n の正の約数の k 乗の和
$\omega(n), \nu(n)$　n の約数である相異なる素数の個数
$\Omega(n)$　n の素因数の個数，例えば $\Omega(12) = 3$, $\Omega(32) = 5$
$\pi(n)$　n を超えない素数の個数
$\lambda(n)$　リュウビルの関数
$\mu(n)$　メビウスの関数
F_n　第 n フェルマー数
M_p　メルセンヌ数，$2^p - 1$

三角関数・双曲線関数

a°　a 度（角度）
a'　a 分（角度）
a''　a 秒（角度）
$a^{(r)}$　a ラジアン（普通には使われない）
s　3角形（平面または球面の）の辺長の和の半分
S, σ　球面 3 角形の角の和の半分
E　球面過剰
s. a. s.　辺角辺（2 辺夾角）
s. s. s.　辺辺辺（3 辺）
sin　サイン，正弦
cos　コサイン，余弦
tan　タンジェント，正接
cot または ctn　コタンジェント，余接
sec　セカント，正割
cosec または csc　コセカント，余割
covers　余矢，$1 - \cos\theta$

exsec　余正割，$\sec\theta - 1$
gd または amh　グーデルマン関数（双曲線引き数）
hav　半矢
vers　正矢
$\sin^{-1} x$ または $\arcsin x$　逆正弦．その正弦が x に等しい角の主値；主値を Arcsin と書くこともある
$\sin^2 x, \cos^2 x$ など　$(\sin x)^2, (\cos x)^2$ などの略記
sinh　双曲線正弦
cosh　双曲線余弦
tanh　双曲線正接
coth または ctnh　双曲線余接
sech　双曲線正割
cosech または csch　双曲線余割
$\sinh^{-1} x$ または $\operatorname{arsinh} x$　その双曲線正弦が x に等しい値

幾　何

∠　角
⊿　複数の角
⊥　垂直，直交する
⊥s　複数の垂線
∥　平行；と平行である
∥s　多数の平行線
∦　平行でない
≅, ≡　合同；と合同である
∼, ∾　相似
∴　ゆえに
△　3 角形
⚠　複数の 3 角形

▱　平行 4 辺形
□　正方形
○　円
Ⓢ　複数の円
π　円周率，円周と直径の比，$3.1415926536-$
O　座標の原点
(x, y)　平面の点の直交座標
(x, y, z)　空間の点の直交座標
(r, θ)　平面の極座標
χ　動径と曲線の接線との間の角
(ρ, θ, ϕ) または (r, θ, ϕ)　空間の点の極座標（球座標）

(r, θ, z)　円柱座標
$\cos\alpha, \cos\beta, \cos\gamma$　（空間直線の）方向余弦
l, m, n　方向比
e　円錐の離心率
p　放物線の通径の長さの半分（米国で慣用）
m　傾き
$\overline{AB}$ または AB　A と B の間の線分
$\overrightarrow{AB}$　A から B へひいた有向線分または半直線
$\overset{\frown}{AB}$　A と B の間の弧
$P(x, y)$ または $P:(x, y)$　平面上の座標が x, y である点
$P(x, y, z)$ または $P:(x, y, z)$　空間の座標が x, y, z である点

(AB, CD) または $(AB|CD)$　要素（点，線など）A, B, C, D の非調和比．C が AB を分ける比と D が AB を分ける比の商
$[A]\overline{\wedge}[B]$，族 $[A]$ と $[B]$ 間に透視的対応がある
$[A]\overline{\wedge}[B]$，族 $[A]$ と $[B]$ 間に射影的対応がある
i, j, k　座標軸に沿う単位ベクトル
$a\cdot b, (a, b), \mathbf{S}ab, (ab)$　ベクトル a と b の内積（ドット積）
$a\times b, \mathbf{V}ab, [ab]$　ベクトル a と b の外積（クロス積）
$[abc]$　ベクトル a, b, c の**スカラー3重積**
　$(a\times b)\cdot c = (b\times c)\cdot a = (c\times a)\cdot b$ に等しい．

解析

(a, b)　開区間　$a < x < b$
$[a, b]$　閉区間　$a \leq x \leq b$
$(a, b]$　区間　$a < x \leq b$
$[a, b)$　区間　$a \leq x < b$
$\{a_n\}, [a_n], (a_n)$　項が $a_1, a_2, \cdots, a_n, \cdots$ である数列
Σ　いくつかの項の和，項は文章で示すか，または次のような付加記号で表される：$\sum_{i=1}^{\infty} X_i$ または $\sum_{a\in A} X_a$
$\sum_1^n$ または $\sum_{i=1}^n$　1 から n までの各整数に関する n 項の和
$\sum_1^\infty x_i$　$x_1 + x_2 + \cdots$ という無限級数，またはその和
Π　いくつかの項の積，項は文章で示すか，または次のような付加記号で表される．$\prod_{i=1}^n x_i$ または $\prod_{a\in A} X_a$
$\prod_1^n$ または $\prod_{i=1}^n$　1 から n までの各整数に対する n 項の積
$\prod_1^\infty x_i$　無限乗積　$x_1\cdot x_2\cdot x_3\cdots$ またはその値 $\lim_{n\to\infty}\prod_{i=1}^n x_i$
I　慣性能率
k　回転半径
$\bar{x}, \bar{y}, \bar{z}$　重心の座標
s または σ　弧長
ρ　曲率半径
κ　曲線の曲率
τ　空間曲線の捩率
l. u. b. または sup　最小上界，上限
g. l. b. または inf　最大下界，下限
$\lim_{x\to a} y = b$ または $\lim_{x\to a} y = x$　x が a に近づくとき，y の極限値は b である
$\varlimsup_{n\to\infty} t_n$　$\{t_n\}$ の上極限，数列 $\{t_n\}$ の最大集積値
$\varliminf_{n\to\infty} t_n$　$\{t_n\}$ の下極限，数列 $\{t_n\}$ の最小集積値

$\to$　近づく，あるいは含む
limsup または $\overline{\lim}$　上極限
liminf または $\underline{\lim}$　下極限
e　自然対数の底数．$\lim_{n\to\infty}(1+1/n)^n$
　$= 2.7182818285-$
$\log_a x$　（a を底とする）x の対数
$\log a, \log_{10} a$　a の常用対数（ブリッグスの対数）．底が 10 とわかっているときには，$\log a$ を $\log_{10} a$ の意味に使う
$\ln a, \log a, \log_e a$　a の自然対数
antilog　逆対数
colog　余対数
$\exp x$　e^x．e は自然対数の底数
$f^n(x)$　f を n 回反復した値：$f^2(x) = f(f(x))$*
　*$\sin^2 x$ のように f の n 乗（累乗）にも使われる．
$f(a+0), f(a+), \lim_{x\downarrow a} f(x)$ または $\lim_{x\to a+0} f(x)$　a の右側からの f の極限値
$f(a-0), f(a-), \lim_{x\uparrow a} f(x)$ または $\lim_{x\to a-0} f(x)$　a の左側からの f の極限値
$f'(a+)$　a での f の右側微分係数
$f'(a-)$　a での f の左側微分係数
Δy　y の増分
dy　y の変分，y の増分（微分）
$\dot{y}, dy/dt, v$　y の t に関する導関数；速さ
$\ddot{y}, dv/dt, d^2y/dt^2, a$　y の t に関する 2 階導関数；加速度
ω, α　角速度ならびに角加速度
$\dfrac{dy}{dx}, \dfrac{df(x)}{dx}, y', f'(x), D_x y$　$y = f(x)$ とするとき，y の x に関する導関数
D　微分演算子 $\dfrac{d}{dx}$
$\dfrac{d^n y}{dx^n}, y^{(n)}, f^{(n)}(x), D_x^n y$　$y = f(x)$ のとき，y の

$\dfrac{\partial u}{\partial x}$, u_x, $f_x(x,y)$, $f_1(x,y)$, $D_x u$ $u=f(x,y)$ のとき，u の x に関する偏導関数

$\dfrac{\partial^2 u}{\partial x \partial y}$, u_{xy}, $f_{xy}(x,y)$, $f_{12}(x,y)$, $D_y(D_x u)$ $u=f(x,y)$ のとき，u のまず x，次に y に関する 2 階偏導関数

D_i, D_{ij} など 偏微分演算子，例えば $D_{ij} = \dfrac{\partial^2}{\partial x_i \partial x_j}$

$D_s f$ f の s 方向への方向微分

E ずらし演算子．h を定めたとき $Ef(x)=f(x+h)$

$\varDelta$ 差分．h を定めたとき $\varDelta f(x)=f(x+h)-f(x)$（下記ラプラス演算子にも使う）

∇ デルまたはナブラ．勾配演算子
$$\left(i\dfrac{\partial}{\partial x}+j\dfrac{\partial}{\partial y}+k\dfrac{\partial}{\partial z}\right)$$

∇u または $\mathrm{grad}\, u$ u のグラジエント（勾配）
$$\left(i\dfrac{\partial u}{\partial x}+j\dfrac{\partial u}{\partial y}+k\dfrac{\partial u}{\partial z}\right)$$

$\nabla \cdot v$ または $\mathrm{div}\, v$ v の発散（量）

$\nabla \times F$, $\mathrm{curl}\, F$ または $\mathrm{rot}\, F$ F の回転

∇^2 または $\varDelta$ ラプラス演算子
$$\left(\dfrac{\partial^2}{\partial x^2}+\dfrac{\partial^2}{\partial y^2}+\dfrac{\partial^2}{\partial z^2}\right)$$

δ_j^i クロネッカーのデルタ

$\delta_{j_1 j_2 \cdots j_n}^{i_1 i_2 \cdots i_n}$ 一般化されたクロネッカーのデルタ

$\varepsilon^{i_1 i_2 \cdots i_n}$, $\varepsilon_{i_1 i_2 \cdots i_n}$ イプシロン記号（エディントンのイプシロン）

g_{ij}, g^{ij} リーマン空間の基本計量テンソルの成分
$ds^2 = g_{ij} dx^i dx^j = g^{ij} dx_i dx_j$

E, F, G 曲面の第1基本計量（2次形式）の係数

$F(x)\big|_a^b$ $F(b)-F(a)$

$\int f(x)\,dx$ f の x に関する不定積分あるいは原始関数

$\int_a^b f(x)\,dx$ f の a から b までの定積分

$\overline{\int}_a^b$ ダルブーの上積分

$\underline{\int}_a^b$ ダルブーの下積分

$m_e(s)$, $m^*(s)$, $\mu^*(s)$ s の外測度

$m_i(s)$, $m_*(s)$, $\mu_*(s)$ s の内測度

$m(s)$, $\mu(s)$ s の測度

a. e. ほとんどいたるところ，測度 0 の集合を除いて

G_δ 集合，F_σ 集合 → ボレル集合

BV 有界変動

$T_f(I)$, $V_f(I)$ または $V(f,I)$ f の区間 I 上の全変動

$\varOmega_f(I)$, $\omega_f(I)$ または $o_f(I)$ f の区間 I 上の振幅

$\omega_f(x)$, $o_f(x)$ 点 x での f の振幅

(f,g) 関数 f と g との内積

$\|f\|$ f のノルム，$(f,f)^{1/2}$

$f*g$ f と g とのたたみ込み

$W(u_1, u_2, \cdots, u_n)$ $u_1, u_2, \cdots, u_n$ のロンスキアン

$\dfrac{\partial(f_1, f_2, \cdots, f_n)}{\partial(x_1, x_2, \cdots, x_n)}$, $\dfrac{D(f_1, f_2, \cdots, f_n)}{D(x_1, x_2, \cdots, x_n)}$ または

$J\left(\dfrac{f_1, f_2, \cdots, f_n}{x_1, x_2, \cdots, x_n}\right)$ 関数 $f_i(x_1, x_2, \cdots, x_n)$ $(i=1, 2, \cdots, n)$ のヤコビアン

C_n, $C^{(n)}$ → C_n 級の関数

L_p, $L^{(p)}$ → L_p 級の関数

$f(x) \sim \sum\limits_0^\infty A_n$ $f(x)$ の漸近展開級数

$x_n \sim y_n$ $\lim (x_n/y_n)=1$，x_n と y_n とは漸近的に等しい

$u_n = O(v_n)$ u_n は v_n のオーダー（u_n/v_n が有界）

$u_n = o(v_n)$ $\lim(u_n/v_n)=0$

C_k または $C(k)$ 総和可能 位数 k のチェザロ総和可能

γ オイラー定数

$B_1, B_2, B_3, \cdots$ ベルヌイ数．なお 0 になる値をぬかさず，$B_1, B_2, B_4, B_6, \cdots$ を使うこともある．

$\mathop{\mathrm{Res}}\limits_{z=a} f(z)$ f の a における留数

$\varGamma(z)$ ガンマ関数

$\gamma(a,x)$, $\varGamma(a,x)$ 不完全ガンマ関数

$B_n(x)$ n 次のベルヌイ多項式

$F(a,b,c;z)$ 超幾何関数

$H_n(x)$ n 次のエルミート多項式

$J_n(p,q;x)$ n 次のヤコビ多項式

$J_n(z)$ n 位のベッセル関数

$I_n(z)$, $K_n(z)$ n 位の変形ベッセル関数

$H_n^{(1)}(z)$, $H_n^{(2)}(z)$ ハンケル関数

$N_p(z)$, $Y_n(z)$ ノイマン関数（第2種ベッセル関数）

$\beta(m,n)$, $B(m,n)$ ベータ関数

$B_x(m,n)$ 不完全ベータ関数

$\mathrm{ber}(z)$, $\mathrm{bei}(z)$, $\mathrm{ker}(z)$, $\mathrm{kei}(z)$ → ベル関数

$J(\tau)$, $\lambda(\tau)$, $f(\tau)$, $g(\tau)$, $h(\tau)$ 楕円モジュラ関数

$\vartheta_1(z)$ など （楕円）テータ関数

$\vartheta_0, \vartheta_2, \vartheta_3, \vartheta_1'$ など テータ関数とその導関数の 0 での値

$\zeta(s)$ リーマンのゼータ関数

$\mathrm{Erf}(x)$ $\displaystyle\int_0^x e^{-t^2}\,dt = \dfrac{1}{2}\gamma\left(\dfrac{1}{2}, x^2\right)$ → 誤差関数

$\mathrm{Erfc}(x)$ $\displaystyle\int_x^\infty e^{-t^2}\,dt = \dfrac{1}{2}\sqrt{\pi} - \mathrm{Erf}(x)$
$= \dfrac{1}{2}\varGamma\left(\dfrac{1}{2}, x^2\right)$

$\mathrm{Erfi}(x)$ $\displaystyle\int_0^x e^{t^2}\,dt = -i\,\mathrm{Erf}(ix)$

$L_n(x)$　　n 次ラゲール多項式
$L_n^k(x)$　　随伴ラゲール多項式
$P_n(x)$　　n 次ルジャンドル多項式
$P_n^m(x)$　　随伴ルジャンドル多項式
$T_n(x)$　　n 次チェビシェフ多項式
$ce_n(x), se_n(x)$　　マチウ関数
$sn\,z, cn\,z, dn\,z$　　ヤコビの楕円関数
$\wp(z), \wp'(z)$　　ワイエルシュトラスの楕円関数

論理・集合論

∴　ゆえに
∃　であるような (such that)*
　*日本ではこれまでほとんど使われていないが，このような用法があるので，集合の要素 $x \in A$ を，$A \ni x$ とは書かないほうがよいとされている．
$\sim p, -p, \bar{p}, p', \neg p$　　p の否定
$p \wedge q, p \cdot q, p \& q$　　p かつ q；p と q との両方
$p \vee q$　　p または q；p と q との少なくとも一方
$p|q, p/q$　　p かつ q ではない；p でないかまたは q でない
$p \downarrow q, p \triangle q$　　p でも q でもない
$p \rightarrow q, p \Rightarrow q, p \subset q$　　p ならば q；p は q が真のときのみに真
↔, ⇔, ≡, ~, iff　　同値，そのときかつそのときに限り
∨, I, J　　普遍族（すべての実数全体の集合といった特定の族の全要素を含む）
$\phi, \wedge, \Lambda, 0$　　空集合，要素を含まない集合
$\cdot, \cdot\cdot, \vdots, \because$，など　　点をかっこの代りに使う．$n$ 点は $(n-1)$ 点より強く，∨，→，↔ などの記号のついた n 点は，$(n+1)$ 点と同値である
xRy　　x, y は関係 R をもつ．(x, y) は関係を示す集合 R に含まれる
G/H　　商空間 [→ 商空間]，または因子空間
$(x), \prod_x, A_x, \forall x$　　すべての x について
$A_{x,y,\cdots}; \forall_{x,y,\cdots}$　　すべての $x, y, \cdots$ について
∃　存在する
$(\exists x), (Ex), \Sigma_x$　　$\cdots$ である x が存在する
$E_{x,y,\cdots}$　　$\cdots$ である $x, y, \cdots$ が存在する
$E_x, \hat{x}, C_x, \{x| \ \}, \{x; \ \}$　　記号の後（または | や ; と末尾の間）に記した条件をみたす x 全体の集合
$x \in M$　　要素 x が集合 M に属す
$x \notin M$　　要素 x が集合 M に属さない
$M = N$　　集合 M と N とは一致する
$M \subset N$　　M は N の部分集合．M の要素 x はすべて N の要素である．ときとして（ただしまれ）M が N の真部分集合であることを表すのに使われる
$M \not\subset N$　　M のある要素が N に含まれない
$M \subseteqq N$　　M は N の部分集合．M の要素 x はすべて N の要素である．
$M \supset N$　　M は N を部分集合として含む．N の要素 x はすべて M の要素である．ときとして（ただしまれ）N が M の真部分集合であることを表すのに使われる．
$M \not\supset N$　　N のある要素が M に含まれない
$M \supseteqq N$　　M は N を部分集合として含む，N の要素 x はすべて M の要素である
$M \cap N, M \cdot N$　　M と N との共通部分
$M \cup N, M + N$　　M と N の合併（和）集合
$\cap_{\alpha \in A} M_\alpha, \prod_{\alpha \in A} M_\alpha$　　すべての $\alpha \in A$ に対して M_α に含まれる要素全体の集合
$\cup_{\alpha \in A} M_\alpha, \Sigma_{\alpha \in A} M_\alpha$　　ある $\alpha \in A$ の M_α に含まれる要素全体の集合
$\sim M, C(M), \bar{M}, \tilde{M}, M'$　　M の補集合
$M - N, M \sim N, M \backslash N$　　M 内の N の補集合．M に含まれ，N に含まれない要素全体の集合
$M \sim N$　　集合 M と N との間に1対1対応がつけられる
ℵ　　アレフ．ヘブライ文字の第1字
$\aleph_0$　　アレフ・ヌルまたはアレフ・ゼロ．正の整数全体の集合のカージナル数
c　　すべての実数全体のなす集合のカージナル数
$\aleph_\alpha$　　無限カージナル数．最小のものが $\aleph_0$，その次が $\aleph_1$，そのまた次が $\aleph_2$，以下同様．$\aleph_\alpha$ より大きい最小のカージナル数が $\aleph_{\alpha+1}$ である
$M \simeq N$　　M と N とが同じ順序数をもつ
ω　　すべての正の整数を，自然の順序に並べた順序数
$\omega^*, *\omega$　　すべての負の整数を，自然の順序に並べた順序数．ω の逆順の順序数
π　　すべての整数を，自然の順序に並べた順序数
η　　開区間 $(0, 1)$ 内の有理数全体の順序数
θ　　閉区間 $[0, 1]$ 内の実数全体の順序数
$\alpha^*, *\alpha$　　順序数 α 型の集合の順序を，ちょうど逆順にした全順序集合の順序数
Q. E. D.　　ラテン語 quod erat demonstrandum の頭字，"これが証明すべきものであった"という意味

トポロジー・抽象空間

$\bar{M}$　Mの閉包
M'　Mの導集合
$d(x,y), \delta(x,y), \rho(x,y), (x,y)$　xとyとの距離
$M \times N$　空間MとNとの直積
M/N　MをNで分類した商空間
$<, <;>, >$　順序関係を表す記号
T_0空間　相異なる2点x,yに対して，yを含まないxの近傍があるか，またはxを含まないyの近傍がある位相空間
T_1空間　相異なる2点x,yに対して，yを含まないxの近傍がある位相空間
T_2空間　ハウスドルフ空間
T_3空間　正則であるT_2空間
T_4空間　正規であるT_2空間
T_5空間　完全正規であるT_4空間
E_n, E^n, R_n, R^n　実n次元ユークリッド空間
Z_n, C_n　複素n次元空間
$H, \mathfrak{H}$　ヒルベルト空間
(x,y)　ベクトル空間でのx,yの内積
$\|x\|$　xのノルム [→ベクトル空間]
(B)空間　バナッハ空間
$(C), C$　閉区間$[0,1]$のような特定のコンパクト集合上のすべての実連続関数全体のなす空間（区間$[0,1]$のときは$C[0,1]$と記すことが多い）で，ノルムを$\|f\|=\sup|f(x)|$としたもの
$(M), M$　ある集合（特に区間$[0,1]$）上で有界な関数の空間．ノルムを$\|f\|=\sup|f(x)|$とする

$\ell_\infty, \ell^\infty, (m), m$　すべての有界数列$x=(x_1, x_2, \cdots)$のなす空間で，ノルムを$\|x\|=\sup|x_i|$としたもの
$(c), c$　収束する数列$x=(x_1, x_2, \cdots)$全体のなす空間で，ノルムを$\|x\|=\sup|x_i|$としたもの
$(c_0), c_0$　$\lim_{n\to\infty} x_n = 0$である数列$x=(x_1, x_2, \cdots)$全体の空間で，ノルムを$\|x\|=\sup|x_i|$としたもの
$l_p, l^{(p)}$　$\sum|x_i|^p$が収束する数列$x=(x_1, x_2, \cdots)$全体の空間（$p \geq 1$）．ノルムを$\|x\|=(\sum|x_i|^p)^{1/p}$とする
$L_p, L^{(p)}$　特定の集合S上で定義されたすべての可測関数fで$|f(x)|^p (p \geq 1)$が積分可能な関数全体のなす空間．ノルムを
$$\|f\|=\left[\int_S |f(x)|^p \, dx\right]^{1/p}$$
とする．Sは区間$[0,1]$とすることが多い
p　向きづけられる曲面の種数（示性数）（曲面が向きづけられるか否かにかかわらず，"柄"の個数とすることもある [→種数（曲面の）]
q　向きづけられない曲面の叉帽の個数→叉帽
r　曲面の境界曲線の個数
χ　オイラー標数
$\partial S, \varDelta S, d(S)$　集合Sの境界
B_m^s　mを法とするs次元のベッチ群（mは素数）
B_0^s　整数の加群に関するs次元のベッチ群
R_m^s　mを法とするs次元のベッチ数（mは素数）
R_0^s　整数の加群に関するs次元のベッチ数

統　計

χ^2　カイ2乗
d. f.　自由度
F　F比
i　級の幅
P. E.　確からしい誤差（確からしい偏差）
r　相関係数（2変数の間の相関係数のピアソン積率モーメント）
$r_{12\cdot 34\cdots n}$　n変数の集合の変数1と変数2との間の偏相関係数
$r_{1\cdot 234\cdots n}$　n変数の集合の変数1と他の変数との間の重相関係数
s　（標本の）標準偏差
σ_x　xの標準偏差
$\sigma_{x,y}$　推定の標準誤差；またxの与えられたyの値に対する標準偏差
σ_x^2　xの分散
$\sigma_{x,y}^2$　xとyの共分散

t　スチューデントの"t"統計量
V　変動係数
$\bar{x}$　（標本の）変数xの相加平均
μ　母集団の相加平均
$\mu_2 = \sigma^2$　平均のまわりの2次モーメント
μ_r　平均のまわりのr次モーメント
$\beta_1 = \mu_3/\sigma^3$　歪度係数
$\beta_2 = \mu_4/\sigma^4$　尖度係数
$\beta_{12\cdot 34}$　標準偏差単位に対する重回帰係数
η　相関比
z　フィッシャーのz統計量
Q_1　第1四分位
Q_3　第3四分位
$E(x)$　xの期待値
$E(x|y)$　与えられたyに対するxの期待値
$P(x_i)$　xが値x_iをとる確率

微 分 公 式

下記の公式において, u, v, y は微分可能関数, a, c, n は定数であり, $\ln u = \log_e u$ を表す.

$\dfrac{dc}{dx} = 0.$

$\dfrac{d}{dx} x = 1.$

$\dfrac{d}{dx}(cv) = c \dfrac{dv}{dx}.$

$\dfrac{d}{dx} x^n = n x^{n-1}, \ x=0$ のときは $n>1$.

$\dfrac{dy}{dx} = \dfrac{dy}{du} \cdot \dfrac{du}{dx}.$

$\dfrac{d}{dx}(u+v) = \dfrac{du}{dx} + \dfrac{dv}{dx}.$

$\dfrac{d}{dx}(uv) = u \dfrac{dv}{dx} + v \dfrac{du}{dx}.$

$\dfrac{d}{dx}\left(\dfrac{u}{v}\right) = \dfrac{v \dfrac{du}{dx} - u \dfrac{dv}{dx}}{v^2}.$

$\dfrac{du^n}{dx} = n u^{n-1} \dfrac{du}{dx}, \ u=0$ のときは $n>1$.

$\dfrac{d}{dx}(\sin u) = \cos u \dfrac{du}{dx}.$

$\dfrac{d}{dx}(\cos u) = -\sin u \dfrac{du}{dx}.$

$\dfrac{d}{dx}(\tan u) = \sec^2 u \dfrac{du}{dx}.$

$\dfrac{d}{dx}(\cot u) = -\csc^2 u \dfrac{du}{dx}.$

$\dfrac{d}{dx}(\sec u) = \sec u \tan u \dfrac{du}{dx}.$

$\dfrac{d}{dx}(\csc u) = -\csc u \cot u \dfrac{du}{dx}.$

$\dfrac{d}{dx}(\sinh x) = \cosh x.$

$\dfrac{d}{dx}(\cosh x) = \sinh x.$

$\dfrac{d}{dx}(\tanh x) = \mathrm{sech}^2 x.$

$\dfrac{d}{dx}(\mathrm{ctnh}\, x) = -\mathrm{csch}^2 x.$

$\dfrac{d}{dx}(\mathrm{sech}\, x) = -\mathrm{sech}\, x \tanh x.$

$\dfrac{d}{dx}(\mathrm{csch}\, x) = -\mathrm{csch}\, x \, \mathrm{ctnh}\, x.$

$\dfrac{d}{dx}(\ln u) = \dfrac{\dfrac{du}{dx}}{u}.$

$\dfrac{d}{dx}(\log_a u) = \log_a e \cdot \dfrac{\dfrac{du}{dx}}{u}, \ a>0, \ a \ne 1.$

$\dfrac{d}{dx}(e^u) = e^u \cdot \dfrac{du}{dx}.$

$\dfrac{d}{dx}(a^u) = \ln a \cdot a^u \cdot \dfrac{du}{dx}, \ a>0.$

$\dfrac{d}{dx}(\arcsin u) = \dfrac{\dfrac{du}{dx}}{\sqrt{1-u^2}}, \ |u|<1.$

$\dfrac{d}{dx}(\arccos u) = -\dfrac{\dfrac{du}{dx}}{\sqrt{1-u^2}}, \ |u|<1.$

$\dfrac{d}{dx}(\arctan u) = \dfrac{\dfrac{du}{dx}}{1+u^2}.$

$\dfrac{d}{dx}(\mathrm{arccot}\, u) = -\dfrac{\dfrac{du}{dx}}{1+u^2}.$

$\dfrac{d}{dx}(\mathrm{arcsec}\, u) = \dfrac{\dfrac{du}{dx}}{u\sqrt{u^2-1}},$

$-\pi < \sec^{-1} u < -\dfrac{\pi}{2}, \ 0 < \sec^{-1} u < \dfrac{\pi}{2},$

$\dfrac{d}{dx}(\mathrm{arccsc}\, u) = -\dfrac{\dfrac{du}{dx}}{u\sqrt{u^2-1}},$

$-\pi < \csc^{-1} u < -\dfrac{\pi}{2}, \ 0 < \csc^{-1} u < \dfrac{\pi}{2}.$

$\dfrac{d}{dx}(\sinh^{-1} x) = \dfrac{1}{\sqrt{x^2+1}}.$

$\dfrac{d}{dx}(\cosh^{-1} x) = \dfrac{1}{\sqrt{x^2-1}}, \ x>1.$

$\dfrac{d}{dx}(\tanh^{-1} x) = \dfrac{1}{1-x^2}, \ |x|<1.$

$\dfrac{d}{dx}(\mathrm{ctnh}^{-1} x) = \dfrac{1}{1-x^2}, \ |x|>1.$

$\dfrac{d}{dx}(\mathrm{sech}^{-1} x) = \dfrac{-1}{x\sqrt{1-x^2}}, \ 0<x<1.$

$\dfrac{d}{dx}(\mathrm{csch}^{-1} x) = \dfrac{-1}{|x|\sqrt{1+x^2}}, \ x \ne 0.$

積 分 公 式*

以下の表で，積分定数 C を省略したが，これは各積分に付加すべきものである．x は任意変数であり，u は x の任意関数を表す．その他の文字は，特記しない限り，任意の定数を表す．角（三角関数の引き数）はすべてラジアンである．**特記しない限り** $\log_e u = \log u$ **と表す**（なお cot を ctn, cosec を csc と記している）．

簡単な積分

1. $\int df(x) = f(x)$.

2. $d\int f(x)\,dx = f(x)\,dx$.

3. $\int 0 \cdot dx = C$.

4. $\int af(x)\,dx = a\int f(x)\,dx$.

5. $\int (u \pm v)\,dx = \int u\,dx \pm \int v\,dx$.

6. $\int u\,dv = uv - \int v\,du$.

7. $\int \frac{u\,dv}{dx}\,dx = uv - \int v\frac{du}{dx}\,dx$.

8. $\int f(y)\,dx = \int \frac{f(y)\,dy}{\frac{dy}{dx}}$.

9. $\int u^n\,du = \frac{u^{n+1}}{n+1}$, $n \neq -1$.

10. $\int \frac{du}{u} = \log u$.

11. $\int e^u\,du = e^u$.

12. $\int b^u\,du = \frac{b^u}{\log b}$.

13. $\int \sin u\,du = -\cos u$.

14. $\int \cos u\,du = \sin u$.

15. $\int \tan u\,du = \log \sec u = -\log \cos u$.

16. $\int \text{ctn}\,u\,du = \log \sin u = -\log \csc u$.

17. $\int \sec u\,du = \log(\sec u + \tan u) = \log \tan\left(\frac{u}{2} + \frac{\pi}{4}\right)$.

18. $\int \csc u\,du = \log(\csc u - \text{ctn}\,u) = \log \tan \frac{u}{2}$.

19. $\int \sin^2 u\,du = \frac{1}{2}u - \frac{1}{2}\sin u \cos u$.

20. $\int \cos^2 u\,du = \frac{1}{2}u + \frac{1}{2}\sin u \cos u$.

21. $\int \sec^2 u\,du = \tan u$.

22. $\int \csc^2 u\,du = -\text{ctn}\,u$.

23. $\int \tan^2 u\,du = \tan u - u$.

24. $\int \text{ctn}^2 u\,du = -\text{ctn}\,u - u$.

25. $\int \frac{du}{u^2 + a^2} = \frac{1}{a}\tan^{-1}\frac{u}{a}$.

26. $\int \frac{du}{u^2 - a^2} = \frac{1}{2a}\log\left(\frac{u-a}{u+a}\right) = -\frac{1}{a}\text{ctnh}^{-1}\left(\frac{u}{a}\right)$, $u^2 > a^2$.

    $= \frac{1}{2a}\log\left(\frac{a-u}{a+u}\right) = -\frac{1}{a}\tanh^{-1}\left(\frac{u}{a}\right)$, $u^2 < a^2$.

27. $\int \frac{du}{\sqrt{a^2 - u^2}} = \sin^{-1}\left(\frac{u}{a}\right)$.

28. $\int \frac{du}{\sqrt{u^2 \pm a^2}} = \log\left(u + \sqrt{u^2 \pm a^2}\right)$.

---

  * この表は許可をえて下記から採用した．Richard S. Burington ed. "Handbook of Mathematical Tables and Formulas," Handbook Publishers, Inc., Sandusky, Ohio.

29. $\int \dfrac{du}{\sqrt{2au-u^2}} = \cos^{-1}\left(\dfrac{a-u}{a}\right).$

30. $\int \dfrac{du}{u\sqrt{u^2-a^2}} = \dfrac{1}{a}\sec^{-1}\left(\dfrac{u}{a}\right).$

31. $\int \dfrac{du}{u\sqrt{a^2 \pm u^2}} = -\dfrac{1}{a}\log\left(\dfrac{a+\sqrt{a^2 \pm u^2}}{u}\right)^*$

32. $\int \sqrt{a^2-u^2}\,du = \dfrac{1}{2}\left(u\sqrt{a^2-u^2} + a^2 \sin^{-1}\dfrac{u}{a}\right).$

33. $\int \sqrt{u^2 \pm a^2}\,du = \dfrac{1}{2}\left[u\sqrt{u^2 \pm a^2} \pm a^2 \log\left(u+\sqrt{u^2 \pm a^2}\right)\right]^*$

34. $\int \sinh u\,du = \cosh u.$

35. $\int \cosh u\,du = \sinh u.$

36. $\int \tanh u\,du = \log(\cosh u).$

37. $\int \operatorname{ctnh} u\,du = \log(\sinh u).$

38. $\int \operatorname{sech} u\,du = \sin^{-1}(\tanh u).$

39. $\int \operatorname{csch} u\,du = \log\left(\tanh \dfrac{u}{2}\right).$

40. $\int \operatorname{sech} u \cdot \tanh u \cdot du = -\operatorname{sech} u.$

41. $\int \operatorname{csch} u \cdot \operatorname{ctnh} u \cdot du = -\operatorname{csch} u.$

$(ax+b)$ を含む式

42. $\int (ax+b)^n\,dx = \dfrac{1}{a(n+1)}(ax+b)^{n+1},\quad n \ne -1.$

43. $\int \dfrac{dx}{ax+b} = \dfrac{1}{a}\log(ax+b).$

$^*\log\left(\dfrac{u+\sqrt{u^2+a^2}}{a}\right)$

$= \sinh^{-1}\left(\dfrac{u}{a}\right);\quad \log\left(\dfrac{a+\sqrt{a^2-u^2}}{u}\right) = \operatorname{sech}^{-1}\left(\dfrac{u}{a}\right);$

$\log\left(\dfrac{u+\sqrt{u^2-a^2}}{a}\right)$

$= \cosh^{-1}\left(\dfrac{u}{a}\right);\quad \log\left(\dfrac{a+\sqrt{a^2+u^2}}{u}\right) = \operatorname{csch}^{-1}\left(\dfrac{u}{a}\right).$

---

44. $\int \dfrac{dx}{(ax+b)^2} = -\dfrac{1}{a(ax+b)}.$

45. $\int \dfrac{dx}{(ax+b)^3} = -\dfrac{1}{2a(ax+b)^2}.$

46. $\int x(ax+b)^n\,dx = \dfrac{1}{a^2(n+2)}(ax+b)^{n+2}$
$\qquad -\dfrac{b}{a^2(n+1)}(ax+b)^{n+1},\quad n \ne -1,-2$

47. $\int \dfrac{x\,dx}{ax+b} = \dfrac{x}{a} - \dfrac{b}{a^2}\log(ax+b).$

48. $\int \dfrac{x\,dx}{(ax+b)^2} = \dfrac{b}{a^2(ax+b)} + \dfrac{1}{a^2}\log(ax+b).$

49. $\int \dfrac{x\,dx}{(ax+b)^3} = \dfrac{b}{2a^2(ax+b)^2} - \dfrac{1}{a^2(ax+b)}.$

50. $\int x^2(ax+b)^n\,dx = \dfrac{1}{a^3}\left[\dfrac{(ax+b)^{n+3}}{n+3}\right.$
$\qquad \left. -2b\dfrac{(ax+b)^{n+2}}{n+2} + b^2\dfrac{(ax+b)^{n+1}}{n+1}\right],\quad n \ne -1,-2,-3.$

51. $\int \dfrac{x^2\,dx}{ax+b} = \dfrac{1}{a^3}\left[\dfrac{1}{2}(ax+b)^2 - 2b(ax+b) + b^2\log(ax+b)\right].$

52. $\int \dfrac{x^2\,dx}{(ax+b)^2} = \dfrac{1}{a^3}\left[(ax+b) - 2b\log(ax+b) - \dfrac{b^2}{ax+b}\right].$

53. $\int \dfrac{x^2\,dx}{(ax+b)^3} = \dfrac{1}{a^3}\left[\log(ax+b) + \dfrac{2b}{ax+b} - \dfrac{b^2}{2(ax+b)^2}\right].$

54. $\int x^m(ax+b)^n\,dx$

$= \dfrac{1}{a(m+n+1)}\left[x^m(ax+b)^{n+1} - mb\int x^{m-1}(ax+b)^n\,dx\right]$

$= \dfrac{1}{m+n+1}\left[x^{m+1}(ax+b)^n + nb\int x^m(ax+b)^{n-1}\,dx\right],$

$\qquad\qquad\qquad m>0,\quad m+n+1 \ne 0.$

55. $\int \dfrac{dx}{x(ax+b)} = \dfrac{1}{b}\log\dfrac{x}{ax+b}.$

56. $\int \dfrac{dx}{x^2(ax+b)} = -\dfrac{1}{bx} + \dfrac{a}{b^2}\log\dfrac{ax+b}{x}.$

57. $\int \dfrac{dx}{x^3(ax+b)} = \dfrac{2ax-b}{2b^2x^2} + \dfrac{a^2}{b^3}\log\dfrac{x}{ax+b}.$

58. $\int \dfrac{dx}{x(ax+b)^2} = \dfrac{1}{b(ax+b)} - \dfrac{1}{b^2}\log\dfrac{ax+b}{x}.$

59. $\int \dfrac{dx}{x(ax+b)^3} = \dfrac{1}{b^3}\left[\dfrac{1}{2}\left(\dfrac{ax+2b}{ax+b}\right)^2 + \log\dfrac{x}{ax+b}\right].$

60. $\int \frac{dx}{x^2(ax+b)^2} = -\frac{b+2ax}{b^2x(ax+b)} + \frac{2a}{b^3}\log\frac{ax+b}{x}$.

61. $\int \sqrt{ax+b}\,dx = \frac{2}{3a}\sqrt{(ax+b)^3}$.

62. $\int x\sqrt{ax+b}\,dx = \frac{2(3ax-2b)}{15a^2}\sqrt{(ax+b)^3}$.

63. $\int x^2\sqrt{ax+b}\,dx = \frac{2(15a^2x^2-12abx+8b^2)\sqrt{(ax+b)^3}}{105a^3}$.

64. $\int x^3\sqrt{ax+b}\,dx$

$= \frac{2(35a^3x^3-30a^2bx^2+24ab^2x-16b^3)\sqrt{(ax+b)^3}}{315a^4}$.

65. $\int x^n\sqrt{ax+b}\,dx = \frac{2}{a^{n+1}}\int u^2(u^2-b)^n\,du, \quad u=\sqrt{ax+b}$.

66. $\int \frac{\sqrt{ax+b}}{x}\,dx = 2\sqrt{ax+b} + b\int \frac{dx}{x\sqrt{ax+b}}$.

67. $\int \frac{dx}{\sqrt{ax+b}} = \frac{2\sqrt{ax+b}}{a}$.

68. $\int \frac{x\,dx}{\sqrt{ax+b}} = \frac{2(ax-2b)}{3a^2}\sqrt{ax+b}$.

69. $\int \frac{x^2\,dx}{\sqrt{ax+b}} = \frac{2(3a^2x^2-4abx+8b^2)}{15a^3}\sqrt{ax+b}$.

70. $\int \frac{x^3\,dx}{\sqrt{ax+b}} = \frac{2(5a^3x^3-6a^2bx^2+8ab^2x-16b^3)}{35a^4}\sqrt{ax+b}$.

71. $\int \frac{x^n\,dx}{\sqrt{ax+b}} = \frac{2}{a^{n+1}}\int (u^2-b)^n\,du, \quad u=\sqrt{ax+b}$.

72. $\int \frac{dx}{x\sqrt{ax+b}} = \frac{1}{\sqrt{b}}\log\frac{\sqrt{ax+b}-\sqrt{b}}{\sqrt{ax+b}+\sqrt{b}}, \quad b>0$.

または $\frac{-2}{\sqrt{b}}\tanh^{-1}\sqrt{\frac{ax+b}{b}}, \quad b>0$.

73. $\int \frac{dx}{x\sqrt{ax+b}} = \frac{2}{\sqrt{-b}}\tan^{-1}\sqrt{\frac{ax+b}{-b}}, \quad b<0$.

74. $\int \frac{dx}{x^2\sqrt{ax+b}} = -\frac{\sqrt{ax+b}}{bx} - \frac{a}{2b}\int \frac{dx}{x\sqrt{ax+b}}$.

75. $\int \frac{dx}{x^3\sqrt{ax+b}} = -\frac{\sqrt{ax+b}}{2bx^2}$

$+ \frac{3a\sqrt{ax+b}}{4b^2x} + \frac{3a^2}{8b^2}\int \frac{dx}{x\sqrt{ax+b}}$.

76. $\int \frac{dx}{x^n(ax+b)^m} = -\frac{1}{b^{m+n-1}}\int \frac{(u-a)^{m+n-2}\,du}{u^m}$,

$u = \frac{ax+b}{x}$.

77. $\int (ax+b)^{\pm\frac{n}{2}}\,dx = \frac{2(ax+b)^{\frac{2\pm n}{2}}}{a(2\pm n)}$.

78. $\int x(ax+b)^{\pm\frac{n}{2}}\,dx = \frac{2}{a^2}\left[\frac{(ax+b)^{\frac{4\pm n}{2}}}{4\pm n} - \frac{b(ax+b)^{\frac{2\pm n}{2}}}{2\pm n}\right]$.

79. $\int \frac{dx}{x(ax+b)^{\frac{n}{2}}} = \frac{1}{b}\int \frac{dx}{x(ax+b)^{\frac{n-2}{2}}} - \frac{a}{b}\int \frac{dx}{(ax+b)^{\frac{n}{2}}}$.

80. $\int \frac{x^m\,dx}{\sqrt{ax+b}} = \frac{2x^m\sqrt{ax+b}}{(2m+1)a} - \frac{2mb}{(2m+1)a}\int \frac{x^{m-1}\,dx}{\sqrt{ax+b}}$.

81. $\int \frac{dx}{x^n\sqrt{ax+b}} = \frac{-\sqrt{ax+b}}{(n-1)bx^{n-1}} - \frac{(2n-3)a}{(2n-2)b}\int \frac{dx}{x^{n-1}\sqrt{ax+b}}$.

82. $\int \frac{(ax+b)^{\frac{n}{2}}}{x}\,dx = a\int (ax+b)^{\frac{n-2}{2}}\,dx$

$+ b\int \frac{(ax+b)^{\frac{n-2}{2}}}{x}\,dx$.

83. $\int \frac{dx}{(ax+b)(cx+d)} = \frac{1}{bc-ad}\log\frac{cx+d}{ax+b}, \quad bc-ad \neq 0$.

84. $\int \frac{dx}{(ax+b)^2(cx+d)}$

$= \frac{1}{bc-ad}\left[\frac{1}{ax+b} + \frac{c}{bc-ad}\log\left(\frac{cx+d}{ax+b}\right)\right], \quad bc-ad \neq 0$.

85. $\int (ax+b)^n(cx+d)^m\,dx = \frac{1}{(m+n+1)a}$

$\cdot \left[(ax+b)^{n+1}(cx+d)^m\right.$

$\left. - m(bc-ad)\int (ax+b)^n(cx+d)^{m-1}\,dx\right]$.

86. $\int \frac{dx}{(ax+b)^n(cx+d)^m} = \frac{-1}{(m-1)(bc-ad)}$

$\times \left[\frac{1}{(ax+b)^{n-1}(cx+d)^{m-1}} + a(m+n-2)\right.$

$\left.\times \int \frac{dx}{(ax+b)^n(cx+d)^{m-1}}\right], \quad m>1, \quad n>0, \quad bc-ad \neq 0$.

87. $\int \dfrac{(ax+b)^n}{(cx+d)^m} dx = -\dfrac{1}{(m-1)(bc-ad)}$

$\times \left[\dfrac{(ax+b)^{n+1}}{(cx+d)^{m-1}} + (m-n-2)a \int \dfrac{(ax+b)^n dx}{(cx+d)^{m-1}} \right],$

$= \dfrac{-1}{(m-n-1)c} \left[\dfrac{(ax+b)^n}{(cx+d)^{m-1}} + n(bc-ad) \int \dfrac{(ax+b)^{n-1}}{(cx+d)^m} dx \right].$

88. $\int \dfrac{x\,dx}{(ax+b)(cx+d)}$

$= \dfrac{1}{bc-ad} \left[\dfrac{b}{a} \log(ax+b) - \dfrac{d}{c} \log(cx+d) \right], \quad bc-ad \neq 0.$

89. $\int \dfrac{x\,dx}{(ax+b)^2(cx+d)} = \dfrac{1}{bc-ad} \left[-\dfrac{b}{a(ax+b)} \right.$

$\left. - \dfrac{d}{bc-ad} \log \dfrac{cx+d}{ax+b} \right], \quad bc-ad \neq 0.$

90. $\int \dfrac{cx+d}{\sqrt{ax+b}} dx = \dfrac{2}{3a^2}(3ad-2bc+acx)\sqrt{ax+b}.$

91. $\int \dfrac{\sqrt{ax+b}}{cx+d} dx = \dfrac{2\sqrt{ax+b}}{c}$

$- \dfrac{2}{c}\sqrt{\dfrac{ad-bc}{c}} \tan^{-1}\sqrt{\dfrac{c(ax+b)}{ad-bc}}, \quad c>0, \quad ad>bc.$

92. $\int \dfrac{\sqrt{ax+b}}{cx+d} dx = \dfrac{2\sqrt{ax+b}}{c}$

$+ \dfrac{1}{c}\sqrt{\dfrac{bc-ad}{c}} \log \dfrac{\sqrt{c(ax+b)} - \sqrt{bc-ad}}{\sqrt{c(ax+b)} + \sqrt{bc-ad}}, \quad c>0, \quad bc>ad.$

93. $\int \dfrac{dx}{(cx+d)\sqrt{ax+b}}$

$= \dfrac{2}{\sqrt{c}\sqrt{ad-bc}} \tan^{-1}\sqrt{\dfrac{c(ax+b)}{ad-bc}}, \quad c>0, \quad ad>bc.$

94. $\int \dfrac{dx}{(cx+d)\sqrt{ax+b}}$

$= \dfrac{1}{\sqrt{c}\sqrt{bc-ad}} \log \dfrac{\sqrt{c(ax+b)} - \sqrt{bc-ad}}{\sqrt{c(ax+b)} + \sqrt{bc-ad}}, \quad c>0, \quad bc>ad.$

$ax^2+c,\ ax^n+c,\ x^2 \pm p^2,$ および p^2-x^2 を含む式

95. $\int \dfrac{dx}{p^2+x^2} = \dfrac{1}{p} \tan^{-1}\dfrac{x}{p},\ $ または $-\dfrac{1}{p}\operatorname{ctn}^{-1}\left(\dfrac{x}{p}\right).$

96. $\int \dfrac{dx}{p^2-x^2} = \dfrac{1}{2p} \log\dfrac{p+x}{p-x},\ $ または $\dfrac{1}{p}\tanh^{-1}\left(\dfrac{x}{p}\right).$

97. $\int \dfrac{dx}{ax^2+c} = \dfrac{1}{\sqrt{ac}} \tan^{-1}\left(x\sqrt{\dfrac{a}{c}}\right),\quad a,\ c>0.$

98. $\int \dfrac{dx}{ax^2+c} = \dfrac{1}{2\sqrt{-ac}} \log \dfrac{x\sqrt{a} - \sqrt{-c}}{x\sqrt{a} + \sqrt{-c}},\quad a>0,\ c<0.$

$= \dfrac{1}{2\sqrt{-ac}} \log \dfrac{\sqrt{c} + x\sqrt{-a}}{\sqrt{c} - x\sqrt{-a}},\quad a<0,\ c>0.$

99. $\int \dfrac{dx}{(ax^2+c)^n} = \dfrac{1}{2(n-1)c} \cdot \dfrac{x}{(ax^2+c)^{n-1}}$

$+ \dfrac{2n-3}{2(n-1)c} \int \dfrac{dx}{(ax^2+c)^{n-1}},\quad n\text{ は 1 より大きい整数}.$

100. $\int x(ax^2+c)^n dx = \dfrac{1}{2a} \dfrac{(ax^2+c)^{n+1}}{n+1},\quad n \neq -1.$

101. $\int \dfrac{x}{ax^2+c} dx = \dfrac{1}{2a} \log(ax^2+c).$

102. $\int \dfrac{dx}{x(ax^2+c)} = \dfrac{1}{2c} \log \dfrac{ax^2}{ax^2+c}.$

103. $\int \dfrac{dx}{x^2(ax^2+c)} = -\dfrac{1}{cx} - \dfrac{a}{c} \int \dfrac{dx}{ax^2+c}.$

104. $\int \dfrac{x^2 dx}{ax^2+c} = \dfrac{x}{a} - \dfrac{c}{a} \int \dfrac{dx}{ax^2+c}.$

105. $\int \dfrac{x^n dx}{ax^2+c} = \dfrac{x^{n-1}}{a(n-1)} - \dfrac{c}{a} \int \dfrac{x^{n-2} dx}{ax^2+c},\quad n \neq 1.$

106. $\int \dfrac{x^2 dx}{(ax^2+c)^n} = -\dfrac{1}{2(n-1)a} \cdot \dfrac{x}{(ax^2+c)^{n-1}}$

$+ \dfrac{1}{2(n-1)a} \int \dfrac{dx}{(ax^2+c)^{n-1}}.$

107. $\int \dfrac{dx}{x^2(ax^2+c)^n} = \dfrac{1}{c} \int \dfrac{dx}{x^2(ax^2+c)^{n-1}} - \dfrac{a}{c} \int \dfrac{dx}{(ax^2+c)^n}.$

108. $\int \sqrt{x^2 \pm p^2}\, dx = \dfrac{1}{2}\left[x\sqrt{x^2 \pm p^2} \pm p^2 \log\left(x+\sqrt{x^2 \pm p^2}\right)\right].$

109. $\int \sqrt{p^2 - x^2}\, dx = \dfrac{1}{2}\left[x\sqrt{p^2-x^2} + p^2 \sin^{-1}\left(\dfrac{x}{p}\right) \right]$

110. $\int \dfrac{dx}{\sqrt{x^2 \pm p^2}} = \log\left(x + \sqrt{x^2 \pm p^2}\right).$

111. $\int \dfrac{dx}{\sqrt{p^2-x^2}} = \sin^{-1}\left(\dfrac{x}{p}\right)\ $ または $-\cos^{-1}\left(\dfrac{x}{p}\right).$

112. $\int \sqrt{ax^2+c}\, dx = \dfrac{x}{2}\sqrt{ax^2+c}$

$+ \dfrac{c}{2\sqrt{a}} \log\left(x\sqrt{a} + \sqrt{ax^2+c} \right),\quad a>0.$

113. $\int \sqrt{ax^2+c}\, dx = \frac{x}{2}\sqrt{ax^2+c} + \frac{c}{2\sqrt{-a}} \sin^{-1}\left(x\sqrt{\frac{-a}{c}}\right),$ $a<0.$

114. $\int \frac{dx}{\sqrt{ax^2+c}} = \frac{1}{\sqrt{a}} \log\left(x\sqrt{a}+\sqrt{ax^2+c}\right),$ $a>0.$

115. $\int \frac{dx}{\sqrt{ax^2+c}} = \frac{1}{\sqrt{-a}} \sin^{-1}\left(x\sqrt{\frac{-a}{c}}\right),$ $a<0.$

116. $\int x\sqrt{ax^2+c}\cdot dx = \frac{1}{3a}(ax^2+c)^{\frac{3}{2}}.$

117. $\int x^2\sqrt{ax^2+c}\, dx = \frac{x}{4a}\sqrt{(ax^2+c)^3} - \frac{cx}{8a}\sqrt{ax^2+c}$
$\qquad -\frac{c^2}{8\sqrt{a^3}} \log\left(x\sqrt{a}+\sqrt{ax^2+c}\right),\ a>0.$

118. $\int x^2\sqrt{ax^2+c}\, dx = \frac{x}{4a}\sqrt{(ax^2+c)^3} - \frac{cx}{8a}\sqrt{ax^2+c}$
$\qquad -\frac{c^2}{8a\sqrt{-a}} \sin^{-1}\left(x\sqrt{\frac{-a}{c}}\right),\ a<0.$

119. $\int \frac{x\, dx}{\sqrt{ax^2+c}} = \frac{1}{a}\sqrt{ax^2+c}.$

120. $\int \frac{x^2\, dx}{\sqrt{ax^2+c}} = \frac{x}{a}\sqrt{ax^2+c} - \frac{1}{a}\int \sqrt{ax^2+c}\, dx.$

121. $\int \frac{\sqrt{ax^2+c}}{x}\, dx = \sqrt{ax^2+c} + \sqrt{c} \log \frac{\sqrt{ax^2+c}-\sqrt{c}}{x},\ c>0.$

122. $\int \frac{\sqrt{ax^2+c}}{x}\, dx = \sqrt{ax^2+c} - \sqrt{-c}\, \tan^{-1}\frac{\sqrt{ax^2+c}}{\sqrt{-c}},\ c<0.$

123. $\int \frac{dx}{x\sqrt{p^2\pm x^2}} = -\frac{1}{p}\log\left(\frac{p+\sqrt{p^2\pm x^2}}{x}\right).$

124. $\int \frac{dx}{x\sqrt{x^2-p^2}} = \frac{1}{p}\cos^{-1}\left(\frac{p}{x}\right),$ または $-\frac{1}{p}\sin^{-1}\left(\frac{p}{x}\right).$

125. $\int \frac{dx}{x\sqrt{ax^2+c}} = \frac{1}{\sqrt{c}} \log \frac{\sqrt{ax^2+c}-\sqrt{c}}{x},\ c>0.$

126. $\int \frac{dx}{x\sqrt{ax^2+c}} = \frac{1}{\sqrt{-c}} \sec^{-1}\left(x\sqrt{-\frac{a}{c}}\right),\ c<0.$

127. $\int \frac{dx}{x^2\sqrt{ax^2+c}} = -\frac{\sqrt{ax^2+c}}{cx}.$

128. $\int \frac{x^n\, dx}{\sqrt{ax^2+c}} = \frac{x^{n-1}\sqrt{ax^2+c}}{na}$
$\qquad -\frac{(n-1)c}{na}\int \frac{x^{n-2}\, dx}{\sqrt{ax^2+c}},\ n>0.$

129. $\int x^n\sqrt{ax^2+c}\, dx = \frac{x^{n-1}(ax^2+c)^{\frac{3}{2}}}{(n+2)a}$
$\qquad -\frac{(n-1)c}{(n+2)a}\int x^{n-2}\sqrt{ax^2+c}\, dx,\ n>0.$

130. $\int \frac{\sqrt{ax^2+c}}{x^n}\, dx = -\frac{(ax^2+c)^{\frac{3}{2}}}{c(n-1)x^{n-1}}$
$\qquad -\frac{(n-4)a}{(n-1)c}\int \frac{\sqrt{ax^2+c}}{x^{n-2}}\, dx,\ n>1.$

131. $\int \frac{dx}{x^n\sqrt{ax^2+c}} = -\frac{\sqrt{ax^2+c}}{c(n-1)x^{n-1}}$
$\qquad -\frac{(n-2)a}{(n-1)c}\int \frac{dx}{x^{n-2}\sqrt{ax^2+c}},\ n>1.$

132. $\int (ax^2+c)^{\frac{3}{2}}\, dx = \frac{x}{8}(2ax^2+5c)\sqrt{ax^2+c}$
$\qquad +\frac{3c^2}{8\sqrt{a}}\log\left(x\sqrt{a}+\sqrt{ax^2+c}\right),\ a>0.$

133. $\int (ax^2+c)^{\frac{3}{2}}\, dx = \frac{x}{8}(2ax^2+5c)\sqrt{ax^2+c}$
$\qquad +\frac{3c^2}{8\sqrt{-a}}\sin^{-1}\left(x\sqrt{\frac{-a}{c}}\right),\ a<0.$

134. $\int \frac{dx}{(ax^2+c)^{\frac{3}{2}}} = \frac{x}{c\sqrt{ax^2+c}}.$

135. $\int x(ax^2+c)^{\frac{3}{2}}\, dx = \frac{1}{5a}(ax^2+c)^{\frac{5}{2}}.$

136. $\int x^2(ax^2+c)^{\frac{3}{2}}\, dx = \frac{x^3}{6}(ax^2+c)^{\frac{3}{2}} + \frac{c}{2}\int x^2\sqrt{ax^2+c}\, dx.$

137. $\int x^n(ax^2+c)^{\frac{3}{2}}\, dx = \frac{x^{n+1}(ax^2+c)^{\frac{3}{2}}}{n+4}$
$\qquad +\frac{3c}{n+4}\int x^n\sqrt{ax^2+c}\, dx.$

138. $\int \frac{x\, dx}{(ax^2+c)^{\frac{3}{2}}} = -\frac{1}{a\sqrt{ax^2+c}}.$

139. $\int \frac{x^2\, dx}{(ax^2+c)^{\frac{3}{2}}} = -\frac{x}{a\sqrt{ax^2+c}}$
$\qquad +\frac{1}{a\sqrt{a}}\log\left(x\sqrt{a}+\sqrt{ax^2+c}\right),\ a>0.$

140. $\displaystyle\int \frac{x^2\,dx}{(ax^2+c)^{\frac{3}{2}}} = -\frac{x}{a\sqrt{ax^2+c}}$
$\displaystyle\qquad\qquad\qquad + \frac{1}{a\sqrt{-a}}\sin^{-1}\left(x\sqrt{\frac{-a}{c}}\right),\quad a<0.$

141. $\displaystyle\int \frac{x^2\,dx}{(ax^2+c)^{\frac{3}{2}}} = -\frac{x^2}{a\sqrt{ax^2+c}} + \frac{2}{a^2}\sqrt{ax^2+c}.$

142. $\displaystyle\int \frac{dx}{x(ax^n+c)} = \frac{1}{cn}\log\frac{x^n}{ax^n+c}.$

143. $\displaystyle\int \frac{dx}{(ax^n+c)^m} = \frac{1}{c}\int\frac{dx}{(ax^n+c)^{m-1}} - \frac{a}{c}\int\frac{x^n\,dx}{(ax^n+c)^m}.$

144. $\displaystyle\int \frac{dx}{x\sqrt{ax^n+c}} = \frac{1}{n\sqrt{c}}\log\frac{\sqrt{ax^n+c}-\sqrt{c}}{\sqrt{ax^n+c}+\sqrt{c}},\quad c>0.$

145. $\displaystyle\int \frac{dx}{x\sqrt{ax^n+c}} = \frac{2}{n\sqrt{-c}}\sec^{-1}\sqrt{\frac{-ax^n}{c}},\quad c<0.$

146. $\displaystyle\int x^{m-1}(ax^n+c)^p\,dx$
$\displaystyle = \frac{1}{m+np}\left[x^m(ax^n+c)^p + npc\int x^{m-1}(ax^n+c)^{p-1}\,dx\right]$
$\displaystyle = \frac{1}{cn(p+1)}\Big[-x^m(ax^n+c)^{p+1}+(m+np+n)$
$\displaystyle \qquad\qquad\times \int x^{m-1}(ax^n+c)^{p+1}\,dx\Big]$
$\displaystyle = \frac{1}{a(m+np)}\Big[x^{m-n}(ax^n+c)^{p+1}-(m-n)c$
$\displaystyle \qquad\qquad\times \int x^{m-n-1}(ax^n+c)^p\,dx\Big]$
$\displaystyle = \frac{1}{mc}\Big[x^m(ax^n+c)^{p+1}-(m+np+n)a\int x^{m+n-1}(ax^n+c)^p\,dx\Big].$

147. $\displaystyle\int \frac{x^m\,dx}{(ax^n+c)^p} = \frac{1}{a}\int\frac{x^{m-n}\,dx}{(ax^n+c)^{p-1}} - \frac{c}{a}\int\frac{x^{m-n}\,dx}{(ax^n+c)^p}.$

148. $\displaystyle\int \frac{dx}{x^m(ax^n+c)^p} = \frac{1}{c}\int\frac{dx}{x^m(ax^n+c)^{p-1}}$
$\displaystyle \qquad\qquad - \frac{a}{c}\int\frac{dx}{x^{m-n}(ax^n+c)^p}.$

(ax^2+bx+c) を含む式

149. $\displaystyle\int \frac{dx}{ax^2+bx+c}$
$\displaystyle = \frac{1}{\sqrt{b^2-4ac}}\log\frac{2ax+b-\sqrt{b^2-4ac}}{2ax+b+\sqrt{b^2-4ac}},\quad b^2>4ac.$

150. $\displaystyle\int \frac{dx}{ax^2+bx+c} = \frac{2}{\sqrt{4ac-b^2}}\tan^{-1}\frac{2ax+b}{\sqrt{4ac-b^2}},\quad b^2<4ac.$

151. $\displaystyle\int \frac{dx}{ax^2+bx+c} = -\frac{2}{2ax+b},\quad b^2=4ac.$

152. $\displaystyle\int \frac{dx}{(ax^2+bx+c)^{n+1}} = \frac{2ax+b}{n(4ac-b^2)(ax^2+bx+c)^n}$
$\displaystyle \qquad\qquad + \frac{2(2n-1)a}{n(4ac-b^2)}\int\frac{dx}{(ax^2+bx+c)^n}.$

153. $\displaystyle\int \frac{x\,dx}{ax^2+bx+c} = \frac{1}{2a}\log(ax^2+bx+c)$
$\displaystyle \qquad\qquad - \frac{b}{2a}\int\frac{dx}{ax^2+bx+c}.$

154. $\displaystyle\int \frac{x^2\,dx}{ax^2+bx+c} = \frac{x}{a} - \frac{b}{2a^2}\log(ax^2+bx+c)$
$\displaystyle \qquad\qquad + \frac{b^2-2ac}{2a^2}\int\frac{dx}{ax^2+bx+c}.$

155. $\displaystyle\int \frac{x^n\,dx}{ax^2+bx+c} = \frac{x^{n-1}}{(n-1)a} - \frac{c}{a}\int\frac{x^{n-2}\,dx}{ax^2+bx+c}$
$\displaystyle \qquad\qquad - \frac{b}{a}\int\frac{x^{n-1}\,dx}{ax^2+bx+c}.$

156. $\displaystyle\int \frac{x\,dx}{(ax^2+bx+c)^{n+1}} = \frac{-(2c+bx)}{n(4ac-b^2)(ax^2+bx+c)^n}$
$\displaystyle \qquad\qquad - \frac{b(2n-1)}{n(4ac-b^2)}\int\frac{dx}{(ax^2+bx+c)^n}.$

157. $\displaystyle\int \frac{x^m\,dx}{(ax^2+bx+c)^{n+1}} = -\frac{x^{m-1}}{a(2n-m+1)(ax^2+bx+c)^n}$
$\displaystyle \qquad - \frac{n-m+1}{2n-m+1}\cdot\frac{b}{a}\int\frac{x^{m-1}\,dx}{(ax^2+bx+c)^{n+1}}$
$\displaystyle \qquad + \frac{m-1}{2n-m+1}\cdot\frac{c}{a}\int\frac{x^{m-2}\,dx}{(ax^2+bx+c)^{n+1}}.$

158. $\displaystyle\int \frac{dx}{x(ax^2+bx+c)} = \frac{1}{2c}\log\frac{x^2}{ax^2+bx+c}$
$\displaystyle \qquad\qquad - \frac{b}{2c}\int\frac{dx}{(ax^2+bx+c)}.$

159. $\displaystyle\int \frac{dx}{x^2(ax^2+bx+c)} = \frac{b}{2c^2}\log\left(\frac{ax^2+bx+c}{x^2}\right)$
$\displaystyle \qquad - \frac{1}{cx} + \left(\frac{b^2}{2c^2}-\frac{a}{c}\right)\int\frac{dx}{(ax^2+bx+c)}.$

積分公式

160. $\displaystyle\int \frac{dx}{x^m(ax^2+bx+c)^{n+1}} = -\frac{1}{(m-1)cx^{m-1}(ax^2+bx+c)^n}$

$\displaystyle -\frac{(n+m-1)}{m-1}\cdot\frac{b}{c}\int\frac{dx}{x^{m-1}(ax^2+bx+c)^{n+1}}$

$\displaystyle -\frac{(2n+m-1)}{m-1}\cdot\frac{a}{c}\int\frac{dx}{x^{m-2}(ax^2+bx+c)^{n+1}}.$

161. $\displaystyle\int\frac{dx}{x(ax^2+bx+c)^n} = \frac{1}{2c(n-1)(ax^2+bx+c)^{n-1}}$

$\displaystyle -\frac{b}{2c}\int\frac{dx}{(ax^2+bx+c)^n} + \frac{1}{c}\int\frac{dx}{x(ax^2+bx+c)^{n-1}}.$

162. $\displaystyle\int\frac{dx}{\sqrt{ax^2+bx+c}}$

$\displaystyle = \frac{1}{\sqrt{a}}\log\left(2ax+b+2\sqrt{a}\sqrt{ax^2+bx+c}\right),\ a>0.$

163. $\displaystyle\int\frac{dx}{\sqrt{ax^2+bx+c}} = \frac{1}{\sqrt{-a}}\sin^{-1}\frac{-2ax-b}{\sqrt{b^2-4ac}},\ a<0.$

164. $\displaystyle\int\frac{x\,dx}{\sqrt{ax^2+bx+c}} = \frac{\sqrt{ax^2+bx+c}}{a}$

$\displaystyle -\frac{b}{2a}\int\frac{dx}{\sqrt{ax^2+bx+c}}.$

165. $\displaystyle\int\frac{x^n\,dx}{\sqrt{ax^2+bx+c}} = \frac{x^{n-1}}{an}\sqrt{ax^2+bx+c} - \frac{b(2n-1)}{2an}$

$\displaystyle \times\int\frac{x^{n-1}\,dx}{\sqrt{ax^2+bx+c}} - \frac{c(n-1)}{an}\int\frac{x^{n-2}\,dx}{\sqrt{ax^2+bx+c}}.$

166. $\displaystyle\int\sqrt{ax^2+bx+c}\,dx = \frac{2ax+b}{4a}\sqrt{ax^2+bx+c}$

$\displaystyle +\frac{4ac-b^2}{8a}\int\frac{dx}{\sqrt{ax^2+bx+c}}.$

167. $\displaystyle\int x\sqrt{ax^2+bx+c}\,dx = \frac{(ax^2+bx+c)^{\frac{3}{2}}}{3a}$

$\displaystyle -\frac{b}{2a}\int\sqrt{ax^2+bx+c}\,dx.$

168. $\displaystyle\int x^2\sqrt{ax^2+bx+c}\,dx = \left(x-\frac{5b}{6a}\right)\frac{(ax^2+bx+c)^{\frac{3}{2}}}{4a}$

$\displaystyle +\frac{(5b^2-4ac)}{16a^2}\int\sqrt{ax^2+bx+c}\,dx.$

169. $\displaystyle\int\frac{dx}{x\sqrt{ax^2+bx+c}}$

$\displaystyle = -\frac{1}{\sqrt{c}}\log\left(\frac{\sqrt{ax^2+bx+c}+\sqrt{c}}{x} + \frac{b}{2\sqrt{c}}\right),\ c>0.$

170. $\displaystyle\int\frac{dx}{x\sqrt{ax^2+bx+c}} = \frac{1}{\sqrt{-c}}\sin^{-1}\frac{bx+2c}{x\sqrt{b^2-4ac}},\ c<0.$

171. $\displaystyle\int\frac{dx}{x\sqrt{ax^2+bx}} = -\frac{2}{bx}\sqrt{ax^2+bx}.$

172. $\displaystyle\int\frac{dx}{x^n\sqrt{ax^2+bx+c}} = -\frac{\sqrt{ax^2+bx+c}}{c(n-1)x^{n-1}} + \frac{b(3-2n)}{2c(n-1)}$

$\displaystyle \times\int\frac{dx}{x^{n-1}\sqrt{ax^2+bx+c}} + \frac{a(2-n)}{c(n-1)}\int\frac{dx}{x^{n-2}\sqrt{ax^2+bx+c}}.$

173. $\displaystyle\int\frac{dx}{(ax^2+bx+c)^{\frac{3}{2}}} = -\frac{2(2ax+b)}{(b^2-4ac)\sqrt{ax^2+bx+c}},\ b^2\neq 4ac.$

174. $\displaystyle\int\frac{dx}{(ax^2+bx+c)^{\frac{3}{2}}} = -\frac{1}{2\sqrt{a^3}(x+b/2a)^2},\ b^2=4ac.$

その他の代数式

175. $\displaystyle\int\sqrt{2px-x^2}\,dx$

$\displaystyle = \frac{1}{2}\left[(x-p)\sqrt{2px-x^2} + p^2\sin^{-1}[(x-p)/p]\right].$

176. $\displaystyle\int\frac{dx}{\sqrt{2px-x^2}} = \cos^{-1}\left(\frac{p-x}{p}\right).$

177. $\displaystyle\int\frac{dx}{\sqrt{ax+b}\cdot\sqrt{cx+d}} = \frac{2}{\sqrt{-ac}}\tan^{-1}\sqrt{\frac{-c(ax+b)}{a(cx+d)}}$

または $\displaystyle\frac{2}{\sqrt{ac}}\tanh^{-1}\sqrt{\frac{c(ax+b)}{a(cx+d)}}.$

178. $\displaystyle\int\sqrt{ax+b}\cdot\sqrt{cx+d}\,dx$

$\displaystyle = \frac{(2acx+bc+ad)\sqrt{ax+b}\cdot\sqrt{cx+d}}{4ac}$

$\displaystyle -\frac{(ad-bc)^2}{8ac}\int\frac{dx}{\sqrt{ax+b}\cdot\sqrt{cx+d}}.$

179. $\int \sqrt{\dfrac{cx+d}{ax+b}}\, dx = \dfrac{\sqrt{ax+b}\cdot\sqrt{cx+d}}{a} + \dfrac{(ad-bc)}{2a}\int \dfrac{dx}{\sqrt{ax+b}\cdot\sqrt{cx+d}}.$

180. $\int \sqrt{\dfrac{x+b}{x+d}}\, dx = \sqrt{x+d}\cdot\sqrt{x+b} + (b-d)\log\left[\sqrt{x+d}+\sqrt{x+b}\right].$

181. $\int \sqrt{\dfrac{1+x}{1-x}}\, dx = \sin^{-1} x - \sqrt{1-x^2}.$

182. $\int \sqrt{\dfrac{p-x}{q+x}}\, dx = \sqrt{p-x}\cdot\sqrt{q+x} + (p+q)\sin^{-1}\sqrt{\dfrac{x+q}{p+q}}.$

183. $\int \sqrt{\dfrac{p+x}{q-x}}\, dx = -\sqrt{p+x}\cdot\sqrt{q-x} - (p+q)\sin^{-1}\sqrt{\dfrac{q-x}{p+q}}.$

184. $\int \dfrac{dx}{\sqrt{x-p}\cdot\sqrt{q-x}} = 2\sin^{-1}\sqrt{\dfrac{x-p}{q-p}}.$

$\sin ax$ を含む式

185. $\int \sin ax\, dx = -\dfrac{1}{a}\cos ax.$

186. $\int \sin^2 ax\, dx = \dfrac{x}{2} - \dfrac{\sin 2ax}{4a}.$

187. $\int \sin^3 ax\, dx = -\dfrac{1}{a}\cos ax + \dfrac{1}{3a}\cos^3 ax.$

188. $\int \sin^4 ax\, dx = \dfrac{3x}{8} - \dfrac{3\sin 2ax}{16a} - \dfrac{\sin^3 ax \cos ax}{4a}.$

189. $\int \sin^n ax\, dx = -\dfrac{\sin^{n-1} ax \cos ax}{na} + \dfrac{n-1}{n}\int \sin^{n-2} ax\, dx,\ n$ は正の整数.

190. $\int \dfrac{dx}{\sin ax} = \dfrac{1}{a}\log\tan\dfrac{ax}{2} = \dfrac{1}{a}\log(\csc ax - \ctn ax).$

191. $\int \dfrac{dx}{\sin^2 ax} = \int \csc^2 ax\, dx = -\dfrac{1}{a}\ctn ax.$

192. $\int \dfrac{dx}{\sin^n ax} = -\dfrac{1}{a(n-1)}\dfrac{\cos ax}{\sin^{n-1} ax} + \dfrac{n-2}{n-1}\int \dfrac{dx}{\sin^{n-2} ax},\ n$ は 1 より大きい整数.

193. $\int \dfrac{dx}{1\pm \sin ax} = \mp\dfrac{1}{a}\tan\left(\dfrac{\pi}{4}\mp\dfrac{ax}{2}\right).$

194. $\int \dfrac{dx}{b+c\sin ax} = \dfrac{-2}{a\sqrt{b^2-c^2}}\tan^{-1}\left[\sqrt{\dfrac{b-c}{b+c}}\tan\left(\dfrac{\pi}{4}-\dfrac{ax}{2}\right)\right],\quad b^2 > c^2.$

195. $\int \dfrac{dx}{b+c\sin ax} = \dfrac{-1}{a\sqrt{c^2-b^2}}\log \dfrac{c+b\sin ax + \sqrt{c^2-b^2}\cos ax}{b+c\sin ax},\quad c^2 > b^2.$

196. $\int \sin ax \sin bx\, dx = \dfrac{\sin(a-b)x}{2(a-b)} - \dfrac{\sin(a+b)x}{2(a+b)},\quad a^2 \ne b^2.$

197. $\int \sqrt{1+\sin x}\, dx = \pm 2\left(\sin\dfrac{x}{2} - \cos\dfrac{x}{2}\right);$

$(8k-1)\dfrac{\pi}{2} < x \le (8k+3)\dfrac{\pi}{2}$ のとき $+$, それ以外のとき $-$, k は整数.

198. $\int \sqrt{1-\sin x}\, dx = \pm 2\left(\sin\dfrac{x}{2} + \cos\dfrac{x}{2}\right);$

$(8k-3)\dfrac{\pi}{2} < x \le (8k+1)\dfrac{\pi}{2}$ のとき $+$, それ以外のとき $-$, k は整数.

$\cos ax$ を含む式

199. $\int \cos ax\, dx = \dfrac{1}{a}\sin ax.$

200. $\int \cos^2 ax\, dx = \dfrac{x}{2} + \dfrac{\sin 2ax}{4a}.$

201. $\int \cos^3 ax\, dx = \dfrac{1}{a}\sin ax - \dfrac{1}{3a}\sin^3 ax.$

202. $\int \cos^4 ax\, dx = \dfrac{3x}{8} + \dfrac{3\sin 2ax}{16a} + \dfrac{\cos^3 ax \sin ax}{4a}.$

203. $\int \cos^n ax\, dx = \dfrac{\cos^{n-1} ax \sin ax}{na} + \dfrac{n-1}{n}\int \cos^{n-2} ax\, dx,\ n$ は正の整数.

204. $\int \dfrac{dx}{\cos ax} = \dfrac{1}{a}\log\tan\left(\dfrac{ax}{2}+\dfrac{\pi}{4}\right) = \dfrac{1}{a}\log(\tan ax + \sec ax).$

205. $\int \dfrac{dx}{\cos^2 ax} = \dfrac{1}{a}\tan ax.$

206. $\int \dfrac{dx}{\cos^n ax} = \dfrac{1}{a(n-1)}\dfrac{\sin ax}{\cos^{n-1} ax} + \dfrac{n-2}{n-1}\int \dfrac{dx}{\cos^{n-2} ax},$

n は 1 より大きい整数.

207. $\int \dfrac{dx}{1+\cos ax} = \dfrac{1}{a}\tan\dfrac{ax}{2}$, $\int \dfrac{dx}{1-\cos ax} = -\dfrac{1}{a}\ctn\dfrac{ax}{2}$.

208. $\int \sqrt{1+\cos x}\cdot dx = \pm\sqrt{2}\int \cos\dfrac{x}{2}dx = \pm 2\sqrt{2}\sin\dfrac{x}{2}$.

$(4k-1)\pi < x \leq (4k+1)\pi$ のとき $+$, それ以外のとき $-$, k は整数.

209. $\int \sqrt{1-\cos x}\cdot dx = \pm\sqrt{2}\int \sin\dfrac{x}{2}dx = \mp 2\sqrt{2}\cos\dfrac{x}{2}$.

$4k\pi < x \leq (4k+2)\pi$ のとき上の符号, それ以外のとき下の符号.

210. $\int \dfrac{dx}{b+c\cos ax} = \dfrac{1}{a\sqrt{b^2-c^2}}\tan^{-1}\left(\dfrac{\sqrt{b^2-c^2}\cdot\sin ax}{c+b\cos ax}\right)$,

$b^2 > c^2$.

211. $\int \dfrac{dx}{b+c\cos ax} = \dfrac{1}{a\sqrt{c^2-b^2}}\tanh^{-1}\left[\dfrac{\sqrt{c^2-b^2}\cdot\sin ax}{c+b\cos ax}\right]$,

$c^2 > b^2$.

212. $\int \cos ax\cdot\cos bx\,dx = \dfrac{\sin(a-b)x}{2(a-b)} + \dfrac{\sin(a+b)x}{2(a+b)}$, $a^2 \neq b^2$.

$\sin ax$ と $\cos ax$ を含む式

213. $\int \sin ax\cos bx\,dx = -\dfrac{1}{2}\left[\dfrac{\cos(a-b)x}{a-b} + \dfrac{\cos(a+b)x}{a+b}\right]$,

$a^2 \neq b^2$.

214. $\int \sin^n ax\cos ax\,dx = \dfrac{1}{a(n+1)}\sin^{n+1}ax$, $n \neq -1$.

215. $\int \cos^n ax\sin ax\,dx = -\dfrac{1}{a(n+1)}\cos^{n+1}ax$, $n \neq -1$.

216. $\int \dfrac{\sin ax}{\cos ax}dx = -\dfrac{1}{a}\log\cos ax$.

217. $\int \dfrac{\cos ax}{\sin ax}dx = \dfrac{1}{a}\log\sin ax$.

218. $\int (b+c\sin ax)^n\cos ax\,dx = \dfrac{1}{ac(n+1)}(b+c\sin ax)^{n+1}$,

$n \neq -1$.

219. $\int (b+c\cos ax)^n\sin ax\,dx = -\dfrac{1}{ac(n+1)}(b+c\cos ax)^{n+1}$,

$n \neq -1$.

220. $\int \dfrac{\cos ax\,dx}{b+c\sin ax} = \dfrac{1}{ac}\log(b+c\sin ax)$.

221. $\int \dfrac{\sin ax}{b+c\cos ax}dx = -\dfrac{1}{ac}\log(b+c\cos ax)$.

222. $\int \dfrac{dx}{b\sin ax + c\cos ax} = \dfrac{1}{a\sqrt{b^2+c^2}}\left[\log\tan\tfrac{1}{2}\left(ax+\tan^{-1}\dfrac{c}{b}\right)\right]$.

223. $\int \dfrac{dx}{b+c\cos ax+d\sin ax} = \dfrac{-1}{a\sqrt{b^2-c^2-d^2}}\sin^{-1}U$.

$U = \left[\dfrac{c^2+d^2+b(c\cos ax+a\sin ax)}{\sqrt{c^2+d^2}\,(b+c\cos ax+d\sin ax)}\right]$;

または $= \dfrac{1}{a\sqrt{c^2+d^2-b^2}}\log V$,

$V = \left[\dfrac{c^2+d^2+b(c\cos ax+d\sin ax)}{\sqrt{c^2+d^2}\,(b+c\cos ax+d\sin ax)} + \dfrac{\sqrt{c^2+d^2-b^2}\,(c\sin ax-d\cos ax)}{\sqrt{c^2+d^2}\,(b+c\cos ax+d\sin ax)}\right]$,

$b^2 \neq c^2+d^2$, $-\pi < ax < \pi$.

224. $\int \dfrac{dx}{b+c\cos ax+d\sin ax}$

$= \dfrac{1}{ab}\left[\dfrac{b-(c+d)\cos ax+(c-d)\sin ax}{b+(c-d)\cos ax+(c+d)\sin ax}\right]$, $b^2 = c^2+d^2$.

225. $\int \dfrac{\sin^2 ax\,dx}{b+c\cos^2 ax} = \dfrac{1}{ac}\sqrt{\dfrac{b+c}{b}}\tan^{-1}\left(\sqrt{\dfrac{b}{b+c}}\tan ax\right) - \dfrac{x}{c}$

226. $\int \dfrac{\sin ax\cos ax\,dx}{b\cos^2 ax+c\sin^2 ax} = \dfrac{1}{2a(c-b)}\log(b\cos^2 ax+c\sin^2 ax)$.

227. $\int \dfrac{dx}{b^2\cos^2 ax - c^2\sin^2 ax} = \dfrac{1}{2abc}\log\dfrac{b\cos ax+c\sin ax}{b\cos ax-c\sin ax}$.

228. $\int \dfrac{dx}{b^2\cos^2 ax + c^2\sin^2 ax} = \dfrac{1}{abc}\tan^{-1}\left(\dfrac{c\tan ax}{b}\right)$.

229. $\int \sin^2 ax\cos^2 ax\,dx = \dfrac{x}{8} - \dfrac{\sin 4ax}{32a}$.

230. $\int \dfrac{dx}{\sin ax\cos ax} = \dfrac{1}{a}\log\tan ax$.

231. $\int \dfrac{dx}{\sin^2 ax\cos^2 ax} = \dfrac{1}{a}(\tan ax - \ctn ax)$.

232. $\int \dfrac{\sin^2 ax}{\cos ax}dx = \dfrac{1}{a}\left[-\sin ax + \log\tan\left(\dfrac{ax}{2}+\dfrac{\pi}{4}\right)\right]$.

233. $\int \dfrac{\cos^2 ax}{\sin ax}dx = \dfrac{1}{a}\left[\cos ax + \log\tan\dfrac{ax}{2}\right]$.

234. $\int \sin^m ax \cos^n ax\, dx = -\dfrac{\sin^{n-1} ax \cos^{n+1} ax}{a(m+n)}$

$\qquad + \dfrac{m-1}{m+n}\int \sin^{m-2} ax \cos^n ax\, dx, \quad m, n > 0.$

235. $\int \sin^m ax \cos^n ax\, dx = \dfrac{\sin^{m+1} ax \cos^{n-1} ax}{a(m+n)}$

$\qquad + \dfrac{n-1}{m+n}\int \sin^m ax \cos^{n-2} ax\, dx, \quad m, n > 0.$

236. $\int \dfrac{\sin^m ax}{\cos^n ax}\, dx = \dfrac{\sin^{m+1} ax}{a(n-1)\cos^{n-1} ax}$

$\qquad - \dfrac{m-n+2}{n-1}\int \dfrac{\sin^m ax}{\cos^{n-2} ax}\, dx, \quad m, n > 0, n \neq 1.$

237. $\int \dfrac{\cos^n ax}{\sin^m ax}\, dx = \dfrac{-\cos^{n+1} ax}{a(m-1)\sin^{m-1} ax}$

$\qquad + \dfrac{m-n-2}{(m-1)}\int \dfrac{\cos^n ax}{\sin^{m-2} ax}\, dx, \quad m, n > 0, m \neq 1.$

238. $\int \dfrac{dx}{\sin^m ax \cos^n ax} = \dfrac{1}{a(n-1)}\dfrac{1}{\sin^{m-1} ax \cos^{n-1} ax}$

$\qquad + \dfrac{m+n-2}{(n-1)}\int \dfrac{dx}{\sin^m ax \cos^{n-2} ax}.$

239. $\int \dfrac{dx}{\sin^m ax \cos^n ax} = -\dfrac{1}{a(m-1)}\dfrac{1}{\sin^{m-1} ax \cos^{n-1} ax}$

$\qquad + \dfrac{m+n-2}{(m-1)}\int \dfrac{dx}{\sin^{m-2} ax \cos^n ax}.$

240. $\int \dfrac{\sin^{2n} ax}{\cos ax}\, dx = \int \dfrac{(1-\cos^2 ax)^n}{\cos ax}\, dx.$

（右辺を展開し，わって 203 を使用）.

241. $\int \dfrac{\cos^{2n} ax}{\sin ax}\, dx = \int \dfrac{(1-\sin^2 ax)^n}{\sin ax}\, dx.$

（右辺を展開し，わって 189 を使用）.

242. $\int \dfrac{\sin^{2n+1} ax}{\cos ax}\, dx = \int \dfrac{(1-\cos^2 ax)^n}{\cos ax}\sin ax\, dx.$

（右辺を展開し，わって 215 を使用）.

243. $\int \dfrac{\cos^{2n+1} ax}{\sin ax}\, dx = \int \dfrac{(1-\sin^2 ax)^n}{\sin ax}\cos ax\, dx.$

（右辺を展開し，わって 214 を使用）.

$\tan ax$ または $\operatorname{ctn} ax$ を含む式
($\tan ax = 1/\operatorname{ctn} ax$)

244. $\int \tan ax\, dx = -\dfrac{1}{a}\log\cos ax.$

245. $\int \tan^2 ax\, dx = \dfrac{1}{a}\tan ax - x.$

246. $\int \tan^3 ax\, dx = \dfrac{1}{2a}\tan^2 ax + \dfrac{1}{a}\log\cos ax.$

247. $\int \tan^n ax\, dx = \dfrac{1}{a(n-1)}\tan^{n-1} ax - \int \tan^{n-2} ax\, dx,$

$\qquad n$ は 1 より大きい整数.

248. $\int \operatorname{ctn} u\, du = \log \sin u,\ \text{または}\ -\log \csc u,$

$\qquad u$ は x の任意の関数.

249. $\int \operatorname{ctn}^2 ax\, dx = \int \dfrac{dx}{\tan^2 ax} = -\dfrac{1}{a}\operatorname{ctn} ax - x.$

250. $\int \operatorname{ctn}^3 ax\, dx = -\dfrac{1}{2a}\operatorname{ctn}^2 ax - \dfrac{1}{a}\log \sin ax.$

251. $\int \operatorname{ctn}^n ax\, dx = \int \dfrac{dx}{\tan^n ax} = -\dfrac{1}{a(n-1)}\operatorname{ctn}^{n-1} ax$

$\qquad -\int \operatorname{ctn}^{n-2} ax\, dx,\ n$ は 1 より大きい整数.

252. $\int \dfrac{dx}{b+c\tan ax} = \int \dfrac{\operatorname{ctn} ax\, dx}{b\operatorname{ctn} ax + c}$

$\qquad = \dfrac{1}{b^2+c^2}\left[bx + \dfrac{c}{a}\log(b\cos ax + c\sin ax)\right].$

253. $\int \dfrac{dx}{b+c\operatorname{ctn} ax} = \int \dfrac{\tan ax\, dx}{b\tan ax + c}$

$\qquad = \dfrac{1}{b^2+c^2}\left[bx - \dfrac{c}{a}\log(c\cos ax + b\sin ax)\right].$

254. $\int \dfrac{dx}{\sqrt{b+c\tan^2 ax}}$

$\qquad = \dfrac{1}{a\sqrt{b-c}}\sin^{-1}\left(\sqrt{\dfrac{b-c}{b}}\sin ax\right),\ b > 0, b^2 > c^2.$

$\sec ax = 1/\cos ax$ または
$\csc ax = 1/\sin ax$ を含む式.

255. $\int \sec ax\, dx = \dfrac{1}{a}\log\tan\left(\dfrac{ax}{2} + \dfrac{\pi}{4}\right).$

代数関数と三角関数とを含む式

256. $\int \sec^2 ax\, dx = \frac{1}{a} \tan ax.$

257. $\int \sec^3 ax\, dx = \frac{1}{2a}\left[\tan ax \sec ax + \log\tan\left(\frac{ax}{2}+\frac{\pi}{4}\right)\right].$

258. $\int \sec^n ax\, dx = \frac{1}{a(n-1)}\frac{\sin ax}{\cos^{n-1} ax}$
$\quad + \frac{n-2}{n-1}\int \sec^{n-2} ax\, dx,\quad n\text{ は }1\text{ より大きい整数}.$

259. $\int \csc ax\, dx = \frac{1}{a}\log\tan\frac{ax}{2}.$

260. $\int \csc^2 ax\, dx = -\frac{1}{a}\operatorname{ctn} ax.$

261. $\int \csc^3 ax\, dx = \frac{1}{2a}\left[-\operatorname{ctn} ax\csc ax + \log\tan\frac{ax}{2}\right].$

262. $\int \csc^n ax\, dx = -\frac{1}{a(n-1)}\frac{\cos ax}{\sin^{n-1} ax}$
$\quad + \frac{n-2}{n-1}\int \csc^{n-2} ax\, dx,\quad n\text{ は }1\text{ より大きい整数}.$

$\tan ax$ と $\sec ax$ または $\operatorname{ctn} ax$ と $\csc ax$ を含む式

263. $\int \tan ax \sec ax\, dx = \frac{1}{a}\sec ax.$

264. $\int \tan^n ax \sec^2 ax\, dx = \frac{1}{a(n+1)}\tan^{n+1} ax,\quad n\ne -1.$

265. $\int \tan ax \sec^n ax\, dx = \frac{1}{an}\sec^n ax,\quad n\ne 0.$

266. $\int \operatorname{ctn} ax \csc ax\, dx = -\frac{1}{a}\csc ax.$

267. $\int \operatorname{ctn}^n ax \csc^2 ax\, dx = -\frac{1}{a(n+1)}\operatorname{ctn}^{n+1} ax,\quad n\ne -1.$

268. $\int \operatorname{ctn} ax \csc^n ax\, dx = -\frac{1}{an}\csc^n ax,\quad n\ne 0.$

269. $\int \frac{\csc^2 ax\, dx}{\operatorname{ctn} ax} = -\frac{1}{a}\log\operatorname{ctn} ax.$

270. $\int x\sin ax\, dx = \frac{1}{a^2}\sin ax - \frac{1}{a}x\cos ax.$

271. $\int x^2 \sin ax\, dx = \frac{2x}{a^2}\sin ax + \frac{2}{a^3}\cos ax - \frac{x^2}{a}\cos ax.$

272. $\int x^3 \sin ax\, dx = \frac{3x^2}{a^2}\sin ax - \frac{6}{a^4}\sin ax$
$\quad - \frac{x^3}{a}\cos ax + \frac{6x}{a^3}\cos ax.$

273. $\int x\sin^2 ax\, dx = \frac{x^2}{4} - \frac{x\sin 2ax}{4a} - \frac{\cos 2ax}{8a^2}.$

274. $\int x^2 \sin^2 ax\, dx = \frac{x^3}{6} - \left(\frac{x^2}{4a}-\frac{1}{8a^3}\right)\sin 2ax - \frac{x\cos 2ax}{4a^2}.$

275. $\int x^3 \sin^2 ax\, dx = \frac{x^4}{8} - \left(\frac{x^3}{4a}-\frac{3x}{8a^3}\right)\sin 2ax$
$\quad - \left(\frac{3x^2}{8a^2}-\frac{3}{16a^4}\right)\cos 2ax.$

276. $\int x\sin^3 ax\, dx = \frac{x\cos 3ax}{12a} - \frac{\sin 3ax}{36a^2} - \frac{3x\cos ax}{4a} + \frac{3\sin ax}{4a^2}.$

277. $\int x^n \sin ax\, dx = -\frac{1}{a}x^n \cos ax + \frac{n}{a}\int x^{n-1}\cos ax\, dx,\quad n>0.$

278. $\int \frac{\sin ax\, dx}{x} = ax - \frac{(ax)^3}{3\cdot 3!} + \frac{(ax)^5}{5\cdot 5!} - \cdots.$

279. $\int \frac{\sin ax\, dx}{x^m} = \frac{-1}{(m-1)}\frac{\sin ax}{x^{m-1}} + \frac{a}{(m-1)}\int \frac{\cos ax\, dx}{x^{m-1}}.$

280. $\int x\cos ax\, dx = \frac{1}{a^2}\cos ax + \frac{1}{a}x\sin ax.$

281. $\int x^2 \cos ax\, dx = \frac{2x}{a^2}\cos ax - \frac{2}{a^3}\sin ax + \frac{x^2}{a}\sin ax.$

282. $\int x^3 \cos ax\, dx = \frac{(3a^2x^2-6)\cos ax}{a^4} + \frac{(a^2x^2-6x)\sin ax}{a^3}.$

283. $\int x\cos^2 ax\, dx = \frac{x^2}{4} + \frac{x\sin 2ax}{4a} + \frac{\cos 2ax}{8a^2}.$

284. $\int x^2 \cos^2 ax\, dx = \frac{x^3}{6} + \left(\frac{x^2}{4a}-\frac{1}{8a^3}\right)\sin 2ax + \frac{x\cos 2ax}{4a^2}.$

285. $\int x^3 \cos^2 ax\, dx = \dfrac{x^4}{8} + \left(\dfrac{x^3}{4a} - \dfrac{3x}{8a^3}\right)\sin 2ax$
$\qquad + \left(\dfrac{3x^2}{8a^2} - \dfrac{3}{16a^4}\right)\cos 2ax.$

286. $\int x\cos^3 ax\, dx = \dfrac{x\sin 3ax}{12a} + \dfrac{\cos 3ax}{36a^2} + \dfrac{3x\sin ax}{4a} + \dfrac{3\cos ax}{4a^2}.$

287. $\int x^n \cos ax\, dx = \dfrac{1}{a}x^n \sin ax - \dfrac{n}{a}\int x^{n-1}\sin ax\, dx,\ n>0.$

288. $\int \dfrac{\cos ax\, dx}{x} = \log ax - \dfrac{(ax)^2}{2\cdot 2!} + \dfrac{(ax)^4}{4\cdot 4!} - \cdots.$

289. $\int \dfrac{\cos ax}{x^m} dx = -\dfrac{1}{(m-1)}\cdot \dfrac{\cos ax}{x^{m-1}} - \dfrac{a}{(m-1)}\int \dfrac{\sin ax\, dx}{x^{m-1}},$
$\qquad m \ne 1.$

指数関数と対数関数を含む式

290. $\int e^{ax} dx = \dfrac{1}{a}e^{ax},\quad \int b^{ax} dx = \dfrac{b^{ax}}{a\log b}.$

291. $\int xe^{ax} dx = \dfrac{e^{ax}}{a^2}(ax-1),\quad \int xb^{ax} dx = \dfrac{xb^{ax}}{a\log b} - \dfrac{b^{ax}}{a^2(\log b)^2}.$

292. $\int x^2 e^{ax} dx = \dfrac{e^{ax}}{a^3}(a^2 x^2 - 2ax + 2).$

293. $\int x^n e^{ax} dx = \dfrac{1}{a}x^n e^{ax} - \dfrac{n}{a}\int x^{n-1} e^{ax} dx,\ n>0.$

294. $\int x^n e^{ax} dx = \dfrac{e^{ax}}{a^{n+1}}\big[(ax)^n - n(ax)^{n-1}$
$\qquad + n(n-1)(ax)^{n-2} - \cdots + (-1)^n n!\big],\ n\text{ は正の整数}.$

295. $\int x^n e^{-ax} dx = -\dfrac{e^{-ax}}{a^{n+1}}\big[(ax)^n + n(ax)^{n-1}$
$\qquad + n(n-1)(ax)^{n-2} + \cdots + n!\big],\ n\text{ は正の整数}.$

296. $\int x^n b^{ax} dx = \dfrac{x^n b^{ax}}{a\log b} - \dfrac{n}{a\log b}\int x^{n-1} b^{ax} dx,\ n>0.$

297. $\int \dfrac{e^{ax}}{x} dx = \log x + ax + \dfrac{(ax)^2}{2\cdot 2!} + \dfrac{(ax)^3}{3\cdot 3!} + \cdots.$

298. $\int \dfrac{e^{ax}}{x^n} dx = \dfrac{1}{n-1}\left[-\dfrac{e^{ax}}{x^{n-1}} + a\int \dfrac{e^{ax}}{x^{n-1}} dx\right],$ n は 1 より大きい整数.

299. $\int \dfrac{dx}{b+ce^{ax}} = \dfrac{1}{ab}[ax - \log(b+ce^{ax})].$

300. $\int \dfrac{e^{ax} dx}{b+ce^{ax}} = \dfrac{1}{ac}\log(b+ce^{ax}).$

301. $\int \dfrac{dx}{be^{ax}+ce^{-ax}} = \dfrac{1}{a\sqrt{bc}}\tan^{-1}\left(e^{ax}\sqrt{\dfrac{b}{c}}\right),\ b,c>0.$

302. $\int e^{ax}\sin bx\, dx = \dfrac{e^{ax}}{a^2+b^2}(a\sin bx - b\cos bx).$

303. $\int e^{ax}\sin bx \sin cx\, dx = \dfrac{e^{ax}[(b-c)\sin(b-c)x + a\cos(b-c)x]}{2[a^2+(b-c)^2]}$
$\qquad - \dfrac{e^{ax}[(b+c)\sin(b+c)x + a\cos(b+c)x]}{2[a^2+(b+c)^2]}.$

304. $\int e^{ax}\cos bx\, dx = \dfrac{e^{ax}}{a^2+b^2}(a\cos bx + b\sin bx).$

305. $\int e^{ax}\cos bx \cos cx\, dx$
$\qquad = \dfrac{e^{ax}[(b-c)\sin(b-c)x + a\cos(b-c)x]}{2[a^2+(b-c)^2]}$
$\qquad + \dfrac{e^{ax}[(b+c)\sin(b+c)x + a\cos(b+c)x]}{2[a^2+(b+c)^2]}.$

306. $\int e^{ax}\sin bx \cos cx\, dx$
$\qquad = \dfrac{e^{ax}[a\sin(b-c)x - (b-c)\cos(b-c)x]}{2[a^2+(b-c)^2]}$
$\qquad + \dfrac{e^{ax}[a\sin(b+c)x - (b+c)\cos(b+c)x]}{2[a^2+(b+c)^2]}.$

307. $\int e^{ax}\sin bx \sin(bx+c)\, dx$
$\qquad = \dfrac{e^{ax}\cos c}{2a} - \dfrac{e^{ax}[a\cos(2bx+c) + 2b\sin(2bx+c)]}{2(a^2+4b^2)}.$

308. $\int e^{ax}\cos bx \cos(bx+c)\, dx$
$\qquad = \dfrac{e^{ax}\cos c}{2a} + \dfrac{e^{ax}[a\cos(2bx+c) + 2b\sin(2bx+c)]}{2(a^2+4b^2)}.$

309. $\int e^{ax}\cos bx \sin(bx+c)\, dx$
$\qquad = \dfrac{e^{ax}\sin c}{2a} + \dfrac{e^{ax}[a\sin(2bx+c) - 2b\cos(2bx+c)]}{2(a^2+4b^2)}.$

310. $\int e^{ax}\sin bx \cos(bx+c)\, dx$
$\qquad = -\dfrac{e^{ax}\sin c}{2a} + \dfrac{e^{ax}[a\sin(2bx+c) - 2b\cos(2bx+c)]}{2(a^2+4b^2)}.$

311. $\int xe^{ax}\sin bx\, dx = \dfrac{xe^{ax}}{a^2+b^2}(a\sin bx - b\cos bx)$
$\qquad - \dfrac{e^{ax}}{(a^2+b^2)^2}\big[(a^2-b^2)\sin bx - 2ab\cos bx\big].$

積分公式 541

312. $\displaystyle\int xe^{ax}\cos bx\,dx = \frac{xe^{ax}}{a^2+b^2}(a\cos bx + b\sin bx)$
$\displaystyle\qquad -\frac{e^{ax}}{(a^2+b^2)^2}\big[(a^2-b^2)\cos bx + 2ab\sin bx\big].$

313. $\displaystyle\int e^{ax}\cos^n bx\,dx = \frac{e^{ax}\cos^{n-1}bx(a\cos bx + nb\sin bx)}{a^2+n^2b^2}$
$\displaystyle\qquad +\frac{n(n-1)b^2}{a^2+n^2b^2}\int e^{ax}\cos^{n-2}bx\,dx.$

314. $\displaystyle\int e^{ax}\sin^n bx\,dx = \frac{e^{ax}\sin^{n-1}bx(a\sin bx - nb\cos bx)}{a^2+n^2b^2}$
$\displaystyle\qquad +\frac{n(n-1)b^2}{a^2+n^2b^2}\int e^{ax}\sin^{n-2}bx\,dx.$

315. $\displaystyle\int \log ax\,dx = x\log ax - x.$

316. $\displaystyle\int x\log ax\,dx = \frac{x^2}{2}\log ax - \frac{x^2}{4}.$

317. $\displaystyle\int x^2\log ax\,dx = \frac{x^3}{3}\log ax - \frac{x^3}{9}.$

318. $\displaystyle\int (\log ax)^2\,dx = x(\log ax)^2 - 2x\log ax + 2x.$

319. $\displaystyle\int (\log ax)^n\,dx = x(\log ax)^n - n\int (\log ax)^{n-1}\,dx,\ \ n>0.$

320. $\displaystyle\int x^n \log ax\,dx = x^{n+1}\left[\frac{\log ax}{n+1} - \frac{1}{(n+1)^2}\right],\ \ n\neq -1.$

321. $\displaystyle\int x^n(\log ax)^m\,dx = \frac{x^{n+1}}{n+1}(\log ax)^m$
$\displaystyle\qquad -\frac{m}{n+1}\int x^n(\log ax)^{m-1}\,dx,\ \ n\neq -1.$

322. $\displaystyle\int \frac{(\log ax)^n}{x}\,dx = \frac{(\log ax)^{n+1}}{n+1},\ \ n\neq -1.$

323. $\displaystyle\int \frac{dx}{x\log ax} = \log(\log ax).$

324. $\displaystyle\int \frac{dx}{x(\log ax)^n} = -\frac{1}{(n-1)(\log ax)^{n-1}},\ \ n\neq 1.$

325. $\displaystyle\int \frac{x^n\,dx}{(\log ax)^m} = \frac{-x^{n+1}}{(m-1)(\log ax)^{m-1}}$
$\displaystyle\qquad +\frac{n+1}{m-1}\int \frac{x^n\,dx}{(\log ax)^{m-1}},\ \ m\neq 1.$

326. $\displaystyle\int \frac{x^n\,dx}{\log ax} = \frac{1}{a^{n+1}}\int \frac{e^y\,dy}{y},\quad y=(n+1)\log ax.$

327. $\displaystyle\int \frac{x^n\,dx}{\log ax} = \frac{1}{a^{n+1}}\bigg[\log|\log ax| + (n+1)\log ax$
$\displaystyle\qquad +\frac{(n+1)^2(\log ax)^2}{2\cdot 2!} + \frac{(n+1)^3(\log ax)^3}{3\cdot 3!} + \cdots\bigg].$

328. $\displaystyle\int \frac{dx}{\log ax} = \frac{1}{a}\bigg[\log|\log ax| + \log ax$
$\displaystyle\qquad +\frac{(\log ax)^2}{2\cdot 2!} + \frac{(\log ax)^3}{3\cdot 3!} + \cdots\bigg].$

329. $\displaystyle\int \sin(\log ax)\,dx = \frac{x}{2}[\sin(\log ax) - \cos(\log ax)].$

330. $\displaystyle\int \cos(\log ax)\,dx = \frac{x}{2}[\sin(\log ax) + \cos(\log ax)].$

331. $\displaystyle\int e^{ax}\log bx\,dx = \frac{1}{a}e^{ax}\log bx - \frac{1}{a}\int \frac{e^{ax}}{x}\,dx.$

逆三角関数を含む式

332. $\displaystyle\int \sin^{-1}ax\,dx = x\sin^{-1}ax + \frac{1}{a}\sqrt{1-a^2x^2}.$

333. $\displaystyle\int (\sin^{-1}ax)^2\,dx = x(\sin^{-1}ax)^2 - 2x + \frac{2}{a}\sqrt{1-a^2x^2}\sin^{-1}ax.$

334. $\displaystyle\int x\sin^{-1}ax\,dx = \frac{x^2}{2}\sin^{-1}ax - \frac{1}{4a^2}\sin^{-1}ax + \frac{x}{4a}\sqrt{1-a^2x^2}.$

335. $\displaystyle\int x^n \sin^{-1}ax\,dx = \frac{x^{n+1}}{n+1}\sin^{-1}ax$
$\displaystyle\qquad -\frac{a}{n+1}\int \frac{x^{n+1}\,dx}{\sqrt{1-a^2x^2}},\ \ n\neq -1.$

336. $\displaystyle\int \frac{\sin^{-1}ax\,dx}{x} = ax + \frac{1}{2\cdot 3\cdot 3}(ax)^3 + \frac{1\cdot 3}{2\cdot 4\cdot 5\cdot 5}(ax)^5$
$\displaystyle\qquad +\frac{1\cdot 3\cdot 5}{2\cdot 4\cdot 6\cdot 7\cdot 7}(ax)^7 + \cdots,\ \ a^2x^2<1.$

337. $\displaystyle\int \frac{\sin^{-1}ax\,dx}{x^2} = -\frac{1}{x}\sin^{-1}ax - a\log\left|\frac{1+\sqrt{1-a^2x^2}}{ax}\right|.$

338. $\displaystyle\int \cos^{-1}ax\,dx = x\cos^{-1}ax - \frac{1}{a}\sqrt{1-a^2x^2}.$

339. $\int (\cos^{-1} ax)^2 dx = x(\cos^{-1} ax)^2 - 2x$

$\qquad - \dfrac{2}{a}\sqrt{1-a^2x^2}\cos^{-1} ax.$

340. $\int x\cos^{-1} ax\, dx = \dfrac{x^2}{2}\cos^{-1} ax$

$\qquad -\dfrac{1}{4a^2}\cos^{-1} ax - \dfrac{x}{4a}\sqrt{1-a^2x^2}.$

341. $\int x^n \cos^{-1} ax\, dx = \dfrac{x^{n+1}}{n+1}\cos^{-1} ax$

$\qquad + \dfrac{a}{n+1}\int \dfrac{x^{n+1} dx}{\sqrt{1-a^2x^2}},\quad n \neq -1.$

342. $\int \dfrac{\cos^{-1} ax\, dx}{x} = \dfrac{\pi}{2}\log|ax| - ax - \dfrac{1}{2\cdot 3 \cdot 3}(ax)^3$

$\qquad - \dfrac{1\cdot 3}{2\cdot 4\cdot 5\cdot 5}(ax)^5 - \dfrac{1\cdot 3\cdot 5}{2\cdot 4\cdot 6\cdot 7\cdot 7}(ax)^7 - \cdots, \quad a^2x^2<1.$

343. $\int \dfrac{\cos^{-1} ax\, dx}{x^2} = -\dfrac{1}{x}\cos^{-1} ax + a\log\left|\dfrac{1+\sqrt{1-a^2x^2}}{ax}\right|.$

344. $\int \tan^{-1} ax\, dx = x\tan^{-1} ax - \dfrac{1}{2a}\log(1+a^2x^2).$

345. $\int x^n \tan^{-1} ax\, dx = \dfrac{x^{n+1}}{n+1}\tan^{-1} ax - \dfrac{a}{n+1}\int \dfrac{x^{n+1} dx}{1+a^2x^2},$

$\qquad\qquad n \neq -1.$

346. $\int \dfrac{\tan^{-1} ax\, dx}{x^2} = -\dfrac{1}{x}\tan^{-1} ax - \dfrac{a}{2}\log\left(\dfrac{1+a^2x^2}{a^2x^2}\right).$

347. $\int \mathrm{ctn}^{-1} ax\, dx = x\,\mathrm{ctn}^{-1} ax + \dfrac{1}{2a}\log(1+a^2x^2).$

348. $\int x^n \mathrm{ctn}^{-1} ax\, dx = \dfrac{x^{n+1}}{n+1}\mathrm{ctn}^{-1} ax + \dfrac{a}{n+1}\int \dfrac{x^{n+1} dx}{1+a^2x^2},$

$\qquad\qquad n \neq -1.$

349. $\int \dfrac{\mathrm{ctn}^{-1} ax\, dx}{x^2} = -\dfrac{1}{x}\mathrm{ctn}^{-1} ax + \dfrac{a}{2}\log\left(\dfrac{1+a^2x^2}{a^2x^2}\right).$

350. $\int \sec^{-1} ax\, dx = x\sec^{-1} ax - \dfrac{1}{a}\log\left(ax + \sqrt{a^2x^2-1}\right).$

351. $\int x^n \sec^{-1} ax\, dx = \dfrac{x^{n+1}}{n+1}\sec^{-1} ax \pm \dfrac{1}{n+1}\int \dfrac{x^n dx}{\sqrt{a^2x^2-1}},$

$\qquad\qquad n \neq -1.$

$\dfrac{\pi}{2} < \sec^{-1} ax < \pi$ のとき $+$; $0 < \sec^{-1} ax < \dfrac{\pi}{2}$ のとき $-$.

352. $\int \csc^{-1} ax\, dx = x\csc^{-1} ax + \dfrac{1}{a}\log\left(ax + \sqrt{a^2x^2-1}\right).$

353. $\int x^n \csc^{-1} ax\, dx = \dfrac{x^{n+1}}{n+1}\csc^{-1} ax \pm \dfrac{1}{n+1}\int \dfrac{x^n dx}{\sqrt{a^2x^2-1}},$

$\qquad\qquad n \neq -1.$

$0 < \csc^{-1} ax < \dfrac{\pi}{2}$ のとき $+$; $-\dfrac{\pi}{2} < \csc^{-1} ax < 0$ のとき $-$.

定 積 分

354. $\int_0^\infty \dfrac{a\, dx}{a^2+x^2} = \dfrac{\pi}{2},\ a>0\,;\ =0,\ a=0\,;\ =\dfrac{-\pi}{2},\ a<0$

355. $\int_0^\infty x^{n-1} e^{-x} dx = \int_0^1 \left[\log_e \dfrac{1}{x}\right]^{n-1} dx = \Gamma(n),$

$\Gamma(n+1) = n\cdot\Gamma(n),\ n>0$ のとき. $\Gamma(2)=\Gamma(1)=1.$

$\Gamma(n+1) = n!,\ n$ が 0 または正整数. $\Gamma(\tfrac{1}{2}) = \sqrt{\pi}.$

356. $\int_0^\infty e^{-zx}\cdot z^n\cdot x^{n-1} dx = \Gamma(n),\ z>0.$

357. $\int_0^1 x^{m-1}(1-x)^{n-1} dx = \int_0^\infty \dfrac{x^{m-1} dx}{(1+x)^{m+n}} = \dfrac{\Gamma(m)\Gamma(n)}{\Gamma(m+n)}.$

358. $\int_0^\infty \dfrac{x^{n-1}}{1+x} dx = \dfrac{\pi}{\sin n\pi},\ 0<n<1.$

359. $\int_0^{\pi/2} \sin^n x\, dx = \int_0^{\pi/2} \cos^n x\, dx$

$\qquad = \dfrac{1}{2}\sqrt{\pi}\cdot\dfrac{\Gamma\!\left(\dfrac{n}{2}+\dfrac{1}{2}\right)}{\Gamma\!\left(\dfrac{n}{2}+1\right)},\quad n>-1;$

$\qquad = \dfrac{1\cdot 3\cdot 5 \cdots (n-1)}{2\cdot 4\cdot 6 \cdots n}\cdot\dfrac{\pi}{2},\ n$ が正の偶数;

$\qquad = \dfrac{2\cdot 4\cdot 6 \cdots (n-1)}{1\cdot 3\cdot 5\cdot 7 \cdots n},\ n$ が正の奇数.

360. $\int_0^\infty \dfrac{\sin^2 x}{x^2} dx = \dfrac{\pi}{2}.$ 361. $\int_0^\infty \dfrac{\sin ax}{x} dx = \dfrac{\pi}{2},\ a>0.$

362. $\int_0^\infty \dfrac{\sin x \cos ax}{x} dx = 0,\ a<-1,$ または $a>1\,;$

$\qquad = \dfrac{\pi}{4},\ a=-1,$ または $a=1\,;$

$\qquad = \dfrac{\pi}{2},\ -1<a<1\ .$

363. $\int_0^\pi \sin^2 ax\, dx = \int_0^\pi \cos^2 ax\, dx = \dfrac{\pi}{2}.$

364. $\int_0^{\pi/a} \sin ax\cdot \cos ax\, dx = \int_0^\pi \sin x\cdot \cos x\, dx = 0.$

365. $\int_0^\pi \sin ax \sin bx\, dx = \int_0^\pi \cos ax \cos bx\, dx = 0,\quad a \neq b,$
     b は整数.

366. $\int_0^\pi \sin ax \cos bx\, dx = \dfrac{2a}{a^2 - b^2},\quad a-b$ が奇数;
     $= 0,\ a-b$ が偶数; a と b は等しくない整数.

367. $\int_0^\infty \dfrac{\sin ax \sin bx}{x^2} dx = \dfrac{1}{2}\pi a,\quad 0 \le a < b.$

368. $\int_0^\infty \cos(x^2)\, dx = \int_0^\infty \sin(x^2)\, dx = \dfrac{1}{2}\sqrt{\dfrac{\pi}{2}}.$

369. $\int_0^\infty e^{-a^2 x^2} dx = \dfrac{\sqrt{\pi}}{2a} = \dfrac{1}{2a}\Gamma\left(\dfrac{1}{2}\right),\quad a > 0.$

370. $\int_0^\infty x^n \cdot e^{-ax} dx = \dfrac{\Gamma(n+1)}{a^{n+1}},\ a > 0.$

371. $\int_0^\infty x^{2n} e^{-ax^2} dx = \dfrac{1\cdot 3 \cdot 5 \cdots (2n-1)}{2^{n+1} a^n}\sqrt{\dfrac{\pi}{a}}.$

372. $\int_0^\infty \sqrt{x}\, e^{-ax} dx = \dfrac{1}{2a}\sqrt{\dfrac{\pi}{a}}.$ 373. $\int_0^\infty \dfrac{e^{-ax}}{\sqrt{x}} dx = \sqrt{\dfrac{\pi}{a}}.$

374. $\int_0^\infty e^{(-x^2 - a^2/x^2)} dx = \dfrac{1}{2} e^{-2a}\sqrt{\pi},\quad a > 0.$

375. $\int_0^\infty e^{-as} \cos bx\, dx = \dfrac{a}{a^2 + b^2},\quad a > 0.$

376. $\int_0^\infty e^{-ax} \sin bx\, dx = \dfrac{b}{a^2 + b^2},\quad a > 0.$

377. $\int_0^\infty \dfrac{e^{-ax}\sin x}{x} dx = \mathrm{ctn}^{-1} a,\quad a > 0.$

378. $\int_0^\infty e^{-a^2 x^2} \cos bx\, dx = \dfrac{\sqrt{\pi}\cdot e^{-b^2/(4a^2)}}{2a},\quad a > 0.$

379. $\int_0^1 (\log x)^n dx = (-1)^n \cdot n!,\ n$ は正の整数.

380. $\int_0^1 \dfrac{\log x}{1-x} dx = -\dfrac{\pi^2}{6}.$ 381. $\int_0^1 \dfrac{\log x}{1+x} dx = -\dfrac{\pi^2}{12}.$

382. $\int_0^1 \dfrac{\log x}{1-x^2} dx = -\dfrac{\pi^2}{8}.$ 383. $\int_0^1 \dfrac{\log x}{\sqrt{1-x^2}} dx = -\dfrac{\pi}{2}\log 2.$

384. $\int_0^1 \log\left(\dfrac{1+x}{1-x}\right)\cdot \dfrac{dx}{x} = \dfrac{\pi^2}{4}.$ 385. $\int_0^\infty \log\left(\dfrac{e^x+1}{e^x-1}\right) dx = \dfrac{\pi^2}{4}.$

386. $\int_0^1 \dfrac{dx}{\sqrt{\log(1/x)}} = \sqrt{\pi}.$

387. $\int_0^{\pi/2} \log \sin x\, dx = \int_0^{\pi/2} \log \cos x\, dx = -\dfrac{\pi}{2}\cdot \log_e 2.$

388. $\int_0^\pi x \log \sin x\, dx = -\dfrac{\pi^2}{2}\cdot \log_e 2.$

389. $\int_0^1 \log|\log x|\, dx = \int_0^\infty e^{-x}\log x\, dx = -\gamma = -0.5772157\cdots$

390. $\int_0^1 \left(\log \dfrac{1}{x}\right)^{\frac{1}{2}} dx = \dfrac{\sqrt{\pi}}{2}.$

391. $\int_0^1 \left(\log \dfrac{1}{x}\right)^{-\frac{1}{2}} dx = \sqrt{\pi}.$

392. $\int_0^1 x^m \left(\log \dfrac{1}{x}\right)^n dx = \dfrac{\Gamma(n+1)}{(m+1)^{n+1}},\quad m+1 > 0,\ n+1 > 0.$

393. $\int_0^\pi \log(a \pm b \cos x)\, dx = \pi \log\left(\dfrac{a + \sqrt{a^2 - b^2}}{2}\right),\quad a \ge b.$

394. $\int_0^\pi \dfrac{\log(1 + \sin a \cos x)}{\cos x} dx = \pi a.$

395. $\int_0^1 \dfrac{x^b - x^a}{\log x} dx = \log \dfrac{1+b}{1+a}.$

396. $\int_0^\pi \dfrac{dx}{a + b \cos x} = \dfrac{\pi}{\sqrt{a^2 - b^2}},\quad a > b > 0.$

397. $\int_0^{\pi/2} \dfrac{dx}{a + b \cos x} = \dfrac{\cos^{-1}\left(\dfrac{b}{a}\right)}{\sqrt{a^2 - b^2}},\quad a > b.$

398. $\int_0^\infty \dfrac{\cos ax\, dx}{1 + x^2} = \dfrac{\pi}{2}\cdot e^{-a}, a > 0\ .\ = \dfrac{\pi}{2} e^a, a < 0\ \cdot$

399. $\int_0^\infty \dfrac{\cos x\, dx}{\sqrt{x}} = \int_0^\infty \dfrac{\sin x\, dx}{\sqrt{x}} = \sqrt{\dfrac{\pi}{2}}.$

400. $\int_0^\infty \dfrac{e^{-ax} - e^{-bx}}{x} dx = \log \dfrac{b}{a}.$

401. $\int_0^\infty \dfrac{\tan^{-1} ax - \tan^{-1} bx}{x} dx = \dfrac{\pi}{2}\log\dfrac{a}{b}.$

402. $\int_0^\infty \dfrac{\cos ax - \cos bx}{x} dx = \log\dfrac{b}{a}.$

403. $\int_0^{\pi/2} \dfrac{dx}{a^2 \cos^2 x + b^2 \sin^2 x} = \dfrac{\pi}{2ab}.$

404. $\int_0^{\pi/2} \dfrac{dx}{(a^2 \cos^2 x + b^2 \sin^2 x)^2} = \dfrac{\pi(a^2 + b^2)}{4a^3 b^3}.$

405. $\int_0^\pi \dfrac{(a-b\cos x)\,dx}{a^2-2ab\cos x+b^2} = 0,\quad a^2<b^2\,;$

$\phantom{\int_0^\pi \dfrac{(a-b\cos x)\,dx}{a^2-2ab\cos x+b^2}} = \dfrac{\pi}{a},\quad a^2>b^2\,;$

$\phantom{\int_0^\pi \dfrac{(a-b\cos x)\,dx}{a^2-2ab\cos x+b^2}} = \dfrac{\pi}{2a},\quad a=b\,.$

406. $\int_0^1 \dfrac{1+x^2}{1+x^4}\,dx = \dfrac{\pi}{4}\sqrt{2}.$

407. $\int_0^1 \dfrac{\log(1+x)}{x}\,dx = \dfrac{1}{1^2} - \dfrac{1}{2^2} + \dfrac{1}{3^2} - \dfrac{1}{4^2} + \cdots = \dfrac{\pi^2}{12}.$

408. $\int_{+\infty}^1 \dfrac{e^{-xu}}{u}\,du = \gamma + \log x - x + \dfrac{x^2}{2\cdot 2!} - \dfrac{x^3}{3\cdot 3!} + \dfrac{x^4}{4\cdot 4!} - \cdots,$

ここに $\gamma = \lim\limits_{t\to\infty}\left(1+\dfrac{1}{2}+\dfrac{1}{3}+\cdots+\dfrac{1}{t}-\log t\right) = 0.5772157\cdots.$

409. $\int_{+\infty}^1 \dfrac{\cos xu}{u}\,du = \gamma + \log x - \dfrac{x^2}{2\cdot 2!} + \dfrac{x^4}{4\cdot 4!} - \dfrac{x^6}{6\cdot 6!} + \cdots,$

$\gamma = 0.5772157\cdots.$

410. $\int_0^1 \dfrac{e^{xu}-e^{-xu}}{u}\,du = 2\left(x + \dfrac{x^3}{3\cdot 3!} + \dfrac{x^5}{5\cdot 5!} + \cdots\right).$

411. $\int_0^1 \dfrac{1-e^{-xu}}{u}\,du = x - \dfrac{x^2}{2\cdot 2!} + \dfrac{x^3}{3\cdot 3!} - \dfrac{x^4}{4\cdot 4!} + \cdots.$

412. $\int_0^{\pi/2} \dfrac{dx}{\sqrt{1-K^2\sin^2 x}} = \dfrac{\pi}{2}\left[1 + \left(\dfrac{1}{2}\right)^2 K^2 + \left(\dfrac{1\cdot 3}{2\cdot 4}\right)^2 K^4 + \left(\dfrac{1\cdot 3\cdot 5}{2\cdot 4\cdot 6}\right)^2 K^6 + \cdots\right],\quad K^2<1.$

413. $\int_0^{\pi/2} \sqrt{1-K^2\sin^2 x}\,dx = \dfrac{\pi}{2}\left[1 - \left(\dfrac{1}{2}\right)^2 K^2 - \left(\dfrac{1\cdot 3}{2\cdot 4}\right)^2 \dfrac{K^4}{3} - \left(\dfrac{1\cdot 3\cdot 5}{2\cdot 4\cdot 6}\right)^2 \dfrac{K^6}{5} - \cdots\right],\quad K^2<1.$

414. $\int_0^\infty e^{-ax}\cosh bx\,dx = \dfrac{a}{a^2-b^2},\quad 0\le |b|<a.$

415. $\int_0^\infty e^{-ax}\sinh bx\,dx = \dfrac{b}{a^2-b^2},\quad a>0,\, a^2\ne b^2.$

416. $\int_0^\infty xe^{-ax}\sin bx\,dx = \dfrac{2ab}{(a^2+b^2)^2},\quad a>0.$

417. $\int_0^\infty xe^{-ax}\cos bx\,dx = \dfrac{a^2-b^2}{(a^2+b^2)^2},\quad a>0.$

418. $\int_0^\infty x^2 e^{-ax}\sin bx\,dx = \dfrac{2b(3a^2-b^2)}{(a^2+b^2)^3},\quad a>0.$

419. $\int_0^\infty x^2 e^{-ax}\cos bx\,dx = \dfrac{2a(a^2-3b^2)}{(a^2+b^2)^3},\quad a>0.$

420. $\int_0^\infty x^3 e^{-ax}\sin bx\,dx = \dfrac{24ab(a^2-b^2)}{(a^2+b^2)^4},\quad a>0.$

421. $\int_0^\infty x^3 e^{-ax}\cos bx\,dx = \dfrac{6(a^4-6a^2b^2+b^4)}{(a^2+b^2)^4},\quad a>0.$

422. $\int_0^\infty x^n e^{-ax}\sin bx\,dx = \dfrac{i\cdot n!\left[(a-ib)^{n+1}-(a+ib)^{n+1}\right]}{2(a^2+b^2)^{n+1}},\quad a>0.$

423. $\int_0^\infty x^n e^{-ax}\cos bx\,dx = \dfrac{n!\left[(a-ib)^{n+1}+(a+ib)^{n+1}\right]}{2(a^2+b^2)^{n+1}},\quad a>0.$

ギリシャ文字

文字	名	発音*	文字	名	発音	文字	名	発音
$A\ \alpha$	alpha	アルファ	$I\ \iota$	iota	イオタ	$P\ \rho$	rho	ロー
$B\ \beta$	beta	ベータ	$K\ \varkappa$	kappa	カッパ	$\Sigma\ \sigma\ \varsigma$	sigma	シグマ
$\Gamma\ \gamma$	gamma	ガンマ	$\Lambda\ \lambda$	lambda	ラムダ	$T\ \tau$	tau	タウ
$\Delta\ \delta$	delta	デルタ	$M\ \mu$	mu	ミュー	$\Upsilon\ \upsilon$	upsilon	ウプシロン
$E\ \varepsilon$	epsilon	イプシロン	$N\ \nu$	nu	ニュー	$\Phi\ \phi\ \varphi$	phi	ファイ
$Z\ \zeta$	zeta	ゼータ	$\Xi\ \xi$	xi	クシー	$X\ \chi$	chi	カイ
$H\ \eta$	eta	エータ	$O\ o$	omicron	オミクロン	$\Psi\ \psi$	psi	プシー
$\Theta\ \theta\ \vartheta$	theta	テータ	$\Pi\ \pi\ \varpi$	pi	パイ	$\Omega\ \omega$	omega	オメガ

* 発音はほぼ標準的な音を選んだ. pi, phi, chi は本来はピー, フィー, キーだが, 通例はこのように英語読みにしている. 同様に theta, xi, psi をシータ, クサイ, プサイと読むこともある. zeta をドイツ語読みにしてツェータということもある. e の長音は開いた音だが, イ段の長音で表すこともある.

索　引

英語索引
英語対照表
　フランス語
　ドイツ語
　ロシア語
　スペイン語

英語索引

A

A. E. 25
a-point of an analytic function 25
a posteriori knowledge 141
a posteriori probability 130, 172
a priori fact 176
a priori knowledge 242
a priori probability 176
a priori reasoning 242
abacus 258
Abel identity 4
Abel inequality 4
Abel method of summation 4
Abel, Niels Henrik 4
Abel problem 4
Abel tests for convergences 4
Abel theorem on power series 417
Abelian group 4
abridged multiplication 114
abscissa 480
absolute constant 236
absolute convergence of an infinite product 236
absolute inequality 236
absolute maximum 236
absolute minimum 236
absolute moment 236
absolute number 236
absolute property of a surface 112
absolute symmetry 236
absolute term in an expression 236
absolute value of a complex number 389
absolute value of a real number 236
absolute value of a vector 420
absolutely continuous function 237
absolutely continuous measure 237
absolutely summable series 236
absorb 86
absorption property 86
abstract mathematics 293
abstract number 293
abstract space 293
abundant number 58, 437
acceleration 59
acceleration of Coriolis 149

acceleration of gravity 193
accent 1
accent as a symbol 396
acceptance region 157
accumlation point 190
accumulation point 190
accumulation point of a sequence 190
accumulator 498
accuracy 229
accurate 224
acnode 149
action 160
acute angle 25
acute triangle 25
ad infinitum 460
addend 58
adder 57
addition 62
addition of angles 513
addition of decimals 204
addition of fractions 406
addition of infinite series 88
addition of line segments 245
addition of similar terms in algebra 329
addition of tensors 319
addition, subtraction, or multiplication of denominate numbers 462
addition theorem of trigonometry 62
additive function 62
additive inverse 363
additive set function 62
adherent point 206
adiabatic contraction 286
adiabatic curves 286
adiabatic expansion 286
adjacent angles 497
adjoining a number 218
adjoint minimal surfaces 215
adjoint of a matrix 215
adjoint of differential equation 215
adjoint of transformation 97
adjoint space 215
adjoint transformation 97
adjugate 216
admissible hypothesis 114
affine algebraic variety 3
affine space 3
affine transformation 3
Agnesi, Maria Gaetana 3

Ahlfors, Lars Valerian 5
Ahmes Papyrus 4
Albert, Abraham Adrian 5
Alberti, Leone Battista 5
aleph 6
Alexander, James Waddell 6
Alexander's subbase theorem 6
Alexandroff compactification 6
Alexandroff, Paval Sergevich 6
algebra 263
algebra of propositions 462
algebra of subsets 394
algebra over a field 263, 276
algebraic adder 266
algebraic addition 266
algebraic curve 265
algebraic equation 265, 267
algebraic expression 265
algebraic extension of a field 264
algebraic function 264, 265
algebraic hypersurface 266
algebraic integer 266
algebraic number 266
algebraic operation 265, 266
algebraic plane curve 415
algebraic proofs and solutions 266
algebraic sign 266
algebraic solution 40
algebraic subtraction 266
algebraic sum 268
algebraic surface 265
algebraic symbols 265
algebraic variety 265
algebraically complete field 266
algorithm 5, 147, 168
alignment chart 93
aliquot part 469
almost all 445
almost everywhere 445
almost periodic function 41
alternant 141
alternate angles 158
alternate exterior angles 269
alternating function 141
alternating group 141
alternating series 141
alternation 139, 158, 489
alternative hypothesis 271
altitude 275
altitude of a celestial point 141
ambiguous 386
ambiguous case in the solution of triangles 163

amicable numbers 212, 471, 474
ampere 6
amplitude 428
amplitude of a complex number 389
amplitude of a curve 210
amplitude of a point 210
amplitude of simple harmonic motion 210
analog computer 3
analogy 498
analysis 42
analysis of a problem 407
analysis of covariance 94
analysis of variance 405
analysis situs 11
analytic at a point 319
analytic continuation 43
analytic continuation of an analytic function of a complex variable 388
analytic curve 43
analytic function 42
analytic function of a real variable 176
analytic geometry 43
analytic proof 44
analytic set 43
analytic solution 40, 44
analytic structure for a space 44
analytical mechanics 44
analytically 407
analyticity 43
anchor ring 496
anchor torus 496
angle 51
angle between a line and a plane 299
angle between two lines 343
angle of a polygon 275
angle of contingence 496
angle of depression 386
angle of elevation 92
angle of friction 449
angle of geodesic contingence 256
angle of inclination of a line 299
angle of intersection 138
angle of slope 143
angle-preserving map 322
angles made by a transversal 37
angular 54
angular acceleration 52
angular distance 343
angular measure 54
angular momentum 52
angular speed 53
angular velocity 53
anharmonic ratio 390
annihilator 502

annulus 65
anomaly of a point 428
antecedent 242
anti-automorphism 362
anti-isomorphism 363
anticommutative 362
antiderivative of a function 83
antihyperbolic functions 363
antilogarithm of a given number 83
antiparallel lines 83
antiparallel vectors 84
antipodal points 263, 269
antireflexive 362
antisymmetric 363
antisymmetric dyadic 514
antitrigonometric function 362
apex 155
aphelion 29
Apollonius of Perga 424
apothecaries' weight 469
apothem 430
apparent distance 453
apparent time 173
applicable surfaces 315
applied mathematics 37
approximate 115
approximate result value, answer, root etc. 115
approximation 115
approximation by differentials 115
approximation property 115
Arabic numerals 4
arbelos 6
arbitary ε 347
arbitrary assumption 347
arbitrary constant 347
arbitrary function in the solution of partial differential equations 347
arbitrary parameter 347
arc 138
arc cosecant 84
arc cosine 84
arc cotangent 84
arc length 147
arc secant 82
arc sine 82
arc tangent 82
Archimedean property 5
Archimedean solid 5
Archimedes 5
arcwise connected set 147
area 465
area of an ellipse 273
area of surface 113
area-preserving map 444
Argand diagram 5
Argand, Jean Robert 5

argument 428
argument of a complex number 389
argument of a function 69
arguments in a table of values of a function 69
arithmetic 167
arithmetic average 167
arithmetic component 29
arithmetic-geometric mean 167
arithmetic means 248
arithmetic progression 167
arithmetic progressions 324
arithmetic sequence 167, 324
arithmetic series 167, 324
arithmetic sum 167
arithmetical 167
arithmetical mean 167
arm of an angle 54
arrangement 352
array 352
Artin, Emil 5
Artinian ring 5
ascending chain condition on rings 203
ascending powers of a variable in a polynomial 276
Ascoli, Giulio 2
Ascoli's theorem 2
associate 328
associate minimal surfaces 328
associated Laguerre functions 483
associated Laguerre polynomials 483
associated Legendre functions 499
associated radius of convergence 74
associated tensors 215
associative law 132
astroid 2
astronomical triangle 320
astronomical unit 320
asymmetric 368
asymptote 239
asymptote to the hyperbola 249
asymptotic cone of a hyperboloid 250
asymptotic directions on a surface at a point 109
asymptotic distribution 239
asymptotic expansion 239
asymptotic line on a surface 112
asymptotic series 239
asymptotically equal 239
Atiyah, Michael Francis 3
atmosphere 75
atom 136
atmospheric pressure 75

attraction 19
attribute 255
augmented matrix 53
automorphic function 442
automorphism 173
autoregressive series 172
auxiliary circle of a hyperbola 443
auxiliary circle of an ellipse 273
auxiliary equation 443
average 409
average velocity 409
avoirdupois weight 203
axial drag 171
axial symmetry 171
axiom 144
axiom of choice 244
axiom of continuity 506
axiom of countability 57
axiom of superposition 57
axis 171
axis of a curve 106
axis of a surface 111
axis of reference 167
axis of revolution 46
axis of symmetry 262, 263
azimuth of a celestial point 317
azimuth of a point in a plane 435
azimuthal map 435

B

Babbage, Charles 358
Babylonian numerals 358
Baire category theorem 427
Baire function 424
Baire, Louis René 424
Baire space 424
Baker, Alan 417
ball 85
Banach algebra 356
Banach category theorem 358
Banach fixed-point theorem 358
Banach space 357
Banach, Stefan 356
Banach-Steinhaus theorem 357
Banach-Tarski paradox 357
bar 61, 351, 360
bar graph 435
Barrow Isaac 361
barycenter 189
barycentric coordinates 189
base 306
base angles of a triangle 306
base for a topology 10
base of a number system 78
basis of a vector space 78
Baye's theorem 413
Bayes, Thomas 412
bearing of a line 435
bearing of a point, with reference to another point 435
Bechenbach, Edwin Ford 422
Behrens-Fisher problem 428
Behrens, Walter Ulrich 428
bend point 449
bending moment 449
ber function 424
Bernoulli, Daniel 425
Bernoulli distribution 427
Bernoulli equation 427
Bernoulli experiment 426
Bernoulli inequality 427
Bernoulli, James 425
Bernoulli, John 426
Bernoulli, Nikolaus 425
Bernoulli, Nikolaus II 425
Bernoulli numbers 426
Bernoulli polynomials 426
Bernoulli's theorem 427
Bernstein polynomials 428
Bernstein, Sergei Natanovich 427
Bertrand curve 425
Bertrand, Joseph Louis François 425
Bertrand's postulate 425
Besicovitch, Abram Samollevitch 421
Bessel, Friedrich Wilhelm 422
Bessel functions 422
Bessel's differential equation 423
Bessel's inequality 423
beta coefficient 422
beta distribution 422
beta function 421
Betti, Enrico 423
Betti number 423
between 1
Bézout, Étienne 421
Bézout's theorem 421
biased estimator 60
bicompact 351
bicompactum 352
biconditional 252
Bieberbach conjecture 375
Bieberbach, Ludwig 375
Bienaymé-Chebyshev inequality 366
Bienaymé, Irénée Jules 366
bifurcation 405
bifurcation theory 405
biharmonic boundary value problem 192
biharmonic function 192
bijection 244
bilinear 247
bilinear concomitant 247
billion 378
bimodal distribution 254
binary number system 343

binary operation 339
binary scale 343
binomial 339
binomial coefficients 339
binomial differential 340
binomial distribution 340
binomial equation 340
binomial expansion 340
binomial formula 339
binomial series 339
binomial surd 340
binomial theorem 339
binormal 193
binormal indicatrix of a space curve 193
bipartite cubic 392
bipartite graph 344
biquadratic equation 480
birectangular spherical triangle 496
Birkhoff, George David 353
bisect 344
bisect a line segment 246
bisect an angle 54
bisecting point of a line segment 344
bisector of an angle 344
bisector of the angle between two intersecting 344
bivariate 344
bivariate distribution 345
bivariate normal distribution 344
Blaschke product 397
Blaschke, Wilhelm 397
Blaschke's theorem 397
Bliss, Gilbert Ames 400
board measure 445
Bochner integral 445
Bochner, Salomon 445
Bohr, Harold 433
Bolyai, Farkas 446
Bolyai, Janos 446
Bolza, Oskar 446
Bolzano, Bernhard 447
Bolzano-Weierstrass theorem 447
Bolzano's theorem 447
Bombieri, Enrico 448
Bonnet, Pierre Ossian 448
Bonnet's mean-value theorem 448
Boole, George 400
Boolean algebra 401
bordering a determinant 99
Borel covering theorem 447
Borel, Félix Édouard Justin Émile 447
Borel measurable function 447
Borel set 447
Borel's definitions of the sum of a

divergent series 447
bound 135
bound of a function 68
bound to a sequence 218
boundary of a set 187
boundary of a simplex 92
boundary of half-line 286
boundary of half-space 465
boundary of half-plane 428
boundary operator 92
boundary-value problem 92
boundary-value problems of potential theory 92
bounded convergence theorem 471
bounded function 471
bounded linear transformation 471
bounded quantity 471
bounded sequence 471
bounded set of numbers 218
bounded set of points 320, 471
bounded set of real numbers 178
bounded variation 471
Bourbaki, Nicolas 401
Boyle, Robert 434
brace 292
brachistochrone problem 157
bracket 260
braid 120
branch cut of a Riemann surface 494
branch of a curve 405
branch of a multiple-valued analytic function 274
branch-point of a Riemann surface 494
breadth 358
Brianchon, Charles Julien 398
Brianchon's theorem 398
bridging in addition 124
bridging in subtraction 124
Briggs, Henry 400
Briggsian logarithms 400
British thermal unit 25
broken line 39
broken-line graph 39
Brouwer, Luitzen Egbertus Jan 403
Brouwer's fixed-point theorem 404
Brown, Robert 390
Brownian motion process 396
BTU 25, 369
Budan de Bois Laurent, Ferdinand François Désiré 392
Budan's theorem 392
buffer 66
Buffon, Georges Louis Leclerc, Conte de 376

Buffon needle problem 376
bulk modulus 269
Buniafovski's inequality 393
Buniakovski, Victor Jakowlewitsch 393
Burali-Forti, Cesare 398
Burali-Forti paradox 398
Burnside conjecture 362
Burnside, William 362
Bush, Vannevar 392

C

calculate 130
calculating machine 63
calculus 373
calculus of variations 432
calorie 64
calory 64
canal surface 66
cancel 23
cancelation 206
candela 72
candela-power 206
canonical correlation 377
canonical form of a matrix 101
canonical random variables 376
canonical representation of a space curve 377
Cantor function 72
Cantor, Georg Ferdinand Ludwig Philipp 72
Cantor set 72
cap 85
Carathéodory, Constantin 63
Carathéodory measure 63
Carathéodory's theorem 63
Cardan, Jerome 63
Cardan's solution of the cubic 63, 166
cardinal number 57
cardioid 57, 210
carry 124
Cartan, Élie Joseph 64
Cartan, Henri Paul 64
Cartesian coordinates 301
Cartesian product 298, 312
Cartesian space 64, 312
Cassini, Jean Dominique 60
casting out nines 85
Catalan conjecture 60
Catalan, Eugène Charles 60
Catalan numbers 60
catastrophe theory 59
category 61, 135, 498
category of sets 188
catenary 61, 137
catenoid 61, 137
Cauchy, Augustin Louis 145
Cauchy condensation test for convergence 146

Cauchy condition for convergence 146
Cauchy condition for convergence of a sequence 218
Cauchy condition for convergence of a series 88
Cauchy distribution 146
Cauchy-Hadamard theorem 145
Cauchy inequality 146
Cauchy integral formula 146
Cauchy integral test for convergence of an infinite series 146
Cauchy integral theorem 146
Cauchy-Kovalevski theorem 145
Cauchy-Riemann partial differential equations 145
Cauchy sequence 147
Cauchy's form for Taylor's theorem 146
Cauchy's mean-value formula 146
Cauchy's ratio tests 146
Cauchy's root tests 146
Cavalieri's theorem 61
Cayley algebra 132
Cayley, Arthur 132
Cayley-Hamilton theorem 132
Cayley's theorem 132
cd 72
Čech, Eduard 288
celestial equator 317
celestial sphere 317
cell 434
Celsius, Anders 238
Celsius temperature scale 238
center 293
center of a curve 106
center of a group 128
center of a hyperboloid 250
center of a sheaf 254
center of attraction 19, 87
center of curvature 113
center of gravity 189
center of mass 189
center of pressure of a surface submerged in a liquid 2
center of projection 182
center of similarity 252
center of similitude 252
center of symmetry 263
centesimal system of measuring angles 54
centi 245
centi gram 245
centi meter 245
centigrade temperature scale 376
central angle 293
central angle in a circle 33
central conics 474

central death rate during one year 349
central limit theorem 293
central moment 294
central plane and point of a ruling 243
central projection 293
central quadrics 474
central symmetry 294
centrifugal force 30
centripetal 87
centripetal acceleration 87
centripetal components of an acceleration 437
centroid of a set 187, 189
centroid of a triangle 189
Cesàro, Ernesto 288
Cesàro's summation formula 288
Ceulen, Ludolph van 230
Ceva, Givanni 288
Ceva's theorem 288
CGS units 173
chain 505
chain conditions on rings 505
chain of simplexes 154, 285
chain rule 505
chance variable 55
change of base in logarithms 309
change of coordinates 159
change of variable 431
change of variables in integration 290
chaos 50
character 180
characteristic curves of surface 112
characteristic directions on a surface 112
characteristic equation 330
characteristic equation of a matrix 100
characteristic function 330
characteristic function of a matrix 100
characteristic function of a set 188
characteristic of a field 270
characteristic of a one-parameter family of surfaces 11
characteristic of a ring or field 65
characteristic of logarithms 266
characteristic of the logarithm of a number 378
characteristic root of a matrix 100
charateristic number of a matrix 100
Charlier, Carl Vilhelm Ludvig 184

chart 338
Chebyshev differential equation 289
Chebyshev inequality 289
Chebyshev net of parametric curves on a surface 289
Chebyshev, Pafnuti Lvovich 288
Chebyshev polynomials 288
check 136
chi-square distribution 48
chi-square test 48
Chinese-Japanese numerals 293
Chinese remainder theorem 293
choice 244
chord 135
chord of a sphere 89
chord of contact with refence to a point outside a circle 235
Christoffel, Edwin Bruno 124
Christoffel symbols 124
chromatic number 243
cipher 23, 239
circle 28
circle of convergence 191
circle of curvature 113
circuit 417
circulant 197
circular argument 198
circular cone 30
circular conical surface 31
circular cylinder 32
circular functions 29
circular graph 29
circular measure 148
circular permutation 197
circular point of a surface 110
circular reasoning 198
circular region 29
circular symmetric game 197
circum-polar star 186
circumcenter of a triangle 42
circumcircle 40
circumference 41
circumference of a sphere 89
circumscribed 44
circumscribed circle 45
circumscribed polygon 45
cissoid 178
Clairaut, Alexis Claude 126
Clairaut's differential equation 126
class 41
class of a plane algebraic cure 85
clearing of fractions 406
Clifford algebra 124
Clifford, William Kingdom 124
clockwise 331
closed curve 409
closed function 412
closed interval 410

closed mapping 412
closed region 417
closed set 412
closed surface 409
closed transformation 412
closure of a set of points 413
cluster 190
cluster point 190
coalition 307
coaxial circles 92
coaxial planes 92
coboundary 148
Cochran, William Gemmell 144
Cochran's theorem 144
cocycle 145
Codazzi, Delfino 147
Codazzi equations 147
codeclination 480
coding 148
coefficient 131
coefficient of correlation 248
coefficient of friction 449
coefficient of linear expansion 246
coefficient of strain 368
coefficient of thermal expansion 348
coefficient of variation 431
coefficient of volume expansion 271
coefficients in an equation 438
cofactor of an element of a matrix 479
cofinal subset 92
Cohen, Paul Joseph 148
coherently oriented 327
cohomology group 148
coin-matching game 138
coincident configurations 328
colatitude of a celestial point 480
colatitude of a point on the earth 479
collecting terms 143
collinear planes 93
collinear points 93
collineation 93
collineatory transformation 93
cologarithm 480
"Colonel Blotto" game 404
column 503
Combescure, Jean Joseph Antonine Éduard 152
Combescure transformation 152
Combescure transformation of a triply orthogonal system of surfaces 152
combination 119
combinational analysis 120
combinatorial topology 120
combinatrics 120

combined variation 120
command 148
commensurable quantities 304
commercial year 206
common denominator 144
common difference 139
common divisor 144
common factor 94
common logarithms 206
common measure 94
common multiple 144
common notions 476
common tangent of two circles 339
commutative 51
commutative group 51
commutative law 139
commutator of elements of a group 139
compact 151
compactification 151
compactum 152
comparable functions 366
comparison property of real numbers 178
comparison test for convergence of an infinite series 458
compass 152
compatibility 496
compatibility equations 313
complement of a set 443
complement of an angle 479
complementary acceleration 442
complementary angles 479
complementary function 479
complementary surface 442
complementary trigonometric functions 443
complete field 226
complete graph 70
complete induction 70
complete lattice 73
complete number scale 217
complete quadrilateral 70
complete residue system 71
complete space 73
complete system of functions 67
complete system of representations for a group 71
completely mixed game 71
completing the square 71
complex 390
complex conjugate of a matrix 101
complex coordinates 388
complex domain 390
complex fraction 364
complex integer 390
complex integration 390
complex measure 390

complex number 388
complex plane 389
complex roots of a quadratic equation 342
complex sphere 389
component of a computing machine 130
component of a graph 121
component of a set of points 317
component of a vector 230
component of an algebraic plain curve 230
component of the stress tensor 37
composite function 140
composite group 140
composite hypothesis 386
composite number 140
composite quantity 140
composition and division in a proportion 370
composition in a proportion 370
composition of a tensor 318
composition of functions 68
composition of relations 65
composition of vectors 420
compound event 386
compound number 387
compression 2
computation 130
compute 130
computer 130
concave 36
concave function 36
concave games 36
concave polygon 37
concave polyhedron 37
concavity 37
concentration method for the potential of a complex 387
concentric circles 93
conchoid 150
conchoid of Nicomedes 340
conclusion of a theorem 312
concrete number 119
concurrent 94
concyclic points 92
condensation point 92
condition 202
conditional convergence 203
conditional convergence of series 80
conditional equality 203
conditional inequality 203
conditional probability 203
conditional statement 203
conductor potential 326
cone 213
cone of revolution 46
confidence interval 211

confidence region 211
configuration 219
confocal conics 92
confocal ellipsoids 93
confocal quadrics 92
conformable matrices 313
conformal-conjugate representation 92
conformal map 322
conformal transformation 322
confunction 479
congruence 142
congruent figures 142
congruent matrices 142
congruent transformation 143
conic 30
conical surface 216
conicoid 213
conjugate 95
conjugate angles 95
conjugate arcs 96
conjugate axes of the hyperbola 96
conjugate complex numbers 97
conjugate convex functions 97
conjugate curves 95
conjugate diameter of a diametral plane of a central quadric 474
conjugate diameters 96
conjugate diametral planes 96
conjugate directions on a surface at a point 108
conjugate dyadics 95
conjugate elements of a determinant 99
conjugate harmonic functions 96
conjugate hyperbolas 96
conjugate hyperboloids 96
conjugate imaginaries 95
conjugate points 97
conjugate points relative to a conic 30
conjugate quaternions 96
conjugate radicals 96
conjugate roots 95
conjugate ruled surface of a given ruled surface 96
conjugate set 96
conjugate space 95
conjugate subgroups 97
conjugate system of curves on a surface 96, 108
conjugates 97
conjunction of propositions 512
conjunctive transformation 505
connected graph 504
connected relation 504
connected set of points 504
connectivity number 504

554　索　引

Connes, Alain   151
conoid   75
consecutive   497
consecutive angles and sides   497
consequent   133, 408
conservation of energy   26
conservative field of force   444
consistency of linear equations   508
consistency of systems of equations   438, 461
consistent assumptions   461
consistent estimator   15
constant   307
constant function   307
constant motion   13
constant of integration   232
constant of proportionality   380
constant of variation   431
constant speed and velocity   308
constant term in an equation   307
constraining forces   257
constraints   257
construct   158
construction   158
constructive mathematics   140
contained properly   210
content of a set of points   317
contingency table   404
continuation notation   132
continuation of sign in a polynomial   391
continued equality   324
continued fraction   507
continued product   505
continuity   506
continuous deformation   507
continuous function   506
continuous game   506
continuous in the neighborhood of a point   15, 506
continuous on the left   369
continuous on the right   453
continuous random variable   506
continuous surface in a given region   506
continuous transformation   507
continuum   507
continuum hypothesis   507
continuum of real numbers   178
contour integral   243
contour lines   324
contraction   194
contraction of a tensor   318
contrapositive of an implication   65, 260
contravariant derivative of a tensor   365
contravariant functor   365
contravariant indices   365

contravariant tensor   365
contravariant vector field   365
control chart   74
control component   226
control group   261
convergence   191
convergence in measure   257
convergence in probability   55
convergence of an infinite product   191
convergence of an infinite sequence   191
convergence of an infinite series   191
convergence of an integral   232
convergent   191
convergent of a continued fraction   508
converse   80
converse of a theorem   312
convex body   333
convex curve in a plane   333
convex function   332
convex games   36
convex in the sense of Jensen   8
convex linear combination   333
convex polygon   333
convex polyhedron   333
convex programming   333
convex sequence   333
convex set   333
convex surface   332
convex toward a point (line, plane)   332
convolution of two functions   69
convolution of two power series   418
cooperative game   97
coordinate   158
coordinate axis   159
coordinate geometry   158
coordinate in space   117
coordinate paper   158
coordinate planes   159
coordinate system   158
coordinate trihedral   158
coplanar   95
copunctal planes   94
Coriolis force   149
Coriolis, Gaspard Gustave de   149
Cornu spiral   150
corollary   130
correlation   248, 254
correlation coefficient   248
correlation ratio   248
correspondence   259
corresponding angles   321
corresponding angles, lines, points, etc.   259
cosecant   147, 479

cosecant curve   479
coset of a subgroup of a group   128
cosine   145, 479
cosine curve   479
cotangent   147, 480
cotangent curve   480
coterminal angles   326
Cotes, Roger   147
coulomb   127
Coulomb, Charles Augustin de   127
Coulomb's law for point-charges   127
count   58
count by twos   339
countable set   57, 61
counter   131
counter clockwise   363
counting number   58
Courant, Richard   123
Courant's maximum-minimum and minimum-maximum principles   123
course of a ship   211
covariance   94
covariant derivative of a tensor   94
covariant indices   94
covariant Riemann-Christoffel curvature tensor   95
covariant tensor   94
covariant vector field   95
cover   371
coversed sine   480
coversine   480
Cramer, Gabriel   123
Cramér, Harald   123
Cramér-Rao inequality   123
Cramer's rule   123
crisp set   124
criterion   77
critical point   496
critical region   76
cross-cap   127, 160
cross product   42
cross ratio   390
cross section of an area or solid   237
cross-section paper   435
cruciform curve   189
crunode   189
cube   491
cube of a number   491
cube of a quantity   496
cube root of a given quantity   491
cubic   166
cubic curve   166
cubical parabola   166
cubo-octohedron   491

cuboid 301
cubooctohedron 491
cumulants 91
cuneiform symbols 119
cup 61
curl 46
curtate cycloid 336
curvature 113
curvature of a curve 105
curvature of a surface 111
curve 104
curve fitting 105
curve in a plane 414
curve of constant width 309
curve of zero length 338
curve tracing 106
curved line 104
curved surface 449
curvilinear coordinates of a point in space 102, 105
curvilinear coordinates on a surface 109
curvilinear motion 105
curvilinear motion about a center of force 293
cusp 245
cut 61, 237
cybernetics 157
cycle 154, 197, 497
cyclic change of variables 197
cyclic group 197
cyclic module 197
cyclic permutation 197
cyclic polygon 29
cyclide 154
cyclides of Dupin 315
cycloid 154
cyclosymmetric function 197
cyclotomic integer 33
cyclotomic polynomial 29, 33
cylinder 292
cylinder of revolution 47
cylindrical coordinates 32
cylindrical function 32
cylindrical map 32
cylindrical surface 294
cylindroid 105

D

D'Alembert, Jean Le Rond 279
D'Alembert's test for convergence (divergence) of an infinite series 279
damped harmonic motion 137
damped oscillation 136
Dandelin, Germinal Pierre 286
Dandelin sphere 286
Darboux, Jean Gaston 280
Darboux's monodromy theorem 280

Darboux's theorem 280
de la Vallée-Poussin, Charles Jean Gustave Nicolas 334
de Moivre, Abraham 333
de Moivre's theorem 333
de Morgan, Augustus 333
de Morgan formulas 333
deceleration 137
decimal 204
decimal equivalent of a common fraction 406
decimal expansion 195
decimal fraction 198
decimal measure 195
decimal number 195
decimal number system 195
decimal place 204
decimal point 204
decimal system 195
declination of a celestial point 231
decomposition of a fraction 395, 406
decreasing function 136
decreasing function of one variable 12
decreasing sequence 136
Dedekind cut 314
Dedekind, Julius Wilhelm Richard 314
deductive method 29
deductive theory 29
defective equation 391
defective number 391
deficient number 391
definite integral 308
definite integration 308
definition 306
deformation 428
deformation ratio 430
degenerate conic 260
degenerated conic 30
degree 321
degree of a curve 106
degree of a differential equation 374
degree of a polynomial 276
degree of an alternating group 175
degree of an extension of a field 175
degree of arc 148
degrees of freedom 192
del 315
Delambre, Jean Baptiste Joseph 334
Delambre's analogies 334
Deligne, Pierre Jacque 334
delta distribution 315
delta hedron 315

deltoid 315
denial of a proposition 463
denominate number 462
denomination of a number 426
denominator 408
dense set 294
density 454
density of a sequence of integers 228
density of charge 317
denumerable set 57
departure between two meridians on the earth's surface 324
dependent 191
dependent equations 192
dependent events 191
dependent functions 191
dependent variable 192
depressed equation 175
derivative 322, 371
derivative from parametric equations 372
derivative of a composite function 140
derivative of a function of a complex variable 388
derivative of a quotient 204
derivative of a vector 421
derivative of an exponential 176
derivative of an integral 232
derivative of higher order 138
derived curve 373
derived equation 474
derived set 326
derogatory matrix 133
Desargues, Girard 313
Desargues' theorem 313
Descartes, René 312
Descartes' rule of signs 312
descending chain condition on ring 139
determinant 98
determinant of the coefficient 131
determinant of the coefficients of a set of linear equations 508
developable surface 61
deviation 430
dextrorse 453
dextrorsum 453
diagonal 259
diagonal matrix 259
diagonal of a determinant 99
diagonal of a matrix 100
diagonal scale for a rule 200
diagonalization 259
diagram 219
diameter 302
diameter of a central quadric surface 474

diameter of a conic 31
diameter of a hyperbola 249
diameter of a parabola 441
diameter of an ellipse 273
diametral plane 132
diametral plane of a quadric surface 341
dichotomy 344
Dickson, Leonard Eugene 307
Dido's problem 309
diffeomorphism 373
difference 41, 154
difference equation 160
difference of like powers 329
difference of sets 158
difference of squares 413
difference quotient 160
differences of the first order 15
differences of the second-order 339
differentiable 373
differential 372
differential analyzer 372
differential calculus 373
differential coefficient 367, 373
differential equation 204, 374
differential equation with variables separable 430
differential form 372
differential geometry 373
differential of a functional 402
differential of arc 147
differential of area 465
differential of mass 180
differential of volume 269
differential operator 373
differential parameter of a surface 112
differentiation 372
differentiation formulas 373
differentiation of a power series 418
differentiation of an infinite series 458
differentiation of an integral 232
differentiation of parametric equations 351
digamma function 306
digit 217
digital computer 313
dihedral angle 345
dihedral group 345
dilatation 438
dimension 171
dimension of a rectangular figure 297
dimensionality 172
Dini, Ulisse 309
Dini's condition for convergence of Fourier series 309

Dini's theorem on uniform convergence 309
Diophantine equation 306
Diophantus 306
Diophatine analysis 306
dipole 248
Dirac δ-function 310
Dirac matrix 310
Dirac, Paul Adrien Maurice 310
direct product 298
direct product of matrices 100
direct proof 299
direct proportion 230
direct sum 301
direct trigonometric functions 304
direct variation 230
directed line 473
directed numbers 436
directed set 473
direction 300
direction angle 435
direction components 436
direction components of the normal to a surface 113
direction consines 436
direction numbers (ratios) of line in space 436
directional derivative 436
directly proportional quantites 230
director circle of a hyperbola 249
director circle of an ellipse 197
director cone of a ruled surface 243
directrix 326
directrix planes of a hyperbolic paraboloid 250
Dirichlet characteristic properties of the potential function 444
Dirichlet drawer principle 312
Dirichlet integral 311
Dirichlet kernel 311
Dirichlet, Peter Gustav Lejeune 311
Dirichlet problem 312
Dirichlet product 311
Dirichlet series 311
Dirichlet theorem 311
Dirichlet's conditions for convergence of Fourier series 311
Dirichlet's test for convergence of a series 312
Dirichlet's test for uniform convergence of a series 312
disc 33
disconnected set 403
discontinuity 403
discontinuous function 403
discrete Fourier transform 488

discrete mathematics 488
discrete set 308, 488
discrete topology 488
discrete variable 489
discriminant 365
discriminant function 364
discriminant of a differential equation 374
discriminant of a polynomial equation 268
discriminant of a quadratic equation 344
discriminant of a quadratic form 341
disjoint 274
disjunction 489
disjunction of propositions 512
disk 33
dissimilar terms 369
distance between lines 343
distance between planes 344
distance between points 343
distance from a point to a line or plane 317
distance from a surface to a tangent plane 108
distance-rate-time formula 114
distribution 295, 407
distribution function 407
distributive 407
distributive lattice 407
distributive properties of logic 512
distributive properties of set theory 188
distributive property 407
divergence of a sequence 219
divergence of a tensor 318
divergence of a vector function 419
divergence of series 88
divergence theorem 356
divergent sequence 356
divergent series 355
dividend 367
divisible 227
division 207
division algebra 276
division algorithm 207
division by a decimal 204
division in a proportion 370
division modulo p 277
division of fractions 406
division of zero 502
division ratio 404
division ring 207
divison of two power series 418
divisor 18, 207
divisor of zero 502
dodecahedron 193

domain 306, 496
domain of dependence 11
domain of dependence for a partial
    differential equation 432
dominant vector 474
Donaldson, Simon Kirwan 333
dot product 333
double integral 342
double law of the mean 410
double minimal surface 342
double ordinate 342
double point 343
double precision 352
double root of an algebraic equation 268
double series 342
double tangent 342
double-angle formulas 344
doublet 248
Douglas, Jesse 276
drag 144
drawing to scale 378
Drinbel'd, Vladimir 334
dry measure 74
dual basis 253
dual elements 253
dual figures 253
dual formulas 253
dual operations 253
dual space 253
dual theorems 253
duel 133
Duhamel, Jean Marie Constant 314
Duhamel's theorem 314
dummy index 56
dummy variable 453
duodecimal number system 193
Dupin, François Pierre Charles 315
Dupin indicatrix of a surface at a point 315
duplication formula 344, 352
duplication of the cube 491
Dürer, Albrecht 315
dyad 306
dyadic 259
dyadic number system 343
dyadic rational 343
dynamic programming 328
dynamics 329
dyne 271

E

e 8
earth's equator 231
eccentric angle 489
eccentric circles 489
eccentric configurations 489
eccentricity 489

echelon matrix 45
ecliptic 37, 142
edge 428
edge of regression 361
efficient estimator 473
Egyptian numerals 25
eigenvalue 148
eigenvector 149
Eilenberg, Samuel 1
Einstein, Albert 1
Einstein tensor 1
Eisenstein, Ferdinand Gotthold Max 1
Eisenstein's irreducibility criterion 1
elastic bodies 283
elastic constants 283
elasticity 283
electrical resistance 317
electromotive force 78
electrostatic intensity 316
electrostatic potential 229
electrostatic potential of a complex of charge 387
electrostatic unit of charge 316
element 443
element of a set 188
element of arc length 147
element of area 465
element of determinant 479
element of integration 233
element of length 338
element of mass 180
element of volume 269
elementary divisor of a matrix 100, 281
elementary geometry 490
elementary operations on determinants 99
elementary operations on matrices 99
elementary potential digital computing component 80
elementary symmetric function 79
elevation of a given point 275
eliminant 201
elimination 200
elimination by substitution 270
ellipse 271, 294
ellipsoid 273
ellipsoid of revolution 47
ellipsoidal coordinates 273
elliptic conical surface 272
elliptic coordinates of a point 272
elliptic cylinder 273
elliptic function 272
elliptic integral 272
elliptic modular function 274
elliptic paraboloid 273

elliptic partial differential equation 272
elliptic point on a surface 112
elliptic Riemann surface 272
elliptic wedge 273
elongation 350
elongations and compressions 210
empirical curve 176
empirical formula 176
empirical probability 130
empty set 118
end point 286
endomorphism 172
energy 26
energy integral 26
ENIAC 25
Enneper, Alfred 33
entire function 224
entire series 226
entropy 32
enumerable set 57
envelope 442
enveloping space 442
epicycloid 26, 48
epitrochoid 47, 49
epitrochoidal curve 47
epsilon 26
epsilon-chain 17
epsilon symbols 17
equal 370
equal roots of an equation 439
equality 253
equality of two complex numbers 392
equate one expression to another 327
equation 324, 438
equation in p-form 366
equation of a circle 33
equation of a circle in space 118
equation of a circle in the plane 416
equation of a line 300
equation of a plane 416
equation of a surface 113
equation of continuity 506
equation of Enneper 33
equation of Euler 35
equation of motion 23
equation of vibrating string 210
equations of Rodrigues 510
equations of Weierstrass 514
equiangular hyperbola 322
equiangular polygon 322
equiangular spiral 322
equiangular transformation 322
equiareal map 443
equicontinuous 328
equidistant 322

equidistant system 323
equilateral hyperbola 322, 329
equilateral polygon 329
equilateral spherical polygon 329
equilibrium of a particle or a body 179
equilibrium of forces 289
equinumerable 328
equipotential surface 329
equivalence class 328
equivalence of propositions 462
equivalence relation 327
equivalent 327
equivalent angles 370
equivalent equations 327
equivalent geometric figures 219
equivalent inequalities 327
equivalent matrices 327
equivalent propositional functions 327
equivalent propositions 327
equivalent sets 269
Eratosthenes 27
Erdős, Paul 27
erg 27
ergodic theory 27
Erlang, Agner Krarup 5
Erlang distribution 5
Erlanger program 28
error 145
error function 145
escribed circle of a triangle 437
essential constant 80
essential map 448
essentially bounded function 177
estimate 214
estimate a desired quantity 369
estimator 215
Euclid 476
Euclidean algorithm 477
Euclidean geometry 476
Euclidean ring 476
Euclidean space 476
Euclidian Christoffel symbols 476
Euclid's algorithm 477
Euclid's axioms 476
Euclid's postulate of parallels 411
Euclid's postulates 476
Eudoxus 25
Euler characteristic 35
Euler graph 34
Euler, Leonhard 34
Euler-Maclaurin sum formula 36
Euler method 35
Euler pentagonal-number theorem 34
Euler's angles 34
Euler's constant 34

Euler's criterion for residues 34
Euler's equation 35
Euler's formula 34
Euler's φ-function 35
Euler's theorem for polyhedrons 34
Euler's theorem on homogeneous functions 34
Euler's totient function 34, 35
Euler's transformation of series 87
evaluation 166
even function 117
even number 118
even permutation 118
even-spaced map 226
event 173
evolute of a curve 194
evolute of a surface 111, 194
evolutes of a curve 106
evolution 48
exact differential equation 71
exact division 71
exact integrand 71
excenter of a triangle 164
excess of nines 89
excircle of a triangle 437
existence theorem 258
existential quantifier 258
exotic four space 9
exotic sphere 9
expanded notation 315
expansion 315
expansion in a series 87
expansion of a determinant by minors 99
expectation of life 409
expected value 77
experiment 172
explementary angle 161
explicit function 479
exponent 174
exponential curve 175
exponential function 175
exponential random variable 175
exponential series 175
exponential values of trigonometric functions 162
expression 171
exsecant 480
extend a line 32
extended mean-value theorem 54
extended real-number system 139
extension of a field 270
extensive form of a game 316
exterior 48
exterior angle of a triangle 163
exterior angles 40

exterior content 49
exterior-interior angles 321
exterior measure 45
exterior of a set 187
external operation 48
external tangent of two circles 45
externally tangent circles 274
extract a root of a number 152
extraneous root 456
extrapolation 45, 442
extreme of a function 68
extreme point 286
extremes 41
extremun of a function 68

F

F distribution 27
F_σ set 26
face 465
face angle 465
factor 18
factor analysis 18
factor group 202
factor modulo p 380
factor of a polynomial 276
factor of a term 143
factor of an integer 227
factor of proportionality 380
factor ring 200
factor space 201, 206
factor theorem 19
factorable 19
factorial 42
factorial moment 42
factorial series 42
factorial zero 502
factoring of a transformation 429
factorization 19
factorization of a transformation 429
Fahrenheit, Gabriel Daniel 383
Fahrenheit temperature scale 383
Faltings, Gerd 382
family of circles 33
family of curves 105
family of surfaces 110
Farey, John 382
Farey sequence 382
fast Fourier transform 140
Fatou, Pierre 382
Fatou's theorem 382
Fefferman, Charles 385
Feit-Thompson theorem 382
Feit, Walter 382
Fejér kernel 384
Fejér, Leopold 384
Fejér's theorem 384

Fermat numbers 385
Fermat, Pierre de 385
Fermat's last theorem 385
Fermat's principle 385
Fermat's spiral 386
Fermat's theorem 386
Ferrari, Ludovico 385
Ferrari's solution of the quartic 385
Ferro, Scipione del 386
Fibonacci, Leonardo 383
Fibonacci sequence 383
field 259
field of force 289
field of study 408
field plan 137
Fields, John Charles 384
figure 213, 217
filter 384
filter base 78, 384
fineness of a partition 148
finite axiom of choice 472
finite character 472
finite decimal 472
finite differences 160
finite discontinuity 472
finite extention of a field 472
finite games 472
finite group 472
finite intersection property 472
finite mathematics 472
finite projective plane 472
finite quantity 471
finite set 472
finitely representable 472
first boundary-value problem 259
first category 259
first-order differences 15
Fischer, Ernst Sigismund 383
Fisher, Ronald Aylmer 383
Fisher's z 383
Fisher's z distribution 383
fixed point 147, 393
fixed point theorem 393
fixed value 2
flat angle 409, 413
flecnode 429
flexion 429
flip-flop circuit 400
floating decimal point 393
flow chart 338
fluctuation 477
fluent 495
fluid pressure 494
fluxion 495
focal chord of a conic 31, 202
focal point 204
focal (reflection) property of a hyperbola 249

focal property of an ellipse 273
focal property of conics 31
focal property of the parabola 440
focus 204
folium 479
folium of Descartes 313
Fontana, Niccolo 386
foot 2, 383
force 289
force of friction 449
force vector 289
forced oscillations 93
forced vibrations 93
form 131
formal derivative 131
formal power series 131
formula 139
formulas of integration 232
Foucault's pendulum 391
four-color problem 481
four fundamental rules of arithmetics 176
four-group 171
four-step rule 481
Fourier, Jean Baptiste Joseph, Baron de 398
Fourier series 398
Fourier transform 399
Fourier's half-range series 398
Fourier's integral theorem 399
Fourier's theorem 399
fractal 396
fractal dimension 397
fraction 406
fraction in lowest terms 83
fractional equation 406
fractional exponent 406
frame of reference 159
Francesca, Piero della 398
Fréchet differential 402
Fréchet, René Maurice 401
Fréchet space 402
Fredholm determinant 402
Fredholm, Erik Ivar 402
Fredholm integral equations 402
Fredholm minors 402
Fredholm's solution of Fredholm's integral equation of the second kind 270
free element 187
free group 186
free index 191
free ultrafilter 186
Freedman, Michael 400
Frenet, Jean Frédéric 401
Frenet-Serret formulas 401
frequency 331, 381
frequency curve 332
frequency diagram 332

frequency function 332
frequency of a periodic function 210
frequency polygon 332
Fresnel, Augustin Jean 403
Fresnel integrals 403
Frobenius, Ferdinand Georg 404
Frobenius theorem 404
frontier of a set 187
frustum 214
frustum of a cone 214
frustum of a pyramid 52
Fubini, Guido 394
Fubini theorem 394
full linear group 16, 244
function 66
function-elemet 69
function of class C^n 170
function of class L_p 27
function theory 70
functional 361
functional determinant 67
functor 65
fundamental assumptions of a subject 496
fundamental coefficients of a surface 110
fundamental functions 80
fundamental group 79
fundamental lemma of the calculus of variations 432
fundamental metric tensor 79
fundamental numbers 80
fundamental operations of arithmetic 167
fundamental quadratic forms of a surface 111
fundamental quantities of the first order of a surface 112
fundamental sequence 80
fundamental theorem of algebra 264
fundamental theorem of arithmetic 207
fundamental theorem of calculus 373
fundamental theorems on limits 102
fuzzy 382

G

G_δ set 180
Galileo Galilei 63
gallon 64
Galois, Évariste 64
Galois field 64
Galois group 64
Galois theory 64
game 134
game of nim 345

game of survival 8
game with perfect information 70
gamma distribution 73
gamma function 73
gate 133
Gauss-Bonnet theorem 50
Gauss, Carl Friedrich 49
Gauss' differential equation 49
Gauss' equation 49
Gauss' formulas 49
Gauss' fundamental theorem of electrostatics 49, 229
Gauss' mean-value theorem 49
Gauss' mean-value theorem for potential functions 444
Gauss plane 49
Gauss' proof of the fundamental theorem of algebra 264
Gaussian curvature 49
Gaussian curvature of a surface 110
Gaussian distribution 49
Gaussian integer 49
Gaussian representation of a surface 110
Gel'fond, Alexander Osipovič 135
Gel'fond-Schneider theorem 135
general 15
general equation of the n-th degree 25
general similarity transformation 16
general term 16
generalized convex function 16
generalized function 16
generalized Hooke's law 15
generalized mean value theorem 16
generalized ratio test 15
generalized Riemann integral 17
generating function 228, 442
generating line 443
generator 443
generators of a group 128, 228
generatrix of a ruled surface 243
genus of a surface 112, 194
geodesic 255
geodesic circle on a surface 109
geodesic coordinates in Riemannian space 493
geodesic curvature of a curve on a surface 108
geodesic ellipses 256
geodesic hyperbolas 256
geodesic parallax of a star 292
geodesic parallels 256
geodesic parameters 256
geodesic polar coordinates 255
geodesic representation 256

geodesic torsion 256
geodesic triangle 255
geographic 303
geographic coordinates 303
geographic equator 231
geographical mile 303
geoid 170
geometric 75
geometric average (means) 252
geometric construction 75
geometric distribution 76
geometric figure 75
geometric locus 76
geometric progressions 328
geometric sequence 76, 328
geometric series 75, 328
geometric solid 75
geometric solution 40, 75
geometric surface 75
geometrical 75
geometrical element 76
geometry 75
Gergonne, Joseph Diaz 170
Gibbs, Josiah Willard 78
Gibbs phenomenon 78
Gibbs product 78
Girolamo Cardano 63
girth 111
global property 259
Gödel, Kurt 133
Goldbach, Christian 149
Goldbach conjecture 149
golden rectangle 36
golden section 36
Gompertz, Benjamin 152
Gompertz curve 152
Gompertz's law 152
googol 119
Gosset, William Sealy 147
grad 376
grade 143
gradient 143
gradient of a function 68
Gräffe, Karl Heinrich 126
Gräffe's method for approximating the roots of an algebraic equation with numerical coefficients 126
gram 122
Gram-Charlier series 123
Gram determinant 122
Gram, Jörgen Pedersen 122
Gram-Schmidt orthogonalization process 123
Gramian 122
graph 121
graph coloring 121
graph of an inequality 393
graph theory 121
graphic 219

graphical 219
graphical solution 219
graphing 219
graphing by composition 120
gravitational constant 193
gravitational potential of a complex of particles 193
great circle 259
great lower bound axiom 57
greater 37
greatest common divisor 156
greatest lower bound infimum 57
greco-latin square 125
Greek alphabet 114
Greek numerals 114
Green, George 125
Green's formulas 125
Green's function 125
Green's theorem 125
Gregory, James 126
Gregory-Newton formula 126
gross 126
Grothendieck, Alexandre 127
group 127
group character 180
group of symmetries 263
group theory 129
group without small subgroups 288
grouping terms 143
groupoid 1
growth curve 229
Gudermann, Christof 119
Gudermannian function 119
Gunter, Edmund 72

H

Haar, Alfréd 360
Haar functions 360
Haar measure 360
Hadamard, Jacques Salomon 2
Hadamard's conjecture 2
Hadamard's inequality 2
Hadamard's three-circles theorem 2
Hahn-Banach theorem 364
Hahn, Hans 361
half-angle and half-side formulas of spherical trigonometry 90
half-angle formulas 361
half-angle formulas of plane trigonometry 415
half-line 363
half-plane 364
half-side formulas 365
half-space 361
ham sandwich theorem 359
Hamel basis 359
Hamel, Georg Karl Wilhelm 359
Hamilton-Cayley theorem 359

Hamilton, William Rowan 358
Hamiltonian 358
Hamiltonian function 358
Hamiltonian graph 358
Hamilton's principle 359
handle of a surface 364
Hankel function 362
Hankel, Hermann 362
Hardy, Godfrey Harold 356
Hardy's test 356
harmonic analysis 297
harmonic average 298
harmonic conjugates with respect to two points 344
harmonic division of a line 245
harmonic function 297
harmonic means 298
harmonic progressions 297
harmonic ratio 297
harmonic sequence 297
harmonic series 297
Hausdorff-Besicovitch dimension 353
Hausdorff dimension 352
Hausdorff, Felix 352
Hausdorff maximal principle 353
Hausdorff paradox 353
Hausdorff space 352
haversine 363
heat equation 348
Heaviside, Oliver 423
hectare 418
Heine-Borel theorem 352
Heine, Heinrich Eduard 352
helicoid 484
helix 483
Helly, Eduard 424
Helly's condition 424
Helly's theorem 424
Helmholtz' differential equation 427
Helmholtz' equation 428
Helmholtz, Hermann Ludwig Ferdinand von 427
hemisphere 361
Henneberg, Ernst Lebrecht 431
heptahedron 176
her 351
Hermite, Charles 28
Hermite polynomials 28
Hermite's differential equation 28
Hermite's formula of interpolation 28
Hermitian conjugate of a matrix 28
Hermitian form 28
Hermitian matrix 28
Hermitian transformation 28
Heron of Alexandria 428

Heron's formula 428
Hesse, Ludwig Otto 422
Hessian 422
heuristic method 355
hex 422
hexadecimal number system 194
hexahedron 510
higher plane curve 139
Hilbert, David 378
Hilbert parallelotope 379
Hilbert-Schmidt theory of integral equations 379
Hilbert space 378
Hindu-Arabic numerals 19
Hippocrates of Chios 375
Hironaka Heisuke 380
histogram 293, 368
Hitchcock, Frank Lauren 369
Hitchcock transportation problem 369
hodograph 445
Hölder condition 425
Hölder, Ludwig Otto 425
Hölder sum 425
Hölder's definition of the sum of a divergent series 425
Hölder's inequality 425
holomorphic function 226
homeomorphism 326
homogeneity 325
homogeneous 227
homogeneous coordinates 325
homogeneous differential equation 325
homogeneous equation 326
homogeneous function 324
homogeneous integral equation 325
homogeneous linear differential equation 325
homogeneous polynomial 325
homogeneous solid 115
homogeneous strains 325
homogeneous transformation 325
homological algebra 446
homologous elements 259
homology group 445
homomorphism 199
homoscedastic 328
homothetic figures 252
homothetic transformation 53
homotopic 445
Hooke, Robert 392
Hooke's law 392
horizon of an observer on the earth 72
horizontal plane 215
Hörmander, Lars 427
Horner, William George 445

Horner's method 445
horsepower 360
hour 171
hour angle 170
hour angle of a celestial point 170
hour circle 170, 171
hull 434
hundred's place 132
hunting of a servomechanism 160
Huygens, Christian 434
Huygens formula 434
Huygens principle 434
hyperbola 248
hyperbolic cylinder 250
hyperbolic functions 249
hyperbolic paraboloid 250
hyperbolic partial differential equation 248
hyperbolic point of a surface 112
hyperbolic Riemann surface 248
hyperbolic (reciprocal) spiral 250
hyperboloid 250
hyperboloid of one sheet 13
hyperboloid of two sheets 347
hypercomplex numbers 296
hypergeometric differential equation 295
hypergeometric distribution 295
hypergeometric function 295
hypergeometric series 295
hyperplane 296
hyperplane of support 173
hyperreal number 296
hypersurface 296
hypervolume 296
hypocycloid 352
hypotenuse 184
hypothesis 58, 61
hypotrochoid 337

I

icosahedral group 343
icosahedron 343
ideal 17
ideal point 489
idemfactor 281
idempotent 418
idempotent property 418
identical 321
identical quantities 321
identities of plane trigonometry 414
identity 142
identity element 280
identity function 142
identity matrix 280
identity transformation 143
illusory correlation 52

image 247
imaginary axis 114
imaginary circle 101
imaginary curve 101
imaginary number 114
imaginary part of a complex number 389
imaginary roots 113
imaginary surface 102
imcomplete beta function 386
imcomplete gamma function 386
imcomplete induction 386
implication 65
implicit differentiation 18
implicit function 18
implicit-function theorem 18
improper fraction 62
improper integral 367
in the large 260
in the small 104
incenter of a triangle 336
inch 19
inch of mercury 213
incidence function 496
incircle 337
inclination 60
inclusion function 435
inclusion relation 435
incommensurable 304
incompatible equations 393, 496
inconsistent equations 393
increasing function 247
increasing sequence 247
increment 254
increment of a function 68
indefinite integral 392
independence 330
independent equations 331
independent event 330
independent functions 331
independent random variables 331
independent variable 331
indeterminate equation 392
indeterminate form 392
index 175, 180
index of a matrix 100
index of a point relative to a curve 175
index of a quadratic form 341
index of a radical 203
index of a subgroup 394
indicator diagram 181
indirect differentiation 70
indirect proof 70
indiscrete topology 378
inductive methods 78
inequality 393
inertia of a body 70
inertial coordinate system 70

inessential 376
infinite 457
infinite branch of a curve 460
infinite decimals 459
infinite games 472
infinite integral 460
infinite point 457, 460
infinite product 459
infinite root of an equation 439
infinite sequence 460
infinite series 457
infinite set 459
infinitesimal 459
infinitesimal analysis 459
infinitesimal calculus 459
inflectional tangent to a curve 429
information theory 205
initial phase 206
initial point 180
injection 281
inner automorphism 337
inner measure 337
inner product of tensors 318
inner product of two functions 336
inner-product of two vectors 336
inner-product space 336
input component 345
inscribed 336
inscribed angle 29
inscribed circle 337
inscribed circle of a triangle 163
inscribed polygons 337
instantaneous acceleration 197
instantaneous speed 198
instantaneous velocity 198
integer 227
integrable 58
integrable differential equation 232
integrable function 231
integral calculus 231
integral curvature 250
integral curves 232
integral domain 224
integral equation 233
integral expression 227
integral function 224
integral number 227
integral of a function of a complex variable 388
integral tables 233
integral test for convergence 192
integrand 368
integraph 232
integrating factor 231
integrating machines 232
integration 232
integration as a summation process 254
integration by partial fractions 395
integration by parts 395
integration by substitution 270, 290
integration by use of series 88
integration of a power series 418
integration of an infinite series 458
integration of sequences 219
integration of series 88
integrator 88
interaction 251
intercept 238
intercept form of the equation of a plane 238
interdependent functions 191, 251
interior 337
interior angle 336
interior content 479
interior mapping 337
interior measure 45, 337
interior of a set 188
interior transformation 337
intermediate differential 293
intermediate value theorem 292
internal operation 337
internal tangent of two circles 337
international system of units 144
interpolation 442
interpolation formulas 442
interquartile range 181
intersection 94, 450
interval 118
interval of convergence 191
into mapping 338
intransitive 368
intrinsic equations of a space curve 176
intrinsic properties of a curve 336
intrinsic properties of a surface 336
invariant factor of a matrix 101
invariant of an algebraic equation 268
invariant property 396
invariant subgroup 396
invariant subspace problem 396
inverse hyperbolic functions 83
inverse image 83
inverse logarithm 83
inverse mapping theorem 81
inverse of a function 80
inverse of a matrix 81
inverse of a number 82
inverse of a point or curve 363
inverse of a relation 80

inverse of an element 81
inverse of an implication 23
inverse of an operation 80
inverse probability 80
inverse proportion 83, 364
inverse ratio 83
inverse substitution 83
inverse transformation 84
inverse trigonometric function 81
inverse variation 83, 364
inversely proportional quantities 364
inversion formulas 363
inversion of a point with respect to a circle 32
inversion of a point with respect to a sphere 91
inversion of a sequence of objects 315
inversor 363
invertible 51
involute of a curve 209
involute of a surface 210
involution 304
involution of lines of a pencil 300
involution on a line 319
irrational algebraic surface 461
irrational exponent 461
irrational number 461
irreducible case 386
irreducible equation 84
irreducible module 83
irreducible polynomial 83
irreducible radical 81
irreducible transformations 366
irrotational vector in a region 366
isochronous curve 324
isogonal 322
isogonal affine transformation 322
isogonal conjugate lines 322
isogonal lines 322
isogonal transformation 322
isolate a root 48
isolated point 149
isolated set 149
isolated singular point of an analytic function 149
isometric family of curves 323
isometric map 327
isometric surfaces 323
isometric system of curves on a surface 106
isometry 323, 327
isomorphism 323
isoperimetric 326
isoperimetric inequality 326
isoperimetric problem in the calculus of variations 326
isoperimetrical 326
isosceles trapezoid 322
isosceles triangle 344
isotherm 322
isothermal change 322
isothermal-conjugate 321
isothermal-conjugate representation 321
isothermal-conjugate system of curves 106
isothermal lines 322
isothermic family of curves 322
isothermic map 321
isothermic surface 322
isothermic system of curves 322
isotropic curve 329
isotropic developable 329
isotropic elastic substances 329
isotropic matter 329
isotropic plane 329
iterated integral 498
iterated kernels 364

J

Jacobi canonical form 470
Jacobi, Karl Gustav Jacob 469
Jacobi polynomials 469
Jacobian elliptic functions 469
Jacobian of two or more functions in as many variables 469
Jacobi's theorem 470
Jensen, Johan Ludvig William Valdemar 8
Jensen's formula 8
Jensen's inequality 8
Jensen's theorem 8
Joachimsthal, Ferdinand 479
join 460
join-irreducible 80, 460
joint distribution function 325
joint variation 133
Jones, Vaughan Frederick Randal 208
Jordan, Camille 207
Jordan canonical form 208
Jordan condition 208
Jordan content 208
Jordan curve 208
Jordan curve theorem 208
Jordan matrix 207
Joukowski, Nikolai Jegórowitch 194
Joukowski transformation 194
joule 196
Joule, James Prescott 196
Julia, Gaston Maurice 196
Julia set 196
jump 376
Jung, Heinrich Wilhelm Ewald 477
Jung's theorem 478

K

Kakeya problem 57
Kakeya, Sōichi 56
kappa curve 61
kelvin 135
Kepler, Johannes 134
Kepler's laws 134
kernel 52
kernel of a homomorphism 199
Khinchine, Aleksandr Iakovlevich 381
Khinchine's theorem 381
kilogram 115
kilometer 115
kilowatt 115
kilowatt-hour 115
kinematics 23
kinetic energy 23
kinetic potential 23
kinetics 329
Klein bottle 121
Klein, Christian Felix 121
knot 350, 460
Kodaira Kunihiko 147
Kōbe function 134
Kōbe, Paul 134
Kolmogorov, Andrei Nikolaevich 150
Kolmogorov space 150
Königsberg bridge problem 133
Kovalevski, Sonya Vasilyevna 150
Krein, Mark Grigorievich 125
Krein-Milman property 125
Krein-Milman theorem 125
Kremer, Gerhard 126
Kronecker delta 127
Kronecker, Leopold 127
Kummer, Ernst Eduard 128
Kummer's test for convergence 129
Kuratowski closure-complementation problem 121
Kuratowski, Kazimierz 121
Kuratowski lemma 121
kurtosis 245
Kutta, Wilhelm Martin 119

L

La Hire, Phillipe de 482
La Vallée Poussin 485
lacunary space relative to a monogenic analytic function 118
Lagrange form of the remainder 482
Lagrange interpolation formula

482
Lagrange, Joseph Louis 482
Lagrange method of multipliers 482
Lagrange theorem 482
Lagrangian function 482
Laguerre, Edmond Nicolas 483
Laguerre polynomials 483
Laguerre's differential equation 483
Lambert, Johann Heinrich 487
Lamé, Gabriel 486
Lamé's constants 486
lamina 23
Laplace, Pierre Simon 485
Laplace transform 485
Laplace's differential equation 485
Laplace's expansion of a determinant 99
latent number 100, 149
latent root of a matrix 330
lateral edge and face 257
lateral surface and area 257
Latin square 484
latitude 17
lattice 254
latus rectum 304
Laurent expansion of an analytic function 511
Laurent, Paul Matthieu Hermann 511
Laurent series 511
law 437
law of action and reaction 160
law of bacterial growth 353
law of contradiction 460
law of cosines 479
law of inertia 70
law of large numbers 267
law of organic growth 230
law of signs 391
law of tangents 228
law of the excluded middle 352
law of the lever 313
law of universal gravitation 365
laws of quadrants for a right spherical triangle 301
laws of sines 226
leading coefficient 194
least common denominator 155
least common multiple 155
least upper bound 202
least upper bound axiom 202
Lebesgue convergence theorem 501
Lebesgue, Henri Léon 500
Lebesgue integral 500
Lebesgue measure 500
Lebesgue-Stieltjes integral 500

Lefschetz, Solomon 504
left-handed coordinate system 369
left-handed curve 369
left identity 369
left inverse 369
leg of a right triangle 301
Legendre, Adrien Marie 499
Legendre coefficients 499
Legendre differential equation 499
Legendre duplication formula 499
Legendre necessary condition 499
Legendre polynomials 499
Legendre symbol 499
Leibniz, Gottfried Wilhelm von 482
Leibniz test for convergence 482
Leibniz theorem 482
lemma 444
lemniscate 504
lemniscate of Bernoulli 427
length of a curve 107, 337
length of a line 245
length of a rectangle 297
length of a tangent 236
Leonardo da Pisa 503
Leonardo da Vinci 503
Leonardo of Pisa 367
leptokurtic distribution 88, 94
level lines 324
lever 313
lever arm 313
Levi-Civita, Tullio 504
lexicographically ordered 174
L'Hôpital, Guillaume François Antoine de 511
L'Hôpital's rule 511
L'Huilier, Simon Antoine Jean 495
L'Huilier's theorem 495
Lie group 488
Lie, Marius Sophus 488
lift 479
light year 143
likelihood function 474
likelihood ratio 474
limaçon 51, 491
limaçon of Pascal 354
limit 102
limit inferior 51
limit of a function 67
limit of a sequence 218
limit of integration 232
limit of the ratio of an arc to its chord 148
limit on the left 369
limit on the right 453

limit point 102, 190
limit superior 201
limiting value 102
limits of a class interval 89
Lindelöf, Ernst Leonard 497
Lindelöf space 497
Lindemann, Carl Louis Ferdinand von 497
line 239
line at infinity 457
line element 244
line integral 243
line of best fit 157
line of curvature of a surface 113
line of striction of a ruled surface 243
line of support 173
line segment 245, 473
line value of a trigonometric function 162
lineal element 473
linear 11, 239
linear algebra 241
linear combination 11, 240
linear congruence 11
linear differential equation 241
linear element 242
linear equation 11, 242
linear expansion 246
linear expression 11
linear function 11, 240
linear group 240
linear hypothesis 240
linear interpolation 242
linear measure 244
linear operator 240
linear programming 240
linear regression 240
linear space 240
linear theory of elasticity 242
linear topological space 239
linear transformation 11, 241
linear velocity 241
linear expression 242
linearly dependent 11, 240
linearly independent quantities 241
linearly ordered set 241
lines of curvature of a surface 111
Liouville function 495
Liouville, Joseph 495
Liouville-Neumann series 495
Liouville number 495
Liouville's theorem 495
Lipschitz condition 491
Lipschitz, Rudolph Otto Sigismund 491
liquid measure 25
liter 491

literal constant 466
literal equation 466
literal expression 466
literal notation 466
Littlewood, John Edensor 491
lituus 489
Lobachevski, Nikolai Ivanovich 510
local maximum 107
local minimum 103
local property 104
local value 104, 132
localization principle 103
locally arcwise-connected 104
locally compact 104
locally connected set 104
locally convex 104
locally Euclidean space 104
locally finite family of sets 104
locally integrable function 104
locus 77
locus of equation 438
logarithm 264
logarithm of a complex number 389
logarithm of a negative number 391
logarithmic coordinate paper 496
logarithmic coordinates 265
logarithmic curve 265
logarithmic derivative of a function 69
logarithmic differentiation 267
logarithmic equation 267
logarithmic function 266
logarithmic function of a complex variable 390
logarithmic graphing 267
logarithmic plotting 267
logarithmic potential 268
logarithmic scale 268
logarithmic series 265
logarithmic solution of triangles 163
logarithmic spiral 268
logarithmic system 265
logarithmic transformation 267
logarithmic trigonometric function 265
logarithmically convex function 266
logistic curve 510
logistic spiral 510
logistics 510
lognormal distribution 265
long division 296
long radius of a regular polygon 229
longitude 132
longitudinal strain 132

loop of a curve 107
lower bound 50, 132
lower limit of an integral 57
lowest common multiple 155
loxodrome 510
loxodromic spiral 184
lune 305
lunes of Hippocrates 375
Luzin, Nikolai Nikolaevich 499
Luzin's theorem 499

M

Mach, Ernst 450
Mach number 451
Machin formura 450
Machin, John 450
MacLane, Saunders 450
Maclaurin, Colin 449
Maclaurin series 449
magic square 451
magnification 352
magnitude of a star 140
Magnus effects 449
Magnus, Heinrich Gustav 449
major arc 473
major axis 296
major segments of a circle 475
Makeham, William Matthew 462
Makeham's formula 462
Makeham's law 462
Mandelbrot, Benoit B. 452
Mandelbrot set 452
manifold 279
mantissa of logarithms 266
many-valued function 274
map 184
map-coloring problem 292
mapping 184
mapping theorem 184
Margulis, Gregori Aleksandrovich 451
mariner's compass 435
Mariotte, Edme 451
Mariotte's law 451
mark 377
Markov, Andrei Andreevich 451
Markov process 451
martingale 451
Mascheroni constant 450
Mascheroni, Lorenzo 450
mass 179
matched samples 304
material line 178, 179
material point 179
material surface 179
mathematical expectation 216
mathematical induction 216
mathematical probability 216
mathematical system 216
mathematical theory of relativity 253
mathematics 216
Mathieu differential equation 450
Mathieu, Émile Léonard 449
Mathieu function 449
matrix 98
matrix of a linear transformation 242
matrix of the coefficients 131
maximal member 107
maximal member of a set 187
maximum 156
maximum likelihood estimator 158
maximum value theorem 157
Mayan number 451
Mazur-Banach game 450
Mazur, Stanisław 450
meager set 470
mean 409
mean axis of an ellipsoid 293
mean-conjugate curve on a surface 113
mean-conjugate directions on a surface 113
mean curvature of a surface 409
mean density 410
mean deviation 410
mean evolute of a surface 113
mean proportional 380
mean value of a function 69
mean value theoem 410
mean-value theorems for derivative 374
mean-value theorems for integrals 233
means of proportion 380
mean-square deviation 413
measurable function 58
measurable set 59
measure 256
measure algebra 257
measure of a set 187, 257
measure of an angle 257
measure of central tendency 271
measure of dispersion 168
measure ring 257
measure zero 257
mesurement 256
measures of variability 303
mechanical integration 75
mechanics 488
mechanics of fluids 495
mechanic's rule 206
median 292, 463
median of a trapezoid 261
median of a triangle 163
median triangle 294
meet 450

meet-irreducible 80, 450
meg-, mega- 463
Mellin inversion formulas 464
Mellin, Robert Hjalmar 464
member of a set 188
member of an equation 439
Menelaus of Alexandria 463
mensuration 88
Mercator chart 464
Mercator, Gerhardus 464
Mercator, Nicolaus 464
Mercator's projection 464
meridian 172
meridian curve on a surface 109
meromorphic function 475
Mersenne, Marin 465
Mersenne number 465
mesokurtic distribution 293
metacompact space 463
meter 463
method of conjugate directions 97
method of conjugate gradients 96
method of exhaustion 334
method of false position 51
method of infinite descent 459
method of least squares 155
method of moments 234
method of nested intervals 118
method of sections 286
method of steepest descent 154
method of successive conjugates 291
metre 463
metric density 132
metric differential geometry 132
metric space 114
metric system 463
metrizable space 114
Meusnier, Jean Baptiste Marie 460
Meusnier's theorem 461
micr 449
micro 449
middle latitude of two places 292
middle latitude sailing 292
midpoint of a line segment 245, 294
mil 455
mile 449
milli 455
Milnor, John Willard 455
minimal curve 103
minimal equation 156
minimal splitting field 156
minimal straight line 103
minimal surface 103
minimax 454
minimax theorem 454
minimum 155

minimum equation 156
minimum value theorem 155
minimum variance unbiased estimator 156
Minkowski distance function 455
Minkowski, Hermann 455
Minkowski's inequality 455
minor arc of a circle 503
minor axis of an ellipse 273, 281
minor of an element in a determinant 101, 201
minor segments of a circle 504
minuend 367
minus 367, 449
minute 404
Mittag-Leffler, Magnus Gösta 454
Mittag-Leffler theorem 454
mixed decimal 150
mixed differential parameter of the first order 14
mixed expression 271
mixed group 150
mixed number 271
mixed partial derivative 151
mixed tensor 150
MKS system 27
mnemonic 75
Möbius, August Ferdinand 464
Möbius function 464
Möbius strip 464
Möbius transformation 464
mode 158, 467
modified Bessel functions 430
modular arithmetic 26, 466
modular function 466
modular group 466
modular lattice 466
module 56
moduli of Riemanm surface 494
modulus 443
modulus in tension 297
modulus of a complex number 236, 389
modulus of compression 269
modulus of congruence 435
modulus of logarithms 466
modulus of precision 229
modulus of rigidity 140
modulus of shear 245
molding surface 468
mole 468
moment 467
moment generating function 467
moment of a distribution 408
moment of a force 289
moment of inertia 70
moment of mass about a point, line, or plane 180

moment of momentum 24
moment problem 467
momentum 23
Monge, Gaspard 468
monic polynomial 281
monodromy theorem 15
monogenic analytic function 284
monoid 281
monomial 281
monomial factor 281
monotone 285
monotone convergence theorem 285
monotonic decreasing 285
monotonic functions 285
monotonic increasing 286
monotonic sequence 286
monotonic system of sets 285
Monte Carlo method 468
Moore, Eliakim Hastings 456
Moore, Robert Lee 456
Moore-Smith convergence 456
Moore space 456
Mordell conjecture 466
Mordell, Louis Joel 466
Morera, Giacinto 468
Morera's theorem 468
Mori, Shigefumi 468
morphism 182
morra 468
most selective confidence interval 466
move 158
moving average 17
moving trihedral of space curves and surfaces 117, 324
multiaddress system 277
multifoil 278
multilinear form 277
multilinear function 277
multinomial distribution 277
multinomial theorem 277
multiple 352
multiple correlation 191
multiple edge 277
multiple integral 190, 277
multiple point 277
multiple-point tensor field 193
multiple regression function 277
multiple root of an equation 185, 439
multiple tangent 277
multiple-valued function 274
multiplicand 367
multiplication 205
multiplication and division by means of detached coefficients 131
multiplication by zero 502
multiplication of determinants

99
multiplication of fractions 406
multiplication of infinite series 231
multiplication of infinite series 457
multiplication of polynomials 276
multiplication of series 88
multiplication of the roots of an equation 439
multiplication of vectors 420
multiplication property of one and zero 12
multiplicative inverse 82
multiplicity of a root of an equation 193
multiplier 204
multiply 57
multiply connected set 278
multivariate 278
multivariate distribution 278
Mumford, David Bryant 452
mutually exclusive events 274
myriad 455

N

n-th root of a number 25
nadir 319
Napier, John 349
Napierian logarithm 349
Napier's analogies 349
Napier's rules of circular parts 349
nappe 338
natural equations of a space curve 176
natural logarithms 176
natural number 176
natural scale 176
naught 239
nautical mile 49
necessary condition 369
necessary condition for convergence 457
negation of a proposition 463
negative 382
negative angle 393
negative binomial distribution 394
negative correlation 394
negative exponent 393
negative number 394
negative sign 394
neighborhood 115
nerve of a family of sets 187
nested sets 18
net 473
Neumann formula for Legendre functions 499

Neumann formula for Legendre functions of the second kind 270
Neumann, Franz Ernst 350
Neumann function 350
Neumann, Karl Gottfried 350
Neumann problem 350
Nevanlinna, Rolf 348
newton 345
Newton-Cotes integration formulas 346
Newton, Sir Isaac 345
Newtonian potential 347
Newton's identities 346
Newton's inequality 346
Newton's laws of motion 346
Newton's method of approximation 346
Newton's three-eighths rule 346
Neyman, Jerzy 348
Neyman-Pearson test 348
Nicomedes 340
Nikodym, Otton Martin 340
nilpotent 418
nilpotent ideal 418
nilsegment 502
nine-point circle 88
nodal line 391
node 133, 237, 391
Noether, Amalie 348
Noetherian ring 348
nomogram 130
non-Euclidean geometry 376
non-residue 367
non-singular linear transformation 369
non-standard analysis 296
non-standard number 370
nonexpansive mapping 366
nonlinear 368
nonperiodic decimal 367
nonreflexive 367
nonremovable discontinuity 206
nonrepeating decimal 367
nonsense correlation 456
nonsingular linear transformation 228
nonsquare Banach space 375
nonsymmetric 391
nonterminating decimals 459
nontransitive 391
norm of a functional 350
norm of a matrix 100, 350
norm of a quaternion 350
norm of a transformation 350
norm of a vector 350
norm of partition 404
normal 224, 437
normal components of an acceleration 437

normal coordinates 377
normal curvature of a surface 113
normal derivative 437
normal distribution 225
normal divisor of a group 224
normal equations 226
normal extension of a field 224
normal family of analytic function 43
normal form of a game 377
normal form of a matrix 101
normal form of an equation 437
normal frequency function 225
normal functions 225
normal lines and planes 214
normal matrix 225
normal number 225
normal order 225
normal section of a surface 437
normal space 225
normal stress 437
normal subgroup 225, 396
normal transformation 225
normalized functions 225
normalized random variable 224
normed linear space 350
normed vector ring 350
north declination 442
notation 67, 77
Novikov, Sergey Petrovdch 350
null circle 502
null hypothesis 80
null matrix 502
null sequence 503
number 216
number class modulo n 435
number field 217
number line 218
number scale 217
number sieve 218
number system 217
number theory 219
numerals 217
numeration 77
numerator 405
numerical 217
numerical analysis 217
numerical computation 217
numerical determinant 217, 218
numerical equation 218
numerical phrase 217
numerical sentence 217
numerical tensor 217
numerical value 217

O

oblate 429
oblate ellipsoid of revolution 432
oblate spheroid 432

oblique 182, 184
oblique axes 184
oblique coordinates 184
obtuse 335
obtuse angle 335
octahedral group 355
octahedron 355
octal number system 356
octant 355
octonary 356
odd function 76
odd number 77
odds 489
offset 223
ohm 38
Ohm, Georg Simon 39
Ohm's law 39
one 11
one-dimensional compressions 280
one-dimensional strains 11
one-sided minimal surface 59
one-sided surface 284
one-to-one correspondence 12
one-way classification 11
onto mapping 22
open interval 41
open mapping 41
open-mapping theorem 41
open phrase 378
open set of points 41
open statement 378, 462
operation 29
operator 160
opposite angle and side 260
opposite rays 81
optimal strategy 157
orbit 78
order 42
order of a branch-point of a Riemann surface 405
order of a group 9
order of a pole 9
order of a radical 418
order of a zero point 9
order of an a-point 9
order of an algebra 9
order of an algebraic curve or surface 175
order of an elliptic function 272
order of an infinitesimal 459
order of contact 235
order of infinities 460
order of magnitude 38
order of the fundamental operations 176
order of units 120, 132
order properties of real numbers 177
ordered field 198

ordered integral domain 198
ordered n-tuple 25
ordered pair 198
ordered partition 199
ordered set 198
ordinal numbers 198
ordinary difference equation 204
ordinary differential equation 205
ordinary point 304
ordinary point of a curve 106
ordinate 278
orientation 457
origin 137
origin of ray 137
orthocenter 213
orthogonal 302
orthogonal complement 303
orthogonal functions 302
orthogonal matrix 302
orthogonal projection 303
orthogonal system of curves on a surface 108
orthogonal trajectory 302
orthogonal transformation 303
orthogonal vectors 303
orthographic projection 227
orthonormal 225
oscillating series 210
oscillation 210
oscillation of a function 68
osculating circle 235
osculating plane 235
osculating sphere of a space curve at a point 235
Osgood, William Fogg 38
Ostrogradski, Michel Vassilievitch 38
Ostrogradski's theorem 38
outer automorphism 48
output component 195
oval 486
ovals of Cassini 60

P

p-adic field 367
p series 367
Paley, Raymond Edward Alan Christopher 417
Paley-Wiener theorem 417
pantograph 194
Pappus of Alexandria 356
parabola 440
parabolic cable 441
parabolic curve 440
parabolic cylinder 441
parabolic partial differential equation 440
parabolic point 441
parabolic Riemann surface 440

parabolic segment 441
parabolic space 440
parabolic spiral 441
paraboloid 441
paracompact space 360
paradox 83, 85
parallel 410
parallel-axis theorem 411
parallel circle 411
parallel curves 411
parallel displacement 410
parallel lines 411
parallel rays 411
parallel surfaces 411
parallel vector field 412
parallel vectors 412
parallelepiped 412
parallelogram 411
parallelogram law 411
parallelogram of forces 488
parallelogram of periods 186
parallelotope 412
parallels of latitude 9
parameter 207
parameter of distribution of a ruled surface 243
parametric curves 351
parametric equations 351
parametric equations of a hyperbola 249
parametric equations of parabola 351
parametric hypothesis 443
parentheses 60
parity 118
Parseval des Chênes, Marc Antoine 354
Parseval's theorem 354
partial correlation 431
partial definite integral 395
partial derivative 431
partial difference equation 430
partial differences 430
partial differential 431
partial differential equations 431
partial fractions 395
partial product 395
partial quotient 395
partial remainders 395
partial sum of an infinite series 458
partially ordered set 363
particle 179
particular solution 330
partition 404
partition of a set 188
partition of an integer 227
partition of an interval 119
pascal 353
Pascal, Blaise 354

Pascal distribution 354
Pascal triangle 354
Pascal's theorem 354
path 453
path connected set 454
path curve of continuous surface deformation 109
pathwise connected set 454
payoff 491
pe function 417
Peano, Giuseppe 409
Peano space 409
Peano's postulates 409
Pearl-Reed curve 361
Pearson classification 366
Pearson coefficient 366
Pearson, Karl 366
Peaucellier, Charles Nicolas 443
Peaucellier's cell 443
pedal curve 213
pedal triangle 213
Pell, John 424
Pellian equation 427
pencil 255
pencil of circles 31
pencil of families of curves on a surface 105
pencil of lines through a point 299
pencil of parallel lines 411
pencil of plane algebraic curves 415
pencil of planes 415
pencil of spheres 90
pentagonal number theorem 144
pentagram (of Pythagoras) 369
pentahedron 148
penumba 361
per cent 355
percent 355
percent decrease or increase 355
percent error 376
percent profit 488
percentage 354, 376
percentile 354
perfect field 71
perfect group 70
perfect number 71
perfect power 72
perfect set 70
perfect trinomial square 70
perigan 185
perihelion 115
perimeter 192
period in arithmetic 167
period of a function 185
period of a member of a group 128
period of simple harmonic motion 185

period region 186
periodic continued fraction 186
periodic curves 185
periodic decimal 186
periodic function 185
periodic function of a complex variable 390
periodic function of a real variable 179
periodic motion 185
periodicity 186
periphery 185
permanently convergent series 139
permissible 114
permissible values of a variable 430
permutation 199, 290
permutation group 290
permutation matrix 290
perpendicular 214
perpendicular bisector 214
perpendicular lines and planes 214
perspective 325
Petersburg paradox 423
Pfaff, Johann Friedrich 356
Pfaffian 356
phi coefficient 382
phi function 382
Phragmén, Lars Edvard 397
Phragmén-Lindelöf function 397
pi 29
Picard, Charles Émile 366
Picard's method 367
Picard's theorems 366
pictogram 25
piecewise continuous function 119
piecewise smooth curve 119
piercing point of a line in space 72
pigeon-hole principle 356
place value 121
planar graph 414
planar point of a surface 413
plane 413
plane analytic geometry 413
plane angle 413
plane angle of a dihedral angle 413
plane curve 414
plane figure 415
plane (elementary) geometry 414
plane of support 173
plane of symmetry 263
plane sailing 414
plane section 237, 415
plane surface 271

planes 411
planimeter 415
Plateau, Joseph Antoine Ferdinand 397
Plateau problem 397
platykurtic distribution 413
player 260
plot 404
Plücker, Julius 400
Plücker's abridged notation 400
plumb 255
plumb line 32
plus 397
Poincaré-Birkhoff fixed-point theorem 434
Poincaré conjecture 434
Poincaré duality theorem 434
Poincaré, Jules Henri 434
Poincaré recurrence theorem 434
point 315
point at infinity 457
point-by-point plotting of a curve 106
point-charge 319
point circle 315
point ellipse 319
point-finite 320
point-mass 179
point of contact 235
point of discontinuity 403
point of division 337
point of exterior division 48
point of external division 48
point of inflection 429
point of osculation 176
point of tangency 237
point-slope form of the equation of a straight line 15
Poisson differential equation 433
Poisson distribution 433
Poisson integral 433
Poisson process 433
Poisson ratio 433
Poisson, Siméon Denis 433
polar 102
polar angle 102
polar axis 103
polar coordinate paper 103
polar coordinates in space 118
polar coordinates in the plane 103
polar developable of space curve 117
polar distance 102
polar equation 107
polar form of a complex number 389
polar line 105
polar line of a space curve 117
polar nomal 107

polar of a conic 31
polar of a quadratic form 341
polar plane 107
polar planimeter 107
polar subnormal 107
polar tangent 104
polar triangle of a spherical triangle 103
polarization of a complex 429
pole and polar of a quadric surface 340
pole of a circle on a sphere 90
pole of a conic 31
pole of a system of coordinates 102
pole of an analytic function 102
pole of geodesic polar coordinates 102
pole of stereographic projection 102
pole of the celestial sphere 317
Polish space 446
polygon 275
polygonal region 275
polyhedral angle 278
polyhedral region 279
polyhedron 278
polyhex 446
polynomial 276
polynomial equation 277
polynomial function 276
polynomial game 276
polynomial inequality 230
polyomino 446
polytope 446
Poncelet, Jean Victor 448
Poncelet's principle of continuity 448
Pontryagin, Lev Semenovich 448
pooled sum of squares 400
population 443
poset 363
position vector 12
positional game 361
positional notation 121
positive 224
positive angle 230
positive correlation 230
positive definite quadratic form 309
positive number 227, 230
positive part of a function 68
positive semidefinite quadratic form 363
positive sign 230
postulate 140
potency of a set 188, 350
potential 444
potential energy 444
potential function 444

potential function for a double layer of distribution of dipoles on a surface 109
potential function for a surface distribution of charge or mass 316
potential function for a volume distribution of charge or mass 317
potential function relative to a given vector valued function ϕ 420
potential in magnetostatics 227
potential theory 444
pound 448
poundal 353
power 173, 417, 442
power of a point 319
power of a set 350
power of a test 136
power series 417
pre-image 137
pressure 2
prime 257
prime as a symbol 396
prime direction 77
prime factor 247
prime meridian 448
prime number 257
prime-number theorem 258
prime polynomial 258
primitive curve 136
primitive element 136
primitive function 136
primitive n-th root 136
primitive of a differential equation 136
primitive period 136
primitive period pair 136
primitive period parallelogram 136
primitive period strip 136
primitive polynomial 136
primitive solution 136
principal axes of inertia 70
principal curvatures 194
principal diagonal 195
principal direction on a surface 465
principal directions of strain 195
principal ideal ring 185
principal meridian 194
principal normal 196
principal normal indicatrix of a space curve 196
principal part of the increment of a function 196
principal parts of a triangle 163
principal plane of a quadric surface 341

principal root of a number 196
principal strains 195
principal value of an inverse trigonometric function 195
Principia 400
principle 137
principle ideal 281
principle of continuity 506
principle of duality 253
principle of duality in a spherical triangle 90
principle of duality of projective geometry 182
principle of energy 26
principle of least action 155
principle of linear momentum 240
principle of optimality 157
principle of Pascal 354
principle of the maximum 157
principle of the minimum 155
principle part of a function of a complex variable 12
Pringsheim, Alfred 400
Pringsheim's theorem on double series 400
prism 53
prismatic surface 54
prismatoid 75
prismoid 1
prismoidal formula 75
probability 54
probability density function 56
probability function 55
probability in a number of repeated trials 364
probability limit 55
probability measure 55
probability paper 56
probable deviation 55
probable error 55
problem 468
problem formulation 468
problem of Apollonius 4
problem of Bolza 446
problem of type 60
produce a line 32
product 230
product formulas 231
product measure 298
product moment 326
product moment correlation coefficient 234
product of complex numbers 231
product of matrices 100
product of real numbers 177
product of sets 187, 230
product of sets and spaces 231
product of space 230
product of tensors 318

product of the sum and difference of two quantities 515
product of two transformations 429
products of inertia 70
profile map 257
programming for a computing machine 130
projecting cylinder 321
projecting plane of a line in space 118
projection 182
projection of a force 289
projection of a vector space 419
projection plane 321
projective algebraic variety 182
projective differential geometry 182
projective geometry 182
projective plane 183
projective plane curve 183
projective relation 182
projective space 182
projective topology 182
projectors 184
prolate cycloid 41, 431
prolate ellipsoid of revolution 431
prolong a line 32
proof 205
proof by analysis 407
proof by contradiction 352
proof by descent 139, 459
proper factor 209
proper fraction 211
proper subset 211
properly divergent series 309
property of Baire 427
proportion 379
proportion by addition 62
proportion by inversion 363
proportion by subtraction 137
proportional 380
proportional parts 380
proportional parts in a table of logarithms 267
proportional quantities 380
proportional sample 380
proportional sets of numbers 380
proportionality 380
proposition 462
propositional function 462
protractor 407
prove 206
Prüfer, Heinz 400
Prüfer substitution 400
pseudosphere 76
pseudospherical surface 76
Ptolemy 335
Ptolemy (Claudius Ptolemaus) 393
Ptolemy's theorem 335
pure geometry 199
pure imaginary number 198
pure mathematics 199
pure projective geometry 199
pure surd 199
pyramid 52
pyramidal surface 52
Pythagoras of Samos 368
Pythagorean identities 368
Pythagorean numbers 368
Pythagorean relation between direction cosines 436
Pythagorean theorem 368
Pythagorean triple 369

Q

quadrangle 170
quadrangular 171
quadrant 202
quadrant angles 202
quadrant in a system of plane rectangular coordinates 416
quadrant of a circle 181
quadrant of a great circle on a sphere 181
quadrantal angles 181
quadrantal spherical triangle 202
quadratic 342
quadratic congruence 341
quadratic curve 340
quadratic equation 342
quadratic form 341
quadratic formula 341
quadratic function 340
quadratic inequality 342
quadratic polynomial 342
quadratic programming 341
quadratic reciprocity law 413
quadrature 88
quadrature of a circle 33
quadric 342
quadric conical surfaces 341
quadric curve 340
quadric surface 340
quadrilateral 181
quadruple 480
quality control 381
quantic 278
quantifier 137
quantity 496
quarter 180
quartic 480
quartic symmetry 356
quartile 181
quartile deviation 181
quasi-analytic function 197
quasigroup 76
quaternion 172

quatrefoil 181
Quetelet, Lambert Adolphe Jacque 133
Quillen, Daniel Grey 117
quintic 146
quotient 200
quotient group 202
quotient ring 200
quotient space 201

R

Raabe, Josef Ludwig 485
Raabe's ratio test 485
Rademacher functions 484
Rademacher, Hans Adolph 484
radially related figures 436
radian 483
radiate from a point 15
radiation phenomena 436
radical 150
radical axis 151
radical center 151
radical of a ring 73
radical of an ideal 17
radical plane of two spheres 152
radicand 366
radius of a circle 362
radius of convergence of a power series 192
radius of curvature 113
radius of geodesic torsion 256
radius of gyration 47, 239
radius of total curvature of a surface at a point 239
radius vector 324
radix 306
radix fraction 309
Radó, Tibor 484
Radon, Johann Karl August 484
Radon-Nikodým theorem 484
Radon's theorem 485
Ramanujan, Srinivasa 485
ramphoid cusp 367
Ramsey, Frank Plumptan 485
Ramsey number 486
Ramsey theory 486
random numbers 486
random sample 460
random sequence 486
random variable 55
random walk 215, 487
randomized blocks 404
range 288
range of influence 25
rank 42
rank correlation 197
rank of a matrix 99
rare set 257
rate 490
rate of change of a function at a

point 69
rate percent 355
ratio 366
ratio of division 404
ratio of similitude 252
ratio of the circumference of a circle to its diameter 29
ratio paper 375
ratio test 370
rational expression 475
rational function 475
rational integral function 475
rational integral function of one variable 12
rational number 475
rational operations 475
rational root theorem 475
rational transformation 475
rationalization of integrals 232
rationalize 475
ray 363
ray center 437
ray ratio 437
Rayleigh-Ritz method 502
real axis 177
real linear group 176, 178
real number 177
real-number axis 177
real part of a complex number 389
real plane 179
real-valued function 177
real variable 179
ream 504
rearrangement of the terms of a series 88
reciprocal 82
reciprocal curve of a curve 105
reciprocal equation 254
reciprocal of a matrix 100
reciprocal polar figures 254
reciprocal polar figures in the plane 416
reciprocal proportion 83
reciprocal ratio 83
reciprocal series 363
reciprocal spiral 85
reciprocal substitution 82
reciprocal system of vectors 421
reciprocal theorems 363
rectangle 297
rectangular 301
rectangular axes 303
rectangular Cartesian coordinates 302
rectangular coordinates 303
rectangular form of a complex number 389
rectangular graph 435
rectangular hyperbola 302

rectangular region 297
rectangular solid 301
rectifiable curve 337
rectifying developable of a space curve 319
rectifying developable of space curve 117
rectifying plane of a space curve at a point 319
rectilinear 299
rectilinear generators 228
rectilinear motion 299
recurrence 40
recurrence theorem 154
recurring continued fraction 198
recurring decimal 197
reduced cubic equation 73
reduced equation 443
reduced residue system 82
reducible 194
reducible matrix representation of a group 62
reducible polynomial 62
reducible set of matrices 62
reducible transformation 62
reductio ad absurdum proof 352
reduction 73
reduction ascending 200
reduction descending 40
reduction formulas in integration 232
reduction formulas of trigonometry 65
reduction of a common fraction to a decimal 406
reduction of a fraction to its lowest terms 469
redundant equation 204
redundant number 58, 480
reentrant angle 36
reference angle 167
reflection 92, 94, 362
reflection in a line 299
reflection in a plane 416
reflection in the origin 137
reflex angle 471
reflexive Banach space 154, 362
reflexive relation 154, 362
reflexivity 362
refraction 119
region 496
regression 40
regression coefficient 40
regression curve 40
regression function 40
regression line 41
regula falsi 353
regular analytic curve 228
regular analytic function 229
regular Banach space 229

regular curve 228
regular definition of the sum of a divergent series 356
regular function 228
regular permutation group 229
regular point of a curve 229
regular point of a surface 229, 304
regular polygon 229
regular polyhedron 229
regular quadrilateral 227
regular sequence 229
regular space 228
related angle 135
relation 65
relation between the root and co-efficients 47
relation between the roots and coefficients of a polynomial equation 276
relations between areas of similar surfaces 251
relative distribution function 253
relative error 252
relative frequency 253
relative maximum 253
relative minimum 253
relative tensor field 253
relative tensor field of weight w 39
relative velocity 253
relatively prime 247, 274
relaxation method 74
reliability 211
remainder 4, 206
remainder of an infinite series 457
remainder theorem 206
removable discontinuity 206
removal of a term of an equation 438
repeated root 193
repeating decimal 197
representation of a group 128
residue 26, 494
resolvent cubic 404
resolvent kernel 40
resolvent of a matrix 101
resolvent set 503
resonance 95
resultant 186
resultant force 144
resultant of vectors 421
retract 504
Reuleaux, Franz 501
Reuleaux triangle 501
reverse 81
reversion of a series 88
revolution 46
Rhind, Alexander Henry 497

rhomb 367, 496
rhombohedron 184
rhomboid 184
rhombus 367
rhumb line 141
Riccati, Count Jacopo Francesco 490
Riccati equation 490
Ricci, Curbastro Gregorio 490
Ricci tensor 490
Riemann-Christoffel curvature tensor 492
Riemann, Georg Friedrich Bernhard 492
Riemann hypothesis 494
Riemann integral 308, 493
Riemann-Lebesgue lemma 492
Riemann mapping theorem 493
Riemann sphere 493
Riemann spherical surface 493
Riemann-Stieltjes integral 492
Riemann sum 494
Riemann surface 493
Riemann zeta function 493
Riemannian curvature 493
Riemannian space 493
Riemannian space of constant Riemannian curvature 307
Riesz-Fischer theorem 489
Riesz, Frigyes 489
right angle 301
right circular cone 298
right dihedral angle 301
right-handed coordinate system 453
right-handed curve 453
right helicoid 230
right identity 453
right inverse 453
right section of a prism 301
right triangle 302
right conoid 298
rigid body 140
rigid motion 141
ring 64
ring of sets 187
ring surface 496
rise between two points 278
rise of a roof 470
Robin, Victor Gustave 510
Robin's function 511
Robinson, Abraham 511
robust statistics 510
Rodrigues, Benjamin Olinde 510
Rodrigues formula 510
Rolle, Michel 511
Rolle theorem 511
Roman numerals 511
root 150
root field 151

root of a congruence 142
root of an equation 40, 438
root of unity 12
root test 203
rose curve 359
rot 46
rotation 410
rotation about a line 301
rotation about a point 320
rotation of axes 159
Roth, Klaus Friedrich 510
Rouché, Eugène 498
Rouché theorem 498
round angle 185
round-off error 452
rounding 451
row 91
row matrix 94
Ruffini, Paolo 499
rule 77
rule of detachment 408
rule of false position 353
rule of three 165
ruled paper 435
ruled surface 243
ruler 467
run 480
Runge, Carl David Tolmé 501
Runge-Kutta method 501
Russell, Bertrand Arthur William 484
Russell's paradox 484

S

saddle-point 6
saddle-point method 6
saddle-point of a game 6, 134
saddle point of a matrix 99
Saint-Venant, Adhémar Jean Claude Barré de 161
Saint-Venant's principle 161
salient angle 332
salient point 54
salient point on a curve 105
salinon 160
saltus of a function 69
sample 168, 378
sample mean 378
sample moment 378
sample variance 378
sampling error 293
satisfy 453
scalar field 219
scalar matrix 219
scalar products 219
scalar quantity 219
scale 464
scale of imaginaries 114
scalene triangle 393
scatter diagram 168

Schauder, Juliusz Pawel 182
Schauder's fixed-point theorem 182
Scherk, Heinrich Ferdinand 170
Schläfli integral 196
Schläfli, Ludwig 196
schlicht function 287
Schlömilch form of the remainder 196
Schlömilch, Oskar Xaver 196
Schmidt, Erhard 196
Schneider, Theodor 195
Schröder-Bernstein theorem 196
Schröder, Ernst 196
Schur, Friedrich Heinrich 184
Schur, Issai 184
Schur lemma 185
Schur theorem 185
Schwartz, Laurent 197
Schwarz, Hermann Amandus 185
Schwarz inequality 185
Schwarz's lemma 185
scientific notation 51
secant 61, 224, 230
secant curve 224
second 376
second boundary-value problem 269
second category 270
second curvature of a space curve 117
second derivative 339
second moment 341
second-order differences 339
secondary diagonal of a determinant 390
secondary parts of a triangle 164
sector of a circle 36
secular equation 25
segment 286
segment of a circle 477
segment of a curve 107
segment of a line 245
Segre characteristic of a matrix 100, 234
Segre, Corrado 234
Selberg, Atle 238
self-adjoint transformation 172
semi 361
semi-invariant 364
semiaxis 362
semicontinuous function 365
semicubical parabola 362
semigroup 361
semilogarithmic coordinate paper 363
semilogarithmic graphing 363
semiregular solid 199
semiring 361

semiring of sets 363
sense of an inequality 393
sensitivity analysis 72
separable extension of a field 408
separable game 408
separable polynomial 408
separable space 61
separation of a set 188
separation of variables 430
separatrix 408
sequence 218
sequential analysis 291
sequentially compact 320
series 87
serpentine curve 276
Serre, Jean-Pierre 238
Serret, Joseph Alfred 238
servomechanism 160
set 187
set of point-charges 319
sexadecimal number system 194
sexagesimal measure of an angle 54
sexagesimal system of numbers 510
Shannon, Claude Elwood 184
sheaf of planes 415
shearing force 244
shearing motion 244
shearing strain 245
sheet of a Riemann surface 494
sheet of a surface 113
Sheppard, William Fleetwood 170
Sheppard's correction 170, 443
shock wave 202
shoemaker's knife 119
short arc of a circle 503
short division 283
short radius of a regular polygon 229
shortest confidence interval 157
shrinking of the plane 416
shrinking transformations 189
side of a polygon 428
side of an angle 428
side opposite to an angle 54
sidereal clock 140
sidereal time 140
sidereal year 140
Siegel, Carl Ludwig 171
Sierpiński set 208
Sierpiński, Wacław 208
sieve of Eratosthenes 27
sigma 171
σ-algebra 171
σ-field 171
σ-finite 171
σ-ring 171
signature 390

signed measure 390
signed numbers 390
significance level of a test 137
significance test 471
significant digits 473
significant figure 473
signs of aggregation 60
signum function 390
similar 251
similar decimals 321
similar ellipses and hyperbolas 251
similar ellipsoids 251
similar fraction 144
similar hyperboloids and paraboloids 251
similar matrices 251
similar polygons 251
similar polyhedrons 252
similar right circular cylinders 252
similar sets of points 252
similar solids 252
similar surfaces 251
similar terms 329
similar triangles 251
similarity 251
similarly placed conics 252
simple algebra 282
simple arc 282
simple closed curve 282
simple compressions 280, 282
simple curve 282
simple cusp 282
simple elongations 282
simple event 282
simple extention of a field 282
simple fraction 286
simple function 287
simple group 282
simple harmonic motion 283, 286
simple hexagon 283
simple hypothesis 282
simple integral 281
simple pendulum 283
simple point 282, 304
simple polyhedron 282
simple quadrilateral 282
simple ring 282
simple root 281
simple shear transformation 282
simple strains 283
simplex 284
simplex method 285
simplicial complex 284
simplicial mapping 284
simplification 282
simply connected set 287
simply ordered set 282
Simpson, Thomas 210

Simpson's rule 210
simultaneous differential equations 509
simultaneous equations 509
simultaneous inequalities 509
sine 158, 226
sine curve 226
sine series 226
single-address system 281
single-valued function 15
singleton 281
singular curve on a surface 109
singular matrix 330
singular point of a curve 106
singular point of a surface 112
singular point of an analytic function 43
singular solution of a differential equation 330
singular transformation 330
sink 213
sinusoid 180
size of a test 137
skeleton 147
skew curve 514
skew distribution 368
skew field 184
skew Hermitian matrix 514
skew lines 348
skew quadrilateral 348
skew-symmetric determinant 141
skew-symmetric matrix 141, 514
skew-symmetric tensor 141, 514
skewes number 219
skewness 514
slant 184
slant height 184
slide rule 130
slope-intercept forms of the equation of a line 60
slope of a curve at a point 105
slope of a line 299
Smale, Stephen 223
small angles 200, 203
small arcs 203
small circle 200
small line segments 203, 204
Smith, Genry Lee 223
Smith's canonical form 223
smooth curve 338
smooth map 338
smooth projective plane curve 338
smooth surface 338
sn 25
Snedecor, George Waddel 222
Snell, van Roijen Willebrod 222
Snell's law 222
solar time 271

solenoidal vector in a region 66
solid analytic geometry 490
solid angle 490
solid geometry 490
solid of revolution 46
solidus 184
solution 40
solution of a differential equation 374
solution of a system of linear equations 508
solution of a triangle 163
solution of a two-person zero-sum game 40, 473
solution of differential equation 40
solution of equations 438
solution of inequalities 40
solution of linear programming 40
solution set 42
solvable group 51
source 515
Souslin, Michail Jakovlevich 219
Souslin's conjecture 219
Souslin's theorem 219
south declination 338
space 117
space curve 117
span 222, 360
Spearman's rank correlation 222
species 195
species of a set of points 317
specific gravity 367
specific heat 370
spectral theorem 223
spectrum 222
spectrum of a transformation 428
speed 359
sphere 85
spherical angle 89
spherical cone 86
spherical coordinates 85
spherical curve 89
spherical degree 91
spherical excess 89
spherical harmonics 260
spherical image of curves and surfaces 90
spherical indicatrix of a ruled surface 91
spherical indicatrix of a space curve 91
spherical polygon 90
spherical pyramid 89
spherical sector 89
spherical segment 91
spherical segment of one base 88
spherical segment of two bases 89
spherical surface 86
spherical triangle 89
spherical trigonometry 90
spherical wedge 86
spheroid 86
spinode 244
spiral 483
spiral of Archimedes 5
spiral surface 483
spline 222
splitting field 408
spreading method for the potential of a complex 387
Spur 234
square 230, 413
square matrix 230
square number 413
square root 413
squaring the circle 33
squeeze principle 353
stable oscillations 6
stable point 6
stable system 6
standard atmosphere 377
standard deviation 377
standard error 377
standard form of an equation 439
standard infinitesimal and infinite quantities 377
standard time 377
standardized random variable 377
star 443
star-shaped set 443
static moment 227
statics 230
stationary point 312
stationary state 307
stationary valve of an integral 312
statistic 324
statistical control 323
statistical independence 323
statistical inference 323
statistical significance 323
statistics 323
Steinitz, Ernest 220
Steinitz's theorem 220
step function 45
steradian 221
stere 221
stereographic projection of a sphere on a plane 490
Stevin, Simon 221
Stieltjes, Thomas Jan 221
Stirling, James 220
Stirling's formula 220
Stirling's series 220
stochastic independence 56
stochastic process 55
stochastic variable 55
Stokes, Sir George Gabriel 221
Stokes' theorem 221
Stokian covariant derivative 221
Stone-Čech compactification 222
Stone, Marshall Harvey 222
Stone-Weierstrass theorem 222
storage component 75
straight angle 409
straight line 299
strain 368
strain tensor 368
strategy 246
stratified random sample 247
stream function 338
stream lines 494
stress 37
stretching transformation 210
strictly convex space 92
string 17
strong topology 92
strophoid 222
Student 220
Student's t 220
Sturm comparison theorem 220
Sturm functions 220
Sturm, Jacques Charles François 220
Sturm-Liouville differential equation 221
Sturm separation theorem 221
Sturm's theorem 220
subadditive 503
subbase 394
subclass 395
subfactorial of an integer 361
subfield 395
subgroup 394
subharmonic function 503
subnormal 437
subregion 395
subscript 254
subsequence 395
subset 394
subsine function 503
substitution 270
subtangent 236
subtend 269
subtraction 137
subtraction formulas 158
subtraction of fractions 406
subtraction of tensors 319
subtrahend 137
successive 291
successive approximations 291
successive differentiation 291, 498
successor of an integer 139

576 索引

sufficient condition 193
sufficient statistic 193
sum 513
sum of an infinite series 458
sum of angles 54
sum of complex numbers 513
sum of directed line segments 473
sum of like powers 498
sum of matrices 101
sum of order t 513
sum of real numbers 178
sum of sets 188
sum of vectors 421
summable 58
summable divergent series 254
summable function 231, 254
summand 58
summation convention 254
summation of an infinite series 458
summation of divergent series 355
summation sign 254
super-reflexive Banach space 296
super set 53
superadditive 471
superharmonic function 474
superosculating curves on a surface 109
superosculation 295
superposable configurations 57
superposition 57
superposition principle for electrostatic intensity 316
superscript 21
supplemental chords of a circle 33
supplementary angles 442
support function 173
support of function 69
supremum 202
surd 391
surface 107
surface area 109, 113
surface density 465
surface density of a double layer 342
surface density of charge 316
surface harmonics 90
surface integral 465
surface of constant curvature 306
surface of Enneper 33
surface of Henneberg 431
surface of Joachimsthal 480
surface of Liouville 495
surface of Monge 468
surface of negative curvature 386
surface of positive total curvature 228
surface of revolution 47
surface of Scherk 170
surface of translation 412
surface of Voss 386
surface of zero total curvature 502
surface patch 113
surfaces of center relative to a given surface 293
surjection 242
swallow 86
syllogism 167
Sylow, Peter Ludvig 209
Sylow theorem 209
Sylvester dialytic method 209
Sylvester, James Joseph 208
Sylvester law of inertia 209
symmetric 261
symmetric coordinates 261
symmetric determinant 261
symmetric difference of sets 261
symmetric distribution 263
symmetric dyadic 262
symmetric function 262
symmetric game 261
symmetric geometric configurations 262
symmetric group 261
symmetric matrix 261
symmetric pair of equations 439
symmetric points 262
symmetric polyhedrons 262
symmetric relation 261
symmetric spherical triangles 261
symmetric tensor 262
symmetric transformation 262
symmetrical 261
synthetic division 120
synthetic geometry 250
synthetic method of proof 251
system 130
system of circles 33
systematic sample 132

T

t distribution 309
t test 307
table 376
table of random numbers 486
tabular differences 376
tac-node 235
tac-point 235
tangent 228, 281
tangent circles 234
tangent cone 235
tangent cone of a quadric surface 341
tangent curve 228
tangent formulas of spherical trigonometry 90
tangent indicatrix of a space curve 117
tangent law 228
tangent lines and curves 235
tangent plane 237
tangent surface of a space curve 117
tangent to a general conic 31
tangential components of acceleration 236
tangential coordinates 234
tangential coordinates of a surface 112
Tarski, Alfred 279
Tartaglia, Niccolò 280
Tauber, Alfred 271
Tauberian theorem 271
tautochrone 324
Taylor, Brook 310
Taylor series 310
Taylor's formula 310
Taylor's theorem 310
Teichmüller space 271
telescopic series 278
ten's place 193
tension 297
tensor 318
tensor analysis 318
tensor density 319
tensor field 319
tensor product of vector spaces 419
term 138
terminal point 192
terminal side of an angle 193
terminating 472
terminating continued fraction 473
terminating decimal 472
ternary number system 167
ternary operation 165
terrestrial triangle 291
tesselation 192
tesseral harmonics 181
test function 208
test of hypothesis 58
test statistic 137
tests for convergence of an infinite series 457
tetrahedral angle 181
tetrahedral group 182
tetrahedral surface 181
tetrahedron 181
The International System of Units 25
theorem 311

theorem of Gauss   49
theorem of Menelaus   464
theorem of Weierstrass   514
theorems of Pappus   356
theoretical mechanics   496
theory   496
theory of equations   440
theory of group   129
theory of numbers   219
theory of plasticity   258
theta functions   313
third boundary-value problem   261
Thom, René   333
Thompson, John Griggs   335
three boxes game   165
three-circles theorem   161
three-dimensional geometry   166
three-point form of the equation of a plane   168
three-point problem   168
three-squares theorem   165
Thue, Axel   321
Thue-Siegel-Roth theorem   321
Thurston, Willian P.   158
Tietze extension theorem   309
Tietze, Heinrich Franz Friedrich   309
time   329
time rate   171
time series   171
topological dimension   10
topological group   10
topological manifold   10
topological property   10
topological space   9
topological transformation   10
topologically complete topological space   10
topologically equivalent space   10
topology   9
topology of a space   118
torque   335
torsion   348, 502
torsion coefficient   502
torsion coefficients of a group   128
torsion of a space curve   117
torus   334
torus ring   496
total curvature   239
total derivative   245
total differential   245
totally bounded   246
totally disconnected   245
totally ordered set   242
totitive of an integer   274
trace   234
trace of a line in space   300
trace of a matrix   234

traces of a surface   112
tractrix   334
trajectory   78
transcendental curves   294
transcendental functions   294
transcendental number   294
transfinite induction   296
transfinite number   296
transform of a matrix   101
transform of an element of a group   128
transformation   428
transformation group   428
transformation of coordinates   159
transformation of similitude   252
transitive law   213
transitive relation   213
translation   410
translation of axes   159
translation surface   412
transpose   8
transpose of a matrix   319
transposition   144
transversal   37
transversality condition   37
transverse axis of the hyperbola   480
trapezoid   260
trapezoid rule   260
tree   75
trend   335
trial   172
triangle   162
triangle inequality   164
triangle of plane sailing   414
triangular   164
triangular numbers   164
triangular prism   164
triangular pyramid   164
triangulation   164
trichotomy property   168
trident of Newton   166
trigonometric cofunctions   165
trigonometric curves   162
trigonometric equation   165
trigonometric form of a complex number   389
trigonometric functions   161
trigonometric identities   164, 165
trigonometric integral   164
trigonometric region   165
trigonometric series   162
trigonometric substitutions   164
trigonometry   164
trihedral   168
trihedral angle   168
trinomial   165
triple integral   166
triple of conjugate harmonic func-

tions   166
triple product of three vectors   420
triple root of an equation   439
triplet   454
triply orthogonal system of surfaces   166
trirectangular   167
trisection   168
trisection of an angle   54
trisectrix   168
trisectrix of Maclaurin   449
trivial solutions of a set of homogeneous linear equations   326
trivial topology   181
trochoid   335
troy weight   115
truncated cone   237
truncated prism   237
truncated pyramid   183
truth set   211
tube of force   488
Tukey, John Wilder   314
Tukey's lemma   314
turning point   64
twelve-color theorem   193
twin primes   392
twisted cubic   348
twisted curve   348
two-point form of the equation of a line   343
two-way series   496
two-dimensional geometry   341
Tychonoff, Andrei Nikolaevich   291
Tychonoff space   291
Tychonoff theorem   291
type forms for factoring   19
type I error   259
type II error   269

U

ultrafilter   107
umbilic   157
umbilical equator   229
umbilical geodesic of a quadric surface   341
umbilical point of a surface   109
umbilici   229
umbra   448
umbral index   56
unary operation   281
unbiased confidence interval   396
unbiased estimator   396
unbiased test   396
unbounded function   376
unconditional inequality   236
undefined term   460
undetermined coefficients   454
unicursal curve   475

uniform acceleration 13
uniform boundedness principle 14
uniform circular motion 326
uniform continuity 14
uniform convergence of a series 87
uniform convergence of a set of functions 67
uniform distribution 14
uniform motion 13
uniform scale 14
uniform speed and velocity 14
uniform topology 12
uniformly continuous function 14
uniformly convex space 14
uniformly most powerful test 13
uniformly summable series 13
unilateral shift 59
unilateral surface 284
unimodular matrix 477
union of sets 61, 515
unique 11
unique factorization 11
unique factorization theorem 247, 257
uniquely defined 11
uniqueness theorem 11
unit 280
unit circle 280
unit complex number 281
unit cube 281
unit element 280
unit fraction 281
unit mass 281
unit matrix 280
unit of force 289
unit sphere 280
unit square 281
unitary analysis 280
unitary matrix 477
unitary space 477
unitary transformation 477
universal quantifier 242
universal set 396
unknown quantity 454
upper bound 200
upper density 205
upper limit of integration 202
Urysohn, Paul Samuilovich 23
Urysohn's theorem 23

V

valence of node 319
valuation 376
valuation of a field 270
value of a function 67
value of a game 134
value of an expression 171
Van der Waerden, Bartel Leendert 383
Van der Waerden theorem 383
Vandermonde 20
Vandermonde, Alexandre Théophile 383
Vandermonde determinant 383
Vandiver, Harry Schultz 20
variable 430
variance 405
variate 432
variation 432
variation of a function 246
variation of a function on a surface 431
variation of parameters 307
variation of sign in a polynomial 277
variation of sign in an ordered set of numbers 391
variety 265
Veblen, Oswald 21
vector 418
vector analysis 419
vector function 420
vector potential 421
vector potential relative to a given vector valued function ϕ 420
vector product of vectors 421
vector products 420
vector random variable 55
vector space 419
vector-valued function 420
vectorial angle 419
velocity 256
versed cosine 480
versed sine 227
versine 227
vertex 296
vertex angle 295
vertical angles 269
vertical line 214
vibration 210
Viète formula 20
Viète, François 20
vigesimal number system 343
vinculum 61
Vitali covering 20
Vitali covering theorem 20
Vitali, Giuseppe 20
Vitali set 20
volt 447
Volta, Allesandro Giuseppe Antonio Anastasio 22
Volterra, Vito 22
Volterra's integral equations 22
Volterra's reciprocal functions 23
Volterra's solution 22
volume 269
volume density of charge 316
volume elasticity 269
von Neumann algebra 386
von Neumann, John 386
Voss, Aurel Edmund 386
vulgar fraction 205

W

W-surface 278
Wallis' formulas 22
Wallis, John 22
Wallis' product for π 22
Walsh functions 22
Walsh, Joseph Leonard 22
Wantzel, Pierre Laurent 515
Waring, Edward 515
Waring's problem 515
watt 515
watt-hour 515
Watt, James 515
wave equation 356
wave length 355
weak compactness 183
weak completeness 183
weak convergence 184
weak limit 183
weak operator topology 184
weak topology 183
weak* topology 362
weakly complete space 183
Wedderburn, Joseph Henry Maclagan 21
Wedderburn theorem 21
Wedderburn's structure theorems 21
Weddle, Thomas 21
Weddle's rule 21
Weierstrass approximation theorem 513
Weierstrass elliptic functions 513
Weierstrass, Karl Theodor Wilhelm 513
Weierstrass M-test for uniform convergence 513
Weierstrass necessary condition 514
Weierstrass preparation theorem 514
weight 39
weighted mean 58
Weingarten, Johannes Leonard Gottfried Julius 515
Weingarten surface 515
well-order property 230
Wessel, Caspar 21
Weyl, Hermann 514
Whitehead, Alfred North 447
whole number 229
Whyburn, Gordon Thomas 448
width 358
Wiener, Norbert 21

Wiener process 21
Wilson, John 21
Wilson's theorem 21
winding number 46
witch 20
Witten, Edward 21
word 138
work 172
Wronski Josef Maria 512
Wronskian 512

X

x 25

Y

y-axis 514
Yates' correction 443
Yates' correction for continuity 8
Yates, Frank 8
Yau, Shing-Tung 469
yaw angle 432
year 349
Young, Thomas 470
Young, William Henry 470
Young's inequality 470
Young's modulus 470
Young's modulus of elasticity 284

Z

z-axis 237
zenith 319
zenith distance of a star 443
Zeno of Elea 238
Zone's paradox 238
Zeno's paradox of Achilles and the tortoise 1
Zermelo, Ernst Friedrich Ferdinand 305
Zermelo's axiom 305
zero 239, 502
zero angle 502
zero divisor 502
zero of a function 69
zero of category 502
zero-sum game 503
zero vector 502
zeta function 234
zonal harmonic 38
zone 38
zone of a surface of revolution 47
Zorn, Max August 305
Zorn's lemma 305

フランス語-英語対照表

Abaque. Abacus
Abscisse. Abscissa
Accélération. Acceleration
Accélération angulaire. Angular acceleration
Accélération centripète. Centripetal acceleration
Accélération tangentielle. Tangential acceleration
Accolade. Brace
Accumulateur. Accumulator
Acnode. Acnode
Acre. Acre
Action centrifuge. Centrifugal force
Action réciproque. Interaction
Actives. Assets
Addende. Addend
Addition. Addition
Adiabatique. Adiabatic
Adjoint d'une matrice. Adjoint of a matrix
Agent de… Broker
Agnésienne. Witch of Agnesi
Aire. Area
Aire-conservateur. Equiareal (or area-preserving)
Aire de superficie. Surface area
Aire de surface. Surface area
Aire latérale. Lateral area
Ajouteur. Adder
Ajustement des courbes. Curve fitting
Aleph-nul. Aleph-null (or aleph zero)
Aleph zéro. Aleph-null (or aleph zero)
Algébrique. Algebraic
Algèbre. Algebra
Algèbre homologique. Homological algebra
Algorisme. Algorithm
Algorithme. Algorithm
Allongement. Dilatation
Altitude. Altitude
Amortissement. Amortization
Amortisseur. Buffer (in a computing machine)
Amplitude d'un nombre complexe. Amplitude of a complex number
An. Year
Analogie. Analogy
Analyse. Analysis
Analyse de sensitivité. Sensitivity analysis
Analyse des facteurs. Factor analysis
Analyse des vecteurs. Vector analysis
Analyse infinitésimale. Infinitesimal analysis
Analyse tensorielle. Tensor analysis
Analyse vectorielle. Vector analysis
Analysis situs combinatoire. Combinatorial topology
Analyticité. Analiticity
Analytique. Analytical
Angle. Angle
Angle aigu. Acute angle
Angle central. Central angle
Angle dièdre. Dihedral angle
Angle directeur. Direction angle
Angle excentrique d'un ellipse. Eccentric angle of an ellipse
Angle extérieur. Exterior angle
Angle horaire. Hour angle
Angle intérieur. Interior angle
Angle obtus. Obtuse angle
Angle parallactique. Parallactic angle

Angle polyèdre. Polyhedral angle
Angle polyédrique. Polyhedral angle
Angle quadrantal. Quadrantal angles
Angle rapporteur. Protractor
Angle réflex. Reflex angle
Angle relatif. Related angle
Angle rentrant. Reentrant angle
Angle solide. Solid angle
Angle tétraédral. Tetrahedral angle
Angle trièdre. Trihedral angle
Angle vectoriel. Vectorial angle
Angles alternes. Alternate angles
Angles complémentaires. Complementary angles
Angles conjugués. Conjugate angles
Angles correspondants. Corresponding angles
Angles coterminals. Coterminal angles
Angles supplémentaires. Supplementary angles
Angles verticaux. Vertical angles
Anneau circulaire. Annulus
Anneau de cercles. Annulus
Anneau de mesure. Measure ring
Anneau des nombres. Ring of numbers
Année. Year
Annihilateur. Annihilator
Annuité. Annuity
Annuité abregée. Curtate annuity
Annuité contingente. Contingent annuity
Annuité différée. Deferred annuity
Annuité diminuée. Curtate annuity
Annuité fortuite. Continent annuity
Annuité suspendue. Deferred annuity
Annuité tontine. Tontine annuity
Anomalie d'un point. Anomaly of a point
Anse sur une surface. Handle on a surface
Antilogarithme. Antilogarithm
Antiautomorphisme. Antiautomorphism
Anticommutatif. Anticommutative
Antiisomorphisme. Antiisomorphism
Antisymétrique. Antisymmetric
Aphélie. Aphelion
Apothème. Apothem
Appareil chiffreur. Digital device
Application contractante. Contraction mapping
Application d'un espace. Mapping of a space
Application inessentielle. Inessential mapping
Application lisse. Smooth map
Application nonexpansive. Nonexpansive mapping
Approximation. Approximation
Arbélos. Arbilos
Arbre. Tree
Arc-cosécante. Arc-cosecant
Arc-cosinus. Arc-cosine
Arc-cotangente. Arc-cotangent
Arc gothique. Ogive
Arc gradué. Protractor
Arc-sécante. Arc-secant
Arc-sinus. Arc-sine
Arc-tangente. Arc-tangent
Arête d'un solide. Edge of a solid
Arête multiple d'un graphe. Multiple edge in a graph
Argument d'un nombre complexe. Amplitude of a complex number
Argument d'une fonction. Argument of a function

Arithmétique. Arithmetic
Arithmomètre. Arithmometer
Arpenteur. Surveyor
Arrondissage des nombres. Rounding off numbers
Ascension. Grade of a path
Assurance. Insurance
Assurance à vie entière (toute). Whole life insurance
Assurance de vie. Life insurance
Astroïde. Astroid
Asymétrie. Skewness
Asymétrique. Asymmetric
Asymptote. Asymptote
Atmosphère. Atmosphere
Atôme. Atom
Automorphisme. Automorphism
Automorphisme intérieur. Inner automorphism
Autre hypothèse. Alternative hypothesis
Avoir-dupoids. Avoirdupois
Axe. Axis
Axe mineur. Minor axis
Axe principale. Major axis
Axe radicale. Radical axis
Axe transverse. Transverse axis
Axes rectangulaires. Rectangular axes
Axiome. Axiom
Azimut. Azimuth

Barre, bar. Bar
Barre oblique. Solidus
Barycentre. Barycenter
Base. Base
Base. Basis
Base de filtre. Filter base
Base rétrécissante (= base "shrinking"). Shrinking basis
Bei-fonction. Bei function
Bénéficiaire. Beneficiary
Ber-fonction. Ber function
Bicompactum. Bicompactum
Biennal. Biennial
Bijection. Bijection
Bilinéaire. Bilinear
Billion. Billion
Bimodale. Bimodal
Binarie. Binary
Binôme. Binomial (n)
Binormale. Binormal
Biquadratique. Biquadratic
Biréctange. Birectangular
Bissecteur. Bisector
Bon. Bond
Bon de série. Serial bond
Borne. Bound
Borne d'un ensemble. Boundary of a set
Borne d'une suite. Boundary of a set
Borne inferieure. Lower bound
Borne superieure. Upper bound
Borne superieure la moindre. Least upper bound
Borné essentiellement. Essentially bounded
Boule ouverte. Open ball
Bourbaki. Bourbaki
Bout d'une courbe. End point of a curve
Brachistochrone. Brachistochrone
Brachystochrone. Brachistochrone
Branche de la courbe. Branch of curve

Bras de levier. Lever arm
Brasse. Cord

Calcul. Calculation; calculus
Calcul automatique. Automatic computation
Calcul des variations. Calculus of variations
Calcul intégral. Integral calculus
Calculateur analogique. Analogue computer
Calculateur arithmétique. Arithmometer
Calculatoir. Calculating machine
Calorie. Calory
Cancellation. Cancellation
Candela. Candela
Cap-croix. Cross-cap
Caractère. Digit
Caractéristique de logarithme. Characteristic of a logarithm
Cardioïde. Cardioid
Carré. Square
Carré magique. Magic square
Carré parfait. Perfect square
Carte de flux du procédé technologique. Flow chart
Carte profile. Profile map
Cas mutuellement exclusifs. Mutually exclusive events
Catégorie. Category
Catégorique. Categorical
Caténaire. Catenary
Caténoïde. Catenoid
Cathète. Leg of a right triangle
Céleste. Celestial
Cent. Hundred
Centaine. Hundred
Centième part d'un nombre. Hundredth part of a number
Centième partie d'un nombre. Hundredth part of a number
Centigramme. Centigram
Centimètre. Centimeter
Centre de cercle circonscrit à triangle. Circumcenter of a triangle
Centre de cercle inscrit dans un triangle. Incenter of a triangle
Centre de conversion. Fulcrum
Centre de groupe. Central of agroup
Centre de gravité. Barycenter
Centre de gravité. Centroid
Centre de masse. Center of mass
Centre de rayon. Ray center
Centre d'un cercle. Center of a circle
Centre d'une droite. Midpont of a line segment
Cercle. Circle
Cercle auxiliaire. Auxiliary circle
Cercle circonscrit. Circumcircle
Cercle circonscrit. Circumscribed circle
Cercle de convergence. Circle of convergence
Cercle des sommets d'une hyperbole. Auxiliary circle of an hyperbola
Cercle d'unité. Unit circle
Cercle exinscrit. Excircle
Cercle inscrit dans un triangle. Incircle
Cercle vertical. Auxiliary circle
Cercle vicieux. Circular argument
Cercles coaxials. Coaxial circles
Cercles concentriques. Concentric circles
Cercles écrits. Escribed circle

Chaîne des simplexes.　Chain of simplexes
Chaînette.　Catenary
Chaleur spécifique.　Specific heat
Chances.　Odds
Changement de base.　Change of base
Chaos.　Chaos
Charge de dépréciation.　Depreciation charge
Cheval-vapeur.　(C.V. ou H.P.) Horsepower
Chi-carré.　Chi-square
Chiffre.　Cipher
Chiffre.　Digit
Chiffre signifiant.　Significant digit
Chiffre significatif.　Significant digit
Cinématique.　Kinematics
Cinétique.　Kinetics
Cinq.　Five
Circonférence.　Circumference
Circonférence.　Girth
Circuit flip-flop.　Flip-flop circuit
Circulant.　Circulant
Ciseau contrainte.　Shearing strain
Ciseau transformation.　Shear transformation
Classe d'équivalence.　Equivalence class
Cloture d'ensemble.　Closure of a set
Coder à calculateur.　Coding for a computing machine
Coefficient.　Coefficient
Coefficient binomial.　Binomial coefficient
Coefficient de corrélation.　Correlation coefficient
Coefficient de corrélation bisériale.　Biserial correlation coefficient
Coefficient de régression.　Regression coefficient
Coefficient principal.　Leading coefficient
Coefficients détachés.　Detached coefficients
Coefficients indéterminés.　Undetermined coefficients
Cofacteur.　Cofactor
Cofonction.　Cofunction
Coin.　Wedge
Coincident.　Coincident
Collinéation.　Collineation
Cologarithme.　Cologarithm
Coloration de graphes.　Graph coloring
Combinaison d'ensemble d'objets.　Combination of a set of objects
Combinaison d'une suite d'objets.　Combination of a sequence of objects
Combinaison linéaire.　Linear combination
Commensurable.　Commensurable
Commissionnaire.　Broker
Commutateur.　Commutator
Commutatif.　Commutative
Compactification.　Compactification
Compas.　Compass
Compas.　Dividers
Complément d'ensemble.　Complement of a set
Complément de facteur.　Cofactor
Complément de latitude.　Colatitude
Compléter un carré parfait.　Completing the square
Complex simplicieux.　Simplicial complex
Composant d'inclusion.　Input component
Composant d'une force.　Component of a force
Composant de productivité.　Output component
Compte.　Score
Compter par deux.　Count by twos
Compteur du calculateur.　Counter of a computing machine

Computation.　Computation
Comultiple.　Common multiple
Concavité.　Concavity
Conchoïde.　Conchoid
Conclusion statistique.　Statistical inference
Concorde.　Union
Condition de chaîne ascendante.　Ascending chain condition
Condition de chaîne descendante.　Descending chain condition
Condition nécessaire.　Necessary condition
Condition suffisante.　Sufficient condition
Cône.　Cone
Cône circulaire.　Circular cone
Cône d'ombre.　Umbra
Cône directeur.　Director cone
Cône tronqué.　Truncated cone
Confiance.　Reliability
Configuration.　Configuration
Configuration en deux variables.　Form in two variables
Configurations superposables.　Superposable configurations
Confondu.　Coincident
Congru.　Coincident
Congruence.　Congruence
Conicoïde.　Conicoid
Conique.　Conic
Conique dégénérée.　Degenerate conic
Coniques confocales.　Confocal conics
Conjecture de Bieberbach.　Bieberbach conjecture
Conjecture de Mordell.　Mordell conjecture
Conjecture de Poincaré.　Poincaré conjecture
Conjecture de Souslin.　Souslin's conjecture
Conjonction.　Conjunction
Connexion.　Bond; connectivity
Conoïde.　Conoid
Consistance des equation.　Consistency of equations
Constante d'intégration.　Constant of integration
Constante essentielle.　Essential constant
Constante littérale.　Literal constant
Contenu d'ensemble.　Content of a set
Continu.　Continuum
Continuation de signe.　Continuation of sign
Continuité.　Continuity
Continuité uniforme.　Uniform continuity
Contour.　Contour lines
Contraction.　Contraction mapping
Contraction de tenseur.　Contraction of a tensor
Convergence absolue.　Absolute convergence
Convergence conditionnelle.　Conditional convergence
Convergence de série.　Convergence of a series
Convergence de suite.　Convergence of a sequence
Convergence faible.　Weak convergence
Convergence uniforme.　Uniform convergence
Convergent de fraction continue.　Convergent of a continued fraction
Converger à limite.　Converge to a limit
Conversion d'un théorème.　Converse of a theorem
Convolution de deux fonctions.　Convolution of two functions
Coopératif; coopérative.　Cooperative
Coordonnées barycentriques.　Barycentric coordinates
Coordonnées cartésiennes.　Cartesian coordinates

Coordonnée d'un point.　Coordinate of a point
Coordonnées géographiques.　Geographic coordinates
Coordonnée polaires.　Polar coordinates
Coordonnées sphériques.　Spherical coordinates
Corde.　Chord
Corde; cordage.　Cord
Corde.　String
Corde focale.　Focal chord
Cordes supplémentaires.　Supplemental chords
Corollaire.　Corollary
Corps algébriquement complet.　Algebraically complete field
Corps convex d'ensemble.　Convex hull of a set
Corps de Galois.　Galois field
Corps de Galois.　Splitting field
Corps parfait.　Perfect field
Corrélation illusoire.　Illusory correlation
Correspondence bi-univoque.　One-to-one correspondence
Cosécante d'angle.　Cosecant of angle
Cosinus d'angle.　Cosine of angle
Cotangente d'angle.　Cotangent of angle
Côté d'un polygone.　Side of a polygon
Côté d'un solide.　Edge of a solid
Côté initiale d'un angle.　Initial side of an angle
Côté terminale d'un angle.　Terminal side of an angle
Côtés opposés.　Opposite sides
Coup en jeu.　Move of a game
Coup personnel.　Personal move
Courbe caractéristique.　Characteristic curve
Courbe close.　Close curve
Courbe convexe.　Convex curve
Courbe croisée.　Cruciform curve
Courbe dans le plan projectif.　Projective plane curve
Courbe de fréquence.　Frequency curve
Courbe de la probabilité.　Probability curve
Courbe de sécante.　Secant curve
Courbe de sinus.　Sine curve
Courbe des valeurs cumulaires.　Ogive
Courbe du quatrième ordre.　Quartic
Courbe empirique.　Empirical curve
Courbe épitrochoide.　Epitrochoidal curve
Courbe d'espace.　Space curve
Courbe exponentielle.　Exponential curve
Courbe fermée.　Closed curve
Courbe filetée à gauche.　Left-handed curve
Courbe isochrone.　Isochronous curve
Courbe lisse sur le plan projectif.　Smooth projective plane curve
Courbe logarithmique.　Logarithmic curve
Courbe logarithmique à base quelconque.　Logistic curve
Courbe logistique.　Logistic curve
Courbe méridienne.　Meridian curve
Courbe ogive.　Ogive
Courbe pédale.　Pedal curve
Courbe quartique.　Quartic curve
Courbe rectifiable.　Rectifiable curve
Courbe réductible.　Reducible curve
Courbe serpentine.　Serpentine curve
Courbe simple.　Simple curve
Courbes supérieure plan.　Higher plane curve
Courbe tordue.　Twisted curve
Courbe torse.　Twisted curve
Courbe unicursale.　Unicursal curve

Courbes superosculantes sur une surface.　Superosculating curves on a surface
Courbure.　Kurtosis
Courbure d'une courbe.　Curvature of a curve
Course (distance) entre deux points.　Run between two points
Courtier.　Broker
Couteau du cordonnier.　Shoemaker's knife
Covariance.　Covariance
Coversinus.　Coversed sine (coversine)
Crible.　Sieve
Crochet.　Bracket
Croisé de référence.　Frame of reference
Crunode.　Crunode
Cube.　Cube
Cubique bipartite.　Bipartite cubic
Cuboctaèdre.　Cuboctahedron
Cuboïde.　Cuboid
Cumulants.　Cumulants
Cuspe.　Cusp
Cybernétique.　Cybernetics
Cycle.　Cycle
Cyclides.　Cyclides
Cycloïde.　Cycloid
Cylindre.　Cylinder
Cylindre hyperbolique.　Hyperbolic cylinder
Cylindre parabolique.　Parabolic cylinder
Cylindroïde.　Cylindroid

Dans le sens contraire des aiguilles d'une montre.　Counter-clockwise
De six mois.　Biannual
Décagone.　Decagon
Décalage unilatéral.　Unilateral shift
Décamètre.　Decameter
Décimale répétante.　Repeating decimal
Décimale terminée.　Terminating decimal
Décimètre.　Decimeter
Déclinaison.　Declination
Déclinaison norde.　North declination
Déclinaison sud.　South declination
Décomposable aux facteurs.　Factorable
Décomposer aux facteurs.　Factorization
Décomposition en facteurs uniques.　Unique factorization
Décomposition spectrale.　Spectral decomposition
Dédoubler.　Bisect
Déduction statistique.　Statistical inference
Défini uniquement.　Uniquely defined
Déformation d'un objet.　Deformation of an object
Degré d'un polynôme.　Degree of a polynomial
Degré d'un sommet.　Valence of a node
Degré d'une trajectoire.　Grade of a path
Del.　Del
Deltaèdre.　Deltahedron
Deltoïde.　Deltoid
Demi-angle formules.　Half-angle formulas
Démonstration indirecte.　Indirect proof
Démontrer une théorème.　Prove a theorem
Dénombrabilité.　Countability
Dénombrablement compact.　Countably compact
Dénombrer par deux.　Count by two
Dénominateur.　Denominator
Densité.　Density
Densité asymptotique.　Asymptotic density

Densité supérieure. Upper density
Dépôt composant. Storage component
Dérivée covariant. Covariant derivative
Dérivée directrice. Directional derivative
Dérivée d'ordre supérieur. Derivative of higher order
Dérivée d'une distribution. Derivative of a distribution
Dérivée d'une fonction. Derivative of a function
Dérivée formelle. Formal derivative
Dérivée normale. Normal derivative
Dérivée partielle. Partial derivative
Dérivée suivant un vecteur. Directional derivative
Descent. Grade of a path
Dessiner par composition. Graphing by composition
Désunion. Disjunction
Déterminant. Determinant
Déterminant antisymétrique. Skew-symmetric determinant
Deux. Two
Deuxième dérivée. Second derivative
Développante d'une courbe. Involute of a curve
Développée d'une courbe. Evolute of a curve
Développement. Evolution
Développement asymptotique. Asymptotic expansion
Développement d'un déterminant. Expansion of a determinant
Devenir égaux. Equate
Déviation. Deviation
Déviation probable. Probable deviation
Déviation quartile. Quartile deviation
Diagonale d'un déterminant. Diagonal of a determinant
Diagonale principale. Principal diagonal
Diagonale secondaire. Secondary diagonal
Diagonaliser. Diagonalize
Diagramme. Diagram
Diagramme de barres. Bar graph
Diagramme de dispersement. Scattergram
Diagramme de dispersion. Scattergram
Diagramme d'une équation. Graph of an equation
Diagramme des rectangles. Bar graph
Diamètre d'un cercle. Diameter of a circle
Dichotomie. Dichotomy
Difféomorphisme. Diffeomorphism
Différence de deux carrés. Difference of two squares
Différence tabulaire. Tabular differences
Différencier une fonction. Differencing a function
Différentiation d'une fonction. Differentiation of a function
Différentiation implicite. Implicit differentiation
Différentielle complète. Total differential
Différentielle d'une fonction. Differential of a function
Différentielle entière. Total differential
Différentielle totale. Total differential
Dilatation. Dilatation
Dimension. Dimension
Dimension fractale. Fractal dimension
Dimension de Hausdorff. Hausdorff dimension
Dimension topologique. Topological dimension
Dipôle. Dipole; doublet
Direction asymptotique. Asymptotic direction
Direction d'aiguille. Clockwise
Direction de montre. Clockwise
Directrice d'une conique. Directrix of a conic

Discontinuité. Discontinuity
Discontinuité amovible. Removable discontinuity
Discontinuité insurmontable. Nonremovable discontinuity
Discontinuité pas écartante. Nonremovable discontinuity
Discriminant d'un polynôme. Discriminant of a polynomial
Disjonction. Disjunction
Dispersion. Dispersion
Dispersiongramme. Scattergram
Disproportionné. Disproportionate
Disque. disc (or disk)
Distance de deux points. Distance between two points
Distance de zenith. Coaltitude
Distance polaire. Codeclination
Distribution bêta. Beta distribution
Distribution leptocurtique. Leptokurtic distribution
Distribution lognormale. Lognormal distribution
Distribution mésocurtique. Mesokurtic distribution
Distribution normale bivariée. Bivariate normal distribution
Distribution par courbure haute. Leptokurtic distribution
Distribution par une courbe aplatie. Platikurtic distribution
Distribution par une moyenne courbure. Mesokurtic distribution
Distribution platicurtique. Platykurtic distribution
Divergence d'une série. Divergence of a series
Diverger à partir d'un point. Radiate from a point
Dividende aux un bon. Dividend on a bond
Divine proportion. Golden section
Diviser. Divide
Diviser en deux parties égales. Bisect
Diviseur. Divisor
Diviseur exact. Exact divisor
Divisibilité. Divisibility
Divisibilité par onze. Divisibility by eleven
Division. Division
Division brève. Short division
Division synthétique. Synthetic division
Dix. Ten
Dodécaèdre. Dodecahedron
Dodécagone. Dodecagon
Domaine. Domain
Domaine connecté multiplement. Multiply connected region
Domaine conservatif de pouvoir (force). Conservative field of force
Domaine des nombres. Field of numbers
Domaine de recherche. Field of study
Domaine d'examen. Field of study
Domaine d'investigation. Field of study
Domaine du nombre. Number field
Domaine préservatif de pouvoir (force). Conservative field of force
Domaine simplement connexe. Simply connected region
Domino. Domino
Double règle de trois. Double rule of three
Douze. Twelve
Dualité. Duality
Dualité. Dyad
Duel muet. Silent duel

Duel silencieux. Silent duel
Duel tumultueux. Noisy duel
Duplication du cube. Duplication of the cube
Dyade. Dyad
Dyadique. Dyadic
Dynamique. Dynamics
Dyne. Dyne
Écart-type. Standard deviation
Échangeur. Alternant
Échantillon. Sample
Échelle des imaginaires. Scale of imaginaries
Echelle de température Celsius. Celsius temperature scale
Écliptique. Ecliptic
Écrancher. Cancel
Effacer. Cancel
Égal asymptotiquement. Asymptotically equal
Égaler. Equate
Égaliser. Equate
Égalité. Equality
Égalité. Parity
Élargissement. Dilatation
Élasticité. Elasticity
Élément d'intégration. Element of integration
Élément linéaire. Lineal element
Élévation. Altitude
Élévation entre deux points. Rise between two points
Éliminant. Eliminant
Élimination par substitution. Elimination by substitution
Ellipse. Ellipse
Ellipsoïde. Ellipsoid
Ellipsoïde aplati. Oblate ellipsoid
Ellipsoïde étendu. Prolate ellipsoid
Élongation. Elongation
Émaner à partir d'un point. Radiate from a point
Emprunt. Loan
Endomorphisme. Endomorphism
Énergie cinétique. Kinetic energy
Ensemble. Manifold, set
Ensemble absorbant. Absorbing set
Ensemble analytique. Analytic set
Ensemble borélien. Borel set
Ensemble borné. Bounded set
Ensemble compact. Compact set
Ensemble connexe. Connected set
Ensemble connexe par arcs. Arc-wise connected set
Ensemble de Julia. Julia set
Ensemble de Mandelbrot. Mandelbrot set
Ensemble dénombrable. Countable set
Ensemble dense. Dense set
Ensemble disconnexe. Disconnected set
Ensemble de vérité. truth set
Ensemble discret. Discrete set
Ensemble énumérable. Countable set
Ensemble fermé. Closed set
Ensemble fini. Finite set
Ensemble flou. Fuzzy set
Ensemble mesurable. Measurable set
Ensemble net. Crisp set
Ensemble ordonné. Ordered set
Ensemble ordonné par série. Serially ordered set
Ensemble ouvert. Open set
Ensemble rare. Rare set
Ensemble secondaire de sous-groupe. Coset of a group
Ensemble totalement ordonné. Totally ordered set
Ensemble vide. Empty set
Ensembles disjoints. Disjoint sets
Entier cyclotomique. Cyclotomique integer
Entier naturel. Counting number
Entropie. Entropy
Énumérabilité. Countability
Énumérer par deux. Count by twos
Enveloppe d'une famille des courbes. Envelope of a family of curves
Épicycloïde. Epicycloid
Épitrochoïde. Epitrochoid
Épreuve de rapport. Ratio test
Épreuve rapport généralisé. Generalized ratio test
Épuisement de la correlation. Attenuation of correlation
Équateur. Equator
Équateur célestiel. Celestial equator
Équation aux différences. Difference equation
Équation caractéristique de matrice. Characteristic equation of a matrix
Équation cubique réduite. Reuced cubic equation
Équation cyclotomique. Cyclotomic equation
Équation d'ondulation. Wave equation
Équation d'une courbe. Equation of a curve
Équation dépressée. Depressed equation
Équation dérivée. Derived equation
Équation différentielle. Differential equation
Équation différentielle exacte. Exact differential equation
Équation homogène. Homogeneous equation
Équation intégrale. Integral equation
Équation monique. Monic equation
Équation polynomiale. Polynomial equation
Équation quadratique. Quadratic equation
Équation quarrée. Quadratic equation
Équation sextique. Sextic equation
Équations consistantes. Consistent equations
Équations dépendantes. Dependent equations
Équations différentielles complêtes. Exact differential equations
Équations paramétriques. Parametric equations
Équations réciproques. Reciprocal equations
Équations simultanées. Simultaneous equations
Équi-aire. Equiareal (or area-preserving)
Équicontinu pour la topologie de la convergence simple. Point-wise equicontinuous
Équicontinu uniformément. Uniformly equicontinuous
Équidistant. Equidistant
Équilibre. Equilibrium
Équinoxe. Equinox
Erg. Erg
Erreur absolue. Absolute error
Erreur de rond. Round-off error
Erreur d'échantillonnage. Sampling error
Erreur par cent. Percent error
Escompte. Discount
Espace. Space
Espace abstrait. Abstract space
Espace affine. Affine space
Espace bicompact. Bicompact space
Espace compact. Compact space

Espace complet. Complete space
Espace complet topologiquement. Topologicaly complete space
Espace conjugué. Adjoint (or conjugate) space
Espace de Baire. Baire space
Espace de Fréchet. Fréchet space
Espace de Hardy. Hardy space
Espace des orbites. Orbit space
Espace uniformément convex. Uniformly convex space
Espace lacunaire. Lacunary space
Espace métacompact. Metacompact space
Espace métrique. Metric space
Espace métrisable. Metrizable space
Espace métrisable et compact. Compactum
Espace non carré. Nonsquare space
Espace normé. Normed space
Espace paracompact. Paracompact space
Espace projectif. Projective space
Espace qui on peut mettre métrique. Metrizable space
Espace quotient. Quotient space
Espace séparable. Separable space
Espaces séparé. Hausdorff space
Espèce d'un ensemble des points. Species of a set of points
Espèce d'une suite des points. Species of a set of points
Espérance. Expected value
Essais successifs. Successive trials
Estimation impartiale. Unibased estimate
Estimation d'une quantité. Estimate of a quantity
Étendu. Width
Étendu d'un variable. Range of a variable
Éternité. Perpetuity
Étoile circumpolaire. Circumpolar star
Étoile d'un complex. Star of a complex
Évaluation. Evaluation
Évaluer. Evaluate
Évasement. Dilatation
Événements indépendants. Independent events
Évolute d'une courbe. Evolute of a curve
Évolution. Evolution
Excentre. Excenter
Excentricité d'une hyperbole. Eccentricity of a hyperbola
Excès des neuves. Excess of nines
Exercise. Exercise
Expectation de la vie. Expectation of life
Exposant. Exponent
Exposant fractionel. Fractional exponent
Exsécante. Exsecant
Extension. Dilatation
Extension d'un corps. Extension of a field
Extirper. Cancel
Extrapolation. Extrapolation
Extrêmement discontinu. Extremally disconnected
Extrêmes. Extreme terms (or extremes)
Extrémité d'un ensemble. Bound of a set
Extrémité d'une courbe. End point of a curve
Extrémité d'une suite. Bound of a sequence

Face d'un polyèdre. Face of a polyhedron
Facette. Facet
Facteur d'un polynôme. Factor of a polynomial
Facteur intégrant. Integrating factor
Factorielle d'un nombre entier. Factorial of an integer
Faiblement compact. Weakly compact
Faire la preuve de théorème. Prove a theorem
Faire le programme dynamique. Dynamic programming
Faire un programme. Programming
Faire un programme linéaire. Linear programming
Faire une programme non-linéaire. Nonlinear programming
Faisceau des cercles. Pencil of circles
Faisceau des plans. Sheaf of planes
Famille des courbes. Family of curves
Fibré en plans. Bundle of planes
Figure plane. Plane figure
Figure symétrique. Symmetric figure
Figures affines radialement. Radially related figures
Figures congruentes. Congruent figures
Figures homothétiques. Homothetic figures
Figures homotopes. Homotopic figures
Fil à plomb. Plumb line
Filtre. Filter
Finesse d'une partition. Fineness of a partition
Finiment représentable. Finitely representable
Focale d'une parabole. Focus of a parabola
Folium de Descartes. Folium of Descartes
Foncteur. Functor
Fonction absolument continue. Absolutely continuous function
Fonction additive. Additive function
Fonction analytique. Analytic function
Fonction analytique monogène. Monogenic analytic function
Fonction arc-hyperbolique. Arc-hyperbolic function
Fonction automorphe. Automorphic function
Fonction bei. Bei function
Fonction ber. Ber function
Fonction bessélienne. Bessel functions
Fonction caractéristique. Characteristic function
Fonction complémentaire. Cofunction
Fonction composée. Composite function
Fonction continuée. Continuous function
Fonction continue par morceaux. Piecewise continuous function
Fonction croissante. Increasing function
Fonction de classe C^n. Function of class C^n
Fonction kei. Kei function
Fonction ker. Ker function
Fonction de Cantor. Cantor function
Fonction décroissante. Decreasing function
Fonction de Koebe. Koebe function
Fonction delta de Dirac. Dirac delta function
Fonction de payement. Payoff function
Fonction digamma. Digamma function
Fonction d'incidence. Incidence function
Fonction discontinue. Discontinuous function
Fonction disparaissante. Vanishing function
Fonction distributive. Distribution function
Fonction en escalier. Step function
Fonction entière. Entire function
Fonction explicite. Explicit function

Fonction Gamma. Gamma function
Fonction généralisée. Generalized function
Fonction holomorphe. Holomorphic function
Fonction illimite. Unbounded function
Fonction implicite. Implicit function
Fonction injective. Injective function
Fonction intégrable. Integrable function
Fonction localement intégrable. Locally integrable function
Fonction méromorphe. Meromorphic function
Fonction modulaire. Modular function
Fonction monotone. Monotone function
Fonction multiforme. Many valued function
Fonction orthogonale. Orthogonal function
Fonction positive. Positive function
Fonction potentielle. Potential function
Fonction presque périodique. Almost periodic function
Fonction propositionnelle. Propositional function
Fonction propre. Eigenfunction
Fonction sans bornes. Unbounded function
Fonction semi-continue. Semicontinuous function
Fonction sommable. Summable function
Fonction sous-additive. Subadditive function
Fonction sous-harmonique. Subharmonic function
Fonction strictement croissante. Strictly increasing function
Fonction Thêta. Theta function
Fonction trigonométrique inverse. Inverse trigonometric function
Fonction univalente. Schlicht function
Fonction univoque. Single valued function
Fonction Zêta. Zeta function
Fonctions de Rademacher. Rademacher functions
Fonctions équicontinues. Equicontinuous functions
Fonctions trigonométriques. Trigonometric functions
Fonds. Capital stock
Fonds d'amortissement. Sinking fund
Force centrifuge. Centrifugal force
Force de mortalité. Force of mortality
Force électromotrice. Electromotive force
Forme canonique. Canonical form
Forme en deux variables. Form in two variables
Forme indéterminée. Indeterminate form
Formule. Formula
Formule de doublement. Duplication formula
Formule de prismoïde. Prismoidal formula
Formule de Viète. Viète formula
Formule par réduction. Reduction formula
Formules par soustraction. Subtraction formulas
Fractal. Fractal
Fraction. Fraction
Fraction continue. Continued fraction
Fraction ordinaire. Common fraction
Fraction partielle. Partial fraction
Fraction propre. Proper fraction
Fraction pure. Proper fraction
Fraction simplifiée. Simplified fraction
Fraction vulgaire. Common fraction
Fraction vulgaire. Vulgar fraction
Fréquence cumulative. Cumulative frequency
Fréquence de classe. Class frequency
Friction. Friction
Frontière d'un ensemble. Frontier of a set
Frontière d'une suite. Frontier of a set
Frustrum d'un solide. Frustrum of a solid

Gamma fonction. Gamma function
Garantie complémentaire. Collateral security
Garantie supplémentaire. Collateral security
Générateur (génératrice) d'une surface. Generator of a surface
Générateurs rectilignes. Rectilinear generators
Génératrice. Generatrix
Gentre d'un ensemble des points. Species of a set of points
Genre d'une suite des points. Species of a set of points
Genre d'une surface. Genus of a surface
Géoïde. Geoid
Géométrie. Geometry
Géométrie à deux dimensions. Two-dimensional geometry
Géométrie à trois dimensions. Three-dimensional geometry
Géométrie projective. Projective geometry
Googol. Googol
Gradient. Gradient
Gradient. Grade of a path
Gramme. Gram
Grandeur d'une étoile. Magnitude of a star
Grandeur inconnue. Unknown quantity
Grandeur scalaire. Scalar quantity
Grandeurs égales. Equal quantities
Grandeurs identiques. Identical quantities
Grandeurs proportionnelles. Proportional quantities
Graphe biparti. Bipartite graph
Graphe complet. Complete graph
Graphe eulérien. Eulerian graph
Graphe hamiltonien. Hamiltonian graph
Graphe planaire. Planar graph
Gravitation. Gravitation
Gravité. Gravity
Grillage. Lattice
Groupe alternant. Alternating group
Groupe alterné. Alternating group
Groupe commutatif. Commutative group
Groupe contrôle, -lant. Control group
Groupe de homologie. Homology group
Groupe de Klein. Four-group
Groupe de l'icosaèdre. Icosahedral group
Groupe de l'octaèdre. Octahedral group
Groupe des nombres. Group of numbers
Groupe des transformations. Transformation group
Groupe diédral. Dihedral group
Groupe diédrique. Dihedral group
Groupe du tétraèdre. Tetrahedral group
Groupe homologue. Homology group
Groupe icosaédral. Icosahedral group
Groupe icosaédrique. Icosahedral group
Groupe octaédral. Octahedral group
Groupe octaédrique. Octahedral group
Groupe résoluble. Solvable group
Groupe tétraédral. Tetrahedral group
Groupe tétraédrique. Tetrahedral group
Groupe topologique. Topological group
Groupement des termes. Grouping terms
Groupoïde. Groupoid
Gudermanienne. Gudermannian
Gyration. Gyration

Harmonique tesséral. Tesseral harmonic
Harmonique zonal. Zonal harmonic
Haut oblique. Slant height
Hauteur. Altitude
Hélice. Helix
Hélicoïde. Helicoid
Hémisphère. Hemisphere
Heptaèdre. Heptahedron
Heptagone. Heptagon
Hexaèdre. Hexahedron
Hexagone. Hexagon
Histogramme. Histogram
Hodographe. Hodograph
Homeomorphisme de deux ensembles. Homeomorphism of two sets
Homogénéité. Homogeneity
Homologique. Homologous
Homologue. Homologous
Homomorphisme de deux ensembles. Homomorphism of two sets
Homos édastique. Homoscedastic; *i.e.*, having equal variance
Horizon. Horizon
Horizontal, -e. Horizontal
Huit. Eight
Hyperplan. Hyperplane
Hyperbole. Hyperbola
Hyperboloïde à une nappe. Hyperboloid of one sheet
Hypersurface. Hypersurface
Hypervolume. Hypervolume
Hypocycloïde. Hypocycloid
Hypoténuse. Hypotenuse
Hypothèse. Hypothesis
Hypothèse admissible. Admissible hypothesis
Hypotrochoïde. Hypotrochoid

Icosaèdre. Icosahedron
Idéal contenu dans un anneau. Ideal contained in a ring
Idéal nilpotent. Nilpotent ideal
Idemfacteur. Idemfactor
Identité. Identity
Image d'un point. Image of a point
Implication. Implication
Impôt. Tax
Impôt supplémentaire. Surtax
Impôt sur le revenue. Income tax
Inch. Inch
Inclinaison. Grade of a path
Inclinaison d'une droite. Inclination of a line
Inclinaison d'un toit. Pitch of a roof
Incrément d'une fonction. Increment of a function
Indicateur, -trice d'un nombre. Indicator of an integer
Indicateur d'un nombre entier. Totient of an integer
Indicatrice d'une courbe. Indicatrix of a curve
Indice d'un radical. Index of a radical
Induction. Induction
Induction incomplète. Incomplete induction
Induction mathématique. Mathematical induction
Induction transfinie. Transfinite induction
Inégalité. Inequality
Inégalité de Bienaymé-Tchebitchev. Chebyshev inequality

Inégalité sans condition. Unconditional inequality
Inégalité sans réserve. Unconditional inequality
Inertie. Inertia
Inférence. Inference
Infinité. Infinity
Insérer dans un espace. Imbed in a space
Insertion d'un ensemble. Imbedding of a set
Insertion d'une suite. Imbedding of a set
Instrument chiffreur. Digital device
Intégrale de Bochner. Bochner integral
Intégrale définie. Definite integral
Intégrale d'énergie. Energy integral
Intégrale de Riemann généralisée. Generalized Riemann integral
Intégrale de surface. Surface integral
Intégrale double. Double integral
Intégrale d'une fonction. Integral of a function
Intégrale impropre. Improper integral
Intégrale indéfinie. Antiderivative
Intégrale indéfinie. Indefinite integral
Intégrale itérée. Iterated integral
Intégrale multiple. Multiple integral
Intégrale particulière. Particular integral
Intégrale simple. Simple integral
Intégrande. Integrand
Intégraphe. Integraph
Intégrateur. Integraph
Intégrateur. Integrator
Intégration mécanique. Mechanical integration
Intégration par parties. Integration by parts
Intensité lumineuse. Candlepower
Intercalation d'un ensemble. Imbedding of a set
Intercalation d'une suite. Imbedding of a set
Intercaler dans un espace. Imbed in a space
Intercepte par une axe. Intercept on an axis
Intérêt composé. Compound interest
Intérêt effectif. Effective interest rate
Intérêt réel. Effective interest rate
Intermédiaire. Average
Interpolation. Interpolation
Intersection. Cap
Intersection de courbes. Intersection of curves
Intersection de deux ensembles. Intersection of two sets
Intervalle de certitude. Confidence interval
Intervalle de confiance. Confidence interval
Intervalle de convergence. Interval of convergence
Intervalle fermé. Closed interval
Intervalle ouvert. Open interval
Intervalles nid en un à l'autre. Nested intervals
Intuitionisme. Intuitionism
Invariant d'une équation. Invariant of an equation
Inverse d'une opération. Inverse of an operation
Inversible. Invertible
Inversion d'un point. Inversion of a point
Inverseur. Inversor
Inversion d'un théorème. Converse of a theorem
Investissement. Investment
Involution sur une droite (ligne). Involution on a line
Isohypses. Level lines
Isolé d'une racine. Isolate a root
Isolement. Disjunction
Isomorphisme de deux ensembles. Isomorphism of two sets

Isothère (ligne d'égale température d'un moyen été). Isothermal line
Isotherme. Isotherm

Jeu à deux personnes. Two-person game
Jeu absolument mélangé. Completely mixed game
Jeu absolument mêlé. Completely mixed game
Jeu absolument mixte. Completely mixed game
Jeu concavo-convexe. Concave-convex game
Jeu coopératif. Cooperative game
Jeu de Banach-Mazur. Mazur-Banach game
Jeu de hex. Game of hex
Jeu de Morra. Morra (a game)
Jeu de Nim. Game of nim
Jeu de position. Positional game
Jeu de somme null. Zero-sum game
Jeu des paires des pieces. Coin-matching game
Jeu entièrement mélangé. Completely mixed game
Jeu entièrement mêlé. Completely mixed game
Jeu fini. Finite game
Jeu entièrement mixte. Completely mixed game
Jeu parfaitement mélangé. Completely mixed game
Jeu parfaitement mêlé. Completely mixed game
Jeu parfaitement mixte. Completely mixed game
Jeu séparable. Separable game
Jeu totalement mélangé. Completely mixed game
Jeu totalement mêlé. Completely mixed game
Jeu totalement mixte. Completely mixed game
Jeu tout à fait mélangé. Completely mixed game
Jeu tout à fait mêlé. Completely mixed game
Jeu tout à fait mixte. Completely mixed game
Joueur d'un jeu. Play of a game
Joueur qui augmente jusqu'à maximum. Maximizing player
Joueur qui augmente jusqu'à minimum. Minimizing player
Joule. Joule

Kappa courbe. Kappa curve
Kei fonction. Kei function
Ker fonction. Ker function
Kilogramme. Kilogram
Kilomètre. Kilometer
Kilowatt. Kilowatt

Lacet. Loop of a curve
Lame. Lamina
Largeur. Breadth
Largeur. Width
Latitude d'un point. Latitude of a point
Lemme. Lemma
Le plus grand commun diviseur. Greatest common divisor
Le problème des ponts de Königsberg. Königsberg bridge problem
Lemniscate. Lemniscate
Lexicographiquement. Lexicographically
Lien. Bond
Lieu. Locus
Lieu-tac. Tac-locus
Ligne brisée. Broken line
Ligne centrale. Bisector
Ligne de tendre. Trend line
Ligne diamétrale. Diametral line
Ligne directée. Directed line
Ligne droite. Straight line
Ligne isotherme. Isothermal line
Ligne isothermique. Isothermal line
Ligne nodale. Nodal line
Ligne orientée. Directed line
Ligne verticale. Vertical line
Lignes antiparallèles. Antiparalleled lines
Lignes concourantes. Concurrent lines
Lignes des contoures. Contour lines
Lignes coplanaires. Coplanar lines
Lignes courantes. Stream lines
Lignes de niveau. Level lines
Lignes obliques. Skew lines
Lignes parallèles. Parallel lines
Lignes perpendiculaires. Perpendicular lines
Limaçon. Limacon
Limite d'un ensemble. Bound of a set
Limite d'une fonction. Limit of a function
Limite inférieure. Inferior limit
Limite inférieure. Lower bound
Limite le moindre supérieure. Least upper bound
Limite supérieure. Superior limit
Limite supérieure. Upper bound
Limité essentialement. Essentially bounded
Limites probables. Fiducial limits
Litre. Liter
Lituus. Lituus
Livre. Pound
Localement compact. Locally compact
Localement connexe par arcs. Locally arc-wise connected
Logarithme d'un nombre. Logarithm of a number
Logarithme naturel. Natural logarithm
Logarithmes ordinaires. Common logarithms
Logique floue. Fuzzy logic
Logistique. Logistic curve
Loi associatif. Associative law
Loi des éxposants. Law of exponents
Loi distributif. Distributive law
Loi du khi carré. Chi-square distribution
Longueur d'un arc. Arc length
Longueur d'une courbe. Length of a curve
Longitude. Longitude
Loxodromie. Loxodromic spiral
Lune. Lune
Lunules d'Hippocrate. Lunes of Hippocrates

Machine à calculer. Computing machine
Mantisse. Mantissa
Marche en jeu. Move in a game
Masse. Mass
Mathématique, -s. Mathematics
Mathématiques abstraites. Abstract mathematics
Mathématiques appliquées. Applied mathematics
Mathématiques constructives. Constructive mathematics
Mathématiques discrètes. Discrete mathematics
Mathématiques du fini. Finite mathematics
Mathématiques pures. Pure mathematics
Matière isotrope. Isotropic matter
Matière isotropique. Isotropic matter
Matrice augmentée. Augmented matrix
Matrice de coéfficients. Matrix of coefficients
Matrice de Vandermonde. Vandermonde matrix

Matrice échelon. Echelon matrix
Matrice hermitienne. Hermitian matrix
Matrice unimodale. Unimodular matrix
Matrice unitaire. Unitary matrix
Matrices conformables. Conformable matrices
Matrices correspondantes. Conformable matrices
Matrices équivalentes. Equivalent matrices
Maximum d'une fonction. Maximum of a function
Mécanique de fluides. Mechanics of fluids
Mécanique de liquides. Mechanics of liquids
Mécanisme chiffreur. Digital device
Médiane. Bisector
Membre d'une equation. Member of an equation
Mémoire component. Memory component
Mensuration. Mensuration
Méridien sur la terre. Meridian on the earth
Mesure d'un ensemble. Measure of a set
Mesure zéro. Measure zero
Méthode de la plus grande pente. Methode of steepest descent
Méthode de simplex. Simplex method
Méthode des moindres carrés. Method of least squares
Méthode d'exhaustion. Method of exhaustion
Méthode dialytique de Sylvester. Dialytic method
Méthode du point-selle. Saddle-point method
Méthode heuristique. Heuristic method
Méthode inductive. Inductive method
Mètre. Meter
Mètre cubique. Stere
Mettre au même niveau que... Equate
Mil. Mil
Mille. Mile
Mille. Thousand
Mille nautique. Nautical mile
Mille naval. Nautical mile
Millimètre. Millimeter
Million. Million
Mineur d'un déterminant. Minor of a determinant
Minimum d'une fonction. Minimum of a function
Minuende. Minuend
Minus. Minus
Minute. Minute
Mode. Mode
Modèle. Sample
Module. Module
Module de la compression. Bulk modulus
Module d'une congruence. Modulus of a congruence
Moitié de cône double. Nappe of a cone
Moitié de rhombe solide. Nappe of a cone
Mole. Mole
Moment d'inertie. Moment of inertia
Moment d'une force. Moment of a force
Moment statique. Static moment
Momentume. Momentum
Monôme. Monomial
Monômial, -e. Monomial
Morphisme. Morphism
Mouvement curviligne. Curvilinear motion
Mouvement harmonique. Harmonic motion
Mouvement périodique. Periodic motion
Mouvement raide. Rigid motion
Mouvement rigide. Rigid motion
Moyenne. Average
Moyenne de deux nombres. Mean (or average) of two numbers
Moyenne géométrique. Geometric average
Moyenne pondérée. Weighted mean
Multiple commun. Common multiple
Multiple d'un nombre. Multiple of a number
Multiplicande. Multiplicand
Multiplicateur. Multiplier
Multiplication de vecteurs. Multiplication of vectors
Multiplicité. Manifold
Multiplicité d'une racine. Multiplicity of a root
Multiplier deux nombres. Multiply two numbers
Myriade. Myriad

Nadir. Nadir
Nappe d'une surface. Sheet of a surface
Négation. Negation
Nerf d'un système des ensembles. Nerve of a system of sets
Neuf. Nine
Newton. Newton
n-ième racine primitive. Primitive nth root
Nilpotente. Nilpotent
Niveler. Equate
Nœud. Loop of a curve
Nœud (dans topologie). Knot in topology
Nœud de distance. Knot of distance
Nœud d'une courbe. Node of a curve
Noeud en astronomie. Node in astronomy
Nombre. Cipher
Nombre. Number
Nombre à ajouter. Addend
Nombre à soustraire. Subtrahend
Nombre abondant. Abundant number
Nombre abondant. Redundant number
Nombre arithmétique. Arithmetic number
Nombre caractéristique d'une matrice. Eigenvalue of a matrice
Nombre cardinal. Cardinal number
Nombre chromatique. Chromatic number
Nombre complexe. Complex number
Nombre complexe conjugué. Conjugate complex numbers
Nombre composé. Composite number
Nombre concret. Denominate number
Nombre défectif. Defective (or deficient) number
Nombre défectueux. Defective (or deficient) number
Nombre déficient. Deficient number
Nombre dénommé. Denominate number
Nombre d'or. Golden section
Nombre de Ramsey. Ramsey number
Nombre entier. Integer
Nombre impair. Odd number
Nombre imparfait. Defective (or deficient) number
Nombre incomplet. Defective (or deficient) number
Nombre irrationnel. Irrational number
Nombre mixte. Mixed number
Nombre négatif. Negative number
Nombre ordinal. Ordinal number
Nombre p-adique. p-adic number
Nombre pair. Even number
Nombre positif. Positive number
Nombre premier. Prime number
Nombre rationnel. Rational number

Nombre rationnel dyadique.　Dyadic rational
Nombre réel.　Real number
Nombre tordu.　Winding number
Nombre tortueux.　Winding number
Nombre transcendant.　Transcendental number
Nombres algébriques.　Signed numbers
Nombres avec signes.　Signed numbers
Nombres amiables.　Amicable numbers
Nombres amicals.　Amicable numbers
Nombres babyloniens.　Babylonian numerals
Nombres de Catalan.　Catalan numbers
Nombres égyptiens.　Egyptian numerals
Nombres grecs.　Greek numerals
Nombres hypercomplexes.　Hypercomplex numbers
Nombres hyperréels.　Hyperreal numbers
Nombres incommensurables.　Incommensurable numbers
Nombres non standards.　Nonstandard numbers
Nombres premiers jumeaux.　Twin primes
Nombres sino-japonais.　Chinese-Japanese numerals
Nomogramme.　Nomogram
Non biaisé asymptotiquement.　Asymptotically unbiased
Non coopératif.　Noncooperative
Non résidu.　Nonresidue
Nonagone.　Nonagon
Normale d'une courbe.　Normal to a curve
Norme d'une matrice.　Norm of a matrix
Notation.　Notation
Notation factorielle.　Factorial notation
Notation fonctionnelle.　Functional notation
Notation scientifique.　Scientific notation
Noyau de Dirichlet.　Dirichlet kernel
Noyau de Féjer.　Féjer kernel
Noyau d'une équation intégrale.　Nucleus (or kernel) of an integral equation
Noyau d'un homomorphisme.　Kernel of a homomorphism
Numérateur.　Numerator
Numération.　Numeration
Numéraux.　Numerals

Obligation.　Bond
Obligation.　Liability
Octaèdre.　Octahedron
Octagone.　Octagon
Octant.　Octant
Ogive.　Ogive
Ohme.　Ohm
Onze.　Eleven
Opérateur.　Operator
Opérateur linéaire.　Linear operator
Opérateur nabla.　Del
Opération.　Operation
Opérations élémentaires.　Elementary operations
Opération unaire.　Unary operation
Orbite.　Orbit
Ordonnée d'un point.　Ordinate of a point
Ordre de contact.　Order of contact
Ordre d'un groupe.　Order of a group
Orientation.　Orientation
Orienté cohérentement.　Coherently oriented
Orienté d'une manière cohérente.　Coherently oriented
Orienté en conformité.　Concordantly oriented

Orienté en connexion.　Coherently oriented
Origine des coordonnées.　Origin of coordinates
Orthocentre.　Orthocenter
Oscillation d'une fonction.　Oscillation of a function

Pantographe.　Pantograph
Papiers de valeurs négociables.　Negotiable papers
Parabole.　Parabola
Parabole cubique.　Cubical parabola
Paraboloïde de révolution.　Paraboloid of revolution
Paraboloïde hyperbolique.　Hyperbolic paraboloid
Paradoxe.　Paradox
Paradoxe de Banach-Tarski.　Banach-Tarski paradox
Paradoxe de Hausdorff.　Hausdorff paradox
Paradoxe de Petersburg.　Petersburg paradox
Parallax d'une étoile.　Parallax of a star
Parallélépipède.　Parallelepiped
Parallèles de latitude.　Parallels of latitude
Parallèles géodésiques.　Geodesic parallels
Parallélogramme.　Parallelogram
Parallélotope.　Parallelotope
Paramètre.　Parameter
Parenthèse.　Parenthesis
Parité.　Parity
Partage en deux.　Bisect
Partie imaginaire d'un nombre.　Imaginary part of a number
Partition d'un nombre entier.　Partition of an integer
Partition plus grossière.　Coarser partition
Pascal.　Pascal
Pavage.　Tesselation
Payement en acompte (s).　Installment paying
Payement par annuité.　Installment paying
Payement par termes.　Installment paying
Pendule.　Pendulum
Pénombre.　Penumbra
Pentadécagone.　Pentadecagon
Pentagone.　Pentagon
Pentagramme.　Pentagram
Pentaèdre.　Pentahedron
Pente.　Grade of a path
Pente d'un toit.　Pitch of a roof
Pente d'une courbe.　Slope of a curve
Percentage.　Percentage
Percentile.　Percentile
Périgone.　Perigon
Périhélie.　Perihelion
Périmètre.　Perimeter
Période d'une fonction.　Period of a function
Périodicité.　Periodicity
Périphérie.　Periphery
Permutation cyclique.　Cyclic permutation
Permutation de n objets.　Permutation of n things
Permutation droite.　Even permutation
Permutation groupe.　Permutation group
Permutation paire.　Even permutation
Permuteur.　Alternant
Perpendiculaire à une surface.　Perpendicular to a surface
Perspectivité.　Perspectivity
Pharmaceutique.　Apothecary
Phase de movement harmonique simple.　Phase of simple harmonic motion
Pictogramme.　Pictogram
Pied d'une perpendiculaire.　Foot of a perpendicular

Pinceau de cercles. Pencil of circles
Plan projectant. Projecting plane
Plan projectif fini. Finite projective plane
Plan rectificant. Rectifying plane
Plan tangent. Tangent plane
Plan tangent à une surface. Plane tangent to a surface
Planimètre. Planimeter
Plans concourants. Copunctal planes
Plans des coordonnées. Coordinate planes
Plasticité. Plasticity
Plus. Plus sign
Poids. Weight
Poids de troy. Troy weight
Point adhérent. Adherent point
Point bissecteur. Bisecting point
Point d'accumulation. Accumulation point
Point d'amas. Cluster point
Point d'appui. Fulcrum
Point d'inflexion. Inflection point
Point de bifurcation. Bifurcation point
Point de condensation. Condensation point
Point de discontinuité. Point of discontinuity
Point de la courbure. Bend point
Point de la flexion. Bend point
Point de selle. Saddle point
Point de ramification. Branch point
Point de rebroussement. Cusp
Point de tour. Turning point
Point décimal flottant. Floating decimal point
Point décimal mutable. Floating decimal point
Point double. Crunode
Point ellipse. Point ellipse
Point fixe. Fixed point
Point isolé. Acnode
Point limite. Limit point
Point médian. Median point
Point nodal d'une courbe. Node of a curve
Point ombilic. Umbilical point
Point ordinaire. Ordinary point
Point perçant. Piercing point
Point planaire. Planar point
Point saillant. Salient point
Point singulaire. Singular point
Point stable. Stable point
Point stationnaire. Stationary point
Point transperçant. Piercing point
Pointe. Cusp
Points antipodaux. Antipodal points
Points collinéaires. Collinear points
Points concycliques. Concyclic points
Polaire d'une forme quadratique. Polar of a quadratic form
Polarisation. Polarization
Pôle d'un cercle. Pole of a circle
Polyèdre. Polyhedron
Polygone. Polygon
Polygone concave. Concave polygon
Polygone inscrit (dans un cercle, ellipse...) Inscribed polygon
Polygone régulier. Regular polygon
Polygone régulier avec côtés courbes. Multifoil
Polyhex. Polyhex
Polynôme de Legendre. Polynomial of Legendre
Polyomino. Polyomino
Polytope. Polytope
Population. Population
Possession par temps illimité. Perpetuity
Poste. Addend
Postulate. Postulate
Potentiel électrostatique. Electrostatic potential
Poundale. Poundal
Poutre console. Cantilever beam
Pouvoir centrifuge. Centrifugal force
Pression. Pressure
Preuve. Proof
Preuve déductive. Deductive proof
Preuve indirecte. Indirect proof
Preuve par la descente. Proof by descent
Preuve par neuf. Casting out nines
Prime. Bonus
Prime. Premium
Primitif d'une équation différentielle. Primitive of a differential equation
Principe. Principle
Principe de la borne uniforme. Uniform boundedness principle
Principe de la meilleuse. Principle of optimality
Principe de la plus advantage. Principle of optimality
Principe de localisation. Localization principle
Principe d'optimalité. Principle of optimality
Principe des boîtes. Pidgeon-hole principle
Principe des tiroirs. Pidgeon-hole principle
Principe des tiroirs de Dirichlet. Dirichlet drawer principle
Principe de superposition. Superposition principle
Prismatoïde. Prismatoid
Prisme. Prism
Prisme hexagonale. Hexagonal prism
Prisme hexagone. Hexagonal prism
Prisme quadrangulaire. Quadrangular prism
Prismoïde. Prismoid
Prix. Bonus
Prix. Premium
Prix de rachat. Redeemption price
Prix fixe. Flat price
Prix vente. Selling price
Probabilité d'événement. Probability of occurrence
Probe à comparison. Comparison test
Problème. Exercise
Problème. Problem
Problème à quatre couleurs. Four-color problem
Problème de fermeture-complémentation de Kuratowski. Kuratowski closure-complementation problem
Problème de Kakeya. Kakeya problem
Problème de la valeur au bord. Boundary-value problem
Problème isopérimétrique. Isoperimetric problem
Produit. Yield
Produit cartésien. Cartesian product
Produit de Blaschke. Blaschke product
Produit des nombres. Product of numbers
Produit direct. Direct product
Produit-espace. Product space
Produit infini. Infinite product
Produit interne. Inner product
Produit scalaire. Dot product
Produit tensoriel d'espaces vectoriels. Tensor product of vector spaces

Profit. Profit
Profit brut. Gross profit
Profit net. Net profit
Programme d'Erlangen. Erlangen program
Progression. Progression
Projection d'un vecteur. Projection of a vector
Projection stéréographique. Stereographic projection
Projectivité. Projectivity
Prolongation. Dilatation
Prolongement de signe. Continuation of sign
Proportion. Proportion
Proportion composée. Composition in a proportion
Proportion de déformation. Deformation ratio
Proportionalité. Proportionality
Proposition. Proposition
Propriété d'absorption. Absorption property
Propriéte d'approximation. Approximation property
Propriété de bon ordre. Well-ordering property
Propriété de caractère finite. Property of finite character
Propriété de Krein-Milman. Krein-Milman property
Propriété de réflexion. Reflection property
Propriété de trichotomie. Trichotomy property
Propriété globale. Global property
Propriété idempotente. Idempotent property
Propriété intrinsèque. Intrinsic property
Propriété invariante. Invariant property
Propriété locale. Local property
Prouver un théorème. Prove a theorem
Pseudosphère. Pseudosphere
Puissance d'un ensemble. Potency of a set
Puissance d'un nombre. Power of a number
Pyramide. Pyramid
Pyramide pentagonale. Pentagonal pyramid
Pyramide triangulaire. Triangular pyramid

Quadrangle. Quadrangle
Quadrant d'un cercle. Quadrant of a circle
Quadrature d'un cercle. Quadrature of a circle
Quadrifolium. Quadrefoil
Quadrilatéral. Quadrilateral
Quadrilatère. Quadrilateral
Quadrillion. Quadrillion
Quadrique. Quadric
Quantificateur. Quantifier
Quantificateur effectif. Existential quantifier
Quantificateur universal. Universal quantifier
Quantique. Quantic
Quantique quaternaire. Quaternary quantic
Quantité. Quantity
Quantité inconnue. Unknown quantity
Quantité scalaire. Scalar quantity
Quantités égales. Equal quantities
Quantités identiques. Identical quantities
Quantités inversement proportionelles. Inversely proportional quantities
Quantités linéairement dépendantes. Linearly dependent quantities
Quantités proportionnelles. Proportional quantities
Quart. Quarter
Quartier. Quarter
Quaternion. Quaternion
Quatre. Four
Quintillion. Quintillion
Quintique. Quintic

Quotient de deux nombres. Quotient of two numbers

Rabais. Discount
Raccourcissement de la plan. Shrinking of the plane
Racine. Radix
Racine caractéristique d'une matrice. Characteristic root of a matrix
Racine carrée. Square root
Racine cubique. Cube root
Racine d'une équation. Root of an equation
Racine étrangère. Extraneous root
Racine extraire. Extraneous root
Racine irréductible. Irreducible radical
Racine simple. Simple root
Radian. Radian
Radical. Radical
Radical d'un idéal. Radical of an ideal
Radicande. Radicand
Radier à partir d'un point. Radiate from a point
Raison extérieure. External ratio
Rame. Ream
Rangée d'un déterminant. Row of a determinant
Rapidité. Speed
Rapidité constante. Constant speed
Rapport. Ratio
Rapport anharmonique. Anharmonic ratio
Rapport de similitude. Ratio of similitude
Rapport extérieur. External ratio
Rapport interne. Internal ratio
Rarrangement de termes. Rearrangement of terms
Rationnel. Commensurable
Rayon d'un cercle. Radius of a circle
Rebroussement. Cusp
Récepteur de payement. Payee
Réciproque d'un nombre. Reciprocal of a number
Recouvrement d'ensemble. Covering of a set
Rectangle. Rectangle
Rectification d'un cercle. Squaring a circle
Réduction de tenseur. Contraction of a tensor
Réduction d'une fraction. Reduction of a fraction
Réflexibilité. Reflection property
Réflexion dans une ligne. Reflection in a line
Réfraction. Refraction
Région. Domain
Région de confiance. Confidence region
Règlage à une surface. Ruling on a surface
Règle. Ruler
Règle de calcul. Slide rule
Règle de conjointe. Chain rule
Règle de mécanicien. Mechanic's rule
Règle du trapèze. Trapezoid rule
Règle des signes. Rule of signs
Relation. Relation
Relation antisymétrique. Antisymmetric relation
Relation connexe. Connected relation
Relation d'inclusion. Inclusion relation
Relation intransitive. Intransitive relation
Relation réflexive. Reflexive relation
Relation transitive. Transitive relation
Rendement. Yield
Rendre rationnel un dénominateur. Rationalize a denominator
Rente. Annuity
Rente abrégée. Curtate annuity
Rente contingente. Contingent annuity

Rente différée. Deferred annuity
Rente fortuite. Contingent annuity
Rente diminuée. Curtate annuity
Rente suspendue. Deferred annuity
Rente tontine. Tontinue annuity
Répandu également. Homoscedastic
Représentation d'un groupe. Representation of a group
Représentation ternaire de nombres. Ternary representation of numbers
Résidu d'une fonction. Residue of a function
Résidu d'une série infinie. Remainder of an infinite series
Résolution graphique. Graphical solution
Résolvante d'une matrice. Resolvent of a matrix
Responsabilité. Liability
Résultante des fonctions. Resultant of functions
Retardation. Deceleration
Rétracte. Retract
Rétrécissement de la plan. Shrinking of the plane
Rétrécissement de tenseur. Contraction of a tensor
Réunion d'ensembles. Union of sets
Revenu net. Net profit
Réversion des séries. Reversion of a series
Révolution d'une courbe à la ronde d'un axe. Revolution of a curve about an axis
Rhombe. Rhombus
Rhomboèdre. Rhombohedron
Rhomboïde. Rhomboid
Rhumb. Rhumb line; bearing of a line
Rosace à trois feuilles. Rose of three leafs
Rotation des axes. Rotation of axes
Rumb. Rhumb line

Saltus d'une fonction. Saltus of a function
Satisfaire une équation. Satisfy an equation
Saut d'une fonction. Jump discontinuity
Schème au hazard. Random device
Schème mnémonique. Mnemonic device
Sécante d'un angle. Secant of an angle
Secteur d'un cercle. Sector of a circle
Section cylindrique. Section of a cylinder
Section d'or. Golden section
Section dorée. Golden section
Section du cylindre. Section of a cylinder
Segment d'une courbe. Segment of a curve
Segment d'une ligne. Line segment
Salinon. Salinon
Salinon d'Archimède. Salinon
Semestriel, -le. Biannual
Semi-cercle. Semicircle
Semi-sinus-versus. Haversine
Sens d'une inégalité. Sense of an inequality
Séparation d'un ensemble. Separation of a set
Sept. Seven
Septillion. Septillion
Série, Séries (pl.). Series
Série arithmétique. Arithmetic series
Série autorégressive. Autoregressive series
Série convergente. Convergent series
Série de nombre. Series of numbers
Série de puissances. Power series
Série de puissances formelle. Formal power series
Séries divergentes décidées. Properly divergent series
Séries géométriques. Geometric series

Séries hypergéométriques. Hypergeometric series
Séries infinis. Infinite series
Séries oscillatoires. Oscillating series
Séries sommables. Summable series
Servomécanisme. Servomechanism
Sextillion. Sextillion
Shift unilatéral. Unilateral shift
Signe de sommation. Summation sign
Signe d'un nombre. Sign of a number
Signification d'une déviation. Significance of a deviation
Signum fonction. Signum function
Similitude. Similitude
Simplement équicontinu. Point-wise equicontinuous
Simplex. Simplex
Simplification. Simplification
Singularité-pli. Fold singularity
Sinus d'un angle. Sine of an angle
Sinus verse. Versed sine
Sinusoïde. Sinusoid
Six. Six
Solide d'Archimède. Archimedean solid
Solide de révolution. Solid of revolution
Solides élastiques. Elastic bodies
Solide semi-régulier. Semi-regular solid
Solution d'une équation. Solution of an equation
Solution graphique. Graphical solution
Solution insignificante. Trivial solution
Solution simple. Simple solution
Solution triviale. Trivial solution
Solution vulgaire. Trivial solution
Sommation des séries. Summation of series
Somme des nombres. Sum of numbers
Sommet. Apex
Sourd. Surd
Sous-corps. Subfield
Souscrit. Subscript
Sous-ensemble. Subset
Sous-ensemble definitif complément. Cofinal subset
Sous-ensemble limité complément. Cofinal subset
Sous-groupe. Subgroup
Sous-groupe quasi-distingué. Quasi-normal subgroup
Sous-groupe quasi-invariant. Quasi-normal subgroup
Sous-groupe quasi-normal. Quasi-normal subgroup
Sous-groupes conjuguées. Conjugate subgroups
Sous-normal. Subnormal
Sous-suite. Subsequence
Sous-suite definitive complémente. Cofinal subsequence
Sous-suite limitée complémente. Cofinal subsequence
Sous-tangente. Subtangent
Soustendre un angle. Subtend an angle
Soustraction des nombres. Subtraction of numbers
Spécimen. Sample
Spécimen stratifié. Stratified sample
Spectre d'une matice. Spectrum of a matrix
Spectre résiduel. Residual spectrum
Sphère. Sphere
Sphère exotique. Exotic sphere
Sphères de Dandelin. Dandelin spheres
Sphéroïde. Spheroid
Spinode. Spinode
Spirale équiangle. Equiangular spiral
Spirale sphérique. Loxodromic spiral
Spline. Spline

Squelette d'un complex. Skeleton of a complex
Statique. Statics
Statistique. Statistic
Statistiques. Statistics
Statistiques avec erreurs systématiques. Biased statistics
Statistiques de la vie. Vital statistics
Statistiques robustes. Robust statistics
Stéradiane. Steradian
Stère. Stere
Stock. Stock
Stock. Capital stock
Stratégie dominante. Dominant strategy
Stratégie d'un jeu. Strategy of a game
Stratégie la meilleuse. Optimal strategy
Stratégie la plus avantageuse. Optimal strategy
Stratégie pure. Pure strategy
Stratégie strictement dominant. Strictly dominant strategy
Strophoïde. Strophoid
Substitution dans une équation. Substitution in an equation
Suite arithmétique. Arithmetic sequence
Suite au hazard. Random sequence
Suite autorégressive. Auto-regressive sequence
Suite convergente. Convergent sequence
Suite dense. Dense sequence
Suite des nombres. Sequence of numbers
Suite divergente. Divergent sequence
Suites généralisée de points partiellement ordonnés. Net of partially ordered points
Suite géométrique. Geometric sequence
Suite orthonormale. Orthonormal sequence
Suites disjointes. Disjoint sequences
Suivant de rapport. Consequent in a ratio
Superficie prismatique. Prismatic surface
Superosculation. Superosculation
Superposer deux configurations. Superpose two configurations
Super-réflexif. Super-reflexive
Support d'une fonction. Support of a function
Surensemble. Superset
Surface conique. Conical surface
Surface convexe d'un cylindre. Cylindrical surface
Surface cylindrique. Cylindrical surface
Surface de révolution. Surface of revolution
Surface développable. Developable surface
Surface du quatrième ordre. Quartic
Surface élliptique. Elliptic surface
Surface équipotentielle. Equipotential surface
Surface minimale. Minimal surface
Surface prismatique. Prismatic surface
Surface pseudosphérique. Pseudospherical surface
Surface pyramidale. Pyramidal surface
Surface réglée. Ruled surface
Surface spirale. Spiral surface
Surface translatoire. Translation surface
Surface unilatérale. Unilateral surface
Surfaces isométriques. Isometric surfaces
Surjection. Surjection
Suscrite. Superscript
Syllogisme. Syllogism
Symbole. Symbol
Symboles cunéiformes. Cuneiform symbols
Symétrie axiale. Axial symmetry
Symétrie cyclique. Cyclosymmetry
Symétrie de l'axe. Axial symmetry
Symétrie d'une fonction. Symmetry of a function
Système centésimal de mésure des angles. Centesimal system of measuring angles
Système d'addresse seule. Single address system
Système d'adresse simple. Single address system
Système de courbes isothermes. Isothermic system of curves
Système de courbes isothermiques. Isothermic system of curves
Système décimal. Decimal system
Système de numération hexadécimale. Hexadecimal number system
Système de numération octale. Octal number system
Système de numération sexagésimale. Sexagésimal number system
Système des équations. System of equations
Système duodecimal des nombres. Duodecimal system of numbers
Système international d'unités. International system of units
Système multiadresse. Multiaddress system
Système polyadresse. Multiaddress system
Système sexagésimal des nombres. Sexagesimal system of numbers
Système triplement orthogonal. Triply orthogonal system
Table d'éventualité. Continency table
Table de hazard. Contingency table
Table de mortalité. Mortality table
Table de mortalité choisi. Select mortality table
Table des logarithmes. Table of logarithms
Table du change. Conversion table
Tamis. Sieve
Tangence. Tangency
Tangente d'un angle. Tangent of an angle
Tangente à un cercle. Tangent to a circle
Tangente commune à deux cercles. Common tangent of two circles
Tangente de rebroussement. Inflexional tangent
Tangente d'inflexion. Inflectional tangent
Tangente extérieur à deux cercles. External tangent of two circles
Tangente interne à deux cercles. Internal tangent of two circles
Tantième. Bonus
Tarif. Tariff
Taux (d'intérêts) pour cent. Interest rate
Taux (d'intérêts) pour cent nominale. Nominal rate of interest
Taxe. Tax
Taxe supplémentaire. Surtax
Temps. Time
Temps astral. Sidereal time
Temps nivelé. Equated time
Temps régulateurs. Standard time
Temps sidéral. Sidereal time
Temps solaire. Solar time
Tenseur. Tensor
Tenseur contraindre. Strain tensor
Tenseur contrevariant. Contravariant tensor
Tenseur tendre. Strain tensor
Tension d'une substance. Stress of a body

Terme. Summand
Terme d'une fraction. Term of a fraction
Terme non defini. Undefined term
Termes dissemblables. Dissimilar terms
Termes divers. Dissimilar terms
Termes extrêmes. Extreme terms (or extremes)
Termes hétérogènes. Dissimilar terms
Termes pas ressemblants. Dissimilar terms
Tessélation. Tesselation
Tesseract. Tesseract
Tétraèdre. Tetrahedron
Thème. Exercise
Théorème. Theorem
Théorème de Bezout. Bezout's theorem
Théorème de la récurrence. Recurrence theorem
Théorème de la sous-base d'Alexander. Alexander's subbase theorem
Théorème de la valeur moyenne. Mean-value theorem
Théorème de minimax. Minimax theorem
Théorème de monodrome. Monodromy theorem
Théorème de Pythagore. Pythagorean theorem
Théorème de Radon-Nikodým. Radon-Nikodým theorem
Théorème des douze couleurs. Twelve-color theorem
Théorème des trois carrés. Three-squares theorem
Théorème de Tauber. Tauberian theorem
Théorème de valeur intérmediaire. Intermediate value theorem
Théorème d'existence. Existence theorem
Théorème d'extension de Tietze. Tietze extension theorem
Théorème du minimax. Minimax theorem
Théorème d'unicité. Uniqueness theorem
Théorème du nombre pentagonal d'Euler. Euler pentagonal-number theorem
Théorème du point fixe. Fixed-point theorem
Théorème du point fixe de Banach. Banach fixed-pont theorem
Théorème du résidu. Remainder theorem
Théorème du sandwich au jambon. Ham-sandwich theorem
Théorème étendue de la moyenne. Extended mean value theorem
Théorème fondamental d'algèbere. Fundamental theorem of algebra
Théorème pythagoréen. Theorem of Pythagoras
Théorème pythagoricien. Theorem of Pythagoras
Théorème pythagorique. Theorem of Pythagoras
Théorème réciproque. Dual theorems
Théorie de la rélativité. Relativity theory
Théorie des catastrophes. Catastrophe theory
Théorie des equations. Theory of equations
Théorie des fonctions. Function theory
Théorie des graphes. Graph theory
Théorie ergodique. Ergodic theory
Thermomètre centigrade. Centigrade thermometer
Titres valeurs négociables. Negotiable paper
Toise. Cord
Tonne. Ton
Topographe. Surveyor
Topologie. Topology
Topologie combinatore. Combinatorial topology
Topologie discrète. Discrete topology
Topologie grossière. Indiscrete topology
Topologie projective. Projective topology
Topologie triviale. Trivial topology
Tore. Torus
Torque. Torque
Torsion d'une courbe. Torsion of a curve
Totient d'un nombre entier. Totient of an integer
Totitif d'un nombre entier. Totitive of an integer
Tourbillon de vecteur. Curl of a vector
Trace d'une matrice. Spur of a matrix; trace of a matrix
Tractrice. Tractrix
Trajectoire. Trajectory
Trajectoire d'un projectile. Path of a projectile
Transformation affine. Affine transformation
Transformation auto-adjoint. Self-adjoint transformation
Transformation collinéaire. Collineatory transformation
Transformation conformale. Conformal transformation
Transformation de Fourier rapide. Fast Fourier transform
Transformation des coordonnées. Transformation of coordinates
Transformation étendante. Stretching transformation
Transformation isogonale. Isogonal transformation
Transformation linéaire. Linear transformation
Transformation non singulaire. Nonsingular transformation
Transformation orthogonale. Orthogonal transformation
Transformation par similarité. Similarity transformation
Transformation subjonctive. Conjunctive transformation
Transforme d'une matrice. Transform of a matrix
Transormée de Fourier discrète. Discrete Fourier transform
Transit. Transit
Translation des axes. Translation of axes
Translation unilatérale. Unilateral shift
Transporter un terme. Transpose a term
Transposée d'une matrice. Transpose of a matrix
Transposer un terme. Transpose a term
Transposition. Transposition
Transversale. Transversal
Transverse. Transversal
Trapèze. Trapezium
Trapézoïde. Trapezoid
Travail. Work
Trèfle. Trefoil
Treize. Thirteen
Tresse. Braid
Triangle. Triangle
Triangle équilatéral. Equilateral triangle
Triangle équilatère. Equilateral triangle
Triangle isocèle. Isosceles triangle
Triangle oblique. Oblique triangle
Triangle rectangulaire. Right triangle
Triangle scalène. Scalene triangle
Triangle sphérique trirectangle. Trirectangular spherical triangle
Triangle terrestre. Terrestrial triangle
Triangle similaires. Similar triangles

Triangulation.　Triangulation
Trident de Newton.　Trident of Newton
Trièdre formé par trois lignes.　Trihedral formed by three lines
Trigonométrie.　Trigonometry
Trillion.　Trillion
Trinôme.　Trinomial
Triple intégrale.　Triple integral
Triple racine.　Triple root
Triplet pythagoréen.　Pythagorean triple
Trisection d'un angle.　Trisection of an angle
Trisectrice.　Trisectrix
Trochoïde.　Trochoid
Trois.　Three
Tronc d'un solide.　Frustum of a solid
Tuile.　Tile

Ultrafiltre.　Ultrafilter
Ultrafiltre non trivial.　Free ultrafilter
Un, une.　One
Union.　Cup, union
Unité.　Unity
Unité astronomique.　Astronomical unit

Valeur absolue.　Absolute value
Valeur accumulée.　Accumulated value
Valeur à livre.　Book value
Valeur capitalisée.　Capitalized cost
Valeur courante.　Market value
Valeur critique.　Critical value
Valeur de laitier.　Scrap value
Valeur de place.　Place value
Valeur de rendre.　Surrender value
Valeur d'une police d'assurance.　Value of an insuracne policy
Valeur future.　Future value
Valeur locale.　Local value
Valeur nominale.　Par value
Valeur numéraire.　Numerical value
Valeur présente.　Present value
Valeur propre.　Eigenvalue
Valuation d'un corps.　Valuation of a field
Variabilité.　Variability
Variable.　Variable
Variable dépendant.　Dependant variable
Variable indépendant.　Independent variable

Variable stochastique.　Stochastic variable
Variate.　Variate
Variate normalé.　Normalized variate
Variation.　Variance
Variation des paramètres.　Variation of parameters
Variation d'une fonction.　Variation of a function
Variété.　Manifold
Variéte algébrique affine.　Affine algebraic variety
Variété exotique de dimension quatre.　Exotic four space
Vecteur.　Vector
Vecteur de la force.　Force vector
Vecteur non-rotatif.　Irrotational vector
Vecteur propre.　Eigenvector
Vecteur solenoïdal.　Solenoidal vector
Verification de solution.　Check on a solution
Versement à compet.　Installment payments
Vertex.　Apex
Vertex d'un angle.　Vertex of an angle
Vibration.　Vibration
Vie annuité commune.　Joint life annuity
Vie rente commune.　Joint life annuity
Vinculé.　Vinculum
Vingt.　Score, twenty
Vitesse.　Speed
Vitesse.　Velocity
Vitesse-constante.　Constant speed
Vitesse instantanée.　Instantaneous velocity
Vitesse relative.　Relative velocity
Voisinage d'un point.　Neighborhood of a point
Volte.　Volt
Volume d'un solide.　Volume of a solid

Watt.　Watt
Wronskienne.　Wronskian

X-Axe.　X-axis

Yard de distance.　Yard of distance
Y-Axe.　Y-axis

Zenith distance.　Zenith distance
Zenith d'un observateur.　Zenith of an observer
Zéro.　Zero
Zêta-fonction.　Zeta function
Zone.　Zone
Zone interquartile.　Interquartile range

ドイツ語-英語対照表

Abbildung eines Raumes. Mapping of a space
Abgekürzte Division. Short division
Abgeleitete Gleichung. Derived equation
Abgeplattetes Rotationsellipsoid. Oblate ellipsoid
Abgeschlossene Kurve. Closed curve
Abgeschlossene Menge. Closed set
Abhängige Gleichungen. Dependent equations
Abhängige Veränderliche, abhängige Variable. Dependent variable
Ableitung (Derivierte) einer Funktion. Derivative of a function
Ableitung einer Distribution. Derivative of a distribution
Ableitung höherer Ordnung. Derivative of higher order
Ableitung in Richtung der Normalen. Normal derivative
Ablösungsfond, Tilgungsfond. Sinking fund
Abrundungsfehler, Rundungsfehler. Round-off error
Abschreibungsaufschlag, Abschreibungsposten. Depreciation charge
Abschwächung einer Korrelation. Attenuation of correlation
Absolut stetige Funktion. Absolutely continuous function
Absolute Konvergenz. Absolute convergence
Absoluter Fehler. Absolute error
Absorbierende Menge. Absorbing set
Absorptionseigenschaft. Absorption property
Absteigende Kettenbedingung. Descending chain condition
Abstrakte Mathematik. Abstract mathematics
Abstrakter Raum. Abstract space
Abszisse. Abscissa
Abszissenzuwachs zwischen zwei Punkten. Run between two points
Abundante Zahl. Abundant number, Redundant number
Abweichung, Fehler. Deviation
Abzählbar kompakt. Countably compact
Abzählbare Menge. Denumerable set; Countable set
Abzählbarkeit. Countability
Achse. Axis
Achsenabschnitt. Intercept on an axis
Achsendrehung. Rotation of axes
Achsentranslation. Translation of axes
Acht. Eight
Achteck. Octagon
Acker (=40.47 a). Acre
Adder, Addierer. Adder
Addition. Addition
Additive Funktion. Additive function
Adiabatisch. Adiabatic
Adjungierte einer Matrix. Adjoint of a matrix
Adjungierter Raum, Dualer Raum, Raum der Linearformen. Adjoint (or conjugate) space
Aegyptisches Zahlensystem (mit ägyptischen Symbolen). Egyptian numerals
Aequinoktium (Tag-und Nachtgleiche). Equinox
Affine algebraische Varietät. Affine algebraic variety
Affine Transformation. Affine transformation
Affiner Raum. Affine space
Ähnliche Dreiecke. Similar triangles

Ähnliche Figuren. Homothetic figures; Radially related figures
Ähnlichkeit. Similitude
Ähnlichkeitstransformation. Similarity transformation
Ähnlichkeitsverhältnis. Ratio of similitude
Aktien. Stock
Aktienkapital. Capital stock
Aktiva, Vermögen. Assets
Alef-Null. Aleph-null (or aleph zero)
Alexandrscher Subbasissatz. Alexander's subbase theorem
Algebra, hyperkomplexes System. Algebra
Algebraisch. Algebraic
Algebraisch abgeschlossener Körper. Algebraically complete field
Algebraische Gleichung sechsten Grades. Sextic equation
Algebraische Kurve höherer als zweiten Ordnung. Higher plane curve
Algebraisches Komplement, Adjunkte. Cofactor
Algorithmus. Algorithm
Allgemeine Unkosten. Overhead expenses
Alternierend. Alternant
Alternierende Gruppe. Alternating group
Amerik. Tonne (=907,18 kg). Ton
Amortisation. Amortization
Amplitude (Arcus) einer komplexen Zahl. Amplitude of a complex number
Analogie. Analogy
Analog-Rechner. Analogue computer
Analysis. Analysis
Analytische Funktion. Analytic function
Analytische Menge. Analytic set
Analytisches Gebilde. Analytic function
Analytizität. Analyticity
Anbeschriebener Kreis. Inscribed circle
Anfangsstrahl eines Winkels. Initial side of an angle
Angewandte Mathematik. Applied mathematics
Ankreis. Excircle
Anlage. Investment
Annihilator, Annullisator. Annihilator
Anstieg zwischen zwei Punkten. Rise between two points
Antiautomorphismus. Antiautomorphism
Antiisomorphismus. Antiisomorphism
Antikommutativ. Anticommutative
Antipodenpaar. Antipodal points
Antisymmetrisch. Antisymmetric
Antisymmetrische Relation. Antisymmetric relation
Anwartschaftsrente, aufgeschobene Rente. Deferred annuity
Anzahl der primen Restklassen. Indicator of an integer
Aphel. Aphelion
Apotheker. Apothecary
Approximation (Annäherung). Approximation
Approximationseigenschaft. Approximation property
Äquator. Equator
Äquipotentialfläche. Equipotential surface
Äquivalente Matrizen. Equivalent matrices
Äquivalenzklasse. Equivalence class
Arbeit. Work

Arbeitsgebiet. Field of study
Arcus cosekans. Arc-cosecant
Arcus cosinus. Arc-cosine
Arcus cotangens. Arc-cotangent
Arcusfunktion, Zyklometrische Funktion. Inverse trigonometric function
Arcus sekans. Arc-secant
Arcus sinus. Arc-sine
Arcus tangens. Arc tangent
Argument einer Funktion. Argument of a function
(Argument)bereich. Domain
Arithmetik. Arithmetic
Arithmetische Reihe. Arithmetic series
Associatives Gesetz. Associative law
Astroide. Astroid
Astronomische Einheit. Astronomical unit
Asymmetrisch. Asymmetric
Asymptote. Asymptote
Asymptotisch gleich. Asymptotically equal
Asymptotisch unverfälscht. Asymptotically unbiased
Asymptotische Dichte. Asymptotic density
Asymptotische Entwicklung. Asymptotic expansion
Asymptotische Richtung. Asymptotic direction
Atmosphäre. Atmosphere
Atom. Atom
(Aufeinander) senkrechte Geraden. Perpendicular lines
Aufeinanderfolgende Ereignisse. Successive trials
Auflösbare Gruppe. Solvable group
Aufsteigende Kettenbedingung. Ascending chain condition
Aufzählbare Menge. Enumerable set
Ausgangskomponente, Entnahme. Output component
Ausrechnen, den Wert bestimmen. Evaluate
Ausrechnung. Evaluation
Aussage. Proposition (in logic)
Aussagefunktion, Relation, Prädikat (Hilbert-Ackermann). Propositional function
Ausschöpfungsmethode. Method of exhaustion
Aussenglieder. Extreme terms (or extremes)
Aussenwinkel. Exterior angle
Äussere Algebra. Exterior algebra
Äussere Tangente zweier Kreise. External tangent of two circles
Äusseres Teilverhältnis. External ratio
Auswahlaxiom. Axiom of choice
Auszahlungsfunktion. Payoff function
Automatische Berechnung. Automatic computation
Automorphe Funktion. Automorphic function
Automorphismus. Automorphism
Autoregressive Folge. Autoregressive series
Axiale Symmetrie. Axial symmetry
Axiom. Axiom
Azimut. Azimuth

Babylonisches Zahlensystem (mit babylonischen Symbolen). Babylonian numerals
Bahn. Orbit
Bahnenraum. Orbit space
Bairescher Raum. Baire space
Balkendiagramm. Bar graph
Banach-Tarski-Paradoxon. Banach-Tarski paradox
Banachscher Fixpunktsatz. Banach fixed-point theorem

Barwert. Present value
Baryzentrische Koordinaten. Barycentric coordinates
Basis. Base; Basis
Basis wechsel. Change of base
Baum. Tree
Bedeutsame Ziffer, geltende Stelle. Significant digit
Bedingte Konvergenz. Conditional convergence
Befreundete Zahlen. Amicable numbers
Begebbares Papier. Negotiable paper
Benannte Zahl. Denominate number
Berechnung, Rechnung. Computation
Bereich einer Variable. Range of a variable
Berührender Doppelpunkt. Osculation
Berührpunkt. Tangency
Berührung dritter Ordnung. Superosculation
Berührungspunkt. Adherent point
Beschleunigung. Acceleration
Beschränkte Menge. Bounded set
Bestimmt divergente Reihe. Properly divergent series
Bestimmtes Integral. Definite integral
Beta-Verteilung. Beta distribution
Betrag (Absolutwert). Absolute value
Bevölkerung, statistische Gesamtheit, Gesamtmasse, Personengesamtheit. Population
Bewegung. Rigid motion
Beweis. Proof
Beweis durch Abstieg. Proof by descent
Bewertungsring. Valuation ring
Bewichtetes Mittel. Weighted mean
Bezeichnung, Notation. Notation
Bezeichnung der Fakultät. Factorial notation
Bezeichnung mit Funktionssymbolen. Functional notation
Bézoutscher Satz. Bézout's theorem
Biasfreie Schätzung, erwartungstreue Schätzung. Unbiased estimate
Bieberbachsche Vermutung. Bieberbach conjecture
Bijektion. Bijection
Bikompakter Raum. Bicompact space
Bikompaktum. Bicompactum
Bild eines Punktes. Image of a point
Bilinear. Bilinear
Billion. Trillion
Bimodal. Bimodal
Binomial. Binomial
Binomialkoeffizienten. Binomial coefficients
Binormale. Binormal
Biquadratisch. Biquadratic
Biquadratische Kurve. Quartic curve
Blaschke-Produkt. Blaschke product
Blatt einer Riemannschen Fläche. Sheet of a Riemann surface
Bochner-Integral. Bochner integral
Bogenlänge. Arc length
Borelmenge. Borel set
Bourbaki. Bourbaki
Brachistochrone. Brachistochrone
Brechung, Refraktion. Refraction
Breite. Breadth
Breite eines Punktes (geogr.). Latitude of a point
Breitenkreise. Parallels of latitude
Brennpunkt einer Parabel. Focus of a parabola
Brennpunktssehne. Focal chord
Bruch. Fraction
Bruttogewinn. Gross profit

Buchstabenkonstante, d.i. Mitteilungsvariable für Objekte. Literal constant
Buchwert. Book value

Candela (photometrische Einheit für Lichtstärke). Candela
Cantorsche Funktion. Cantor function
Cap (Symbol für das Schneiden von Mengen: ∩). Cap
Cartesisches Produkt. Cartesian product
Catalansche Zahl. Catalan numbers
Celsius-Temperaturskala. Celsius temperature scale
Chancen. Odds
Charakteristische Gleichung einer Matrix. Characteristic equation of a matrix
Charakteristische Kurven (Charakteristken). Characteristic curves
Chaos. Chaos
Chinesisch-Japanisches Zahlensystem (mit entsprechenden Symbolen). Chinese-Japanese numerals
Chi-Quadrat-Verteilung. Chi-square distribution
Chiquadrat, χ^2. Chi-square
Chromatische Zahl. Chromatic number
Cosekans eines Winkels. Cosecant of an angle
Cosinus eines Winkels. Cosine of an angle
Cotangens eines Winkels. Cotangent of an angle
Counting number. Counting number
Crisp set. Crisp set
Cup (Symbol für die Vereinigung von Mengen: ∪). Cup

Dandelinsche Kugeln. Dandelin spheres
Darlehen, Anleihe (in der Versicherung: Policendarlehen). Loan
Darstellung einer Gruppe. Representation of a group
Deduktiver Beweis. Deductive proof
Defiziente Zahl. Defective number
Defiziente Zahl. Deficient number
Deformation (Verformung) eines Objekts. Deformation of an object
Deformationsverhältnis. Deformation ratio
Dehnungstransformation. Stretching transformation
Deklination. Declination
Deltaeder. Deltahedron
Deltoid. Deltoid
Descartes'sches Blatt. Folium of Descartes
Determinante. Determinant
Dezimalsystem. Decimal system
Dezimeter. Decimeter
Diagonale einer Determinante. Diagonal of a determinant
Diagonalisieren. Diagonalize
Diagramm. Diagram
Dialytische Methode. Dialytic method
Dichotomie. Dichotomy
Dichte. Density
Dichte Menge. Dense set
Diedergruppe. Dihedral group
Differential einer Funktion. Differential of a function
Differentialgleichung. Differential equation
Differentiation einer Funktion. Differentiation of a function
Differenzen einer Funktion nehmen. Differencing a function
Differenz zweier Quadrate. Difference of two squares

Differenzengleichung. Difference equation
Diffeomorphismus. Diffeomorphism
Dilatation, Streckung. Dilatation
Dimension. Dimension
Dipol. Dipole; Doublet
Diracsche Distribution. Dirac δ-function
Direktes Produkt. Direct product
Direktrix eines Kegelschnittes, Leitlinie eines Kegelschnittes. Directrix of a conic
Dirichletscher Kern. Dirichlet kernel
Dirichletsches Schubfachprinzip. Dirichlet drawer principle
Disjunkte Mengen. Disjoint sets
Disjunktion. Disjunction
Diskrete Fouriertransformation. Discrete Fourier transform
Diskrete Mathematik. Discrete mathematics
Diskrete Menge. Discrete set
Diskrete Topologie. Discrete topology
Diskriminante eines Polynoms. Discriminant of a polynomial
Dispersion. Dispersion
Distributives Gesetz. Distributive law
Divergente Folge. Divergent sequence
Divergenz einer Vektorfunktion. Divergence of a vectorfunction
Divergenz von Reihen. Divergence of a series
Division. Division
Divisor. Consequent in a ratio
Dodekaeder. Dodecahedron
Dominierende Strategie. Dominant strategy
Dominostein. Domino
Doppelintegral. Double integral
Doppelpunkt. Crunode
Doppelte Sicherstellung. Collateral security
Doppelverhältnis. Anharmonic ratio (modern: cross ratio)
Drehimpuls. Angular momentum
Drehmoment. Torque
Drehpunkt, Stützpunkt. Fulcrum
Drei. Three
Dreibein. Trihedral formed by three lines
Dreiblatt. Trefoil
Dreiblättrige Rose. Rose of three leafs
Dreidimensionale Geometrie. Three-dimensional geometry
Dreieck. Triangle
Dreifache Wurzel. Triple root
Dreifaches Integral. Triple integral
Dreiquadratsatz. Three-squares theorem
Dreisatz. Double rule of three
Dreiteilung eines Winkels. Trisection of an angle
Dreizehn. Thirteen
Druck. Pressure
Druckeinheit. Bar
Druck(spannung). Compression
Duale Theoreme, duale Sätze. Dual theorems
Dualität. Duality
Duodezimalsystem der Zahlen. Duodecimal system of numbers
Durchmesser. Diametral line
Durchmesser eines Kreises. Diameter of a circle
Durchschnitt. Average
Durchschnitt von Mengen. Intersection of sets

Durchschnitt zweier Mengen. Meet of two sets
Durchschnittlicher Fehler. Mean deviation
Durchstosspunkt (einer Geraden), Spurpunkt. Piercing point
Dyade. Dyad
Dyadisch. Dyadic
Dyadische rationale Zahl. Dyadic rational
Dyn. Dyne
Dynamik. Dynamics
Dynamisches Programmieren. Dynamic programming

Ebene. Plane
Ebene Figur. Plane figure
Ebene projektive Kurve. Projective plane curve
Ebenenbündel. Bundle of planes
Ebenenbündel. Copunctal planes; Sheaf of planes
Ebenenschrumpfung. Shrinking of the plane
Echt steigende Funktion. Strictly increasing function
Echter Bruch. Proper fraction
Ecke (einer Kurve). Salient point
Effectiver Zinsfuss. Effective interest rate
Eigenfunktion. Eigenfunction
Eigenschaft finiten Charakters. Property of finite character
Eigenvektor. Eigenvector
Eigenwert einer Matrix. Characteristic root of a matrix, Eigenvalue of a matrix
Eilinie, Oval. Oval
Einbeschriebenes Polygon. Inscribed polygon
Einbettung einer Menge. Imbedding of a set
Eindeutig definiert. Uniquely defined
Eindeutige Funktion. Single valued function
Eindeutige Zerlegung (in Primelemente). Unique factorization
Eindeutigkeitssatz. Uniqueness theorem
Eineindeutige Entsprechung, umkehrbar eindeutige Entsprechung. One-to-one correspondence
Einfach geschlossene Kurve. Simple closed curve
Einfach zusammenhängendes Gebiet. Simply connected region
Einfache Lösung. Simple solution
Einfache Wurzel. Simple root
Einfaches Integral. Simple integral
Eingabe Komponente, Eingang. Input component
Einheitsdyade (bei skalarer Multiplikation). Idemfactor
Einheitselement. Unity
Einheitskreis. Unit circle
Einhüllende (Enveloppe) einer Familie von Kurven. Envelope of a family of curves
Einkommensteuer. Income tax
Ein, Eins. One
Einschaliges Hyperboloid. Hyperboloid of one sheet
Einschliessungssatz. Ham-sandwich theorem
Einseitige Fläche. Unilateral surface
Einseitige Verschiebung. Unilateral shift
Einstellige Operation. Unary operation
Ekliptik. Ecliptic
Elastische Körper. Elastic bodies
Elastizität. Elasticity
Elektromotorische Kraft. Electromotive force
Elecktrostatisches Potential. Electrostatic potential
Elementare Operationen. Elementary operations
Elf. Eleven

Elimination durch Substitution. Elimination by substitution
Ellipse. Ellipse
Ellipsoid. Ellipsoid
Elliptische Fläche. Elliptic surface
Elongation. Elongation
Empfindlichkeitsanalyse. Sensitivity analysis
Empirisch eine Kurve bestimmen. Curve fitting
Empirische Kurve. Empirical Curve
Endlich darstellbar. Finitely representable
Endliche projektive Ebene. Finite projective plane
Endliches Spiel. Finite game
Endomorphismus. Endomorphism
Endpunkt einer Kurve. End point of a curve
Endstrahl eines Winkels. Terminal side of an angle
Endwert. Accumulated value; Future value
Energieintegral. Energy integral
Entarteter Kegelschnitt. Degenerate conic
Entfernung zwischen zwei Punkten. Distance between two points
Entropie. Entropy
Entsprechende Winkel. Corresponding angles
Entwicklung einer Determinante. Expansion of a determinant
Epitrochoidale Kurve. Epitrochoidal curve
Epitrochoide. Epitrochoid
Epizykloide. Epicycloid
Erdmeridian. Meridian on the earth
Ereigniswahrscheinlichkeit. Probability of occurrence
Erg. Erg
Ergänzungswinkel. Conjugate angle
Ergodentheorie. Ergodic theory
Erlanger Programm. Erlangen program
Erwartungswert. Expected value
Erweiterte Matrix (eines linearen Gleichungssystems). Augmented matrix
Erzeugende. Generatrix
Erzeugende einer Fläche. Generator of a surface
Erzeugende Gerade einer Fläche. Ruling on a surface
Erzeugende Geraden (einer Regelfläche). Rectilinear generators
Eulerscher Graph. Eulerian graph
Evolute einer Kurve. Evolute of a curve
Evolvente einer Kurve. Involute of a curve
Exakte Differentialgleichung. Exact differential equation
Existenzsatz. Existence theorem
Exotische Sphäre. Exotic sphere
Exotischer vierdimensionaler Raum. Exotic four-space
Explizite Funktion. Explicit function
Exponent. Exponent
Exponentenregel. Law of exponents
Exponentialkurve. Exponential curve
Extrapolation. Extrapolation
Extremal unzusammenhängend. Extremely disconnected
Extremalpunkt. Bend point
Extrempunkt. Turning point
Exzentrizität einer Hyperbel. Eccentricity of a hyperbola

Facette. Facet
Fächergestell. Scattergram

Faktor. Multiplier
Faktor eines Polynoms. Factor of a polynomial
Faktoranalyse. Factor analysis
Faktorisierbar, zerlegbar. Factorable
Faktorisierung, Zerlegung. Factorization
Fakultät einer ganzen Zahl. Factorial of an integer
Fallende Funktion. Decreasing function
Faltsingularität. Fold singularity
Faltung zweier Funktionen. Convolution of two functions; Resultant of two functions
Färbung von Graphen. Graph coloring
Faserbund. Fiber bundle
Faserraum. Fiber space
Fast periodisch. Almost periodic
Feinere Partition. Finer partition
Feinheit einer Partition. Fineness of a partition
Fejérscher Kern. Fejér kernel
Feldmesser, Gutachter. Surveyor
Filter. Filter
Filterbasis. Filter base
Finite Mathematik. Finite mathematics
Fixpunkt. Fixed point
Fixpunktsatz. Fixed-point theorem
Flächeninhalt. Area
Flächentren. Equiareal (or area-preserving)
Flugbahn. Path of a projectile
Fluss. Flux
Flussdiagramm. Flow chart
Folgenkompakt. Weakly compact
Folgenkorrelations Koeffizient. Biserial correlation coefficient
Form in zwei Variablen. Form in two variables
Formale Ableitung. Formal derivative
Formale Potenzreihe. Formal power series
Formel. Formula
Fraktal. Fractal
Fraktale Dimension. Fractal dimension
Fréchet-Raum. Fréchet space
Freier Ultrafilter. Free ultrafilter
Freitragender Balken. Cantilever beam
Fundamentalsatz der Algebra. Fundamental theorem of algebra
Fünf. Five
Fünfeck. Pentagon
Fünfeckzahlsatz von Euler. Euler pentagonal-number theorem
Fünfflächner. Pentahedron
Fünfseitige Pyramide. Pentagonal pyramid
Fünfzehneck. Pentadecagon
Funktion der Differentiations Klasse C^n. Function of class C^n
Funktionentheorie. Function theory
Funktor. Functor
Für einen Rechenautomaten verschlüsseln. Coding for a computing machine
Fusspunkt einer Senkrechten. Foot of a perpendicular
Fusspunktkurve. Pedal curve
Fuzzy logic. Fuzzy logic
Fuzzy set. Fuzzy set

Galoiskörper. Galois field
Gammafunktion. Gamma function
Ganze Funktion. Entire function
Ganze Vielfache rechter Winkel. Quadrantal angles

Ganze Zahl. Integer
Ganzen komplexen Zahlen. Gaussian integers
(Ganzes) Vielfaches einer Zahl. Multiple of a number
Garbe. Sheaf
Gebrochene Linie. Broken line
Gebrochener Exponent. Fractional exponent
Gebundene Variable. Bound variable
Gedächtnisstütze. Mnemonic device
Gegen den Uhrzeigersinn. Counterclockwise
Gegen einen Grenzwert konvergieren. Converge to a limit
Gegenhypothese. Alternative hypothesis
Gegenüberliegende Seiten. Opposite sides
Gemeinsame Tangente zweier Kreise. Common tangent of two circles
Gemeinsames Vielfaches. Common multiple
Gemischte Versicherung. Endowment insurance
Gemischter Bruch. Mixed number
Geodätische Parallelen. Geodesic parallels
Geoid (leicht abgeplattete Kugel). Geoid
Geometrie. Geometry
Geometrisches Mittel. Geometric average
Geometrische Reihe. Geometric series
Geometrischer Orf. Locus
Geordnete Menge, Verein (auch: teilweise geordnete Menge). (Partially) ordered set
Gerade. Straight line
Gerade Permutation. Even permutation
Gerade Zahl. Even number
Gerade Zahlen zählen. Count by twos
Geraden derselben Ebene. Coplanar lines
Geradenabschnitt. Line segment
Geradenbüschel. Concurrent lines
Gerichtete Gerade. Directed line
Gerüst eines Komplexes. Skeleton of a complex
Geschlecht einer Fläche. Genus of a surface
Geschweifte Klammer. Brace
Geschwindigkeit. Speed; Velocity
Gesicherheit einer Abweichung. Significance of a deviation
Gewicht. Weight
Gewichte zum Wägen von Edelmetallen. Troy weight
Gewinn. Profit
Gewöhnliche Logarithmen. Common logarithms
Gewöhnlicher Bruch. Vulgar fraction; Common fraction
Gitter. Lattice (in physics)
Glatte Abbildung. Smooth map
Glatte ebene projektive Kurve. Smooth projective plane curve
Gleichartige Grössen. Equal quantities
Gleichgewicht. Equilibrium
Gleichgradig stetige Funktionen. Equicontinuous functions
Gleichheit. Equality
Gleichmässig gleichgradig stetig. Uniformly equicontinuous
Gleichmässig konvexer Raum. Uniformly convex space
Gleichmässige Konvergenz. Uniform convergence
Gleichmässige Stetigkeit. Uniform continuity
Gleichschenkliges Dreieck. Isosceles triangle
Gleichseitiges Dreieck. Equilateral triangle
Gleichsetzen. Equate

Gleichung einer Kurve. Equation of a curve
Gleichungssystem. System of equations
Gleitendes Komma. Floating decimal point
Glied eines Bruches. Term of a fraction
Globale Eigenschaft. Global property
Goldener Schnitt. Golden section
Googol (10 hoch 100 oder sehr grosse Zahl). Googol
Grad Celsius Thermometer. Centigrade thermometer
Grad eines Polynoms. Degree of a polynomial
Gradient. Gradient
Gramm. Gram
Graph, graphische Darstellung. Pictogram
Graph einer Gleichung. Graph of an equation
Graphentheorie. Graph theory
Graphische Lösung. Graphical solution
Gravitation, Schwerkraft. Gravitation
Grenzwert, Limes. Limit point
Grenzwert einer Funktion, Limes einer Funktion. Limit of a function
Griechisches Zahlensystem (mit griechischen Symbolen). Greek numerals
Gröbere Partition. Coarser partition
Grösse. Quantity
Grosse Disjunktion, Existenzquantor, Partikularisator. Existential quantifier
Grösse (Helligkeit) eines Sternes. Magnitude of a star
Grosse Konjunktion, Allquantor, Generalisator. Universal quantifier
Grösster gemeinsamer Teiler. Greatest common divisor
Gruppoid. Groupoid
Gütefunktion. Power function

Halbieren. Bisect
Halbierungspunkt. Bisecting point
Halbjährlich. Biannual
Halbkreis. Semicircle
Halbregulärer Körper. Archimedean solid
Halbregulärer Körper. Semi-regular solid
Halbschaffen. Penumbra
Halbstetige Funktion. Semicontinuous function
Halbwinkelformeln. Half-angle formulas
Halm einer Garbe. Stalk of a sheaf
Hamiltonscher Graph. Hamiltonian graph
Handelsgewicht. Avoirdupois weight
Hardyscher Raum. Hardy space
Harmonische Bewegung. Harmonic motion
Harmonische Funktion. Harmonic function
Häufigkeitskurve. Frequency curve
Häufungspunkt. Cluster point; Accumulation point
Hauptachse. Major axis
Hauptdiagonale. Principal diagonal
Hauptidealring. Principal ideal ring
Hausdorff-Dimension. Hausdorff dimension
Hausdorffsches Paradoxon. Hausdorff paradox
Hebbare Unstetigkeit. Removable discontinuity
Hebelarm. Lever arm
Hellebardenspitze. Cusp of first kind
Hemisphäre, Halbkugel. Hemisphere
Henkel an einer Fläche. Handle on a surface
Hermitesche Matrix. Hermitian matrix
Heuristische Methode. Heuristic method
Hex-Spiel. Game of hex
Hexäder. Hexahedron
Hexadezimalsystem. Hexadecimal number system

Hilfskreis. Auxiliary circle
Himmels-. Celestial
Himmelsäquator. Celestial equator
Hinreichende Bedingung. Sufficient condition
Höchster Koeffizient. Leading coefficient
Hodograph. Hodograph
Höhe. Altitude
Holomorphe Funktion. Holomorphic function
Holzmass. Cord (of wood)
Homogene Gleichung. Homogeneous equation
Homogenes Polynom. Quantic
Homogenes Polynom in vier Variablen. Quarternary quantic
Homogenität. Homogeneity
Homolog. Homologous
Homologiegruppe. Homology group
Homologische Algebra. Homological algebra
Homomorphismus zweier algebraischer Strukturen. Homomorphism of two algebraic structures
Homöomorphismus zweier Räume. Homeomorphism of two spaces
Homotope Figuren. Homotopic figures
Horizont. Horizon
Horizontal, waagerecht. Horizontal
Hülle einer Menge, (abgeschlossene Hülle einer Menge). Closure of a set
Hundert. Hundred
Hundertster Teil einer Zahl. Hundredth part of a number
Hydromechanik. Mechanics of fluids
Hyperbel. Hyperbola
Hyperbolischer Zylinder. Hyperbolic cylinder
Hyperbolisches Paraboloid. Hyperbolic paraboloid
Hypereben . Hyperplane
Hyperfläche. Hypersurface
Hypergeometrische Reihe. Hypergeometric series
Hyperkomplexe Zahlen. Hypercomplex numbers
Hyperreelle Zahlen. Hyperreal numbers
Hypervolumen. Hypervolume
Hypotenuse. Hypotenuse
Hypothese. Hypothesis
Hypotrochoide. Hypotrochoid
Hypozykloide. Hypocycloid

Idempotent. Idempotent
Idempotenzeigenschaft. Idempotent property
Identische Grössen. Identical quantities
Identität. Identity
Ikosäder. Icosahedron
Ikosaedergruppe. Icosahedral group
Imaginäre Zahlengerade. Scale of imaginaries
Imaginärteil der modifizierten Besselfunktion. Kei function
Imaginärteil einer Zahl. Imaginary part of a number
Implikation. Implication
Implizite Differentiation. Implicit differentiation
Implizite Funktion. Implicit function
Impuls. Momentum
Im Gegenuhrzeigersinn. Counter-clockwise
Im Uhrzeigersinn. Clockwise
Im wesentlichen beschränkt. Essentially bounded
In einen Raum einbetten. Imbed in a space
In einem Ring enthaltenes Ideal. Ideal contained in a ring
In Raten ruckkäufliches Anlagepapier. Serial bond

Indikatrix einer quadratischen Form. Indicatrix of a quadratic form
Indirekter Beweis. Indirect proof
Indiskrete Topologie. Indiscrete topology
Induktion. Induction
Induktive Methode. Inductive method
Ineinandergeschachtelte Intervalle. Nested intervals
Infimum, grösste untere Schranke. Greatest lower bound
Infinitesimalrechnung, Analysis. Calculus
Infinitesimalrechnung. Infinitesimal analysis
Inhalt einer Menge. Content of a set
Injektive Funktion. Injective function
Inklusionsrelation. Inclusion relation
Inkommensurabel Zahlen. Incommensurable numbers
Inkreis. Incircle
Inkreismittelpunkt eines Dreiecks. Incenter of a triangle
Inkreisradius (eines Polygons). Apothem
Innenwinkel. Interior angle
Innenwinkel eines Polygons, grösser als π. Reentrant angle
Innere Eigenschaft. Intrinsic property
Innere Tangente zweier Kreise. Internal tangent of two circles
Innerer Automorphismus. Inner automorphism
Inneres Produkt, Skalarprodukt. Inner product
Inneres Teilverhältnis. Internal ratio
Insichdicht. Dense-in-itself
Integral einer Funktion. Integral of a function
Integralgleichung. Integral equation
Integralrechnung. Integral calculus
Integrand. Integrand
Integraph. Integraph
Integrationselement. Element of integration
Integrationskonstante. Constant of integration
Integrator. Integrator
Integrierbare Funktion. Integrable function
Integrierender Faktor. Integrating factor
Integritätsbereich. Integral domain
Interpolation. Interpolation
Internationales Einheitensystem. International system of units
Intervallschachtelung. Nest of intervals
Intransitive Relation. Intransitive relation
Intuitionismus. Intuitionism
Invariante Eigenschaft. Invariant property
Invariante einer Gleichung. Invariant of an equation
Inverse der charakteristischen Matrix. Resolvent of a matrix
Inversion (eines Punktes an einem Kreis). Inversion of a point
Inversor. Inversor
Invertierbar. Invertible
Involution auf einer Geraden. Involution on a line
Inzidenzfunktion. Incidence function
Irrationale algebraische Zahl. Surd
Irrationalzahl. Irrational number
Irreduzible Wurzel. Irreducible radical
Isochrone. Isochronous curve
Isolierter Punkt. Acnode
Isomorphismus. Isomorphism
Isoperimetrisches Problem. Isoperimetric problem
Isotherme. Isotherm

Isotherme. Isothermal line
Isotherme Kurvenschar. Isothermic system of curves
Isotrope Materie. Isotropic matter

Jahr. Year
Joule. Joule
Julia-Menge. Julia set

Kalorie. Calorie
Kanonische Form. Canonical form
Kanonischer Representant einer primen Restklasse einer ganzen Zahl. Totitive of an integer
Kante eines Körpers. Edge of a solid
Kapitalisierte Kosten. Capitalized cost
Kappakurve. Kappa curve
Kardinalzahl. Cardinal number
Kardioide, Herzkurve. Cardioid
Katastrophentheorie. Catastrophe theory
Kategorie. Category
Kategorisch. Categorical
Katenoid, Drehfläche der Kettenlinie. Catenoid
Kathete eines rechtwinkligen Dreiecks. Leg of a right triangle
Kaufpreis. Flat price
Kegel. Cone
Kegelfläche. Conical surface
Kegelschnitt, konisch. Conic
Kegelstumpf. Truncated cone
Keil. Wedge
Keilschriftsymbole. Cuneiform symbols
Keim von Funktionen. Germ of functions
Kennziffer eines Logarithmus. Characteristic of a logarithm
Kern eines Homomorphismus. Kernel of a homomorphism
Kern einer Integralgleichung. Nucleus (or kernel) of an integral equation
Kettenbruch. Continued fraction
Kettenkomplex. Chain complex
Kettenlinie. Catenary
Kettenregel. Chain rule
Kilogramm (Masse). Kilogram (mass unit)
Kilometer. Kilometer
Kilopond (Kraft). Kilogram (force unit)
Kilowatt. Kilowatt
Kinematik. Kinematics
Kinetik. Kinetics
Kinetische Energie. Kinetic energy
Kippschalter. Flip-flop circuit
Klammer, eckige Klammer. Bracket
Klassenhäufigkeit. Class frequency
Knoten. Knot in topology
Knoten. Knot of velocity
Knotenlinie. Nodal line
Knotenpunkt einer Kurve. Node of a curve
Knotenpunkt in der Astronomie. Node in astronomy
Koaxiale Kreise. Coaxial circles
Koebe-Funktion. Koebe function
Koeffizient. Coefficient
Koeffizientenmatrix. Matrix of coefficients
Kofinale Untermenge. Cofinal subset
Kofunktion, komplementäre Funktion. Cofunction
Kohärent, zusammenhängend orientiert. Coherently oriented
Koinzidierend, Koinzident. Coincident

Kollineare Transformation. Collineatory transformation
Kollineare Punkte. Collinear points
Kollineation. Collineation
Kombination einer Menge von Objekten. Combination of a set of objects
Kombinatorische Topologie. Combinatorial topology
Kommensurabel. Commensurable
Kommutativ. Commutative
Kommutative Gruppe, Abelsche Gruppe. Commutative group
Kommutator. Commutator
Kompakte Menge. Compact set
Kompakter Träger. Compact support
Kompaktifizierung. Compactification
Kompaktum. Compactum
Komplement einer Menge. Complement of a set
Komplementwinkel. Complementary angles
Kompletter Körper. Complete field
Komplexe Zahl. Complex number
Konchoide. Conchoid
Kondensationspunkt. Condensation point
Konfiguration, Stellung. Configuration
Konfokale Kegelschnitte. Confocal conics
Konforme Transformation. Conformal transformation
Kongruente Figuren. Congruent figures
Kongruente Konfigurationen. Superposable configurations
Kongruenz. Congruence
Königsberger Brückenproblem. Königsberg bridge problem
Konjugierte komplexe Zahlen. Conjugate complex numbers
Konjugierte Untergruppen. Conjugate subgroups
Konjunktion. Conjunction
Konjunktive Transformation. Conjunctive transformation
Konkaves Polygon. Concave polygon
Konkav-konvexes Spiel. Concave-convex game
Konkavsein. Concavity
Konnexe Relation. Connected relation
Konoid. Conoid
Konservatives Kraftfeld. Conservative field of force
Konsistente Gleichungen. Consistent equations
Konsistenz (Widerspruchsfreiheit) von Gleichungen. Consistency of equations
Konstante Geschwindigkeit. Constant speed
Konstruktion. Construction
Konstruktive Mathematik. Constructive mathematics
Kontakttransformation, Berührungstransformation. Contact transformation
Kontingenztafel. Contingency table
Kontinuum. Continuum
Kontrahierende Abbildung. Contraction mapping
Kontraktion (Verdünnung) eines Tensors. Contraction of a tensor
Kontravarianter Tensor. Contravariant tensor
Kontrollgruppe. Control group
Kontrollierte Stichprobe, Gruppenauswahl. Stratified sample
Konvergente Folge. Convergent sequence
Konvergenz eines Kettenbruchs. Convergence of a continued fraction
Konvergenz einer Reihe. Convergence of a series
Konvergenzintervall. Interval of convergence
Konvergenzkreis. Circle of convergence
Konvexe Hülle einer Menge. Convex hull of a set
Konvexe Kurve. Convex curve
Konzentrische Kreise. Concentric circles
Konzyklische Punkte (Punkte auf einem Kreis). Concyclic points
Kooperativ, Konsumverein. Cooperative
Koordinate eines Punktes. Coordinate of a point
Koordinaten transformation. Transformation of coordinates
Koordinatenebenen. Coordinate planes
Koordinatennetz, Bezugssystem. Frame of reference
Kopf und Adler. Coin-matching game
Korollar. Corollary
Körperbewertung. Valuation of a field
Körpererweiterung. Extension of a field
Korrelationskoeffizient. Correlation coefficient
Kovariante Ableitung. Covariant derivative
Kovarianz. Covariance
Kraftkomponente. Component of a force
Kraftvektor. Force vector
Krein-Milmansche Eigenschaft. Krein-Milman property
Kreis. Circle
Kreisausschnitt. Sector of a circle
Kreisbüschel. Pencil of circles
Kreiskegel. Circular cone
Kreispunkt. Umbilical point
Kreisring. Annulus
Kreisscheibe. Disc (or disk)
Kreisteilungsgleichung. Cyclotomic equation
Kreuzförmige Kurve. Cruciform curve
Kreuzhaube. Cross-cap
Kritischer Wert. Critical value
Krummlinige Bewegung. Curvilinear motion
Krümmung einer Kurve. Curvature of a curve
Kubikmeter. Stere
Kubikwurzel. Cube root
Kubische Kurve. Cubic curve
Kubische Parabel. Cubical parabola
Kubische Resolvente. Resolvent cubic
Kubooktaeder. Cuboctahedron
Kugelzone. Zone
Kummulanten. Cumulants
Kummulative Häufigkeit. Cumulative frequency
Kuratowskisches Abschluss- und Komplementierungsproblem. Kuratowski closure-complementation problem
Kurtosis. Kurtosis
Kurvenbogen. Segment of a curve
Kurvenlänge. Length of a curve
Kurvenschar. Family of curves
Kürzen. Cancel
Kürzung. Cancellation
Kybernetik. Cybernetics

Ladung. Charge
Länge (geogr.). Longitude
Längentreu aufeinander abbildbare Flächen. Isometric surfaces
Lebenserwartung. Expectation of life
Lebenslängliche Rente. Perpetuity
Lebenslängliche Verbindungsrente. Joint life annuity
Lebensstatistik. Vital statistics

Lebensversicherung. Life insurance
Legendresches Polynom. Polynomial of Legendre
Lehre von den Gleichungen. Theory of equations
Leitfähigkeit. Conductivity
Lemma, Hilfssatz. Lemma
Lemniskate. Lemniscate
Lexikographisch. Lexicographically
Lichtintensität in Candelas. Candlepower
Lineal. Ruler
Linear abhängige Grössen. Linearly dependent quantities
Lineare Programmierung. Linear programming
Lineare Transformation. Linear transformation
Linearer Operator. Linear operator
Linearkombination. Linear combination
Linienelement. Lineal element
Linksgewundene Kurve. Left-handed curve
Liter. Liter
Lituus, Krummstab. Lituus
Logarithmentafel. Table of logarithms
Logarithmische Kurve. Logarithmic curve
Logarithmische Spirale. Equiangular spiral; Logistic spiral
Logarithmus des Reziproken einer Zahl. Cologarithm
Logarithmus einer Zahl. Logarithm of a number
Lognormalverteilung. Lognormal distribution
Lokal integrierbare Funktion. Locally integrable function
Lokal wegzusammenhängend. Locally arc-wise connected
Lokale Eigenschaft. Local property
Lokalisationsprinzip. Localization principle
Lokalkompakt. Locally compact
Loopraum, Raum der geschlossenen Wege. Loop space
Losgelöste Koeffizienten. Detached coefficients
Lösung einer Differentialgleichung. Primitive of a differential equation
Lösung einer Gleichung. Solution of an equation
Lösungsmenge. Truth set
Lot. Plumb line
Loxodrome. Loxodromic spiral
Loxodrome. Rhumb line

Mächtigkeit einer Menge. Potency of a set
Magisches Quadrat. Magic square
Makler. Broker
Mandelbrot-Menge. Mandelbrot set
Mannigfaltigkeit. Manifold
Mantelfläche. Lateral area
Mantisse. Mantissa
Marktwert. Market value
Mass einer Menge. Measure of a set
Mass Null. Measure zero
Masse. Mass
Massenmittelpunkt. Center of mass; Centroid
Mathematik. Mathematics
Mathematische Induktion. Mathematical induction
Matrix in Staffelform. Echelon matrix
Maximisierender Spieler. Maximizing player
Maximum einer Funktion. Maximum of a function
Mazur-Banach-Spiel. Mazur-Banach game
Mechanik der Deformierbaten. Mechanics of deformable bodies

Mechanische Integration. Mechanical integration
Mehradressensystem. Multiaddress system
Mehrfach zusammenhängendes Gebiet. Multiply connected region
Mehrfaches Integral. Iterated integral
Mehrfaches Integral. Multiple integral
Mehrfachkante eines Graphen. Multiple edge in a graph
Mehrwertige Funktion. Many valued function
Meile. Mile
Meridianlinie. Meridian curve
Meromorphe Funktion. Meromorphic function
Messbare Menge. Measurable set
Messung. Mensuration
Metakompakter Raum. Metacompact space
Meter. Meter
Methode der kleinsten Fehlerquadrate. Method of least squares
Methode des steilsten Abstiegs. Method of steepest descent
Metrischer Raum. Metric space
Metrisierbarer Raum. Metrizable space
Milliarde. Billion
Millimeter. Millimeter
Million. Million
Minimalfläche. Minimal surface
Minimax-Satz. Minimax theorem
Minimaxtheorem. Minimax theorem
Minimisierender Spieler. Minimizing player
Minimum einer Funktion. Minimum of a function
Minor einer Determinante. Minor of a determinant
Minuend. Minuend
Minus. Minus
Minute. Minute
Mittel zweier Zahlen. Mean (or average) of two numbers
Mittelpunkt eines Ankreises. Excenter
Mittelpunkt (Zentrum) eines Kreises. Center of a circle
Mittelpunkt einer Strecke. Midpoint of a line segment
Mittelpunktswinkel, Zentriwinkel. Central angle
Mittelwertsatz. Mean-value theorem
Mittlerer Fehler, Standardabweichung, mittlere quadratische Abweichung. Standard deviation
Mit zwei rechten Winkeln. Birectangular
Modifizierte Besselfunktionen. Modified Bessel functions
Modul. Module
Modul einer Kongruenz. Modulus of a congruence
Modulfunktion. Modular function
Modulo 2π gleiche Winkel. Coterminal angles
Modus (einer Wahrscheinlichkeitsdichte). Mode
Mol. Mole
Moment einer Kraft. Moment of a force; static moment
Momentangeschwindigkeit. Instantaneous velocity
Möndchen des Hyppokrates. Lunes of Hippocrates
Monodromiesatz. Monodromy theorem
Monom. Monomial
Monotone Funktion. Monotone function
Mordellsche Vermutung. Mordell conjecture
Morphismus. Morphism
Multifolium. Multifoil
Multinom. Multinomial

Multiplikand, Faktor. Multiplicand
Multiplizierbare Matrizen. Conformable matrices
Myriade. Myriad
Nabla Operator. Del
Nachbarschaft eines Punktes. Neighborhood of a point
Nadir. Nadir
Näherungsregel zur Bestimmung von Quadratwurzeln. Mechanic's rule
Natürliche Logarithmen. Natural logarithms
Nebenachse. Minor axis
Nebendiagonale. Secondary diagonal
Nebenklassen einer Untergruppe. Coset of a subgroup
Negation, Verneinung. Negation
Negative Imaginärteil der Besselfunktion. Bei function
Negative Zahl. Negative number
Neigung einer Geraden. Inclination of a line
Nenner. Denominator
Nennwert, Nominalwert. Redemption price
Nerv eines Mengensystems. Nerve of a system of sets
Neugradsystem zur Winkelmessung. Centesimal system of measuring angles
Neun. Nine
Neuneck. Nonagon
Neunerprobe. Casting out nines
Neunerrest. Excess of nines
Newton. Newton
Newtons Tridens, Cartesische Parabel. Trident of Newton
Nicht beschränkte Funktion. Unbounded function
Nicht erwartungstreue Stichprobenfunktion, nicht reguläre. Biased statistic
Nicht proportionell. Disproportionate
Nicht-kooperativ. Noncooperative
Nichtausgeartete Fläche zweiter Ordnung. Conicoid
Nichtexpansive Abbildung. Nonexpansive mapping
Nichthebbare Unstetigkeit, unbestimmte Unstetigkeit. Nonremovable discontinuity
Nichtlineare Programmierung. Nonlinear programming
Nichtquadratischer Raum. Nonsquare space
Nichtrest. Nonresidue
Nichtsingulärer Punkt, regulärer Punkt. Ordinary point
Nichtsinguläre Transformation. Nonsingular transformation
Nichtstandardzahlen. Nonstandard numbers
Nilpotent. Nilpotent
Nilpotentes ideal. Nilpotent ideal
Nirgends dicht. Nowhere dense
Nirgends dichte Menge. Rare set
Niveaulinien, Höhenlinien. Level lines
Nomineller Zinsfuss. Nominal rate of interest
Nomogramm. Nomogram
Nördliche Deklination. North declination
Norm einer Matrix. Norm of a matrix
Normale einer Kurve. Normal to a curve
Normalzeit. Standard time
Normierter Raum. Normed space
Notwendige Bedingung. Necessary condition
Null. Cipher
Null, Nullelement. Zero

Nullellipse. Point ellipse
Nullmenge, leere Menge. Null set
Numerierung. Numeration
Numerischer Wert. Numerical value
Numerus. Antilogarithm
Nutznießer. Beneficiary
Obere Dichte. Upper density
Obere Grenze, kleinste obere Schranke, Supremum. Least upper bound
Obere Schranke. Upper bound
Oberfläche, Flächeninhalt. Surface area
Oberflächenintegral, Flächenintegral. Surface integral
Obermenge. Superset
Obligation, Anlagepapier. Bond
Offene Kugel. Open ball
Offenes Intervall. Open interval
Ohm. Ohm
Oktaeder, Achtflach. Octahedron
Oktaedergruppe. Octahedral group
Oktales Zahlensystem. Octal number system
Oktant. Octant
Operation. Operation
Operator. Operator
Optimale Strategie. Optimal strategy
Ordinalzahlen. Ordinal numbers
Ordinate eines Punktes. Ordinate of a point
Ordnung der Berührung. Order of contact
Ordnung einer Gruppe. Order of a group
Orientierung. Orientation
Orthogonale Funktionen. Orthogonal functions
Orthonormale Folge. Orthonormal sequence
Oszillierende Reihe. Oscillating series
p-Adische Zahl. p-adic number
Paarer Graph. Bipartite graph
Pantograph. Pantograph
Papiermass. Ream
Parabel. Parabola
Parabolischer Punkt. Parabolic point
Parabolischer Zylinder. Parabolic cylinder
Paradoxie, Paradoxon. Paradox
Parakompakter Raum. Paracompact space
Parallaktischer Winkel. Parallactic angle
Parallaxe eines Sternes. Parallax of a star
Parallele Geraden. Parallel lines
Parallelepipedon. Parallelepiped
Parallelogramm. Parallelogram
Parallelotop. Parallelotope
Parameter. Parameter
Parametergleichungen. Parametric equations
Parität. Parity
Parkettierung oder Pflasterung. Tessellation
Parkettierungselement. Tile
Partialbrüche. Partial fractions
Partie eines Spiels. Play of a game
Partielle Ableitung. Partial derivative
Partielle Integration. Integration by parts
Partikuläres Integral. Particular integral
Pascal. Pascal
Pendel. Pendulum
Pentagramm, Fünfstern. Pentagram
Perfekte Menge. Perfect set
Perfekter Körper. Complete field

Perihel. Perihelion
Periode einer Funktion. Period of a function
Periodische Bewegung. Periodic motion
Periodischer Dezimalbruch. Repeating decimal
Periodizität. Periodicity
Peripherie, Rand. Periphery
Permutation von n Dingen. Permutation of n things
Permutationsgruppe. Permutation group
Persönlicher Zug. Personal move
Perspektivität. Perspectivity
Perzentile. Percentile
Petersburger Paradoxon. Petersburg paradox
Pferdestärke. Horsepower
Pfund. Pound
Phase einer einfach harmonischen Bewegung. Phase of simple harmonic motion
Planarer oder plättbarer Graph. Planar graph
Planimeter. Planimeter
Plastizität. Plasticity
Pluszeichen. Plus sign
Pointcarésche Vermutung. Poincaré conjecture
Pol eines Kreises (auf einer Kugelfläche). Pole of a circle
Polare einer quadratischen Form. Polar of a quadratic form
Polarisation. Polarization
Polarkoordinaten. Polar coordinates
Polarwinkel. Anomaly of a point
Polarwinkel. Vectorial angle
Poldistanz. Codeclination
Poldistanz (auf der Erde). Colatitude
Polyeder. Polyhedron
Polygon, Vieleck. Polygon
Polyhex. Polyhex
Polynomische Gleichung, Polynomgleichung. Polynomial equation
Polyomino (ebene Figuren bestehehnd aus aneinandergefügten Einheitsquadraten). Polyomino
Polytop. Polytope
Positionsspiel. Positional game
Positive reelle Zahl. Arithmetic number
Positive Zahl. Positive number
Postulat, Forderung. Postulate
Potentialfunktion. Potential function
Potenz einer Zahl. Power of a number
Potenzlinie. Radical axis
Potenzreihe. Power series
Praedikatensymbol. Predicate
Prämie. Premium
Prämie, Dividende. Bonus
Prämienreserve. Value of an insurance policy
Primitive n-te Einheitswurzel. Primitive nth root of unity
Primzahl. Prime number
Primzahlpaar. Twin primes
Primzahlzwilling. Twin primes
Prinzip, Grundsatz. Principle
Prinzip der gleichmässigen Beschränktheit. Uniform boundedness principle
Prinzip der Optimalität. Principle of optimality
Prisma. Prism
Prismatische Fläche. Prismatic surface
Prismoidformel. Prismoidal formula
Prismoid, Prismatoid. Prismoid, Prismatoid
Probe auf das Ergebnis machen. Check on a solution

Problem. Problem
Problem von Kakeya. Kakeya problem
Produkt von Zahlen. Product of numbers
Produktraum. Product space
Programmierung, Programmgestaltung. Programming
Progression, Reihe. Progression
Projektion eines Vektors. Projection of a vector
Projektionszentrum. Ray center
Projektive Geometrie. Projective geometry
Projektive Topologie. Projective topology
Projektiver Raum. Projective space
Projektivität. Projectivity
Projizierende Ebene. Projecting plane
Proportion, Verhältnis. Proportion
Proportionale Grössen. Proportional quantities
Proportionalität. Proportionality
Prozentischer Fehler. Percent error
Prozentsatz. Percentage
Pseudosphäre. Pseudosphere
Pseudosphärischer Fläche. Pseudospherical surface
Psi-Funktion. Digamma function
Punktweise gleichgradig stetig. Point-wise equicontinuous
Pyramide. Pyramid
Pyramidenfläche. Pyramidal surface
Pythagoräischer Lehrsatz, Satz von Pythagoras. Pythagorean theorem
Pythagoreisches Tripel. Pythagorean triple

Quader. Cuboid
Quadrant eines Kreises. Quadrant of a circle
Quadrant. Square
Quadratische Ergänzung. Completing the square
Quadratische Gleichung. Quadratic equation
Quadratur eines Kreises. Quadrature of a circle
Quadratwurzel. Square root
Quadrik. Quadric
Quadrillion. Septillion
Quandtoren. Quantifier
Quartile. Quartile
Quasinormalteiler. Quasi-normal subgroup
Quaternion. Quaternion
Quellenfreies Wirbelfeld. Solenoidal vector field
(Quer)schnitt eines Zylinders. Section of a cylinder
Querstrich. Bar
Quotient zweier Zahlen. Quotient of two numbers
Quotientenkriterium. Ratio test
Quotientenkriterium. Generalized ratio test
Quotientenraum, Faktorraum. Quotient space

Rabatt. Discount
Rademacher-Funktion. Rademacher functions
Radiant. Radian
Radikal. Radical
Radikal eines Ideals. Radical of an ideal
Radikal eines Rings. Radical of a ring
Radikand. Radicand
Radius eines Kreises, Halbmesser eines Kreises. Radius of a circle
Radizierung. Evolution
Ramsey-Zahl. Ramsey number
Rand einer Menge. Boundary of a set; Frontier of a set
Randwertproblem. Boundary value problem
Ratenzahlungen. Installment payments

Rationale Zahl. Rational number
Raum. Space
Raumkurve. Space curve
Raumwinkel. Solid angle
Raumwinkel eines Polyeders. Polyhedral angle
Realteil der Besselfunktion. Ber function
Realteil der modifizierten Besselfunktion. Ker function
Rechenbrett, Abakus. Abacus
Rechenmaschine. Arithmometer; calculating machine
Rechenmaschine, Rechenanlage. Computing machine
Rechenschieber. Slide rule
Rechenwerk, Zählwerk einer Rechenmaschine. Counter of a computing machine
Rechnen, Berechnen. Calculate
Rechteck. Rectangle
Rechtwinklige Achsen. Rectangular axes
Rechtwinkliges Dreieck. Right triangle
Reduktion eines Bruches, Kürzen eines Bruches. Reduction of a fraction
Reduktionsformeln. Reduction formulas
Reduzible Kurve. Reducible curve
Reduzierte Gleichung nach Abspaltung eines Linearfaktors. Depressed equation
Reduzierte kubische Gleichung. Reduced cubic equation
Reelle Zahl. Real number
Reflexionseigenschaft. Reflection property
Reflexive Relation. Reflexive relation
Regelfläche. Ruled surface
Regressionskoeffizient. Regression coefficient
Reguläres Polygon, regelmässiges Vieleck. Regular polygon
Reibung. Friction
Reihensummation. Summation of series
Reihe von Zahlen. Series of numbers
Reine Mathematik. Pure mathematics
Reine Strategie. Pure strategy
Reinverdienst, Nettoverdienst. Net profit
Rektaszension. Right ascension
Rektifizierbare Kurve. Rectifiable curve
Rektifizierende Ebene, Streckebene. Rectifying plane
Relation, Beziehung. Relation
Relativgeschwindigkeit. Relative velocity
Relativitätstheorie. Relativity theory
Reliefkarte. Profile map
Residualspektrum. Residual spectrum
Residuum einer Funktion. Residue of a function
Restglied einer unendlichen Reihe. Remainder of an infinite series
Restklasse. Residue class
Resultante. Eliminant
Resultante (eines Gleichungssystems). Resultant of a set of equations
Retrakt. Retract
Reziproke einer Zahl. Reciprocal of a number
Rhomboeder. Rhombohedron
Rhomboid. Rhomboid
Rhombus, Raute. Rhombus
Richtung einer Ungleichung. Sense of an inequality
Richtungsableitung. Directional derivative
Richtungskegel. Director cone
Richtungswinkel. Direction angles
Robuste Statistik. Robust statistics

Rotation einer Kurve um eine Achse. Revolution of a curve about an axis
Rotation eines Vektors, Rotor eines Vektors. Curl of a vector
Rotationsellipsoid. Spheroid
Rotationsfläche. Surface of revolution
Rotationskörper. Solid of revolution
Rückkauf. Redemption
Rückkaufswert. Surrender value
Rückkehrpunkt. Cusp
Runde Klammern, Parenthesen. Parentheses
Säkulartrend. Secular trend
Sammelwerk. Accumulator
Sattelpunkt. Saddle point
Sattelpunktmethode. Saddle-point method
Satz. Proposition (theorem)
Satz von Radon-Nykodým. Radon-Nikodým theorem
Schätzung einer Grösse. Estimate of a quantity
Scheinkorrelation (eigentlich Scheinkausalität). Illusory correlation
Scheitel eines Winkels. Vertex of an angle
Scherungsdeformation. Shearing strain
Scherungstransformation. Shear transformation
Schichtlinien, Isohypsen. Contour lines
Schiebfläche. Translation surface
Schiefe. Skewness
Schiefer Winkel. Oblique triangle
Schiefkörper. Skew field
Schiefkörper. Division ring
Schiefsymmetrische Determinante. Skew-symmetric determinant
Schlagschatten. Umbra
Schleife einer Kurve. Loop of a curve
Schlichte Funktion. Schlicht function
Schluss, Folgerung. Inference
Schmiegebene. Osculating plane
Schnabelspitze. Cusp of second kind
Schnelle Fourier-Transformation. Fast Fourier transform
Schnittfläche. Cross section
Schnittpunkt der Höhen eines Dreiecks. Orthocenter
Schnittpunkt der Seitenhalbierenolen. Median point
Schnittpunkt von Kurven. Intersection of curves
Schrägstrich (für Brüche). Solidus
Schranke einer Menge. Bound of a set
Schraubenfläche. Helicoid
Schraubenlinie. Helix
Schrottwert. Scrap value
Schrumpfende Basis. Shrinking basis
Schubfachprinzip (Dirichletsches). Pigeon-hole principle
Schustermesser (begrenzt durch 3 Halbkreise). Arbilos
Schustermesser (begrenzt durch 3 Halbkreise). Salinon
Schustermesser. Shoemaker's knife
Schwache Konvergenz. Weak convergence
Schwankung einer Funktion (auf einem abgeschlossenen Intervall). Oscillation of a function
Schwere. Gravity
Schwerpunkt. Barycenter
Schwingung. Vibration
Seemeile. Nautical mile
Sechs. Six

Sechseck. Hexagon
Sechseckiges Prisma. Hexagonal prism
Sehne. Chord
Seite, Seitenfläche eines Polyeders. Face of a polyhedron
Seite einer Gleichung. Member of an equation
Seite eines Polygons. Side of a polygon
Seitenhöhe. Slant height
Sekans eines Winkels. Secant of an angle
Sekanskurve. Secant curve
Selbstadjungierte Transformation. Self-adjoint transformation
Selektionstafel, (Sterblichkeitstafel unter Berücksichtigung der Selektionswirkung). Select mortality table
Senkrecht auf einer Fläche. Perpendicular to a surface
Separable Raum. Separable space
Serpentine. Serpentine curve
Sexagesimalsystem (Basis 60). Sexagesimal number system
Sexagesimalsystem der Zahlen. Sexagesimal system of numbers
Sich gegenseitig ausschliessende Ereignisse. Mutually exclusive events
Sieb. Sieve
Sieben. Seven
Siebeneck. Heptagon
Siebenflächner. Heptahedron
Simplex. Simplex
Simplexkette. Chain of simplexes
Simplexmethode. Simplex method
Simplizialer Komplex. Simplicial complex
Simultane Gleichungen. Simultaneous equations
Singulärer Punkt. Singular point
Sinus einer Zahl. Sine of a number
Sinuskurve. Sine curve
Sinuskurve. Sinusoid
Skalare Grösse. Scalar quantity
Skalarprodukt, Inneres Produkt. Dot product
Sonnenzeit. Solar time
Spalte einer Matrix. Column of a matrix
Spannung. Voltage
Spannungszustand eines Körpers. Stress of a body
Speicherkomponente. Memory component
Speicherkomponente. Storage component
Spektrale Zerlegung. Spectral decomposition
Spektrum einer Matrix. Spectrum of a matrix
Spezifische Wärme. Specific heat
Spezifischer Widerstand. Resistivity
Sphäre, Kugelfläche. Sphere
Sphärische Koordinaten, Kugelkoordinaten. Spherical coordinates
Sphärische Polarkoordinaten, Kugelkoordinaten. Geographic coordinates
Sphärisches Dreieck mit drei rechten Winkeln. Trirectangular spherical triangle
Spiegelung an einer Geraden. Reflection in a line
Spiel mit Summe null. Zero-sum game
Spiralfläche. Spiral surface
Spitze. Cusp; Spinode; Apex
Spitzer Winkel. Acute angle
Spline. Spline
Sprung(grösse) einer Funktion. Saltus of a function
Sprungstelle. Jump discontinuity

Spur einer Matrix. Spur of a matrix; Trace of a matrix
Stabiler Punkt. Stable point
Standardisierte Zufallsvariable. Normalized variate
Statik. Statics
Stationärer Punkt. Stationary point
Statistik. Statistics
(Statistische) Grösse, stochastische Variable. Statistic
Statistischer Schluss. Statistical inference
Stechzirkel. Dividers
Steigende Funktion. Increasing function
Steigung einer Kurve. Slope of a curve
Steigung eines Weges. Grade of a path
Stelle. Place
Stellenwert. Local value
Stellenwert. Place value
Steradiant. Steradian
Sterblichkeitsintensität. Force of mortality
Sterblichkeitstafel, Sterbetafel, Absterbeordnung. Mortality table
Stereografische Projektion. Stereographic projection
Stern eines Komplexes. Star of a complex
Sternzeit. Sidereal time
Stetige Funktion. Continuous function
Stetige Teilung. Golden section
Stetigkeit. Continuity
Steuer. Tax
Steuerzuschlag. Surtax
Stichprobe. Sample
Stichprobenfehler. Sampling error
Stichprobenstreuung, Verlässlichkeit. Reliability
Strategie eines Spiels. Strategy of a game
Streng dominierende Strategie. Strictly dominant strategy
Strich als verbindende Überstreichung. Vinculum
String. String
Strom. Current
Stromlinien. Stream lines
Strophoide. Strophoid
Stuckweis stetige Funktion. Piecewise continuous function
Stumpfer Winkel. Obtuse angle
Stundenwinkel. Hour angle
Subadditive Funktion. Subadditive function
Subharmonische Funktion. Subharmonic function
Subnormale. Subnormal
Substitution in eine Gleichung. Substitution in an equation
Subtangente. Subtangent
Subtrahend. Subtrahend
Subtraktionsformeln. Subtraction formulas
Subtraktion von Zahlen. Subtraction of numbers
Südliche Deklination. South declination
Summand. Addend
Summand. Summand
Summationszeichen. Summation sign
Summe von Zahlen. Sum of numbers
Summierbare Funktion. Summable function
Summierbare Reihe. Summable series
Super-reflexiv. Super-reflexive
Superpositionsprinzip. Superposition principle
Supplementsehnen. Supplemental chords
Supplementwinkel. Supplementary angles
Surjektive Abbildung. Surjection
Suslinsche Vermutung. Souslin's conjecture

Syllogismus, Schluss.　Syllogism
Symbol, Zeichen.　Symbol
Symmetrie einer Funktion.　Symmetry of a function
Symmetrische Figur.　Symmetric figure

Tafeldifferenzen.　Tabular differences
Tangens eines Winkels.　Tangent of an angle
Tangente an einen Kreis.　Tangent to a circle
Tangentenbild einer Kurve.　Indicatrix of a curve
Tangentialbeschleunigung.　Tangential acceleration
Tangentialebene.　Tangent plane
Tangentialebene an eine Fläche.　Plane tangent to a surface
Tauberscher Satz.　Tauberian theorem
Tausend.　Thousand
Tausend Billionen.　Quadrillion
Tausend Trillionen.　Sextillion
Teil eines Körpers zwischen zwei parallelen Ebenen, Stumpf.　Frustum of a solid
Teilbarkeit.　Divisibility
Teilbarkeit durch elf.　Divisibility by eleven
Teilen, dividieren.　Divide
Teiler.　Divisor
Temporäre Leibrente.　Curtate annuity
Temporäres Speichersystem.　Buffer (in a computing machine)
Tenäre Darstellung von Zahlen.　Ternary representation of numbers
Tensor.　Tensor
Tensoranalysis.　Tensor analysis
Tensorprodukt von Vektorräumen.　Tensor product of vector spaces
Terme gruppieren.　Grouping terms
Terrestrisches Dreieck.　Terrestrial triangle
Tesserale harmonische Funktion.　Tesseral harmonic
Teträder.　Triangular pyramid
Teträderwinkel.　Tetrahedral angle
Tetraedergruppe.　Tetrahedral group
Theodolit.　Transit
Theorem, Hauptsatz.　Theorem
Thetafunktion.　Theta function
Tietzscher Erweiterungssatz.　Tietze extension theorem
Todesfallversicherung.　Whole life insurance
Topologie.　Topology
Topologisch vollständiger Raum.　Topologically complete space
Topologische Dimension.　Topological dimension
Topologische Gruppe.　Topological group
Torse, Abwickelbare Fläche.　Developable surface
Torsion einer Kurve, Windung einer Kurve.　Torsion of a curve
Torsionskurve.　Twisted curve
Torus, Ringfläche.　Torus
Totales Differential.　Total differential
Totalgeordnete Menge.　Serially ordered set
Totalgeordnete Menge, Kette.　(Totally) ordered set
Träger einer Funktion.　Support of a function
Trägheit.　Inertia
Trägheitsmoment.　Moment of inertia
Trägheitsradius.　Radius of gyration
Trajektorie.　Trajectory
Traktrix, Hundekurve.　Tractrix
Transfinite Induktion.　Transfinite induction
Transformationsgruppe.　Transformation group

Transformierte Matrix.　Transform of a matrix
Transitive Relation.　Transitive relation
Transponierte Matrix.　Transpose of a matrix
Transposition.　Transposition
Transversal.　Transversal
Transzendentale Zahl.　Transcendental number
Trapez.　Trapezoid
Trapezregel.　Trapezoid rule
Trendkurve.　Trend line
Trennungsaxiome.　Separation axioms
Treppenfunktion.　Step function
Triangulation.　Triangulation
Trichotomie-Eigenschaft.　Trichotomy property
Triederwinkel.　Trihedral angle
Trigonometrie.　Trigonometry
Trigonometrische Funktionen, Winkelfunktionen.　Trigonometric functions
Trillion.　Quintillion
Trinom.　Trinomial
Trisektrix.　Trisectrix
Triviale Lösung.　Trivial solution
Triviale Topologie.　Trivial topology
Trochoide.　Trochoid
Tschebyscheffsche Ungleichung.　Chebyshev inequality

Überdeckung einer Menge.　Cover of a set
Übereinstimmend orientiert.　Concordantly oriented
Überflüssige Wurzel.　Extraneous root
Überlagerungsfläche.　Covering space
Überlebensrente.　Contingent annuity
Übung, Aufgabe.　Exercise
Ultrafilter.　Ultrafilter
Umbeschriebener Kreis.　Circumscribed circle
Umdrehungsparaboloid.　Paraboloid of revolution
Umfang.　Perimeter; Girth
Umfang, Peripherie.　Circumference
Umgebung eines Punktes.　Neighborhood of a point
Umgekehrt proportionale Grössen.　Inversely proportional quantities
Umkehrung einer hyperbolischen Funktion, Areafunktion.　Arc-hyperbolic function
Umkehrung einer Operation.　Inverse of an operation
Umkehrung einer Reihe.　Reversion of a series
Umkehrung eines Theorems.　Converse of a theorem
Umkreis.　Circumcircle
Umkreismittelpunkt eines Dreiecks.　Circumcenter of a triangle
Umordnung von Gliedern.　Rearrangement of terms
Umwandlungstabelle.　Conversion table
Unabhängige Ereignisse.　Independent events
Unabhängige Variable.　Independent variable
Unbedingte Ungleichheit.　Unconditional inequality
Unbekannte Grösse.　Unknown quantity
Unbestimmte Ausdrücke.　Indeterminate forms
Unbestimmte Koeffizienten.　Undetermined coefficients
Unbestimmtes Integral.　Antiderivative; indefinite integral
Undefinierter Term, undefinierter Ausdruck.　Undefined term
Uneigentliches Integral.　Improper integral
Unendlich, Unendlichkeit.　Infinity
Unendliche Reihen.　Infinite series
Unendliches Produkt.　Infinite product

Ungerade Zahl. Odd number
Ungleichartige Terme. Dissimilar terms
Ungleichheit. Inequality
Ungleichseitiges Dreieck. Scalene triangle
Unimodulare Matrix. Unimodular matrix
Unitäre Matrix. Unitary matrix
Unstetige Funktion. Discontinuous function
Unstetigkeit. Discontinuity
Unstetigkeitsstelle. Point of discontinuity
Untere Grenze. Greatest lower bound
Untere Schranke. Lower bound
Unterer Index. Subscript
Untergruppe. Subgroup
Unterkörper. Subfield
Untermenge. Subset
Unvollständige Induktion. Incomplete induction
Unwesentliche Abbildung. Inessential mapping
Unzusammenhängende Menge. Disconnected set
Ursprung eines Koordinatensystems. Origin of a co-ordinate system

Vandermondsche Matrix. Vandermonde matrix
Variabilität. Variability
Variabel, Veränderliche. Variable
Varianz, Streuung. Variance
Variation einer Funktion. Variation of a function
Variation von Parametern. Variation of parameters
Variationsrechnung. Calculus of variations
Vektor. Vector
Vektoranalysis. Vector analysis
Vektormultiplikation. Multiplication of vectors
Verallgemeinerte Funktion. Generalized function
Verallgemeinerter Mittelwertsatz; Satz von Taylor. Extended mean-value theorem
Verallgemeinertes Riemann-Integral. Generalized Riemann integral
Verband. Lattice (in mathematics)
Verdoppelungsformel. Duplication formula
Vereinfachter Bruch. Simplified fraction
Vereinfachung. Simplification
Vereinigung von Mengen. Join of sets, Union of sets
Vergleichskriterium. Comparison test
Verkaufspreis. Selling price
Verschwindende Funktion. Vanishing function
Versicherung. Insurance
Vertängerts Rotationsellipsoid. Prolate ellipsoid of revolution
(Verteilungen) mit gleicher Varianz. Homoscedastic
Verteilungsfunktion. Distribution function
Vertikale, Senkrechte. Vertical line
Vertrauensbereich. Confidence region
Vertrauensgrenzen. Fiducial limits
Vertrauensintervall, Konfidenzintervall. Confidence interval
Verzerrungstensor. Strain tensor
Verzögerung. Deceleration
Verzweigungspunkt. Bifurcation point
Verzweigungspunkt, Windungspunkt. Branch point
Vielfachheit einer Wurzel. Multiplicity of a root
Vier. Four
Vierblattkurve. Quadrefoil
Vierdimensionaler Würfel. Tesseract
Viereck. Quadrangle
Vierergruppe. Four-group
Vierfarbenproblem. Four-color problem

Vierseit. Trapezium; Quadrilateral
Vierseitiges Prisma. Quadrangular prism
Viertel. Quarter
Viètascher Lehrsatz. Viète formula
Vollkommener Körper. Perfect field
Vollständig gemischtes Spiel. Completely mixed game
Vollständig normal. Perfectly normal
Vollständiger Graph. Complete graph
Vollständiger Körper. Complete field
Vollständiger Raum. Complete space
Vollständiges Quadrat. Perfect square
Vollwinkel. Perigon
Volt. Volt
Volumelastizitätsmodul. Bulk modulus
Volumen eines Körpers. Volume of a solid
Von einem Punkt ausgehen. Radiate from a point
Von gleicher Entfernung. Equidistant
Von zwei Grosskreishälften begrenztes Stück einer Kugelfläche. Lune
Vorzeichen einer Zahl. Sign of a number

Wahrheitsmenge. Truth set
Wahrscheinlicher Fehler. Probable deviation
Wahrscheinlichkeitskurve. Probability curve
Watt. Watt
(Wechsel)inhaber. Payee
Wechselwinkel. Alternate angles
Wechselwirkung. Interaction
Wegzusammenhängende Menge. Arc-wise connected set
Weite. Width
Wellengleichung. Wave equation
Wendepunkt. Inflection point
Wendetangente. Inflectional tangent
Wertigkeit eines Knotens. Valence of a node
Wesentliche Konstante. Essential constant
Widerstand. Resistance
Wiederkehrsatz. Recurrence theorem
Windschiefe Geraden. Skew lines
Windungszahl. Winding number
Winkel in den Parametergleichungen einer Ellipse in Normalform. Eccentric angle of an ellipse
Winkel. Angle
Winkelbeschleunigung. Angular acceleration
Winkelhalbierende. Bisector of an angle
Winkel zweier Ebenen. Dihedral angle
Winkelmesser. Protractor
Winkeltreue Transformation. Isogonal transformation
Wirbelfreies Vektorfeld. Irrotational vector field
Wissenschaftliche Schreibweise. Scientific notation
Wohlordnungseigenschaft. Well-ordering property
Wronskische Determinante. Wronskian
Würfel. Cube
Würfelgruppe. Octahedral group
Würfelverdopplung. Duplication of the cube
Wurzel. Radix; root
Wurzel einer Gleichung. Root of an equation
Wurzelexponent. Index of a radical

X-Achse. X-axis

Y-Achse. Y-axis
Yard (= 91,44 cm). Yard of distance

Zahl, Nummer. Number
Zahl der primen Restklassen einer ganzen Zahl. Totient of an integer
Zahlen abrunden. Rounding off numbers
Zahlen mit Vorzeichen. Signed numbers
Zähler. Numerator
Zahlfolge. Sequence of numbers
Zahlgruppe. Group of numbers
Zahlkörper. Field of numbers, number field
Zahlmenge. Set of numbers
Zahlring. Ring of numbers
Zahlzeichen, Zahlwörter. Numerals
Zehn. Ten
Zehn Meter. Decameter
Zehneck. Decagon
Zeichenregel. Rule of signs
Zeile einer Determinante. Row of a determinant
Zeit. Time
Zeitrente, Rente. Annuity
Zelle. Cell
Zenit eines Beobachters. Zenith of an observer
Zenitdistanz. Zenith distance; Colatitude
Zentigramm. Centigram
Zentimeter. Centimeter
Zentrifugalkraft. Centrifugal force
Zentripedalbeschleunigung. Centripetal acceleration
Zentrum einer Gruppe. Center of a group
Zerfällungskörper. Splitting field
Zerlegung einer ganzen Zahl (in Primfaktoren). Partition of an integer
Zetafunktion. Zeta function
Ziffein-Rechner. Digital device (computer)
Ziffer. Digit
Zinsen eines Anlagepapiers. Dividend of a bond
Zinseszins. Compound interest
Zinsfuss. Interest rate
Zirkel. Circle, (pair of) compasses
Zirkelschluss. Circular argument
Zirkumpolarstern. Circumpolar star
Zoll. Inch
Zoll, Tarif. Tariff
Zonale harmonische Funktion. Zonal harmonic
Zopf. Braid
Zufallsfolge. Random sequence
Zufallsvariable. Variate
Zufallsvariable, zufällige Variable, aleatorische Variable. Stochastic variable
Zufallsvorrichtung. Random device
Zufallszug. Chance move
Zug in einem Spiel. Move of a game
Zug(spannung). Tension
Zugehöriger Winkel (beider Reduktion von Winkelfunktionen in den ersten Quadranten). Related angle
Zulässige Hypothese. Admissible hypothesis
Zusammengesetzte Funktion. Composite function
Zusammengesetzte Zahl. Composite number
Zusammenhang. Connectivity
Zusammenhängende Menge. Connected set
Zuwachs einer Funktion. Increment of a function
Zwanzig. Twenty, Score
Zwei. Two
Zwei Konfigurationen superponieren. Superpose two configurations
Zwei paarweis senkrechte Geraden (relativ zu zwei gegebenen Geraden). Antiparallel lines
Zwei-Personen-Spiel. Two-person game
Zweidimensionale Geometrie, eben Geometrie. Two-dimensional geometry
Zweidimensionale Normalverteilung. Bivariate normal distribution
Zweig einer Kurve. Branch of a curve
Zweijährlich, alle zwei Jahre. Biennial
Zwei Zahlen multiplizieren. Multiply two numbers
Zweistellig. Binary
Zweite Ableitung. Second derivative
Zwischenwertsatz. Intermediate value theorem
Zwölf. Twelve
Zwölfeck. Dodecagon
Zwölffarbensatz. Twelve-color theorem
Zykel, Zyklus. Cycle
Zykliden. Cyclides
Zyklische Permutation. Cyclic permutation
Zykloide. Cycloid
Zyklotomische ganze Zahl. Cyclotomic integer
Zylinder. Cylinder
Zylindrische Fläche. Cylindrical surface
Zylindroid. Cylindroid

ロシア語-英語対照表

Абак. Abacus
Абстрактное пространство. Abstract space
Абсолютная величина. Absolute value
Абсолютное значение. Absolute value
Абсолютная погрешность, абсолютная ошибка. Absolute error
Абсолютная сходимость. Absolute convergence
Абсолютно - непрерывная функция. Absolutely continuous function
Абстрактная математика. Abstract mathematics
Абсцисса. Abscissa
Автоматическое вычисление. Automatic computation
Автоморфизм. Automorphism
Автоморфная функция. Automorphic function
Авторегрессивные ряды (серии). Autoregressive series
Аддитивная функция. Additive function
Адиабатный. Adiabatic
Азимут. Azimuth
Акр. Acre
Аксиома. Axiom, postulate
Активы. Assets
Акции. Capital stock
Акционерный капитал. Stock
Алгебра. Algebra
Алеф-нуль, алеф-нулевое. Aleph-null (or aleph zero)
Алгебра, основанная на теории гомологии. Homological algebra
Алгебраич-ный, -еский. Algebraic
Алгебраически - заполненное поле. Algebraically complete field
Алгоритм. Algorithm
Алтернант. Alternant
Альтернативное предположение, гипотеза. Alternative hypothesis
Амортизационный капитал. Sinking fund
Амортизация. Amortization
Анализ. Analysis
Анализ точности. Sensitivity analysis
Анализ чувствительности. Sensitivity analysis
Аналитическая последовательность, ряд, множество. Analytic set
Аналитическая функция. Analytic function
Аналитичность. Analyticity
Аналогия. Analogy
Английская система мер веса. Avoirdupois
Аннигилятор. Annihilator
Аномалия точки. Anomaly of a point
Антиавтоморфизм. Antiautomorphism
Антиизоморфизм. Antiisomorphism
Антикоммутативный. Anticommutative
Антилогарифм. Antilogarithm
Антипараллельные линии. Antiparallel lines
Антипроизводная. Antiderivative
Антисимметричное отношение. Antisymmetric relation
Антисимметричный. Antisymmetric
Апофема. Apothem
Аптекарский. Apothecary
"Арбилос", особая геометрическая фигура, описанная Апхимедом. Arbilos

Аргумент комплексного числа. Amplitude of a complex number
Аргумент функции. Argument of a function
Арифметика. Arithmetic
Арифметический ряд. Arithmetic series
Арифметическое число. Arithmetic number
Арифмометр. Calculating machine
Аркгиперболическая функция. Arc-hyperbolic function
Арккосеканс. Arc-cosecant
Арккосинус. Arc-cosine
Арккотангенс. Arc-cotangent
Арксеканс. Arc-secant
Арксинус. Arc-sine
Арктангенс. Arc-tangent
Апхимедово твёрдое тело. Archimedean solid
Асимметричный. Asymmetric
Асимметрия распределения. Skewness
Асимптота. Asymptote
Асимптотическое направление. Asymptotic direction
Асимптотическое растяжение. Asymptotic expansion
Асимптотическое расширение. Asymptotic expansion
Ассимптотная плотность. Asymptotic density
Ассоциативный закон. Associative law
Астроида. Asteroid
Астрономическая величина. Astronomical unit
Атмосфера. Atmosphere
Атом. Atom
Аффинная трансформация. Affine transformation
Аффинное преобразование. Affine transformation

Базарная цена. Market value
Базис. Basis
Бар, столбик гистограммы. Bar
Барицентр. Barycenter
Барицентрические координаты. Barycentric coordinates
Без систематической ошибки в ассимптотах. Asymptotically unbiased
Безусловное неравенство. Unconditional inequality
Безусловный. Categorical
Бесконечная последовательность. Infinite series
Бесконечное произведение. Infinite product
Бесконечность. Infinity
Бесконечность. Perpetuity
Бесконечный ряд. Infinite series
Бета-распределение. Beta distribution
Биквадратный. Biquadratic
Бикомпактное. Bicompact
Билинейный. Bilinear
Бимодальный. Bimodal
Бинарный. Binary
Биномиальные коэффициенты. Binomial coefficients
Бижекция (вид функции), взаимно-однозначное соответствие. Bijection
Биссектрисса. Bisector
Боковая площадь. Lateral area
Боковая поверхность. Lateral surface

Большее множество полученное в результате растепления. Coarser partition
Боны. Bond
Брахистохрона. Brachistochrone
Будущая ценность. Future value
Буквенная постоянная. Literal constant
Бурбаки, Николя. Bourbaki
Буфер. Buffer (in a computing machine)
Быстрое преобразование Фурье. Fast Fourier transform

Вавилонские цифры. Babylonian numerals
Валентность узла, вершины (графа). Valence of a node
Валовая прибыль. Gross profit
Валовой доход. Gross profit
Вариация параметров. Variation of parameters
Вариация функции. Variation of a function
Вариационное исчисление. Calculus of variations
Ватт. Watt
Вводный элемент. Input component
Ведущий коэффициент. Leading coefficient
Ведьма агнези. Witch of Agnesi
Вековое направление. Secular trend
Вектор. Vector
Вектор силы. Force vector
Векторное исчисление. Vector analysis
Векторный угол. Vectorial angle
Величина звезды. Magnitude of a star
Вероятность события. Probability of occurrence
Версинус. Versed sine
Вертикальная линия. Vertical line
Вертикальные углы. Vertical angles
Вершина. Apex
Вершина угла. Vertex of an angle
Верхний предел. Superior limit
Верхняя грань. Upper bound
Верхняя плотность (распределения). Upper density
Верхушка. Apex
Вес. Weight
Ветвь кривой. Branch of a curve
Вечность. Perpetuity
Взаимно исключающиеся события (случаи). Mutually exclusive events
Взаимодействие. Interation
Взаимооднозначное соответствие. One-to-one correspondence
Взвешенное среднее. Weighted mean
Вибрация. Vibration
Видоизмененные бесселевы функции. Modified Bessel functions
Винкуль. Vinculum
Вклад. Investment
Вихрь. Curl
Вкладное страхование. Endowment insurance
Включение во множестве. Imbedding of a set
Вложение. Investment
В направление часовой стрелки. Clockwise
Внешние члены. Extreme terms (or extremes)
Внешний угол. Exterior angle
Внешняя касательная к двум окружностям. External tangent of two circles
Внешняя пропорция. External ratio

Внутреннее отношение. Internal ratio
Внутреннее произведение. Inner product
Внутреннее свойство. Intrinsic property
Внутренние накрест лежащие углы. Alternate angles
Внутренний автоморфизм. Inner automorphism
Внутренний угол. Interior angle
Внутренняя касательная к двум окружностям. Internal tangent of two circles
Внутренняя пропорция. Internal ratio
Внутреродность. Endomorphism
Вовлечение. Implication
Вогнутая поверхность. Concave surface
Вогнуто-выпуклая игра. Concave-convex game
Вогнутость. Concavity
Вогнутый многоугольник. Concave polygon
Возведение в степени на линии. Involution on a line
Возвратная точка совмещенная с точкой перехода. Flecnode
Возвышенность. Altitude
Возможное отклонение. Probable deviation
Возрастающая функция. Increasing function
Вольт. Volt
Волшебный квадрат. Magic square
Восемь. Eight
Восьмая часть круга. Octant
Восьмигранная (октаэдральная) группа. Octahedral group
Восьмигранник. Octahedron
Восьмиугольник. Octagon
Вписанный (в окружность) многоугольник. Inscribed polygon
Вполне смешанная игра. Completely mixed game
Вращательное движение. Rotation
Вращение. Rotation
Вращение вокруг оси. Revolution about an axis
Вращение кривой вокруг оси. Revolution of a curve about an axis
Вращение осей. Rotation of axes
Время. Time
Всеобщее (не локальное) свойство. Global property
Всеобщий квантор. Universal quantifier
Вспомогательный круг. Auxiliary circle
Вставленные (внутри) промежутки. Nested intervals
Вторая диагональ определителя. Secondary diagonal
Вторая производная. Second derivative
Второй член пропорции. Consequent in a ratio
Входной угол. Reentrant angle
Выбор-ка (в статистике). Sample
Выборочная погрешность. Sampling error
Бывод. Inference
Выделять корень (числа, уравнения). Isolate a root
Быпрямляющая плоскость. Rectifying plane
Выпуклая кривая. Convex curve
Выпуклая оболочка множества. Convex hull of a set
Выражать в числах. Evaluate
Вырождающаяся конусная поверхность. Degenerate conic
Выражение во второй степени. Quadric
Бысота. Altitude

Бысота уклона. Slant height
Бытянутый эллипсоуд. Prolate ellipsoid
Выход. Yield
Вычеркивание. Cancellation
Вычеркнуть. Cancel
Вычерчиване пространства. Mapping of a space
Вычет функции. Residue of a function
Вычисление. Computation
Вычисление промежуточных значений функции. Interpolation
Вычисление разностей функции. Differencing a function
Вычислительная машина. Computing machine
Вычислительный прибор. Calculating machine
Вычислять. Calculate
Вычислять. Cipher (v.)
Вычитаемое. Subtrahend
Бычитание чисел. Subtraction of numbers
Бычитательные формулы. Subtraction formulas

Гаверсинус. Haversine
Гамма функция. Gamma function
Гармоническая функция. Harmonic function
Гармоническое движение. Harmonic motion
Гексаэдрон. Hexahedron
Геликоида. Helicoid
Генеральная совокупность. Population
Генератриса. Generatrix
Географические координаты. Geographic coordinates
Геодезические параллели. Geodesic parallels
Геоид (вид элипсоида). Geoid
Геометрическая средняя. Geometric average
Геометрические последовательности. Geometric series
Геометрический ряд (-ы). Geometric series
Геометрическое место (траектория) двойных точек кривой. Tac-locus
Геометрическое место точек. Locus
Геометрия. Geometry
Геометрия двух измерений. Two-dimensional geometry
Геометрия трех измерений. Three-dimensional geometry
Гибкость. Flexibility
Гипер-вещественные числа. Hyperreal numbers
Гипербола. Hyperbola
Гиперболический параболоид. Hyperbolic paraboloid
Гиперболический цилиндр. Hyperbolic cylinder
Гиперболоид одного листа. Hyperboloid of one sheet
Гипергеометрические последовательности. Hypergeometric sequences
Гипергеометричецкие ряды. Hypergeometric series
Гипер-комплексные числа. Hypercomplex numbers
Гипер-объём (свойство множества в Эвклидовом пространством). Hypervolume
Гиперплоскость. Hyperplane
Гипер-поверхность (вид подмножества). Hypersurface
Гипотеза. Hypothesis
Гипотенуза. Hypotenuse
Гипоциклоида. Hypocycloid

Гистограмма. Bar graph
Гистограмма. Histogram
Главная диагональ. Principal diagonal
Главная ось. Major axis
Гладкая кривая в проецируемой плоскости. Smooth projective plane curve
Гладкое отображение (карта). Smooth map
Год. Year
Голоморфная функция. Holomorphic function
Гомеоморфизм двух множеств. Homeomorphism of two sets
Гомоморфизм двух множеств. Homomorphism of two sets
Гомотетичные фигуры. Homothetic figures
Горизонт. Horizon
Горизонтальный. Horizontal
Грам. Gram
Граница множества. Boundary of a set
Граница множества. Bound of a set
Границы изменения переменного. Range of a variable
Грань многогранника. Face of a polyhedron
Грань (полипота). Facet
Грань пространственной фигуры. Edge of a solid
Граф Гамильтона. Hamiltonian graph
Граф Эйлера. Eulerian graph
Графика по составлению. Graphing by composition
График уравнения. Graph of an equation
Графическое решение. Graphical solution
Греческие цифры. Greek numerals
Группа гомологии. Homology group
Группа контролирующая. Control group
Группа отображения. Homology group
Группа перемещений. Commutative group
Группа перестановок. Permutation group
Группа преображения (трансформации). Transformation group
Группа четвёртого порядка. Four-group
Группа чисел. Group of numbers
Группоид (вид множества). Groupoid

Давление. Pressure
Два (две). Two
Два десятка, двадцать. Score
Двадцатигранная (икозаэдральная) группа. Icosahedral group
Двенадцатигранник. Dodecahedron
Двенадцатиугольник. Dodecagon
Двадцать. Twenty
Дважды в год. Biannual
Двенадцатиричная система счисления — (нумерации). Duodecimal system of numbers
Двенадцать. Twelve
Движение неменяющее фигуру. Rigid motion
Движущая сула. Momentum
Движущийся на окружности (вокруг). Circulant
Двойной нормаль. Binormal
Двойник. Doublet
Двойхо прямоугольный. Birectangular
"Двойное правило, основанное на трёх данных" (из книги Л. Кэролла). Double rule of three
Двойной интеграл. Double integral
Двойной счет. Count by two

Двудольный граф. Bipartite graph
Двумерное нормальное распределение. Bivariate normal distribution
Двусериальный коэффициент корреляции. Biserial correlation coefficient
Двухгранная (диэдральная) группа. Dihedral group
Двухгранный угол. Dihedral angle
Двучлен. Binomial (n.)
Девятиугольник. Nonagon
Девять. Nine
Дедуктивное доказательство. Deductive proof
Действие. Operation
Действие в игре. Play of a game
Действительная норма процента, Действительная процентная ставка. Effective interest rate
Действующий. Operator
Декагон. Decagon
Декаметр. Decameter
Декартовы координаты. Cartesian coordinates
Декартобо произведение. Cartesian product
Деление. Division
Деленное пространство. Quotient space
Делимость на одиннадцать. Divisibility by eleven
Делители. Dividers
Делитель. Divisor
Делительность. Divisibility
Дельта-функция Дирака. Dirac δ-function
Дельтаэдр. Deltahedron
Дельтоид. Deltoid
"Дерево" (в теории графов). Tree
Десятичная система нумерации. Decimal system
Десять. Ten
Детерминант Вронского. Wronskian
Деформация. Deformation
Дециметр. Decimeter
Джоуль (единица измерения энергии или работы). Joule
Дзета. Zeta
Диагональ определителя. Diagonal of a determinant
Диаграмма. Diagram
Диада. Dyad
Диадный рационал, вещественное число, получаемое в результате определённой комбинации целых чисел. Dyadic rational
Диалитическая метода Сильвестра. Dialytic method
Диаметр в конической кривой. Diametral line
Диаметр круга (окружности). Diameter of a circle
Дивергенция. Divergence
Дивиденд облигации. Dividend on a bond
Дина. Dyne
Динамика. Dynamics
Динамическое программирование. Dynamic programming
Диполь. Dipole
Директрисса конической кривой. Directrix of a conic
Диск. Disc (or disk)
Дисконт. Discount
Дискретная математика. Discrete mathematics
Дискретная топология. Discrete topology
Дискретное множество. Discrete set
Дискретное преобразованние Фурье. Discrete Fourier transform

Дискриминант многочлена. Discriminant of a polynomial
Дисперсия. Variance
Диффеоморфизм, прямое отобпажение для дифференциируем, гладких функций. Diffeomorphism
Дифференциальное уравнение. Differential equation
Дифференциал функции. Differential of a function
Дифференцирование функции. Differentiation of a function
Дихотомия. Dichotomy
Длина дуги. Arc length
Длина кривой. Length of a curve
Добавля-ющийся, -емое. Addend
Добавочные углы. Supplementary angles
Добавочный налог. Surtax
Добытое уравнение. Derived equation
Доверие. Reliability
Доверительные пределы. Fiducial limits
Доверительный интервал. Confidence interval
Додекагон. Dodecagon
Додекаэдр. Dodecahedron
Доказательство. Proof
Доказательство от противного. Indirect proof
Доказательство го выводу. Deductive proof
Доказательство с помощью "спуска", построения от общего к частному. Proof by descent
Доказать теорему. Prove a theorem
Долг. Liability
Долг. Loan
Долгота. Longitude
Доминирующая стратегия. Dominant strategy
Домино (геометрическая фигура). Domino
Дополнение для наклонения (до 90°). Codeclination
Дополнение для широты (до 90°). Colatitude
Дополнение множества. Complement of a set
Дополнительная часть конечной части множества. Cofinal subset
Дополнительная функция. Cofunction
Дополнительная широта (до 90°). Colatitude
Дополнительное обеспечение. Collateral security
Дополнительные хорды. Supplemental chords
Дополнительный угол. Complementary angle
Дополнить квадрат. Completing the square
Достаточное условие (положение). Sufficient condition
Доходный налог. Income tax
Дробный показатель степени. Fractional exponent
Дробь. Fraction
Дружные числа. Amicable numbers
Дуальность, двойственность. Duality
"Дуга", символ для обозначения пересечения или нижней грани. Cap
Дюйм. Inch

Египетские цифровые иероглифы. Egyptian numerals
Единица. Unity
Единица. One
Единообразная цена. Flat price
Единственное разложение на множители. Unique factorization

Ежегодная рента.　Annuity
Естественное следствие.　Corollary

Жизненое страхование.　Life insurance

Завертывание на линии.　Involution on a line
Зависимая переменная.　Dependent variable
Зависимые уравнения, система уравнений.　Dependent equations
Задача.　Problem
Задача Какеи.　Kakeya problem
Задача "Кенигсбергского моста".　Königsberg bridge problem
Задача Куратовского по замыканию и дополнению.　Kuratowski closure-complementation problem
Задача о граничных значениях.　Boundary-value problem
Задача о четырех красках (закрашиваний).　Four-color problem
Задолженность.　Liability
Заключение.　Conclusion
Заключительная сторона угла.　Terminal side of an angle
Закон.　Principle
Закон показателей степеней.　Law of exponents
Закон распределения.　Distributive law
Замечание.　Note
Замкнутая кривая.　Closed curve
Замкнутое множество.　Closed set
Замыкание множества.　Closure of a set
Зашифровать.　Cipher (v.)
Звезда комплекса.　Star of a complex
Звезда, приближённая к полюсу.　Circumpolar star
Звездное время.　Sidereal time
Землемер.　Surveyor
Земной меридиан.　Meridian on the earth
Зенит наблюдателя.　Zenith of an observer
Зенитное расстояние.　Zenith distance
Зета функция.　Zeta function
Змеиная кривая.　Serpentine curve
Знак.　Symbol
Знак дробного деления.　Solidus
Знак корня.　Radical
Знак плюс.　Plus-sign
Знак сложения.　Summation sign
Знак числа.　Sign of a number
Знаковая (сигнус) функция.　Signum function
Знаменатель.　Denominator
Значащий цифр.　Significant digit
Значение места в числе.　Place value
Значимость отклонения.　Significance of a deviation
"Золотой" отрезок, участок, секция.　Golden section
Зона.　Zone
Зональная гармоника.　Zonal harmonic
Зэта функция.　Zeta function

Игра в "две монетки".　Coin-matching game
Игра в "шестёрки" ("шестиугольники").　Game of hex
Игра двух лиц.　Two-person game
Игра Мазура-Банаха.　Mazur-Banach game
Игра морра.　Morra (a game)
Игра Ним.　Game of Nim

Игра с нулевой суммой.　Zero-sum game
Идеал в кольце.　Ideal contained in a ring
Идеальное поле.　Perfect field
Идемфактор.　Idemfactor
Избыточное число.　Abundant number
Извлечение корня.　Evolution
Изменение.　Change
Изменение основания (логарифмов).　Change of base
Измениние параметров.　Variation of parameters
Изменение порядка членов.　Rearrangement of terms
Изменчивость.　Variability
Изменяющийся.　Variate
Измерение.　Mensuration
Измерение.　Dimension
Измерение Хаусдорфа.　Hausdorff dimension
Измеримое множество.　Measurable set
Изображение знаками, буквами, цифрами.　Notation
Изогональная трансформация.　Isogonal transformation
Изогональное преобразование.　Isogonal transformation
Изолированная точка.　Acnode
Изолировать корень (числа, уравнения).　Isolate a root
Изометрические поверхности.　Isometric surfaces
Изоморфизм двух множеств.　Isomorphism of two sets
Изотерма.　Isothermal line
Изохронная кривая.　Isochronous curve
Икосаэдр.　Icosahedron
Импульс.　Momentum
Имущество.　Assets
Инвариант уравнения.　Invariant of an equation
Инверсия точки.　Inversion of a point
Инверсор.　Inversor
Индикатриса пространственной кривой.　Indicatrix of a curve
Индуктивный метод.　Inductdive method
Индукция.　Induction
Инерция.　Inertia
Интеграл Бохнера.　Bochner integral
Интеграл по поверхности.　Surface integral
Интеграл функции.　Integral of a function
Интеграл энергии.　Energy integral
Интегральная однородная функция от четырех переменных.　Quaternary quantic
Интегральное исчисление.　Integral calculus
Интегральное уравнение.　Integral equation
Интегратор.　Integrator
Интеграф.　Integraph
Интегрирование по частям.　Integration by parts
Интегрирующий множитель.　Integrating factor
Интегрируемая функция.　Integrable function, summable function
Интервал.　Interval
Интервал доверия.　Confidence interval
Интервал сходимости.　Interval of convergence
Интерквартильная зона.　Interquartile range
Интерполяция.　Interpolation
"Интуиционизм" (философско-математическая доктрина.　Intuitionism
Иррациональное число.　Irrational number

Иррациональное число. Surd
Исключение. Elimination
Испытание делимости на девять. Casting out nines
Испытание по сравнению. Comparison test
Истинное множество, истинная совокупность объектов. Truth set
Исходить из точки. Radiate from a point
Исчезающаяся функция. Vanishing function
Исчисление. Calculus
Исчисление. Evaluation
Исчисление бесконечно малых. Infinitesimal analysis
Исчисление факторов. Factor analysis
Исчизлять. Evaluate
Итеративный интеграл. Iterated integral

Каждые два года. Biennial
Калория. Calory
Каноническая форма. Canonial form
Капитализированная стоимость (цена). Capitalized cost
Капиталовложение. Investment
Каппа кривая. Kappa curve
Кардинальное число. Cardinal number
Кардиоида. Cardiod
Карта технологического процесса. Flow chart
Касание. Tangency
Касательная плоскость. Tangent plane
Касающаяся к кругу. Tangent of a circle
Каталонские цифры. Catalan numbers
Категорический. Categorical
Категория. Category
Катеноида. Catenoid
Катет (прямоугольного треухольника). Leg of a right triangle
Качество ограничения. Property of finite character
Качество ("тонкость") расчленения множества. Fineness of a partition
Квадратное уравнение. Quadratic equation
Квадрантные углы. Quadrantal angles
Квадрат. Square
Квадратичное уравнение. Quadratic equation
Квадратный корень. Square root
Квадратура круга. Quadrature of a circle
Квадратура круга. Squaring a circle
Квадратурная кривая. Rectifiable curve
Квадриллион. Quadrillion
Квази-нормальная подгруппа. Quasi-normal subgroup
Квантика. Quantic
Квантор. Quantifier
Кватернион. Quaternion
Квинтиллион. Quintillion
Кибернетика. Cybernetics
Киловатт. Kilowatt
Килограмм. Kilogram
Километр. Kilometer
Кинематика. Kinematics
Кинетика. Kinetics
Кинетическая энергия. Kinetic energy
Китайско-Ьпонские цифры. Chinese-Japanese numerals
Класс. Class or set
Класс эквивалентности. Equivalence class

Клин. Wedge
Клинопись, клинописные символы. Cuneiform symbols
Ковариантное производная. Covariant derivative
Коверсинус. Covered sine (coversine)
Колебание. Vibration
Колебание функции. Oscillation of a function.
Колебающиеся ряд(ы). Oscillating series
Колинейные преобразования. Collineatory transformations
Количество. Quantity
Количество движения. Momentum
Кологарифм. Cologarithm
Кольцо. Ring, annulus
Кольцо мер. Measure ring
Комбинаторная топология. Combinatorial topology
Комиссионер. Broker
Коммутативная группа. Commutative group
Коммутатор. Commutator
Компактизация. Compactification
Компактное множество. Compact set
Компактум. Compactum
Компас. Compass
Комплексное число. Complex number
Компонента памяти. Memory component
Компонента силы. Component of a force
Компонента хранения. Storage component
Конгруентные фигуры (тела). Congruent figures
Конгруенция. Congruence
Конечная десятичная дробь. Terminating decimal
Конечная игра. Finite game
Конечная проецируемая плоскость. Finite projective plane
Конечная точка кривой. End point of a curve
Конечное множество. Finite set
Коникоида. Conicoid
Коническая поверхность. Conical surface
Конические кривые с общими фокусами. Confocal conics
Конический, Коническая кривая. Conic
Коноида. Conoid
Консольная балка. Cantilever beam
Констркция. Construction
Континуум. Continuum
Контравариантный тензор. Contravariant tensor
Контрольная группа. Control group
Контурные линии. Contour lines
Конус. Cone
Конусная поверхноць разделенная верхушкой конуса. Nappe of a cone
Конусхая поверхноць. Conical surface
Конусообразная поверхноць. Conical surface
Конфигурация. Configuration
Конформная транцформация. Conformal transformation
Конформное преобразование. Conformal transformation
Конхоида. Conchoid
Концентричные круги. Concentric circles
Концентричные окружности. Concentric circles
Концентричные круги. Concentric circles
Кооперативнбая игра. Cooperative game
Координата точки. Coordinate of a point
Координатная плоскость. Coordinate plane
Корд. Cord

Корень. Radix
Корень третьей степени. Cube root
Корень уравнения. Root of an equation
Косая высота. Slant height
Косвенное доказательство. Indirect proof
Косеканс угла. Cosecant of an angle
Косинус угла. Cosine of an angle
Косо-симметричный определитель. Skew-symmetric determinant
Косой треугольник. Oblique triangle
Косые линии. Skew lines
Котангенс угла. Cotangent of an angle
Кофункция. Cofunction
Коциклические точки, точки принадлежащие одной общей окружности. Concyclic points
Коэффициент. Coefficient
Коэффициент. Multiplier
Коэффициент деформации. Deformation ratio
Коэффициент корреляции. Correlation coefficient
Коэффициент объема, массы. Bulk modulus
Коэффициент отношения подобности. Ratio of similitude
Коэффициент регрессии. Regression coefficient
Кратное двух чисел. Quotient of two numbers
Кратное пространство. Quotient space
Кратное числа. Multiple of a number
Кратные (параллельные) рёбра графа. Multiple edge in a graph
Кратный интеграл. Iterated integral
Крестообразная кривая. Cruciform curve
Кривая Агнези. Witch of Agnesi
Кривая в проецируемой плоскости. Projective plane curve
Кривая вероятности. Probability curve
Кривая возрастания. Logistic curve
Кривая движения векторов скорости. Hodograph
Кривая кратчайшего спуска. Brachistochrone
Кривая полета снаряда. Trajectory
Кривая Пэрл-Рида. Logistic curve
Кривая разделения угла на три части. Trisectrix
Кривая распределения частост. Frequency curve
Кривая (линия) с одним направлением. Unicursal curve
Кривая секанса. Secant curve
Кривая синуса. Sine curve
Кривая третьей степени. Cubic curve
Кривая третьей степени с двумя отдельными частями. Bipartite cubic
Кривая четвертой степени. Quartic curve
Кривизна. Curvature
Кривой квадрат. Quatrefoil
Криволинейное движение. Curvilinear motion
Криволинейно-четырехугольная гармоническая кривая. Tesseral harmonic
Критическое значение. Critical value
Кросс-кап. Cross-cap
Круг. Circle
Круг. Cycle
Круг с радиусом равным единице. Unit circle
Круг (кружок) сходимости. Circle of convergence
Круги с общей осью. Coaxial circles
Круглый конус. Circular cone
Круговая перестановка. Cyclic permutation
Круговая симметрия переменных. Cyclosymmetry
Крутость крыши. Pitch of a roof

Крунода. Crunode
Крученная кривая. Twisted curve
Куб. Cube
Кубическая кривая. Cubic curve
Кубическая парабола. Cubical parabola
Кубический корень. Cube root
Кубоид, прямоугольный параллелипипед. Cuboid
Кусочно-непрерывная функция. Piecewise continuous function

Лакунарное пространство. Lacunary space
Леворучная кривая. Left-handed curve
Лексикографически—(упорядоченная последовательность). Lexicographically
Лемма. Lemma
Лемнискатa. Lemniscate
Линейка. Rule
Линейная комбинация. Linear combination
Линейно зависимые количества. Linearly dependent quantities
Линейное преобразование. Linear transformation
Линейное прогаммирование. Linear programming
Линейные формы на поверхности. Ruling on a surface
Линейный оператор. Linear operator
Линейный элемент в дифференциальном уравнении. Linear element
Линейно-связанное множество. Arc-wise connected set
Линейчатая поверхноцть. Ruled surface
Линии лежащие в одной и той же плоскости. Coplanar lines
Линии потока. Stream lines
Линии течения. Stream lines
Линия общего направления. Trend line
Лист. Lamina
Лист Декарта. Folium of Descartes
Лист поверхности. Sheet of a surface
Литр. Liter
Литуус. Lituus
Лицо получающее плату по страховой полиси. Beneficiary
Личный ход. Personal move
Логарифм числа. Logarithm of a number
Логарифмическая кривая. Logarithmic curve
Логарифмическая линейка. Slide rule
Логарифмически-нормальное распределение. Lognormal distribution
Логарифмические таблицы. Table of logarithms
Локально (местно)-интегрируемая функция. Locally integrable function
Lokalьno kompaktnyй. Locally compact
Локально (место) связанные (соединённые) линейно. Locally arc-wise connected
Локальное (местное) свойство. Local property
Локсодромная спираль. Loxodromic spiral
Локус. Locus
Лошадиная сила. Horsepower
Луночка. Lune
"Луны" Гиппократа. Lunes of Hippocrates
Лучевой центр. Ray center
Любое число очень большой величины. Googol

Маклер. Broker
Максимизирующий игрок. Maximizing player
Максимум функции. Maximum of a function
Мантисса. Mantissa
Масса. Mass
Математика. Mathematics
Математика, базирующаяся на методах конструктивизма. Constructive mathematics
Математическая индукция. Mathematical induction
Матрица Вандермонде. Vandermonde matrix
Матрица коэффициентов. Matrix of coefficients
Матрица Эрмита. Hermitian matrix
Маятник. Pendulum
Мгновенная скорость. Instantaneous velocity
Медианная точка. Median point
Межа множества. Boundary of a set
Междуквартильный размах. Interquartile range
Международная система единиц. International system of units
Меньшая граница. Lower bound
Меньшая ось. Minor axis
Меньшее множество полученное в результате расчленения. Finer partition
Меньший предел. Inferior limit
Мера концентрации распределения—куртосис. Kurtosis
Мера множества. Measure of a set
Меридианная кривая. Meridian curve
Мероморфная функция. Meromorphic function
Местная ценность. Local value
Место точек. Locus
Метасжатое (метауплотнённое, метакомпактное) пространство. Metacompact space
Метод наименьших квадратов. Method of least squares
Метод полного перебора (вариантов). Method of exhaustion
Метод резкого "спуска". Method of steepest descent
Метод седловой точки. Saddle-point method
Метр. Meter
Метризуемое пространство. Metrizable space
Метрическое пространство. Metric space
Механика жидкостей. Mechanics of fluids
Механическое интегрирование. Mechanical integрation
Мил. Mil
Миллиард. Billion (10^9)
Миллиметр. Millimeter
Миллион. Million
Миля. Mile
Минимальная поверхность. Minimal surface
Минимум функции. Minimum of a function
Минор определителя. Minor of a determinant
Минута. Minute
Минус. Minus
Мириада. Myriad
Мнемоническая схема. Mnemonic device
Мнимая корреляция. Illusory correlation
Мнимая часть числа. Imaginary part of a number
Многоадресная система. Multiaddress system
Многогранник. Polyhedron
Многогранный угол. Polyhedral angle
Многократный интеграл. Multiple integral
Многозначная функция. Many-valued function

Многолистник. Multifoil
Многообразие. Manifold
Многоугольник. Polygon
Многочисленность корня. Multiplicity of a root
Многочлен. Multinomial
Множественно связанные области. Multiply connected regions
Множество. Set
Множество Бореля. Borel set
Множество Джулии. Julia set
Множество Мандельброта. Mandelbrot set
Множество чисел. Set of numbers
Множимое. Multiplicand
Множитель. Multiplier
Множитель многочлена. Factor of a polynomial
Множить два числа. Multiply two numbers
Модулирующая машина. Analog computer
Модуль. Module
Модуль конгруентности. Modulus of a congruence
Модуль объема, массы. Bulk modulus
Модульная функция. Modular function
Моль. Mole
Момент вращения. Torque
Момент инерции. Moment of inertia
Момент силы. Moment of a force
Момент скручивания. Torque
Монетный вес. Troy weight
Моническое уравнение. Monic equation
Моногеническая аналитическая функция. Monogenic analytic function
Монотонная функция. Monotone function
Морская миля. Nautical mile
Морской узел. Knot of distance
Морфизм. Morphism
Мощность множества. Potency of a set
Набла. Del, nabla
Награда. Premium
Надир. Nadir
Надпись (сверху). Superscript
Наиболее благоприятный маневр. Optimal strategy
Наиболее благоприятная стратеяия. Optimal strategy
Наибольший общий делитель. Greatest common divisor
Наименьшая верхная грань. Least upper bound
Накладные расходы. Overhead expenses
Накладываемые конфигурации (формы). Superposable configuration
Накладывать две конфигурации (формы). Superpose two configurations
Наклон дороги. Grade of a path
Наклон кривой. Slope of a curve
Наклон линии. Inclination of a line
Наклонение. Declination
Наклонный треугольник. Oblique triangle
Наклонный угол. Gradient
Накопленная ценность. Accumulated value
Накопленная частота. Cumulative frequency
Накопленное значение. Accumulated value
Накопители. Cumulants
Налог. Tax
Направленная линия. Directed line

Направляющий конус. Director cone
Напряжение. Tension
Напряжение резки. Shearing strain
Напряжение тела. Stress of a body
Нарицательное число. Denominate number
Нарушение симметрии. Assymetry
Настоящая ценность. Present value
Натуральное число. Natural number
Натуральный логарифм. Natural logarithms
Натяжение. Tension
Находиться в пространстве. Imbed in a space
Начало координатных осей. Origin of coordinates
Начинающая сторона угла. Initial side of an angle
Небесный. Celestial
Небесный экватор. Celestial equator
Невращающийся вектор. Irrotational vector
Невырожденное преобразование. Nondegenerate transformation
Негармоническая частость (пропорция). Anharmonic ratio
Недвижущаяся точка. Stationary point
Неединственное преобразование. Nonsingular transformation
Независимое переменное. Independent variable
Независимые события. Independent events
Незначительное решение. Trivial solution
Неизвестное количество. Unknown quantity
Некооперативная игра. Noncooperative game
Нелинейное программирование. Nonlinear programming
Неменяющий множитель. Idemfactor
Неограниченная функция. Unbounded function
Неопределённые коэффициенты. Undetermined coefficients
Неопределённые формы. Indeterminant forms
Неопределённый интеграл. Antiderivative; indefinite integral
Неопределённый член. Undefined term
Необходимая постоянная. Essential constant
Необходимое условие. Necessary condition
Неограниченная функция. Unbounded function
Неособое преобразование. Nonsingular transformation
Неособое отображение. Inessential mapping
Неостаток. Nonresidue
Непереходная зависимость. Intransitive relation
Непереходная связь. Intransitive relation
Непереходное отношение. Intransitive relation
Неперовский логарифм. Natural logarithm
Неповоротимый вектор. Irrotational vector
Неподобные члены. Dissimilar terms
Неполная индукция. Incomplete induction
Неполное число (противоположность избыточному числу). Deficient number
Непостоянство. Variability
Неправильный четыреугольник. Trapezium
Непрерывная дробь. Continued fraction
Непрерывная (недискретная) топология сети. Indiscrete topology
Непрерывная (недискретная, "тривиальная") топология. Trivial topology
Непрерывная функция. Continuous function
Непрерывно деформируемые из одной в другую фигуры. Homotopic figures

Непрерывное многообразие (множество). Continuum
Непрерывное пространство. Normal space
Непрерывность. Continuity
Неприводимый корень (числа). Irreducible radical
Непропорциональный. Disproportionate
Непрямоугольное пространство. Nonsquare space
Неравенство. Inequality
Неравенство. Odds
Неравенство без ограничений. Unconditional inequality
Неравенство Чебышева. Chebyshev inequality
Неправомерное доказательство. Circular argument
Нерв системы множеств. Nerve of a system of sets
Неротативный вектор. Irrotational vector
Несвободное поле силы. Conservative field of force
Несвойобразное преобразование. Nonsingular transformation
Несвязное множество. Disconnected set
Несмещенная оценка. Unbiased estimate
Несобственный интеграл. Improper integral
Несовершенное число. Defective (or deficient) number
Несоизмеримые числа. Incommensurable numbers
Нестандартные (гипер - вещественные) числа. Nonstandard numbers
Несущественный разрыв. Removable discontinuity
Нечетное число. Odd number
Нечёткая (размытая) логика. Fuzzy logic
Нечёткое (размытое) множество. Fuzzy set
Неявная дифференциация. Implicit differentiation
Неявная функция. Implicit function
Неявное дифференцирование. Implicit differentiation
Нивелировочные линии. Level lines
Нижний предел. Inferior limit
Нижняя грань. Lower bound
Нильпотентный. Nilpotent
Номинальная норма процентов—номинальная процентная ставка. Nominal rate of interest
Номограмма. Nomogram
Норма матрицы. Norm of a matrix
Норма процента. Interest rate
Нормализованное переменное. Normalized variate
Нормаль кривой. Normal to a curve
Нормальная производная. Normal derivative
Номинальная стоимость. Par value
Нормальное время. Standard time
Нормальное пространство. Normal space
Нулевая мера. Measure zero
Нуль. Zero
Нуль. Cipher (n.)
Нуль-потентный идеал. Nilpotent ideal
Нумерация. Numeration
Ньютон. Newton
Ньютоново уравнение третьей степени (тридента). Trident of Newton

Обеспечение функции. Support of a function
Обеспечение (функции) сжатием, компактное обеспечение (функции). Compact support
Обесценивать. Discount
Область. Domain
Область изучения. Field of study

Область исследования. Field of study
Область стопроцентной вероятности (определённости). Confidence region
Область учения. Field of study
Облигация. Bond
Обобщённая функция. Generalized function
Обобщённый интеграл Римана. Generalized Riemann integral
Обобщённое коши признак сходимости (рядов). Generalized ratio test
Обозначение. Notation
Оболочка множества. Covering of a set
Образ точки. Image of a point
Образующая. Generatrix
Образующая поверхности. Generator of a surface
Обратная теорема. Converse of a theorem
Обратная тригонометрическая функция. Inverse trigonometric function
Обратно-пропорциональные величины. Inversely proportional quantities
Обратно-пропорциональные количества. Inversely proportional quantities
Обратное уравнение. Reciprocal equation
Обратное число. Reciprocal of a number
Обратный оператор. Inverse of an operator
Обособлять корень (числа, уравнения). Isolate a root
Общая касательная к двум окружностям. Common tangent of two circles
Общая пожизненная годовая рента. Joint-life annuity
Общий множитель. Common multiple
Объединение множеств. Join of sets
Объём. Volume of a solid
Обыкновенные логарифмы. Common logarithms
Обязательство. Liability
Овал. Oval
Огибающая семейства кривых. Envelope of a family of curves
Огива. Ogive
Ограниченное множество. Bounded set
Ограниченный по существу. Essentially bounded
Одна сотая част числа. Hundredth part of a number
Один, одна. One
Одинаковое (во всех направлениях) вещество. Isotropic matter
Одиннадцать. Eleven
Одно-адресная система. Single-address system
Одновременные уравнения. Simultaneous equations
Однозначная функция. Single-valued function
Однозначно определенный. Uniquely defined
Одно-однозначное соответствие. One-to-one correspondence
Однородно-выпуклое пространство. Uniformly convex space
Однородно-эквинепрерывная (совокупность функций). Uniformly equicontinuous
Однородность. Homogeneity
Однородность двух множеств. Isomorphism of two sets
Однородные уравнения. Homogeneous equation
Одно-связная область. Simply-connected region
Односторонняя поверхность. Unilateral surface
Одностороннее смещение (граничный линейный оператор). Unilateral shift
Одночлен. Monomial
Ожидаемая вероятностная величина. Expected value
Оканчивающая десятичная дробь. Terminating decimal
Окрестность точки. Neighborhood of a point
Округление чисел. Rounding off numbers
Окружность. Circle
Окружность (круга). Circumference
Окружность. Periphery
Окружность вписанная в треугольник. Incircle
Окружность описанная около треугольника касающаяся к одной стороне и к продолжениям двух других сторон. Excircle, escribed circle
Октагон. Octagon
Октант. Octant
Октаэдр. Octahedron
Ом. Ohm
Оператор. Operator
Описанная окружность (круг) вокруг многоугольника. Circumcircle
Описанный круг вокруг многоугольника. Circumscribed circle
Определенная точка. Fixed point
Определенный интеграл. Definite integral
Определитель. Determinant
Определитель Вронского. Wronksian
Определитель Гудермана. Gudermannian
Опрокидывающая схема. Flip-flop circuit
Оптимальная стратегия. Optimal strategy
Опытная кривая. Empirical curve
Орбита. Orbit
Ордината точки. Ordinate of a point
Ориентировка, Ориентация, Ориентирование. Orientation
Ортогональные функции. Orthogonal functions
Ортонормальная последовательность. Orthonormal sequence
Ортоцентр. Orthocenter
Освобождение знаменателя дроби от иррациональности. Rationalize a denominator
Осевая симметрия. Axial symmetry
Основание. Base
Основание. Basis
Основание перпендикуляра. Foot of a perpendicular
Основание системы исчисления. Radix
Основание системы логарифмов. Radix
Основная теорема алгебры. Fundamental theorem of algebra
Основание (база) фильтра. Filter base
Особая точка. Singular point
Особость (сингулярность) сгиба. Fold singularity
Особый интеграл. Particular integral
Остаток бесконечной последовательности. Remainder of an infinite series
Остаток от бесконечного ряда. Remainder of an infinite series
Остаток при кратном после деления на девять. Excess of nines
Остаточный спектр. Residual spectrum
Острый треугольник. Scalene triangle
Острый угол. Acute angle

Осуществлять диагональную трансформацию матрицы. Diagonalize
Ось. Axis
Ось абсцис. X-axis
Ось ординат. Y-axis
Ось пересечения. Transverse axis
Отборная статистическая таблица смертности. Select mortality table
Отвесная линия. Plumb-line
Отвесная линия. Vertical line
Ответственность. Liability
Отвлеченная математика. Abstract mathematics
Отделение множества. Separation of a set
Отделенная точка. Acnode
Отделнные коэффициенты. Detached coefficients
Отделимое пространство. Separable space
Отделять корень (числа, уравнения). Isolate a root
Отклонение. Deviation
Открытый промежуток. Open interval
"Открытый шар" (для нормализованных линейных пространств). Open ball
Отмена. Cancellation
Отменить. Cancel
Относительная скорость. Relative velocity
Относительность. Relativity
Отношение включения. Inclusion relation
Отношение связи. Connected relation
Отнять. Subtract
Отображение в линии. Reflection in a line
Отображение сжатости (отображение Липшица). Contraction mapping
Отображенный. Homologous
Отображенный угол. Reflex angle
Отрезок. Segment
Отрезок на оси. Intercept on an axis
Отрезочная трансформация. Shear transformation
Отрезочное преобразование. Shear transformation
Отрицание. Negation
Отрицательное число. Negative number
Отсроченный платеж по ежегодной ренте. Deferred annuity
Охват. Girth
Оценивание. Evaluation
Оценивать. Evaluate
Оценка. Evaluation
Оценка величины. Estimate of a quantity
Оценка по (бухгалтерским) книгам. Book value
Оценка (определение знатения) поля. Valuation of a field
Очертание. Configuration
Ошибка процентноая, ошибка данная в процентах. Percent error
Оширенная теорема о среднем значении функции. Extended mean-value theorem

Пантограф. Pantograph
Пара простых чисел с разницей в 2. Twin primes
Парабола. Parabola
Парабола третьей степени. Cubic parabola
Параболический цилиндр. Parabolic cylinder
Параболоидвращения. Paraboloid of revolution
Парадокс. Paradox
Парадокс Банаха-Тарского. Banach-Tarski paradox
Парадокс Хаусдорфа. Hausdorff dimension

Параллакс звезды. Parallax of a star
Параллаксный угол. Parallactic angle
Параллелепипед. Parallelepiped
Параллели широты. Parallels of latitude
Параллелограм. Parallelogram
Параллелотоп. Parallelotope
Параллельные линии. Parallel lines
Параметр. Parameter
Параметрические уравнения. Parametric equations
Паскаль. Pascal
Педальная кривая. Pedal curve
Пентагон. Pentagon
Пентаграмма. Pentagram
Пентадекагон, 15-ти-сторонний многоугольник. Pentadecagon
Первообразная. Antiderivative
Переводная таблица. Conversion table
Перегибная касательная. Inflectional tangent
Перекрестная точка возврата кривой. Crunode
Перемежающаяся группа. Alternating group
Перемена параметров. Variation of parameters
Переменная группа. Alternating group
Переменная. Variable
Переменный. Alternant
Переместительный. Commutative
Переместить член. Transpose a term
Перемещение. Displacement
Перемещение осей. Translation of axes
Пересекающая (линия, поверхность). Transversal
Пересекающая ось. Transverse axis
Пересечение двух множеств. Meet of two sets
Перестановка n вещей. Permutation of n things
Пересчитываемость. Countability
Переход(ка) осей. Translation of axes
Переходное родство. Transitive relation
Перигелион (точка ближайшая к солнцу). Perihelion
Перигон. Perigon
Периметр, длина всех сторон многоугольника. Perimeter
Период функции. Period of a function
Периодическое движение. Periodic motion
Периодичность. Periodicity
Периферия. Periphery
Перпендикуляр. Vertical line
Перпендикуляр к поверхности. Perpendicular to a surface
Перпендикуляр к точке касания касательной к кривой. Normal to a curve
Перпендикулярные линии. Perpendicular lines
Перспективность. Perspectivity
Петербургский парадокс. Petersburg paradox
Петля кривой. Loop of a curve
Пиктограма. Pictogram
Пирамида. Pyramid
Пирамидная поверхность. Pyramidal surface
Плавающая запятая. Floating decimal point
Планарный (плоский) граф. Planar graph
Планиметр. Planimeter
Планиметрия. Two-dimensional geometry
Планиметрические кривые высшего порядка. Higher plane curves
Пластичность. Plasticity
Плечо рычага. Lever arm
Плоская фигура. Plane figure

Плоскости с общей точкой. Copunctal planes
Плоскостная точка поверхности. Planar point
Плотное множество. Dense set
Плотность. Density
Площадь. Area
Площадь поверхности. Surface area
Поверхностный интеграл. Surface integral
Поверхность вращения. Surface of revolution
Поверхность перемещения. Translation surface
Поворотная точка. Turning point
Повторение одного и того же алгебраического знака. Continuation of sign
Повторный интеграл. Iterated integral
Повторяющаяся десятичная дробь. Repeating decimal
Погашение долга. Amortization
Поглощающая способность, свойство поглощения. Absorption property
Поглущающий массив, множество. Absorbing set
Погрешность округления числа. Round off error
Подбазиеная теорема Александера. Alexander's subbase theorem
Подгруппа. Subgroup
Поддающиеся матрицы. Conformable matrices
Подинтегральная функция. Integrand
Подкоренное число. Radicand
Подмножество. Subset
Поднормаль. Subnormal
Подобие. Similitude
Подобная трансформация. Similarity transformation
Подобное преобразование. Similarity transformation
Подобные треугольники. Similar triangles
Подпись (снизу). Subscript
Подполе. Subfield
Подразумеваемое. Inference
Подразумевание. Implication
Подстановка в уравнении. Substitution in an equation
Подсчитывать. Calculate
Подтангенс. Subtangent
Пожизненная рента. Annuity (life)
Пожизненная пента. Perpetuity
Пожизненная пента прерываемая со смертью получающаго её. Curtate annuity
Позиционная игра. Positional game
Показатель корня. Index of a radical
Показатель степени. Exponent
Показательная кривая. Exponential curve
Поле Галуа. Galois field
Поле разделения, расщепления. Splitting field
Полигон. Polygon
Полином Лежандра. Legendre polynomial
Полиомино. Polyomino
Политоп. Polytope
Полигекс (геометрическая фигура). Polyhex
Полиэдр. Polyhedron
Полное пространство. Complete space
Полностью (совершенно) упорядоченное множество. Totally ordered set
Полный граф. Complete graph
Полный дифференциал. Total differential
Положительное число. Positive number
Положительный знак. Plus sign

Полуаддитивная функция. Subadditive function
Полукруг. Semicircle
Полунепрерывная функция. Semicontinuous function
Полуокружность. Semicircle
Полурегулярное твёрдое тело (Архимедово твёрдое тело). Semi-regular solid
Полусфера. Hemisphere
Полутень. Penumbra
Получатель денег. Payee
Полюс круга. Pole of a circle
Поляр квадратной формы. Polar of a quadratic form
Поляризация. Polarization
Полярные координаты. Polar coordinates
Популяция. Population
Порода множества точек, Ророда точечного множества. Species of a set of points
Порядковое число. Ordinal number
Порядок группы. Order of a group
Порядок касания. Order of contact
Последовательно ориентированный. Coherently oriented
Последовательно-упорядоченное множество. Serially ordered set
Последовательность чисел. Sequence of numbers
Последовательные испытания (пробы, опыты). Successive trials
Последовательные трансформации пропорции. Composition in a proportion
Постоянная интегрирования. Constant of integration
Постоянная поворотхая точка кривой. Spinode
Постоянная скорость. Constant speed
Постоянно-выпуклое пространство. Uniformly convex space
Постоянный член интеграции. Constant of integration
Построение. Construction
Постулат. Postulate (n.)
Потенциальная функция. Potential function
Поундаль. Poundal
Почти периодический. Almost periodic
Почтиплотное пространство. Paracompact space
Почтисжатое пространство. Paracompact space
Правило. Principle
Правило знаков. Rule of signs
Правило механика. Mechanic's rule
Правило трапеции. Trapezoid rule
Правильно расходящиеця ряды. Properly divergent series
Правильный многоугольник (полигон). Regular polygon
Предел функции. Limit of a function
Предельная точка. Limit point
Предложение (для доказательства). Proposition
Предложительная функция. Propositional function
Предположительные цифры остающейся жизни статистически выведенные для любого возраста. Expectation of life
Представимая в конечном виде. Finitely representable
Представление группы. Representation of a group
Предъявитель чека, векселя. Payee
Преимущество. Odds

Премия. Bonus
Премия. Premium
Преобразование координат. Transformation of coordinates
Преобразование точек в точки, прямых в прямые и т.д. Collineation
Преобразованная матрица. Transform of a matrix
Преобразователя. Commutator
Прибавление. Addition
Прибавля-ющийся, -емое. Addend
Приближение. Approximation
Приблизительность. Approximation
Прибор осуществляющий преобразование инверсии. Inversor
Прибыток. Profit
Приведение дроби. Reduction of a fraction
Приемлемая гипотеза, допустимое предположение. Admissible hypothesis
Призма. Prism
Призматическая поверхность. Prismatic surface
Призматоид. Prismatoid
Призмоида. Prismoid
Призмоидная формула, Призмоидное правило. Prismoidal formula
Прикладная математика. Applied mathematics
Примитивный корень n-ой степени. Primitive nth root
Принцип. Principle
Принцип локализации. Localization principle
Принцип наложения. Superposition principle
Принцип однородной граничности (теорема Банаха-Штанхауза). Uniform boundedness principle
Принцип "ящика стола". Pigeon hole principle
Принцип "ящика стола" Дирихле. Dirichlet drawer principle
Приравнять. Equate
Приращение функции. Increment of a function
Принцип оптимальности. Principle of optimality
Присоединенная матрица. Adjoint matrix
Притяжение. Gravitation
Приходный налог. Income tax
Проба отношением. Ratio test
Проверка решения. Check on a solution
Программирование. Programming
Прогрессия. Progression
Продажная цена. Selling price
Продление (расширение) поля. Extension of a field
Проективная геометрия. Projective geometry
Проективность. Projectivity
Проектируемая плоскость. Projecting plane
Проекция вектора. Projection of a vector
Проекция шара на плоскость или плоскости на шар. Stereographic projection
Проецируемая топология. Projective topology
Проецируемое пространство. Projective space
Произведение Блашке. Blaschke product
Произведение чисел. Product of numbers
Произведенное уравнение. Derived equation
Производная вероятности. Derivative of a distribution
Производная высшего порядка. Derivative of higher order
Производная от натурального логарифма гамма-функции. Digamma function

Производная по направлению. Directional derivative
Производная функции. Derivative of a function
Промежуток сходимости. Interval of convergence
Пропорциональность. Proportionality
Пропорциональные величины. Propostional quantities
Пропорция. Proportion
Прорез цилиндра. Section of a cylinder
Простая дробь. Common fraction
Простая дробь. Vulgar fraction
Простая кривая, Простая закрытая кривая. Simple curve
Простая точка. Ordinary point
Простая функция. Schlicht function
Простое решение. Simple solution
Простое число. Prime number
Простой интеграл. Simple integral
Простой неповторяющийся корень уравнения. Simple root
Просто-связная область. Simply connected region
Пространственная кривая. Space curve
Пространственная спираль. Helix
Пространственная фигура вращения. Solid of revolution
Пространственная фигура с шестью гранями. Hexahedron
Пространственный угол. Solid angle
Пространство. Space
Пространство Бэйра. Baire space
Пространство орбиты. Orbit space
Пространство произведения. Product space
Пространство с открытыми областями. Lacunary space
Пространство Фреше. Fréchet space
Против движения часовой стрелки. Counterclockwise
Против часовой стрелки. Counter-clockwise
Противолежащий угол. Alternate angle
Противопараллельные линии. Antiparallel lines
Противоположные стороны. Opposite sides
Противоположные, противолежащие точки. Antipodal points
Профильная карта. Profile map
Процент. Interest rate
Процент. Percentage
Процентная квантиля. Percentile
Процентная ставка. Interest rate
Процентное отношение. Percentage
Прямая (линия). Straight line
Прямое произведение (груп, матриц). Direct product
Прямой треугольник. Right triangle
Прямолинейные образователи. Rectilinear generators
Прямоугольник. Rectangle
Прямоугольные (координатные) оси. Rectangular axes
Псевдосфера. Pseudosphere
Псевдосферическая поверхность. Pseudospherical surface
Псевдошар. Pseudosphere
Пупочная точка. Umbilical point
Пустое множество. Null set
Пучок кругов. Pencil of circles

Пучковая точка.　Cluster point
Пучок плоскостей.　Sheaf of planes
Пятиугольная пирамида.　Pentagonal pyramid
Пятиугольник.　Pentagon
Пятиугольник Пифагора.　Pentagram
Пятигпанник, пентаэдр.　Pentahedron

Работа.　Work
Равенство.　Equality
Равенство.　Parity
Равновеликие.　Equiareal
Равнобедренный треугольник.　Isosceles triangle
Равновесие.　Equilibrium
Равнодействующая.　Resultant
Равноизмененный.　Homoscedastic
Равнонепрерывные функции.　Equicontinuous functions
Равноотстоящие.　Equidistant
Равномерная непрерывность.　Uniform continuity
Равномерная сходимость.　Uniform convergence
Равномерно - выпуклое пространство.　Uniformly convex space
Равносторонний треугольник.　Equiliateral triangle
Равнотемпературная линия.　Isothermal line
Равноугольная спираль.　Equiangular spiral
Равноугольная трансформация.　Isogonal transformation
Равноугольное преобразование.　Isogonal transformation
Равноценность.　Parity
Равные в ассимптотах, ассимптотически - равные.　Asymptotically equal
Равные количества.　Equal quantities
Радиан.　Radian
Радикал.　Radical
Радикал идеала.　Radical of an ideal
Радикал кольца (кольцевой сети).　Radical of a ring
Радикальная ось.　Radical axis
Радиус круга (окружности).　Radius of a circle
p-адическое число (в теории целых чисел).　p-adic number
Развертка кривой.　Involute of a curve
Развертка на линии.　Involution on a line
Развертывающаяся поверхность.　Developable surface
Разделение.　Disjunction
Разделение множества.　Separation of a set
Разделение на множители.　Factorization
Разделение угла на три (равные) части.　Trisection of an angle
Разделение целого числа.　Partition of an integer
Разделимый на множители.　Factorable
Разделители.　Dividers
Разделить.　Divide
Разделить пополам.　Bisect
Разделы математики, не включающие вычислителяные аспекты высшей математики и изучение иределов.　Finite mathematics
Разделяющ-ий (-ая) пополам.　Bisector
Размеры выработки.　Yield
Разница.　Odds
Разница между абсциссами двух точек.　Run between two points
Разнообразие корня.　Multiplicity of a root

Разностное уравнение.　Difference equation
Разность двух квадратов.　Difference of two squares
Разобщение.　Disjunction
Разобщение множества.　Separation of a set
Разрезать пополам.　Bisect
Разрешающая группа.　Solvable group
Разрыв со скачком.　Jump discontinuity
Разрывность.　Discontinuity
Разряд.　Category
Разъединение.　Disjunction
Раскрытие определителя.　Expansion of a determinant
Распределение с большой концентрацией около средней.　Leptokurtic distribution
Распределение с малой концентрацией около средней.　Platykurtic distribution
Распределение слабо сгущенное около средней.　Mesokurtic distribution
Распределение χ^2 (хи - квадратное).　Chi-square distribution
Распространение.　Dilatation
Рассеяние.　Dispersion
Рассроченная плата, уплата, Рассрочунный платеж.　Installment payment
Расстояние.　Distance
Рассчитывать.　Calculate
Растягиваемое преобразование.　Stretching transformation
Растяжение.　Elongation
Расхождение рядов (последовательностей).　Divergence of series
Расходящаяся последовательность.　Divergent sequence
Расцветивание графов (в теории графов).　Graph coloring
Расчётно - компактное (пространство, интервал).　Countably compact
Расчлененные множества.　Disjoint sets
Расширение.　Dilatation
Рациональное число.　Rational number
Реверсия последовательностей.　Reversion of series
Регулярное пространство.　Normal space
Редкое множество.　Rare set
Режим.　Mode
Резольвента матрицы.　Resolvent of a matrix
Резольвентное уравнение третьей степени.　Resolvent cubic
Результат.　Result
Ректификация.　Rectification
Рефракция.　Refraction
Решетка.　Lattice
Решето.　Sieve
Решительный.　Categorical
Род множества точек, Род точечного мхожества.　Species of a set of points
Родственность.　Relation
Родственный угол.　Related nagle
Розетка из трех листов.　Rose of three leafs
Ромб.　Rhombus
Ромбовая призма.　Rhombohedron
Ромбоид.　Rhomboid
Ротор.　Curl
Румбовая линия.　Rhumb line
Ручка на поверхности.　Handle on a surface
Ручка рычага.　Lever arm

Руночная цена.　Market value
Ряд чисел.　Series of numbers

Салинон (геометрическая фигура).　Salinon
Салтус функции.　Saltus of a function
Самосопряженное преобразование.　Self-adjoint transformation
Сантиграмм.　Centigram
Сантиметр.　Centimeter
"Сапожничий нож", арбелос (геометрическая фигура).　Shoemaker's knife
Сверх-рефлективный.　Super-reflexive
Сверхсоприкосновающиеся кривые на поверхности.　Superosculating curves on a surface
Сверхсоприкосновение.　Superosculation
Сверхтрохоида.　Hypotrochoid
Сверхфильтр.　Ultrafilter
Световая интенсивность измеряемая в свечах.　Candlepower
Свеча (единица световой интенсивности).　Candela
Свивание кривой.　Torsion of a curve
Свободный ультрафильтр (вид фильтра).　Free ultrafilter
Свойство идемпотентности.　Idempotent property
Свойство инвариантности.　Invariant property
Свойство Крейна-Мильмана.　Krein-Milman property
Свойство отображения.　Reflection property
Свойство регулярного (формального) упорядочения (множества).　Well-ordering property
Связная трансформация.　Conjunctive transformation
Связно ориентированный.　Coherently oriented
Связное множество.　Connected set
Связное преобразование.　Conjunctive transformation
Связность.　Connectivity
Связь.　Bond
Связь.　Brace
Связь.　Conjunction
Сглаживание кривых.　Curve fitting
Северное наклонение.　North declination
Сегмент кривой (линии).　Segment of a curve (line)
Седловая точка.　Saddle point
Секанс угла.　Secant of an angle
Секстиллион.　Sextillion
Сектор круга.　Sector of a circle
Семигранник, гептаэдр.　Heptahedron
Семиугольник.　Heptagon
Семь.　Seven
Семья кривых.　Family of curves
Сепарабельная игра.　Separable game
Септиллион.　Septillion
Сервомеханизм, Серво.　Servomechanism
Сериальная облигация.　Serial bond
Сериально-упорядоченное множество.　Serially ordered set
Сеть неполно упорядоченных множеств.　Net of partially ordered points
Сжатая трансформация.　Contact transformation
Сжатие, отображение Липшица.　Nonexpansive mapping
Сжатие тензора.　Contraction of a tensor
Сжатое множесво.　Compact set

Сжатое преобразование.　Contact transformation
Сжимание.　Compactification
Сжимающийся (сокращающийся) базис.　Shrinking basis
Сила смертности.　Force of mortality
Силлогизм.　Symbol
Символ.　Symbol
Символ, обозначающий связь, принадлежность или наименьший верхний предел.　Cup
Симметричная фигура.　Symmetric figure
Симметрия функции.　Symmetry of a function
Симплекс.　Simplex
Симплекс-метод.　Simplex method
Симплициальное множество.　Simplicial complex
Синус угла.　Sine of an angle
Синтетическое деление.　Synthetic division
Синусоида.　Sinusoid
Система восьмеричных чисел.　Octal number system
Система равнотемпературных кривых.　System of isothermal curves
Система уравнений.　System of equations
Скала мнимых чисел.　Scale of imaginaries
Скалярное количество.　Scalar quantity
Скелет комплекса.　Skeleton of a complex
Скидка.　Discount
Складыва-ющийся, -емое.　Addend
Скобка.　Bracket
Скобки (круглые).　Parentheses
Скорость.　Speed
Скорость.　Velocity
Скорость движения.　Momentum
Скрученность кривой.　Torsion of a curve
Скручение кривой.　Torsion of a curve
Скручивающее усилие.　Torque
Слабая сходимость.　Weak convergence
Слагаемое.　Summand
Слагающая силы.　Component of a force
Слабо компактный.　Weakly compact
Слабо сжатый.　Weakly compact
Сложение.　Addition
След матрицы.　Spur of a matrix
Следствие.　Corollary
Сложная функция.　Composite function
Сложность корня.　Multiplicity of a root
Сложные проценты.　Compound interest
Сломанная линия.　Broken line
Случайная последовательность.　Random sequence
Случайное отклонение.　Probable deviation
Случайный ход.　Chance move
Смешанное число.　Mixed number
Смещающаяся поверхность.　Translation surface
Смещенная статистика.　Biased statistic
Сморщивание плоскости.　Shrinking of the plane
Смысл неравенства.　Sense of an inequality
Собственная функция.　Eigenfunction
Собственное значение.　Eigenvalue
Собственный вектор.　Eigenvector
Совершенно (экстремально) разъединённые (разобщённые) множества.　Externally disconnected
Совершенно смешанная игра.　Completely mixed game
Совместимость уравнений.　Consistency of equations

Совместимые уравнения. Consistent equations
Совместная пожизненная годовая рента. Joint life annuity
Совокупность плоскостей. Bundle of planes
Совпадающие линии. Concurrent lines
Совпадающие фигуры (тела). Congruent figures
Совпадающиеся углы, но различающиеся на 360° Coterminal angles
Совпадающий. Coincident
Совпадение. Congruence
Совпадение. Congruence
Согласно ориентированные. Concordantly oriented
Согласно расположенные. Concordantly oriented
Согласование. Congruence
Согласованность уравнений. Consistency of equations
Согласованные уравнения. Consistent equations
Содержание множества. Content of a set
Соединение. Conjunction
Соединение (с свиванием) двух функций. Convolution of two functions
Соединение множеств. Join of sets
Соединение множеств. Union of sets
Соединение множества предметов. Combination of a set of objects
Соединение членов. Grouping terms
Соизменимое производное. Covariant derivative
Соизменимость. Covariance
Соизмеримый. Commensurable
Сокращать. Cancel
Сокращение. Cancellation
Сокращение (в топологии). Retract
Сокращение тензора. Contraction of a tensor
Соленоидный вектор. Solenoidal vector
Солнечное время. Solar time
Сомножество подгруппы. Coset of a subgroup
Сомножитель. Cofactor
Соответственные углы. Corresponding angles
Соответствие. Congruence
Соответствие. Parity
Соответствующие матрицы. Conformable matrices
Соответствующий. Coincident
Соприкасающаяся плоскость. Osculating plane
Соприкосновение. Osculation
Сопряженное пространство. Adjoint (or conjugate) space
Сопряженные комплексные числа. Conjugate complex numbers
Сопряженные подгруппы. Conjugate subgroups
Сопряженные углы. Conjugate angles
Сорт поверхности. Genus of a surface
Соседство точки. Neighborhood of a point
Составляющая силы. Component of a force
Составная функция. Composite function
Составная часть. Component
Составное число. Composite number
Составной элемент. Component
Сотная система меры углов. Centesimal system of measuring angles
Сочетание. Conjunction
Сочетание множества предметов. Combination of a set of objects
Сплайн, полиномная кривая, кусочно-полиномиальное приближение, сплайн приближение. Spline

Спектр матрицы. Spectrum of a matrix
Спектральный анализ. Spectral analysis
Специальная точка. Singular point
Спиральная поверхность. Spiral surface
Спиральное число. Winding number
Сплющенный эллипсоид. Oblate ellipsoid
Способность (свойство) приближения. Approximation property
Способный к инверсии (обратному преобразованию). Invertible
Среднее. Average
Среднее двух чисел. Mean (or average) of two numbers
Средняя точка. Median point
Средняя точка отрезка линии. Midpoint of a line segment
Ставить условием. Postulate (v.)
Стандартное время. Standard time
Стандартное отклонение. Standard deviation
Статистика. Statistics
Статистика рождаемости, смертности, и т.д. Vital statistics
(Статистическая) таблица смертности. Mortality table
Статистический вывод. Statistical inference
Статистическое данное. Statistic
Статистическое заключение. Statistical inference
Статика. Statics
Статический момент. Static moment
Степенная кривая. Power curve
Степенные ряды, серии. Power series
Степень полинома (многочлена). Degree of a polynomial
Степень числа. Power of a number
Стерадиан. Steradian
Стере—Кубический метр. Stere
Стереографическая проекция. Stereographic projection
Стереометрия. Three-dimensional geometry
Сто. Hundred
Стоградусный термометр. Centigrade thermometer
Стоимость амортизации (изнашивания). Depreciation charge
Стопа (бумаги). Ream
Сторона многоугольника. Side of a polygon
Стохастическая переменная. Stochastic variable
Стратегия в игре. Strategy of a game
Страхование. Insurance
Страхование всей жизни. Whole life insurance
Строго возрастающая функция. Strictly increasing function
Строго-доминирующая стратегия. Strictly dominant strategy
Строка определителя. Row of a determinant
Строка, цепочка, последовательность. String
Строка, цепочка элементов. Braid
Строфоида. Strophoid
Ступенчатая функция. Step function
Стягивание тензора. Contraction of a tensor
Стягивать угол. Subtend an angle
Стяжатель. Accumulator
Субгармоническая функция. Subharmonic function
Субгруппа. Subgroup
Субтангенс. Subtangent

Суженная трансформация. Contact transformation
Суженное преобразование. Contact transformation
Сумма причитающаяся отказавшемуся от страхового полиса. Surrender value
Сумма чисел. Sum of numbers
Суммирование ряда. Summation of a series
Суммируемая функция. Summable function
Супермножество, множество множеств. Superset
Суржекция (функция). Surjection
Существенно ограниченный. Essentially bounded
Существенное свойство. Intrinsic property
Существенный квантор. Existential quantifier
Существенный разрыв. Non-removable discontinuity
Сфера. Sphere
Сферические оси (координаты). Spherical coordinates
Сферический прямоугольник с тремя прямыми углам. Trirectangular spherical triangle
Сфероид. Spheroid
Сферы Дандлена. Dandelin spheres
Схема комплекса. Skeleton of a complex
Схема случайности (беспорядочности). Random device
Сходимость бесконечного ряда. Convergence of a series
Сходство. Analogy
Сходиться к пределу. Converge to a limit
Сходящееся последование. Convergent sequence
Сходящийся знаменатель цепной дроби. Convergent of a continued fraction
Сходящийся ряд. Convergent series
Сцепленно ориентированный. Coherently oriented
Счет. Numeration
Счет. Score
Счет с основанием два. Binary
Счетная линейка. Slide rule
Счетная машина. Calculating machine, computing machine
Счетное множество. Countable set, enumerable set, denumerable set
Счетность. Countability
Счетчик на вычислительной машине (счетной машине). Counter of a computing machine
Счеты. Abacus
Счётное число. Counting number
Счислять. Calculate, count
Считать. Compute, add, count
Считать по два. Count by twos
Считать по двойкам. Count by twos

Таблица логарифмов. Table of logarithms
Таблицы возможности, случайности, условности. Contingency table
Табличная разность. Tabular differences
Тангенс угла. Tangent of a angle
Тариф. Tariff
Температурная шкала Цельсия. Celsius temperature scale
Тензорное произведение векторных пространств. Tensor product of vector spaces
Тензор. Tensor
Тензор напряжения. Stress tensor
Тензорное исчисление. Tensor analysis

Тензорный анализ. Tensor analysis
Тень. Umbra
Теорема. Theorem
Теорема Безó. Bézeut's theorem
Теорема Дарбу об аналитическом продолжении. Monodromy theorem
Теорема двойственности. Duality theorem
Теорема единственности. Uniqueness theorem
"Теорема о двенадцати цветах". Twelve-color theorem
Теорема о минимаксе. Minimax theorem
Теорема о неподвижной точке. Fixed-point theorem
Теорема о постоянной точке Банаха. Banach fixed point theorem
Теорема о пределах функций ("теорема бутерброда с ветчиной"). Ham sandwich theorem
Теорема пятиугольных (пентагональных) чисел Эйлера. Euler pentagonal-number theorem
Теорема о промежуточной величине. Intermediate value theorem
Теорема о промежуточном значении. Intermediate value theorem
Теорема Радона-Никодима. Radon-Nikodým theorem
Теорема расширения Титце. Tietze extension theorem
Теорема рекурентности (рекурсии). Recurrence theorem
Теорема о средней величине. Mean-value theorem
Теорема об остатке. Remainder theorem
Теорема Пифагора. Pythagorean theorem
Теорема Ролля. Mean-value theorem
Теорема существования. Existence theorem
Теорема Таубера. Tauberian theorem
Теорема трёх квадратов. Three-squares theorem
Теория графов. Graph theory
Теория катастроф. Catastrophe theory
Теория относительности. Relativity theory
Теория функций. Function theory
Теория уравнений. Theory of equations
Теперешняяценность. Present value
Термометр Шельсия. Centigrade thermometer
Тесселяция, покрытие плоскости многоугольниками или заполнение пространства многогранниками. Tessellation
Трение, фрикция. Friction
Тетраэдр. Tetrahedron
Тихая дуэль. Silent duel
Тождественное алгебраическое множество. Affine algebraic variety
Тождественное преобразование. Affine transformation
Тождественное пространство. Affine space
Тождественные количества. Identical quantities
Тождество. Identity
Тонкая пластинка. Lamina
Тонко-полосный выбор. Stratified sample
Тонна. Ton
Тонтинная ежегодная рента. Tontine annuity
Топологическая группа. Topological group
Топологически-заполненное пространство. Topologically complete space
Топологическое измерение, габаритное поле (в графопо строителях). Topological dimension

Топологическое преобразование двух множеств. Homeomorphism of two sets
Топология. Toplogy
Тор. Torus
Точечная диаграмма. Scattergram
Точечно-эквинепрерывный. Point-wise equicontinuous
Точечное произведение. Dot product
Точечный эллипс. Point ellipse
Точка ветвления. Branch point
Точка вращения рычага. Fulcrum
Точка делящая пополам. Bisecting point
Точка изгибания. Bend point
Точка конденсации. Condensation point
Точка, наиболее удалённая от Солнца (в астрономии). Aphelion
Точка накопления. Accumulation point
Точка опоры рычага. Fulcrum
Точка перегиба. Inflection point
Точка перерыва (прерывания). Point of discontinuity
Точка пересечения высот треухольника. Orthocenter.
Точка пересечения двух кривых с разными касательными. Salient point
Точка пересечния орбиты объекта с эклиптикой (в астрономии). Node in astronomy
Точка поворота. Turning point
Точка приложения силы. Fulcrum
Точка, присущая (напр. прямой, плоскости и т.д.). Adherent point
Точка пронизывания. Piercing point
Точка пазветвления. Branch point
Точка разветвления, разъединения. Bifurcation point
Точка сгущения. Condensation point
Точка уплотнения. Condensation point
Точка устойчивости, устойчивая точка. Stable point
Точки лежащие на одной и той же линии. Collinear points
Точки равноденствия (в астрономии). Equinox
Точное дифференциальное уравнение. Exact differential equation
Точный делитель. Exact divisor
Точный квадрат (числа). Perfect square
Траектория. Trajectory
Траектория снаряда. Path of a projectile
Трактриса. Tractrix
Транзит-(ный телескоп). Transit
Транзитивное родство. Transitive relation
Транспозиция. Transposition
Транспозиция матрицы. Transpose of a matrix
Транспортир. Protractor
Трансфинитная индукция. Transfinite induction
Трансформация координат. Transformation of coordinates
Трансцендентное число. Transcendental number
Трапеция. Trapezoid
Треугольная пирамида. Tetrahedron
Треугольник. Triangle
Треугольник на земном шаре. Terrestrial triangle
Трехгранный (поверхностый) угол. Trihedral angle
Трехгранный угол образованный тремя линиями. Trihedral formed by three lines
Трехсторонная пирамида. Triangular pyramid

Трехсторонний угол. Tetrahedral angle
Трехсторонний угол образованный тремя линиями. Trihedral formed by three lines
Трехчлен, Трехчленное выражение. Trinomial
Три. Three
Триангуация. Triangulation
Тривиальное решение. Trivial solution
Тригонометрические функции. Trigonometric functions
Тригонометрия. Trigonometry
Трижды ортогональная система. Triply orthogonal system
Трилистик. Trefoil
Триллион. Trillion
Тринадцать. Thirteen
Трисектрисса. Trisectrix
Трисекция угла. Trisection of an angle
Трихотомическое свойство. Trichotomy property
Троичное представление чисел. Ternary representation of numbers
Тройка. Triplet
Тройка (целых гисел) Пифагора. Pythagorean triple
Тройной корень (уравнения). Triple root
Тройной интеграл. Triple integral
Трохоида. Trochoid
Тупой угол. Obtuse angle
Тысяча. Thousand
Тэта функция. Theta function

Убавить. Discount
Убавлять. Discount
Убывающаяся функция. Decreasing function
Углы направления. Direction angles
Угол. Angle
Угол вектора. Vectorial angle
Уголм ежду линией и сероюжной линией. Bearing of a line
Угловое ускорение. Angular acceleration
Угломер. Protractor
Удвоение куба. Doubling of the cube
Удельная теплота. Specific heat
Удлинение. Elongation
Удлиняемое преобразование. Stretching transformation
Удовлетворить уравнение. Satisfy an equation
Узел. Cusp
Узел (в топологии). Knot in topology
Узел на кривой. Node of a curve
Узловая кривая. Nodal curve
Узловая линия. Nodal line
Укорочение тензора. Contraction of a tensor
Укороченное деление. Short division
Улитка. Limaçon
Ультра-фильтр. Ultra-filtre
Уменьшаемая (до точки) кривая. Reducible curve
Уменьшающееся. Minuend
Уменьшение корреляции. Attenuation of correlation
Уменьшение скорости. Deceleration
Уменьшение тензора. Contraction of a tensor
Умножение векторов. Multiplication of vectors
Умножить два числа. Multiply two numbers
Унарная операция, операция с одним операндом. Unary operation

Уникурсальная кривая. Unicursal curve
Унимодальная матрица. Unimodal matrix
Унитарная матрица. Unitary matrix
Уничтожитель. Annihilator
Уплотнение. Compactification
Упорядоченное множество. Ordered set
Упражнение. Exercise
Упрощение. Simplification
Упрощенная дробь. Simplified fraction
Упрощенное деление. Short division
Упрощенное кубическое уравнение (третьей степени). Reduced cubic equation
Уравнение пятой степени. Quintic
Уравнение волны. Wave equation
Уравнение второй степени. Quadratic equation
Уравнение кривой. Equation of a cruve
Уравнение с уменьшенным числом корней. Depressed equation
Уравнение шестой степени. Sextic equation
Уравненное время. Equated time
Уравнить. Equate
Усеченная пространственная фигура. Frustum of a solid
Усеченный конус. Truncated cone
Ускорение. Acceleration
Ускорение по тангенсу. Tangential acceleration
Условие возрастающей цепочки. Ascending chain condition
Условие нисходящей цепочки. Descending chain condition
Условия. Conditions
Условная ежегодная рента. Contingent annuity
Условная сходимость. Conditional convergence
"Устойчивая" статистика. Robust statistics
Учет векселей. Discount
Утверждение Бибербаха. Bieberbach conjecture
Утверждение Морделла. Mordell conjecture
Утверждение Пуанкаре. Poincaré conjecture
Утверждение Суслина. Souslin's conjecture

Фаза простого гармонического движения. Phase of simple harmonic motion
Факториал целого числа. Factorial of an integer
Факториальная нотация. Factorial notation
Факториальное исчисление. Factor analysis
Фигуры родственные по центральным проекциям. Radially related figures
Фильтр. Filter
Фокус параболы. Focus of a parabola
Форма. Configuration
Форма с двумя переменными. Form in two variables
Формальная производная. Formal derivative
Формальный степенной ряд. Formal power series
Формула. Formula
Формула Виета. Viéte formula
Формула удвоения Лежандра. Duplication formula
Формулы для вычитания. Subtraction formulas
Формулы для половины угла. Half-angle formulas
Формулы приведения (в тригонометрии). Reduction formulas
Фрактал. Fractal
Фрактальное измерение (измерение Мандельброта). Fractal dimension

Функтор, функциональный элемент. Functor
Функции Радемахера. Rademacher functions
Функция инжекции. Injective function
Функция инцидентности (вершин в графе). Incidence function
Функция Кантора. Cantor function
Функция Кёбе. Koebe function
Функция класса C^n. Function of class C^n
Функция распределения. Distribution function
Функция платежа. Payoff function
Функция шлихта. Schlicht function
Функциональное обозначение. Functional notation
Фунт. Pound

Хаос. Chaos
Характеристика логарифма. Characteristic of a logarithm
Характеристический корень матрицы. Characteristic root of a matrix
Характеристическое уравнение матрицы. Characteristic equation of a matrix
Характерные кривые на поверхности. Characteristic curves on a surface
Хардиево пространство. Hardy space
Хи. Chi
Хи квадрат. Chi square
Ход в игре. Move of a game
Хорда. Chord
Хорда проходящая через фокус. Focal chord
Хроматическое число. Chromatic number

Целая функция. Entire function
Целое число. Integer
Цена выкупления. Redemption price
Цена лома. Scrap value
Ценная бумага. Negotiable paper
Ценность страховой полиси. Value of an insurance policy
Центр круга (окружности). Center of a circle
Центр круга описанного около трехугольника. Circumcenter of a triangle
Центр луча. Ray center
Центр массы. Center of mass
Центр окружности вписанной в трехугольнике. Incenter of a triangle
Центр окружности описанной около трехугольника. Excenter of a triangle
Центр проектирования. Ray center
Централь группы. Central of a group
Центральный (в круге) угол. Central angle
Центробежная сила. Centifugal force
Центроида. Centroid
Центростремительное ускорение. Centripetal acceleration
Цепная дробь. Continued fraction
Цепная кривая (линия). Catenoid
Цепная линия. Catenary
Цепное правило. Chain rule
Цепь симплексов. Chain of simplexes
Цикл. Cycle
Циклиды. Cyclides
Циклическая перестановка. Cyclic permutation
Циклоида. Cycloid
Циклотомное уравнение. Cyclotomic equation

Циклотомное целое число. Cyclotomic integer
Цилиндр. Cylinder
Цилиндрическая поверхность. Cylindrical surface
Цилиндроид—цилиндрическая поверхность с сечениями перпендикулярными к эллипсам. Cylindroid
Циркуль. Dividers
Цифра. Digit
Цифровая машина. Digital device

Часовой угол. Hour angle
Частичные дроби. Partial fractions
Частная производная. Partial derivative
Частный интеграл. Particular integral
Частота. Periodicity
Частота класса. Class frequency
Часть кривой (линии). Segment of a curve
Часть премии возвращаемая отказавшемуся от страхового полиса. Surrender value
Чередующийся. Alternant
"Черепец", тайл, совокупность плоских фигур (полиомино). Tile
Четверть. Quarter
Четверть круга. Quadrant of a circle
Четверть окружности. Quadrant of a circle
Четверичное отклонение. Quartile deviation
Четное размещение. Even permutation
Четное число. Even number
Четность. Parity
Четыре. Four
Четырехсторонняя призма. Quadrangular prism
Четырехчлен. Quaternion
Четыреугольник. Quadrangle
Четыреугольник. Quadrilateral
Четырёхмерный параллелепипед, куб, тессеракт. Tesseract
Четырёхгранная (тетраэдральная) группа. Tetrahedral group
Четырёхгранник, кубоктаэдр. Cuboctahedron
Чёткое (неразмытое) множество. Crisp set
Числа с их знаками. Signed numbers
Числитель (дроби). Numerator
Число. Number
Число из которого корень извлекается. Radicand
Число относительно простое данного числа и меньшее данного числа. Totive of an integer
Число Рамсея. Ramsey number
Число, целое. Integer
Число чисел относительно простых к данного числа. Totient of an integer
Числовая величина. Numerical value
Числовое значение. Numerical value
Числовое кольцо. Ring of numbers
Числовое поле. Field of numbers
Чистая дробь. Proper fraction
Чистая математика. Pure mathematics
Чистая прибыль. Net profit
Чистая стратегия. Pure strategy
Член дроби. Term of a fraction
Член уравнения. Member of an equation
Чрезмерное число. Redundant number

Шансы. Odds
Шар. Sphere

Шаровые оси (координаты). Spherical coordinates
Шестидесятая система нумерации (числения). Sexagesimal system of numbers
Шестиугольная призма. Hexagonal prism
Шестнадцатиричная система исчисления. Sexagesimal number system
Шестнадцатиричная система исчисления. Hexadesimal number system
Шесть. Six
Ширина. Breadth
Ширина. Width
Ширина (положения точки на сфере). Latitude of a point
Шифр. Cipher (n.)
Шифрование для вычислительной машины. Coding for a computation machine
Шпур матрицы. Spur of a matrix
Шпур матрицы. Trace of a matrix
Шумный поединок. Noisy duel

Эвольвента кривой. Involute of a curve
Эволюта кривой. Evolute of a curve
Эвристический метод. Heuristic method
Эйлера Ф-функция. Indicator of an integer
Эквивалентные матрицы. Equivalent matrices
Экватор. Equator
Эквипотенциальная поверхность. Equipotential surface
"Экзотическая" сфера (вид множества). Exotic sphere
"Экзотическое" четырёхмерное пространство (вид четырёхмерного множества). Exotic four-space
Эклиптика. Ecliptic
Эксекант угла. Exsecant
Экспоненциальное представление чисел в виде мантиссы и порядка. Scientific notation
Экстраполяция. Extrapolation
Энтропия. Entropy
Эксцентриситет гиперболы. Eccentricity of a hyperbola
Эксцентрический угол эллипса. Eccentric angle of an ellipse
Эластичность. Elasticity
Эластичные фигуры. Elastic bodies
Электродвижущая сила. Electromotive force
Электростатичный потенциал. Electrostatic potential
Элемент интеграции. Element of integration
Элемент памяти. Memory component
Элемент происходящий но прямой линии. Lineal element
Элемент хранения. Storage component
Элементарные операции. Elementary operations
Элиминант. Eliminant
Эллипс. Ellipse
Эллипсоид. Ellipsoid
Эллиптическая поверхность. Elliptic surface
Эмпирическая кривая. Empirical curve
Эндоморфизм. Endomorphism
Эпитрохоида. Epitrochoid
Эпитрохоидная кривая. Epitrochoidal curve
Эпициклоида. Epicycloid
Эрг. Erg
Эргодическая теорема. Ergodic theorem

Эрлангенская программа Кляйна. Erlangen program
Эффективная норма процента. Effective interest rate
Эффективная процентная ставка. Effective interest rate
"Эшелонная" матрица. Echelon matrix

Южное наклонение. South declination

Явная функция. Explicit function
Ядро гомоморфизма. Kernel of a homomorphism
Ядро (уравнения) Дирихле. Dirichlet kernel
Ядро интегрального уравнения. Nucleus (or kernel) of an integral equation
Ядро (уравнемия) Фежéра. Fejér kernel
Ярд расстояния. Yard of distance
Ясно ориентированный. Coherently oriented

スペイン語-英語対照表

Abaco. Abacus
Abscisa. Abscissa
Aceleración. Acceleration
Aceleración angular. Angular acceleration
Aceleración centripeta. Centripetal acceleration
Aceleración tangencial. Tangential acceleration
Acotado esencialmente. Essentially bounded
Acre. Acre
Acumulador. Accumulator
Adiabático. Adiabatic
Adjunta de una matriz. Adjoint of a matrix
Adoquinado. Tessellation
Afelio. Aphelion
Agrupando términos. Grouping terms
Aislar una raiz. Isolate a root
Alargamiento. Elongation
Alef cero. Aleph-null (or aleph zero)
Álgebra. Algebra
Álgebra homológica. Homological algebra
Algebráico. Algebraic
Algoritmo. Algorithm
Alternante. Alternant
Altitud (altura). Altitude
Altura sesgada. Slant height
Amortiguador (en una máquina calculadora). Buffer (in a computing machine)
Amortización. Amortization
Amplitud de un número complejo. Amplitude of a complex number
Analicidad. Analyticity
Análisis. Analysis
Análisis de sensibilidad. Sensitivity analysis
Análisis factorial. Factor analysis
Análisis infinitesimal. Infinitesimal analysis
Análisis tensorial. Tensor analysis
Análisis vectorial. Vector analysis
Analogía. Analogy
Ancho. Width; breadth
Angulo. Angle
Angulo agudo. Actue angle
Angulo central. Central angle
Angulo cosecante. Arc-cosecant
Angulo coseno. Arc-cosine
Angulo diedro. Dihedral angle
Angulo excéntrico de una elipse. Eccentric angle of an ellipse
Angulo exterior. Exterior angle
Angulo horario. Hour angle
Angulo interno. Interior angle
Angulo obtuso. Obtuse angle
Angulo paraláctico. Parallactic angle
Angulo polar de un punto. Anomaly of a point
Angulo poliedro. Polyhedral angle
Angulo reentrante. Reentrant angle
Angulo reflejo. Reflex angle
Angulo relacionado. Related angle
Angulo secante. Arc-secant
Angulo seno. Arc-sine
Angulo sólido. Solid angle
Angulo tangente. Arc-tangent
Angulo tetraedro. Tetrahedral angle
Angulo triedro. Trihedral angle
Angulo vectorial. Vectorial angle
Angulo alternos. Alternate angles
Angulos complementarios. Complementary angles
Angulos conjugados. Conjugate angles
Angulos correspondientes. Corresponding angles
Angulos coterminales. Coterminal angles
Angulos cuadrantes. Quadrantal angles
Angulos directores. Direction angles
Angulos suplementarios. Supplementary angles
Angulos verticales. Vertical angles
Anillo de medidas. Measure ring
Anillo de números. Ring of numbers
Aniquilador. Annihilator
Año. Year
Anotación. Score
Antiautomorfismo. Antiautomorphism
Anticonmutativo. Anticommutative
Antiderivada. Antiderivative
Antiisomorfismo. Antiisomorphism
Antilogaritmo. Antilogarithm
Antípodas. Antipodal points
Antisimétrico. Antisymmetric
Anualidad acortada. Curtate annuity
Anualidad contingente. Contingent annuity
Anualidad ó renta vitalicia. Annuity
Anualidad postergada. Deferred annuity
Anualidad tontina. Tontine annuity
Apice. Apex
Apotema. Apothem
Aproximación. Approximation
Arbelos. Arbilos
Árbol. Tree
Area. Area
Area de una superficie. Surface area
Area lateral. Lateral area
Argumento circular. Circular argument
Argumento (ó dominio) de una función. Argument of a function
Arista de un sólido. Edge of a solid
Arista múltiple de una gráfica. Multiple edge in a graph
Aritmética. Arithmetic
Aritmómetro. Arithmometer
Armónica teseral. Tesseral harmonic
Armónica zonal. Zonal harmonic
Artificio mnemotécnico. Mnemonic device
Asa en una superficie. Handle on a surface
Asimétrico. Asymmetric
Asintota. Asymptote
Asintóticamente igual. Asymptotically equal
Asintóticamente insesgado. Asymptotically unbiased
Atenuación de una correlación. Attenuation of correlation
Atmósfera. Atmosphere
Átomo. Atom
Automorfismo. Automorphism

Automorfismo interno. Inner automorphism
Avoir dupois (Sistema de pesos). Avoirdupois
Axioma. Axiom
Azimut. Azimuth

Baria (unidades de presión). Bar
Baricentro. Barycenter
Barra (símbolo); bar. Bar
Base. Base
Base. Basis
Base. Radix
Base de filtro. Filter base
Base retractante. Shrinking basis
Beneficiario. Beneficiary
Bicompacto. Bicompactum
Bicuadrática. Biquadratic
Bienal. Biennial
Bienes. Assets
Bilineal. Bilinear
Billón. Billion
Bimodal. Bimodal
Binario. Binary
Binomio. Binomial
Binormal. Binormal
Birectángular. Birectangular
Bisectar. Bisect
Bisectriz. Bisector
Biyección. Bijection
Bola abierta. Open ball
Bonos seriados. Serial bonds
Bourbaki. Bourbaki
Braquistócrona. Brachistochrone
Brazo de palanca. Lever arm
Bruja de Agnesi. Witch of Agnesi

Caballo de fuerza. Horsepower
Cadena de simplejos. Chain of simplexes
Calculadora análoga. Analogue computer
Calcular. Calculate
Cálculo. Calculus
Cálculo (cómputo). Computation
Cálculo automático. Automatic computation
Cálculo de variaciones. Calculus of variations
Cálculo integral. Integral calculus
Calor específico. Specific heat
Caloría. Calory
Cambio de base. Change of base
Campo algebraicamente completo. Algebraically complete field
Campo de estudios. Field of study
Campo de extensión. Splitting field
Campo de fuerza conservador. Conservative field of force
Campo de Galois. Galois field
Campo de números. Field of numbers
Campo numérico. Number field
Campo perfecto. Perfect field
Cancelación. Cancellation
Cancelar. Cancel
Candela. Candela
Cantidad. Quantity
Cantidad de movimiento. Momentum
Cantidad escalar. Scalar quantity
Cantidad incógnita. Unknown quantity

Cantidades idénticas. Identical quantities
Cantidades iguales. Equal quantities
Cantidades inversamente proporcionales. Inversely proportional quantities
Cantidades linealmente dependientes. Linearly dependent quantities
Cantidades proporcionales. Proportional quantities
Caos. Chaos
Capital comercial. Capital stock
Capital comercial ó acciones. Stock
Cápsula convexa de un conjunto. Convex hull of a set
Cara de un poliedro. Face of a polyhedron
Característica de un logaritmo. Characteristic of a logarithm
Cardioide. Cardioid
Cargo por depreciación. Depreciation charge
Casi periódica. Almost periodic
Categoría. Category
Categórico. Categorical
Catenaria. Catenary
Catenoide. Catenoid
Cedazo. Sieve
Celestial. Celestial
Centésima parte de un número. Hundredth part of a number
Centígramo. Centigram
Centímetro. Centimeter
Centro de masa. Center of mass
Centro de proyección. Ray center
Centro de un círculo. Center of a circle
Centro de un grupo. Central of a group
Centroide. Centroid
Centroide de un triángulo. Median point
Cero. Zero
Cerradura de un conjunto. Closure of a set
Cibernética. Cybernetics
Cíclides. Cyclides
Ciclo. Cycle
Cicloide. Cycloid
Cien, ciento. Hundred
Cifra. Cipher
Cifra decimal. Place value
Cilindro. Cylinder
Cilindro hiperbólico. Hyperbolic cylinder
Cilindro parabólico. Parabolic cylinder
Cilindroide. Cylindroid
Cinco. Five
Cinemática. Kinematics
Cinética. Kinetics
Circulante. Circulant
Círculo. Circle
Círculo auxiliar. Auxiliary circle
Círculo circunscrito. Circumscribed circle
Círculo de convergencia. Circle of convergence
Círculo excrito. Escribed circle
Círculo unitario. Unit circle
Círculos coaxiales. Coaxial circles
Círculos concéntricos. Concentric circles
Circuncentro de un triángulo. Circumcenter of a triangle
Circuncírculo. Circumcircle
Circunferencia. Circumference
Clase de equivalencia. Equivalence class
Clase residual de un subgrupo. Coset of a subgroup

Clave para una máquina calculadora. Coding for a computation machine
Coaltitud. Coaltitude
Cociente de dos números. Quotient of two numbers
Codeclinación. Codeclination
Coeficiente. Coefficient
Coeficiente de correlación. Correlation coefficient
Coeficiente de correlación biserial. Biserial correlation coefficient
Coeficiente de regresión. Regression coefficient
Coeficiente principal. Leading coefficient
Coeficientes binomiales. Binomial coefficients
Coeficientes indeterminados. Undetermined coefficients
Coeficientes separados. Detached coefficients
Cofactor. Cofactor
Cofunción. Cofunction
Coherentemente orientado. Coherently oriented
Coincidente. Coincident
Colatitud. Colatitude
Colineación. Collineation
Cologaritmo. Cologarithm
Coloración de una gráfica. Graph coloring
Combinación de un conjunto de objetos. Combination of a set of objects
Combinación lineal. Linear combination
Compactificación. Compactification
Compactum. Compactum
Compás. Compass
Compás divisor, compás de puntas. Dividers
Complejo simplicial. Simplicial complex
Complemento de un conjunto. Complement of a set
Completar cuadrados. Completing the square
Componente de almacenamiento. Storage component
Componente de consumo. Input component
Componente de la memoria. Memory component
Componente de rendimiento de trabajo. Output component
Componente de una fuerza. Component of a force
Composición en una proporción. Composition in a proportion
Comprobación de una solución. Check on a solution
Comprobación por regla de los nueves. Casting out nines
Concavidad. Concavity
Concoide. Conchoid
Concordantemente orientado. Concordantly oriented
Condición de la cadena ascendente. Ascending chain condition
Condición de la cadena descendente. Descending chain condition
Condición necesaria. Necessary condition
Condición suficiente. Sufficient condition
Conectividad. Connectivity
Configuración. Configuration
Configuraciones superponibles. Superposable configurations
Congruencia. Congruence
Cónica. Conic
Cónica degenerada. Degenerate conic
Cónicas confocales. Confocal conics
Conicoide. Conicoid
Conjetura de Bieberbach. Bieberbach's conjecture
Conjetura de Mordell. Mordell conjecture
Conjetura de Poincaré. Poincaré conjecture

Conjetura de Souslin. Souslin's conjecture
Conjunción. Conjunction
Conjunto absorbente. Absorbing set
Conjunto acotado. Bounded set
Conjunto analítico. Analytic set
Conjunto bien definido. Crisp set
Conjunto borroso. Fuzzy set
Conjunto cerrado. Closed set
Conjunto compacto. Compact set
Conjunto conexo. Connected set
Conjunto conexo por trayectorias. Arc-wise connected set
Conjunto de Borel. Borel set
Conjunto de Julia. Julia set
Conjunto de Mandelbrot. Mandelbrot set
Conjunto de números. Set of numbers
Conjunto denso. Dense set
Conjunto desconectado. Disconnected set
Conjunto difuso. Fuzzy set
Conjunto discreto. Discrete set
Conjunto finito. Finite set
Conjunto mensurable (ó medible). Measurable set
Conjunto nítido. Crisp set
Conjunto numerable. Countable set; enumerable set; denumerable set
Conjunto ordenado. Ordered set
Conjunto ordenado en serie. Serially ordered set
Conjunto raro. Rare set
Conjunto totalmente ordenado. Totally ordered set
Conjunto vacío. Null set
Conjuntos ajenos. Disjoint sets
Conmensurable. Commensurable
Conmutador. Commutator
Conmutativo. Commutative
Cono. Cone
Cono circular. Circular cone
Cono director. Director cone
Cono truncado. Truncated cone
Conoide. Conoid
Consecuente en una relación. Consequent in a ratio
Consistencia de ecuaciones. Consistency of equations
Constante de integración. Constante of integration
Constante esencial. Essential constant
Construcción. Construction
Construcción de una gráfica por composición. Graphing by composition
Contador de una máquina calculadora. Counter of a computing machine
Contenido de un conjunto. Content of a set
Continuación de signo. Continuation of sign
Continuidad. Continuity
Continuidad uniforme. Uniform continuity
Contínuo. Continuum
Contra las manecillas del reloj. Counterclockwise
Contracción. Contraction mapping
Contracción de un tensor. Contraction of a tensor
Contracción del plano. Shrinking of the plane
Convergencia absoluta. Absolute convergence
Convergencia condicional. Conditional convergence
Convergencia de una serie. Convergence of a series
Convergencia debil. Weak convergence
Convergencia uniforme. Uniform convergence
Convergente de una fracción continua. Convergent of a continued fraction
Converger a un limite. Converge to a limit

Convolución de dos funciones. Convolution of two functions
Coordenada de un punto. Coordinate of a point
Coordenadas baricéntricas. Barycentric coordinates
Coordenadas cartesianas. Cartesian coordinates
Coordenadas esféricas. Spherical coordinates
Coordenadas geográficas. Geographic coordinates
Coordenadas polares. Polar coordinates
Corolario. Corollary
Corona circular (anillo). Annulus
Corredor. Broker
Correlación espúrea. Illusory correlation
Correspondencia biunívoca. One-to-one correspondence
Corrimiento unilateral. Unilateral shift
Cosecante de un ángulo. Cosecant of an angle
Coseno de un ángulo. Cosine of an angle
Costo capitalizado. Capitalized cost
Cota de un conjunto. Bound of a set
Cota inferior. Lower bound
Cota superior. Upper bound
Cotangente de un ángulo. Cotangent of an angle
Covariancia. Covariance
Coverseno. Coversed sine (coversine)
Criterio de la razón (convergencia de series). Ratio test
Criterio de razón generalizado (Criterio de D'Alembert). Generalized ratio test
Cuadrado. Square
Cuadrado mágico. Magic square
Cuadrado perfecto. Perfect square
Cuadrángulo. Quadrangle
Cuadrante de un círculo. Quadrant of a circle
Cuadratura de un círculo. Quadrature of a circle
Cuadratura del círculo. Squaring a circle
Cuádrica. Quadric
Cuadrilátero. Quadrilateral
Cuántica. Quantic
Cuántica cuaternaria. Quaternary quantic
Cuantificador. Quantifier
Cuantificador existencial. Existential quantifier
Cuantificador universal. Universal quantifier
Cuarto. Quarter
Cuaternio. Quaternion
Cuatrillón. Quadrillion
Cuatro. Four
Cúbica bipartita. Bipartite cubic
Cubierta de un conjunto. Covering of a set
Cubo. Cube
Cuboctaedro. Cuboctahedron
Cubo tetradimensional. Tesseract
Cuchillo del zapatero. Shoemaker's knife
Cuenta de dos en dos. Count by twos
Cuerda. Chord
Cuerda. Cord
Cuerda. String
Cuerda focal. Focal chord
Cuerdas suplementarias. Supplemental chords
Cuerpos elásticos. Elastic bodies
Cumulantes. Cumulants
Cuña. Wedge
Curso entre dos puntos. Run between two points
Curtosis. Kurtosis
Curva cerrada. Closed curve
Curva convexa. Convex curve

Curva cruciforme. Cruciform curve
Curva cuártica. Quartic curve
Curva cúbica. Cubic curve
Curva de frecuencia. Frequency curve
Curva de probabilidad. Probability curve
Curva empírica. Empirical curve
Curva en el espacio. Space curve
Curva epitrocoide. Epitrochoidal curve
Curva exponencial. Exponential curve
Curva isócrona. Isochronous curve
Curva izquierda (ó alabeada). Left-handed curve
Curva kapa. Kappa curve
Curva logarítmica. Logarithmic curve
Curva meridiana. Meridian curve
Curva pedal. Pedal curve
Curva plana de grado superior. Higher plane curve
Curva proyectiva plana. Projective plane curve
Curva proyectiva plana suave. Smooth projective plane curve
Curva rectificable. Rectifiable curve
Curva reducible. Reducible curve
Curva secante. Secant curve
Curva senoidal. Sine curve
Curva serpentina. Serpentine curve
Curva simple. Simple curve
Curva torcida. Twisted curve
Curva unicursal. Unicursal curve
Curvas características. Characteristic curves
Curvas superosculantes en una superficie. Superosculating curves on a surface
Curvatura de una curva. Curvature of a curve
Cúspide. Spinode; cusp

Débilmente compacto. Weakly compact
Decágono. Decagon
Decámetro. Decameter
Deceleración. Deceleration
Decimal finito. Terminating decimal
Decímetro. Decimeter
Declinación. Declination
Declinación norte. North declination
Declinación sur. South declination
Definido de una manera única. Uniquely defined
Deformación de un objeto. Deformation of an object
Deltaedro. Deltahedron
Deltoide. Deltoid
Demostración. Proof
Demostración indirecta. Indirect proof
Demostración por deducción. Deductive proof
Demostrar un teorema. Prove a theorem
Denominador. Denominator
Densidad. Density
Densidad asintótica. Asymptotic density
Densidad superior. Upper density
Derivada covariante. Covariant derivative
Derivada de orden superior. Derivative of higher order
Derivada de una distribución. Derivative of a distribution
Derivada de una función. Derivative of a function
Derivada direccional. Directional derivative
Derivada formal. Formal derivative
Derivada logarítmica de la función gama. Digamma function

Derivada normal. Normal derivative
Derivada parcial. Partial derivative
Desarollo de un determinante. Expansion of a determinant
Descomposición espectral. Spectral decomposition
Descuento. Discount
Desigualdad. Inequality
Desigualdad de Chebyshev. Chebyshev inequality
Desigualdad incondicional. Unconditional inequality
Desproporcionado. Disproportionate
Desviación. Deviation
Desviación cuartil. Quartile deviation
Desviación probable. Probable deviation
Desviación standard. Standard deviation
Determinación de curvas empíricas. Curve fitting
Determinante. Determinant
Determinante antisimétrico. Skew-symmetric determinant
Diada. Dyad
Diádico. Dyadic
Diagonal de un determinante. Diagonal of a determinant
Diagonalizar. Diagonalize
Diagonal principal. Principal diagonal
Diagonal secundaria. Secondary diagonal
Diagonal (símbolo). Solidus
Diagrama. Diagram
Diagrama de dispersión. Scattergram
Diagrama de flujo. Flow chart
Diámetro de un círculo. Diameter of a circle
Diámetro de una partición. Fineness of a partition
Dicotomía. Dichotomy
Diez. Ten
Difeomorfismo. Diffeomorphism
Diferencia de dos cuadrados. Difference of two squares
Diferenciación de una función. Differentiation of a function
Diferenciación implícita. Implicit differentiation
Diferencial de una función. Differential of a function
Diferencial total. Total differential
Diferencias sucesivas de una función. Differencing of a function
Diferencias tabulares. Tabular differences
Dígito. Digit
Dígito significativo. Significant digit
Digno de confianza (fidedigno). Reliability
Dilatación. Dilatation
Dimensión. Dimension
Dimensión de Hausdorff. Hausdorff dimension
Dimensión fractal. Fractal dimension
Dimensión topológica. Topological dimension
Dina. Dyne
Dinámica. Dynamics
Dipolo. Dipole
Dirección asintótica. Asymptotic direction
Directriz de una cónica. Directrix of a conic
Disco. Disc (or disk)
Discontinuidad. Discontinuity
Discontinuidad irremovible. Nonremovable discontinuity
Discontinuidad removible. Removable discontinuity
Discriminante de un polinomio. Discriminant of a polynomial
Dispersión. Dispersion
Distancia entre dos puntos. Distance between two points
Distancia zenital. Zenith distance
Distribución beta. Beta distribution
Distribución ji cuadrada. Chi-square distribution
Distribución leptocúrtica. Leptokurtic distribution
Distribución lognormal. Lognormal distribution
Distribución mesocúrtica. Mesokurtic distribution
Distribución normal bivariada. Bivariate normal distribution
Distribución platocúrtica. Platykurtic distribution
Disyunción. Disjunction
Divergencia de una serie. Divergence of a series
Dividendo de un bono. Dividend on a bond
Dividir. Divide
Divisibilidad. Divisibility
Divisibilidad por once. Divisibility by eleven
División. Division
División corta. Short division
División sintética. Synthetic division
Divisor. Divisor
Divisor exacto. Exact divisor
Doble regla de tres. Double rule of three
Doblete. Doublet
Doce. Twelve
Dodecaedro. Dodecahedron
Dodecágono. Dodecagon
Dominio. Domain
Dominio de una variable. Range of a variable
Dominio de verdad. Truth set
Dominó. Domino
Dos. Two
Dualidad. Duality
Duelo ruidoso. Noisy duel
Duelo silencioso. Silent duel
Duplicación del cubo. Duplication of the cube

Eclíptica. Ecliptic
Ecuación característica de una matriz. Characteristic equation of a matrix
Ecuación ciclotómica. Cyclotomic equation
Ecuación cuadrática. Quadratic equation
Ecuación cúbica reducida. Reduced cubic equation
Ecuación de diferencias. Difference equation
Ecuación de grado reducido (al dividir por una raíz). Depressed equation
Ecuación de onda. Wave equation
Ecuación de sexto grado. Sextic equation
Ecuación de una curva. Equation of a curve
Ecuación derivada. Derived equation
Ecuación diferencial. Differential equation
Ecuación diferencial exacta. Exact differential equation
Ecuación homogénea. Homogeneous equation
Ecuación integral. Integral equation
Ecuación mónica. Monic equation
Ecuación polinomial. Polynomial equation
Ecuación recíproca. Reciprocal equation
Ecuaciones consistentes. Consistent equations
Ecuaciones dependientes. Dependent equations
Ecuaciones paramétricas. Parametric equations
Ecuaciones simultáneas. Simultaneous equations
Ecuador. Equator
Ecuador celeste. Celestial equator

Eje. Axis
Eje x. X-axis
Eje y. Y-axis
Eje mayor. Major axis
Eje menor. Minor axis
Eje radical. Radical axis
Eje transversal. Transverse axis
Ejercicio. Exercise
Ejes rectangulares. Rectangular axes
Elasticidad. Elasticity
Elemento de integración. Element of integration
Elemento lineal. Lineal element
Elevación entre dos puntos. Rise between two points
Eliminación por substitución. Elimination by substitution
Eliminante. Eliminant
Elipse. Ellipse
Elipse degenerada. Point ellipse
Elipsoide. Ellipsoid
Elipsoide achatado por los polos. Oblate ellipsoid
Elipsoide alargado hacia los polos. Prolate ellipsoid
En el sentido de las manecillas del reloj. Clockwise
Endomorfismo. Endomorphism
Energía cinética. Kinetic energy
Ensayos sucesivos. Successive trials
En sentido opuesto a las manecillas del reloj. Counter-clockwise
Entero. Integer
Entero ciclotómico. Cyclotomic integer
Entropía. Entropy
Envolvente de una familia de curvas. Envelope of a family of curves
Epicicloide. Epicycloid
Epitrocoide. Epitrochoid
Equidistante. Equidistant
Equilibrio. Equilibrium
Equinoccio. Equinox
Ergio. Erg
Error absoluto. Absolute error
Error al redondear un número. Round-off error
Error de muestreo. Sampling error
Escala de imaginarios. Scale of imaginaries
Escala de temperatura Celsius. Celsius temperature scale
Esfera. Sphere
Esfera exótica. Exotic sphere
Esferas de Dandelin. Dandelin spheres
Esferoide. Spheroid
Esfuerzo de un cuerpo. Stress of a body
Espacio. Space
Espacio abstracto. Abstract space
Espacio adjunto (ó conjugado). Adjoint (or conjugate) space
Espacio afín. Affine space
Espacio bicompacto (compacto). Bicompact space
Espacio cociente. Quotient space
Espacio completo. Complete space
Espacio de Baire. Baire space
Espacio de Banach no cuadrado. Nonsquare space
Espacio de cuatro dimensiones exóticas. Exotic four-space
Espacio de Frechet. Frechet space
Espacio de Hardy. Hardy space
Espacio de órbitas. Orbit space
Espacio lagunar. Lacunary space
Espacio metacompacto. Metacompact space
Espacio métrico. Metric space
Espacio metrizable. Metrizable space
Espacio normado. Normed space
Espacio paracompacto. Paracompact space
Espacio producto. Product space
Espacio proyectivo. Projective space
Espacio separable. Separable space
Espacio topológicamente completo. Topologically complete space
Espacio uniformemente convexo. Uniformly convex space
Especie de un conjunto de puntos. Species of a set of points
Espectro de una matriz. Spectrum of a matrix
Espectro residual. Residual spectrum
Espiral equiángular. Equiangular spiral
Espiral lituiforme. Lituus
Espiral logarítmica. Logistic curve
Espiral loxodrómica. Loxodromic spiral
Esplain. Spline
Esqueleto de un complejo. Skeleton of a complex
Estadística. Statistic
Estadística. Statistics
Estadística bias. Biased statistic
Estadística vital. Vital statistics
Estadísticas robustas. Robust statistics
Estática. Statics
Esteradian. Steradian
Estéreo. Stere
Estimación de una cantidad. Estimate of a quantity
Estimación sin bias. Unbiased estimate
Estrategia de un juego. Strategy of a game
Estrategia dominante. Dominant strategy
Estrategia estrictamente dominante. Strictly dominant strategy
Estrategia óptima. Optimal strategy
Estrategia pura. Pure strategy
Estrella circumpolar. Circumpolar star
Estrella de un complejo. Star of a complex
Estrofoide. Strophoid
Evaluación. Evaluation
Evaluar. Evaluate
Eventos independientes. Independent events
Eventos que se excluyen mutuamente. Mutually exclusive events
Evolución. Evolution
Evoluta de una curva. Evolute of a curve
Exaedro. Hexahedron
Exágono. Hexagon
Excedente de nueves. Excess of nines
Excentricidad de una hipérbola. Eccentricity of a hyperbola
Excentro. Excenter
Excírculo. Excircle
Expansión asintótica. Asymptotic expansion
Expectativa de vida. Expectation of life
Exponente. Exponent
Exponente fraccionario. Fractional exponent
Exsecante. Exsecant
Extensión de un campo. Extension of a field
Extrapolación. Extrapolation
Extremalmente disconexo. Extremally disconnected
Extremos (o términos extremos). Extreme terms (or extremes)

Faceta. Facet
Factor de un polinomio. Factor of a polynomial
Factor integrante. Integrating factor
Factorial de un entero. Factorial of an integer
Factorizable. Factorable
Factorización. Factorization
Factorización única. Unique factorization
Familia de curvas. Family of curves
Farmacéutico. Apothecary
Fase de movimiento armónico simple. Phase of simple harmonic motion
Fibrado de planos. Bundle of planes
Figura plana. Plane figure
Figura simétrica. Symmetric figure
Figuras congruentes. Congruent figures
Figuras homotéticas. Homothetic figures
Figuras homotópicas. Homotopic figures
Figuras radialmente relacionadas. Radially related figures
Filtro. Filter
Finitamente representable. Finitely representable
Flécnodo. Flecnode
Foco de una parábola. Focus of a parabola
Folio de Descartes. Folium of Descartes
Fondo de amortización. Sinking fund
Forma canónica. Canonical form
Forma en dos variables. Form in two variables
Formas indeterminadas. Indeterminate forms
Fórmula. Formula
Fórmula de duplicación. Duplication formula
Fórmula de Vieta. Viète formula
Fórmula prismoidal. Prismoidal formula
Fórmulas de reducción. Reduction formulas
Fórmulas de resta. Subtraction formulas
Fórmulas del ángulo medio. Half-angle formulas
Fracción. Fraction
Fracción común. Common fraction
Fracción contínua. Continued fraction
Fracción decimal periódica. Repeating decimal
Fracción propia. Proper fraction
Fracción simplificada. Simplified fraction
Fracción vulgar. Vulgar fraction
Fracciones parciales. Partial fractions
Fractal. Fractal
Frecuencia acumulativa. Cumulative frequency
Frecuencia de la clase. Class frequency
Fricción. Friction
Frontera de un conjunto. Frontier of a set; boundary of a set
Fuerza centrífuga. Centrifugal force
Fuerza cortante. Shearing strain
Fuerza de mortandad. Force of mortality
Fuerza electromotriz. Electromotive force
Fulcro. Fulcrum
Función absolutamente continua. Absolutely continuous function
Función aditiva. Additive function
Función analítica. Analytic function
Función analítica biunívoca. Schlicht function
Función analítica monogénica. Monogenic analytic function
Función ángulo-hiperbólica. Arc-hyperbolic function
Función armónica. Harmonic function
Función automorfa. Automorphic function
Función bei. Bei function
Función ber. Ber function
Función compuesta. Composite function
Función continua. Continuous function
Función continua por arcos. Piecewise continuous function
Función creciente. Increasing function
Función de Cantor. Cantor function
Función de clase C^n. Function of class C^n
Función δ de Dirac. Dirac δ-function
Función de distribución. Distribution function
Función de Koebe. Koebe function
Función de núcleo. Ker function
Función de pago. Payoff function
Función de signo. Signum function
Función decreciente. Decreasing function
Función desvaneciente. Vanishing function
Función diferenciable. Smooth map
Función discontinua. Discontinuous function
Función entera. Entire function
Función escalonada. Step function
Función estrictamente creciente. Strictly increasing function
Función explícita. Explicit function
Función gama. Gamma function
Función holomorfa. Holomorphic function
Función implícita. Implicit function
Función integrable. Integrable function
Función inyectiva. Injective function
Función kei. Kei function
Función lisa. Smooth map
Función localmente integrable. Locally integrable function
Función meromorfa. Meromophic function
Función modular. Modular function
Función monótona. Monotone function
Función no acotada. Unbounded function
Función 1-Lipshitz. Nonexpansive mapping
Función polivalente. Many valued function
Función potencial. Potential function
Función propia (ó eigen-función). Eigenfunction
Función proposicional. Propositional function
Función semicontinua. Semicontinuous function
Función (mapeo) suave. Smooth map
Función subaditiva. Subadditive function
Función subarmónica. Subharmonic function
Función sumable. Summable function
Función teta. Theta function
Función trigonométrica inversa. Inverse trigonometric function
Función univalente. Single-valued function
Función zeta. Zeta function
Funciones de Bessel modificadas. Modified Bessel functions
Funciones de Rademacher. Rademacher functions
Funciones equicontínuas. Equicontinuous functions
Funciones generalizadas. Generalized functions
Funciones ortogonales. Orthogonal functions
Funciones trigonométricas. Trigonometric functions
Funtor. Functor

Ganancia bruta. Gross profit
Gastos generales fijos. Overhead expenses
Generador de una superficie. Generator of a surface
Generadores rectilíneos. Rectilinear generators

Generatriz. Generatrix
Geoide. Geoid
Geometría. Geometry
Geometría bidimensional. Two-dimensional geometry
Geometría proyectiva. Projective geometry
Geometría tridimensional. Three-dimensional geometry
Girar alrededor de un eje. Revolve about an axis
Giro. Gyration
Googol. Googol
Gradiente. Gradient
Grado de un polinomio. Degree of a polynomial
Gráfica bipartita. Bipartite graph
Gráfica completa. Complete graph
Gráfica de barras. Bar graph
Gráfica de una ecuación. Graph of an equation
Gráfica euleriana. Eulerian graph
Gráfica hamiltoniana. Hamiltonian graph
Gráfica plana. Planar graph
Gramo. Gram
Gravedad. Gravity
Gravitación. Gravitation
Grupo alternante. Alternating group
Grupo conmutativo (abeliano). Commutative group
Grupo de control. Control group
Grupo de homología. Homology group
Grupo de Klein. Four-group
Grupo de números. Group of numbers
Grupo de permutaciones. Permutation group
Grupo de transformaciones. Transformation group
Grupo del icosaedro. Icosahedral group
Grupo del octaedro. Octahedral group
Grupo del tetraedro. Tetrahedral group
Grupo diédrico. Dihedral group
Grupo soluble Solvable group
Grupo topológico. Topological group
Grupoide. Groupoid
Gudermaniano. Gudermannian

Haverseno (ó medio verseno). Haversine
Haz de planos. Bundle of planes
Haz de planos. Sheaf of planes
Hélice. Helix
Helicoidal (helicoide). Helicoid
Hemisferio. Hemisphere
Heptaedro. Heptahedron
Heptágono. Heptagon
Hipérbola. Hyperbola
Hiperboloide de una hoja. Hyperboloid of one sheet
Hiperplano. Hyperplane
Hipersuperficie. Hypersurface
Hipervolumen. Hypervolume
Hipocicloide. Hypocycloid
Hipocicloide de cuatro cúspides. Astroid
Hipotenusa. Hypotenuse
Hipótesis. Hypothesis
Hipótesis admisible. Admissible hypothesis
Hipótesis alternativa. Alternative hypothesis
Hipotrocoide. Hypotrochoid
Histograma. Histogram
Hodógrafo. Hodograph
Hoja de una superficie. Sheet of a surface
Hoja de una superficie cónica. Nappe of a cone

Homeomorfismo entre dos conjuntos. Homeomorphism of two sets
Homogeneidad. Homogeneity
Homólogo. Homologous
Homomorfismo entre dos conjuntos. Homomorphism of two sets
Homosedástico. Homoscedastic
Horizontal. Horizontal
Horizonte. Horizon

Icosaedro. Icosahedron
Ideal contenido en un anillo. Ideal contained in a ring
Ideal nilpotente. Nilpotent ideal
Idemfactor. Idemfactor
Idenpotente. Idempotent
Identidad. Identity
Igualdad. Equality
Imagen de un punto. Image of a point
Implicación. Implication
Impuesto. Tax
Impuesto adicional. Surtax
Impuesto sobre la renta. Income tax
Incentro de un triángulo. Incenter of a triangle
Incidencia. Incidence function
Incírculo. Incircle
Inclinación de una recta. Inclination of a line
Incremento de una función. Increment of a function
Indicador de un entero. Totient of an integer
Indicador de un número. Indicator of an integer
Indicativo de un entero. Totitive of an integer
Indicatriz de una curva. Indicatrix of a curve
Indice de un radical. Index of a radical
Indice superior. Superscript
Inducción. Induction
Inducción incompleta. Incomplete induction
Inducción matemática. Mathematical induction
Inducción transfinita. Transfinite induction
Inercia. Inertia
Inferencia. Inference
Inferencia estadística. Statistical inference
Infinito. Infinity
Inmergir (ó sumergir) en un espacio. Imbed in a space
Inmersión de un conjunto. Imbedding of a set
Integración mecánica. Mechanical integration
Integración por partes. Integration by parts
Integral de Bochner. Bochner integral
Integral de la energía. Energy integral
Integral de superficie. Surface integral
Integral de una función. Integral of a function
Integral definida. Definite integral
Integral de Riemann generalizada. Generalized Riemann integral
Integral doble. Double integral
Integral impropia. Improper integral
Integral indefinida. Indefinite integral
Integral iterada. Iterated integral
Integral múltiple. Multiple integral
Integral particular. Particular integral
Integral simple. Simple integral
Integral triple. Triple integral
Integrador. Integrator
Integrador gráfico. Integraph

Integrando. Integrand
Intensidad luminosa. Candlepower
Interacción. Interaction
Interés compuesto. Compound interest
Interpolación. Interpolation
Intersección de curvas. Intersection of curves
Intersección de dos conjuntos. Meet of two sets
Intervalo abierto. Open interval
Intervalo de confidencia. Confidence interval
Intervalo intercuartil. Interquartile range
Intervalos encajados. Nested intervals
Intuicionismo. Intuitionism
Invariante de una ecuación. Invariant of an equation
Inversión. Investment
Inversión de un punto. Inversion of a point
Inverso de una operación. Inverse of an operation
Inversor. Inversor
Invertible. Invertible
Involución de una recta. Involution on a line
Involuta de una curva. Involute of a curve
Irracional. Surd
Isomorfismo entre dos conjuntos. Isomorphism of two sets
Isotermo. Isotherm

Ji-cuadrado. Chi-square
Joule. Joule
Juego completamente mixto. Completely mixed game
Juego cóncavo convexo. Concave-convex game
Juego de dos personas. Two-person game
Juego de hex. Game of hex
Juego de Mazur-Banach. Mazur-Banach game
Juego de nim. Game of nim
Juego de posición. Positional game
Juego de suma nula. Zero-sum game
Juego del polígono. Game of hex
Juego en cooperativa. Cooperative game
Juego finito. Finite game
Juego no cooperativo. Noncooperative game
Juego separable. Separable game
Jugada personal. Personal move
Jugador maximalizante. Maximizing player
Jugador minimalizante. Minimizing player

Kérnel de Dirichlet. Dirichlet kernel
Kérnel de Fejér. Fejér kernel
Kilogramo. Kilogram
Kilómetro. Kilometer
Kilovatio. Kilowatt

Lado de un polígono. Side of a polygon
Lado inicial de un ángulo. Initial side of an angle
Lado terminal de un ángulo. Terminal side of an angle
Lados opuestos. Opposite sides
Lámina. Lamina
Látice. Lattice
Latitud de un punto. Latitude of a point
Lazo de una curva. Loop of a curve
Lema. Lemma
Lemniscato. Lemniscate
Lexicográfico. Lexicographical
Ley asociativa. Associative law
Ley de exponentes. Law of exponents
Ley distributiva. Distributive law
Libra. Pound
Ligadura. Bond
Limazón de Pascal. Limaçon
Límite de una función. Limit of a function
Límite inferior. Inferior limit
Límite superior. Superior limit
Límites fiduciarios (ó fiduciales). Fiducial limits
Línea de curso. Trend line
Línea de rumbo. Rhumb line
Línea diametrical. Diametral line
Línea dirigida. Directed line
Línea isoterma. Isothermal line
Línea nodal. Nodal line
Línea quebrada. Broken line
Línea recta. Straight line
Línea vertical. Vertical line
Líneas antiparalelas. Antiparallel lines
Líneas concurrentes. Concurrent lines
Líneas coplanares. Coplanar lines
Líneas de contorno. Contour lines
Líneas de flujo. Stream lines
Líneas de nivel. Level lines
Líneas (ó rectas) oblícuas. Skew lines
Líneas paralelas. Parallel lines
Literal. Literal constant
Litro. Liter
Llave (ó corchete). Brace
Localmente compacto. Locally compact
Localmente conexo por trayectorias. Locally arc-wise connected
Logaritmo de un número. Logarithm of a number
Logaritmos comunes. Common logarithms
Logaritmos naturales. Natural logarithms
Lógica borrosa. Fuzzy logic
Lógica difusa. Fuzzy logic
Longitud. Longitude
Longitud de arco. Arc length
Longitud de una curva. Length of a curve
Lugar. Locus
Lunas de Hipócrates. Lunes of Hippocrates
Lúnula. Lune

Magnitud de una estrella. Magnitude of a star
Mantisa. Mantissa
Maps (transformaciones) no esenciales. Inessential mapping
Máquina calculadora. Calculating machine; computing machine
Marco de referencia. Frame of reference
Masa. Mass
Matemática abstracta. Abstract mathematics
Matemática aplicada. Applied mathematics
Matemáticas. Mathematics
Matemáticas constructivas. Constructive mathematics
Matemáticas discretas. Discrete mathematics
Matemáticas finitas. Finite mathematics
Matemáticas puras. Pure mathematics
Materia isotrópica. Isotropic matter
Matrices conformes. Conformable matrices
Matrices equivalentes. Equivalent matrices
Matriz aumentada. Augmented matrix
Matriz de coeficientes. Matrix of coefficients
Matriz de Vandermonde. Vandermonde matrix

Matriz escalón.　Echelon matrix
Matriz hermitiana.　Hermitian matrix
Matriz unimodular.　Unimodular matrix
Matriz unitaria.　Unitary matrix
Máximo común divisor.　Greatest common divisor
Máximo de una función.　Maximum of a function
Mecánica de fluidos.　Mechanics of fluids
Mecanismo aleatorio.　Random device
Mecanismo digital.　Digital device
Media (ó promedio) de dos números.　Mean (or average) of two numbers
Medición.　Mensuration
Medida cero.　Measure zero
Medida de un conjunto.　Measure of a set
Menor de un determinante.　Minor of a determinant
Menos.　Minus
Meridiano terrestre.　Meridian on the earth
Método de agotamiento de Eudoxo.　Method of exhaustion
Método de comparación (de una serie).　Comparison test
Método de descenso infinito.　Proof by descent
Método de mínimos cuadrados.　Method of least squares
Método del gradiente.　Method of the steepest descent
Método del punto silla.　Saddle-point method
Método del "simplex" (ó simplejo).　Simplex method
Método dialítico.　Dialytic method
Método heurístico.　Heuristic method
Método inductivo.　Inductive method
Metro.　Meter
Miembro de una ecuación.　Member of an equation
Mil.　Thousand
Milímetro.　Millimeter
Milla.　Mile
Milla náutica.　Nautical mile
Millón.　Million
Mínima cota superior.　Least upper bound
Mínimo de una función.　Minimum of a function
Minuendo.　Minuend
Minuto.　Minute
Miríada.　Myriad
Moda.　Mode
Módulo.　Module
Módulo de una congruencia.　Modulus of a congruence
Módulo de volumen.　Bulk modulus
Mol.　Mole
Monomio.　Monomial
Momento de inercia.　Moment of inertia
Momento de una fuerza.　Moment of a force
Momento estático.　Static moment
Morfismo.　Morphism
Morra (juego).　Morra (a game)
Mosaico.　Tile
Movimiento al azar.　Chance move
Movimiento armónico.　Harmonic motion
Movimiento curvilíneo.　Curvilinear motion
Movimiento periódico.　Periodic motion
Moviemiento rigido.　Rigid motion
Muestra.　Sample
Muestra estratificada.　Stratified sample
Multilobulado.　Multifoil
Multinomio.　Multinomial

Multiplicación de vectores.　Multiplication of vectors
Multiplicador.　Multiplier
Multiplicando.　Multiplicand
Multiplicidad de una raiz.　Multiplicity of a root
Multiplicar dos números.　Multiply two numbers
Múltiplo común.　Common multiple
Múltiplo de un número.　Multiple of a number
Multivibrador biestable.　Flip-flop circuit

Nabla.　Del
Nadir.　Nadir
Negación.　Negation
Nervio de un sistema de conjuntos.　Nerve of a system of sets
Newton.　Newton
Nilpotente.　Nilpotent
Nodo (término astronómico).　Node in astronomy
Nodo con tangentes distintas.　Crunode
Nodo de una curva.　Node of a curve
Nomograma.　Nomogram
Nonágono.　Nonagon
Normal a una curva.　Normal to a curve
Norma de una matriz.　Norm of a matrix
Notación.　Notation
Notación científica.　Scientific notation
Notación factorial.　Factorial notation
Notación funcional.　Functional notation
Núcleo de Dirichlet.　Dirichlet kernel
Núcleo de Fejér.　Fejér kernel
Núcleo de un homomorfismo.　Kernel of a homomorphism
Núcleo de una ecuaciór integral.　Nucleus (or kernel) of an integral equation
Nudo de distancia.　Knot of distance
Nudo en topología.　Knot in topology
Nueve.　Nine
Numerablemente compacto.　Countably compact
Numerador.　Numerator
Numerabilidad.　Countability
Numeración.　Numeration
Número.　Number
Número abundante.　Abundant number
Número aritmético.　Arithmetic number
Número cardinal.　Cardinal number
Número complejo.　Complex number
Número compuesto.　Composite number
Número cromático.　Chromatic number
Número deficiente.　Defective (or deficient) number
Número de Ramsey.　Ramsey number
Número de vueltas.　Winding number
Número denominado.　Denominate number
Número idempotente.　Idempotent number
Número impar.　Odd number
Número irracional.　Irrational number
Número mixto.　Mixed number
Número negativo.　Negative number
Número ordinal.　Ordinal numbers
Número par.　Even number
Número peádico.　p-adic number
Número positivo.　Positive number
Número primo.　Prime number
Número que se usa para contar.　Counting number
Número racional.　Rational number
Número real.　Real number

Número redundante. Redundant number
Número trascendente. Transcendental number
Números. Numerals
Números amigables. Amicable numbers
Números babilonios. Babylonian numerals
Números chino-japoneses. Chinese-Japanese numerals
Números complejos conjugados. Conjugate complex numbers
Números de Catalan. Catalan numbers
Números dirigidos. Signed numbers
Números egipcios. Egyptian numerals
Números griegos. Greek numerals
Números hipercomplejos. Hypercomplex numbers
Números hiperreales. Hyperreal numbers
Números inconmensurables. Incommensurable numbers
Números no estándar. Hyperreal numbers
Números no estándar. Nonstandard numbers

Ocho. Eight
Octaedro. Octahedron
Octágono. Octagon
Octante. Octant
Ohmio. Ohm
Ojiva. Ogive
Once. Eleven
Operación. Operation
Operación unaria. Unary operation
Operaciones elementales. Elementary operations
Operador. Operator
Operador lineal. Linear operator
Órbita. Orbit
Orden de contacto (de dos curvas). Order of contact
Ordenada al origen. Intercept on an axis
Ordenada de un punto. Ordinate of a point
Orden de un grupo. Order of a group
Orientación. Orientation
Origen de coordenadas. Origin of coordinates
Ortocentro. Orthocenter
Oscilación de una función. Oscillation of a function
Osculación. Osculation
Ovalo. Oval

Pago a plazos. Installment payments
Papel negociable. Negotiable paper
Par (torque). Torque
Parábola. Parabola
Parábola cúbica. Cubical parabola
Paraboloide de revolución. Paraboloid of revolution
Paraboloide hiperbólico. Hyperbolic paraboloid
Paradoja. Paradox
Paradoja de Banach-Tarsky. Banach-Tarsky paradox
Paradoja de Hausdorff. Hausdorff paradox
Paradoja de Petersburgo. Petersburg paradox
Paralaje de una estrella. Parallax of a star
Paralelas geodésicas. Geodesic parallels
Paralelepípedo. Parallelipiped
Paralelepípedo rectangular. Cuboid
Paralelogramo. Parallelogram
Paralelos de latitud. Parallels of latitude
Paralelotopo. Parallelotope
Parámetro. Parameter
Paréntesis. Parentheses

Paréntesis rectangular. Bracket
Paridad. Parity
Parte imaginaria de un número. Imaginary part of a number
Partición de un entero. Partition of an integer
Partición más fina. Finer partition
Partición más gruesa. Coarser partition
Partida de un juego. Play of a game
Partida de un juego. Move of a game
Pascal. Pascal
Pasivo. Liability
Pantógrafo. Pantograph
Pendiente de un tejado. Pitch of a roof
Pendiente de una curva. Slope of a curve
Pendiente de una trayectoria. Grade of a path
Péndulo. Pendulum
Pentadecágono. Pentadecagon
Pentaedro. Pentahedron
Pentágono. Pentagon
Pentagrama. Pentagram
Penumbra. Penumbra
Percentil. Percentile
Periferia. Periphery
Perígono. Perigon
Perihelio. Perihelion
Perímetro de una sección transversal. Girth
Perpendicular de una superficie. Perpendicular of a surface
Perpetuidad. Perpetuity
Perímetro. Perimeter
Periodicidad. Periodicity
Período de una función. Period of a function
Permutación cíclica. Cyclic permutation
Permutación de n objetos. Permutation of n things
Permutación par. Even permutation
Perspectiva. Perspectivity
Peso. Weight
Peso troy. Troy weight
Pictograma. Pictogram
Pie de un triángulo rectángulo. Leg of a right triangle
Pié de una perpendicular. Foot of a perpendicular
Pirámide. Pyramid
Pirámide pentagonal. Pentagonal pyramid
Pirámide triangular. Triangular pyramid
Planímetro. Planimeter
Plano osculador. Osculating plane
Plano proyectante. Projecting plane
Plano proyectivo finito. Finite projective plane
Plano rectificador. Rectifying plane
Plano tangente. Tangent plane
Planos coordenados. Coordinates planes
Planos incidentes en un punto. Copunctal planes
Plasticidad. Plasticity
Plomada. Plumb line
Población. Population
Polar de una forma cuadrática. Polar of a quadratic form
Polarización. Polarization
Poliedro. Polyhedron
Polígono. Polygon
Polígono concavo. Concave polygon
Polígono inscrito. Inscribed polygon
Polígono regular. Regular polygon
Polihex. Polyhex

Polinomio de Legendre.   Polynomial of Legendre
Poliominó.   Polyomino
Politopo.   Polytope
Polo de un círculo.   Pole of a circle
Poner en ecuación.   Equate
Porcentaje.   Pencentage
Porciento de error.   Percent error
Porciento de interés.   Interest rate
Porciento de interés efectivo.   Effective interest rate
Porciento de interés nominal.   Nominal rate of interest
Postulado.   Postulate
Potencia de un conjunto.   Potency of a set
Potencia de un número.   Power of a number
Potencial electrostático.   Electrostatic potential
Poundal.   Poundal
Precio corriente.   Market value
Precio de compra.   Flat price
Precio de lista.   Book value
Precio de rescate (ó desempeño).   Redemption price
Precio de venta.   Selling price
Preservante de área.   Equiareal (or area-preserving)
Presión.   Pressure
Préstamo.   Loan
Prima.   Bonus
Prima.   Premium
Primitiva de una ecuación, diferencial.   Primitive of a differential equation
Primos gemelos.   Twin-primes
Principio.   Principle
Principio de las casillas.   Dirichlet drawer principle
Principio de las casillas.   Pigeon-hole principle
Principio de localización.   Localization principle
Principio de superposición.   Superposition principle
Principio del acotamiento uniforme.   Uniform boundedness principle
Principio del óptimo.   Principle of optimality
Prisma.   Prism
Prisma cuadrangular.   Quadrangular prism
Prisma exagonal.   Hexagonal prism
Prismatoide.   Prismatoid
Prismoide.   Prismoid
Probabilidad.   Odds
Probabilidad de ocurrencia.   Probability of occurrence
Problema.   Problem
Problema con valor en la frontera.   Boundary value problem
Problema de Kakeya.   Kakeya problem
Problema de la cerradura y complementación de Kuratowsky.   Kuratowsky closure-complementation problem
Problema de los cuatro colores.   Four-color problem
Problema de los puentes de Koenigsberg.   Königsberg bridge problem
Problema isoperimétrico.   Isoperimetric problem
Producto cartesiano.   Cartesian product
Producto de Blaschke.   Blaschke product
Producto de números.   Product of numbers
Producto directo.   Direct product
Producto infinito.   Infinite product
Producto interior.   Inner product
Producto punto (producto escalar).   Dot product
Producto tensorial de espacios vectoriales.   Tensor product of vector spaces
Programación.   Programming

Programación dinámica.   Dynamic programming
Programación lineal.   Linear programming
Programación no lineal.   Nonlinear programming
Programa de Erlangen.   Erlangen program
Progresión.   Progression
Promedio.   Average
Promedio geométrico.   Geometric average
Promedio pesado.   Weighted mean
Propiedad de absorción.   Absorption property
Propiedad de aproximación.   Approximation property
Propiedad de caracter finito.   Property of finite character
Propiedad de Krein-Milman.   Krein-Milman property
Propiedad de reflexión.   Reflection property
Propiedad de tricotomía.   Trichotomy property
Propiedad del buen orden.   Well-ordering property
Propiedad global.   Global property
Propiedad intrínseca.   Intrinsic property
Propiedad invariante.   Invariant property
Propiedad local.   Local property
Proporción.   Proportion
Proporcionalidad.   Proportionality
Proposición.   Proposition
Proyección de un vector.   Projection of a vector
Proyección estereográfica.   Stereographic projection
Proyectividad.   Projectivity
Pseudoesfera.   Pseudosphere
Pulgada.   Inch
Punto aislado.   Acnode
Punto de acumulación.   Accumulation point; cluster point
Punto de adherencia.   Adherent point
Punto de bifurcación.   Bifurcation point
Punto de cambio.   Turning point
Punto de condensación.   Condensation point
Punto de curvatura.   Bend point
Punto de discontinuidad.   Point of discontinuity
Punto de inflexión.   Inflection point
Punto de la cerradura.   Adherent point
Punto de penetración.   Piercing point
Punto de ramificación.   Branch point
Punto decimal flotante.   Floating decimal point
Punto en puerto.   Saddle point
Punto en un plano.   Planar point
Punto estable.   Stable point
Punto estacionario.   Stationary point
Punto extremo de una curva.   End point of a curve
Punto fijo.   Fixed point
Punto límite.   Limit point
Punto medio de un segmento rectilíneo.   Midpoint of a line segment
Punto medio ó punto bisector.   Bisecting point
Punto ordinario.   Ordinary point
Punto saliente.   Salient point
Punto singular.   Singular point
Punto umbilical.   Umbilical point
Puntos colineales (alineados).   Collinear points
Puntos concíclicos.   Concyclic points
Puntualmente equicontinuo.   Point-wise Equicontinuous
Quíntica.   Quintic
Quintillón.   Quintillion

Racional diádico. Dyadic rational
Racionalizar un denominador. Rationalize a denominator
Radiante. Radian
Radiar desde un punto. Radiate from a point
Radical. Radical
Radical de un anillo. Radical of a ring
Radical de un ideal. Radical of an ideal
Radical irreducible. Irreducible radical
Radicando. Radicand
Radio de un círculo. Radius of a circle
Raíz ajena (ó extraña). Extraneous root
Raíz característica de una matriz. Characteristic root of a matrix
Raíz cuadrada. Square root
Raíz cúbica. Cube root
Raíz de una ecuación. Root of an equation
Raíz enésima primitiva. Primitive nth root
Raíz simple. Simple root
Raíz triple. Triple root
Rama de una curva. Branch of a curve
Rearreglo de términos. Rearrangement of terms
Recíproco de un número. Reciprocal of a number
Recíproco de un teorema. Converse of a theorem
Rectángulo. Rectangle
Rectas perpendiculares. Perpendicular lines
Redondear un número. Rounding off numbers
Reducción de una fracción. Reduction of a fraction
Reflexión en una línea. Reflection in a line
Refracción. Refraction
Región de confianza. Confidence region
Región multiconexa. Multiply connected region
Región simplemente conexa. Simply connected region
Regla. Ruler
Regla de cálculo. Slide rule
Regla de cadena. Chain rule
Regla de signos. Rule of signs
Regla del trapezoide. Trapezoid rule
Regla mecánica para extraer raices cuadradas. Mechanic's rule
Reglado en una superficie. Ruling on a surface
Relación. Relation
Relación anarmónica. Anharmonic ratio
Relación antisimétrica. Antisymmetric relation
Relación de deformación. Deformation ratio
Relación de inclusión. Inclusion relation
Relación de semejanza. Ratio of similitude
Relación externa. External ratio
Relación interna. Internal ratio
Relación intransitiva. Intransitive relation
Relación reflexiva. Reflexive relation
Relación total. Connected relation
Relación transitiva. Transitive relation
Rombo. Rhombus
Romboedro. Rhombohedron
Romboide. Rhomboid
Rendir (producir, ceder). Yield
Renglón de un determinante. Row of a determinant
Renta vitalicia conjunta. Joint life annuity
Representación de un grupo. Representation of a group
Representación ternaria de un número. Ternary representation of numbers
Residuo de una función. Residue of a function

Residuo de una serie infinita. Remainder of an infinite series
Residuo nulo. Nonresidue
Resma. Ream
Resolvente cúbica. Resolvent cubic
Resolvente de una matriz. Resolvent of a matrix
Resta de números. Subtraction of numbers
Resultante de una función. Resultant of functions
Retícula de puntos parcialmente ordenados. Net of partially ordered points
Retracto. Retract
Reversión de una serie. Reversion of a series
Revolución de una curva alrededor de un eje. Revolution of a curve about an axis
Rosa de tres hojas. Rose of three leafs
Rotación de ejes. Rotation of axes
Rotacional de un vector. Curl of a vector
Rumbo de una línea. Bearing of a line

Salinón. Salinon
Salto de discontinuidad. Jump discontinuity
Salto de una función. Saltus of a function
Satisfacer una ecuación. Satisfy an equation
Secante de un ángulo. Secant of an angle
Sección de perfil. Profile map
Sección de un cilindro. Section of a cylinder
Sección (ó capa) cruzada. Cross-cap
Sección dorada. Golden section
Sector de un círculo. Sector of a circle
Segmento de una curva. Segment of a curve
Segmento rectilíneo. Line segment
Segunda derivada. Second derivative
Segundo teorema del valor medio. Extended mean value theorem
Seguridad colateral. Collateral security
Seguro. Insurance
Seguro de vida. Life insurance
Seguro de vida contínuo. Whole life insurance
Seguro dotal. Endowment insurance
Seis. Six
Semejanza. Similitude
Semestral. Biannual
Semicírculo. Semicircle
Seno de un número. Sine of a number
Sentido de una desigualdad. Sense of an inequality
Separación de un conjunto. Separation of a set
Septillón. Septillion
Serie aritmética. Arithmetic series
Serie autoregresiva. Autoregressive series
Serie de números. Series of numbers
Serie de oscilación. Oscillation series
Serie de potencias. Power series
Serie de potencias formal. Formal power series
Serie geométrica. Geometric series
Serie hipergeométrica. Hypergeometric series
Serie infinita. Infinite series
Serie propiamente divergente. Properly divergent series
Serie sumable. Summable series
Servo mecanismo. Servomechanism
Sesgo. Skewness
Sextillón. Sextillion
Siete. Seven

Significado de una desviación. Significance of a deviation
Signo de suma. Summation sign
Signo de un número. Sign of a number
Signo más. Plus sign
Silogismo. Syllogism
Símbolo. Symbol
Símbolo de intersección. Cap
Símbolo de unión. Cup
Símbolos cuneiformes. Cuneiform symbols
Simetría axial. Axial symmetry
Simetría cíclica. Cyclosymmetry
Simetría de una función. Symmetry of a function
Simplejo. Simplex
Simplificación. Simplification
Singularidad de doblez. Fold singularity
Singularidad de pliegue. Fold singularity
Sinusoide. Sinusoid
Sistema centesimal para medida de ángulos. Centesimal system of measuring angles
Sistema de curvas isotérmicas. Isothermic system of curves
Sistema de ecuaciones. System of equations
Sistema decimal. Decimal system
Sistema hexadecimal. Hexadecimal number system
Sistema internacional de unidades. International system of units
Sistema monodireccional. Single address system
Sistema multidireccional. Multiaddress system
Sistema numérico duodecimal. Duodecimal system of numbers
Sistema octal. Octal number system
Sistema sexagesimal. Sexagesimal number system
Sistema sexagesimal de números. Sexagesimal system of numbers
Sistema triortogonal. Triply orthogonal system
Sólido de Arquímedes. Archimedean solid
Sólido de Arquímedes. Semi-regular solid
Sólido de revolución. Solid of revolution
Sólido truncado. Frustum of a solid
Solución de una ecuación. Solution of an equation
Solución gráfica. Graphical solution
Solución simple. Simple solution
Solución trivial. Trivial solution
Sombra (cono de sombra). Umbra
Soporte compacto. Compact support
Soporte de una función. Support of a function
Spline. Spline
Subcampo. Subfield
Subconjunto. Subset
Subconjunto cofinal. Cofinal subset
Subgrupo. Subgroup
Subgrupo cuasinormal. Quasi-normal subgroup
Subgrupos conjugados. Conjugate subgroups
Subíndice. Subscript
Subnormal. Subnormal
Substitución en una ecuación. Substitution in an equation
Subtangente. Subtangent
Subtender un ángulo. Subtend an angle
Sucesión aleatoria. Random sequence
Sucesión convergente. Convergent sequence
Sucesión de números. Sequence of numbers
Sucesión divergente. Divergent sequence
Sucesión ortonormal. Orthonormal sequence

Suma (adición). Addition
Suma de números. Sum of numbers
Suma de una serie. Summation of series
Sumador. Adder
Sumando. Addend
Sumando. Summand
Superconjunto. Superset
Superficie cilíndrica. Cylindrical surface
Superficie cónica. Conical surface
Superficie de revolución. Surface of revolution
Superficie desarrollable. Developable surface
Superficie de traslación. Translation surface
Superficie elíptica. Elliptic surface
Superficie equipotencial. Equipotential surface
Superficie espiral. Spiral surface
Superficie mínima. Minimal surface
Superficie piramidal. Pyramidal surface
Superficie prismática. Prismatic surface
Superficie pseudoesférica. Pseudospherical surface
Superficie reglada. Ruled surface
Superficie unilateral. Unilateral surface
Superficies isométricas. Isometric surfaces
Superosculación. Superosculation
Superponer dos configuraciones. Superpose two configurations
Superreflexivo. Super-reflexive
Suprayección. Surjection
Sustraendo. Subtrahend

Tabla de contingencia. Contingency table
Tabla de conversión. Conversion table
Tabla de logaritmos. Table of logarithms
Tabla de mortandad. Mortality table
Tabla selectiva de mortandad. Select mortality table
Tangencia. Tangency
Tangente a un círculo. Tangent to a circle
Tangente común a dos círculos. Common tangent of two circles
Tangente de inflexión. Inflection tangent
Tangente de un ángulo. Tangent of an angle
Tangente exterior a dos círculos. External tangent of two circles
Tangente interior a dos círculos. Internal tangent of two circles
Tarifa. Tariff
Tendencia secular (Estadística). Secular trend
Tenedor. Payee
Tensión. Tension
Tensor. Tensor
Tensor contravariante. Contravariant tensor
Tensor de esfuerzo. Strain tensor
Teorema. Theorem
Teorema de Bézout. Bézout's theorem
Teorema de existencia. Existence theorem
Teorema de extensión de Tietze. Tietze extension theorem
Teorema de la subbase de Alexander. Alexander's subbase theorem
Teorema de los doce colores. Twelve-color theorem
Teorema de los números pentagonales de Euler. Euler pentagonal-number theorem
Teorema de los tres cuadrados. Three-squares theorem
Teorema de monodromía. Monodromy theorem

Teorema de Pitágoras. Pythagorean theorem
Teorema de punto fijo. Fixed-point theorem
Teorema de punto fijo de Banach. Banach fixed-point theorem
Teorema de Radon-Nykodim. Radon-Nikodým theorem
Teorema de recurrencia de Poincaré. Recurrence theorem
Teorema de unicidad. Uniqueness theorem
Teorema del mini-max. Minimax theorem
Teorema del residuo. Remainder theorem
Teorema del sandwich. Ham-sandwich theorem
Teorema del valor intermedio. Intermediate-value theorem
Teorema del valor medio. Mean-value theorem
Teorema fundamental del álgebra. Fundamental theorem of algebra
Teorema minimax. Minimax theorem
Teorema tauberiano. Tauberian theorem
Teoremas duales. Dual theorems
Teoría de catástrofes. Catastrophe theory
Teoría de ecuaciones. Theory of equations
Teoría de funciones. Function theory
Teoría de gráficas. Graph theory
Teoría de la relatividad. Relativity theory
Teoría ergódica. Ergodic theory
Término de una fracción. Term of a fraction
Término indefinido. Undefined term
Términos no semejantes. Dissimilar terms
Termómetro centígrado. Centigrade thermometer
Terna pitagórica. Pythagorean triple
Tetraedro. Tetrahedron
Tetrafolio. Quadrefoil
Tiempo. Time
Tiempo ecuacionado. Equated time
Tiempo sideral. Sidereal time
Tiempo solar. Solar time
Tiempo standard. Standard time
Tonelada. Ton
Topógrafo. Surveyor
Topología. Topology
Topología combinatoria. Combinatorial topology
Topología discreta. Discrete topology
Topología indiscreta. Indiscrete topology
Topología indiscreta. Trivial topology
Topología proyectiva. Projective topology
Topología trivial. Trivial topology
Toro. Torus
Torsión de una curva. Torsion of a curve
Trabajo. Work
Tractriz. Tractrix
Transformación afín. Affine transformation
Transformación auto adjunta. Self-adjoint transformation
Transformación colineal. Collineatory transformation
Transformación conforme. Conformal transformation
Transformación conjuntiva. Conjunctive transformation
Transformación de alargamiento. Stretching transformation
Transformación de coordenadas. Transformation of coordenadas
Transformación de deslizamiento. Shear transformation
Transformación de semejanza. Similarity transformation
Transformación isógona. Isogonal transformation
Transformación lineal. Linear transformation
Transformación (mapeo) de un espacio. Mapping of a space
Transformación no singular. Nonsingular transformation
Transformación ortogonale. Orthogonal transformation
Transformada de una matriz. Transform of a matrix
Transformada discreta de Fourier. Discrete Fourier transform
Transformada rápida de Fourier. Fast Fourier transform
Transito. Transit
Translación de ejes. Translation of axes
Transponer un término. Transpose a term
Transportador. Protractor
Transposición. Transposition
Transpuesta de una matriz. Transpose of a matrix
Transversal. Transversal
Trapecio. Trapezium
Trapezoide. Trapezoid
Trayectoria. Trajectory
Trayectoria de un proyectil. Path of a projectile
Traza de una matriz. Trace of a matrix
Traza de una matriz. Spur of a matrix
Trébol. Trefoil
Trece. Thirteen
Trenza. Braid
Tres. Three
Triangulación. Triangulation
Triángulo. Triangle
Triángulo equilátero. Equilateral triangle
Triángulo escaleno. Scalene triangle
Triángulo esférico trirectángular. Trirectangular spherical triangle
Triángulo isósceles. Isosceles triangle
Triángulo oblicuo. Oblique triangle
Triángulo rectángulo. Right triangle
Triángulo terrestre. Terrestrial triangle
Triángulos semejantes. Similar triangles
Tridente de Newton. Trident of Newton
Triedro formado por tres líneas. Trihedral formed by three lines
Trigonometría. Trigonometry
Trillón. Trillion
Trinomio. Trinomial
Trisección de un ángulo. Trisection of an angle
Trisectriz. Trisectrix
Trocoide. Trochoid

Ultrafiltro. Ultrafilter
Ultrafiltro libre. Free ultrafilter
Unidad. Unity
Unidad astronómica. Astronomical unit
Uniformemente equicontinuo. Uniformly equicontinuous
Union de conjuntos. Union of sets; join of sets
Uno. One (the number)
Utilidad. Profit
Utilidad neta. Net profit

Valencia de un nodo. Valence of a node
Valor absoluto. Absolute value
Valor actual. Present value
Valor acumulado. Accumulated value
Valor a la par. Par value
Valor crítico. Critical value
Valor de entrega. Surrender value
Valor de una póliza de seguro. Value of an insurance policy
Valor depreciado. Scrap value
Valor esperado. Expected value
Valor futuro. Future value
Valor local. Local value
Valor númerico. Numerical value
Valor propio (ó eigen valor) de una matriz. Eigenvalue of a matrix
Valuación de un campo. Valuation of a field
Variabilidad. Variability
Variable. Variable
Variable dependiente. Dependent variable
Variable estadística. Variate
Variable estocástica. Stochastic variable
Variable estadística normalizada. Normalized variate
Variable independiente. Independent variable
Variación de una función. Variation of a function
Variación de parámetros. Variation of parameters
Variancia. Variance
Variedad. Manifold
Variedad algebraica afín. Affine algebraic variety

Vatio. Watt
Vecindad de un punto. Neighborhood of a point
Vector. Vector
Vector fuerza. Force vector
Vector irrotacional. Irrotational vector
Vector propio (eigen vector). Eigenvector
Vector solenoidal. Solenoidal vector
Veinte. Twenty
Veintena. Score
Velocidad. Speed, velocity
Velocidad constante. Constant speed
Velocidad instantánea. Instantaneous velocity
Velocidad relativa. Relative velocity
Verseno (seno verso). Versed sine
Vértice de un ángulo. Vertex of an angle
Vibración. Vibration
Viga cantilever. Cantilever beam
Vínculo. Vinculum
Voltio. Volt
Volumen de un sólido. Volume of a solid

Wronskiano. Wronskian

Yarda de distancia. Yard of distance

Zenit de un observador. Zenith of an observer
Zona. Zone

監訳者略歴

一松　信(ひとつまつ しん)
1926年　東京に生まれる
1947年　東京帝国大学卒業
現　在　京都大学名誉教授
　　　　理学博士

伊藤 雄二(いとう ゆうじ)
1935年　東京に生まれる
1957年　エール大学卒業
現　在　東海大学教授
　　　　Ph. D.

数 学 辞 典（普及版）　　　　　定価はカバーに表示

1993年 6 月 25 日　初　版第 1 刷
2003年 5 月 1 日　　　　第 4 刷
2011年 4 月 25 日　普及版第 1 刷
2013年 2 月 25 日　　　　第 2 刷

　　　　　　　　　　　　監訳者　一　松　　　信
　　　　　　　　　　　　　　　　伊　藤　雄　二
　　　　　　　　　　　　発行者　朝　倉　邦　造
　　　　　　　　　　　　発行所　株式会社　朝　倉　書　店
　　　　　　　　　　　　　　　　東京都新宿区新小川町6-29
　　　　　　　　　　　　　　　　郵 便 番 号　162-8707
　　　　　　　　　　　　　　　　電 話　0 3（3260）0 1 4 1
〈検印省略〉　　　　　　　　　　FAX　0 3（3260）0 1 8 0

© 1993〈無断複写・転載を禁ず〉　印刷／製本　デジタルパブリッシングサービス

ISBN 978-4-254-11131-6　　C 3541　　Printed in Japan

JCOPY 〈(社)出版者著作権管理機構　委託出版物〉
本書の無断複写は著作権法上での例外を除き禁じられています．複写される場合は，
そのつど事前に，(社)出版者著作権管理機構（電話 03-3513-6969, FAX 03-3513-
6979, e-mail: info@jcopy.or.jp）の許諾を得てください．

好評の事典・辞典・ハンドブック

書名	著訳編者	判型・頁数
数学オリンピック事典	野口　廣 監修	B5判 864頁
コンピュータ代数ハンドブック	山本　慎ほか 訳	A5判 1040頁
和算の事典	山司勝則ほか 編	A5判 544頁
朝倉 数学ハンドブック［基礎編］	飯高　茂ほか 編	A5判 816頁
数学定数事典	一松　信 監訳	A5判 608頁
素数全書	和田秀男 監訳	A5判 640頁
数論<未解決問題>の事典	金光　滋 訳	A5判 448頁
数理統計学ハンドブック	豊田秀樹 監訳	A5判 784頁
統計データ科学事典	杉山高一ほか 編	B5判 788頁
統計分布ハンドブック（増補版）	蓑谷千凰彦 著	A5判 864頁
複雑系の事典	複雑系の事典編集委員会 編	A5判 448頁
医学統計学ハンドブック	宮原英夫ほか 編	A5判 720頁
応用数理計画ハンドブック	久保幹雄ほか 編	A5判 1376頁
医学統計学の事典	丹後俊郎ほか 編	A5判 472頁
現代物理数学ハンドブック	新井朝雄 著	A5判 736頁
図説ウェーブレット変換ハンドブック	新　誠一ほか 監訳	A5判 408頁
生産管理の事典	圓川隆夫ほか 編	B5判 752頁
サプライ・チェイン最適化ハンドブック	久保幹雄 著	B5判 520頁
計量経済学ハンドブック	蓑谷千凰彦ほか 編	A5判 1048頁
金融工学事典	木島正明ほか 編	A5判 1028頁
応用計量経済学ハンドブック	蓑谷千凰彦ほか 編	A5判 672頁

価格・概要等は小社ホームページをご覧ください．